中文版

AutoCAD 2022 完全自学一本通

林以军 罗万鑫 高广洲 编著

電子工業出版社
Publishing House of Electronics Industry
北京•BEIJING

内 容 简 介

本书以 AutoCAD 2022 为平台，从实际操作和应用的角度出发，全面讲述了 AutoCAD 2022 功能命令的具体应用，并详细介绍了 AutoCAD 2022 在机械设计、建筑制图、室内设计方面的应用技巧。

全书共 16 章，从 AutoCAD 2022 的基础操作到实际应用，都做了详细、全面的讲解，使读者通过学习本书，彻底掌握 AutoCAD 2022 的基本操作技能与实际应用技能。

本书语言简单明了，内容讲解到位，书中操作范例通俗易懂，具有很强的实用性、操作性和代表性；专业性、层次性和技巧性等特点也比较突出。

本书不仅可以作为高等院校、高职高专院校的教材，还可以作为各类 AutoCAD 培训班的教材，同时也可作为从事 CAD 工作的技术人员的学习参考书。

图书在版编目（CIP）数据

AutoCAD 2022 中文版完全自学一本通 / 林以军，罗万鑫，高广洲编著. —北京：电子工业出版社，2023.3

ISBN 978-7-121-45159-1

Ⅰ. ①A… Ⅱ. ①林… ②罗… ③高… Ⅲ. ①AutoCAD 软件 Ⅳ. ①TP391.72

中国国家版本馆 CIP 数据核字（2023）第 036170 号

责任编辑：田　蕾　　　　特约编辑：田学清
印　　刷：三河市鑫金马印装有限公司
装　　订：三河市鑫金马印装有限公司
出版发行：电子工业出版社
　　　　　北京市海淀区万寿路 173 信箱　　　邮编：100036
开　　本：787×1092　1/16　印张：34　字数：870.4 千字
版　　次：2023 年 3 月第 1 版
印　　次：2023 年 3 月第 1 次印刷
定　　价：99.00 元

凡所购买电子工业出版社图书有缺损问题，请向购买书店调换。若书店售缺，请与本社发行部联系，联系及邮购电话：（010）88254888，88258888。

质量投诉请发邮件至 zlts@phei.com.cn，盗版侵权举报请发邮件至 dbqq@phei.com.cn。

本书咨询联系方式：（010）88254161～88254167 转 1897。

AutoCAD 是 Autodesk 公司开发的通用计算机辅助绘图和设计软件，被广泛应用于机械、建筑、电子、航天、造船、石油化工、土木工程、冶金、气象、纺织、轻工等领域。在中国，AutoCAD 已成为工程设计领域应用最为广泛的计算机辅助设计软件之一。AutoCAD 2022 是为适应当今科学技术的快速发展和用户需要而开发的面向 21 世纪的 CAD 软件包。它贯彻了 Autodesk 公司一贯为广大用户考虑的理念，为多用户合作提供了便捷的工具、规范和标准，以及方便的管理功能。因此，用户可以与设计组密切而高效地共享信息。

本书内容

本书以 AutoCAD 2022 为平台，详细介绍了该软件功能及其在相关行业中的应用。

全书共 16 章，内容介绍如下。

- 第 1～2 章：主要介绍了 AutoCAD 2022 入门的基础知识和基本操作，其内容包括 AutoCAD 2022 的软件介绍、基本界面认识、绘图环境设置、AutoCAD 图形与文件的基本操作、视图工具的应用等。
- 第 3～14 章：主要介绍了 AutoCAD 2022 绘制基本图形及工程制图涉及的命令。
- 第 15～16 章：主要介绍了在 AutoCAD 2022 中建立并编辑模型的基本操作。

本书特色

本书从软件的基本应用及行业知识入手，以 AutoCAD 2022 软件的模块和插件程序的应用为主线，以范例为引导，按照由浅入深、循序渐进的方式，讲解软件的新特性和软件操作方法，使读者能快速掌握 AutoCAD 2022 软件的设计技巧。

对于 AutoCAD 2022 软件的基础应用，本书内容讲解得非常详细。

本书包含以下几大特色。

- 功能命令齐全。
- 穿插海量典型范例。
- 配备教学视频，结合书中内容，使读者对所学知识更好地融会贯通。
- 网络下载素材中包含大量有价值的学习资料及练习内容，可帮助读者充分利用软件功能进行相关设计。

读 者 服 务

读者在阅读本书的过程中如果遇到问题，可以关注“有艺”公众号，通过公众号中的“读者反馈”功能与我们取得联系。此外，通过关注“有艺”公众号，您还可以获取艺术教程、艺术素材、新书资讯、书单推荐、优惠活动等相关信息。

扫一扫关注“有艺”

资源下载方法：关注“有艺”公众号，在“有艺学堂”的“资源下载”中获取下载链接，如果遇到无法下载的情况，可以通过以下三种方式与我们取得联系。

1．关注“有艺”公众号，通过“读者反馈”功能提交相关信息。

2．请发邮件至 art@phei.com.cn，邮件标题命名方式：资源下载+书名。

3．读者服务热线：（010）88254161～88254167 转 1897。

投稿、团购合作：请发邮件至 art@phei.com.cn。

目录
CONTENTS

第 1 章　AutoCAD 2022 应用入门 ······ 1

1.1　初识 AutoCAD ······ 2

1.1.1　CAD 技术的发展 ······ 2

1.1.2　CAD 系统的组成 ······ 3

1.1.3　AutoCAD 的基本概念 ······ 3

1.2　AutoCAD 2022 正版软件的下载与安装 ······ 4

1.2.1　系统配置要求 ······ 4

1.2.2　下载及在线安装 AutoCAD 2022 ······ 4

1.3　AutoCAD 2022 的主页界面 ······ 8

1.4　AutoCAD 2022 的工作界面 ······ 10

第 2 章　AutoCAD 图形与文件管理 ······ 20

2.1　AutoCAD 的文件管理 ······ 21

2.1.1　创建 AutoCAD 文件 ······ 21

2.1.2　打开 AutoCAD 文件 ······ 24

2.1.3　保存 AutoCAD 文件 ······ 27

2.2　AutoCAD 的系统变量与命令执行方式 ······ 30

2.2.1　特殊命令——系统变量 ······ 30

2.2.2　常规命令及命令执行方式 ······ 31

2.3　修复或恢复图形文件 ······ 41

2.3.1　修复损坏的图形文件 ······ 41

2.3.2　创建和恢复备份文件 ······ 44

2.3.3　图形修复管理器 ······ 44

第 3 章　必备的辅助绘图工具 ······ 46

3.1　认识 AutoCAD 2022 坐标系 ······ 47

3.1.1　认识 AutoCAD 坐标系 ······ 47

3.1.2　笛卡儿坐标系 ······ 47

3.1.3　极坐标系 ······ 49

3.2 控制图形与视图 …… 52
3.2.1 缩放视图 …… 52
3.2.2 平移视图 …… 55
3.2.3 重画与重生成 …… 57
3.2.4 显示多个视口 …… 57
3.2.5 命名视图 …… 60
3.2.6 ViewCube 和导航栏 …… 60
3.3 认识快速计算器 …… 62
3.3.1 了解快速计算器 …… 62
3.3.2 使用快速计算器 …… 62
3.4 综合范例 …… 64
3.4.1 范例一：绘制多边形组合图形 …… 65
3.4.2 范例二：绘制密封垫 …… 68

第 4 章 简单绘图 …… 71

4.1 绘制点对象 …… 72
4.1.1 设置点样式 …… 72
4.1.2 绘制单点和多点 …… 72
4.1.3 绘制定数等分点 …… 73
4.1.4 绘制定距等分点 …… 74
4.2 绘制直线、射线和构造线 …… 75
4.2.1 绘制直线 …… 75
4.2.2 绘制射线 …… 75
4.2.3 绘制构造线 …… 76
4.3 绘制矩形和正多边形 …… 77
4.3.1 绘制矩形 …… 77
4.3.2 绘制正多边形 …… 77
4.4 绘制圆、圆弧、椭圆和椭圆弧 …… 79
4.4.1 绘制圆 …… 79
4.4.2 绘制圆弧 …… 81
4.4.3 绘制椭圆 …… 87
4.4.4 绘制圆环 …… 89
4.5 综合范例 …… 90
4.5.1 范例一：绘制减速器透视孔盖 …… 90
4.5.2 范例二：绘制曲柄 …… 92
4.5.3 范例三：绘制洗手池 …… 96

第 5 章　高级绘图 ······ 100

5.1　利用多线绘制与编辑图形 ······ 101

5.1.1　绘制多线 ······ 101

5.1.2　编辑多线 ······ 102

5.1.3　创建与修改多线样式 ······ 106

5.2　利用多段线绘图 ······ 107

5.2.1　绘制多段线 ······ 108

5.2.2　编辑多段线 ······ 110

5.3　利用样条曲线绘图 ······ 113

5.4　绘制曲线与参照几何图形命令 ······ 118

5.4.1　螺旋线 ······ 118

5.4.2　修订云线 ······ 120

5.5　综合范例 ······ 122

5.5.1　范例一：绘制建筑户型图 ······ 122

5.5.2　范例二：绘制健身器材 ······ 125

第 6 章　面域、填充与渐变绘图 ······ 130

6.1　面域 ······ 131

6.1.1　创建面域 ······ 131

6.1.2　对面域进行布尔操作 ······ 132

6.1.3　使用 massprop 命令提取面域质量特性 ······ 135

6.2　填充的概述 ······ 135

6.3　图案填充 ······ 137

6.3.1　图案填充的概述 ······ 137

6.3.2　创建无边界的图案填充 ······ 143

6.4　渐变色填充 ······ 144

6.4.1　设置渐变色 ······ 144

6.4.2　创建渐变色填充 ······ 146

6.5　区域覆盖 ······ 147

6.6　测量与面积、体积计算 ······ 149

6.6.1　测量距离、半径和角度 ······ 149

6.6.2　面积与体积的计算 ······ 153

6.7　综合范例 ······ 159

6.7.1　范例一：利用面域绘制图形 ······ 159

6.7.2　范例二：对图形进行图案填充 ······ 161

第 7 章　常规变换作图 ······ 164

7.1　利用夹点变换操作图形 ······ 165

7.1.1　夹点的定义和设置 ······ 165

7.1.2 利用夹点拉伸图形……166
7.1.3 利用夹点移动图形……167
7.1.4 利用夹点修改图形……168
7.1.5 利用夹点缩放图形……169
7.2 删除图形……170
7.3 移动……171
7.3.1 移动对象……171
7.3.2 旋转对象……173
7.4 副本的变换操作……175
7.4.1 复制对象……175
7.4.2 镜像对象……176
7.4.3 阵列对象……178
7.4.4 偏移对象……180
7.5 综合范例……183
7.5.1 范例一：绘制法兰盘……184
7.5.2 范例二：绘制机制夹具……187

第 8 章 修改图形……194

8.1 对象的常规修改……195
8.1.1 缩放对象……195
8.1.2 拉伸对象……196
8.1.3 修剪对象……197
8.1.4 延伸对象……199
8.1.5 拉长对象……201
8.1.6 倒角……203
8.1.7 倒圆角……206
8.2 对象的合并与分解……208
8.2.1 打断对象……208
8.2.2 合并对象……209
8.2.3 分解对象……210
8.3 编辑对象特性……210
8.3.1 【特性】选项板……210
8.3.2 特性匹配……211
8.4 综合范例……212
8.4.1 范例一：将辅助线转化为图形轮廓线……212
8.4.2 范例二：绘制凸轮……215
8.4.3 范例三：绘制定位板……217
8.4.4 范例四：绘制垫片……220

第 9 章 高效辅助作图技巧…224
9.1 捕捉、追踪与正交绘图…225
9.1.1 设置栅格的捕捉选项…225
9.1.2 栅格显示…225
9.1.3 对象捕捉模式…226
9.1.4 对象追踪模式…231
9.1.5 正交模式…236
9.2 巧用角度替代与动态输入…238
9.2.1 角度替代…238
9.2.2 动态输入…239
9.3 图形的更正与删除…242
9.3.1 更正错误工具…242
9.3.2 删除对象工具…243
9.3.3 Windows 剪贴板工具…244
9.4 对象的选择技巧…245
9.4.1 常规选择…245
9.4.2 快速选择…246
9.4.3 过滤选择…248
9.5 综合范例…250
9.5.1 范例一：绘制简单零件的二视图…250
9.5.2 范例二：利用栅格捕捉功能绘制墙面拼花图形…255
9.5.3 范例三：利用对象捕捉功能绘制大理石拼花…256
9.5.4 范例四：利用交点和平行捕捉功能绘制防护栏…258
9.5.5 范例五：利用捕捉自模式绘制三桩承台…260
第 10 章 用块作图…262
10.1 块的概述…263
10.1.1 块的定义…263
10.1.2 块的特点…263
10.2 定义和参照块…264
10.2.1 创建块…264
10.2.2 插入块…268
10.2.3 删除块…271
10.2.4 存储并参照块…272
10.2.5 嵌套块…273
10.2.6 间隔插入块…274
10.2.7 多重插入块…274

10.2.8 创建块库 ……275
10.3 块编辑器 ……276
10.3.1 【块编辑器】选项卡 ……277
10.3.2 块编写选项板 ……278
10.4 动态块 ……279
10.4.1 动态块的概述 ……279
10.4.2 向块中添加动态元素 ……280
10.4.3 创建动态块 ……281
10.5 块的属性 ……284
10.5.1 块属性的特点 ……284
10.5.2 定义块属性 ……285
10.5.3 编辑块属性 ……288
10.6 外部参照 ……289
10.6.1 使用外部参照 ……289
10.6.2 外部参照管理器 ……291
10.6.3 附着外部参照 ……292
10.6.4 拆离外部参照 ……292
10.6.5 外部参照应用范例 ……293
10.7 剪裁外部参照与光栅图像 ……295
10.7.1 剪裁外部参照 ……296
10.7.2 光栅图像 ……298
10.7.3 附着图像 ……298
10.7.4 调整图像 ……301
10.7.5 图像边框 ……302
10.8 综合范例：标注零件图表面粗糙度 ……303

第 11 章 参数驱动作图 ……307

11.1 图形参数化绘图的概述 ……308
11.1.1 几何约束关系 ……308
11.1.2 标注约束关系 ……308
11.2 几何约束 ……309
11.2.1 手动约束 ……309
11.2.2 自动约束 ……313
11.2.3 约束设置 ……314
11.2.4 几何约束的显示与隐藏 ……316
11.3 尺寸驱动约束 ……316
11.3.1 标注约束类型 ……317
11.3.2 约束模式 ……318

11.3.3 标注约束的显示与隐藏 ······318
11.4 约束管理 ······319
11.4.1 删除约束 ······319
11.4.2 参数管理器 ······319
11.5 综合范例：绘制减速器透视孔盖 ······320

第 12 章 图纸中的尺寸标注 ······324

12.1 AutoCAD 图纸尺寸标注的基础知识 ······325
12.1.1 尺寸标注的组成 ······325
12.1.2 尺寸标注的类型 ······326
12.1.3 标注样式管理器 ······327
12.2 标注样式的创建与修改 ······328
12.3 基本尺寸标注工具 ······331
12.3.1 线性标注 ······331
12.3.2 角度标注 ······332
12.3.3 半径标注和直径标注 ······333
12.3.4 弧长标注 ······334
12.3.5 坐标标注 ······335
12.3.6 对齐标注 ······336
12.3.7 折弯标注 ······336
12.3.8 打断标注 ······338
12.3.9 倾斜标注 ······338
12.4 快速标注工具 ······341
12.4.1 快速标注 ······341
12.4.2 基线标注 ······341
12.4.3 连续标注 ······342
12.4.4 调整间距 ······343
12.5 其他标注样式 ······347
12.5.1 形位公差标注 ······348
12.5.2 多重引线标注 ······349
12.6 编辑标注 ······349
12.7 综合范例 ······351
12.7.1 范例一：标注曲柄零件尺寸 ······352
12.7.2 范例二：标注泵轴尺寸 ······360

第 13 章 图纸中的文字与表格注释 ······365

13.1 文字注释的概述 ······366
13.2 使用文字样式 ······366
13.2.1 创建文字样式 ······366

13.2.2 修改文字样式 ……367
13.3 单行文字 ……367
13.3.1 创建单行文字 ……368
13.3.2 编辑单行文字 ……369
13.4 多行文字 ……371
13.4.1 创建多行文字 ……371
13.4.2 编辑多行文字 ……377
13.5 符号与特殊字符 ……378
13.6 表格的创建与编辑 ……379
13.6.1 新建表格样式 ……379
13.6.2 创建表格 ……382
13.6.3 修改表格 ……384
13.6.4 【表格单元】选项卡 ……388
13.7 综合范例 ……391
13.7.1 范例一：在机械零件图样中建立表格 ……391
13.7.2 范例二：在立面图中添加文字注释 ……395

第 14 章 图层、特性与样板制作 ……399

14.1 图层的概述 ……400
14.1.1 图层特性管理器 ……400
14.1.2 图层工具 ……405
14.2 操作图层 ……412
14.2.1 关闭/打开图层 ……412
14.2.2 冻结/解冻图层 ……413
14.2.3 锁定/解锁图层 ……414
14.3 图形特性 ……416
14.3.1 修改对象特性 ……416
14.3.2 匹配对象特性 ……417
14.4 CAD 标准图纸样板 ……419

第 15 章 在 AutoCAD 中建立三维模型 ……425

15.1 三维建模的概述 ……426
15.1.1 设置三维视图投影方式 ……426
15.1.2 视图管理器 ……429
15.1.3 设置平面视图 ……433
15.1.4 视觉样式设置 ……434
15.1.5 三维模型的表现形式 ……436
15.1.6 三维 UCS ……437

15.2 简单三维模型的创建 ······440
15.2.1 绘制三维点 ······440
15.2.2 绘制三维多段线 ······442
15.3 由曲线创建实体或曲面 ······442
15.3.1 创建拉伸特征 ······442
15.3.2 创建扫掠特征 ······445
15.3.3 创建旋转特征 ······446
15.3.4 创建放样特征 ······448
15.3.5 创建“按住并拖动”实体 ······451
15.4 创建三维实体图元 ······453
15.4.1 圆柱体 ······453
15.4.2 圆锥体 ······454
15.4.3 长方体 ······456
15.4.4 球体 ······457
15.4.5 棱锥体 ······458
15.4.6 圆环体 ······460
15.4.7 楔体 ······461
15.5 网格曲面 ······461
15.5.1 多段体 ······462
15.5.2 平面曲面 ······463
15.5.3 二维实体填充曲面 ······464
15.5.4 三维面 ······465
15.5.5 旋转网格 ······467
15.5.6 平移曲面 ······468
15.5.7 直纹曲面 ······470
15.5.8 边界曲面 ······471
15.6 综合范例 ······472
15.6.1 范例一：创建基本线框模型 ······472
15.6.2 范例二：法兰盘建模 ······475
15.6.3 范例三：轴承支架建模 ······477
15.6.4 范例四：创建凉亭模型 ······480

第 16 章 在 AutoCAD 中编辑模型 ······488

16.1 基本操作工具 ······489
16.1.1 三维小控件 ······489
16.1.2 三维移动 ······489
16.1.3 三维旋转 ······490
16.1.4 三维缩放 ······490

16.1.5 三维对齐 ······491
16.1.6 三维镜像 ······491
16.1.7 三维阵列 ······492
16.2 三维布尔运算工具 ······493
16.3 曲面编辑工具 ······494
16.4 实体编辑工具 ······497
16.5 综合范例 ······500
16.5.1 范例一：箱体零件建模 ······500
16.5.2 范例二：摇柄手轮建模 ······505
16.5.3 范例三：手动阀门建模 ······508
16.5.4 范例四：创建建筑单扇门的三维模型 ······519
16.5.5 范例五：创建建筑双扇门的三维模型 ······524

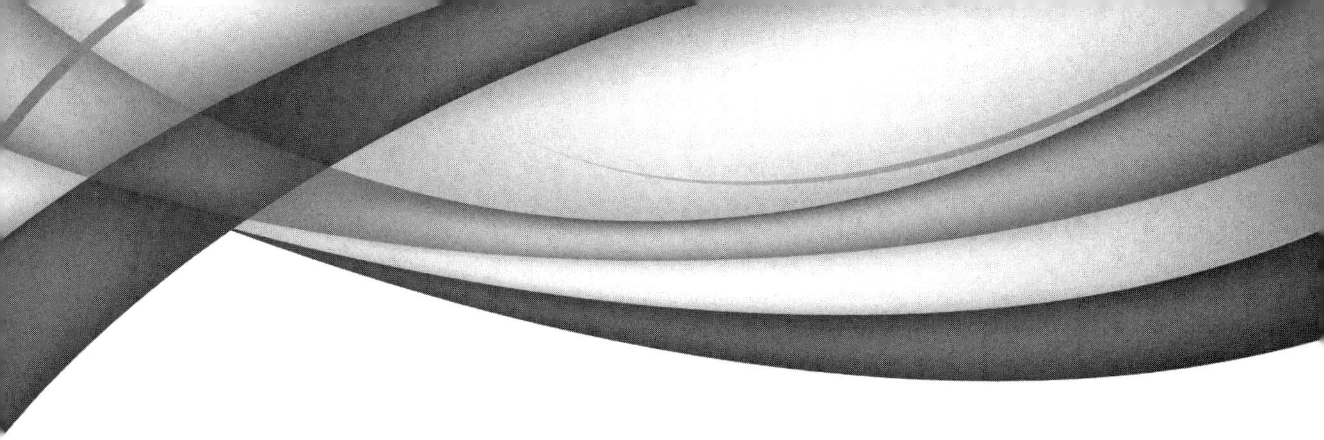

第 1 章 AutoCAD 2022 应用入门

本章内容

有很多零基础读者一直对软件的安装与正常启动感到十分困惑，因为软件升级换代带来的是软件内存越来越大，对系统要求也越来越高。鉴于此，本章课程将详细介绍 AutoCAD 2022 的安装过程，并告知大家在安装过程中需要注意的事项，避免出现安装不成功的情况。

知识要点

- ☑ 初识 AutoCAD
- ☑ AutoCAD 2022 正版软件下载
- ☑ 安装 AutoCAD 2022
- ☑ AutoCAD 2022 主页界面
- ☑ AutoCAD 2022 工作界面

1.1 初识 AutoCAD

计算机辅助设计（Computer Aided Design，CAD）技术的飞速发展，推动着制造业从产品设计、制造到技术管理一系列深刻、全面、具有深远意义的变革，这是产品设计、产品制造业的一场技术革命。

1.1.1 CAD 技术的发展

计算机绘图是 20 世纪 60 年代发展起来的新兴学科，是随着计算机图形学理论及其技术的发展而发展的。图与数在客观上存在着相互对应的关系。将数字化的图形信息交由计算机存储、处理，并通过输出设备将相应图形显示或打印出来，这个过程称为计算机绘图，而研究与计算机绘图相关领域中各种理论与实际问题的学科称为计算机图形学（Computer Graphics）。

20 世纪 40 年代中期，美国诞生了世界上第一台电子计算机，这是 20 世纪科学技术领域的一个重要成就。

20 世纪 50 年代，第一台图形显示器作为美国麻省理工学院（MIT）研制的旋风 I 号（Whirlwind I）计算机的附件诞生。该显示器可以显示一些简单的图形，但因其只能进行显示输出，故称其为“被动式”图形处理。随后，MIT 林肯实验室在“旋风”I 号计算机上开发 SAGE 空中防御系统时第一次使用了具有指挥和控制功能的 CRT（Cathode Ray Tube，阴极射线管）显示器。利用该显示器，使用者可以用光笔进行简单的图形交互操作，这预示着交互式计算机图形处理技术的诞生。

20 世纪 60 年代是交互式计算机图形学发展的重要时期。1962 年，MIT 林肯实验室的 Ivan.E.Sutherland 在其博士论文《Sketchpad：一个人-机通信的图形系统》中，首次提出了“计算机图形学”这个术语，他开发的 Sketchpad 图形软件包可以实现在计算机屏幕上进行图形显示与修改的交互操作。在此基础上，美国的一些大公司和实验室开展了对计算机图形学的大规模研究。

20 世纪 70 年代，交互式计算机图形处理技术日趋成熟，在此期间出现了与其相关的大量研究成果。与此同时，基于电视技术的光栅扫描显示器的出现也极大地推动了计算机图形学的发展。20 世纪 70 年代末至 20 世纪 80 年代中后期，随着工程工作站和微型计算机的出现，计算机图形学进入一个新的发展时期。在此期间相继推出了相关的图形标准，如计算机图形接口（Computer Graphics Interface，CGI）、计算机图形核心系统（Graphics Kernal System，GKS）、程序员分层交互图形系统（Programmer's Hierarchical Interactive Graphics System，PHIGS）、初始图形交换规范（Initial Graphics Exchange Specification，IGES）及产品模型数据交换标准（Standard for Exchange of Product Model Data，STEP Model Data）等。

随着计算机硬件系统功能的不断提升、软件系统的不断完善，计算机绘图已被广泛应用于各个相关领域，并发挥出愈来愈大的作用。

1.1.2　CAD 系统的组成

CAD 系统由硬件系统和软件系统组成。其中，软件系统是 CAD 系统的核心，而相应的硬件系统则为软件系统的正常运行提供了基础保障和运行环境。另外，任何功能强大的 CAD 系统都只是一个辅助工具，系统的运行离不开使用该系统的技术人员的创造性思维活动。因此，使用 CAD 系统的技术人员也属于系统组成的一部分，将软件系统、硬件系统及技术人员这三者有效地融合在一起，是发挥 CAD 系统强大功能的前提。

1．硬件系统

硬件系统通常是指可以进行计算机绘图作业的独立硬件环境，主要由计算机主机、输入设备（如键盘、鼠标、扫描仪）、输出设备（如显示器、绘图仪、打印机）、信息存储设备（主要指外存，如硬盘、软盘、光盘）及网络设备、多媒体设备等组成，如图 1-1 所示。

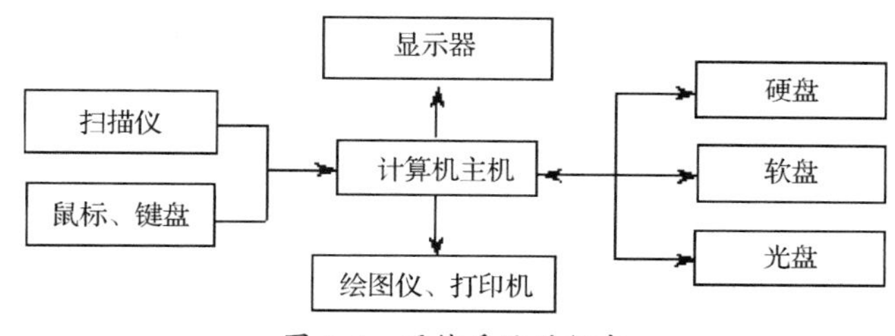

图 1-1　硬件系统的组成

2．软件系统

在 CAD 系统中，软件配置的高低决定着整个系统的性能优劣，是 CAD 系统的核心。CAD 系统的软件可分为系统软件、支撑软件和应用软件（模块）。

- 系统软件：如 Windows XP。
- 支撑软件：一般的三维、二维图形软件，如 UG、Pro/E、AutoCAD 等。
- 应用软件（模块）：AutoCAD 中的二维草图与注释、三维建模等应用模块。

1.1.3　AutoCAD 的基本概念

AutoCAD 是一款大众化的图形设计软件，其中“Auto”是 Automation 的词头，意思是“自动化”；“CAD”是 Computer Aided Design 的缩写，意思是“计算机辅助设计”；而“2022”则表示 AutoCAD 的版本号，不过按照 Autodesk 公司的习惯，基本都是提前一年推出下一年的新版本。

另外，AutoCAD 早期版本是以版本的升级顺序进行命名的，如第一个版本为“AutoCAD R1.0”、第二个版本为“AutoCAD R2.0”等，此软件发展到 2000 年以后，则变为以年代作为软件的版本名，如 AutoCAD 2000、AutoCAD 2002、AutoCAD 2004、AutoCAD 2007、AutoCAD 2008、AutoCAD 2009……直至目前的最新版本 AutoCAD 2022。

1.2　AutoCAD 2022 正版软件的下载与安装

除通过正规渠道购买 AutoCAD 2022 以外，Autodesk 公司还在其官方网站提供 AutoCAD 2022 的免费下载服务。

1.2.1　系统配置要求

在独立的计算机上安装 AutoCAD 2022 之前，请确保计算机满足最低系统配置要求。

安装 AutoCAD 2022 时，将自动检测 Windows 7、Windows 8 或 Windows 10 的系统类型是 32 位操作系统还是 64 位操作系统。AutoCAD 2022 目前仅适用于 64 位操作系统。

对于 64 位操作系统的 AutoCAD 2022 配置要求如下所述。

- Windows 10 系统的家庭版、企业版或专业版。
- 支持 SSE2 技术的 AMD Opteron（皓龙处理器），支持英特尔 EM64T 和 SSE2 技术的英特尔至强处理器，支持英特尔 EM64T 和 SSE2 技术的奔腾 4 的 Athlon64，处理器频率建议在 3GHz 以上。
- 1GB GPU（推荐使用 4GB），具有 29GB/s 带宽，与 DirectX11 兼容。4GB GPU，具有 106GB/s 带宽，与 DirectX12 兼容。
- 内存建议使用 16GB。
- 10GB 的磁盘空间用于安装。
- 1920×1080 显示分辨率真彩色（推荐 3840×2160）。
- Internet Explorer 10 或更高版本的 Web 浏览器。
- .NET Framework 4.8 或更高版本。
- 使用与 Microsoft 鼠标兼容的指针设备。

1.2.2　下载及在线安装 AutoCAD 2022

在独立的计算机上安装 AutoCAD 2022 之前，请确保计算机连接网络。

动手操作——AutoCAD 2022 官网下载

① 首先打开计算机上安装的任意一款浏览器，并在相应位置输入正确的网址，进入 Autodesk 官网。在首页标题栏中选择【产品】|【启动试用版】选项，如图 1-2 所示，进入免费试用软件的操作页面。

② 在【查找产品】栏的【免费试用版】下拉列表中选择【AutoCAD 产品】选项，如图 1-3 所示。

③ 从下方的【结果】区域中找到并选择 AutoCAD 产品，进入 AutoCAD 产品介绍页面，单击【下载免费试用版】按钮，如图 1-4 所示，进入下载页面。

图 1-2　Autodesk 官网首页

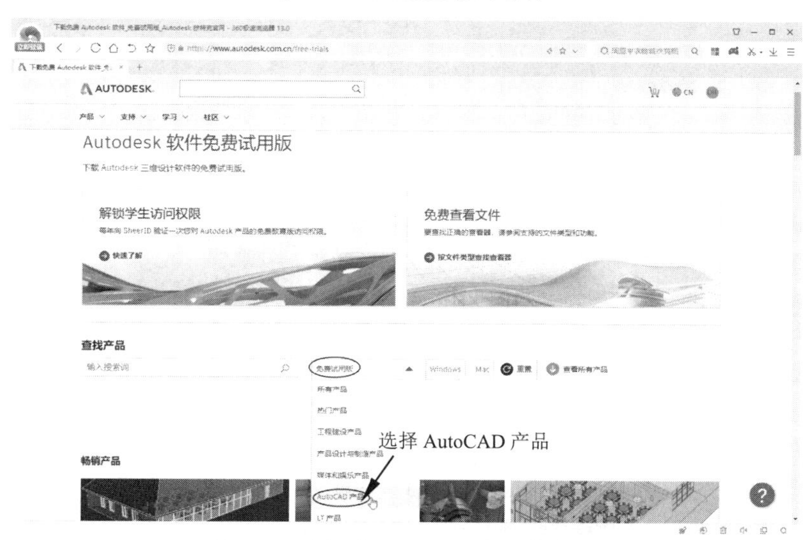

图 1-3　选择【AutoCAD 产品】选项

图 1-4　单击【下载免费试用版】按钮

④ 首先新用户要注册一个账号才能下载 AutoCAD 试用版，此外还要填写用户所在单位及所在地信息。如果用户已经注册了 Autodesk 官网账号，可以立即登录。然后在 AutoCAD 产品下载页面设置 AutoCAD 试用版的语言和操作系统，且仍然需要填写用户所在单位及所在地信息。最后单击【开始下载】按钮，进入在线安装 AutoCAD 2022 的环节。图 1-5 所示为下载 AutoCAD 2022 的安装器。

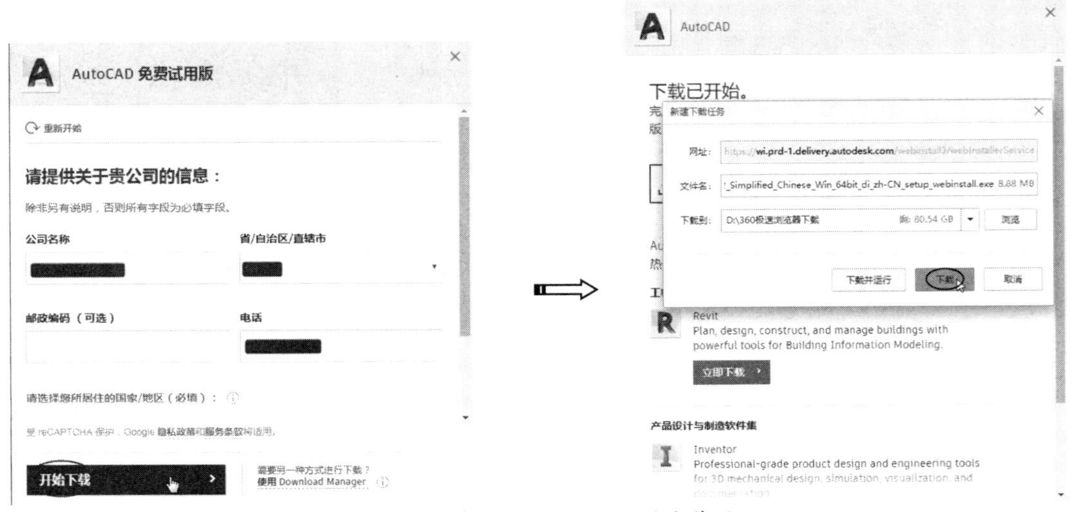

图 1-5　下载 AutoCAD 2022 的安装器

提醒一下：

在安装 AutoCAD 2022 时，用户一定要查看自己计算机的系统类型是 32 位还是 64 位。查看方法：在 Windows7/Windows8/Windows10 系统桌面的【计算机】或【此电脑】图标上右击，在打开的右键快捷菜单中执行【属性】命令，弹出系统控制面板，随后就可以查看自己计算机的系统类型是 32 位操作系统还是 64 位操作系统了，如图 1-6 所示。AutoCAD 2022 目前不能安装在 Windows7 的 32 位操作系统上，所以安装软件前请保证计算机系统升级到 Windows7 的 64 位操作系统。建议用户将 AutoCAD 2022 安装在有 Windows10 系统的计算机中，以便提供一个更加良好的计算环境。

图 1-6　查看系统类型

动手操作——安装 AutoCAD 2022

① 完成安装器的下载后，系统会自动启动安装器，随后打开安装 AutoCAD 2022 的【法律协议】对话框，勾选【我同意使用条款】复选框，单击【下一步】按钮继续安装，如图 1-7 所示。

② 在打开的【选择安装位置】对话框中选择 AutoCAD 2022 的安装位置，并单击【下一步】按钮，如图 1-8 所示。

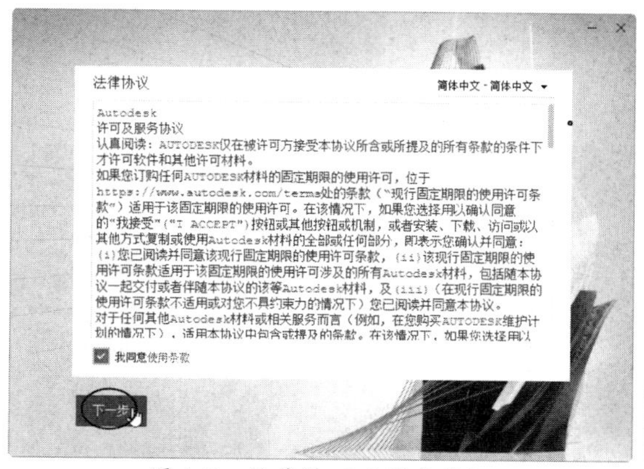

图 1-7　接受许可及服务协议

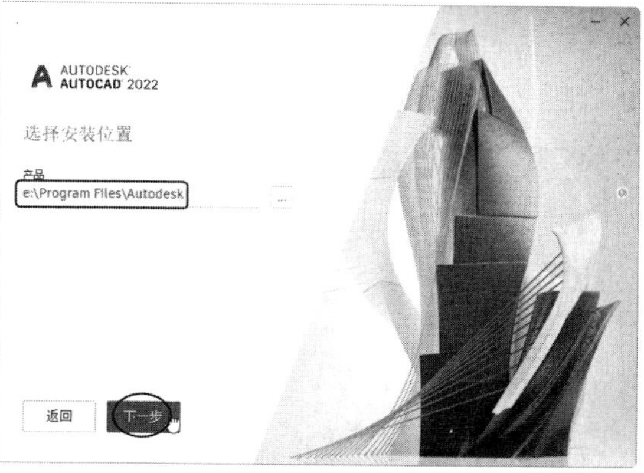

图 1-8　选择安装位置

提醒一下：

建议用户不要安装在默认的 C 盘中，因为各类软件在运行过程中会产生大量的冗余和废弃文件，它们会大量占用 C 盘有限的存储空间。由于有些用户不会清理系统，所以导致后期整个 Windows 系统运行缓慢，更别说使用软件做设计了。无论是什么软件，除软件规定必须安装在 C 盘外，其余的全都安装在非 Windows 系统的安装盘中。

③ 在【选择其他组件】对话框中单击【安装】按钮，安装 AutoCAD 2022，如图 1-9 所示。

④ 所选组件安装完成后，单击【AutoCAD 2022】对话框中的【开始】按钮，启动 AutoCAD 2022，如图 1-10 所示。

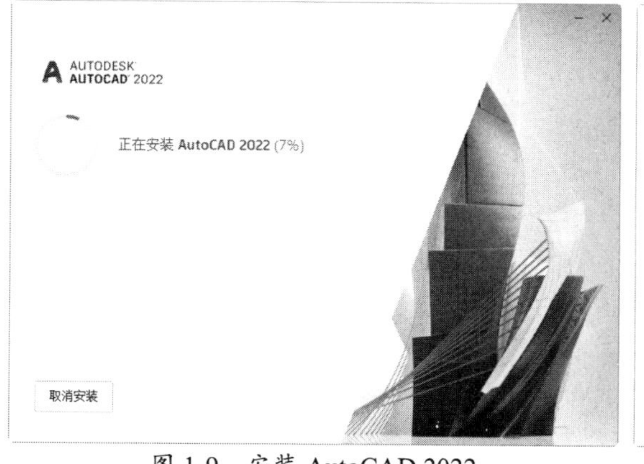

图 1-9　安装 AutoCAD 2022

图 1-10　启动 AutoCAD 2022

⑤ 如果软件只是 AutoCAD 试用版，那么软件的使用期限只有 30 天。如果通过正当渠道购买了软件许可，那么可以单机激活或者网络许可激活。获得许可后将启动 AutoCAD 2022 的主页界面。

1.3 AutoCAD 2022 的主页界面

AutoCAD 2022 的主页界面延续了之前版本的新选项卡功能，但整个界面布局已经全部重新设计过，如图 1-11 所示。通过主页界面可让用户轻松执行各种初始操作，包括访问图形样板文件、最近打开的图形和图纸集、联机和了解选项及通告。

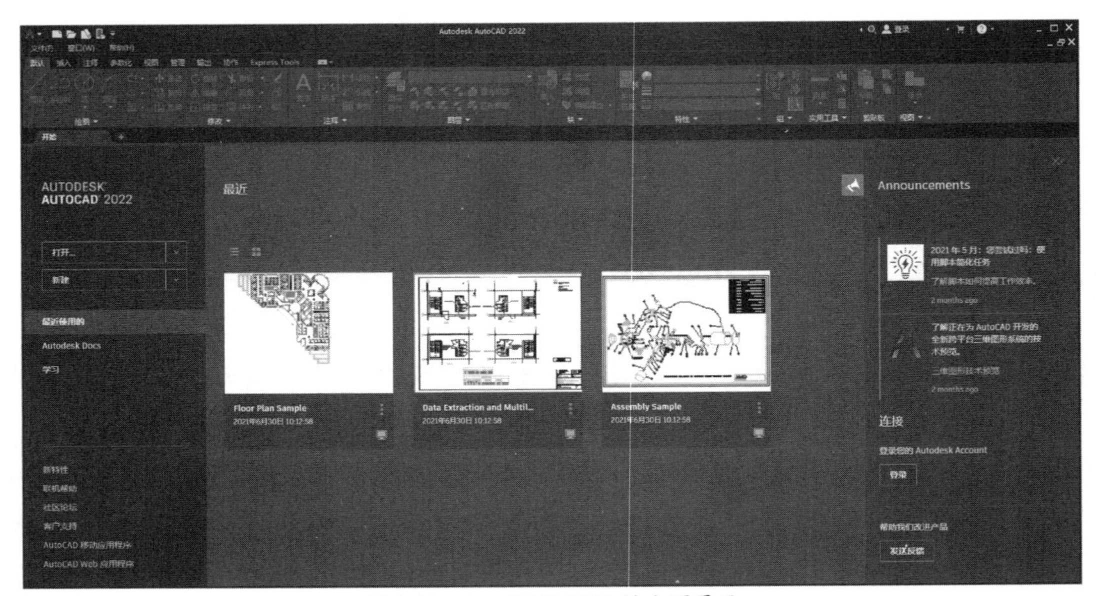

图 1-11 AutoCAD 2022 的主页界面

AutoCAD 2022 的主页界面主要有以下功能。

- 继续工作：从上次离开的位置继续工作。
- 开始新工作：从空白状态、样板内容或已知位置的现有内容开始新工作。
- 了解：浏览产品、学习新技能或提高现有技能、发现产品中的更改内容或接收相关通知。
- 参与：参与客户社区、提供反馈或者联系客户帮助或支持。

1. 继续工作

主页界面的中间位置为【最近】区域。在【最近】区域中可打开之前未完成或已完成的设计文件，以便继续工作或修改设计。每一次的设计仅当用户保存文件后会自动显示在【最近】区域中。

当然用户也可以在主页界面的左侧区域单击【打开】按钮，打开之前保存的文件，继续完成工作。

2．开始新工作

当用户需要创建一个全新的工作时，可在主页界面的左侧区域单击【新建】按钮，系统会自动创建一个制图文件并进入工作界面中。自动创建的制图文件是以 ISO 国际标准作为制图标准的（默认的制图模板文件是 acadiso.dwt）。如果需要切换标准，可在【新建】按钮的右侧单击下拉按钮展开下拉列表，从中选择【浏览模板】选项，从打开的【选择模板】对话框中选择所需的标准模板，如图 1-12 所示。

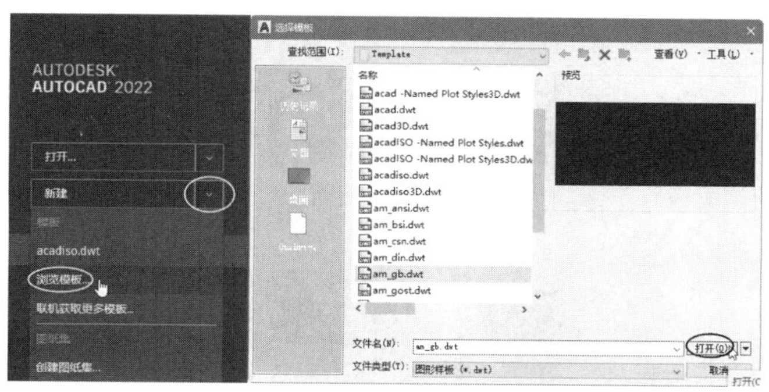

图 1-12　选择所需的标准模板

提醒一下：

关于 AutoCAD 2022 的“模板”，这里想说明的是，所谓“模板”就是一个包含制图标准和图层管理的属性及特性配置文件。用户可以到任何一个模板中进行相关标准的设定，也可以先打开具有相关标准的模板再进行工作。本章的源文件夹中为用户提供了机械、建筑及电气的国家标准图纸模板文件。可将这些模板文件复制并粘贴到“C:\Users\Administrator\AppData\Local\Autodesk\AutoCAD 2022\R24.1\chs\Template”路径。

3．了解

当用户第一次学习和使用 AutoCAD 2022 时，可在主页界面中浏览产品、学习新技能或提高现有技能、发现产品中的更改内容或接收相关通知。

在主页界面左侧选择【学习】选项，如图 1-13 所示。主页界面的中间位置会显示该选项中有关 AutoCAD 2022 的学习提示与学习视频。

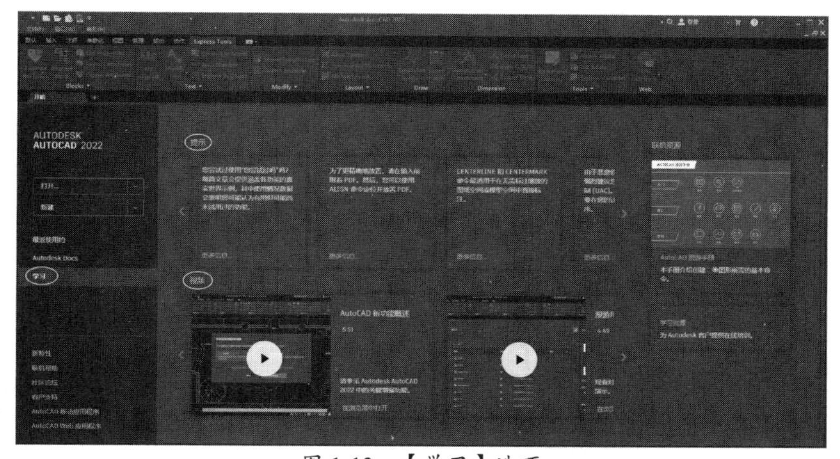

图 1-13　【学习】选项

当用户已经学习和使用 AutoCAD 2022 很长时间后，可在主页界面左侧选择【新特性】选项，通过打开的帮助文档（以网页形式显示官网中的帮助文档）了解 AutoCAD 2022 的新增功能，如图 1-14 所示。

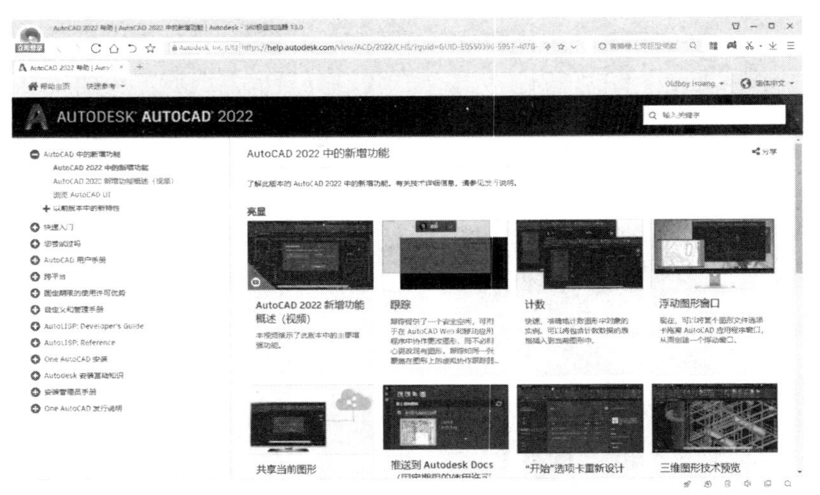

图 1-14　了解 AutoCAD 2022 的新增功能

4．参与

用户在了解 AutoCAD 2022 的新增功能之后，可阅读帮助文档中的功能指令介绍，以帮助用户快速掌握 AutoCAD 2022 的基本技能。如果用户有学习上的疑问，可选择【社区论坛】选项或【客户支持】选项，进入社区论坛交流学习心得及查看常见支持主题，如图 1-15 所示。

图 1-15　查看常见支持主题

1.4　AutoCAD 2022 的工作界面

AutoCAD 2022 提供了二维草图与注释、三维建模和三维基础的工作空间模式。用户在工作状态下可随时切换工作空间模式。

在系统默认状态下，打开的窗口是二维草图与注释空间。二维草图与注释空间的工作界面主要由菜单浏览器、快速访问工具栏、信息搜索中心、菜单栏、功能区、文件选项卡、绘图区、命令行、状态栏等元素组成，如图 1-16 所示。

图 1-16　二维草图与注释空间的工作界面

提醒一下：

初始打开 AutoCAD 2022 时其主题窗口颜色是黑色，跟绘图区的背景颜色一致，如果用户觉得黑色界面会影响视觉观察，那么可以通过在菜单栏中执行【工具】|【选项】命令，打开【选项】对话框。在【显示】选项卡中设置窗口的配色方案为【明】即可，如图 1-17 所示。

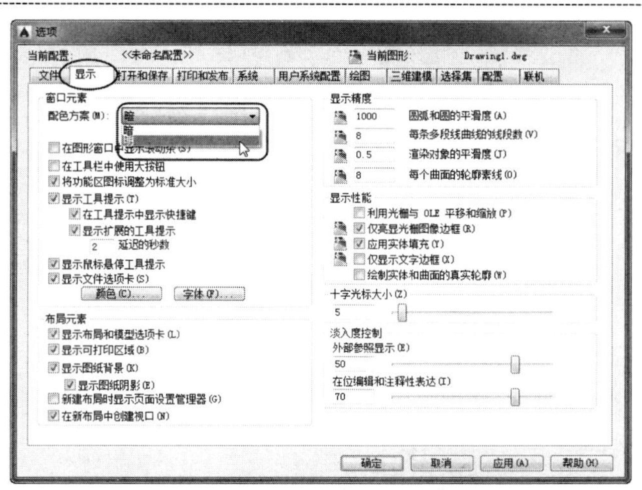

图 1-17　设置窗口的配色方案

提醒一下：

同样，如果需要设置绘图区的背景颜色，也可以在【选项】对话框的【显示】选项卡中进行颜色设置，如图 1-18 所示。

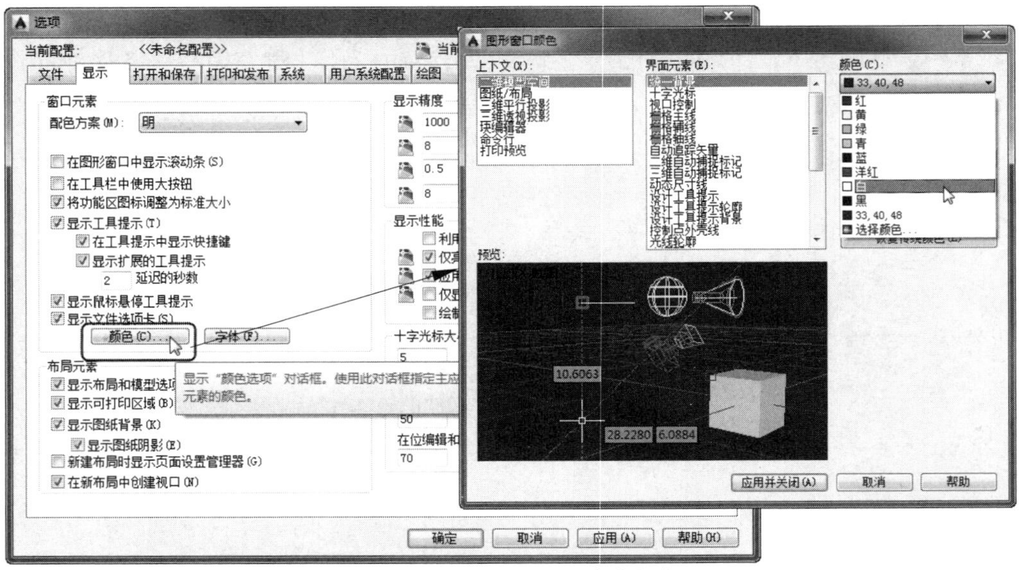

图 1-18　设置绘图区的背景颜色

1．快速访问工具栏

快速访问工具栏用于存储经常访问的命令。该工具栏可以自定义，其中包含由工作空间定义的命令集。用户可以在快速访问工具栏上添加、删除和重新定位命令，还可以按用户的设计需要添加多个命令。如果该工具栏上没有可用空间，那么多出的命令将合并显示为弹出按钮。快速访问工具栏中的工具命令如图 1-19 所示。

图 1-19　快速访问工具栏中的工具命令

快速访问工具栏中还有用于对文件所做更改进行放弃和重做的命令，如图 1-20 所示。

为了使绘图区尽可能最大化，但又便于选择工具命令，用户可以向快速访问工具栏中添加常用的工具命令，如图 1-21 所示。

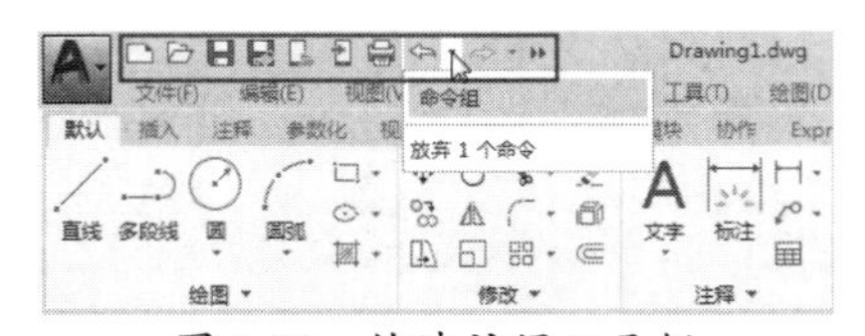

图 1-20　快速访问工具栏

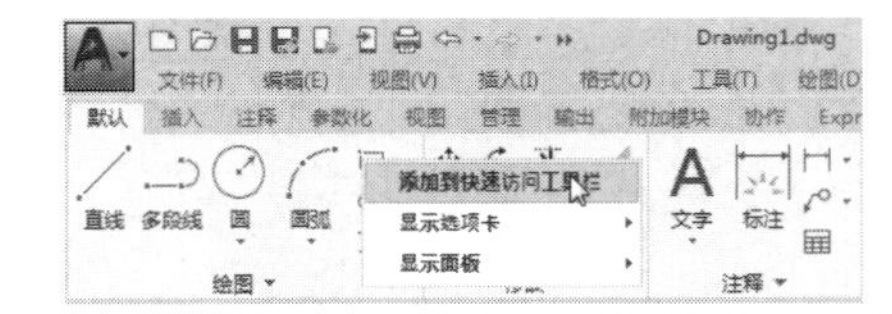

图 1-21　向快速访问工具栏中添加常用的工具命令

（1）【新建】按钮。

【新建】就是创建空白的图形文件。要创建新图形文件，可通过【创建新图形】对话框或【选择样板】对话框来创建。

提醒一下：

默认情况下，创建新图形文件，打开的是【选择样板】对话框，其中系统变量（System Variables）startup 的值设置为 0。要打开【创建新图形】对话框，必须满足两个条件：系统变量 startup 的值设置为 1（开）；系统变量 filedia 的值设置为 1（开）。

用户可通过以下途径来新建图形文件。

- 工具栏：在快速访问工具栏中单击【新建】按钮。
- 菜单栏：执行【文件】|【新建】命令。
- 命令行：输入 startup。

【选择样板】对话框如图 1-22 所示。用户先选择一个 AutoCAD 默认的图形样板，再单击【打开】按钮，即可创建新图形文件。

在命令行中输入 startup，按 Enter 键执行命令后，先将系统变量 startup 的值设置为 1，然后在快速访问工具栏中单击【新建】按钮，打开【创建新图形】对话框，如图 1-23 所示。用户通过该对话框选择图纸的【英制】单选按钮或【公制】单选按钮，以此创建新图形文件。

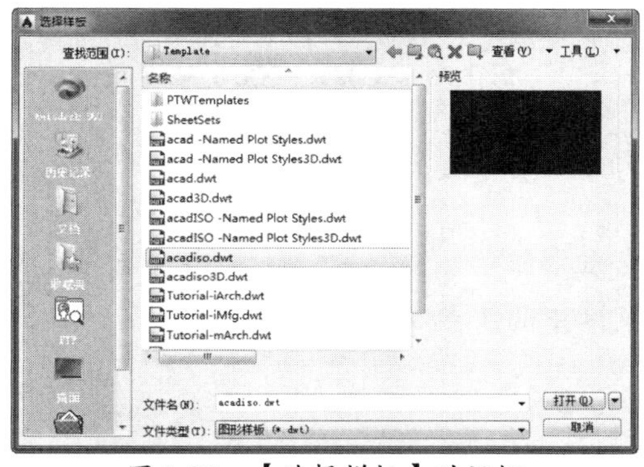

图 1-22　【选择样板】对话框

图 1-23　【创建新图形】对话框

（2）【打开】按钮。

【打开】就是从计算机硬盘中打开已有的 AutoCAD 图形文件。

单击【打开】按钮后，打开【选择文件】对话框，如图 1-24 所示。用户在图形文件存放路径下选择一个图形文件，单击【打开】按钮，即可在绘图区中打开已有的图形文件。

（3）【保存】按钮。

【保存】就是保存当前的图形。单击【保存】按钮后，系统自动对当前工作状态下的图形文件进行保存。

提醒一下：

如果图形已被命名，那么系统将用【选项】对话框的【打开和保存】选项卡中指定的文件格式保存该图形，而不要求用户指定文件名称。如果图形未命名，那么将打开【图形另存为】对话框，并以用户指定的名称和格式保存该图形。

（4）【打印】按钮。

【打印】就是通过外设将图形文件打印到绘图仪、打印机。

- 工具栏：在快速访问工具栏中单击【打印】按钮。
- 菜单栏：执行【文件】|【打开】命令。
- 面板：在功能区【输出】选项卡的【打印】面板中单击【打印】按钮。

- 命令行：输入 plot。

先单击【打印】按钮，打开【打印-模型】对话框，如图 1-25 所示。再按照用户自定义的设置，单击【确定】按钮，即可打印图形文件。

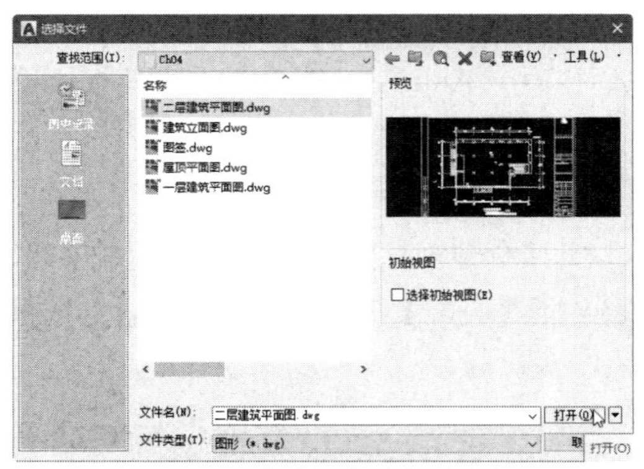
图 1-24 【选择文件】对话框

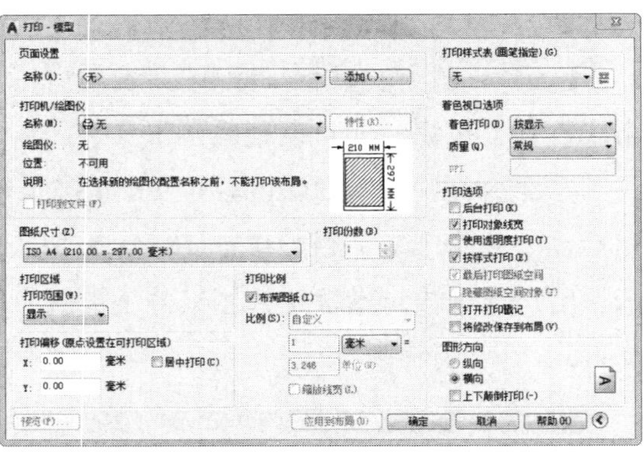
图 1-25 【打印-模型】对话框

（5）【放弃】按钮。

【放弃】就是撤销上一次的操作。

- 工具栏：在快速访问工具栏中单击【放弃】按钮。
- 右键快捷菜单：在绘图区执行右键快捷菜单中的【放弃】命令。
- 命令行：输入 u。

（6）【重做】按钮。

【重做】就是恢复上一个用 undo 命令或 u 命令放弃的效果。

- 工具栏：在快速访问工具栏中单击【重做】按钮。
- 右键快捷菜单：在绘图区执行右键快捷菜单中的【重做】命令。
- 命令行：输入 mredo。

2. 信息搜索中心

信息搜索中心在系统的右上方，可以通过在其中键入关键字或短语来搜索信息、显示【通信中心】面板以获取产品更新信息和通告，还可以显示【收藏夹】面板以访问保存的主题。信息搜索中心包括的工具如图 1-26 所示。

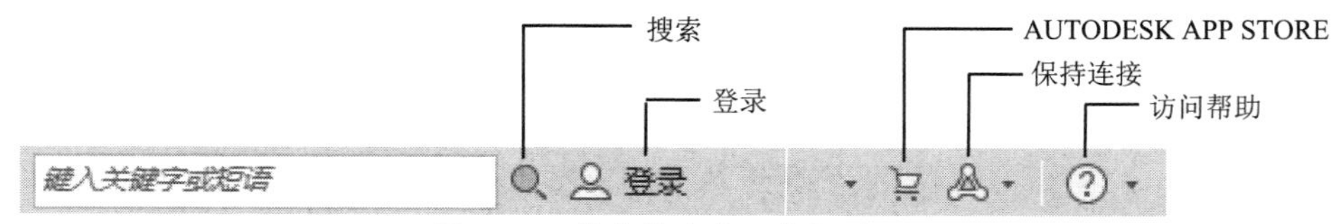

图 1-26 信息搜索中心包括的工具

（1）【搜索】按钮。

【搜索】主要用来搜索系统默认设置的文件和其他帮助文档。用户在信息搜索中心的文本框内键入要搜索信息的关键字后（如直线），按 Enter 键或单击【搜索】按钮，系统开始自动搜索出用户所需的文件及帮助文档，并把搜索的结果作为链接显示在【Autodesk

AutoCAD 2022-帮助】窗口中，如图 1-27 所示。

图 1-27　【Autodesk AutoCAD 2022-帮助】窗口

（2）【登录】按钮。

利用此按钮可登录用户的 Autodesk 360 账户，并通过账户来访问 Autodesk 网站。图 1-28 所示为 Autodesk 360 登录界面。

Autodesk 360 是具有基于云的服务和文件存储设施的设计工作空间，它支持团队成员之间的协作，如图 1-29 所示。可以在禁用状态下配置它以进行安装，然后根据需要进行启用。要执行此操作，请在配置面板上取消勾选【启用 Autodesk 360】复选框。

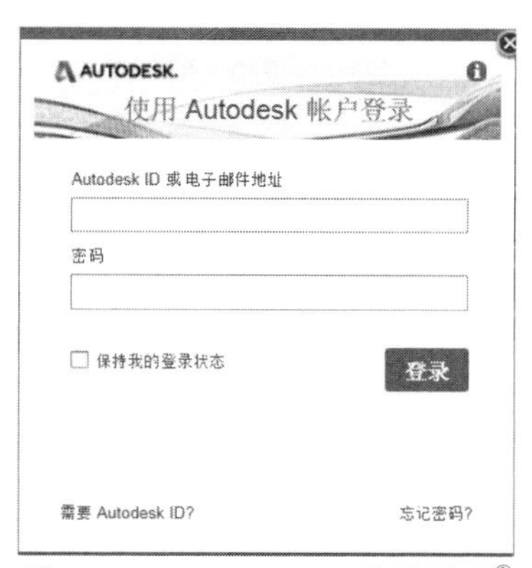

图 1-28　Autodesk 360 登录界面①

图 1-29　在 360 云中创建、协作和计算

（3）【AUTODESK APP STORE】按钮。

AUTODESK APP STORE（欧特克应用商店）为用户提供免费、试用及付费的设计插件。

① 软件图中“帐户”的正确写法是“账户”。

单击【AUTODESK APP STORE】按钮，打开官方网站中的 AUTODESK APP STORE 页面，如图 1-30 所示。

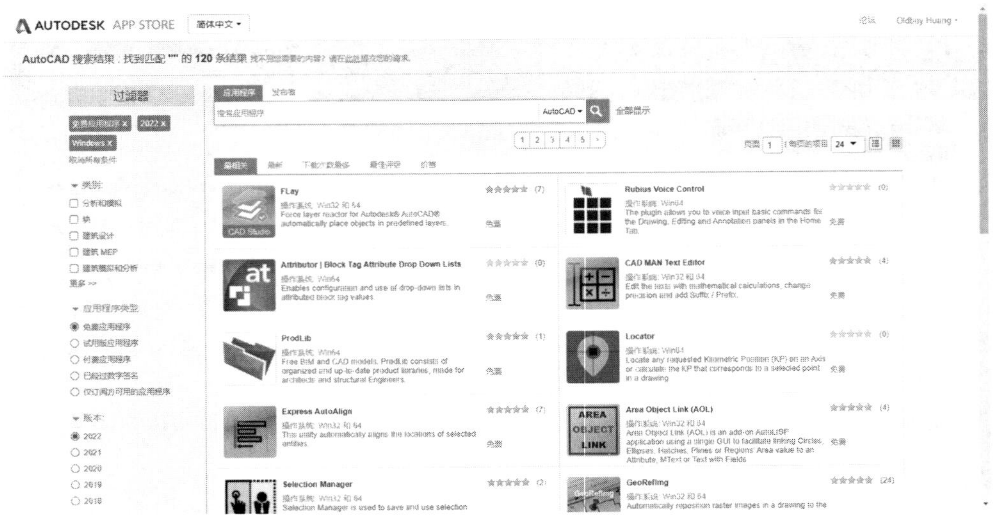

图 1-30　AUTODESK APP STORE 页面

进入 AUTODESK APP STORE 时，也需要用户登录才能进行操作。先通过 AUTODESK APP STORE 页面左侧的过滤器，过滤出复合软件版本、行业性质及付费类型的插件，然后单击插件随即进入插件下载页面即可完成插件的下载及安装。

（4）【保持连接】按钮。

单击【保持连接】按钮，可与 Autodesk 官网和社交媒体保持连接，可以借助最新的产品信息、资讯和事件掌握最新情况，并能查看产品公告视频、新功能演示和广播。

图 1-31　菜单浏览器

3. 菜单浏览器

用户可通过访问菜单浏览器来进行一些简单的操作。默认情况下，菜单浏览器位于系统窗口的左上角，如图 1-31 所示。

通过菜单浏览器可查看、排列和访问最近打开的文档。

用户可通过最近使用的文档列表查看最近使用的文档，也可通过文档右侧的图钉按钮使文档保持在列表中，不论之后是否又保存了其他文档，该文档将显示在最近使用的文档列表底部，直至关闭图钉按钮。

4. 菜单栏

菜单栏位于标题栏或快速访问工具栏的下侧，如图 1-32 所示。

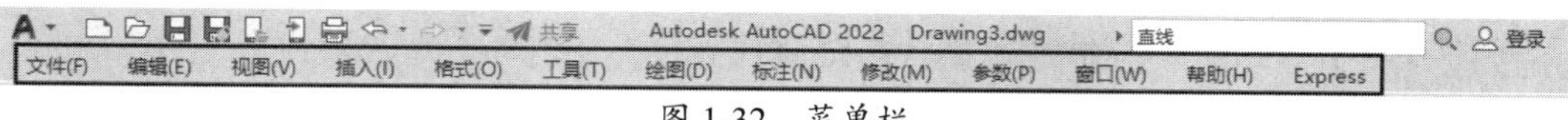

图 1-32　菜单栏

默认状态下菜单栏是不显示的。显示菜单栏的具体操作：在标题栏的工作空间右侧单击下拉按钮展开下拉菜单，执行【显示菜单栏】命令，就可以调出菜单栏，如图 1-33 所示。

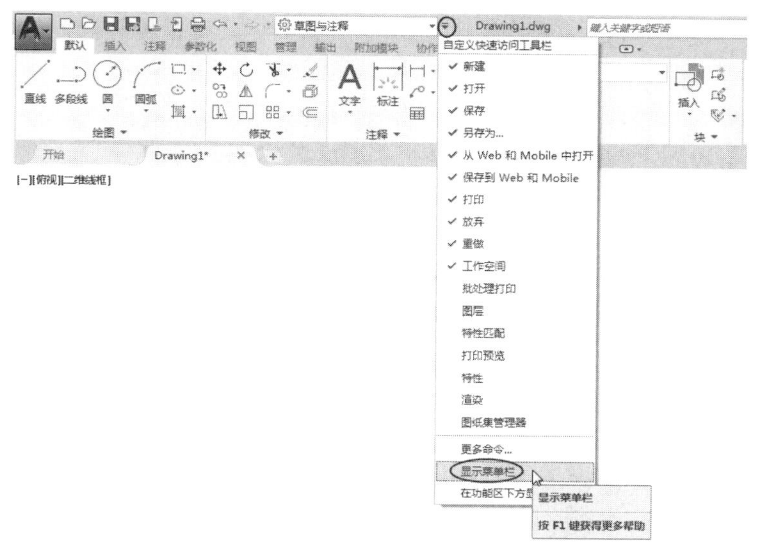

图 1-33　显示菜单栏

提醒一下：

要关闭菜单栏，执行相同的操作，执行【隐藏菜单栏】命令即可。

AutoCAD 的常用制图和管理编辑等工具都排列在菜单栏中。用户可以非常方便地使用各主菜单中的相关菜单命令，进行相关的绘图操作。

AutoCAD 2022 为用户提供了【文件】、【编辑】、【视图】、【插入】、【格式】、【工具】、【绘图】、【标注】、【修改】、【参数】、【窗口】、【帮助】12 个主菜单。各菜单的主要功能如下。

- 【文件】菜单用于对图形文件进行设置、管理和打印发布等。
- 【编辑】菜单用于对图形进行一些常规的编辑，包括复制、粘贴、链接等。
- 【视图】菜单用于调整和管理视图，以方便视图内图形的显示。
- 【插入】菜单用于向当前文件中引用外部资源，如块、参照、图像等。
- 【格式】菜单用于设置与绘图环境有关的参数和样式等，如绘图单位、颜色、线型、文字、尺寸样式等。
- 【工具】菜单用于为用户设置一些辅助工具和常规的资源组织管理工具。
- 【绘图】菜单是一个二维和三维图元的绘制菜单，几乎所有的绘图和建模工具都包含在此菜单内。
- 【标注】菜单专门用于为图形标注尺寸，它包含了所有与尺寸标注相关的工具。
- 【修改】菜单是一个很重要的菜单，用于对图形进行修整、编辑和完善。
- 【参数】菜单用于管理和设置图形创建的各种参数。
- 【窗口】菜单用于对 AutoCAD 文档窗口和工具栏状态进行控制。

- 【帮助】菜单用于为用户提供一些帮助性的信息。

菜单栏最右侧的按钮是 AutoCAD 文件的窗口控制按钮，如【最小化】按钮、【还原/最大化】按钮/、【关闭】按钮，用于控制图形文件窗口的显示。

5. 功能区

功能区代替了 AutoCAD 众多的工具栏，以面板的形式将各工具按钮分门别类地集合在选项卡内，如图 1-34 所示。

图 1-34 功能区

用户在调用工具按钮时，只需在功能区中展开相应选项卡，并在所需面板上单击相应按钮即可。由于在使用功能区时，无须再显示 AutoCAD 的工具栏，因此，使得系统窗口变得简洁有序。通过简洁的界面，功能区可以将可用的绘图区最大化。

6. 绘图区

绘图区位于工作界面的正中央，即被功能区和命令行所包围的整个区域，此区域是用户的工作区域，图形的设计与修改工作就是在此区域内进行操作的。默认状态下绘图区是一个无限大的电子屏幕，任何尺寸的图形都可以在绘图区中绘制并灵活显示。

当移动光标时，绘图区会出现一个随光标移动的十字符号，此符号为十字光标，它由拾点光标和选择光标叠加而成，其中拾点光标是点的坐标拾取器，当执行绘图命令时，随光标移动的符号显示为拾点光标；选择光标是对象拾取器，当选择对象时，随光标移动的符号显示为选择光标；当没有任何命令执行的前提下，随光标移动的符号显示为十字光标。光标的 3 种状态如图 1-35 所示。

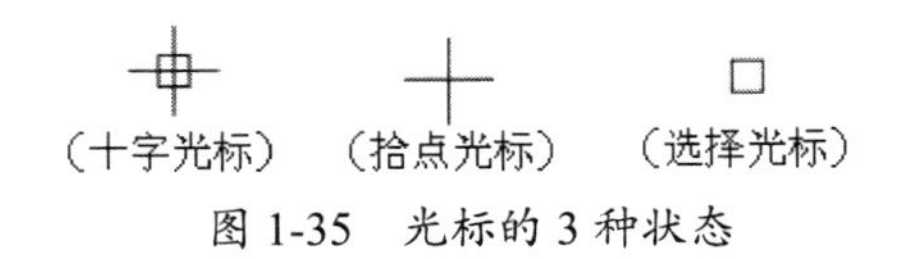

图 1-35 光标的 3 种状态

在绘图区左下部显示【模型】选项卡，表示当前工作空间为模型空间，通常在模型空间进行绘图。单击【布局 1】选项卡或【布局 2】选项卡可显示布局空间。布局空间主要用于图形的打印输出。单击【新建布局】按钮 + 可创建新的布局选项卡。

7. 命令行

命令行位于绘图区的下侧，它是用户与 AutoCAD 进行数据交流的平台，主要功能就是键入命令、执行命令、进行操作提醒及显示用户当前的操作信息，如图 1-36 所示。

图 1-36 命令行

命令行可以分为命令键入窗口和命令历史窗口两部分，图 1-36 所示的上面几行为命令历史窗口，用于记录执行过的操作信息；下面一行是命令键入窗口，用于提醒用户键入命令或命令选项。

提醒一下：

按 F2 键，系统则会以 AutoCAD 文本窗口的形式显示更多的历史信息，如图 1-37 所示。再次按 F2 键，即可关闭 AutoCAD 文本窗口。单击命令行左侧的【关闭】按钮或按 Ctrl+9 快捷键，可以关闭命令行。要重新显示命令行，可按 Ctrl+9 快捷键或者在菜单栏中执行【工具】|【命令行】命令即可恢复显示。

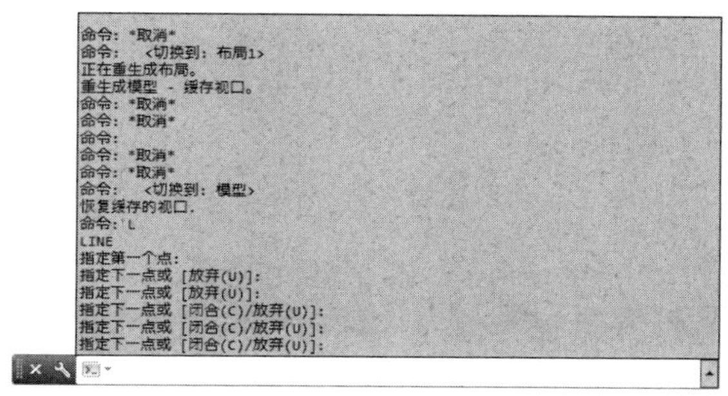

图 1-37　AutoCAD 文本窗口

8．状态栏

状态栏位于 AutoCAD 工作界面的底部，如图 1-38 所示。

状态栏左侧为坐标读数器，用于显示十字光标所处位置的坐标值；坐标读数器的右侧是一些重要的精确绘图功能按钮，主要用于控制点的精确定位和追踪；状态栏右侧的按钮则用于查看布局与图形、注释比例，对工具栏、窗口固定，工作空间切换等，都是一些辅助绘图的工具。

图 1-38　状态栏

单击状态栏右侧的【自定义】按钮 ☰，将打开如图 1-39 所示的状态栏右键快捷菜单，菜单中的各命令与状态栏上的各按钮功能一致。用户可以通过各菜单命令及状态栏中的各按钮进行控制各辅助按钮的开关状态。

图 1-39　状态栏右键快捷菜单

第 2 章

AutoCAD 图形与文件管理

本章内容

本章将介绍 AutoCAD 的文件管理与基本操作方法，主要包括创建、打开、保存 AutoCAD 文件，AutoCAD 的系统变量与命令执行方式，修复或恢复图形文件。本章内容比较关键，如果熟练掌握本章内容，对于用户今后绘图习惯的养成及工作效率的提高都很有帮助。

知识要点

☑ AutoCAD 的文件管理

☑ AutoCAD 的系统变量与命令执行方式

☑ 修复或恢复图形文件

2.1　AutoCAD 的文件管理

每一位初学者在学习 AutoCAD 绘图时必须先学会文件的管理，包括创建、打开和保存 AutoCAD 文件。这里所介绍的 AutoCAD 文件主要是指管理后缀名为 dwg 的图形文件。

2.1.1　创建 AutoCAD 文件

AutoCAD 提供了 3 种文件创建方式，包括从草图开始、使用样板文件和使用向导。

1．从草图开始

先将系统变量 startup 的值设置为 1，再将系统变量 filedia 的值设置为 1。单击快速访问工具栏中的【新建】按钮，打开【创建新图形】对话框，如图 2-1 所示。

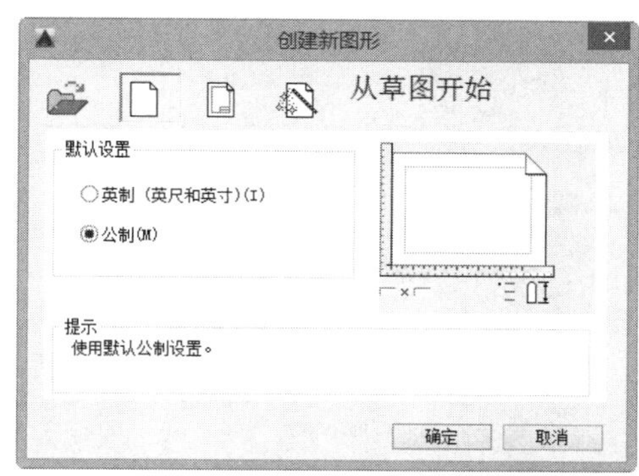

图 2-1　【创建新图形】对话框

提醒一下：

如果不将系统变量 startup 的值设置为 1，默认的 AutoCAD 文件创建方式是使用样板文件。从草图开始这种创建文件的方式与在主页界面中单击【新建】按钮创建新文件的方式是完全相同的。

动手操作——从草图开始

在从草图开始创建文件的方式中有 2 个默认的设置：英制（英尺和英寸）；公制。

提醒一下：

英制和公制分别代表不同的计量单位，英制为英尺、英寸、码等单位；公制是指千米、米、厘米等单位。我国实行“公制”的计量单位。

① 单击快速访问工具栏中的【新建】按钮，打开【创建新图形】对话框。

提醒一下：

要想打开【创建新图形】对话框，首先要在 AutoCAD 工作空间的命令行中输入 startup，按 Enter 键执行命令后再将其值设置为 1，即可完成系统变量 startup 的设置。

② 激活对话框中的【从草图开始】按钮，并使用默认的公制设置。

③ 单击【创建新图形】对话框中的【确定】按钮，如图 2-2 所示，创建新的 AutoCAD 文件并进入 AutoCAD 工作空间（也称制图环境或工作环境）。

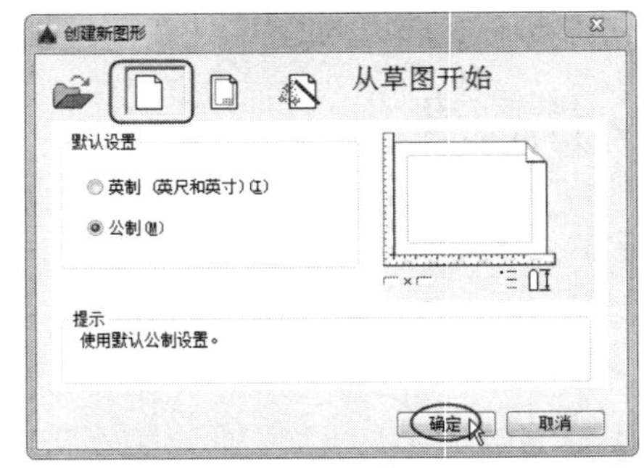

图 2-2　从草图开始创建 AutoCAD 文件

2. 使用样板文件

【创建新图形】对话框中的“样板”就是在主页界面中所介绍的“模板”。

动手操作——使用样板

① 在【创建新图形】对话框中单击【使用样板】按钮，显示【选择样板】列表框，如图 2-3 所示。

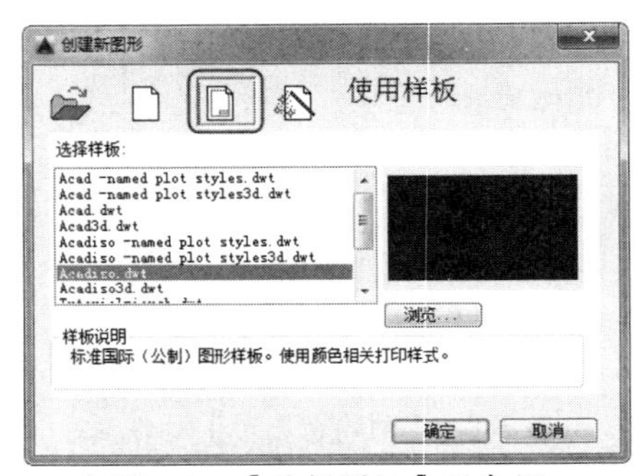

图 2-3　【选择样板】列表框

② 图形样板文件包含标准设置。用户可从提供的样板文件中选择一个，或者创建自定义样板文件。图形样板文件的扩展名为.dwt。

提醒一下：

如果根据现有的样板文件创建新文件，那么需确保新文件中的修改不会影响样板文件。可以使用 AutoCAD 提供的样板文件，或者创建自定义样板文件。

③ 需要创建使用相同惯例和默认设置的多个图形时，通过创建或自定义样板文件而不是每次启动 AutoCAD 时都指定惯例和默认设置，可以节省很多时间。通常存储在样板文件中的惯例和默认设置包括以下内容。

- 单位类型和精度。
- 标题栏、边框和徽标。
- 图层名。
- 捕捉、栅格和正交设置。
- 栅格界限。
- 标注样式。

- 文字样式。
- 线型。

提醒一下：

默认情况下，图形样板文件存储在“C:\Users\Administrator\AppData\Local\Autodesk\AutoCAD 2022\R24.1\chs\Template”路径中，以便查找和访问。

④ 单击【创建新图形】对话框中的【确定】按钮，创建新的 AutoCAD 文件并进入 AutoCAD 工作空间。

3. 使用向导

当绘制的图形需要用户自定义标准时，可用使用向导来创建新文件。

动手操作——使用向导

① 在【创建新图形】对话框中单击【使用向导】按钮，显示【选择向导】列表框。

② 设置向导逐步地建立基本图形，有两个向导选项用来设置图形：高级设置和快速设置。选择【快速设置】选项，如图 2-4 所示。

③ 在打开的【快速设置】对话框中设置新图形的单位和区域。先在单位设置中选择一种测量单位，然后单击【下一步】按钮，如图 2-5 所示。

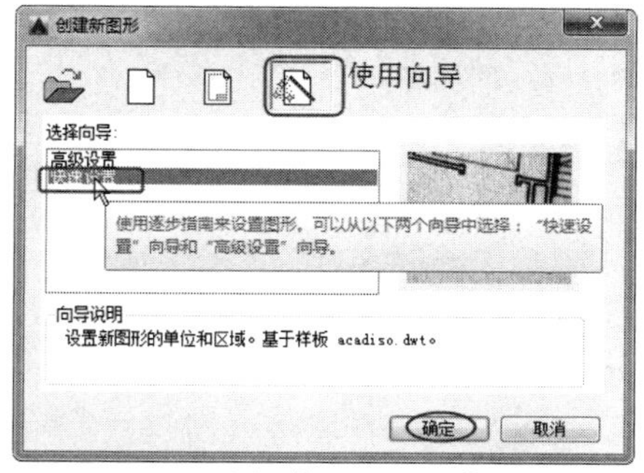

图 2-4　选择【快速设置】选项

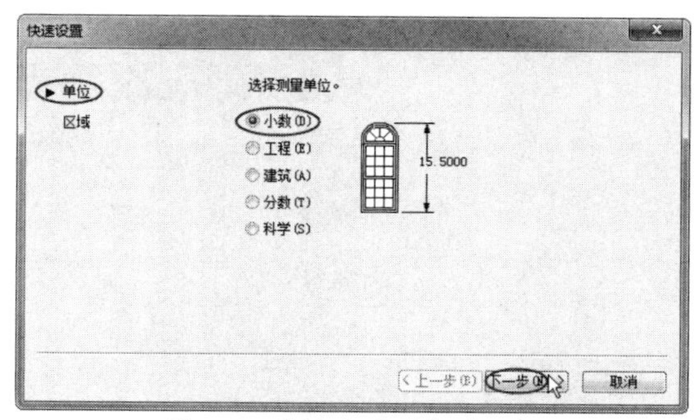

图 2-5　【快速设置】对话框

④ 按国家标准图纸的大小（A0、A1、A2、A3、A4）来设置区域，或者自定义区域皆可。设置完成后单击【完成】按钮，如图 2-6 所示，进入 AutoCAD 工作空间中。

⑤ 如果选择【高级设置】选项，如图 2-7 所示，那么可以设置新图形的单位、角度、角度测量、角度方向和区域。

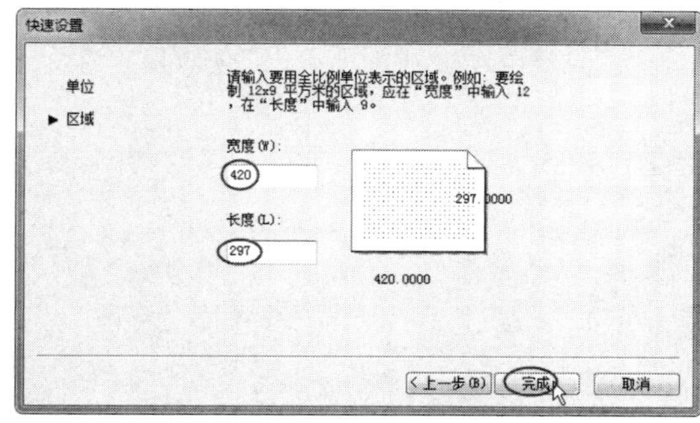

图 2-6　设置区域

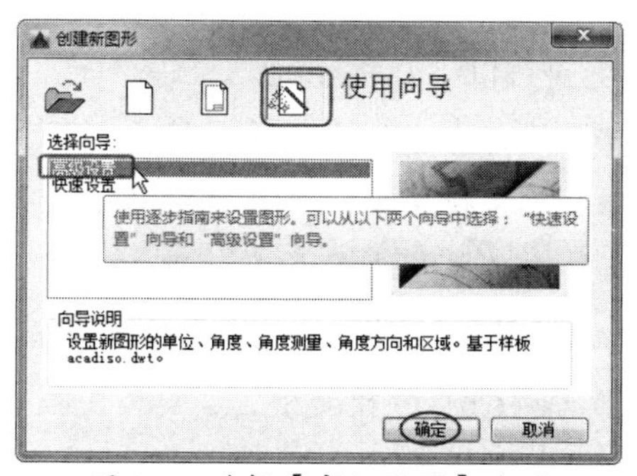

图 2-7　选择【高级设置】选项

⑥ 单击【确定】按钮，可打开如图 2-8 所示的【高级设置】对话框。设置完成后，即可进入 AutoCAD 工作空间。

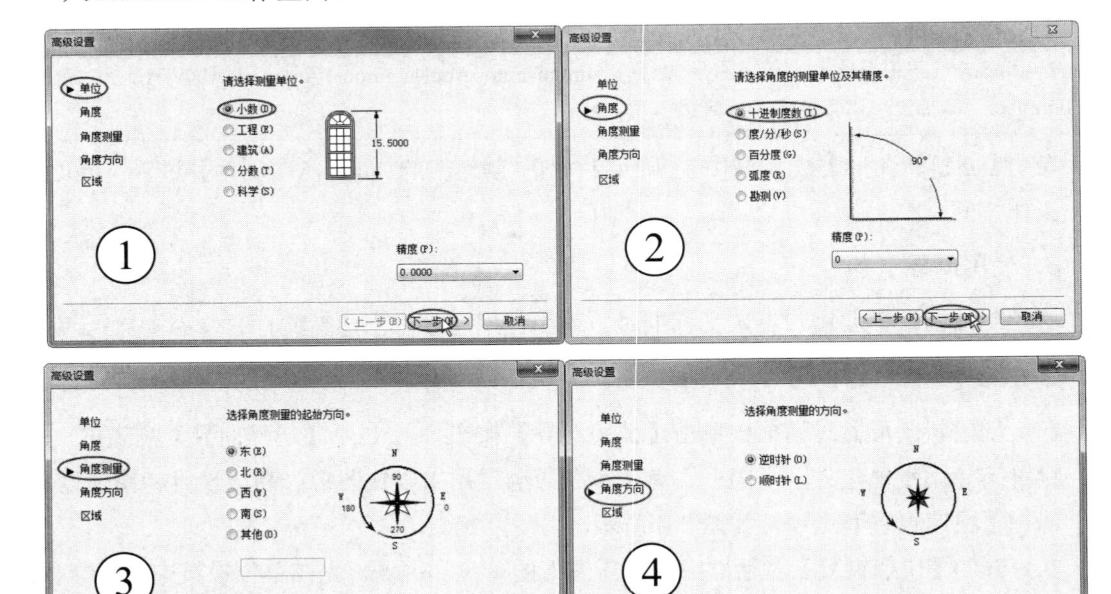

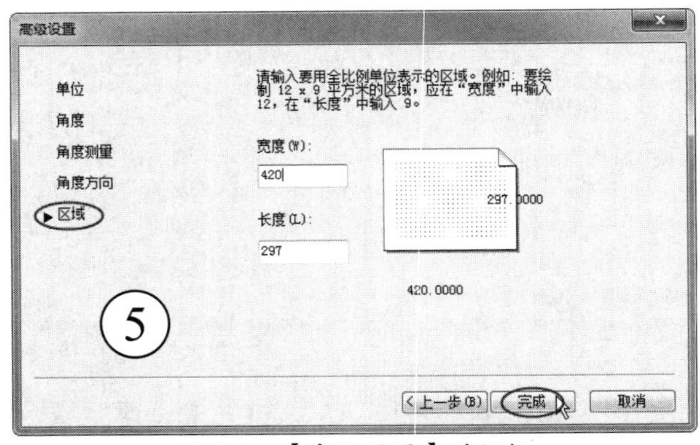

图 2-8 【高级设置】对话框

2.1.2 打开 AutoCAD 文件

当用户需要查看、使用或编辑已经存盘的图形时，可以使用【打开】命令。执行【打开】命令主要有以下几种途径。

- 执行【文件】菜单中的【打开】命令。
- 单击快速访问工具栏中的【打开】按钮。
- 在菜单栏中执行【打开】|【图形】命令。
- 在命令行中输入 open 并按 Enter 键确认。
- 按 Ctrl+O 快捷键。

动手操作——常规打开方法

① 激活【打开】命令，将打开【选择文件】对话框。

② 在【选择文件】对话框中选择需要打开的文件，如图 2-9 所示。

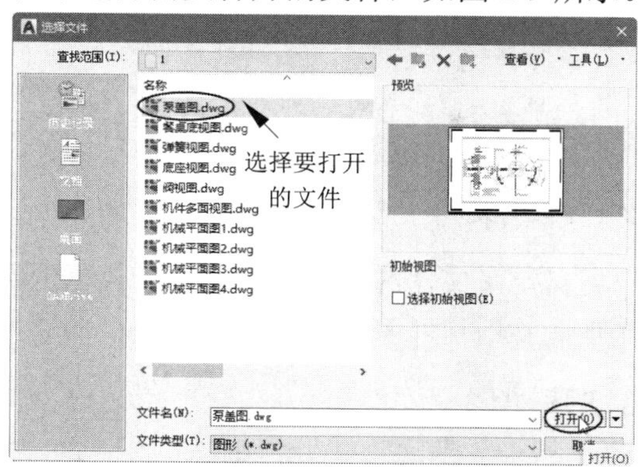

图 2-9　选择需要打开的文件

③ 单击【打开】按钮，即可将此文件打开，如图 2-10 所示。

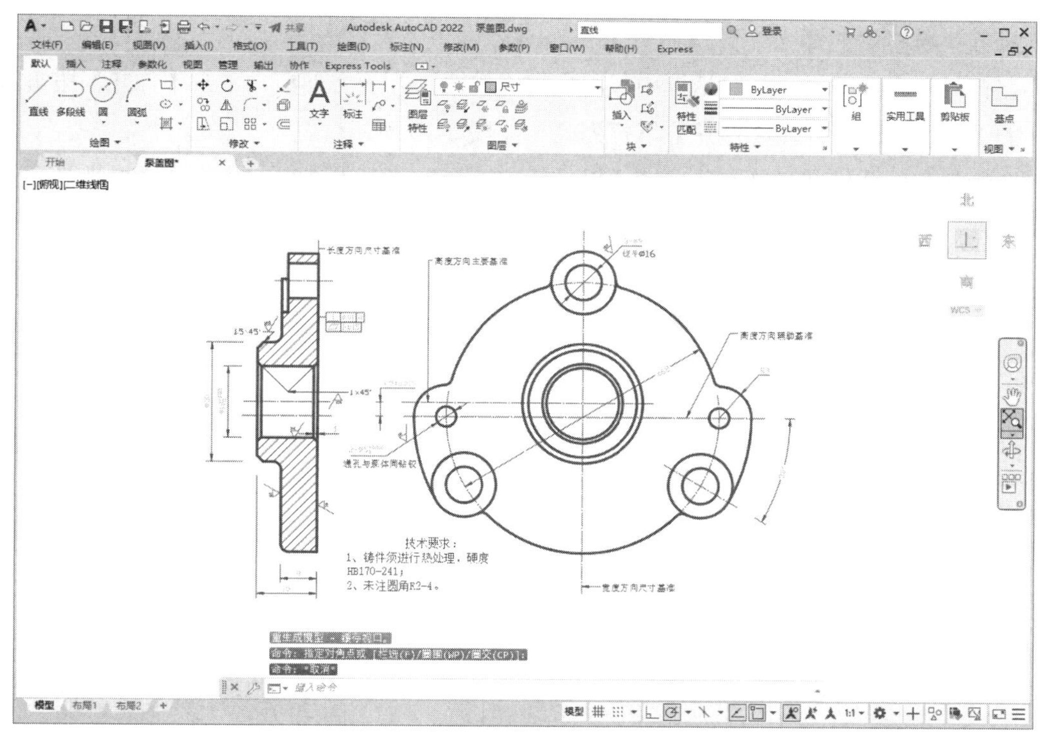

图 2-10　打开的文件

动手操作——以查找方式打开文件

① 单击【选择文件】对话框中的【工具】下拉按钮，打开【工具】下拉列表，如图 2-11 所示。

② 选择【查找】选项，打开【查找】对话框，如图 2-12 所示。

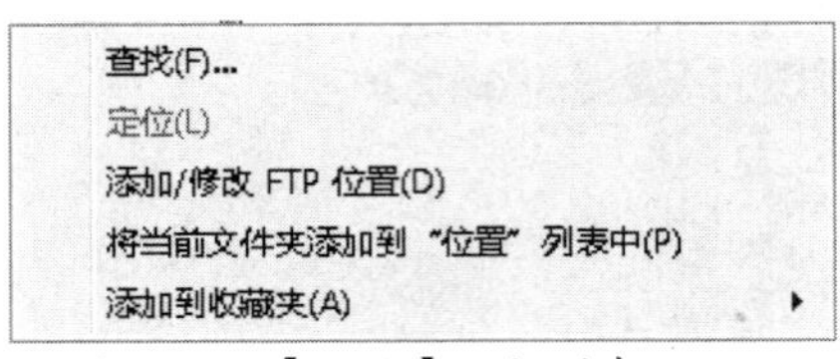

图 2-11 【工具】下拉列表

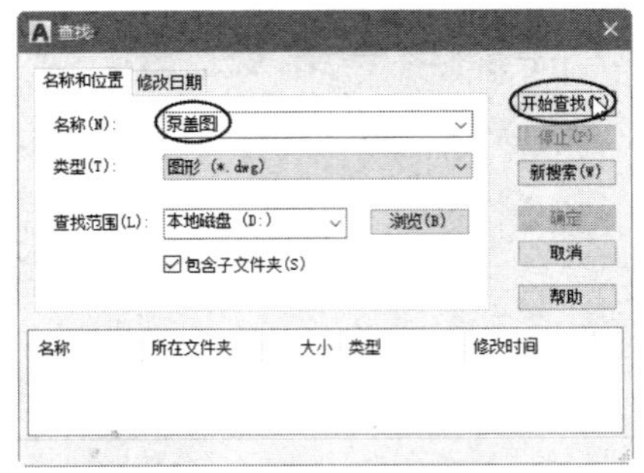

图 2-12 【查找】对话框

③ 在该对话框中，用户可自定义文件的名称、类型、查找范围，单击【开始查找】按钮，即可进行查找。这非常适合用户在大量的文件中查找目标文件的情况。

动手操作——局部打开图形

【局部打开】命令允许用户只处理图形的某一部分，只加载指定视图或图层的几何图形。如果文件为局部打开，那么指定的几何图形和命名对象将被加载到文件中。命名对象包括：块、图层、标注样式、线型、布局、文字样式、视口配置、用户坐标系及视图等。

① 执行菜单栏中的【文件】|【打开】命令。

② 在打开的【选择文件】对话框中，用户指定需要打开的文件后，单击【打开】按钮右侧的下拉按钮，打开【打开】下拉列表，如图 2-13 所示。

③ 选择其中的【局部打开】选项或【以只读方式局部打开】选项，将打开【局部打开】对话框，如图 2-14 所示。

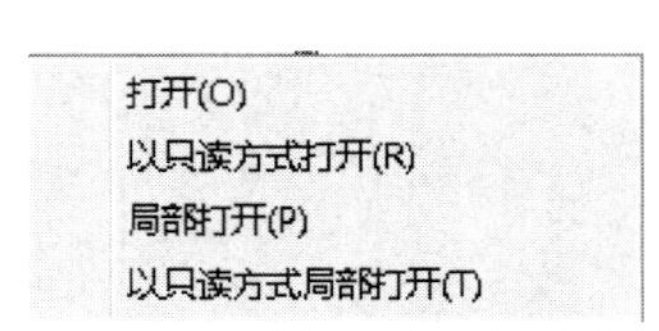

图 2-13 【打开】下拉列表

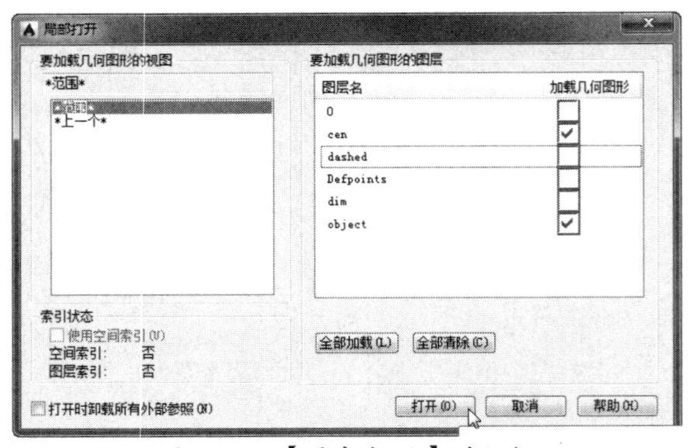

图 2-14 【局部打开】对话框

④ 在该对话框的【要加载几何图形的视图】选项组中显示了选定的视图和图形中可用的视图，默认的视图是【范围】。用户可在列表框中选择某一视图进行加载。

⑤ 在【要加载几何图形的图层】选项组中显示了选定文件中所有有效的图层。用户可选择一个或多个图层进行加载，选定图层上的几何图形将被加载到图形中，包括模型空间几何图形和图纸空间几何图形。选择 dashed 图层和 object 图层，将其加载到 AutoCAD 工作空间，可得到局部加载的图形，如图 2-15 所示。

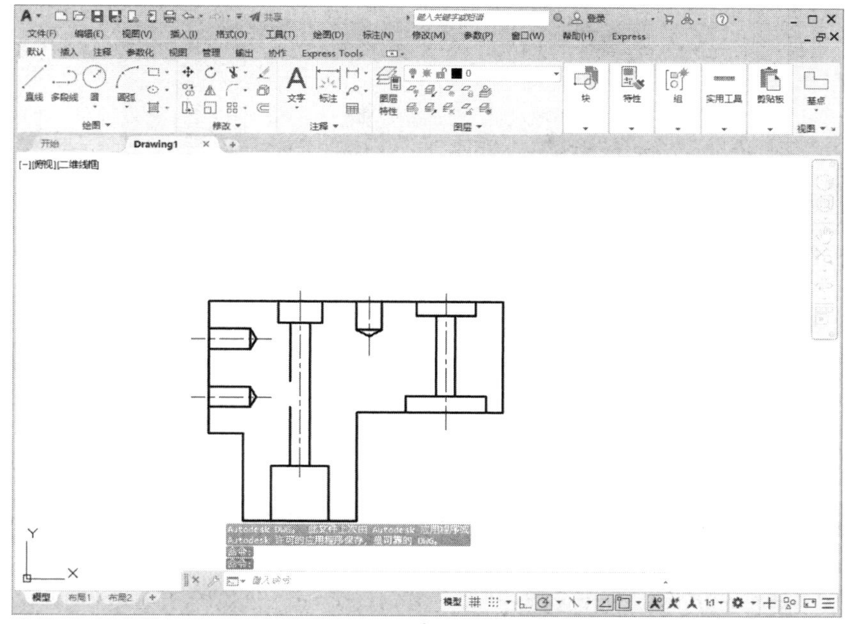

图 2-15　局部加载的图形

提醒一下：

用户可单击【全部加载】按钮选择所有图层，或单击【全部清除】按钮取消所有的选择。如果用户勾选【打开时卸载所有外部参照】复选框，那么不加载图形中包括的外部参照。

如果用户没有指定任何图层进行加载，那么选定视图中的几何图形也不会被加载，因为其所在的图层没有被加载。用户也可以在命令行中执行 partialopen 命令或-partialopen 命令来局部打开文件。

2.1.3　保存 AutoCAD 文件

【保存】命令是指将绘制的图形以文件的形式进行存盘，存盘的目的就是为了方便以后对图形进行查看、使用或修改编辑等操作。

1. 保存文件

按照原路径保存文件，将原文件覆盖，存储新的进度。执行【保存】命令主要有以下几种方式。

- 执行【文件】菜单中的【保存】命令。
- 单击快速访问工具栏中的【保存】按钮。
- 在命令行中输入 qsave。
- 按 Ctrl+S 快捷键。

动手操作——保存文件

① 激活【保存】命令。

② 第一次保存文件时会打开【图形另存为】对话框，如图 2-16 所示。

图 2-16 【图形另存为】对话框

提醒一下：

首次使用【保存】命令，将会以“图形另存为”方式进行另存。随后完成图形绘制，再继续使用此命令，将不会打开【图形另存为】对话框，而是默认保存在之前设置的文件路径下。

③ 在此对话框内设置存盘路径、文件名和文件类型后，单击【保存】按钮，即可将当前文件存盘。

提醒一下：

默认的文件类型为“AutoCAD 2018 图形(*.dwg)”，使用此种类型将文件存盘后，只能被 AutoCAD 2018 及其之后的版本打开，如果用户需要在 AutoCAD 早期版本中打开此文件，那么必须使用低版本的文件类型进行存盘。

2. 另存为文件

执行【另存为】命令主要有以下几种方式。

- 执行【文件】菜单中的【另存为】命令。
- 按 Ctrl+Shift+S 快捷键。

提醒一下：

当用户在已存盘的图形基础上进行了其他的修改工作，又不想将原来的图形覆盖，可以使用【另存为】命令将修改后的图形以不同的路径或文件名进行存盘。

动手操作——另存为文件

① 绘制或打开某个图形后，激活【另存为】命令。

② 打开【图形另存为】对话框。

③ 在此对话框中设置存盘路径、文件名和文件类型后，单击【保存】按钮，即可将当前文件另存，如图 2-17 所示。

3. 自动保存文件

为了防止断电、死机等意外，AutoCAD 为用户定制了自动保存这个非常人性化的功能。启用该功能后，系统将持续在设定时间内为用户自动保存文件。

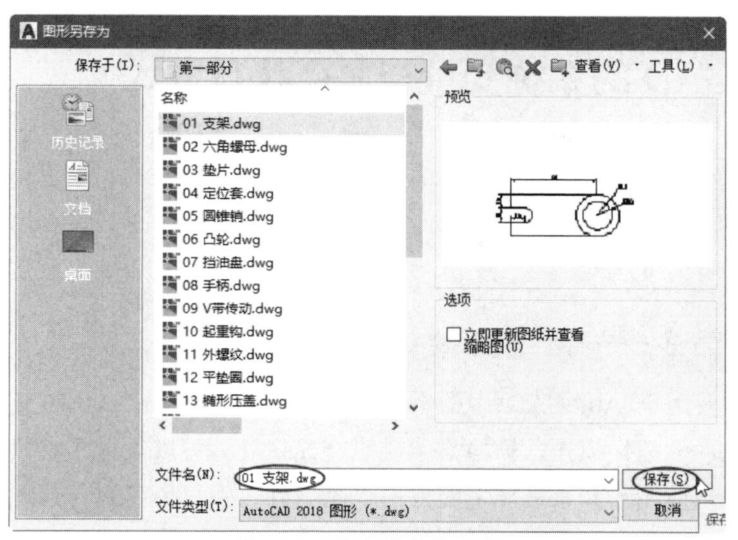

图 2-17　将当前文件另存

动手操作——设定自动保存

① 在菜单栏中执行【工具】|【选项】命令，打开【选项】对话框。

② 在【打开和保存】选项卡中设置自动保存的文件格式和保存间隔等参数，如图 2-18 所示。

提醒一下：

建议大家在设置保存文件的文件类型时，尽量选择低版本的 AutoCAD 文件类型。因为在实际工作中当你使用高版本的 AutoCAD 进行工作时，而其他设计师用的是低版本，那么你输出高版本的文件后，其他设计师是不能直接打开你的输出文件的，从而造成文件类型不兼容的问题。

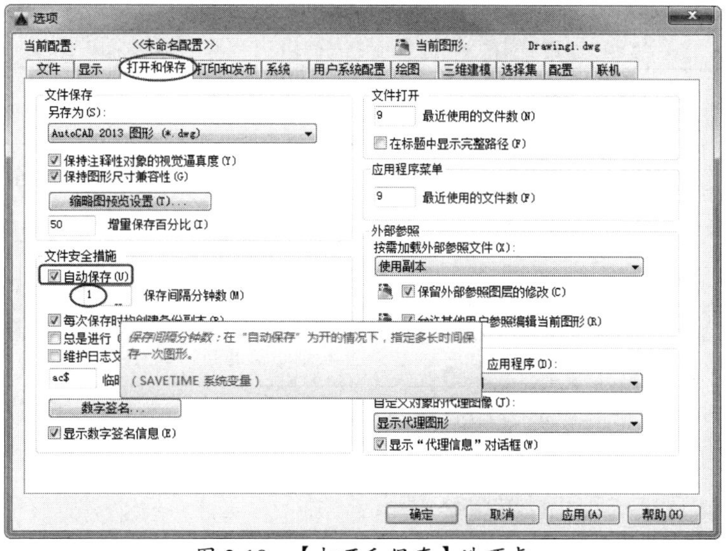

图 2-18　【打开和保存】选项卡

③ 单击【确定】按钮，关闭【选项】对话框。随后所绘制的图形将按设定的保存间隔进行自动保存。

2.2 AutoCAD 的系统变量与命令执行方式

在 AutoCAD 中提供了各种系统变量，用于存储操作环境设置、图形信息和一些命令的设置（或值）等。利用系统变量可以显示图形当前状态，也可控制 AutoCAD 的某些功能和设计环境、命令的工作方式。

2.2.1 特殊命令——系统变量

系统变量主要用于 AutoCAD 中的系统环境配置与选项设定。系统变量的功能：可以打开或关闭模式，如捕捉模式、栅格显示或正交模式等；可以设置图案填充的默认比例；还可以存储有关当前图形和系统环境配置的信息。有时用户也可使用系统变量来更改一些设置。

系统变量通常是由 6～10 个字符组成的缩写名称，许多系统变量有简单的开关设置。系统变量类型主要有以下几种：整数、实数、点、开/关，如表 2-1 所示。

表 2-1 系统变量类型

类 型	定 义	相关变量
整数	该类型的变量用不同的整数值来确定相应的状态（用于选择）	如 snapmode、osmode
	该类型的变量用不同的整数值进行设置（用于数值）	如 gripsize、zoomfactor
实数	该类型的变量用于保存实数值	如 area、textsize
点	该类型的变量用于保存坐标点（用于坐标）	如 limmax、snapbase
	该类型的变量用于保存 X、Y 方向的距离值（用于距离）	如 gridunit、screensize
开/关	该类型的变量有 ON（开）/OFF（关）两种状态，用于设置状态的开关	如 hidetext、lwdisplay

有些系统变量具有只读属性，用户只能查看而不能修改这些变量。而对于没有只读属性的系统变量，用户可以在命令行中直接输入系统变量名称或者使用 setvar 命令来指定系统变量的值。

提醒一下：

date 是存储当前日期的只读系统变量，可以显示但不能修改其值。

通常，一个系统变量的取值可以通过相关的命令来改变。例如，当使用 dist 命令查询距离时，只读系统变量 distance 将自动保持最后一个 dist 命令的查询结果。除此之外，用户可通过如下两种方式直接查看和设置系统变量。

- 在命令行中直接输入变量名。
- 使用 setvar 命令来指定系统变量。

1. 在命令行中直接输入系统变量名称

对于只读系统变量，系统将显示其变量值。而对于非只读系统变量，系统在显示其变量值的同时还允许用户输入一个新值来设置该变量。

2. 使用 setvar 命令来指定系统变量

setvar 命令不仅可以对指定的系统变量进行查看和设置，还可以使用【?】选项来查看全部的系统变量。此外，对于一些与系统命令相同的系统变量，如 area 等，只能用 setvar 命令来查看。

setvar 命令可通过以下方式来执行。

- 菜单栏：执行【工具】|【查询】|【设置变量】命令。
- 命令行：输入 setvar。

命令行操作提示如下：

```
命令：
SETVAR 输入变量名或 [?]:                              //输入变量以查看或设置
```

提醒一下：

在命令行操作提示中，每一行操作的右侧会有“//”符号，表示该行命令操作的文字介绍。

2.2.2 常规命令及命令执行方式

AutoCAD 的“命令”是指通过执行某种工具指令来完成一项设计工作。严格地讲，系统变量也是一种命令形式。只不过系统变量主要用于系统环境的配置与定义，而命令主要用于绘制图形。AutoCAD 的命令收集在功能区选项卡及菜单栏中。

AutoCAD 2022 是人机交互式软件，当用该软件绘图或进行其他操作时，首先要向 AutoCAD 发出命令。AutoCAD 2022 给用户提供了多种执行命令的方式，用户可以根据自己的习惯和熟练程度选择更顺手的方式来执行软件中繁多的命令。下面分别讲解几种常见的命令执行方式。

1. 通过菜单栏执行命令

通过菜单栏执行命令是一种最简单最直观的命令执行方式，初学者很容易掌握，只需要用鼠标单击菜单栏上的命令，即可执行对应的 AutoCAD 命令。使用这种方式往往较慢，需要用户手动在菜单栏中寻找命令，用户需对软件的结构有一定的认识。

下面介绍通过执行菜单栏中的命令来绘制图形。

动手操作——绘制办公桌

绘制如图 2-19 所示的办公桌图形。

① 在菜单栏中执行【绘图】|【矩形】命令，绘制 858×398（本书所有单位默认为 mm）的矩形，如图 2-20 所示。

```
命令：_rectang
指定第一个角点或 [倒角(C)/标高(E)/圆角(F)/厚度(T)/宽度(W)]:     //在绘图区的任意位置单击
指定另一个角点或 [面积(A)/尺寸(D)/旋转(R)]: @398,858↙
```

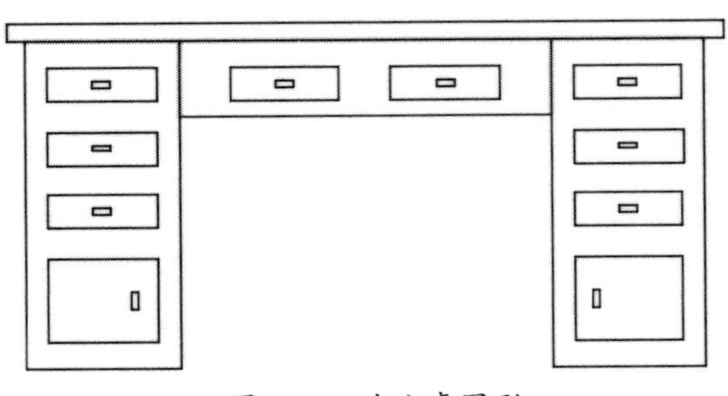

图 2-19　办公桌图形

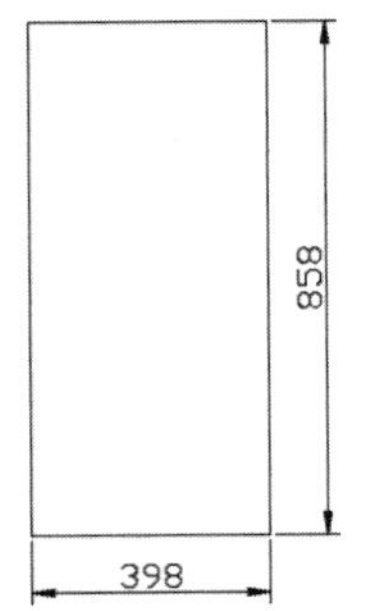

图 2-20　绘制矩形

② 先按 Enter 键再执行【矩形】命令，在矩形内部绘制 4 个矩形，且不管尺寸和位置关系，如图 2-21 所示。

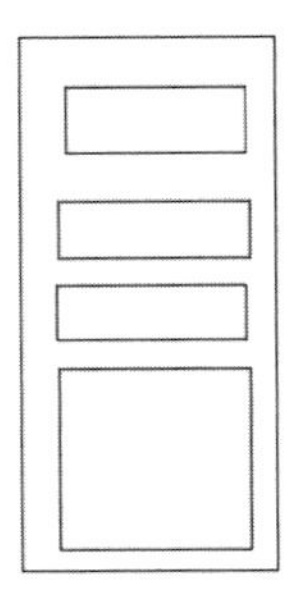

图 2-21　绘制 4 个矩形

提醒一下：

如果在 AutoCAD 中连续执行相同的命令，或是多次重复执行某个命令，那么可先按 Enter 键或空格键再执行该命令。

③ 在菜单栏中执行【参数】|【标注约束】|【水平】或【竖直】命令，对 4 个矩形进行尺寸约束和位置约束，结果如图 2-22 所示。

④ 在菜单栏中执行【绘图】|【矩形】命令，利用极轴追踪模式在前面绘制的 4 个矩形中心位置再绘制 4 个小矩形作为抽屉把手。在菜单栏中执行【参数】|【标注约束】|【水平】或【竖直】命令对 4 个小矩形分别进行定形和定位，结果如图 2-23 所示。

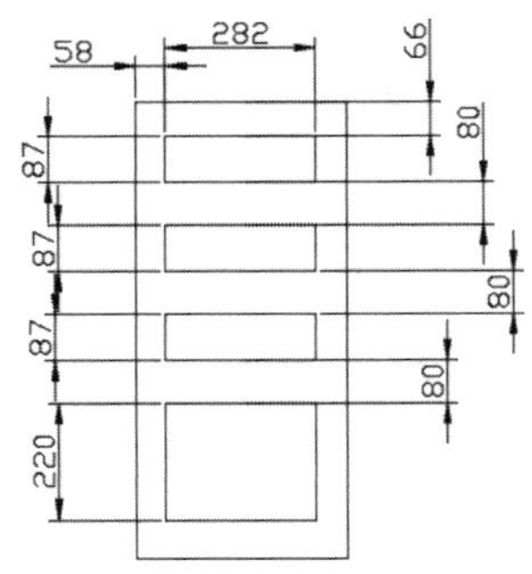

图 2-22　对 4 个矩形进行尺寸和位置约束的结果

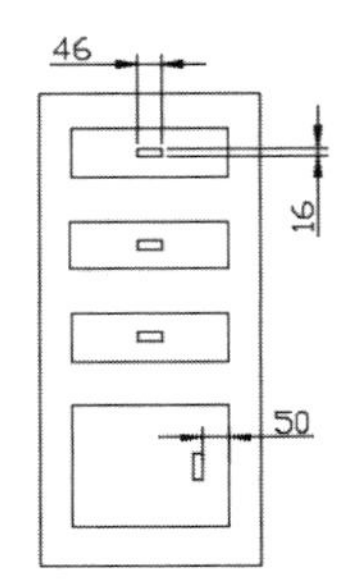

图 2-23　对 4 个小矩形分别进行定形和定位的结果

⑤ 在菜单栏中执行【绘图】|【矩形】命令，在合适的位置绘制一个矩形作为桌面，如图 2-24 所示。

⑥ 在菜单栏中执行【绘图】|【直线】命令，捕捉桌面矩形的中点绘制竖直中心线作为镜像线，如图 2-25 所示。

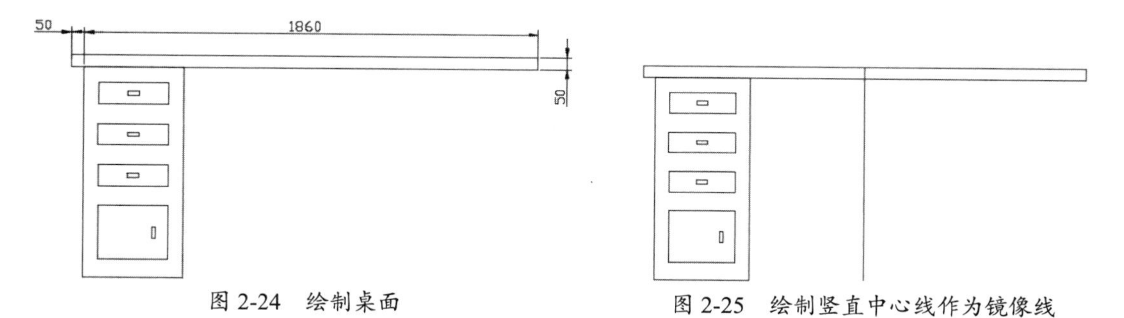

图 2-24　绘制桌面　　　　图 2-25　绘制竖直中心线作为镜像线

⑦ 在菜单栏中执行【修改】|【镜像】命令，将如图 2-26 所示的图形镜像到竖直中心线的右侧。命令行操作提示如下：

```
命令: _mirror
选择对象: 指定对角点:                          //找到 9 个
选择对象:                                      //选中要镜像的对象
指定镜像线的第一点:                            //如图 2-26 所示
指定镜像线的第二点:                            //如图 2-26 所示
要删除源对象吗? [是(Y)/否(N)] <N>:             //按 Enter 键，结束操作
```

⑧ 删除镜像线。在菜单栏中执行【绘图】|【矩形】命令，绘制如图 2-27 所示的矩形。

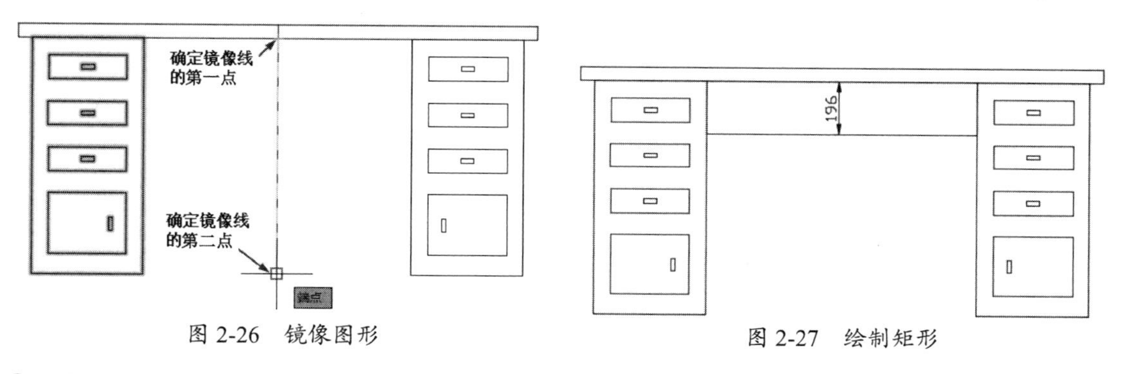

图 2-26　镜像图形　　　　图 2-27　绘制矩形

⑨ 在菜单栏中执行【修改】|【复制】命令，将抽屉图形水平复制到中间的矩形中，共复制 2 次，如图 2-28 所示。

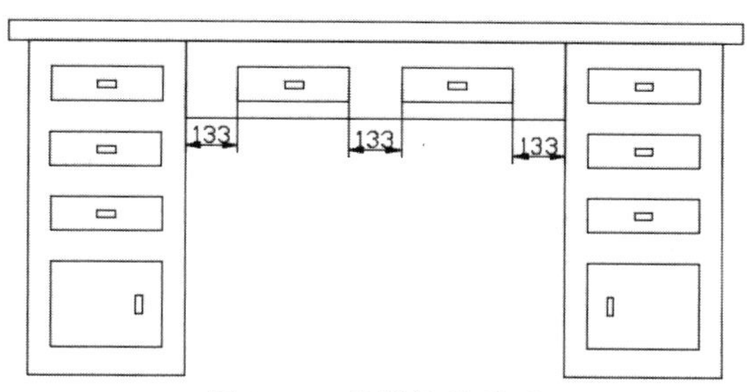

图 2-28　复制抽屉图形

⑩ 至此，完成了办公桌图形的绘制。

2. 在命令行中输入命令并执行

通过在命令行中输入对应的命令后按 Enter 键或空格键，即可执行对应的命令，并且 AutoCAD 会给出提示，提示用户应执行的后续操作。这种命令执行方式比较方便快捷，熟练操作软件的用户会采用这种方式。

先在命令行中输入命令条目（需输入全名），然后通过按 Enter 键或空格键来执行该命令，这会给用户带来极大不便，因为这种命令执行方式需要用户记忆大量的英文命令名。最好的方法就是使用系统提供的命令别名或者用户自定义的命令别名来替代。例如，在命令行中可以用输入 c 代替 circle 来执行【圆】命令，并以此来绘制一个圆。命令行操作提示如下：

```
命令：c                                                            //输入命令别名
CIRCLE 指定圆的圆心或 [三点(3P)/两点(2P)/切点、切点、半径(T)]：//在绘图区中指定圆心
指定圆的半径或 [直径(D)]：500                              //输入圆的半径值并按 Enter 键
```

通过输入命令别名绘制的圆如图 2-29 所示。

提醒一下：

命令的别名不同于键盘的快捷键，如 U（放弃）的快捷键是 Ctrl+Z。

3. 启用指针输入

如果用户不是激活命令行而是直接输入命令，那么实际上是启用了指针输入方式。也就是说，在执行某个命令之前，如果不在命令行单击鼠标以激活命令行，那么在键盘上按下一个字母键 c（【圆】命令的别名），命令行是不会显示该命令的，只会在指针右下角显示该命令，如图 2-30 所示。

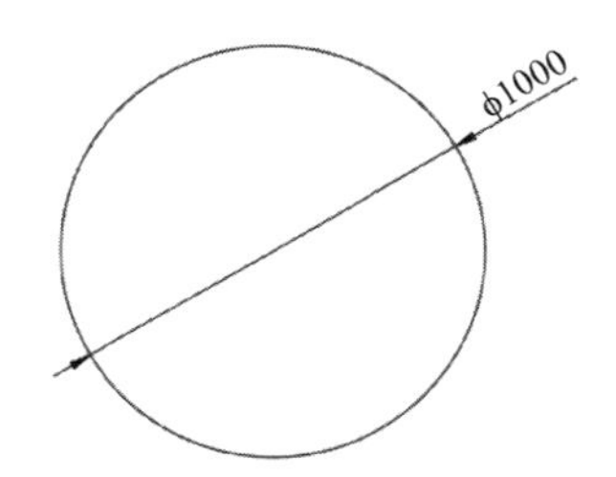

图 2-29　通过输入命令别名绘制的圆

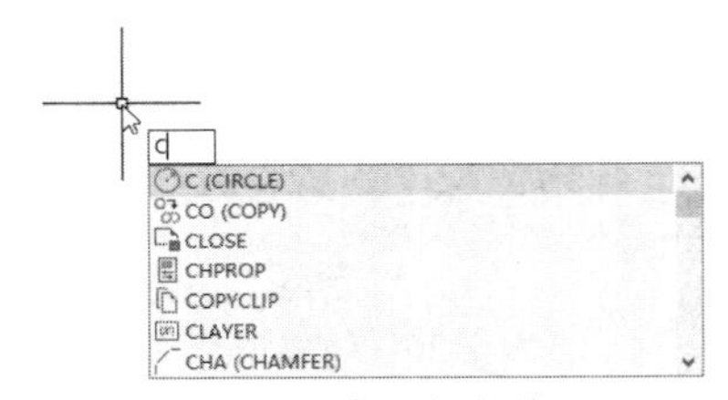

图 2-30　启用指针输入

4. 在功能区单击命令按钮

对于软件新手来说，最简单的命令执行方式就是在功能区的某个选项卡中单击命令按钮来执行绘图操作。功能区中包含了 AutoCAD 绝大部分绘图命令按钮，可以满足基本的制图要求。下面以一个图形绘制范例说明如何在功能区的选项卡中通过单击命令按钮绘制图形。

动手操作——绘制石作雕花图形

该范例将利用【样条曲线】命令绘制如图 2-31 所示的石作雕花大样图。

① 新建图形文件并进入 AutoCAD 工作空间中。在菜单栏中执行【工具】|【绘图设置】命令，打开【草图设置】对话框。在【捕捉和栅格】选项卡中设置如图 2-32 所示的选项及参数。

② 设置完成后单击【确定】按钮，绘图区中会显示栅格，如图 2-33 所示。

图 2-31 石作雕花大样图

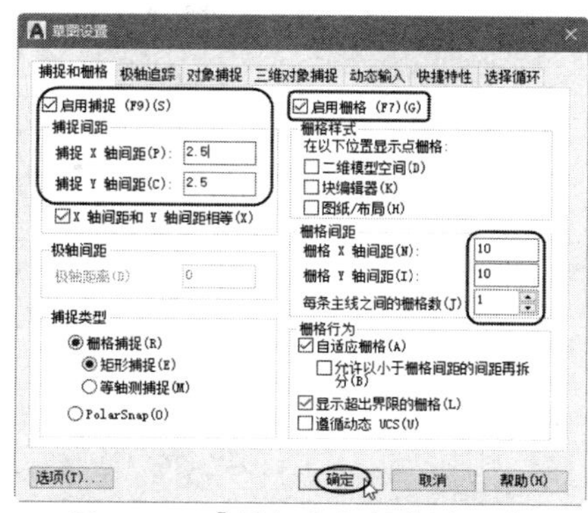

图 2-32 【捕捉和栅格】选项卡

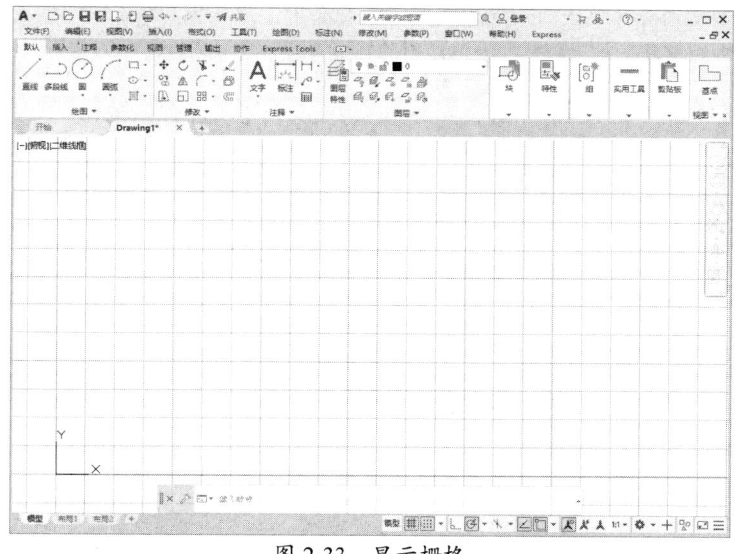

图 2-33 显示栅格

③ 在【默认】选项卡的【绘图】面板中先单击【绘图】面板右侧的下拉按钮展开命令面板，然后单击【样条曲线控制点】按钮，通过捕捉栅格点确定样条曲线的控制点位置，以此绘制第一条样条曲线，如图 2-34 所示。

④ 按此方法继续绘制第二条样条曲线，如图 2-35 所示。

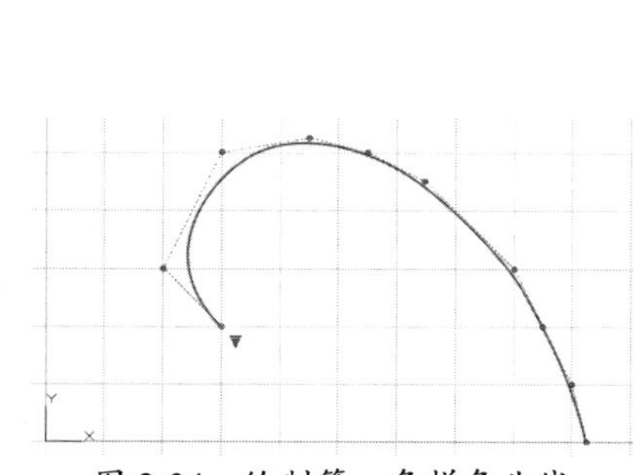

图 2-34 绘制第一条样条曲线

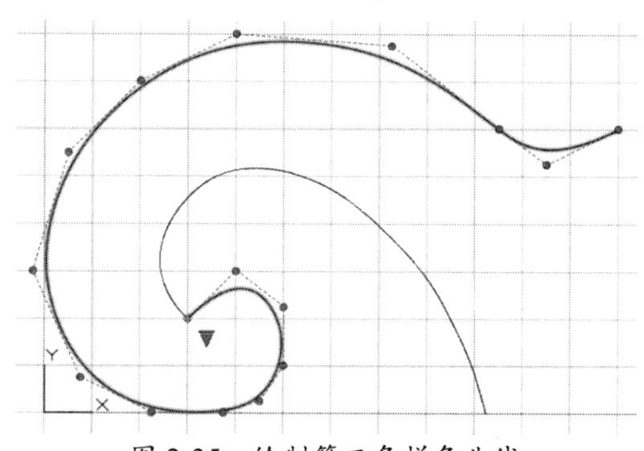

图 2-35 绘制第二条样条曲线

⑤ 继续绘制第三条样条曲线和第四条样条曲线，如图 2-36 所示。

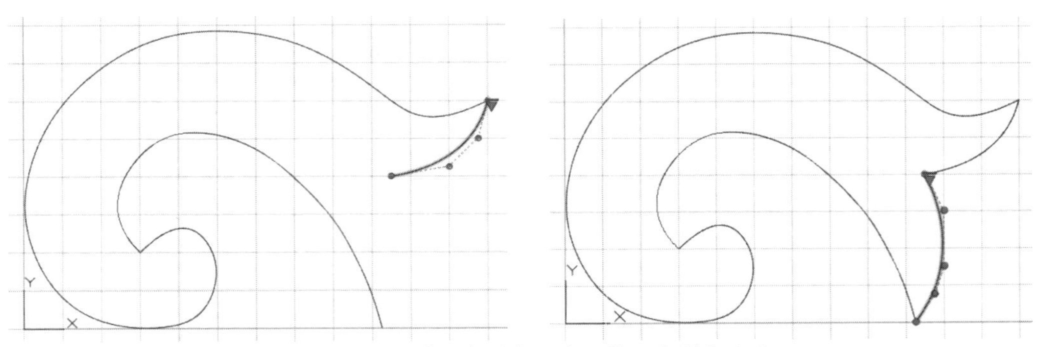

图 2-36　绘制第三条样条曲线和第四条样条曲线

提醒一下：

AutoCAD 中有两种样条曲线绘制命令：【样条曲线拟合】按钮和【样条曲线控制点】按钮。前者能够精确控制样条曲线中每一个点的位置，但绘制的样条曲线平滑效果却不如后者。

5．鼠标键在绘图中的作用

在绘图窗口中，光标通常显示为十字线形式。当光标移至菜单命令、工具或对话框中时，它会显示为箭头形式。无论光标是十字线形式还是箭头形式，当单击或者按动鼠标键时，都会执行相应的命令或动作。在 AutoCAD 中，鼠标键是按照下述规则定义的。

- 左键：指拾取键，用于指定屏幕上的点，也可以用来选择 Windows 对象、AutoCAD 对象、工具按钮和菜单命令等。
- 右键：功能相当于 Enter 键，用于结束当前使用的命令，此时系统将根据当前绘图状态而弹出不同的右键快捷菜单。
- 中键：按住中键，相当于执行 AutoCAD 中的 pan 命令（实时平移）；滚动中键，相当于执行 AutoCAD 中的 zoom 命令（实时缩放）。
- Shift+右键：弹出对象捕捉右键快捷菜单，如图 2-37 所示。对于三键鼠标，弹出按钮通常是鼠标的中间按钮。
- Shift+中键：三维动态旋转视图，如图 2-38 所示。
- Ctrl+中键：上、下、左、右旋转视图，如图 2-39 所示。

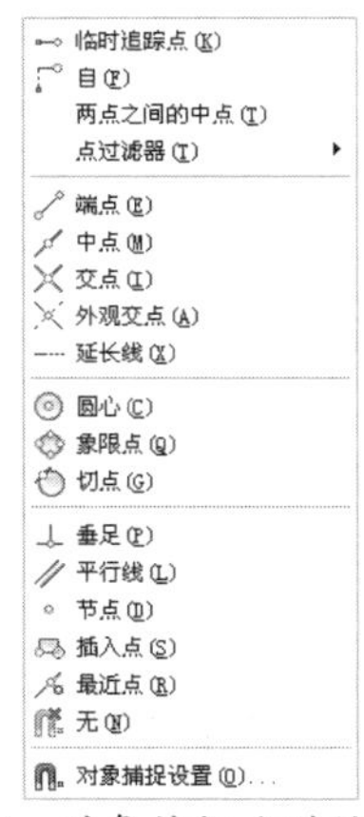

图 2-37　对象捕捉右键快捷菜单

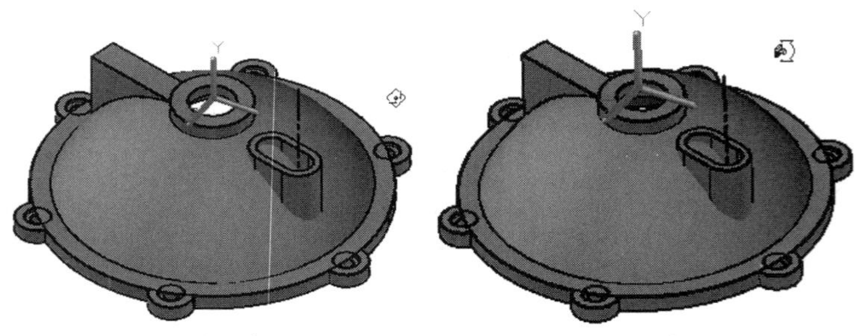

图 2-38　三维动态旋转视图　　图 2-39　上、下、左、右旋转视图

- Ctrl+右键：弹出对象捕捉右键快捷菜单。

6．键盘快捷键

快捷键是指用于启动命令的键组合。例如，可以按 Ctrl+O 快捷键打开文件，按 Ctrl+S 快捷键保存文件，结果与从【文件】菜单中执行【打开】命令和【保存】命令相同。表 2-2 所示为【保存】快捷键的特性，其显示方式与在【特性】面板中的显示方式相同。

表 2-2 【保存】快捷键的特性

【特性】面板中的项目	说　明	样　例
名称	该字符串仅在 CUI 编辑器中使用，并且不会显示在用户界面中	保存
说明	文字用于说明元素，不显示在用户界面中	保存当前图形
扩展型帮助文件	当光标悬停在工具栏或面板按钮上时，将显示已显示的扩展型工具提示的文件名和 ID	
命令显示名称	包含命令名称的字符串，与命令有关	QSAVE
宏	命令宏。遵循标准的宏语法	^C^C_qsave
键	指定用于执行宏的快捷键。单击【...】按钮以打开【快捷键】对话框	Ctrl+S
标签	与命令相关联的关键字。标签可提供其他字段用于在菜单栏中进行搜索	
元素 ID	用于识别命令的唯一标记	ID_Save

提醒一下：

快捷键从用于创建它的命令中继承了自己的特性。

用户可以为常用命令指定快捷键（有时称为加速键），还可以指定临时替代键，以便通过按键来执行命令或更改设置。

临时替代键可临时打开或关闭在【草图设置】对话框中设置的某个绘图辅助工具（如正交、对象捕捉或极轴追踪模式）。表 2-3 所示为【对象捕捉替代：端点】临时替代键的特性，其显示方式与在【特性】面板中的显示方式相同。

表 2-3 【对象捕捉替代：端点】临时替代键的特性

【特性】面板中的项目	说　明	样　例
名称	该字符串仅在 CUI 编辑器中使用，并且不会显示在用户界面中	对象捕捉替代：端点
说明	文字用于说明元素，不显示在用户界面中	对象捕捉替代：端点
键	指定用于执行临时替代的快捷键。单击【...】按钮以打开【快捷键】对话框	Shift+E
宏 1（按下键时执行）	用于指定应在用户按下快捷键时执行宏	^P'_.osmode 1 $(if,$(eq,$(getvar, osnapoverride),'_.osnapoverride 1))
宏 2（松开键时执行）	用于指定应在用户松开快捷键时执行宏。如果保留为空，那么 AutoCAD 会将所有变量恢复至以前的状态	

提醒一下：

用户可以将快捷键与命令列表中的任一命令相关联，还可以创建新快捷键或者修改现有的快捷键。

动手操作——创建快捷键

为自定义的命令创建快捷键的操作步骤如下。

① 在功能区【管理】选项卡的【自定义设置】面板中单击【用户界面】按钮，打开【自定义用户界面】对话框，如图 2-40 所示。

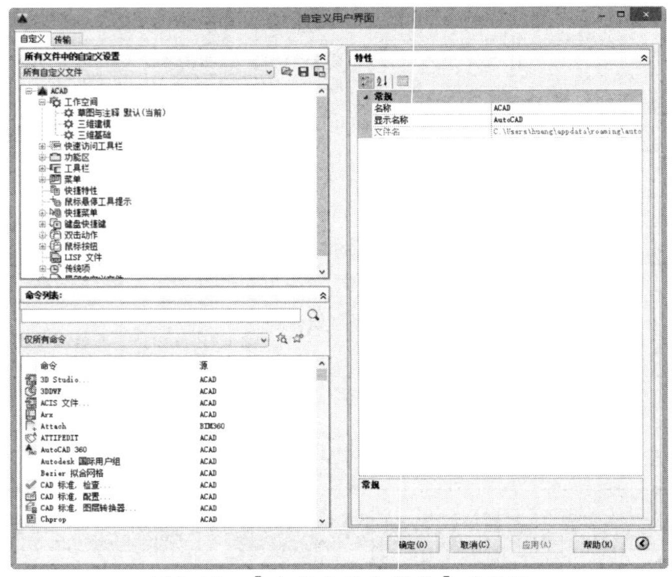

图 2-40 【自定义用户界面】对话框

② 在该对话框的【所有自定义文件】下拉列表下侧的列表框中单击【键盘快捷键】旁边的“+”号，将此节点展开，如图 2-41 所示。

③ 在【按类别过滤命令列表】下拉列表中选择【自定义命令】选项，将用户自定义的命令显示在下方的命令列表中，如图 2-42 所示。

图 2-41 展开【键盘快捷键】节点

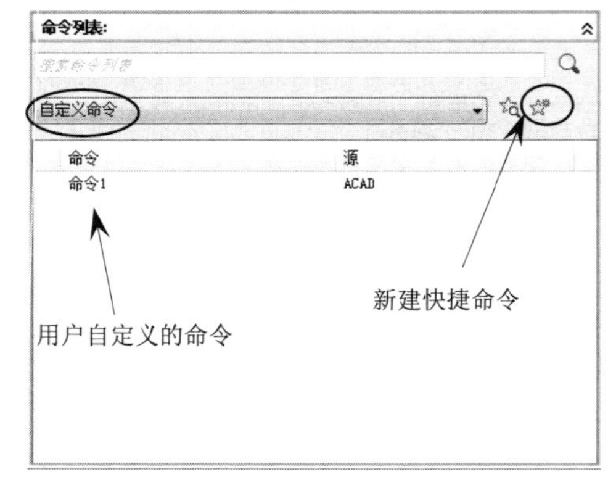

图 2-42 显示用户自定义的命令

④ 使用鼠标左键将自定义的命令从命令列表向上拖曳到【键盘快捷键】节点中，如图 2-43 所示。

⑤ 选择上一步创建的新快捷键，为其指定一个按键组合。在【自定义用户界面】对话框右侧的【特性】选项组中选择【键】，并单击【浏览】按钮，如图 2-44 所示。

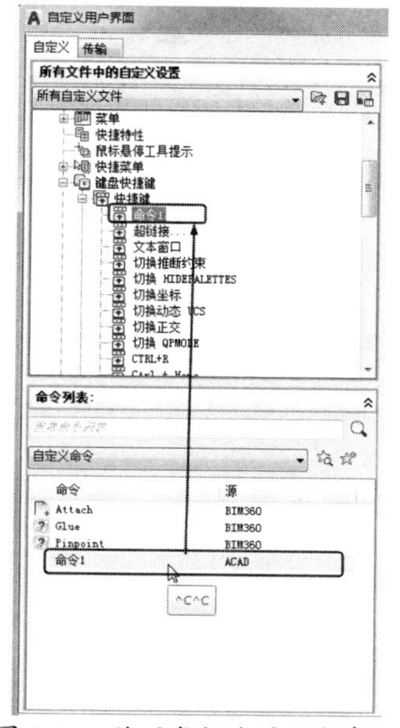

图 2-43　使用鼠标左键拖曳命令

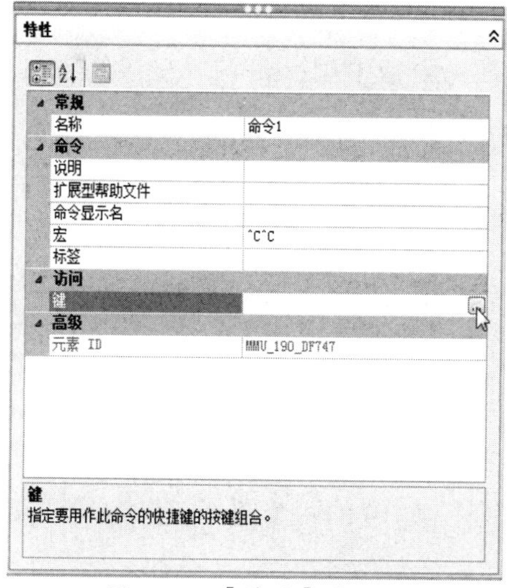

图 2-44　【特性】选项组

⑥ 随后打开【快捷键】对话框，使用键盘为命令 1 指定快捷键，指定后单击【确定】按钮，完成自定义快捷键的操作。创建的快捷键将在【特性】选区的【键】中显示，如图 2-45 所示。

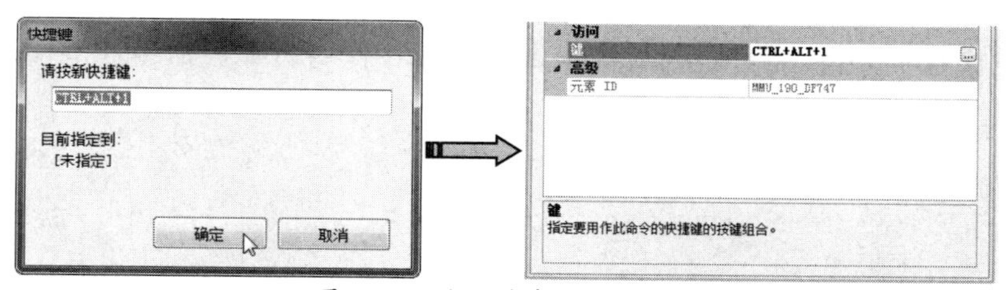

图 2-45　使用键盘指定快捷键

⑦ 单击【自定义用户界面】对话框中的【确定】按钮，完成操作。

动手操作——绘制交通标志图形

用户可通过绘制如图 2-46 所示的交通标志图形，掌握使用快捷键快速绘制图形的基本技巧。

提醒一下：

本例图形的绘制，须在命令行中输入命令来执行，不可在动态输入框中输入值，否则不能按照绝对坐标输入来绘制图形。

① 新建图形文件并进入 AutoCAD 工作空间中。

② 在命令行中执行 do 命令，绘制圆环内径为 110、外径为 140 且圆心坐标为（100,100）的圆环，结果如图 2-47 所示。

图 2-46 交通标志图形

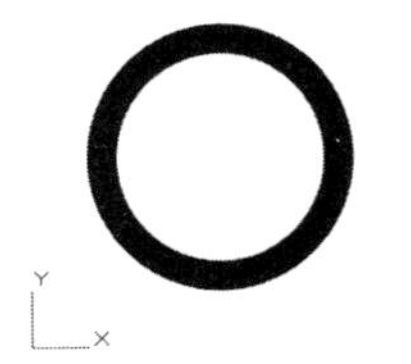
图 2-47 绘制圆环

③ 在命令行中执行 pline（多段线）命令，并按照如下的命令行操作提示绘制斜线，完成结果如图 2-48 所示。

```
命令: _pline
指定起点:                                          //在圆环左上方适当捕捉一点
当前线宽为 0.0000
指定下一个点或 [圆弧(A)/半宽(H)/长度(L)/放弃(U)/宽度(W)]: W ↙
指定起点宽度 <0.0000>:20 ↙
指定端点宽度 <20.0000>: ↙
指定下一个点或 [圆弧(A)/半宽(H)/长度(L)/放弃(U)/宽度(W)]: //斜向向下在圆环上捕捉一点
指定下一点或 [圆弧(A)/闭合(C)/半宽(H)/长度(L)/放弃(U)/宽度(W)]: ↙
```

④ 在命令行中执行 do 命令，分别绘制出圆心坐标为（128,83）和（83,83），圆环内径为 9、外径为 14 的两个圆环（作为车轱辘），结果如图 2-49 所示。

图 2-48 绘制斜线

图 2-49 绘制两个圆环

⑤ 在命令行中执行 pline 命令，绘制如图 2-50 所示的车身标识，命令行操作提示如下：

```
命令: _pline
指定起点: 140,83 ↙                                  //输入第一点绝对坐标
当前线宽为 0.0000 ↙
指定下一个点或 [圆弧(A)/半宽(H)/长度(L)/放弃(U)/宽度(W)]: 136.775,83 //输入第二点绝对坐标
指定下一点或 [圆弧(A)/闭合(C)/半宽(H)/长度(L)/放弃(U)/宽度(W)]: A ↙
指定圆弧的端点或 [角度(A)/圆心(CE)/闭合(CL)/方向(D)/半宽(H)/直线(L)/半径(R)/第二个点(S)/
放弃(U)/宽度(W)]: CE ↙
指定圆弧的圆心: 128,83 ↙                            //输入圆心坐标
指定圆弧的端点或[角度(A)/长度(L)]:                  //指定一点（在极限追踪的条件下拖动
                                                     鼠标向左在屏幕上单击）
指定圆弧的端点或 [角度(A)/圆心(CE)/闭合(CL)/方向(D)/半宽(H)/直线(L)/半径(R)/第二个点(S)/
放弃(U)/宽度(W)]: L ↙
指定下一点或 [圆弧(A)/闭合(C)/半宽(H)/长度(L)/放弃(U)/宽度(W)]: @-27.22,0 ↙
                                                   //输入相对坐标
指定下一点或 [圆弧(A)/闭合(C)/半宽(H)/长度(L)/放弃(U)/宽度(W)]:A
指定圆弧的端点或[角度(A)/圆心(CE)/闭合(CL)/方向(D)/半宽(H)/直线(L)/半径(R)/第二个点(S)/
放弃(U)/宽度(W)]: CE ↙
指定圆弧的圆心: 83,83 ↙                             //输入圆弧圆心坐标
指定圆弧的端点或 [角度(A)/长度(L)]: A ↙
指定包含角: 180 ↙                                   //输入包含角度值
指定圆弧的端点或[角度(A)/圆心(CE)/闭合(CL)/方向(D)/半宽(H)/直线(L)/半径(R)/第二个点(S)/
放弃(U)/宽度(W)]: L ↙
```

```
指定下一点或 [圆弧(A)/闭合(C)/半宽(H)/长度(L)/放弃(U)/宽度(W)]: 16 ↙
指定下一点或 [圆弧(A)/闭合(C)/半宽(H)/长度(L)/放弃(U)/宽度(W)]: 58,104.5 ↙
指定下一点或 [圆弧(A)/闭合(C)/半宽(H)/长度(L)/放弃(U)/宽度(W)]: 71,127 ↙
指定下一点或 [圆弧(A)/闭合(C)/半宽(H)/长度(L)/放弃(U)/宽度(W)]: 82,127 ↙
指定下一点或 [圆弧(A)/闭合(C)/半宽(H)/长度(L)/放弃(U)/宽度(W)]: 82,106 ↙
指定下一点或 [圆弧(A)/闭合(C)/半宽(H)/长度(L)/放弃(U)/宽度(W)]: 140,106 ↙
指定下一点或 [圆弧(A)/闭合(C)/半宽(H)/长度(L)/放弃(U)/宽度(W)]: C ↙
```

提醒一下：

多段线的命令执行过程比较繁杂。反复使用绘制圆弧和绘制直线的命令，可帮助用户完成圆弧和直线比较多的图形绘制。

⑥ 在命令行中执行 rec 命令，在车身标识的合适位置绘制两个矩形作为货箱，至此完成了交通标志图形的绘制，结果如图 2-51 所示。

图 2-50　绘制的车身标识

图 2-51　交通标志图形的绘制结果

2.3　修复或恢复图形文件

硬件问题、电源故障或软件问题都会导致 AutoCAD 意外终止，此时的图形文件容易被损坏。用户可以通过使用相关命令查找并更正错误或通过恢复为备份文件，修复图形文件中部分或全部数据。本节将着重介绍修复损坏的图形文件、创建和恢复备份文件和图形修复管理器的知识。

2.3.1　修复损坏的图形文件

在 AutoCAD 出现错误时，诊断信息被自动记录在 AutoCAD 的 acad.err 文件中，用户可以通过该文件查看系统出现的问题。

提醒一下：

如果在图形文件中检测到损坏的数据或者用户在系统发生故障后要求保存图形文件，那么该图形文件将被标记为已损坏。

如果图形文件只是轻微损坏，有时只需打开图形，系统便会自动修复。如果图形文件损坏得比较严重，那么可以使用修复、外部参照修复及核查命令进行修复。

动手操作——修复图形

【修复】命令可用来修复损坏的图形文件。用户可通过以下命令方式来执行此操作。

- 菜单栏：执行【文件】|【图形实用工具】|【修复】命令。
- 命令行：输入 recover。

① 在命令行中执行 recover 命令后，打开【选择文件】对话框，通过该对话框选择要修复的图形文件，如图 2-52 所示。

② 选择要修复的图形文件并打开，系统自动对图形文件进行修复，并打开【打开图形-文件损坏】对话框，如图 2-53 所示。该对话框中详细描述了图形文件的修复过程及结果。

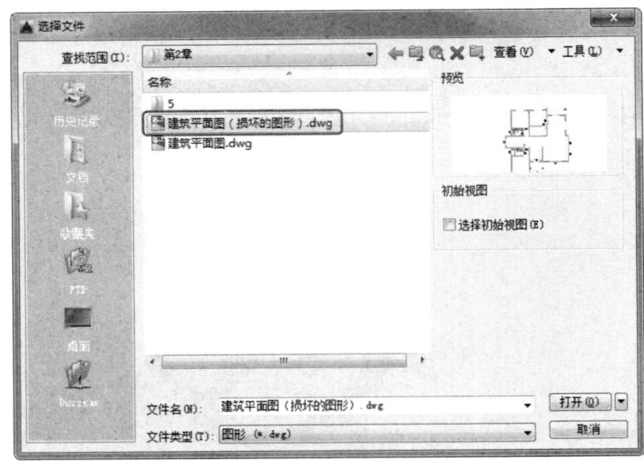

图 2-52　选择要修复的图形文件

打开图形 - 文件损坏

已修复图形文件。

在图形中发现错误并已修复。可能已更改或删除无效数据，某些先前删除的对象可能已恢复。

发现的错误：1
修复的错误：1
删除的对象：0

请在保存图形前检查以上信息并检验图形。

不再显示此消息　关闭(C)

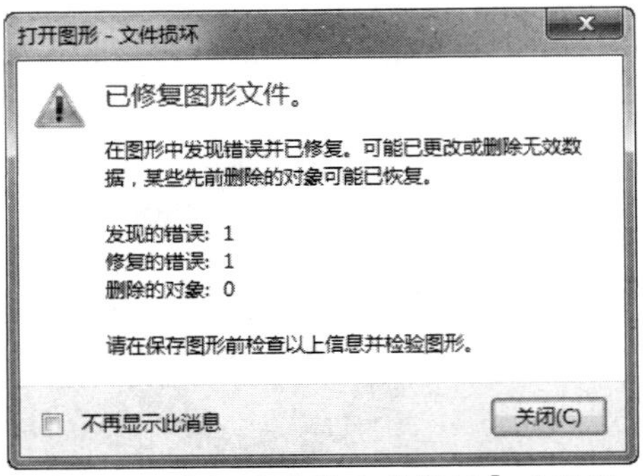

图 2-53　【打开图形-文件损坏】对话框

动手操作——使用外部参照修复图形

使用外部参照修复工具可修复损坏的图形文件和外部参照。用户可通过以下方式来执行此操作。

- 菜单栏：执行【文件】|【图形实用工具】|【修复图形和外部参照】命令。
- 命令行：输入 recoverall。

① 初次使用外部参照修复来修复图形文件，在命令行中执行 recoverall 命令后，打开【全部修复】对话框，如图 2-54 所示。该对话框提示用户接着该执行怎样的操作。

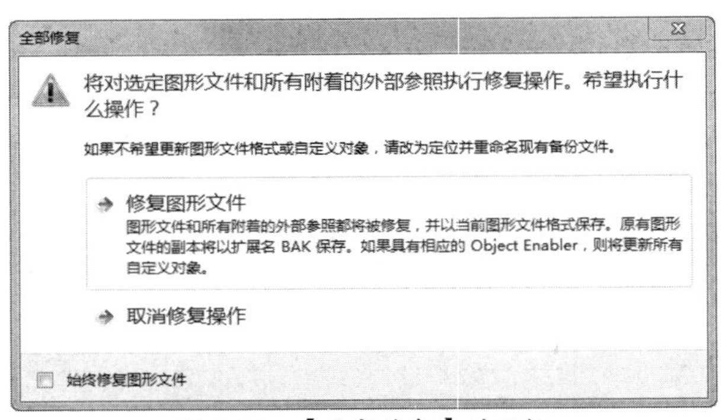

图 2-54　【全部修复】对话框

提醒一下：

在【全部修复】对话框中勾选【始终修复图形文件】复选框后，以后执行同样操作时不再弹出该对话框。

② 单击【修复图形文件】按钮，打开【选择文件】对话框。通过该对话框选择要修复的图形文件，如图 2-55 所示。

③ 随后系统开始自动修复选择的图形文件，在打开的【图形修复日志】对话框中显示修复结果，如图 2-56 所示。单击【关闭】按钮，系统将修复完成的结果自动保存到原始图形文件中。

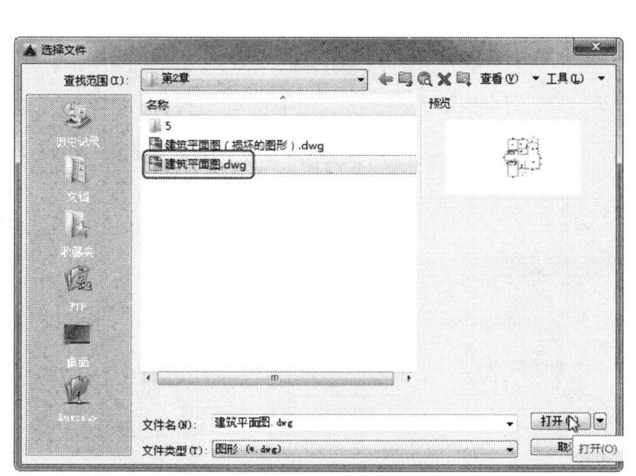

图 2-55　选择要修复的图形文件

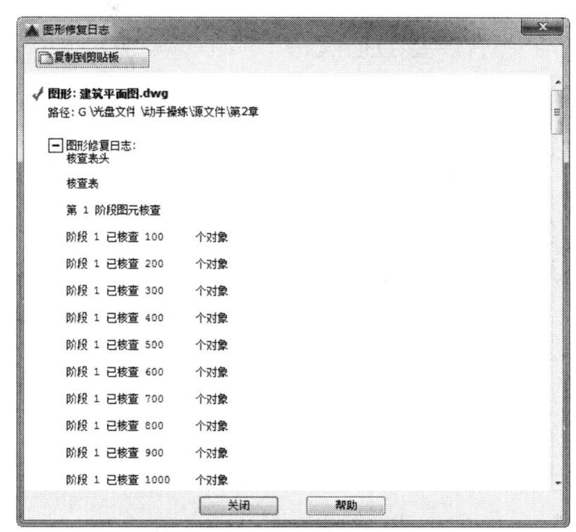

图 2-56　修复结果

提醒一下：

已检查的每个图形文件均包括一个可以展开或收拢的图形修复日志，且整个日志可以复制到 Windows 其他应用程序的剪贴板中。

动手操作——核查

【核查】命令可用来检查图形文件的完整性并更正某些错误。用户可通过以下方式来执行此操作。

- 菜单栏：执行【文件】|【图形实用工具】|【核查】命令。
- 命令行：输入 audit。

① 在 AutoCAD 中打开一个图形文件，在命令行中执行 audit 命令后，命令行操作提示如下：

```
是否更正检测到的任何错误？[是(Y)/否(N)] <N>:
```

② 若图形文件没有任何错误，则命令行窗口显示如下核查报告：

```
核查表头
核查表
第 1 阶段图元核查
阶段 1 已核查 100      个对象
第 2 阶段图元核查
阶段 2 已核查 100      个对象
核查块
 已核查 1        个块
共发现 0 个错误，已修复 0 个
已删除 0 个对象
```

提醒一下：

如果将系统变量 auditctl 的值设置为 1，那么在命令行中执行 audit 命令后将创建 ASCII 文件，用于说明问题及采取的措施，并将此文件放置在当前图形所在的相同目录中，文件扩展名为.adt。

2.3.2 创建和恢复备份文件

备份文件有助于确保图形数据的安全。当系统出现故障时，用户可以恢复图形备份文件，以避免不必要的损失。

1. 创建备份文件

在【选项】对话框的【打开和保存】选项卡中，可以设置备份文件的保存选项，如图 2-57 所示。设置保存选项后，每次保存图形时，图形的早期版本将被保存为具有相同名称并带有扩展名.bak 的文件。该备份文件与图形文件位于同一个文件夹中。

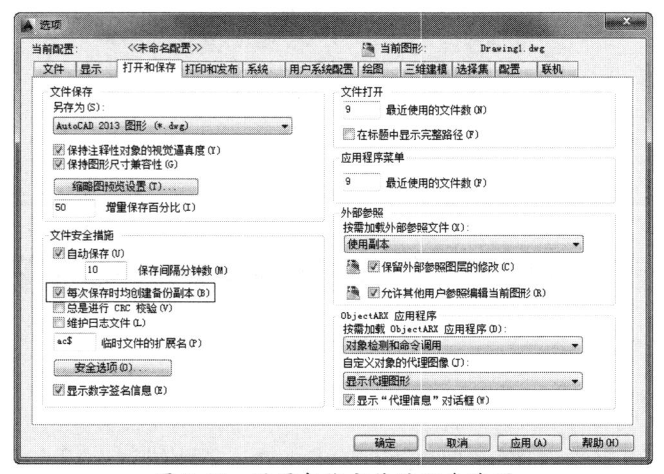

图 2-57 设置备份文件的保存选项

2. 由备份文件恢复图形

由备份文件恢复图形的操作步骤如下。

- 在备份文件保存路径中，找到有.bak 文件扩展名标识的备份文件。
- 将该文件重命名。输入新名称，文件扩展名为.dwg。
- 在 AutoCAD 中通过【打开】命令，将备份文件打开。

2.3.3 图形修复管理器

当 AutoCAD 系统出现故障后，可以通过图形修复管理器来打开图形文件。用户可通过以下方式来打开图形修复管理器。

- 菜单栏：执行【文件】|【图形实用工具】|【图形修复管理器】命令。
- 命令行：输入 drawingrecovery。

在命令行中执行 drawingrecovery 命令打开的【图形修复管理器】选项板，如图 2-58 所示。该选项板中将显示所有打开的图形文件列表，列表中的文件类型包括图形文件（dwg）、图形样板文件（dwt）和图形标准文件（dws）。

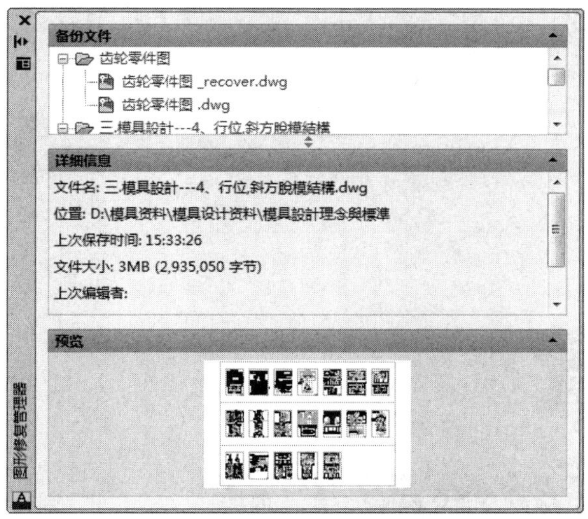

图 2-58　【图形修复管理器】选项板

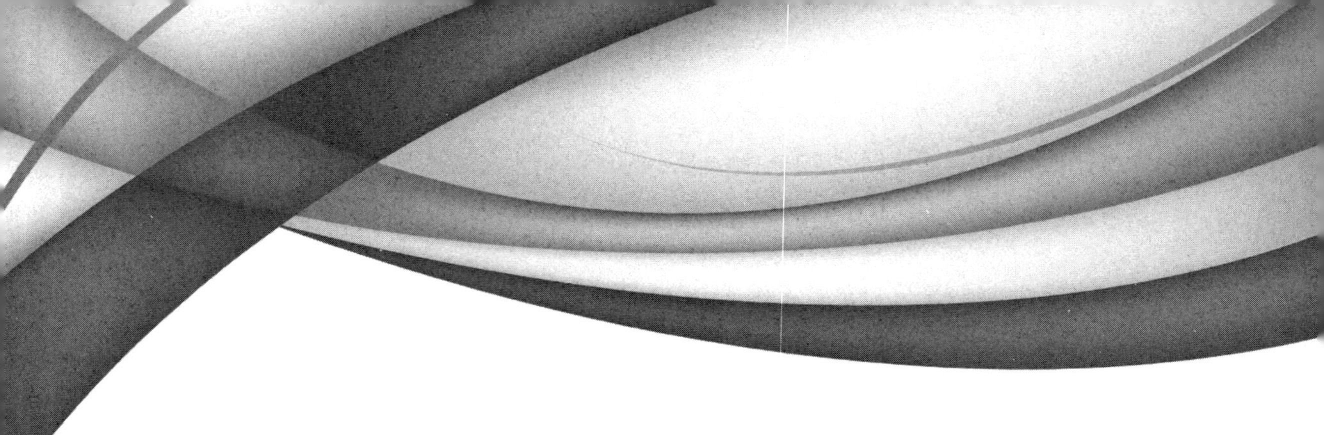

第 3 章

必备的辅助绘图工具

本章内容

用户在掌握了 AutoCAD 2022 窗口界面、命令执行方式、文件管理等基本知识之后，要想弄清楚绘图原理和绘图过程，必须了解一些常用的辅助绘图工具。这些工具包括 AutoCAD 2022 坐标系、控制图形与视图、快速计算器。

知识要点

☑ 认识 AutoCAD 2022 坐标系
☑ 如何控制图形与视图
☑ 认识快速计算器

3.1　认识 AutoCAD 2022 坐标系

用户在绘制精度要求较高的图形时，常使用用户坐标系（UCS）的二维坐标系、三维坐标系来输入坐标值，以满足设计需要。

3.1.1　认识 AutoCAD 坐标系

坐标是表示点的最基本的方法。为了输入坐标值及建立工作平面，需要使用坐标系。在 AutoCAD 中，坐标系由世界坐标系（WCS）和 UCS 构成。

1. WCS

WCS 是一个固定的坐标系，也是一个绝对坐标系。通常在二维视图中，WCS 的 X 轴水平，Y 轴垂直。WCS 的原点为 X 轴和 Y 轴的交点（0,0）。图形文件中的所有对象均由 WCS 的坐标来定义。

2. UCS

UCS 是可移动的坐标系，也是一个相对坐标系。一般情形下，所有坐标输入及其他许多工具和操作，均参照当前的 UCS。使用可移动的 UCS 创建和编辑对象通常更方便。

在默认情况下，UCS 和 WCS 是重合的。图 3-1 所示为 UCS 在绘图操作中的定义。

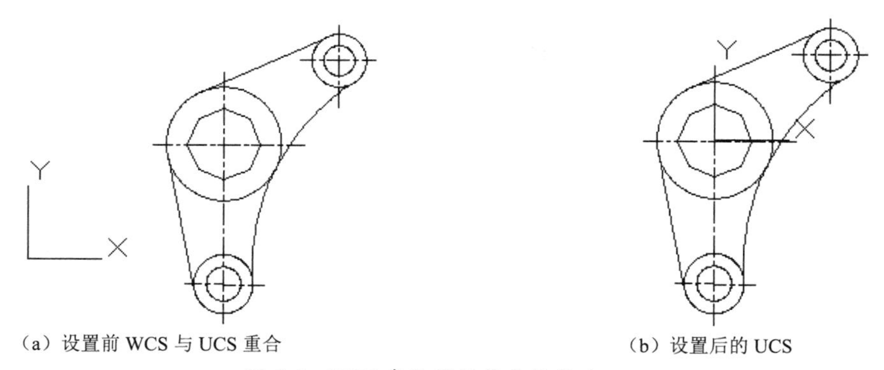

（a）设置前 WCS 与 UCS 重合　　（b）设置后的 UCS

图 3-1　UCS 在绘图操作中的定义

3.1.2　笛卡儿坐标系

笛卡儿坐标系有 3 个轴，即 X、Y 和 Z 轴。输入坐标值时，需要指示沿 X、Y 和 Z 轴相对于坐标系原点（0,0,0）的距离（以单位表示）及其方向（正或负）。在二维视图中，在 XY 平面（也称为工作平面）上指定点。工作平面类似于平铺的网格纸。笛卡儿坐标系的 X 坐标指定水平距离，Y 坐标指定垂直距离，原点（0,0）表示两坐标轴相交的位置。

在二维视图中输入笛卡儿坐标，只需在命令行中输入以逗号分隔的 X 坐标和 Y 坐标即可。笛卡儿坐标输入分为绝对坐标输入和相对坐标输入。

1. 绝对坐标输入

当已知要输入点的 X 坐标和 Y 坐标时，最好使用绝对坐标输入方式。若在动态输入框中输入坐标，则必须在坐标前须添加“＃”号，如图 3-2 所示。

若在命令行中输入坐标，则无须在坐标前添加“＃”号。命令行操作提示如下：

```
命令：line
指定第一点：30,60↙                                  //输入直线第一点坐标
指定下一点或 [放弃(U)]：150,300↙                    //输入直线第二点坐标
指定下一点或 [放弃(U)]：*取消*                      //按 Enter 键或 Esc 键
```

绘制的直线如图 3-3 所示。

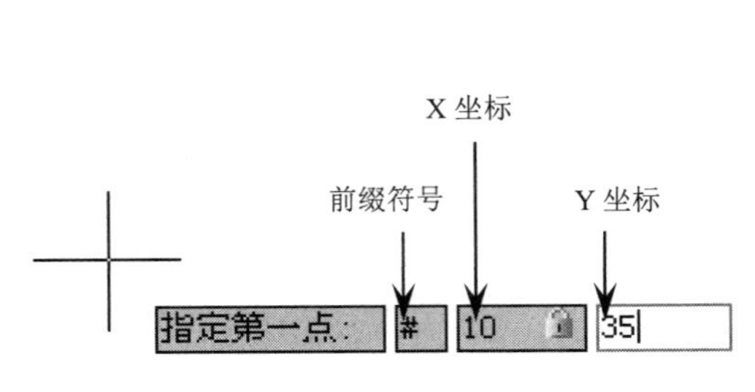

图 3-2　动态输入时添加前缀符号

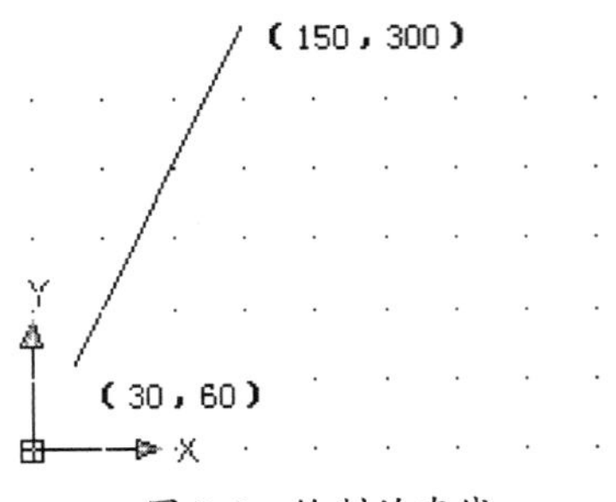

图 3-3　绘制的直线

2. 相对坐标输入

相对坐标是基于上一输入点的。如果知道某点与前一点的位置关系，可以使用相对坐标输入方式。要指定相对坐标，需在坐标前面添加“@”号。

> **提示：**
> 若在动态输入框中输入坐标，则无须在坐标前添加“@”号，直接输入坐标即表示相对输入。

例如，在命令行中输入“@3,4”指定一点，此点沿 X 轴方向有 3 个单位，沿 Y 轴方向距离上一指定点有 4 个单位。在绘图区中绘制了一个三角形的 3 条边，命令行操作提示如下：

```
命令：line
指定第一点：-2,1↙                                   //第一点绝对坐标
指定下一点或 [放弃(U)]：@5,0↙                       //第二点相对坐标
指定下一点或 [放弃(U)]：@0,3↙                       //第三点相对坐标
指定下一点或 [闭合(C)/放弃(U)]：@-5,-3↙             //第四点相对坐标
指定下一点或 [闭合(C)/放弃(U)]：c ↙                 //闭合直线
```

使用相对坐标输入方式绘制的三角形如图 3-4 所示。

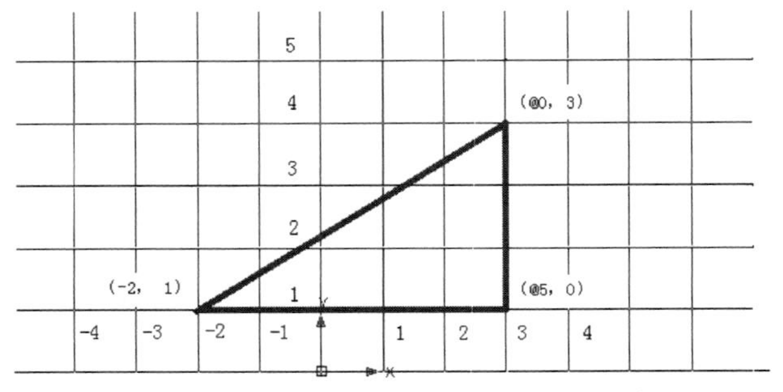

图 3-4　使用相对坐标输入方式绘制的三角形

动手操作——利用笛卡儿坐标系绘制五角星和正五边形

利用笛卡儿坐标系使用相对坐标输入方式绘制五角星和正五边形，如图 3-5 所示。

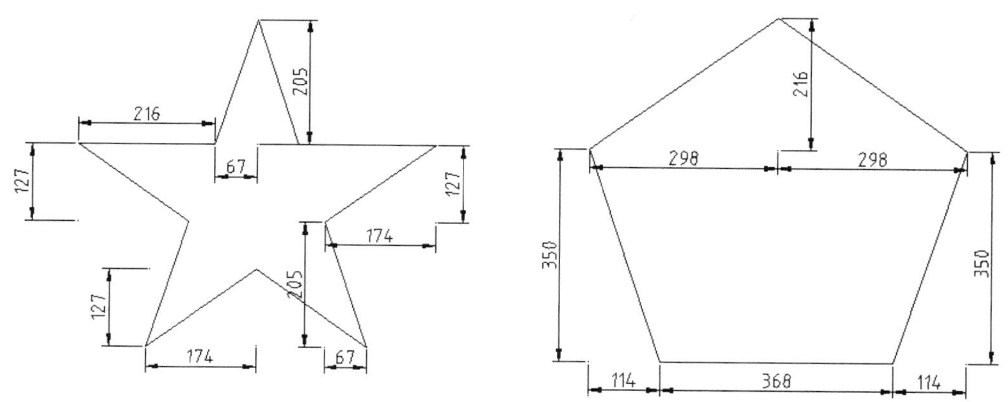

图 3-5　使用相对坐标输入方式绘制五角星和正五边形

绘制五角星的步骤如下。

① 新建图形文件进入 AutoCAD 工作空间中。

② 使用【直线】命令，在命令行中输入 l，并按空格键确定，在绘图区指定第一点，提示下一点时输入坐标（@216,0），确定后即可绘制五角星左上边的第一条横线。

③ 输入坐标（@67,205），确定后即可绘制第二条斜线。

④ 输入坐标（@67,-205），确定后即可绘制第三条斜线。

⑤ 输入坐标（@216,0），确定后即可绘制第四条横线。

⑥ 输入坐标（@-174,-127），确定后即可绘制第五条斜线。

⑦ 输入坐标（@67,-205），确定后即可绘制第六条斜线。

⑧ 输入坐标（@-174,127），确定后即可绘制第七条斜线。

⑨ 输入坐标（@-174,-127），确定后即可绘制第八条斜线。

⑩ 输入坐标（@67,205），确定后即可绘制第九条斜线。

⑪ 输入坐标（@-174,127），确定后即可绘制第十条斜线。

绘制正五边形的步骤如下。

① 使用【直线】命令，在命令行中输入 l，并按空格键确定，在绘图区指定第一点，提示下一点时输入坐标（@298,216），确定后即可绘制正五边形左上边的第一条斜线。

② 输入坐标（@298,-216），确定后即可绘制第二条斜线。

③ 输入坐标（@-114,-350），确定后即可绘制第三条斜线。

④ 输入坐标（@-368,0），确定后即可绘制第四条横线。

⑤ 输入坐标（@-114,350），确定后即可绘制第五条斜线。

3.1.3　极坐标系

在平面内由极点、极轴和极径组成的坐标系称为极坐标系。在平面上取定一点 O，称为极点。先从 O 出发引一条射线 OX，称为极轴。再取定一个长度单位，通常规定角度取逆时针方向为正。这样，平面上任一点 P 的位置就可以用线段 OP 的长度 ρ 及从 OX 到 OP 的角度 θ 来确定，有序数对（ρ,θ）就称为 P 点的极坐标，记为 P（ρ,θ），ρ 称为 P 点的极径，θ 称为 P 点的极角，如图 3-6 所示。

在 AutoCAD 中要表达极坐标，需在命令行中输入角括号（<=分隔的距离和角度）。默认情况下，角度按逆时针方向增大，按顺时针方向减小。要指定顺时针方向，输入的角度为负值即可。例如，输入 1<315 和 1<-45 都代表相同的点。极坐标的输入包括绝对极坐标输入和相对极坐标输入。

1．绝对极坐标输入

当知道点的准确距离和角度坐标时，一般情况下使用绝对极坐标输入。绝对极坐标从 UCS 原点（0,0）开始测量，此原点是 X 轴和 Y 轴的交点。

若在动态输入框中输入坐标，则必须在坐标前添加“#”号指定绝对坐标。若在命令行中输入坐标，则无须在坐标前添加“#”号。例如，输入#3<45 指定一点，此点距离原点有 3 个单位，并且与 X 轴成 45° 角。命令行操作提示如下：

```
命令：line
指定第一点：0,0                                  //指定直线起点
指定下一点或 [放弃(U)]：4<120                    //指定第二点
指定下一点或 [放弃(U)]：5<30                     //指定第三点
指定下一点或 [闭合(C)/放弃(U)]：*取消*           //按 Esc 键或 Enter 键
```

使用绝对极坐标输入方式绘制的线段如图 3-7 所示。

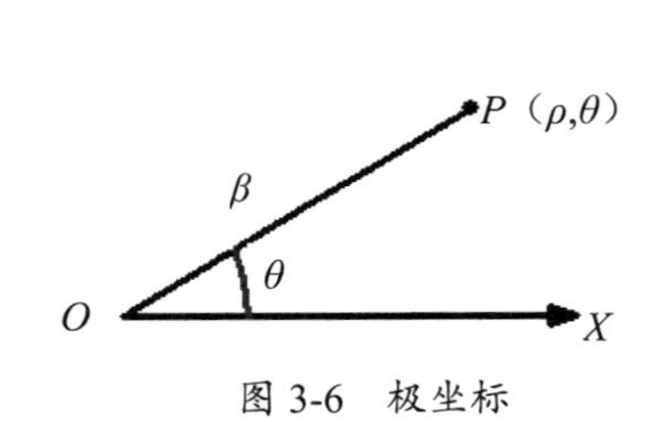

图 3-6　极坐标

图 3-7　使用绝对极坐标输入方式绘制的线段

2．相对极坐标输入

相对极坐标是基于上一输入点而确定的。如果知道某点与前一点的位置关系，那么可使用相对极坐标输入。

要输入相对极坐标，需在坐标前面添加“@”号。例如，输入@1<45 来指定一点，此点距离上一指定点有 1 个单位，并且与 X 轴成 45° 角。

例如，使用相对极坐标输入绘制两条线段，线段都是从标有上一点的位置开始。命令行操作提示如下：

```
命令：line
指定第一点：-2, 3                                //指定直线起点
指定下一点或 [放弃(U)]：2, 4                     //指定第二点
指定下一点或 [放弃(U)]：@3<45                    //指定第三点
```

```
指定下一点或 [放弃(U)]：@5<285                        //指定第四点
指定下一点或 [闭合(C)/放弃(U)]：*取消*                //按 Esc 键或 Enter 键
```

使用相对极坐标输入方式绘制的两条线段如图 3-8 所示。

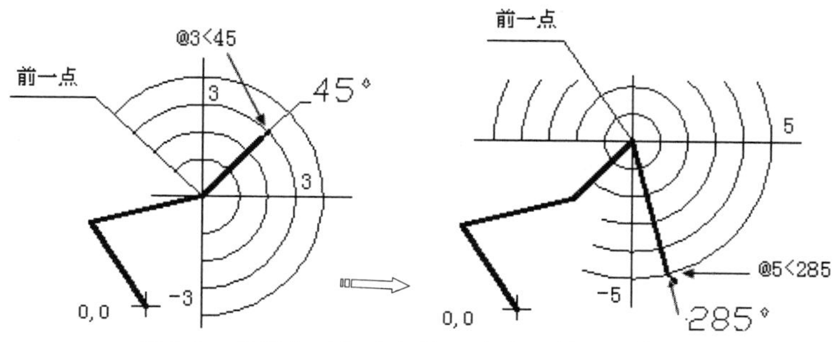

图 3-8　使用相对极坐标输入方式绘制的两条线段

动手操作——利用极坐标系绘制五角星和正五边形

利用极坐标系绘制五角星和正五边形，如图 3-9 所示。

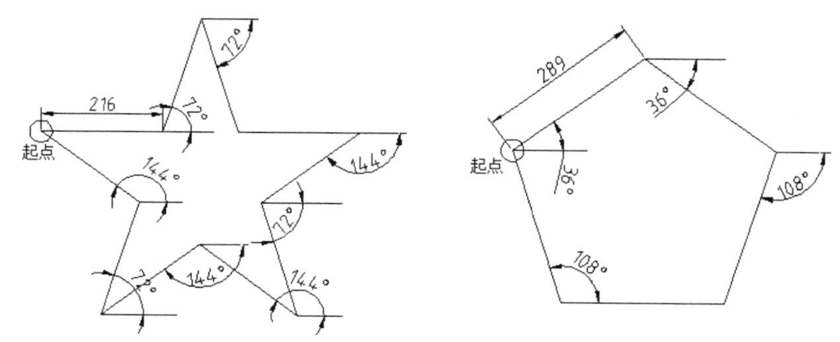

图 3-9　绘制五角星和正五边形

绘制五角星的步骤如下。

① 新建图形文件进入到 AutoCAD 工作空间中。

② 使用【直线】命令，在命令行中输入 l，并按空格键确定，在绘图区指定第一点，提示下一点时输入坐标（@216<0），确定后即可绘制五角星左上边的第一条横线。

③ 输入坐标（@216<72），确定后即可绘制第二条斜线。

④ 输入坐标（@216<-72），确定后即可绘制第三条斜线。

⑤ 输入坐标（@216<0），确定后即可绘制第四条横线。

⑥ 输入坐标（@216<-144），确定后即可绘制第五条斜线。

⑦ 输入坐标（@216<-72），确定后即可绘制第六条斜线。

⑧ 输入坐标（@216<144），确定后即可绘制第七条斜线。

⑨ 输入坐标（@216<-144），确定后即可绘制第八条斜线。

⑩ 输入坐标（@216<72），确定后即可绘制第九条斜线。

⑪ 输入坐标（@216<144），确定后即可绘制第十条斜线。

绘制正五边形的步骤如下。

① 使用【直线】命令，在命令行中输入 l，并按空格键确定，在绘图区指定第一点，提示

下一点时输入坐标（@289<36），确定后即可绘制正五边形左上边的第一条斜线。

② 输入坐标（@289<-36），确定后即可绘制第二条斜线。

③ 输入坐标（@289<-108），确定后即可绘制第三条斜线。

④ 输入坐标（@289<180），确定后即可绘制第四条横线。

⑤ 输入坐标（@289<108），确定后即可绘制第五条斜线。

技术要点：

在笛卡儿坐标系中绘制直线时可打开正交模式。例如：五角星上边两条直线，在正交模式的状态下，用光标指引向右的方向，直接输入 216 比输入（@216,0）更加方便快捷；正五边形下边的直线，在正交模式的状态下，用光标指引向左的方向，直接输入 368 比输入（@-368,0）更加方便快捷。在极坐标系中绘制直线时同样可打开正交模式，用光标指引直线的方向，直接输入 216 比输入（@216<0）更加方便快捷，输入 289 比输入（@289<180）更加方便快捷。

3.2 控制图形与视图

在 AutoCAD 2022 中，用户可以使用多种方式来观察在绘图区中绘制的图形，如使用【视图】菜单中的命令、使用【视图】选项卡中的工具按钮、使用视口和鸟瞰视图等。通过这些方式可以灵活地观察图形的整体效果或局部细节。

3.2.1 缩放视图

按一定比例、观察位置和角度显示的图形称为视图。在 AutoCAD 中，用户可以通过缩放视图来观察图形对象。图 3-10 所示为视图的放大效果。

缩放视图可以增加或减少图形的屏幕显示尺寸，但其真实尺寸保持不变。通过改变显示区域和图形的大小可更准确、更详细的绘图。

用户可通过以下方式来执行上述操作。

- 菜单栏：执行【视图】|【缩放】|【实时】命令或子菜单上的其他命令。
- 右键快捷菜单：在绘图区执行右键快捷菜单中的【缩放】命令。
- 命令行：输入 zoom。

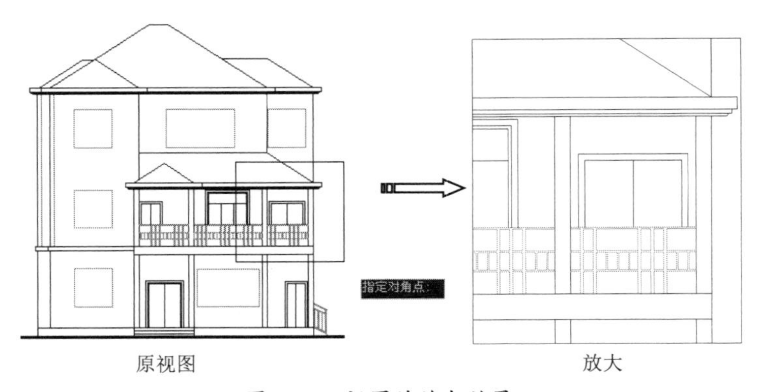

图 3-10 视图的放大效果

菜单栏中的【缩放】菜单命令如图 3-11 所示。

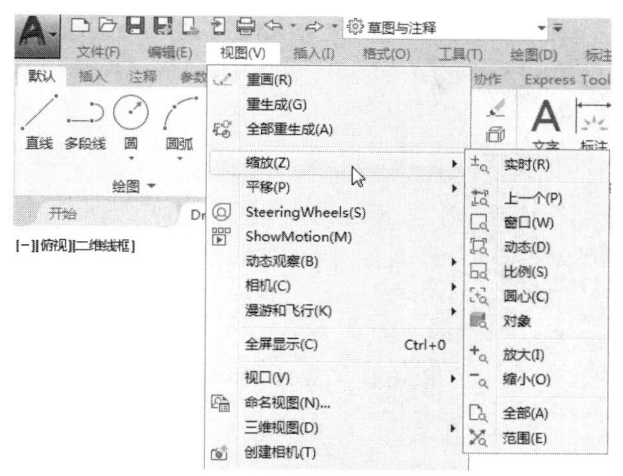

图 3-11　菜单栏中的【缩放】菜单命令

1. 实时

【实时】是指利用定点设备，在逻辑范围内向上或向下动态缩放视图。进行视图实时缩放时，光标将变为带有加号（+）和减号（-）的放大镜，如图 3-12 所示。

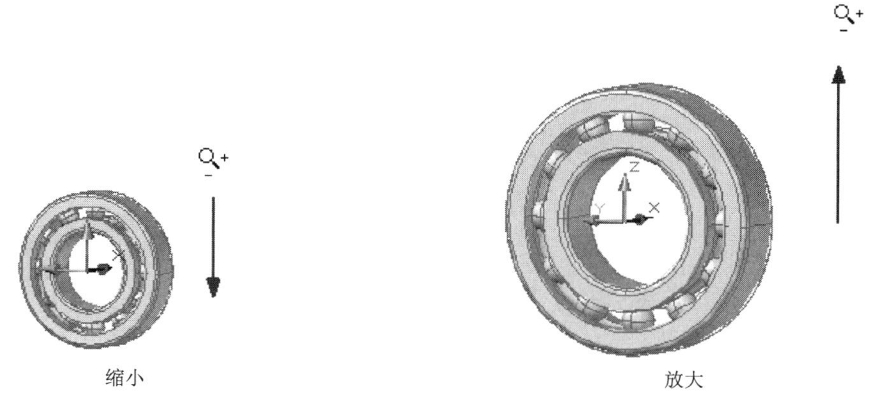

图 3-12　视图的实时缩放

技术要点：

当视图达到放大极限时，光标上的加号将消失，表示将无法继续放大；达到缩小极限时，光标上的减号将消失，表示将无法继续缩小。

2. 上一步

【上一步】是指缩放显示上一个视图。最多可恢复此前的十个视图。

3. 窗口

【窗口】是指缩放显示由两个角点定义的矩形放大区域。视图的窗口缩放如图 3-13 所示。

4. 动态

【动态】是指缩放显示在视图框中的部分图形。通过移动视图框或调整它的大小，可将其中的图形平移或缩放，使其充满整个视口。视图的动态缩放如图 3-14 所示。

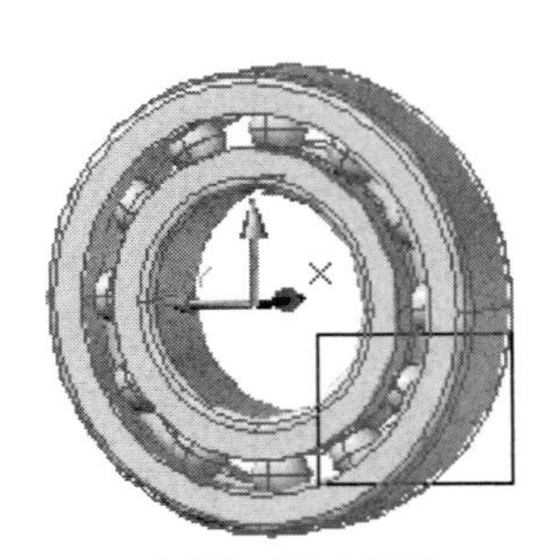

定义矩形放大区域

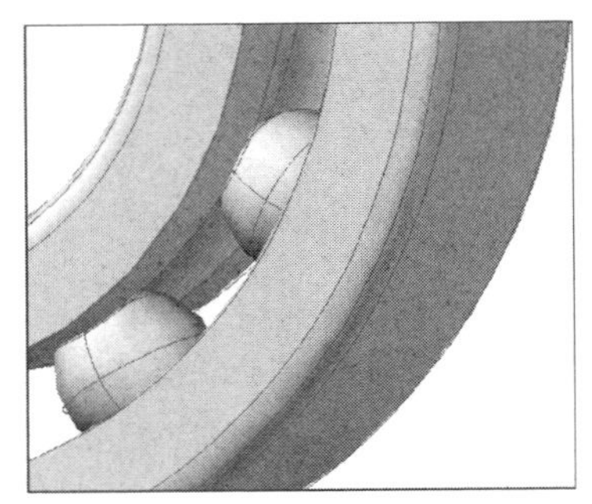

放大效果

图 3-13 视图的窗口缩放

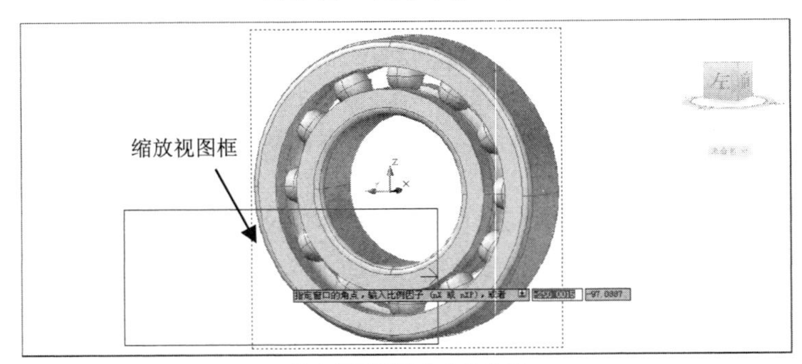

设定视图框的大小及位置

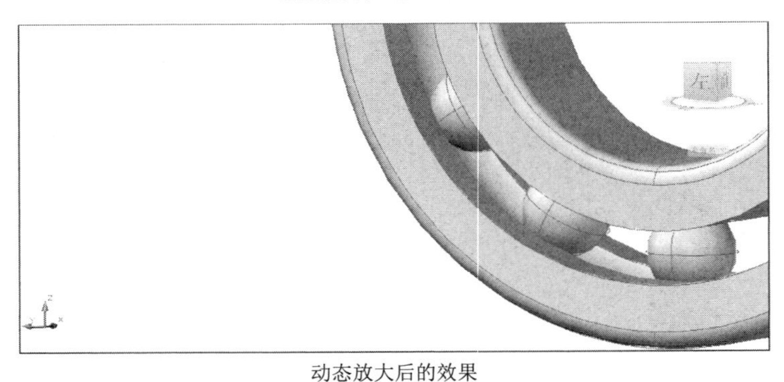

动态放大后的效果

图 3-14 视图的动态缩放

技术要点：

使用【动态】缩放视图，应先显示视图框，将其拖动到合适位置并单击，继而显示缩放视图框。调整其大小并按 Enter 键进行缩放，或单击以返回视图框。

5. 比例

【比例】是指以指定的比例因子缩放显示。

6. 圆心

【圆心】是指缩放显示由圆心和放大比例（或高度）所定义的矩形区域。高度值较小时增加放大比例；高度值较大时减小放大比例。视图的圆心缩放如图 3-15 所示。

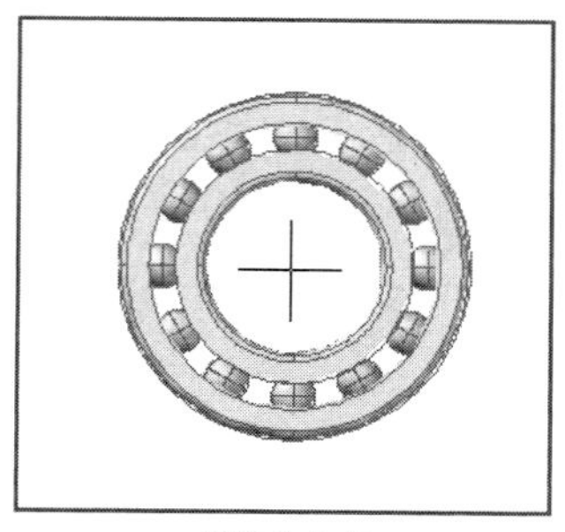

指定中心点

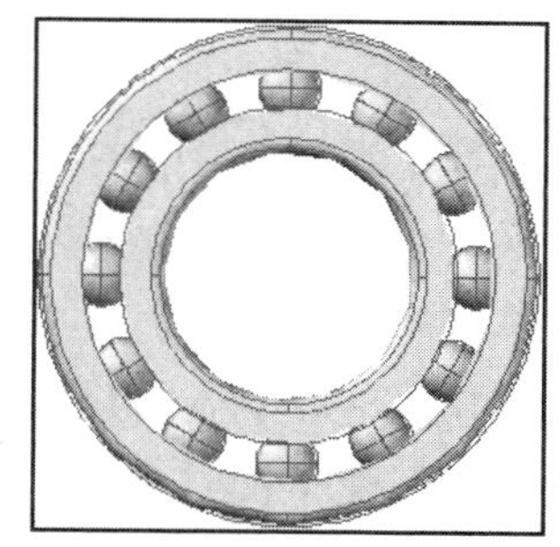

比例放大效果

图 3-15　视图的圆心缩放

7．对象

【对象】是指缩放选定对象，以便尽可能大的显示一个或多个选定对象并使其位于绘图区的中心。

8．放大

【放大】是指在图形中选择一定点，并输入比例值来放大视图。

9．缩小

【缩小】是指在图形中选择一定点，并输入比例值来缩小视图。

10．全部

【全部】是指在当前视口中缩放显示整个图形。在平面视图中，所有图形将被缩放到栅格界限和当前范围两者中较大的区域。在三维视图中，【全部】选项与【范围】选项等效，即使图形超出了栅格界限也能显示所有对象。视图的全部缩放如图 3-16 所示。

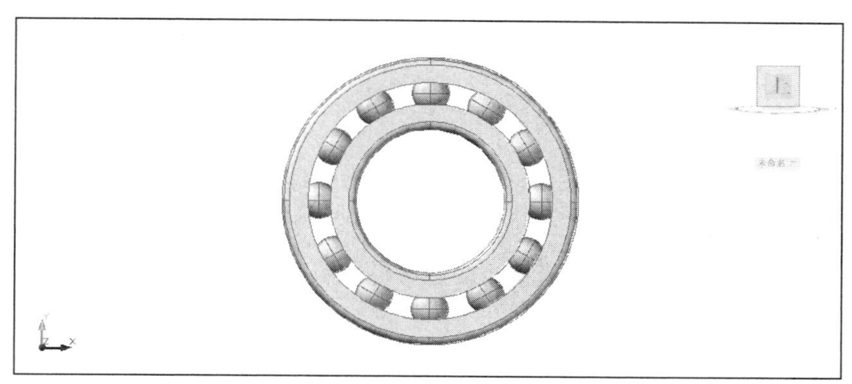

图 3-16　视图的全部缩放

11．范围

【范围】是指缩放以显示图形范围，并尽最大可能显示所有对象。

3.2.2　平移视图

使用平移视图的命令，可以重新定位图形，以便看清图形的其他部分。平移视图不会改变图形中对象的位置或比例，只改变图形位置。

用户可通过以下方式来执行平移视图操作。

- 菜单栏：执行【视图】|【平移】|【实时】命令或子菜单上的其他命令。
- 面板：在【默认】选项卡的【实用程序】面板中单击【平移】按钮。
- 右键快捷菜单：在绘图区执行右键快捷菜单中的【平移】命令。
- 状态栏：单击【平移】按钮。
- 命令行：输入 pan。

技术要点：

如果在命令提示下输入-pan，pan 将显示另外的命令提示，用户可以指定要平移图形显示的位移。

菜单栏中的【平移】菜单命令如图 3-17 所示。

1. 实时

【实时】是指利用定点设备，在逻辑范围内上、下、左、右平移视图。进行视图平移时，光标形状变为手形，按住光标拾取键，视图将随着光标向同一方向移动。实时平移视图如图 3-18 所示。

图 3-17 菜单栏中的【平移】菜单命令

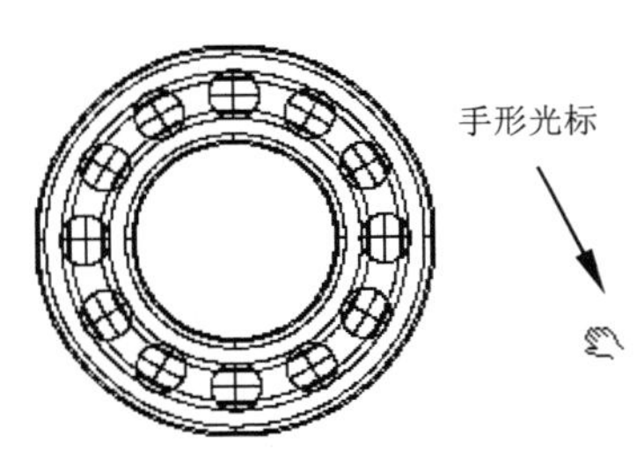

图 3-18 实时平移视图

2. 左、右、上、下

当平移视图到达图纸空间或视口的边缘时，将在此边缘的手形光标上显示边界栏。AutoCAD 将根据边缘处于图形顶部、底部还是两侧，相应地显示出水平（顶部或底部）或垂直（左侧或右侧）边界栏。手形光标上的边界栏如图 3-19 所示。

图 3-19 手形光标上的边界栏

3. 点

【点】是指指定视图基点位移的距离来平移视图。执行此操作的命令行操作提示如下：

```
命令：'_-pan 指定基点或位移：            //指定基点（位移起点）
                指定第二点：            //指定位移终点
```

使用【点】命令平移视图的示意图如图 3-20 所示。

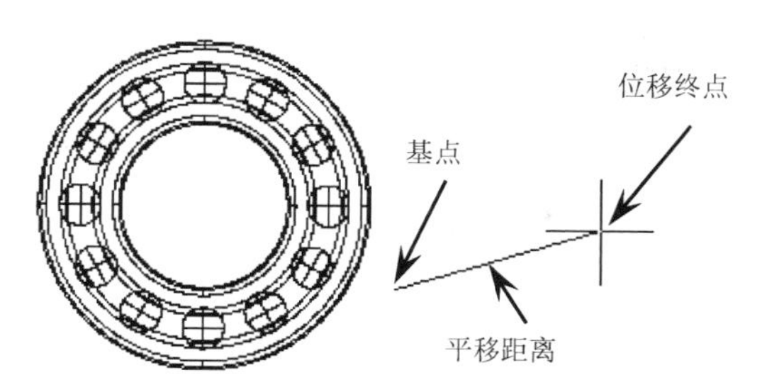

图 3-20　使用【点】命令平移视图的示意图

3.2.3　重画与重生成

【重画】命令就是刷新显示所有视口。当控制点标记打开时，可使用【重画】命令将所有视口中编辑命令留下的点标记删除，如图 3-21 所示。

图 3-21　使用【重画】将所有视口中编辑命令留下的点标记删除

【重生成】命令可在当前视口中重生成整个图形并重新计算所有对象的屏幕坐标，还会重新创建图形数据库索引，从而优化显示和对象选择的性能。

技术要点：

控制点标记可通过在命令行中执行 blipmode 命令打开，ON 为“开”，OFF 为“关”。

3.2.4　显示多个视口

有时为了编辑图形的需要，常将模型视图区域分为若干个独立的小区域，这些小区域称为模型空间视口。视口是显示模型不同视图的区域。用户可以创建一个或多个视口，也可以新建或命名视口，还可以拆分或合并视口。图 3-22 所示为创建的四个视口效果图。

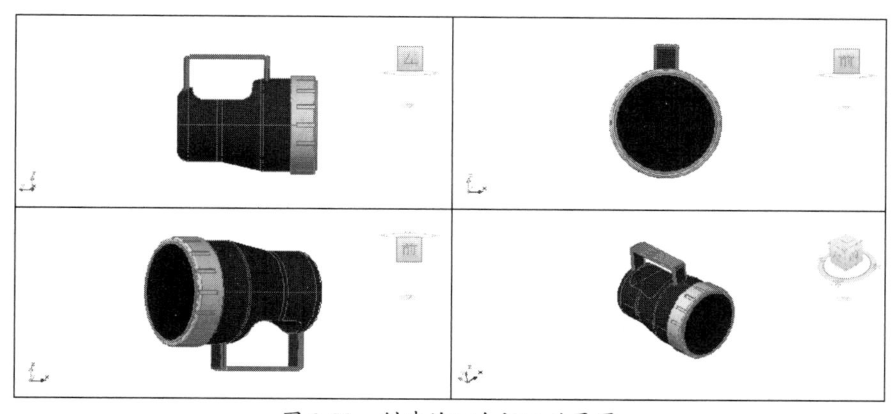

图 3-22　创建的四个视口效果图

1. 新建视口

要创建新的视口，可通过【视口】对话框的【新建视口】选项卡（见图 3-23）来配置模型空间视口并保存设置。

用户可通过以下方式来打开该对话框。

- 菜单栏：执行【视图】|【视口】|【新建视口】命令。
- 命令行：输入 vports。

在【视口】对话框中，【新建视口】选项卡显示标准视口配置列表并配置模型空间视口，【命名视口】选项卡则显示图形中任意已保存的视口配置。

【新建视口】选项卡中各选项的含义如下。

- 新名称：为新建的视口配置指定名称。若不输入名称，则新建的视口配置只能应用而不被保存。
- 标准视口：列出并设定标准视口配置，包括当前配置。
- 预览：显示选定视口配置的预览图像，以及在配置中被分配到每个单独视口的默认视图。
- 应用于：将视口配置应用到整个模型视图或当前视口中。【显示】是将视口配置应用到整个模型视图中，此选项是默认设置。【当前视口】是仅将视口配置应用到当前视口。
- 设置：指定二维或三维设置。若选择【二维】选项，则新的视口配置将通过所有视口中的当前视图来创建。若选择【三维】选项，则一组标准正交三维视图将被应用到配置中的视口。
- 修改视图：使用从【标准视口】列表框中选择的视图替换选定视口中的视图。
- 视觉样式：将视觉样式应用到视口。【视觉样式】下拉列表中包括【当前】、【二维线框】、【三维隐藏】、【三维线框】、【概念】和【真实】等视觉样式。

2. 命名视口

命名视口的设置是通过【视口】对话框的【命名视口】选项卡完成的。【命名视口】选项卡的功能是显示图形中任意已保存的视口配置，如图 3-24 所示。

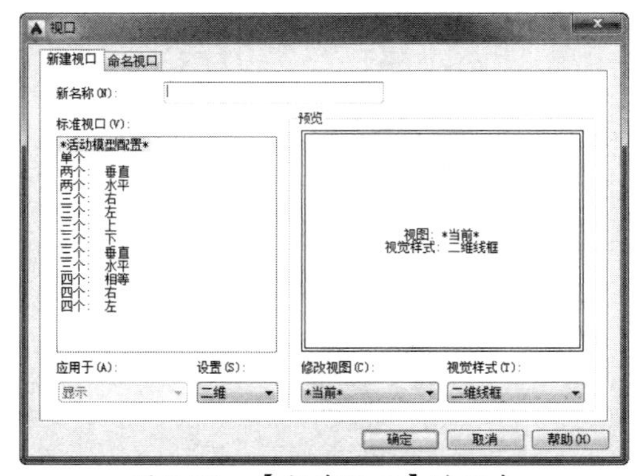

图 3-23 【新建视口】选项卡

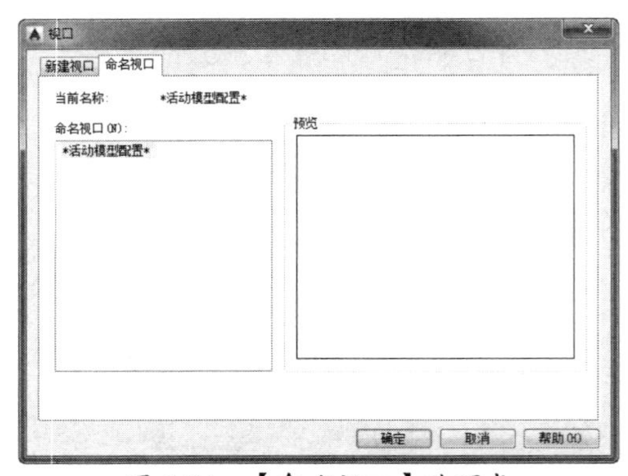

图 3-24 【命名视口】选项卡

3．拆分或合并视口

拆分视口就是将单个视口拆分为多个视口，或者在多个视口的一个视口中进行再拆分。若在单个视口中拆分视口，则直接在菜单栏中执行【视图】|【视口】|【两个】命令，即可将单个视口拆分为两个视口。

例如，将模型视图的两个视口的一个视口进行再拆分，操作步骤如下。

（1）在模型视图中选择要拆分的视口，如图 3-25 所示。

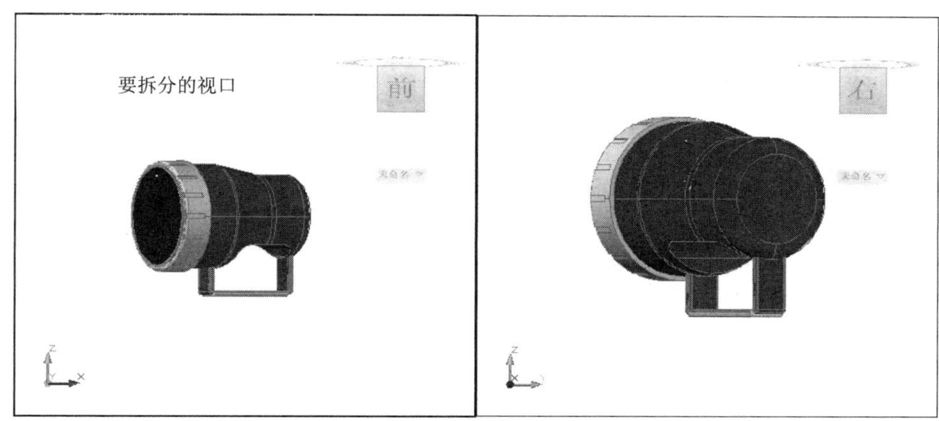

图 3-25　选择要拆分的视口

（2）在菜单栏中执行【视图】|【视口】|【两个】命令，系统自动将选择的视口拆分为两个小视口。拆分效果如图 3-26 所示。

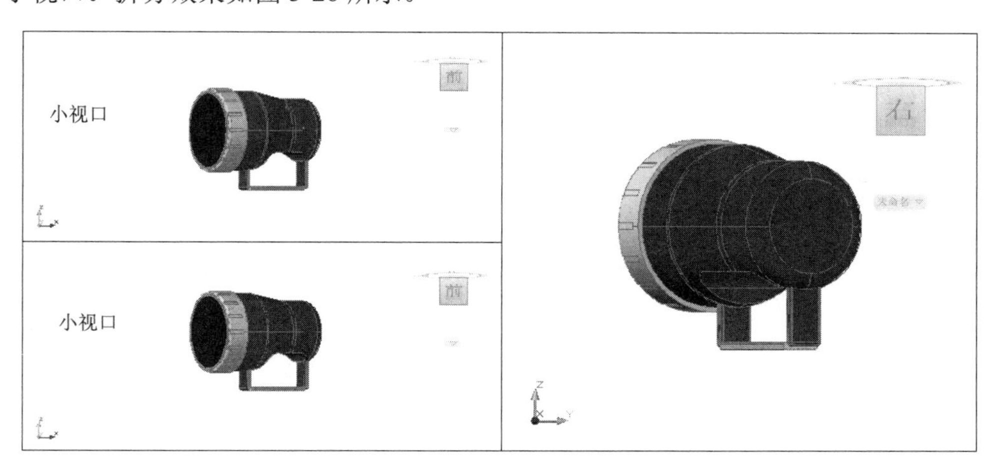

图 3-26　拆分效果

合并视口是将多个视口合并为一个视口的操作。

用户可通过以下方式来执行上述操作。

- 菜单栏：执行【视图】|【视口】|【合并】命令。
- 命令行：输入 vports。

合并视口操作需要先选择一个主视图，然后选择要合并的其他视图。执行操作后，选择的其他视图将合并到主视图中。

3.2.5 命名视图

用户可以在一张工程图纸上创建多个视图。当要观看、修改图纸上的某一部分视图时，将该视图恢复出来即可。要创建、设置、重命名、修改和删除命名视图（包括模型视图、相机视图、布局视图和预设视图），可通过【视图管理器】对话框来设置。

用户可通过以下方式来执行上述操作。

- 菜单栏：执行【视图】|【命名视图】命令。
- 命令行：输入 view。

在命令行中执行 view 命令后，将打开【视图管理器】对话框，如图 3-27 所示。在此对话框中可设置模型视图、布局视图和预设视图。

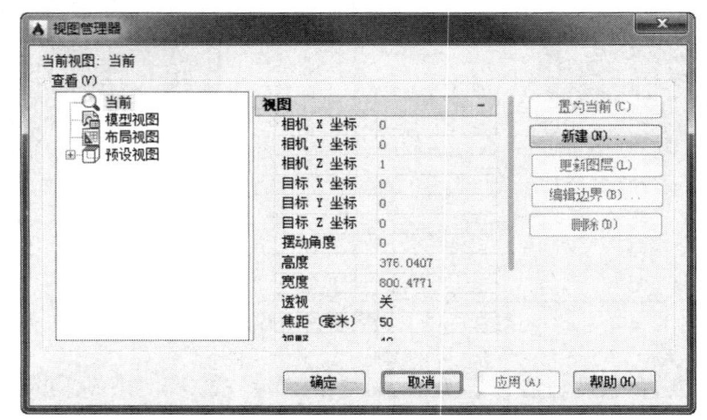

图 3-27 【视图管理器】对话框

3.2.6 ViewCube 和导航栏

ViewCube 和导航栏主要用来恢复和更改视图方向、模型视图的观察与控制等。

1. ViewCube

ViewCube 是用户在二维模型空间或三维视觉样式中处理图形时显示的导航工具。用户可以通过 ViewCube 在标准视图和等轴测视图间切换。

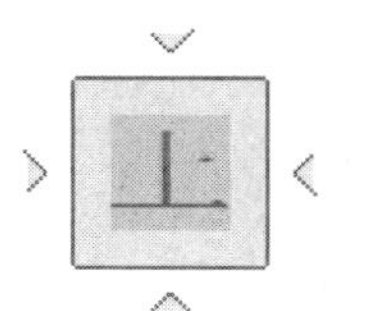

图 3-28 ViewCube 界面

在 AutoCAD 功能区【视图】选项卡的【视口工具】面板中可以通过单击【ViewCube】按钮来显示或隐藏绘图区右上角的 ViewCube 界面，如图 3-28 所示。

ViewCube 的视图控制方法之一是单击 ViewCube 界面中的 >、^、< 和 v，也可以在绘图区左上方选择俯视、仰视、左视、右视、前视及后视视图，如图 3-29 所示。

ViewCube 的视图控制方法之二是单击 ViewCube 界面中的角点、边或面，如图 3-30 所示。

技术要点：

可以通过在 ViewCube 上按住左键并拖曳鼠标来自定义视图方向。

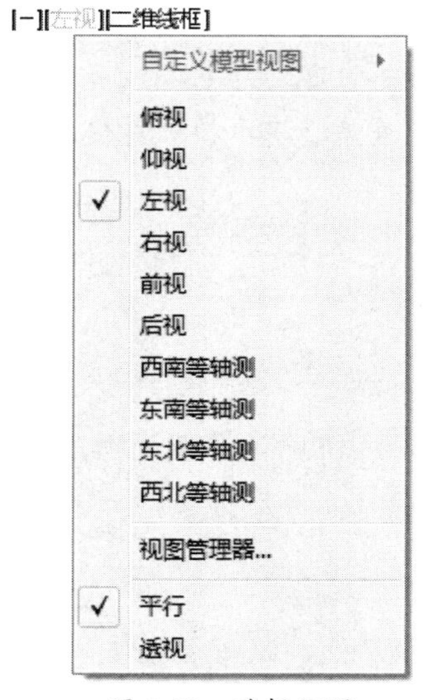

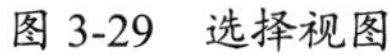
图 3-29　选择视图

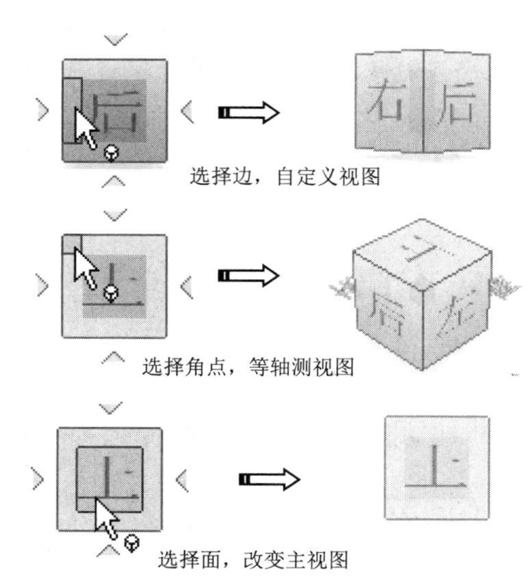

图 3-30　单击 ViewCube 界面中的角点、边或面

ViewCube 界面的外围是指南针，用于指示为模型定义的方向。可以单击指南针上的四个基本方向以旋转模型，也可以单击并拖动指南针环以交互方式围绕轴心点旋转模型，如图 3-31 所示。

指南针的下方是 View UCS 的坐标系列表选项：WCS 和新 UCS，如图 3-32 所示。WCS 就是当前的世界坐标系，也是工作坐标系；新 UCS 是指用户自定义坐标系，可以为其指定坐标轴。

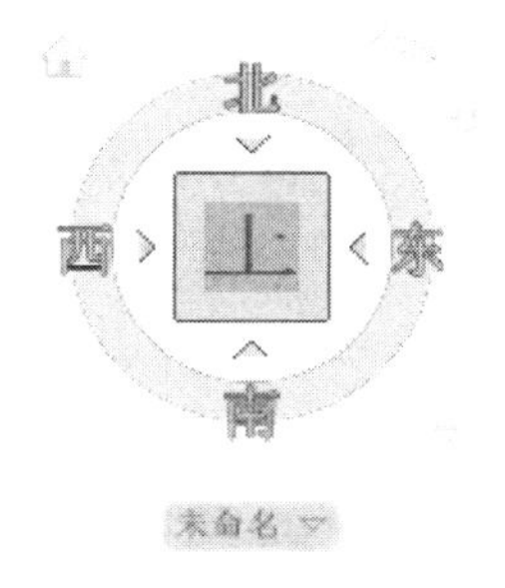

图 3-31　指南针

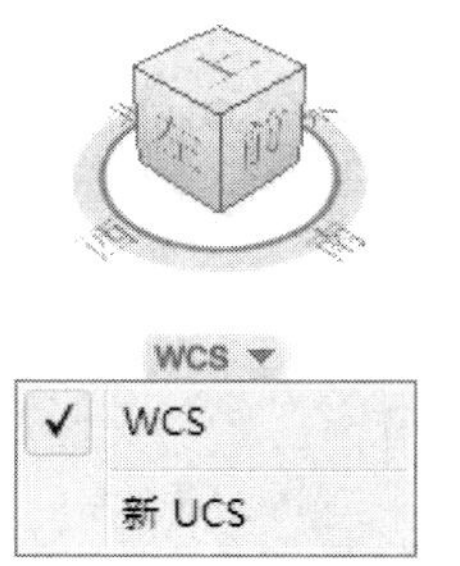

图 3-32　ViewCube UCS 坐标系列表

2．导航栏

导航栏是一种用户界面元素，用户可以从中访问通用导航工具和特定于产品的导航工具，如图 3-33 所示。

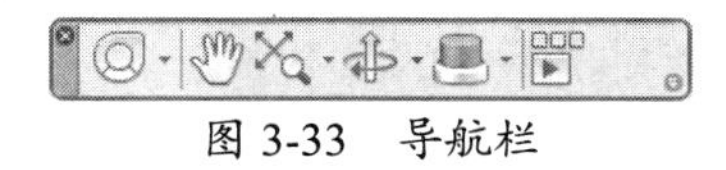

图 3-33　导航栏

导航栏中提供以下通用导航工具。

- 导航控制盘◎：用于提供在特定导航工具之间快速切换的控制盘集合。
- 平移：用于平移视图中的模型及图纸。

- 范围缩放：用于缩放视图的命令集合。
- 动态观察：用于动态观察视图的命令集合。
- ShowMotion：用户界面元素，可提供便于进行设计查看、演示和书签样式导航的屏幕显示（用于创建回放）。

3.3 认识快速计算器

快速计算器具有与大多数计算器类似的基本功能。另外，快速计算器还具有适用于 AutoCAD 的功能，如几何函数、单位转换区域和变量区域。

3.3.1 了解快速计算器

与大多数计算器不同的是，快速计算器是一个表达式生成器。为了获取更大的灵活性，它不会在用户单击某个函数时立即计算出答案。相反，它会让用户输入一个可以轻松编辑的表达式。

在功能区【默认】选项卡的【实用工具】面板中单击【快速计算器】按钮，打开【快速计算器】选项板，如图 3-34 所示。

图 3-34 【快速计算器】选项板

使用快速计算器可以进行以下操作。

- 进行数学计算和三角计算。
- 访问和检查以前输入的计算值并进行重新计算。
- 通过在【特性】选项板访问计算器来修改对象特性。
- 转换测量单位。
- 进行与特定对象相关的几何计算。
- 向【特性】选项板和命令提示复制、粘贴值和表达式。
- 计算混合数字（分数）、英寸和英尺。
- 定义、存储和使用计算器变量。
- 使用 cal 命令中的几何函数。

技术要点：

单击【快速计算器】选项板中的【更少】按钮，将只显示文本输入框和历史记录区域。单击【展开】按钮或【收拢】按钮可以选择打开或关闭区域。通过拖动【快速计算器】选项板的边框可控制其大小。通过拖动【快速计算器】选项板的标题栏可改变其位置。

3.3.2 使用快速计算器

在功能区【默认】选项卡的【实用工具】面板中单击【快速计算器】按钮，打开【快速计算器】选项板，并在文本输入框中输入要计算的内容。

输入要计算的内容后单击该选项板中的【等号】按钮 = 或按 Enter 键进行确定，计算的结果将在文本输入框中显示，在历史记录区域将显示计算的内容。在历史记录区域中右击，在弹出的右键快捷菜单中执行【清除历史记录】命令，可以将历史记录区域中的内容删除，如图 3-35 所示。

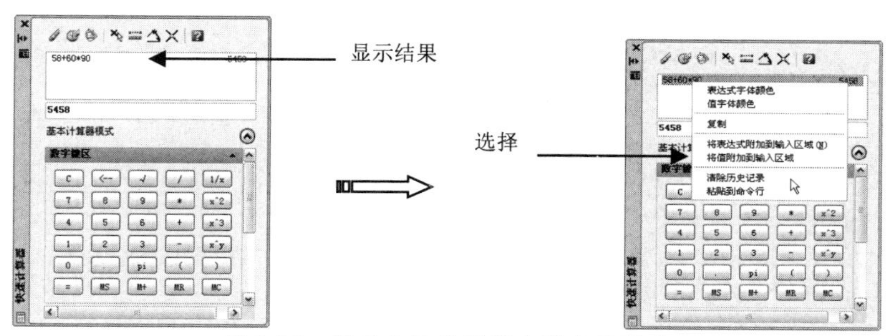

图 3-35　将历史记录区域中的内容删除

动手操作——使用快速计算器

① 打开本例源文件“平面图.dwg”，如图 3-36 所示。

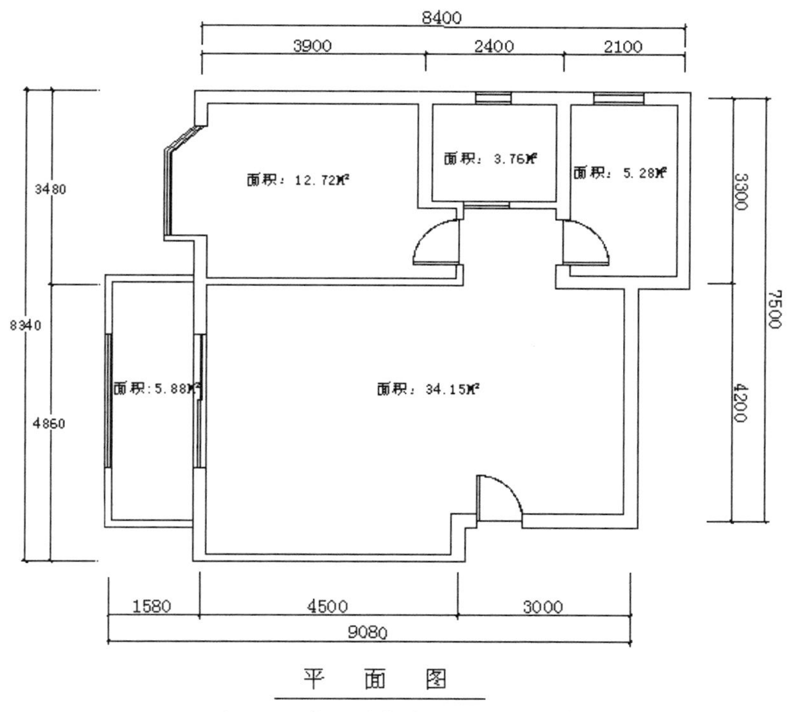

图 3-36　本例源文件“平面图.dwg”

② 单击【实用工具】面板中的【快速计算器】按钮，打开【快速计算器】选项板。

③ 在该选项板的文本输入框中输入各房间面积相加的算式“12.72+3.76+5.28+34.15+5.88”，如图 3-37 所示。

④ 单击该选项板中的“等号”按钮 = 进行确定，在文本输入框中将显示计算的结果，如图 3-38 所示。

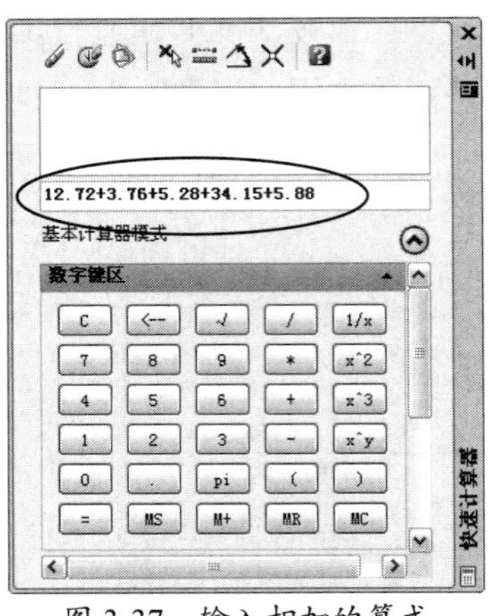

图 3-37　输入相加的算式

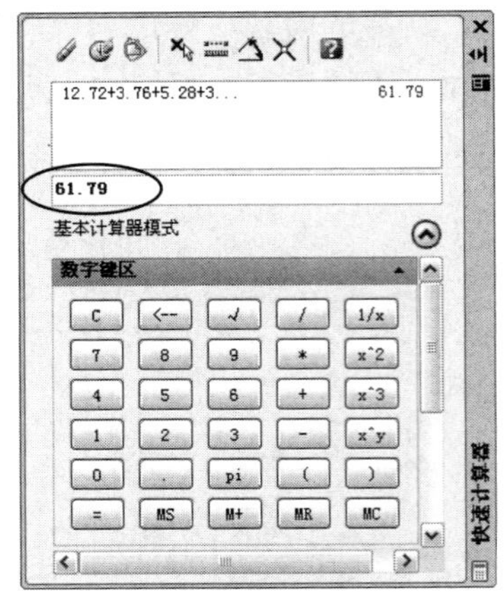

图 3-38　计算的结果

⑤ 使用【文字】命令，将计算结果室内面积 61.79m^2，记录在图形下方“平面图”的右侧，即完成本范例的制作，结果如图 3-39 所示。

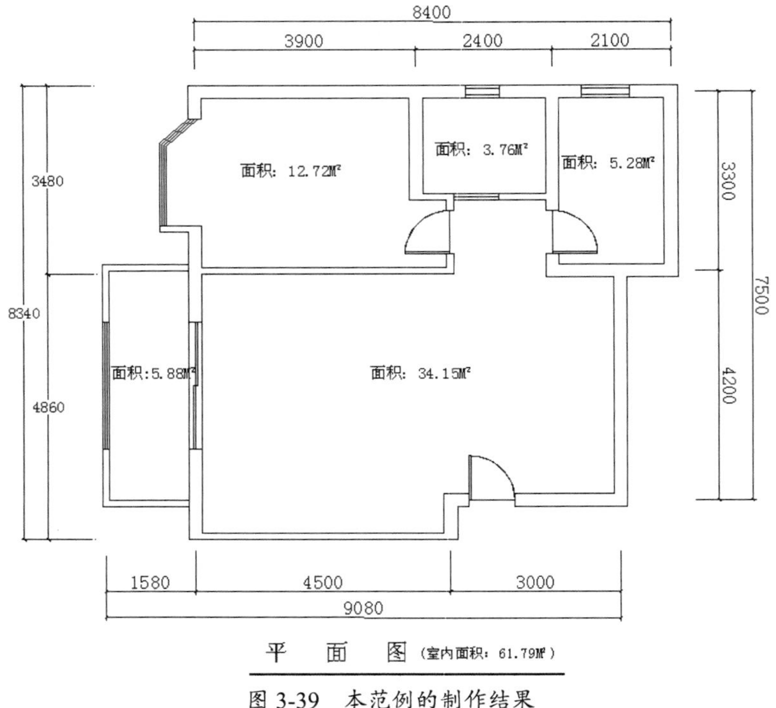

图 3-39　本范例的制作结果

3.4　综合范例

至此，AutoCAD 2022 入门的大部分基础内容已讲解完成，为了让用户在后面的学习过程轻松一些，本节将给出二维图形绘制的综合范例供用户练习。

3.4.1 范例一：绘制多边形组合图形

多边形组合图形主要由多个同心的正六边形和阵列圆构成，如图 3-40 所示，其绘制方法可以是偏移绘制，也可以是阵列绘制，还可以按图形的比例放大进行绘制。本例采用的是比例放大绘制方法。

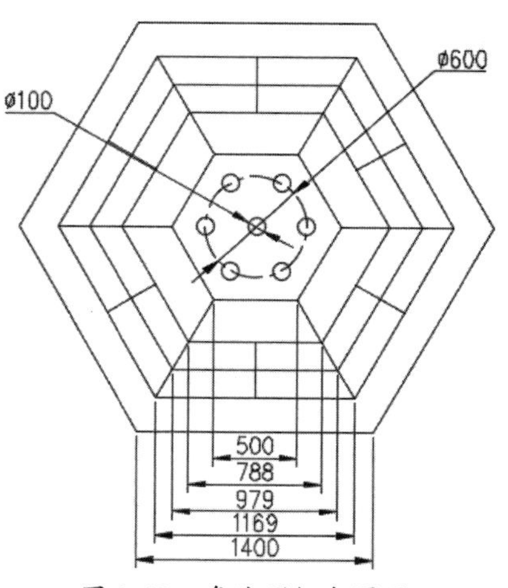

图 3-40 多边形组合图形

操作步骤

① 在命令行中执行 qnew 命令，创建空白文件。

② 在菜单栏中执行【工具】|【绘图设置】命令，设置对象捕捉模式，如图 3-41 所示。

③ 在菜单栏中执行【格式】|【图形界限】命令，重新设置图形界限为 2500×2500。

④ 在菜单栏中执行【视图】|【缩放】|【全部】命令，将图形界限最大化显示。

⑤ 在命令行中执行 polygon 命令，绘制正六边形轮廓线。绘制结果如图 3-42 所示。命令行操作提示如下：

```
命令: _polygon
输入边的数目 <4>:6↙                                //设置边的数目
指定正多边形的中心点或 [边(E)]: e ↙
指定边的第一个端点:                                 //在绘图区指定边的第一个端点
指定边的第二个端点: @500,0 ↙                        //指定边的第二个端点
```

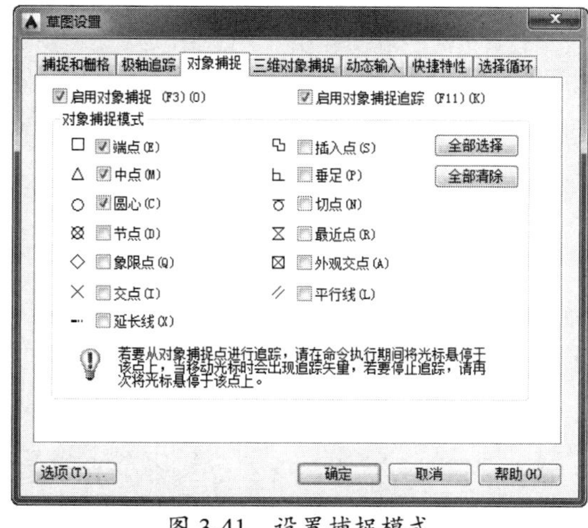

图 3-41 设置捕捉模式

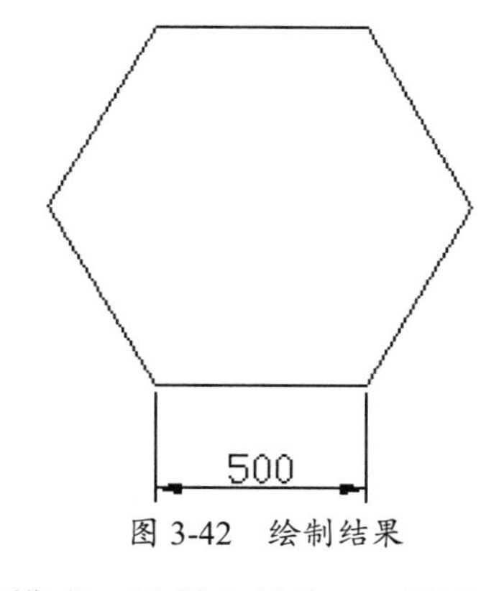

图 3-42 绘制结果

⑥ 在命令行中执行 circle 命令，配合设置的对象捕捉模式，绘制半径为 50 的圆。绘制的圆如图 3-43 所示。命令行操作提示如下：

```
命令: _circle
指定圆的圆心或 [三点(3P)/两点(2P)/切点、切点、半径(T)]:
            //通过下侧边中点和右侧端点，引出互相垂直的对象追踪线，并捕捉交点作为圆心
指定圆的半径或 [直径(D)] <50.0000>: 50 ↙                  //按 Enter 键，结束操作
```

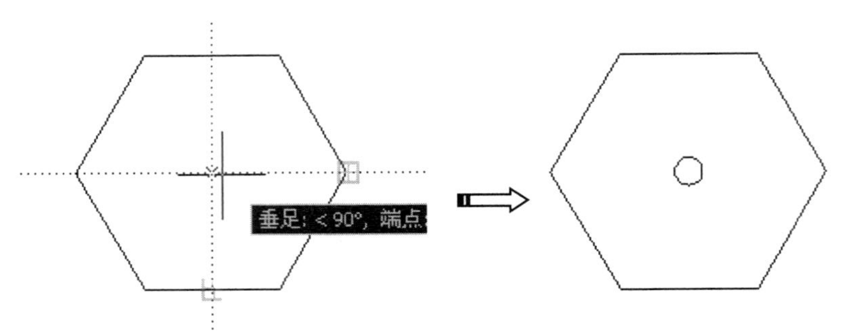

图 3-43　绘制的圆

⑦ 单击【修改】面板中的【缩放】按钮，对正六边形进行缩放，如图 3-44 所示。命令行操作提示如下：

```
命令: _scale
选择对象:                                          //选择正六边形
选择对象: ↙                                        //结束选择
指定基点:                                          //捕捉圆的圆心
指定比例因子或 [复制(C)/参照(R)] <0 >: C ↙
缩放一组选定对象。
指定比例因子或 [复制(C)/参照(R)] <0 >: 1400/500↙
```

⑧ 重复使用【缩放】命令，对缩放后的正六边形进行多次缩放和复制，可得最终的缩放结果，如图 3-45 所示。命令行操作提示如下：

```
命令: _scale
选择对象:                                          //选择最外侧的正六边形
选择对象: ↙
指定基点:                                          //捕捉圆的圆心
指定比例因子或 [复制(C)/参照(R)] <2.8000>:  //c↙
缩放一组选定对象。
指定比例因子或 [复制(C)/参照(R)] <2.8000>: 1169/1400↙
命令: ↙
SCALE
选择对象:                                          //选择最外侧的正六边形
选择对象: ↙
指定基点:                                          //捕捉圆的圆心
指定比例因子或 [复制(C)/参照(R)] <0.8350>: c↙
缩放一组选定对象。
指定比例因子或 [复制(C)/参照(R)] <0.8350>: 979/1400 ↙
命令: ↙
SCALE
选择对象:                                          //选择最外侧的正六边形
选择对象: ↙
指定基点:                                          //捕捉圆的圆心
指定比例因子或 [复制(C)/参照(R)] <0.6993>: c ↙
缩放一组选定对象。
指定比例因子或 [复制(C)/参照(R)] <0.6993>: 788/1400↙
```

⑨ 在命令行中执行 l 命令，配合端点、中点等对象捕捉模式，绘制如图 3-46 所示的直线段。

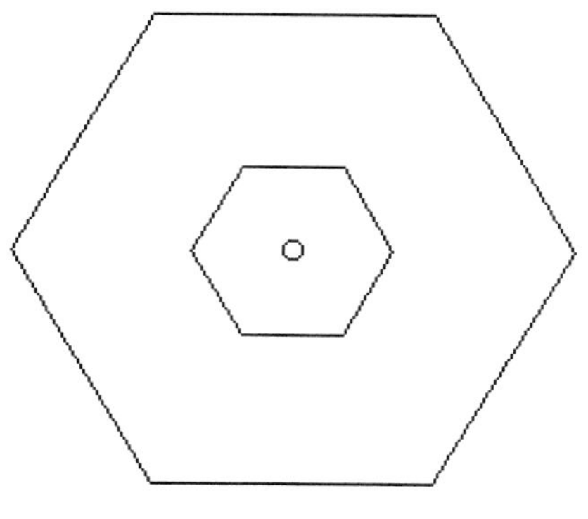

图 3-44　对正六边形进行缩放

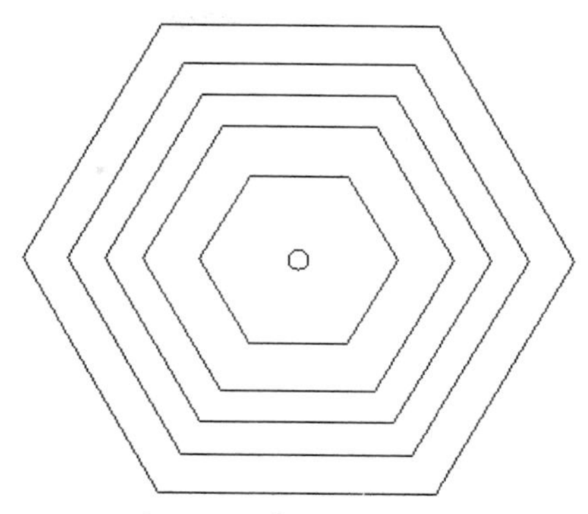

图 3-45　最终的缩放结果

⑩ 在命令行中执行 polygon 命令，绘制外接圆半径为 300 的正六边形，如图 3-47 所示。命令行操作提示如下：

```
命令: _polygon
输入边的数目 <6>: ↙
指定正多边形的中心点或 [边(E)]:                          //捕捉圆的圆心
输入选项 [内接于圆(I)/外切于圆(C)] <I>: I ↙          //选择画圆的方式
指定圆的半径: 300 ↙
```

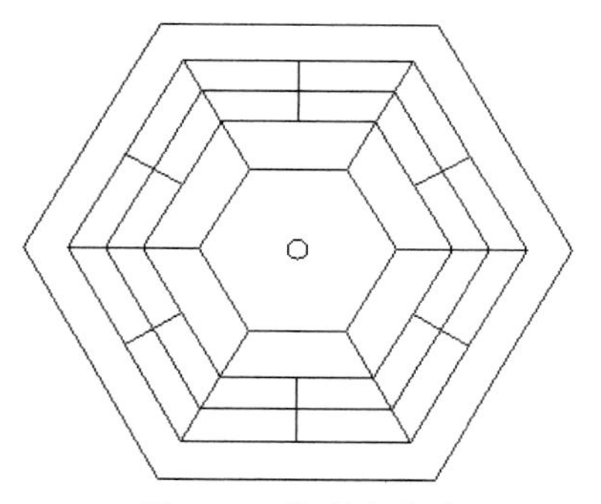

图 3-46　绘制直线段

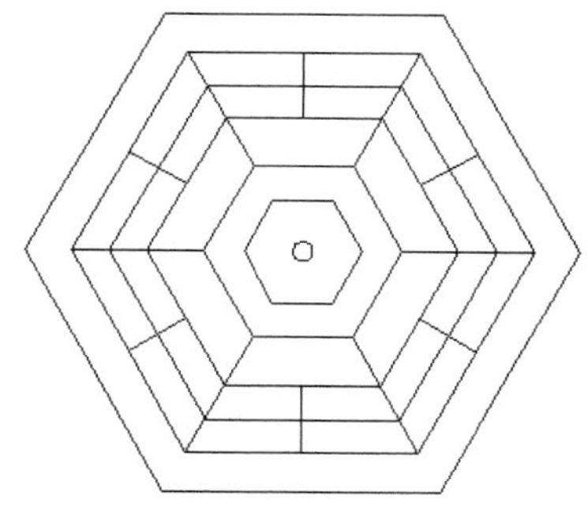

图 3-47　绘制外接圆半径为 300 的正六边形

⑪ 在命令行中执行 c 命令，分别以刚绘制的正六边形各角点为圆心，绘制 6 个直径为 100 的圆，如图 3-48 所示。

⑫ 按 Delete 键，删除最内侧的正六边形，可得最终的绘制结果，如图 3-49 所示。

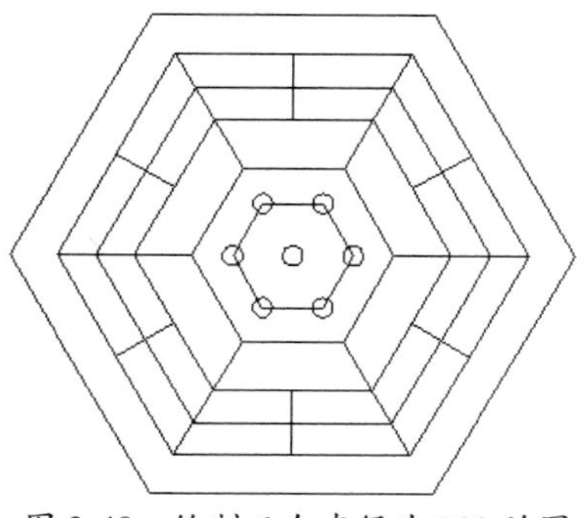

图 3-48　绘制 6 个直径为 100 的圆

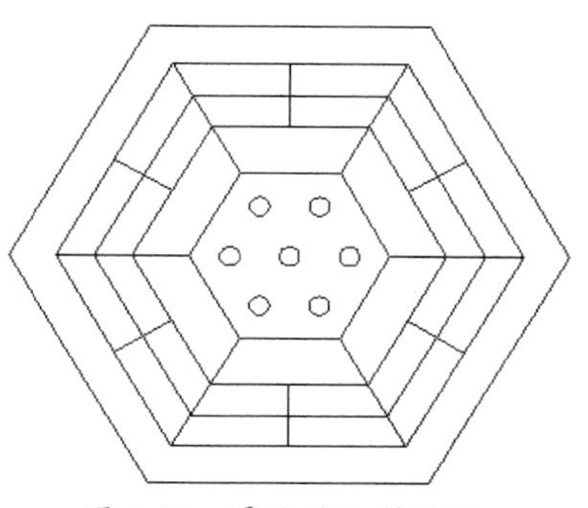

图 3-49　最终的绘制结果

⑬ 按 Ctrl+Shift+S 快捷键，将最终的绘制结果另存为“多边形组合图形.dwg”。

3.4.2 范例二：绘制密封垫

AutoCAD 2022 提供 array 命令来创建图形的阵列。array 命令可以建立矩形阵列、环形阵列和路径阵列。

密封垫图形如图 3-50 所示。

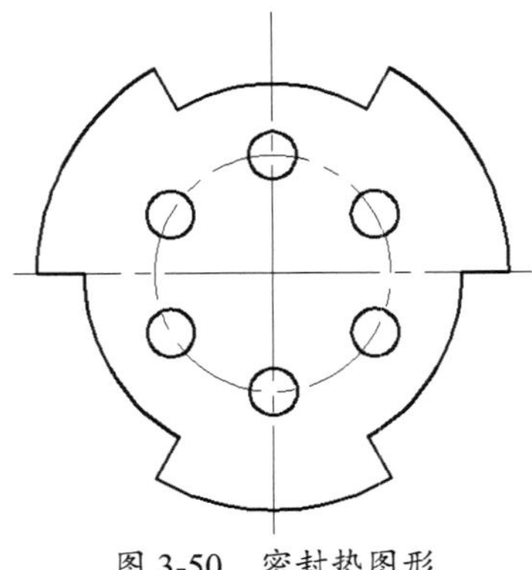

图 3-50 密封垫图形

操作步骤

① 启动 AutoCAD 2022，新建图形文件。

② 设置图层。利用图层快捷命令 la，新建 2 个图层：第 1 个图层命名为“轮廓线”，线宽设为 0.3，其余属性保持默认值；第 2 个图层命名为“中心线”，颜色设为红色，线型设为 CENTER，其余属性保持默认值，如图 3-51 所示。

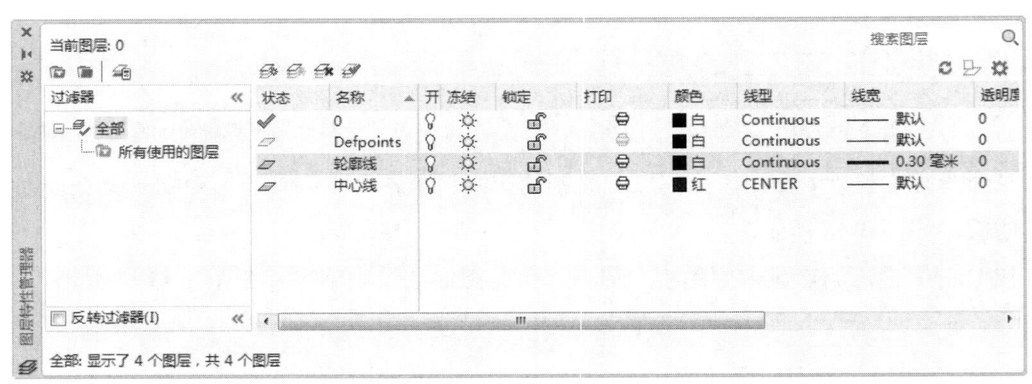

图 3-51 设置图层

③ 将中心线图层设置为当前图层。首先在命令行中执行 l 命令，绘制 2 条长度都为 60 且相互交于中点的中心线。然后在命令行中执行 c 命令，以 2 条中心线的交点为圆心，绘制直径为 50 的圆，如图 3-52 所示。

④ 在命令行中执行 o 命令，以 2 条中心线的交点为圆心绘制直径分别为 80、100 的同心圆，如图 3-53 所示。

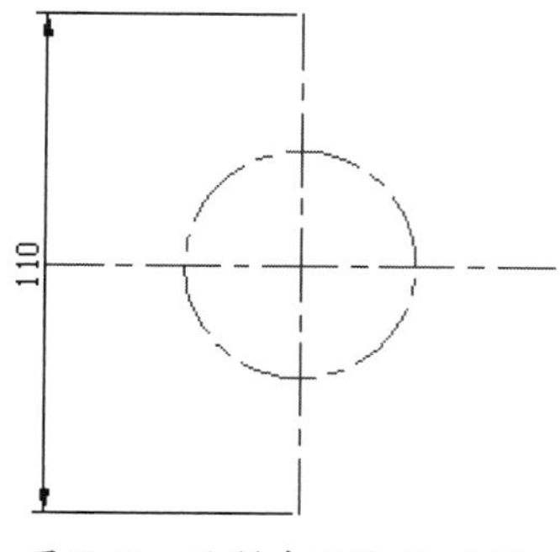

图 3-52　绘制直径为 50 的圆

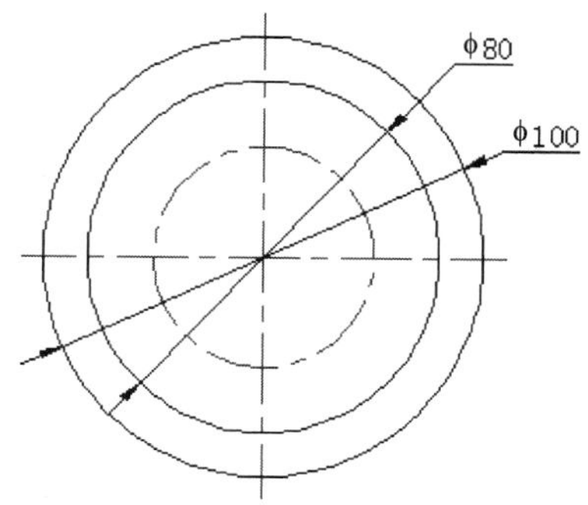

图 3-53　绘制同心圆

⑤　以竖直中心线和直径为 50 的圆的交点为圆心绘制直径为 10 的小圆，如图 3-54 所示。

⑥　在命令行中执行 l 命令，以直径为 80 的圆与水平中心线的交点为起点，以直径为 100 的圆与水平中心线的交点为终点绘制直线，如图 3-55 所示。

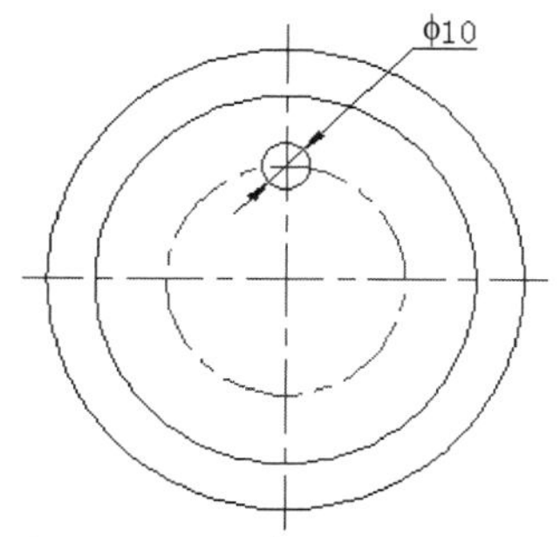

图 3-54　绘制直径为 10 的小圆

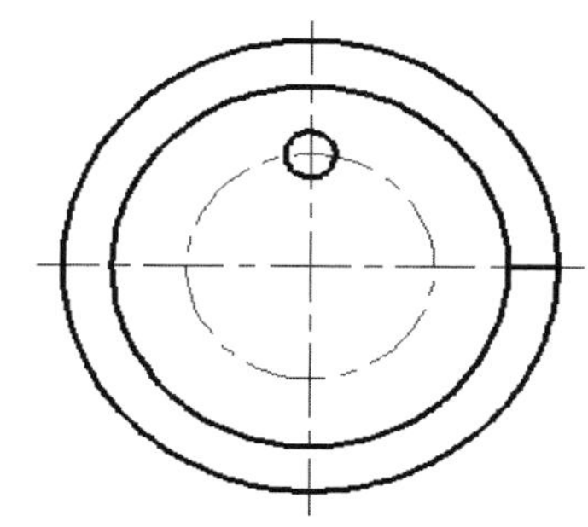

图 3-55　绘制直线

⑦　在命令行中执行 arraypolar（环形阵列）命令，选择上一步骤中绘制的直线和直径为 10 的小圆进行阵列。阵列结果如图 3-56 所示。命令行操作提示如下：

```
命令: _arraypolar
选择对象: 找到 2 个                                    //选择要阵列的直线和直径为 10 的小圆
选择对象:
类型 = 极轴  关联 = 是
指定阵列的中心点或 [基点(B)/旋转轴(A)]:                  //指定直径为 100 的圆的圆心为中心点
输入项目数或 [项目间角度(A)/表达式(E)] <4>: 6            //输入阵列的总数
指定填充角度(+=逆时针、-=顺时针)或 [表达式(EX)] <360>:↙
按 Enter 键接受或 [关联(AS)/基点(B)/项目(I)/项目间角度(A)/填充角度(F)/行(ROW)/层(L)/
旋转项目(ROT)/退出(X)] <退出>:↙
```

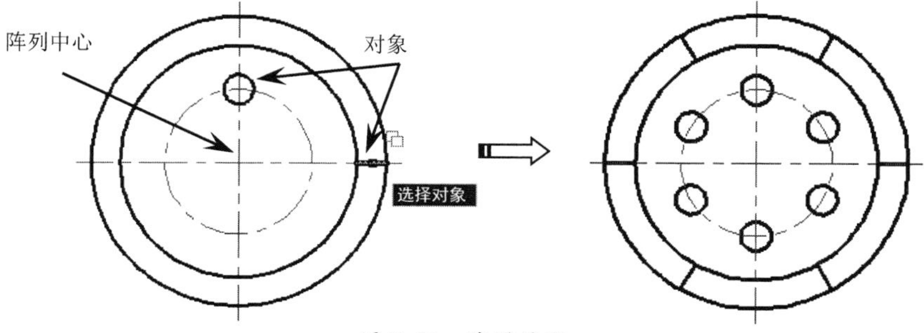

图 3-56　阵列结果

⑧ 在命令行中执行 tr 命令，做修剪处理。修剪结果如图 3-57 所示。

⑨ 至此，密封垫图形绘制完成，将结果保存即可。

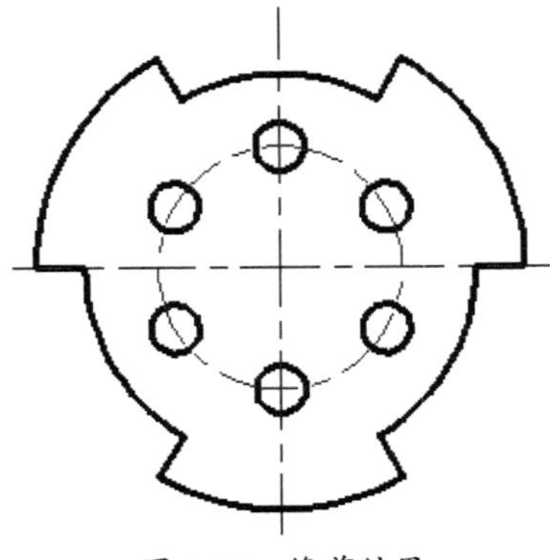

图 3-57 修剪结果

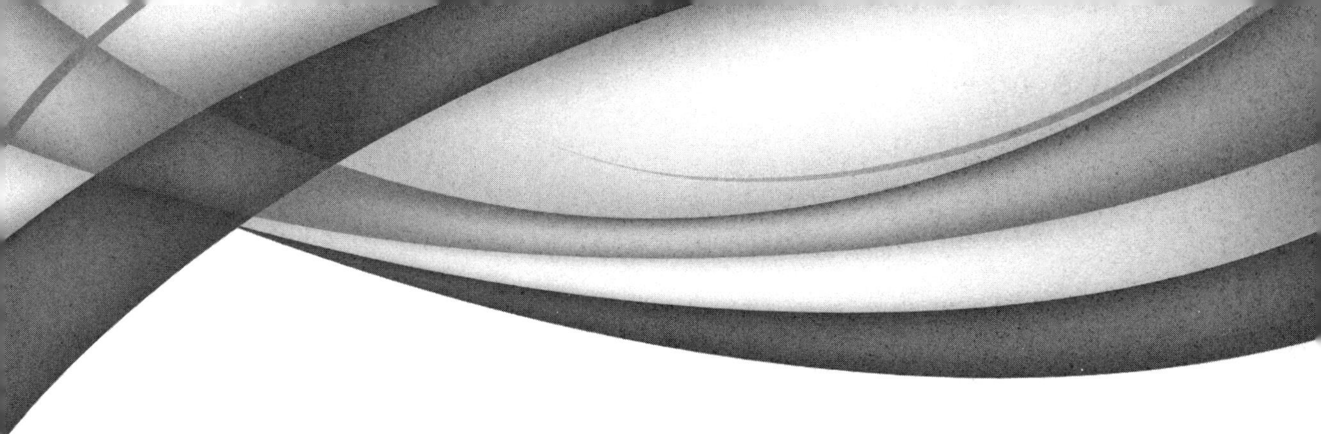

第 4 章 简单绘图

本章内容

本章介绍使用 AutoCAD 2022 中常用的线型工具命令来绘制二维平面图形，并系统分类及介绍各种点、线的绘制和编辑，如点样式的设置、点的绘制和等分点的绘制，绘制直线、射线、构造线的方法，矩形和正多边形的绘制，圆、圆弧、椭圆和椭圆弧的绘制。

知识要点

☑ 绘制点对象
☑ 绘制直线、射线和构造线
☑ 绘制矩形和正多边形
☑ 绘制圆、圆弧、椭圆和椭圆弧

4.1 绘制点对象

4.1.1 设置点样式

AutoCAD 2022 为用户提供了多种点样式，用户可以根据需要设置当前点的显示样式。

动手操作——设置点样式

① 执行菜单栏中的【格式】|【点样式】命令，或在命令行中执行 ddptype 命令，打开如图 4-1 所示的【点样式】对话框。

② 从对话框中可以看出，AutoCAD 共为用户提供了 20 种点样式，在所需点样式上单击，即可将此点样式设置为当前点样式。在此设置【⊠】为当前点样式。

③ 在【点大小】文本框中输入点的大小尺寸。其中，【相对于屏幕设置大小】表示按照屏幕尺寸的百分比进行显示点；【按绝对单位设置大小】表示按照点的实际尺寸来显示点。

④ 单击【确定】按钮，绘图区的点样式已更新，如图 4-2 所示。

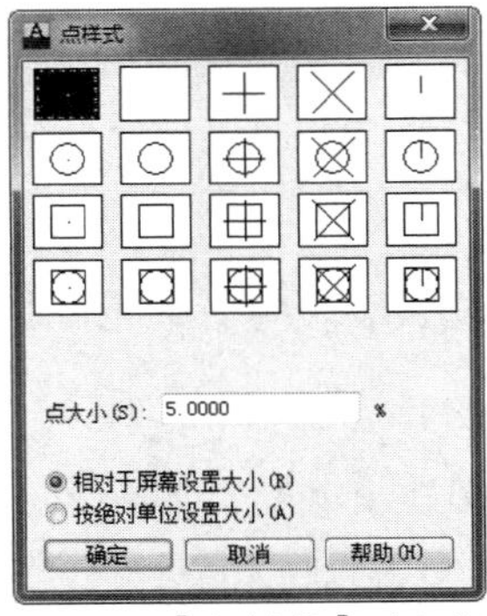

图 4-1 【点样式】对话框

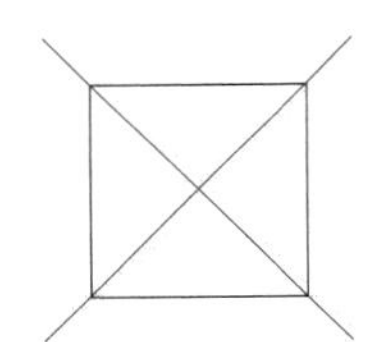

图 4-2 绘图区的点样式已更新

提醒一下：

默认设置下，点对象是以一个小点显示的。

4.1.2 绘制单点和多点

1. 绘制单点

【单点】命令一次可以绘制一个点。当绘制完单点后，系统自动结束此命令，所绘制的点以一个小点进行显示。绘制的单点如图 4-3 所示。

执行【单点】命令主要有以下几种方式。

- 执行菜单栏中的【绘图】|【点】|【单点】命令。
- 在命令行中输入 point 并按 Enter 键。
- 使用快捷命令 po。

2. 绘制多点

【多点】命令可以连续地绘制多个点，直到按下 Esc 键结束命令为止。绘制的多点如图 4-4 所示。

图 4-3　绘制的单点

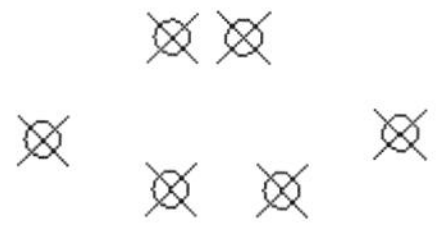

图 4-4　绘制的多点

执行【多点】命令主要有以下几种方式。

- 执行菜单栏中的【绘图】|【点】|【多点】命令。
- 单击【绘图】面板中的【点】按钮 。

执行【多点】命令后 AutoCAD 系统提示如下：

```
命令：Point
    当前点模式： PDMODE=0  PDSIZE=0.0000  (Current point modes： PDMODE=0  PDSIZE=0.0000)
指定点：                                        //在绘图区给定点的位置
指定点：                                        //在绘图区给定点的位置
指定点                                          //在绘图区给定点的位置
…
指定点：                                        //继续绘制点或按 Esc 键结束命令
```

4.1.3　绘制定数等分点

【定数等分】命令用于按照指定的等分数目进行等分对象。对象被等分的结果仅仅是在等分点处放置了点标记（或者是内部图块），而源对象并没有被等分为多个对象。

执行【定数等分】命令主要有以下几种方式。

- 执行菜单栏中的【绘图】|【点】|【定数等分】命令。
- 在命令行中输入 divide 并按 Enter 键。
- 使用快捷命令 dvi。

动手操作——利用【定数等分】命令等分直线

用户可通过执行将一条线段等分为 5 份的操作，学习【定数等分】命令的使用方法和操作技巧，操作步骤如下。

① 绘制一条长度为 200 的线段，如图 4-5 所示。

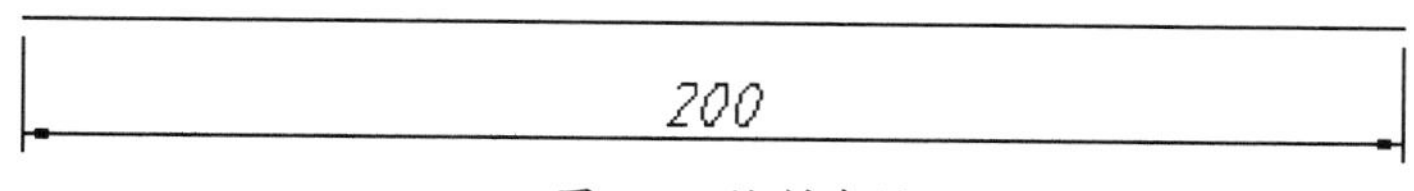

图 4-5　绘制线段

② 执行【格式】|【点样式】命令，打开【点样式】对话框，将当前点样式设置为【⊕】。

③ 执行【绘图】|【点】|【定数等分】命令，并根据 AutoCAD 命令行提示进行定数等分线段。命令行操作提示如下：

```
命令：_divide
选择要定数等分的对象：                          //选择需要等分的线段
输入线段数目或[块（B）]：↙
需要 2 和 32767 之间的整数，或选项关键字。
输入线段数目或[块（B）]：5↙                     //输入需要等分的份数
```

④ 定数等分的结果如图 4-6 所示。

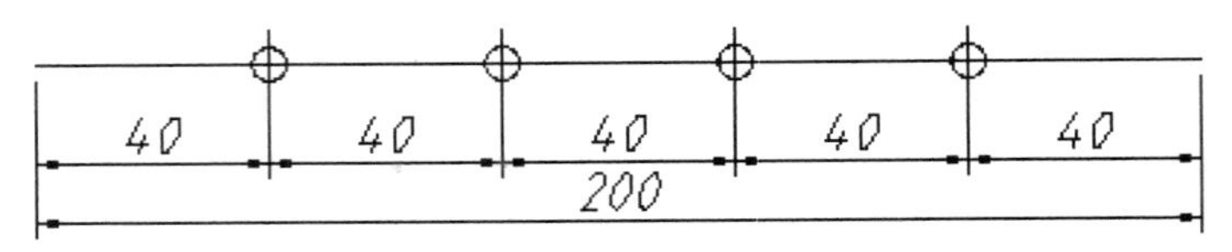

图 4-6　定数等分的结果

提醒一下：

【块】选项用于在对象等分点处放置内部图块，以代替点标记。在选择此选项时，必须确保当前文件中存在所需使用的内部图块。

4.1.4　绘制定距等分点

【定距等分】命令是按照指定的等分距离进行等分对象。对象被等分的结果仅仅是在等分点处放置了点标记（或者是内部图块），而源对象并没有被等分为多个对象。

执行【定距等分】命令主要有以下几种方式。

- 执行菜单栏中的【绘图】|【点】|【定距等分】命令。
- 在命令行中输入 measure 并按 Enter 键。
- 使用快捷命令 me。

动手操作——利用【定距等分】命令等分直线

用户可通过执行将一条线段在每隔 45 个单位的距离放置点标记的操作，学习【定距等分】命令的使用方法和操作技巧，操作步骤如下。

① 绘制长度为 200 的线段。

② 执行【格式】|【点样式】命令，打开【点样式】对话框，将当前点样式设置为【⊕】。

③ 执行【绘图】|【点】|【定距等分】命令，对线段进行定距等分。命令行操作提示如下：

```
命令：_measure
选择要定距等分的对象：                          //选择需要等分的线段
指定线段长度或[块（B）]：↙
需要数值距离、两点或选项关键字。
指定线段长度或[块（B）]：45↙                    //设置等分长度
```

④ 定距等分的结果如图 4-7 所示。

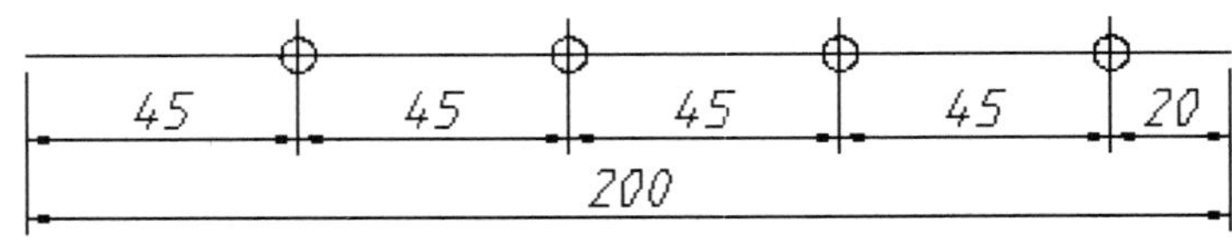

图 4-7　定距等分的结果

4.2　绘制直线、射线和构造线

4.2.1　绘制直线

直线是各种绘图中最常用、最简单的一类图形对象，只要指定了起点和终点即可绘制一条直线。

执行【直线】命令主要有以下几种方式。

- 执行菜单栏中的【绘图】|【直线】命令。
- 单击【绘图】面板中的【直线】按钮。
- 在命令行中输入 line 并按 Enter 键。
- 使用快捷命令 l。

动手操作——利用【直线】命令绘制图形

⑤ 首先单击【绘图】面板中的【直线】按钮，然后按以下命令行操作提示进行操作：

```
指定第一点：100,0↙                                    //确定 A 点
指定下一点或[放弃（U）]：@0,-40↙                      //确定 B 点
指定下一点或[放弃（U）]：@-90,0↙                      //确定 C 点
指定下一点或[闭合（C）/放弃（U）]：@0,20↙             //确定 D 点
指定下一点或[闭合（C）/放弃（U）]：@50,0↙             //确定 E 点
指定下一点或[闭合（C）/放弃（U）]：@0,40↙             //确定 F 点
指定下一点或[闭合（C）/放弃（U）]：C↙                 //自动闭合并结束命令
```

⑥ 利用【直线】命令绘制的图形如图 4-8 所示。

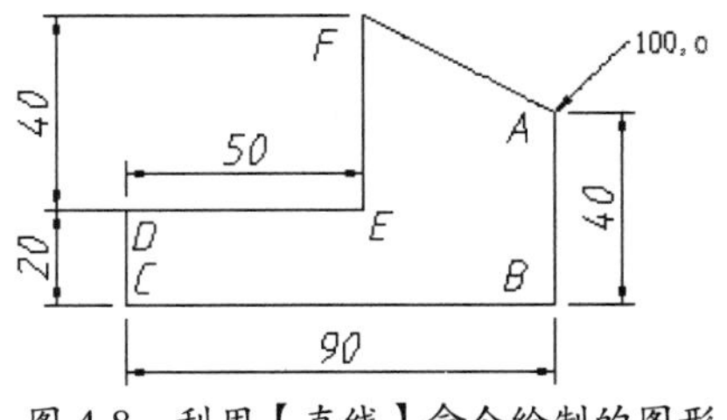

图 4-8　利用【直线】命令绘制的图形

提醒一下：

在 AutoCAD 中，可以使用二维坐标（x,y）或三维坐标（x,y,z）指定端点，也可以混合使用二维坐标和三维坐标指定端点。如果使用二维坐标指定端点，那么 AutoCAD 将会用当前的高度作为 Z 轴坐标值，默认值为 0。

4.2.2　绘制射线

【射线】命令可以绘制一端开始于一点且另一端无限延伸的线。

执行【射线】命令主要有以下几种方式。

- 执行菜单栏中的【绘图】|【射线】命令。
- 在命令行中输入 ray 并按 Enter 键。

动手操作——绘制射线

① 单击【绘图】面板中的【射线】按钮。

② 命令行提示操作如下：

```
命令：RAY                                //执行命令
指定起点：0,0↙                           //确定射线起点
指定通过点：@30,0↙                       //输入相对坐标
```

③ 绘制的射线如图 4-9 所示。

图 4-9　绘制的射线

提醒一下：

在 AutoCAD 中，【射线】命令主要用于绘制辅助线。

4.2.3　绘制构造线

构造线为两端可以无限延伸的直线，没有起点和终点，可以放置在三维建模空间的任何地方。【构造线】命令主要用于绘制辅助线。

执行【构造线】命令主要有以下几种方式。

- 执行菜单栏中的【绘图】|【构造线】命令。
- 单击【绘图】面板中的【构造线】按钮。
- 在命令行中输入 xline 并按 Enter 键。
- 使用快捷命令 xl。

动手操作——绘制构造线

① 执行【绘图】|【构造线】命令。

② 命令行提示操作如下：

```
命令:XL                                  //输入命令
XLINE
指定点或[水平（H）/垂直（V）/角度（A）/二等分（B）/偏移（O）]:0,0↙  //输入构造线放置点坐标
指定通过点：@30,0↙                       //输入通过点相对坐标
指定通过点：@30,20↙                      //输入第二条构造线的通过点相对坐标
```

③ 绘制的构造线如图 4-10 所示。

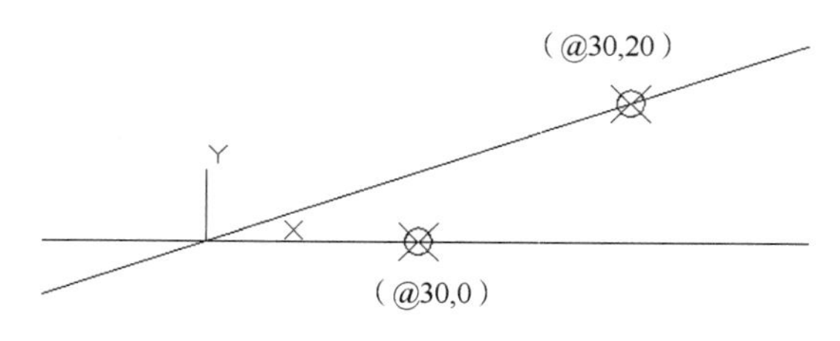

图 4-10　绘制的构造线

4.3　绘制矩形和正多边形

4.3.1　绘制矩形

矩形是由 4 条直线元素组合而成的闭合对象，AutoCAD 将其看作一条闭合的多段线。

执行【矩形】命令主要有以下几种方式。

- 执行菜单栏中的【绘图】|【矩形】命令。
- 单击【绘图】面板中的【矩形】按钮。
- 在命令行中输入 rectang 并按 Enter 键。
- 使用快捷命令 rec。

动手操作——矩形的绘制

默认设置下，绘制矩形的方式为对角点，下面通过绘制长度为 200、宽度为 100 的矩形，介绍该方式的使用方法，操作步骤如下。

① 单击【绘图】面板中的【矩形】按钮，激活【矩形】命令。

② 根据命令行操作提示，使用默认对角点方式绘制矩形。命令行操作提示如下：

```
命令: _rectang                                          //执行命令
指定第一个角点或 [倒角(C)|标高(E)|圆角(F)|厚度(T)|宽度(W)]: //在任意位置单击定位一个角点
指定另一个角点或 [面积(A)|尺寸(D)|旋转(R)]: @200,100↙ //输入长度值和宽度值
```

③ 绘制的矩形如图 4-11 所示。

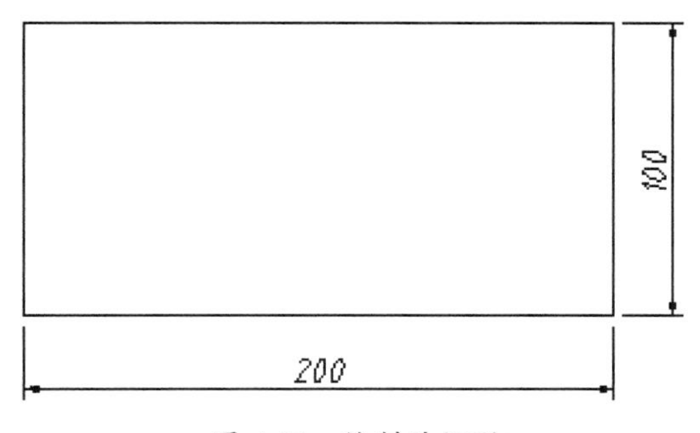

图 4-11　绘制的矩形

提醒一下：

由于矩形被看作一条闭合的多线段，当用户编辑某一条边时，需要先执行【分解】命令对其进行分解。

4.3.2　绘制正多边形

在 AutoCAD 中，可以使用【多边形】命令绘制边数为 3～1024 的正多边形。

执行【多边形】命令主要有以下几种方式。

- 执行菜单栏中的【绘图】|【多边形】命令。

- 在【绘图】面板中单击【多边形】按钮⬠。
- 在命令行中输入 polygon 并按 Enter 键。
- 使用快捷命令 pol。

绘制正多边形的方式有根据边长绘制和根据半径绘制。

1. 根据边长绘制正多边形

在工程图中，常会根据一条边的 2 个端点绘制正多边形，这样不仅确定了正多边形的边长，还指定了正多边形的位置。

动手操作——根据边长绘制正多边形

① 执行【绘图】|【多边形】命令，激活【多边形】命令。

② 命令行操作提示如下：

```
命令: _polygon
输入侧面数 <8>: ↙                                    //指定正多边形的边数
指定正多边形的中心点或 [边(E)]: e ↙                   //通过一条边的 2 个端点绘制
指定边的第一个端点: 指定边的第二个端点: 100↙          //指定边长
```

③ 根据边长绘制的正多边形如图 4-12 所示。

2. 根据半径绘制正多边形

动手操作——根据半径绘制正多边形

① 执行【绘图】|【多边形】命令，激活【多边形】命令。

② 命令行操作提示如下：

```
命令: _polygon
输入侧面数 <5>:↙                                     //指定正多边形边数
指定正多边形的中心点或 [边(E)]:                        //在视图中单击鼠标指定中心点
输入选项 [内接于圆(I)|外切于圆(C)] <C>: I↙            //激活【内接于圆】选项
指定圆的半径: 100↙                                   //设定半径值
```

③ 根据半径绘制的正多边形如图 4-13 所示。

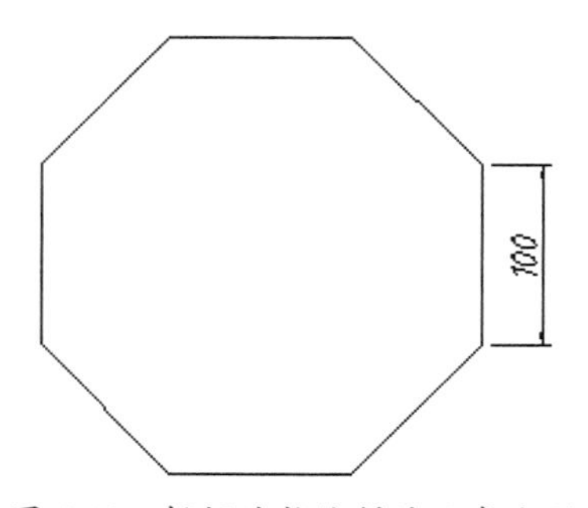

图 4-12 根据边长绘制的正多边形

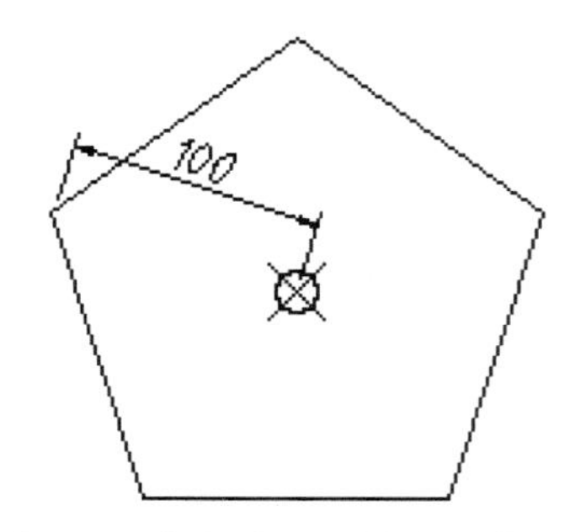

图 4-13 根据半径绘制的正多边形

提醒一下：

也可以不输入半径尺寸，在视图中移动十字光标并单击，即可绘制正多边形。

内接于圆和外切于圆

选择【内接于圆】选项和【外切于圆】选项时，命令行操作提示输入的数值是不同的。

- 内接于圆：命令行要求输入正多边形外圆的半径值，也就是正多边形中心点至端点的距离值，绘制的正多边形的所有顶点都在此圆周上。
- 外切于圆：命令行要求输入正多边形中心点至各边中点的距离值。

同样输入数值 5，绘制的内接于圆的正多边形的尺寸要小于外切于圆的正多边形的尺寸，如图 4-14 所示。

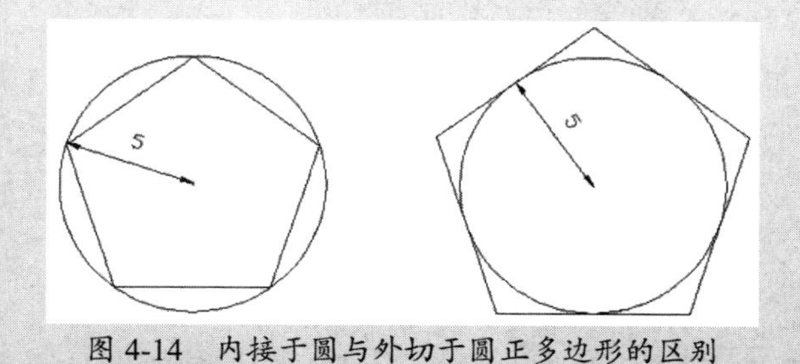

图 4-14　内接于圆与外切于圆正多边形的区别

4.4　绘制圆、圆弧、椭圆和椭圆弧

在 AutoCAD 2022 中，曲线对象包括圆环、圆、圆弧、椭圆和椭圆弧等。曲线对象的绘制方式比较多。因此，用户在绘制曲线对象时，按给定的条件合理选择绘制方式，可提高绘图效率。

4.4.1　绘制圆

可以使用圆心、半径、直径、圆周上的点和其他对象上点的不同组合绘制圆。圆的绘制方式有很多种，常见的有“圆心，半径”“圆心，直径”“两点”“三点”“相切，相切，半径”“相切，相切，相切”，如图 4-15 所示。

圆是一种闭合的基本图形元素，AutoCAD 2022 共为用户提供了 6 种绘制圆的方式，如图 4-16 所示。

执行【圆】命令主要有以下几种方式。

- 执行【绘图】|【圆】子菜单中的各种命令。
- 单击【绘图】面板中的【圆】按钮。
- 在命令行中输入 circle 并按 Enter 键。

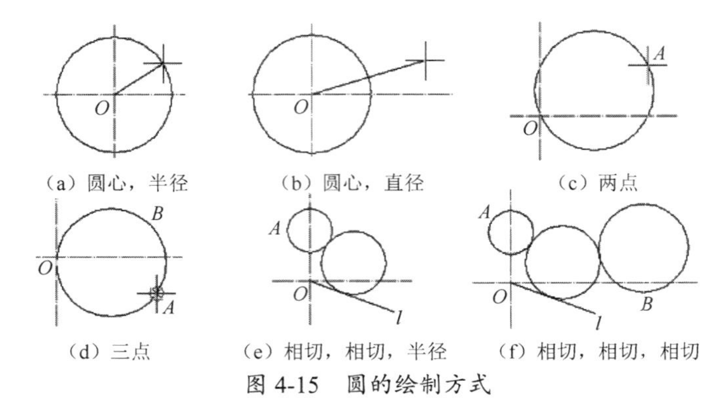

（a）圆心，半径　（b）圆心，直径　（c）两点
（d）三点　（e）相切，相切，半径　（f）相切，相切，相切

图 4-15　圆的绘制方式

圆心，半径
圆心，直径
两点
三点
相切，相切，半径
相切，相切，相切

图 4-16　6 种画圆方式

绘制圆主要有 4 种方式，分别是以“半径”方式和“直径”方式绘制圆，以“两点”方式和“三点”方式精确绘制圆。

1．以“半径”方式和“直径”方式绘制圆

以“半径”方式和“直径”方式绘制圆是两种基本的绘制圆的方式，默认为以“半径”方式绘制圆。当用户指定圆的圆心之后，只需输入圆的半径或直径值，即可画圆。

动手操作——以“半径”方式或“直径”方式绘制圆

① 单击【绘图】面板中的【圆】按钮，激活【圆】命令。

② 根据 AutoCAD 命令行操作提示绘制圆。命令行操作提示如下：

```
命令：_circle
指定圆的圆心或 [三点(3P)|两点(2P)|切点、切点、半径(T)]:        //指定圆心位置
指定圆的半径或 [直径(D)] <100.0000>:↙                         //设置半径为 100
```

③ 以“半径”方式绘制的半径为 100 的圆如图 4-17 所示。

提醒一下：

激活【直径】命令，即可以“直径”方式绘制圆。

2．以“两点”方式和“三点”方式绘制圆

以“两点”方式和“三点”方式绘制圆是指指定两点或三点，即可精确绘制圆。指定的两点被看作圆直径的两个端点，指定的三点都位于圆周上。

动手操作——以“两点”方式和“三点”方式绘制圆

① 执行【绘图】|【圆】|【两点】命令，激活【两点】命令。

② 根据 AutoCAD 命令行操作提示，以“两点”方式绘制圆。命令行操作提示如下：

```
命令：_circle
指定圆的圆心或 [三点(3P)|两点(2P)|切点、切点、半径(T)]: _2p 指定圆直径的第一个端点：
指定圆直径的第二个端点：
```

③ 以“两点”方式绘制的圆如图 4-18 所示。

提醒一下：

另外，用户也可以通过输入两点的坐标，或使用对象的捕捉追踪功能定位两点，以精确绘制圆。

④　按 Enter 键重复使用【圆】命令，并根据 AutoCAD 命令行操作提示，以“三点”方式绘制圆。命令行的操作提示如下：

```
命令: _circle
指定圆的圆心或 [三点(3P)|两点(2P)|切点、切点、半径(T)]: 3p
指定圆上的第一个点:                                //拾取点 1
指定圆上的第二个点:                                //拾取点 2
指定圆上的第三个点:                                //拾取点 3
```

⑤　以“三点”方式绘制的圆如图 4-19 所示。

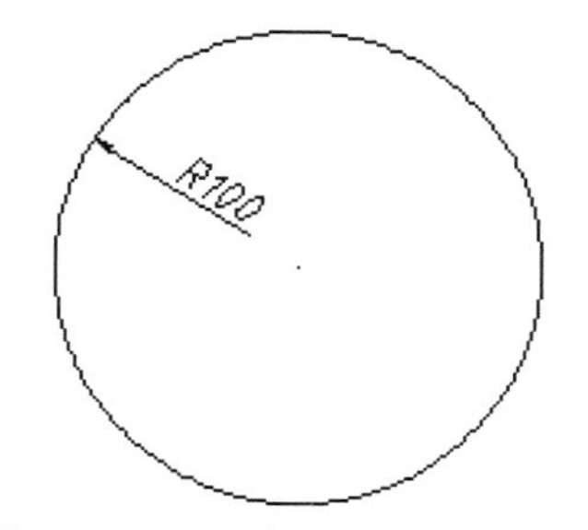

图 4-17　以“半径”方式绘制的半径为 100 的圆

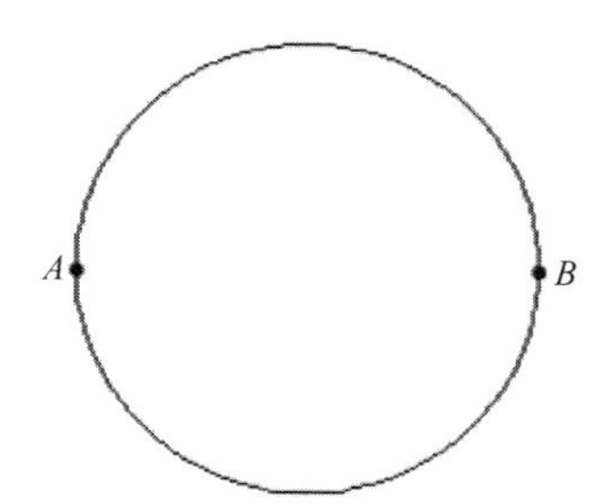

图 4-18　以“两点”方式绘制的圆

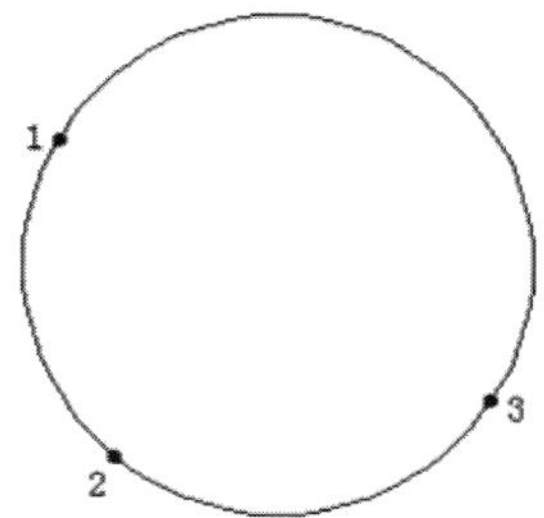

图 4-19　以“三点”方式绘制的圆

4.4.2　绘制圆弧

在 AutoCAD 2022 中，绘制圆弧的方式有很多种，包括“三点”“起点，圆心，端点”“起点，圆心，角度”“起点，圆心，长度”“起点，端点，角度”“起点，端点，方向”“起点，端点，半径”“圆心，起点，端点”“圆心，起点，角度”“圆心，起点，长度”“连续”。除了第一种方式，其他方式都是从起点到端点逆时针绘制圆弧。

1. 三点

“三点”方式是通过指定圆弧的起点、第二个点和端点来绘制圆弧的。

用户可通过以下方式来执行上述操作。

- 菜单栏：执行【绘图】|【圆弧】|【三点】命令。
- 面板：在【绘图】面板中单击【三点】按钮。
- 命令行：输入 arc。

以“三点”方式绘制圆弧的命令行操作提示如下：

```
命令: _arc
指定圆弧的起点或 [圆心(C)]:                        //指定圆弧的起点或选择选项
指定圆弧的第二个点或 [圆心(C)|端点(E)]:            //指定圆弧的第二个点或选择选项
指定圆弧的端点:                                    //指定圆弧的端点
```

在操作提示中有可供选择的选项来确定圆弧的起点、第二个点和端点，各选项含义如下。

- 圆心：通过指定圆弧的圆心、起点和端点的方式来绘制圆弧。
- 端点：通过指定圆弧的起点、端点、圆心（或角度、方向、半径）来绘制圆弧。

以“三点”方式绘制圆弧，可通过在绘图区中捕捉点来指定相应点，也可在命令行中输入精确点坐标来指定相应点。例如，通过捕捉点指定圆弧的三点绘制圆弧，如图 4-20 所示。

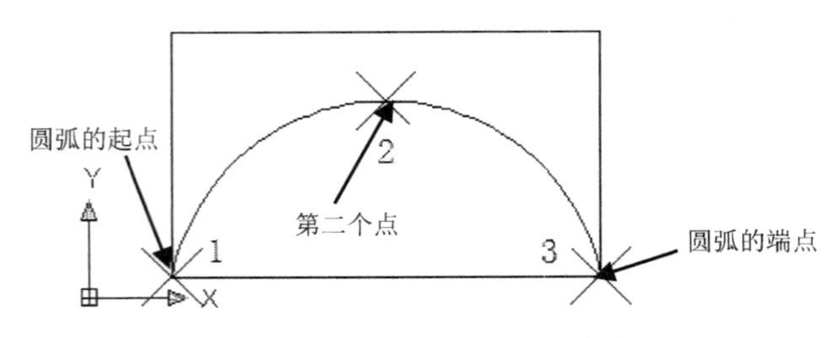

图 4-20　指定圆弧的三点绘制圆弧

2. 起点，圆心，端点

“起点，圆心，端点”方式是通过指定圆弧的起点、端点及其所在圆的圆心来绘制圆弧的。

用户可通过以下方式来执行上述操作。

- 菜单栏：执行【绘图】|【圆弧】|【起点，圆心，端点】命令。
- 面板：在【绘图】面板中单击【起点，圆心，端点】按钮。
- 命令行：输入 arc。

以“起点，圆心，端点”方式绘制圆弧如图 4-21 所示。以“起点，端点，圆心”方式绘制圆弧如图 4-22 所示。

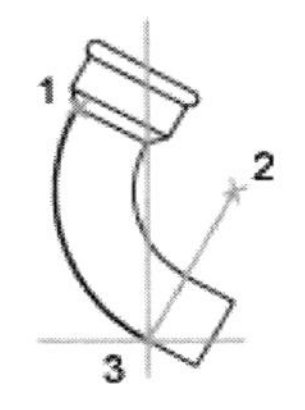

图 4-21　以“起点，圆心，端点”方式绘制圆弧

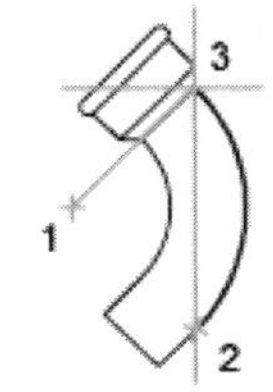

图 4-22　以“起点，端点，圆心”方式绘制圆弧

3. 起点，圆心，角度

“起点，圆心，角度”方式是通过指定圆弧的起点、圆心、包含角度来绘制圆弧的。

用户可通过以下方式来执行上述操作。

- 菜单栏：执行【绘图】|【圆弧】|【起点，圆心，角度】命令。
- 面板：在【绘图】面板中单击【起点，圆心，角度】按钮。
- 命令行：输入 arc。

例如，通过捕捉点来定义圆弧的起点和圆心，并已知包含角度（135°）来绘制一段圆弧，其命令行操作提示如下：

```
命令：_arc
指定圆弧的起点或 [圆心(C)]:                                  //指定圆弧起点
指定圆弧的第二个点或 [圆心(C)|端点(E)]: _c                     //输入 c
指定圆弧的圆心:
指定圆弧的端点(按住 Ctrl 键以切换方向)或 [角度(A)|弦长(L)]: _a   //输入 a
指定夹角(按住 Ctrl 键以切换方向): 135↙              //输入夹角值并按 Enter 键确认
```

以“起点，圆心，角度”方式绘制圆弧如图 4-23 所示。

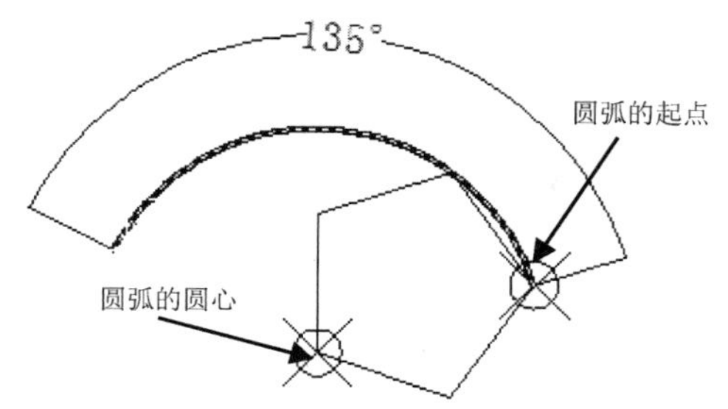

图 4-23　以“起点，圆心，角度”方式绘制圆弧

如果存在可以捕捉到的圆弧起点和圆心，并且已知包含角度，那么可在命令行中选择【起点】|【圆心】|【角度】或【圆心】|【起点】|【角度】选项，以此绘制圆弧。如果已知圆弧的两个端点但不能捕捉到其圆心，那么可以选择【起点】|【端点】|【角度】选项，以此绘制圆弧，如图 4-24 所示。

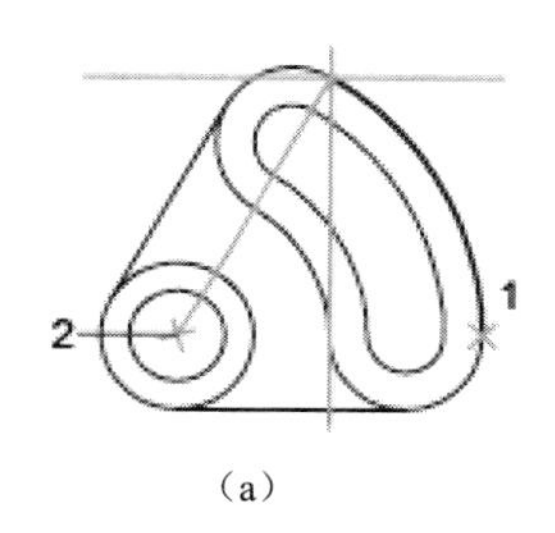

（a）

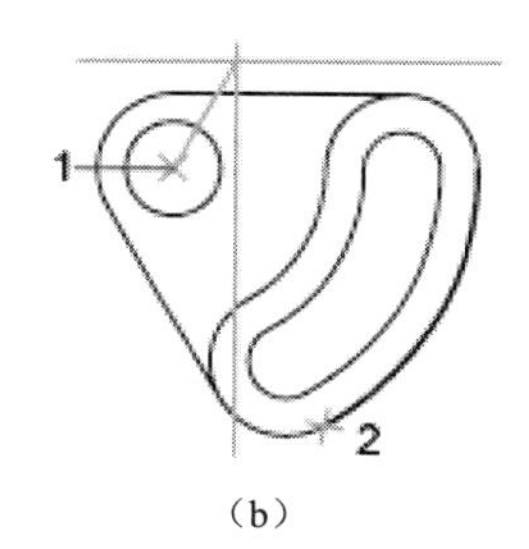

（b）

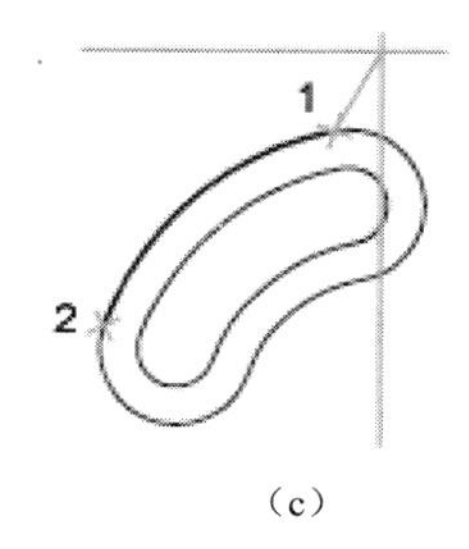

（c）

图 4-24　绘制圆弧

4．起点，圆心，长度

“起点，圆心，长度”方式是通过指定圆弧的起点、圆心、弦长来绘制圆弧的。

用户可通过以下方式来执行上述操作。

- 菜单栏：执行【绘图】|【圆弧】|【起点，圆心，长度】命令。
- 面板：在【绘图】面板中单击【起点，圆心，长度】按钮。
- 命令行：输入 arc。

如果存在可以捕捉到的圆弧起点和圆心，并且已知圆弧的弦长，那么可选择【起点，圆心，长度】选项或【圆心，起点，长度】选项绘制圆弧，如图 4-25 所示。

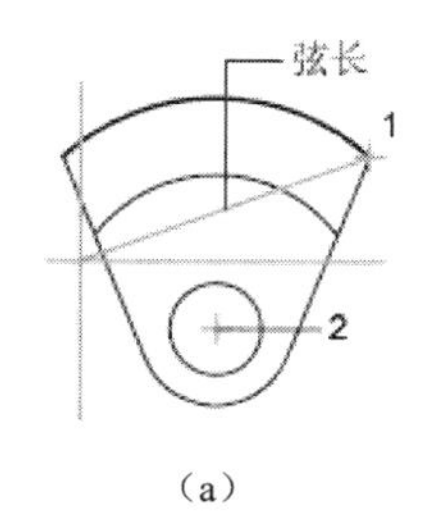

（a）

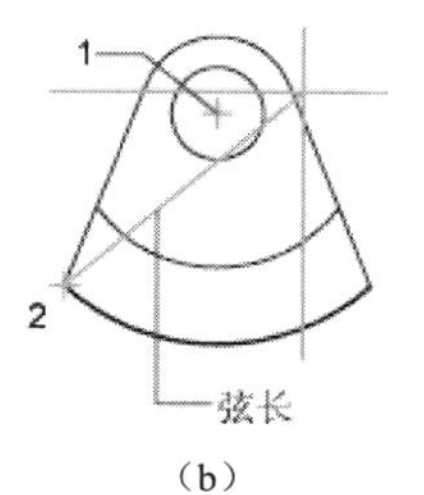

（b）

图 4-25　选择【起点，圆心，长度】选项或【圆心，起点，长度】选项绘制圆弧

5．起点，端点，角度

“起点，端点，角度”方式是通过指定圆弧的起点、端点及夹角来绘制圆弧的。

用户可通过以下方式来执行上述操作。

- 菜单栏：执行【绘图】|【圆弧】|【起点，端点，角度】命令。
- 面板：在【绘图】面板中单击【起点，端点，角度】按钮。
- 命令行：输入 arc。

例如，在绘图区中指定圆弧的起点和端点，并指定夹角为 45°，其命令行操作提示如下：

```
命令：_arc
指定圆弧的起点或 [圆心(C)]:                                        //指定圆弧的起点
指定圆弧的第二个点或 [圆心(C)|端点(E)]: _e                          //输入 e
指定圆弧的端点:                                                    //指定圆弧的端点
指定圆弧的中心点(按住 Ctrl 键以切换方向)或 [角度(A)|方向(D)|半径(R)]: _a  //输入 a
指定夹角(按住 Ctrl 键以切换方向): 45↙                 //输入夹角值并按 Enter 键确认
```

以"起点，端点，角度"方式绘制圆弧如图 4-26 所示。

6. 起点，端点，方向

"起点，端点，方向"方式是通过指定圆弧的起点、端点及其切线的方向夹角（切线与 *X* 轴的夹角）来绘制圆弧的。

用户可通过以下方式来执行上述操作。

- 菜单栏：执行【绘图】|【圆弧】|【起点，端点，方向】命令。
- 面板：在【绘图】面板中单击【起点，端点，方向】按钮。
- 命令行：输入 arc。

例如，在绘图区中指定圆弧的起点和端点，并指定切线方向夹角为 45°，其命令行操作提示如下：

```
命令：_arc
指定圆弧的起点或 [圆心(C)]:                                        //指定圆弧的起点
指定圆弧的第二个点或 [圆心(C)|端点(E)]: _e                          //输入 e
指定圆弧的端点:                                                    //指定圆弧的端点
指定圆弧的中心点(按住 Ctrl 键以切换方向)或 [角度(A)|方向(D)|半径(R)]: _d  //输入 d
指定圆弧的起点的相切方向(按住 Ctrl 键以切换方向):45↙ //输入切线方向夹角值并按 Enter 键确认
```

以"起点，端点，方向"方式绘制圆弧如图 4-27 所示。

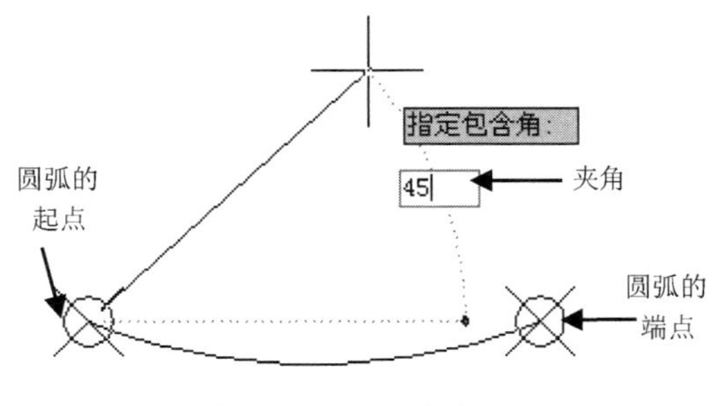

图 4-26　以"起点，端点，角度"方式绘制圆弧

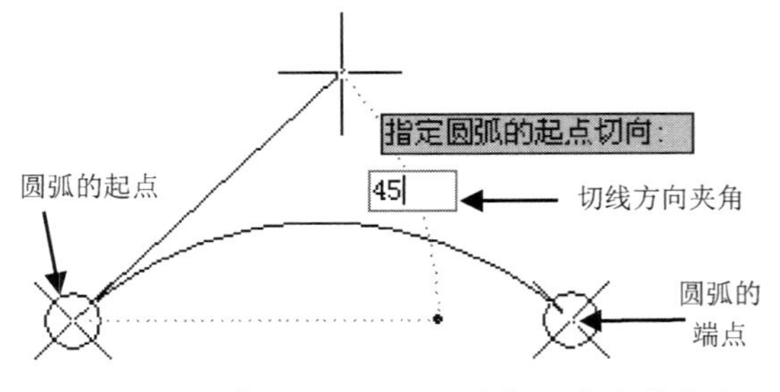

图 4-27　以"起点，端点，方向"方式绘制圆弧

7. 起点，端点，半径

"起点，端点，半径"方式是通过指定圆弧的起点、端点及半径来绘制圆弧的。

用户可通过以下方式来执行上述操作。

- 菜单栏：执行【绘图】|【圆弧】|【起点，端点，半径】命令。
- 面板：在【绘图】面板中单击【起点，端点，半径】按钮。
- 命令行：输入 arc。

例如，在绘图区中指定圆弧的起点和端点，且圆弧的半径为 30，其命令行操作提示如下：

```
命令：_arc
指定圆弧的起点或 [圆心(C)]：                                          //指定圆弧的起点
指定圆弧的第二个点或 [圆心(C)|端点(E)]：_e                            //输入 e
指定圆弧的端点：                                                      //指定圆弧的端点
指定圆弧的中心点(按住 Ctrl 键以切换方向)或 [角度(A)|方向(D)|半径(R)]：_r    //输入 r
指定圆弧的半径(按住 Ctrl 键以切换方向)：30↙          //输入圆弧半径值，并按 Enter 键确认
```

以“起点，端点，半径”方式绘制圆弧如图 4-28 所示。

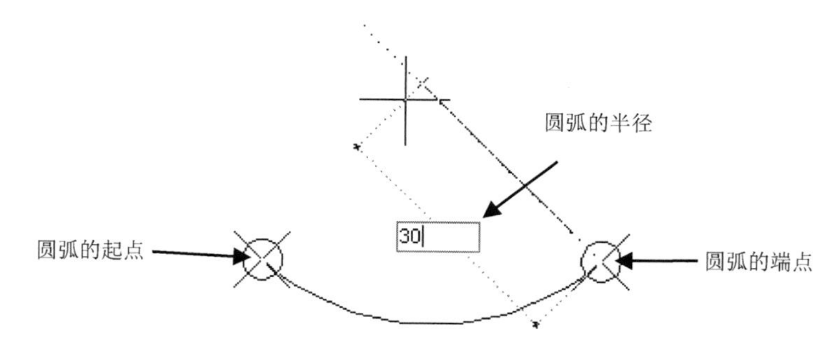

图 4-28　以“起点，端点，半径”方式绘制圆弧

8. 圆心，起点，端点

“圆心，起点，端点”方式是通过指定圆弧的圆心、起点和端点来绘制圆弧的。

用户可通过以下方式来执行上述操作。

- 菜单栏：执行【绘图】|【圆弧】|【圆心，起点，端点】命令。
- 面板：在【绘图】面板中单击【圆心，起点，端点】按钮。
- 命令行：输入 arc。

例如，在绘图区中依次指定圆弧的圆心、起点和端点，其命令行操作提示如下：

```
命令：_arc
指定圆弧的起点或 [圆心(C)]：_c                                        //输入 c
指定圆弧的圆心：                                                      //指定圆弧的圆心
指定圆弧的起点：                                                      //指定圆弧的起点
指定圆弧的端点(按住 Ctrl 键以切换方向)或 [角度(A)|弦长(L)]：           //指定圆弧的端点
```

以“圆心，起点，端点”方式绘制圆弧如图 4-29 所示。

9. 圆心，起点，角度

“圆心，起点，角度”方式是通过指定圆弧的圆心、起点及圆心角来绘制圆弧的。

用户可通过以下方式来执行上述操作。

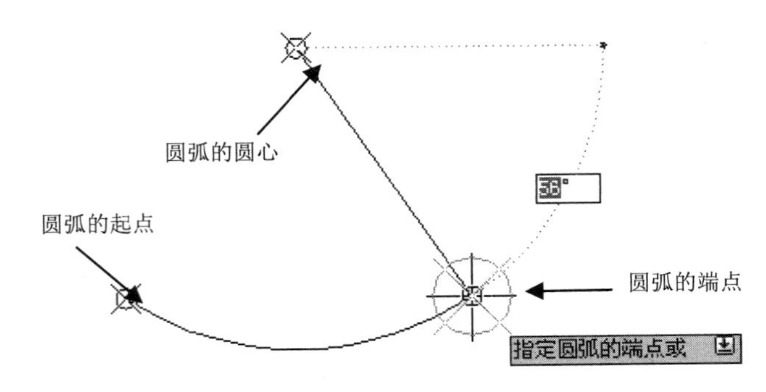

图 4-29　以“圆心，起点，端点”方式绘制圆弧

- 菜单栏：执行【绘图】|【圆弧】|【圆心，起点，角度】命令。
- 面板：在【绘图】面板中单击【圆心，起点，角度】按钮。
- 命令行：输入 arc。

例如，在绘图区中依次指定圆弧的圆心、起点，夹角为 45°，其命令行操作提示如下：

```
命令：_arc
指定圆弧的起点或 [圆心(C)]：_c                                    //输入 c
指定圆弧的圆心：                                                  //指定圆弧的圆心
指定圆弧的起点：                                                  //指定圆弧的起点
指定圆弧的端点(按住 Ctrl 键以切换方向)或 [角度(A)|弦长(L)]：_a    //输入 a
指定夹角(按住 Ctrl 键以切换方向)：45↙                          //输入夹角值并按 Enter 键确认
```

以“圆心，起点，角度”方式绘制圆弧如图 4-30 所示。

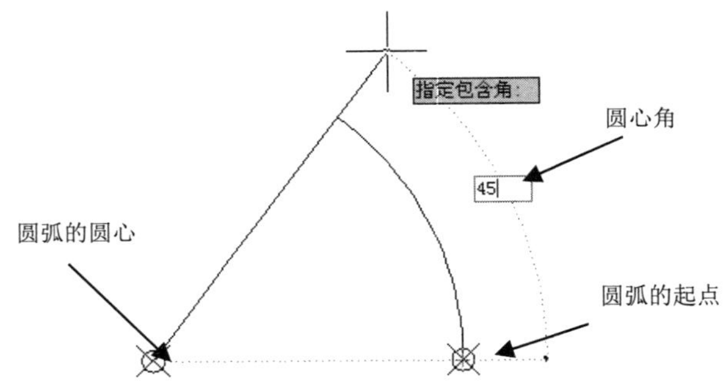

图 4-30　以“圆心，起点，角度”方式绘制圆弧

10. 圆心，起点，长度

“圆心，起点，长度”方式是通过指定圆弧的圆心、起点和弦长来绘制圆弧的。

用户可通过以下方式来执行上述操作。

- 菜单栏：执行【绘图】|【圆弧】|【圆心，起点，长度】命令。
- 面板：在【绘图】面板中单击【圆心，起点，长度】按钮。
- 命令行：输入 arc。

例如，在绘图区中依次指定圆弧的圆心、起点，弦长为 15，其命令行操作提示如下：

```
命令：_arc
指定圆弧的起点或 [圆心(C)]：_c                                    //输入 c
指定圆弧的圆心：                                                  //指定圆弧的圆心
```

```
指定圆弧的起点:                                                  //指定圆弧的起点
指定圆弧的端点(按住 Ctrl 键以切换方向)或 [角度(A)|弦长(L)]: _l      //输入 l
指定弦长(按住 Ctrl 键以切换方向): 15↙                              //输入弦长值
```

以“圆心，起点，长度”方式绘制圆弧如图4-31所示。

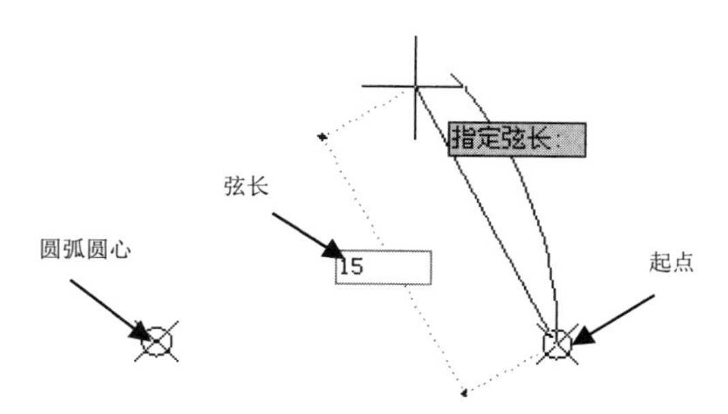

图4-31 以“圆心，起点，长度”方式绘制圆弧

11．连续

“连续”方式是通过创建一个圆弧，使其与上一步骤绘制的直线或圆弧相切连续的。

用户可通过以下方式来执行上述操作。

- 菜单栏：执行【绘图】|【圆弧】|【连续】命令。
- 面板：在【绘图】面板中单击【连续】按钮。
- 命令行：输入 arc。

相切连续的圆弧起点就是先前直线或圆弧的端点，相切连续的圆弧端点可通过捕捉点或在命令行中输入精确坐标来确定。当绘制一条直线或圆弧后，使用【连续】命令，系统会自动捕捉直线或圆弧的端点作为连续圆弧的起点。绘制相切连续圆弧如图4-32所示。

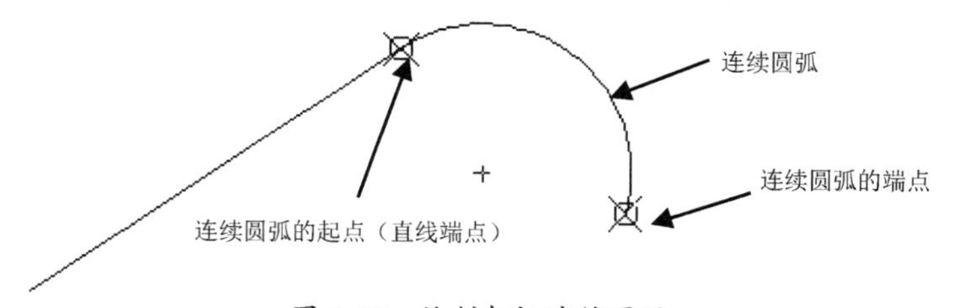

图4-32 绘制相切连续圆弧

4.4.3 绘制椭圆

椭圆由定义其长度和宽度的两条轴来确定。较长的轴称为长轴，较短的轴称为短轴。椭圆示意图如图4-33所示。椭圆的绘制方式有：“圆心”“轴，端点”“圆弧”。

1．圆心

“圆心”方式是通过指定椭圆的中心点、长轴的一个端点、短半轴的长度来绘制椭圆的。

用户可通过以下方式来执行上述操作。

- 菜单栏：执行【绘图】|【椭圆】|【圆心】命令。
- 面板：在【绘图】面板中单击【圆心】按钮。
- 命令行：输入 ellipse。

例如，绘制一个中心点坐标为（0,0）、长轴的一个端点坐标为（25,0）、短半轴的长度为12 的椭圆，其命令行操作提示如下：

```
命令：_ellipse
指定椭圆的轴端点或 [圆弧(A)|中心点(C)]：_c
指定椭圆的中心点：0,0↙                         //输入椭圆圆心坐标
指定轴的端点：@25,0↙                           //输入轴端点的绝对坐标
指定另一条半轴长度或 [旋转(R)]：12↙             //输入另一条半轴的长度值
```

提醒一下：

命令行中的【旋转】选项是以“指定绕长轴（第一半轴）旋转的角度”方式来确定另一条半轴长度的。

以“圆心”方式绘制椭圆如图 4-34 所示。

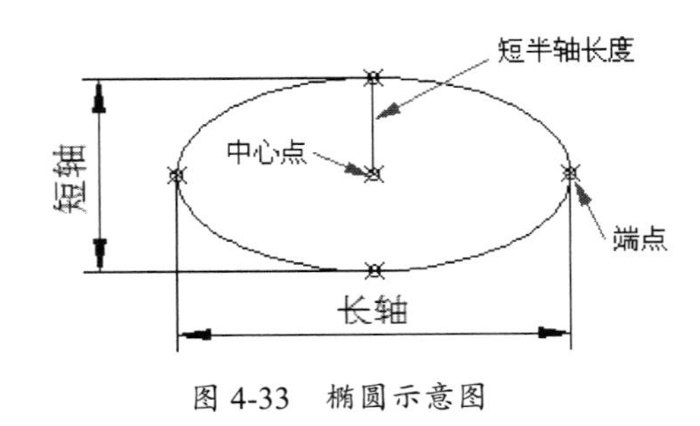

图 4-33　椭圆示意图

图 4-34　以“圆心”方式绘制椭圆

2. 轴，端点

“轴，端点”方式是通过指定椭圆长轴的两个端点和短半轴的长度来绘制椭圆的。

用户可通过以下方式来执行上述操作。

- 菜单栏：执行【绘图】|【椭圆】|【轴，端点】命令。
- 面板：在【绘图】面板中单击【轴，端点】按钮。
- 命令行：输入 ellipse。

例如，绘制一个长轴的端点坐标分别为（12.5,0）、（-12.5,0），短半轴的长度为 10 的椭圆，其命令行操作提示如下：

```
命令：_ellipse
指定椭圆的轴端点或 [圆弧(A)|中心点(C)]：12.5,0↙      //输入椭圆的轴端点坐标
指定轴的另一个端点：-12.5,0↙                        //输入椭圆的另一个轴端点坐标
指定另一条半轴长度或 [旋转(R)]：10↙                  //输入椭圆半轴长度值
```

以“轴，端点”方式绘制椭圆如图 4-35 所示。

3. 圆弧

“圆弧”方式是通过指定椭圆长轴的两个端点、短半轴的长度、起始角、终止角来绘制椭圆弧的。

用户可通过以下方式来执行上述操作。

- 菜单栏：执行【绘图】|【椭圆】|【圆弧】命令。
- 面板：在【绘图】面板中单击【椭圆弧】按钮。
- 命令行：输入 ellipse。

椭圆弧是椭圆上的一段弧，因此需要指定弧的起始位置和终止位置。例如，绘制一个长轴的端点坐标分别为（25,0）、（–25,0），短半轴的长度为 15 的椭圆，起始角度为 0°、终止角度为 270°的椭圆弧，其命令行操作提示如下：

```
命令：_ellipse
指定椭圆的轴端点或 [圆弧(A)|中心点(C)]：_a
指定椭圆弧的轴端点或 [中心点(C)]：25,0↙                //输入椭圆的轴端点坐标
指定轴的另一个端点：-25,0↙                             //输入椭圆的另一个端点坐标
指定另一条半轴长度或 [旋转(R)]：15↙                    //输入椭圆半轴长度值
指定起始角度或 [参数(P)]：0↙                           //输入起始角度值
指定终止角度或 [参数(P)|包含角度(I)]：270↙             //输入终止角度值
```

以“圆弧”方式绘制椭圆弧如图 4-36 所示。

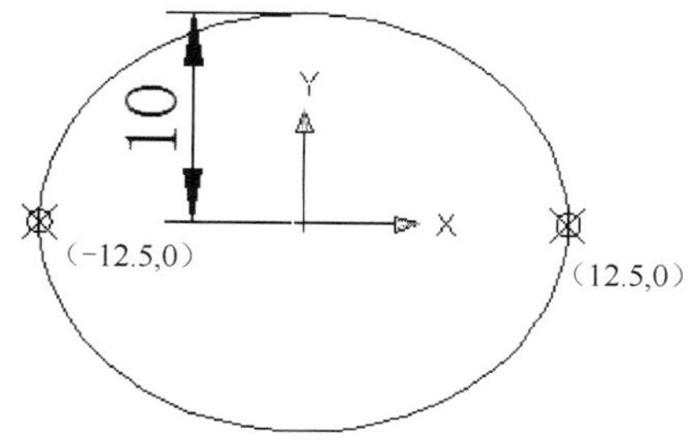

图 4-35　以“轴，端点”方式绘制椭圆

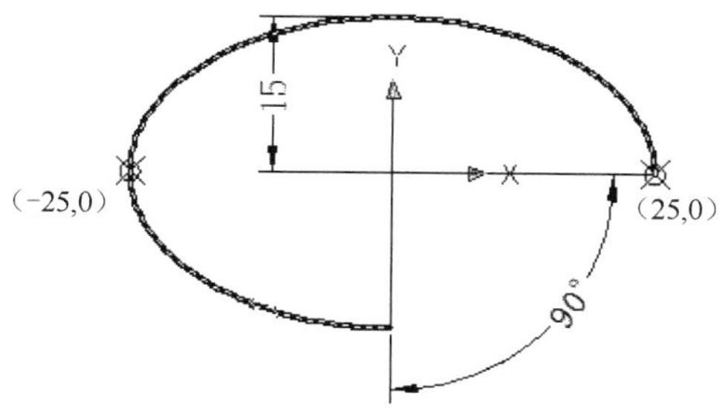

图 4-36　以“圆弧”方式绘制椭圆弧

提醒一下：

椭圆弧的角度就是终止角度和起始角度的差值。另外，用户也可以使用【包含角】选项，直接输入椭圆弧的角度值。

4.4.4　绘制圆环

圆环工具能绘制实心的圆与环。要绘制圆环，需指定它的内、外直径和圆心。通过指定不同的圆心，可以继续绘制具有相同直径的多个副本。要绘制实体填充圆，需将内径值指定为 0。

用户可通过以下方式绘制圆环。

- 菜单栏：执行【绘图】|【圆环】命令。
- 面板：在【绘图】面板中单击【圆环】按钮◎。
- 命令行：输入 donut。

圆环和实心圆的应用示例图如图 4-37 所示。

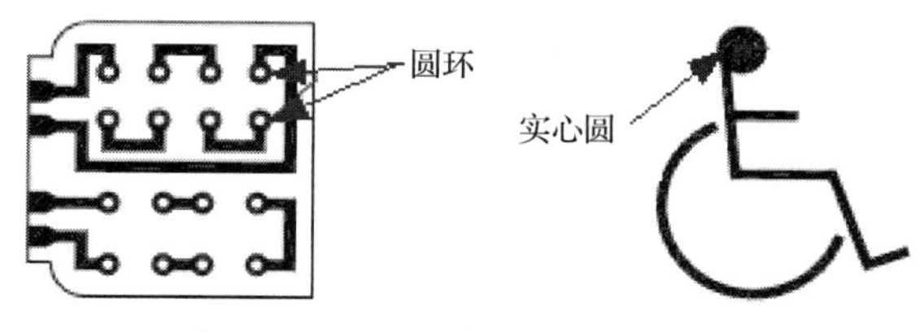

图 4-37　圆环和实心圆的应用示例图

4.5 综合范例

前面章节介绍的 AutoCAD 2022 的二维绘图命令是制图人员必须掌握的。本节将介绍使用二维绘图命令绘图的常见范例。

4.5.1 范例一：绘制减速器透视孔盖

减速器透视孔盖虽然有多种类型，但一般都以螺纹结构固定。图 4-38 所示为减速器透视孔盖图形。

此图形的绘制方法：首先绘制中心线（定位基准线），然后绘制主视图矩形，最后绘制侧视图。图形绘制完成后，对图形中的尺寸进行标注。

在绘制机械类的图形时，一定要先创建符合国家标准的图纸样板，以便在后期的机械设计绘图中能快速调用。

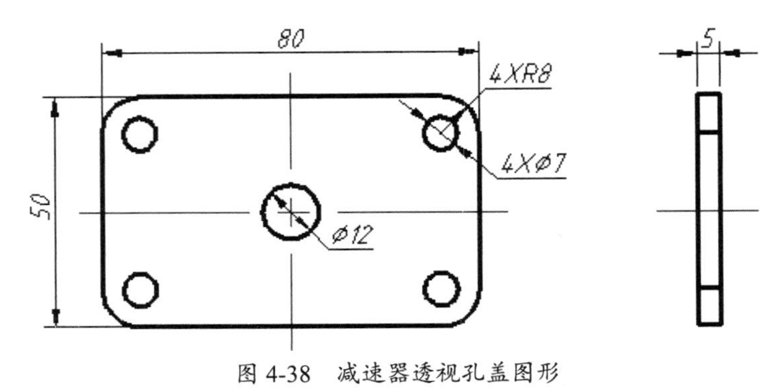

图 4-38 减速器透视孔盖图形

操作步骤

① 调用用户自定义的图纸样板文件。

② 使用【矩形】命令，绘制如图 4-39 所示的矩形。

③ 使用【直线】命令，在矩形的中心位置绘制如图 4-40 所示的中心线。

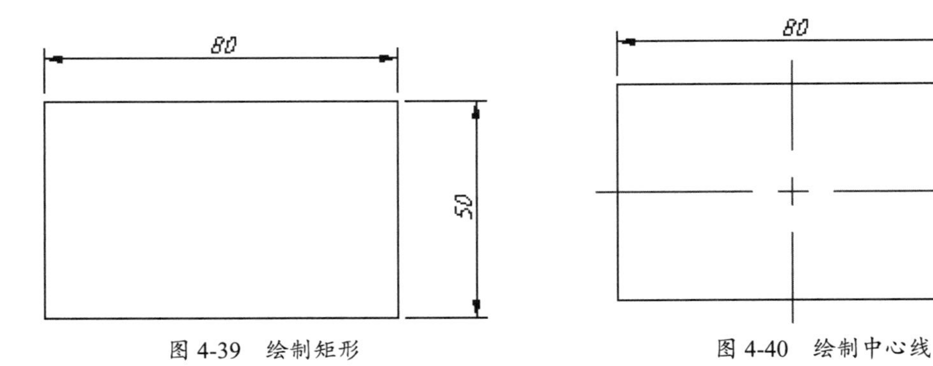

图 4-39 绘制矩形　　图 4-40 绘制中心线

提醒一下：

在绘制所需的图线或图形时，可以先指定预设置的图层，也可以随意绘制，再指定图层。先指定图层可以提高部分绘图效率。

④ 在命令行中执行 fillet 命令（圆角），或者单击【圆角】按钮，并按如下命令行的提示进行操作。

```
命令: _fillet
当前设置: 模式 = 修剪, 半径 = 7.0000
选择第一个对象或 [放弃(U)|多段线(P)|半径(R)|修剪(T)|多个(M)]: R↙
指定圆角半径 <7.0000>: 8↙
选择第一个对象或 [放弃(U)|多段线(P)|半径(R)|修剪(T)|多个(M)]:
选择第二个对象，或按住 Shift 键选择对象以应用角点或 [半径(R)]:
```

绘制的圆角如图 4-41 所示。

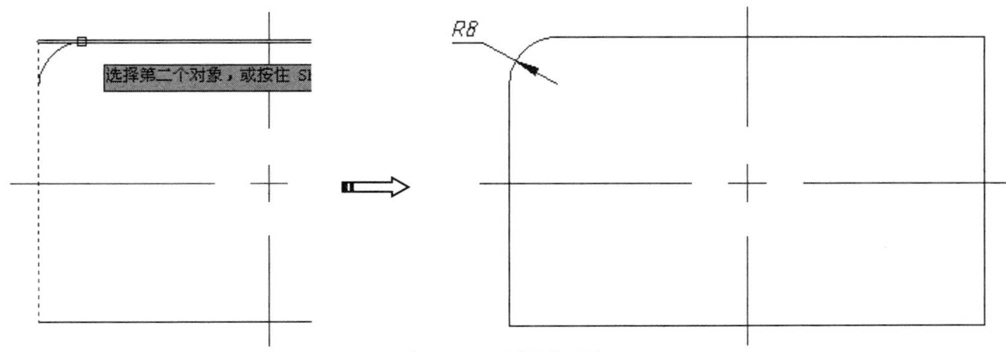

图 4-41　绘制的圆角

⑤ 同理，在另外 3 个角点位置绘制同样半径的圆角，结果如图 4-42 所示。

提醒一下：

由于执行的是相同的命令，可以按 Enter 键继续该命令的执行，并直接选取对象来绘制圆角。

⑥ 使用【圆心，半径】命令，在圆角的中心点位置绘制 4 个直径为 7 的圆，如图 4-43 所示。

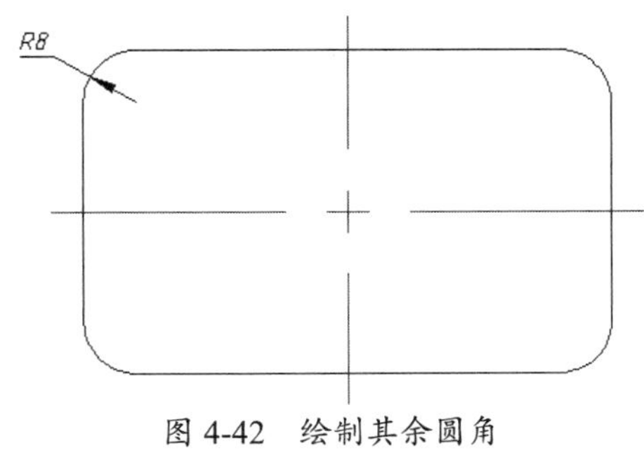

图 4-42　绘制其余圆角

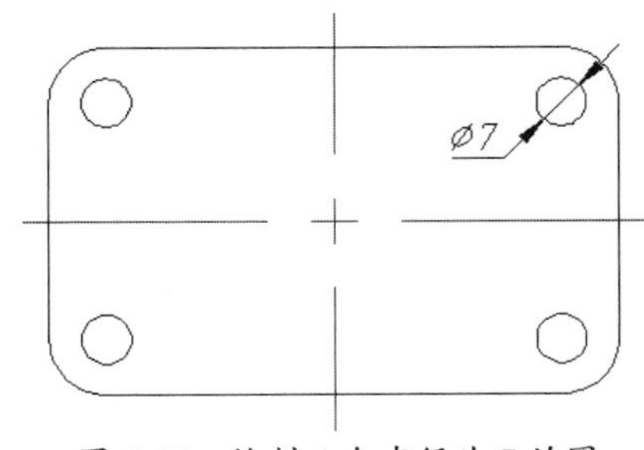

图 4-43　绘制 4 个直径为 7 的圆

⑦ 在矩形的中心位置绘制如图 4-44 所示的圆。

⑧ 使用【矩形】命令，绘制如图 4-45 所示的矩形。

提醒一下：

要想精确绘制矩形，最好是采用绝对坐标输入方式，即（@X,Y）形式。

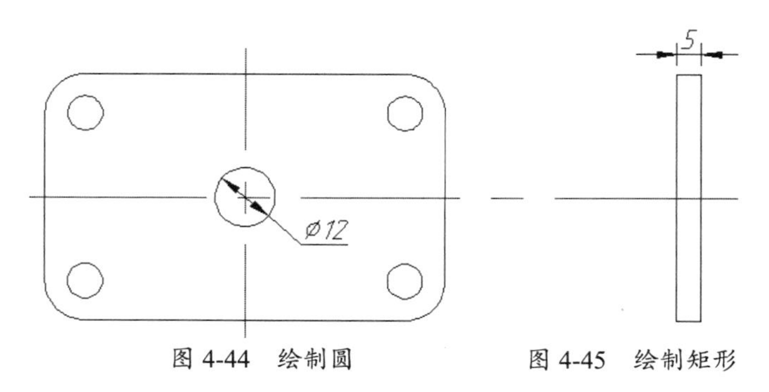

图 4-44　绘制圆　　　　图 4-45　绘制矩形

⑨ 使用【直线】命令，在大矩形的圆角位置绘制 2 条水平直线，并穿过小矩形，如图 4-46 所示。

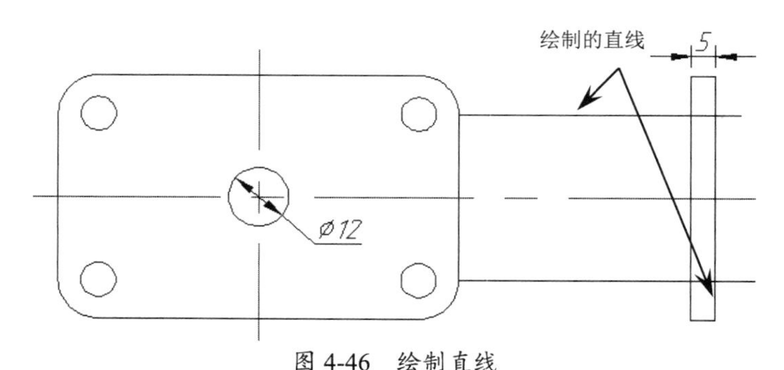

图 4-46　绘制直线

⑩ 使用【修剪】命令，将图形中多余的图线修剪掉。对主要的图线应用粗实线图层。对图形进行尺寸标注，即得绘制完成的图形，如图 4-47 所示。

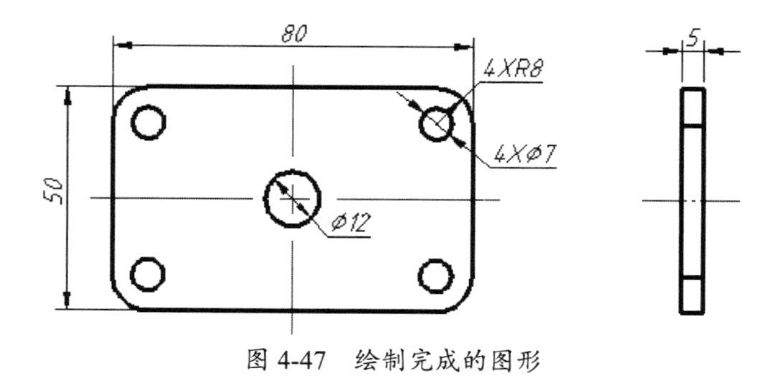

图 4-47　绘制完成的图形

⑪ 将绘制完成的图形保存。

4.5.2　范例二：绘制曲柄

本节将介绍曲柄平面图的绘制过程。曲柄平面图如图 4-48 所示。

由曲柄平面图分析得知，该图的绘制可分成以下几个步骤：绘制基准线；绘制已知线段；绘制连接线段。

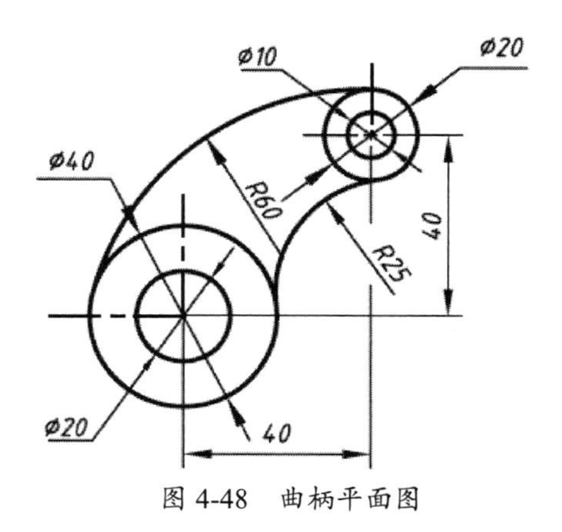

图 4-48　曲柄平面图

操作步骤

1．绘制基准线

本例图形的主基准线为大圆中心线，辅助基准为另外两个同心小圆中心线。基准线的绘制可使用【直线】命令来完成。

① 首先绘制两条大圆中心线。命令行操作提示如下：

```
命令：line
指定第一点：1000,1000↙                                //输入直线起点坐标
指定下一点或 [放弃(U)]：@50,0↙                         //输入直线第二点绝对坐标
指定下一点或 [放弃(U)]：↙
命令：↙                                               //按 Enter 键，重复使用【直线】命令
line 指定第一点：1025,975↙                             //输入直线起点坐标
指定下一点或 [放弃(U)]：@0,50↙                         //输入直线第二点绝对坐标
指定下一点或 [放弃(U)]：↙
```

② 绘制的大圆中心线如图 4-49 所示。

③ 再绘制两条小圆中心线。命令行操作提示如下：

```
命令：line
指定第一点：1050,1040↙                                //输入直线起点坐标
指定下一点或 [放弃(U)]：@30,0↙                         //输入直线第二点绝对坐标
指定下一点或 [放弃(U)]：↙
命令：↙
line 指定第一点：1065,1025↙                            //输入直线起点坐标
指定下一点或 [放弃(U)]：@0,30↙                         //输入直线第二点绝对坐标
指定下一点或 [放弃(U)]：↙
```

④ 绘制的小圆中心线如图 4-50 所示。

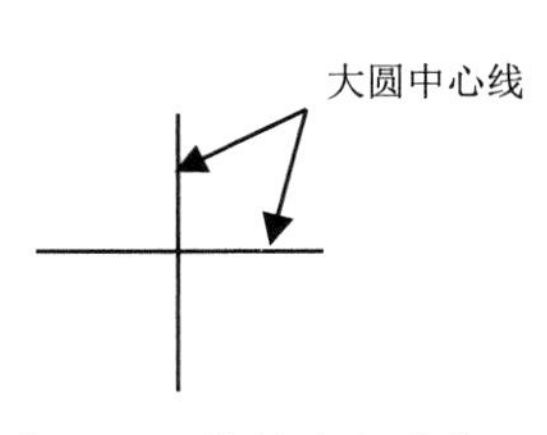

图 4-49　绘制的大圆中心线

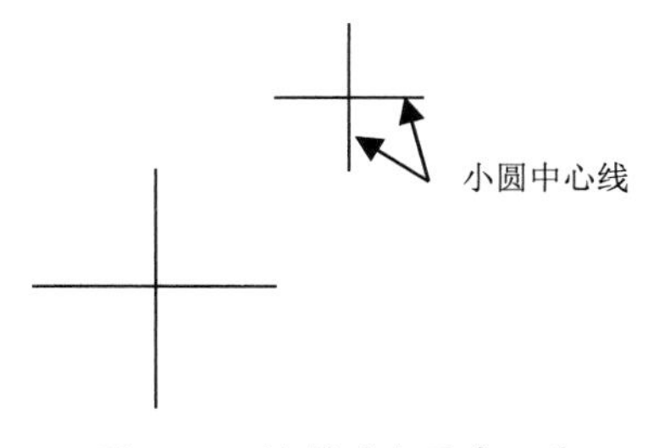

图 4-50　绘制的小圆中心线

⑤ 加载 CENTER（点画线）线型，将四条基准线转换为点画线。

2. 绘制已知线段

曲柄平面图的已知线段就是四个圆，可使用绘制圆的【圆心，直径】命令来绘制。

① 在主基准线上绘制较大的同心圆。命令行操作提示如下：

```
命令：CIRCLE
指定圆的圆心或 [三点(3P)|两点(2P)|切点、切点、半径(T)]:          //指定主基准线的交点为圆心
指定圆的半径或 [直径(D)] <40.0000>：d↙
指定圆的直径 <80.0000>：40↙                                      //输入圆的直径值
命令：↙                                                          //按 Enter 键重复执行命令
CIRCLE 指定圆的圆心或 [三点(3P)|两点(2P)|切点、切点、半径(T)]：//指定主基准线的交点为圆心
指定圆的半径或 [直径(D)] <20.0000>：_d                           //输入 d
指定圆的直径 <40.0000>：20↙                                      //输入圆的直径值
```

② 绘制的大同心圆如图 4-51 所示。

③ 在辅助基准线上绘制较小的同心圆。命令操作提示如下：

```
命令：circle
指定圆的圆心或 [三点(3P)|两点(2P)|切点、切点、半径(T)]:          //指定辅助基准线的交点为圆心
指定圆的半径或 [直径(D)] <10.0000>：d↙
指定圆的直径 <20.0000>：20↙                                      //输入圆的直径值
命令：↙                                                          //按 Enter 键重复执行命令
CIRCLE 指定圆的圆心或 [三点(3P)|两点(2P)|切点、切点、半径(T)]：  //指定辅助基准线的交点为圆心
指定圆的半径或 [直径(D)] <10.0000>：d↙                           //输入 d
指定圆的直径 <20.0000>：10↙                                      //输入圆的直径值
```

④ 绘制的小同心圆如图 4-52 所示。

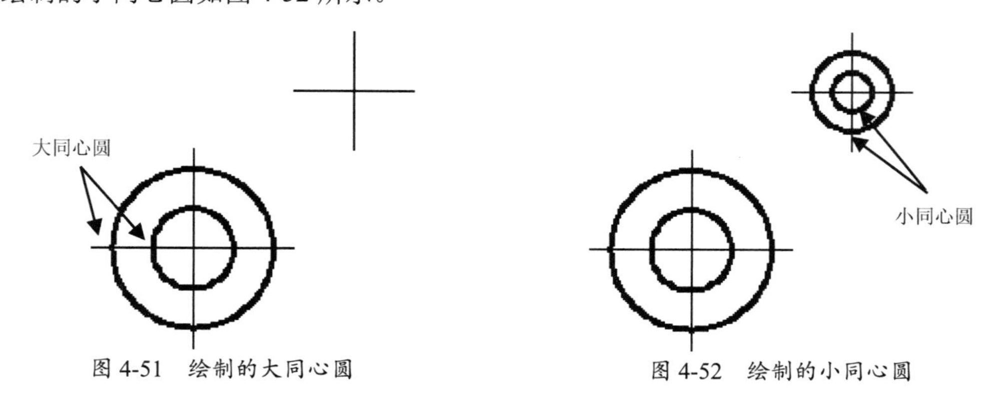

图 4-51　绘制的大同心圆　　图 4-52　绘制的小同心圆

3. 绘制连接线段

曲柄平面图的连接线段就是两段连接弧，从平面图中得知，连接弧与两相邻同心圆是相切的，因此可使用绘制圆的【切点、切点、半径】命令来绘制。

① 首先绘制半径为 60 的大相切圆，命令行操作提示如下：

```
命令：circle
指定圆的圆心或 [三点(3P)|两点(2P)|切点、切点、半径(T)]：t↙   //输入 t
指定对象与圆的第一个切点：                                     //指定第一个切点
指定对象与圆的第二个切点：                                     //指定第二个切点
指定圆的半径 <10.0000>：60↙                                    //输入圆的半径值
```

② 绘制的大相切圆如图 4-53 所示。

③ 绘制半径为 25 的小相切圆。命令行操作提示如下：

```
命令：circle
指定圆的圆心或 [三点(3P)|两点(2P)|切点、切点、半径(T)]：t      //输入 t
指定对象与圆的第一个切点：                                   //指定第一个切点
指定对象与圆的第二个切点：                                   //指定第二个切点
指定圆的半径 <60.0000>：25↙                                  //输入圆的半径值
```

④ 绘制的小相切圆如图 4-54 所示。

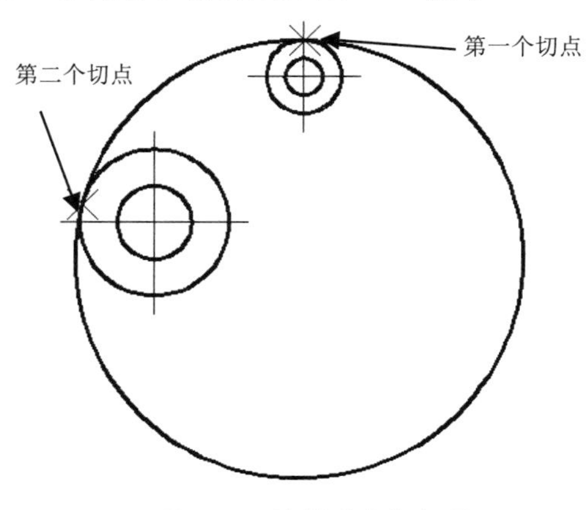

图 4-53　绘制的大相切圆

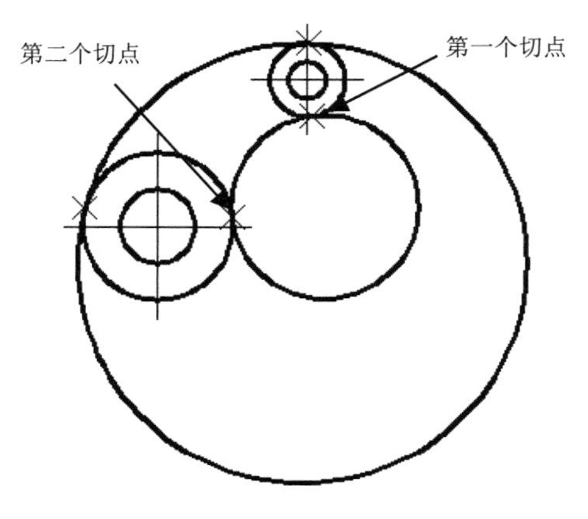

图 4-54　绘制的小相切圆

⑤ 单击【默认】选项卡【修改】面板中的【修剪】按钮，将多余图线修剪掉。命令行操作提示如下：

```
命令：trim
当前设置:投影=UCS，边=无
选择剪切边...
选择对象或 <全部选择>：↙
选择要修剪的对象，或按住 Shift 键选择要延伸的对象，或
[栏选(F)|窗交(C)|投影(P)|边(E)|删除(R)|放弃(U)]：            //选择要修剪的图线
选择要修剪的对象，或按住 Shift 键选择要延伸的对象，或
[栏选(F)|窗交(C)|投影(P)|边(E)|删除(R)|放弃(U)]：            //选择要修剪的图线
选择要修剪的对象，或按住 Shift 键选择要延伸的对象，或
[栏选(F)|窗交(C)|投影(P)|边(E)|删除(R)|放弃(U)]：*取消*      //按 Esc 键结束命令
```

⑥ 修剪完成后匹配线型，即得最终的图形结果，如图 4-55 所示。

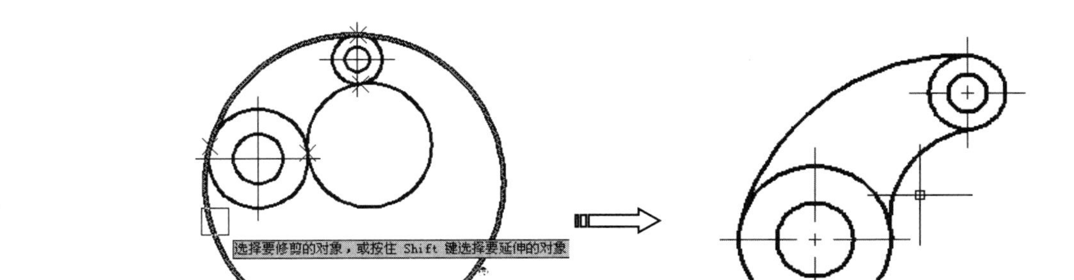

图 4-55　最终的图形结果

4.5.3 范例三：绘制洗手池

本节以一个 1000×600 洗手池的绘制为例，介绍使用【圆角】命令、【倒角】命令及【修剪】命令绘制图形的技巧。

洗手池的绘制主要是画出其内、外轮廓线，可以先绘制出外轮廓线，然后使用 offset 命令绘制内轮廓线，如图 4-56 所示。

操作步骤

① 执行【文件】|【新建】命令，创建一个新的图形文件。

② 执行【绘图】|【矩形】命令，绘制洗手池台的外轮廓线，如图 4-57 所示。命令行操作提示如下：

```
命令: _rectang
指定第一个角点或 [倒角(C)/标高(E)/圆角(F)/厚度(T)/宽度(W)]:        //在屏幕上任意选取一点
指定另一个角点或 [尺寸(D)]: @1000,600↙                              //输入另一个角点坐标
```

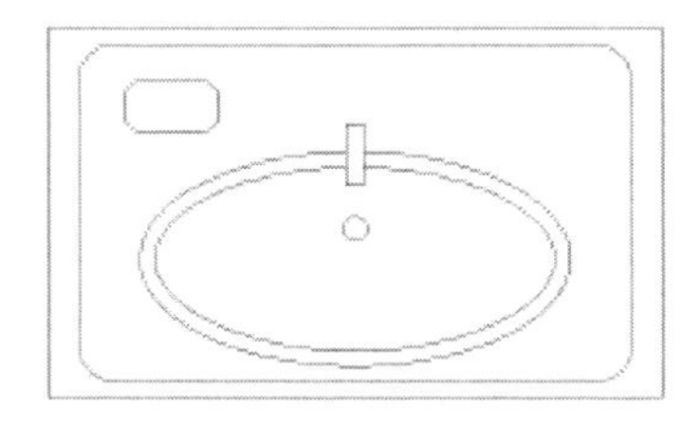

图 4-56 洗手池

图 4-57 绘制洗手池台的外轮廓线

③ 在命令行中执行 osnap 命令，打开【草图设置】对话框，如图 4-58 所示。在【对象捕捉】选项卡中，勾选【端点】复选框和【中点】复选框，使用端点捕捉和中点捕捉。

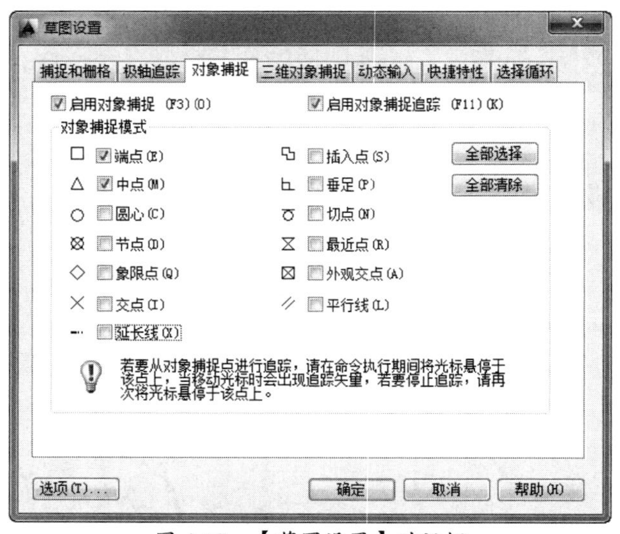

图 4-58 【草图设置】对话框

④ 在命令行中执行 ucs 命令，改变坐标原点，使新的坐标原点为洗手池台外轮廓线的左下端点。命令行操作提示如下：

```
命令: ucs
当前 UCS 名称: *世界*
输入选项
[新建(N)/移动(M)/正交(G)/上一个(P)/恢复(R)/保存(S)/删除(D)/应用(A)/?/世界(W)]
<世界>: o                                              //设置 UCS 操作选项
指定新原点 <0,0,0>:                                //对象捕捉到矩形的左下端点
```

⑤ 执行【绘图】|【矩形】命令，绘制洗手池台的内轮廓线，如图 4-59 所示。命令行操作提示如下：

```
命令: _rectang
指定第 1 个角点或 [倒角(C)/标高(E)/圆角(F)/厚度(T)/宽度(W)]: 50,25
指定另一个角点或 [尺寸(D)]: 950,575
```

⑥ 执行【绘图】|【圆角】命令，修剪洗手池台的内轮廓线，如图 4-60 所示。命令行操作提示如下：

```
命令: _fillet
当前设置: 模式 = 修剪, 半径 = 0.0000
选择第 1 个对象或 [多段线(P)/半径(R)/修剪(T)/多个(U)]: r
指定圆角半径 <0.0000>: 60                                //修改倒圆角的半径
选择第 1 个对象或 [多段线(P)/半径(R)/修剪(T)/多个(U)]: u  //选择多个模式
选择第 1 个对象或 [多段线(P)/半径(R)/修剪(T)/多个(U)]:    //选择角的一条边
选择第 2 个对象:                                          //选择角的另外一条边
选择第 1 个对象或 [多段线(P)/半径(R)/修剪(T)/多个(U)]:    //选择角的一条边
选择第 2 个对象:                                          //选择角的另外一条边
选择第 1 个对象或 [多段线(P)/半径(R)/修剪(T)/多个(U)]:    //选择角的一条边
选择第 2 个对象:                                          //选择角的另外一条边
选择第 1 个对象或 [多段线(P)/半径(R)/修剪(T)/多个(U)]:    //选择角的一条边
选择第 2 个对象:                                          //选择角的另外一条边
选择第 1 个对象或 [多段线(P)/半径(R)/修剪(T)/多个(U)]:
```

图 4-59　绘制洗手池台的内轮廓线

图 4-60　修剪洗手池台的内轮廓线

提醒一下：

【圆角】命令能够将一个角的两条直线在角的顶点处形成圆弧，对于圆弧的半径大小要根据图形的尺寸确定，若尺寸太小，则在图形上显示不出来。

⑦ 执行【绘图】|【椭圆】命令，绘制洗手池的外轮廓线，如图 4-61 所示。命令行操作提示如下：

```
命令: _ellipse
指定椭圆的轴端点或 [圆弧(A)/中心点(C)]: c↙
指定椭圆的中心点: 500,225↙
指定轴的端点: @-350,0↙
指定另一条半轴长度或 [旋转(R)]: 175↙
```

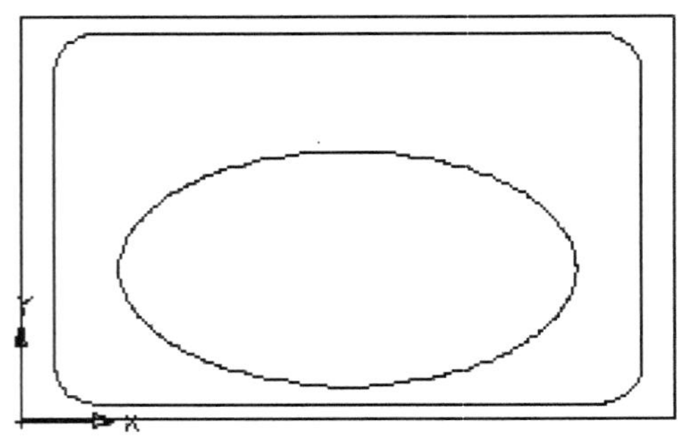

图 4-61　绘制洗手池的外轮廓线

提醒一下：

椭圆的绘制主要是先确定椭圆中心的位置，再确定椭圆长轴和短轴的尺寸。当长轴和短轴的尺寸相等时，椭圆就变成了一个圆。

⑧ 执行【修改】|【偏移】命令，绘制洗手池的内轮廓线，如图 4-62 所示。命令行操作提示如下：

```
命令: _offset
指定偏移距离或 [通过(T)] <1.0000>: 25
选择要偏移的对象或 <退出>:                              //选择外侧窗户轮廓线
指定点以确定偏移所在一侧:                                //选择偏移的方向
选择要偏移的对象或 <退出>:
```

⑨ 执行【绘图】|【矩形】命令，绘制水龙头；执行【绘图】|【圆】命令，绘制排污口，如图 4-63 所示。命令行操作提示如下：

```
命令: _rectang
指定第 1 个角点或 [倒角(C)/标高(E)/圆角(F)/厚度(T)/宽度(W)]: 485,455↙
指定另一个角点或 [尺寸(D)]: @30,-100↙
命令: _circle
指定圆的圆心或 [三点(3P)/两点(2P)/相切、相切、半径(T)]: 500,275↙
指定圆的半径或 [直径(D)] <20.0000>:20↙
```

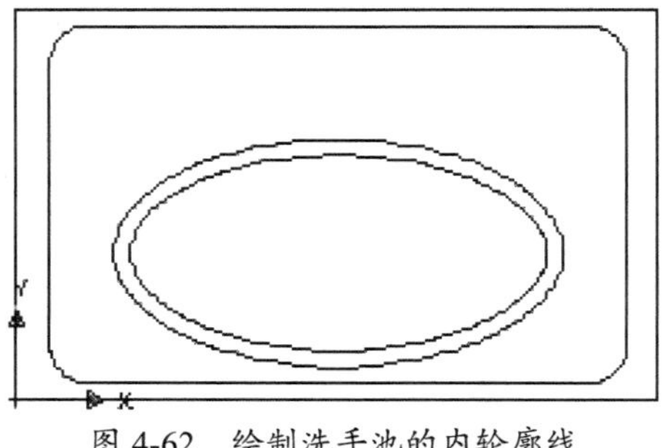

图 4-62　绘制洗手池的内轮廓线

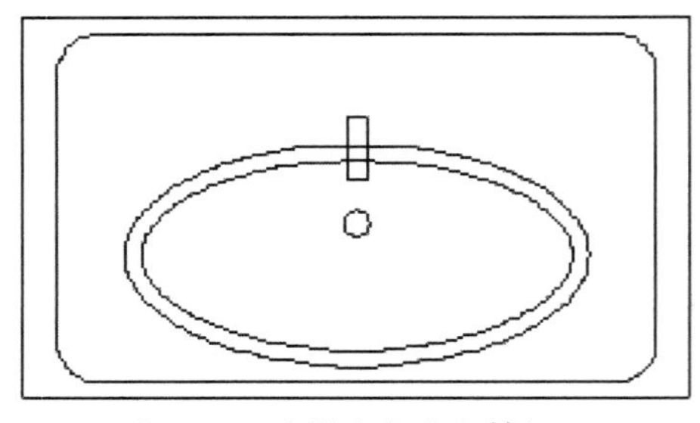

图 4-63　绘制水龙头和排污口

⑩ 执行【绘图】|【矩形】命令，绘制洗手池上的肥皂盒，并执行【修改】|【倒角】命令，对该肥皂盒进行倒角操作，如图 4-64 所示。命令行操作提示如下：

```
命令: _rectang
指定第一个角点或 [倒角(C)/标高(E)/圆角(F)/厚度(T)/宽度(W)]: //指定第一个角点
指定另一个角点或 [尺寸(D)]: @150,-80                   //输入相对坐标确定第二个角点
命令: _chamfer
(【修剪】模式) 当前倒角距离 1 = 0.0000, 距离 2 = 0.0000
```

```
选择第一条直线或 [多段线(P)/距离(D)/角度(A)/修剪(T)/方式(M)/多个(U)]: d
指定第一个倒角距离 <0.0000>: 15                      //修改倒角的值
指定第二个倒角距离 <15.0000>:                        //修改倒角的值
选择第一条直线或 [多段线(P)/距离(D)/角度(A)/修剪(T)/方式(M)/多个(U)]: u
选择第一条直线或 [多段线(P)/距离(D)/角度(A)/修剪(T)/方式(M)/多个(U)]: //选择倒角的第一条边
选择第二条直线:                                      //选择倒角的另外一条边
选择第一条直线或 [多段线(P)/距离(D)/角度(A)/修剪(T)/方式(M)/多个(U)]: //选择倒角的第一条边
选择第二条直线:                                      //选择倒角的另外一条边
选择第一条直线或 [多段线(P)/距离(D)/角度(A)/修剪(T)/方式(M)/多个(U)]: //选择倒角的第一条边
选择第二条直线:                                      //选择倒角的另外一条边
选择第一条直线或 [多段线(P)/距离(D)/角度(A)/修剪(T)/方式(M)/多个(U)]: //选择倒角的第一条边
选择第二条直线:                                      //选择倒角的另外一条边
选择第一条直线或 [多段线(P)/距离(D)/角度(A)/修剪(T)/方式(M)/多个(U)]:
```

提醒一下：

【倒角】命令能够将一个角的两条直线在角的顶点处形成一个截断，对于在两条边上的截断距离要根据图形的尺寸确定，如果太小了就会在图形上显示不出来。

⑪ 执行【修改】|【修剪】命令，绘制水龙头和洗手池轮廓线相交的部分，可得绘制完成的洗手池，如图 4-65 所示。命令行操作提示如下：

```
命令: _trim
当前设置:投影=UCS, 边=无
选择剪切边...
选择对象: 找到 1 个                                  //选中修剪的边界——水龙头
选择对象:
选择要修剪的对象，或按住 Shift 键选择要延伸的对象，或 [投影(P)/边(E)/放弃(U)]:
选择要修剪的对象，或按住 Shift 键选择要延伸的对象，或 [投影(P)/边(E)/放弃(U)]:
选择要修剪的对象，或按住 Shift 键选择要延伸的对象，或 [投影(P)/边(E)/放弃(U)]:
```

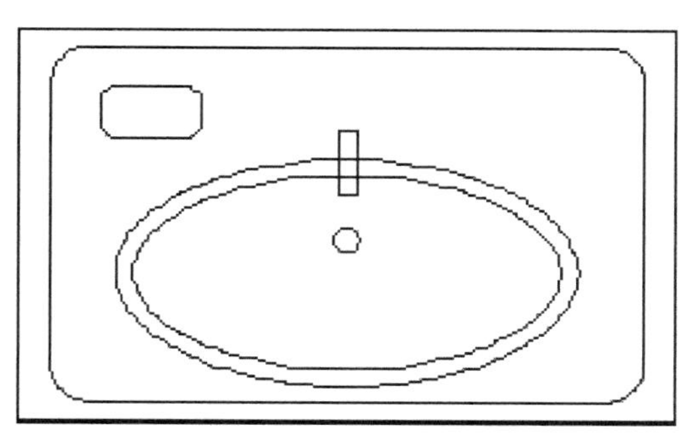

图 4-64　绘制肥皂盒并对其进行倒角操作

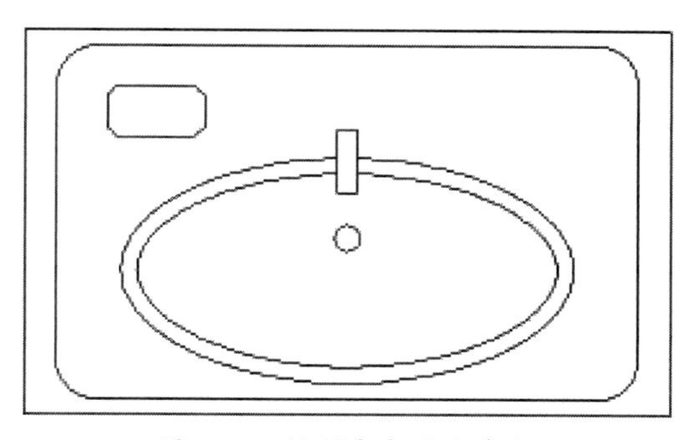

图 4-65　绘制完成的洗手池

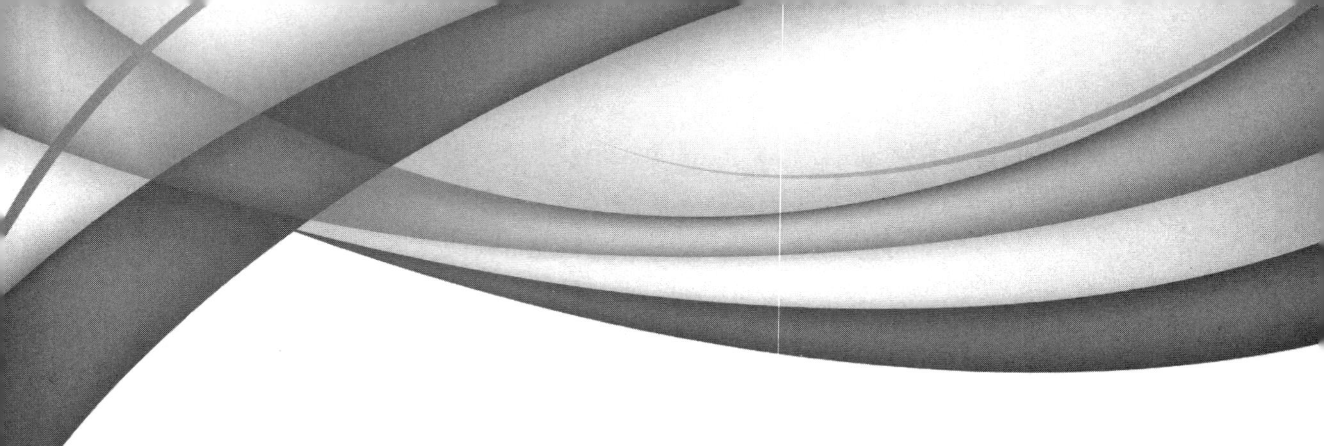

第 5 章
高级绘图

本章内容

前面一章介绍了利用 AutoCAD 2022 进行简单图形绘制的方法。本章将介绍二维绘图的高级图形绘制命令。

知识要点

☑ 利用多线绘制与编辑图形
☑ 利用多段线绘图
☑ 利用样条曲线绘图
☑ 绘制曲线与参照几何图形命令

5.1　利用多线绘制与编辑图形

多线由多条平行线组成，这些平行线称为元素。

5.1.1　绘制多线

多线是由两条或两条以上的平行线构成的复合线对象，并且每条平行线的线型、颜色及间距都是可以设置的，其示例如图 5-1 所示。

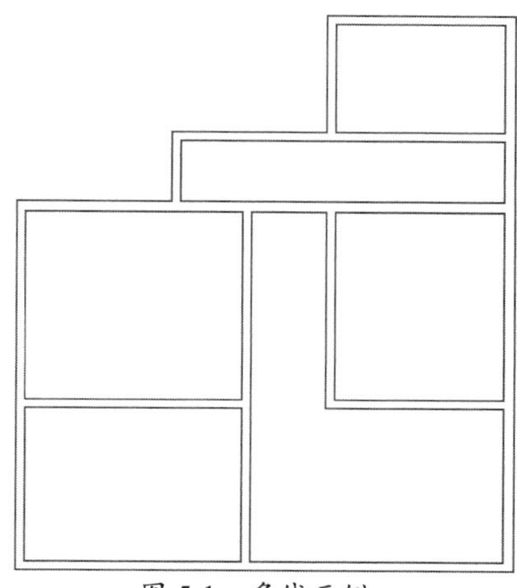

图 5-1　多线示例

技术要点：

在默认设置下，所绘制的多线是由两条平行线构成的。

执行【多线】命令主要有以下几种方式。

- 执行菜单栏中的【绘图】|【多线】命令。
- 在命令行中输入 mline 并按 Enter 键。
- 使用快捷命令 ml。

【多线】命令常被用于绘制墙线、阳台线、道路和管道线。

动手操作——绘制多线

下面通过绘制闭合的多线，介绍【多线】命令的使用方法，操作步骤如下。

① 新建图形文件。

② 执行【绘图】|【多线】命令，配合点的坐标输入功能绘制多线。命令行操作提示如下：

```
命令：_mline
当前设置：对正 = 上，比例 = 20.00，样式 = STANDARD
指定起点或 [对正(J)|比例(S)|样式(ST)]：s↙                //激活【比例】选项
输入多线比例 <20.00>：120↙                                //设置多线比例
当前设置：对正 = 上，比例 = 120.00，样式 = STANDARD
指定起点或 [对正(J)|比例(S)|样式(ST)]：                    //在绘图区拾取一点
指定下一点：@0,1800↙
```

```
指定下一点或 [放弃(U)]: @3000,0 ↙
指定下一点或 [闭合(C)|放弃(U)]: @0,-1800↙
指定下一点或 [闭合(C)|放弃(U)]: c ↙
```

③ 使用视图调整工具调整图形的显示。绘制效果如图 5-2 所示。

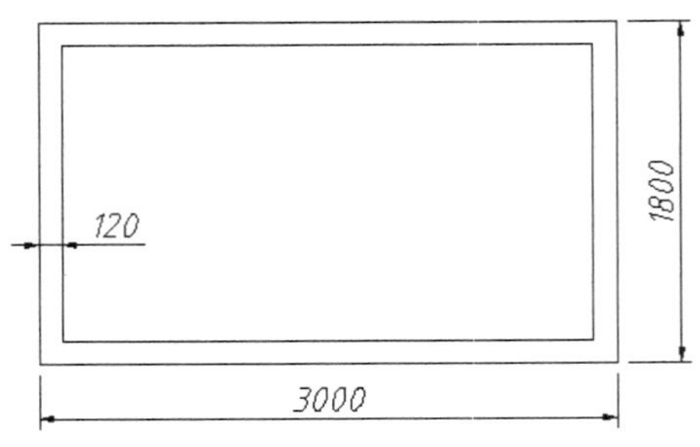

图 5-2 绘制效果

技术要点：

选择【比例】选项，可以绘制不同宽度的多线。默认比例为 20 个绘图单位。另外，如果用户输入的比例值为负值，那么多条平行线的顺序会产生反转。选择【样式】选项，可以随意更改当前的多线样式。选择【闭合】选项，可以绘制闭合的多线。

AutoCAD 提供的对正类型如图 5-3 所示。如果当前多线的对正类型不符合用户要求，那么可在命令行中选择【对正】选项，系统出现如下提示：

```
指定起点或 [对正(J)/比例(S)/样式(ST)]: J
输入对正类型 [上(T)/无(Z)/下(B)] <上>:          //提示用户输入多线的对正类型
```

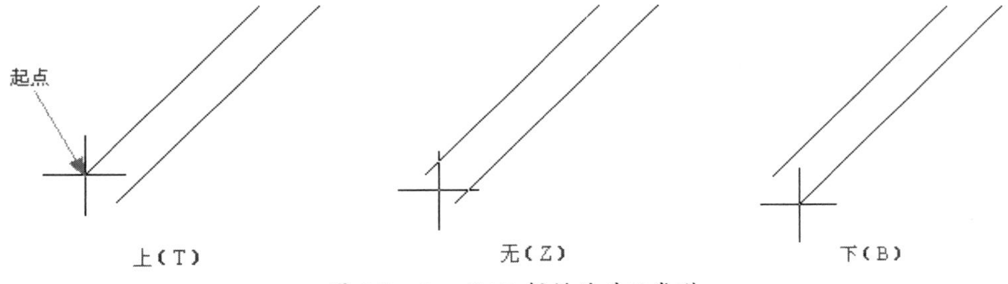

图 5-3 AutoCAD 提供的对正类型

5.1.2 编辑多线

多线的编辑应用于两条多线的衔接。执行【编辑多线】命令主要有以下几种方式。

- 执行菜单栏中的【修改】|【对象】|【多线】命令。
- 在命令行中输入 mledit 并按 Enter 键。

动手操作——编辑多线

① 新建图形文件。

② 绘制两条交叉多线如图 5-4 所示。

③ 执行【修改】|【对象】|【多线】命令，打开【多线编辑工具】对话框，如图 5-5 所示。单击【多线编辑工具】对话框中的【十字打开】按钮，对话框自动关闭。

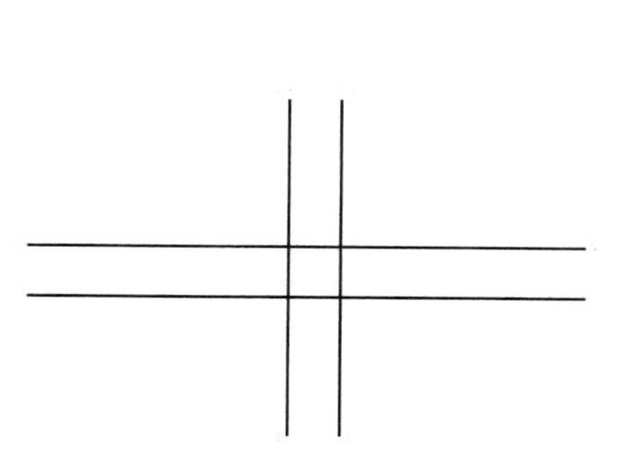
图 5-4　绘制两条交叉多线

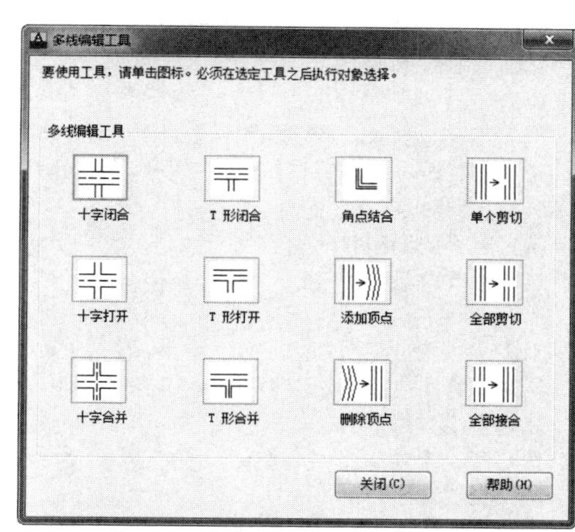

图 5-5　【多线编辑工具】对话框

④ 根据如下命令行操作提示编辑多线。

```
命令: _mledit
选择第一条多线:                          //在视图中选择一条多线
选择第二条多线:                          //在视图中选择另一条多线
```

编辑多线示例如图 5-6 所示。

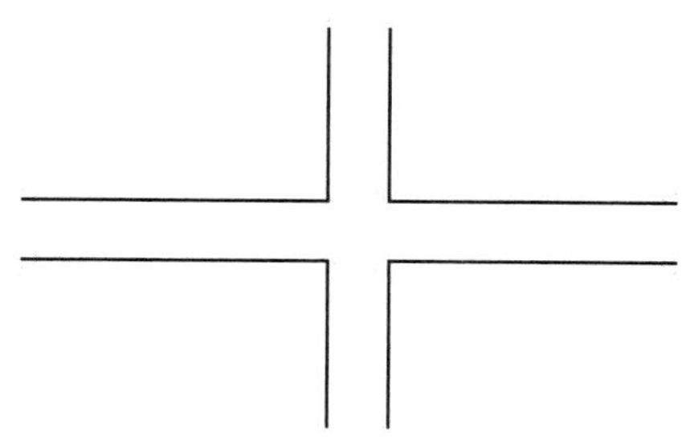
图 5-6　编辑多线示例

动手操作——绘制建筑墙体

此处以建筑墙体的绘制为例，讲解多线绘制及多线编辑的步骤。图 5-7 所示为绘制完成的建筑墙体。

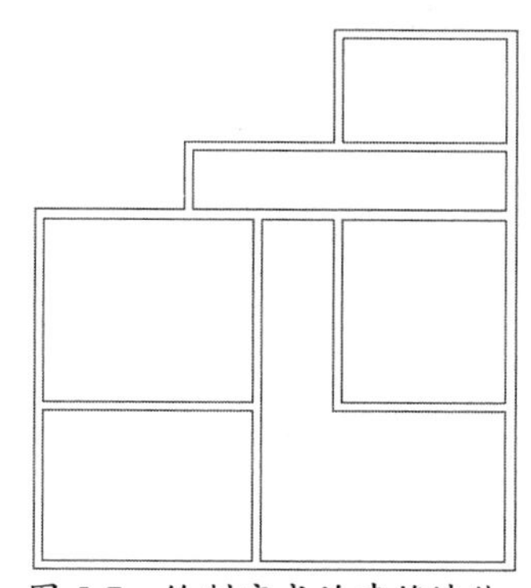
图 5-7　绘制完成的建筑墙体

① 新建图形文件。

② 在命令行中执行 xl（构造线）命令绘制构造线。绘制一条水平构造线和一条垂直构造线，组成十字构造线，如图 5-8 所示。

③ 在命令行中执行 xl 命令，选择【偏移】选项将水平构造线分别向上偏移 3000、6500、7800 和 9800，如图 5-9 所示。

```
命令: XL
XLINE 指定点或 [水平(H)/垂直(V)/角度(A)/二等分(B)/偏移(O)]: O↙
指定偏移距离或 [通过(T)] <通过>: 3000↙
选择直线对象:
```

```
指定向哪侧偏移:
选择直线对象:
命令:
XLINE 指定点或 [水平(H)/垂直(V)/角度(A)/二等分(B)/偏移(O)]: O↙
指定偏移距离或 [通过(T)] <2500.0000>: 6500↙
选择直线对象:
指定向哪侧偏移:
选择直线对象:
命令:
XLINE 指定点或 [水平(H)/垂直(V)/角度(A)/二等分(B)/偏移(O)]: O↙
指定偏移距离或 [通过(T)] <5000.0000>: 7800↙
选择直线对象:
指定向哪侧偏移:
选择直线对象:
命令:
XLINE 指定点或 [水平(H)/垂直(V)/角度(A)/二等分(B)/偏移(O)]: O↙
指定偏移距离或 [通过(T)] <3000.0000>: 9800↙
选择直线对象:
指定向哪侧偏移:
选择直线对象: *取消*
```

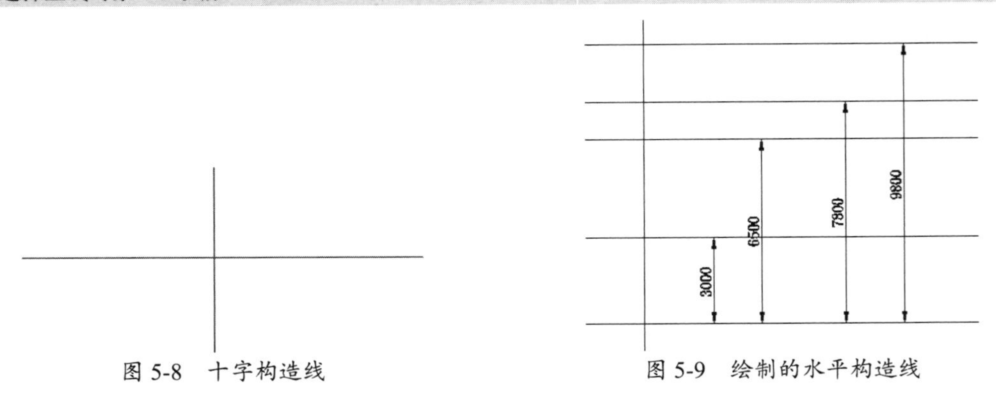

图 5-8　十字构造线

图 5-9　绘制的水平构造线

④ 用同样的方法绘制垂直构造线。将之前绘制的垂直构造线依次向右偏移 3900、1800、2100 和 4500，如图 5-10 所示。

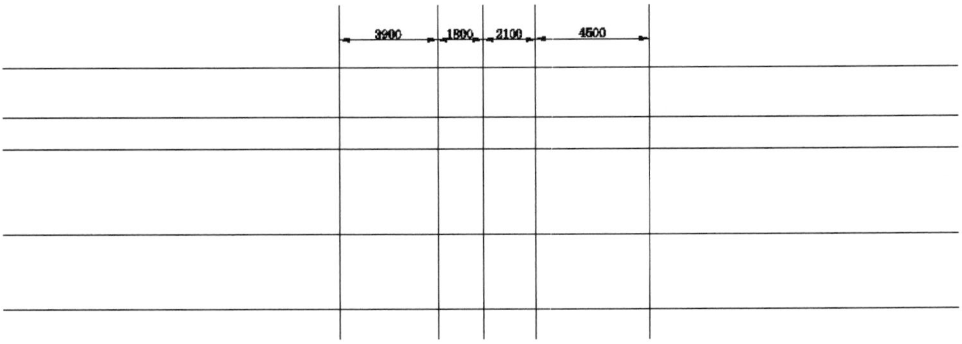

图 5-10　绘制的垂直构造线

技术要点：

这里也可以通过在命令行中执行 o（偏移）命令得到偏移直线。

⑤ 在命令行中执行 mlst（多线样式）命令，打开【多线样式】对话框，在该对话框中单击【新建】按钮，打开【创建新的多线样式】对话框，在该对话框的【新样式名】文本框中输入墙体线，单击【继续】按钮，如图 5-11 所示。

⑥ 打开【新建多线样式：墙体线】对话框，该对话框中的选项设置如图 5-12 所示。

图 5-11　新建多线样式

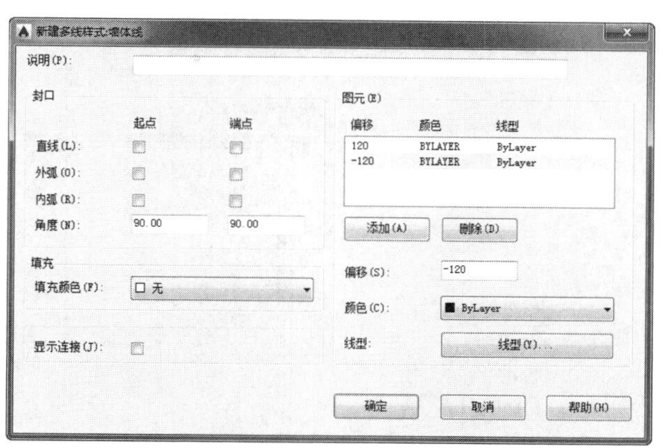

图 5-12　【新建多线样式：墙体线】对话框

⑦ 绘制的多线墙体如图 5-13 所示。命令行操作提示如下：

```
命令: ML↙
当前设置: 对正 = 上, 比例 = 20.00, 样式 = STANDARD
指定起点或 [对正(J)/比例(S)/样式(ST)]:  S↙
输入多线比例 <20.00>:  1↙
当前设置: 对正 = 上, 比例 = 1.00, 样式 = STANDARD
指定起点或 [对正(J)/比例(S)/样式(ST)]:  J↙
输入对正类型 [上(T)/无(Z)/下(B)] <上>:  Z↙
当前设置: 对正 = 无, 比例 = 1.00, 样式 = STANDARD
指定起点或 [对正(J)/比例(S)/样式(ST)]:(在绘制的辅助线交点上指定一点)
指定下一点: （在绘制的辅助线交点上指定下一点）
指定下一点或 [放弃(U)]: （在绘制的辅助线交点上指定下一点）
指定下一点或 [闭合(C)/放弃(U)]: （在绘制的辅助线交点上指定下一点）
指定下一点或 [闭合(C)/放弃(U)]:C↙↙
```

⑧ 在命令行中执行 mled 命令，打开【多线编辑工具】对话框，如图 5-14 所示。

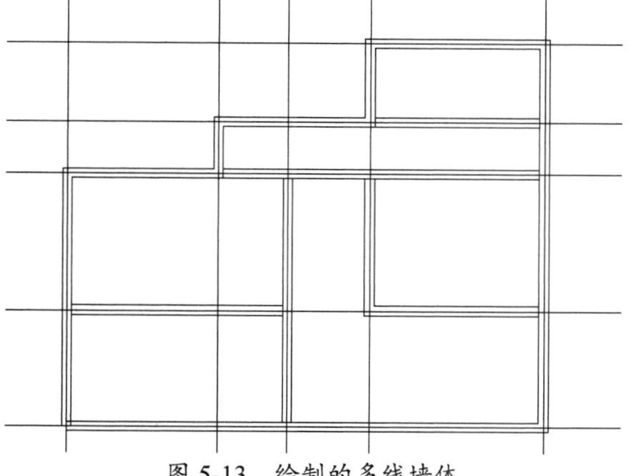

图 5-13　绘制的多线墙体

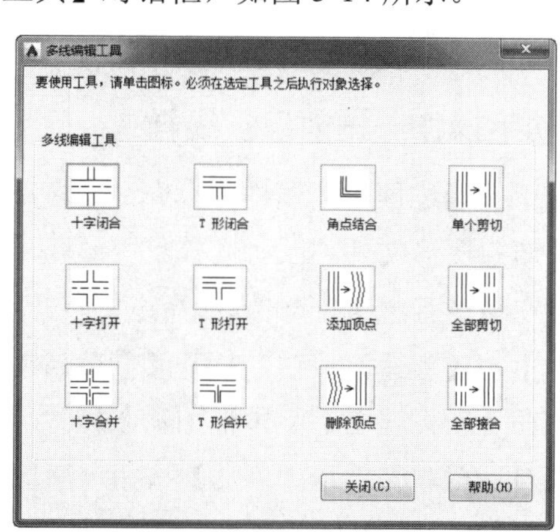

图 5-14　【多线编辑工具】对话框

⑨ 在该对话框中单击【T 形打开】按钮和【角点结合】按钮，对绘制的多线墙体进行编辑，其结果如图 5-15 所示。

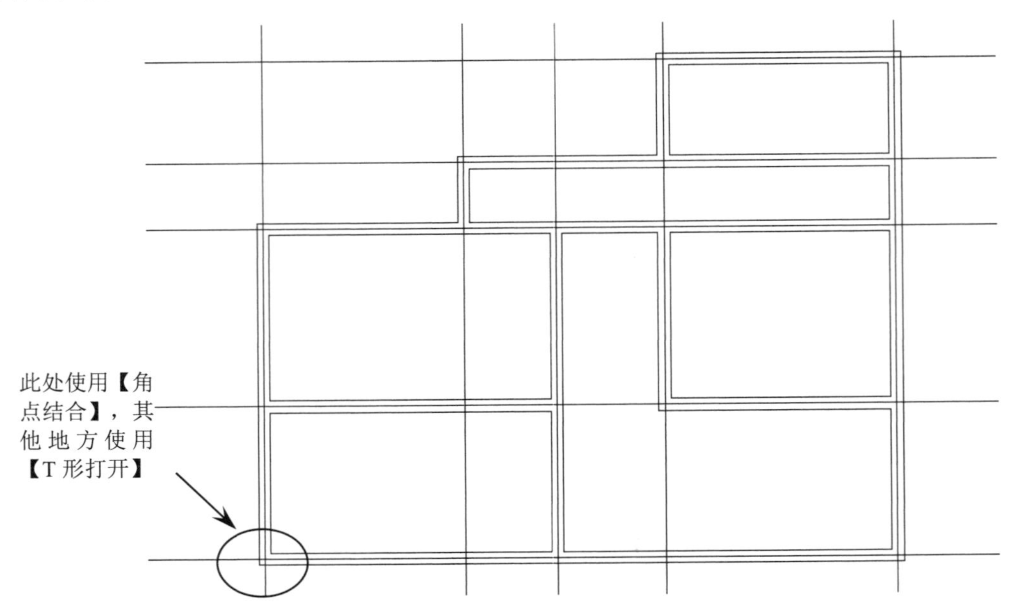

图 5-15 对绘制的多线墙体进行编辑的结果

技术要点：

如果编辑多线时不能达到理想效果，那么可以先将多线分解，然后采用夹点编辑模式对多线进行编辑。

⑩ 至此，建筑墙体绘制完成，将绘制结果保存。

5.1.3 创建与修改多线样式

多线的外观由多线样式决定。在多线样式中，用户可以设定多线中线条的数量，每条线的颜色、线型和线间距离，还能设定多线两个端头的形式，如弧形端头、平直端头等。

执行【多线样式】命令主要有以下几种方式。

- 执行菜单栏中的【格式】|【多线样式】命令。
- 在命令行中输入 mlstyle 并按 Enter 键。

动手操作——创建多线样式

下面通过创建多线样式来介绍【多线样式】命令的使用方法。

① 新建图形文件。

② 在命令行中执行 mlstyle 命令，打开【多线样式】对话框，如图 5-16 所示。

③ 单击【新建】按钮，打开【创建新的多线样式】对话框，如图 5-17 所示。

④ 在【新样式名】文本框中输入样式，单击【继续】按钮，打开【新建多线样式：样式】对话框。先单击【添加】按钮，添加新的线，再单击【线型】按钮，在打开的【选择线型】对话框中为新的线选择线型，单击【确定】按钮，即完成多线样式的创建，如图 5-18 所示。

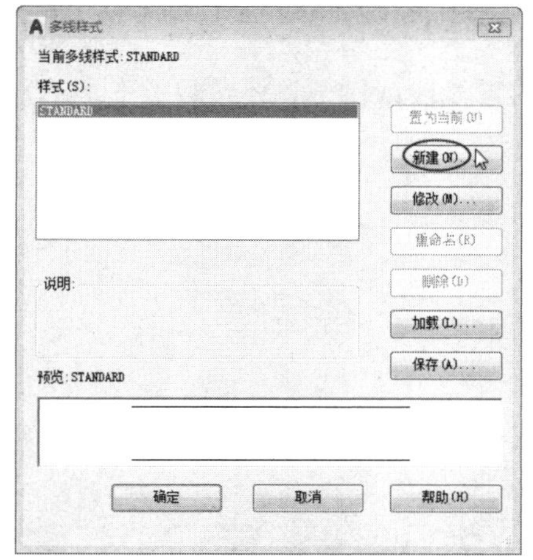

图 5-16　【多线样式】对话框

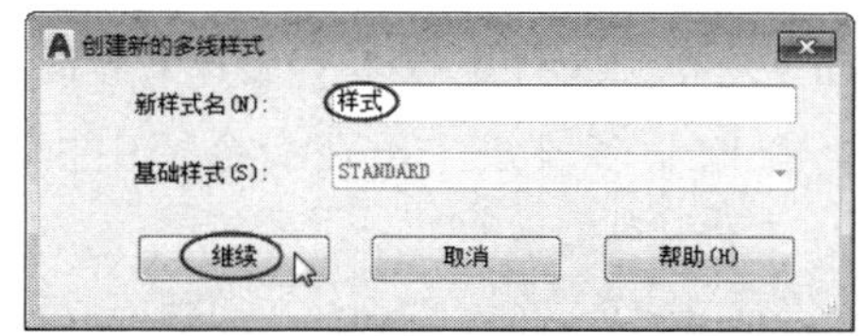

图 5-17　【创建新的多线样式】对话框

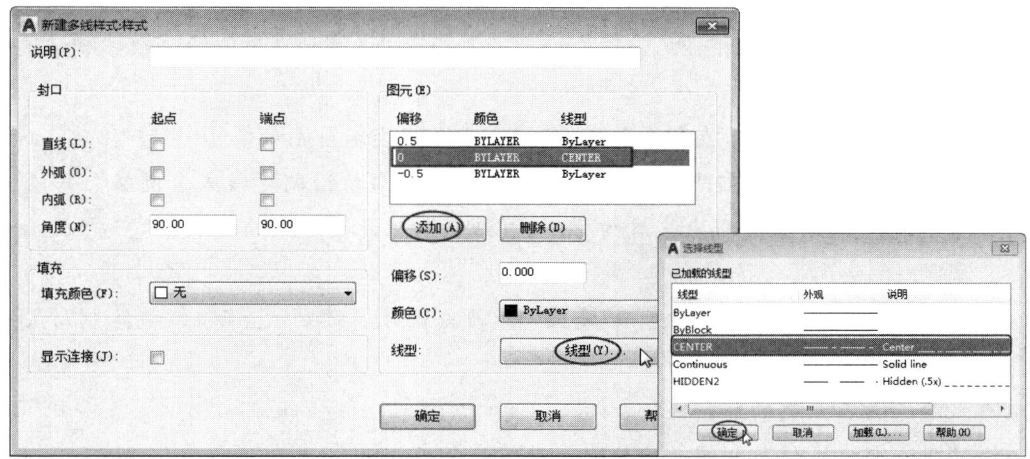

图 5-18　多线样式的创建

⑤ 在【多线样式】对话框的【样式】列表框中选择【样式】选项，单击【置为当前】按钮，即将此样式置为当前样式，单击【确定】按钮，关闭对话框。

⑥ 创建的多线样式示例如图 5-19 所示。

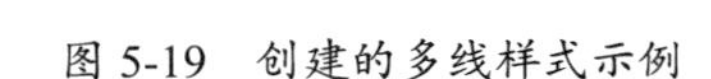

图 5-19　创建的多线样式示例

5.2　利用多段线绘图

多段线是作为单个对象创建的相互连接的线段序列。它可以是直线段、弧线段或两者的组合线段，既可以一起编辑，也可以分别编辑，还可以具有不同的宽度。

5.2.1 绘制多段线

使用【多段线】命令不仅可以绘制一条单独的直线段或圆弧，还可以绘制具有一定宽度的闭合或不闭合的直线段和线段序列。

执行【多段线】命令主要有以下几种方式。

- 执行菜单栏中的【绘图】|【多段线】命令。
- 单击【绘图】面板中的【多段线】按钮。
- 在命令行中输入 pl（快捷命令）。

要绘制多段线，可在命令行中执行 pline 命令，当指定多段线起点后，命令行操作提示如下：

```
指定下一个点或 [圆弧(A)|半宽(H)|长度(L)|放弃(U)|宽度(W)]:
```

1. 直线选项

上述命令行操作提示中有一个选项为绘制圆弧的选项，其余选项为绘制直线的选项。各选项的含义如下。

- 圆弧：选择此选项（在命令行中输入 A），即可绘制圆弧对象。
- 半宽：按设定的线起点或者端点（终点）的半宽值绘制直线或者圆弧。若绘制一条起点宽度为 10、端点宽度为 20 的直线，则应设置直线的起点半宽为 5、端点半宽为 10。
- 长度：指定弧线段的弦长。如果上一线段是圆弧，那么 AutoCAD 将绘制与上一线段相切的新弧线段。
- 放弃：放弃绘制的前一线段。
- 宽度：与半宽性质相同。此处输入的值是全宽度值。

例如，绘制可变宽度的多段线，命令行操作提示如下：

```
命令：pline
指定起点：50,10
当前线宽为 0.0500
指定下一个点或 [圆弧(A)|半宽(H)|长度(L)|放弃(U)|宽度(W)]：50,60
指定下一点或 [圆弧(A)|闭合(C)|半宽(H)|长度(L)|放弃(U)|宽度(W)]：A
指定圆弧的端点或
[角度(A)|圆心(CE)|闭合(CL)|方向(D)|半宽(H)|直线(L)|半径(R)|第二个点(S)|放弃(U)|宽度(W)]：W
指定起点宽度 <0.0500>：
指定端点宽度 <0.0500>：1
指定圆弧的端点或
[角度(A)|圆心(CE)|闭合(CL)|方向(D)|半宽(H)|直线(L)|半径(R)|第二个点(S)|放弃(U)|宽度(W)]：
100,60
指定圆弧的端点或
[角度(A)|圆心(CE)|闭合(CL)|方向(D)|半宽(H)|直线(L)|半径(R)|第二个点(S)|放弃(U)|宽度(W)]：L
指定下一点或 [圆弧(A)|闭合(C)|半宽(H)|长度(L)|放弃(U)|宽度(W)]：W
指定起点宽度 <1.0000>：2
指定端点宽度 <2.0000>：2
指定下一点或 [圆弧(A)|闭合(C)|半宽(H)|长度(L)|放弃(U)|宽度(W)]：100,10
指定下一点或 [圆弧(A)|闭合(C)|半宽(H)|长度(L)|放弃(U)|宽度(W)]：C
```

绘制的可变宽度的多段线如图 5-20 所示。

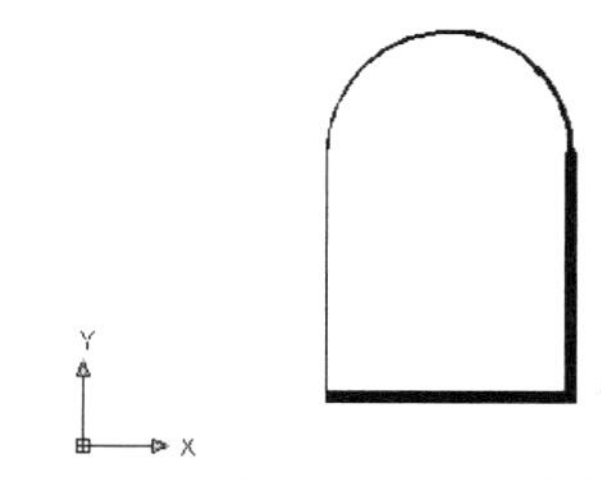

图 5-20　绘制的可变宽度的多段线

技术要点：

无论绘制的多段线包含多少条直线或圆弧，AutoCAD 都把它们作为一个单独的对象。

2. 圆弧选项

在命令行中执行 pline 命令后，选择【圆弧】选项，可将当前直线模式切换为圆弧模式。选择【圆弧】选项后的命令行操作提示如下：

指定圆弧的端点或 [角度（A）|圆心（CE）|闭合（CL）|方向（D）|半宽（H）|直线（L）|半径（R）|第二个点（S）|放弃（U）| 宽度（W）]：

操作提示中各选项的含义如下。

- 【角度】选项用于指定要绘制圆弧的圆心角。
- 【圆心】选项用于指定圆弧的圆心。
- 【闭合】选项用于用弧线封闭多段线。
- 【方向】选项用于取消直线与圆弧的相切关系，改变圆弧的起始方向。
- 【半宽】选项用于指定圆弧的半宽。激活此选项后，AutoCAD 将提示用户输入多段线的起点半宽值和端点半宽值。
- 【直线】选项用于切换直线模式。
- 【半径】选项用于指定圆弧的半径。
- 【第二个点】选项用于选择三点画弧方式中的第二个点。
- 【放弃】选项用于放弃上一步的操作。
- 【宽度】选项用于设置弧线的宽度。

技术要点：

在绘制具有一定宽度的多段线时，系统变量 fillmode 控制着多段线是否被填充。当系统变量的值为 1 时，绘制的具有一定宽度的多段线将被填充；当系统变量的值为 0 时，绘制的具有一定宽度的多段线将不会被填充。非填充多段线如图 5-21 所示。

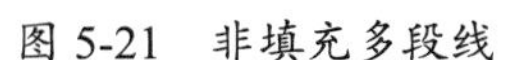

图 5-21　非填充多段线

动手操作——绘制楼梯剖面示意图

用户可利用 pline 命令并结合坐标输入方式绘制如图 5-22 所示的直行楼梯剖面示意图，

其中，台阶高 150、宽 300。

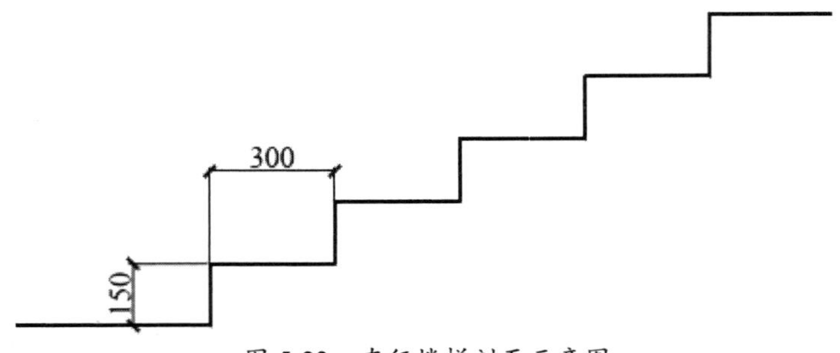

图 5-22　直行楼梯剖面示意图

① 新建图形文件。

② 打开正交模式，单击【绘图】面板中的【多段线】按钮，绘制具有一定宽度的多段线。命令行操作提示如下：

```
命令：PLINE↙                                      //激活 pline 命令绘制楼梯
指定起点：在绘图区中任意拾取一点                  //指定多段线的起点
指定下一个点或 [圆弧(A)/半宽(H)/长度(L)/放弃(U)/宽度(W)]：@600,0↙
                                                  //指定第一点
指定下一点或 [圆弧(A)/闭合(C)/半宽(H)/长度(L)/放弃(U)/宽度(W)]：@0,150↙
                                                  //指定第二点（绘制楼梯台阶的高）
指定下一点或 [圆弧(A)/闭合(C)/半宽(H)/长度(L)/放弃(U)/宽度(W)]：@300,0↙
                                                  //指定第三点（绘制楼梯台阶的宽）
指定下一点或 [圆弧(A)/闭合(C)/半宽(H)/长度(L)/放弃(U)/宽度(W)]：@0,150↙
                                                  //指定下一点
指定下一点或 [圆弧(A)/闭合(C)/半宽(H)/长度(L)/放弃(U)/宽度(W)]：@300,0↙
                                                  //指定下一点
指定下一点或 [圆弧(A)/闭合(C)/半宽(H)/长度(L)/放弃(U)/宽度(W)]：@0,150↙
                                                  //指定下一点
指定下一点或 [圆弧(A)/闭合(C)/半宽(H)/长度(L)/放弃(U)/宽度(W)]：@300,0↙
                                                  //指定下一点，并使用同样的方法绘制楼梯的其余台阶
指定下一点或 [圆弧(A)/闭合(C)/半宽(H)/长度(L)/放弃(U)/宽度(W)]：↙
                                                  //按 Enter 键结束绘制
```

③ 图形绘制的最终结果如图 5-22 所示。

5.2.2　编辑多段线

执行【编辑多段线】命令主要有以下几种方式。

- 执行菜单栏中的【修改】|【对象】|【多段线】命令。
- 在命令行中输入 pedit。

在命令行中执行 pedit 命令，命令行操作提示如下：

```
输入选项[闭合(C)|合并(J)|宽度(W)|编辑顶点(E)|拟合(F)|样条曲线(S)|非曲线化(D)|线型生成(L)|放弃(U)]：
```

若选择多个多段线，则命令行操作提示如下：

```
输入选项[闭合(C)|打开(O)|合并(J)|宽度(W)|拟合(F)|样条曲线(S)|非曲线化(D)|线型生成(L)|放弃(U)]：
```

动手操作——绘制剪刀平面图

用户可使用【多段线】命令绘制把手，使用【直线】命令绘制刀刃，从而完成剪刀平面图（见图 5-23）的绘制。

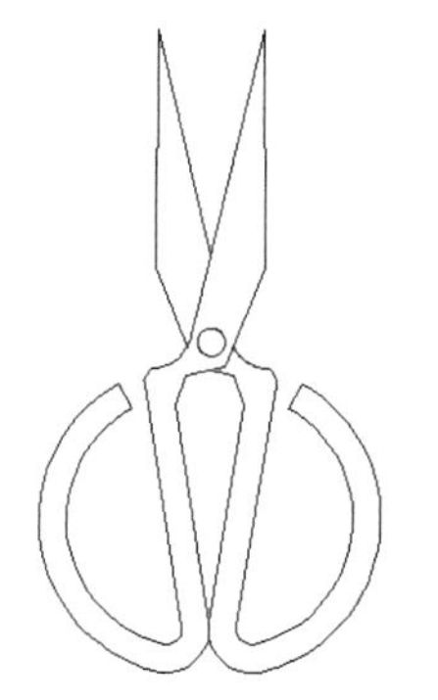

图 5-23　剪刀平面图

① 新建图形文件。

② 在命令行中执行 pline 命令，在绘图区的任意位置指定起点后，绘制如图 5-24 所示的多段线。命令行操作提示如下：

```
命令: _pline
指定起点:
当前线宽为 0.0000
指定下一个点或 [圆弧(A)/半宽(H)/长度(L)/放弃(U)/宽度(W)]: A
指定圆弧的端点或
[角度(A)/圆心(CE)/方向(D)/半宽(H)/直线(L)/半径(R)/第二个点(S)/放弃(U)/宽度(W)]: S
指定圆弧上的第二个点: @-9, -12.7
二维点无效。
指定圆弧上的第二个点: @-9,-12.7
指定圆弧的端点: @12.7,-9
指定圆弧的端点或
[角度(A)/圆心(CE)/闭合(CL)/方向(D)/半宽(H)/直线(L)/半径(R)/第二个点(S)/放弃(U)/宽度(W)]: L
指定下一点或 [圆弧(A)/闭合(C)/半宽(H)/长度(L)/放弃(U)/宽度(W)]: @-3,19
指定下一点或 [圆弧(A)/闭合(C)/半宽(H)/长度(L)/放弃(U)/宽度(W)]:↙
```

③ 在命令行中执行 explode 命令，分解多段线。

④ 在命令行中执行 fillet 命令，指定圆角半径为 3，对圆弧与直线的下端点进行圆角处理，即绘制圆角，如图 5-25 所示。

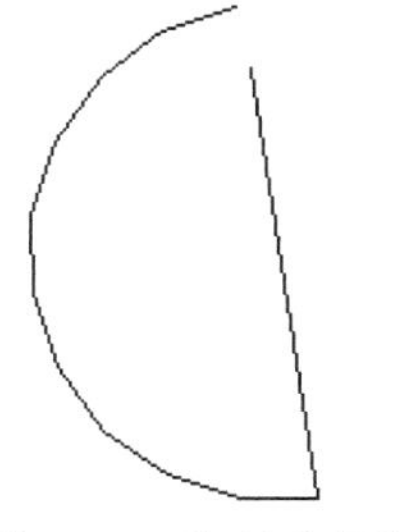

图 5-24　绘制多段线

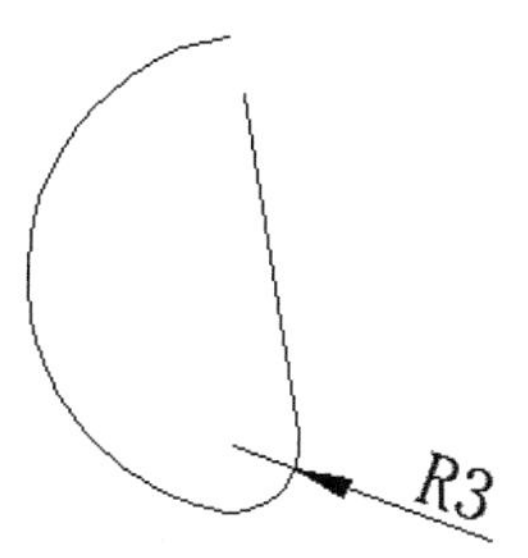

图 5-25　绘制圆角

⑤ 在命令行中执行 l 命令，拾取多段线中直线部分的上端点，确认其为直线的第一点，依次输入（@0.8,2）、（@2.8,0.7）、（@2.8,7）、（@-0.1,16.7）、（@-6,-25），绘制多条直线，如图 5-26 所示。命令行操作提示如下：

```
命令: L
LINE 指定第一点:
指定下一点或 [放弃(U)]: @0.8,2
指定下一点或 [放弃(U)]: @2.8,0.7
指定下一点或 [闭合(C)/放弃(U)]: @2.8,7
指定下一点或 [闭合(C)/放弃(U)]: @-0.1,16.7
指定下一点或 [闭合(C)/放弃(U)]: @-6,-25
指定下一点或 [闭合(C)/放弃(U)]:↙
```

⑥ 在命令行中执行 fillet 命令，指定圆角半径为 3，对上一步绘制的直线与圆弧进行圆角处理，如图 5-27 所示。

⑦ 在命令行中执行 break 命令，在圆弧上的适当位置拾取一点为打断的第一点，拾取圆弧的端点为打断的第二点，其效果如图 5-28 所示。

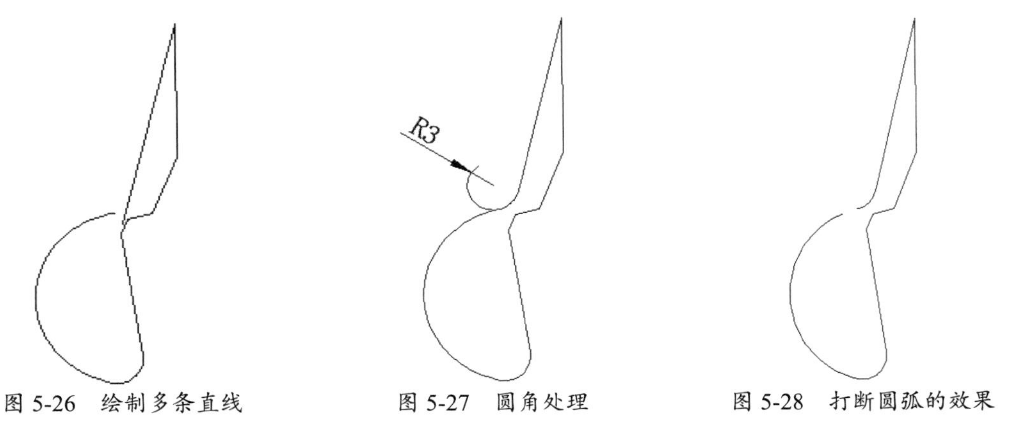

图 5-26 绘制多条直线　　图 5-27 圆角处理　　图 5-28 打断圆弧的效果

⑧ 在命令行中执行 offset 命令，设置偏移距离为 2，选择偏移对象为圆弧和圆弧旁边的直线，分别进行偏移处理，其效果如图 5-29 所示。

⑨ 在命令行中执行 fillet 命令，指定圆角半径为 1，对偏移的直线和外圆弧的上端点进行圆角处理，其效果如图 5-30 所示。

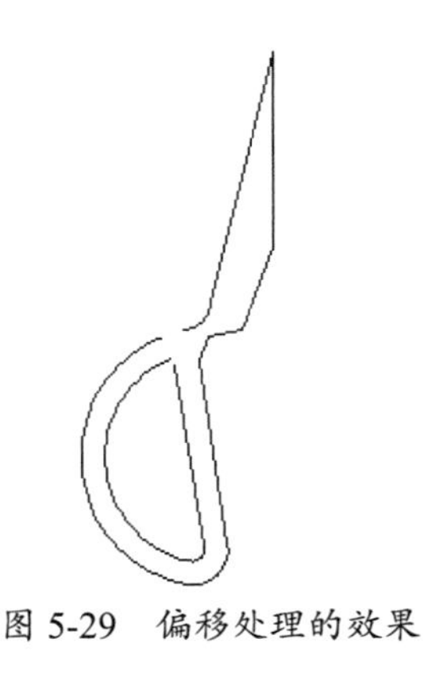

图 5-29 偏移处理的效果

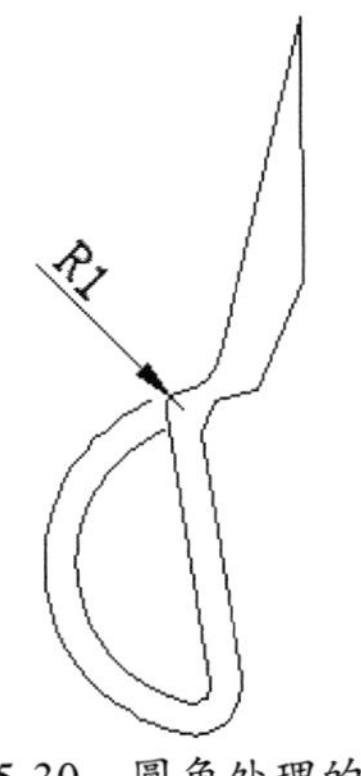

图 5-30 圆角处理的效果

⑩　在命令行中执行 line 命令，连接圆弧的两个端点，如图 5-31 所示。

⑪　在命令行中执行 mirror（镜像）命令，拾取绘图区的所有对象，以通过最下端圆角、最右侧的象限点所在的垂直直线为镜像线对所选对象进行镜像处理，即得到最终的镜像图形，如图 5-32 所示。

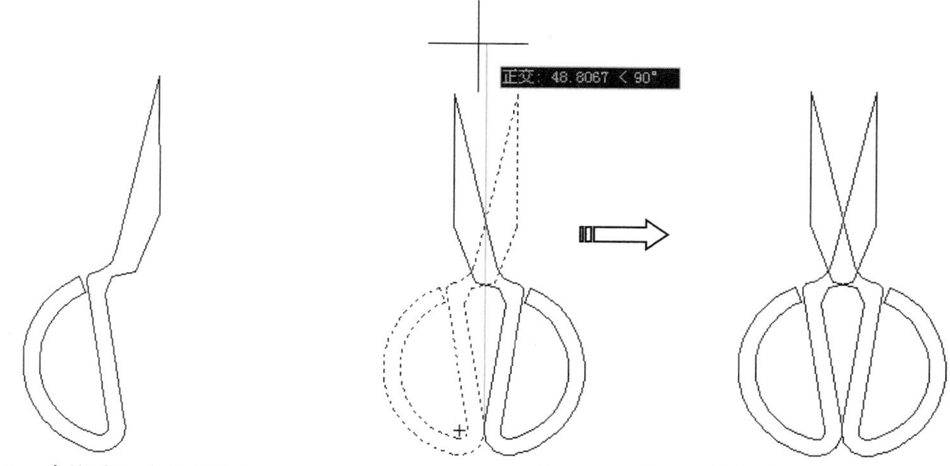

图 5-31　连接圆弧的两个端点　　图 5-32　最终的镜像图形

⑫　在命令行中执行 tr 命令，修剪绘图区中需要修剪的线段，如图 5-33 所示。

⑬　在命令行中执行 c 命令，在适当的位置绘制直径为 2 的圆，如图 5-34 所示。

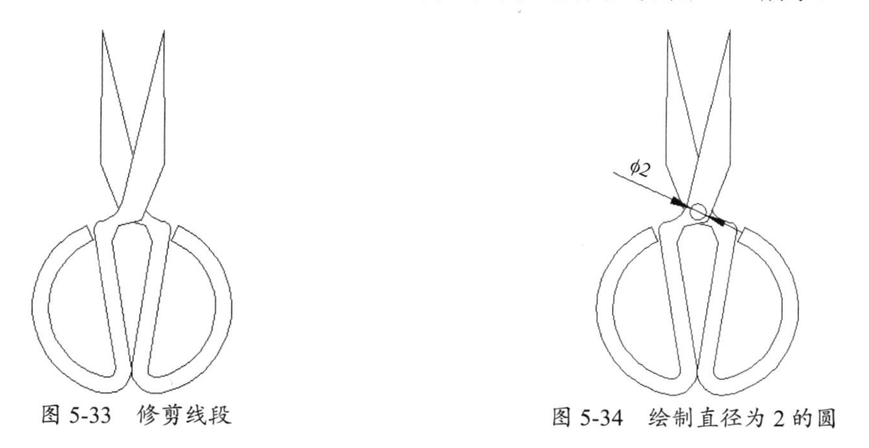

图 5-33　修剪线段　　图 5-34　绘制直径为 2 的圆

⑭　至此，剪刀平面图绘制完成，将完成后的图形进行保存。

5.3　利用样条曲线绘图

样条曲线是经过或接近一系列给定点的光滑曲线，它可以控制曲线与点的拟合程度，如图 5-35 所示。样条曲线可以是开放的，也可以是闭合的。用户可以对创建的样条曲线进行编辑。

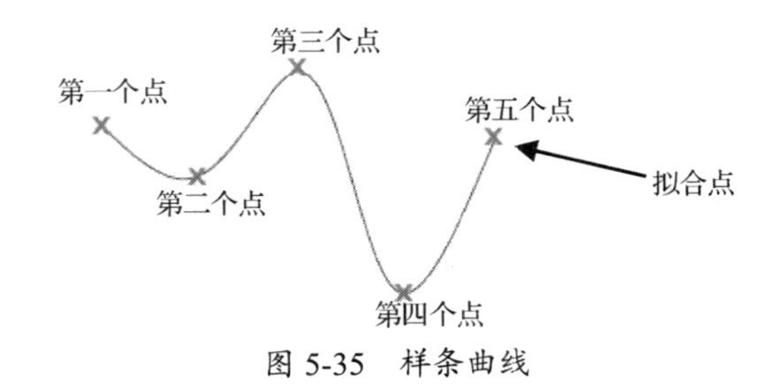

图 5-35　样条曲线

1. 绘制样条曲线

绘制样条曲线就是创建通过或接近选定点的光滑曲线。

用户可通过以下方式来执行上述操作。

- 菜单栏：执行【绘图】|【样条曲线】命令。
- 面板：在【绘图】面板中单击【样条曲线拟合】按钮。
- 命令行：输入 spline。

样条曲线的拟合点可通过光标指定，也可通过在命令行中输入精确坐标指定。在命令行中执行 spline 命令，并在绘图区指定样条曲线的第一个点和第二个点后，命令行操作提示如下：

```
命令：_spline
指定第一个点或 [对象(O)]：                          //指定样条曲线的第一个点或选择选项
指定下一点：                                        //指定样条曲线的第二个点
指定下一点或 [闭合(C)|拟合公差(F)] <起点切向>：      //指定样条曲线的第三个点或选择选项
```

由操作提示可知当样条曲线的拟合点有两个时，可以创建出闭合样条曲线（选择【闭合】选项），如图 5-36 所示。

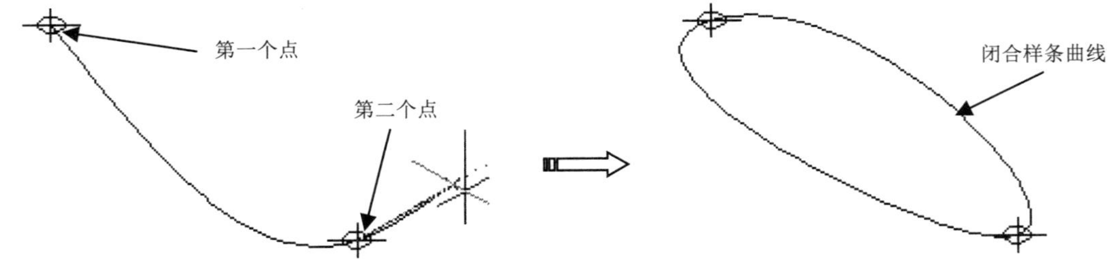

图 5-36　闭合样条曲线

用户可以通过选择【拟合公差】选项来设置样条的拟合程度。若拟合公差为 0，则样条曲线通过拟合点。若拟合公差大于 0，则样条曲线将在指定的公差范围内通过拟合点，如图 5-37 所示。

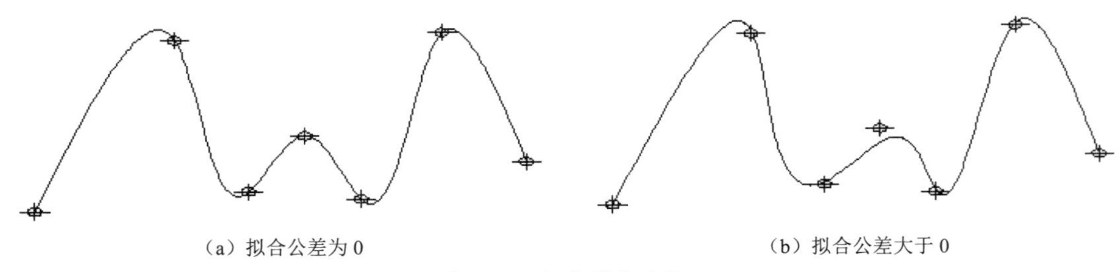

（a）拟合公差为 0　　（b）拟合公差大于 0

图 5-37　拟合样条曲线

2．编辑样条曲线

编辑样条曲线是指修改样条曲线的形状。样条曲线的编辑除可以直接在绘图区选择样条曲线进行拟合点的移动编辑外，还可通过以下方式来执行此编辑操作。

- 菜单栏：执行【修改】|【对象】|【样条曲线】命令。
- 面板：在【修改】面板中单击【编辑样条曲线】按钮。
- 命令行：输入 splinedit。

在命令行中执行 splinedit 命令并选择要编辑的样条曲线后，命令行操作提示如下：

```
输入选项 [拟合数据(F)|闭合(C)|移动顶点(M)|精度(R)|反转(E)|放弃(U)]:
```

同时，绘图区弹出编辑样条曲线的输入选项菜单，如图 5-38 所示。

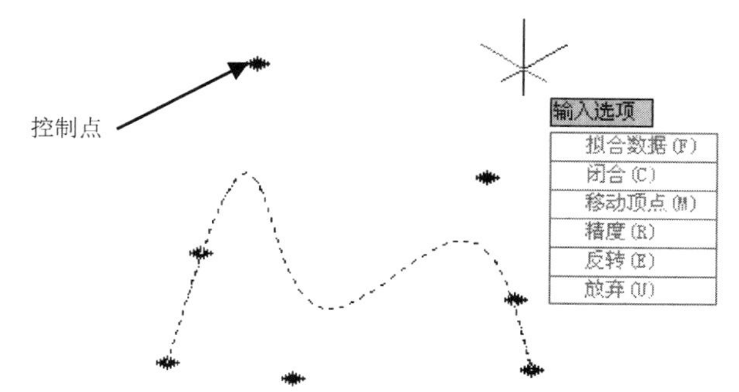

图 5-38　编辑样条曲线的输入选项菜单

输入选项菜单中各选项的含义如下。

- 拟合数据：编辑定义样条曲线的拟合点数据，包括修改公差。
- 闭合：将开放样条曲线修改为连续闭合的环。
- 移动顶点：将拟合点移动到新位置。
- 精度：通过添加权值控制点及提高样条曲线阶数来修改样条曲线定义。
- 反转：修改样条曲线方向。
- 放弃：取消上一编辑操作。

动手操作——绘制异形轮

下面通过绘制如图 5-39 所示的异形轮轮廓图，介绍样条曲线的使用方法。

① 使用【新建】命令创建空白图形文件。

② 按下 F12 键，关闭状态栏上的动态输入功能。

③ 执行【视图】|【平移】|【实时】命令，将坐标系图标移至绘图区中央位置。

④ 执行【绘图】|【多段线】命令，配合坐标输入方式绘制内部轮廓线。命令行操作提示如下：

```
命令：_pline
指定起点：9.8,0↙                                                    //输入起点坐标
当前线宽为 0.0000
指定下一个点或 [圆弧(A)/半宽(H)/长度(L)/放弃(U)/宽度(W)]：9.8,2.5↙     //输入第二点坐标
指定下一点或 [圆弧(A)/闭合(C)/半宽(H)/长度(L)/放弃(U)/宽度(W)]：@-2.73,0↙ //输入相对坐标
```

```
指定下一点或 [圆弧(A)/闭合(C)/半宽(H)/长度(L)/放弃(U)/宽度(W)]: a↙    //输入 a
指定圆弧的端点或[角度(A)/圆心(CE)/闭合(CL)/方向(D)/半宽(H)/直线(L)/半径(R)/第二个点(S)/
放弃(U)/宽度(W)]:ce↙                                                 //输入 ce
指定圆弧的圆心:0,0↙                                                  //输入圆形坐标
指定圆弧的端点或 [角度(A)/长度(L)]:7.07,-2.5↙                         //输入端点坐标
指定圆弧的端点或[角度(A)/圆心(CE)/闭合(CL)/方向(D)/半宽(H)/直线(L)/半径(R)/第二个点(S)/
放弃(U)/宽度(W)]:l↙                                                  //输入 l
指定下一点或 [圆弧(A)/闭合(C)/半宽(H)/长度(L)/放弃(U)/宽度(W)]:9.8,-2.5↙ //输入坐标
指定下一点或 [圆弧(A)/闭合(C)/半宽(H)/长度(L)/放弃(U)/宽度(W)]: c↙ //绘制的内部轮廓线如
图 5-40 所示
```

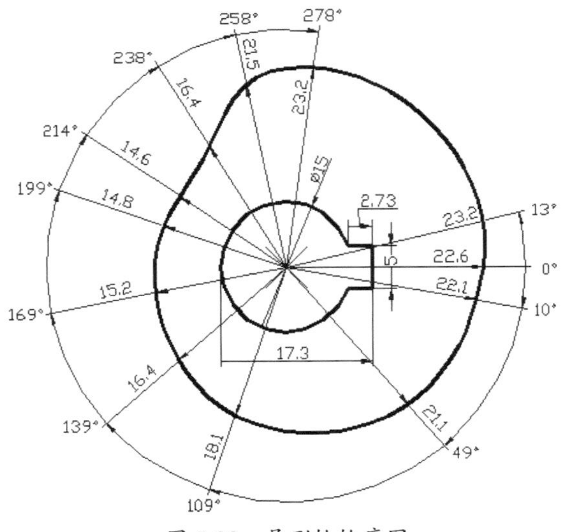

图 5-39 异形轮轮廓图

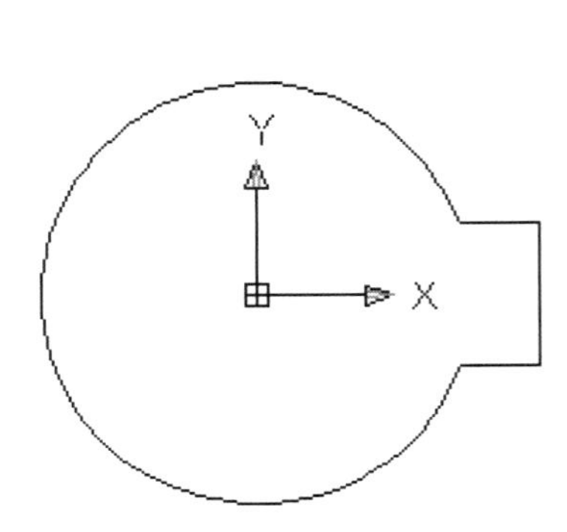

图 5-40 绘制的内部轮廓线

⑤ 单击【绘图】面板中的【样条曲线拟合】按钮，激活【样条曲线】命令，绘制外部轮廓线。命令行操作提示如下：

```
命令: _spline
指定第一个点或 [对象(O)]: 22.6,0                  //输入第一个点的绝对坐标
指定下一点: 23.2<13                               //输入长度值和角度值（极坐标输入方式）
指定下一点或 [闭合(C)/拟合公差(F)] <起点切向>:23.2<-278
指定下一点或 [闭合(C)/拟合公差(F)] <起点切向>:21.5<-258
指定下一点或 [闭合(C)/拟合公差(F)] <起点切向>:16.4<-238
指定下一点或 [闭合(C)/拟合公差(F)] <起点切向>: 14.6<-214
指定下一点或 [闭合(C)/拟合公差(F)] <起点切向>: 14.8<-199
指定下一点或 [闭合(C)/拟合公差(F)] <起点切向>: 15.2<-169
指定下一点或 [闭合(C)/拟合公差(F)] <起点切向>: 16.4<-139
指定下一点或 [闭合(C)/拟合公差(F)] <起点切向>:18.1<-109
指定下一点或 [闭合(C)/拟合公差(F)] <起点切向>:21.1<-49
指定下一点或 [闭合(C)/拟合公差(F)] <起点切向>:22.1<-10
指定下一点或 [闭合(C)/拟合公差(F)] <起点切向>:c
指定切向:            //将光标移至如图 5-41 所示位置单击，以确定切向，绘制结果如图 5-42 所示
```

⑥ 将绘制结果进行保存。

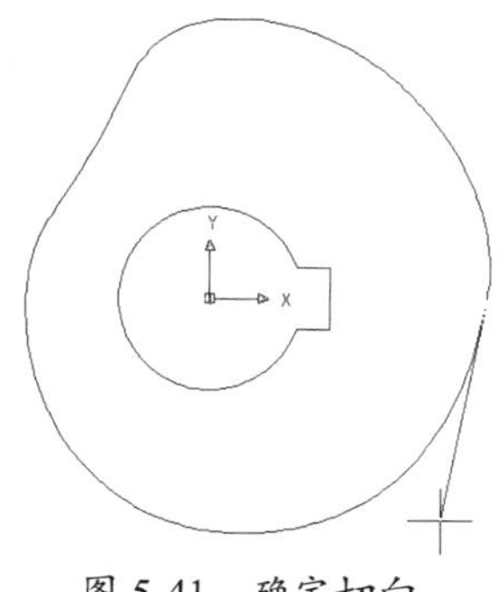

图 5-41　确定切向

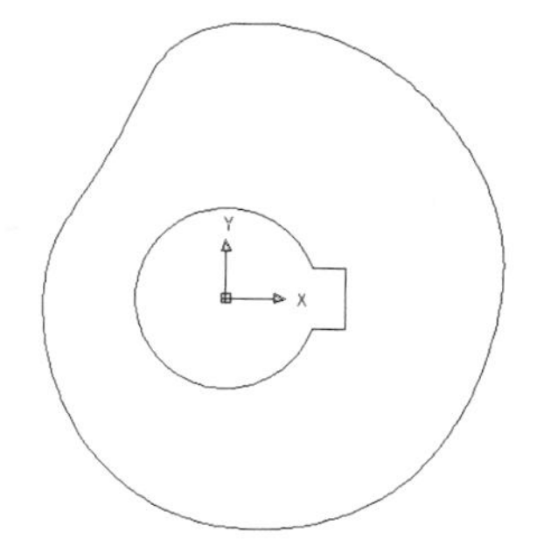

图 5-42　绘制结果

动手操作——绘制石作雕花大样

样条曲线可在控制点之间产生一条光滑的曲线，常用于创建形状不规则的曲线，如波浪线、截交线或汽车设计时绘制的轮廓线等。

下面利用样条曲线和绝对坐标输入方式绘制如图 5-43 所示的石作雕花大样图。

① 新建图形文件，并打开正交模式。

② 单击【直线】按钮，起点坐标为（0,0），向右绘制一条长度为 120 的水平线段。

③ 重复绘制直线操作，起点坐标仍为（0,0），向上绘制一条长度为 80 的垂直线段，如图 5-44 所示。

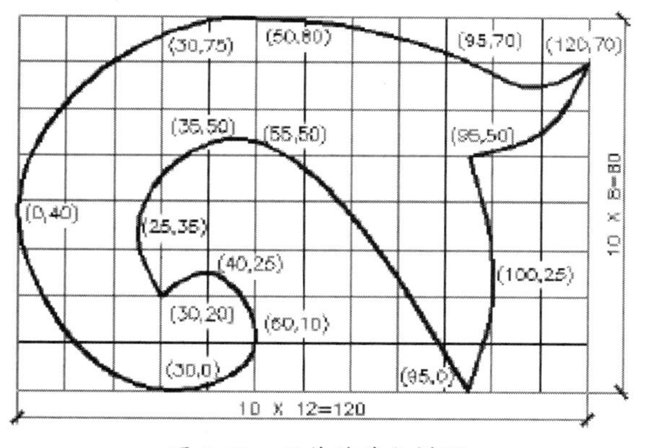

图 5-43　石作雕花大样图

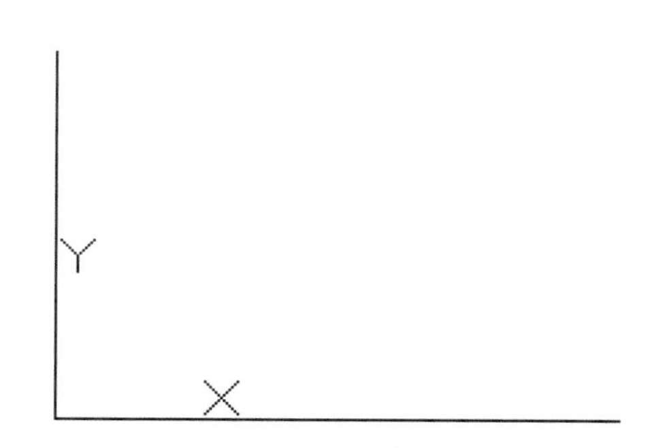

图 5-44　绘制线段

④ 单击【阵列】按钮，选择长度为 120 的水平线段为阵列对象，在【阵列创建】选项卡中设置竖向阵列线段的参数，如图 5-45 所示。

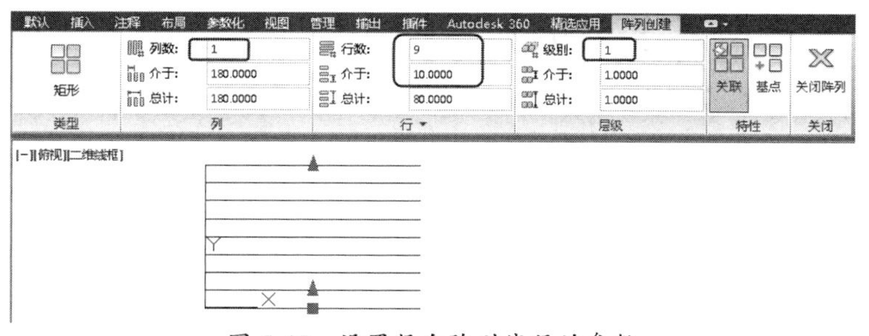

图 5-45　设置竖向阵列线段的参数

⑤ 单击【阵列】按钮，选择长度为 80 的垂直线段为阵列对象，在【阵列创建】选项卡中设置横向阵列线段的参数，如图 5-46 所示。

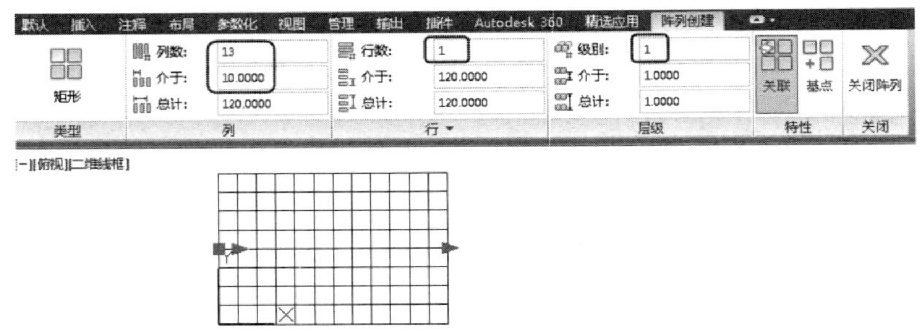

图 5-46 设置横向阵列线段的参数

⑥ 单击【样条曲线拟合】按钮，利用绝对坐标输入方式依次输入各点坐标，分段绘制样条曲线。各段样条曲线的绘制过程如图 5-47 所示。

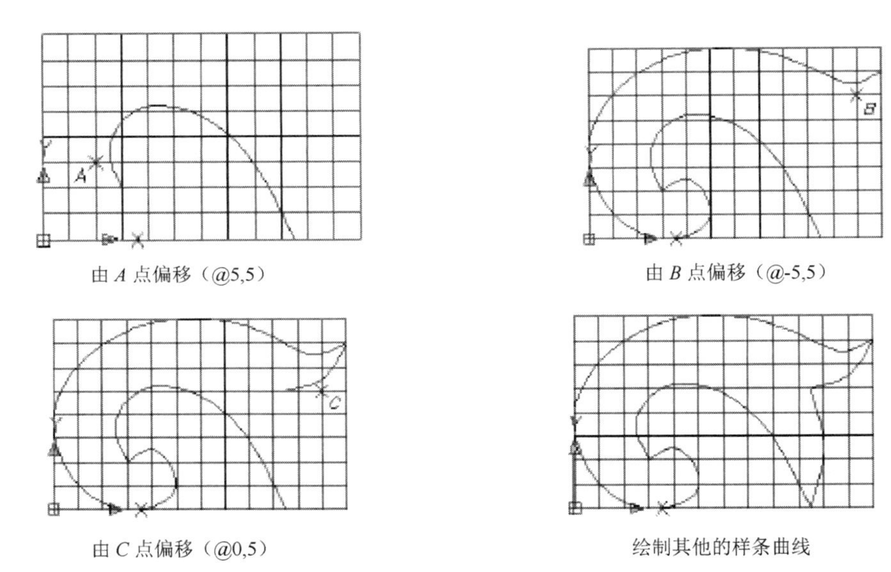

由 *A* 点偏移（@5,5）　　由 *B* 点偏移（@-5,5）

由 *C* 点偏移（@0,5）　　绘制其他的样条曲线

图 5-47 各段样条曲线的绘制过程

技术要点：

有时在工程图中不会给出所有点的绝对坐标，此时用户可以通过捕捉网格交点来输入偏移坐标，确定线型形状，如在图 5-47 中的提示点为偏移参考点。

5.4 绘制曲线与参照几何图形命令

螺旋线属于曲线中较为高级的线段。而修订云线则是用来表达查看参照几何图形的一种方式。

5.4.1 螺旋线

螺旋线是空间曲线，它包括圆柱螺旋线和圆锥螺旋线。当底面直径等于顶面直径时，螺旋线为圆柱螺旋线；当底面直径大于或小于顶面直径时，螺旋线为圆锥螺旋线。

用户可通过以下方式执行绘制螺旋线的操作。

- 命令行：输入 helix。
- 菜单栏：执行【绘图】|【螺旋】命令。
- 快捷命令：heli。
- 功能区：单击【默认】选项卡【绘图】面板中的【螺旋】按钮。

在二维视图中，圆柱螺旋线表现为多条螺旋线重合的圆，如图 5-48 所示。圆锥螺旋线表现为阿基米德螺线，如图 5-49 所示。

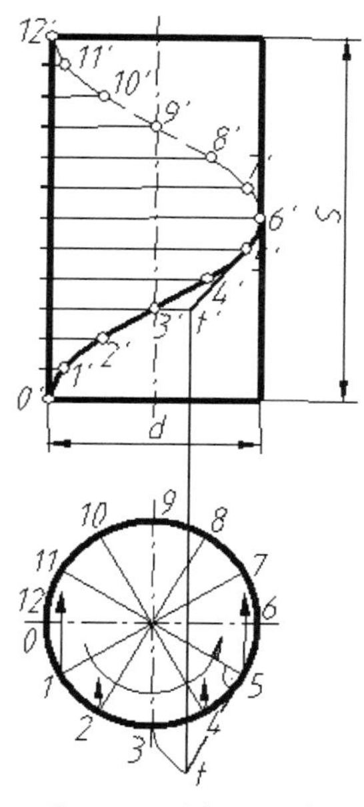

图 5-48　圆柱螺旋线

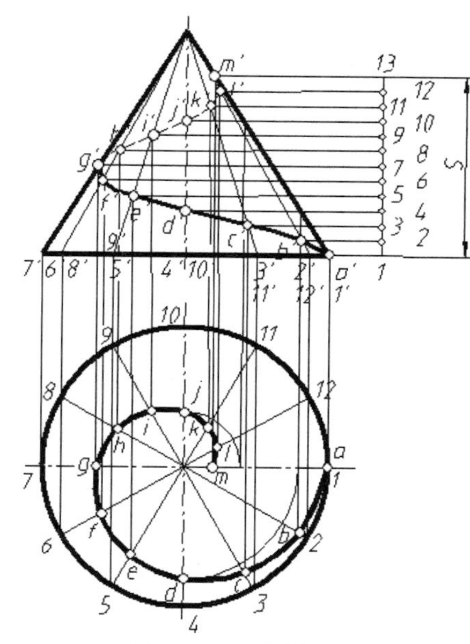

图 5-49　圆锥螺旋线

螺旋线的绘制需要确定底面直径、顶面直径和高度（导程）。当螺旋高度为 0 时，该螺旋线为二维的平面螺旋线；当螺旋高度大于 0 时，该螺旋线为三维的螺旋线。

技术要点：

底面直径、顶面直径的值不能设为 0。

在命令行中执行 helix 命令，按命令行操作提示指定螺旋线底面的中心点、底面半径和顶面半径。命令行操作提示如下：

```
命令：_Helix
圈数= 3.0000     扭曲=CCW
指定底面的中心点：                                  //指定底面的中心点
指定底面半径或 [直径(D)] <335.7629>：               //指定底面半径或选择选项
指定顶面半径或 [直径(D)] <174.8169>：               //指定顶面半径或选择选项
指定螺旋高度或 [轴端点(A)/圈数(T)/圈高(H)/扭曲(W)] <135.7444>：  //指定螺旋高度或选择选项
```

操作提示中各选项的含义如下。

- 底面的中心点：指定螺旋线中心点位置。
- 底面半径：指定螺旋线底端面半径。

- 顶面半径：指定螺旋线顶端面半径。
- 螺旋高度：指定螺旋线 Z 方向的高度。
- 轴端点：指定螺旋轴的端点位置。轴起点为底面的中心点。轴端点可以位于三维建模空间的任意位置。轴端点定义了螺旋的长度和方向。
- 圈数：指定螺旋线的圈数。
- 圈高：指定螺旋线的导程。每一圈的高度。
- 扭曲：指定螺旋线的旋向，包括顺时针旋向（右旋）和逆时针旋向（左旋）。

5.4.2 修订云线

修订云线是由连续圆弧组成的多段线，主要用于在检查阶段提醒用户注意图形的某个部分。在检查或用红线圈阅图形时，用户可以使用【修订云线】命令亮显标记图形的某个部分以提高工作效率。绘制的修订云线如图 5-50 所示。

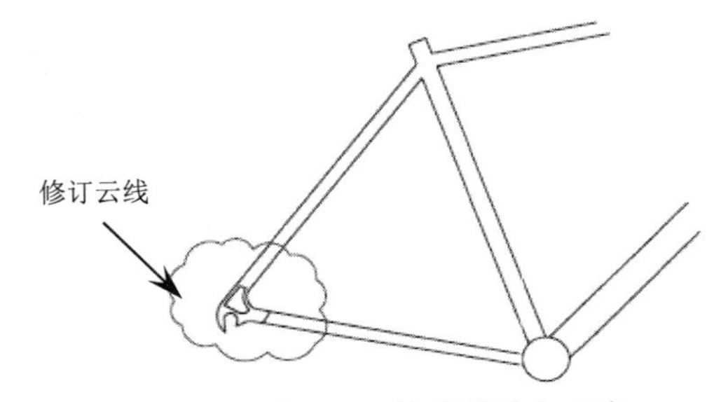

图 5-50 绘制的修订云线

用户可用以下方式执行【修订云线】命令。

- 命令行：输入 revcloud。
- 菜单栏：执行【绘图】|【修订云线】命令。
- 快捷命令：revc。
- 功能区：单击【默认】选项卡【绘图】面板中的【徒手画修订云线】按钮。

除可以绘制修订云线外，还可以将其他曲线（如圆、圆弧、椭圆等）转换为修订云线。在命令行中执行 revcloud 命令后，将显示如下操作提示：

```
命令：_revcloud
最小弧长：0.5000    最大弧长：0.5000                //显示修订云线当前最小和最大弧长的长度值
指定起点或 [弧长(A)/对象(O)/样式(S)] <对象>：        //指定修订云线的起点
```

操作提示中有多个选项供用户选择，各选项的含义如下。

- 弧长：指定修订云线中弧线的长度。
- 对象：指定要转换为修订云线的对象。
- 样式：指定修订云线的绘制方式，包括普通和手绘。

技术要点：

revcloud 在系统注册表中会存储上一次使用的弧长。在系统的具有不同比例因子的图形中，可用 dimscale 的值乘以 revcloud 的值来保持弧长的一致性。

动手操作——绘制修订云线

① 新建图形文件。

② 执行【绘图】|【修订云线】命令，或单击【绘图】面板中的【徒手画修订云线】按钮，根据命令行操作提示，精确绘图。

```
命令: _revcloud
最小弧长: 30    最大弧长: 30    样式: 普通
指定起点或 [弧长(A)/对象(O)/样式(S)] <对象>:          //在绘图区拾取一点作为起点
沿云线路径引导十字光标...   //按住鼠标左键不放，沿着所需闭合路径引导光标，即可绘制闭合的修订云线
```

③ 绘制的闭合修订云线如图 5-51 所示。

图 5-51　绘制的闭合修订云线

技术要点：

在绘制闭合的修订云线时，需要移动光标，将修订云线的端点放在起点处，系统会自动绘制闭合修订云线。

1.【弧长】选项

【弧长】选项用于设置修订云线的最小弧和最大弧的长度。当激活此选项后，系统提示用户输入最小弧和最大弧的长度值。用户可通过以下具体范例了解该选项的功能。

动手操作——设置云线的弧长

下面以绘制最大弧长为 25、最小弧长为 10 的云线为例，介绍【弧长】选项的应用。

① 新建图形文件。

② 单击【绘图】面板中的【徒手画修订云线】按钮，根据命令行操作提示，精确绘图。

```
命令: _revcloud
最小弧长: 30    最大弧长: 30    样式: 普通
指定第一个点或 [弧长(A)/对象(O)/矩形(R)/多边形(P)/徒手画(F)/样式(S)/修改(M)] <对象>: a
//按 Enter 键，激活【弧长】选项
指定最小弧长 <30>:10                          //按 Enter 键，设置最小弧的长度
指定最大弧长 <10>: 25                         //按 Enter 键，设置最大弧的长度
指定第一个点或 [弧长(A)/对象(O)/矩形(R)/多边形(P)/徒手画(F)/样式(S)/修改(M)] <对象>:
//在绘图区拾取一点作为起点
沿云线路径引导十字光标...                      //按住鼠标左键不放，沿着所需闭合路径引导光标
反转方向 [是(Y)/否(N)] <否>: N                //按 Enter 键，采用默认设置
```

③ 绘制结果如图 5-52 所示。

图 5-52　绘制结果

2.【对象】选项

【对象】选项用于对非修订云线图形，如直线、圆弧、矩形及圆形等，可按照当前的样式和尺寸，将其转化为修订云线图形。将非修订云线图形转化为修订云线图形示例如图 5-53 所示。

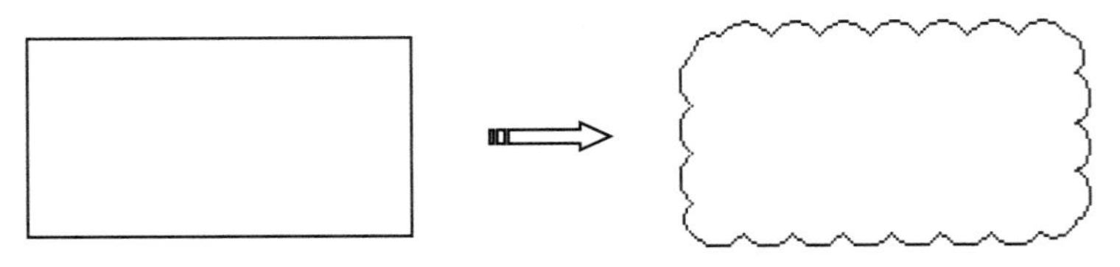

图 5-53 将非修订云线图形转化为修订云线图形示例

另外，在编辑的过程中还可以修改修订云线的方向，如图 5-54 所示。

3.【样式】选项

【样式】选项用于设置修订云线的样式。AutoCAD 共为用户提供了普通和手绘两种样式，默认情况下为普通样式。图 5-55 所示为手绘绘制的修订云线。

图 5-54 修改修订云线的方向

图 5-55 手绘绘制的修订云线

5.5 综合范例

本节将介绍高级绘图命令在建筑户型图和健身器材绘制中的应用技巧和操作步骤。

5.5.1 范例一：绘制建筑户型图

建筑户型图需表达出室内房间布局情况，包括墙体、门洞与门构件的绘制，如图 5-56 所示。

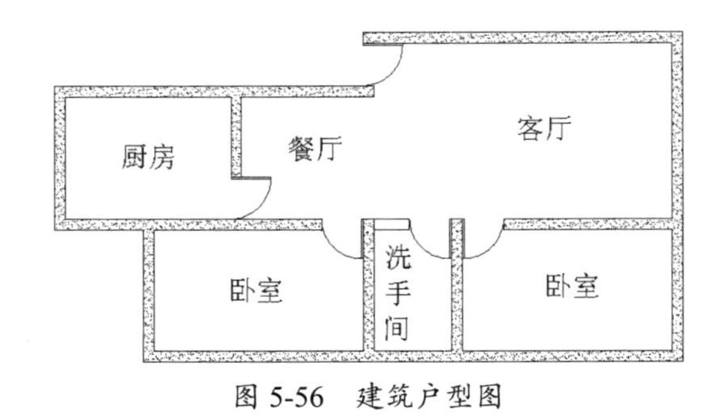

图 5-56 建筑户型图

操作步骤

① 执行【文件】|【新建】命令，创建一个新的图形文件。

② 在菜单栏中执行【工具】|【绘图设置】命令，或在命令行中执行 osnap 命令，打开【草图设置】对话框，如图 5-57 所示。在【对象捕捉】选项卡中，勾选【端点】复选框和【中点】复选框，使用端点捕捉和中点捕捉。

③ 先单击【直线】按钮，绘制两条正交直线，然后执行【修改】|【偏移】命令，对正交直线进行偏移，其中垂直直线向右偏移的值依次为 2000、2000、3000、2000、5000；水平直线向上偏移的值依次为 3000、3000、1200，如图 5-58 所示。

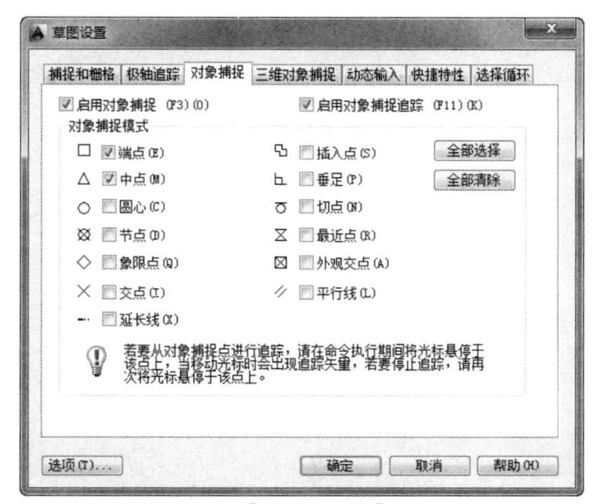

图 5-57　【草图设置】对话框

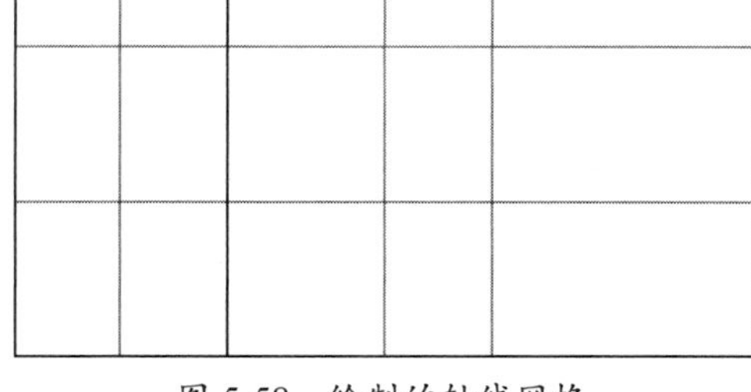

图 5-58　绘制的轴线网格

④ 执行【格式】|【多线样式】命令，打开【多线样式】对话框，如图 5-59 所示。单击【新建】按钮，在打开的【创建新的多线样式】对话框（见图 5-60）的【新样式名】文本框中输入墙体，单击【继续】按钮。

图 5-59　【多线样式】对话框

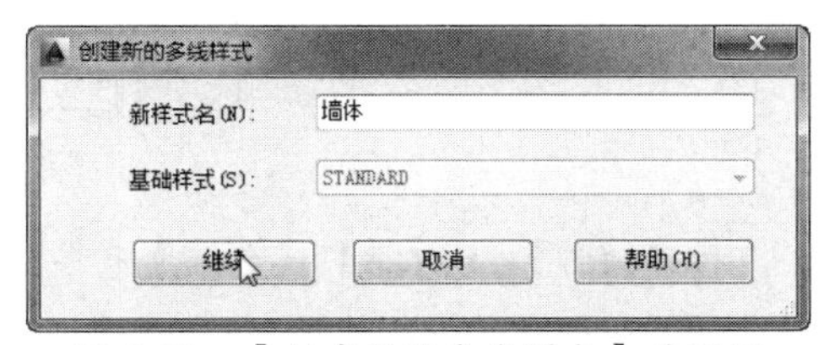

图 5-60　【创建新的多线样式】对话框

⑤ 打开【新建多线样式：墙体】对话框，如图 5-61 所示。将【偏移】的值都设置为 120。单击【确定】按钮，返回【多线样式】对话框，单击【确定】按钮即可完成多线样式的设置。

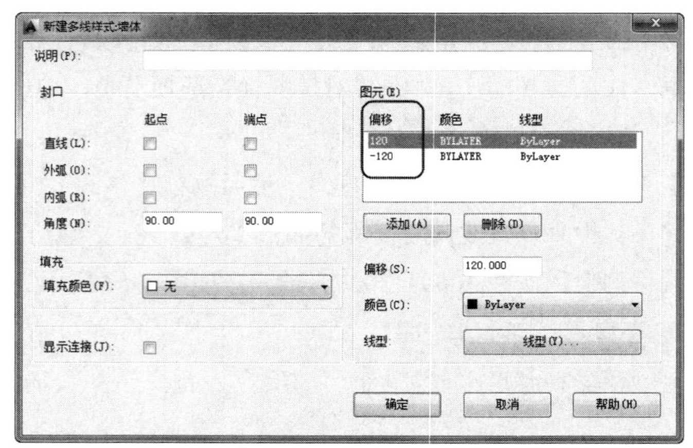

图 5-61 【新建多线样式：墙体】对话框

⑥ 执行【绘图】|【多线】命令，沿着轴线绘制墙体草图，如图 5-62 所示。命令行操作提示如下：

```
命令: _mline
当前设置: 对正 = 上, 比例 = 20.00, 样式 = 墙体
指定起点或 [对正(J)/比例(S)/样式(ST)]: st                //选择【样式】选项
输入多线样式名或 [?]: 墙体                               //输入样式名
当前设置: 对正 = 上, 比例 = 20.00, 样式 = 墙体
指定起点或 [对正(J)/比例(S)/样式(ST)]: s                 //选择【比例】选项
输入多线比例 <20.00>: 1                                  //输入比例
当前设置: 对正 = 上, 比例 = 1.00, 样式 = 墙体
指定起点或 [对正(J)/比例(S)/样式(ST)]: j                 //选择【对正】选项
输入对正类型 [上(T)/无(Z)/下(B)] <上>: z                 //输入对正类型
当前设置: 对正 = 无, 比例 = 1.00, 样式 = 墙体
指定起点或 [对正(J)/比例(S)/样式(ST)]:
指定下一点:
指定下一点或 [放弃(U)]:
指定下一点或 [闭合(C)/放弃(U)]:
```

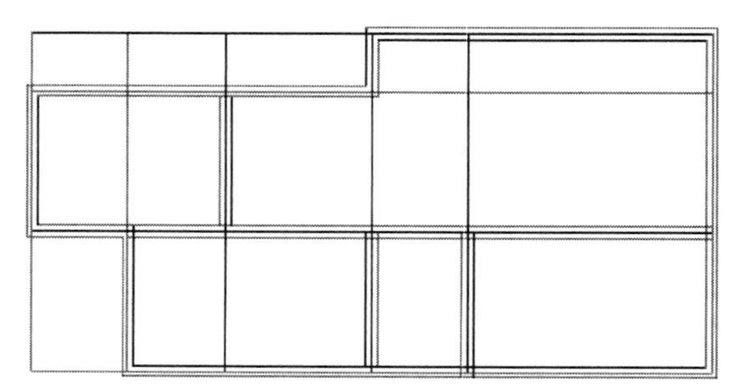

图 5-62 绘制墙体草图

⑦ 执行【修改】|【对象】|【多线】命令，打开【多线编辑工具】对话框，如图 5-63 所示。在其中选择合适的多线编辑工具，对绘制的多线进行编辑。完成编辑后的图形如图 5-64 所示。

```
命令: _mledit
选择第一条多线:                                          //选择其中一条多线
选择第二条多线:                                          //选择另外一条多线
选择第一条多线或 [放弃(U)]:
```

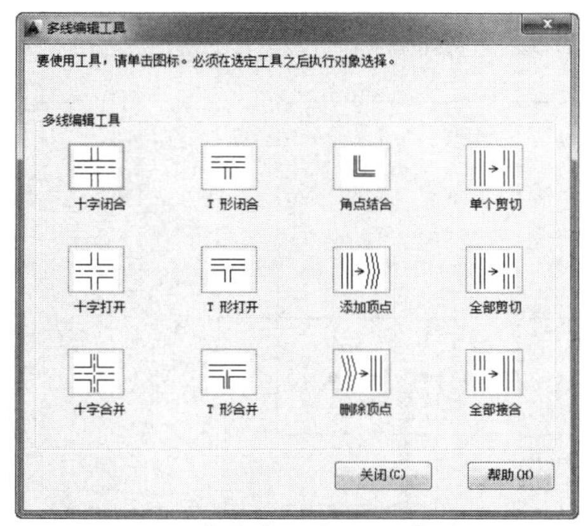

图 5-63　【多线编辑工具】对话框

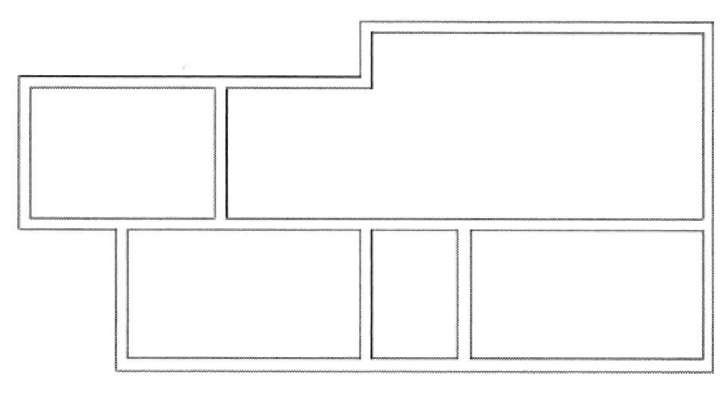

图 5-64　完成编辑后的图形

⑧　执行【插入】|【块】命令，将之前绘制的门作为一个块插入进来，并修剪门洞，如图 5-65 所示。

⑨　使用【图案填充】命令，选择 AR-SAND 图案对剖切到的墙体进行填充，如图 5-66 所示。

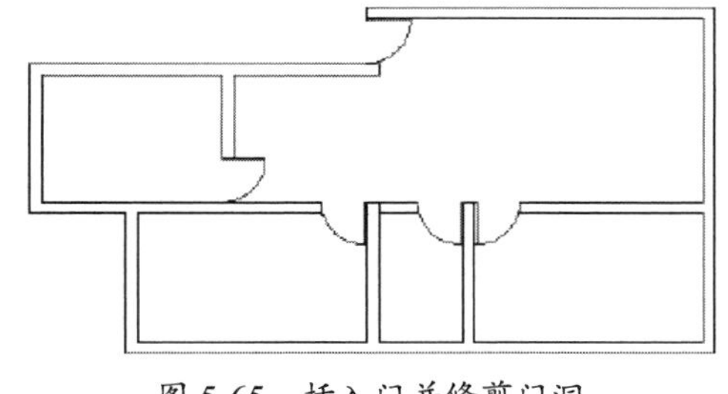

图 5-65　插入门并修剪门洞

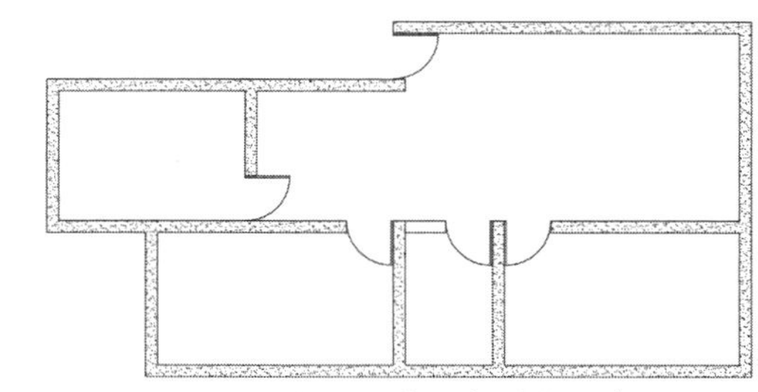

图 5-66　对剖切到的墙体进行填充

⑩　执行【绘图】|【文字】|【单行文字】命令，对绘制的墙体横切面进行文字注释。绘制的墙体横切面示意图如图 5-67 所示。

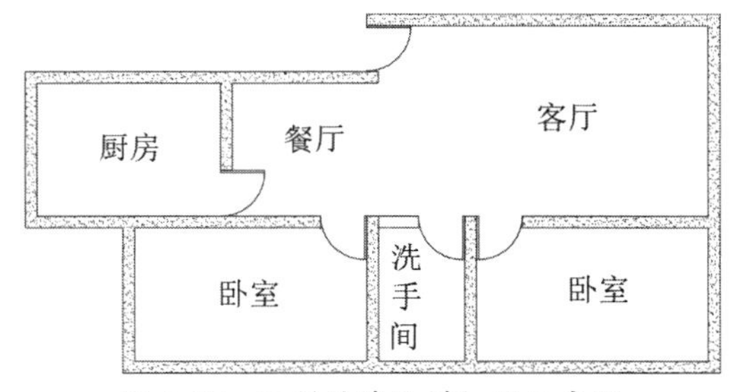

图 5-67　绘制的墙体横切面示意图

技术要点：

进行文字注释时，必须将输入文字的字体改成能够显示汉字的字体，如宋体。否则输入的文字会在屏幕上显示乱码。

5.5.2　范例二：绘制健身器材

健身器材的图形比较简单，如图 5-68 所示。此图形呈对称形式，因此在绘制该图形时可以先绘制一部分，另一部分采用镜像方法得到。

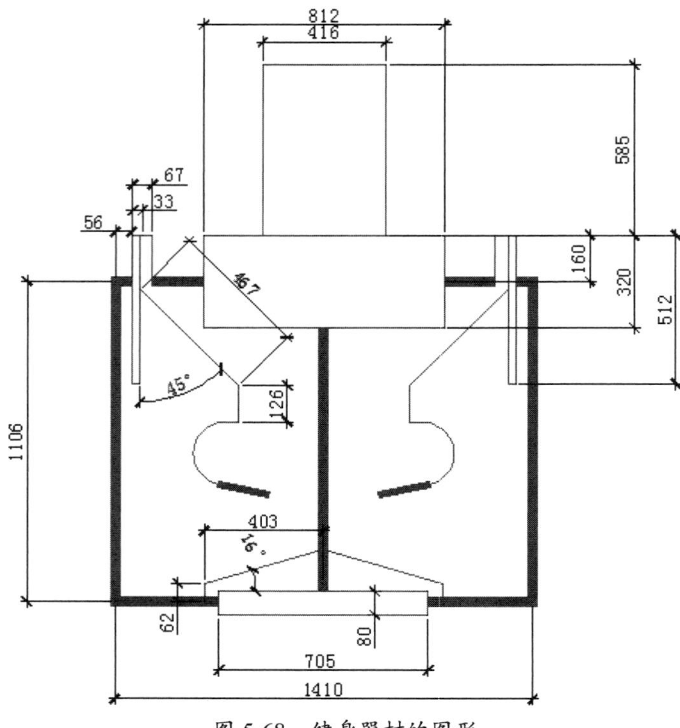

图 5-68　健身器材的图形

操作步骤

① 新建图形文件。

② 使用【矩形】命令，绘制如图 5-69 所示的 4 个矩形（其位置可以先任意摆放）。

③ 使用【移动】命令，采用极轴追踪模式将 4 个矩形的位置重新调整，结果如图 5-70 所示。

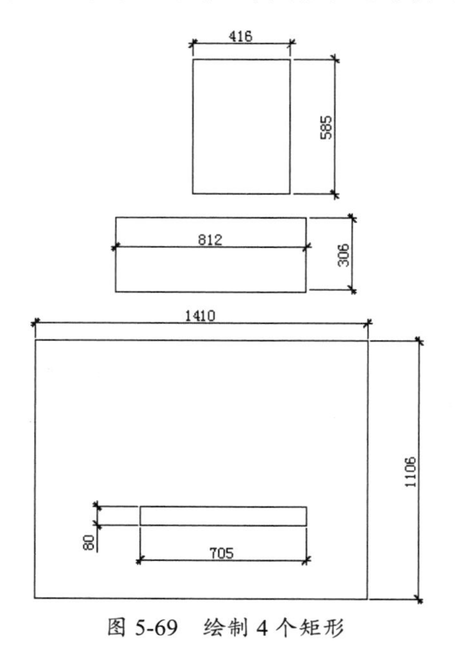

图 5-69　绘制 4 个矩形

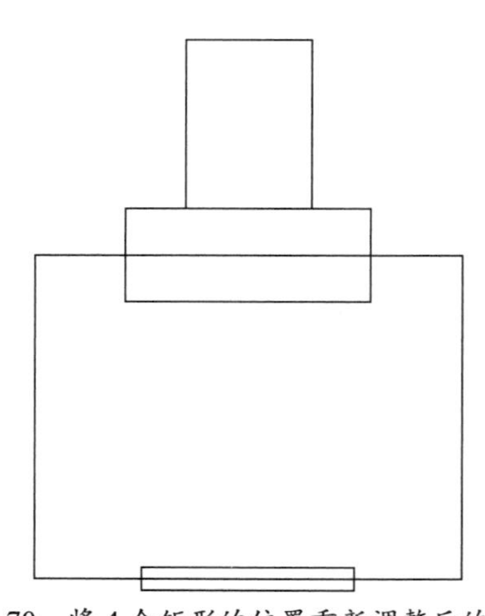
图 5-70　将 4 个矩形的位置重新调整后的结果

④ 使用【分解】命令，将所有矩形进行分解，并将多余的线删除或修剪掉。分解并修剪后的矩形如图 5-71 所示。

⑤ 先使用夹点编辑模式，拉长矩形（812×306）的 2 条边，然后使用【偏移】命令，绘制如图 5-72 所示的 4 条偏移直线。

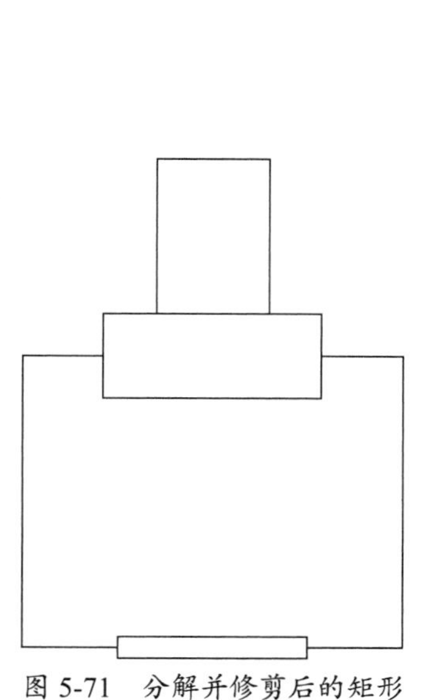

图 5-71　分解并修剪后的矩形

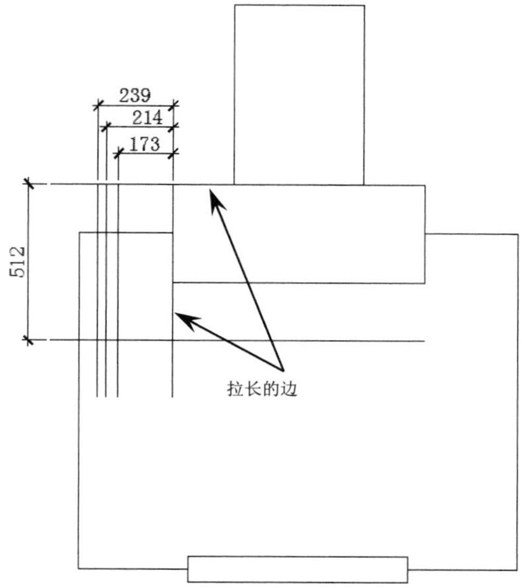

图 5-72　绘制 4 条偏移直线

⑥ 使用【修剪】命令修剪偏移直线，如图 5-73 所示。

⑦ 使用【直线】命令和【圆】命令，绘制如图 5-74 的直线和圆。

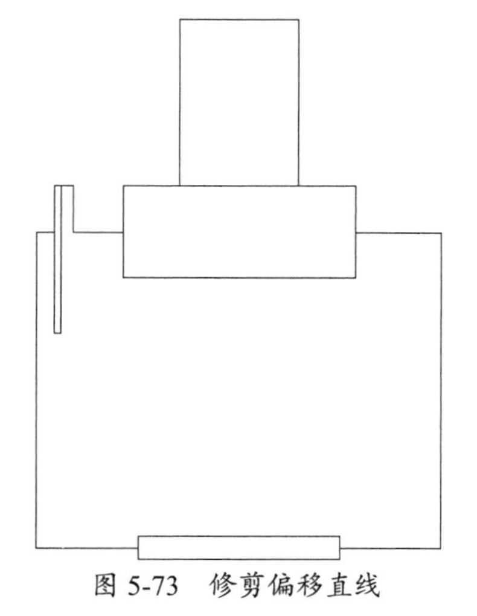

图 5-73　修剪偏移直线

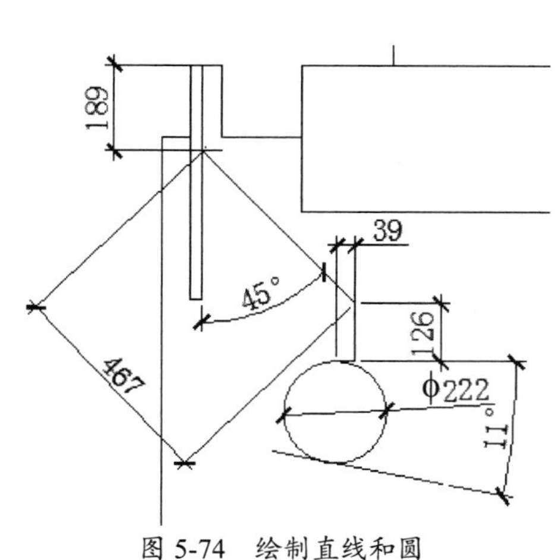

图 5-74　绘制直线和圆

⑧ 修剪图形如图 5-75 所示。

⑨ 使用【镜像】命令，将上一步骤绘制的图形镜像至另一侧，并对镜像后的图形进行修剪处理，如图 5-76 所示。

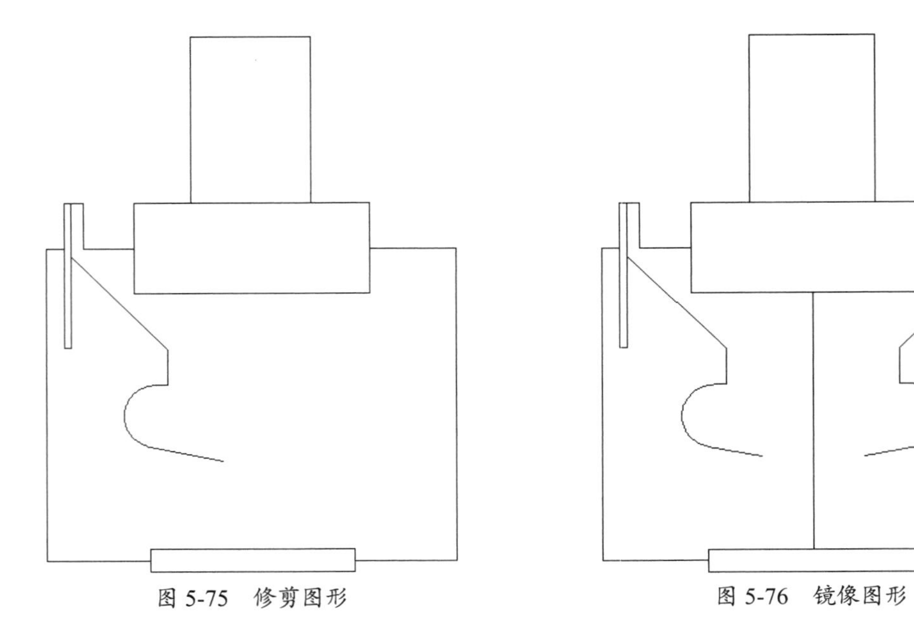

图 5-75　修剪图形　　　　图 5-76　镜像图形

⑩ 在菜单栏中执行【格式】|【多线样式】命令，在打开的【多线样式】对话框中单击【新建】按钮，打开【创建新的多线样式】对话框。输入新样式名后单击【继续】按钮，打开【新建多线样式：填充】对话框。勾选【直线】选项组的【起点】复选框和【端点】复选框（使直线的起点与端点都封口），单击【确定】按钮，完成新建多线样式的填充，如图 5-77 所示。

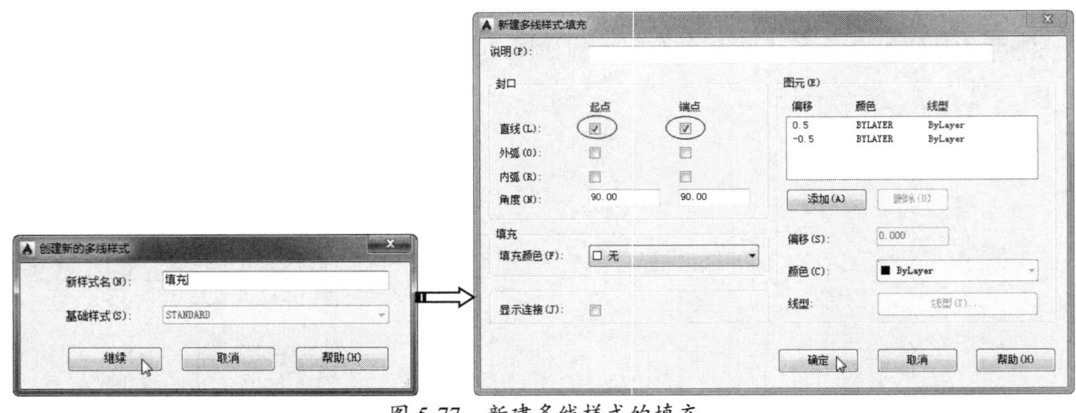

图 5-77　新建多线样式的填充

⑪ 先在菜单栏中执行【绘图】|【多线】命令，然后在绘制的图形中绘制多线，如图 5-78 所示。

⑫ 删除中间的直线，并对多线进行填充，选择图案为 SOLID。填充后的图形如图 5-79 所示。

⑬ 至此，健身器材的图形已绘制完成，将图形进行保存即可。

技术要点：

使用【宽线】命令可以绘制具有一定宽度的实体线。在绘制实体线时，当 FILL 模式处于“开”状态时，宽线将被填充为实体，否则只显示轮廓。

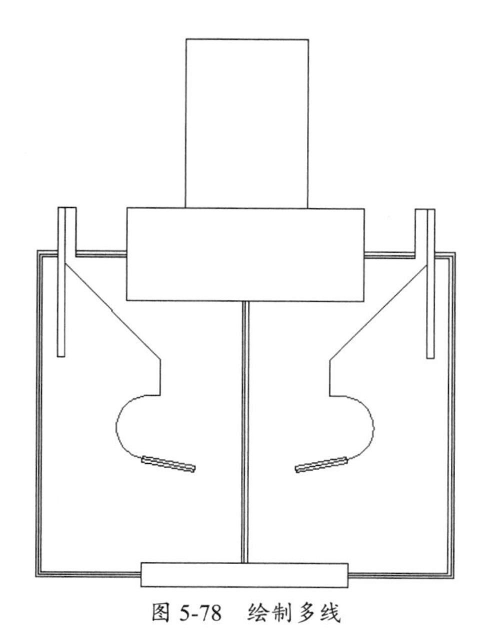
图 5-78　绘制多线

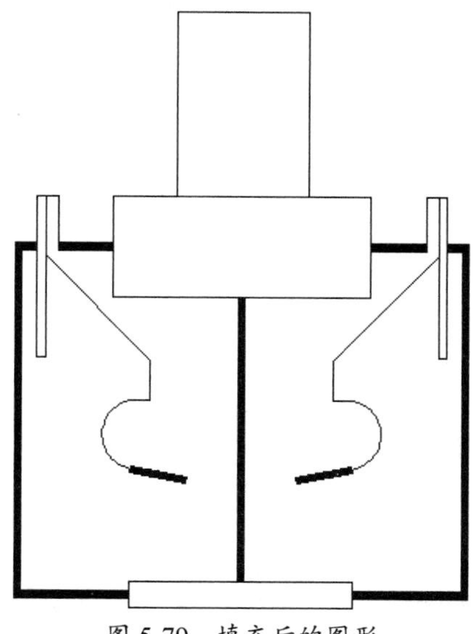
图 5-79　填充后的图形

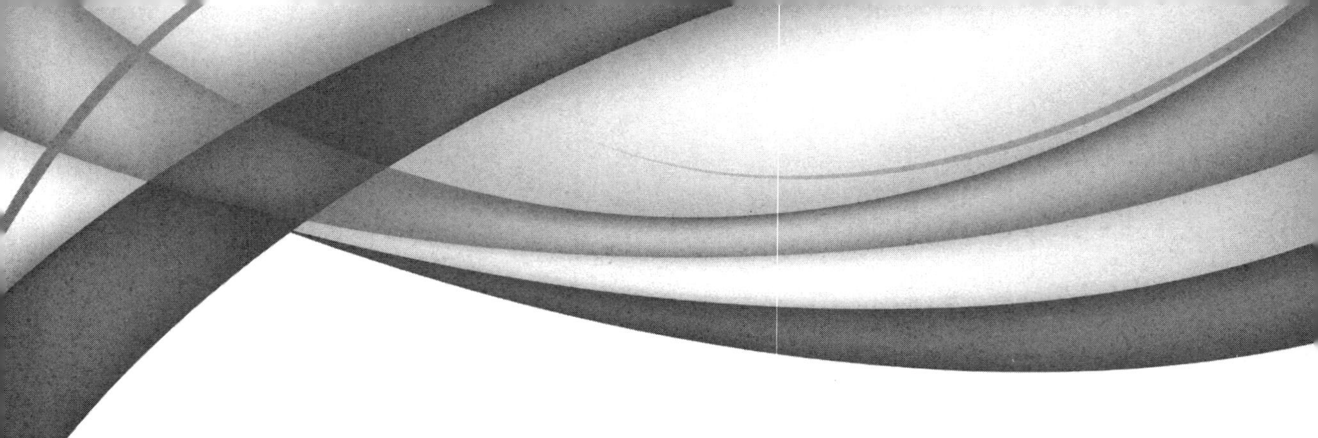

第6章 面域、填充与渐变绘图

本章内容

在点与线组成的基本图形基础之上，本章将介绍面的绘制与填充。面是平面绘图中最大的单位。本章将介绍如何将线组成的闭合面转化成一个完整的面域、如何绘制面域及对面域的填充方式等。

知识要点

- ☑ 面域
- ☑ 填充的概述
- ☑ 使用图案填充
- ☑ 渐变色填充
- ☑ 区域覆盖
- ☑ 测量与面积、体积计算

6.1　面域

面域是具有物理特性（如质心）的二维封闭区域。封闭区域可以是直线、多段线、圆、圆弧、椭圆、椭圆弧和样条曲线的组合，形成面域的对象必须闭合或通过与其他对象共享端点而闭合。可形成面域的图形如图 6-1 所示。

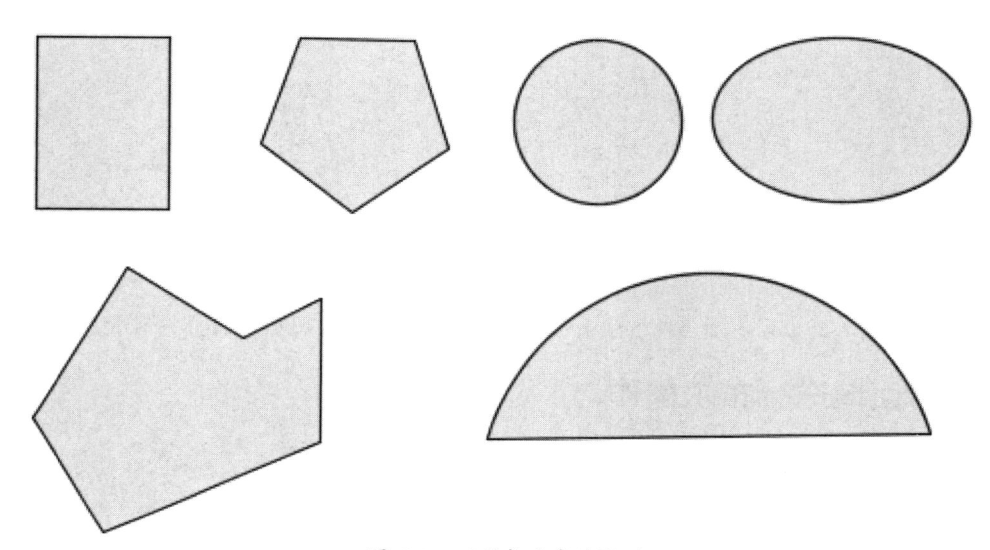

图 6-1　可形成面域的图形

面域可用于填充、着色、计算面域或三维实体的质量特性及提取设计信息（如形心）。面域的创建方法有多种，可以使用【面域】命令和【边界】命令创建，也可以使用三维建模空间的【并集】命令、【交集】命令和【差集】命令创建。

6.1.1　创建面域

面域是指实体的表面，它是一个没有厚度的二维实心区域，且具备实体模型的一切特性，它不仅含有边的信息，还含有边界内的信息，并能利用这些信息计算工程属性，如面积、重心和惯性矩等。

执行【面域】命令主要有以下几种方式。

- 执行菜单栏中的【绘图】|【面域】命令。
- 单击【绘图】面板中的【面域】按钮。
- 在命令行中输入 region。

1. 将单个对象转化成面域

面域不能直接被创建，而是通过其他闭合对象转化而成。在激活【面域】命令后，只需选择闭合的对象即可将其转化成面域，如圆、矩形、正多边形等。

当闭合对象被转化成面域后，它看上去并没有什么变化，如果对其进行着色处理就可以看出它与之前对象的差异了。几何线框与几何面域如图 6-2 所示。

2．从多个对象中提取面域

使用【面域】命令，只能将单个闭合对象或由多个首尾相连的闭合区域转化成面域，若用户需要从多个对象中提取面域，则可以使用【边界】命令，打开【边界创建】对话框，如图 6-3 所示，在该对话框的【对象类型】下拉列表中选择【面域】选项即可。

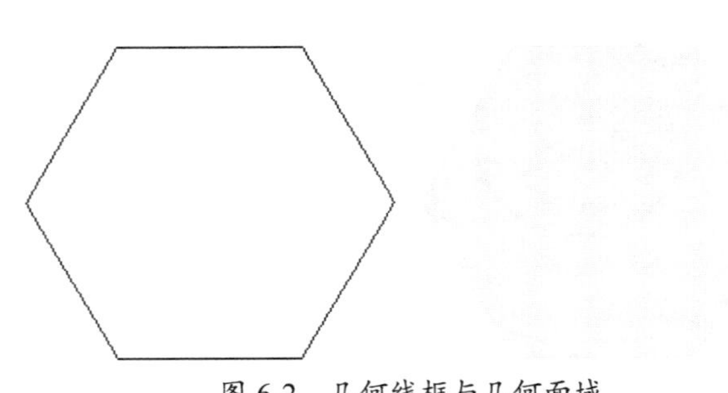

图 6-2　几何线框与几何面域

图 6-3　【边界创建】对话框

6.1.2　对面域进行布尔操作

1．创建并集面域

【并集】命令用于将两个或两个以上的面域（或实体）组合成一个新的对象。并集示例如图 6-4 所示。

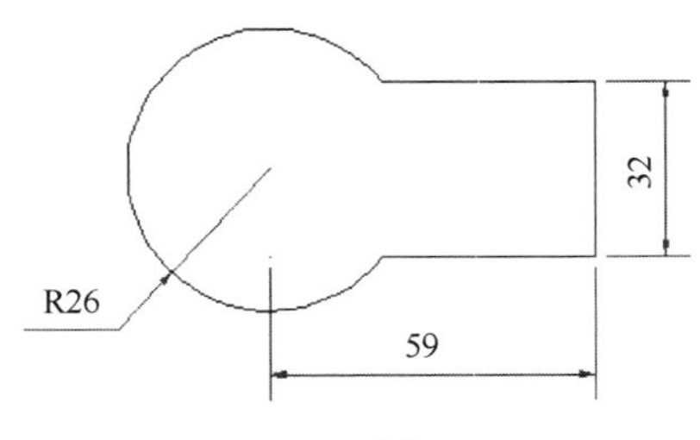

图 6-4　并集示例

执行【并集】命令主要有以下几种方式。

- 执行菜单栏中的【修改】|【实体编辑】|【并集】命令。
- 单击实体工具栏中的【并集】按钮。
- 在命令行中输入 union。

下面通过创建组合面域，介绍【并集】命令的使用方法。

动手操作——并集面域

① 新建图形文件，并绘制半径为 26 的圆。

② 执行【绘图】|【矩形】命令，以圆的圆心作为矩形左侧边的中点，绘制长度为 59、宽度为 32 的矩形。

③ 执行【绘图】|【面域】命令，根据命令行操作提示，将刚绘制的两个图形转成圆形面域和矩形面域。命令行操作提示如下：

```
命令: _region
选择对象:                                    //选择刚绘制的圆形
选择对象:                                    //选择刚绘制的矩形
选择对象: ↙                                  //按 Enter 键，结束命令
已提取 2 个环。
已创建 2 个面域。
```

④ 执行【修改】|【实体编辑】|【并集】命令，根据命令行操作提示，将刚创建的两个面域进行组合，如图 6-5 所示。命令行操作提示如下：

```
命令: _union
选择对象:                                    //选择刚创建的圆形面域
选择对象:                                    //选择刚创建的矩形面域
选择对象:↙                                   //结束命令，完成并集
```

创建的并集面域示例图如图 6-6 所示。

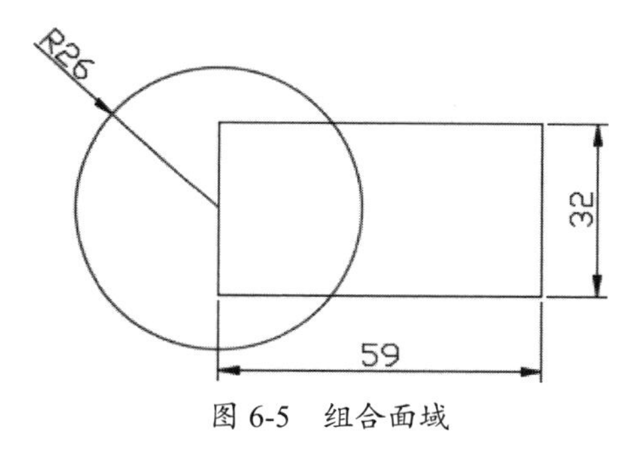

图 6-5　组合面域

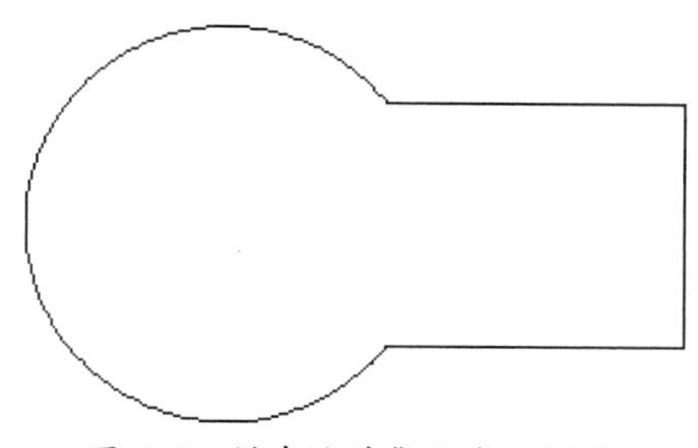
图 6-6　创建的并集面域示例图

2. 创建差集面域

【差集】命令用于从一个实体或面域中移去与其相交的实体或面域，从而生成新的组合实体。

执行【差集】命令主要有以下几种方式。

- 执行【修改】|【实体编辑】|【差集】命令。
- 单击实体工具栏中的【差集】按钮。
- 在命令行中输入 subtract。

动手操作——差集面域

① 继续“动手操作——并集面域”范例的操作。

② 单击实体工具栏中的【差集】按钮，激活【差集】命令。

③ 激活【差集】命令后，根据命令行操作提示，将圆形面域和矩形面域进行差集运算。命令行操作提示如下：

```
命令: _subtract
选择要从中减去的实体或面域...
选择对象:                                    //选择刚创建的圆形面域
选择对象:↙                                   //结束对象的选择
选择要减去的实体或面域 ..
```

```
选择对象:                                   //选择刚创建的矩形面域
选择对象:↙                                  //结束命令
```

创建的差集面域示例图如图 6-7 所示。

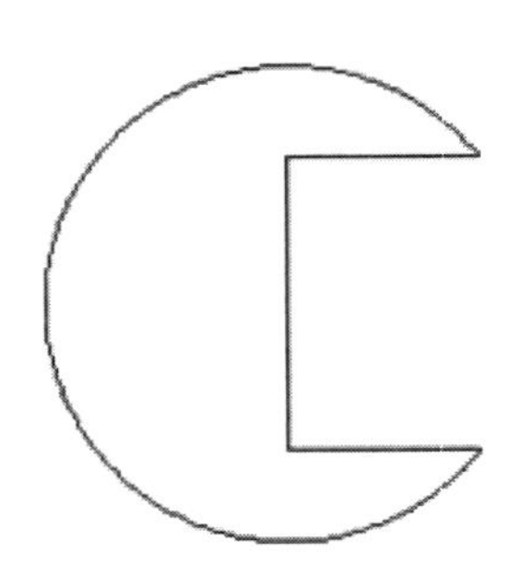

图 6-7　创建的差集面域示例图

提醒一下：

在执行【差集】命令时，当选择完被减实体或面域后一定要先按 Enter 键，再选择需要减去的实体或面域。

3．创建交集面域

【交集】命令用于将两个或两个以上实体或面域的公共部分，提取出来组合成一个新的图形对象，同时删除公共部分以外的部分。

执行【交集】命令主要有以下几种方式。

- 执行【修改】|【实体编辑】|【交集】命令。
- 单击实体工具栏中的【交集】按钮。
- 在命令行中输入 intersect。

动手操作——交集面域

① 继续“动手操作——并集面域”范例的操作。

② 执行【修改】|【实体编辑】|【交集】命令，激活【交集】命令。

③ 激活【交集】命令后，根据命令行操作提示，将圆形面域和矩形面域进行交集运算。命令行操作提示如下：

```
命令: _intersect
选择对象:                                   //选择刚创建的圆形面域
选择对象:                                   //选择刚创建的矩形面域
选择对象:↙                                  //结束命令
```

创建的交集面域示例图如图 6-8 所示。

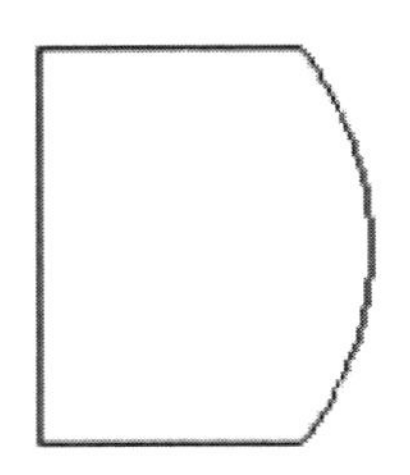

图 6-8　创建的交集面域示例图

6.1.3　使用 massprop 命令提取面域质量特性

massprop 命令是对面域进行分析的命令，分析的结果可以存入文件。

在命令行中执行 massprop 命令后，打开如图 6-9 所示的 AutoCAD 文本窗口，使用鼠标左键在绘图区中选择一个面域，释放鼠标左键后右击，分析结果就显示出来了。

```
选择对象: *取消*
命令: MASSPROP
选择对象: 找到 1 个
选择对象:
 ----------------    面域    ----------------
面积:                    6673.8663
周长:                    322.6089
边界框:                X: 1000.6300  --  1071.2119
                       Y: 714.9611  --  814.7258
质心:                  X: 1034.1823
                       Y: 765.7809
惯性矩:                X: 3918996164.4267
                       Y: 7140454299.8945
惯性积:               XY: 5285606893.3598
旋转半径:              X: 766.2997
                       Y: 1034.3658
主力矩与质心的 X-Y 方向:
                       I: 2520242.0598 沿 [0.0685 0.9976]
                       J: 5318073.6337 沿 [-0.9976 0.0685]
```

图 6-9　AutoCAD 文本窗口

6.2　填充的概述

填充是一种使用指定线条图案、颜色来充满指定区域的操作，常常用于表达剖切面和不同类型物体对象的外观纹理等，被广泛应用在机械图、建筑图及地质构造图等的绘制中。图案的填充可以使用预定义填充图案填充区域，也可以使用当前线型定义简单的线图案或更复杂的填充图案填充区域，还可以使用实体颜色填充区域。

1．定义图案填充的边界

图案的填充首先要定义填充边界。定义边界的方法有指定封闭区域中的点、选择封闭区域的对象、将填充图案从工具选项板或设计中心拖动到封闭区域等。填充图案时，系统将忽略不在对象边界内的整个或局部对象，如图 6-10 所示。

如果填充线与某个对象（如文本、属性或实体填充对象）相交，并且该对象被选定为边界集的一部分，那么图案填充将围绕该对象来填充，即对象包含在边界中，如图 6-11 所示。

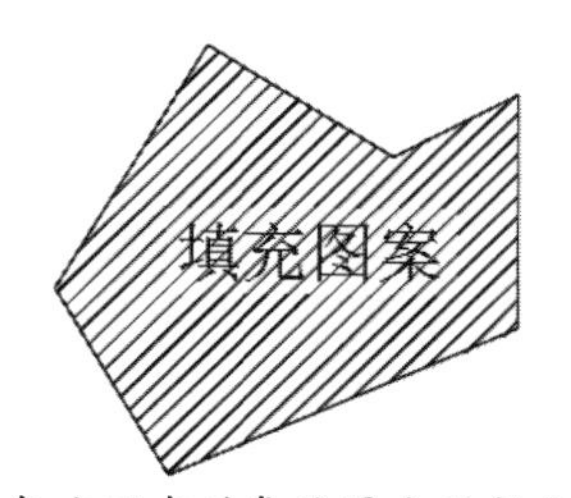

图 6-10　忽略不在对象边界内的整个局部对象

填充图案

图 6-11　对象包含在边界中

2．添加填充图案和实体填充

用户除可以使用【图案填充】命令创建图案填充外，还可以从工具选项板中拖动填充图

案创建图案填充。使用工具选项板，可以更快、更方便地工作。在菜单栏中执行【工具】|【选项板】|【工具选项板】命令，即可打开【工具选项板-所有选项板】选项板，如图 6-12 所示，可通过其中的【图案填充】选项卡选择填充图案创建图案填充。

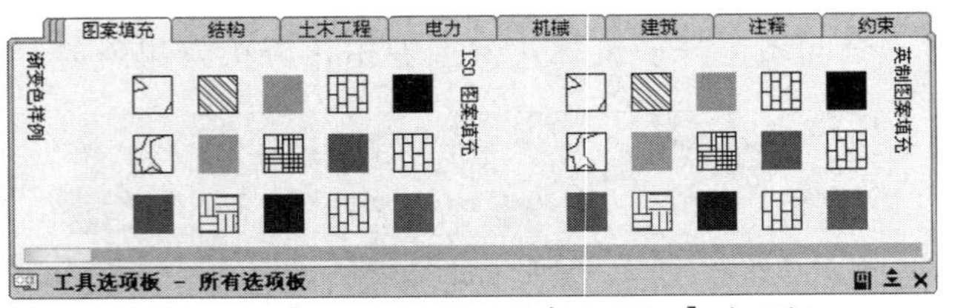

图 6-12 【工具选项板-所有选项板】选项板

3. 选择填充图案

AutoCAD 提供了实体填充及 50 多种行业标准填充图案，可用于区分对象的部件或表示对象的材质。还提供了符合 ISO（国际标准化组织）标准的 14 种填充图案。当选择符合 ISO 标准的填充图案时，可以指定笔宽，笔宽决定了图案中的线宽。标准填充图案如图 6-13 所示。

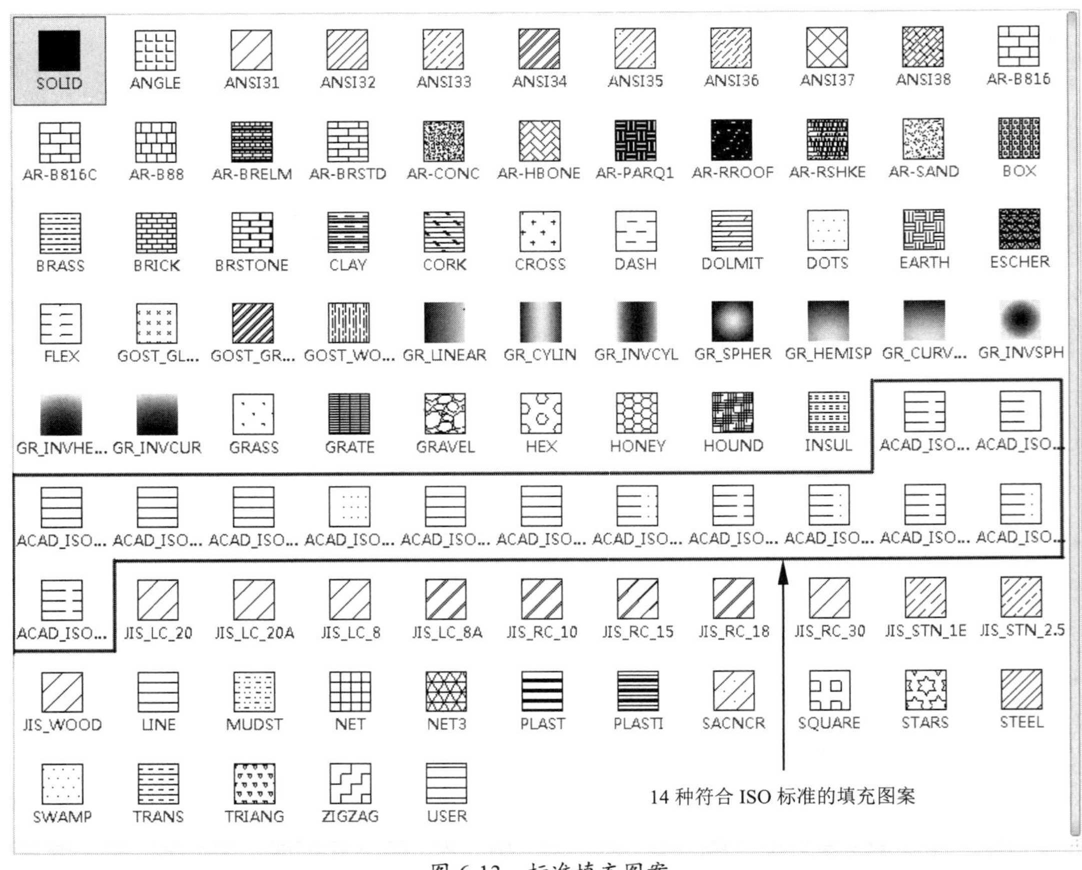

图 6-13 标准填充图案

4. 关联填充图案

图案填充随边界的更改自动更新。默认情况下，使用【图案填充】命令创建的图案填充是关联的。该关联设置存储在系统变量 hpassoc 中。

使用系统变量 hpassoc 中的关联设置可从工具选项板或设计中心拖动填充图案来创建图案填充。用户在任何时候都可以删除图案填充的关联性，或者在命令行中执行 hatch（图案填充）命令创建无关联填充。当系统变量 hpgaptol 的值设置为 0（默认值）时，如果编辑关联填充将会创建开放的边界，并自动删除关联性。用户可通过在命令行中执行 hatch 命令创建独立于边界的非关联图案填充。编辑关联填充如图 6-14 所示。

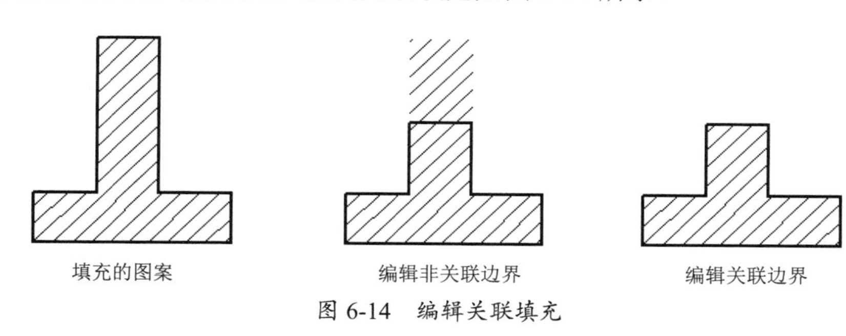

图 6-14　编辑关联填充

6.3 图案填充

使用【图案填充】命令，可在封闭区域或指定边界内创建图案填充。默认情况下，【图案填充】命令将创建关联填充。

通过选择要填充的对象或通过定义边界指定内部点来创建图案填充。图案填充边界可以是形成封闭区域的任意对象的组合，如直线、圆弧、圆和多段线等。

6.3.1 图案填充的概述

所谓图案，指的就是使用各种图线进行不同的排列组合而构成的图形元素，此类图形元素作为一个独立的整体，被填充到各种封闭的区域中，以表达各自的图形信息。图案填充示例如图 6-15 所示。

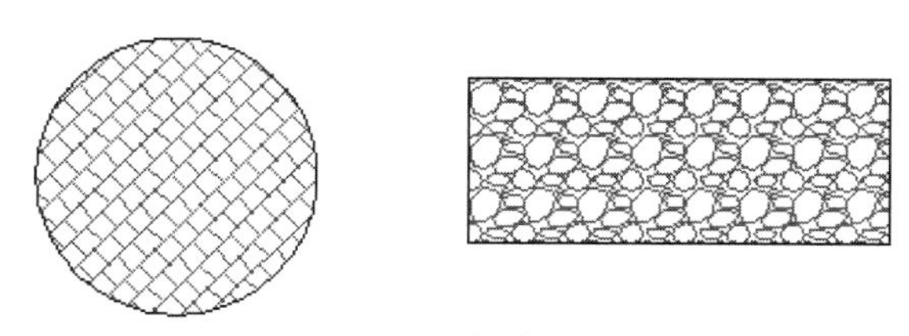

图 6-15　图案填充示例

执行【图案填充】命令有以下几种方式。

- 执行菜单栏中的【绘图】|【图案填充】命令。
- 单击【绘图】面板中的【图案填充】按钮▨。
- 在命令行中输入 bhatch。

执行【图案填充】命令后，功能区将显示【图案填充创建】选项卡，如图 6-16 所示。

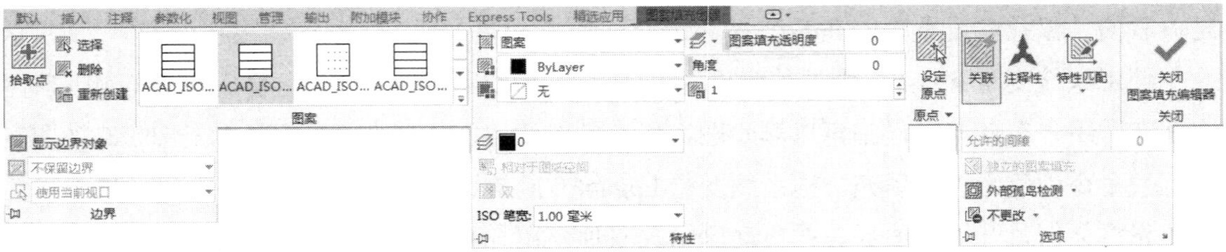

图 6-16 【图案填充创建】选项卡

该选项卡中包含【边界】面板、【图案】面板、【特性】面板、【原点】面板、【选项】面板。

图 6-17 【边界】面板

1.【边界】面板

【边界】面板用于拾取点（选择封闭区域）、添加或删除边界对象、查看选项集等，如图 6-17 所示。

- 拾取点：根据围绕指定点构成封闭区域的现有对象确定边界。对话框将暂时关闭，系统将会提示拾取一个点，如图 6-18 所示。

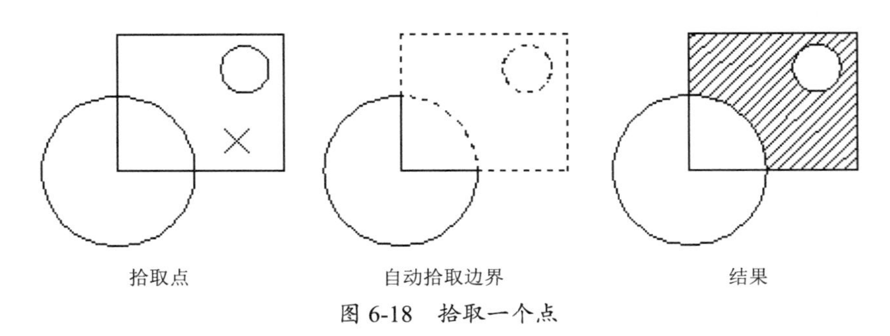

图 6-18 拾取一个点

- 选择：根据构成封闭区域的选定对象确定边界。对话框将暂时关闭，系统将会提示选择边界对象，如图 6-19 所示。单击【选择】按钮时，系统不自动检测内部对象，必须选择选定边界内的对象，以按照当前孤岛检测样式填充这些对象。确定边界内的对象如图 6-20 所示。

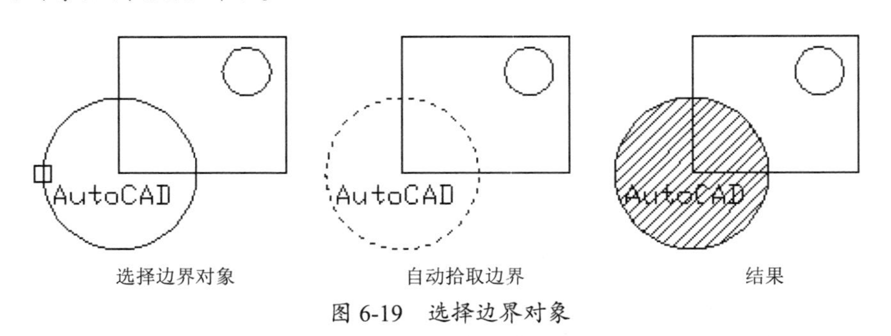

图 6-19 选择边界对象

技术要点：

在选择对象时，可以随意在绘图区中右击以显示右键快捷菜单。利用此右键快捷菜单放弃最后一个或所选对象、更改选择方式、更改孤岛检测样式或预览图案填充或渐变色填充。

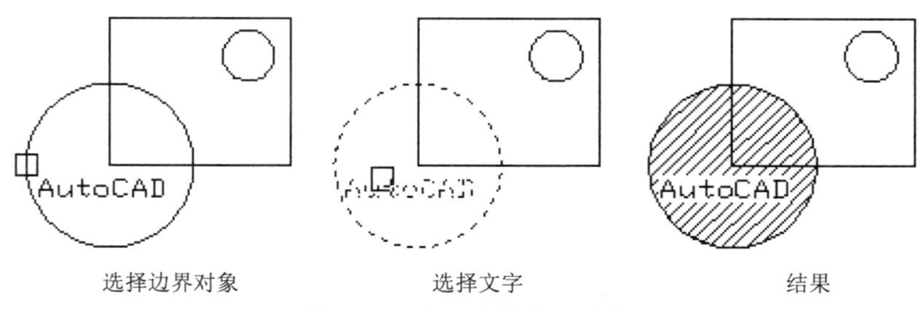

选择边界对象　　选择文字　　结果

图 6-20　确定边界内的对象

- 删除：从边界定义中删除之前添加的任何对象。单击此按钮，可以在填充区域内添加新的填充边界。删除边界对象如图 6-21 所示。

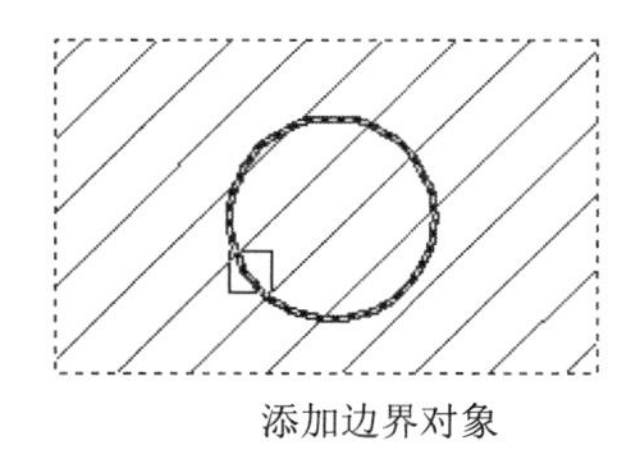

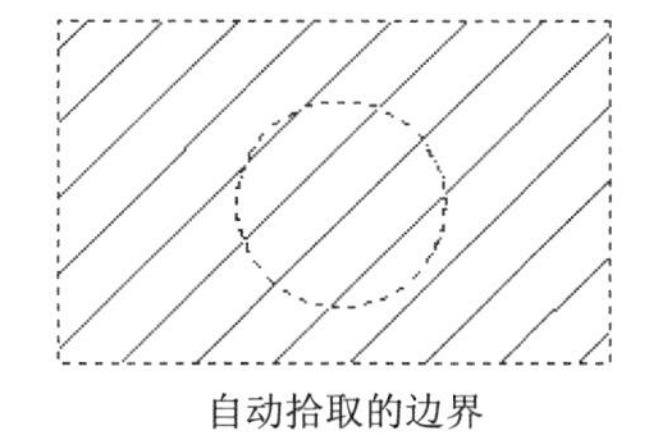

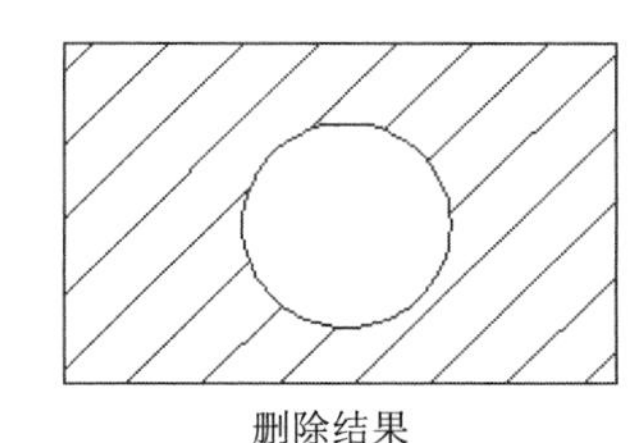

添加边界对象　　自动拾取的边界　　删除结果

图 6-21　删除边界对象

- 重新创建：围绕选定的图案填充或填充对象创建多段线或面域，并使其与图案填充对象相关联。
- 显示边界对象：暂时关闭对话框，并使用当前的图案填充或填充设置显示当前定义的边界。若未定义边界，则此按钮不可用。

2.【图案】面板

【图案】面板用于定义要应用的填充图案外观。

【图案】面板中列出可用的预定义图案，拖动垂直滚动条，可查看更多图案，如图 6-22 所示。

3.【特性】面板

【特性】面板用于设置图案的特性，如填充类型、颜色、背景色、图层、相对于图纸空间、ISO 笔宽、图案填充透明度、角度和填充比例等，如图 6-23 所示。

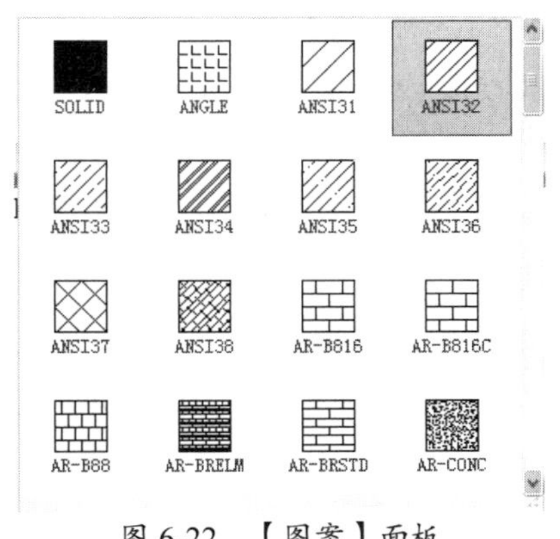

图 6-22　【图案】面板

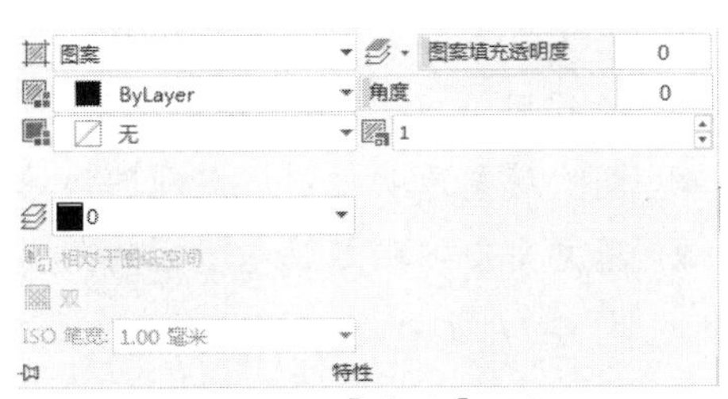

图 6-23　【特性】面板

- 填充类型▨：填充类型有实体、渐变色、图案和用户定义 4 种。这 4 种类型在【图案】面板中也能找到，但在此处选择比较快捷。
- 颜色▨：为填充图案选择颜色，单击该列表的下拉按钮，展开颜色下拉列表。如果需要更多的颜色选择，那么可以在颜色下拉列表中选择【选择颜色】选项，打开【选择颜色】对话框，如图 6-24 所示。

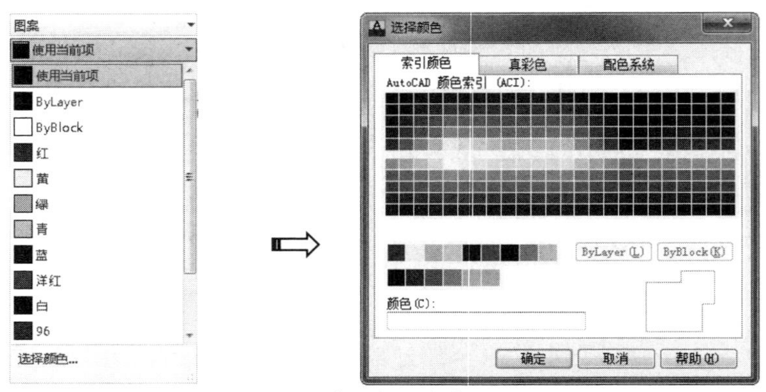

图 6-24 【选择颜色】对话框

- 背景色▨：是指在填充区域内，除填充图案外的区域颜色设置。
- 图层▨：从用户定义的图层中为定义的图案指定当前图层。若用户没有定义图层，则此下拉列表中仅仅显示 AutoCAD 默认的图层 0 和图层 Defpoints。
- 相对于图纸空间：在"布局 1"图纸空间中此选项被激活。选择此选项，可用于设置布局空间中图案的比例，如图 6-25 所示。

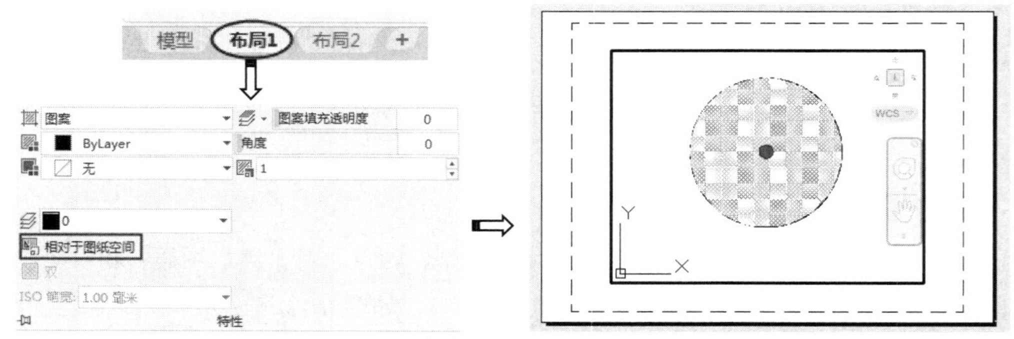

图 6-25 在布局空间中设置图案比例

- 双：当填充类型为【用户定义】时，该选项被激活。图 6-26 所示为应用交叉线的前后对比。
- ISO 笔宽：基于选定笔宽缩放 ISO 预定义图案（此下拉列表的作用等同于填充比例的作用）。仅当用户指定了符合 ISO 标准的填充图案时该下拉列表被激活。
- 图案填充透明度：设定新图案填充或填充的透明度，替代当前图案的透明度。
- 填充角度：指定填充图案的角度（相对当前 UCS 的 X 轴）。填充图案的角度设置如图 6-27 所示。

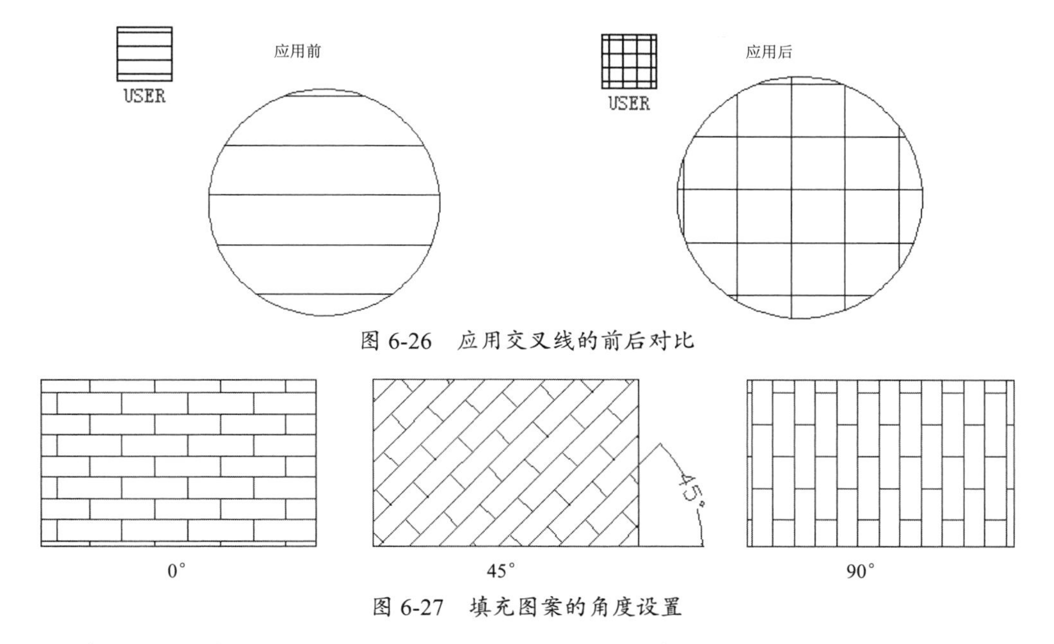

图 6-26　应用交叉线的前后对比

图 6-27　填充图案的角度设置

- 填充比例：放大或缩小预定义或自定义图案。填充图案的比例设置如图 6-28 所示。

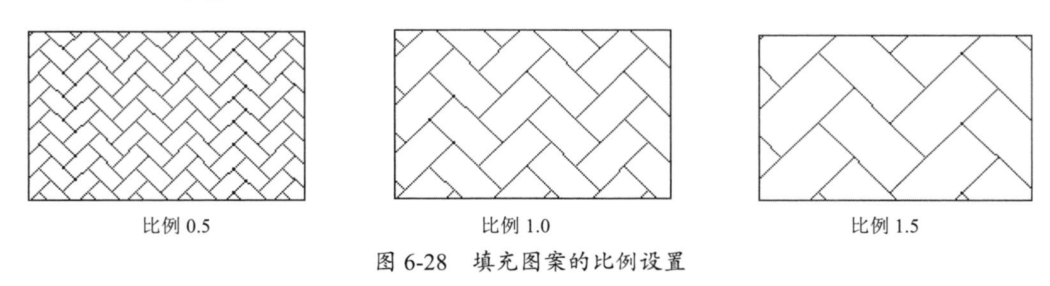

图 6-28　填充图案的比例设置

4.【原点】面板

【原点】面板用于控制填充图案生成的起始位置，如图 6-29 所示。当某些图案填充（如砖块图案）需要与图案填充边界上的一点对齐时，默认情况下，所有图案填充原点都对应于当前的 UCS 原点。

- 设定原点：单击此按钮，在绘图区可直接指定新的图案填充原点。
- 左下、右下、左上、右上和中心：根据图案填充边界的矩形范围来定义新原点。
- 存储为默认原点：将新图案填充原点的值存储在系统变量 HPORIGIN 中。

5.【选项】面板

【选项】面板用于控制几个常用的图案填充或填充选项，如图 6-30 所示。

- 注释性：指定图案填充为注释性。
- 关联：控制图案填充或填充的关联，关联的图案填充或填充在用户修改其边界时将会更新。

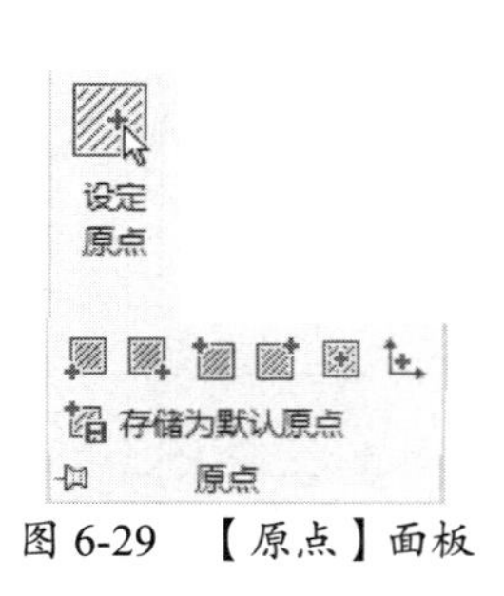

图 6-29 【原点】面板

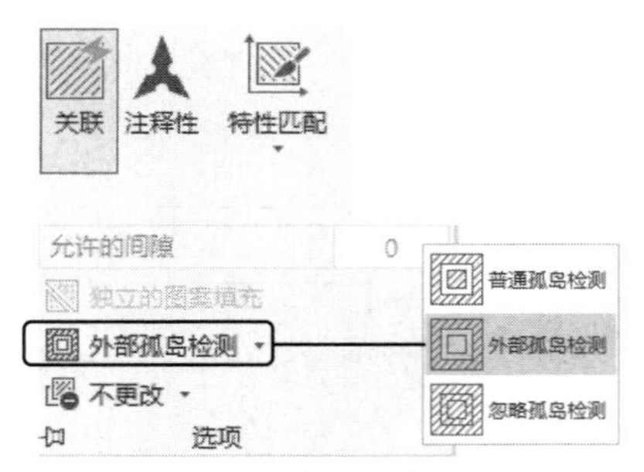

图 6-30 【选项】面板

- 独立的图案填充：控制当指定了几个单独的闭合边界时，是创建单个图案填充，还是创建多个图案填充。当创建了两个或两个以上的图案填充时，此选项才可用。
- 外部孤岛检测（名称随选取孤岛检测样式的变化而变化）：填充区域内的闭合边界称为孤岛，控制是否检测孤岛。若不存在闭合边界，则指定孤岛检测样式没有意义。孤岛检测的样式：普通、外部和忽略，如图 6-31～图 6-33 所示。

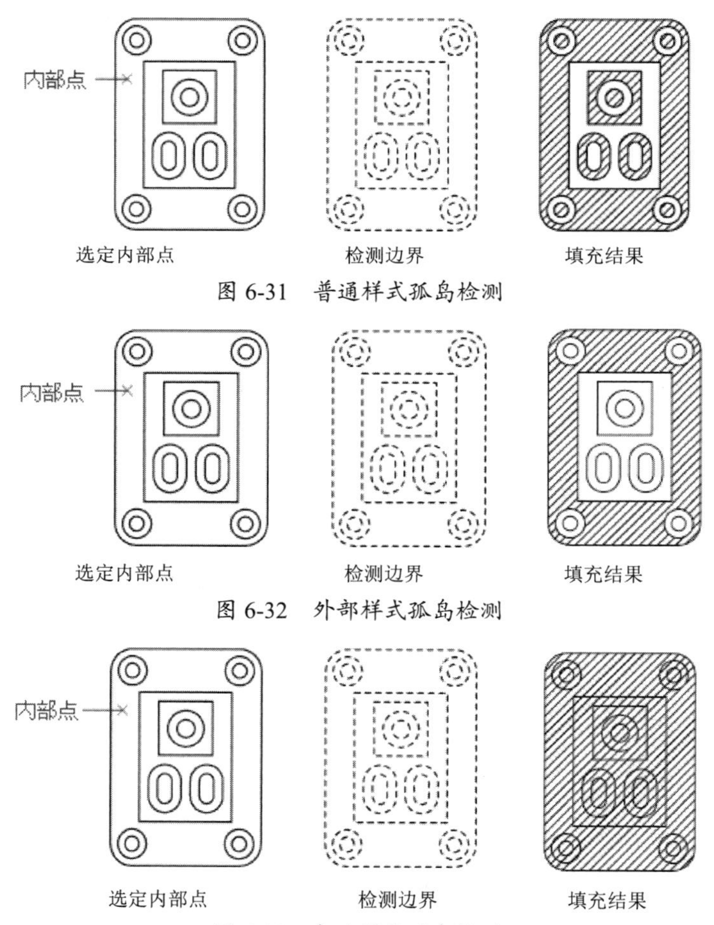

图 6-31 普通样式孤岛检测

图 6-32 外部样式孤岛检测

图 6-33 忽略样式孤岛检测

- 绘图次序（名称随选取绘图次序的变化而变化）：为图案填充或填充指定绘图次序。图案填充可以放在所有其他对象之后、所有其他对象之前、图案填充边界之后或图案填充边界之前。在打开的下拉列表中包括【不更改】选项、【后置】选项、【前置】选项、【置于边界之后】选项和【置于边界之前】选项，如图 6-34 所示。

- 图案填充和渐变色：当单击该面板右下角的对话框启动按钮时，会打开【图案填充和渐变色】对话框，如图 6-35 所示。

图 6-34　绘图次序　　　　图 6-35　【图案填充和渐变色】对话框

6.3.2　创建无边界的图案填充

在特殊情况下，有时不需要显示图案填充的边界，用户可使用以下几种方法创建无边界的图案填充。

- 使用【图案填充】命令创建图案填充，删除全部或部分边界对象。
- 使用【图案填充】命令创建图案填充，确保边界对象与图案填充不在同一图层上，关闭或冻结边界对象所在的图层。这是保持图案填充关联性的唯一方法。
- 可以创建为修剪边界的对象修剪现有的图案填充，修剪图案填充以后，删除这些对象。
- 用户可以通过在命令行中执行 HATCH 命令，在命令行操作提示中选择【绘图】选项指定边界点来定义图案填充边界。

例如，只通过填充图案中较大区域的一小部分，来凸显较大区域。指定点定义图案填充边界如图 6-36 所示。

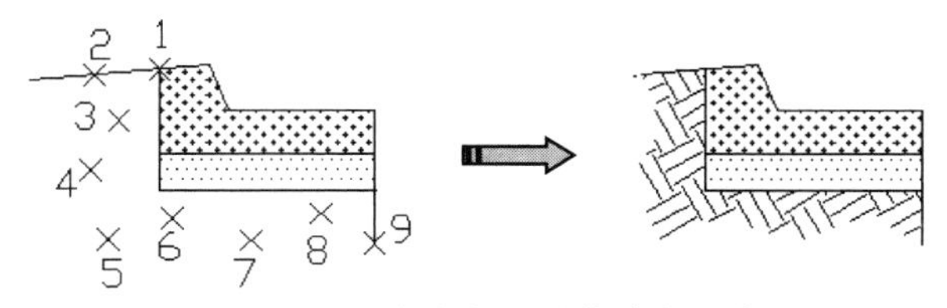

图 6-36　指定点定义图案填充边界

动手操作——创建图案填充

① 打开本例源文件“ex-1.dwg”。

② 在【默认】选项卡的【绘图】面板中单击【图案填充】按钮，功能区显示【图案填充创建】选项卡。

③ 在【图案填充创建】选项卡中做如下设置：图案选择 ANSI31；填充角度为 90；填充比例为 0.8。设置完成后单击【拾取点】按钮，如图 6-37 所示。

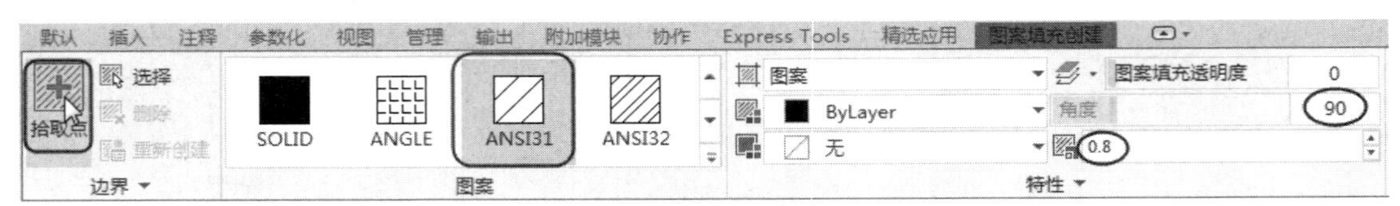

图 6-37 设置图案填充

④ 在图形中的 6 个点中选择拾取点，选择完成后按 Enter 键确认，如图 6-38 所示。

⑤ 在【图案填充创建】选项卡中单击【关闭填充图案创建】按钮，程序自动填充所选择的边界，如图 6-39 所示。

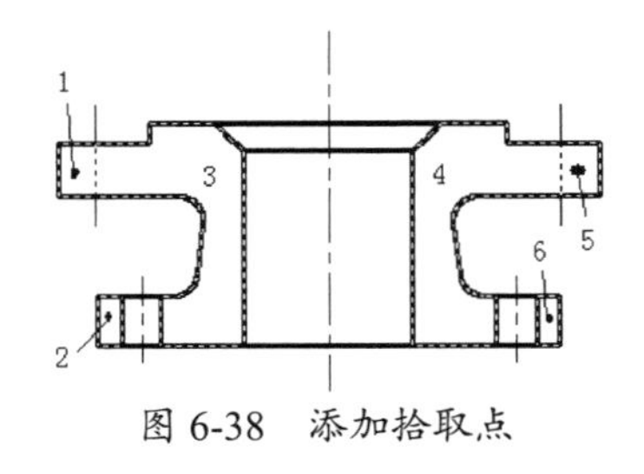

图 6-38 添加拾取点

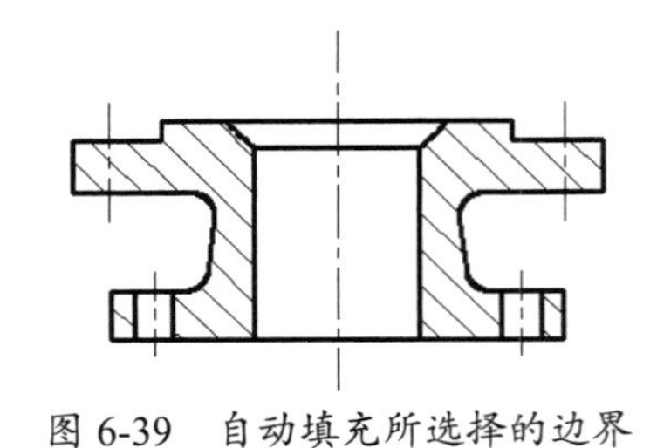
图 6-39 自动填充所选择的边界

6.4 渐变色填充

渐变色填充是指在一种颜色的不同灰度或 2 种颜色之间使用过渡，并提供光源反射到对象上，可用于增强演示图形。

6.4.1 设置渐变色

渐变色填充是通过【图案填充创建】选项卡进行设置并创建的。当然也可以单击【图案填充创建】选项卡【选项】面板右下角的对话框启动按钮，打开【图案填充和渐变色】对话框，如图 6-40 所示，在【渐变色】选项卡中进行渐变色填充设置。

用户可通过以下方式打开设置渐变色填充的【图案填充创建】选项卡。

- 菜单栏：执行【绘图】|【渐变色】命令。
- 面板：在【默认】选项卡的【绘图】面板中单击【渐变色】按钮。
- 命令行：输入 gradient。

渐变色填充的操作步骤与图案填充的操作步骤完全相同，这里不再重复叙述。下面介绍

【图案填充和渐变色】对话框的【渐变色】选项卡中颜色、渐变图案预览和方向的功能。

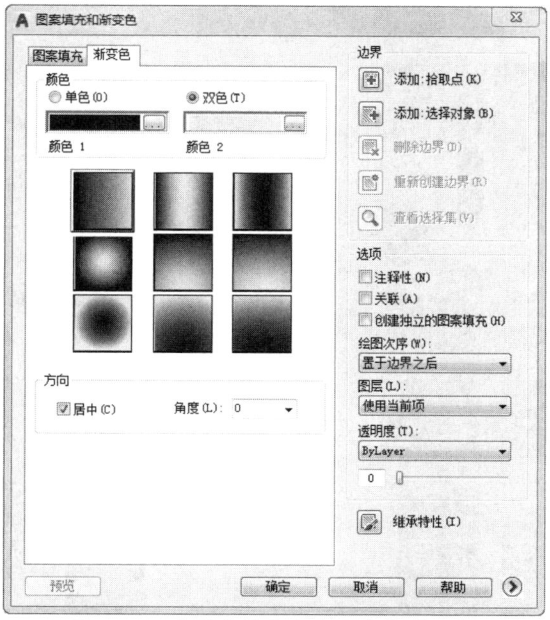

图 6-40　【图案填充和渐变色】对话框

1. 颜色

在【颜色】选项组中可控制渐变色填充的颜色对比、颜色的选择等，包括单色和双色。

- 单色：指定使用从较深色调到较浅色调平滑过渡的单色填充。选择该单选按钮，将显示带有【浏览】按钮...和暗、明滑块的颜色样本，如图 6-41 所示。
- 双色：指定在两种颜色之间平滑过渡的双色渐变填充。选择该单选按钮，将显示颜色 1 和颜色 2 的带有【浏览】按钮...的颜色样本，如图 6-42 所示。

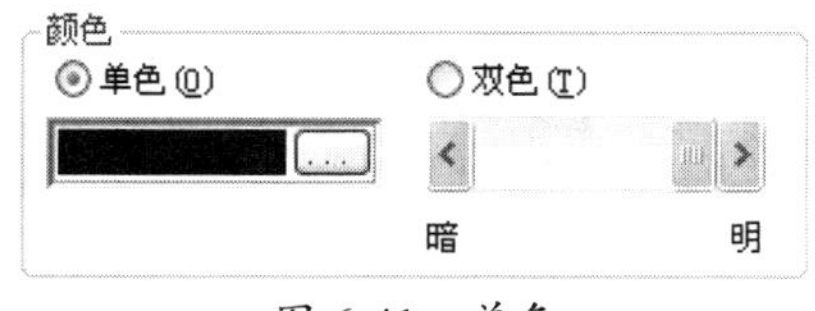

图 6-41　单色

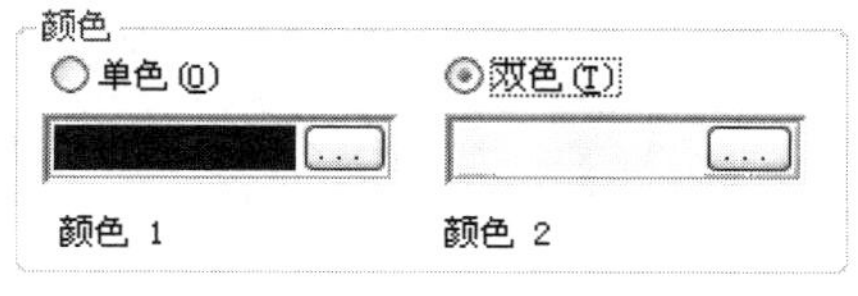

图 6-42　双色

- 颜色样本：指定渐变色填充的颜色。单击【浏览】按钮...，打开【选择颜色】对话框，如图 6-43 所示。在该对话框中可以选择索引颜色、真彩色和配色系统。

2. 渐变图案预览

该区域可预览显示用户所设置的 9 种渐变图案，如图 6-44 所示。

3. 方向

在【方向】选项组中可指定渐变色的角度及其是否对称。

- 居中：勾选该复选框，将指定对称的渐变配置；取消勾选该复选框，渐变色填充将朝左上方变化，在对象左侧创建光源图案，如图 6-45 所示。

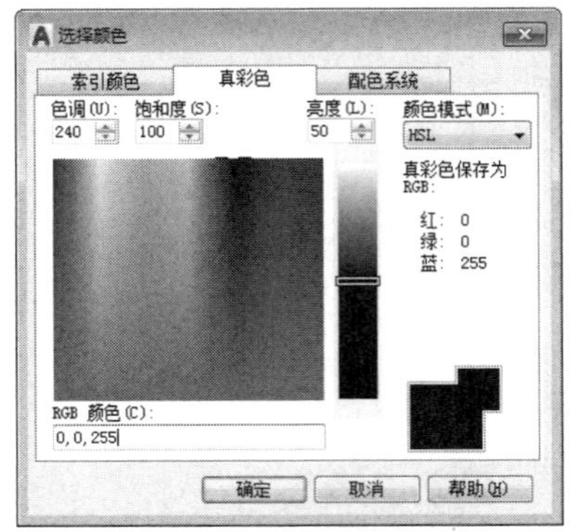

图 6-43 【选择颜色】对话框

图 6-44 9 种渐变图案

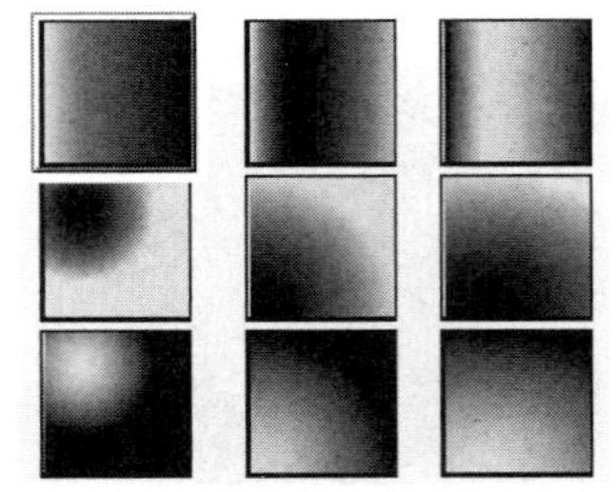

没有居中

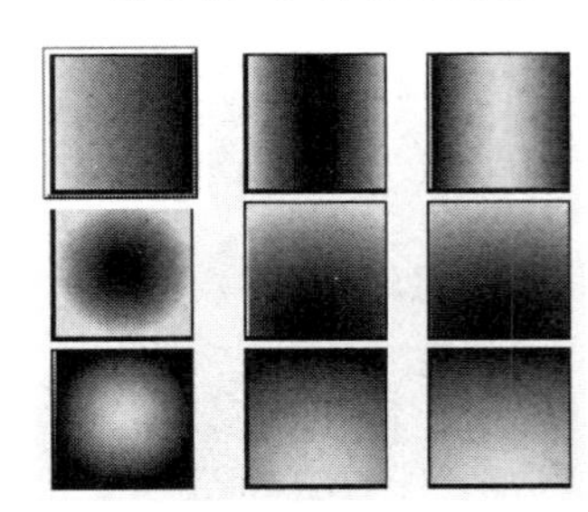

居中

图 6-45 对称的渐变配置

- 角度：指定渐变色填充的角度，相对于当前 UCS 指定的角度，如图 6-46 所示。在此下拉列表中选择的渐变色填充角度与图案填充指定的填充角度互不影响。

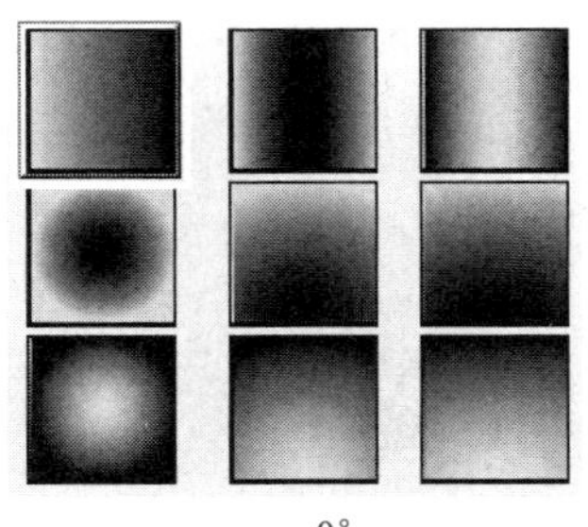

0°

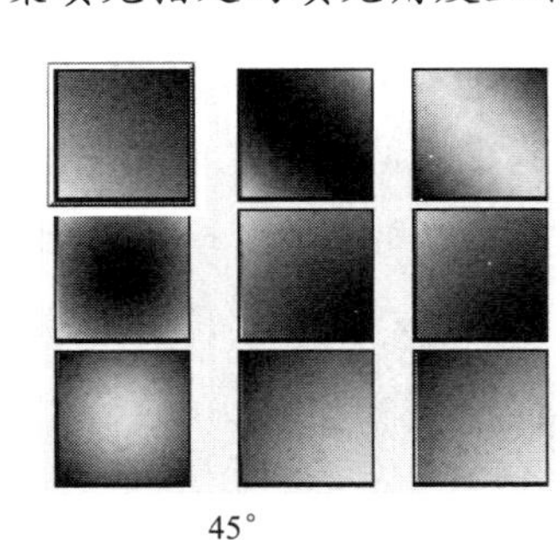

45°

图 6-46 渐变色填充的角度

6.4.2 创建渐变色填充

本节将通过以下范例来说明渐变色填充的操作步骤。本例将渐变色填充颜色设为双色，并自选颜色及设置角度。

动手操作——创建渐变色填充

① 打开本例源文件“ex-2.dwg”。

② 在【默认】选项卡的【绘图】面板中单击【图案填充】按钮，功能区显示【图案填充创建】选项卡。

③ 在【特性】面板中设置以下参数：在颜色下拉列表中选择【更多颜色】选项，在打开的

【选择颜色】对话框的【真彩色】选项卡中设置色调为 267、饱和度为 93、亮度为 77，关闭该对话框，即完成颜色的设置，如图 6-47 所示。

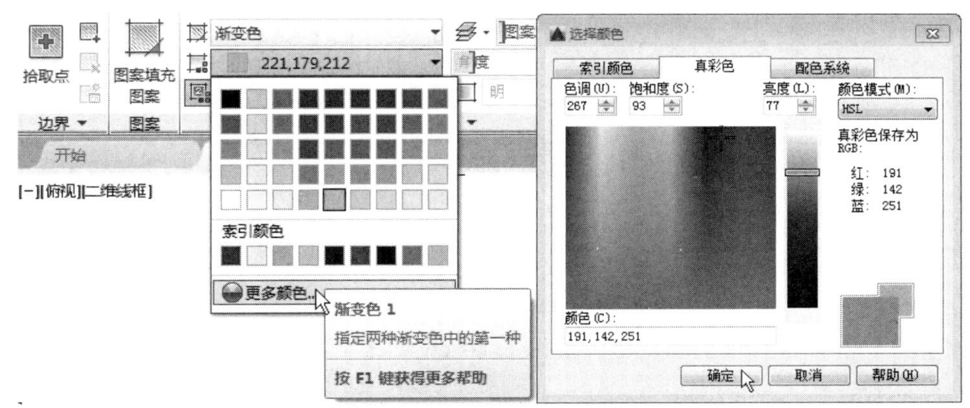

图 6-47　完成颜色的设置

④　在【原点】面板中单击【居中】按钮，并在【特性】面板中设置角度为 30，如图 6-48 所示。

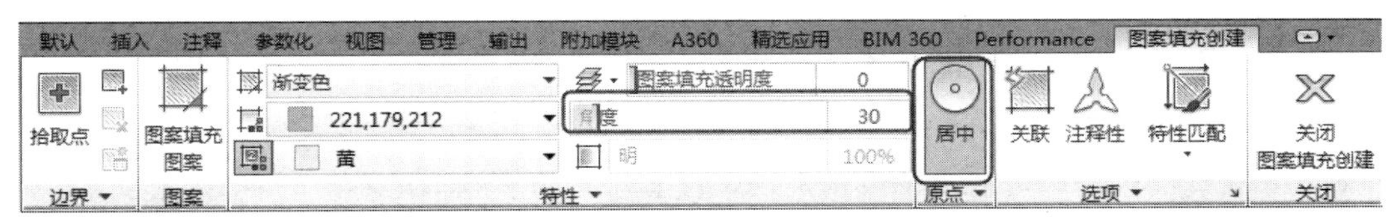

图 6-48　设置角度为 30

⑤　在图形中选取一点作为渐变色填充的位置点，如图 6-49 所示，在该点处单击即可完成渐变色填充的创建，如图 6-50 所示。

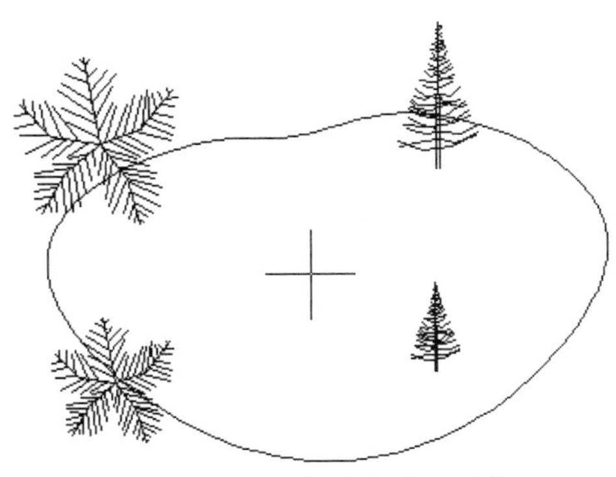

图 6-49　渐变色填充的位置点

图 6-50　完成渐变色填充的创建

6.5　区域覆盖

区域覆盖对象是一块多边形区域，它可以使用当前背景色屏蔽底层的对象。此区域由区域覆盖边框进行绑定，可以打开此区域进行编辑，也可以关闭此区域进行打印。使用区域覆盖对象可以在现有对象上生成一个空白区域，用于添加注释或详细的屏蔽信息。区域覆盖如

图 6-51 所示。

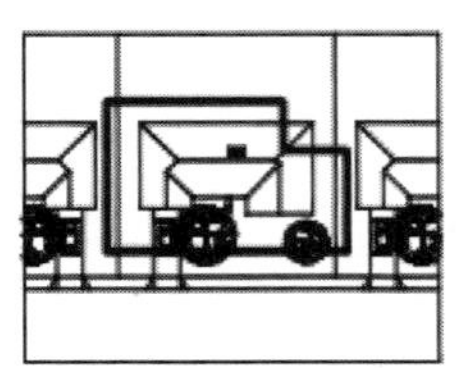

绘制多段线

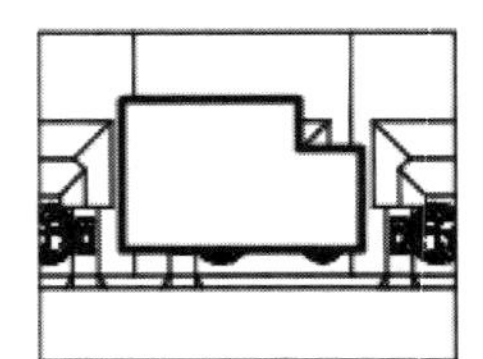
擦除多段线内的对象

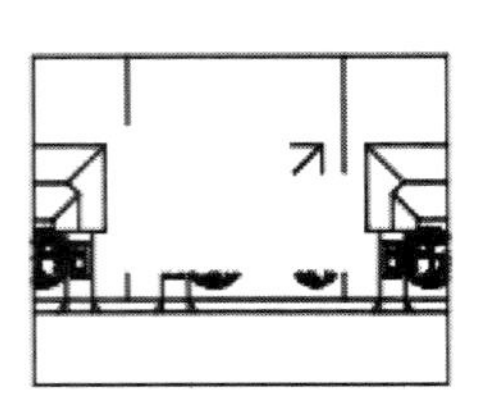
擦除边框

图 6-51　区域覆盖

用户可通过以下方式来执行上述操作。

- 菜单栏：执行【绘图】|【区域覆盖】命令。
- 面板：单击【默认】选项卡【绘图】面板中的【区域覆盖】按钮。
- 命令行：输入 wipeout。

在命令行中执行 wipeout 命令，命令行操作提示如下：

```
命令：_wipeout
指定第一点或 [边框(F)/多段线(P)] <多段线>:
```

操作提示中各选项的含义如下。

- 第一点：根据一系列点确定区域覆盖对象的多边形边界。
- 边框：确定是否显示所有区域覆盖对象的边。
- 多段线：根据选定的多段线确定区域覆盖对象的多边形边界。

技术要点：

若使用多段线创建区域覆盖对象，则多段线必须闭合，只包括直线段且宽度为零。

下面通过以下范例来说明区域覆盖对象的创建过程。

动手操作——创建区域覆盖对象

① 打开本例源文件“ex-3.dwg”。

② 首先在【默认】选项卡的【绘图】面板中单击【区域覆盖】按钮，然后按如下命令行操作提示进行操作：

```
命令：_wipeout
指定第一点或 [边框(F)/多段线(P)] <多段线>: ↙          //选择选项或按 Enter 键
选择闭合多段线:                                         //选择多段线
是否要删除多段线? [是(Y)/否(N)] <否>: ↙
```

③ 创建区域覆盖对象的过程及结果如图 6-52 所示。

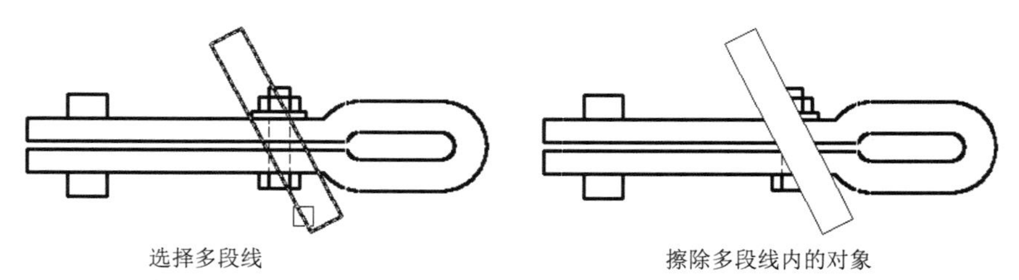
选择多段线　　擦除多段线内的对象

图 6-52　创建区域覆盖对象的过程及结果

6.6 测量与面积、体积计算

AutoCAD 是表达二维平面的软件，除表达平面图形的形状外，还要表达平面图形中各图线之间的位置关系、整个图形的面积、三维实体模型的体积等。

6.6.1 测量距离、半径和角度

当导入某一 AutoCAD 图形（或者其他由三维软件生成的工程图）时，此图形并没有给出尺寸等基本信息，这时就需要用测量工具获得它的具体尺寸信息了。可以通过执行菜单栏中的【工具】|【查询】|【距离】【半径】或【角度】命令，得到相关的尺寸信息。

动手操作——测量直线长度和角度

已知，*A* 点、*B* 点和 *C* 点的绝对坐标分别为（0,0）、（51.9615,30）和（51.9615,0），用直线连接三个点后，先用距离工具测量各点之间的距离，再利用角度工具测量线段 *AB* 与线段 *AC* 之间的夹角。

① 利用上述已知的条件，绘制如图 6-53 所示的图形。

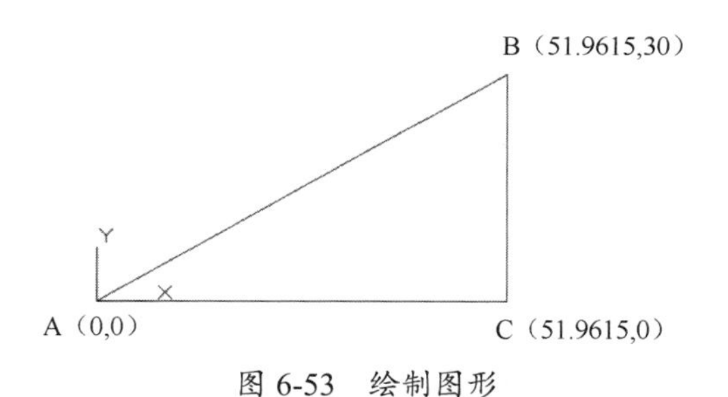

图 6-53　绘制图形

② 在菜单栏中执行【工具】|【查询】|【距离】命令，首先测量 *A* 点和 *B* 点之间的距离（也就是线段 *AB* 的长度）。先在 *A* 点位置放置第一个测量点，然后将光标移动到 *B* 点位置（先不要单击鼠标），即可显示两点之间的距离，如图 6-54 所示。

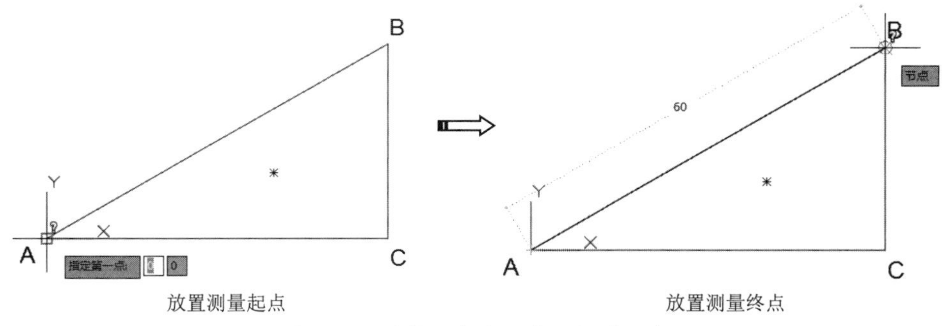

图 6-54　测量 *A* 点和 *B* 点之间的距离

③ 在 *B* 点位置单击，会弹出距离信息提示和测量选项，并同时获得其余连接线段的长度，如图 6-55 所示。

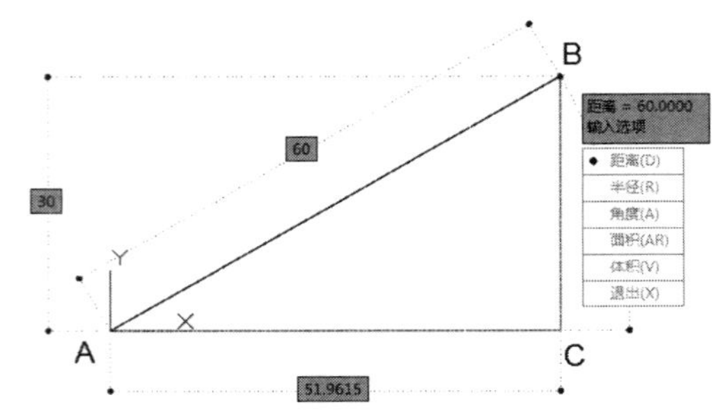

图 6-55　获得其余连接线段的长度

④ 获得距离信息后，可以在弹出的测量选项中选择【半径】选项，或者重新在菜单栏中执行【工具】|【查询】|【角度】命令，并选中线段 *AB* 和线段 *AC*，如图 6-56 所示。

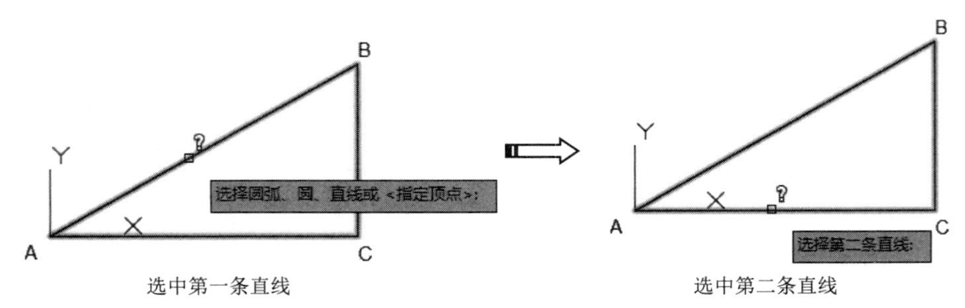

图 6-56　选中线段 *AB* 和线段 *AC*

⑤ 随后会显示测量的角度信息，如图 6-57 所示。

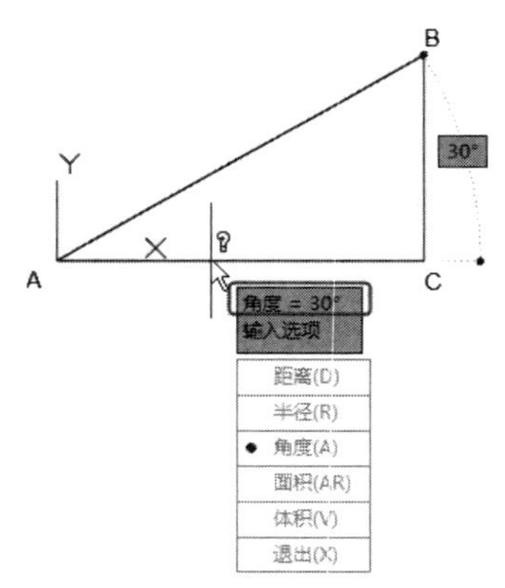

图 6-57　显示测量的角度信息

动手操作——测量圆弧弧长

距离工具不仅可以测量线段的长度，还可以测量圆弧的弧长。

① 使用【三点】命令任意绘制一段圆弧，如图 6-58 所示。

② 在菜单栏中执行【工具】|【查询】|【距离】命令，选取圆弧的一个端点，如图 6-59 所示。

③ 先在命令行操作提示中选择【多个点】选项，再选择【圆弧】选项，接着选择【圆心】选项，使用光标捕捉圆弧圆心，如图 6-60 所示。

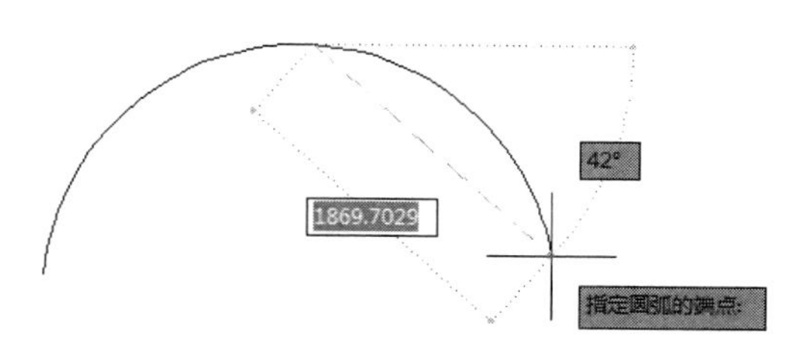

图 6-58　任意绘制一段圆弧

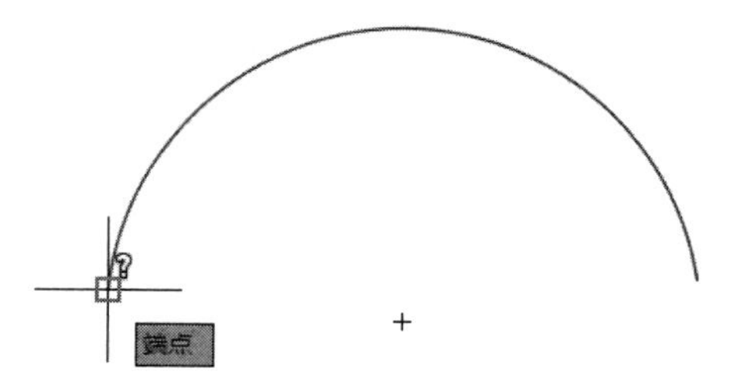

图 6-59　选取圆弧的一个端点

④ 捕捉到圆弧圆心后，按住 Ctrl 键切换圆弧方向，并在拾取圆弧的另一个端点后按 Enter 键，即可获得圆弧弧长的相关信息，如图 6-61 所示。命令行操作提示如下：

```
命令: _MEASUREGEOM
输入选项 [距离(D)/半径(R)/角度(A)/面积(AR)/体积(V)] <距离>: _distance
指定第一点:                                                    //指定圆弧的起点
指定第二个点或 [多个点(M)]: M                                  //选择【多个点】选项
指定下一个点或 [圆弧(A)/长度(L)/放弃(U)/总计(T)] <总计>: A      //选择【圆弧】选项
指定圆弧的端点(按住 Ctrl 键以切换方向)或
[角度(A)/圆心(CE)/方向(D)/直线(L)/半径(R)/第二个点(S)/放弃(U)]: CE  //选择【圆心】选项
指定圆弧的圆心:                                                //拾取圆心
指定圆弧的端点(按住 Ctrl 键以切换方向)或 [角度(A)/长度(L)]:
距离 = 4402.0047                    //按住 Ctrl 键以切换方向并拾取圆弧的终点
输入选项 [距离(D)/半径(R)/角度(A)/面积(AR)/体积(V)/退出(X)] <距离>:↙  //结束操作
```

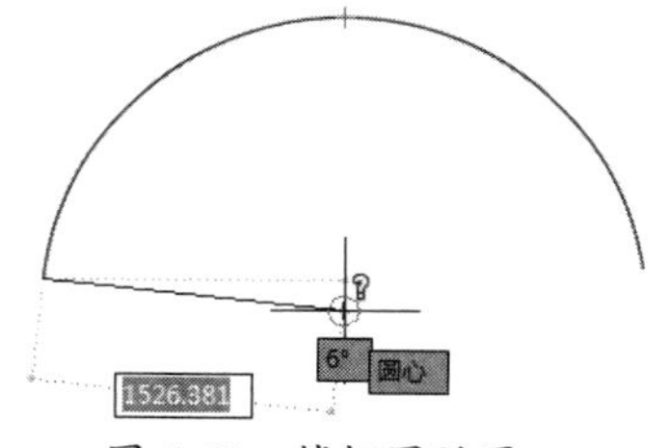

图 6-60　捕捉圆弧圆心

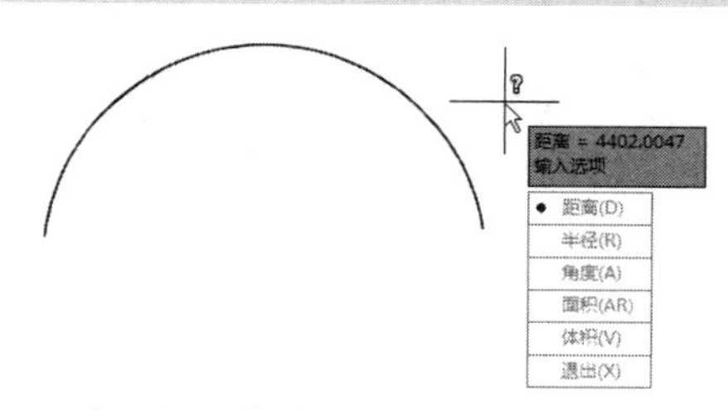

图 6-61　获得圆弧弧长的相关信息

动手操作——测量样条曲线的长度

由于样条曲线的长度是不能利用查询工具获得的，因此，如何获得样条曲线的长度信息呢？本节将通过以下范例演示如何获取样条曲线的长度信息。

① 利用【样条曲线】命令任意绘制一条样条曲线，如图 6-62 所示。

② 在命令行中执行 list 命令，并选择样条曲线，如图 6-63 所示。

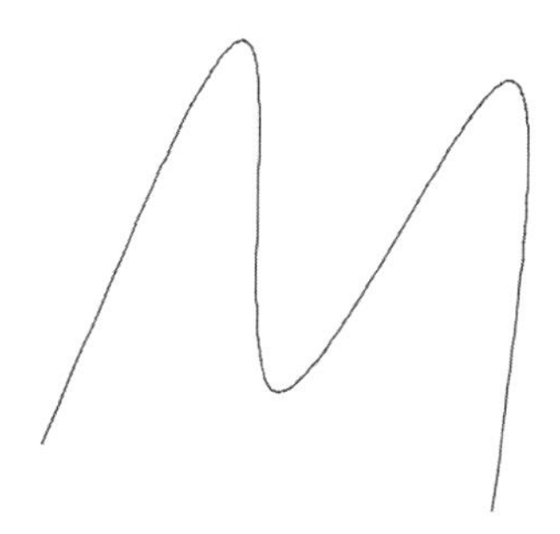

图 6-62　绘制一条样条曲线

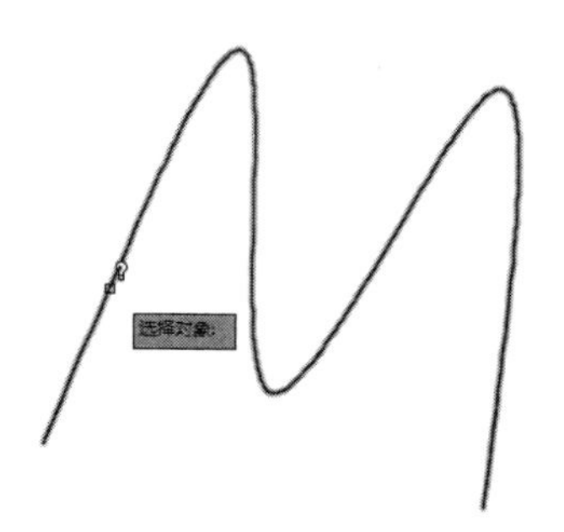

图 6-63　选择样条曲线

③ 按 Enter 键，即可获取样条曲线的长度信息，如图 6-64 所示。

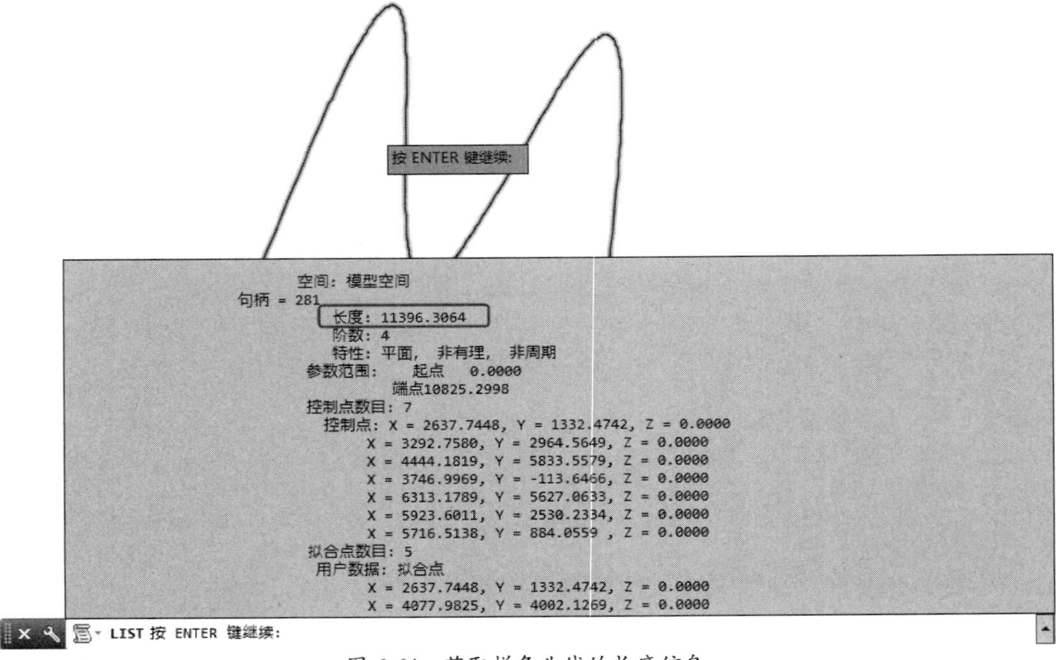

图 6-64 获取样条曲线的长度信息

提醒一下：

在命令行中执行 LIST 命令查询样条曲线的长度适用于任何类型的样条曲线。

动手操作——测量圆弧半径

通过绘制圆弧来完成半径的测量工作。

① 在【默认】选项卡的【绘图】面板中单击【三点】按钮，并依次选择三角形的三个点，绘制如图 6-65 所示的三点圆弧。

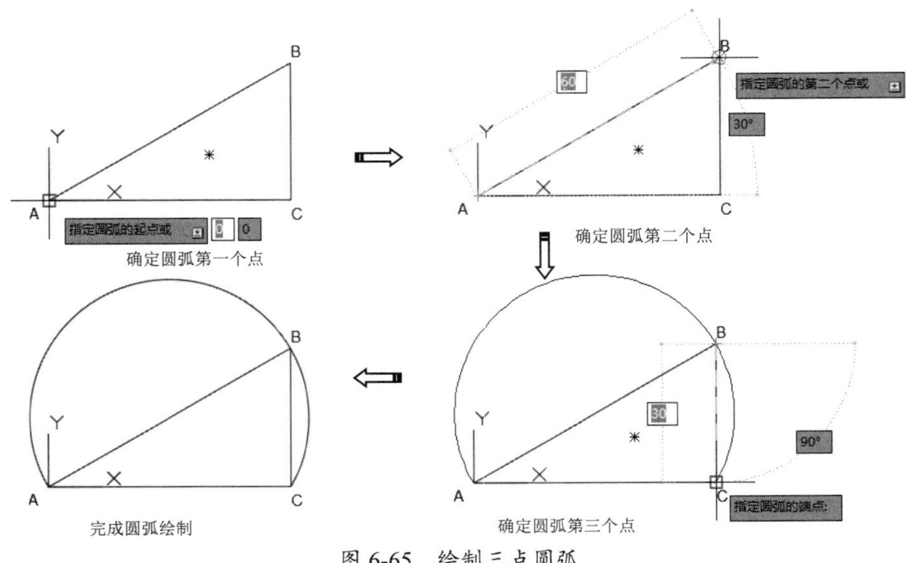

图 6-65 绘制三点圆弧

② 在菜单栏中执行【工具】|【查询】|【半径】命令，选择要测量半径的圆弧后，随即获得该圆弧的半径信息，如图 6-66 所示。

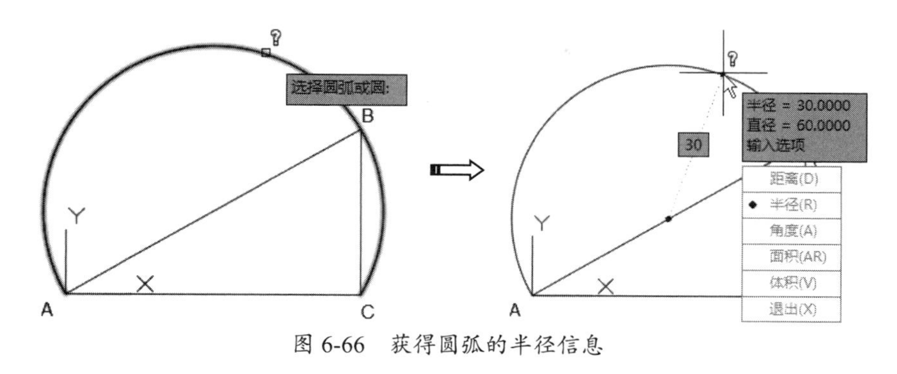

图 6-66　获得圆弧的半径信息

6.6.2　面积与体积的计算

在 AutoCAD 中，图形面积的计算方式有两种：一种是先将图形制作成区域然后进行计算；另一种是在命令行中选择【对象】选项后在绘图区拾取封闭多段线的形式进行计算。前者要比后者精确一些，因为前者是原有的图形，后者是采用选取点的形式进行相应计算，所以这两种计算会有一定的误差。

图形体积的计算方式也分为两种：一种是直接选取实体进行体积的计算；另一种是通过选取点的方式先确定实体的形状然后进行计算。

动手操作——计算图形的面积

将长度和角度精度设置为小数点后四位，绘制如图 6-67 所示的图形，并求剖面线区域的面积。

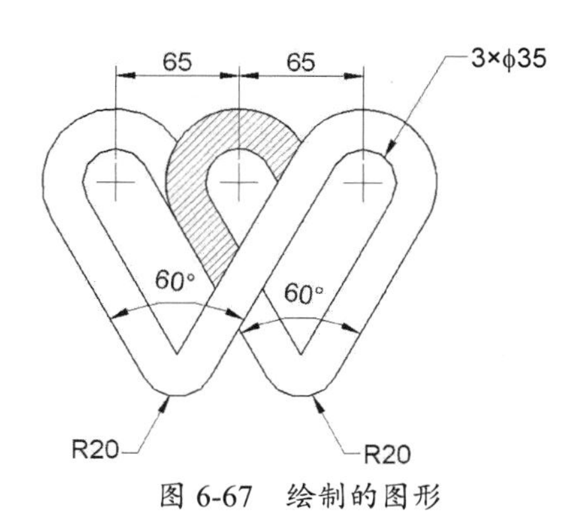

图 6-67　绘制的图形

如果要绘制如图 6-67 所示的图形，那么首先要判断图形基准线的中心位置，然后确定利用哪种变换操作工具进行快速制图。很明显此图总体上是一个左右对称的图形。因此，该图形的基准线的中心在剖面线区域的圆弧圆心上。

① 使用【直线】命令绘制辅助中心线，使用【圆】命令绘制一个圆，如图 6-68 所示。

② 使用【直线】命令绘制圆的两条相切竖直线，如图 6-69 所示，暂且不管长度如何。

③ 框选要操作的对象（圆和它的相切线），如图 6-70 所示。

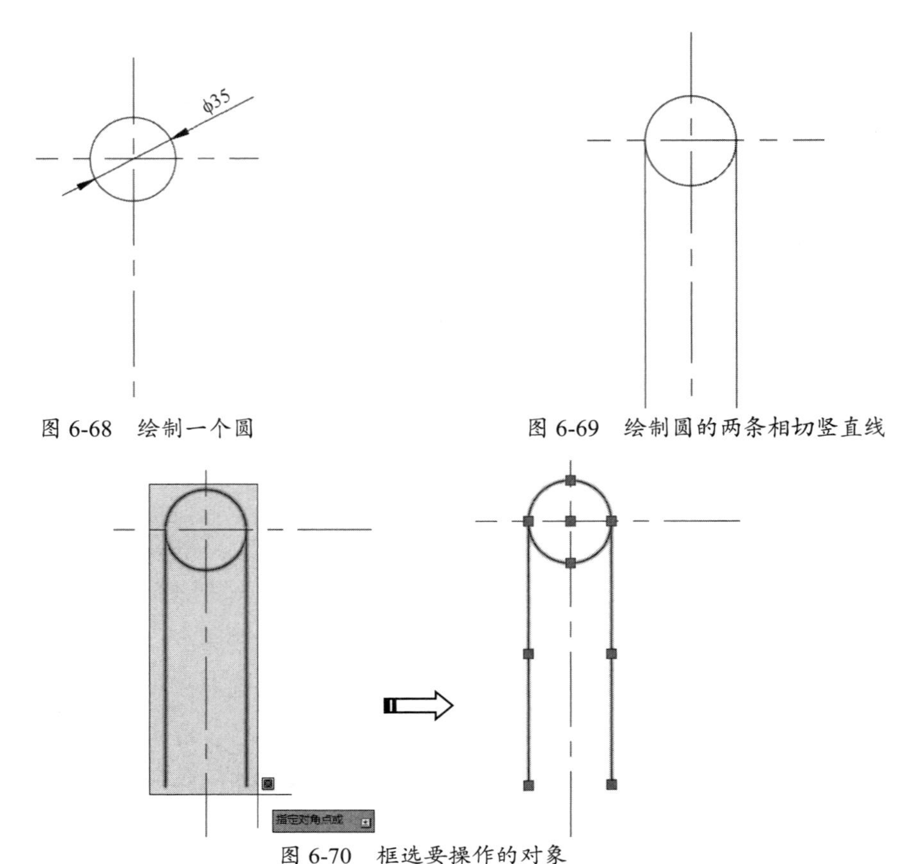

图 6-68　绘制一个圆

图 6-69　绘制圆的两条相切竖直线

图 6-70　框选要操作的对象

④ 在【默认】选项卡的【修改】面板中单击【旋转】按钮，拾取圆心为旋转点，并在命令行中输入旋转角度值 30，按 Enter 键后完成旋转操作，如图 6-71 所示。命令行操作提示如下：

```
命令: _rotate
UCS 当前的正角方向:  ANGDIR=逆时针   ANGBASE=0
找到 6 个
指定基点:                                            //指定旋转点
指定旋转角度，或 [复制(C)/参照(R)] <0>:  30↙          //输入旋转角度值并按 Enter 键
```

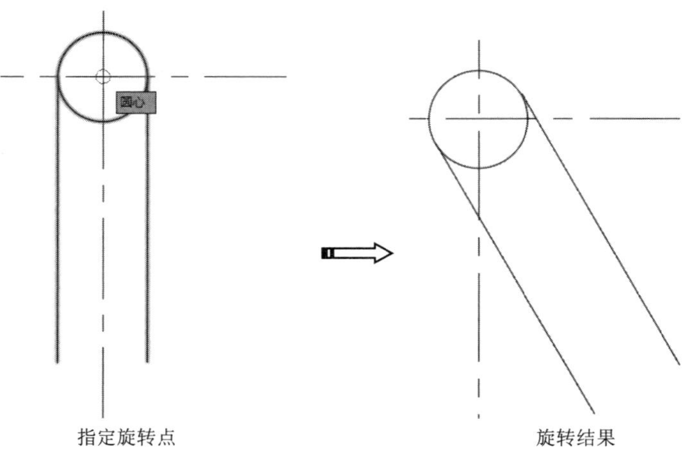

图 6-71　完成旋转操作

⑤　再次框选圆和它的相切线，并在【修改】面板中单击【复制】按钮，拾取圆心为复制参照点。将圆和它的相切线向左移动 65，完成复制操作，如图 6-72 所示。

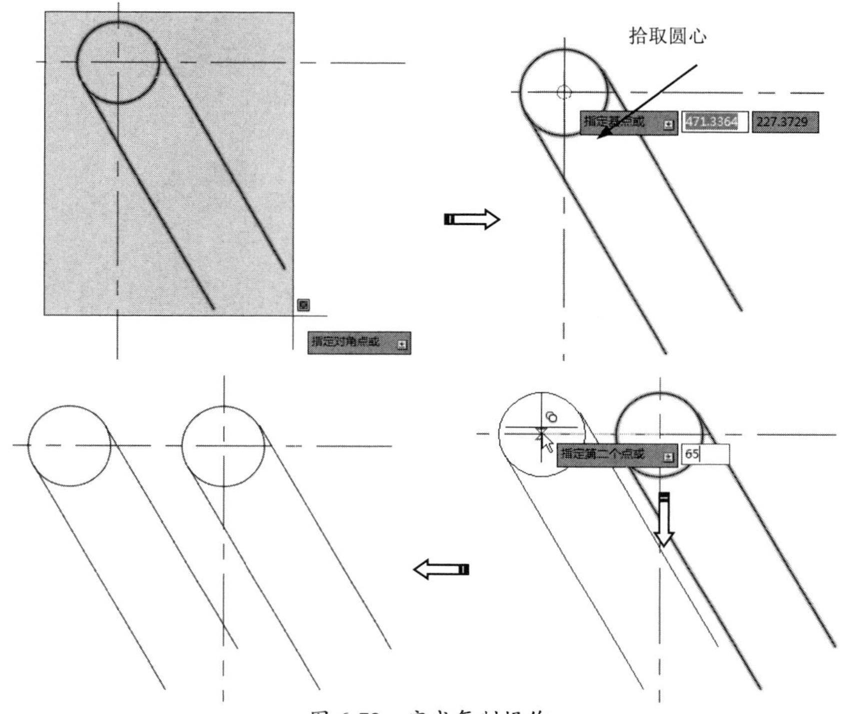

图 6-72　完成复制操作

⑥　使用【圆】命令，先在基准线中心位置的小圆上捕捉圆心，再捕捉另一个小圆的一条切线上的垂直约束点，绘制出如图 6-73 所示的大圆。

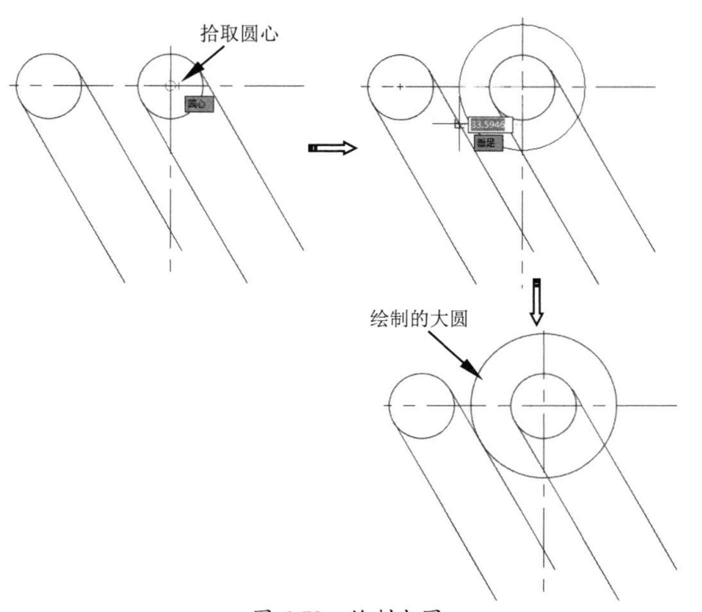

图 6-73　绘制大圆

⑦　选中基准线中心位置处小圆的切线，将光标移动到其端点处，选择【拉长】选项，将切

线拖动拉长，如图 6-74 所示。

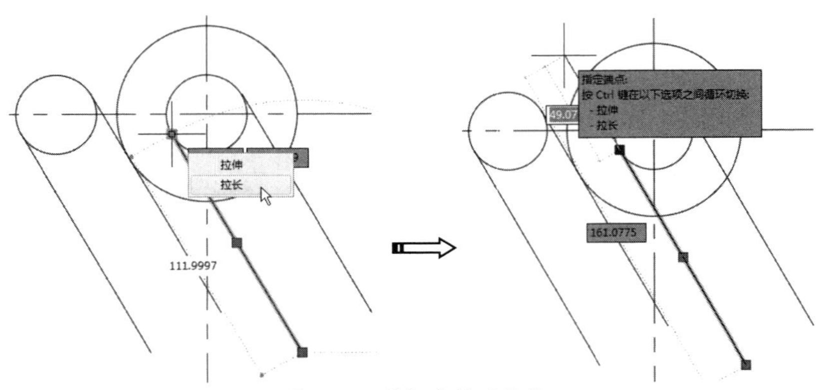

图 6-74　将切线拖动拉长

⑧ 使用【圆】命令，按前面绘制大圆的方法，绘制另一个（与左边小圆同心且与拉长的切线相切）大圆，如图 6-75 所示。

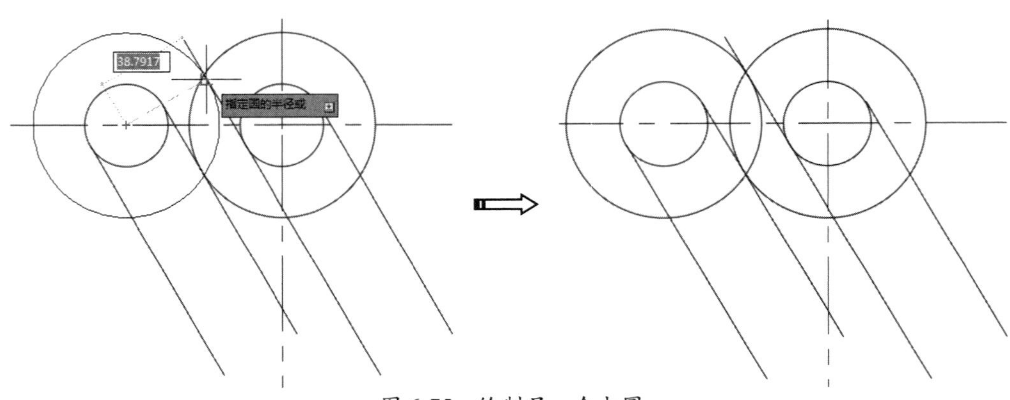

图 6-75　绘制另一个大圆

⑨ 使用【直线】命令，绘制两条与切线垂直的直线，如图 6-76 所示。

⑩ 使用【复制】命令，复制切线到一个大圆上（上一步骤绘制的直线与大圆的交点处），如图 6-77 所示。

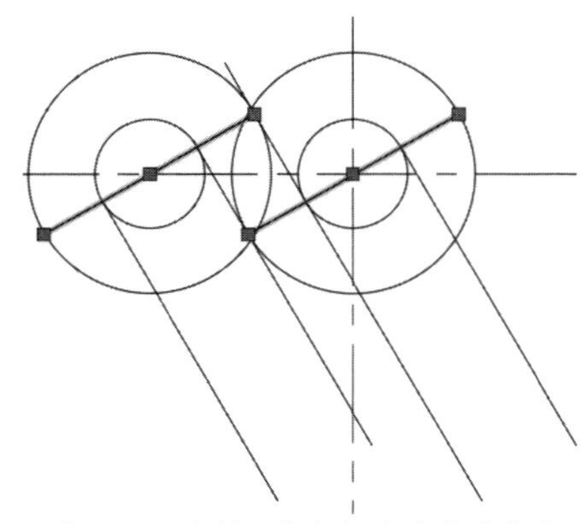

图 6-76　绘制两条与切线垂直的直线

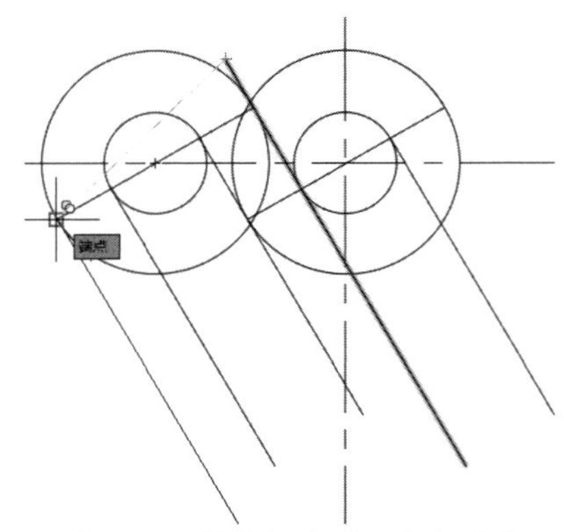

图 6-77　复制切线到一个大圆上

⑪ 同理，复制切线到另一个大圆上，如图 6-78 所示。

⑫ 在命令行中执行 tr 命令，并连续按两次 Enter 键，使用【修剪】命令，修剪多余线段，如图 6-79 所示，以便于后续操作。

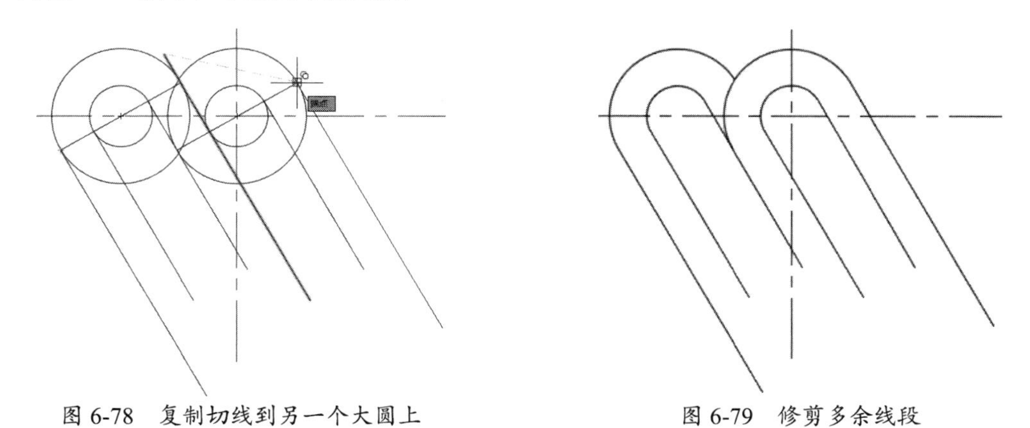

图 6-78　复制切线到另一个大圆上　　　　图 6-79　修剪多余线段

⑬ 选中如图 6-79 所示的图线，单击【修改】面板中的【镜像】按钮，并指定两个点作为镜像直线的参考点，即可完成镜像操作，如图 6-80 所示。

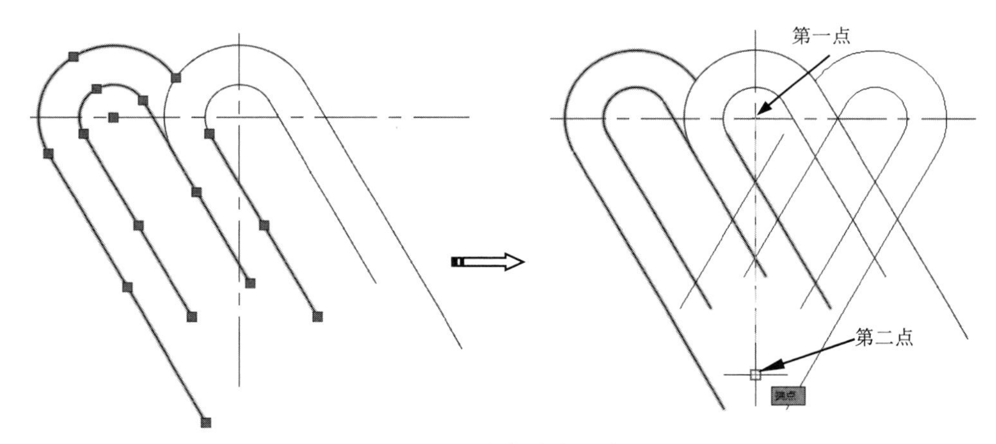

图 6-80　完成镜像操作

⑭ 清理镜像后的图形（该拉长的拉长，该修剪的修剪），其结果如图 6-81 所示。

⑮ 使用【圆角】命令，绘制半径为 20 的圆角，结果如图 6-82 所示。

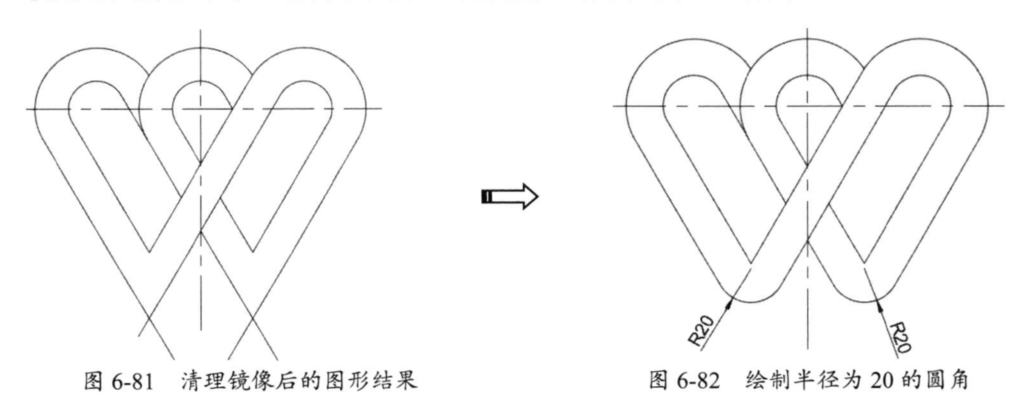

图 6-81　清理镜像后的图形结果　　　　图 6-82　绘制半径为 20 的圆角

⑯ 为计算面积建立完全封闭的面域。首先使用【修剪】命令暂时将部分图线修剪掉，如

图 6-83 所示。

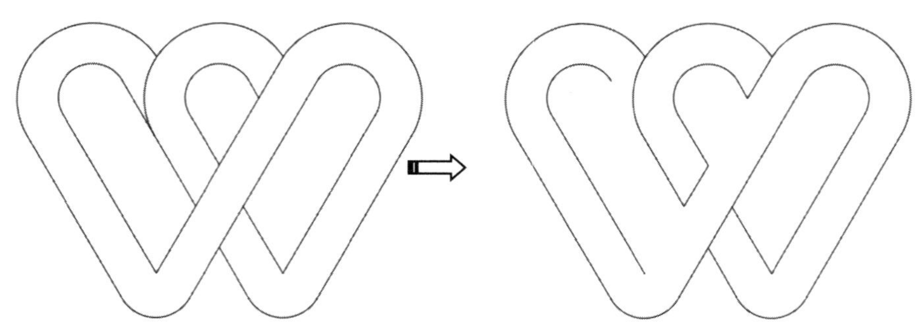

图 6-83　将部分图线修剪掉

提醒一下：

待面积计算完成后按 Ctrl+Z 快捷键撤销此操作，以使图形返回完整状态。

⑰ 使用【面域】命令，选取如图 6-84 所示的图形创建封闭的面域。

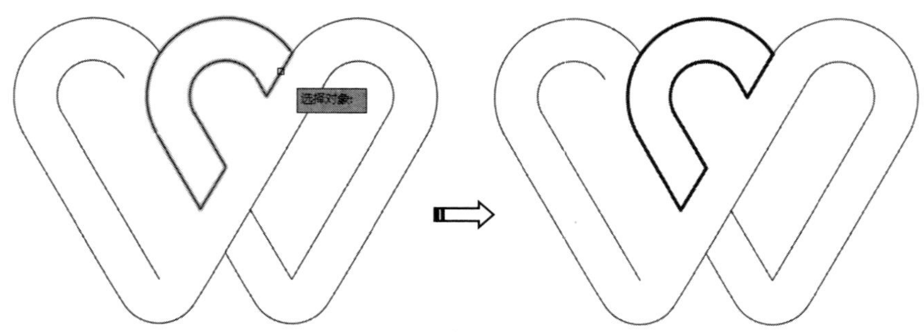

图 6-84　创建封闭的面域

⑱ 先在菜单栏中执行【工具】|【查询】|【面积】命令，然后在命令行操作提示中选择【对象】选项，并选择前面创建的面域进行面积计算，如图 6-85 所示。命令行操作提示如下：

```
命令: _MEASUREGEOM
输入选项 [距离(D)/半径(R)/角度(A)/面积(AR)/体积(V)] <距离>: _area
指定第一个角点或 [对象(O)/增加面积(A)/减少面积(S)/退出(X)] <对象(O)>: O
选择对象:
区域 = 2745.1257, 修剪的区域 = 0.0000 , 周长 = 306.9820
输入选项 [距离(D)/半径(R)/角度(A)/面积(AR)/体积(V)/退出(X)] <面积>: AR
```

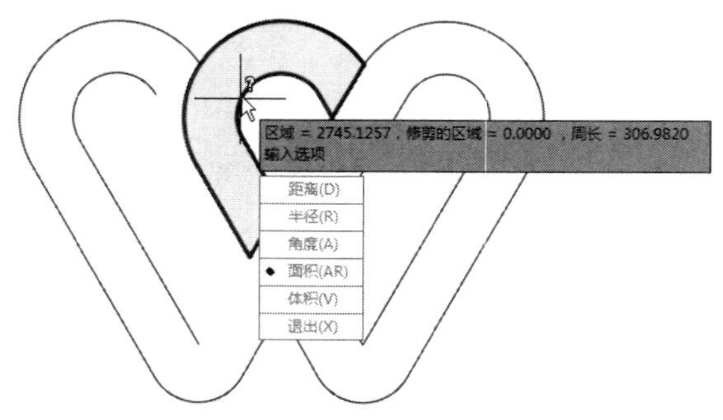

图 6-85　进行面积计算

⑲ 由此获得剖面线区域的面积为 2745.1257。撤销计算和修剪操作，以使图形返回完整状态。

提醒一下：

如果采用的是指定“直线+圆弧”的端点套取要测量的部分图形进行计算时，可能会因为选取点的误差导致最终计算的面积有较小的误差。

动手操作——计算三维模型的体积

① 打开本例源文件“阀管模型.dwg”，如图 6-86 所示。

② 在菜单栏中执行【工具】|【查询】|【体积】命令，在命令行操作提示中选择【对象】选项，并选取实体模型，系统将自动计算该模型的体积并显示信息，如图 6-87 所示。

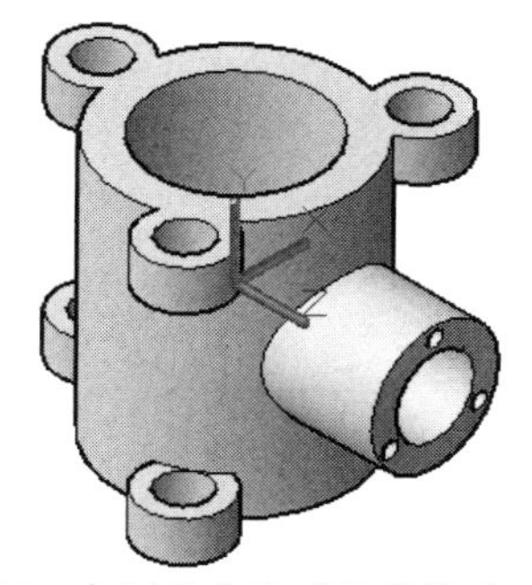

图 6-86　本例源文件“阀管模型.dwg”

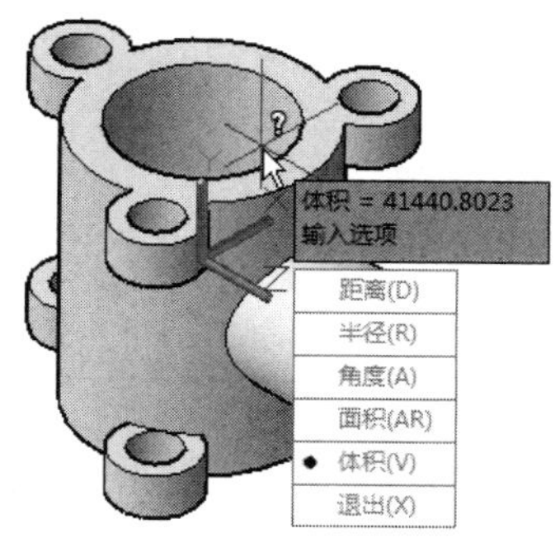

图 6-87　显示信息

6.7　综合范例

下面通过 2 个范例来说明面域与图案填充的综合应用过程。

6.7.1　范例一：利用面域绘制图形

用户可通过绘制如图 6-88 所示的 2 个零件图形，对【边界】、【面域】和【并集】等命令的使用方法进行综合练习和巩固。

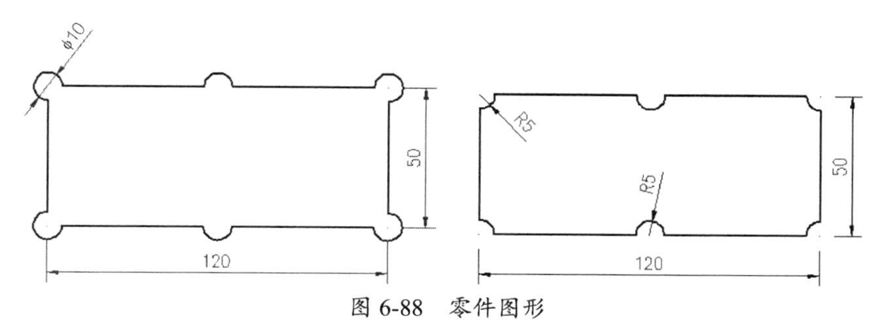

图 6-88　零件图形

操作步骤

① 新建图形文件。

② 在命令行中执行 ds 命令，打开【草图设置】对话框。设置对象的捕捉模式为端点捕捉和圆心捕捉。

③ 使用【图形界限】命令，设置图形界限为 240×100，并将其最大化显示。

④ 使用【矩形】命令，绘制长度为 120、宽度为 50 的矩形。命令行操作提示如下：

```
命令： _rectang
指定第一个角点或 [倒角(C)/标高(E)/圆角(F)/厚度(T)/宽度(W)]:
                                        //在绘图区拾取一点
指定另一个角点或 [面积(A)/尺寸(D)/旋转(R)]: @120,50
                                        //按 Enter 键，即可得绘制的矩形，如图 6-89 所示
```

⑤ 单击【圆】按钮，激活【圆】命令，绘制直径为 10 的圆。命令行操作提示如下：

```
命令： _circle
指定圆的圆心或 [三点(3P)/两点(2P)/切点、切点、半径(T)]:
                                        //捕捉矩形左下角点作为圆心
指定圆的半径或 [直径(D)]: D                //按 Enter 键
指定圆的直径： 10                          //按 Enter 键，即可得绘制的圆，如图 6-90 所示
```

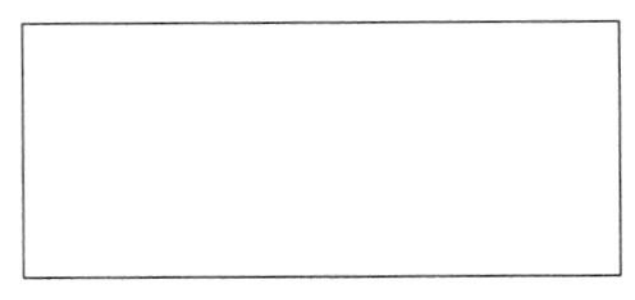

图 6-89　绘制的矩形

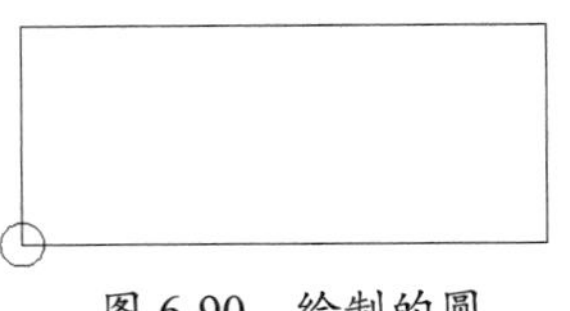

图 6-90　绘制的圆

⑥ 重复使用【圆】命令，分别以矩形其他 3 个角点和 2 条水平边的中点作为圆心，绘制直径为 10 的 5 个圆，结果如图 6-91 所示。

⑦ 执行【绘图】|【边界】命令，打开如图 6-92 所示的【边界创建】对话框。

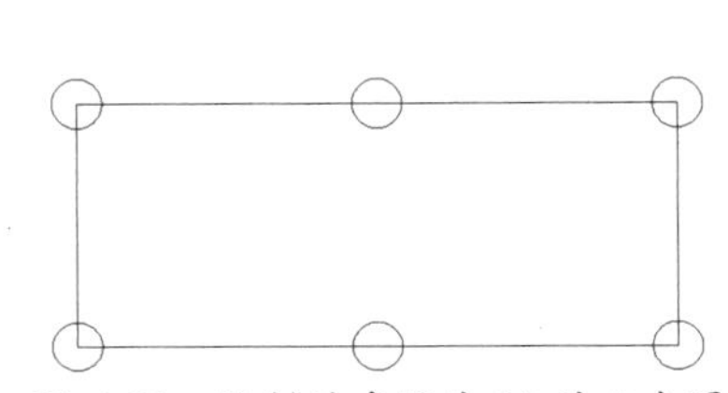

图 6-91　绘制的直径为 10 的 5 个圆

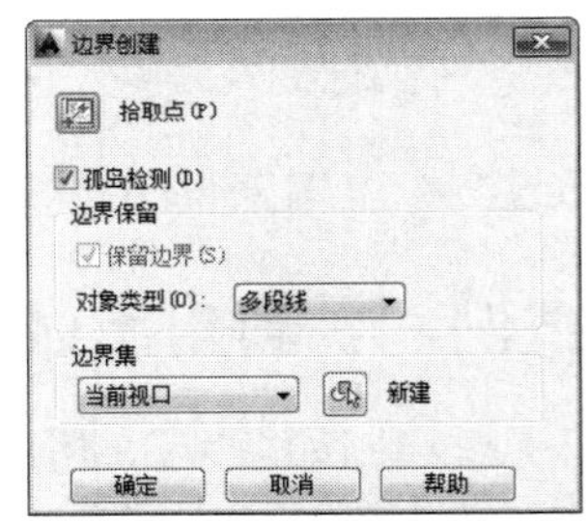

图 6-92　【边界创建】对话框

⑧ 在该对话框中各选项均采用默认设置，单击左上角的【拾取点】按钮，返回绘图区，在命令行相应操作提示下，在矩形内部拾取一点，此时系统自动创建出一个闭合的虚线边界，如图 6-93 所示。

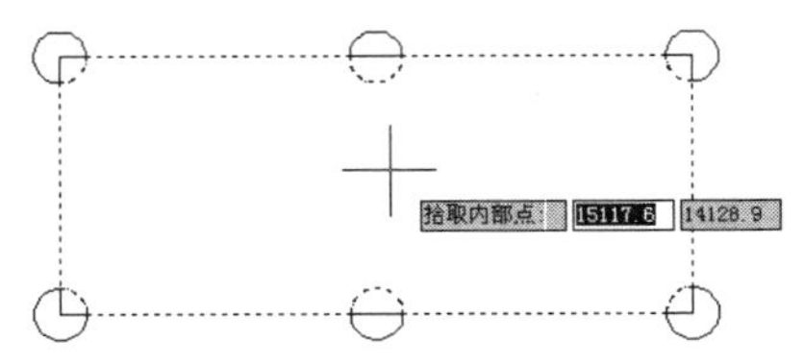

图 6-93　系统自动创建出一个闭合的虚线边界

⑨ 在命令行操作提示下，按 Enter 键，结束命令，最终创建出一个闭合的多段线边界。

⑩ 使用快捷命令 m 激活【移动】命令，使用点选的方式选择刚创建的闭合多段线边界，将其移出边界，如图 6-94 所示。

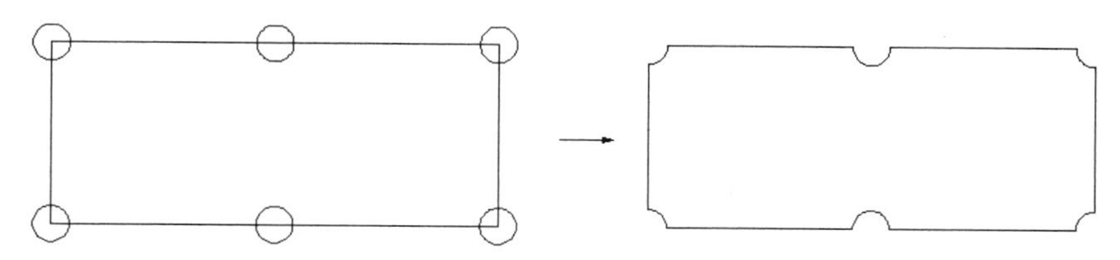

图 6-94　将创建的闭合多段边界移出边界

⑪　执行【绘图】|【面域】命令，将 6 个圆和 1 个矩形转换成面域。命令行操作提示如下：

```
命令: _region
选择对象:                          //从右往左窗交选择所有图形，如图 6-95 所示
选择对象: ↙                        //按 Enter 键确认，将所选择的 6 个圆和 1 个矩形转换成面域
已提取 7 个环
已创建 7 个面域
```

⑫　执行【修改】|【实体编辑】|【并集】命令，将刚创建的 7 个面域进行合并。命令行操作提示如下：

```
命令: _union
选择对象:                          //从左往右框选 7 个面域
选择对象: ↙                        //按 Enter 键确认，面域合并后的结果如图 6-96 所示
```

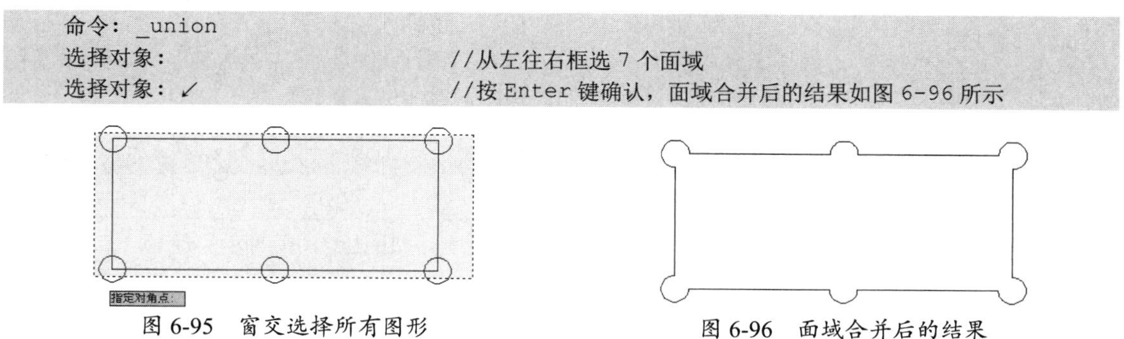

图 6-95　窗交选择所有图形　　　　图 6-96　面域合并后的结果

6.7.2　范例二：对图形进行图案填充

用户可通过绘制如图 6-97 所示的地面拼花图例，对夹点编辑、图案填充等知识进行综合练习和巩固。

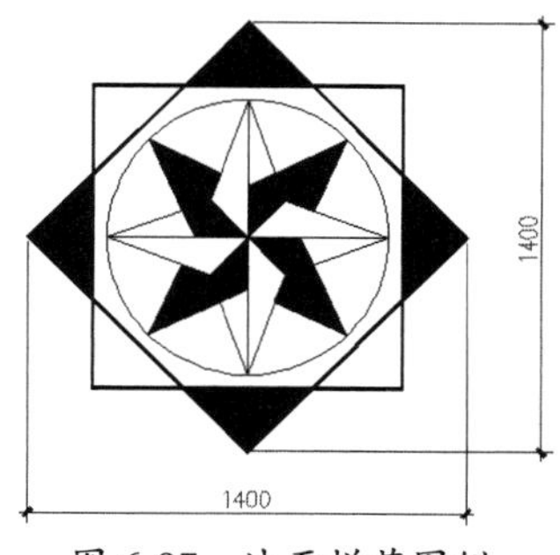

图 6-97　地面拼花图例

操作步骤

①　新建图形文件。

②　分别使用【圆】命令和【直线】命令，绘制出直径为 900 的圆并连接象限点及圆心的线段，如图 6-98 所示。

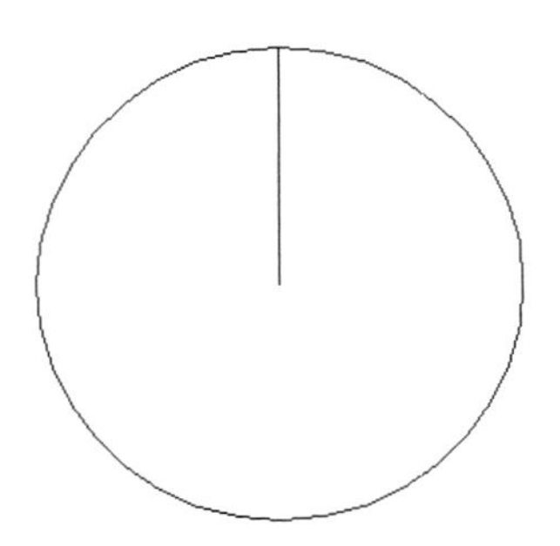

图 6-98　绘制圆和线段的结果

③ 在无命令执行的前提下选择线段，进入夹点编辑模式。

④ 以圆心为基点，对其进行夹点编辑。命令行操作提示如下：

```
    命令:                                              //选择线段进入夹点编辑模式
  ** 拉伸 **                                           //选取圆心点为基点
  指定拉伸点或 [基点(B)/复制(C)/放弃(U)/退出(X)]:C↙  //选择【复制】选项进行复制
  ** 拉伸 **
  指定拉伸点或 [基点(B)/复制(C)/放弃(U)/退出(X)]:70↙        //按 Tab 键切换动态输入框中的角
度，并输入角度值为 70，按 Enter 键退出夹点编辑模式，编辑结果如图 6-99 所示
```

提醒一下：

使用夹点旋转命令中的多重功能，可以在夹点旋转对象的同时，对源对象进行复制。

⑤ 以圆心为基点，使夹点旋转 45°，并对其进行复制，如图 6-100 所示。

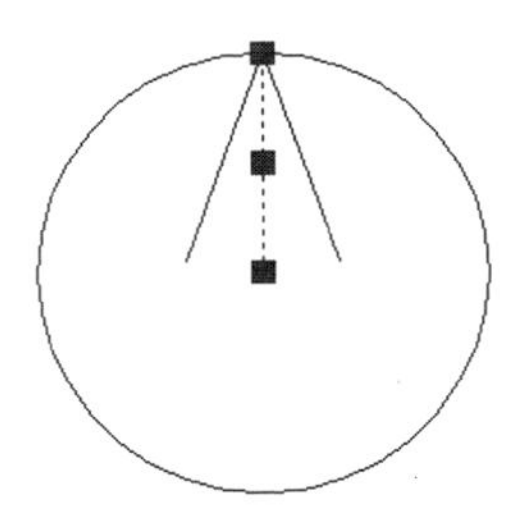

图 6-99　编辑结果

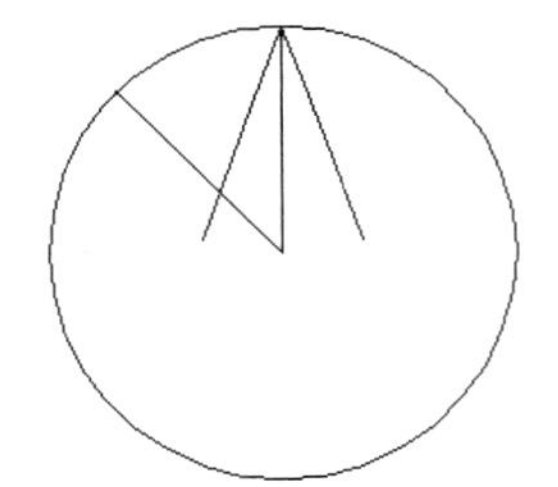

图 6-100　夹点旋转并复制

⑥ 选中如图 6-101 所示的线段后会显示夹点，选取一个夹点作为基点，使线段绕基点旋转复制-45°，结果如图 6-102 所示。

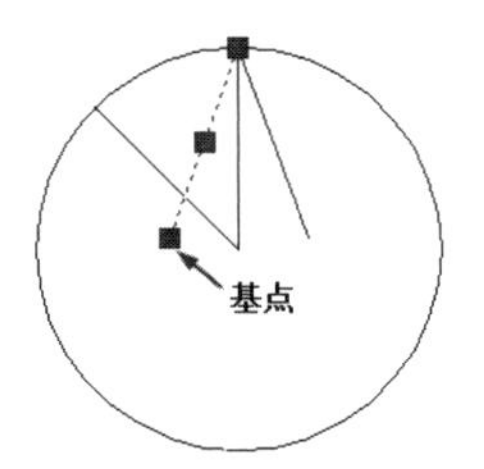

图 6-101　显示夹点并选取一个夹点作为基点

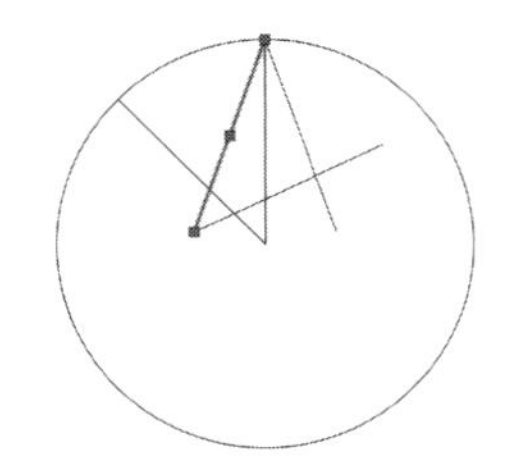

图 6-102　旋转复制的结果

⑦ 将旋转复制后的线段移动到指定交点上，如图 6-103 所示。

⑧ 先使用夹点拉伸功能，对线段进行编辑，然后删除多余线段，如图 6-104 所示。

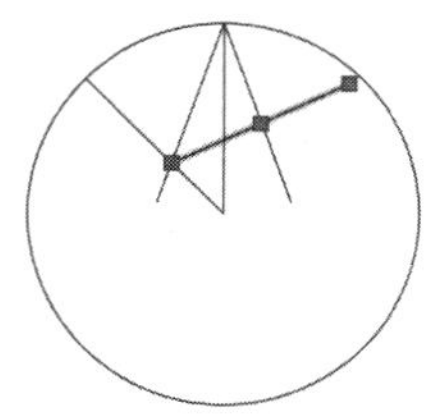

图 6-103　将旋转复制后的线段移动到指定交点上

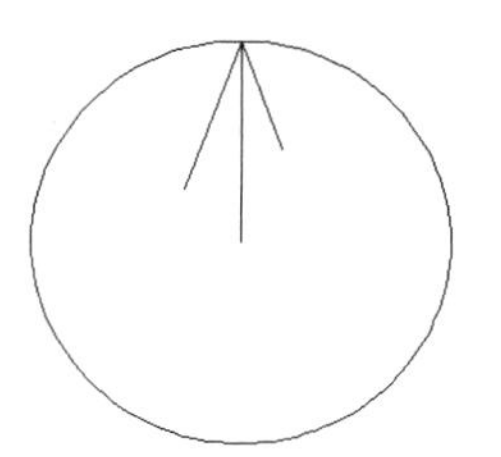

图 6-104　删除多余线段

⑨ 使用【阵列】命令，对编辑出的花格单元进行环列阵列，阵列数目为 8。阵列结果如图 6-105 所示。

⑩ 执行【绘图】|【正多边形】命令，绘制外接圆半径为 500 的正方形，如图 6-106 所示。

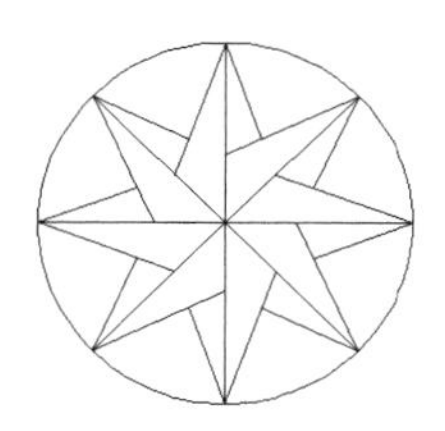

图 6-105　阵列结果

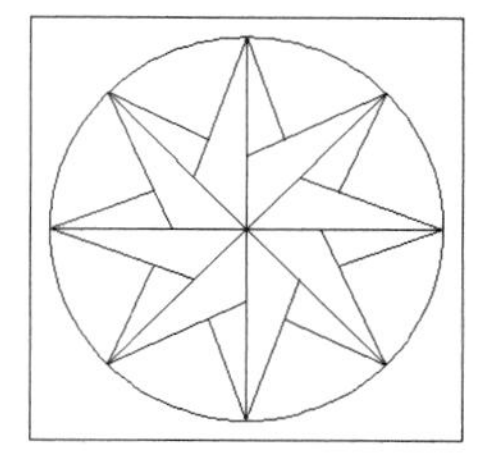

图 6-106　绘制外接圆半径为 500 的正方形

⑪ 将正方形旋转复制 45°，如图 6-107 所示。

⑫ 执行【修改】|【特性】命令，选择 2 个正方形，修改图线宽度为 0.5，即可得修改线宽的显示结果，如图 6-108 所示。

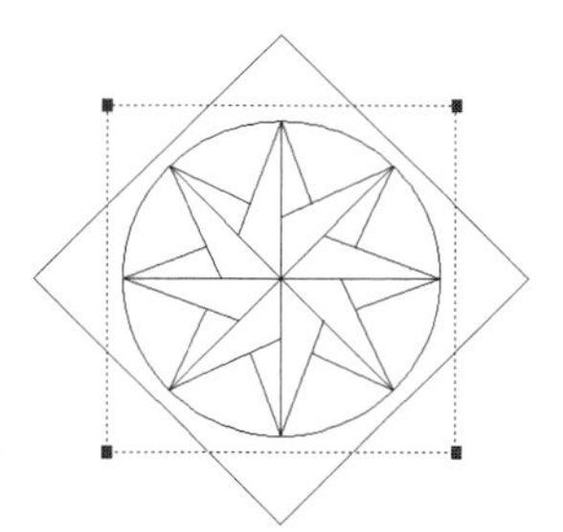

图 6-107　将正方形旋转复制 45°

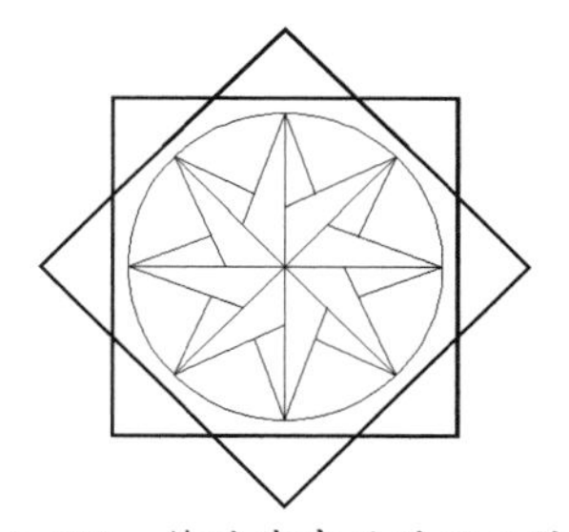

图 6-108　修改线宽后的显示结果

⑬ 执行【绘图】|【图案填充】命令，为地面拼花填充如图 6-109 所示的实体图案。

图 6-109　填充实体图案

第 7 章

常规变换作图

本章内容

在 AutoCAD 中，单纯地使用绘图命令或绘图工具只能绘制一些基本的图形。为了绘制复杂图形，很多情况下都必须借助于图形编辑命令。AutoCAD 2022 中有很多的图形编辑命令，如复制、移动、旋转、镜像、偏移、阵列、拉伸及修剪等。使用这些命令，可以修改已有图形或通过已有图形构造新的复杂图形。

知识要点

- ☑ 利用夹点变换操作图形
- ☑ 删除图形
- ☑ 移动与旋转
- ☑ 副本的变换操作

7.1　利用夹点变换操作图形

利用夹点变换可以在不调用任何编辑命令的情况下，对需要进行编辑的对象进行修改。选择所要编辑的对象，当对象上出现若干个夹点时，选择其中一个夹点作为编辑操作的基点，这时该点会高亮显示，表示已成为基点。在选择基点后，就可以使用 AutoCAD 的夹点变换对相应的对象进行拉伸、移动、旋转等编辑操作。

7.1.1　夹点的定义和设置

选择所要编辑的对象，被选中对象的特征点（如端点、圆心、象限点等）将显示为蓝色的小方块，这些小方块被称为夹点。夹点有两种状态：未激活状态和被激活状态。选择某个未激活的夹点，该夹点被激活，以红色的实心小方框显示，这种处于被激活状态的夹点称为热夹点。

不同对象特征点的位置和数量也不相同。表 7-1 所示为 AutoCAD 中常见对象的特征点。

表 7-1　AutoCAD 中常见对象的特征点

对 象 类 型	特征点的位置
直线	两个端点和中点
多段线	直线段的两个端点、圆弧段的中点和两个端点
构造线	控制点及线上邻近的两个点
射线	起点及射线上的一个点
多线	控制线上的两个端点
圆弧	两个端点和中点
圆	四个象限点和圆心
椭圆	四个顶点和中心点
椭圆弧	端点、中点和中心点
文字	插入点和第二个对齐点
段落文字	各顶点

动手操作——设置夹点选项

① 在菜单栏中执行【工具】|【选项】命令，打开【选项】对话框，如图 7-1 所示，可通过【选项】对话框的【选择集】选项卡来设置夹点参数。

② 在【选择集】选项卡中包含了对夹点选项的设置，这些设置主要有以下几种。

- 夹点尺寸：确定夹点的大小，可通过调整滑块的位置来设置。
- 夹点颜色：单击该按钮，可打开【夹点颜色】对话框，如图 7-2 所示。在此对话框中可对未选中夹点、悬停夹点、选中夹点及夹点轮廓的颜色进行设置。

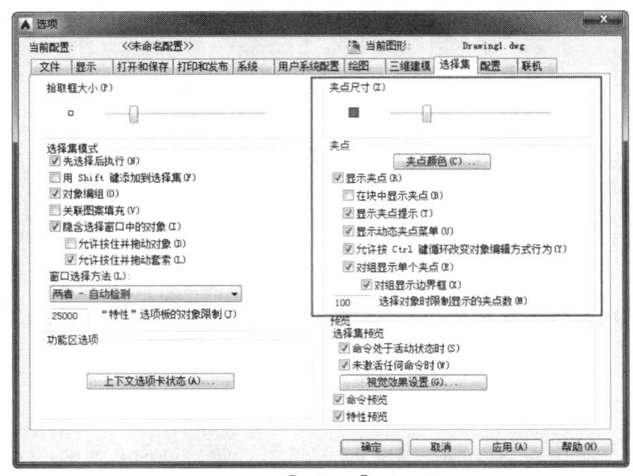

图 7-1 【选项】对话框

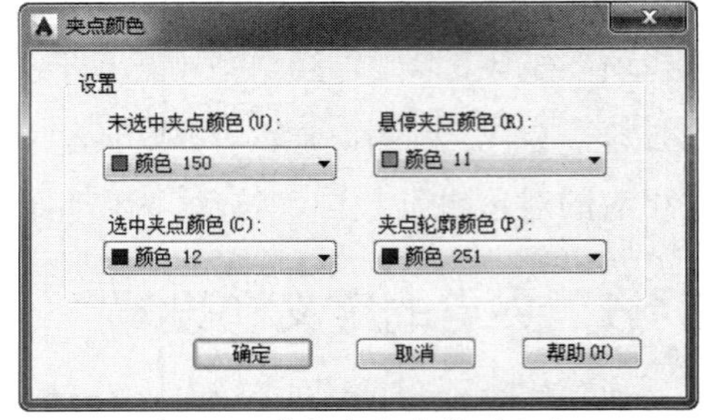

图 7-2 【夹点颜色】对话框

- 显示夹点：设置 AutoCAD 的夹点变换是否有效。【显示夹点】复选框下面有几个复选框，用于设置夹点显示的具体内容。

7.1.2 利用夹点拉伸图形

在选择基点后，命令行将出现以下操作提示：

```
** 拉伸 **
指定拉伸点或 [基点(B)/复制(C)/放弃(U)/退出(X)]:
```

操作提示中各选项的含义如下。

- 基点：选择此选项，AutoCAD 可根据提示重新指定基点，在此提示下指定一个点作为基点来执行拉伸操作。
- 复制：选择该选项，允许用户执行多次拉伸操作。此时用户可以确定一系列的拉伸点，以实现多次拉伸。
- 放弃：选择该选项可以取消上一次操作。
- 退出：选择该选项可退出当前操作。

提醒一下：

默认情况下，通过输入点的坐标或者直接用光标拾取拉伸点后，AutoCAD 将把对象拉伸或移动到新的位置。因为对于某些夹点，移动时只能移动对象而不能拉伸对象，如文字、块、直线中点、圆心、椭圆中心和点上的夹点。

动手操作——利用夹点拉伸图形

① 打开本例源文件"拉伸图形.dwg"，如图 7-3 所示。

② 选中图中的圆形，并拖动夹点至新的位置，即可利用夹点拉伸图形，如图 7-4 所示。

③ 拉伸后的结果如图 7-5 所示。

提醒一下：

若需退出夹点编辑模式，则按 Esc 键即可。

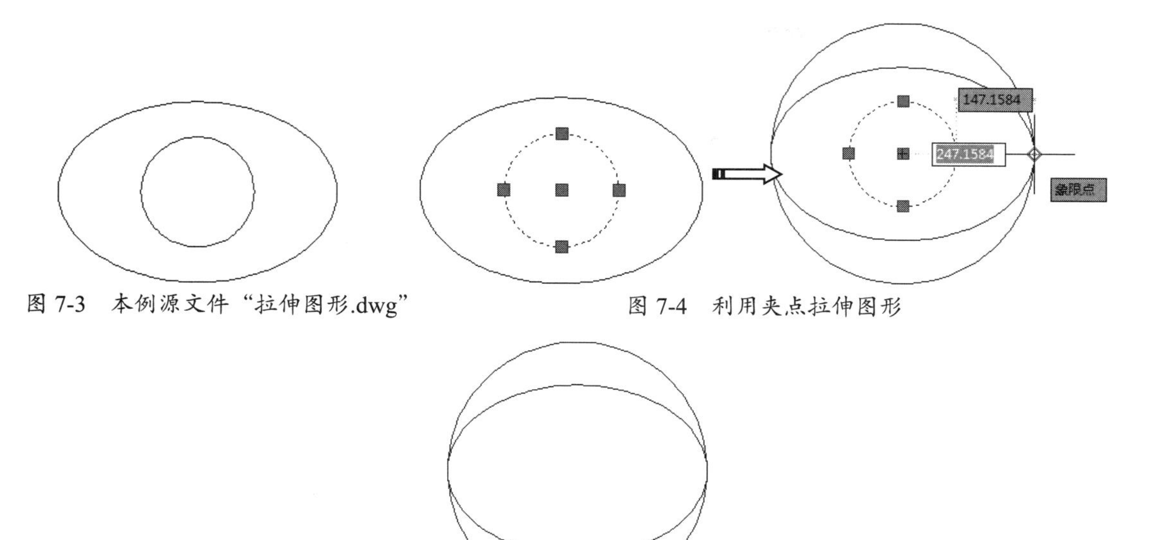

图 7-3　本例源文件“拉伸图形.dwg”

图 7-4　利用夹点拉伸图形

图 7-5　拉伸后的结果

7.1.3　利用夹点移动图形

移动图形仅仅是位置上的平移，图形的方向和大小并不会改变。要精确地移动图形，可利用极轴追踪模式和对象捕捉模式辅助完成。

动手操作——利用夹点移动图形

① 使用【圆心，半径】命令绘制一个半径为 50 的圆，如图 7-6 所示。

② 选中圆，显示编辑夹点，如图 7-7 所示。

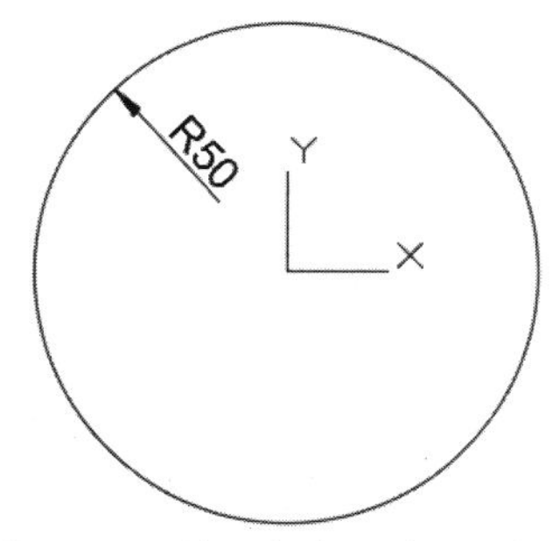

图 7-6　绘制一个半径为 50 的圆

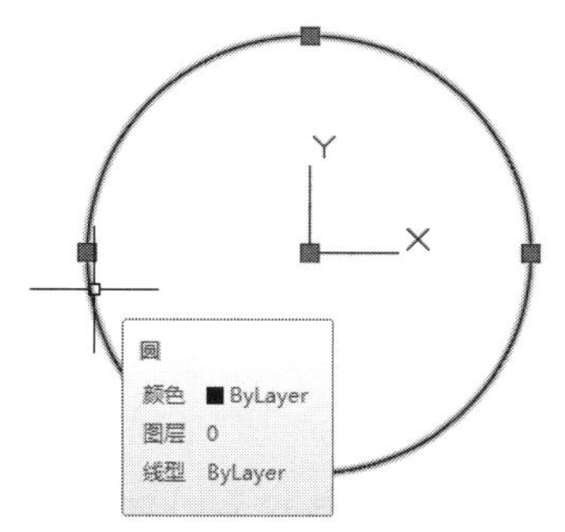

图 7-7　显示编辑夹点

③ 在夹点编辑模式下将光标移动到圆心（移动基点）后，进入移动模式。

④ 在命令行操作提示中选择【复制】选项，在光标水平向右移动的过程中输入移动距离值 150 并按 Enter 键，完成移动操作，如图 7-8 所示。

提醒一下：

无论光标指向哪个方向，只要输入移动距离值都可以完成在该方向上的移动。所以夹点移动跟方向没有关系。

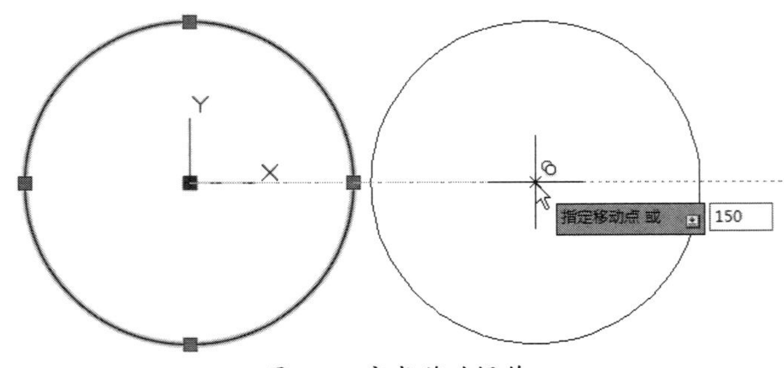

图 7-8 完成移动操作

⑤ 命令行操作提示如下：

```
命令：
** 拉伸 **
指定拉伸点或 [基点(B)/复制(C)/放弃(U)/退出(X)]: C                //选择【复制】选项
** 拉伸 (多重) **
指定拉伸点或 [基点(B)/复制(C)/放弃(U)/退出(X)]: 150              //输入移动距离值
** 拉伸 (多重) **
指定拉伸点或 [基点(B)/复制(C)/放弃(U)/退出(X)]:↙                 //按 Enter 键结束操作
```

提醒一下：

可以在动态输入框内输入值，也可以在命令行中输入值。

通过输入点的坐标或拾取点的方式确定移动图形的目的点后，即可以基点为移动的起点，以目的点为移动的终点将所选图形移到新的位置。

⑥ 最终移动并复制的图形如图 7-9 所示。

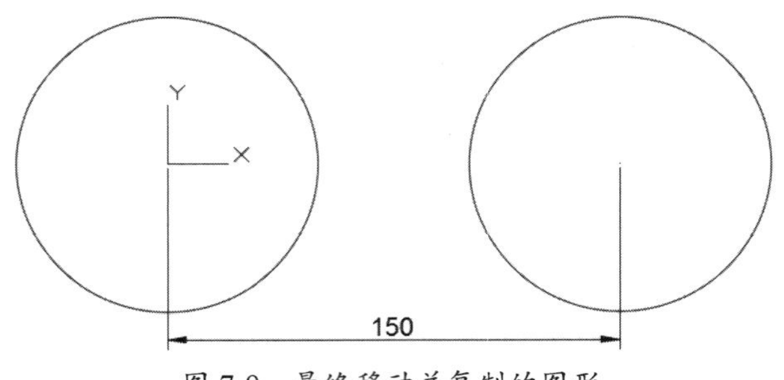

图 7-9 最终移动并复制的图形

7.1.4 利用夹点修改图形

在夹点编辑模式下，可将圆弧转换为直线，或者将直线转换为圆弧，以达到修改图形形状的目的。

动手操作——利用夹点修改图形

① 使用【正多边形】命令绘制如图 7-10 所示的正五边形。命令行操作提示如下：

```
命令：
命令：_polygon 输入侧面数 <4>: 5                  //输入边数
指定正多边形的中心点或 [边(E)]: 0,0               //输入正五边形的圆心坐标
输入选项 [内接于圆(I)/外切于圆(C)] <I>:           //选择【内接于圆】选项
指定圆的半径：50                                  //输入半径值并按 Enter 键
```

② 选中正五边形，并进入夹点编辑模式，如图 7-11 所示。

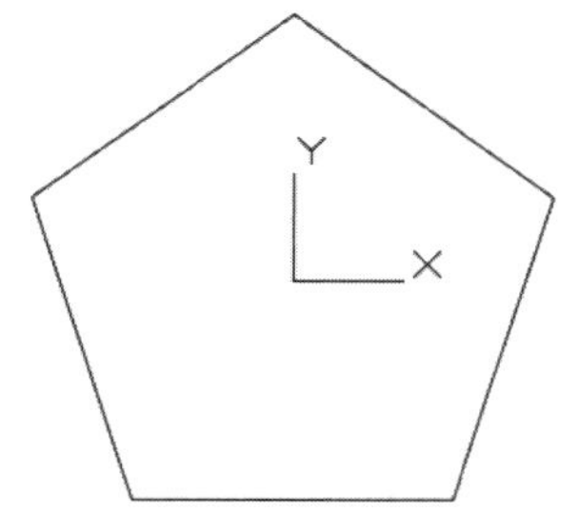

图 7-10　绘制正五边形

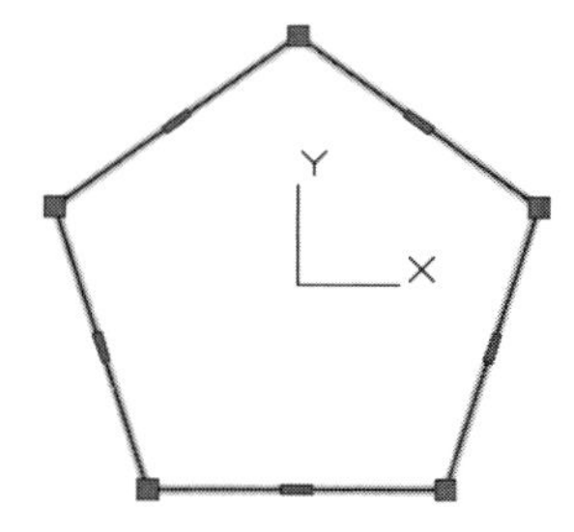

图 7-11　进入夹点编辑模式

③ 将光标移动到正五边形一条边的中点位置，并在随后显示的右键快捷菜单中执行【转换为圆弧】命令，如图 7-12 所示。

④ 在拾取圆弧中点（见图 7-13）过程中直接输入新点到原直线中点的距离值 20。

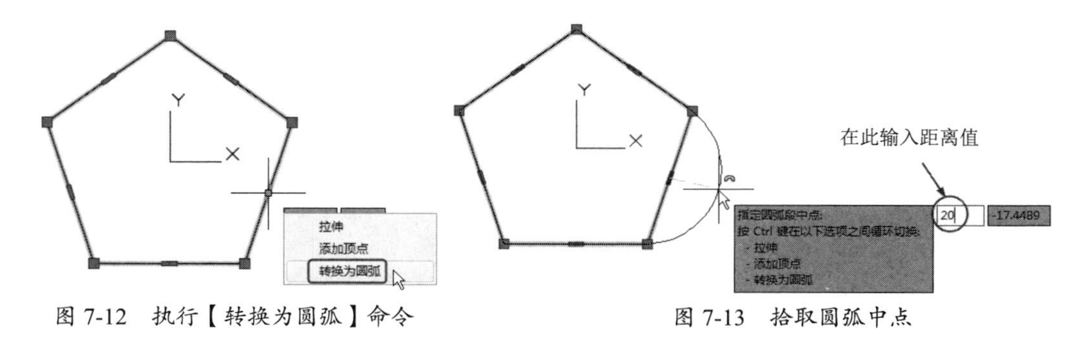

图 7-12　执行【转换为圆弧】命令　　图 7-13　拾取圆弧中点

⑤ 按 Enter 键，使直线转换为圆弧，如图 7-14 所示。

⑥ 同理，将其余四条边的直线全转换为圆弧，且距离的值都一样。图形的最终效果如图 7-15 所示。

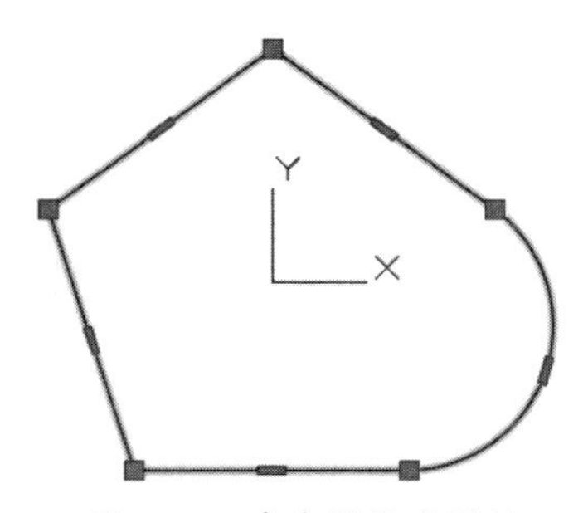

图 7-14　直线转换为圆弧

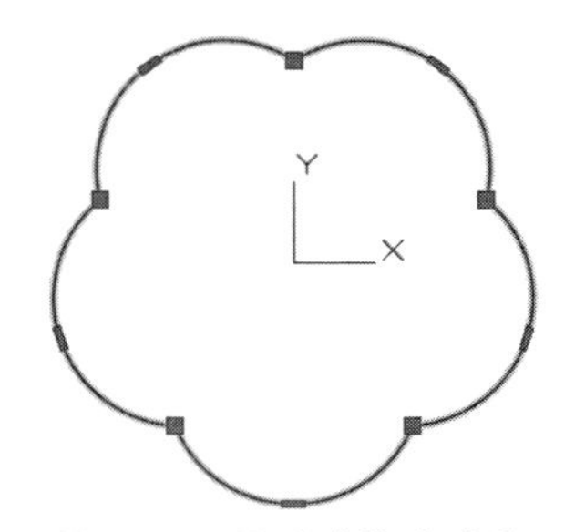

图 7-15　图形的最终效果

7.1.5　利用夹点缩放图形

在夹点编辑模式下确定基点后，在命令行中执行 sc 命令，从而进入缩放模式，命令行将显示如下操作提示：

```
**  比例缩放 **
指定比例因子或 [基点(B)/复制(C)/放弃(U)/参照(R)/退出(X)]:
```

默认情况下，当确定了缩放的比例因子后，AutoCAD 将相对于基点进行缩放图形操作。

动手操作——缩放图形

① 打开本例源文件“缩放图形.dwg”，如图 7-16 所示。

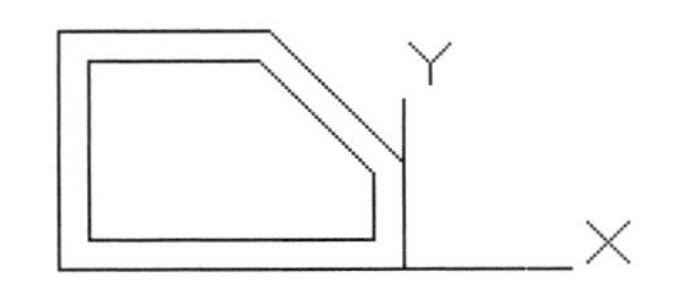

图 7-16　本例源文件“缩放图形.dwg”

② 选中所有图形，并指定缩放基点，如图 7-17 所示。

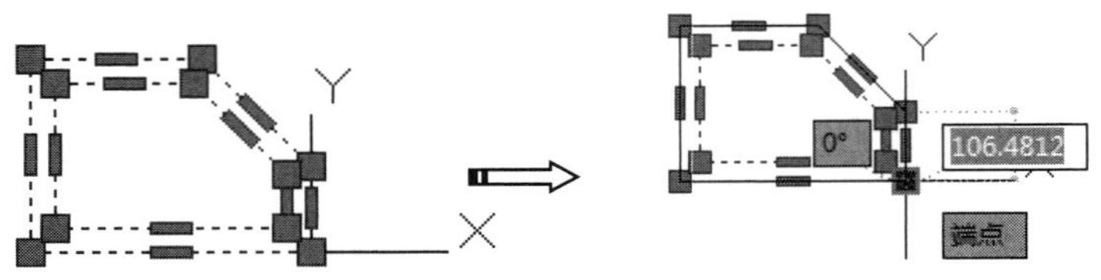

图 7-17　指定缩放基点

③ 在命令行中执行 sc 命令后，输入比例因子，如图 7-18 所示。

④ 按 Enter 键，完成图形的缩放，其结果如图 7-19 所示。

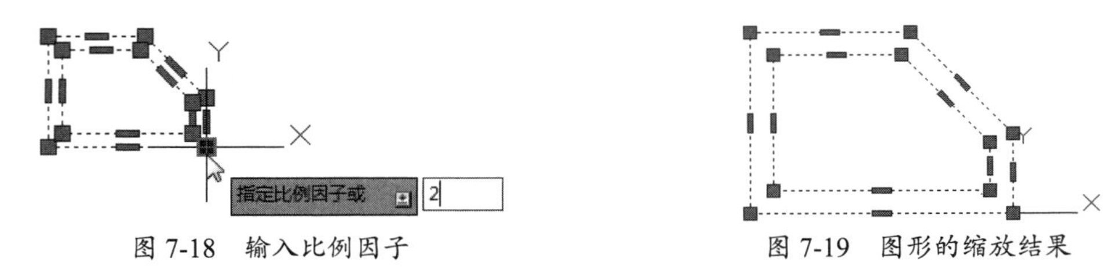

图 7-18　输入比例因子

图 7-19　图形的缩放结果

提醒一下：

当比例因子大于 1 时放大对象；当比例因子大于 0 而小于 1 时缩小对象。

7.2　删除图形

【删除】是常用的一个命令，用于删除掉图形中不需要的对象。执行【删除】命令的方式主要有以下几种。

- 执行菜单栏中的【修改】|【删除】命令。
- 在命令行中输入 erase 并按 Enter 键。
- 单击【修改】面板中的【删除】按钮。
- 选择对象，按 Delete 键。

执行【删除】命令后，命令行将显示如下操作提示：

```
命令：_erase
选择对象：找到 1 个                    //指定删除的对象
选择对象：↙                            //结束选择
```

7.3 移动

移动包括移动对象和旋转对象，也是复制的一种特殊情形。

7.3.1 移动对象

移动对象是指对象的重定位，可以在指定方向上按指定距离移动对象，对象的位置发生了改变，但其方向和大小不变。

执行【移动】命令主要有以下几种方式。

- 执行菜单栏中的【修改】|【移动】命令。
- 单击【修改】面板中的【移动】按钮。
- 在命令行中输入 move 并按 Enter 键。

执行【移动】命令后，命令行将显示如下操作提示：

```
命令: _move
选择对象: 找到一个↙                                    //指定移动对象
选择对象:
指定基点或 [位移(D)] <位移>:                            //选择移动的基点
指定第二个点或 <使用第一个点作为位移>:                  //指定移动的终点
```

动手操作——使用【移动】命令绘图

使用【移动】命令绘制如图 7-20 所示的图形。

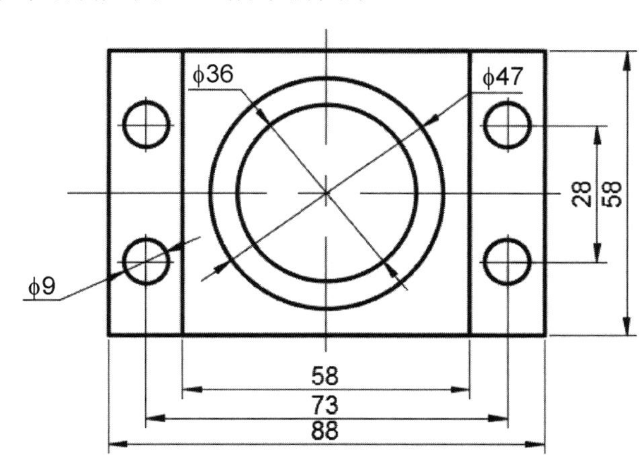

图 7-20　绘制的图形

① 使用【矩形】命令，绘制长度为 88、宽度为 58 的矩形，如图 7-21 所示。

② 在其他位置绘制一个边长为 58 的正方形，如图 7-22 所示。

③ 单击【移动】按钮，选中正方形作为要移动的对象，按 Enter 键后拾取正方形的中心点作为移动的基点，如图 7-23 所示。

④ 拖动正方形到矩形中心位置，完成正方形的移动操作，如图 7-24 所示。

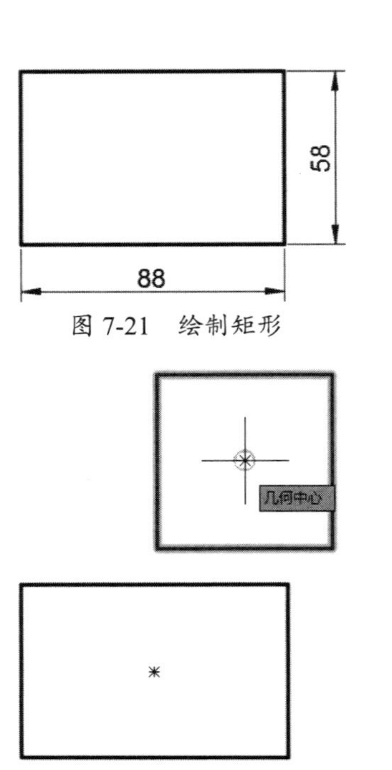

图 7-21 绘制矩形

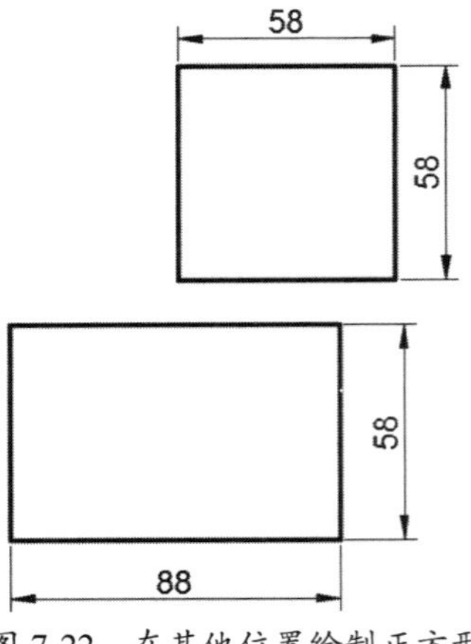

图 7-22 在其他位置绘制正方形

图 7-23 拾取正方形的中心点作为移动的基点

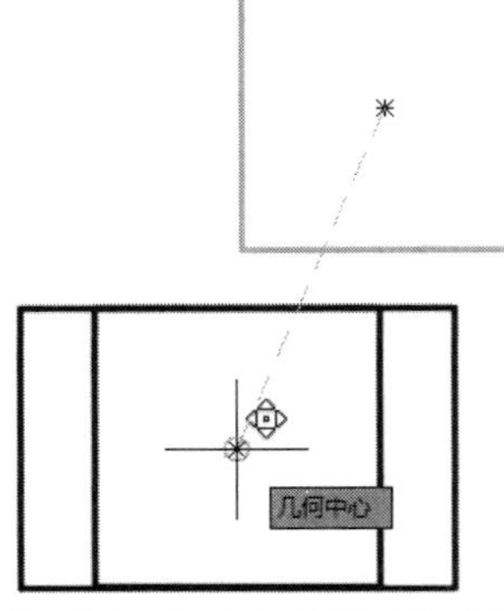

图 7-24 完成正方形的移动操作

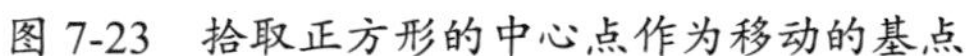

提醒一下：

要捕捉到中心点，必须执行【工具】|【草绘设置】命令，打开【草图设置】对话框。在【对象捕捉模式】选项组中勾选【几何中心】复选框，即完成中心点的捕捉选项设置，如图 7-25 所示。

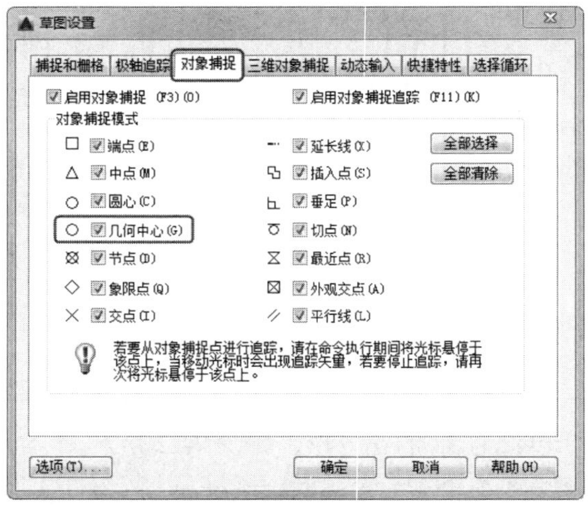

图 7-25 中心点的捕捉选项设置

⑤ 使用【圆心，半径】命令，以矩形中心点为圆心，绘制 3 个同心圆，如图 7-26 所示。

⑥ 使用【移动】命令，选中直径为 9 的小圆拾取其圆心进行移动，如图 7-27 所示。

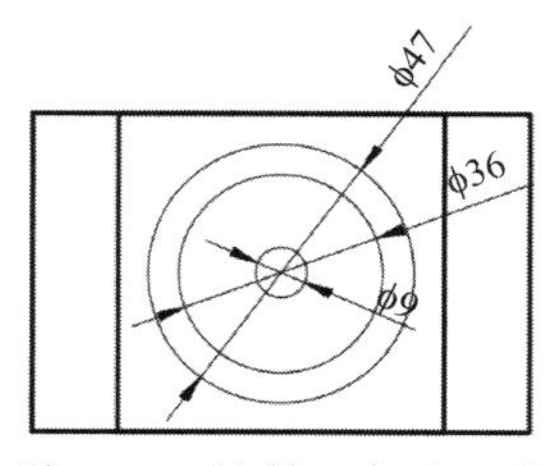

图 7-26　绘制 3 个同心圆

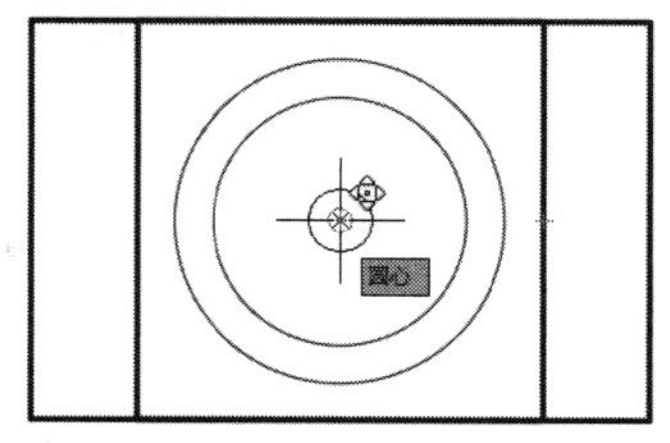

图 7-27　拾取圆心

⑦　输入新位置点的坐标（36.5,14），按 Enter 键即可完成移动操作，如图 7-28 所示。

⑧　利用夹点编辑模式对小圆进行移动复制操作，如图 7-29 所示。先选中小圆并拾取圆心，然后竖直向下进行移动复制，移动距离为 28。命令行操作提示如下：

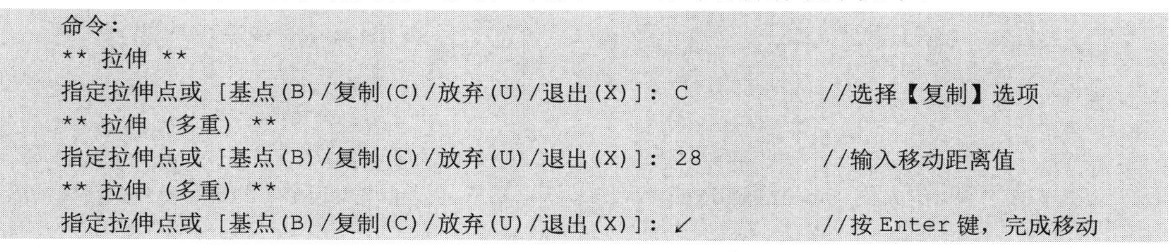

```
命令：
** 拉伸 **
指定拉伸点或 [基点(B)/复制(C)/放弃(U)/退出(X)]: C            //选择【复制】选项
** 拉伸 (多重) **
指定拉伸点或 [基点(B)/复制(C)/放弃(U)/退出(X)]: 28           //输入移动距离值
** 拉伸 (多重) **
指定拉伸点或 [基点(B)/复制(C)/放弃(U)/退出(X)]: ↙            //按 Enter 键，完成移动
```

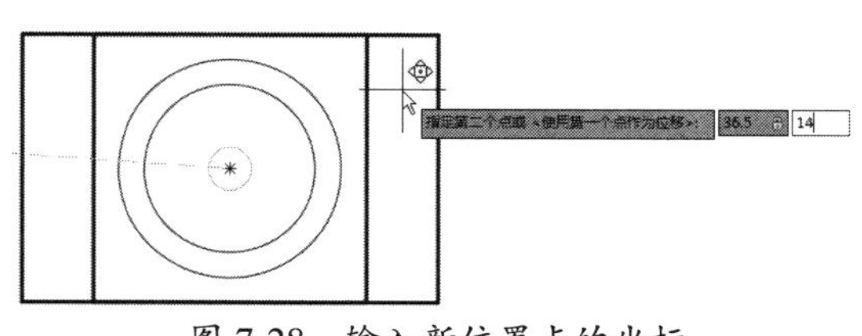

图 7-28　输入新位置点的坐标

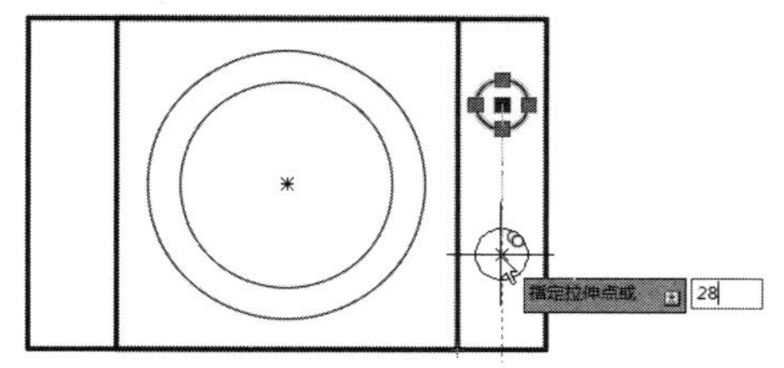

图 7-29　利用夹点编辑模式对小圆进行移动复制操作

⑨　同理，将 2 个小圆分别向左移动并复制，移动距离为 73，得到最终的图形，如图 7-30 所示。

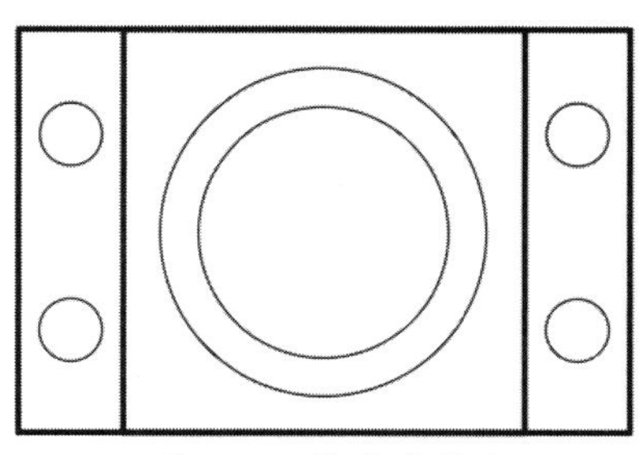

图 7-30　最终的图形

7.3.2　旋转对象

【旋转】命令用于将选定的对象围绕指定的基点旋转一定的角度。在旋转对象时，若输入的角度值为正值，则对象按逆时针方向旋转；若输入的角度值为负值，则对象按顺时针方向旋转。

执行【旋转】命令主要有以下几种方式。

- 执行菜单栏中的【修改】|【旋转】命令。

- 单击【修改】面板中的【旋转】按钮。
- 在命令行中输入 rotate 并按 Enter 键。
- 使用快捷命令 ro。

动手操作——旋转对象

① 打开本例源文件“旋转图形.dwg”，如图 7-31 所示。

② 选中图形中需要旋转的部分图线如图 7-32 所示。

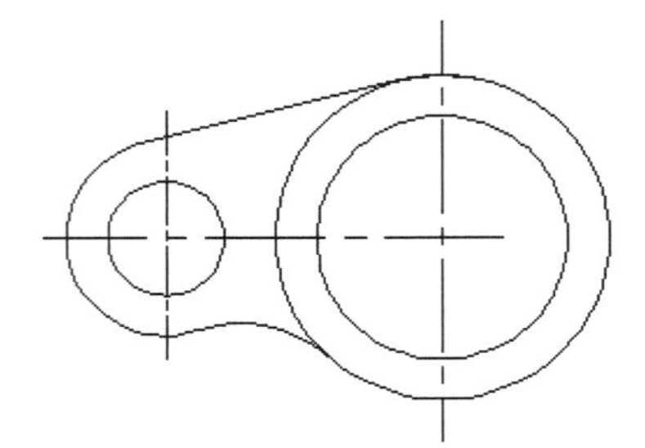

图 7-31 本例源文件“旋转图形.dwg”

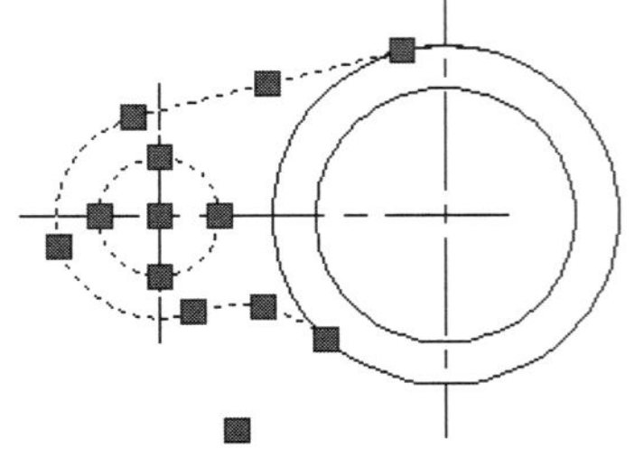

图 7-32 选中图形中需要旋转的部分图线

③ 单击【修改】面板中的【旋转】按钮，激活【旋转】命令。指定大圆圆心作为旋转的基点，如图 7-33 所示。

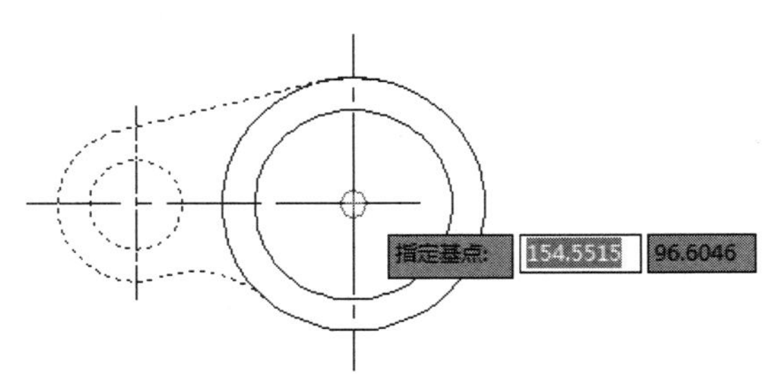

图 7-33 指定大圆圆心作为旋转的基点

④ 在命令行中执行 c 命令后，输入旋转角度值 180，按 Enter 键即可创建如图 7-34 所示的旋转复制对象。

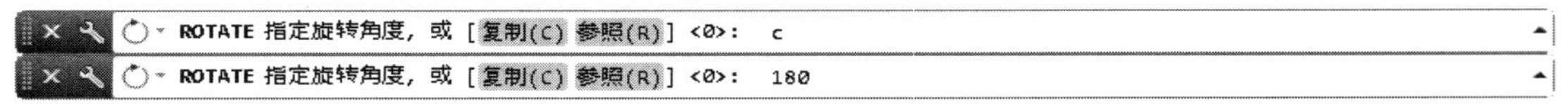

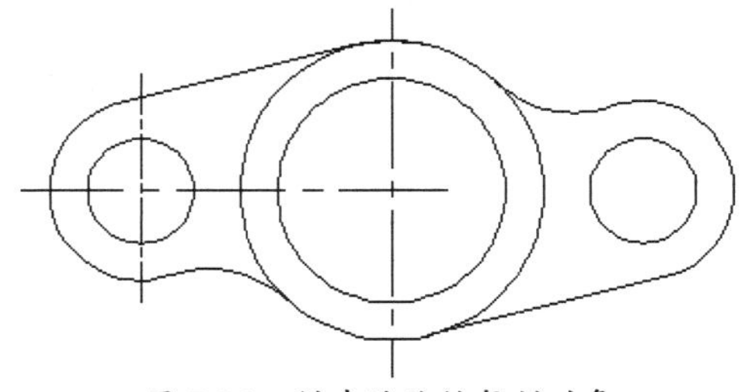

图 7-34 创建的旋转复制对象

提醒一下：

【参照】选项用于将对象进行参照旋转，即指定一个参照角度和新角度，两个角度的差值就是对象的实际旋转角度。

7.4　副本的变换操作

在 AutoCAD 中，只使用绘图命令或绘图工具只能绘制一些基本的图形。为了绘制复杂图形，很多情况下都必须借助于图形编辑命令。AutoCAD 2022 中有复制、镜像、阵列、偏移等图形编辑命令。使用这些命令，可以修改已有图形或通过已有图形构造新的复杂图形。

7.4.1　复制对象

【复制】命令用于对已有的对象复制出副本，并放到指定的位置。复制出的对象尺寸、形状等保持不变，唯一发生改变的就是对象的位置。

执行【复制】命令主要有以下几种方式。

- 执行菜单栏中的【修改】|【复制】命令。
- 单击【修改】面板中的【复制】按钮。
- 在命令行中输入 copy 并按 Enter 键。
- 使用快捷命令 co。

动手操作——复制对象

通常【复制】命令可用于创建结构相同、位置不同的复合图形，用户可通过以下典型的范例学习此命令的使用方法。

① 新建图形文件。

② 首先使用【椭圆】命令和【圆】命令，配合象限点捕捉模式，绘制如图 7-35 所示的椭圆和圆。

③ 单击【修改】面板中的【复制】按钮，选中小圆进行多次复制，如图 7-36 所示。

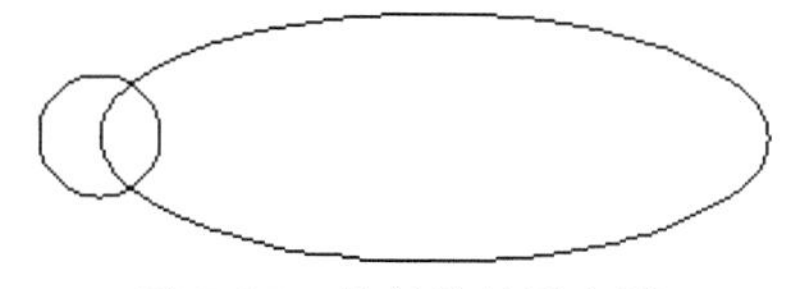

图 7-35　绘制的椭圆和圆

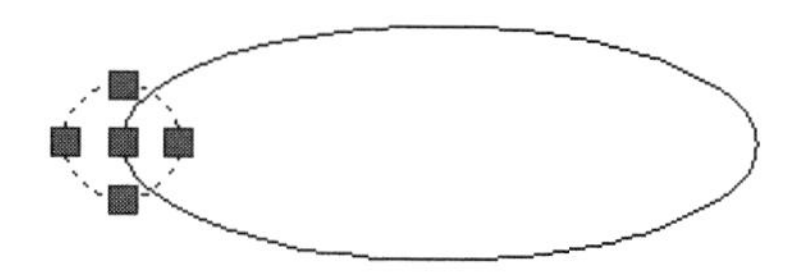

图 7-36　选中小圆

④ 先将小圆的圆心作为基点，然后将椭圆的象限点作为指定点复制小圆，如图 7-37 所示。

⑤ 在椭圆余下的象限点上复制小圆。最终结果如图 7-38 所示。

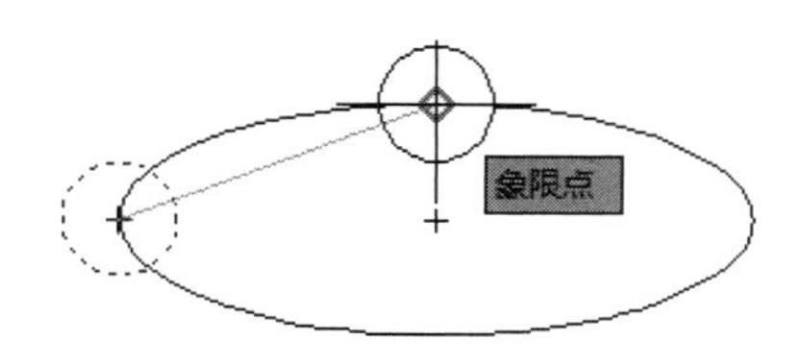

图 7-37　复制小圆

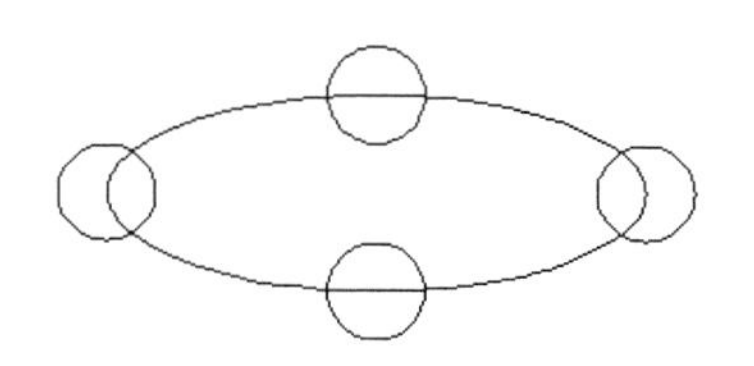

图 7-38　最终结果

7.4.2 镜像对象

【镜像】命令用于将选择的对象以镜像线为对称轴进行对称复制。在镜像过程中，源对象可以保留，也可以删除。

执行【镜像】命令主要有以下几种方式。

- 执行菜单栏中的【修改】|【镜像】命令。
- 单击【修改】面板中的【镜像】按钮。
- 在命令行中输入 mirror。
- 使用快捷命令 mi 并按 Enter 键。

动手操作——镜像对象

绘制如图 7-39 所示的零件图形。该零件图形呈上下对称，可使用【镜像】命令来绘制。

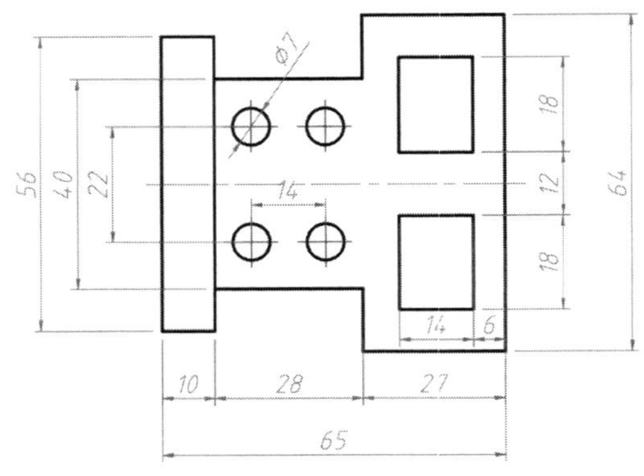

图 7-39 零件图形

① 新建图形文件。在【默认】选项卡的【特性】面板中设置线型为默认线型，线宽设置为 0.5。

② 在状态栏中打开极轴追踪、对象捕捉及自动追踪功能。指定极轴追踪角度增量为 90°；设定对象捕捉模式为端点、中点、交点及圆心等。

③ 首先使用【直线】命令绘制线段 *A* 和线段 *B*，线段 *A* 的长度为 80，线段 *B* 的长度为 50。

④ 然后使用【偏移】命令偏移复制出线段 *A* 的平行线 *C*、*D*、*E*，线段 *B* 的平行线 *F*、*G*、*H* 等。绘制的 *C*、*D*、*E* 等平行线如图 7-40 所示。绘制平行线 *C* 的命令行操作提示如下：

```
命令: _offset
指定偏移距离或<6.0000>: 10↙                  //输入平移距离值
选择要偏移的对象，或 <退出>:                   //选择线段 A
指定要偏移的那一侧上的点:                      //在线段 A 的右侧一点处单击
选择要偏移的对象，或 <退出>: ↙                 //按 Enter 键结束平行线 C 的绘制
```

⑤ 向右偏移复制出平行线 *D*，偏移距离为 38。

⑥ 向右偏移复制出平行线 *E*，偏移距离为 65。

⑦ 向上偏移复制出平行线 *F*，偏移距离为 20。

⑧ 向上偏移复制出平行线 *G*，偏移距离为 28。

⑨ 向上偏移复制出平行线 *H*，偏移距离为 32。

⑩　在命令行中执行 tr 命令，修剪多余图线，其结果如图 7-41 所示。

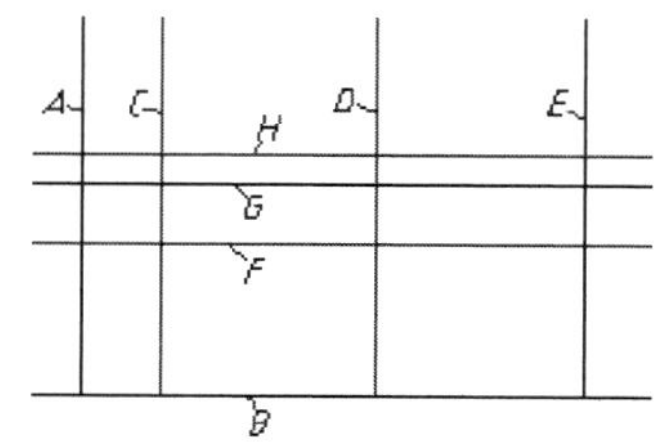

图 7-40　绘制的 C、D、E 等平行线

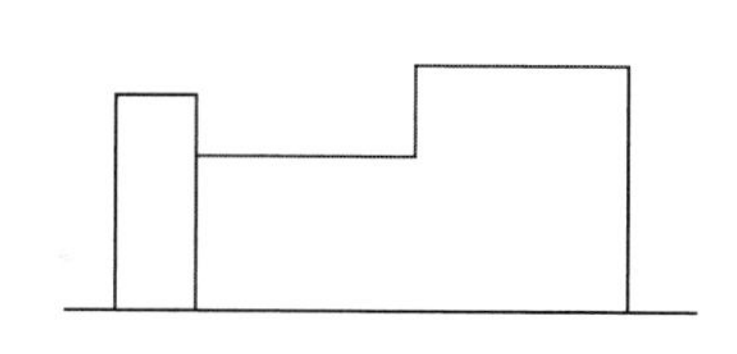

图 7-41　修剪多余图线后的结果

⑪　在命令行中执行 rectang 命令和 circle 命令绘制矩形和圆。命令行操作提示如下：

```
命令: _rectang
指定第一个角点或 [倒角(C)/标高(E)/圆角(F)/厚度(T)/宽度(W)]: fro //使用正交偏移捕捉
基点:                                                        //捕捉交点 I
<偏移>: @-6,-8                                               //输入 J 点的相对坐标
指定另一个角点: @-14,-18                                     //输入 K 点的相对坐标
命令:circle 指定圆的圆心或 [三点(3P)/两点(2P)/相切、相切、半径(T)]: from //使用正交偏移捕捉
基点:                                                        //捕捉交点 L
<偏移>: @7,11                                                //输入 M 点的相对坐标
指定圆的半径或 [直径(D)]: 3.5                                //输入圆的半径值
```

⑫　使用【直线】命令绘制圆的中心标记，结果如图 7-42 所示。

⑬　复制圆，并将线段 *B* 以上的图形镜像到线段 *B* 的下方。命令行操作提示如下：

```
命令: _copy
选择对象: 指定对角点: 找到三个                  //选择对象 N
选择对象: ↙                                    //按 Enter 键
指定基点或 [位移(D)] <位移>:                    //在某点处单击
指定第二点或 <使用第一点作为位移>: 14           //向右追踪并输入追踪距离值
指定第二个点: ↙                                //按 Enter 键
命令: _mirror                                  //镜像图形
选择对象: 指定对角点: 找到 14 个               //选择上半部分图形
选择对象: ↙                                    //按 Enter 键
指定镜像线的第一点:                            //捕捉端点 O
指定镜像线的第二点:                            //捕捉端点 P
是否删除源对象? [是(Y)/否(N)] <N>:↙            //按 Enter 键
```

⑭　将线段 *B* 及圆的中心标记的线型改为 CENTER。最终绘制完成的结果如图 7-43 所示。

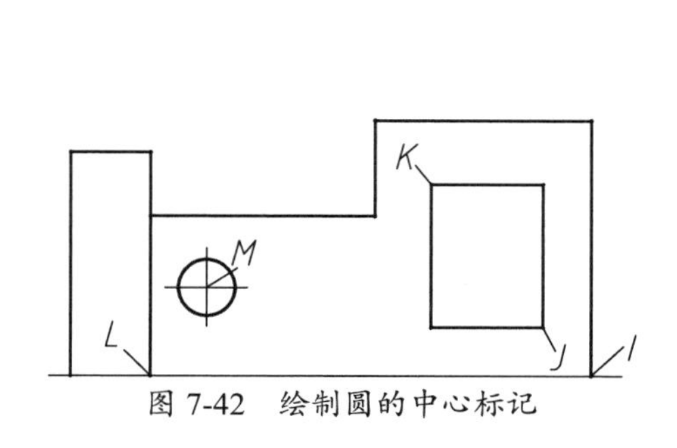

图 7-42　绘制圆的中心标记

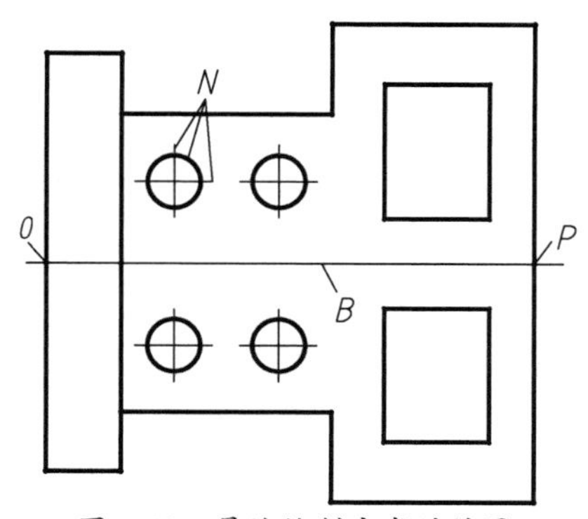

图 7-43　最终绘制完成的结果

提醒一下：

如果对文字进行镜像时，镜像后文字的可读性取决于系统变量 mirrtex 的值，当其值为 1 时，镜像后的文字不具有可读性；当其值为 0 时，镜像后的文字具有可读性。

7.4.3 阵列对象

【阵列】命令是一种用于创建规则对象结构的复合命令，使用此命令可以创建均布结构或聚心结构的对象。

1. 矩形阵列

矩形阵列是将对象按照指定的行数和列数，以矩形的排列方式进行大规模复制。

执行【矩形阵列】命令主要有以下几种方式。

- 执行菜单栏中的【修改】|【阵列】|【矩形阵列】命令。
- 单击【修改】面板中的【矩形阵列】按钮。
- 在命令行中输入 arrayrect 并按 Enter 键。

执行【矩形阵列】命令后，命令行操作提示如下：

```
命令：_arrayrect
选择对象：找到一个                                    //选择阵列对象
选择对象：↙                                          //确认选择
类型 = 矩形  关联 = 是
为项目数指定对角点或 [基点(B)/角度(A)/计数(C)] <计数>：//拉出一条斜线，为项目数指定对角点，如图 7-44 所示
指定对角点以间隔项目或 [间距(S)] <间距>：            //设置阵列的间距，如图 7-45 所示
按 Enter 键接受或 [关联(AS)/基点(B)/行(R)/列(C)/层(L)/退出(X)] <退出>：↙
                                    //确认，并弹出如图 7-46 所示的右键快捷菜单
```

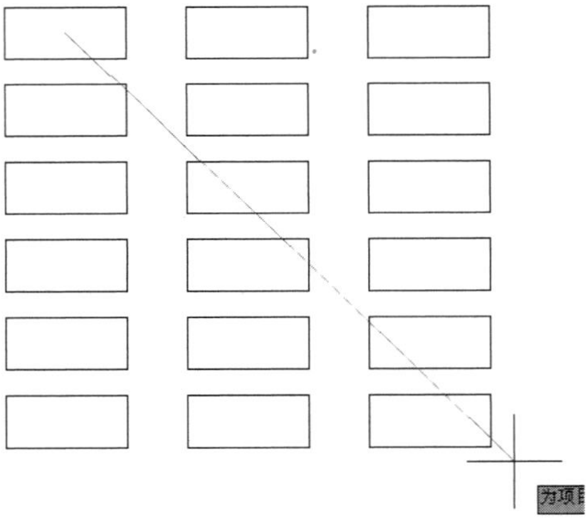

图 7-44　为项目数指定对角点

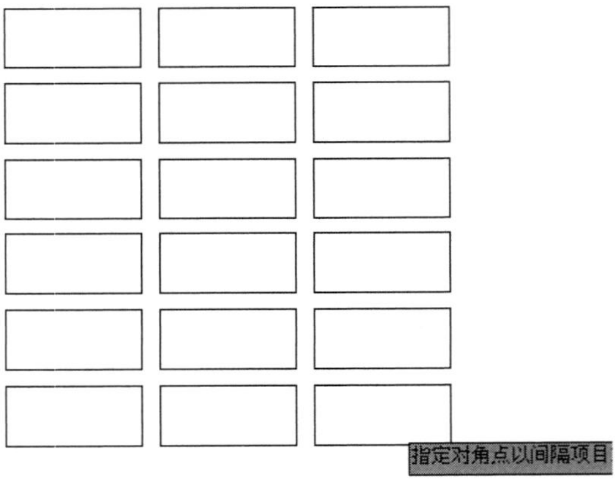

图 7-45　设置阵列的间距

提醒一下：

执行【矩形阵列】命令后的命令行操作提示中的【角度】选项用于设置阵列的角度，使阵列后的图形沿着某一角度进行倾斜。角度设置的示例如图 7-47 所示。

图 7-46　弹出的右键快捷菜单

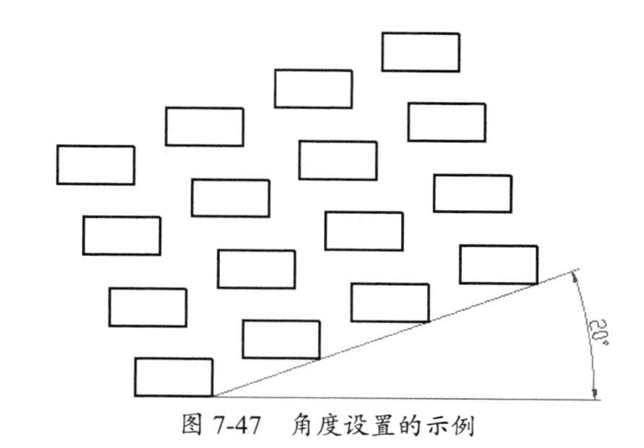

图 7-47　角度设置的示例

2．环形阵列

环形阵列是将对象按照指定的中心点和阵列数目以圆形排列。

执行【环形阵列】命令主要有以下几种方式。

- 执行菜单栏中的【修改】|【阵列】|【环形阵列】命令。
- 单击【修改】面板中的【环形阵列】按钮。
- 在命令行中输入 arraypolar 并按 Enter 键。

动手操作——环形阵列

① 新建图形文件。

② 使用【圆】命令和【矩形】命令，配合象限点捕捉模式，绘制图形，如图 7-48 所示。

③ 执行【修改】|【阵列】|【环形阵列】命令，先选择矩形作为阵列对象，然后选择圆的圆心作为阵列中心点，激活并打开【阵列创建】选项卡。

④ 在此选项卡的【项目】面板中设置阵列参数，即在【项目数】文本框中输入 10，【介于】文本框中输入 36，如图 7-49 所示。

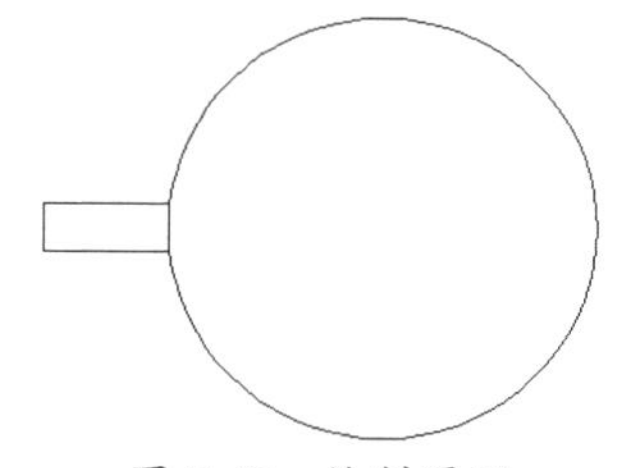

图 7-48　绘制图形

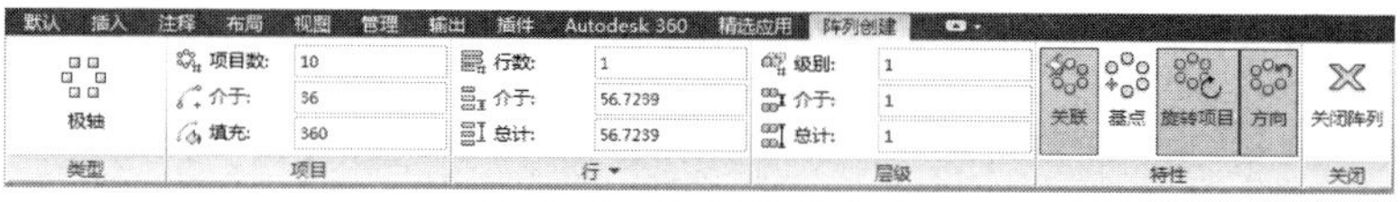

图 7-49　设置阵列参数

⑤ 单击【关闭阵列】按钮，完成阵列。环形阵列示例如图 7-50 所示。

> **提醒一下：**
>
> 【旋转项目】按钮用于设置环形阵列对象时，对象本身是否绕其基点旋转。如果不单击【旋转项目】按钮，那么阵列出的对象不会绕基点旋转，如图 7-51 所示。

3．路径阵列

路径阵列是将对象沿着一条路径进行排列，排列形态由路径形态而定。

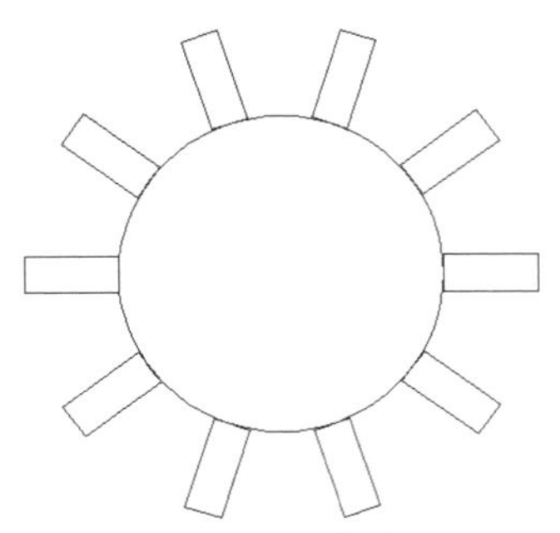

图 7-50　环形阵列示例

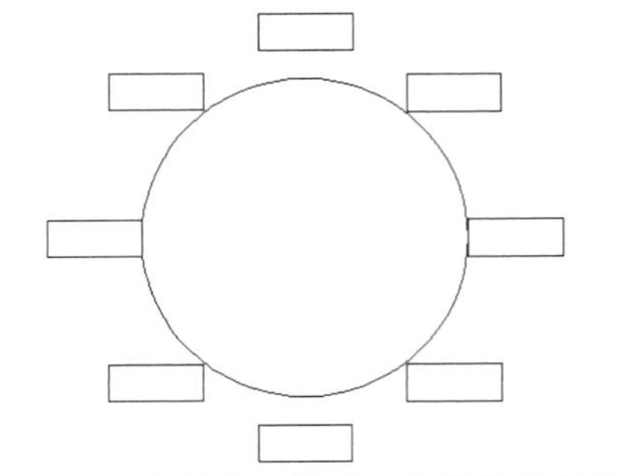

图 7-51　阵列出的图形不会绕基点旋转

动手操作——路径阵列

① 绘制 1 个圆和 1 条圆弧。

② 执行【修改】|【阵列】|【路径阵列】命令，激活【路径阵列】命令。命令行操作提示如下：

```
命令: _arraypath
选择对象: 找到 1 个                                              //选择圆
选择对象:↙                                                       //确认选择
类型 = 路径  关联 = 是
选择路径曲线:                                                    //选择圆弧
选择夹点以编辑阵列或 [关联(AS)/方法(M)/基点(B)/切向(T)/项目(I)/行(R)/层(L)/对齐项目(A)/z 方向(Z)/退出(X)] <退出>: M↙                                 //选择【方法】选项
输入路径方法 [定数等分(D)/定距等分(M)] <定距等分>: D↙          //选择路径等分方法
选择夹点以编辑阵列或 [关联(AS)/方法(M)/基点(B)/切向(T)/项目(I)/行(R)/层(L)/对齐项目(A)/z 方向(Z)/退出(X)] <退出>: I↙                                 //选择【项目】选项
输入沿路径的项数或 [方向(O)/表达式(E)] <方向>: 15↙             //输入沿路径的项数，如图 7-52 所示
选择夹点以编辑阵列或 [关联(AS)/方法(M)/基点(B)/切向(T)/项目(I)/行(R)/层(L)/对齐项目(A)/z 方向(Z)/退出(X)] <退出>:↙                    //自动弹出右键快捷菜单，如图 7-53 所示
```

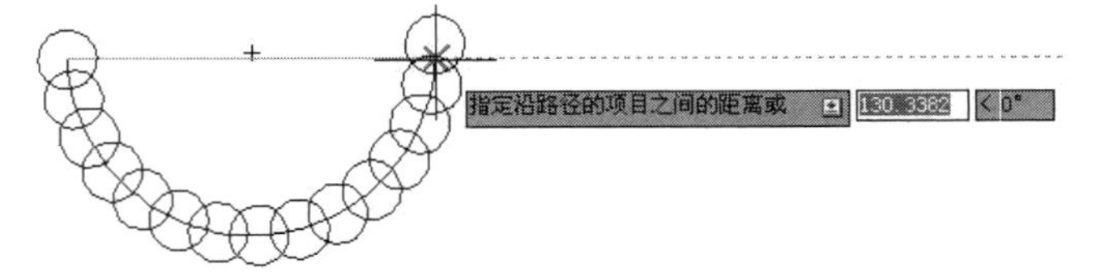

图 7-52　输入沿路径的项数

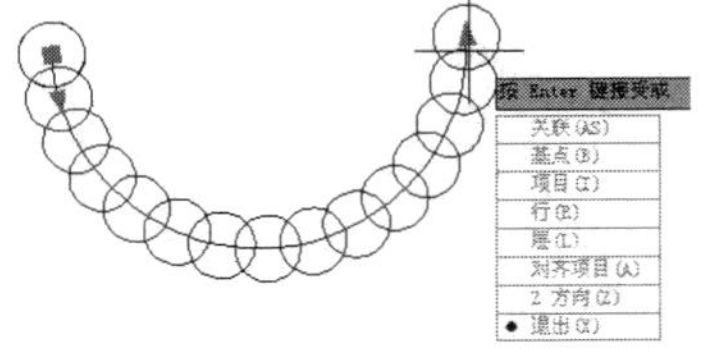

图 7-53　右键快捷菜单

③ 路径阵列结果如图 7-54 所示。

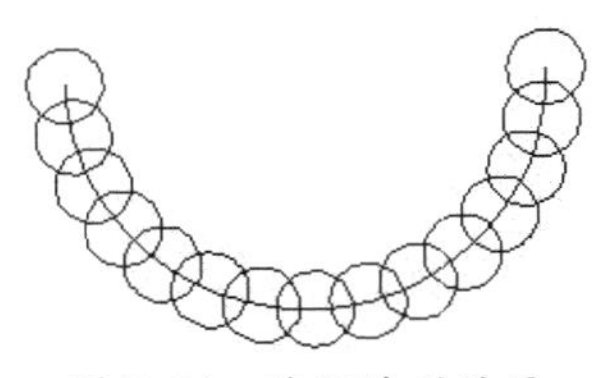

图 7-54　路径阵列结果

7.4.4　偏移对象

【偏移】命令用于将对象按照一定的距离或指定的通过点，对选择的对象进行偏移。

执行【偏移】命令主要有以下几种方式。

- 执行菜单栏中的【修改】|【偏移】命令。
- 单击【修改】面板中的【偏移】按钮。
- 在命令行中输入 offset 并按 Enter 键。
- 使用快捷命令 o。

1. 将对象距离偏移

不同结构的对象，其偏移结果也会不同。例如，在对圆、椭圆等对象执行偏移操作后，对象的尺寸发生了变化，而对直线执行偏移操作后，其尺寸则保持不变。

动手操作——使用【偏移】命令绘制底座局部剖视图

底座局部剖视图如图 7-55 所示。本例主要使用【偏移】命令将各部分定位，并使用【修剪】命令、【样条曲线】命令和【图案填充】命令完成此图的绘制。

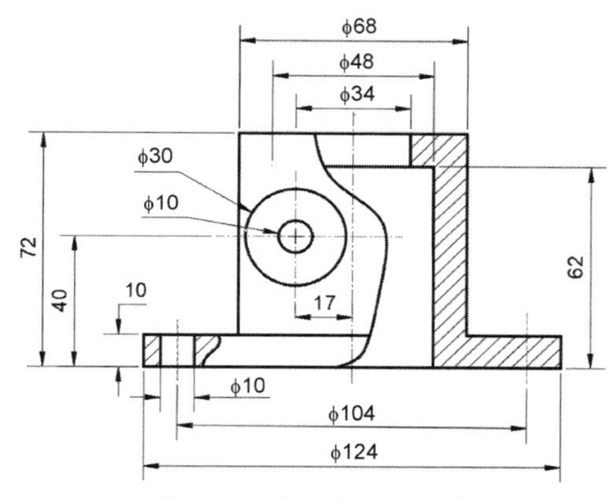

图 7-55　底座局部剖视图

① 新建图形文件，并设置中心线图层、细实线图层和轮廓线图层。

② 将中心线图层设置为当前图层。使用【直线】命令，绘制一条竖直中心线。将轮廓线图层设置为当前图层。重复使用【直线】命令，绘制一条水平轮廓线，结果如图 7-56 所示。

③ 使用【偏移】命令，将水平轮廓线向上偏移，偏移距离分别为 10、62、72。重复使用【偏移】命令，先将竖直中心线分别向两侧偏移 17、34、52、62。选取偏移后的直线，将其所在图层修改为轮廓线图层。偏移处理后的结果如图 7-57 所示。

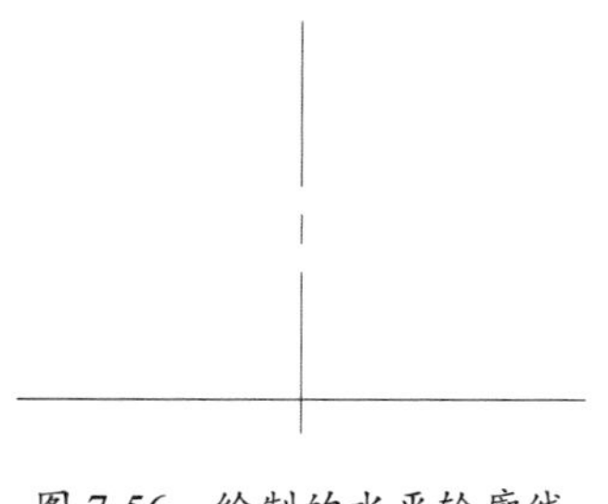
图 7-56　绘制的水平轮廓线

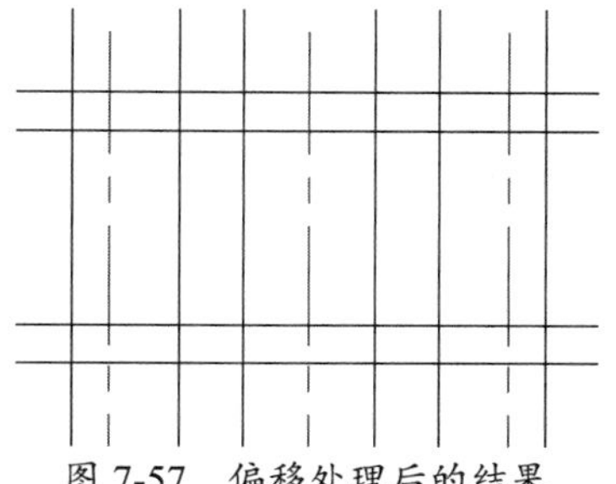
图 7-57　偏移处理后的结果

提醒一下：

在选择偏移对象时，只能以点选的方式选择对象，且每次只能偏移一个对象。

④ 使用【样条曲线】命令，绘制中部的剖切线，结果如图 7-58 所示。命令行操作提示如下：

```
命令: _spline
指定第一个点或 [对象(O)]:
指定下一点:
指定下一点或 [闭合(C)/拟合公差(F)] <起点切向>:
指定下一点或 [闭合(C)/拟合公差(F)] <起点切向>:
指定下一点或 [闭合(C)/拟合公差(F)] <起点切向>:
指定起点切向:
指定端点切向:
```

⑤ 先使用【偏移】命令，将竖直中心线向右偏移 24。再使用【修剪】命令，修剪相关图线，结果如图 7-59 所示。

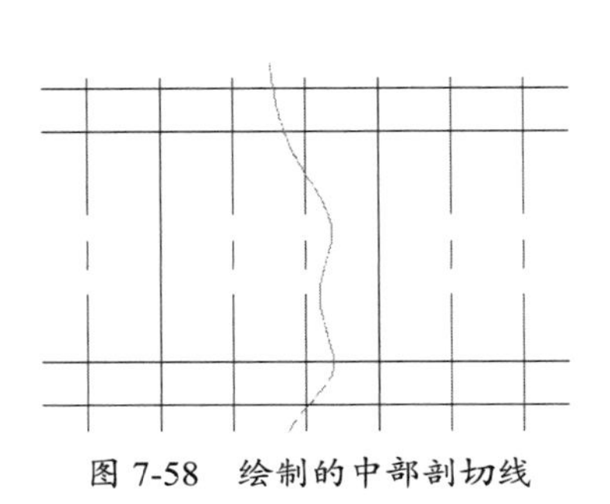

图 7-58　绘制的中部剖切线

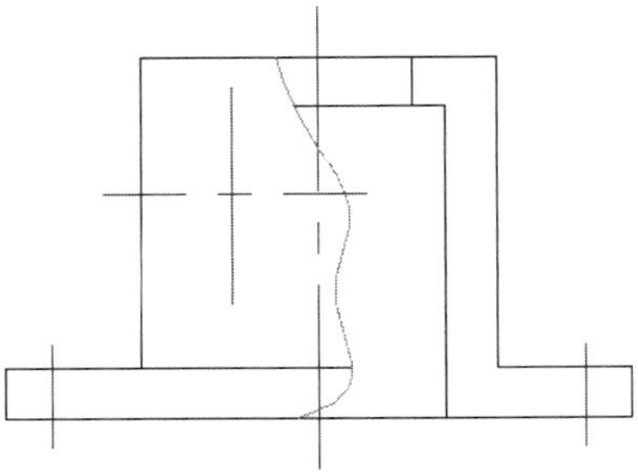

图 7-59　修剪相关图线

⑥ 使用【偏移】命令，将线段一向两侧分别偏移 5，并对其进行修剪。转换图层，将图线线型进行转换，如图 7-60 所示。

⑦ 使用【样条曲线】命令，绘制中部的剖切线，并对其进行修剪。绘制的线段一的中部剖切线如图 7-61 所示。

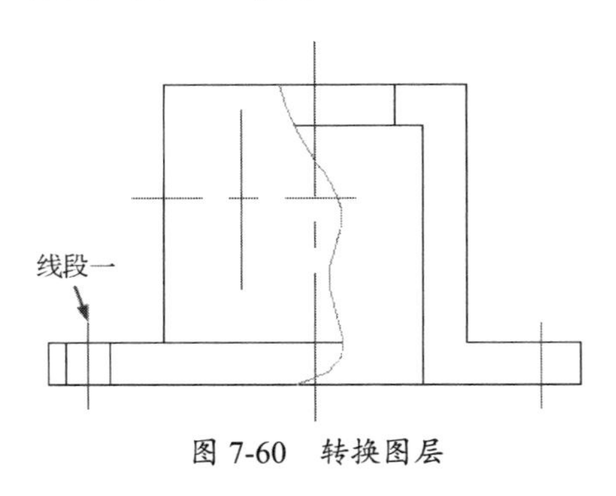

图 7-60　转换图层

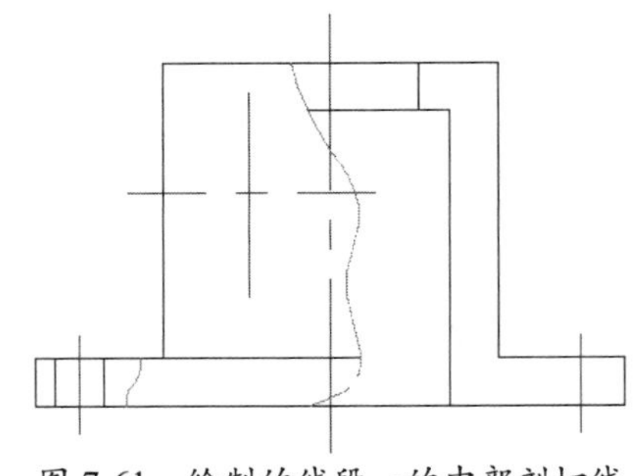

图 7-61　绘制的线段一的中部剖切线

⑧ 使用【圆】命令，以中心线交点为圆心，分别绘制半径为 15 和 5 的同心圆，结果如图 7-62 所示。

⑨ 将细实线图层设置为当前图层。使用【图案填充】命令，打开【图案填充创建】选项卡，填充类型选择【用户定义】，填充角度设置为 45°，间距设置为 3；分别勾选和取消勾选【双向】复选框，选择相应的填充区域，确认后进行填充。图案填充结果如图 7-63 所示。

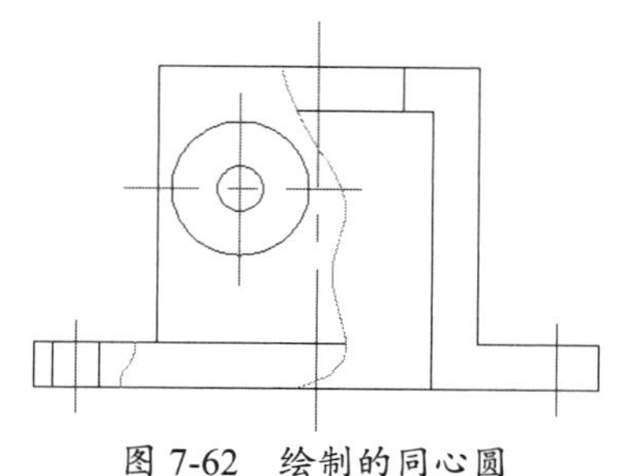

图 7-62　绘制的同心圆

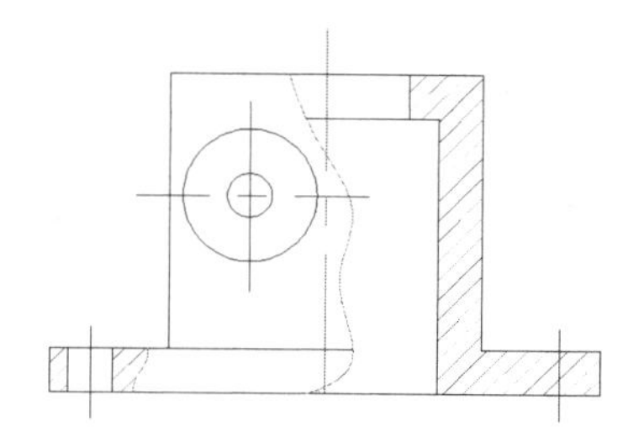

图 7-63　图案填充结果

2. 将对象定点偏移

定点偏移是为偏移对象指定一个通过点，以通过其进行偏移对象。

动手操作——定点偏移对象

定点偏移通常需要配合使用对象捕捉模式。用户可通过以下范例学习定点偏移的操作步骤。

① 打开本例源文件“定点偏移对象.dwg”，如图 7-64 所示。

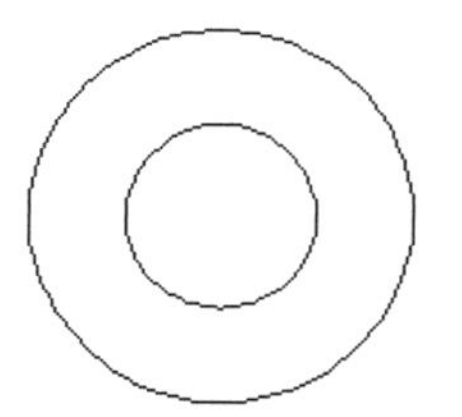

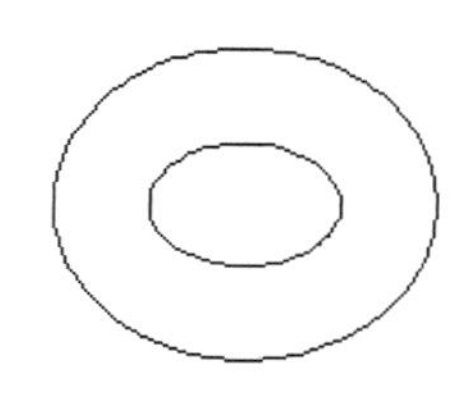

图 7-64　本例源文件“定点偏移对象.dwg”

② 单击【修改】面板中的【偏移】按钮，激活【偏移】命令，偏移小圆，使偏移后的圆与大椭圆相切，如图 7-65 所示。

③ 定点偏移结果如图 7-66 所示。

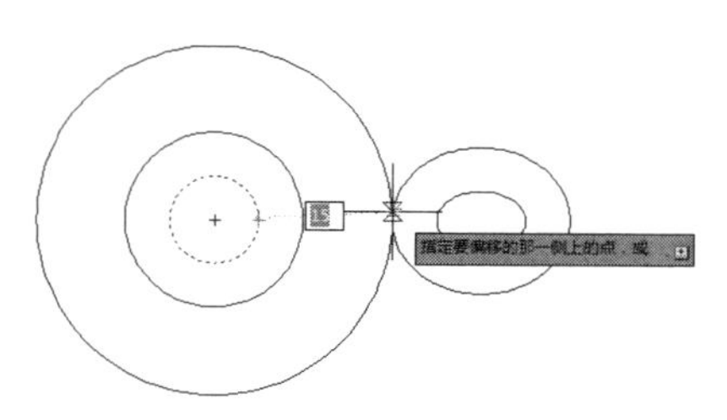

图 7-65　偏移小圆

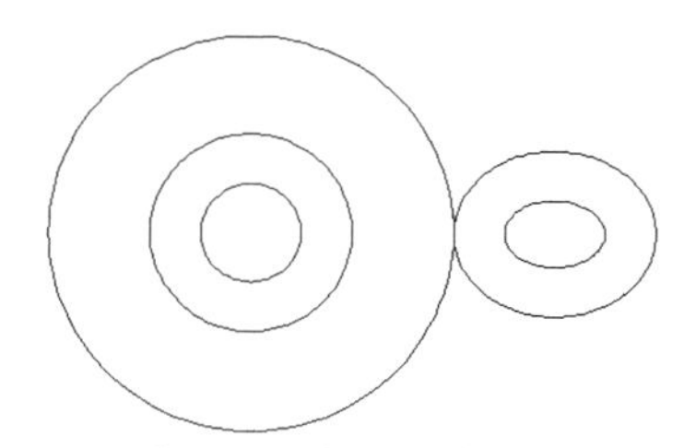

图 7-66　定点偏移结果

提醒一下：

【通过】选项用于按照指定的通过点偏移对象。偏移后的对象将通过事先指定的目标点。

7.5　综合范例

本章前面几节主要介绍了 AutoCAD 2022 中二维图形编辑的相关命令及其应用方法。本节将以几个典型的图形绘制范例说明二维图形编辑相关命令的应用方法及其使用过程，以帮助用户快速掌握本章所学知识。

7.5.1 范例一：绘制法兰盘

法兰盘的二维图形是由多个同心圆和圆阵列组共同组成的，如图 7-67 所示。

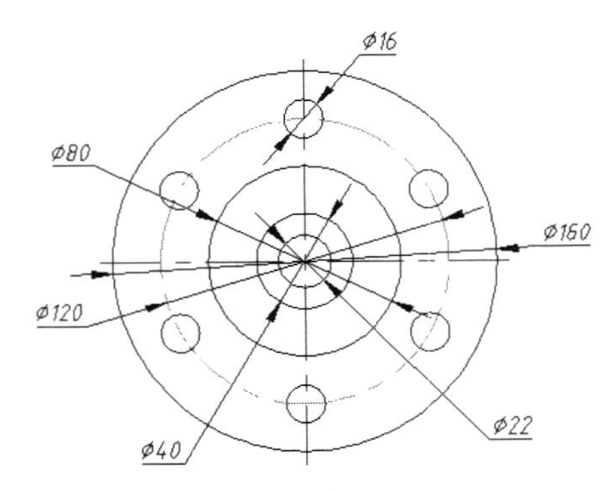

图 7-67 法兰盘的二维图形

绘制法兰盘，可使用【偏移】命令快速创建同心圆，使用【阵列】命令创建直径相同的圆阵列组。

操作步骤

① 打开本例源文件“基准线.dwg”。

② 在基准线中心绘制一个直径为 22 的基圆。命令行操作提示如下：

```
命令：circle
指定圆的圆心或 [三点(3P)/两点(2P)/切点、切点、半径(T)]:        //指定圆心
指定圆的半径或 [直径(D)]: d↙                                  //输入 d
指定圆的直径 <0.00>: 22↙                                      //指定圆的直径
```

③ 绘制基圆的操作过程及结果如图 7-68 所示。

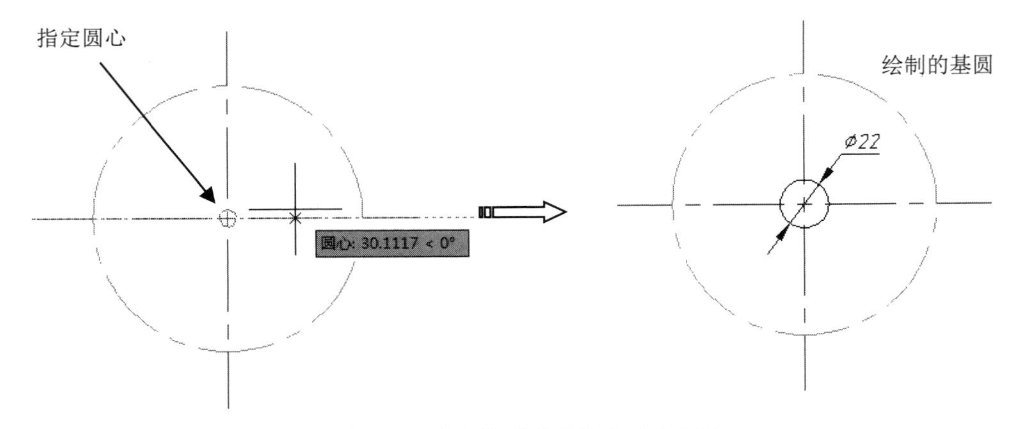

图 7-68 绘制基圆的操作过程及结果

④ 使用【偏移】命令，以基圆为偏移对象，创建出偏移距离为 9 的同心圆。在【默认】选项卡的【修改】面板中单击【偏移】按钮。命令行操作提示如下：

```
命令：_offset
当前设置：删除源=否  图层=源  OFFSETGAPTYPE=0                  //设置显示
指定偏移距离或 [通过(T)/删除(E)/图层(L)] <通过>: 9↙            //输入偏移距离值
```

```
选择要偏移的对象，或 [退出(E)/放弃(U)] <退出>:                        //指定基圆
指定要偏移的那一侧上的点，或 [退出(E)/多个(M)/放弃(U)] <退出>:         //指定偏移侧
选择要偏移的对象，或 [退出(E)/放弃(U)] <退出>: ↙
```

⑤ 绘制第 1 个同心圆的操作过程及结果如图 7-69 所示。

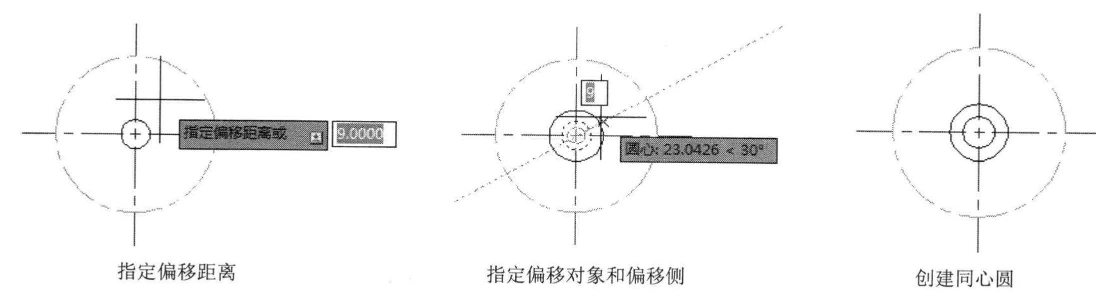

图 7-69 绘制第 1 个同心圆的操作过程及结果

提醒一下：

要执行相同的命令，可直接按 Enter 键。

⑥ 使用【偏移】命令，以基圆为偏移对象，创建出偏移距离为 29 的同心圆。在【默认】选项卡的【修改】面板中单击【偏移】按钮。命令行操作提示如下：

```
命令: _offset
当前设置: 删除源=否  图层=源  OFFSETGAPTYPE=0                            //设置显示
指定偏移距离或 [通过(T)/删除(E)/图层(L)] <9.0>: 29↙                      //输入偏移距离值
选择要偏移的对象，或 [退出(E)/放弃(U)] <退出>:                            //指定基圆
指定要偏移的那一侧上的点，或 [退出(E)/多个(M)/放弃(U)] <退出>:             //指定偏移侧
选择要偏移的对象，或 [退出(E)/放弃(U)] <退出>: ↙
```

⑦ 绘制第 2 个同心圆的操作过程及结果如图 7-70 所示。

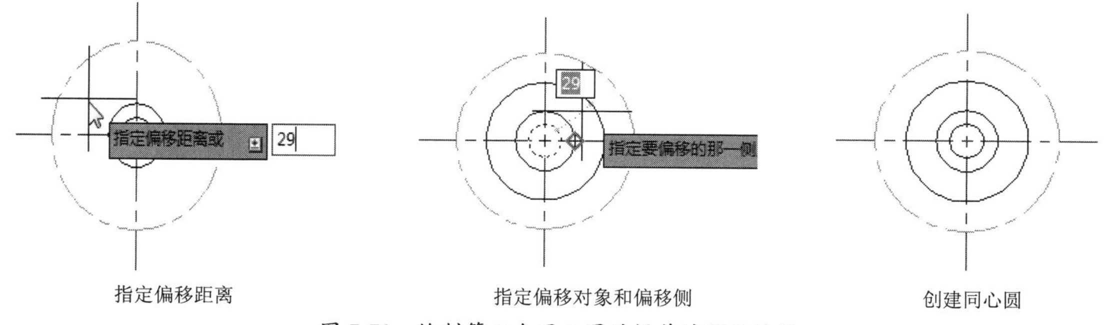

图 7-70 绘制第 2 个同心圆的操作过程及结果

⑧ 使用【偏移】命令，以基圆为偏移对象，创建出偏移距离为 69 的同心圆。在【默认】选项卡的【修改】面板中单击【偏移】按钮。命令行操作提示如下：

```
命令: _offset
当前设置: 删除源=否  图层=源  OFFSETGAPTYPE=0                            //设置显示
指定偏移距离或 [通过(T)/删除(E)/图层(L)] <29.0>: 69↙                     //输入偏移距离值
选择要偏移的对象，或 [退出(E)/放弃(U)] <退出>:                            //指定基圆
指定要偏移的那一侧上的点，或 [退出(E)/多个(M)/放弃(U)] <退出>              //指定偏移侧
选择要偏移的对象，或 [退出(E)/放弃(U)] <退出>: ↙
```

⑨ 绘制第 3 个同心圆的操作过程及结果如图 7-71 所示。

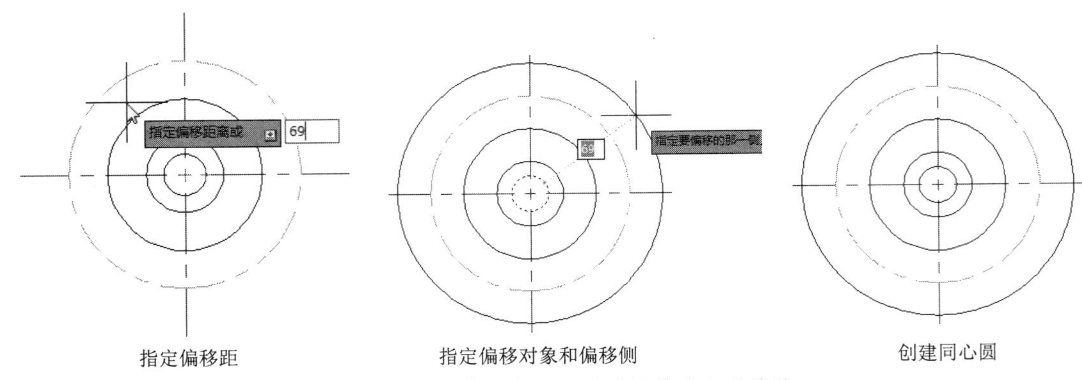

图 7-71　绘制第 3 个同心圆的操作过程及结果

⑩ 使用【圆】命令，在圆定位线与基准线的交点上绘制一个直径为 16 的小圆。命令行操作提示如下：

```
命令：circle
CIRCLE 指定圆的圆心或 [三点(3P)/两点(2P)/切点、切点、半径(T)]：   //指定圆心
指定圆的半径或 [直径(D)] <11.0>：d↙                          //输入 d
指定圆的直径 <22.0>：16↙                                      //输入直径值
```

⑪ 绘制小圆的操作过程及结果如图 7-72 所示。

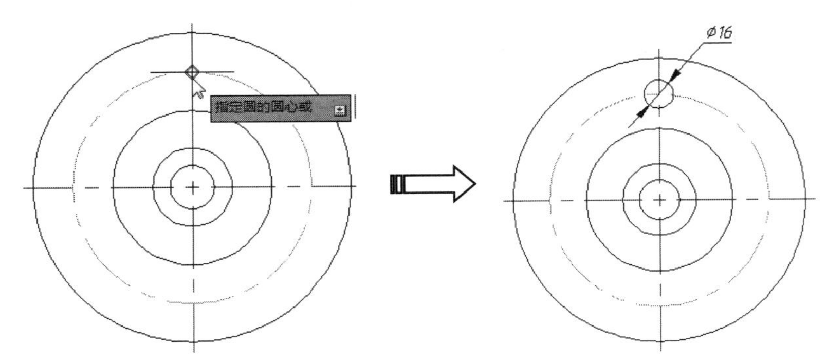

图 7-72　绘制小圆的操作过程及结果

⑫ 使用【阵列】命令，以小圆为阵列对象，创建总数为 6 的圆阵列组。先在【修改】面板中单击【环形阵列】按钮，然后按命令行提示进行操作。创建的阵列圆如图 7-73 所示。

```
命令：_arraypolar
选择对象：找到 1 个
选择对象：                                             //选择小圆
类型 = 极轴  关联 = 是
指定阵列的中心点或 [基点(B)/旋转轴(A)]：               //指定大圆圆心
输入项目数或 [项目间角度(A)/表达式(E)] <4>：6↙
指定填充角度(+=逆时针、-=顺时针)或 [表达式(EX)] <360>：↙
按 Enter 键接受或 [关联(AS)/基点(B)/项目(I)/项目间角度(A)/填充角度(F)/行(ROW)/层(L)/
旋转项目(ROT)/退出(X)]
<退出>：↙
```

⑬ 至此，本例中二维图形编辑相关命令的应用及操作就结束了。

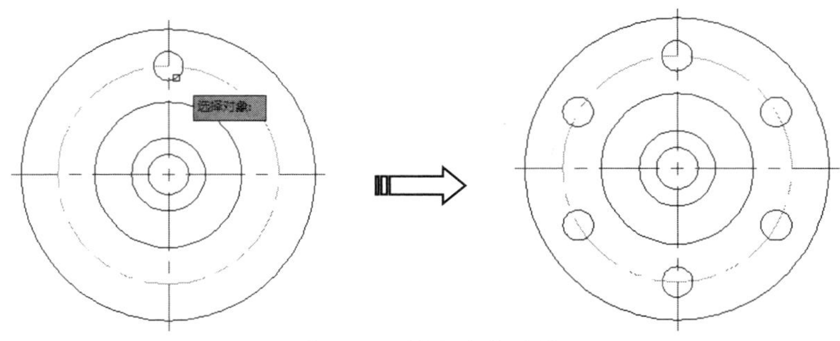

图 7-73　创建的阵列圆

7.5.2　范例二：绘制机制夹具

机制夹具的二维图形主要由圆、圆弧、直线等构成，如图 7-74 所示。可使用【直线】命令绘制图形，再结合【偏移】、【修剪】、【旋转】、【圆角】、【镜像】等命令来辅助完成图形绘制，以此提高图形绘制效率。

操作步骤

① 新建图形文件。

② 绘制中心线，如图 7-75 所示。

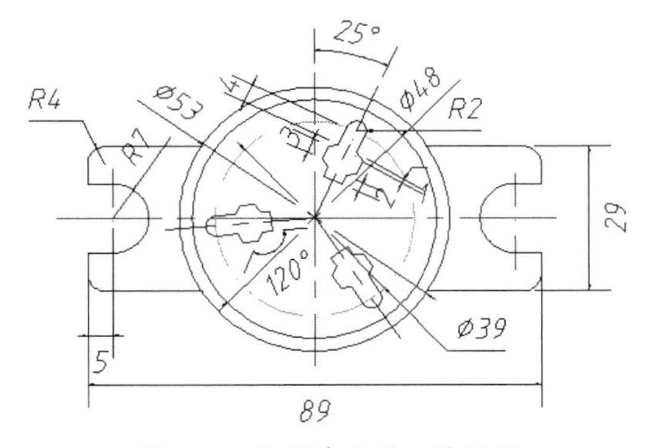

图 7-74　机制夹具的二维图形

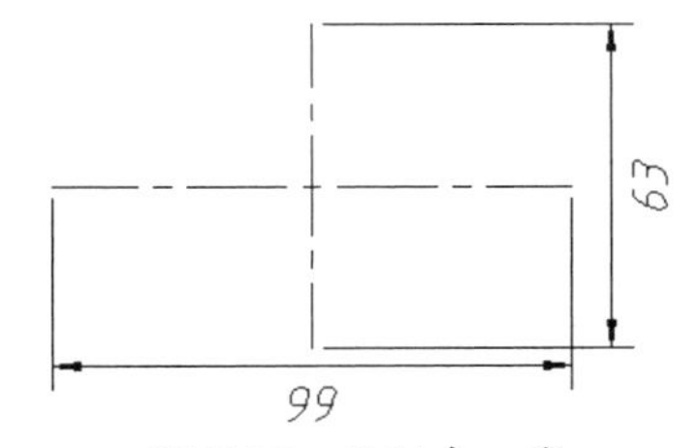

图 7-75　绘制中心线

③ 使用【偏移】命令，绘制出直线的大致轮廓。命令行操作提示如下：

```
命令：_offset
当前设置：删除源=否　图层=源　OFFSETGAPTYPE=0                    //设置显示
指定偏移距离或 [通过(T)/删除(E)/图层(L)] <通过>：44.5↙           //输入偏移距离值
选择要偏移的对象，或 [退出(E)/放弃(U)] <退出>：                     //指定偏移对象
指定要偏移的那一侧上的点，或 [退出(E)/多个(M)/放弃(U)] <退出>：     //指定偏移侧
选择要偏移的对象，或 [退出(E)/放弃(U)] <退出>：↙
命令：↙
OFFSET
当前设置：删除源=否　图层=源　OFFSETGAPTYPE=0                    //设置显示
指定偏移距离或 [通过(T)/删除(E)/图层(L)] <44.5000>：5 ↙          //输入偏移距离值
选择要偏移的对象，或 [退出(E)/放弃(U)] <退出>：                     //指定偏移对象
指定要偏移的那一侧上的点，或 [退出(E)/多个(M)/放弃(U)] <退出>：     //指定偏移侧
选择要偏移的对象，或 [退出(E)/放弃(U)] <退出>：↙
```

```
命令：↙
OFFSET
当前设置：删除源=否  图层=源  OFFSETGAPTYPE=0                          //设置显示
指定偏移距离或 [通过(T)/删除(E)/图层(L)] <5.0000>：14.5 ↙               //输入偏移距离值
选择要偏移的对象，或 [退出(E)/放弃(U)] <退出>：                         //指定偏移对象
指定要偏移的那一侧上的点，或 [退出(E)/多个(M)/放弃(U)] <退出>：          //指定偏移侧
选择要偏移的对象，或 [退出(E)/放弃(U)] <退出>：                         //指定偏移对象
指定要偏移的那一侧上的点，或 [退出(E)/多个(M)/放弃(U)] <退出>：          //指定偏移侧
选择要偏移的对象，或 [退出(E)/放弃(U)] <退出>：↙
命令：↙
OFFSET
当前设置：删除源=否  图层=源  OFFSETGAPTYPE=0                          //设置显示
指定偏移距离或 [通过(T)/删除(E)/图层(L)] <14.5000>：7↙                  //输入偏移距离值
选择要偏移的对象，或 [退出(E)/放弃(U)] <退出>：                         //指定偏移对象
指定要偏移的那一侧上的点，或 [退出(E)/多个(M)/放弃(U)] <退出>：          //指定偏移侧
选择要偏移的对象，或 [退出(E)/放弃(U)] <退出>：                         //指定偏移对象
指定要偏移的那一侧上的点，或 [退出(E)/多个(M)/放弃(U)] <退出>：          //指定偏移侧
选择要偏移的对象，或 [退出(E)/放弃(U)] <退出>：↙
```

④ 绘制并偏移直线，如图 7-76 所示。

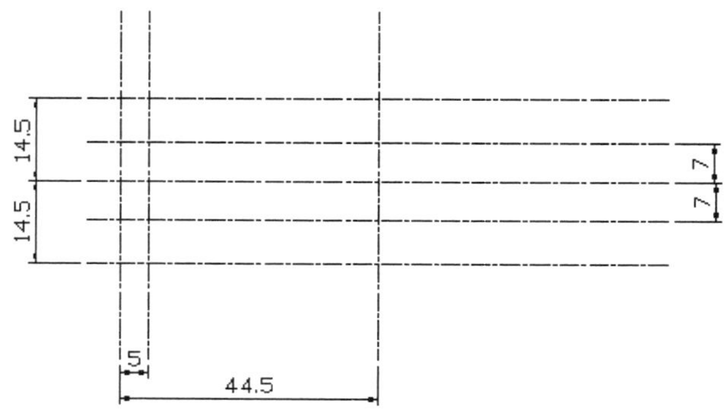

图 7-76　绘制并偏移直线

⑤ 先创建一个圆，并以此圆为偏移对象，再创建两个偏移对象。命令行操作提示如下：

```
命令：_circle
指定圆的圆心或 [三点(3P)/两点(2P)/切点、切点、半径(T)]：                //指定圆心
指定圆的半径或 [直径(D)] <0.0000>：d↙                                  //输入 d
指定圆的直径 <0.0000>：39↙                                             //输入圆的直径值
命令：_offset
当前设置：删除源=否  图层=源  OFFSETGAPTYPE=0                          //设置显示
指定偏移距离或 [通过(T)/删除(E)/图层(L)] <3.5000>：4.5↙                 //输入偏移距离值
选择要偏移的对象，或 [退出(E)/放弃(U)] <退出>：                         //指定直径为 39 的圆
指定要偏移的那一侧上的点，或 [退出(E)/多个(M)/放弃(U)] <退出>：          //指定偏移侧
选择要偏移的对象，或 [退出(E)/放弃(U)] <退出>：↙
命令：↙
OFFSET
当前设置：删除源=否  图层=源  OFFSETGAPTYPE=0                          //设置显示
指定偏移距离或 [通过(T)/删除(E)/图层(L)] <4.5000>：2.5↙                 //输入偏移距离值
选择要偏移的对象，或 [退出(E)/放弃(U)] <退出>：                         //指定直径为 48 的圆
```

```
指定要偏移的那一侧上的点，或 [退出(E)/多个(M)/放弃(U)] <退出>:      //指定偏移侧
选择要偏移的对象，或 [退出(E)/放弃(U)] <退出>: ↙
```

⑥ 绘制并偏移圆，如图 7-77 所示。

⑦ 使用【修剪】命令，对绘制的直线和圆进行修剪。修剪后的直线和圆如图 7-78 所示。

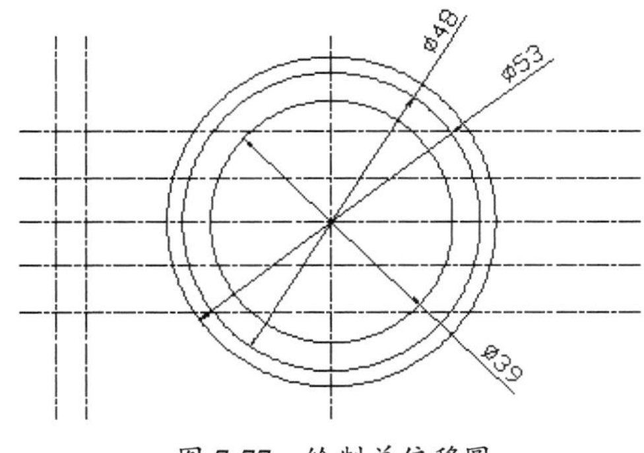

图 7-77 绘制并偏移圆

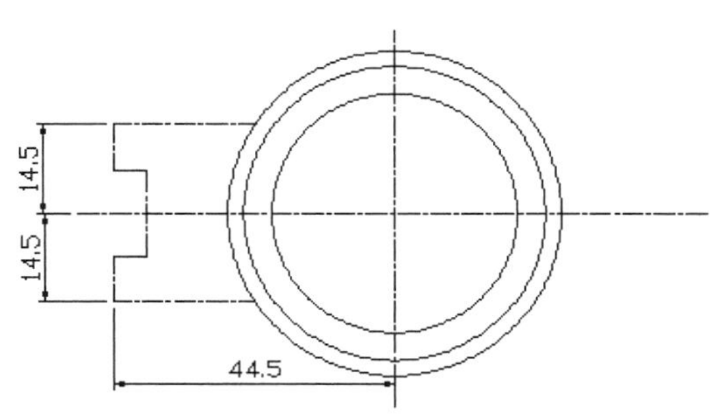

图 7-78 修剪后的直线和圆

⑧ 使用【圆角】命令，对直线进行倒圆角。命令行操作提示如下：

```
命令: _fillet
当前设置: 模式=不修剪，半径=0.0000                                      //设置显示
选择第一个对象或 [放弃(U)/多段线(P)/半径(R)/修剪(T)/多个(M)]: r↙     //输入 r
指定圆角半径 <0.0000>: 3.5↙                                           //输入圆角半径值
选择第一个对象或 [放弃(U)/多段线(P)/半径(R)/修剪(T)/多个(M)]: t↙     //输入 t
输入修剪模式选项 [修剪(T)/不修剪(N)] <不修剪>: t↙                      //输入 t
选择第一个对象或 [放弃(U)/多段线(P)/半径(R)/修剪(T)/多个(M)]:        //选择圆角边 1
选择第二个对象，或按住 Shift 键选择要应用角点的对象: ↙                //选择圆角边 2
命令: ↙
FILLET
当前设置: 模式=修剪，半径=3.5000                                        //设置显示
选择第一个对象或 [放弃(U)/多段线(P)/半径(R)/修剪(T)/多个(M)]:        //指定圆角边 1
选择第二个对象，或按住 Shift 键选择要应用角点的对象:                  //指定圆角边 2
命令: ↙
FILLET
当前设置: 模式=修剪，半径=3.5000                                        //设置显示
选择第一个对象或 [放弃(U)/多段线(P)/半径(R)/修剪(T)/多个(M)]: r↙     //输入 r
指定圆角半径 <3.5000>: 7↙                                             //输入圆角半径
选择第一个对象或 [放弃(U)/多段线(P)/半径(R)/修剪(T)/多个(M)]:        //指定圆角边 1
选择第二个对象，或按住 Shift 键选择要应用角点的对象: ↙                //指定圆角边 2
```

⑨ 倒圆角的结果如图 7-79 所示。

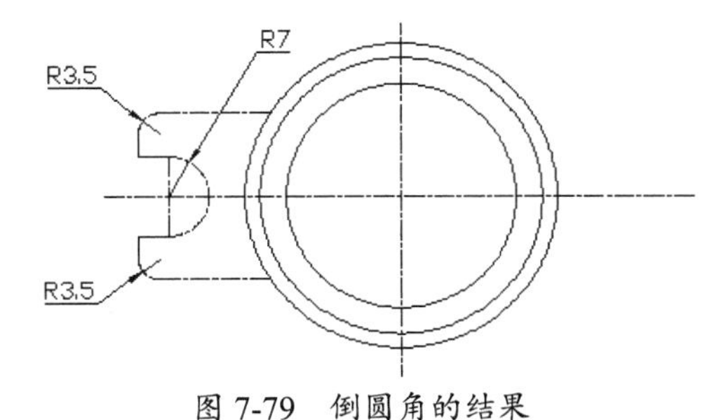

图 7-79 倒圆角的结果

⑩ 利用夹点拖动如图 7-80 所示的直线。

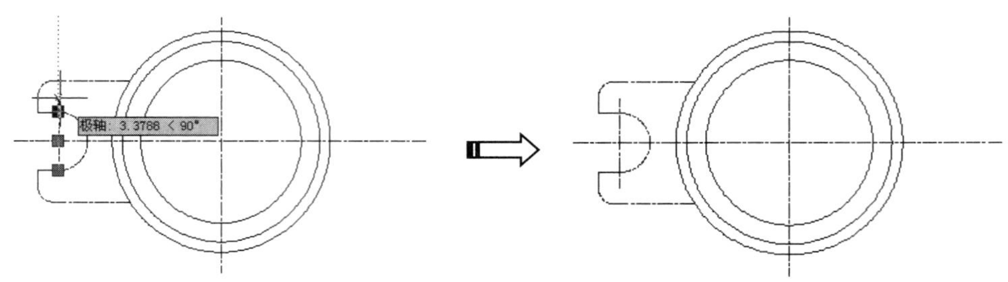

图 7-80 拖动直线

⑪ 使用【镜像】命令将选择的对象镜像到圆中心线的另一侧。命令行操作提示如下：

```
命令: _mirror
选择对象: 指定对角点: 找到 10 个                    //选择要镜像的对象
选择对象: ↙
指定镜像线的第一点: 指定镜像线的第二点:              //指定镜像第一点和第二点
要删除源对象吗? [是(Y)/否(N)] <N>: ↙
```

⑫ 镜像操作的结果如图 7-81 所示。

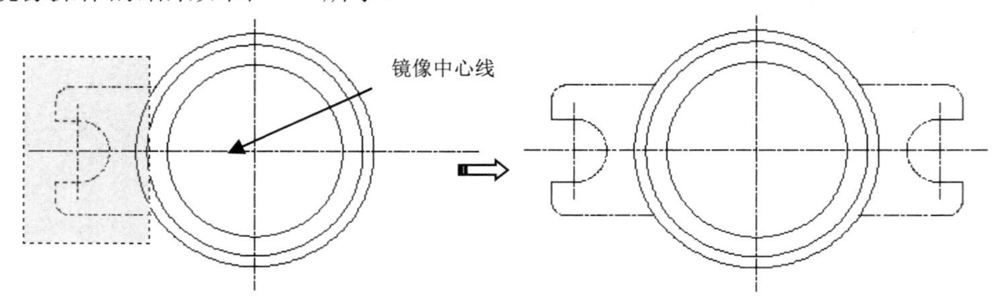

图 7-81 镜像操作的结果

⑬ 绘制一条斜线，如图 7-82 所示。命令行操作提示如下：

```
命令: _line 指定第一点:                             //指定起点
指定下一点或 [放弃(U)]: <65 ↙                       //输入替代角度值
角度替代: 65
指定下一点或 [放弃(U)]:                             //指定斜线端点
指定下一点或 [放弃(U)]: ↙
```

⑭ 打开极轴追踪模式，并在【草图设置】对话框的【极轴追踪】选项卡中将增量角设为 90°，并选择【相对上一段】单选按钮，如图 7-83 所示。

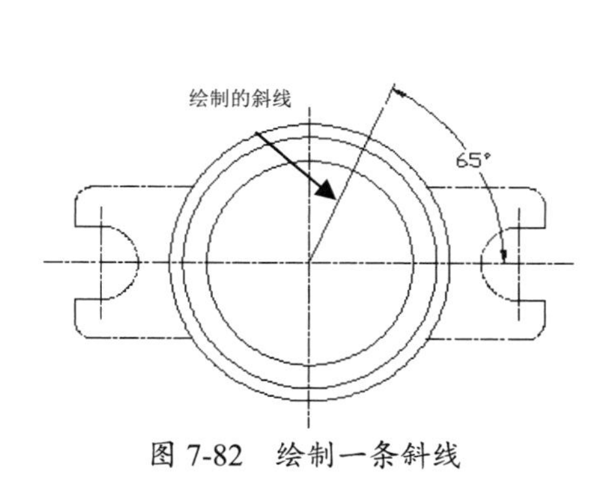

图 7-82 绘制一条斜线

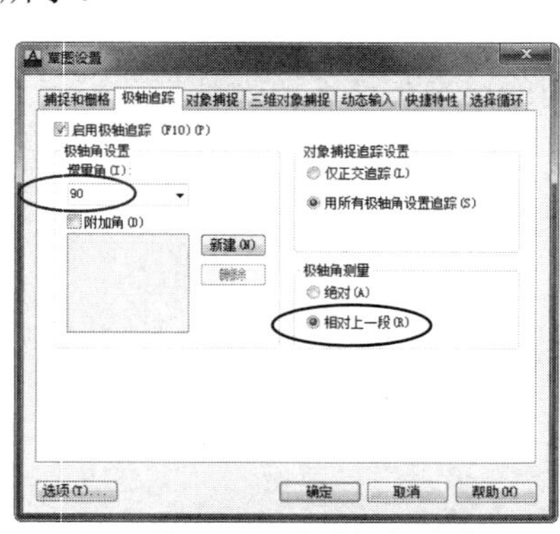

图 7-83 设置极轴追踪

⑮　在斜线的端点处绘制一条垂线，并将垂线移动至如图 7-84 所示的斜线与圆的交点上。

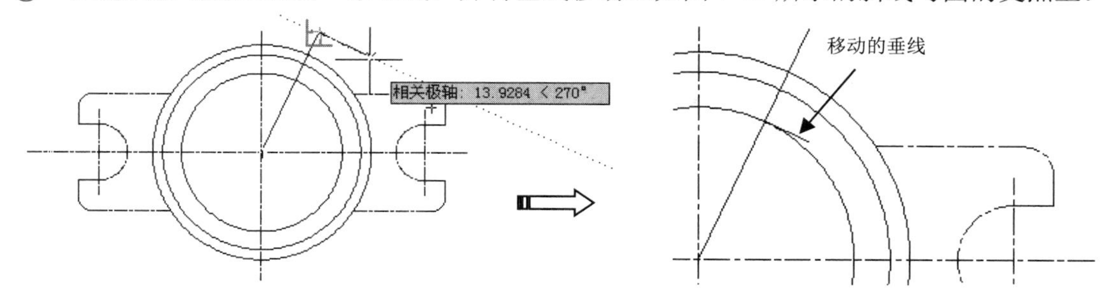

图 7-84　绘制并移动垂线

⑯　使用【偏移】命令，绘制垂线和斜线的偏移对象。命令行操作提示如下：

```
命令: _offset
当前设置: 删除源=否  图层=源  OFFSETGAPTYPE=0                    //设置显示
指定偏移距离或 [通过(T)/删除(E)/图层(L)] <7.0000>: 2↙            //输入偏移距离值
选择要偏移的对象，或 [退出(E)/放弃(U)] <退出>:                      //指定偏移对象
指定要偏移的那一侧上的点，或 [退出(E)/多个(M)/放弃(U)] <退出>:      //指定偏移侧
选择要偏移的对象，或 [退出(E)/放弃(U)] <退出>: ↙
命令: ↙
OFFSET
当前设置: 删除源=否  图层=源  OFFSETGAPTYPE=0
指定偏移距离或 [通过(T)/删除(E)/图层(L)] <2.0000>: 4↙            //输入偏移距离值
选择要偏移的对象，或 [退出(E)/放弃(U)] <退出>:                      //指定偏移对象
指定要偏移的那一侧上的点，或 [退出(E)/多个(M)/放弃(U)] <退出>:      //指定偏移侧
选择要偏移的对象，或 [退出(E)/放弃(U)] <退出>: ↙
命令: ↙
OFFSET
当前设置: 删除源=否  图层=源  OFFSETGAPTYPE=0
指定偏移距离或 [通过(T)/删除(E)/图层(L)] <4.0000>: 1↙            //输入偏移距离值
选择要偏移的对象，或 [退出(E)/放弃(U)] <退出>:                      //指定偏移对象
指定要偏移的那一侧上的点，或 [退出(E)/多个(M)/放弃(U)] <退出>:      //指定偏移侧
选择要偏移的对象，或 [退出(E)/放弃(U)] <退出>: ↙
命令: ↙
OFFSET
当前设置: 删除源=否  图层=源  OFFSETGAPTYPE=0
指定偏移距离或 [通过(T)/删除(E)/图层(L)] <1.0000>: 3↙            //输入偏移距离值
选择要偏移的对象，或 [退出(E)/放弃(U)] <退出>:                      //指定偏移对象
指定要偏移的那一侧上的点，或 [退出(E)/多个(M)/放弃(U)] <退出>:      //指定偏移侧
选择要偏移的对象，或 [退出(E)/放弃(U)] <退出>: ↙
命令: ↙
OFFSET
当前设置: 删除源=否  图层=源  OFFSETGAPTYPE=0
指定偏移距离或 [通过(T)/删除(E)/图层(L)] <3.0000>: 1↙            //输入偏移距离值
选择要偏移的对象，或 [退出(E)/放弃(U)] <退出>:                      //指定偏移对象
指定要偏移的那一侧上的点，或 [退出(E)/多个(M)/放弃(U)] <退出>:      //指定偏移侧
选择要偏移的对象，或 [退出(E)/放弃(U)] <退出>: ↙
命令: ↙
OFFSET
当前设置: 删除源=否  图层=源  OFFSETGAPTYPE=0
指定偏移距离或 [通过(T)/删除(E)/图层(L)] <1.0000>: 2↙            //输入偏移距离值
```

```
选择要偏移的对象，或 [退出(E)/放弃(U)] <退出>:                    //指定偏移对象
指定要偏移的那一侧上的点，或 [退出(E)/多个(M)/放弃(U)] <退出>:     //指定偏移侧
选择要偏移的对象，或 [退出(E)/放弃(U)] <退出>: ↙
```

⑰ 绘制的偏移对象如图 7-85 所示。

⑱ 使用【修剪】命令对偏移对象进行修剪。修剪后的偏移对象如图 7-86 所示。

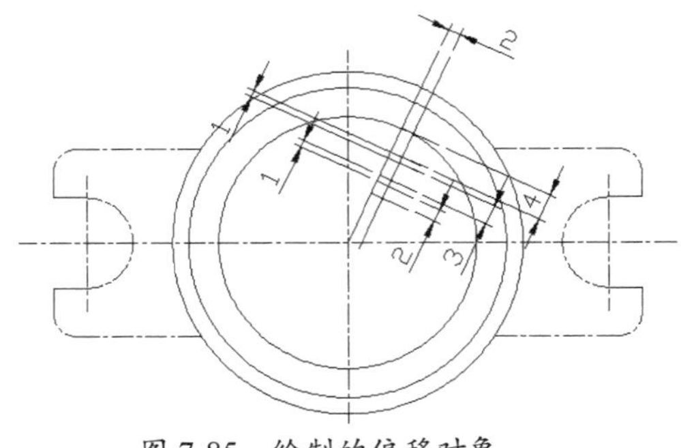

图 7-85 绘制的偏移对象

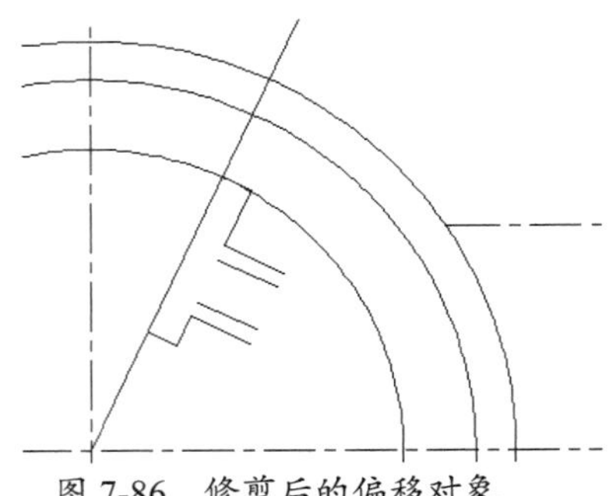

图 7-86 修剪后的偏移对象

⑲ 使用【旋转】命令，对修剪后的两条直线进行旋转但不复制。命令行操作提示如下：

```
命令: _rotate
UCS 当前的正角方向: ANGDIR=逆时针  ANGBASE=0                    //设置显示
选择对象: 找到 1 个                                             //选择旋转对象 1
选择对象: ↙
指定基点:                                                       //指定旋转基点
指定旋转角度，或 [复制(C)/参照(R)] <0>: 30 ↙                     //输入旋转角度值
命令: ↙
ROTATE
UCS 当前的正角方向: ANGDIR=逆时针  ANGBASE=0
选择对象: 找到 1 个                                             //选择旋转对象 2
选择对象: ↙
指定基点:                                                       //指定旋转基点
指定旋转角度，或 [复制(C)/参照(R)] <30>: -30 ↙                   //输入旋转角度值
```

⑳ 旋转对象如图 7-87 所示。

㉑ 先对旋转后的直线进行修剪，然后绘制一条直线，结果如图 7-88 所示。

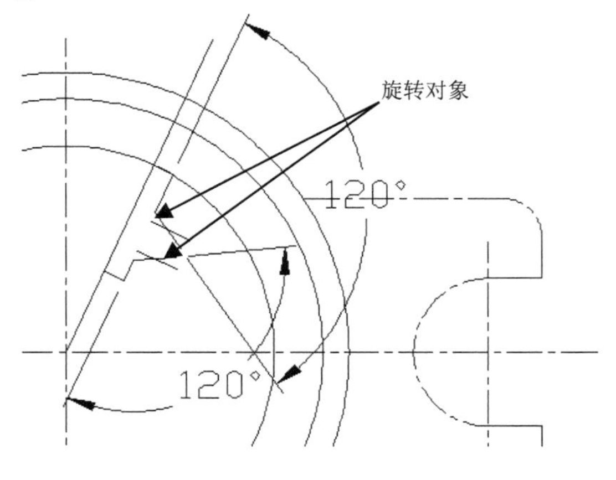

图 7-87 旋转对象

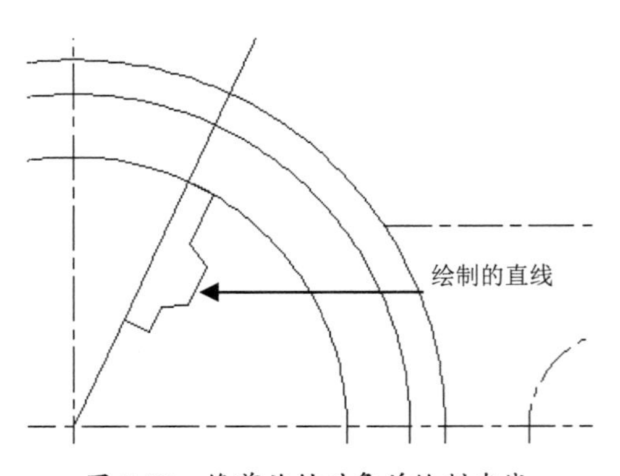

图 7-88 修剪旋转对象并绘制直线

㉒ 使用【镜像】命令，将修剪后的直线镜像到斜线的另一侧，从而得到镜像对象，如图 7-89

所示。使用【圆角】命令创建圆角，如图 7-90 所示。

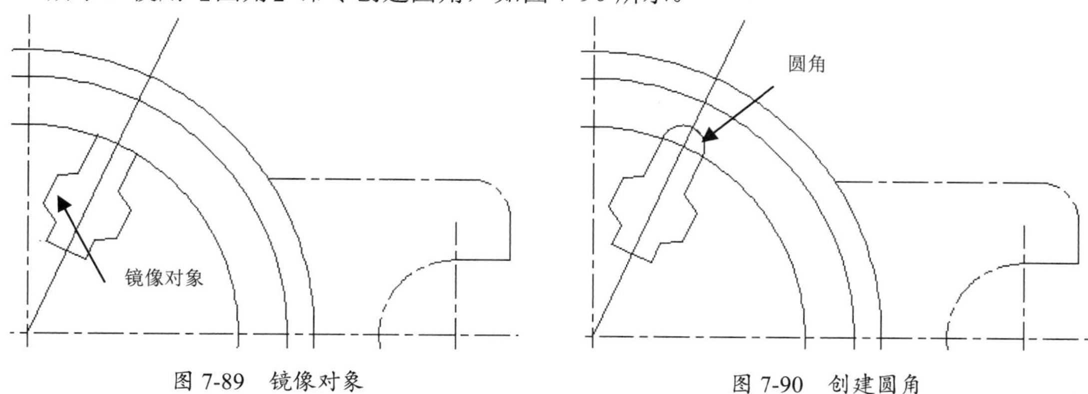

图 7-89　镜像对象　　　　图 7-90　创建圆角

㉓ 使用【旋转】命令，对镜像对象、镜像中心线及圆角进行旋转复制。命令行操作提示如下：

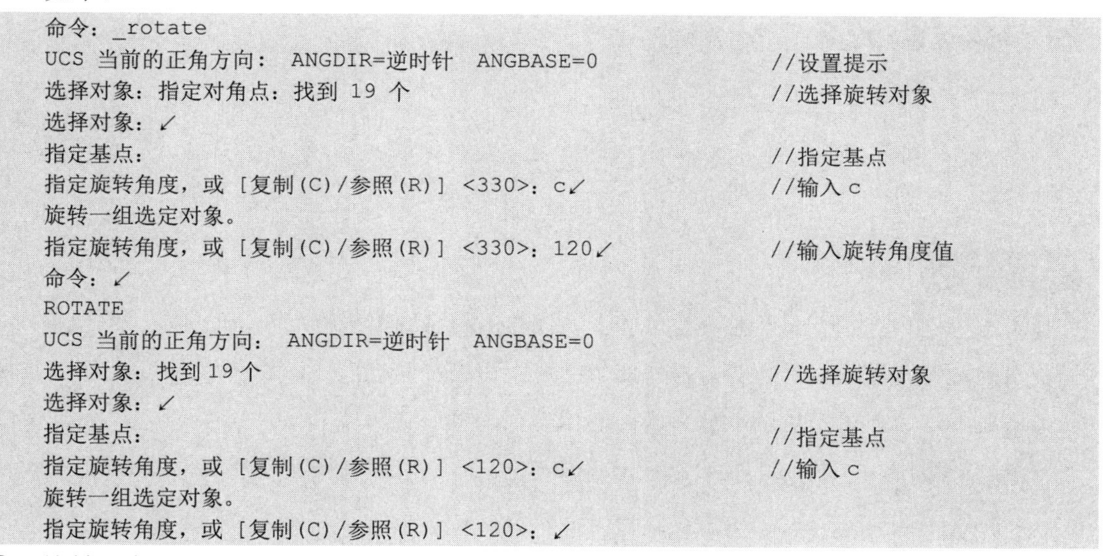

```
命令：_rotate
UCS 当前的正角方向：  ANGDIR=逆时针   ANGBASE=0                    //设置提示
选择对象：指定对角点：找到 19 个                                    //选择旋转对象
选择对象：↙
指定基点：                                                          //指定基点
指定旋转角度，或 [复制(C)/参照(R)] <330>：c↙                        //输入 c
旋转一组选定对象。
指定旋转角度，或 [复制(C)/参照(R)] <330>：120↙                      //输入旋转角度值
命令：↙
ROTATE
UCS 当前的正角方向：  ANGDIR=逆时针   ANGBASE=0
选择对象：找到 19 个                                                //选择旋转对象
选择对象：↙
指定基点：                                                          //指定基点
指定旋转角度，或 [复制(C)/参照(R)] <120>：c↙                        //输入 c
旋转一组选定对象。
指定旋转角度，或 [复制(C)/参照(R)] <120>：↙
```

㉔ 旋转对象后的结果如图 7-91 所示。

㉕ 使用【特性匹配】命令将中心点画线的格式统一，将所有实线的格式也统一。最终完成结果如图 7-92 所示。

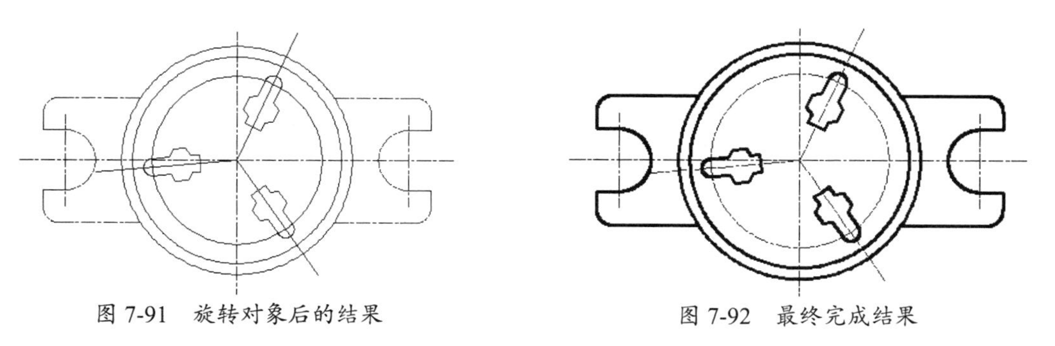

图 7-91　旋转对象后的结果　　　　图 7-92　最终完成结果

第 8 章

修改图形

本章内容

利用 AutoCAD 2022 的图形修改工具，可以很方便地对复杂图形进行后期处理。这些图形修改工具可以单独处理图形，也可以结合图形变换操作工具处理图形。本章将详细介绍各图形修改工具的基本功能和使用技巧。

知识要点

☑ 对象的常规修改
☑ 对象的合并与分解
☑ 编辑对象特性

8.1　对象的常规修改

在 AutoCAD 2022 中，可以使用【修剪】命令和【延伸】命令缩短或拉长对象，以使其与其他对象的边相接，也可以使用【缩放】命令、【拉伸】命令和【拉长】命令，等比例或不等比例缩放对象或在一个方向上调整对象的大小。

8.1.1　缩放对象

【缩放】命令用于将对象进行等比例缩放，使用此命令可以创建形状相同、大小不同的对象。

执行【缩放】命令主要有以下几种方式。

- 执行菜单栏中的【修改】|【缩放】命令。
- 单击【修改】面板中的【缩放】按钮。
- 在命令行中输入 scale 并按 Enter 键。
- 使用快捷命令 sc。

动手操作——对象的缩放

① 新建图形文件。

② 使用快捷命令 c 激活【圆】命令，绘制直径为 200 的圆，如图 8-1 所示。

③ 单击【修改】面板中的【缩放】按钮，激活【缩放】命令，将圆等比例缩放为原来的 0.5 倍。命令行操作提示如下：

```
命令: _scale
选择对象:                                              //选择刚绘制的圆
选择对象:↙                                             //结束对象的选择
指定基点:                                              //捕捉圆的圆心
指定比例因子或 [复制(C)/参照(R)] <1.0000>:0.5↙          //输入比例因子
```

④ 缩放后的圆如图 8-2 所示。

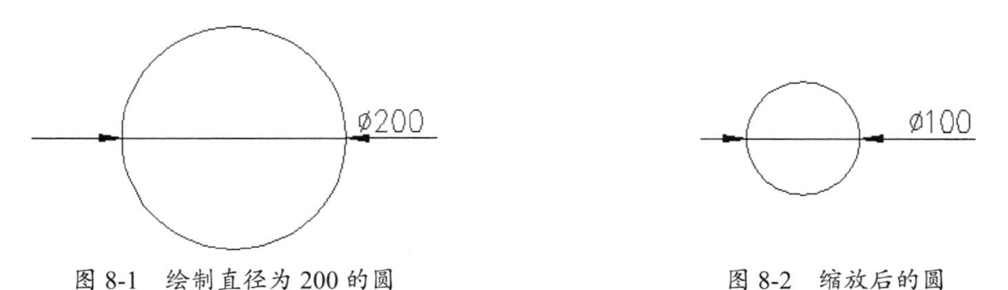

图 8-1　绘制直径为 200 的圆　　　　图 8-2　缩放后的圆

提醒一下：

在等比例缩放对象时，如果输入的比例因子大于 1，那么对象将被放大；如果输入的比例因子小于 1，那么对象将被缩小。

8.1.2 拉伸对象

【拉伸】命令用于不等比例缩放对象，进而改变对象的尺寸或形状。拉伸示例如图 8-3 所示。

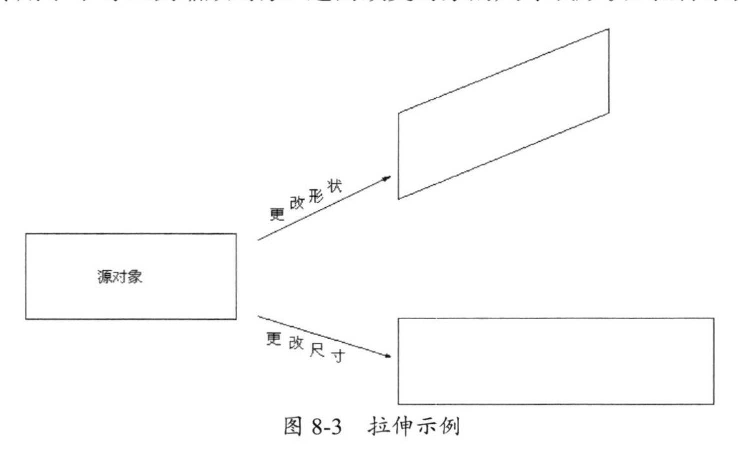

图 8-3 拉伸示例

执行【拉伸】命令主要有以下几种方式。

- 执行菜单栏中的【修改】|【拉伸】命令。
- 单击【修改】面板中的【拉伸】按钮。
- 在命令行中输入 stretch 并按 Enter 键。
- 使用快捷命令 s。

动手操作——对象的拉伸

通常用于拉伸的对象有直线、圆弧、椭圆弧、多段线、样条曲线等。用户可通过将某矩形的短边尺寸拉伸为原来的 2 倍，长边尺寸拉伸为原来的 1.5 倍，学习【拉伸】命令的使用方法。

① 新建图形文件。

② 使用【矩形】命令绘制一个矩形。

③ 单击【修改】面板中的【拉伸】按钮，激活【拉伸】命令，将矩形的长边尺寸拉伸为原来的 1.5 倍。命令行操作提示如下：

```
命令: _stretch
以交叉窗口或交叉多边形选择要拉伸的对象...
选择对象:                                    //拉出如图 8-4 所示的窗交选择框
选择对象:↙                                   //结束对象的选择
指定基点或 [位移(D)] <位移>:                  //捕捉矩形的左下角点作为拉伸基点
指定第二个点或 <使用第一个点作为位移>:          //捕捉矩形下侧边中点作为拉伸目标点
```

④ 拉伸结果如图 8-5 所示。

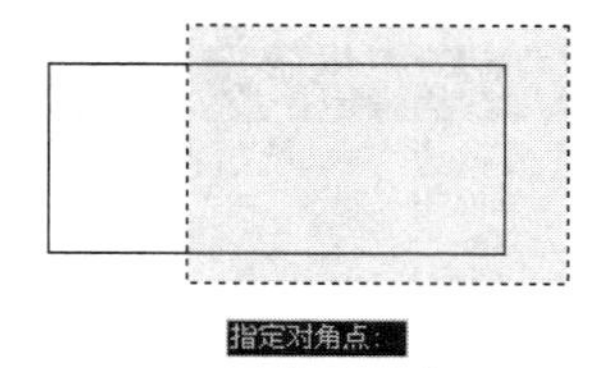

图 8-4 窗交选择框

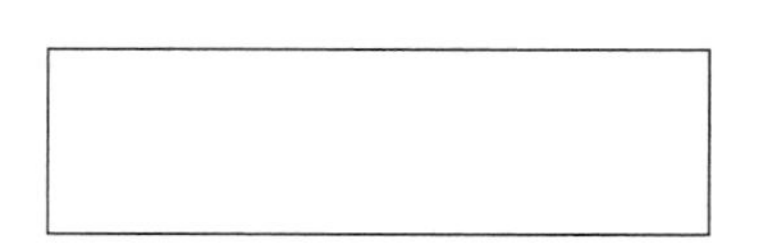

图 8-5 拉伸结果

提醒一下：

如果所选择的对象完全处于窗交选择框内时，那么拉伸的结果只能是对象相对于原位置上的平移。

⑤ 按 Enter 键，重复使用【拉伸】命令，将矩形的短边尺寸拉伸为原来的 2 倍。命令行操作提示如下：

```
命令: _stretch
以交叉窗口或交叉多边形选择要拉伸的对象...
选择对象:                                       //窗交选择要拉伸的对象，如图 8-6 所示
选择对象:↙                                      //结束对象的选择
指定基点或 [位移(D)] <位移>:                     //捕捉矩形的左下角点作为拉伸基点
指定第二个点或 <使用第一个点作为位移>:
 //捕捉矩形左上角点作为拉伸目标点
```

⑥ 向上拉伸所选对象如图 8-7 所示。

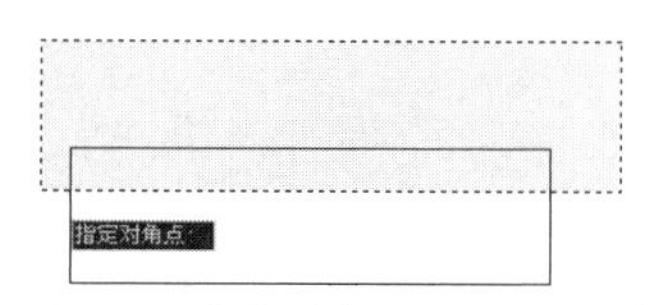

图 8-6　窗交选择要拉伸的对象

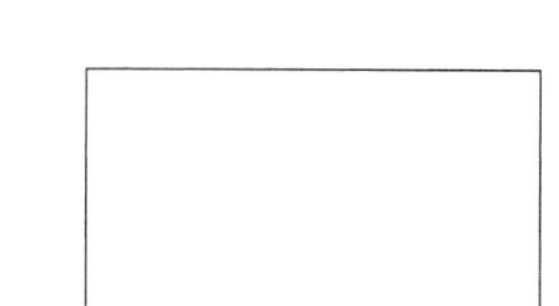
图 8-7　向上拉伸所选对象

8.1.3　修剪对象

【修剪】命令用于修剪掉对象上指定的部分，不过在修剪时，需要事先指定一个边界。执行【修剪】命令主要有以下几种方式。

- 执行菜单栏中的【修改】|【修剪】命令。
- 单击【修改】面板中的【修剪】按钮-/--。
- 在命令行中输入 trim 并按 Enter 键。
- 使用快捷命令 tr。

1. 常规修剪

在修剪对象时，边界的指定是关键，而边界必须与修剪对象相交，或与其延长线相交，才能成功修剪对象。

提醒一下：

除选取对象用鼠标单击修剪外，还可以划线修剪对象，即按住鼠标键划过对象。

动手操作——对象的修剪

用户可通过以下具体范例，学习默认模式下的修剪操作。修剪示例如图 8-8 所示。

① 新建图形文件。

② 使用【直线】命令绘制如图 8-8（a）所示的两条直线。

③ 单击【修改】面板中的【修剪】按钮-/--，激活【修剪】命令，对水平直线进行修剪。命令行操作提示如下：

```
命令: _trim
当前设置:投影=UCS, 边=无
选择剪切边...
```

```
选择对象或 <全部选择>:                        //选择倾斜直线作为边界
选择对象:↙                                   //结束边界的选择
选择要修剪的对象,或按住 Shift 键选择要延伸的对象,或[栏选(F)/窗交(C)/投影式(P)/边(E)/删除(R)/
放弃(U)]:                                    //在水平直线的右端单击，定位需要删除的部分
选择要修剪的对象，或按住 Shift 键选择要延伸的对象，或[栏选(F)/窗交(C)/投影(P)/边(E)/删除(R)/
放弃(U)]:↙                                   //结束命令
```

④ 修剪结果如图 8-8（b）所示。

图 8-8 修剪示例

提醒一下：

当修剪多个对象时，可以选择【栏选】选项和【窗交】选项。选择【栏选】选项，需要绘制一条或多条栅栏线，所有与栅栏线相交的对象都会被选择。栏选、窗交示例如图 8-9 和图 8-10 所示。

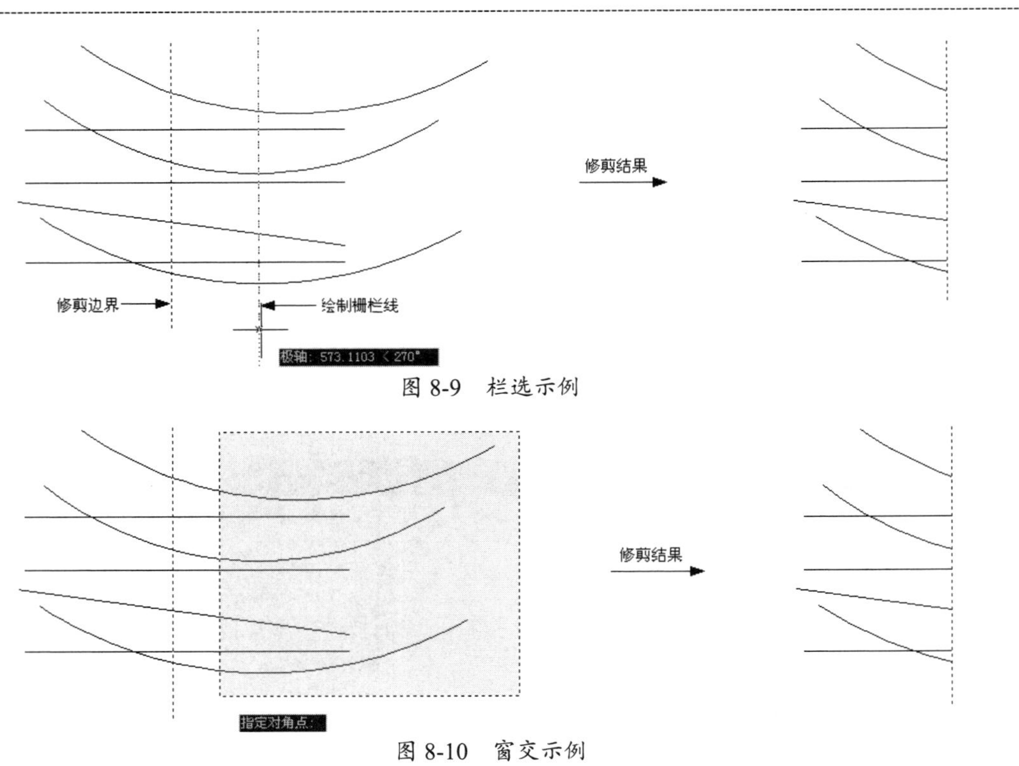

图 8-9 栏选示例

图 8-10 窗交示例

2. 隐含交点下的修剪

隐含交点是指边界与对象没有实际的交点，而是边界被延长后，与对象存在一个隐含交点。

对隐含交点下的对象进行修剪时，需要更改修剪的默认模式，即将默认模式更改为修剪模式。

动手操作——隐含交点下的修剪

① 使用【直线】命令绘制如图 8-11 所示的直线。

② 单击【修改】面板中的【修剪】按钮，激活【修剪】命令，对水平直线进行修剪。命令行操作提示如下：

```
命令: _trim
当前设置:投影=UCS，边=无
选择剪切边...
选择对象或 <全部选择>:↙                                  //选择刚绘制的倾斜直线
选择对象:
选择要修剪的对象，或按住 Shift 键选择要延伸的对象，或[栏选(F)/窗交(C)/投影(P)/边(E)/删除(R)/
放弃(U)]:e↙                                              //激活【边】选项
输入隐含边延伸模式 [延伸(E)/不延伸(N)] <不延伸>:e↙
                                                         //设置为延伸模式
选择要修剪的对象，或按住 Shift 键选择要延伸的对象，或[栏选(F)/窗交(C)/投影(P)/边(E)/删除(R)/
放弃(U)]:                                                //在水平直线的右端单击
选择要修剪的对象，或按住 Shift 键选择要延伸的对象，或[栏选(F)/窗交(C)/投影(P)/边(E)/删除(R)/
放弃(U)]:↙                                               //结束命令
```

③ 直线的修剪结果如图 8-12 所示。

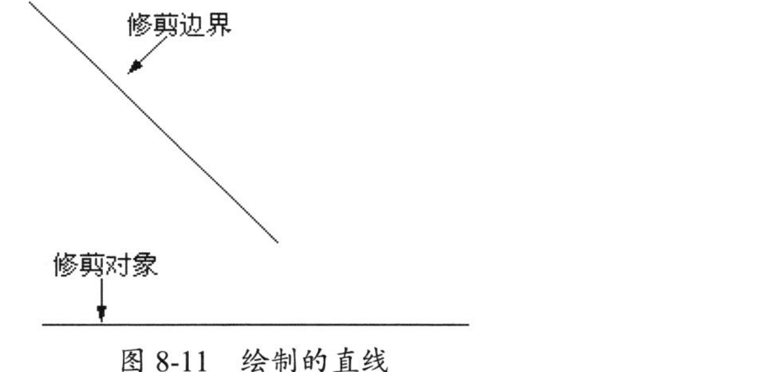

图 8-11　绘制的直线

图 8-12　直线的修剪结果

> **提醒一下：**
> 【边】选项用于确定修剪边界的隐含延伸模式；【延伸】选项表示修剪边界可以无限延长，边界与修剪对象不必相交；【不延伸】选项表示修剪边界只有与修剪对象相交时才有效。

8.1.4　延伸对象

【延伸】命令用于将对象延伸至指定的边界上。用于延伸的对象有直线、圆弧、椭圆弧、非闭合的二维多段线、三维多段线及射线等。

执行【延伸】命令主要有以下几种方式。

- 执行菜单栏中的【修改】|【延伸】命令。
- 单击【修改】面板中的【延伸】按钮。
- 在命令行中输入 extend 并按 Enter 键。
- 使用快捷命令 ex。

1. 常规延伸

在延伸对象时，也需要为对象指定边界。指定边界时，有两种情况，一种是对象被延长后与边界存在一个实际的交点，另一种是对象被延长后与边界的延长线相交于一点。

为此，AutoCAD 为用户提供了两种模式，即延伸模式和不延伸模式，系统默认模式为不延伸模式。

动手操作——对象的延伸

① 使用【直线】命令绘制如图 8-13（a）所示的直线。

② 执行【修改】|【延伸】命令，对垂直直线进行延伸，使之与水平直线垂直相交。命令行操作提示如下：

```
命令: _extend
当前设置:投影=UCS, 边=无
选择边界的边...
选择对象或 <全部选择>:                                      //选择水平直线作为边界
选择对象: ↙                                                 //结束边界的选择
选择要延伸的对象,或按住 Shift 键选择要修剪的对象,或[栏选(F)/窗交(C)/投影(P)/边(E)/放弃(U)]:
                                                            //在垂直直线的下端单击
选择要延伸的对象,或按住 Shift 键选择要修剪的对象,或[栏选(F)/窗交(C)/投影(P)/边(E)/放弃(U)]: ↙
                                                                    //结束命令
```

③ 最终得到的结果是垂直直线的下端被延伸，如图 8-13（b）所示。

（a）绘制的直线　　（b）垂直直线的下端被延伸

图 8-13　延伸示例

提醒一下：

在选择延伸对象时，要在靠近延伸边界的一端选择需要延伸的对象，否则对象将不被延伸。

2. 隐含交点下的延伸

隐含交点是指边界与对象延长线没有实际的交点，而是边界被延长后，与对象延长线存在一个隐含交点。

对隐含交点下的对象进行延伸时，需要更改延伸的默认模式，即将默认模式更改为延伸模式。

动手操作——隐含交点下的延伸

① 使用【直线】命令绘制如图 8-14（a）所示的水平、垂直直线。

② 使用【修剪】命令，将垂直直线的下端延长，使之与水平直线的延长线相交。命令行操作提示如下：

```
命令: _extend
当前设置:投影=UCS, 边=无
选择边界的边...
选择对象:                                          //选择水平直线作为延伸边界
选择对象:↙                                         //结束边界的选择
选择要延伸的对象,或按住 Shift 键选择要修剪的对象,或[栏选(F)/窗交(C)/投影(P)/边(E)/放弃(U)]:
e↙                                                 //选择【边】选项
输入隐含边延伸模式 [延伸(E)/不延伸(N)] <不延伸>: e↙  //设置为延伸模式
选择要延伸的对象,或按住 Shift 键选择要修剪的对象,或[栏选(F)/窗交(C)/投影(P)/边(E)/放弃(U)]:
                                                   //在垂直直线的下端单击
选择要延伸的对象,或按住 Shift 键选择要修剪的对象,或[栏选(F)/窗交(C)/投影(P)/边(E)/放弃(U)]:↙
                                                   //结束命令
```

③　延伸效果如图 8-14（b）所示。

（a）绘制的水平、垂直直线　　（b）延伸效果

图 8-14　延伸示例

提醒一下：

【边】选项用来确定延伸边的方式；【延伸】选项将使用隐含的延伸边界来延伸对象，而实际上边界和延伸对象并没有真正相交，AutoCAD 会假想先将延伸边延长，然后延伸；【不延伸】选项确定边界不延伸，而只有边界与延伸对象真正相交后才能完成延伸操作。

8.1.5　拉长对象

【拉长】命令用于将对象进行拉长或缩短，在拉长的过程中，不仅可以改变线对象的长度，还可以更改弧对象的角度。

执行【拉长】命令的主要有以下几种方式。

- 执行菜单栏中的【修改】|【拉长】命令。
- 在命令行中输入 lengthen 并按 Enter 键。
- 使用快捷命令 len。

1．增量拉长

增量拉长是指按照事先指定的长度或角度增量拉长或缩短对象。

动手操作——拉长对象

①　新建图形文件。

②　使用【直线】命令绘制长度为 200 的水平线段。

③　执行【修改】|【拉长】命令，将水平线段水平向右拉长至 250。命令行操作提示如下：

```
命令: _lengthen
选择对象或 [增量(DE)/百分数(P)/全部(T)/动态(DY)]:DE↙
                                                    //激活【增量】选项
输入长度增量或 [角度(A)] <0.0000>:50↙              //设置线段增量
选择要修改的对象或 [放弃(U)]:                       //在线段的右端单击
选择要修改的对象或 [放弃(U)]:↙                      //退出命令
```

④ 得到由增量拉长的线段，如图 8-15 所示。

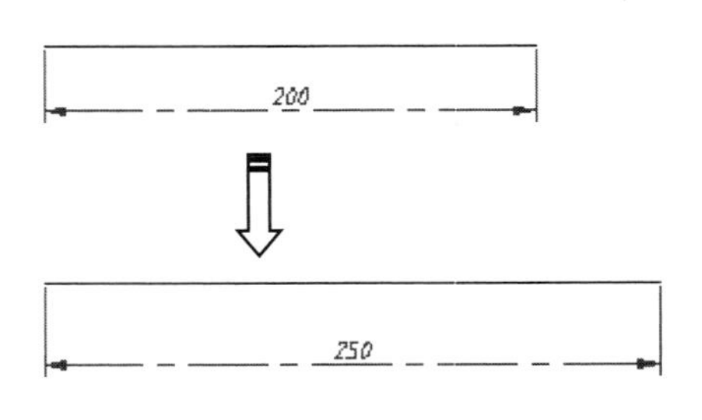

图 8-15　由增量拉长的线段

提醒一下：

若把增量值设置为正值，则系统将拉长对象；反之则缩短对象。

2. 百分数拉长

百分数拉长是指以对象总长度的百分数拉长或缩短对象。长度的百分数值必须为正且非零。

动手操作——用百分数拉长对象

① 新建图形文件。

② 使用【直线】命令绘制任意长度的水平线段。

③ 执行【修改】|【拉长】命令，将水平线段拉长 200%。命令行操作提示如下：

```
命令: _lengthen
选择对象或 [增量(DE)/百分数(P)/全部(T)/动态(DY)]: P↙      //激活【百分数】选项
输入长度百分数 <100.0000>:200↙                            //设置拉长的百分数
选择要修改的对象或 [放弃(U)]:                             //在线段的一端单击
选择要修改的对象或 [放弃(U)]:↙                            //结束命令
```

④ 得到由百分数拉长的线段，如图 8-16 所示。

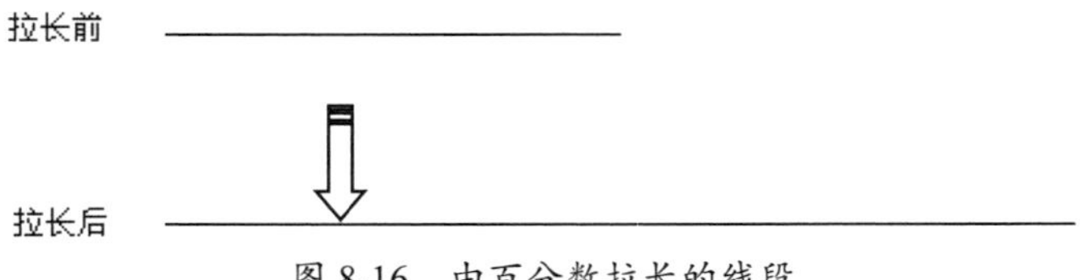

图 8-16　由百分数拉长的线段

提醒一下：

当长度百分数小于 100 时，将缩短对象；大于 100 时，将拉长对象。

3. 全部拉长

全部拉长是指根据指定一个总长度或者总角度拉长或缩短对象。

动手操作——将对象全部拉长

① 新建图形文件。

② 使用【直线】命令绘制任意长度的水平线段。

③ 执行【修改】|【拉长】命令，将水平线段拉长至 500。命令行操作提示如下：

```
命令: _lengthen
选择对象或 [增量(DE)/百分数(P)/全部(T)/动态(DY)]:t↙          //激活【全部】选项
指定总长度或 [角度(A)] <1.0000)>:500↙                          //设置总长度
选择要修改的对象或 [放弃(U)]:                                  //在线段的一端单击
选择要修改的对象或 [放弃(U)]:↙                                 //退出命令
```

④ 得到由全部拉长的线段，如图 8-17 所示。

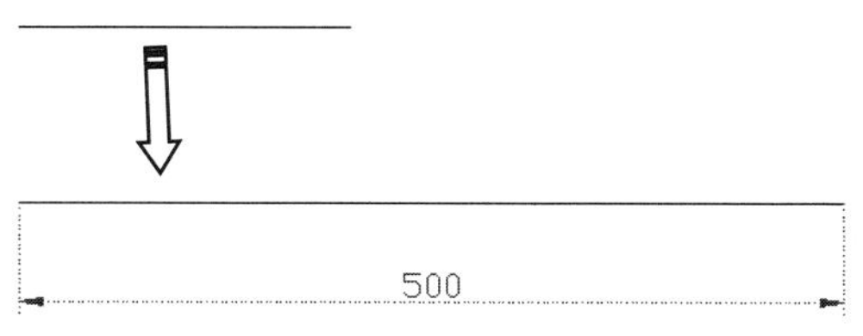

图 8-17　由全部拉长的线段

提醒一下：

如果源对象的总长度或总角度大于所指定的总长度或总角度，那么源对象将被缩短；反之，将被拉长。

4. 动态拉长

动态拉长是指根据对象的端点位置动态改变其长度。激活【动态】选项之后，AutoCAD 将端点移动到所需的长度或角度，另一端保持固定，如图 8-18 所示。

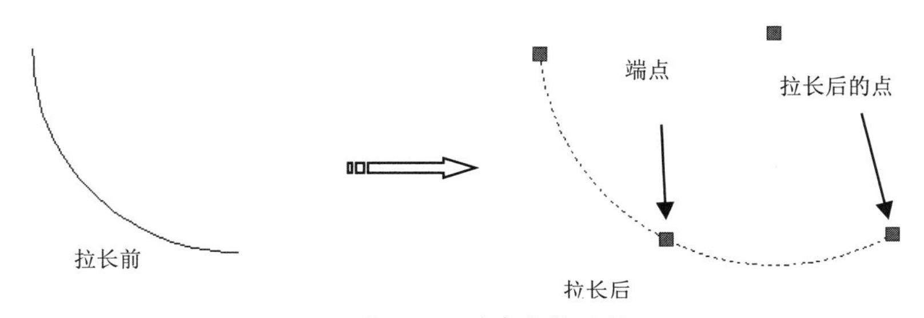

图 8-18　动态拉长示例

8.1.6　倒角

【倒角】命令是指使用一条线段连接两个非平行的对象，用于倒角的对象一般有直线、多段线、矩形、多边形等，不能用于倒角的对象有圆、圆弧、椭圆和椭圆弧等。本节将介绍几种常用的倒角功能。

执行【倒角】命令主要有以下几种方式。

- 执行菜单栏中的【修改】|【倒角】命令。
- 单击【修改】面板中的【倒角】按钮。
- 在命令行中输入 chamfer 并按 Enter 键。

- 使用快捷命令 cha。

1．距离倒角

距离倒角是指直接输入两条直线上的倒角距离，对直线进行倒角。

动手操作——距离倒角

① 新建图形文件。

② 绘制如图 8-19（a）所示的两条直线。

③ 单击【修改】面板中的【倒角】按钮，激活【倒角】命令，对两条直线进行距离倒角。命令行操作提示如下：

```
命令: _chamfer
(【修剪】模式) 当前倒角距离 1 = 0.0000，距离 2 = 0.0000
选择第一条直线或 [放弃(U)/多段线(P)/距离(D)/角度(A)/修剪(T)/方式(E)/多个(M)]:
d↙                                                    //激活【距离】选项
指定第一个倒角距离 <0.0000>:40↙                        //设置第一个倒角距离
指定第二个倒角距离 <25.0000>:50↙                       //设置第二个倒角距离
选择第一条直线或 [放弃(U)/多段线(P)/距离(D)/角度(A)/修剪(T)/方式(E)/多个(M)]:
                                                      //选择水平直线
选择第二条直线，或按住 Shift 键选择要应用角点的直线:   //选择倾斜直线
```

提醒一下：

在此操作提示中，【放弃】选项用于在不中止命令的前提下，撤销上一步操作；【多个】选项用于在执行一次命令时，对多条直线进行倒角操作。

④ 距离倒角的结果如图 8-19（b）所示。

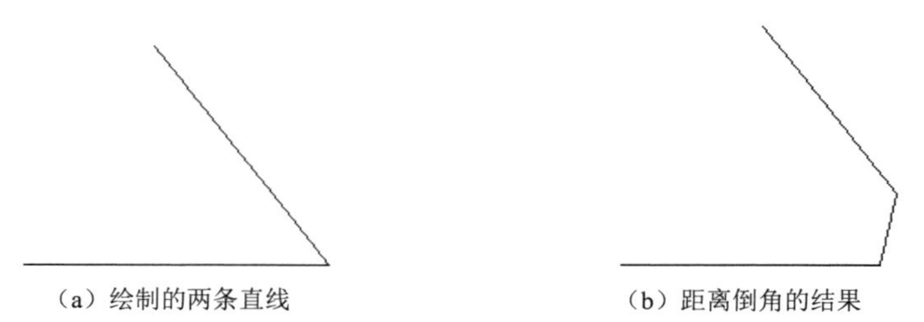

（a）绘制的两条直线　　（b）距离倒角的结果

图 8-19　距离倒角示例

提醒一下：

用于倒角的两个倒角距离不能为负值，如果将两个倒角距离设置为零，那么倒角的结果就是两条直线被修剪或延长，直至相交于一点。

2．角度倒角

角度倒角是指通过设置一条直线的倒角长度和倒角角度，对直线进行倒角。

动手操作——角度倒角

① 新建图形文件。

② 使用【直线】命令绘制如图 8-20（a）所示的两条相互垂直的直线。

③ 单击【修改】面板中的【倒角】按钮，激活【倒角】命令，对两条相互垂直的直线进

行角度倒角。命令行操作提示如下：

```
命令: _chamfer
("修剪" 模式) 当前倒角长度 = 15.0000, 角度 = 10
选择第一条直线或 [放弃(U)/多段线(P)/距离(D)/角度(A)/修剪(T)/方式(E)/多个(M)]: a  //选择【角度】选项
指定第一条直线的倒角长度 <15.0000>: 30                //输入第一个倒角的距离值
指定第一条直线的倒角角度 <10>: 45                     //输入倒角角度值
选择第一条直线或 [放弃(U)/多段线(P)/距离(D)/角度(A)/修剪(T)/方式(E)/多个(M)]:
                                                      //选择要倒角的第一条直线
选择第二条直线, 或按住 Shift 键选择直线以应用角点或 [距离(D)/角度(A)/方法(M)]:
                                                      //选择要倒角的第二条直线
```

④ 角度倒角的结果如图 8-20（b）所示。

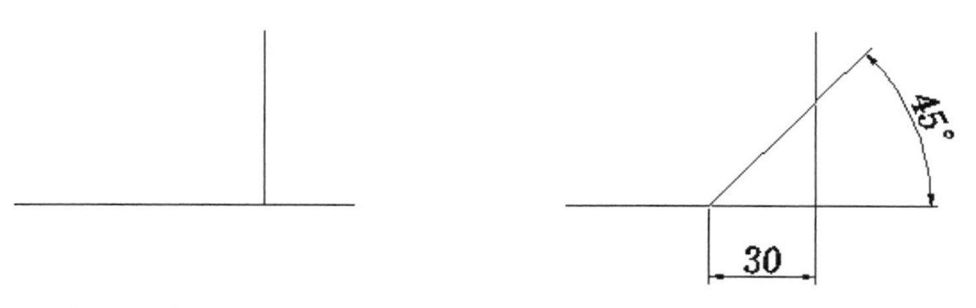

（a）绘制的两条相互垂直的直线　　（b）角度倒角的结果

图 8-20　角度倒角示例

提醒一下：

在此操作提示中，【方式】选项用于确定倒角的方式，要求选择距离倒角或角度倒角。另外，系统变量 chammode 控制着倒角的方式：当 chammode=0 时，系统支持距离倒角方式；当 chammode=1 时，系统支持角度倒角方式。

3. 多段线倒角

【多段线】命令用于为整条多段线的所有相邻各边进行同时倒角。在对多段线进行倒角时，可以使用相同的倒角距离，也可以使用不同的倒角距离。

动手操作——多段线倒角

① 使用【多段线】命令绘制如图 8-21（a）所示的多段线。

② 单击【修改】面板中的【倒角】按钮，激活【倒角】命令，对多段线进行倒角。命令行操作提示如下：

```
命令: _chamfer
(【修剪】模式) 当前倒角距离 1 = 0.0000, 距离 2 = 0.0000
选择第一条直线或 [放弃(U)/多段线(P)/距离(D)/角度(A)/修剪(T)/方式(E)/多个(M)]:d↙
                                                      //激活【距离】选项
指定第一个倒角距离 <0.0000>:30↙                       //设置第一个倒角距离
指定第二个倒角距离 <50.0000>:20↙                      //设置第二个倒角距离
选择第一条直线或 [放弃(U)/多段线(P)/距离(D)/角度(A)/修剪(T)/方式(E)/多个(M)]:
p↙                                                    //激活【多段线】选项
选择二维多段线或 [距离(D)/角度(A)/方法(M)]:            //选择刚绘制的多段线
6 条直线已被倒角
```

③ 直线被倒角后的结果如图 8-21（b）所示。

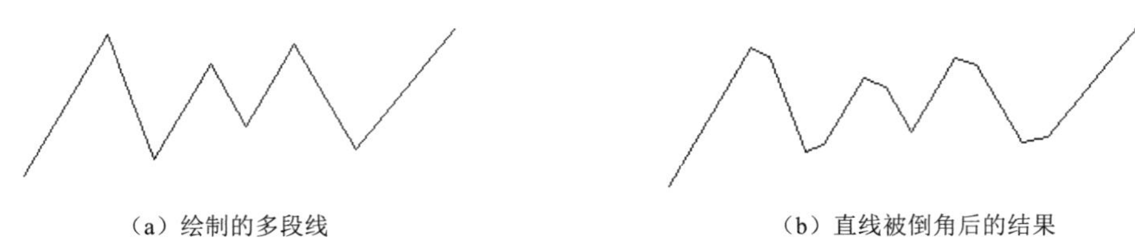

（a）绘制的多段线　　（b）直线被倒角后的结果

图 8-21　多段线倒角示例

4. 设置倒角的修剪模式

【修剪】选项用于设置倒角的修剪模式。系统提供了两种倒角的修剪模式，即修剪模式和不修剪模式。当将倒角的修剪模式设置为修剪模式时，用于倒角的直线将被修剪到倒角的端点，系统默认的倒角的修剪模式为修剪模式；当将倒角的修剪模式设置为不修剪模式时，用于倒角的直线将不被修剪。不修剪模式下的倒角效果如图 8-22 所示。

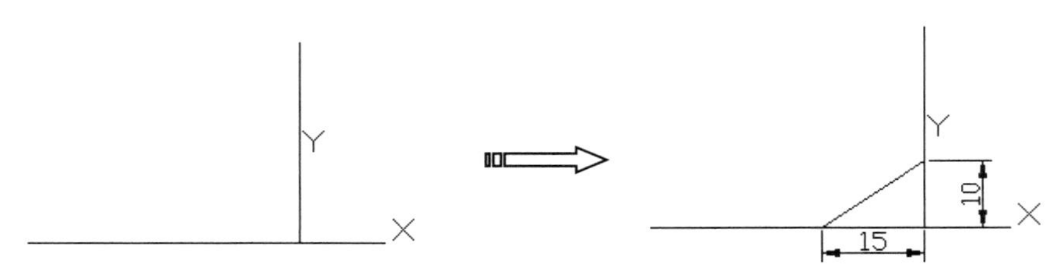

图 8-22　不修剪模式下的倒角效果

提醒一下：

系统变量 trimmode 控制倒角的修剪模式。当 trimmode=0 时，表示系统支持不修剪模式；当 trimmode=1 时，表示系统支持修剪模式。

8.1.7　倒圆角

圆角是指使用一段给定半径的圆弧光滑连接两个对象。一般情况下，用于倒圆角的对象有直线、多段线、样条曲线、构造线、射线、圆弧和椭圆弧等。

执行【圆角】命令主要有以下几种方式。

- 执行菜单栏中的【修改】|【圆角】命令。
- 单击【修改】面板中的【圆角】按钮。
- 在命令行中输入 fillet 并按 Enter 键。
- 使用快捷命令 f。

动手操作——直线与圆弧倒圆角

① 新建图形文件。

② 使用【直线】命令和【圆弧】命令绘制如图 8-23（a）所示的直线和圆弧。

③ 单击【修改】面板中的【圆角】按钮，激活【圆角】命令，对直线和圆弧进行倒圆角。命令行操作提示如下：

```
命令: _fillet
当前设置: 模式 = 修剪，半径 = 0.0000
```

```
选择第一个对象或 [放弃(U)/多段线(P)/半径(R)/修剪(T)/多个(M)]: r↙ //激活【半径】选项
指定圆角半径 <0.0000>:100↙                                    //输入半径值并按 Enter 键
选择第一个对象或 [放弃(U)/多段线(P)/半径(R)/修剪(T)/多个(M)]:   //选择倾斜直线
选择第二个对象，或按住 Shift 键选择要应用角点的对象:            //选择圆弧
```

④　图线的圆角效果如图 8-23（b）所示。

（a）绘制直线和圆弧　　（b）图线的圆角效果

图 8-23　倒圆角示例

提醒一下：

【多个】选项用于为多个对象进行倒圆角处理，不需要重复执行命令。如果用于倒圆角的图线在同一图层中，那么圆角也在同一图层中；如果倒圆角的图线不在同一图层中，那么圆角将在当前图层中。同样，圆角的颜色、线型和线宽也都遵守这一原则。

提醒一下：

【多段线】选项用于对多段线的所有相邻各边进行倒圆角，激活此选项后，AutoCAD 将以默认的圆角半径对整条多段线相邻各边进行倒圆角，如图 8-24 所示。

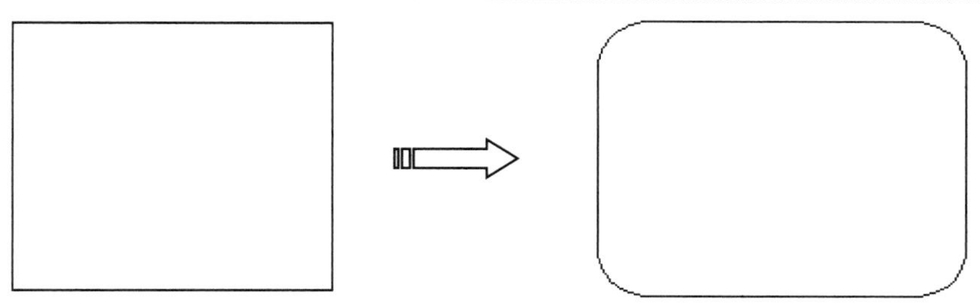

图 8-24　对整条多段线相邻各边进行倒圆角

与【倒角】命令一样，【圆角】命令也存在两种圆角的修剪模式，即修剪模式和不修剪模式，以上各例都是在修剪模式下进行倒圆角的。不修剪模式下的圆角效果如图 8-25 所示。

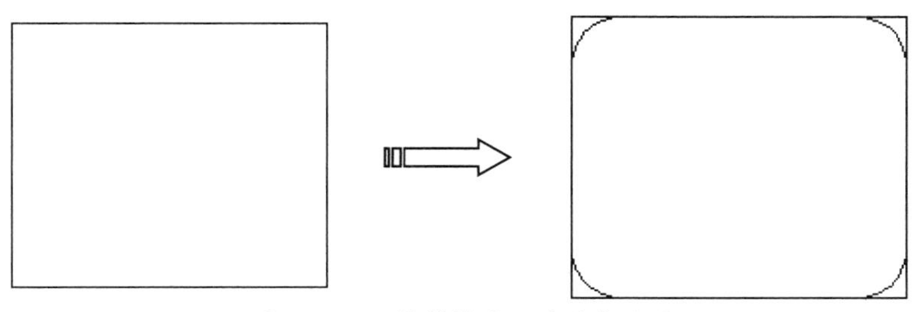

图 8-25　不修剪模式下的圆角效果

提醒一下：

用户可通过系统变量 trimmode 设置圆角的修剪模式，当 trimmode=0 时，表示系统支持不修剪模式；当 trimmode=1 时，表示系统支持修剪模式。

8.2 对象的合并与分解

在 AutoCAD 中，可以将一个对象打断为两个或两个以上的对象，对象之间可以有间隙；也可以将多个对象合并为一个对象；还可以将一条多段线分解为多个对象。上述操作所涉及的命令包括【打断】命令、【合并】命令、【分解】命令。

8.2.1 打断对象

【打断】命令用于将对象打断为相连的两部分，或打断并删除对象上的一部分。

执行【打断】命令主要有以下几种方式。

- 执行菜单栏中的【修改】|【打断】命令。
- 单击【修改】面板中的【打断】按钮。
- 在命令行中输入 break 并按 Enter 键。
- 使用快捷命令 br。

使用【打断】命令可以删除对象上任意两点之间的部分。

动手操作——打断图形

① 新建图形文件。

② 使用【直线】命令绘制长度为 500 的水平线段。

③ 单击【修改】面板中的【打断】按钮，配合点的捕捉和输入功能，在水平线段上删除 50 个单位的距离。命令行操作提示如下：

```
命令: _break
选择对象:                                     //选择刚绘制的水平线段
指定第二个打断点 或 [第一点(F)]:f↙              //激活【第一点】选项
指定第一个打断点:                               //捕捉水平线段的中点作为第一个打断点
指定第二个打断点:@150,0↙                        //定位第二个打断点
```

提醒一下：

【第一点】选项用于重新确定第一个打断点。由于在选择对象时不可能拾取到准确的第一个打断点，所以需要激活该选项，以重新定位第一个打断点。

④ 打断示例如图 8-26 所示。

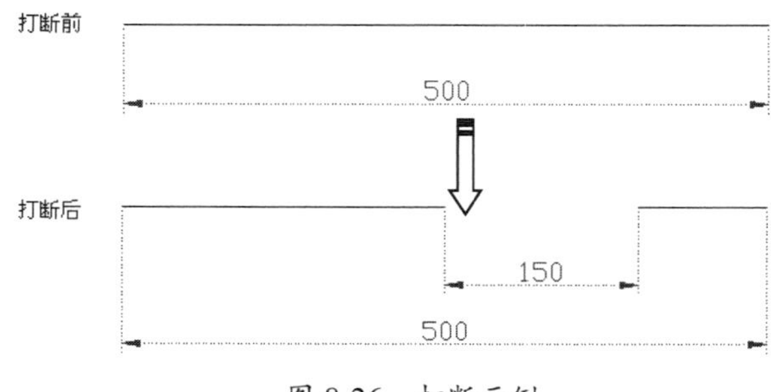

图 8-26 打断示例

8.2.2　合并对象

【合并】命令用于将同角度的两条或多条线段合并为一条线段，也可以将圆弧或椭圆弧合并为一个整圆和椭圆，其示例如图 8-27 所示。

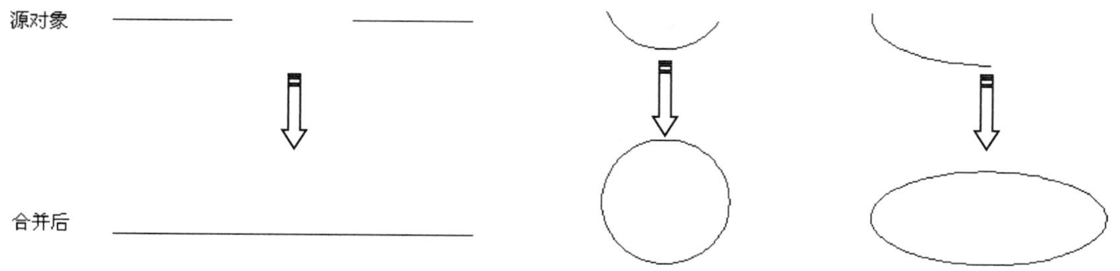

图 8-27　合并对象示例

执行【合并】命令主要有以下几种方式。

- 执行菜单栏中的【修改】|【合并】命令。
- 单击【修改】面板中的【合并】按钮。
- 在命令行中输入 join 并按 Enter 键。
- 使用快捷命令 j。

动手操作——合并图形

① 使用【直线】命令绘制两条线段。

② 执行【修改】|【合并】命令，将两条线段合并为一条线段，如图 8-28 所示。

图 8-28　将两条线段合并为一条线段

③ 执行【绘图】|【圆弧】命令，绘制一段圆弧。

④ 重复执行【修改】|【合并】命令，将圆弧合并为圆，如图 8-29 所示。

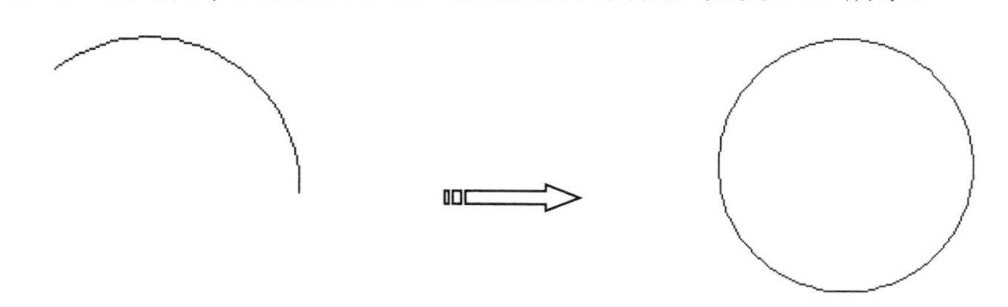

图 8-29　将圆弧合并为圆

⑤ 执行【绘图】|【圆弧】命令，绘制一段椭圆弧。

⑥ 重复执行【修改】|【合并】命令，将椭圆弧合并为椭圆，如图 8-30 所示。

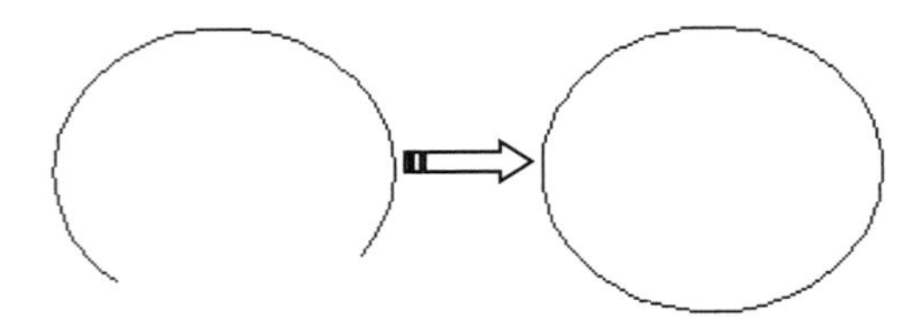

图 8-30　将椭圆弧合并为椭圆

8.2.3　分解对象

【分解】命令用于将组合对象分解成各自独立的对象，以便对分解后的各对象进行编辑。

执行【分解】命令主要有以下几种方式。

- 执行菜单栏中的【修改】|【分解】命令。
- 单击【修改】面板中的【分解】按钮。
- 在命令行中输入 explode 并按 Enter 键。
- 使用快捷命令 x。

经常用于分解的组合对象有矩形、正多边形、多段线、边界及一些图块等。在激活【分解】命令后，只需选择需要分解的组合对象并按 Enter 键即可将其分解。如果是对具有一定宽度的多段线进行分解，那么 AutoCAD 将忽略其宽度并沿多段线的中心分解多段线，如图 8-31 所示。

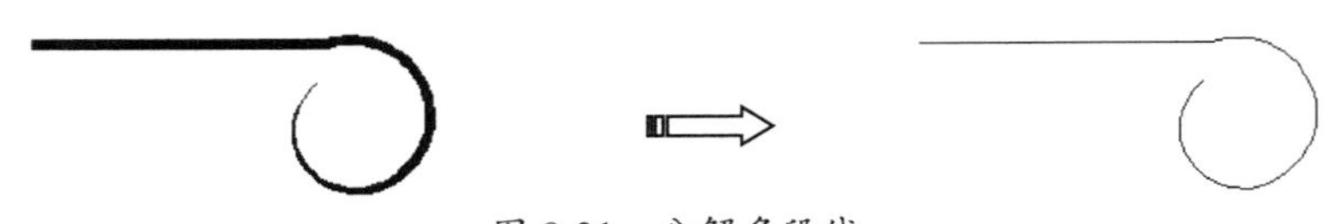

图 8-31　分解多段线

提醒一下：

AutoCAD 一次只能删除一个对象，如果一个块包含多段线或嵌套块，那么可先分解出该块中的多段线或嵌套块，然后分别分解各个对象。

8.3　编辑对象特性

8.3.1　【特性】选项板

在 AutoCAD 2022 中，可以利用【特性】选项板修改选定对象的完整特性。

打开【特性】选项板主要有以下几种方式。

- 执行菜单栏中的【修改】|【特性】命令。
- 选中对象并执行右键快捷菜单中的【特性】命令。

执行【特性】命令后，系统将打开【特性】选项板，如图 8-32 所示。

提醒一下：

当选取多个对象时，【特性】选项板中将显示这些对象的公共特性。

选择对象与【特性】选项板显示内容的含义如下。

- 当没有选择对象时，【特性】选项板将显示整个图纸的特性。
- 当选择了一个对象时，【特性】选项板将列出该对象的全部特性及其当前设置。
- 当选择同一类型的多个对象时，【特性】选项板将列出这些对象的共有特性及其当前设置。
- 当选择不同类型的多个对象时，【特性】选项板只列出这些对象的基本特性及其当前设置。

在【特性】选项板中单击【快速选择】按钮，或者直接在绘图区右击并执行弹出右键快捷菜单中的【快速选择】命令，打开【快速选择】对话框，如图 8-33 所示。用户可以通过该对话框快速创建选择集。

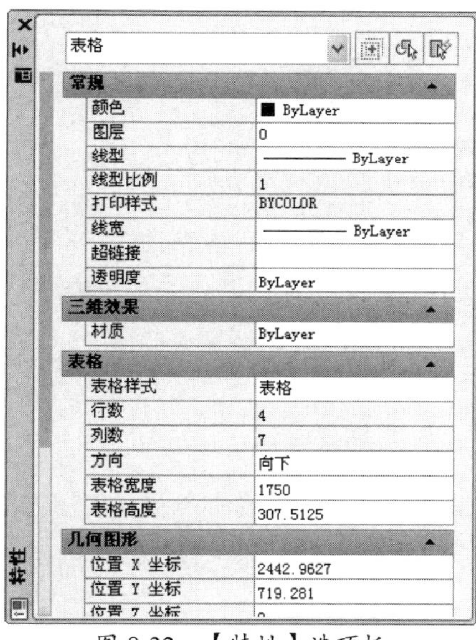

图 8-32　【特性】选项板

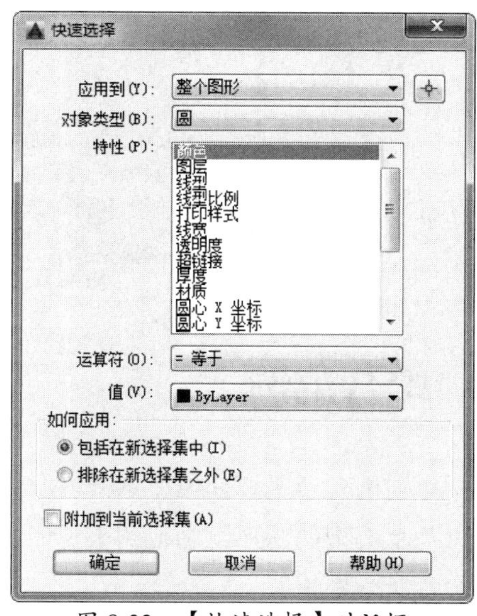

图 8-33　【快速选择】对话框

8.3.2　特性匹配

特性匹配是一个使用非常方便的编辑工具，它对编辑同类对象非常有用。它将源对象的特性，包括颜色、图层、线型、线型比例等，全部赋给目标对象。

执行【特性匹配】命令主要有以下几种方式。

- 执行菜单栏中的【修改】|【特性匹配】命令。
- 在【特性】面板中单击【特性匹配】按钮。
- 在命令行中输入 matchprop 并按 Enter 键。
- 使用快捷命令 ma。

执行【特性匹配】命令后，命令行操作提示如下：

```
命令: '_matchprop
选择源对象:                                          //选择一个图形作为源对象
当前活动设置: 颜色 图层 线型 线型比例 线宽 透明度 厚度 打印样式 标注 文字
图案填充 多段线 视口 表格材质 阴影显示 多重引线
选择目标对象或 [设置(S)]:                              //将源对象的属性赋予所选的目标对象
```

如果在该操作提示下直接选择目标对象，那么所选目标对象的特性将由源对象的特性替代。如果在该操作提示下选择【设置】选项，这时将打开如图 8-34 所示的【特性设置】对话框，使用该对话框可以设置要匹配的选项。

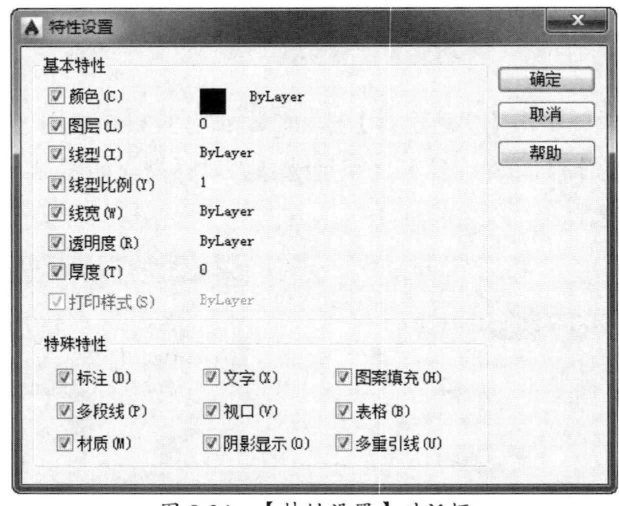

图 8-34 【特性设置】对话框

8.4 综合范例

本章前面几节主要介绍了 AutoCAD 2022 的二维图形编辑的相关命令及其使用方法，本节将以几个典型的图形绘制范例来说明二维图形编辑相关命令的使用方法，以帮助用户快速掌握本章所学知识。

8.4.1 范例一：将辅助线转化为图形轮廓线

用户可通过绘制如图 8-35 所示的某零件剖视图，对作图辅助线及线的修改编辑工具的使用方法进行综合练习和巩固。

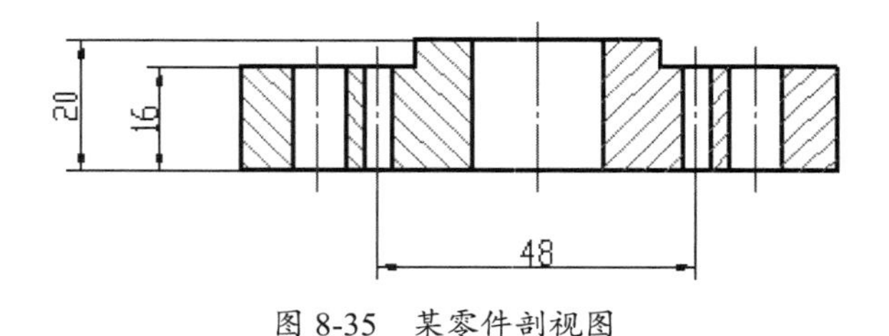

图 8-35 某零件剖视图

操作步骤

① 打开本例源文件“零件主视图.dwg”。

② 启用状态栏上的对象捕捉功能，并设置捕捉模式为端点捕捉、圆心捕捉和交点捕捉。

③ 展开【图层】面板中的【图层控制】下拉列表，选择轮廓线图层作为当前图层。

④ 执行【绘图】|【构造线】命令，绘制一条水平辅助线作为定位辅助线。命令行操作提示如下：

```
命令: _xline
指定点或 [水平(H)/垂直(V)/角度(A)/二等分(B)/偏移(O)]:H↙      //激活【水平】选项
指定通过点:                                   //在俯视图上侧的适当位置拾取一点
指定通过点:↙                                  //按 Enter 键，结束命令。绘制的水平辅助线如图 8-36 所示
```

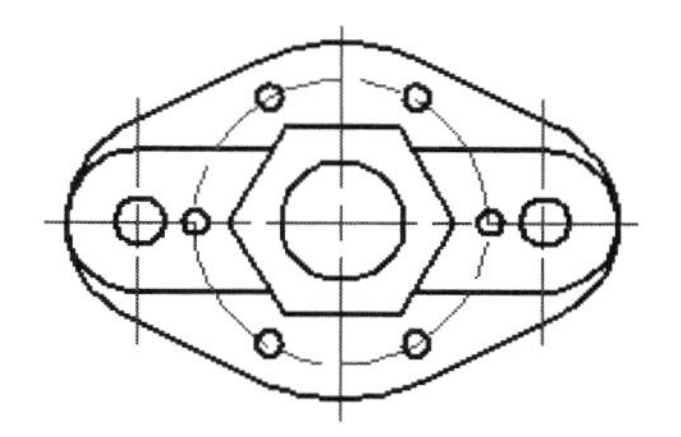

图 8-36 绘制的水平辅助线

⑤ 按 Enter 键，重复使用【构造线】命令，绘制其他定位辅助线。命令行操作提示如下：

```
命令: ↙                                           //按 Enter 键，重复使用【构造线】命令
XLINE
指定点或 [水平(H)/垂直(V)/角度(A)/二等分(B)/偏移(O)]: O↙
                                                  //选择选项并按 Enter 键，激活【偏移】选项
指定偏移距离或 [通过(T)] <通过>:16↙                 //输入值按 Enter 键，设置偏移距离
选择直线对象:                                      //选择刚绘制的水平辅助线
指定向哪侧偏移:                                    //在水平辅助线上侧拾取一点
选择直线对象: ↙                //按 Enter 键，结束命令。绘制的第二条构辅助线如图 8-37 所示
```

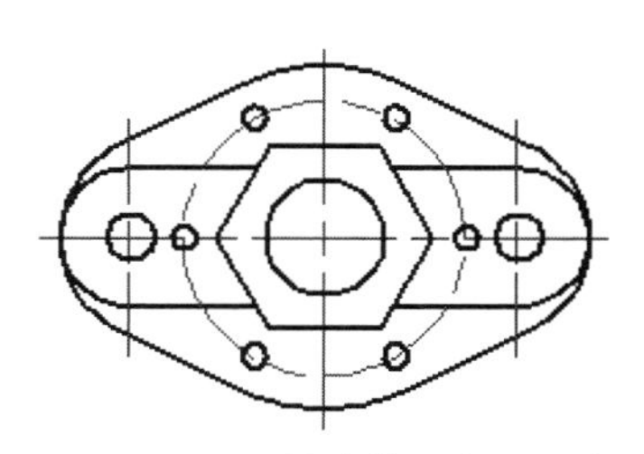

图 8-37 绘制的第二条辅助线

```
命令: ↙                                           //按 Enter 键，重复使用【构造线】命令
XLINE
```

```
指定点或 [水平(H)/垂直(V)/角度(A)/二等分(B)/偏移(O)]: O ↙   //激活【偏移】选项
指定偏移距离或 [通过(T)] <通过>:4↙          //按 Enter 键，设置偏移距离
选择直线对象:                               //选择刚绘制的水平辅助线
指定向哪侧偏移:                             //在水平辅助线上侧拾取一点
选择直线对象: ↙                             //按 Enter 键，结束命令。绘制结果如图 8-38 所示
```

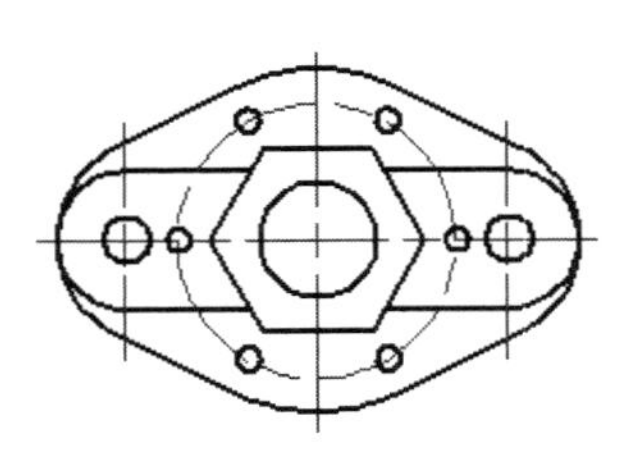

图 8-38　绘制结果

⑥ 再次使用【构造线】命令，配合对象的捕捉功能，分别通过俯视图各位置的特征点，绘制如图 8-39 所示的垂直辅助线。

⑦ 综合使用【修改】面板中的【修剪】按钮和【删除】按钮，对刚绘制的定位辅助线和垂直辅助线进行修剪，删除多余图线，将辅助线转化为图形轮廓线，如图 8-40 所示。

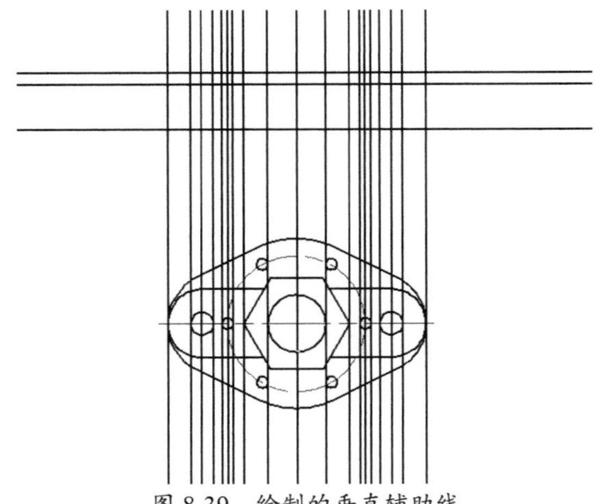

图 8-39　绘制的垂直辅助线

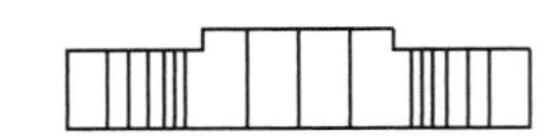

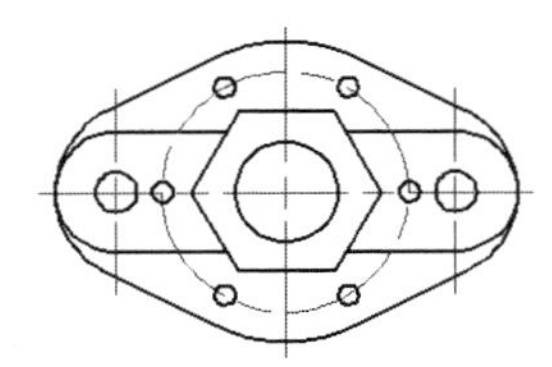

图 8-40　将辅助线转化为图形轮廓线

⑧ 在无命令执行的前提下，选择如图 8-41 所示的图线，使其夹点显示。

⑨ 展开【图层】面板中的【图层控制】下拉列表，从中选择点画线，将夹点显示的图线图层修改为点画线。

⑩ 按下 Esc 键取消图线的夹点显示状态。修改结果如图 8-42 所示。

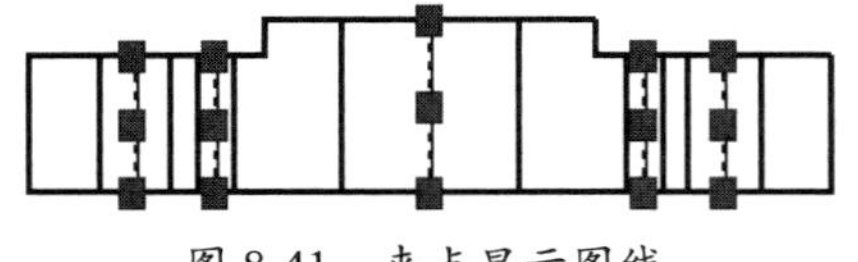

图 8-41　夹点显示图线

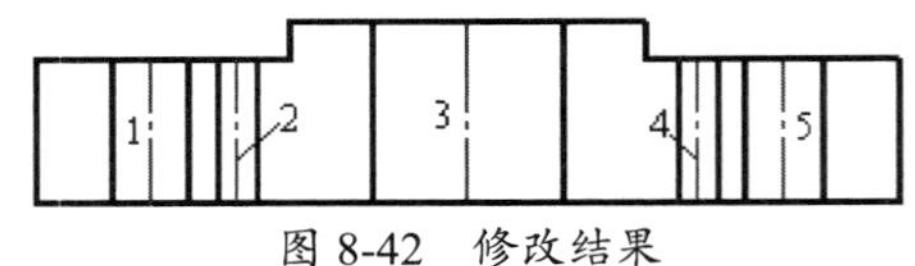

图 8-42　修改结果

⑪ 执行【修改】|【拉长】命令，将各位置中心线两端拉长。命令行操作提示如下：

```
    命令: _lengthen
选择对象或 [增量(DE)/百分数(P)/全部(T)/动态(DY)]: de↙ //激活【增量】选项
输入长度增量或 [角度(A)] <0.0>:3↙              //设置拉长的长度
选择要修改的对象或 [放弃(U)]:                  //在中心线 1 的上端单击
选择要修改的对象或 [放弃(U)]:                  //在中心线 1 的下端单击
选择要修改的对象或 [放弃(U)]:                  //在中心线 2 的上端单击
选择要修改的对象或 [放弃(U)]:                  //在中心线 2 的下端单击
选择要修改的对象或 [放弃(U)]:                  //在中心线 3 的上端单击
选择要修改的对象或 [放弃(U)]:                  //在中心线 3 的下端单击
选择要修改的对象或 [放弃(U)]:                  //在中心线 4 的上端单击
选择要修改的对象或 [放弃(U)]:                  //在中心线 4 的下端单击
选择要修改的对象或 [放弃(U)]:                  //在中心线 5 的上端单击
选择要修改的对象或 [放弃(U)]:                  //在中心线 5 的下端单击
选择要修改的对象或 [放弃(U)]:↙                 //按 Enter 键，结束命令。拉长结果如图 8-43 所示
```

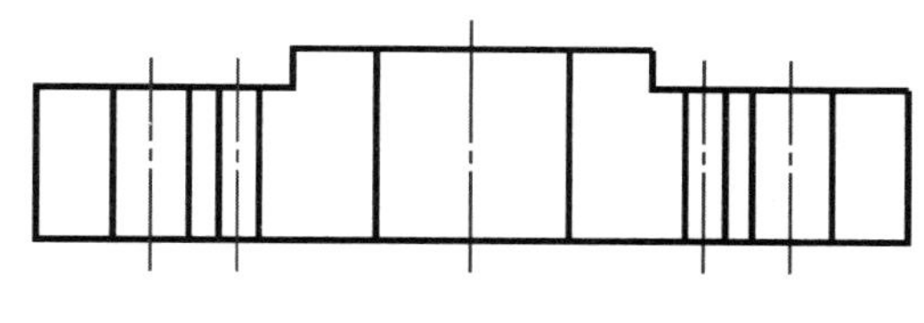

图 8-43　拉长结果

⑫ 将剖面线图层设置为当前图层，执行【绘图】|【图案填充】命令，在打开的【图案填充创建】选项卡中设置填充参数，如图 8-44 所示。

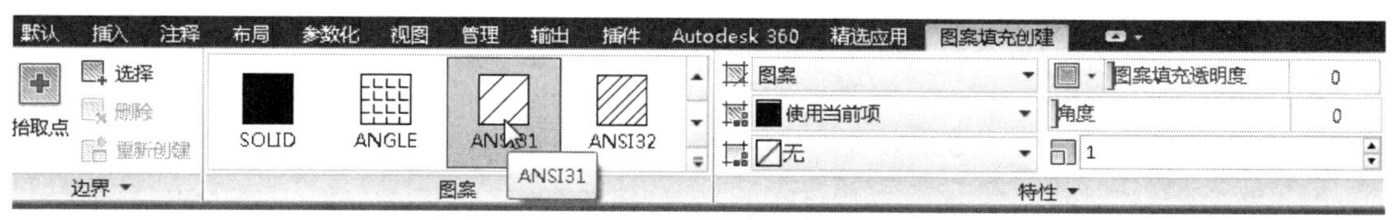

图 8-44　设置填充参数

⑬ 为剖视图填充剖面图案。填充结果如图 8-45 所示。

⑭ 重复使用【图案填充】命令，将填充角度设置为 90，其他参数保持不变，继续对剖视图填充剖面图案。最终的填充效果如图 8-46 所示。

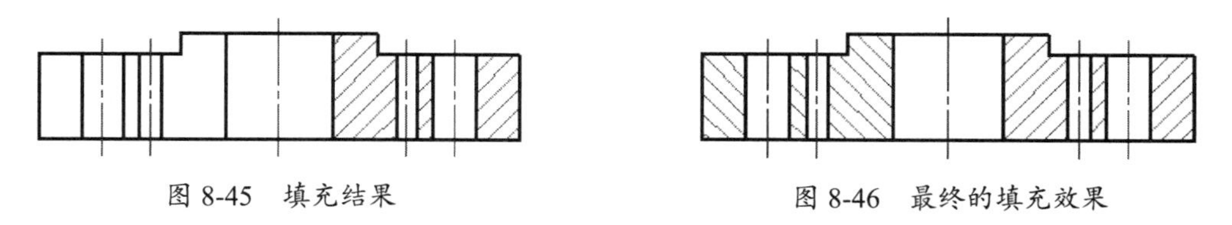

图 8-45　填充结果　　　　图 8-46　最终的填充效果

⑮ 执行【文件】|【另存为】命令，保存当前图形。

8.4.2　范例二：绘制凸轮

用户可通过绘制如图 8-47 所示的凸轮轮廓图，对本章相关知识进行综合练习和应用。

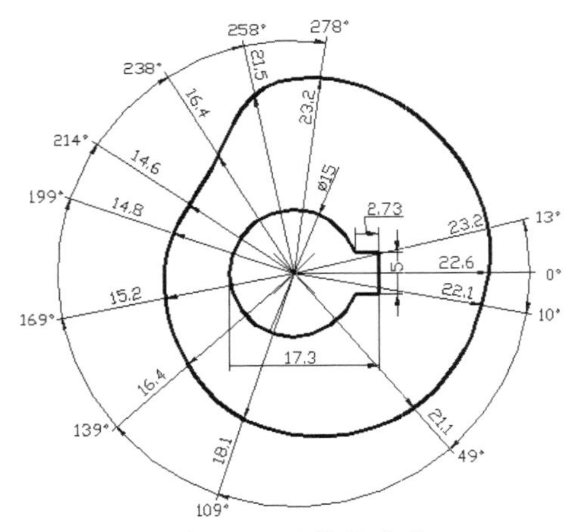

图 8-47　凸轮轮廓图

操作步骤

① 新建图形文件。

② 按下 F12 键，关闭状态栏上的动态输入功能。

③ 执行【视图】|【平移】|【实时】命令，将坐标系图标移至绘图区中央位置。

④ 执行【绘图】|【多段线】命令，配合坐标输入方式绘制内部轮廓线，如图 8-48 所示。命令行操作提示如下：

```
命令: _pline
指定起点: 9.8,0↙                                    //输入起点坐标并按 Enter 键
当前线宽为 0.0000
指定下一个点或 [圆弧(A)/半宽(H)/长度(L)/放弃(U)/宽度(W)]: 9.8,2.5↙     //输入第二点坐标
指定下一点或 [圆弧(A)/闭合(C)/半宽(H)/长度(L)/放弃(U)/宽度(W)]: @-2.73,0↙ //输入第三点坐标
指定下一点或 [圆弧(A)/闭合(C)/半宽(H)/长度(L)/放弃(U)/宽度(W)]: a↙     //转入画弧模式
指定圆弧的端点或[角度(A)/圆心(CE)/闭合(CL)/方向(D)/半宽(H)/直线(L)/半径(R)/第二个点(S)/
放弃(U)/宽度(W)]: ce↙                                //选择【圆心】选项
指定圆弧的圆心: 0,0 ↙                                //输入圆心坐标
指定圆弧的端点或 [角度(A)/长度(L)]: 7.07,-2.5↙      //输入圆弧端点坐标
指定圆弧的端点或[角度(A)/圆心(CE)/闭合(CL)/方向(D)/半宽(H)/直线(L)/半径(R)/第二个点(S)/
放弃(U)/宽度(W)]: l↙                                 //转入画直线模式
指定下一点或 [圆弧(A)/闭合(C)/半宽(H)/长度(L)/放弃(U)/宽度(W)]: 9.8,-2.5↙  //输入下一点坐标
指定下一点或 [圆弧(A)/闭合(C)/半宽(H)/长度(L)/放弃(U)/宽度(W)]: c↙
                           //选择【闭合】选项，形成封闭轮廓，并按 Enter 键结束命令
```

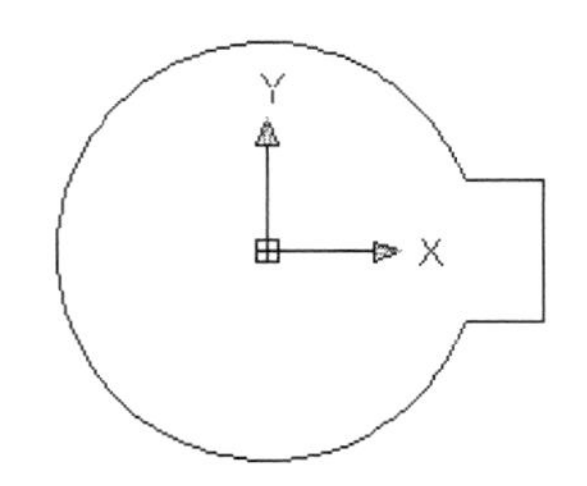

图 8-48　绘制内部轮廓线

⑤ 单击【绘图】面板中的【样条曲线拟合】按钮，激活【样条曲线】命令，绘制外部轮廓线。命令行操作提示如下：

```
命令：_spline
指定第一个点或 [对象(O)]：22.6,0                                              //输入起点坐标
指定下一点：23.2<13 ↙
指定下一点或 [闭合(C)/拟合公差(F)] <起点切向>:23.2<-278↙
指定下一点或 [闭合(C)/拟合公差(F)] <起点切向>:21.5<-258↙
指定下一点或 [闭合(C)/拟合公差(F)] <起点切向>:16.4<-238↙
指定下一点或 [闭合(C)/拟合公差(F)] <起点切向>:14.6<-214↙
指定下一点或 [闭合(C)/拟合公差(F)] <起点切向>:14.8<-199↙
指定下一点或 [闭合(C)/拟合公差(F)] <起点切向>:15.2<-169↙
指定下一点或 [闭合(C)/拟合公差(F)] <起点切向>:16.4<-139↙
指定下一点或 [闭合(C)/拟合公差(F)] <起点切向>:18.1<-109↙
指定下一点或 [闭合(C)/拟合公差(F)] <起点切向>:21.1<-49↙
指定下一点或 [闭合(C)/拟合公差(F)] <起点切向>:22.1<-10↙
指定下一点或 [闭合(C)/拟合公差(F)] <起点切向>：c ↙                       //选择【闭合】选项
指定切向：                              //将光标移至如图 8-49 所示的位置单击，以确定切向，完成绘制
```

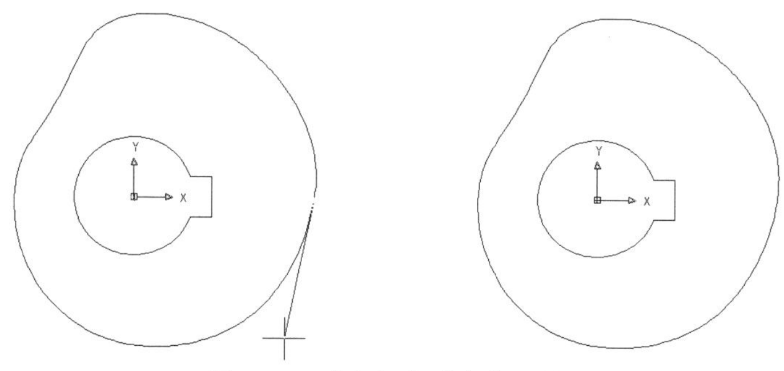

图 8-49　确定切向并完成绘制

⑥　使用【保存】命令，将图形命名保存。

8.4.3　范例三：绘制定位板

绘制如图 8-50 所示的定位板，按照 1∶1 尺寸进行绘制，不需要标注尺寸。绘制平面图形要按照一定的顺序来绘制，那些定形和定位尺寸齐全的图线被称为已知线段，应该首先绘制，尺寸不齐全的线段后绘制。

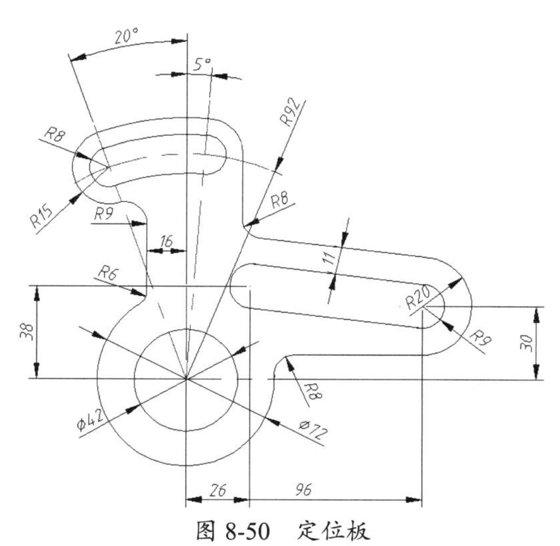

图 8-50　定位板

操作步骤

① 新建图形文件。

② 执行菜单栏中的【格式】|【图层】命令，打开【图层特性管理器】选项板。

③ 新建两个图层：第一个图层命名为“轮廓线”，线宽设为 0.3，其余属性保持默认值；第二个图层命名为“中心线”，颜色设为红色，线型设为 CENTER，其余属性保持默认值。

④ 将中心线图层设置为当前图层。单击【绘图】面板中的【直线】按钮，绘制中心线，如图 8-51 所示。

⑤ 单击【偏移】按钮，将竖直中心线分别向右偏移 26 和 96，如图 8-52 所示。

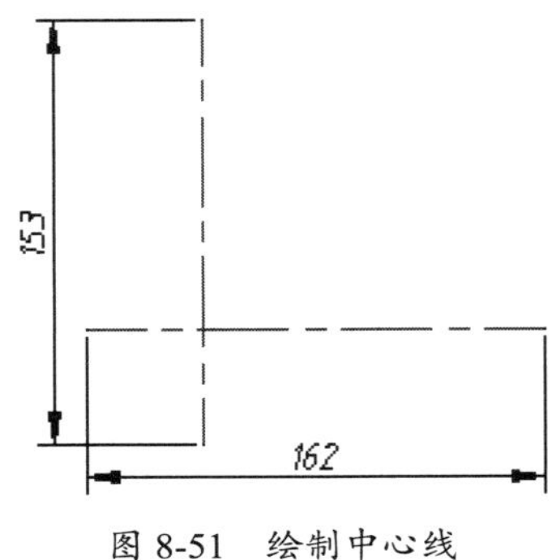

图 8-51 绘制中心线

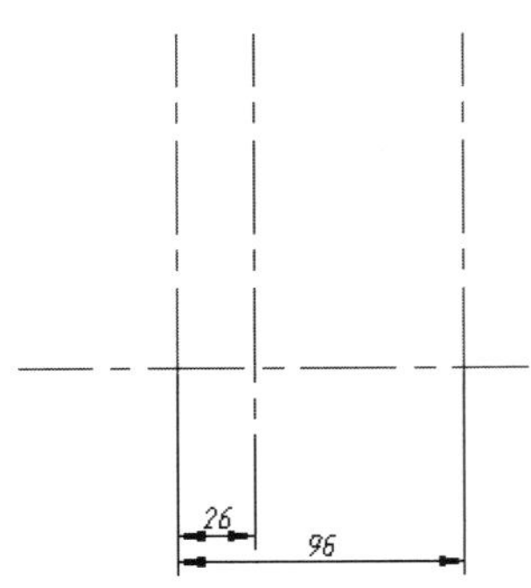

图 8-52 偏移竖直中心线

⑥ 单击【偏移】按钮，将水平中心线分别向上偏移 30 和 38，如图 8-53 所示。

⑦ 先绘制两条重合于竖直中心线的直线，并单击【旋转】按钮，然后将两条重合于竖直中心线的直线分别旋转-5° 和 20° ，如图 8-54 所示。

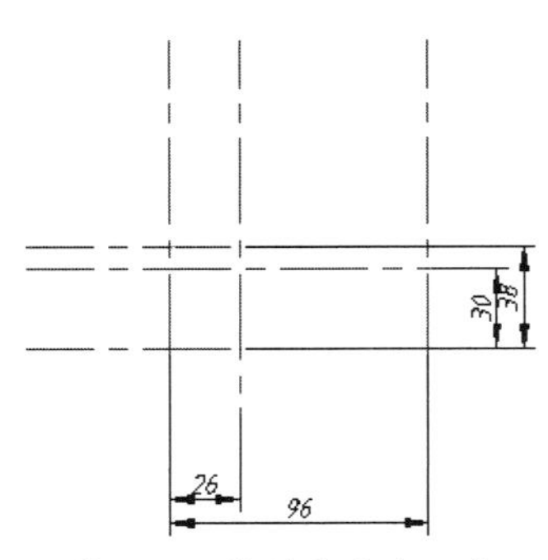

图 8-53 偏移水平中心线

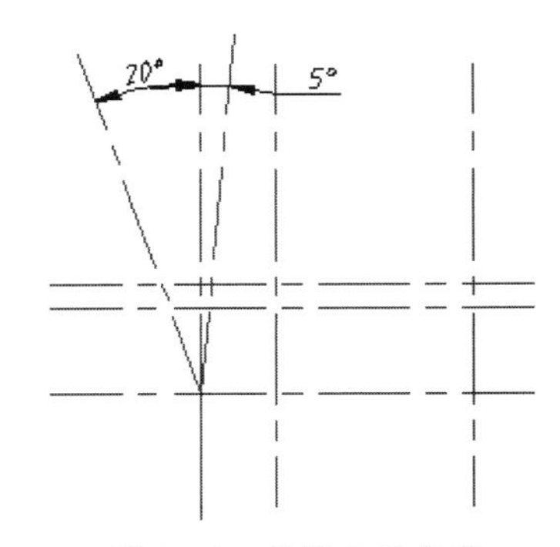

图 8-54 旋转后的直线

⑧ 单击【圆】按钮，绘制一个半径为 92 的圆，绘制结果如图 8-55 所示。

⑨ 将轮廓线图层设置为当前图层。单击【圆】按钮，分别绘制出直径为 72、42 的两个圆，半径为 8 的两个圆，半径为 9 的两个圆，半径为 15 的两个圆，半径为 20 的一个圆，如图 8-56 所示。

⑩ 在【绘图】面板中单击【起点，圆心，端点】按钮，绘制三条公切线连接上面两个

圆。使用【直线】命令并利用对象捕捉功能，绘制五条公切线，如图 8-57 所示。

⑪　使用【偏移】命令绘制两条偏移直线，如图 8-58 所示。

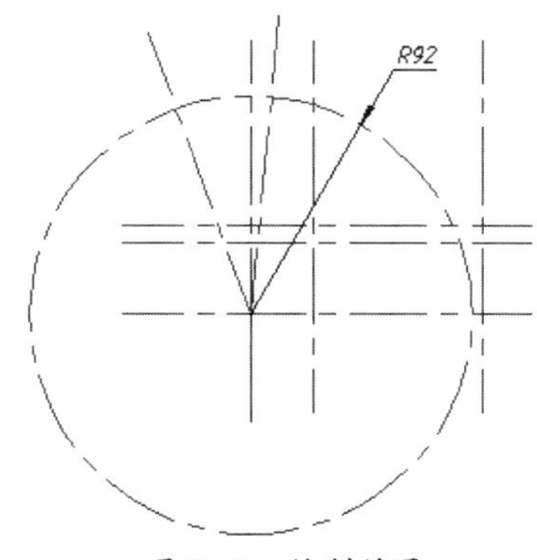

图 8-55　绘制结果

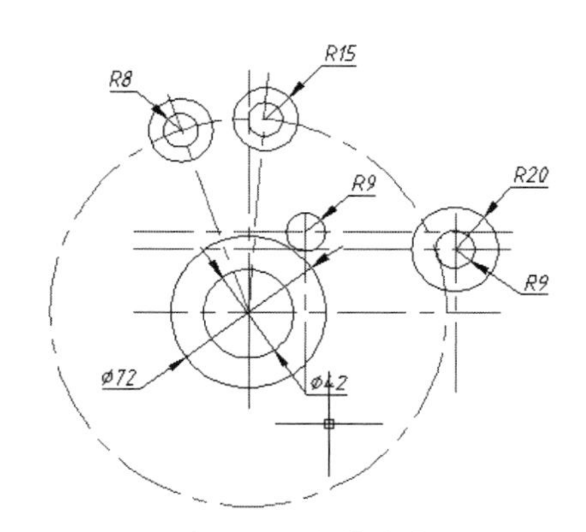

图 8-56　绘制的圆

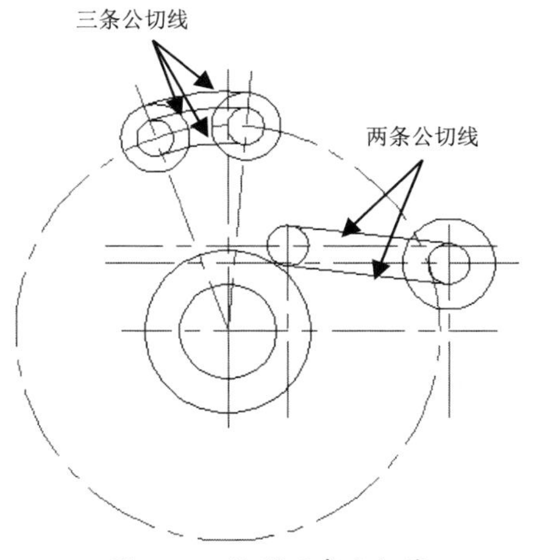

图 8-57　绘制五条公切线

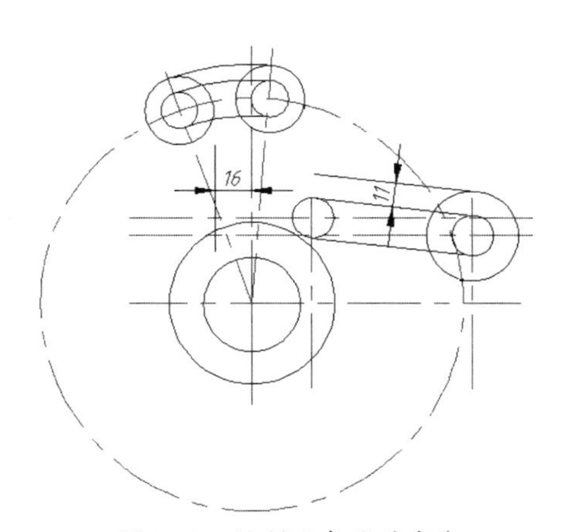

图 8-58　绘制两条偏移直线

⑫　使用【直线】命令并利用对象捕捉功能，绘制如图 8-59 所示的水平、竖直公切线。

⑬　单击【绘图】面板中的【相切，相切，半径】按钮，分别绘制相切于四条辅助直线且半径为 9、6、8、8 的四个圆，如图 8-60 所示。

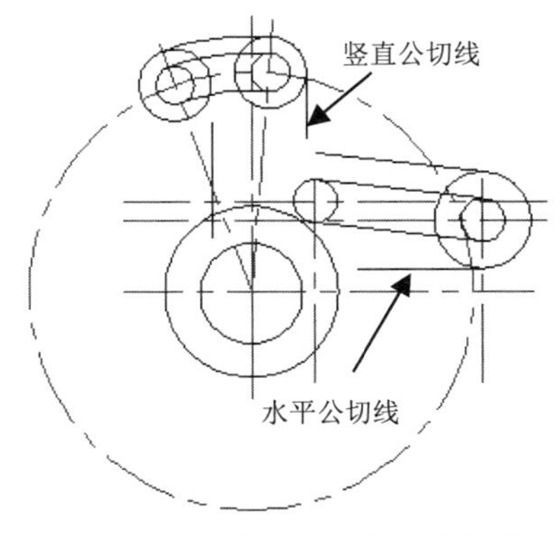

图 8-59　绘制水平、竖直公切线

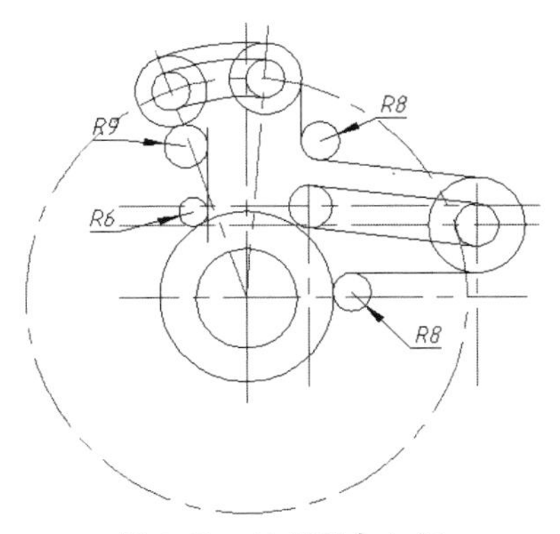

图 8-60　绘制的相切圆

⑭ 使用【修剪】命令对多余图线进行修剪，并标注尺寸。绘制结果如图 8-61 所示。

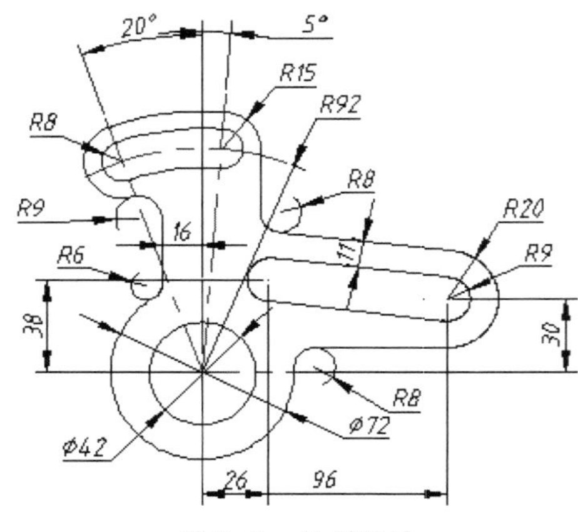

图 8-61　绘制结果

⑮ 按 Ctrl+Shift+S 快捷键，将图形另存。

8.4.4　范例四：绘制垫片

绘制如图 8-62 所示的垫片，按照 1∶1 的尺寸进行绘制。

操作步骤

① 新建图形文件。

② 执行菜单栏中的【格式】|【图层】命令，打开【图层特性管理器】选项板。

③ 新建的图层如图 8-63 所示。

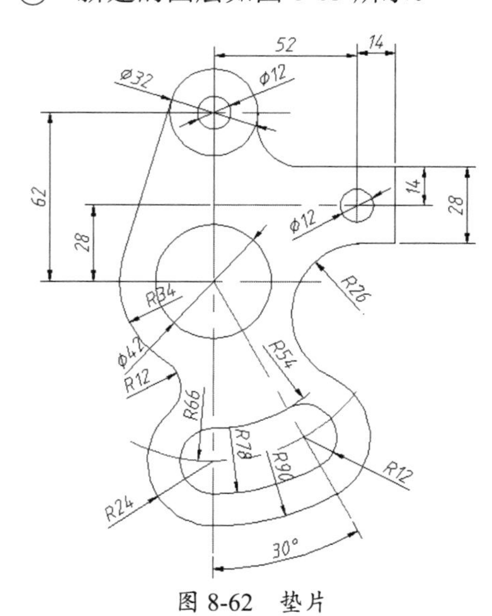

图 8-62　垫片

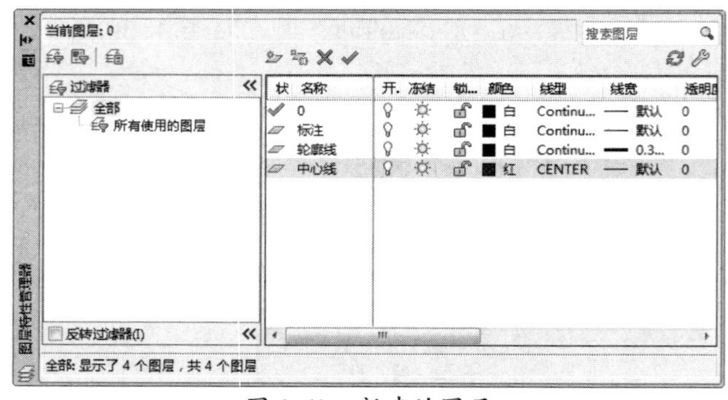

图 8-63　新建的图层

④ 将将中心线图层设置为当前图层。单击【绘图】面板中的【直线】按钮，绘制水平、竖直中心线，如图 8-64 所示。

⑤ 使用【偏移】命令，将水平中心线分别向上偏移 28 和 62，将竖直中心线分别向右偏移 52 和 66，结果如图 8-65 所示。

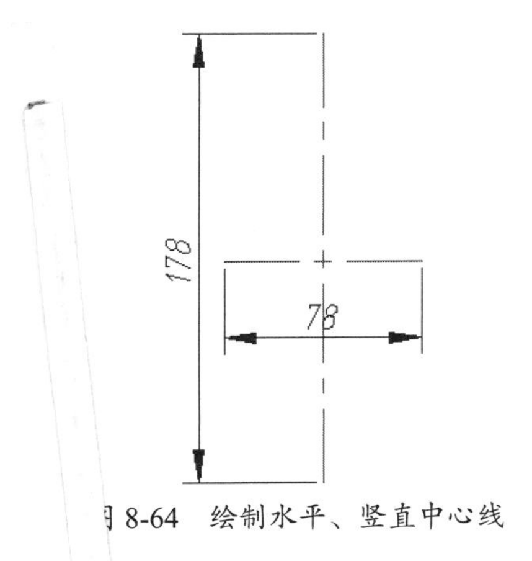

图 8-64　绘制水平、竖直中心线

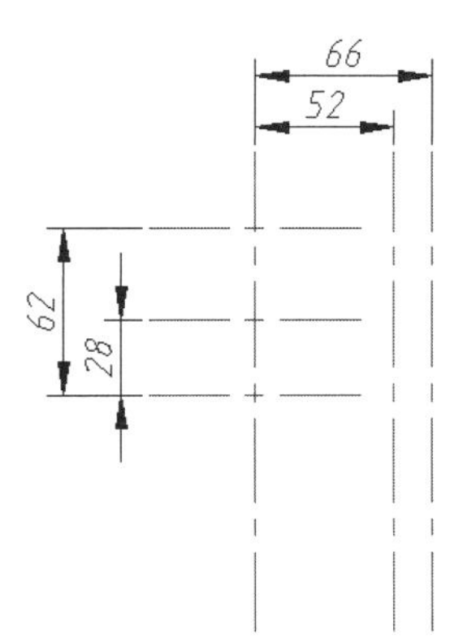

图 8-65　偏移水平、竖直中心线的结果

⑥ 使用【直线】命令，绘制一条倾斜角度为 30° 的直线，如图 8-66 所示。

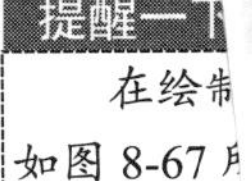

提醒一下

在绘制倾斜直线时，可以按 Tab 键切换绘图区中坐标输入的数值文本框，以此确定直线的长度和角度，如图 8-67 所示。

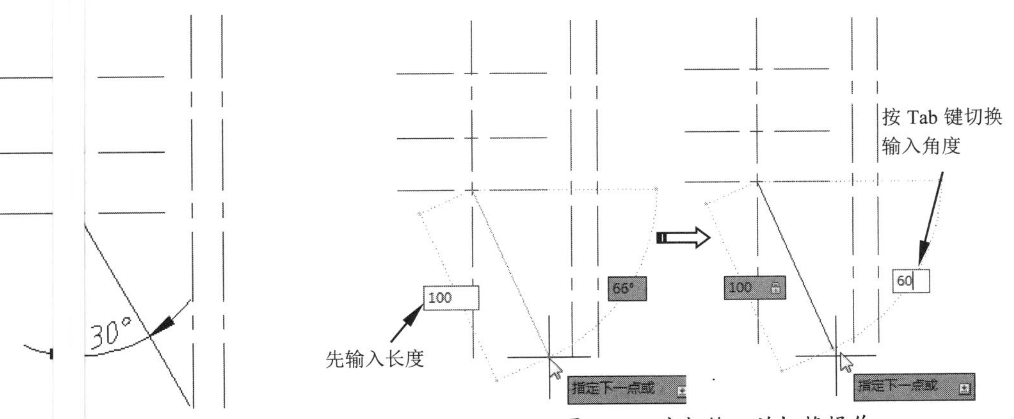

图 8-66　绘制一条倾斜角度为 30° 的直线

图 8-67　坐标输入的切换操作

⑦ 使用【圆】命令，绘制一个直径为 132 的辅助圆，如图 8-68 所示。

⑧ 使用【圆】命令，绘制如图 8-69 所示的三个小圆。

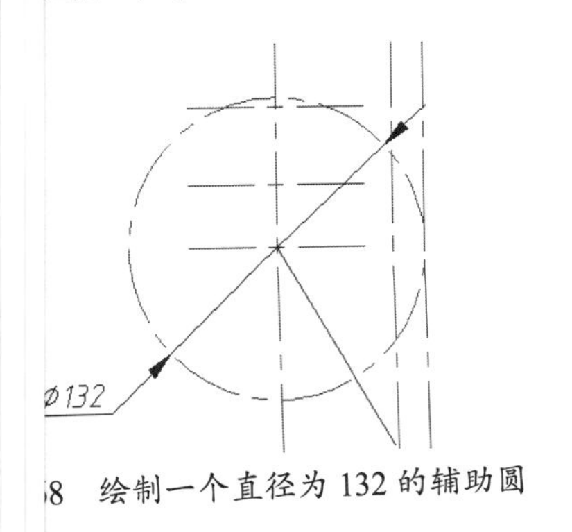

图 8-68　绘制一个直径为 132 的辅助圆

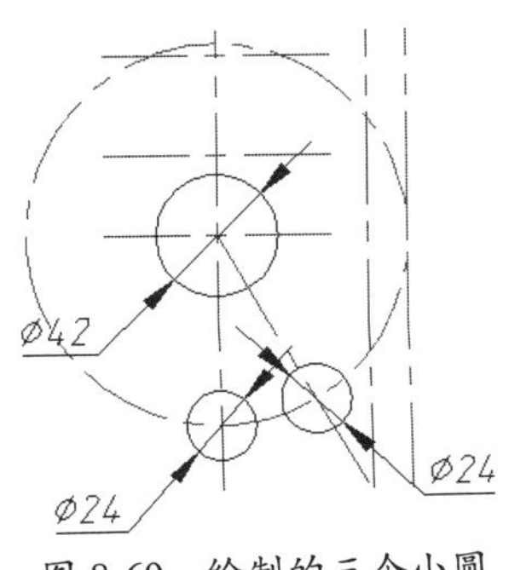

图 8-69　绘制的三个小圆

⑨ 使用【圆】命令，绘制如图 8-70 所示的三个同心圆。

⑩ 使用【起点，端点，半径】命令，依次绘制出如图 8-71 所示的三条相切圆弧。

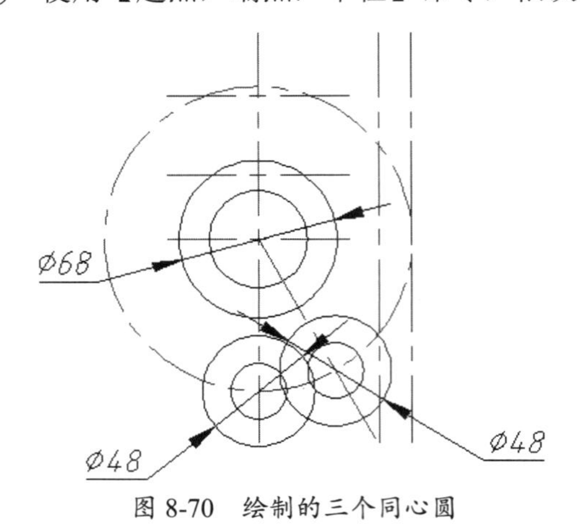

图 8-70 绘制的三个同心圆　　图 8-71 绘制的三条相切圆弧

提醒一下：

使用【起点，端点，半径】命令绘制同时与其他两个对象都相切的圆时，需要在命令行中执行 tan 命令，使其起点、端点与所选的对象相切。命令行操作提示如下：

```
命令: _arc
指定圆弧的起点或 [圆心(C)]: tan↙
到
指定圆弧的第二个点或 [圆心(C)/端点(E)]: _e              //指定圆弧的起点
指定圆弧的端点: tan↙                                  //指定圆弧的端点
到
指定圆弧的圆心或 [角度(A)/方向(D)/半径(R)]: _r           //设置圆心选项
指定圆弧的半径:78 ↙                                    //输入半径值
```

⑪ 为了后续观察图形的需要，可使用【修剪】命令将多余的图线修剪掉，如图 8-72 所示。

⑫ 使用【圆】命令，绘制两个直径为 12、一个直径为 32 的圆，如图 8-73 所示。

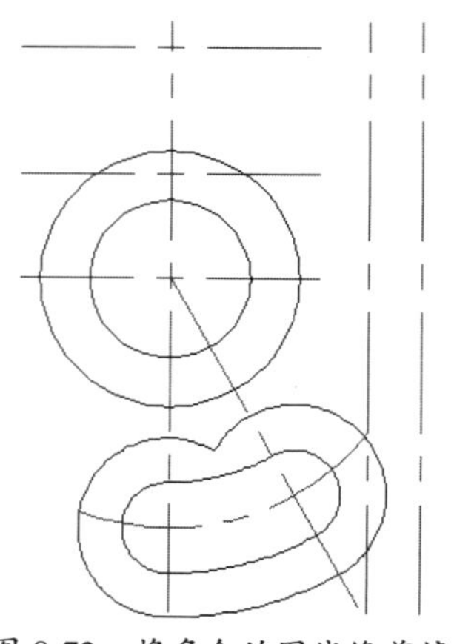

图 8-72 将多余的图线修剪掉

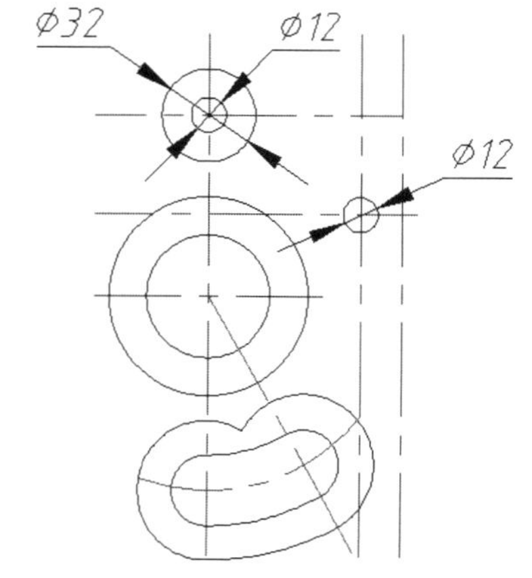

图 8-73 绘制两个直径为 12、一个直径为 32 的圆

⑬ 使用【直线】命令，绘制一条公切线，如图 8-74 所示。

⑭ 使用【偏移】命令，绘制两条辅助线，并连接两条辅助线，如图 8-75 所示。

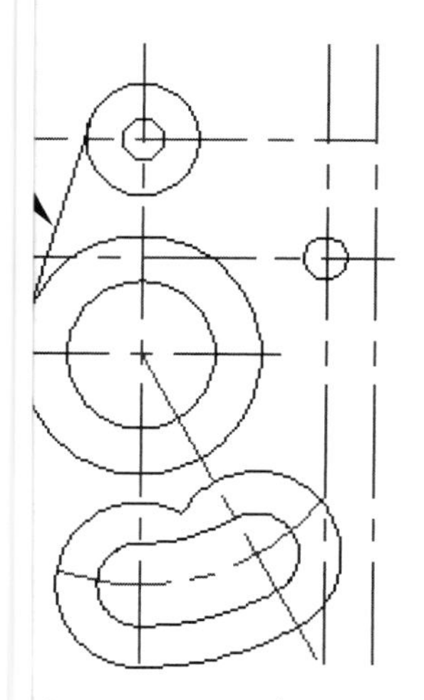

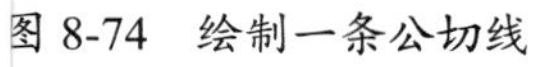

图 8-74　绘制一条公切线

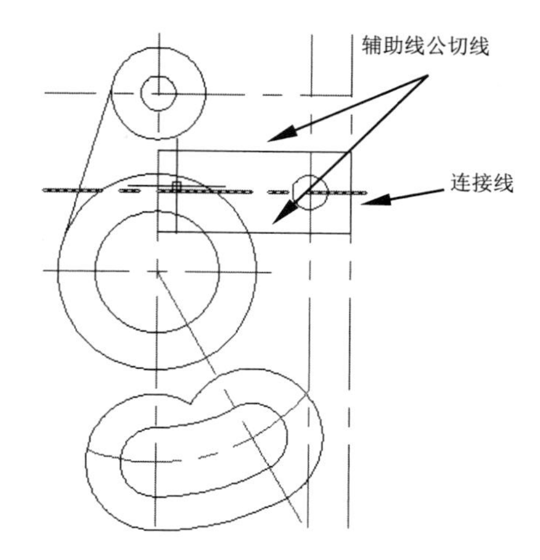

图 8-75　绘制两条辅助线并连接辅助线

⑮ 单击【绘图】面板中的【相切，相切，半径】按钮，分别绘制半径为 26、16、12 的相切圆，如图 8-76 所示。

⑯ 使用【修剪】命令，修剪多余图线，得到最终的垫片图，如图 8-77 所示。

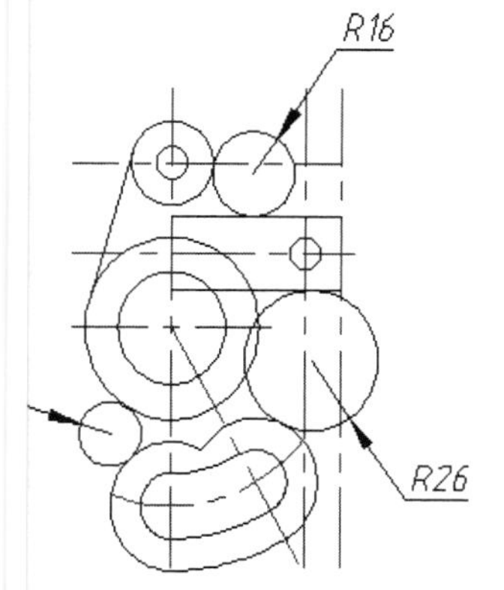

图 8-76　绘制半径为 26、16、12 的相切圆

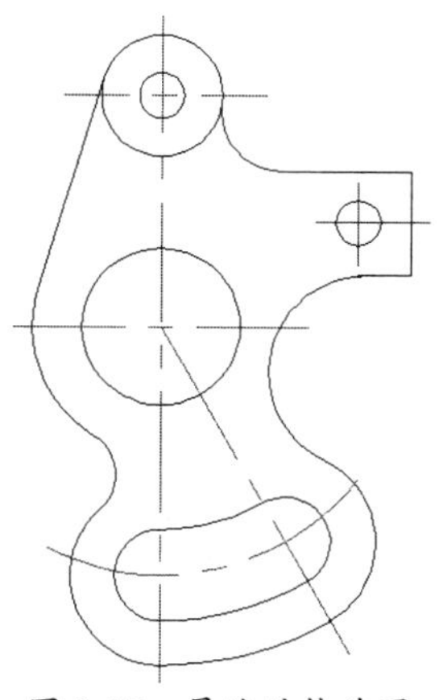

图 8-77　最终的垫片图

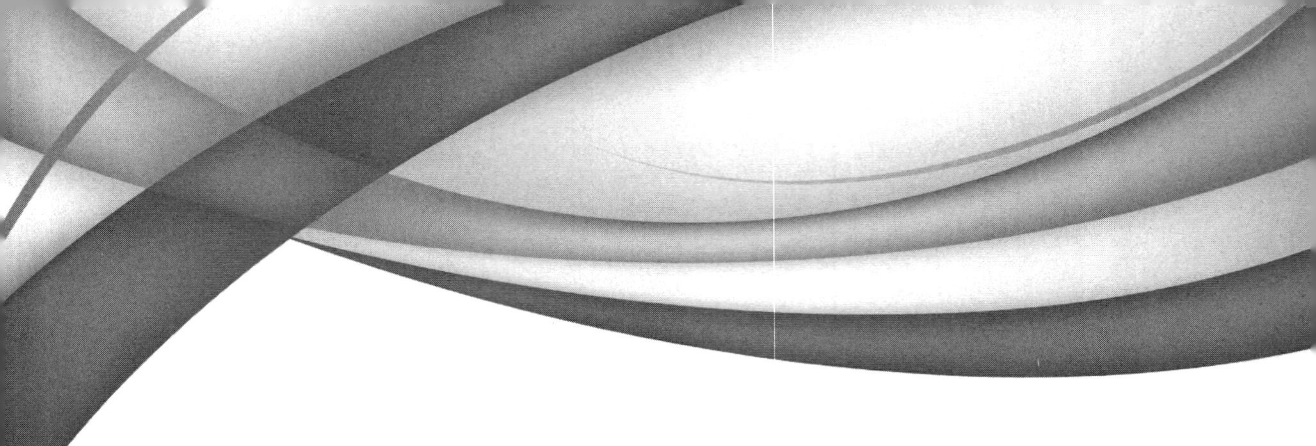

第 9 章

高效辅助作图技巧

本章内容

绘制图形之前，用户需要了解一些基本的操作，以熟练地运用 AutoCAD。本章将对 AutoCAD 2022 中精确绘制图形的辅助工具应用、图形的简单编辑工具应用、对象的选择技巧等进行详细介绍。

知识要点

- ☑ 捕捉、追踪与正交绘图
- ☑ 巧用角度替代与动态输入
- ☑ 图形的更正与删除
- ☑ 对象的选择技巧

9.1　捕捉、追踪与正交绘图

在绘图的过程中，经常要指定一些已有对象上的点，如端点、圆心和两个对象的交点等。如果只凭观察来拾取，不可能非常准确地找到这些点。为此，AutoCAD 提供了精确绘制图形的工具，可以迅速、准确地捕捉到某些特殊点，从而能精确地绘制图形。

9.1.1　设置栅格的捕捉选项

在绘制图形时，尽管可以通过移动光标来指定点的位置，但却很难精确指定点的某一位置。因此，要精确指定点，必须使用坐标输入或启用栅格捕捉功能。

启用栅格捕捉功能，可以提高绘图效率。捕捉间距用于设定光标移动的间距。启用栅格的捕捉功能后，光标将按设定的移动间距来捕捉点的位置，并绘制出图形，如图 9-1 所示。

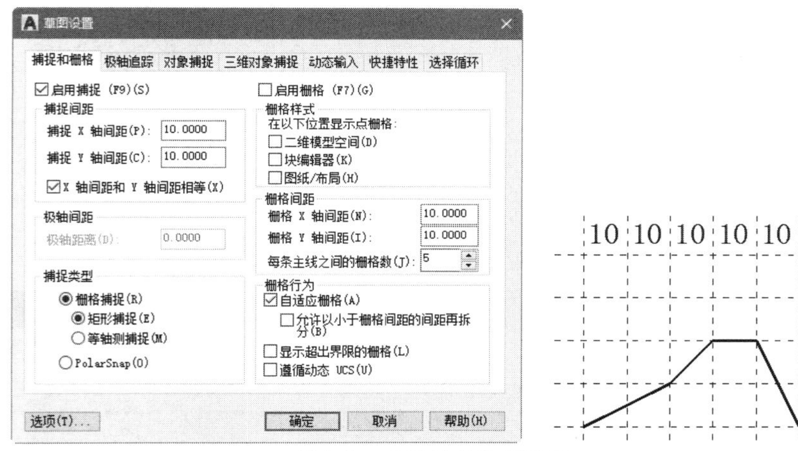

图 9-1　启用捕捉绘制图形

提醒一下：

栅格的捕捉功能可以单独打开，也可以和其他功能一同打开。

用户可通过以下方式来打开或关闭捕捉功能。

- 状态栏：单击【捕捉模式-关】按钮 或单击【捕捉到图形栅格-开】按钮。
- 快捷键：按 F9 键。
- 【草图设置】对话框：在【捕捉和栅格】选项卡中，勾选或取消勾选【启用捕捉】复选框。
- 命令行：输入 snapmode。

9.1.2　栅格显示

栅格是一些标定位置的小点，起坐标纸的作用，可以提供直观的距离和位置参照。利用栅格可以对齐对象并直观显示对象之间的距离。若要提高绘图的速度和效率，则可以显示并捕捉矩形栅格，还可以控制其间距、角度和对齐。

用户可通过以下方式来打开或关闭栅格功能。

- 状态栏：单击【栅格】按钮。
- 快捷键：按 F7 键。
- 【草图设置】对话框：在【捕捉和栅格】选项卡中，勾选或取消勾选【启用栅格】复选框。
- 命令行：输入 griddisplay。

栅格的显示可以为点矩阵，也可以为线矩阵。仅在当前视觉样式设置为二维线框时栅格才显示为点，否则栅格将显示为线，如图 9-2 所示。在三维视图中工作时，所有视觉样式下的栅格都显示为线。

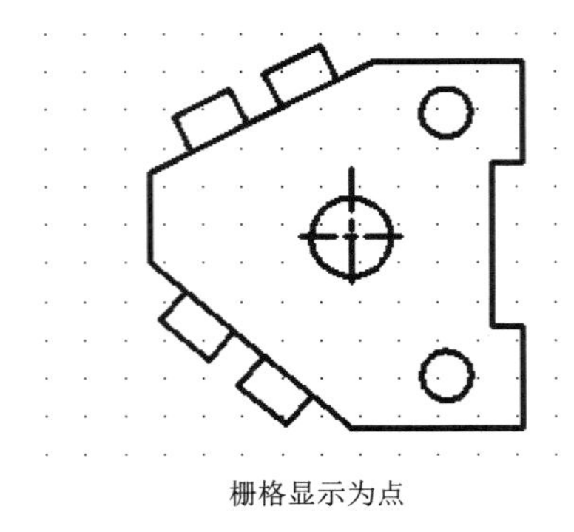

栅格显示为点

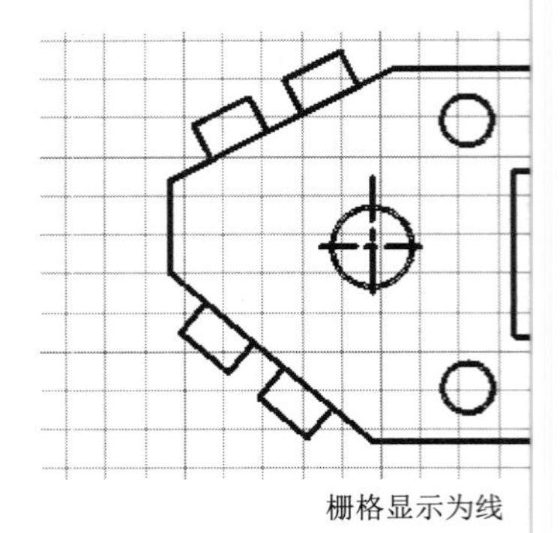

栅格显示为线

图 9-2　栅格的显示

提醒一下：

默认情况下，UCS 的 X 轴和 Y 轴以不同于栅格线的颜色显示。用户可在【绘图区颜色】对话框中设置颜色，此对话框可以通过单击【选项】对话框【绘图】选项卡中的【颜色】按钮进行访问。

9.1.3　对象捕捉模式

不论何时提示输入点，都可以指定对象捕捉。默认情况下，当光标移动到对象的捕捉位置时，将显示标记和工具提示，此功能称为 AutoSnap（自动捕捉），提供了视觉提示，指示哪些对象捕捉正在使用。

1．特殊点的对象捕捉

AutoCAD 提供了工具栏和右键快捷菜单两种方式进行特殊点的对象捕捉。

（1）使用如图 9-3 所示的对象捕捉工具栏中的工具进行特殊点的对象捕捉。

（2）同时按下 Shift 键和鼠标右键，弹出如图 9-4 所示的对象捕捉右键快捷菜单。该菜单中列出了 AutoCAD 提供的对特殊点的对象捕捉模式。

表 9-1 列出了对象捕捉的模式及其功能，与对象捕捉工具栏中的捕捉模式及对象捕捉右键快捷菜单命令相对应。

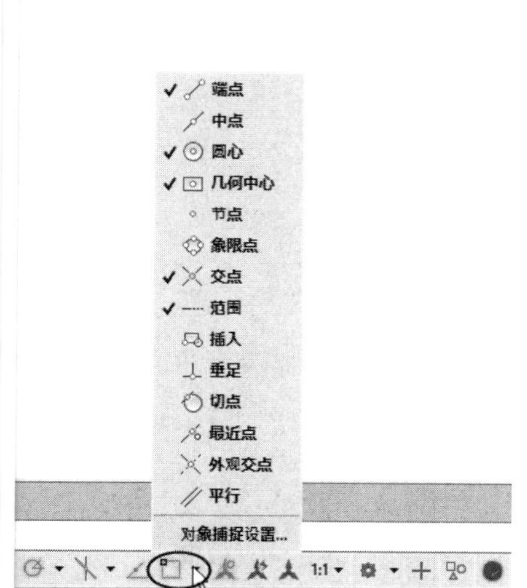

图 9-3　对象捕捉工具栏

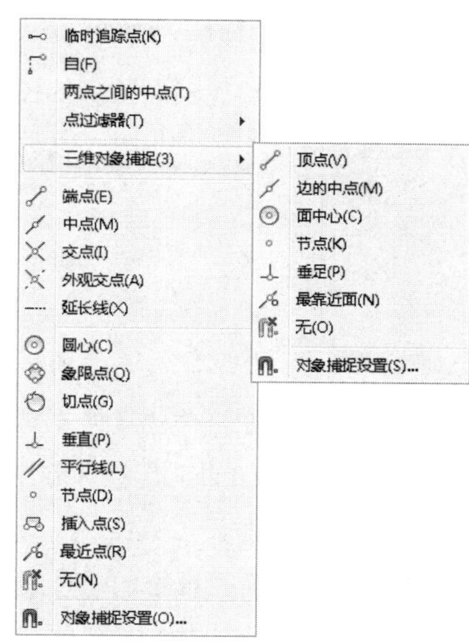

图 9-4　对象捕捉右键快捷菜单

表 9-1　对象捕捉的模式及其功能

捕 捉 模	快 捷 命 令	功　能
临时追踪点	tt	建立临时追踪点
两点之间的中	m2p	捕捉两个独立点之间的中点
自	fro	与其他捕捉模式配合使用建立一个临时参考点，作为指出后继点的基点
端点	endp	用来捕捉对象（如线段或圆弧等）的端点
中点	mid	用来捕捉对象（如线段或圆弧等）的中点
圆心	cen	用来捕捉圆或圆弧的圆心
节点	nod	捕捉用 point 或 divide 等命令生成的点
象限点	qua	用来捕捉距光标最近的圆或圆弧上可见部分的象限点，即圆周上 0°、90°、180°、270°位置上的点
交点	int	用来捕捉对象（如线、圆弧或圆等）的交点
延长线	ext	用来捕捉对象延长线上的点
插入点	ins	用于捕捉块、形、文字、属性或属性定义等对象的插入点
垂足	per	在线段、圆、圆弧或它们的延长线上捕捉一个点，使之与最后生成的点的连线与该线段、圆或圆弧正交
切点	tan	最后生成的一个点到选中的圆或圆弧上引切线的切点位置
最近点	nea	用于捕捉距拾取点最近的线段、圆、圆弧等对象上的点
外观交点	app	用来捕捉两个对象在视图平面上的交点。若两个对象没有直接相交，则系统自动计算其延长后的交点；若两个对象在空间上为异面直线，则系统计算其投影方向上的交点
平行线	par	用于捕捉与指定对象平行方向的点
无	non	关闭对象捕捉功能
对象捕捉设置	osnap	设置对象捕捉

提醒一下：

仅当提　输入点时，对象捕捉才生效。

动手操作——利用对象捕捉功能绘制图形

利用对象捕捉功能辅助绘制如图 9-5 所示两个圆的公切线。

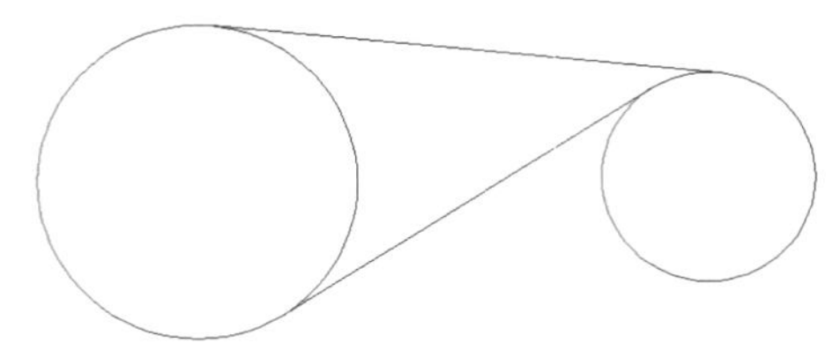

图 9-5　绘制的两个圆的公切线

① 单击【绘图】面板中的【圆】按钮，以适当半径绘制两个圆，如图 9-6 所示。

② 在操作界面顶部的工具栏区右击，执行右击快捷菜单中的【autocad】|【对象捕捉】命令，打开对象捕捉工具栏。

③ 先单击【绘图】面板中的【直线】按钮，再选择对象捕捉工具栏中的【切点】选项以捕捉第一个切点，如图 9-7 所示。

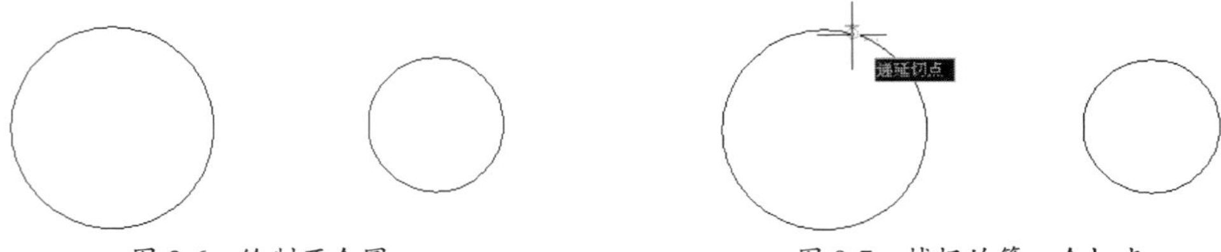

图 9-6　绘制两个圆　　　　图 9-7　捕捉的第一个切点

④ 继续捕捉第二个切点，如图 9-8 所示。同样，进行第二条公切线的切点捕捉，随后完成公切线的绘制，如图 9-9 所示。

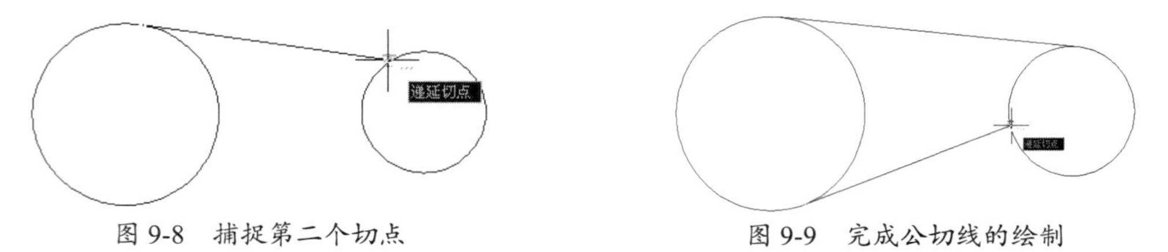

图 9-8　捕捉第二个切点　　　　图 9-9　完成公切线的绘制

提醒一下：

不管指定圆上哪一点作为切点，系统都会根据圆的半径和指定的大致位置确定准确的切点位置，并能根据大致指定点与内外切点距离，依据距离趋近原则判断绘制外切线还是内切线。

2. 捕捉设置

在 AutoCAD 中绘图之前，可以根据需要事先开启一些对象捕捉模式，绘图时系统就能自动捕捉这些特殊点，从而加快绘图速度，提高绘图质量。

用户可通过以下方式进行对象捕捉设置。

- 命令行：输入 osnap 并按 Enter 键。
- 菜单栏：执行【工具】|【绘图设置】命令。
- 工具栏：选择对象捕捉工具栏中的【对象捕捉设置】选项。

● 态栏：执行对象捕捉右键快捷菜单中的【对象捕捉设置】命令。

● 建快捷菜单：在右键快捷菜单中执行【捕捉替代】|【对象捕捉设置】命令。

执行 述操作后，可打开【草图设置】对话框，打开【对象捕捉】选项卡，如图 9-10 所示，利 此选项卡对对象捕捉模式进行设置。

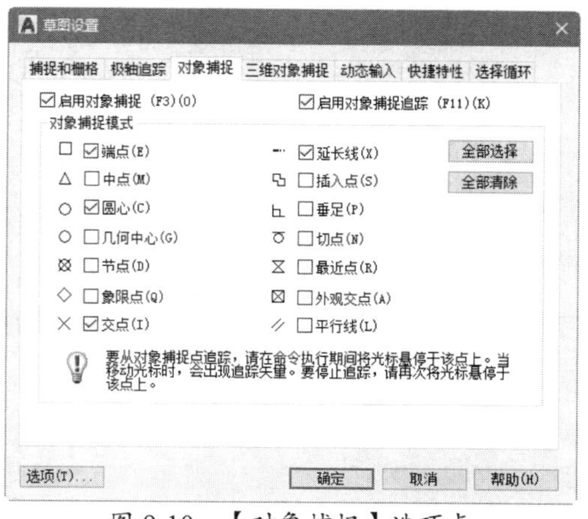

图 9-10　【对象捕捉】选项卡

动手 作——盘盖的绘制

① 在菜 栏中执行【格式】|【图层】命令，打开【图层特性管理器】选项板。创建以下图层

● 心线图层：线宽为 0.35，线型为 CENTER，颜色为红色。

● 实线图层：线宽为 0.7，其余属性采用默认值。

② 在菜 栏中执行【工具】|【绘图设置】命令，在打开的【草图设置】对话框的【对象捕抓 选项卡中单击【全部选择】按钮，选择所有的捕捉模式，并勾选【启用对象捕捉】复选 ，单击【确定】按钮，即完成对象捕捉设置，如图 9-11 所示。

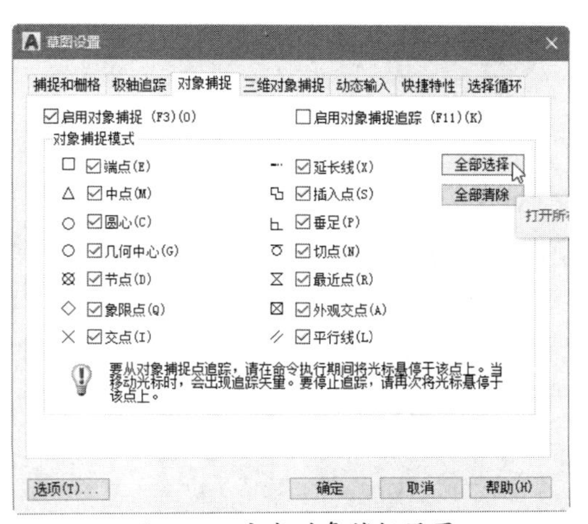

图 9-11　完成对象捕捉设置

③ 在 图层】面板的【图层控制】下拉列表中选择中心线，将其设为当前图层。

④ 单 【绘图】面板中的【圆】按钮，绘制直径为 30 的圆，如图 9-12 所示。

⑤ 单击【绘图】面板中的【直线】按钮，绘制圆中心线，中心线超出圆 5 个单位即可，如图 9-13 所示。

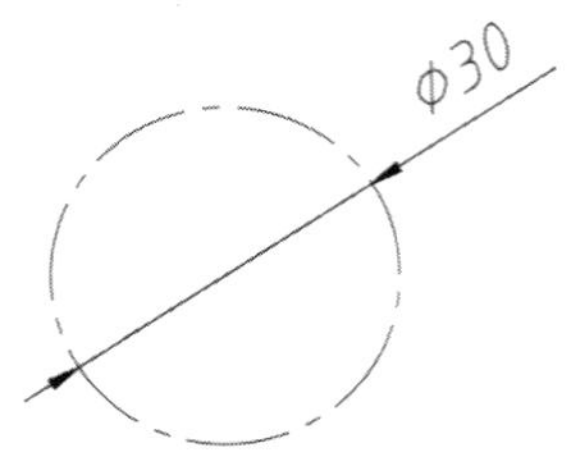

图 9-12　绘制直径为 30 的圆

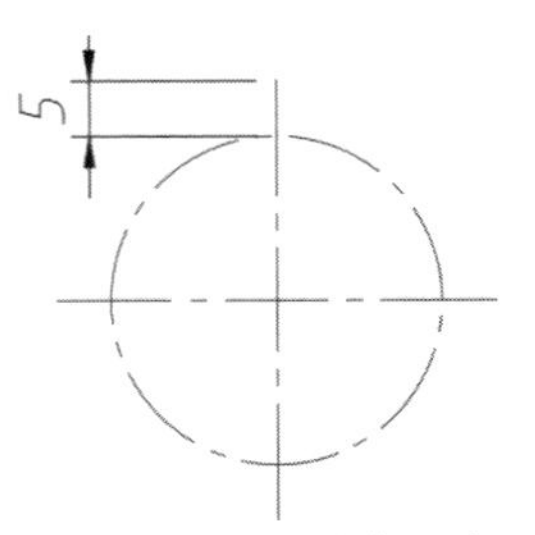

图 9-13　绘制圆中心线

⑥ 设置粗实线图层为当前图层。单击【绘图】面板中的【圆】按钮，绘制直径为 12 的内孔，如图 9-14 所示，在指定圆心时，捕捉圆中心线的交点。绘制的盘盖外圆如图 9-15 所示。

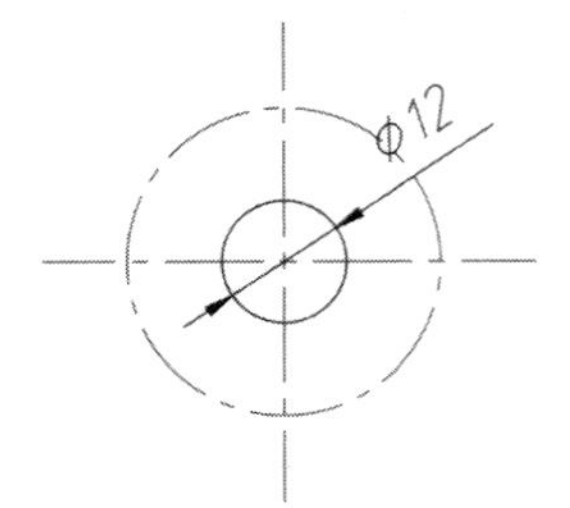

图 9-14　绘制直径为12的内孔

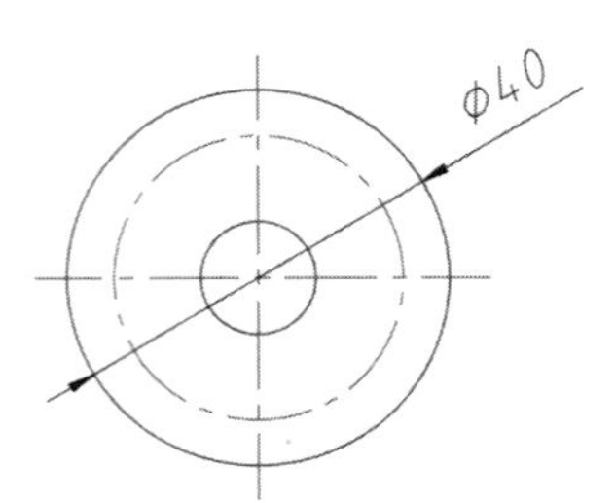

图 9-15　绘制的盘盖外圆

⑦ 单击【绘图】面板中的【圆】按钮，在圆中心线的第一象限点上绘制直径为 6 的螺孔，在捕捉圆心时，可捕捉圆中心线与直线中心线的交点，也可直接捕捉圆中心线的象限点，如图 9-16 所示。绘制的单个均布圆如图 9-17 所示。

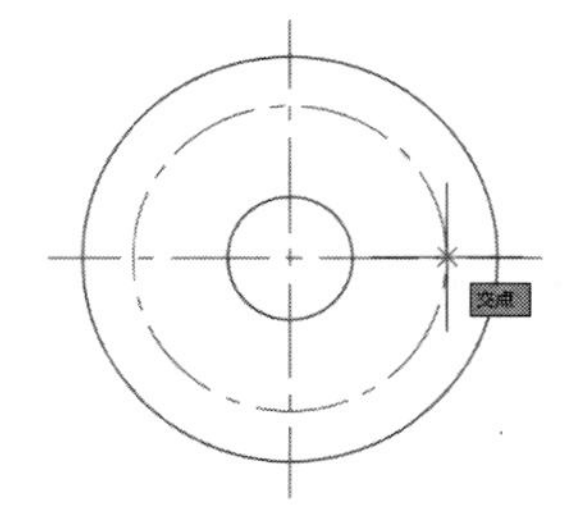
图 9-16　捕捉圆中心线的象限点

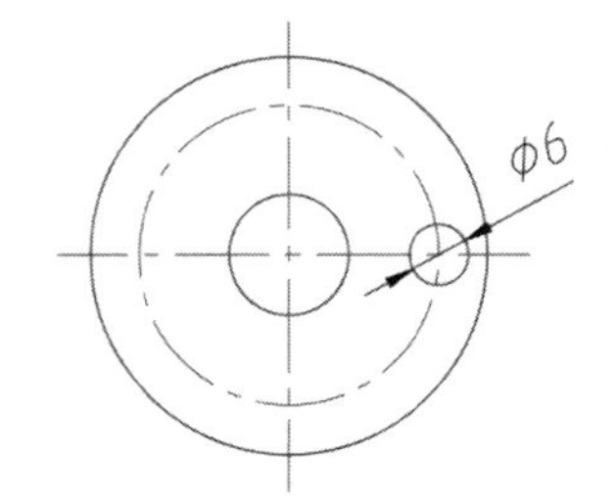

图 9-17　绘制的单个均布圆

⑧ 同理，按此方法绘制出其余螺孔，可得绘制的最终结果，如图 9-18 所示。

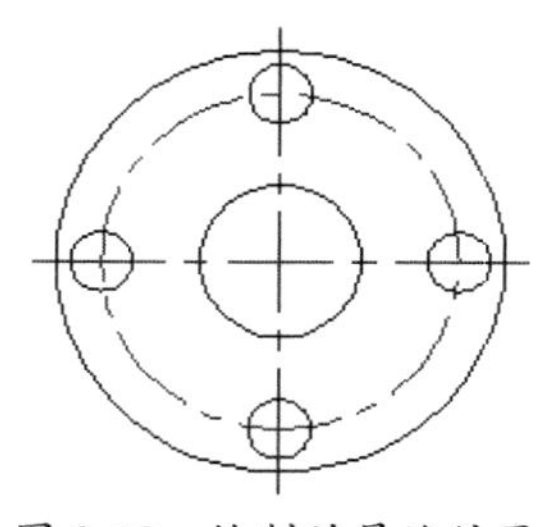
图 9-18　绘制的最终结果

⑨ 保存文件。

9.1.4　对象追踪模式

对象追踪是一种特殊的对象捕捉模式。追踪是指捕捉某一条直线的延伸线或对某一极轴进行精确定位。对象追踪分极轴追踪和对象捕捉追踪两种模式，是常用的辅助绘图工具。

1. 极轴追踪模式

极轴追踪模式是利用光标按用户指定的极轴角度增量来追踪定位点。例如，设置极轴角度为 30°，则光标只能在 30° 的极轴方向上进行追踪，按照极坐标的定义，可在 4 个象限内的 12 个极轴上进行追踪。用户可通过以下方式来打开或关闭极轴追踪模式。

- 状态栏：单击【极轴追踪】按钮。
- 快捷键：按 F10 键。
- 【草图设置】对话框：在【极轴追踪】选项卡中勾选或取消勾选【启用极轴追踪】复选框。

创建或修改对象时，可以使用极轴追踪模式以显示由指定的极轴角度所定义的临时对齐路径。例如，设置极轴角度为 45°，使用极轴追踪模式捕捉点的示意图如图 9-19 所示。

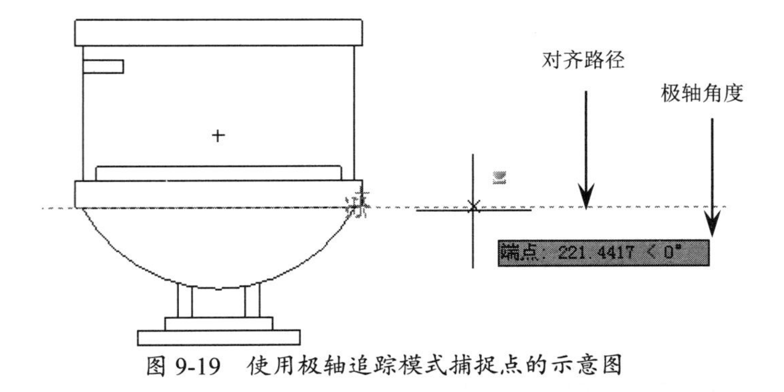

图 9-19　使用极轴追踪模式捕捉点的示意图

提醒一下：

当用户没有自定义极轴角度时，系统默认的极轴角度为 90°。关于极轴角度的设置，将在“动手操作——利用极轴追踪模式绘制图形”中介绍。

动手操作——利用极轴追踪模式绘制图形

绘制方头平键的三视图。

① 绘制主视图。单击【绘图】面板中的【矩形】按钮，首先在绘图区任意指定一个点作为矩形的第一个角点，然后输入第二个角点的相对坐标（@100,11），如图 9-20 所示。

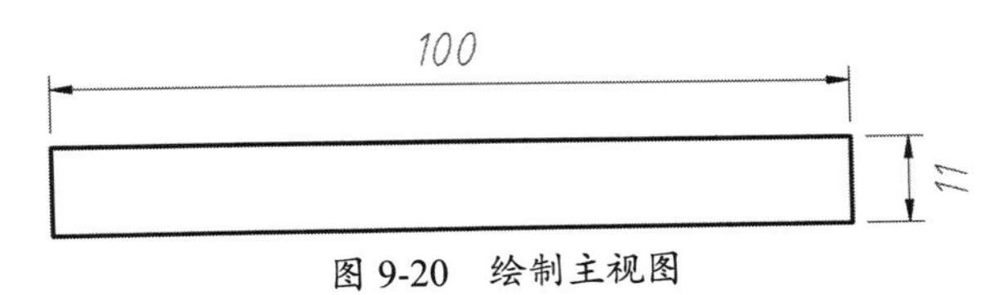

图 9-20　绘制主视图

② 单击【绘图】面板中的【直线】按钮，绘制方头平键的第一条棱线。命令 亍操作提示如下：

```
命令: LINE↙
指定第一点: FROM↙              //输入 from
基点:                          //捕捉矩形左上角点
<偏移>: @0,-2↙                 //输入相对偏距值
指定下一点或 [放弃(U)]:         //光标右移，捕捉矩形右边上的垂足绘制第一条棱线，如 9-21 所示
```

垂足

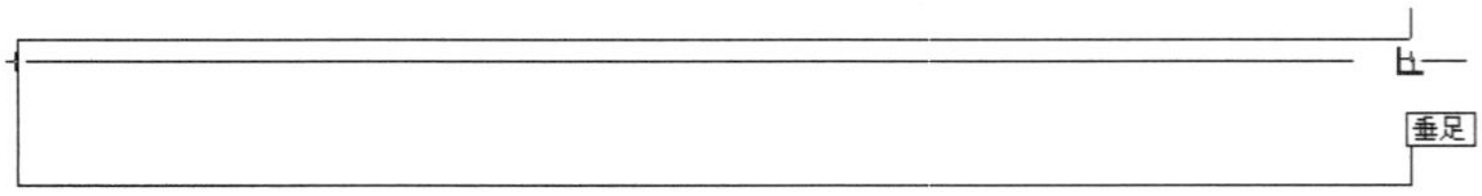

图 9-21 捕捉矩形右边上的垂足绘制第一条棱线

③ 同理，重复使用【直线】命令，在命令行中输入 from 后捕捉矩形左下角 为基点，向上偏移两个单位，绘制另一条棱线，如图 9-22 所示。

④ 单击状态栏中的【对象捕捉】按钮和【对象追踪】按钮，开启对象捕 追踪模式。在菜单栏中执行【工具】|【绘图设置】命令，打开【草图设置】对话框。 E【极轴追踪】选项卡中设置【增量角】为 90，并选择【仅正交追踪】单选按钮，如 9-23 所示。

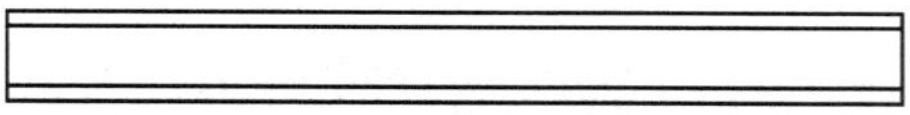

图 9-22 绘制另一条棱线

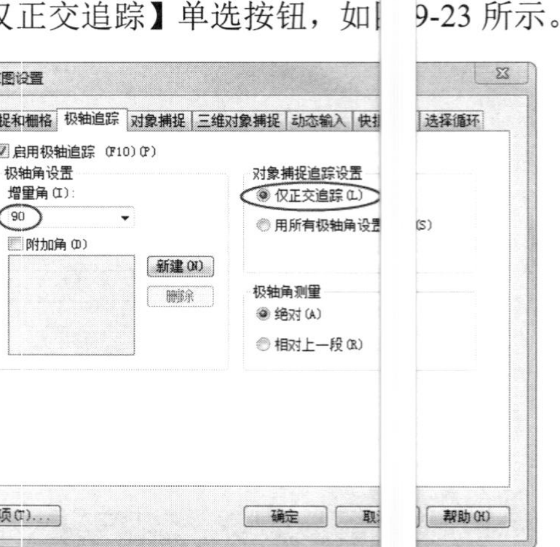

图 9-23 设置极轴追踪

⑤ 绘制俯视图。单击【绘图】面板中的【矩形】按钮，捕捉主视图中的 形左下角点并拖动光标向下移动，系统显示极轴追踪线。在极轴追踪线的任意位置指 一点作为新矩形的第一个角点，如图 9-24 所示。输入另一个角点的相对坐标（@100, ），即得绘制的俯视图轮廓，如图 9-25 所示。

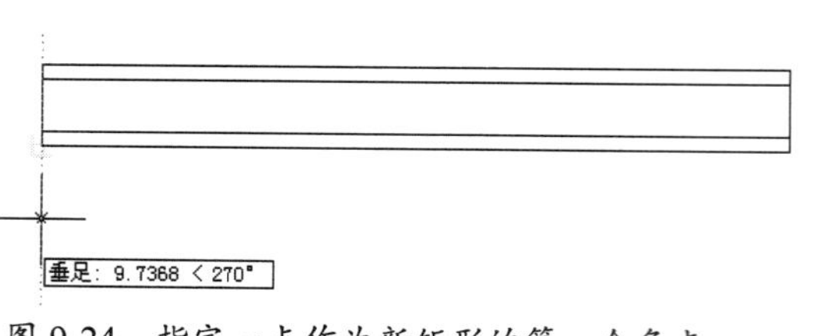

图 9-24 指定一点作为新矩形的第一个角点

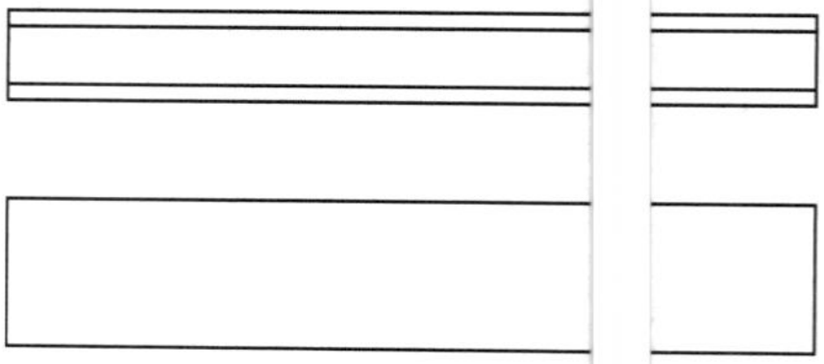

图 9-25 绘制的俯视图轮

⑥ 单击【绘图】面板中的【直线】按钮，结合临时捕捉工具【自】，捕捉基 绘制两条

俯视图 线，捕捉偏距为 2。绘制的俯视图棱线如图 9-26 所示。

图 9-26　绘制的俯视图棱线

⑦ 绘制左 图。单击【绘图】面板中的【构造线】按钮，绘制左视图构造线。首先指定适当一 绘制-45° 的构造线，命令行操作提示如下：

```
命令:XI NE↙
指定点或 [水平(H)/垂直(V)/角度(A)/二等分(B)/偏移(O)]:
                //先捕捉俯视图右上角点并单击确定构造线第一点
指定通 ：       //打开正交模式，在其水平追踪线上捕捉与斜构造线的交点，并单击确定构造线第二点，
                  即可得左视图的水平构造线，如图 9-27 所示
```

⑧ 使用相 方法绘制另一条水平构造线。捕捉两条水平构造线与斜构造线的交点，为竖直构造 第一点，依次绘制出两条竖直构造线，即完成左视图构造线的绘制，如图 9-28 所示。

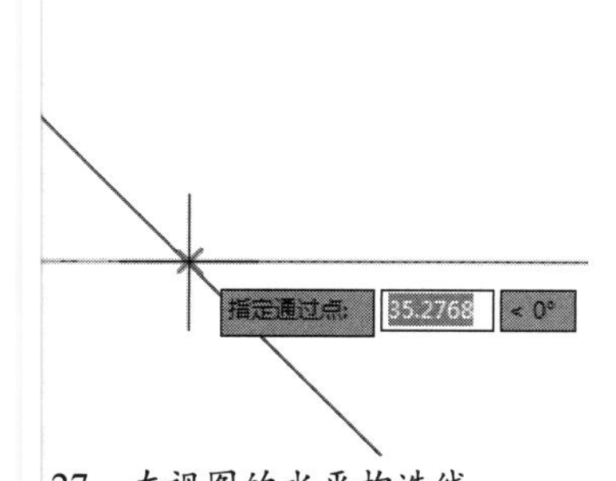

图 -27　左视图的水平构造线

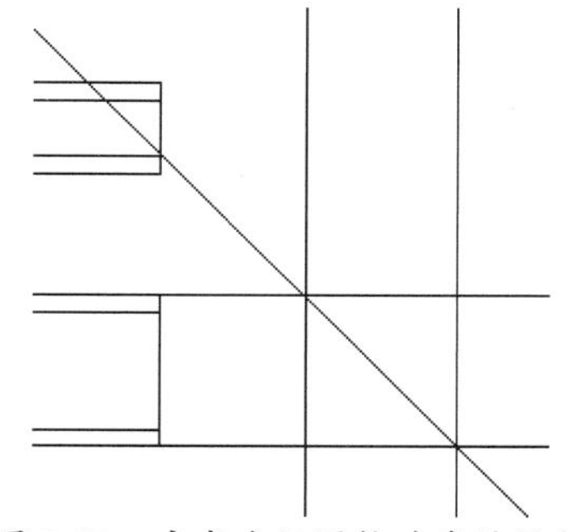

图 9-28　完成左视图构造线的绘制

⑨ 单击【 图】面板中的【矩形】按钮，绘制方头平键的左视图。命令行操作提示如下：

```
命令: r tang↙
指定第一 角点或 [倒角(C)/标高(E)/圆角(F)/厚度(T)/宽度(W)]: C↙
指定矩形 第一个倒角距离 <0.0000>:              //捕捉俯视图右上端点
指定第  :                                      //捕捉俯视图右上第二个端点
指定矩形 第二个倒角距离 <2.0000>:              //捕捉主视图右上端点
指定第  :                                      //捕捉主视图右上第二个端点
指定第一 角点或 [倒角(C)/标高(E)/圆角(F)/厚度(T)/宽度(W)]:
                    //捕捉主视图矩形上边延长线与第一条竖直构造线交点，如图 9-29 所示
指定另一 角点或 [尺寸(D)]:
                    //捕捉主视图矩形下边延长线与第二条竖直构造线交点
```

⑩ 绘制的 视图如图 9-30 所示。

⑪ 单击【 改】面板中的【删除】按钮，删除构造线，即完成方头平键三视图的绘制，如图 9 1 所示。

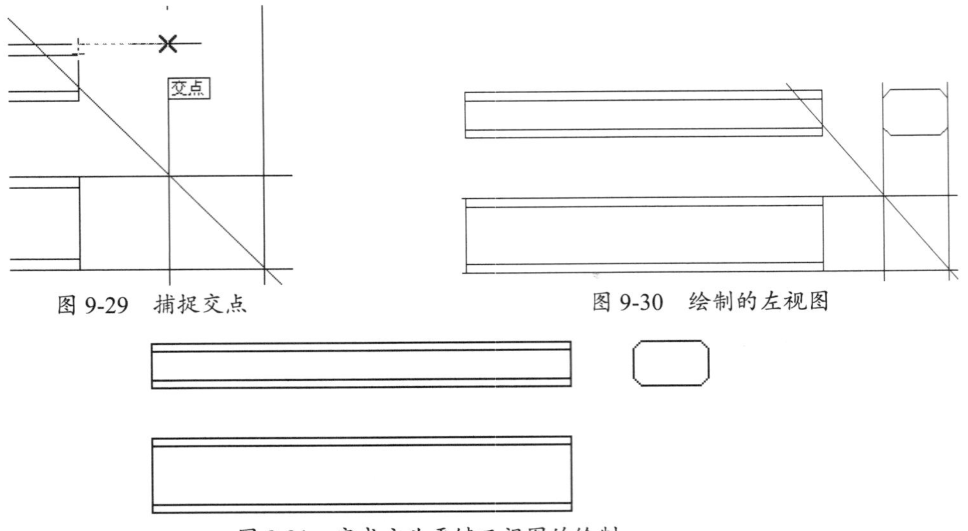

图 9-29　捕捉交点

图 9-30　绘制的左视图

图 9-31　完成方头平键三视图的绘制

2. 对象捕捉追踪模式

对象捕捉追踪模式是按照与对象捕捉点垂直正交的对齐路径来追踪光标。对象捕捉追踪模式的作用效果等同于极轴追踪模式中极轴角度为 90° 的追踪。极轴追踪模式和对象捕捉追踪模式可以同时使用。

用户可通过以下方式来打开或关闭对象捕捉追踪模式。

- 状态栏：单击【对象捕捉追踪】按钮。
- 快捷键：按 F11 键。

使用对象捕捉追踪模式，在命令中指定点时，光标可以沿基于其他对象捕捉点的对齐路径进行追踪，如图 9-32 所示。

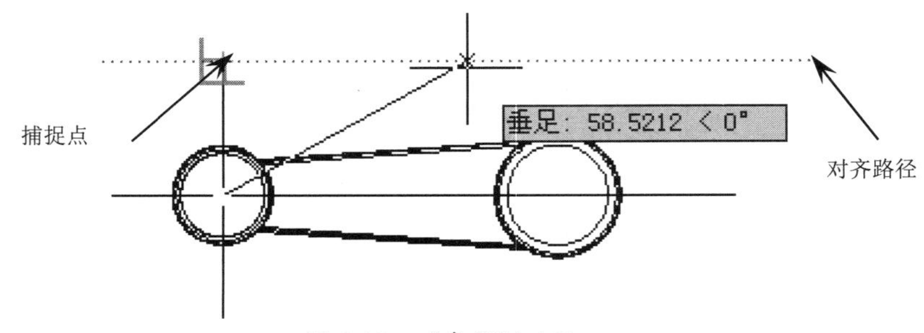

图 9-32　对象捕捉追踪

提醒一下：

要使用对象捕捉追踪模式，必须打开一个或多个对象捕捉。

动手操作——利用对象捕捉追踪模式绘制图形

使用【直线】命令并结合对象捕捉模式将如图 9-33（a）所示的图形修改为如图 9-33（b）所示的图形。

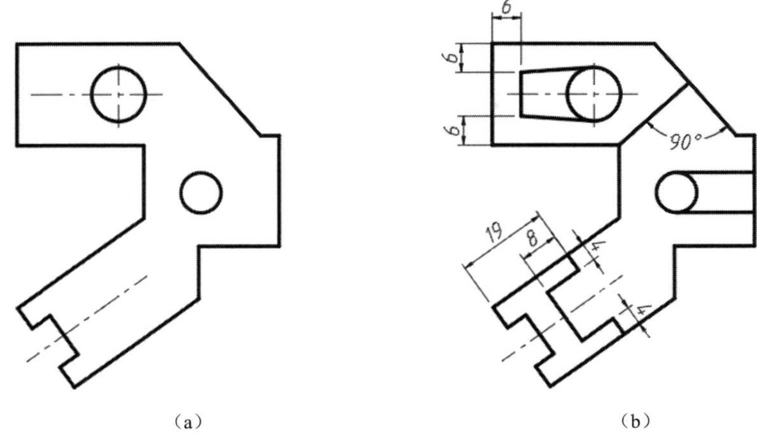

（a）　　　　　　　　　　（b）

图 9-33　利用对象捕捉绘制图形

① 打开本例源文件“图形.dwg”。

② 绘制 *BC*、*EF* 等线段。*B*、*E* 两点的位置在打开捕捉自模式（或在命令行中输入 from）时确定，如图 9-34 所示。命令行操作提示如下：

```
命令: _line 指定第一点: from↙                    //使用正交偏移捕捉
基点: end 于                                     //捕捉偏移基点 A
<偏移>: @6,-6↙                                   //输入 B 点的相对坐标
指定下一点或 [放弃(U)]: tan 到                   //捕捉切点 C
指定下一点或 [放弃(U)]: ↙                        //按 Enter 键结束命令
命令: ↙                                          //重复执行命令
LINE 指定第一点: from↙                           //使用正交偏移捕捉
基点: end 于                                     //捕捉偏移基点 D
<偏移>: @6,6↙                                    //输入 E 点的相对坐标
指定下一点或 [放弃(U)]: tan 到                   //捕捉切点 F
指定下一点或 [放弃(U)]: ↙                        //按 Enter 键结束命令
命令: ↙                                          //重复执行命令
LINE 指定第一点: end 于                          //捕捉端点 B
指定下一点或 [放弃(U)]: end 于                   //捕捉端点 E
指定下一点或 [放弃(U)]: ↙                        //按 Enter 键结束命令
```

提醒一下：

捕捉自模式可基于一个已知点去定位另一个点。操作方法：先捕捉一个基准点，然后输入新点相对于基准点的坐标（相对直角坐标或极坐标），这样就可从新点开始作图了。

③ 绘制 *GH*、*IJ* 等线段时，可使用对象捕捉追踪模式辅助绘制，如图 9-35 所示。命令行操作提示如下：

```
命令: _line 指定第一点: int 于                   //捕捉交点 G
指定下一点或 [放弃(U)]: per 到                   //捕捉垂足 H
指定下一点或 [放弃(U)]: ↙                        //按 Enter 键结束命令
命令:                                            //重复执行命令
LINE 指定第一点: qua 于                          //捕捉象限点 I
指定下一点或 [放弃(U)]: per 到                   //捕捉垂足 J
指定下一点或 [放弃(U)]: ↙                        //按 Enter 键结束命令
命令:                                            //重复执行命令
```

```
LINE 指定第一点: qua 于                          //捕捉象限点 K
指定下一点或 [放弃(U)]: per 到                   //捕捉垂足 L
指定下一点或 [放弃(U)]: ↙                       //按 Enter 键结束命令
```

④ 绘制 *NO*、*OP* 等线段，如图 9-36 所示。命令行操作提示如下：

```
命令: _line 指定第一点: ext                      //捕捉延伸点 N
于 19                                           //输入 N 点至 M 点的距离值
指定下一点或 [放弃(U)]: par                      //利用平行捕捉绘制平行线
到 4                                            //输入 O 点至 N 点的距离值
指定下一点或 [放弃(U)]: par                      //使用平行捕捉
到 8                                            //输入 P 点至 O 点的距离值
指定下一点或 [闭合(C)/放弃(U)]: par              //使用平行捕捉
到 13                                           //输入 Q 点至 P 点的距离值
指定下一点或 [闭合(C)/放弃(U)]: par              //使用平行捕捉
到 8                                            //输入 R 点至 Q 点的距离值
指定下一点或 [闭合(C)/放弃(U)]: per 到           //捕捉垂足 S
指定下一点或 [闭合(C)/放弃(U)]: ↙               //按 Enter 键结束命令
```

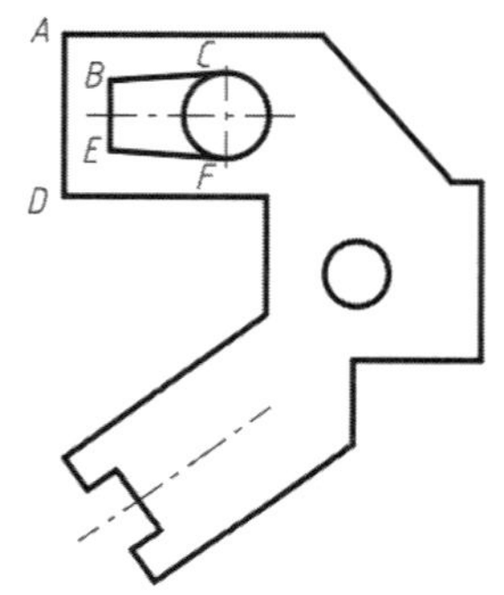

图 9-34　绘制 *BC*、*EF* 等线段

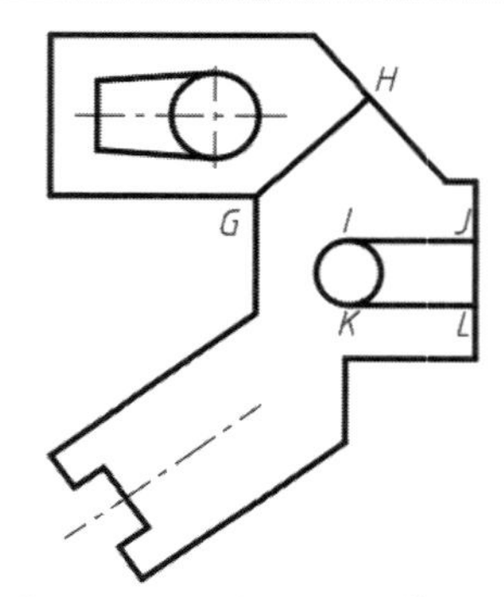

图 9-35　绘制 *GH*、*IJ* 等线段

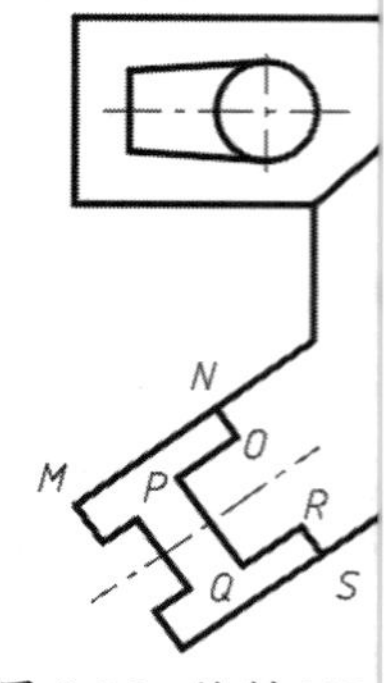

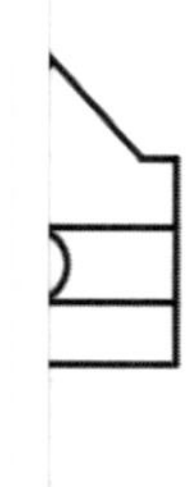

图 9-36　绘制 *NO*、*P* 等线段

提醒一下：

打开对象追踪捕捉模式可起到打开捕捉自模式的作用。操作方法：将光标从端点开始移 ，此时系统显示正交的对象捕捉追踪线，沿追踪线输入相对捕捉距离值，按 Enter 键即可定位一个偏距，

9.1.5　正交模式

正交模式是对象追踪模式（主要是极轴追踪模式）的一种特例，用于控制光 示在水平和竖直方向上的移动。在正交模式下，可以方便、快速地绘制出水平和竖直的正交 直线，对于绘制由水平线和竖直线构成的图形十分有用。

用户可通过以下方式打开或关闭正交模式。

- 状态栏：单击【正交限制光标模式】按钮∟。
- 快捷键：按 F8 键。
- 命令行：输入 ortho。

在绘制或移动图形时，打开正交模式可将光标限制在水平轴或竖直轴上。水 或竖直移动光标时，拖引线将沿着该轴向移动，如图 9-37 所示。

提醒一下：

打开正交模式时，使用直接距离输入方法以创建指定长度的正交线或将对象移动指定的 离。

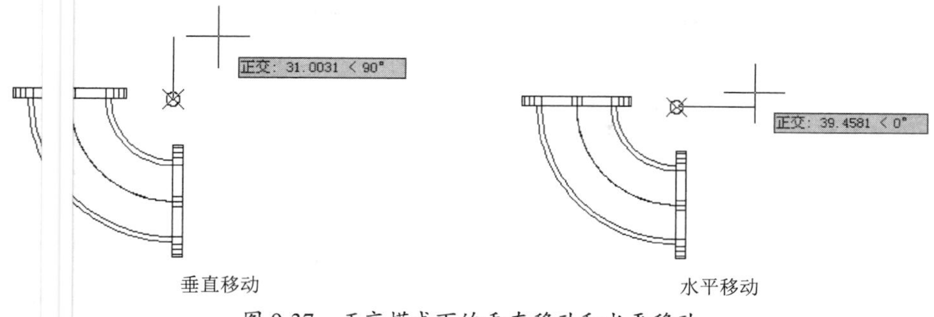

图 9-37　正交模式下的垂直移动和水平移动

在二维草图与注释空间中，打开正交模式，拖引线只能在 XY 工作平面的水平方向和垂直方向上移动。在三维建模空间的正交模式下，拖引线除可在 XY 工作平面的 X、X 方向的反向，Y、Y 方向的反向移动外，还能在 Z 和 Z 方向的反向移动。三维建模空间中正交模式下拖引线移动方式如图 9-38 所示。

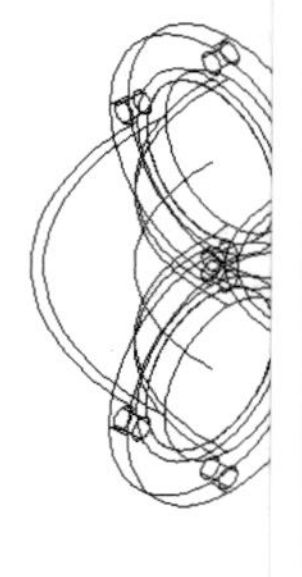

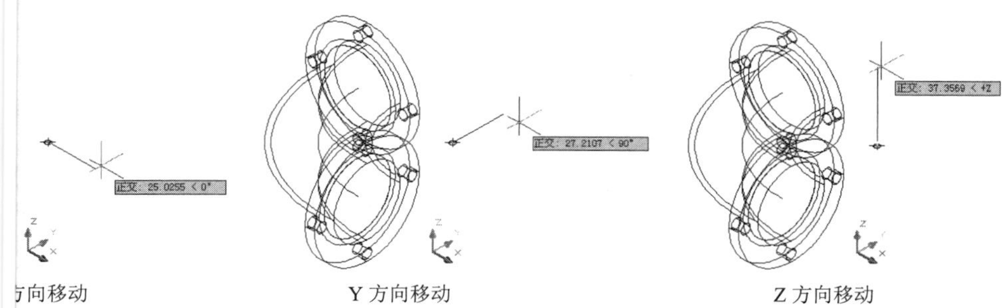

方向移动　　Y 方向移动　　Z 方向移动

图 9-38　三维建模空间中正交模式下拖引线移动方式

提醒一下：

在绘图和编辑过程中，可以随时打开或关闭正交模式。输入坐标或指定对象捕捉时将忽略正交模式。正交模式和极轴追踪模式不能同时打开。

动手操作——利用正交模式绘制图形

利用正交模式绘制如图 9-39 所示的图形。

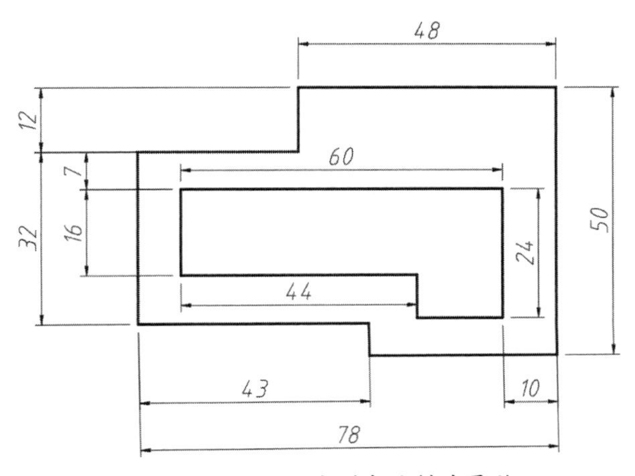

图 9-39　利用正交模式绘制的图形

① 新建图形文件。

② 单击状态栏中的【正交限制光标模式】按钮，打开正交模式。

③ 绘制 *AB*、*BC* 等线段，如图 9-40 所示。命令行操作提示如下：

```
命令: <正交开>                                      //打开正交模式
命令: _line 指定第一点:                              //单击 A 点
指定下一点或 [放弃(U)]: 30↙                          //向右移动光标并输入线段 AB 的长度值
指定下一点或 [放弃(U)]: 12↙                          //向上移动光标并输入线段 BC 的长度值
指定下一点或 [闭合(C)/放弃(U)]: 48↙                  //向右移动光标并输入线段 CD 的长度值
指定下一点或 [闭合(C)/放弃(U)]: 50↙                  //向下移动光标并输入线段 DE 的长度值
指定下一点或 [闭合(C)/放弃(U)]: 35↙                  //向左移动光标并输入线段 EF 的长度值
指定下一点或 [闭合(C)/放弃(U)]: 6↙                   //向上移动光标并输入线段 FG 的长度值
指定下一点或 [闭合(C)/放弃(U)]: 43↙                  //向左移动光标并输入线段 GH 的长度值
指定下一点或 [闭合(C)/放弃(U)]: c↙                   //输入 c，使线框闭合
```

④ 绘制 *IJ*、*JK* 等线段，如图 9-41 所示。命令行操作提示如下：

```
命令: _line 指定第一点: from                         //使用正交偏移捕捉
基点: int 于                                         //捕捉交点 E
<偏移>: @-10,7 ↙                                     //输入 I 点的相对坐标
指定下一点或 [放弃(U)]: 24↙                          //向上移动光标并输入线段 IJ 的长度值
指定下一点或 [放弃(U)]: 60↙                          //向左移动光标并输入线段 JK 的长度值
指定下一点或 [闭合(C)/放弃(U)]: 16↙                  //向下移动光标并输入线段 KL 的长度值
指定下一点或 [闭合(C)/放弃(U)]: 44↙                  //向右移动光标并输入线段 LM 的长度值
指定下一点或 [闭合(C)/放弃(U)]: 8↙                   //向下移动光标并输入线段 MN 的长度值
指定下一点或 [闭合(C)/放弃(U)]: C↙                   //输入 C，使线框闭合
```

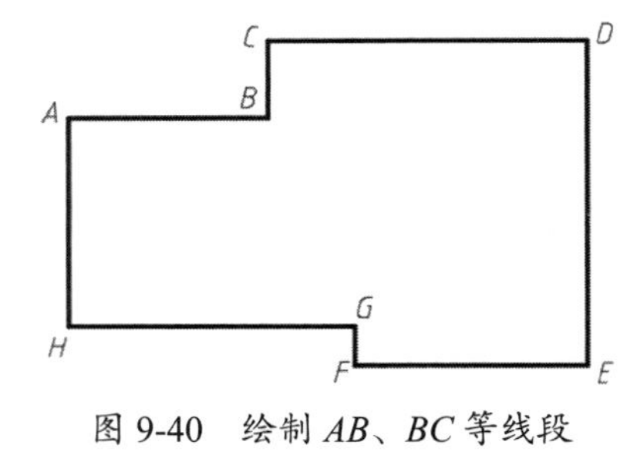

图 9-40　绘制 *AB*、*BC* 等线段

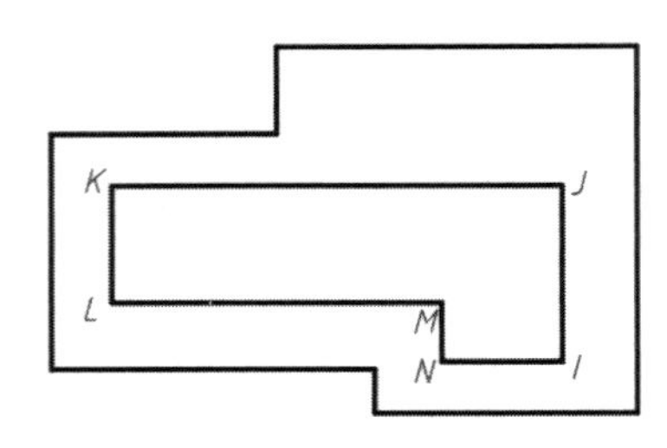

图 9-41　绘制 *IJ*、*JK* 等线段

9.2　巧用角度替代与动态输入

9.2.1　角度替代

用户在绘制几何图形时，有时需要指定角度替代，以锁定光标来精确输入下一个点。通常，指定角度替代，是在命令操作提示中指定点时输入左尖括号（<），其后输入一个角度。

例如，如下所示的命令行操作提示显示了在命令行中执行 line 命令过程中输入角度替代为 30。

```
命令: line
指定第一点:                                          //指定直线的起点
指定下一点或 [放弃(U)]: <30↙                         //输入符号及角度值
角度替代: 30
指定下一点或 [放弃(U)]:                              //指定直线下一点
```

提醒一下：

所指定的角度将锁定光标，替代栅格捕捉和正交模式。坐标输入和对象捕捉优先于角度替代。

9.2.2　动态输入

动态输入可以控制指针输入、标注输入、动态提示及绘图工具提示的外观。在 AutoCAD 中，动态输入是系统默认开启的。

用户可通过以下方式来开启或关闭动态输入。

- 【草图设置】对话框：在【动态输入】选项卡中勾选或取消勾选【启用指针输入】复选框。
- 状态栏：单击【动态输入】按钮 。
- 快捷键：按 F12 键。

提醒一下：

启用动态输入时，命令提示将在光标附近显示，该命令提示会随着光标的移动而动态更新。当某命令处于活动状态时，命令提示将为用户提供输入的位置。图 9-42 所示为绘图时动态和非动态输入比较。

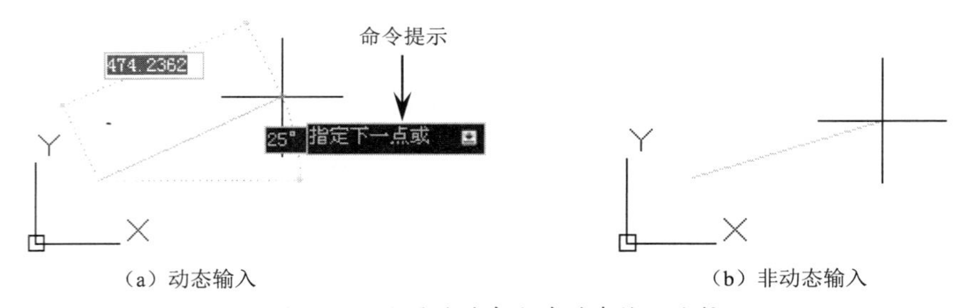

图 9-42　绘图时动态和非动态输入比较

动态输入有三个组件：指针输入、标注输入和动态提示。用户可通过【草图设置】对话框来设置动态输入显示的内容。

1. 指针输入

当启用指针输入且有命令在执行时，十字光标附近的命令提示显示为坐标。绘制图形时，用户可在命令提示框中直接输入坐标来创建对象，而不用在命令行中另行输入，如图 9-43 所示。

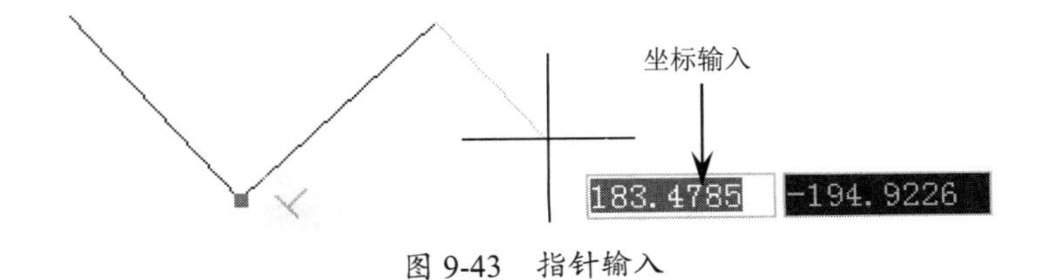

图 9-43　指针输入

提醒一下：

启用指针输入时，如果是相对坐标输入或绝对坐标输入，其输入格式与在命令行中的相同。先输入第一个坐标，按 Tab 键后再输入第二个坐标。

2．标注输入

若启用标注输入，当命令提示输入第二点时，工具提示框将显示距离（第 点与起点的距离）和角度，且工具提示框中的值将随光标的移动而发生改变，如图 9-44 示。

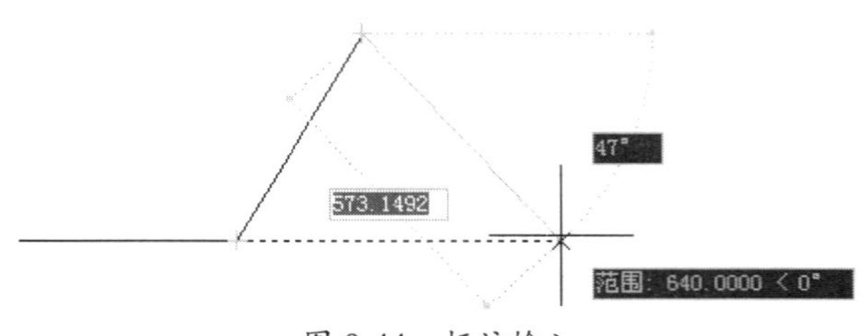

图 9-44　标注输入

提醒一下：

启用标注输入时，按 Tab 键可以交替动态显示和输入长度尺寸、角度尺寸。

用户在使用夹点编辑模式编辑图形时，标注输入的工具提示框中可能会显 示旧的长度、移动夹点时更新的长度、长度变化、角度、移动夹点时的角度变化、圆弧的半 等信息，如图 9-45 所示。

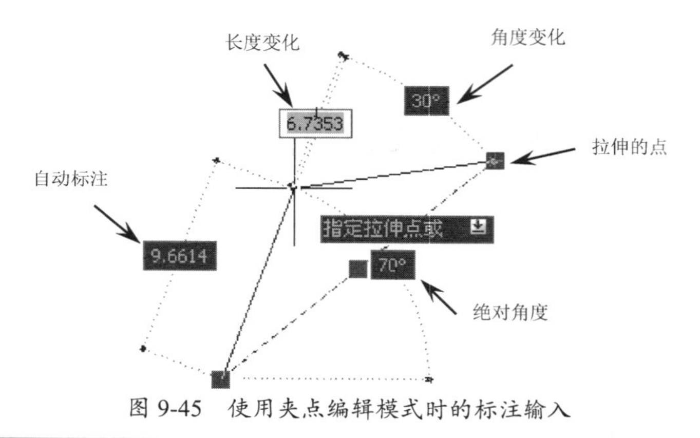

图 9-45　使用夹点编辑模式时的标注输入

提醒一下：

使用标注输入时，命令提示中显示的是用户希望看到的信息。要精确指定点，在动态 入框中输入精确数值即可。

3．动态提示

动态提示包括命令提示和命令输入。用户可以在动态输入框（而不是在命 行）中直接输入坐标，如图 9-46 所示。

图 9-46　动态提示

提醒一下：

按键盘上的↓键可以查看和选择选项，按↑键可以显示最近的输入。要在动态提示中使 PASTECLIP（粘贴），可在输入字母之后、粘贴输入之前用空格键将其删除。否则，输入将作为文字粘 图形中。

动手 作——使用动态输入功能绘制图形

动态 入就是极坐标输入，即在动态输入文本框中输入直线长度值和角度值来绘制直线。需要 制的图形如图 9-47 所示。

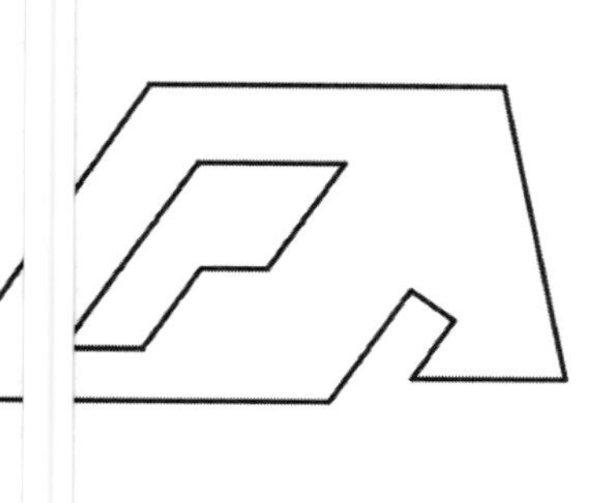

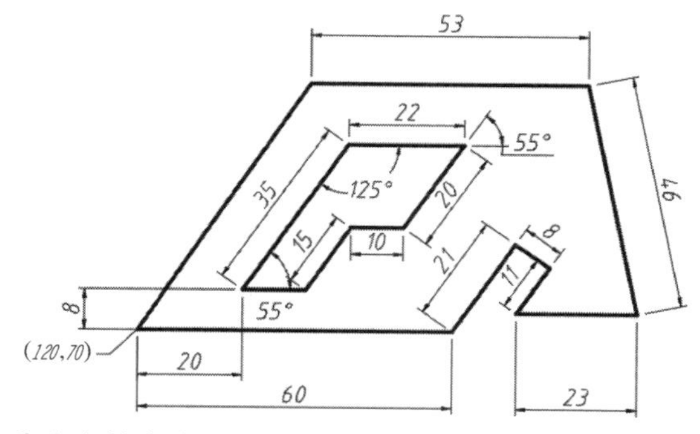

图 9-47　需要绘制的图形

① 新建 形文件。

② 开启 态输入功能，设定动态输入方式为指针输入、标注输入及动态提示。

③ 绘制 B、BC 等线段，如图 9-48 所示。

```
命令:  line 指定第一点: 120,70↙                    //在动态输入框中输入 A 点坐标
指定  点或 [放弃(U)]: 60<0↙                       //在动态输入框中输入线段 AB 的长度值与角度值
指定  点或 [放弃(U)]: 21<55↙                      //在动态输入框中输入线段 BC 的长度值与角度值
指定  点或 [闭合(C)/放弃(U)]: 8<35↙               //在动态输入框中输入线段 CD 的长度值与角度值
指定  点或 [闭合(C)/放弃(U)]: 11<125↙             //在动态输入框中输入线段 DE 的长度值与角度值
指定  点或 [闭合(C)/放弃(U)]: 23<0↙               //在动态输入框中输入线段 EF 的长度值与角度值
指定  点或 [闭合(C)/放弃(U)]: 46<102↙             //在动态输入框中输入线段 FG 的长度值与角度值
指定  点或 [闭合(C)/放弃(U)]: 53<180↙             //在动态输入框中输入线段 GH 的长度值与角度值
指定  点或 [闭合(C)/放弃(U)]: C↙                  //在动态输入框中输入 C 并按 Enter 键结束命令
```

④ 绘制 、JK 等线段，如图 9-49 所示。

```
命令:  line 指定第一点: 140,78↙                    //在动态输入框中输入 I 点的坐标
指定  点或 [放弃(U)]: 35<55↙                      //在动态输入框中输入线段 IJ 的长度值与角度值
指定  点或 [放弃(U)]: 22<0↙                       //在动态输入框中输入线段 JK 的长度值与角度值
指定  点或 [闭合(C)/放弃(U)]: 20<125↙             //在动态输入框中输入线段 KL 的长度值与角度值
指定  点或 [闭合(C)/放弃(U)]: 10<180↙             //在动态输入框中输入线段 LM 的长度值与角度值
指定  点或 [闭合(C)/放弃(U)]: 15<125↙             //在动态输入框中输入线段 MN 的长度值与角度值
指定  点或 [闭合(C)/放弃(U)]: C↙                  //在动态输入框中输入 C 并按 Enter 键结束命令
```

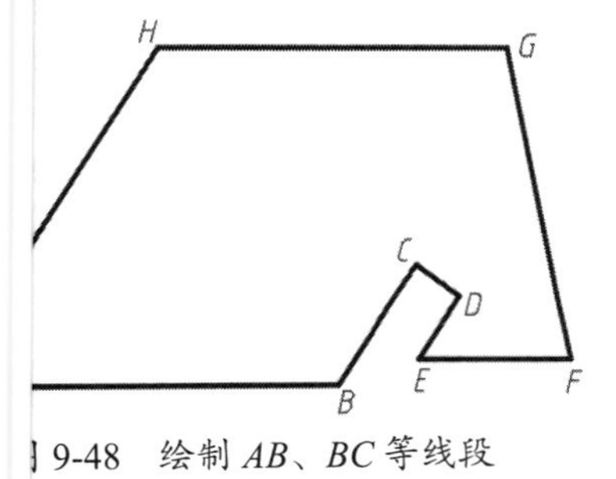

 9-48　绘制 AB、BC 等线段

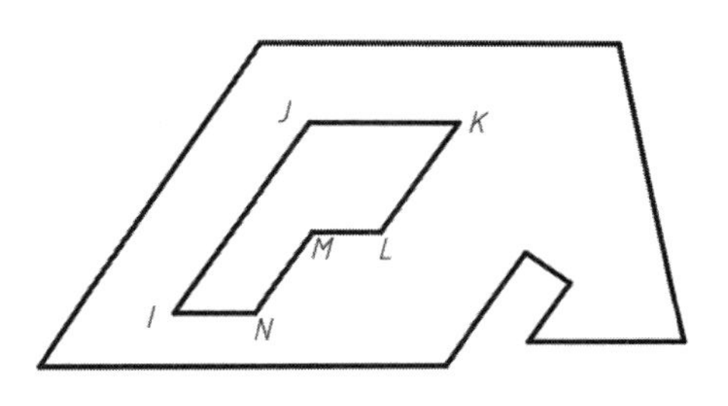

图 9-49　绘制 IJ、JK 等线段

⑤ 保存 形。

9.3 图形的更正与删除

当用户绘制图形后，需要对其进行简单修改操作时，经常会使用一些简单的编辑工具。这些简单的编辑工具主要包括更正错误工具、删除对象工具、Windows 剪贴板工具（复制、剪切和粘贴）。

9.3.1 更正错误工具

当用户绘制的图形出现错误时，可使用多种工具来更正。本节将介绍几种常用的更正错误工具。

1. 放弃单个操作

动手操作——放弃单个操作

① 在绘制图形过程中，若要放弃单个操作，最简单的方法就是单击快速访问工具栏中的【放弃】按钮或在命令行中执行 u 命令。

② 许多命令自身也包含【放弃】选项，无须退出此命令即可更正错误。

③ 创建直线或多段线时，在命令行中输入 u 即可放弃上一操作。命令行操作提示如下：

```
命令：pline                                          //输入命令
指定起点：                                           //指定多段线起点
当前线宽为 0.0000                                    //线宽
指定下一个点或 [圆弧(A)/半宽(H)/长度(L)/放弃(U)/宽度(W)]：   //指定多段线第二个点
指定下一点或 [圆弧(A)/闭合(C)/半宽(H)/长度(L)/放弃(U)/宽度(W)]：u↙//输入 u 放弃上一操作
```

提醒一下：

默认情况下，进行放弃或重做操作时，undo 命令将设置为把连续平移和缩放命令合并成一个操作。但是，从菜单开始的平移和缩放命令不会合并，并且始终保持独立的操作。

2. 一次放弃多步操作

动手操作——放弃多步操作

① 在快速访问工具栏上单击【放弃】下拉按钮。

② 在展开的下拉列表中，选择多个已执行的命令并单击（执行放弃操作），即可完成一次放弃多步操作，如图 9-50 所示。

图 9-50　完成一次放弃多步操作

③ 在命令行中执行 undo 命令，用户可通过输入操作的数目来放弃操作。例如，将绘制的图形放弃 5 步操作，命令行操作提示如下：

```
命令：undo
当前设置：自动= 开，控制= 全部，合并= 是，图层= 是
输入要放弃的操作数目或 [自动(A)/控制(C)/开始(BE)/结束(E)/标记(M)/后退(B)] <1>：5
                                                            //输入放弃的操作数目
LINE  LINE  LINE  LINE  LINE                                //放弃的操作名称
```

④ 放弃操作前、后的图形对比如图 9-51 所示。

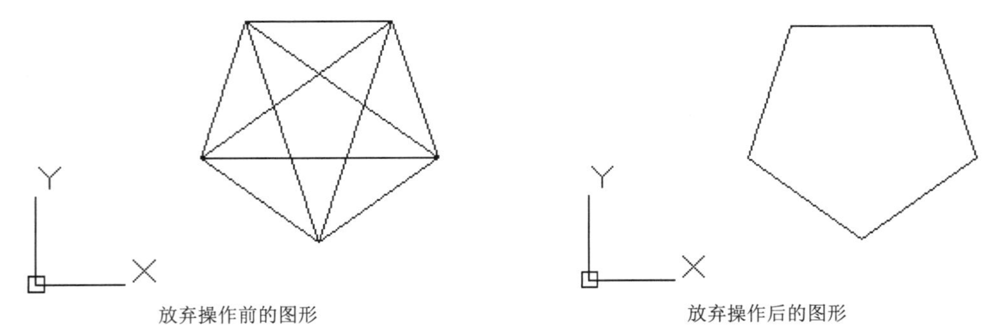

图 9-51　放弃操作前、后的图形对比

3. 取消放弃的效果

取消放弃的效果就是重做的意思，即恢复上一个用 undo 或 u 命令放弃的效果。

用户可通过以下方式来执行上述操作。

- 快速访问工具栏：单击【重做】按钮。
- 菜单栏：执行【编辑】|【重做】命令。
- 快捷键：Ctrl+Z。

4. 删除对象的恢复

在绘制图形时，如果误删了对象，那么可以使用 undo 或 oops 命令将其恢复。

5. 取消命令

在 AutoCAD 中，若要终止进行中的操作，或取消未完成的操作，则可通过按 Esc 键取消操作。

9.3.2　删除对象工具

在 AutoCAD 2022 中，对象的删除工具大致分为一般对象删除、消除显示和删除未使用的定义与样式。

1. 一般对象删除

用户可以使用以下方式删除对象。

- 使用 erase（清除）命令，或者在菜单栏中执行【编辑】|【清除】命令。
- 先选择对象，然后使用 Ctrl+X 快捷键将对象剪切到剪贴板。

- 先选择对象，然后按 Delete 键。

动手操作——删除一般对象

① 通常，当执行【删除】命令后，需要先选择要删除的对象，然后按 Enter 键或 Backspace 键结束对象选择，同时删除已选择的对象。

② 在菜单栏中执行【工具】|【选项】命令，打开【选项】对话框。

③ 在【选项】对话框的【选择集】选项卡中，勾选【选择集模式】选项组中的【先选择后执行】复选框。

④ 在绘图区先选择要删除的对象，然后右击并在弹出的右键快捷菜单中执行【删除】命令，则所选对象被删除，如图 9-52 所示。

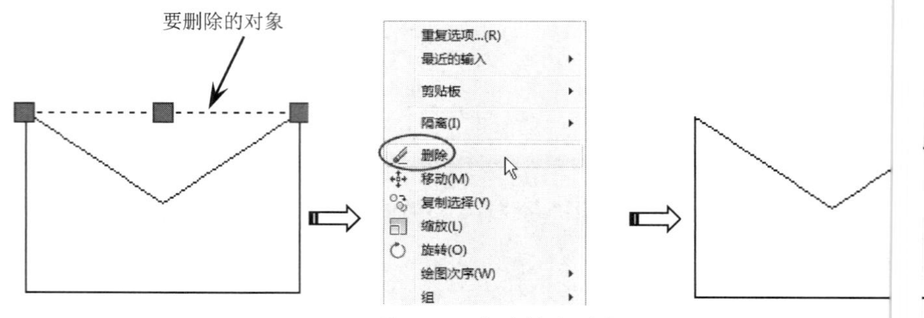

图 9-52　先选择后删除

> **提醒一下：**
> 可以使用 undo 命令恢复意外删除的对象。oops 命令可以恢复最近使用 erase、block 或 wblock 命令删除的所有对象。

2．消除显示

用户在进行某些编辑操作时留在显示区域中有加号形状的标记（称为点标记）和杂散像素，都可以被删除。删除点标记使用 redraw 命令，删除杂散像素则使用 regen 命令。

3．删除未使用的定义与样式

用户可以使用 purge 命令删除未使用的命名对象，包括块定义、标注样式、图层、线型和文字样式。

9.3.3　Windows 剪贴板工具

当用户要从另一个应用程序的图形文件中使用某些对象时，可以先将这些对象剪切或复制到剪贴板，然后将它们从剪贴板粘贴到其他的应用程序中。Windows 剪贴板工具包括剪切、复制和粘贴。

1．剪切

剪切是指从图形中删除选定对象并将其存储到剪贴板上，这样便可以将对象粘贴到其他应用程序中。

用户可以通过以下方式来执行上述操作。

- 菜单栏：执行【编辑】|【剪切】命令。
- 快捷键：Ctrl+X。
- 命令行：输入 cutclip。

2. 复制

复制是指使用剪贴板将图形的部分或全部复制到其他应用程序创建的文档中。复制与剪切的区别是：剪切不保留源对象，而复制保留源对象。

用户可以通过以下方式来执行上述操作。

- 菜单栏：执行【编辑】|【复制】命令。
- 快捷键：Ctrl+C。
- 命令行：输入 copyclip。

3. 粘贴

粘贴是指将剪切或复制到剪贴板上的对象，粘贴到图形文件中。将剪贴板的对象粘贴到图形中时，将使用保留信息最多的格式。用户也可将粘贴信息转换为 AutoCAD 格式。

9.4 对象的选择技巧

在对二维图形元素进行修改之前，首先选择要编辑的对象。对象的选择方式有很多种，如通过单击对象逐个拾取，利用矩形窗口或交叉窗口选择，选择最近创建的对象、选择集或图形中的所有对象，向选择集中添加或删除对象。本节将对对象的选择方式及类型做详细介绍。

9.4.1 常规选择

图形的选择是 AutoCAD 的重要基本技能之一，常用的选择方式有点选、窗口选择和窗交选择。

1. 点选

点选是最基本、最简单的一种对外选择方式，使用此方式一次仅能选择一个对象。在命令行操作提示下，系统自动进入点选模式，此时光标指针切换为矩形选择框，将选择框放在图形的边沿上单击，即可选择该图形，被选择的图形以虚线显示，如图 9-53 所示。

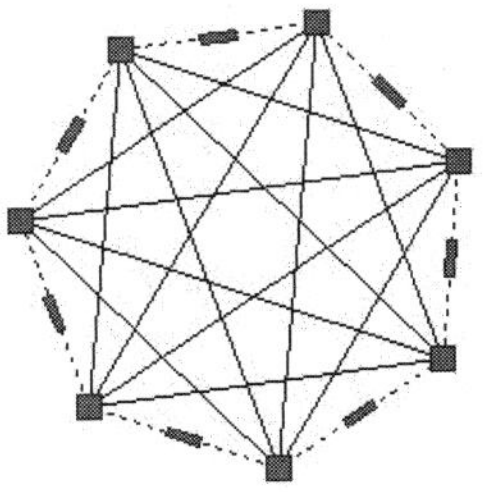

图 9-53　点选示例

2. 窗口选择

窗口选择也是一种常用的选择方式，使用此方式一次可以选择多个对象。当未激活任何命令时，在窗口中从左向右拉出一个矩形选择框，此选择框即窗口选择框，选择框以实线显示，内部用颜色进行填充，如图 9-54 所示。

当指定窗口选择框的对角点之后，所有完全位于框内的对象都能被选择，如图 9-55 所示。

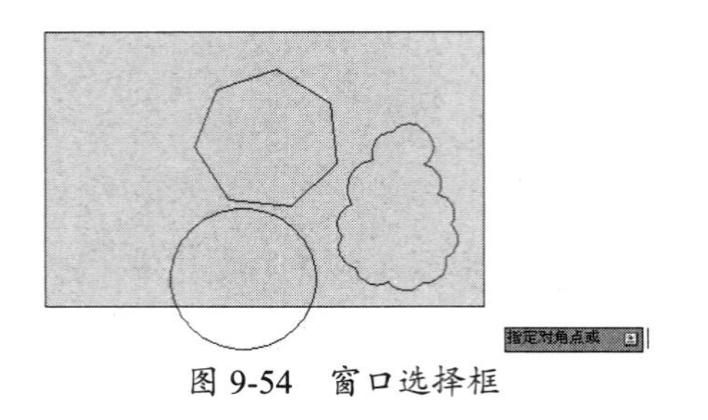

图 9-54　窗口选择框

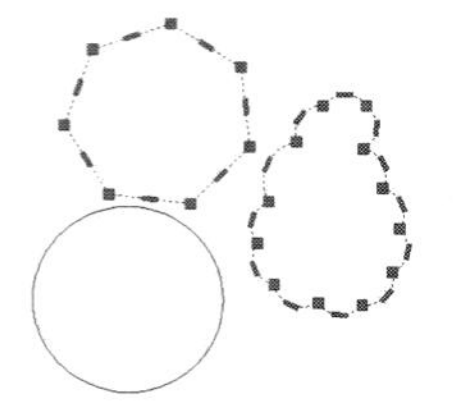

图 9-55　窗口选择结果

3. 窗交选择

窗交选择是使用频率非常高的选择方式，使用此方式一次可以选择多个对象。当未激活任何命令时，在窗口中从右向左拉出一个矩形选择框，此选择框即窗交选择框，选择框以虚线显示，内部用颜色进行填充，如图 9-56 所示。

当指定选择框的对角点之后，所有与选择框相交和完全位于选择框内的对象都能被选择，如图 9-57 所示。

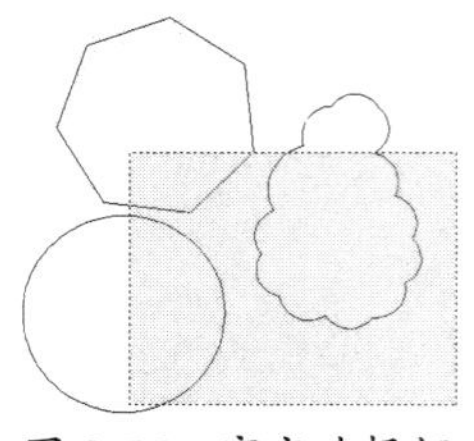

图 9-56　窗交选择框

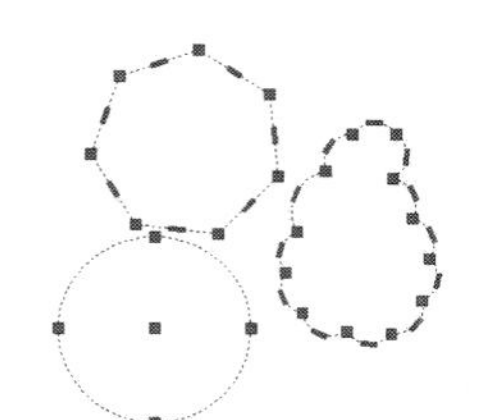

图 9-57　窗交选择结果

9.4.2　快速选择

用户可使用【快速选择】命令来进行快速选择，将符合给定过滤条件的对象包含在新选择集内，或将对象排除在选择集之外。同时，用户还可以指定该选择集用于替换当前选择集还是将其附加到当前选择集之中。

执行【快速选择】命令的方式有以下几种。

- 执行【工具】|【快速选择】命令。
- 终止任何活动命令，在绘图区右击，在弹出的右键快捷菜单中执行【快速选择】命令。
- 在命令行中输入 qselect 并按 Enter 键。
- 在【特性】选项板及【块定义】对话框中提供了【快速选择】按钮，以便访问【快速选择】命令。

执行该命令后，打开【快速选择】对话框，如图 9-58 所示。

- 应用到：指定过滤条件应用的范围，包括【整个图形】和【当前选择集】。用户也可单击【选择对象】按钮返回绘图区创建选择集。
- 对象类型：指定过滤对象的类型。若当前不存在选择集，则该下拉列表将包括

AutoCAD 中的所有可用对象类型及自定义对象类型；若存在选择集，则此下拉列表只显示选定对象的对象类型。

- 特性：指定过滤对象的特性。此列表框包括选定对象类型的所有可搜索特性。
- 运算符：控制对象特性的取值范围。
- 值：指定过滤条件中对象特性的取值。若指定的对象特性具有可用值，则该项显示为下拉列表，用户可以从中选择一个值；若指定的对象特性不具有可用值，则该项显示为文本框，用户可以根据需要输入一个值。此外，若在【运算符】下拉列表中选择【选择全部】选项，则【值】将不可显示。

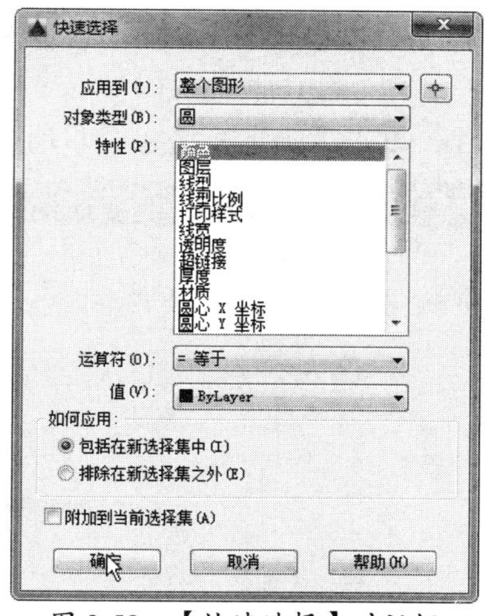

图 9-58　【快速选择】对话框

- 如何应用：指定符合给定过滤条件的对象与选择集的关系。
  - 包括在新选择集中：将符合过滤条件的对象创建一个新的选择集。
  - 排除在新选择集之外：将不符合过滤条件的对象创建一个新的选择集。
- 附加到当前选择集：勾选该复选框后通过过滤条件所创建的新选择集将附加到当前的选择集中，否则将替换当前选择集。若用户勾选该复选框，则【选择对象】按钮不可用。

动手操作——快速选择对象

快速选择是 AutoCAD 2022 中唯一以窗口作为对象选择界面的选择方式。通过该选择方式，用户可以更直观地选择并编辑对象。具体操作步骤如下。

① 启动 AutoCAD 2022，打开本例源文件“视图.dwg”，如图 9-59 所示。在命令行中执行 qselect 命令，打开【快速选择】对话框，如图 9-60 所示。

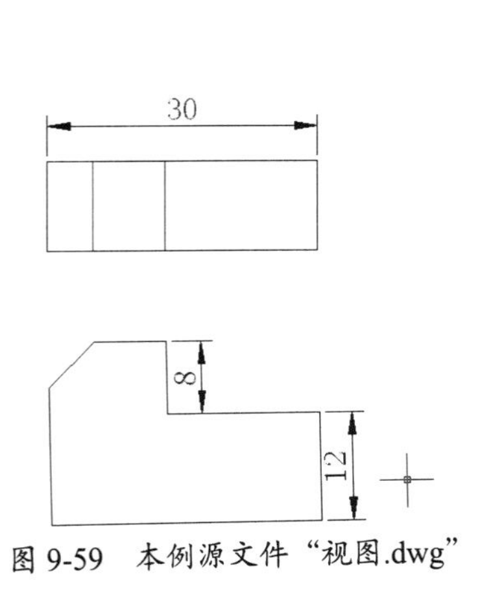

图 9-59　本例源文件“视图.dwg”

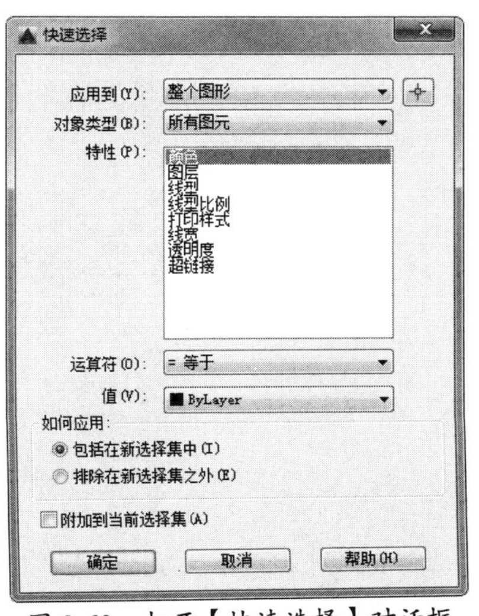

图 9-60　打开【快速选择】对话框

② 在【应用到】下拉列表中选择【整个图形】选项，在【特性】列表框中选 【图层】选项，在【值】下拉列表中选择【标注】选项，如图 9-61 所示。

③ 单击【确定】按钮，即可选择所有标注图层的图形对象，如图 9-62 所示

提醒一下：

如果想从选择集中排除对象，可以先在【快速选择】对话框中设置【运算符】为【大于】 后设置【值】，最后选择【排除在新选择集之外】单选按钮，就可以将大于值的对象排除在外。

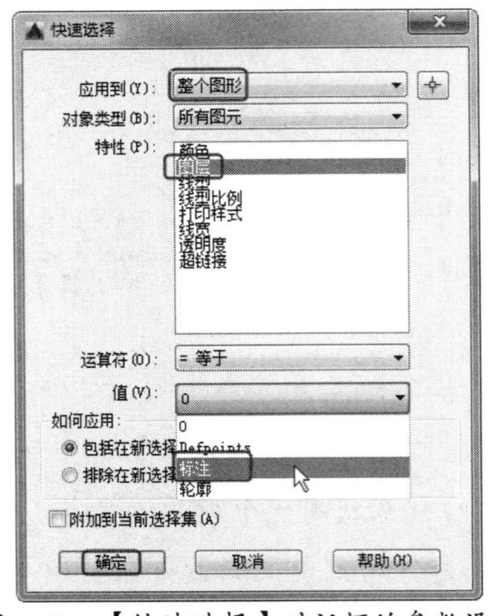

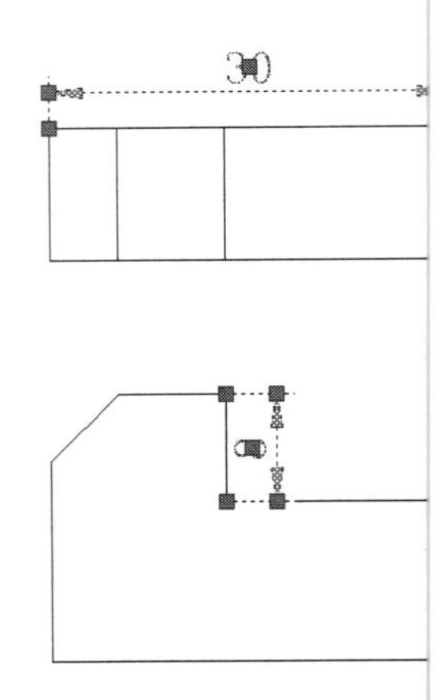

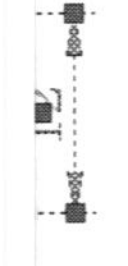

图 9-61 【快速选择】对话框的参数设置

图 9-62 选择所有标注图层 图形对象

9.4.3 过滤选择

与【快速选择】对话框相比，【对象选择过滤器】对话框中可以提供更复 的过滤选项，还可以命名和保存过滤器。打开【对象选择过滤器】对话框的方式有以下几 。

- 在命令行中输入 filter 并按 Enter 键。
- 在命令行中输入快捷命令 fi 并按 Enter 键。

在命令行中执行 fi 命令后，打开【对象选择过滤器】对话框，默认情况 该对话框没有任何选择过滤器，如图 9-63 所示。对话框中各选项的含义如下。

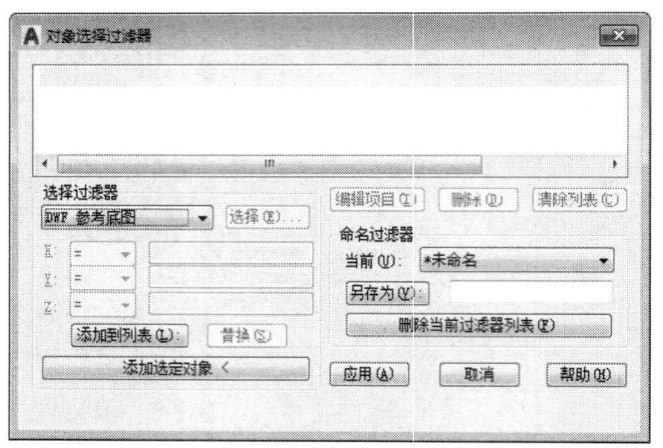

图 9-63 默认的【对象选择过滤器】对话框

- 过滤器列表框：该列表框中显示了组成当前过滤器的全部过滤器特 用户可单击【编辑项目】按钮编辑选定的项目；单击【删除】按钮删除选定的项 单击【清除

列 表】按钮清除整个列表框中包含的过滤器特性。

- 选 择过滤器：该选项组的作用类似于【快速选择】命令，可根据对象的特性向过滤器 列表框中添加过滤器。在该选项组的下拉列表中包含了可用于构造过滤器的全部对 象及分组运算符。用户可以根据对象的不同指定相应的参数值，还可以通过关系运 算符来控制对象属性与取值之间的关系。
- 命 名过滤器：该选项组用于显示、保存和删除过滤器列表框。

提醒一下

filter 命 可透明使用。AutoCAD 从默认的 filter.nfl 文件中加载已命名的过滤器。

动手 作——过滤选择图形元素

在 Au CAD 2022 中，如果需要在复杂的图形中选择某个指定对象，那么可以采用过滤选择集进 选择。具体操作步骤如下。

① 启动 utoCAD 2022，打开本例源文件“电源插头.dwg”，如图 9-64 所示。在命令行中执行 ter 命令。

② 打开 对象选择过滤器】对话框，如图 9-65 所示。

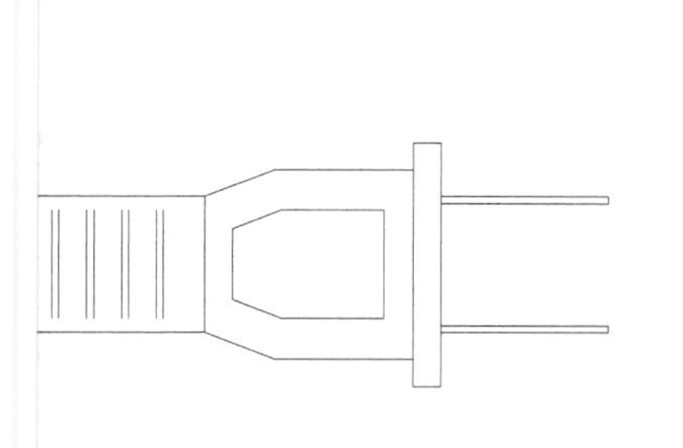

图 9 本例源文件“电源插头.dwg”

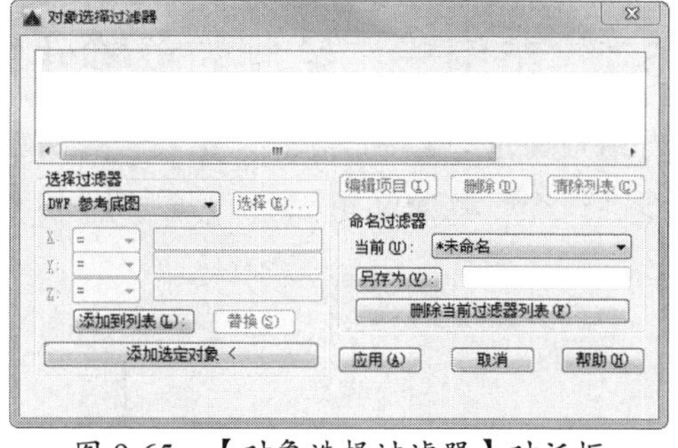

图 9-65　【对象选择过滤器】对话框

③ 在【 择过滤器】选项组的下拉列表中选择【** 开始　OR】选项，并单击【添加到列表】 扭，将其添加到过滤器列表框中。此时，过滤器列表框中将显示【** 开始　OR】选项 如图 9-66 所示。

④ 在【 择过滤器】选项组的下拉列表中选择【圆】选项，并单击【添加到列表】按钮。使用 样的方法，将“直线”添加到过滤器列表框中，如图 9-67 所示。

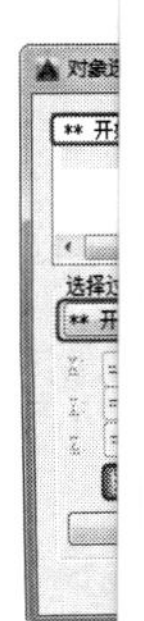

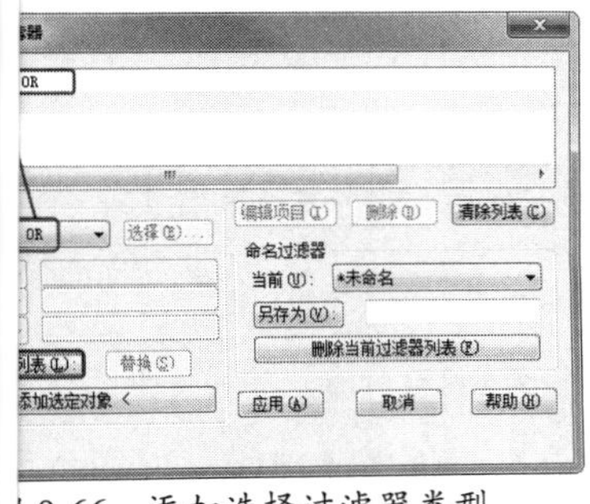

 9-66　添加选择过滤器类型

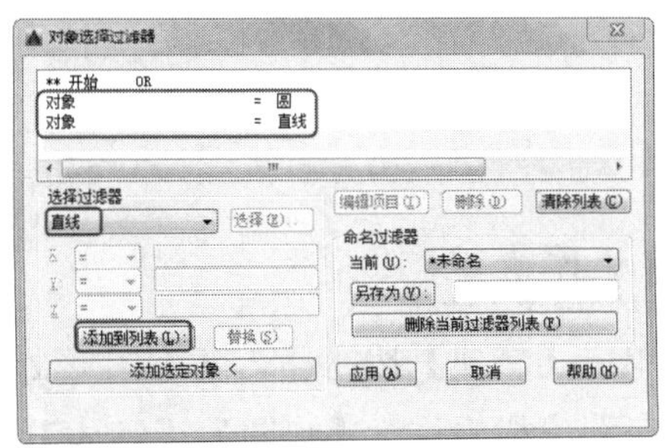

图 9-67　添加其他过滤器

⑤ 在【选择过滤器】选项组的下拉列表中选择【** 结束 OR】选项，并单击【添加到列表】按钮，此时对话框显示如图 9-68 所示。

⑥ 单击【应用】按钮，在绘图区中用窗口选择方式选择整个图形对象，这时满足条件的对象将被选中。过滤选择后的效果如图 9-69 所示。

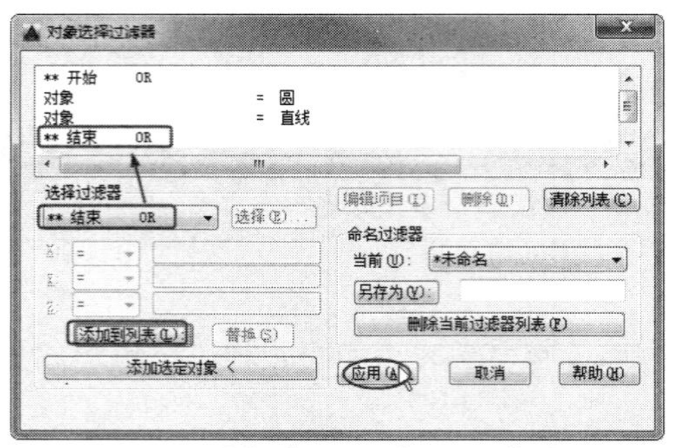

图 9-68 选择【** 结束 OR】选项

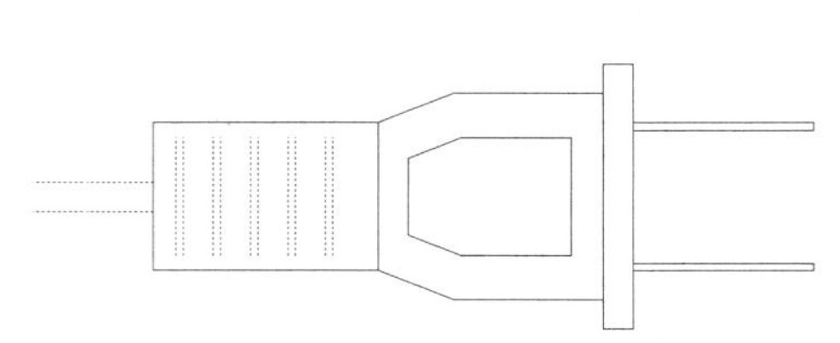

图 9-69 过滤选择后的效果

9.5 综合范例

9.5.1 范例一：绘制简单零件的二视图

用户可通过绘制如图 9-70 所示的简单零件的二视图，对点的捕捉、追踪及视图调整等功能进行综合练习和巩固。

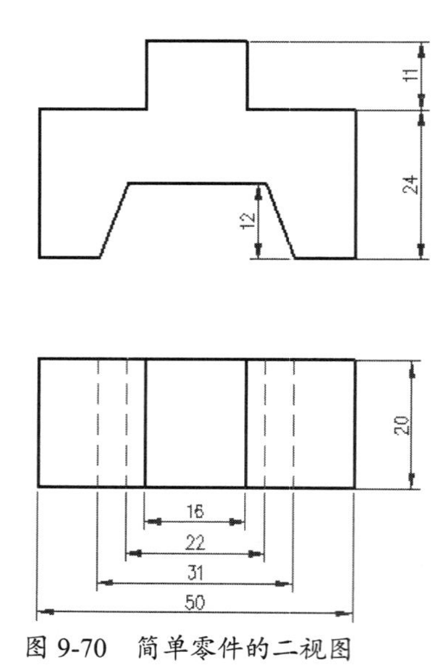

图 9-70 简单零件的二视图

操作步骤

① 单击【新建】按钮，新建图形文件。

② 在菜单栏中执行【视图】|【缩放】|【中心点】命令，将当前视图高度调整为 150。命令行操作提示如下：

```
命令  oom
指定窗 的角点,输入比例因子 (nX 或 nXP),或者[全部(A)/中心(C)/动态(D)/范围(E)/上一个(P)/
比例  /窗口(W)/对象(O)] <实时>: _c↙             //输入 c 或者选择【中心】选项
指定中 点:                                        //在绘图区拾取一点作为新视图中心点
输入比 或高度 <210.0777>: 150 ↙                   //输入新视图的高度值
```

③ 执行 单栏中的【工具】|【绘图设置】命令，打开【草图设置】对话框。在该对话框中分 设置极轴追踪参数和对象捕捉参数，如图 9-71 和图 9-72 所示。

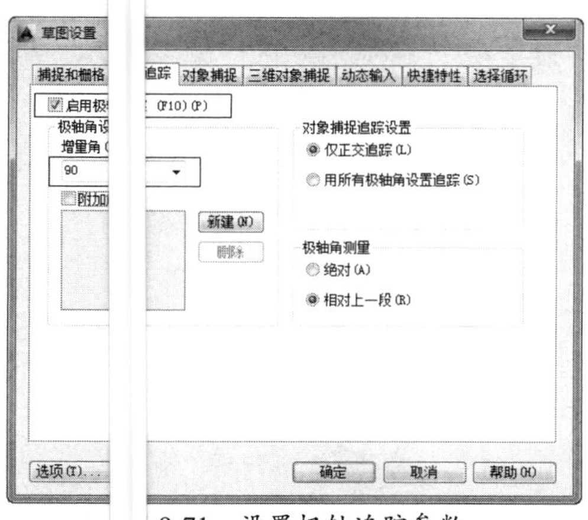

9-71　设置极轴追踪参数

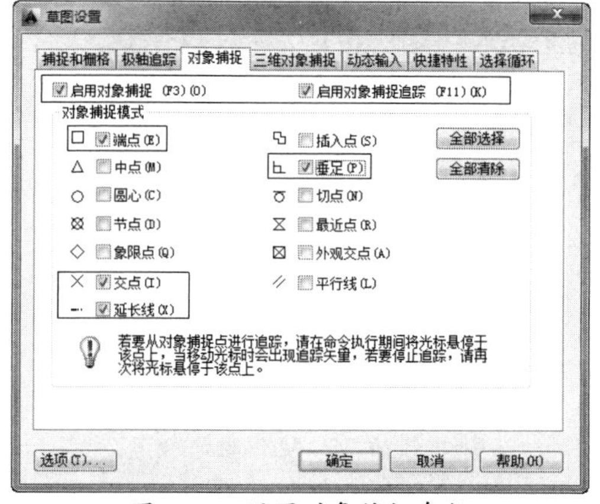

图 9-72　设置对象捕捉参数

④ 按 F1 键，开启状态栏上的动态输入功能。

⑤ 单击 绘图】面板中的【直线】按钮，激活【直线】命令，使用点的精确输入功能绘制主 图外轮廓线。命令行操作提示如下：

```
命令:  ine
指定第 点:                                    //在绘图区单击，拾取一点作为起点
指定下 点或 [放弃(U)]: @0,24↙                 //输入下一点坐标
指定下 点或 [放弃(U)]: @17<0 ↙                //输入下一点坐标
指定下 点或 [闭合(C)/放弃(U)]: @11<90 ↙       //输入下一点坐标
指定下 点或 [闭合(C)/放弃(U)]: @16<0 ↙        //输入下一点坐标
指定下 点或 [闭合(C)/放弃(U)]: @11<-90 ↙      //输入下一点坐标
指定下 点或 [闭合(C)/放弃(U)]: @17,0↙         //输入下一点坐标
指定下 点或 [闭合(C)/放弃(U)]: @0,-24↙        //输入下一点坐标
指定下 点或 [闭合(C)/放弃(U)]: @-9.5,0 ↙      //输入下一点坐标
指定下 点或 [闭合(C)/放弃(U)]: @-4.5,12↙      //输入下一点坐标
指定下 点或 [闭合(C)/放弃(U)]: @-22,0 ↙       //输入下一点坐标
指定下 点或 [闭合(C)/放弃(U)]: @-4.5,-12 ↙    //输入下一点坐标
指定下 点或 [闭合(C)/放弃(U)]: C↙             //主视图外轮廓线的绘制结果如图 9-73 所示
```

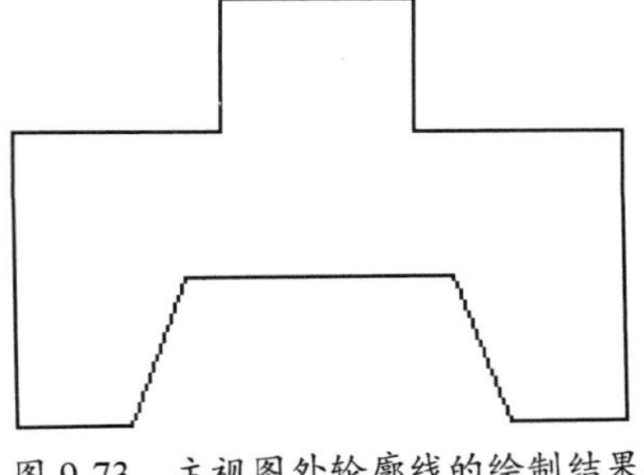

图 9-73　主视图外轮廓线的绘制结果

⑥ 重复使用【直线】命令，并与端点捕捉、延伸捕捉和极轴追踪模式配合使用，绘制俯视图外轮廓线。命令行操作提示如下：

```
命令： _line
指定第一点：                    //以如图 9-74 所示的端点作为延伸点，向下引出如图 9-75 所示的延伸线，
                                  然后在适当位置拾取一点，定位起点
指定下一点或 [放弃(U)]： 50↙        //水平向右移动光标，引出如图 9-76 所示的水平极轴追踪虚线
指定下一点或 [放弃(U)]： 20↙        //垂直向下移动光标，引出如图 9-77 所示的极轴虚线
指定下一点或 [闭合(C)/放弃(U)]： 50↙  //向左移动光标，引出如图 9-78 所示的水平极轴追踪虚线
指定下一点或 [闭合(C)/放弃(U)]： c↙   //闭合图形，即完成俯视图外轮廓线的绘制，如图 9-79 所示
```

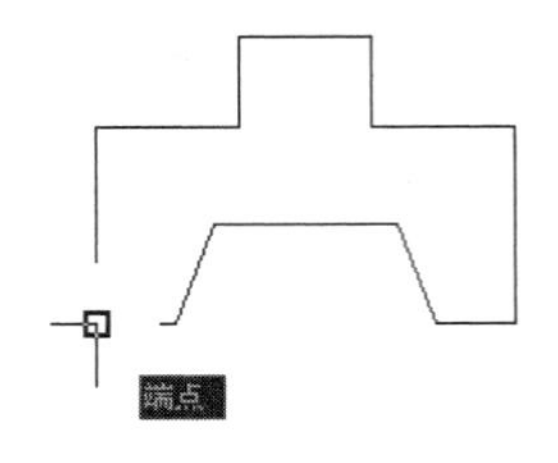

图 9-74　定位延伸点

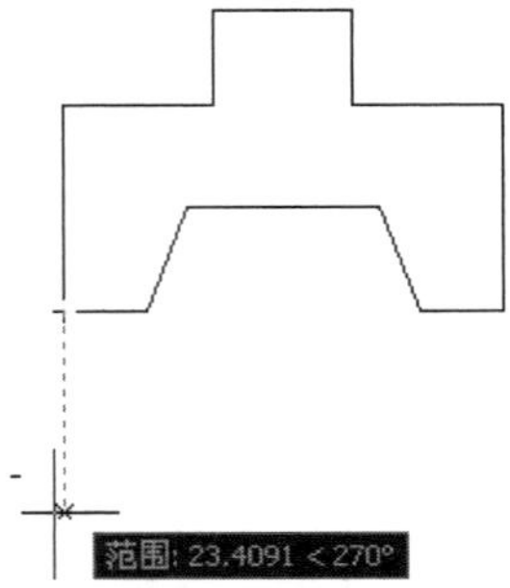

图 9-75　引出延伸线

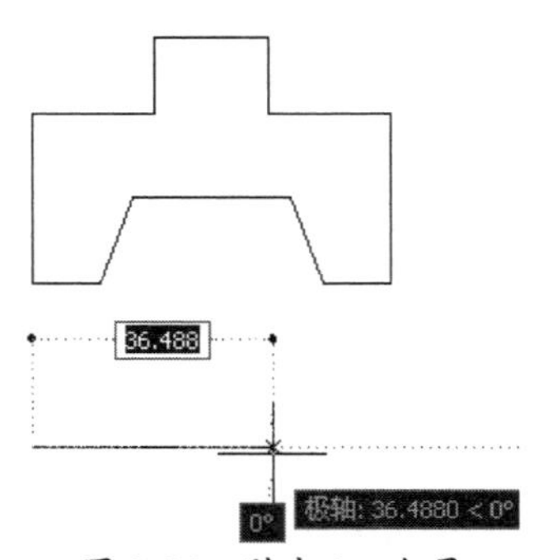

图 9-76　引出 0° 矢量

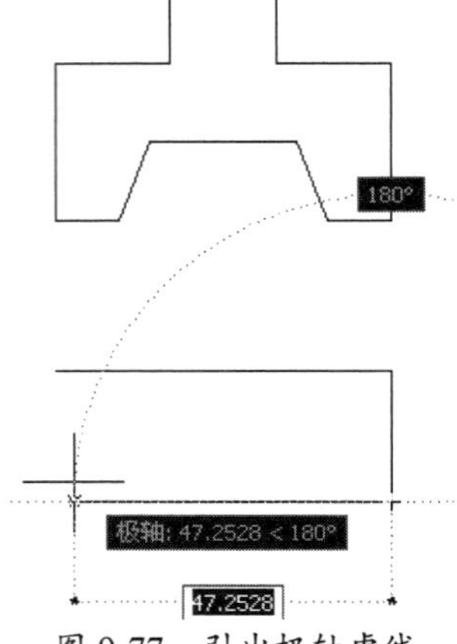

图 9-77　引出极轴虚线

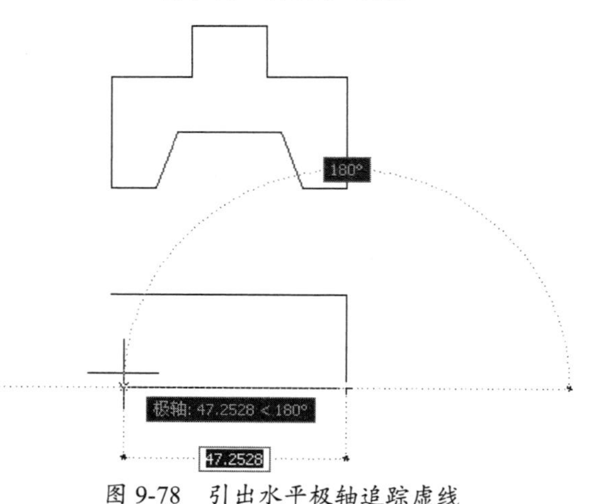

图 9-78　引出水平极轴追踪虚线

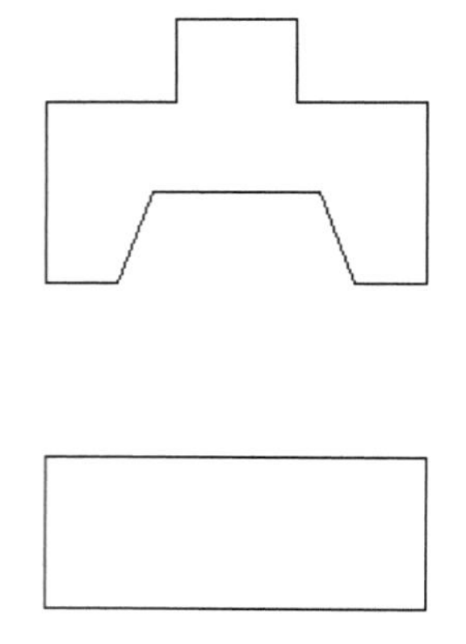

图 9-79　完成俯视图外轮廓线的绘制

⑦ 重复使用【直线】命令，并与端点捕捉、交点捕捉、垂足捕捉和对象捕捉追踪模式配合使用，绘制左侧垂直轮廓线。命令行操作提示如下：

```
命令: _line
指定第一点:   //引出如图 9-80 所示的对象追踪虚线，捕捉追踪虚线与水平轮廓线的交点，如图 9-81 所示
指定下一点或 [放弃(U)]:                    //向下移动光标，捕捉如图 9-82 所示的垂足点
指定下一点或 [放弃(U)]:↙      //按 Enter 键结束命令，完成左侧垂直轮廓线的绘制，如图 9-83 所示
```

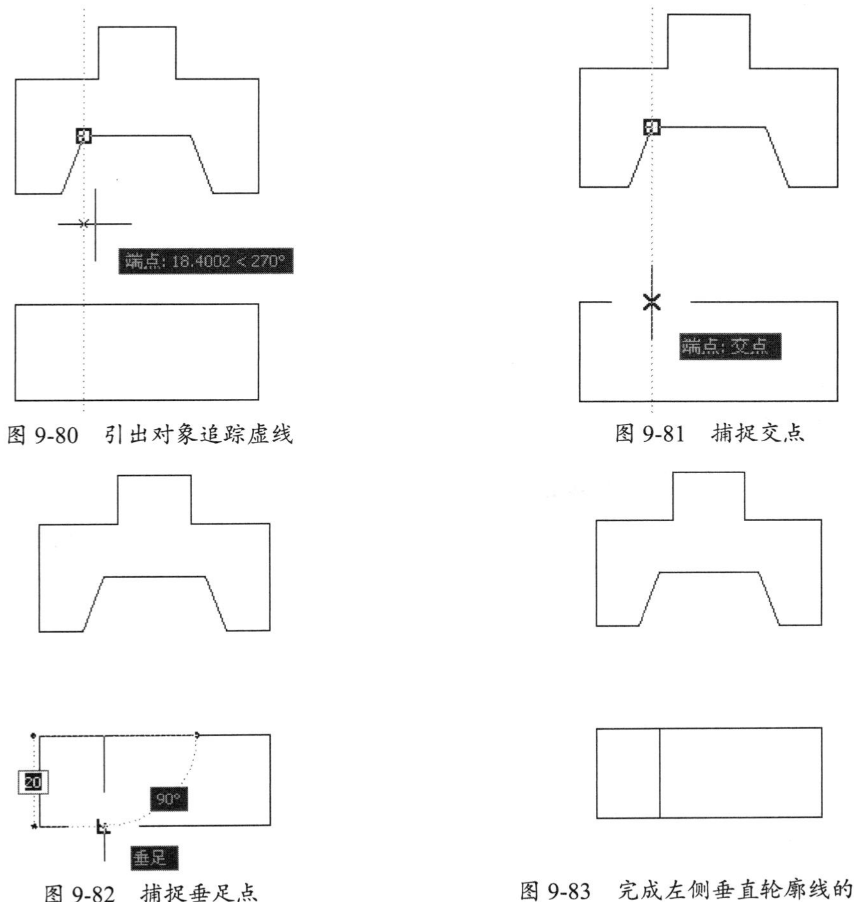

图 9-80　引出对象追踪虚线

图 9-81　捕捉交点

图 9-82　捕捉垂足点

图 9-83　完成左侧垂直轮廓线的绘制

⑧ 使用【直线】命令，并与端点捕捉、交点捕捉和极轴追踪等模式配合使用，绘制右侧垂直轮廓线。命令行操作提示如下：

```
命令: _line
指定第一点:                //引出如图 9-84 所示的对象追踪虚线，捕捉追踪虚线与水平轮廓线的交点，
                               并定位起点，如图 9-85 所示
指定下一点或 [放弃(U)]:          //向下引出如图 9-86 所示的极轴追踪虚线。捕捉追踪虚线与下侧
边的交点，如图 9-87 所示
指定下一点或 [放弃(U)]:↙          //按 Enter 键结束命令，完成右侧垂直轮廓线的绘制，如图 9-88 所示
```

⑨ 参照步骤⑦和⑧，使用【直线】命令，并与对象捕捉追踪模式配合使用，根据二视图的对应关系，绘制其他轮廓线，如图 9-89 所示。

⑩ 执行菜单栏中的【格式】|【线型】命令，打开【线型管理器】对话框，单击【加载】按钮，在打开的【加载或重载线型】对话框中加载 HIDDEN2 的线型，如图 9-90 所示。

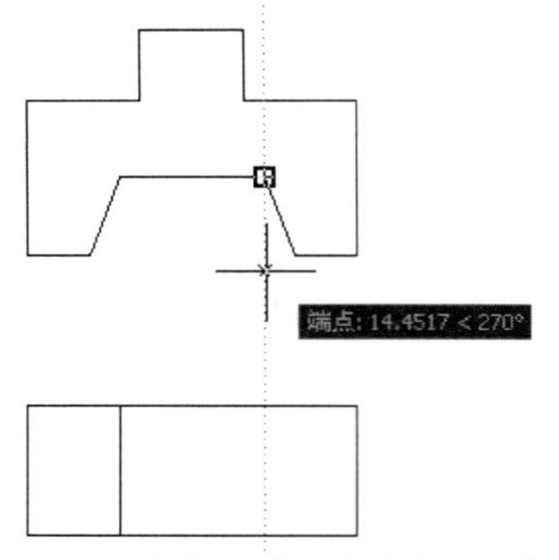

图 9-84　指定起点并引出对象追踪虚线

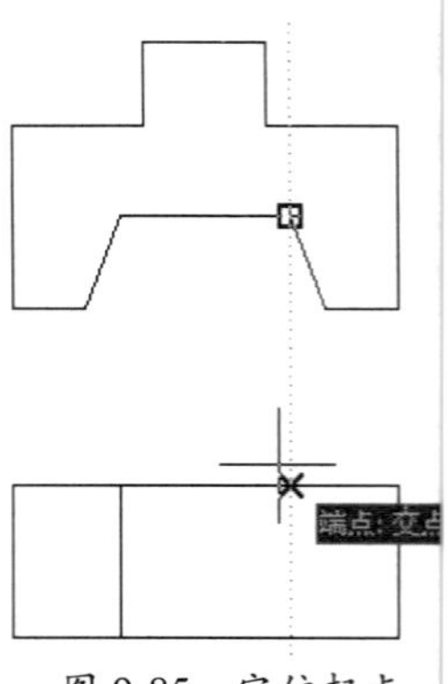

图 9-85　定位起点

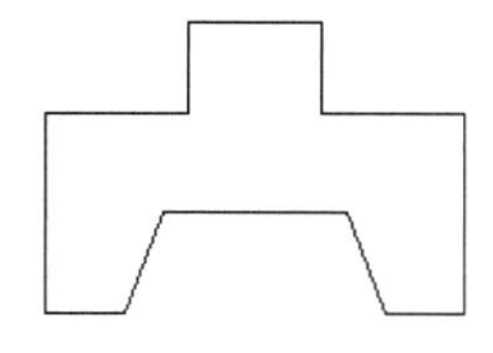

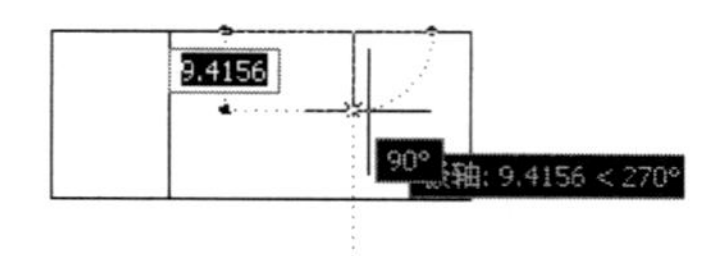

图 9-86　向下引出极轴追踪虚线

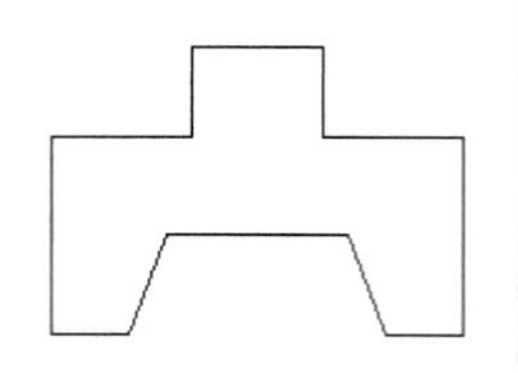

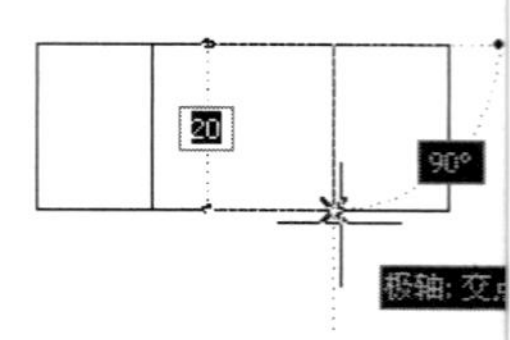

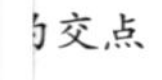

图 9-87　捕捉追踪虚线与下侧边的交点

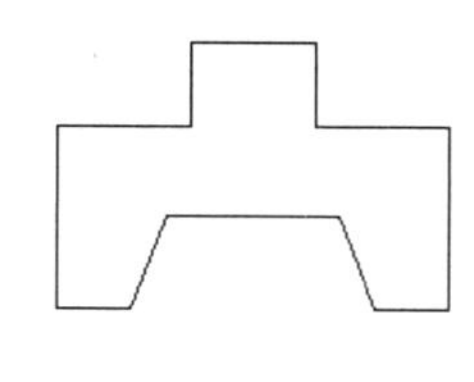

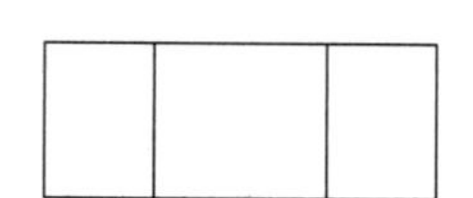

图 9-88　完成右侧垂直轮廓线的绘制

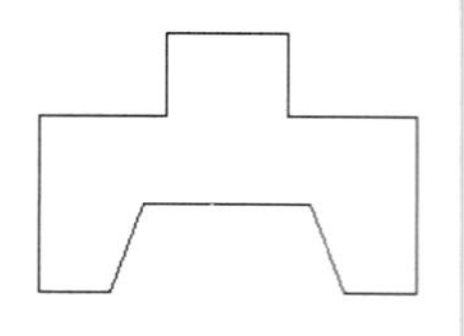

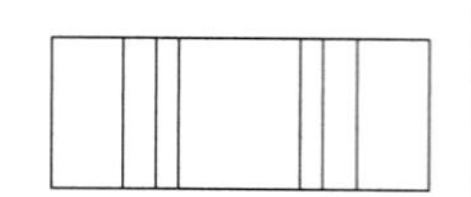

图 9-89　绘制其他轮廓线

⑪　单击【确定】按钮，进行此线型的加载。加载结果如图 9-91 所示。

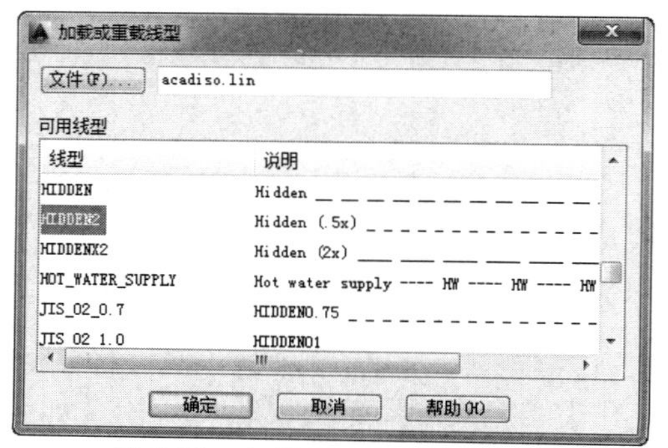

图 9-90　加载 HIDDEN2 的线型

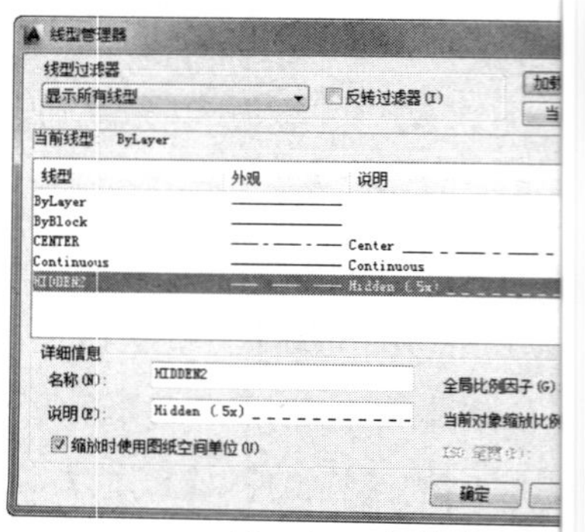

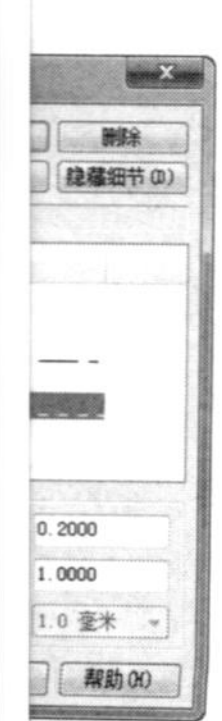

图 9-91　加载结果

⑫ 在无 令执行的前提下选择如图 9-92 所示的垂直轮廓线，展开【特性】面板中的颜色控制 拉列表，从中选择洋红，更改对象的颜色特性。

⑬ 展开 特性】面板中的线型控制下拉列表，从中选择 HIDDEN2，更改对象的线型，如图 9- 所示。

⑭ 按 E 键，取消对象的夹点显示，结果如图 9-94 所示。

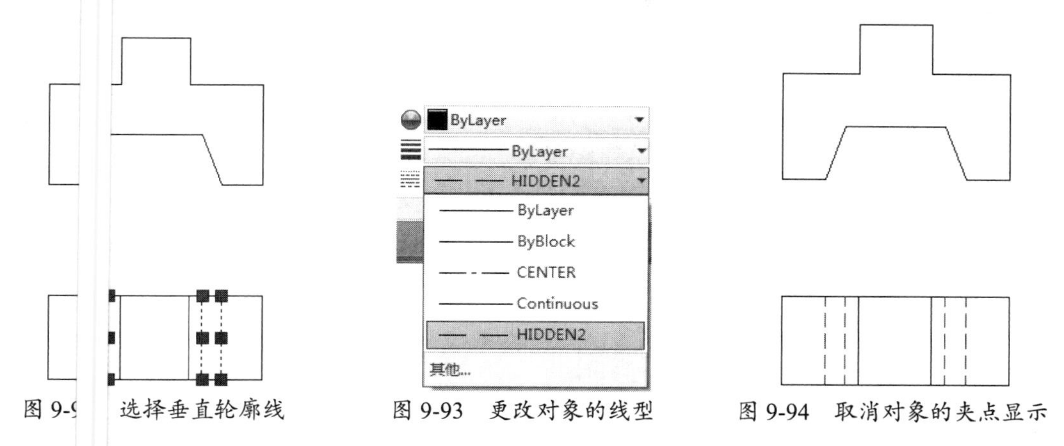

图 9-9 选择垂直轮廓线　　图 9-93 更改对象的线型　　图 9-94 取消对象的夹点显示

⑮ 执行 文件】|【保存】命令，将图形另存。

9.5.2 范例二：利用栅格捕捉功能绘制墙面拼花图形

利用 格捕捉功能绘制如图 9-95 所示的墙面拼花图形。

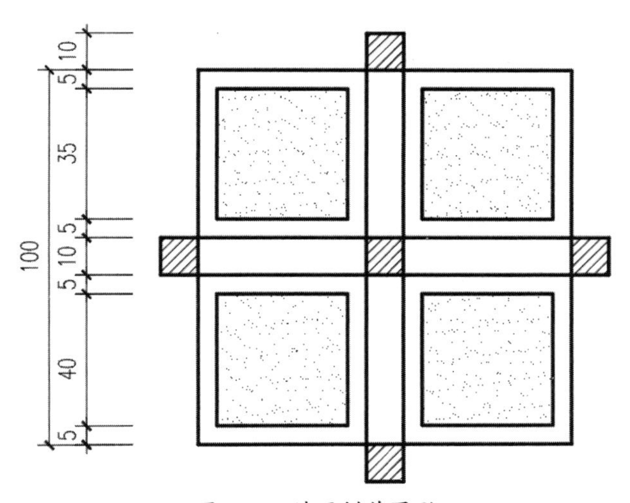

图 9-95 墙面拼花图形

操 步骤

① 新 图形文件。

② 在 单栏中执行【工具】|【绘图设置】命令，打开【草图设置】对话框。在该对话框中， 置【捕捉和栅格】选项卡中的参数，如图 9-96 所示。单击【确定】按钮，关闭【草 设置】对话框。

③ 单击【矩形】按钮 ▭，绘制矩形。命令行操作提示如下：

```
命令: _rectang
指定第一个角点或 [倒角(C)/标高(E)/圆角(F)/厚度(T)/宽度(W)]: //捕捉栅格点确定矩形第一个角点
指定另一个角点或 [面积(A)/尺寸(D)/旋转(R)]: @100,100↙     //输入另一个角点的相对坐标
```

④ 重复使用【矩形】命令，绘制内部的矩形，如图 9-97 所示。命令行操作提示如下：

```
命令: _rectang
指定第一个角点或 [倒角(C)/标高(E)/圆角(F)/厚度(T)/宽度(W)]:
//移动光标到 A 点右侧为 5 及下方为 5 的位置单击，确定角点 B
指定另一个角点或 [面积(A)/尺寸(D)/旋转(R)]:
//移动光标到 B 点右侧为 35 及下方为 35 的位置单击，确定角点 C
```

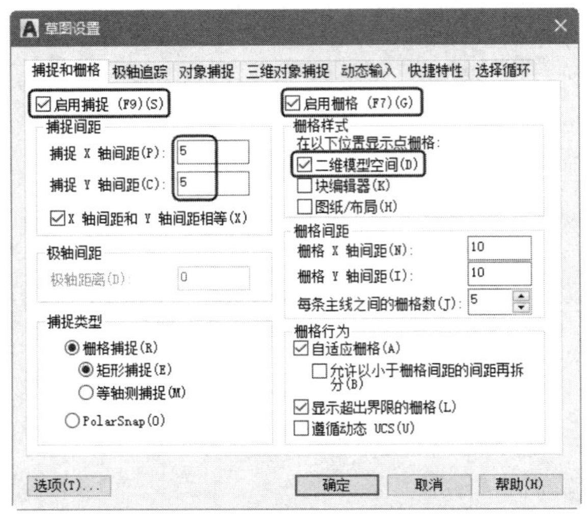

图 9-96 设置【捕捉和栅格】选项卡中的参数

A
B
C
35
指定另一个角点或
35

图 9-97 绘制内部的矩形

⑤ 按此方法绘制其他几个矩形，如图 9-98 所示。

⑥ 使用【图案填充】命令，选择 ANSI31 图案对图形进行填充。填充结果如图 9-99 所示。

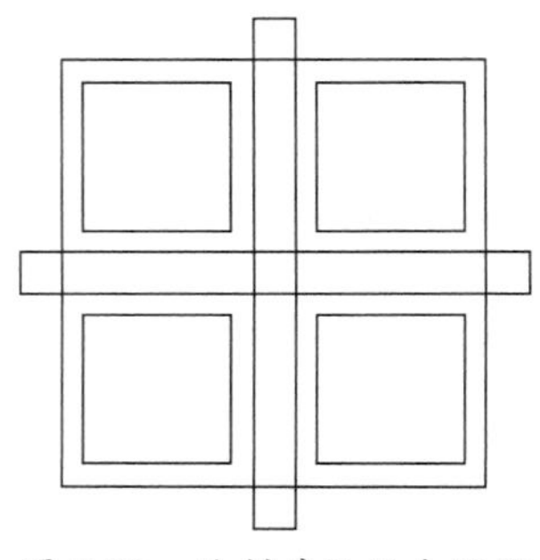

图 9-98 绘制其他几个矩形

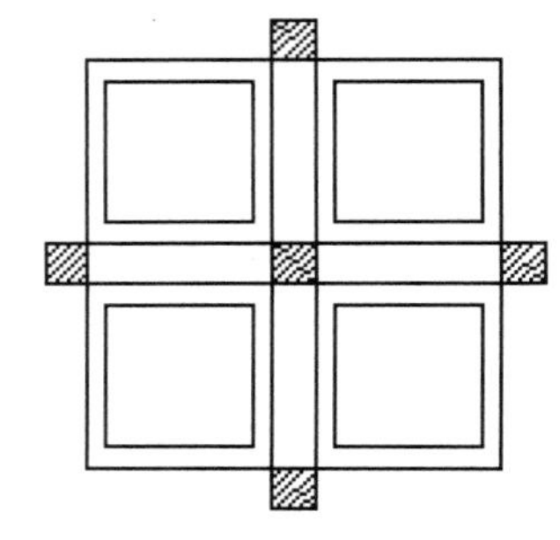

图 9-99 填充结果

9.5.3 范例三：利用对象捕捉功能绘制大理石拼花

端点捕捉可以捕捉图元两端的端点或最近角点，中点捕捉是捕捉图元的中点。端点捕捉与中点捕捉示意图如图 9-100 所示。

本节将利用端点捕捉和中点捕捉功能，绘制如图 9-101 所示的大理石拼花图案。

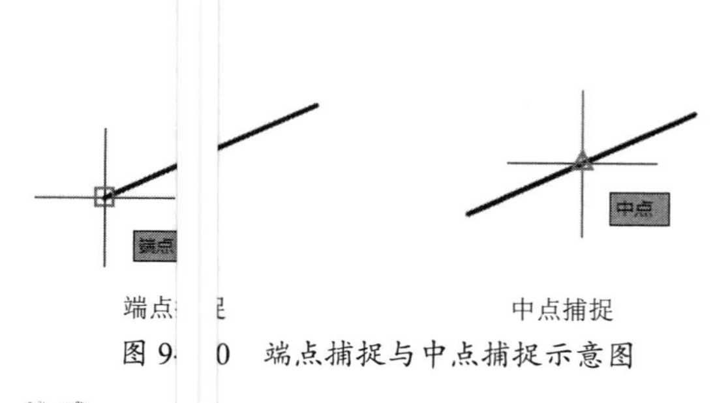

图 9- 0　端点捕捉与中点捕捉示意图

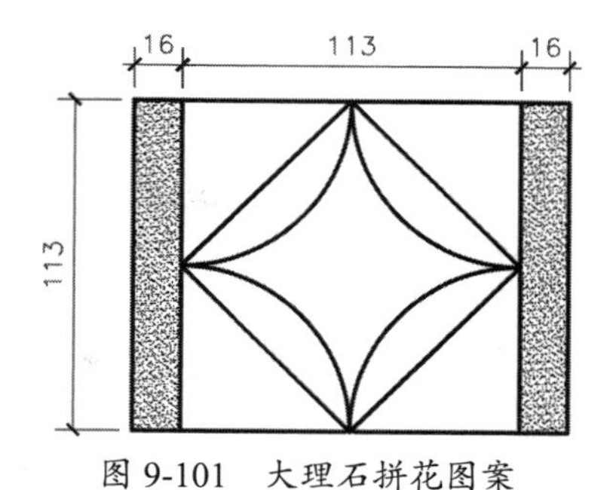

图 9-101　大理石拼花图案

操作 骤

① 新建图 形文件。

② 在屏幕 方方状态栏的【对象捕捉】按钮 上右击，在弹出的右键快捷菜单中执行【对象捕捉 设置】命令，打开【草图设置】对话框。在【草图设置】对话框的【对象捕捉】选项卡 中勾选【端点】复选框和【中点】复选框，如图 9-102 所示。

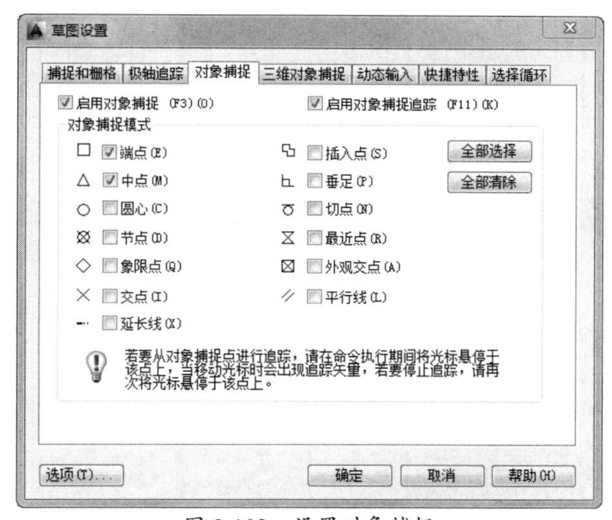

图 9-102　设置对象捕捉

③ 单击 确定】按钮，关闭【草图设置】对话框。

④ 单击 绘图】面板中的【矩形】按钮 ，绘制矩形。命令行操作提示如下：

```
命令：  ectang
指定第  个角点或 [倒角(C)/标高(E)/圆角(F)/厚度(T)/宽度(W)]:
                                    //在绘图区中任意确定一点作为矩形的第一个角点
指定另  个角点或 [面积(A)/尺寸(D)/旋转(R)]: @16,113↙      //输入另一个角点的相对坐标
```

⑤ 单击 直线】按钮 ，绘制线段 AB，如图 9-103 所示。命令行操作提示如下：

```
命令：  ine 指定第一点：                                //捕捉 A 点作为线段第一点
指定下  点或 [放弃(U)]: @113,0↙                         //输入 B 点的相对坐标
```

⑥ 单击 矩形】按钮 ，捕捉 B 点，绘制一个尺寸为 16×113 的矩形，如图 9-104 所示。

⑦ 单击 直线】按钮 ，捕捉 C 点和 D 点，绘制线段 CD，如图 9-105 所示。

⑧ 捕捉 点 E、F、G、H，绘制棱形，如图 9-106 所示。

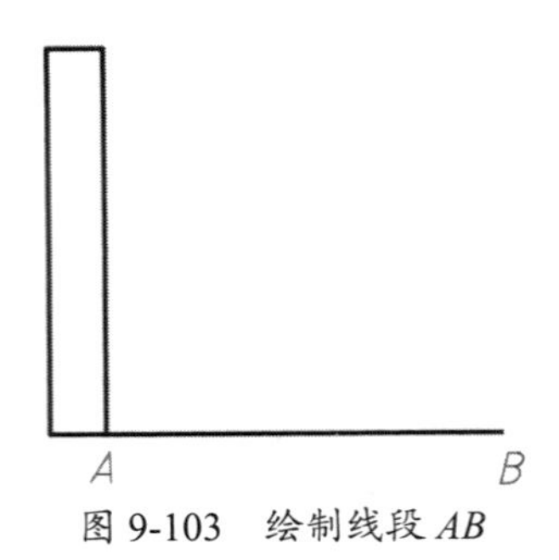

图 9-103　绘制线段 *AB*

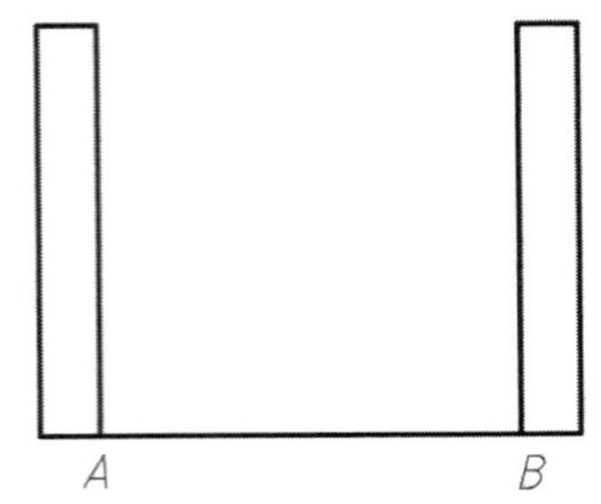

图 9-104　绘制一个尺寸为 16×113 的矩形

⑨ 单击【圆弧】按钮，绘制圆弧，如图 9-107 所示。命令行操作提示如下：

```
命令: _arc 指定圆弧的起点或[圆心(C)]: c        //选择【圆心】选项或输入 c
指定圆弧的圆心:                                //捕捉线段 CD 的端点 C
指定圆弧的端点或 [角度(A)/弦长(L)]:             //捕捉线段 CD 的中点 E
```

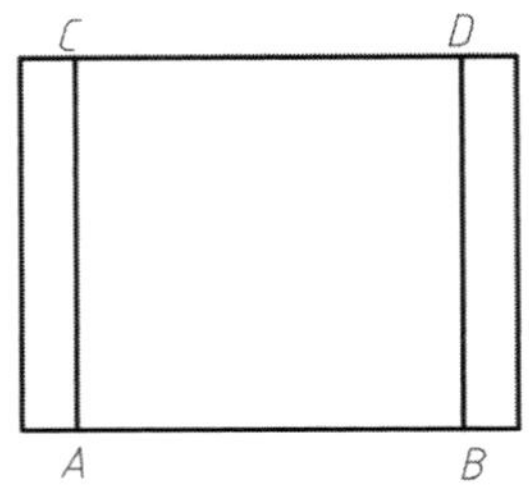

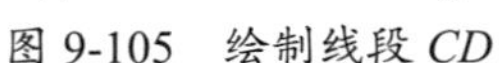

图 9-105　绘制线段 *CD*

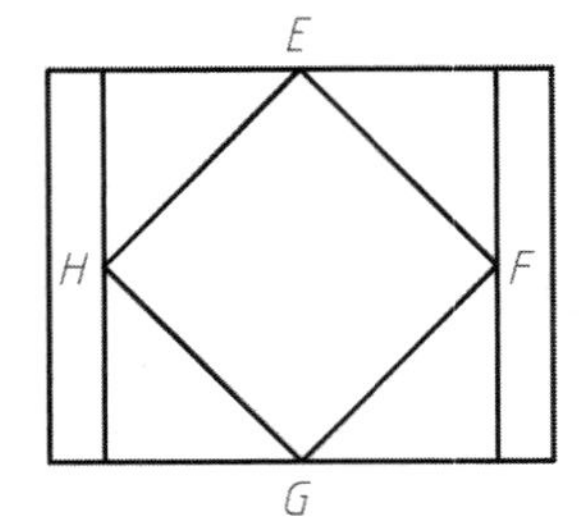

图 9-106　捕捉中点绘制棱形

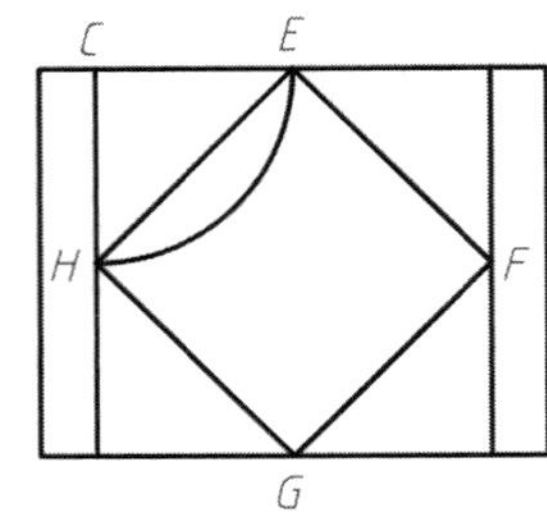

图 9-107　绘制圆弧

提醒一下：

直线和矩形的画法相对简单，圆弧的画法归纳起来有两种：直接利用画弧命令绘制；利用圆角命令绘制相切圆弧。

⑩ 按此方法绘制其他圆弧，如图 9-108 所示。

⑪ 在【绘图】面板中单击【图案填充】按钮，选择 AR-SAND 图案对图形进行填充，如图 9-109 所示。

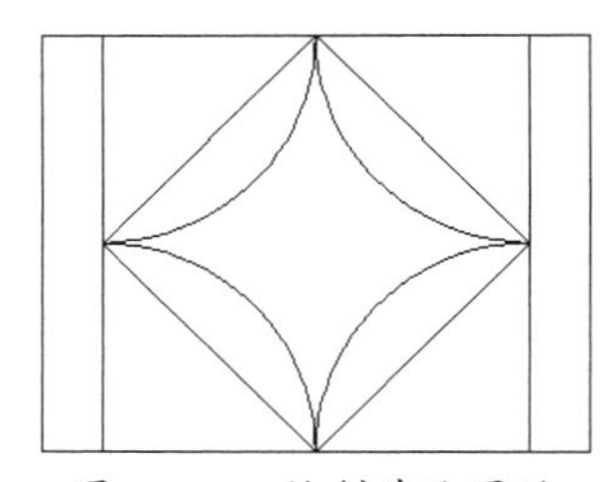

图 9-108　绘制其他圆弧

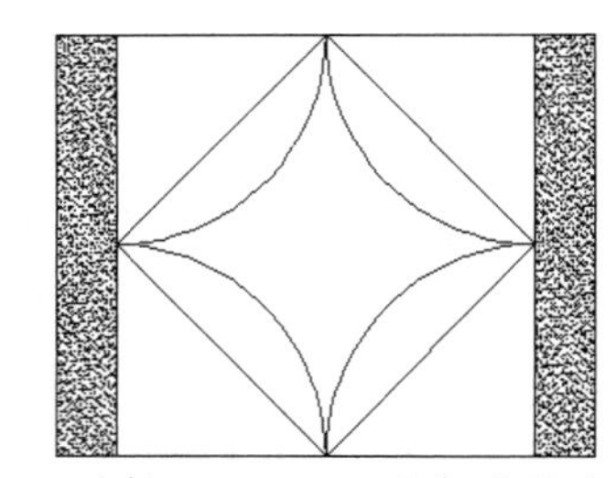

图 9-109　选择 AR-SAND 图案对图形进行填充

9.5.4　范例四：利用交点和平行捕捉功能绘制防护栏

交点捕捉是在某个绘图命令执行的过程中来捕捉两相交图元的交点。平行捕捉是启动平行捕捉后，如果创建对象的路径平行于已知线段，那么 AutoCAD 将显示一条对齐路径，用于创建平行对象。交点捕捉与平行捕捉示意图如图 9-110 所示。

本节将利用交点捕捉和平行捕捉，绘制如图 9-111 所示的防护栏立面图。

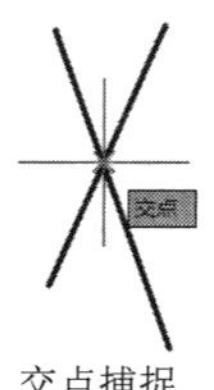

交点捕捉

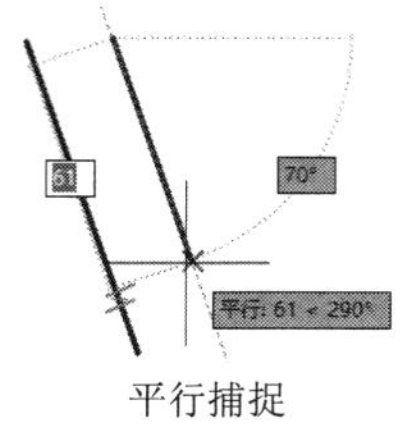

平行捕捉

图 9-110　交点捕捉与平行捕捉示意图

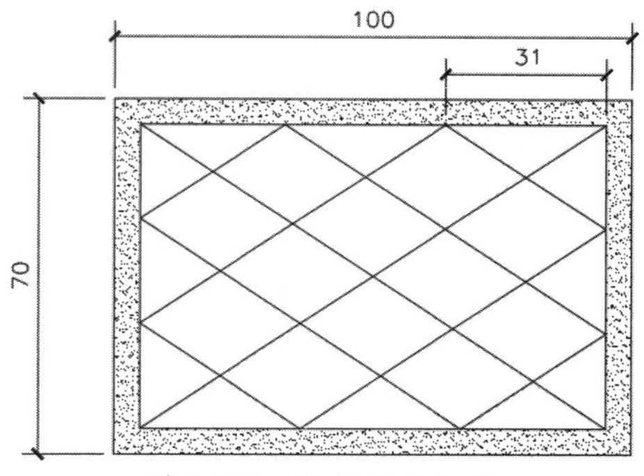

图 9-111　防护栏立面图

操作步骤

① 在命令行中执行 os 命令，打开【草图设置】对话框。设置对象捕捉模式为交点与平行线。

② 单击【矩形】按钮，绘制长为 100、宽为 70 的矩形。

③ 单击【偏移】按钮，按命令行提示进行操作：

```
命令: _offset
当前设置: 删除源=否图层=源 OFFSETGAPTYPE=0
指定偏移距离或 [通过(T)/删除(E)/图层(L)] <通过>: 5 ↙            //输入偏移距离值
选择要偏移的对象，或 [退出(E)/放弃(U)] <退出>:                     //选择矩形
指定要偏移的那一侧上的点，或 [退出(E)/多个(M)/放弃(U)] <退出>: //在矩形内部单击鼠标左键
```

④ 绘制的矩形如图 9-112 所示。

⑤ 单击【直线】按钮，捕捉交点，绘制线段 *AB*，如图 9-113 所示。

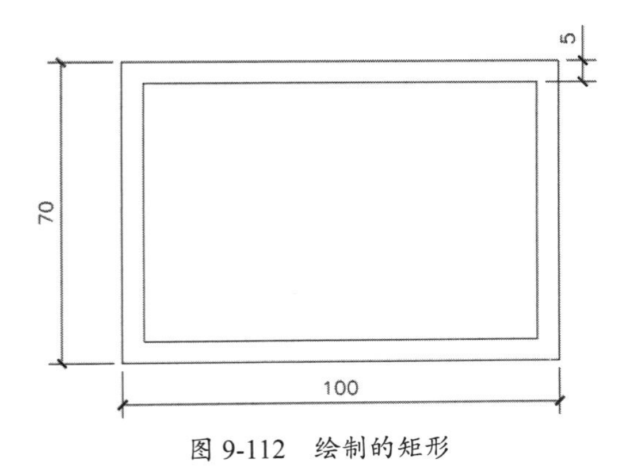

图 9-112　绘制的矩形

A
B

图 9-113　绘制线段 *AB*

⑥ 重复使用【直线】命令，捕捉斜线并绘制平行线，如图 9-114 所示。

```
命令: _line 指定第一点: _tt 指定临时对象追踪点:      //单击“临时追踪点”按钮，捕捉 B 点
指定第一点:31↙                       //光标向左水平移动并输入追踪距离值,确定线段的第一点
指定下一点或[放弃(U)]:                                //捕捉平行延长线与矩形边的交点
```

⑦ 利用类似方法绘制其余线段，如图 9-115 所示。

⑧ 捕捉交点，绘制线段 *CD*，如图 9-116 所示

⑨ 利用相同方法捕捉交点并绘制其余线段，如图 9-117 所示。

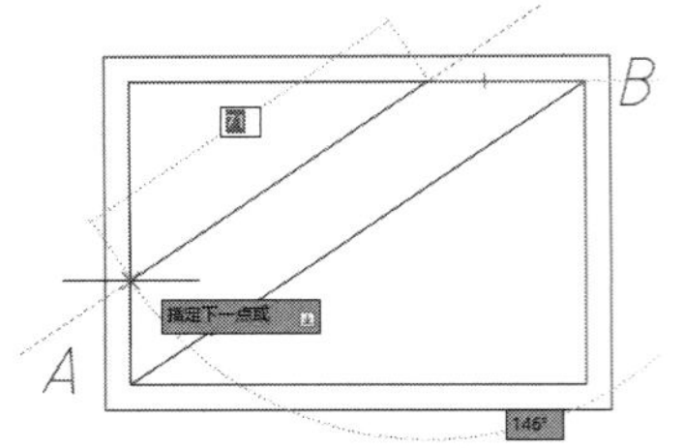

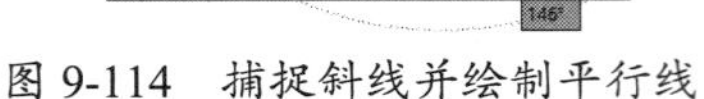

图 9-114　捕捉斜线并绘制平行线

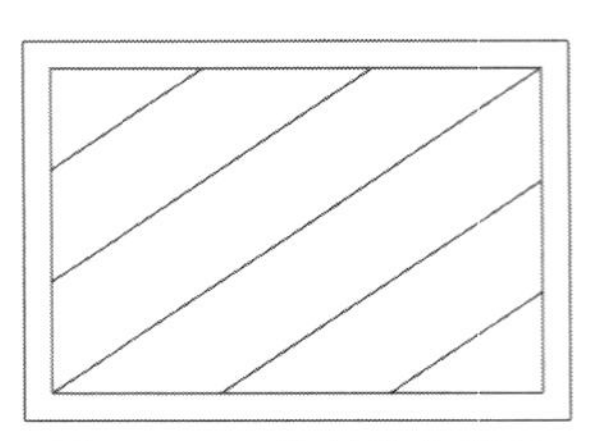

图 9-115　绘制其余线段

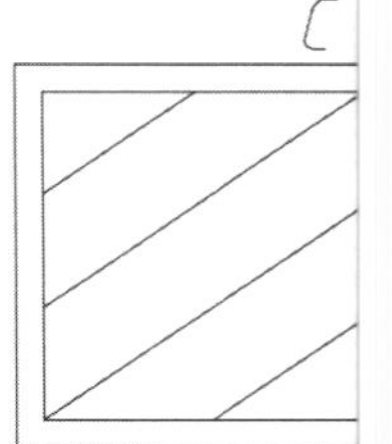

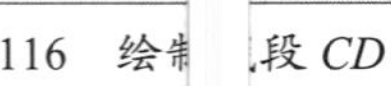

图 9-116　绘制线段 CD

⑩　使用【图案填充】命令，选择 AR-SAND 图案对图形进行填充，结果如图 9-118 所示。

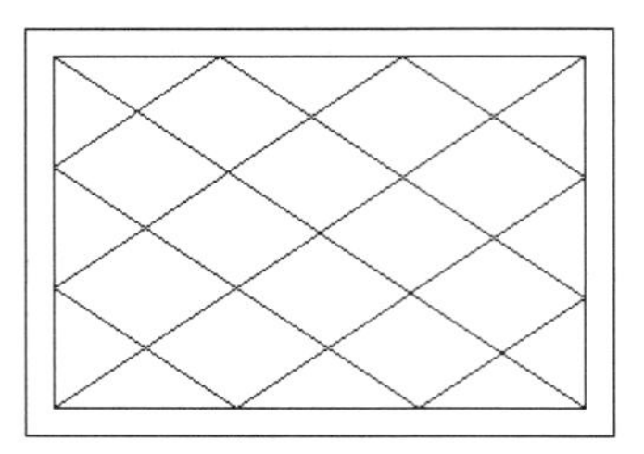

图 9-117　捕捉交点并绘制其余线段

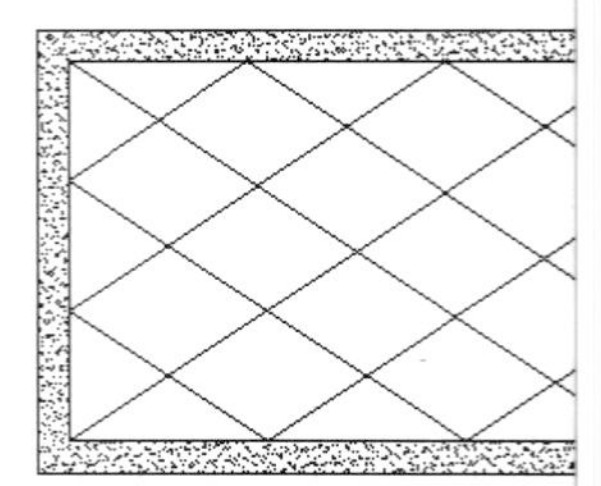

图 9-118　填充图案

提醒一下：

在进行填充时，可先单击【边界】面板中的【拾取点】按钮，然后选取填充区域进行图案填充。

9.5.5　范例五：利用捕捉自模式绘制三桩承台

当绘制图形需要确定一点时，可先在命令行中输入 from 获取一个基点，然后输入要定位的点与基点之间的相对坐标，以此获得定位点的位置。

本节将利用捕捉自模式绘制如图 9-119 所示的三桩承台大样平面图。

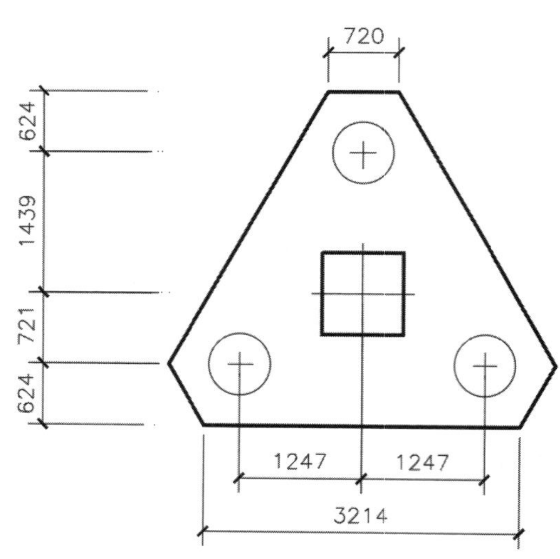

图 9-119　三桩承台大样平面图

操作步骤

①　设置捕捉模式为端点、交点捕捉。

② 在状态 中单击【正交限制光标模式】按钮，打开正交模式。单击【直线】按钮，绘制垂 定位线。

③ 单击【 形】按钮，绘制矩形，结果如图 9-120 所示。

```
命令: _ ectang
指定第- 角点或 [倒角(C)/标高(E)/圆角(F)/厚度(T)/宽度(W)]:from↙       //输入 from
基点:                                                  //捕捉交点 A
<偏移>  -415,415↙                                      //输入偏移坐标，确定矩形的第一个角点
指定另- 角点或 [面积(A)/尺寸(D)/旋转(R)]: @830,-830↙       //输入另一个角点的偏移坐标
```

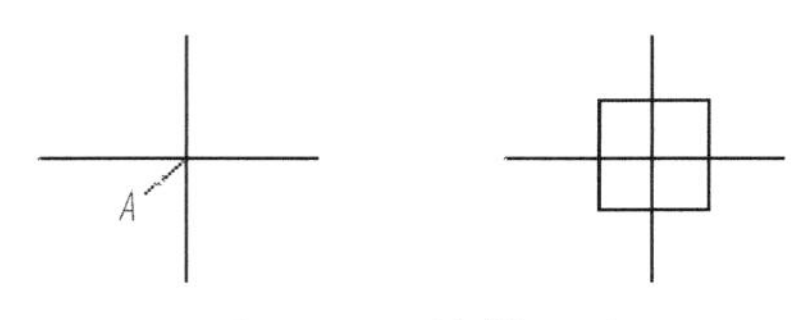

图 9-120　绘制矩形

④ 单击【 线】按钮，利用捕捉自模式绘制两条水平的直线（基点仍然是 *A* 点，相对坐标请参 图 9-119 中的尺寸）。利用角度覆盖方式（输入方式为“<角度”）绘制斜度直线线段 如图 9-121 所示。

⑤ 单击【 剪】按钮，修剪图形，如图 9-122 所示。

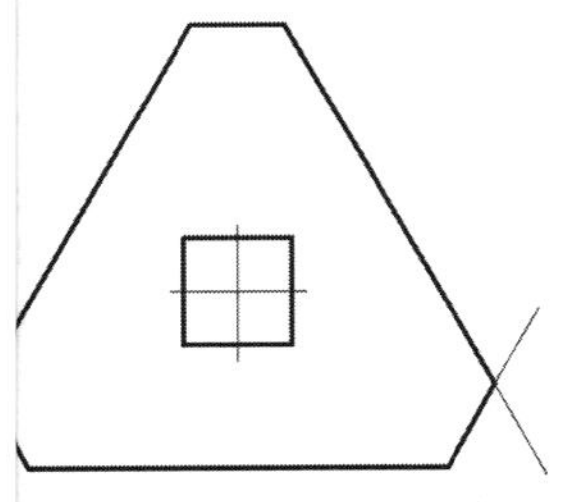

9-121　绘制斜度直线线段

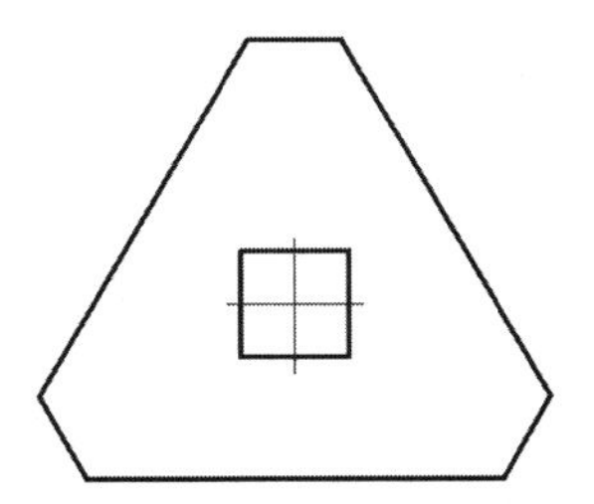

图 9-122　修剪图形

⑥ 单击【 】按钮，利用捕捉自模式（基点仍然是 *A* 点，相对坐标参考图 9-119 中的尺寸）， *B* 点为基点绘制圆 *C*，如图 9-123 所示。

⑦ 单击【 形阵列】按钮，将圆 *C* 以定位线交点为圆心进行环形阵列，结果如图 9-124 所示。

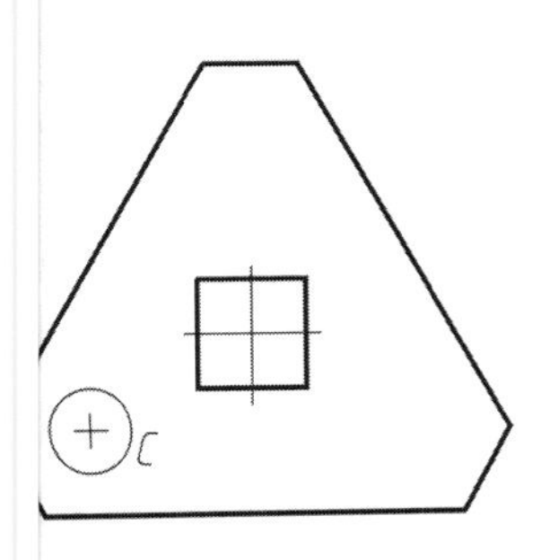

图 9-123　绘制圆 *C*

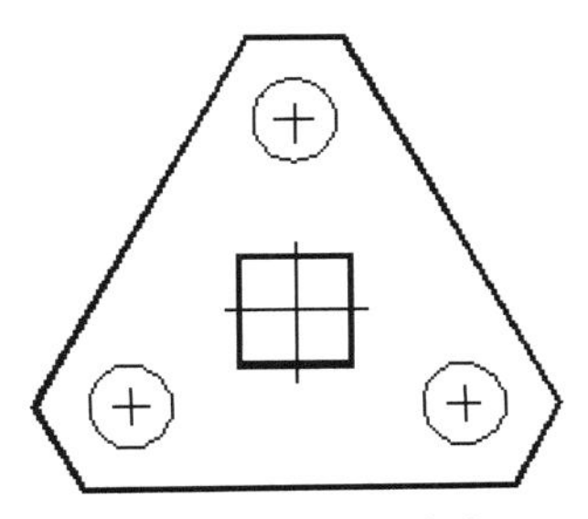

图 9-124　阵列结果

第 10 章

用块作图

本章内容

在绘制图形时，若图形中有大量相同或相似的内容，或者所绘制的图形与已有图形相同，则可以把要重复绘制的图形创建成块（也称为图块），并根据需要为块创建属性，指定块的名称、用途，并给出设计者等信息，在需要时直接插入它们，从而提高绘图效率。

用户也可以把已有图形以参照的形式插入当前图形中（外部参照），或是通过 AutoCAD 设计中心浏览、查找、预览、使用和管理 AutoCAD 图形、块、外部参照等不同的资源文件。

知识要点

- ☑ 块的概述
- ☑ 定义和参照块
- ☑ 块编辑器
- ☑ 动态块
- ☑ 块的属性
- ☑ 外部参照
- ☑ 剪裁外部参照与光栅图像

10.1 块的概述

块与外参照有相似的地方，但它们的主要区别是：一旦插入了块，该块就永久性地插入当前图形，成为当前图形的一部分；而以外部参照方式将图形插入某一图形（称为主图形）后，被入图形的信息并不直接加到主图形中，主图形只是起记录参照的作用。在功能区中，【插入】选项卡用于创建块和参照，如图 10-1 所示。

图 10-1 【插入】选项卡

10.1.1 块的定义

AutoCAD 中的块可以是绘制在一个或多个图层上，由不同颜色、线型和线宽等特性组合的二维平对象。尽管块总是在当前图层上，但块参照保存了包含在该块中对象的原图层、颜色和线型性的相关信息。

块定义方法主要有以下几种。

- 合对象以在当前图形中创建块定义。
- 使块编辑器将动态行为添加到当前图形中的块定义。
- 创一个图形，随后将它作为块插入其他图形中。
- 使若干种相关块定义创建一个图形文件以用作块库。

10.1.2 块的特点

在 AutoCAD 中，使用块可以提高绘图效率、节省存储空间、便于修改图形、为块添加属性，还可控制块中的对象是保留其原特性还是继承当前的图层、颜色、线型或线宽设置。

例如，机械装配图中，常用的螺帽、螺钉、弹簧等标准件都可定义为块。在定义为块时，需指定块名、块中对象、块入基点和块插入单位等。图 10-2 所示为机械零件装配图

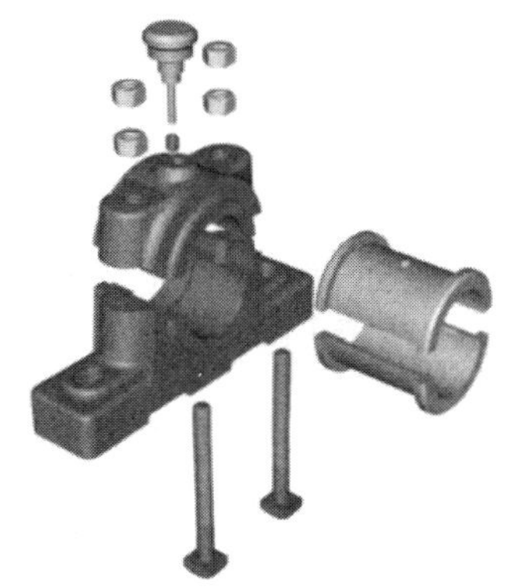

图 10-2 机械零件装配图

1. 提绘图效率

使用 AoCAD 绘图时，常常要绘制一些重复出现的图形，若是这些图形定义成块保存起来，再次绘制该图形时就可以入定义的块，这样就避免了大量重复性的工作，从而提绘图效率。

2. 节省存储空间

AutoCAD 要保存图中每一个对象的相关信息，如对象的类型、位置、图层、线型及颜色等，这些信息占据了大量的存储空间。如果在一幅图中绘制大量相同的图形，势必会造成操作系统运行缓慢，但把这些相同的图形定义成块，需要该图形时直接插入，就能节省存储空间。

3. 便于修改图形

一张工程图往往要经过多次修改。例如，在机械设计中，旧的国家标准（简称国标，代号为 GB）用虚线表示螺栓的内径，而新的国家标准则用细实线表示，如果对旧图纸上的每一个螺栓按新国家标准来修改，既费时又不方便。但如果原来各螺栓是通过插入块的方法绘制的，那么只要修改定义的块，图中所有块图形都会做相应修改。

4. 为块添加属性

很多块还要求有文字信息以进一步解释其用途。AutoCAD 不仅允许为块创建这些文字信息，还可以选择在插入的块中显示或不显示这些信息，也可以从图中提取这些信息并将它们传送到数据库中。

10.2 定义和参照块

块是由一个或多个对象组合成的对象集合，常用于绘制复杂、重复的图形。一旦一组对象组合成块，就可以根据作图需要将这组对象插入图中任意指定位置，还可以按不同的比例和旋转角度插入。本节将着重介绍创建块、插入块、删除块、存储并参照块、嵌套块、间隔插入块、多重插入块及创建块库的内容。

10.2.1 创建块

通过选择对象、指定插入点并为其命名，可创建块定义。用户可以创建自己的块，也可以使用设计中心或工具选项板中提供的块。

用户可通过以下方式来执行上述操作。

- 菜单栏：执行【绘图】|【块】|【创建】命令。
- 面板：在【默认】选项卡的【块】面板中单击【创建】按钮；在【插入】选项卡的【块定义】面板中单击【创建块】按钮。
- 命令行：输入 block。

在命令行中执行 block 命令，打开【块定义】对话框，如图 10-3 所示。

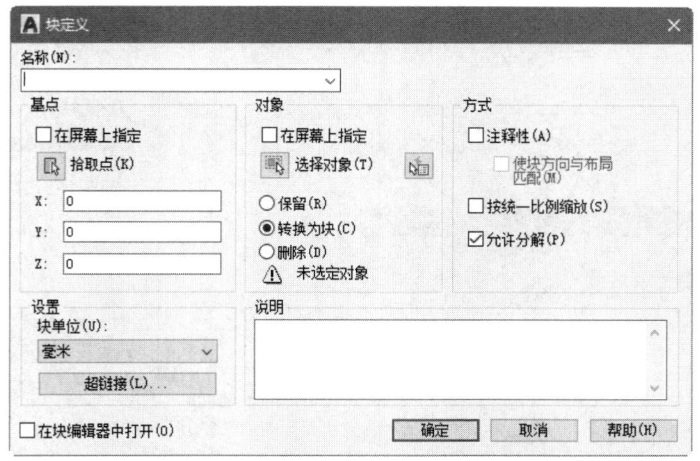

图 10-3　【块定义】对话框

该对话框中各选项的含义如下。

- 名称：指定块的名称。名称最多可以包含 255 个字符，包括字母、数字、空格及操作系统或程序未做他用的任何特殊字符（注意：不能用 DIRECT、LIGHT、AVE_RENDER、RM_SDB、SH_SPOT 和 OVERHEAD 作为有效的块名称）。
- 基点：指定块的插入基点，默认值是（0,0,0）（注意：此基点是图形插入过程中旋转或移动的参照点）。
    - 在屏幕上指定：在屏幕窗口中指定块的插入基点。
    - 拾取点：暂时关闭该对话框以使用户能在当前图形中拾取插入基点。
    - X：指定基点的 X 坐标。
    - Y：指定基点的 Y 坐标。
    - Z：指定基点的 Z 坐标。
- 设置：指定块的设置。
    - 块单位：指定块参照插入单位。
    - 超链接：单击此按钮，打开【插入超链接】对话框，如图 10-4 所示。使用该对话框将某个超链接与块定义相关联。
- 在块编辑器中打开：勾选此复选框，将在块编辑器中打开当前的块定义。
- 对象：指定新块中要包含的对象，以及创建块之后如何处理这些对象，是保留还是删除选定的对象或是将它们转换为块实例。
    - 在屏幕上指定：在屏幕窗口中选择块包含的对象。
    - 选择对象：暂时关闭该对话框，允许用户选择块对象。完成选择对象后，按 Enter 键重新打开【块定义】对话框。
    - 快速选择：单击此按钮，将打开【快速选择】对话框，如图 10-5 所示。使用该对话框可以定义选择集。

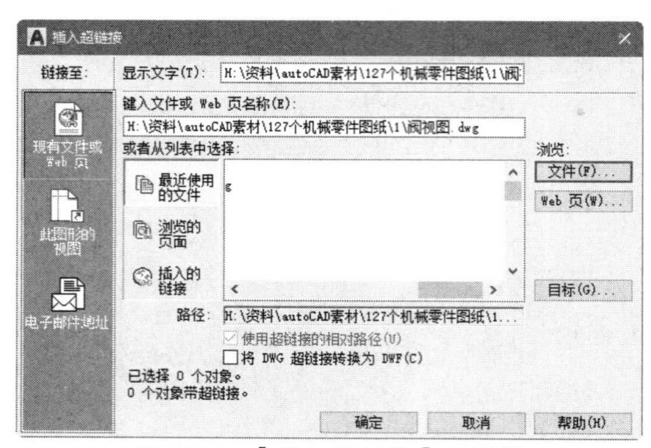

图 10-4 【插入超链接】对话框

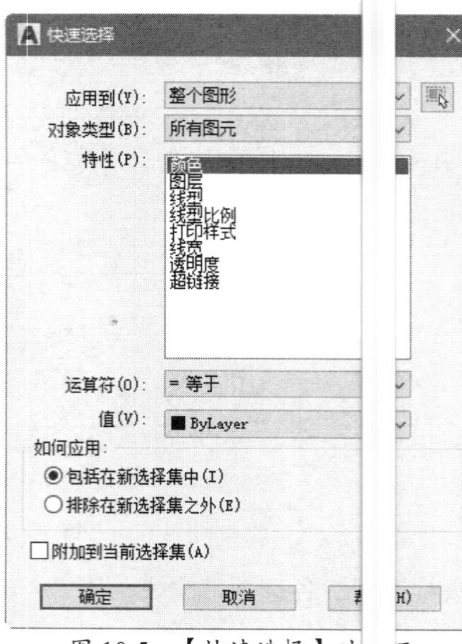

图 10-5 【快速选择】对 框

- ➢ 保留：创建块以后，将选定对象保留在图形中作为区别对象。
- ➢ 转换为块：创建块以后，将选定对象转换为图形中的块实例。
- ➢ 删除：创建块以后，从图形中删除选定对象。
- ➢ 未选定对象：此区域将显示选定对象的数目。

- 方式：指定块的生成方式。
  - ➢ 注释性：指定块为注释性。单击信息图标可以了解有关注释性对象 更多信息。
  - ➢ 使块方向与布局匹配：指定在图纸空间视口中块参照的方向与布局 方向匹配。如果未勾选【注释性】复选框，则该复选框不可用。
  - ➢ 按统一比例缩放：指定块参照是否按统一比例缩放。
  - ➢ 允许分解：指定块参照是否可以被分解。

每个块定义必须包括块名、一个或多个对象、用于插入块的基点坐标和所有相关的属性数据。插入块时，将基点作为放置块的参照。

提醒一下：

建议用户指定块对象的左下角点为插入点（若是圆形，则圆心为插入点）。在插入块时系统会提示指定插入点，此插入点即块对象的基点。

动手操作——创建块

① 打开本例源文件“ex-1.dwg”。

② 在【插入】选项卡的【块定义】面板中单击【创建块】按钮，打开【块定 】对话框。

③ 在【名称】文本框中输入块的名称齿轮，单击【拾取点】按钮，如图 10-6 示。

④ 系统将暂时关闭对话框，在绘图区指定图形的中心点为块插入基点，如图 -7 所示。

⑤ 指定基点后，按 Enter 键返回【块定义】对话框。单击该对话框中的【选择 象】按钮，

切换到绘图区，使用窗口选择的方式选择窗口中的所有图形元素，按 Enter 键返回【块定义】对话框。

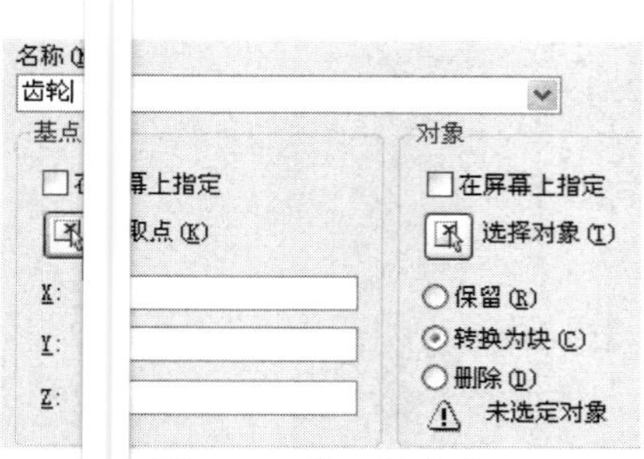

图 10-6　输入块名称

图 10-7　指定图形的中心点为块插入基点

⑥ 此时，在【名称】文本框旁边生成块图标。在该对话框的【说明】选项组中输入块的说明文字，如输入齿轮分度圆直径 12，齿数 18，压力角 20。其余选项采用默认设置，单击【确定】按钮，完成块的定义，如图 10-8 所示。

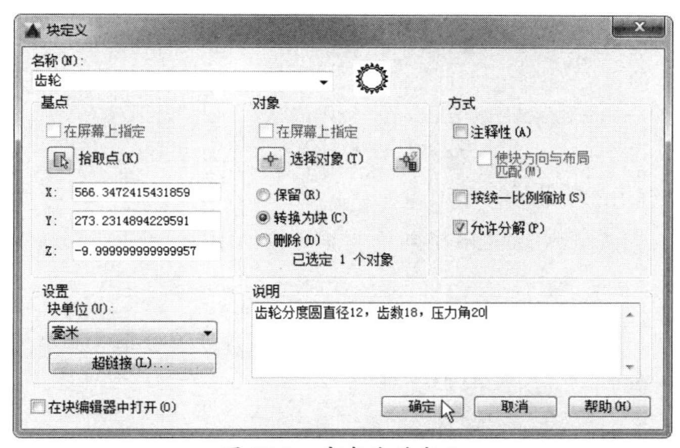

图 10-8　完成块的定义

提醒一下：

创建块时，必须先输入要创建块的图形对象，否则将显示【块-未选定任何对象】对话框，如图 10-9 所示。如果新块名与已有块重名，那么系统将显示【块-重新定义块】对话框，如图 10-10 所示，要求用户重新定义块或参照。

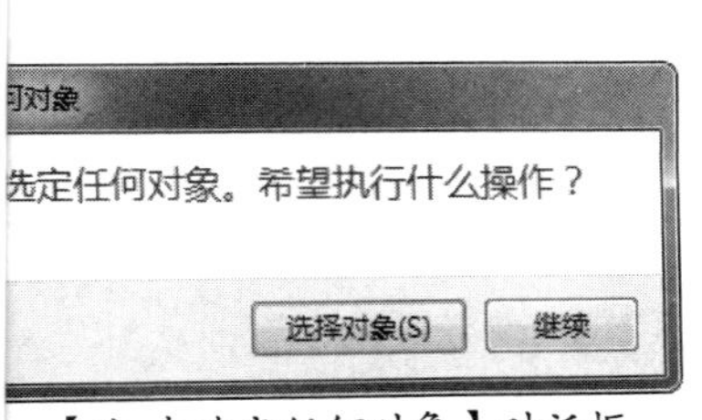

图 10-9　【块-未选定任何对象】对话框

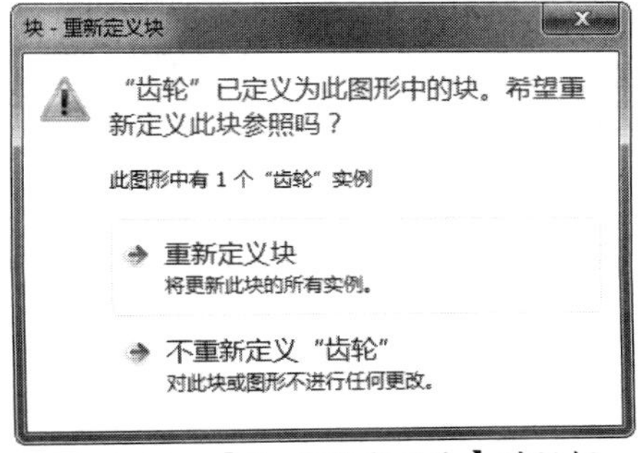

图 10-10　【块-重新定义块】对话框

10.2.2 插入块

插入块时，需要创建块参照并指定它的位置、缩放比例和旋转角度。插入块操作将创建一个称作块参照的对象，因为参照了存储在当前图形中的块定义。

块的插入方法较多，主要有以下几种：通过【插入】对话框插入块、在命令行中执行-insert命令插入块、通过【块】选项板插入块。

1. 通过【插入】对话框插入块

在命令行中执行 classicinsert 命令，打开【插入】对话框，如图 10-11 所示。

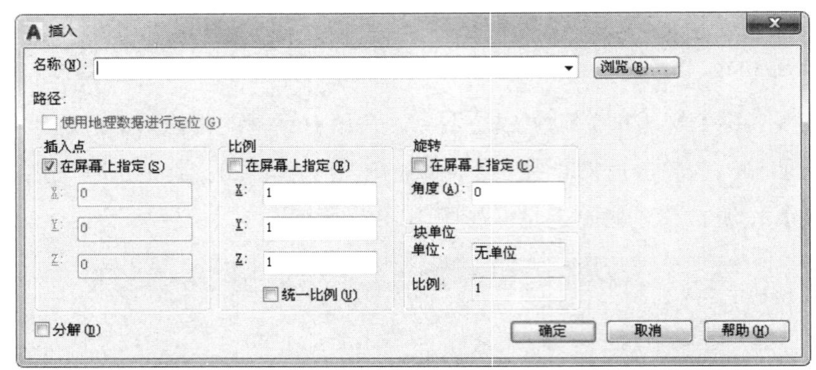

图 10-11 【插入】对话框

该对话框中各选项的含义如下。

- 【名称】下拉列表：在该下拉列表中指定要插入块的名称，或指定要作为块插入的文件名称。
- 【浏览】按钮：单击此按钮，打开【选择图形文件】对话框（标准的文件选择对话框），从中可选择要插入的块或图形文件。
- 路径：显示块文件的浏览路径。
- 【插入点】选项组：控制块的插入点。
  - 在屏幕上指定：用定点设备指定块的插入点。
- 【比例】选项组：指定插入块的缩放比例。若指定负的 X、Y、Z 比例因子，则插入块的镜像图像。

提醒一下：

若插入的块所使用的图形单位与为图形指定的单位不同，则块将自动按照两种单位相比的等价比例因子进行缩放。

  - 在屏幕上指定：用定点设备指定块的比例。
  - 统一比例：为 X、Y、Z 坐标指定单一的比例值。为 X 指定的值也反映在 Y 和 Z 的值中。
- 【旋转】选项组：在当前 UCS 中指定插入块的旋转角度。
  - 在屏幕上指定：用定点设备指定块的旋转角度。

角度：设置插入块的旋转角度。

- 【单位】选项组：显示有关块单位的信息。

单位：显示块的单位。

比例：显示块的当前比例因子。

- 解：分解块并插入该块的各个部分。勾选【分解】复选框时，只可以指定统一的例因子。

凡是户自定义的块或块库，都可以通过【插入】对话框插入其他图形文件中。将一个完整的图文件插入其他图形中时，图形信息将作为块定义复制到当前图形的块表中，后续插入的图具有不同位置、比例和旋转角度的块定义。作为块插入图形文件如图 10-12 所示。

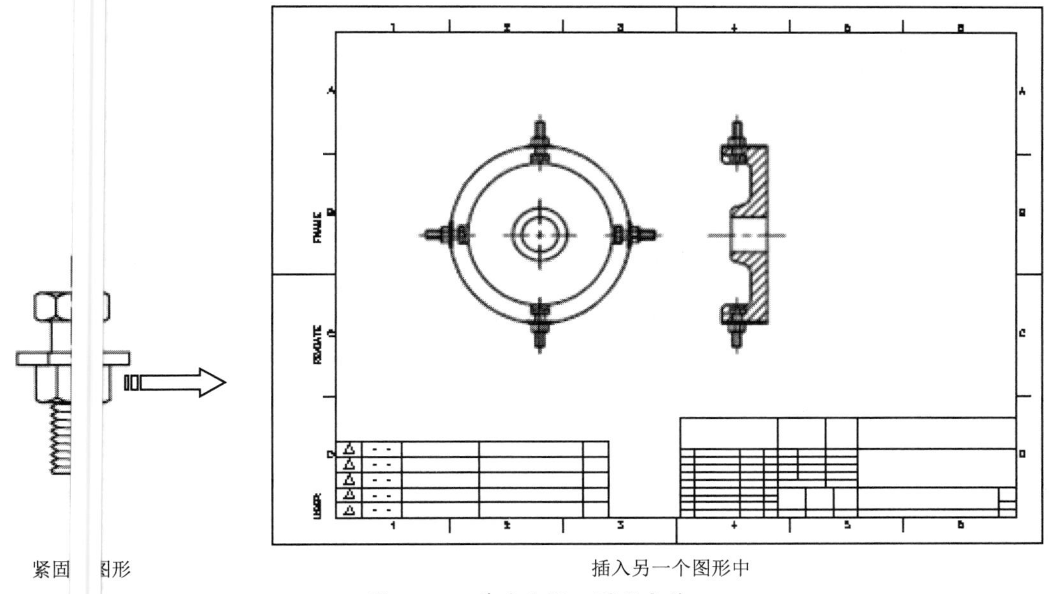

紧固　图形　　　插入另一个图形中

图 10-12　作为块插入图形文件

2.　命令行中执行-insert 命令插入块

如果在命令行中执行-insert 命令，那么将显示以下命令行操作提示：

```
命令 -insert
输入 名或 [?] <上一个>:                                          //输入块名
单位 毫米　转换: 1.00000000                                       //显示转换单位和比例
指定 入点或 [基点(B)//比例(S)//X//Y//Z//旋转(R)]:                    //指定插入点或输入选项
输入  比例因子，指定对角点，或 [角点(C)//XYZ(XYZ)] <1>:              //输入 X 比例因子
输入  比例因子或 <使用 X 比例因子>:                                  //输入 Y 比例因子
指定 转角度 <0>:                                                  //输入块旋转角度值
```

操作提示中各选项的含义如下。

- 入块名：若在当前编辑任务期间已经在当前图形中插入了块，则最后插入的块的名称将作为当前块出现在提示中。
- 插入点：指定块或图形的位置，此点与块定义时的基点重合。

- 基点：将块临时放置到其当前所在的图形中，并允许在将块参照拖动到指定位置时为块指定新基点。这不会影响为块参照定义的实际基点。
- 比例：设置 X、Y 和 Z 的比例因子。
- X、Y、Z：设置 X、Y、Z 的比例因子。
- 旋转：设置块插入的旋转角度。
- 指定对角点：指定缩放比例的对角点。

动手操作——插入块

下面通过范例说明在命令行中执行-insert 命令插入块的操作过程。

① 打开本例源文件“ex-2.dwg”。

② 在命令行中执行-insert 命令。

③ 插入块时，将块放大为原来的 1.1 倍，并旋转 45°。命令行操作提示如下：

```
命令：-insert
输入块名或 [?] <扳手>：↙
单位：毫米    转换：1.00000000                          //转换单位信息
指定插入点或 [基点(B)//比例(S)//X//Y//Z//旋转(R)]：s↙ //输入 s
指定 XYZ 轴的比例因子 <1>：1.1↙                         //输入比例因子
指定插入点或 [基点(B)//比例(S)//X//Y//Z//旋转(R)]：r↙ //输入 r
指定旋转角度 <0>：45↙                                   //输入旋转角度值
指定插入点或 [基点(B)//比例(S)//X//Y//Z//旋转(R)]：    //指定插入点
```

④ 在图形中插入块的结果如图 10-13 所示。

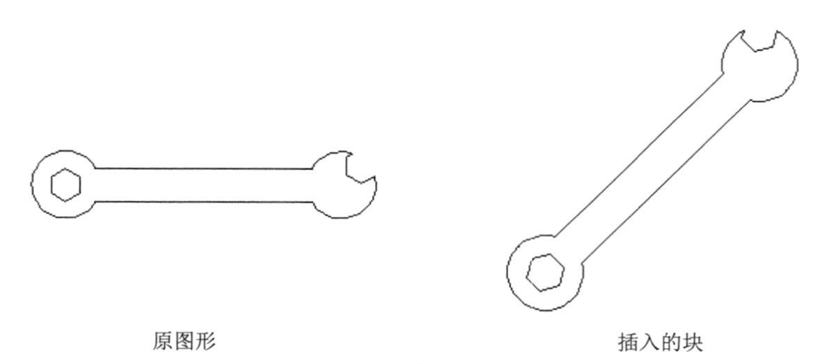

图 10-13 在图形中插入块的结果

3. 通过【块】选项板插入块

在【插入】选项卡的【块】面板中单击【插入】按钮，打开【块】选项板。【块】选项板中的图形都是定义的块，在该选项板中可定义块的旋转角度和比例。例如，将块拖到模型空间时，可将该块按照 1/100 的比例插入。

在【块】选项板中拖动块时可以使用对象捕捉，但不能使用栅格捕捉。

在【块】选项板中拖动块插入模型空间时的状态如图 10-14 所示。

提醒一下：

可以将模型空间中的当前图形、最近使用的图形或从外部导入的图形制作成块。

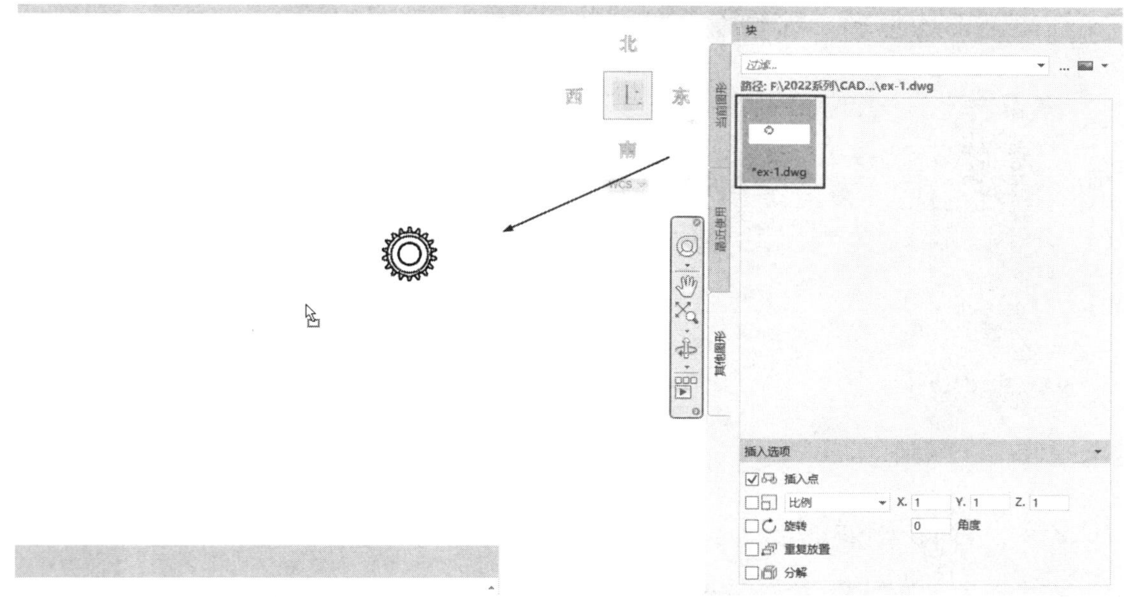

图 10-14　在【块】选项板中拖动块插入模型空间时的状态

10.2.3　删除块

要删除未使用的块定义并减小图形尺寸，在绘图过程中可使用【清理】命令。【清理】命令主要删除图形中未使用的命名项目，如块定义和图层。

用户可通过以下方式来执行上述操作。

- 菜单栏：执行【文件】|【图形实用工具】|【清理】命令。
- 命令行：输入 purge。

在命令行中执行 purge 命令，可打开【清理】对话框，如图 10-15 所示，该对话框中显示可被清理的项目。

该对话框中各选项的含义如下。

- 可清除项目：切换树状图以显示当前图形中可以清除的命名对象的概要。
- 查找不可清除项目：切换树状图以显示当前图形中不能清除的命名对象的概要。
- 命名项目未使用：列出当前图形中未使用的、可被清除的命名对象。可以通过单击加号或双击对象类型列出任意对象类型的项目。通过选择要清除的项目来清理项目。
- 确认要清理的每个项目：清理项目时显示【清理-确认清理】对话框，如图 10-16 所示。
- 清理嵌套项目：从图形中删除所有未使用的命名对象，即使这些对象包含在其他未使用的命名对象中或被这些对象所参照。

在【清理】对话框的【命名项目未使用】选项组中选择块，单击【清除选中的项目】按钮，定义的块将被删除。

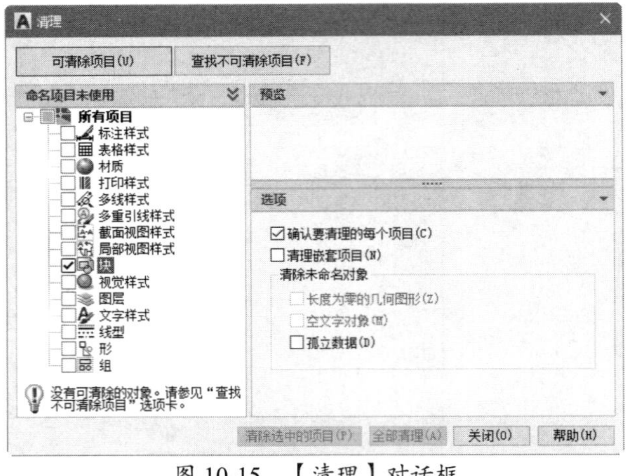

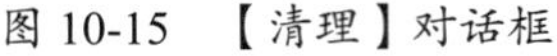
图 10-15 【清理】对话框

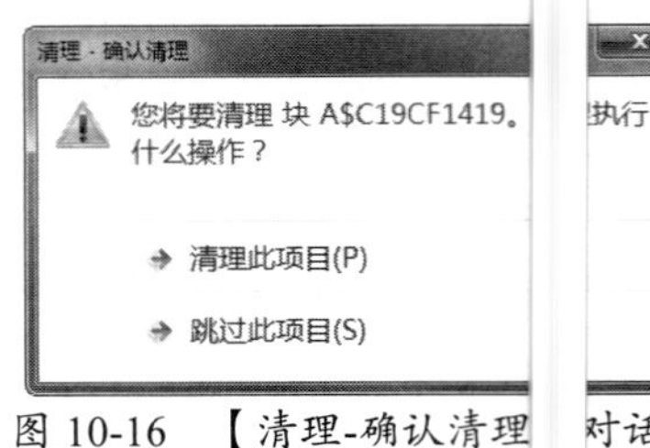

图 10-16 【清理-确认清理】对话框

10.2.4 存储并参照块

每个图形文件都有一个称作块定义表的不可见数据区域。块定义表中存储着全部的块定义，包括块的全部关联信息。在图形中插入块时，所参照的就是这些块定义。

图 10-17 所示为图形文件的概念性表示。每个矩形表示一个单独的图形文件，并分为两个部分：较小的部分表示块定义表，较大的部分表示图形中的对象。

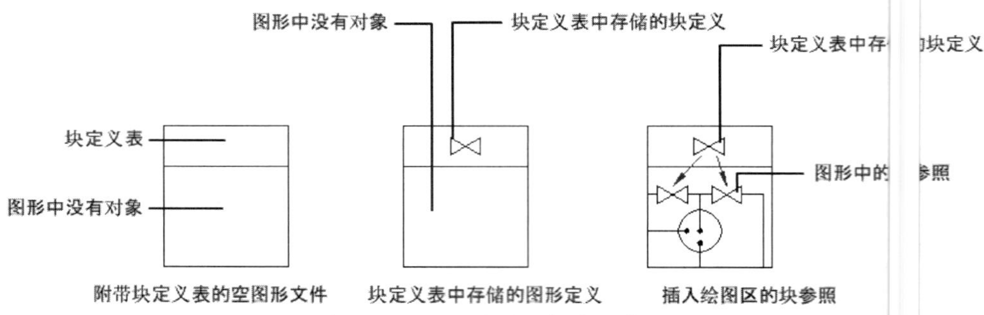

图 10-17 图形文件的概念性表示

插入块即插入了块参照。不仅是将信息从块定义复制到绘图区，而且在块参照与块定义之间建立了链接。因此，如果修改块定义，那么所有的块参照也将自动更新。

当用户使用 block 命令定义一个块时，该块只能在存储该块定义的图形文件中使用。为了能在别的图形文件中再次引用该块，必须使用 wblock 命令，即打开【写块】对话框（见图 10-18）来进行图形文件的存放设置。

【写块】对话框将显示不同的默认设置，这取决于是否选定了对象、是否选定了单个块或是否选定了非块的其他对象。该对话框中各选项的含义如下。

- 【块】单选按钮：指明存入图形文件的是块。此时用户可以从该单选按钮后面的下拉列表中选择已定义的块的名称。
- 【整个图形】单选按钮：将当前图形文件看成一个块，将该块存储于指定的图形文件中。

图 10-18　【写块】对话框

- 【对象】单选按钮：将选定对象存入图形文件，此时要求指定块的基点，并选择块所包含的对象。
- 【基点】选项组：指定块的基点，默认值是（0,0,0）。
  - 【拾取点】按钮：暂时该关闭对话框以使用户能在当前图形中拾取插入基点。
- 【对象】选项组：设置用于创建块的对象上块创建的效果。
  - 【选择对象】按钮：暂时关闭该对话框以使用户可以选择一个或多个对象并将其保存至图形文件。
  - 【快速选择】按钮：单击此按钮，打开【快速选择】对话框，从中可以过滤选择集。
  - 【保留】单选按钮：将选定对象另存为图形文件后，在当前图形中仍保留该对象。
  - 【转换为块】单选按钮：将选定对象另存为图形文件后，在当前图形中将其转换为块。将【块】单选按钮后面下拉列表中的选项指定为图形文件的名称。
  - 【从图形中删除】单选按钮：将选定对象另存为图形文件后，在当前图形中删除该对象。
  - 未选定对象：该区域显示未选定对象或选定对象的数目。
- 【目标】选项组：指定图形文件的新名称和新位置及插入块时所用的测量单位。
  - 【文件名和路径】下拉列表：指定目标图形文件的路径，单击该下拉按钮右侧的【浏览】按钮，将打开【浏览文件夹】对话框。
  - 【插入单位】下拉列表：设置将此处创建的块文件插入其他图形时所使用的单位。该下拉列表中包括多种可选单位。

10.2.5　嵌套块

使用嵌套块，可以在几个部件外创建单个块。使用嵌套块可以简化复杂块定义的部件。例如，可以将一个机械部件的装配图作为块插入，该部件包括机架、支架和紧固件，而紧固件又是由螺钉、垫片和螺母组成的块，如图 10-19 和图 10-20 所示。

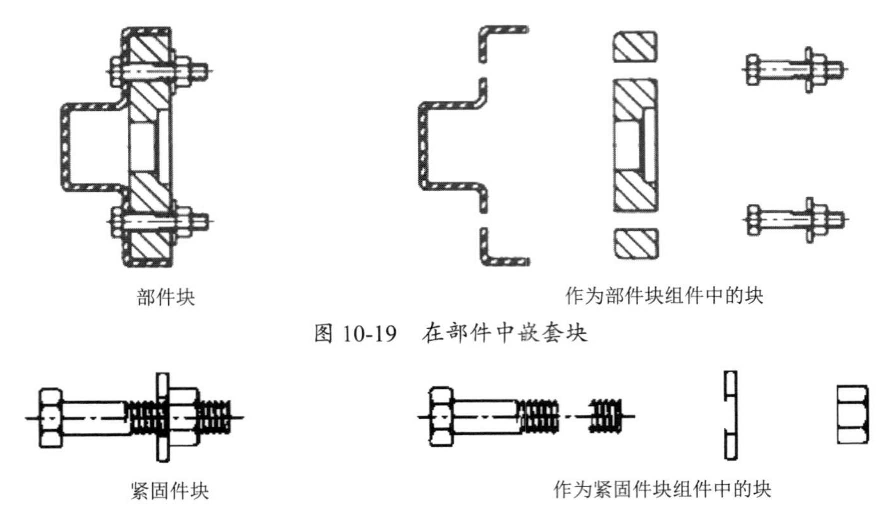

图 10-19　在部件中嵌套块

图 10-20　在紧固件中嵌套块

嵌套块的唯一限制是不能插入参照自身的块。

10.2.6　间隔插入块

在命令行中执行 divide 或者 measure 命令，可以将点对象或块沿对象的长度或周长等间隔排列，也可以将点对象或块在对象上指定间隔处放置。

10.2.7　多重插入块

多重插入块就是在矩形阵列中插入一个块的多个引用。在插入过程中，minsert 命令不能像使用 insert 命令那样在块名前使用“*”号来分解块对象。

下面通过以下范例说明多重插入块的操作过程。

动手操作——多重插入块

本例中插入块的名称为螺纹孔块，基点为孔中心，如图 10-21 所示。

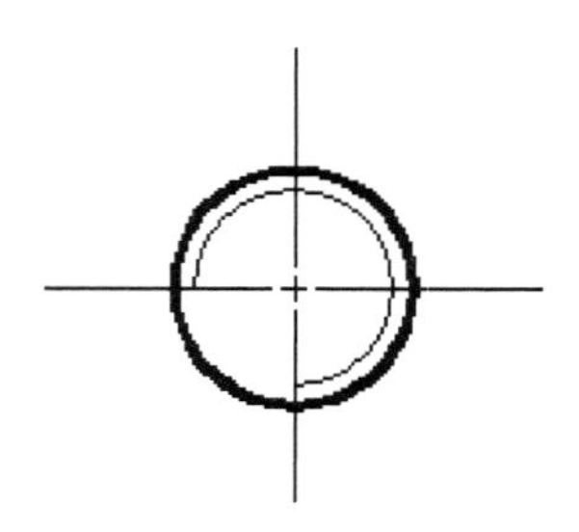

图 10-21　螺纹孔块

① 打开本例源文件“ex-3.dwg”。

② 先在命令行中执行 minsert 命令，然后将螺纹孔块插入图形中。命令行操作提示如下：

```
命令：minsert
输入块名或 [?] <螺纹孔>:                    //输入块名
```

```
单位：毫米    转换：1.00000000                                              //转换信息提示
指定插入点或 [基点(B)//比例(S)//X//Y//Z//旋转(R)]：                         //指定插入基点
输入 X 比例因子，指定对角点，或 [角点(C)//XYZ(XYZ)] <1>：↙                  //输入 X 比例因子
输入 Y 比例因子或 <使用 X 比例因子>：↙                                      //输入 Y 比例因子
指定旋转角度 <0>：↙                                                         //输入块旋转角度值
输入行数 (---) <1>：2↙                                                      //输入行数
输入列数 (|||) <1>：4 ↙                                                     //输入列数
输入行间距或指定单位单元 (---)：38 ↙                                        //输入行间距值
指定列间距 (|||)：23↙                                                       //输入列间距值
```

③　插入的块如图 10-22 所示。

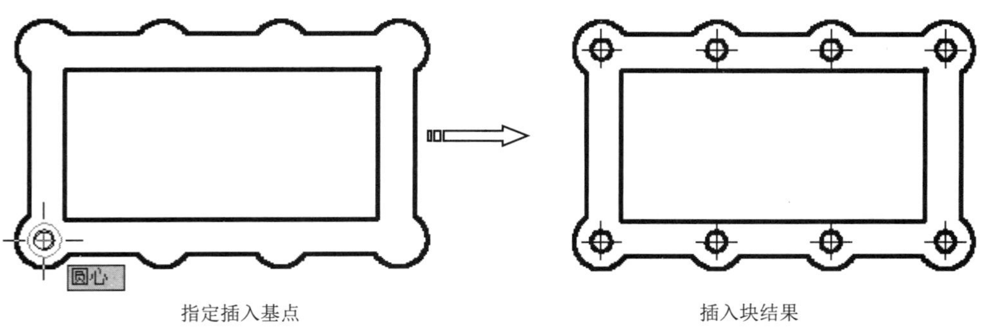

图 10-22　插入的块

10.2.8　创建块库

块库是存储在单个图形文件中块定义的集合。在创建插入块时，用户可以使用 Autodesk 或其他厂商提供的块库或自定义块库。

通过在同一图形文件中创建块，可以组织一组相关的块定义。使用这种方法的图形文件称为块、符号或库。这些块定义可以单独插入正在其中工作的任何图形。除块几何图形之外，还包括提供块名的文字、创建日期、最后修改的日期及任何特殊的说明或约定。

下面通过以下范例说明块库的创建过程。

动手操作——创建块库

①　打开本例源文件“ex-4.dwg”，如图 10-23 所示。

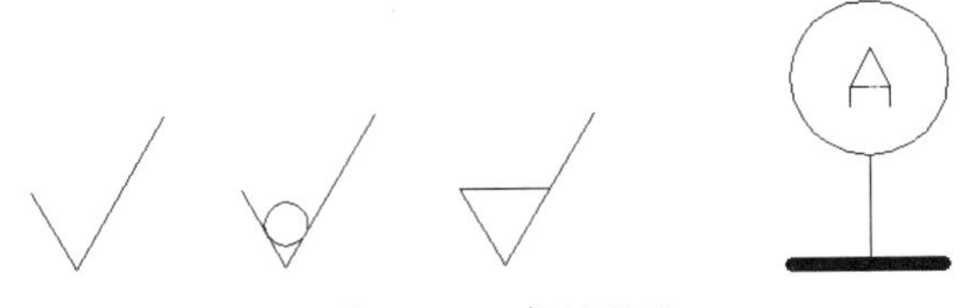

图 10-23　实例图形

②　首先为代表粗糙度符号及基准代号的小图形创建块定义，名称分别为“粗糙度符号-1”“粗糙度符号-2”“粗糙度符号-3”“基准代号”。添加的说明分别是“基本符号，表面可用任何方法获得”“基本符号，表面用不去除材料的方法获得”“基本符号，表面用去除材料的方法获得”“此基准代号的基准要素为线或面”。其中，创建的基准代号块如图 10-24 所示。

图 10-24　创建的基准代号块

③　在命令行中执行 ADCENTER（设计中心）命令，打开【设计中心】选项板，该选项板中列出了创建的块库，如图 10-25 所示，块库中包含了先前创建的 4 个块及其说明。

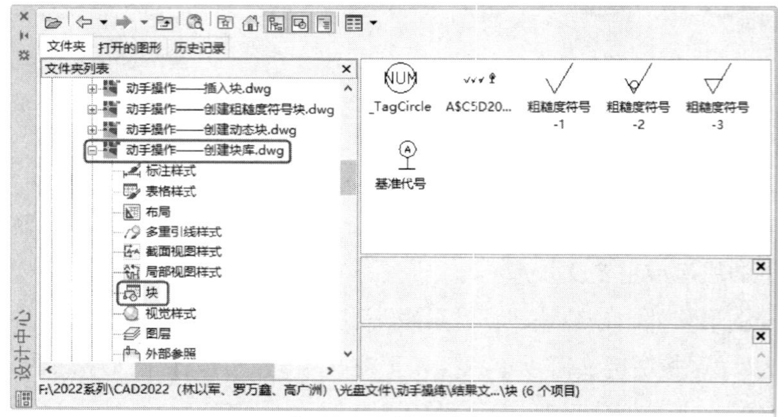

图 10-25　创建的块库

10.3　块编辑器

在 AutoCAD 2022 中，用户可使用块编辑器来创建块定义和添加动态行为。用户可通过以下方式来执行上述操作。

- 菜单栏：执行【工具】|【块编辑器】命令。
- 面板：在【插入】选项卡的【块定义】面板中单击【块编辑器】按钮。
- 命令行：输入 bedit。

在命令行中执行 bedit 命令，打开【编辑块定义】对话框，如图 10-26 所示。

在该对话框的【要创建或编辑的块】文本框中输入新的块名称，如 A，单击【确定】按钮，系统自动显示【块编辑器】选项卡，同时打开【块编写选项板-所有选项板】选项板。

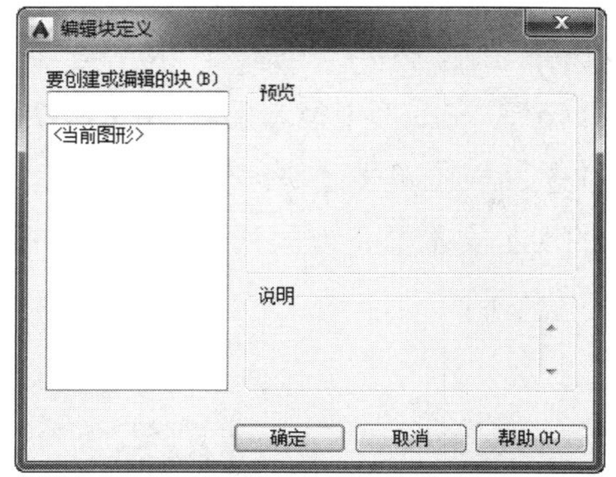

图 10-26　【编辑块定义】对话框

10.3.1　【块编辑器】选项卡

【块编辑器】选项卡和【块编写选项板-所有选项板】选项板提供了绘图区，用户可以像在系统的主绘图区一样在此区域绘制和编辑几何图形，并可以指定块编辑器绘图区的背景色。【块编辑器】选项卡如图 10-27 所示。【块编写选项板-所有选项板】选项板如图 10-28 所示。

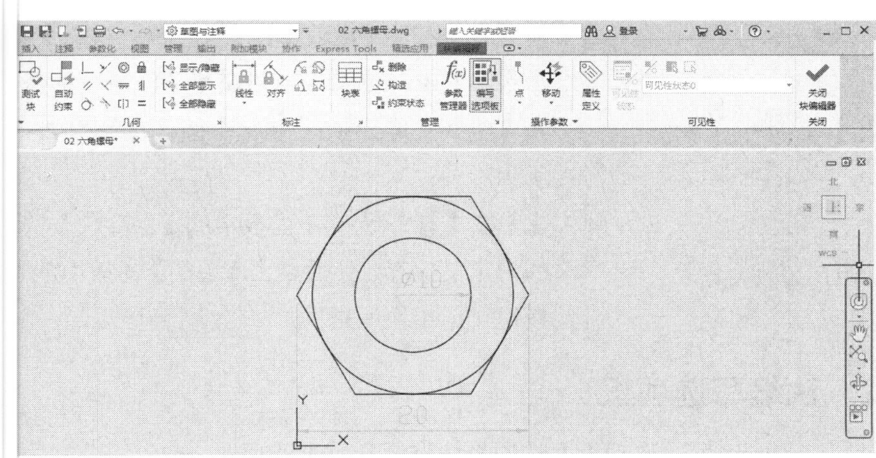

图 10-27　【块编辑器】选项卡

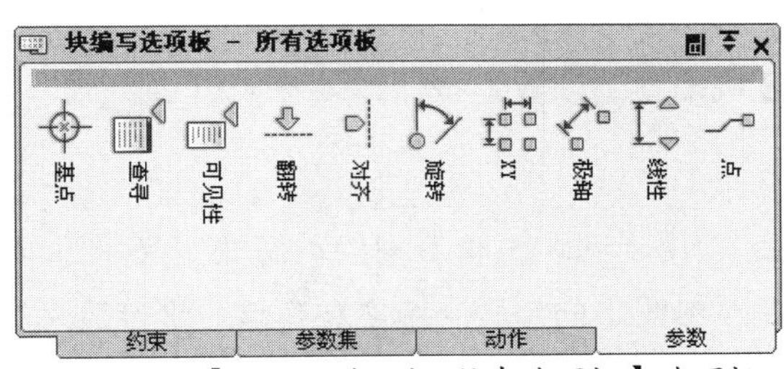

图 10-28　【块编写选项板-所有选项板】选项板

提醒一下：

用户可使用【块编辑器】选项卡中的多数按钮。当用户使用了【块编辑器】选项卡中不允许使用的按钮时，命令行操作提示中将显示一条警告消息。

动手操作——创建粗糙度符号块

① 打开本例源文件“ex-5.dwg”。在图形中插入的块如图 10-29 所示。

② 在【插入】选项卡的【块】面板中单击【块编辑器】按钮，打开【编辑块定义】对话框。在【要创建或编辑的块】文本框下方的列表框中选择【粗糙度符号-3】选项，单击【确定】按钮，如图 10-30 所示。

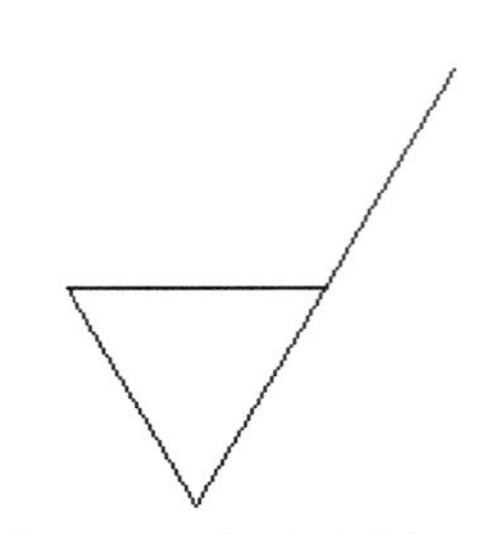

图 10-29 在图形中插入的块

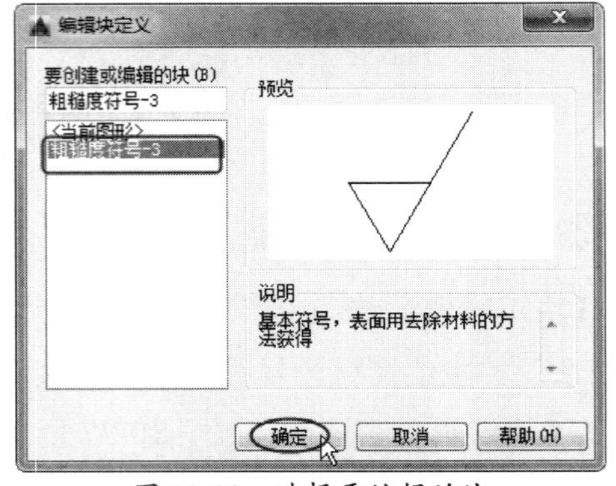

图 10-30 选择要编辑的块

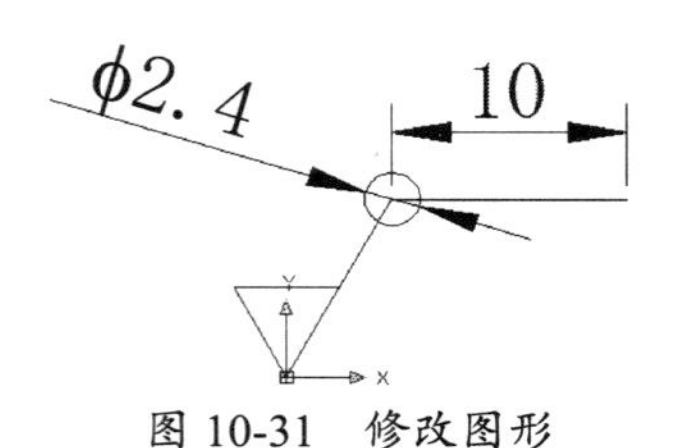

图 10-31 修改图形

③ 随后系统打开【块编辑器】选项卡。在命令行中执行 LINE 命令和 CIRCLE 命令，以在绘图区原图形基础之上添加一条直线（长度为 10）和一个圆（直径为 2.4），如图 10-31 所示。

④ 先单击【打开/保存】面板中的【保存块】按钮，将编辑的块定义保存。然后单击【关闭】面板中的【关闭块编辑】按钮，退出块编辑器。

10.3.2 块编写选项板

【块编写选项板-所有选项板】选项板中有【参数】选项卡、【动作】选项卡、【参数集】选项卡和【约束】选项卡。【块编写选项板-所有选项板】选项板可通过单击【块编辑器】选项卡【工具】面板中的【块编写选项板】按钮，来打开或关闭。

1.【参数】选项卡

【参数】选项卡中各选项用于向块编辑器中的动态块定义中添加参数，如图 10-32 所示。参数用于指定几何图形在块参照中的位置、距离和角度。将参数添加到动态块定义中时，该参数将定义块的一个或多个自定义特性。

2.【动作】选项卡

【动作】选项卡中各选项用于向块编辑器中的动态块定义中添加动作，如图 10-33 所示。动作定义了在图形中操作块参照的自定义特性时，动态块参照中的几何图形将如何移动或变化。

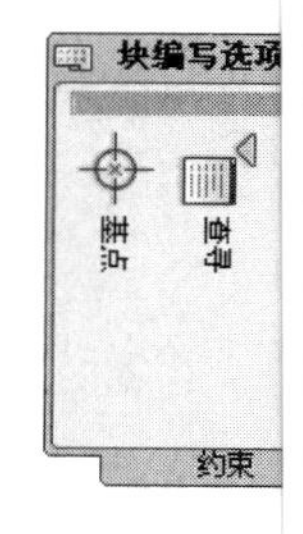

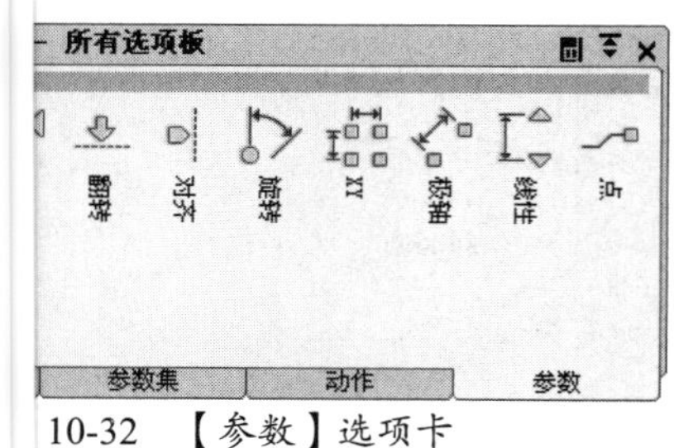

图 10-32　【参数】选项卡

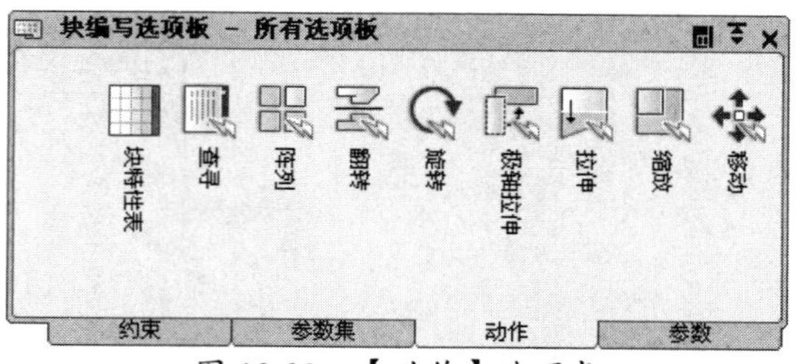

图 10-33　【动作】选项卡

3.【参数集】选项卡

【参数集】选项卡中各选项用于在块编辑器中向动态块定义中添加一个参数和至少一个动作，如图 10-34 所示。将参数添加到动态块定义中时，动作将自动与参数相关联。将参数添加到动态块定义中后，双击警告图标，并按照提示将该动作与几何图形选择集相关联。

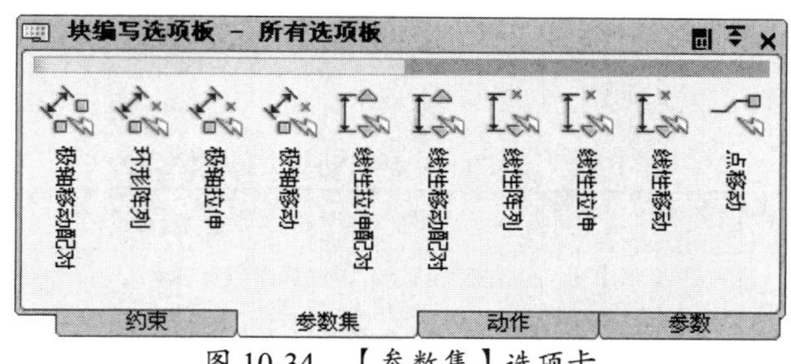

图 10-34　【参数集】选项卡

4.【约束】选项卡

【约束】选项卡中各选项用于图形的位置约束。这些选项与【块编辑器】选项卡的【几何】面板中的约束选项相同。

10.4　动态块

如果向块定义中添加了参数和动作，也就为块几何图形增添了灵活性和智能性。动态块参照并非图形的固定部分，用户在图形中进行操作时可以对其进行修改或操作。

10.4.1　动态块的概述

向块中添加参数和动作可以使其成为动态块。动态块具有灵活性和智能性，用户在操作时可以轻松地更改图形中的动态块参照。这使得用户可以根据需要在位调整块，而不用搜索另一个块以插入或重定义现有的块。

通过【块编辑器】选项卡中的按钮，将参数和动作添加到块中，或者将动态元素添加到新的或现有的块定义中。向块添加参数和动作如图 10-35 所示。块编辑器内显示了一个定义块，该块包含一个标有距离的线性参数，其显示方式与尺寸标注类似，此外还包含一个拉伸动作，该动作包含一个发亮螺栓和一个“拉伸”标签。

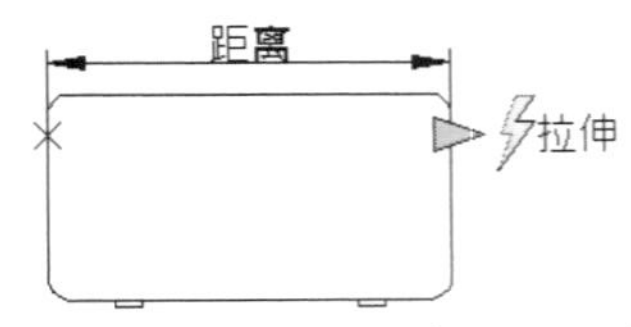

图 10-35　向块添加参数和动作

10.4.2　向块中添加动态元素

用户可以在块编辑器中向块定义中添加动态元素（参数和动作）。特殊情况下，除几何图形外，动态块中通常包含一个或多个参数和动作。

参数表示通过指定块中几何图形的位置、距离和角度来定义动态块的自定义特性。动作表示定义在图形中操作动态块参照时，该块参照中的几何图形将如何移动或变化。

添加到动态块中的参数类型决定了添加的夹点类型，每种参数类型仅支持特定类型的动作。表 10-1 所示为参数、夹点和动作之间的关系。

表 10-1　参数、夹点和动作之间的关系

参数类型	夹点类型	说　明	与参数关联的动作
点	■	在图形中定义一个 X 位置和 Y 位置。在块编辑器中，外观类似于坐标标注	移动、拉伸
线性	▶	可显示出两个固定点之间的距离。约束夹点沿预设角度移动。在块编辑器中，外观类似于对齐标注	移动、缩放、拉伸、阵列
极轴	■	可显示出两个固定点之间的距离并显示角度。可以使用夹点和【特性】选项板来更改距离和角度。在块编辑器中，外观类似于对齐标注	移动、缩放、拉伸、极轴拉伸、阵列
XY	■	可显示出距参数基点的 X 距离和 Y 距离。在块编辑器中，显示为一对标注（水平标注和垂直标注）	移动、缩放、拉伸、阵列
旋转	●	可定义角度。在块编辑器中，显示为一个圆	旋转
翻转	➡	翻转对象。在块编辑器中，可显示为一条投影线，围绕这条投影线翻转对象，也可显示为一个值，该值显示出了块参照是否已被翻转	翻转
对齐	▶	可定义 X 位置和 Y 位置及一个角度。对齐参数总是应用于整个块，并且无须与任何动作相关联。该参数允许块参照自动围绕一个点旋转，以便与图形中的另一个对象对齐。该参数会影响块参照的旋转特性。在块编辑器中，外观类似于对齐线	无(此动作隐藏在参数中)
可见性	▼	可控制对象在块中的可见性。可见性参数总是应用于整个块，并且无须与任何动作相关联。在图形中单击夹点可以显示块参照中所有可见性状态的列表。在块编辑器中，显示为带有关联夹点的文字	无（此动作是隐含的，并且受可见性状态的控制）
查询	▼	定义一个可以指定或设置为计算用户定义的列表或表中值的自定义特性。该参数可以与单个查寻夹点相关联。在块参照中单击该夹点可以显示可用值的列表。在块编辑器中，显示为带有关联夹点的文字	查询

续表

参 数 类	夹 点 类 型	说　　明	与参数关联的动作
基点	□	在动态块参照中相对于该块中的几何图形定义一个基点无法与任何动作相关联，但可以归属于某个动作的选择集。在块编辑器中，显示为带有十字光标的圆	无

注意 参数和动作仅显示在块编辑器中。将动态块参照插入图形中时，将不会显示动态块定义中 含的参数和动作。

10.4.3 创建动态块

在创 动态块之前，应当了解其外观及其在图形中的使用方式。确定当操作动态块参照时，块中 那些对象会更改或移动。另外，还要确定这些对象将如何更改或移动。

下面 过以下范例说明创建动态块的操作过程。本例将创建一个可旋转、可调整大小的动态块。

动手 作——创建动态块

① 在【 入】选项卡的【块】面板中单击【块编辑器】按钮，打开【编辑块定义】对话框。 【要创建或编辑的块】文本中输入动态块，并单击【确定】按钮，如图 10-36 所示。

② 使用 直线】命令绘制图形。使用【单行文字】命令在图形中添加文字，如图 10-37 所示

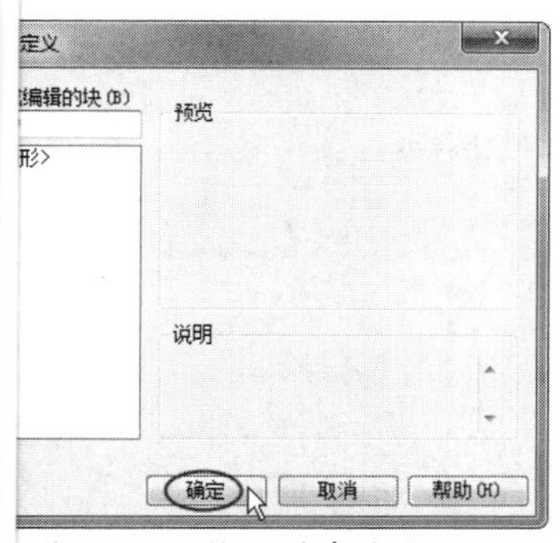

图 10-36　输入动态块名

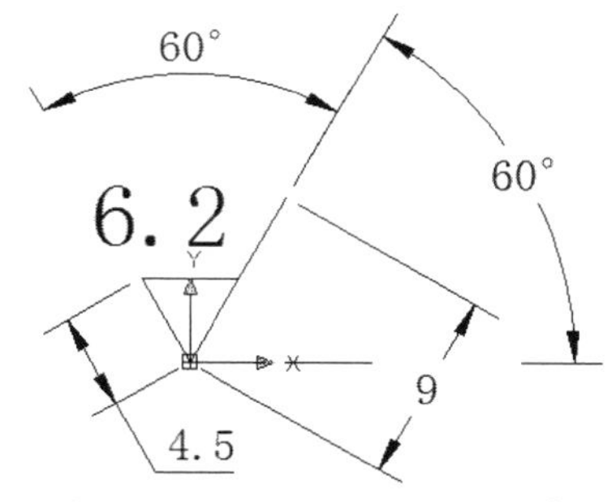

图 10-37　绘制图形和添加文字

提醒一下

在块编 器处于激活状态时，仍然可使用功能区中其他选项卡的按钮绘制图形。

③ 添加 参数。在【块编写选项板-所有选项板】选项板的【参数】选项卡中单击【点】按钮 并按命令行的如下提示进行操作：

```
命令: BParameter 点
指定  位置或 [名称(N)//选项卡(L)//链(C)//说明(D)//选项板(P)]: L↙  //输入 L
输入  特性选项卡 <位置>: 基点↙                                   //输入选项卡名称
指定  位置或 [名称(N)//选项卡(L)//链(C)//说明(D)//选项板(P)]:     //指定参数位置
指定  卡位置:                                                     //指定选项卡位置
```

④ 添加 参数的操作过程及结果如图 10-38 所示。

⑤ 添加 性参数。在【块编写选项板-所有选项板】选项板的【参数】选项卡中单击【线

性】按钮，并按命令行的如下提示进行操作：

```
命令：_BParameter 线性
指定起点或 [名称(N)//选项卡(L)//链(C)//说明(D)//基点(B)//选项板(P)//值集(V)]：L↙
输入距离特性选项卡 <距离>：拉伸↙
指定起点或 [名称(N)//选项卡(L)//链(C)//说明(D)//基点(B)//选项板(P)//值集(V)]：
指定端点：
指定选项卡位置：
```

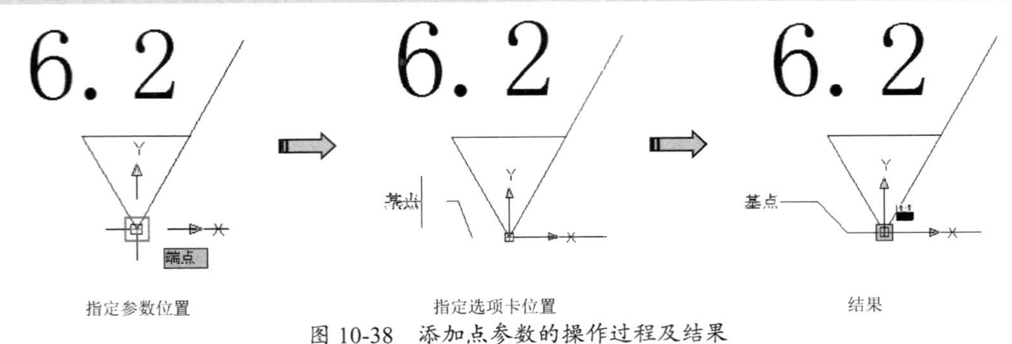

图 10-38　添加点参数的操作过程及结果

⑥ 添加线性参数的操作过程及结果如图 10-39 所示。

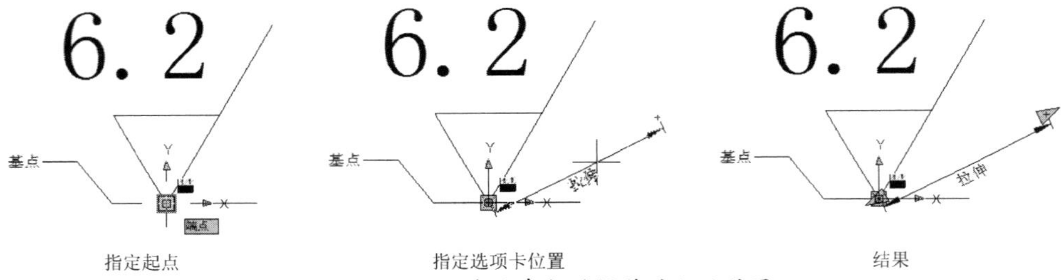

图 10-39　添加线性参数的操作过程及结果

⑦ 添加旋转参数。在【块编写选项板-所有选项板】选项板的【参数】选项卡中单击【旋转】按钮，并按命令行的如下提示进行操作：

```
命令：_BParameter 旋转
指定基点或 [名称(N)//选项卡(L)//链(C)//说明(D)//选项板(P)//值集(V)]：L↙
输入旋转特性选项卡 <角度>：旋转↙
指定基点或 [名称(N)//选项卡(L)//链(C)//说明(D)//选项板(P)//值集(V)]：
指定参数半径：3↙
指定默认旋转角度或 [基准角度(B)] <0>：270↙
指定选项卡位置：
```

⑧ 添加旋转参数的操作过程及结果如图 10-40 所示。

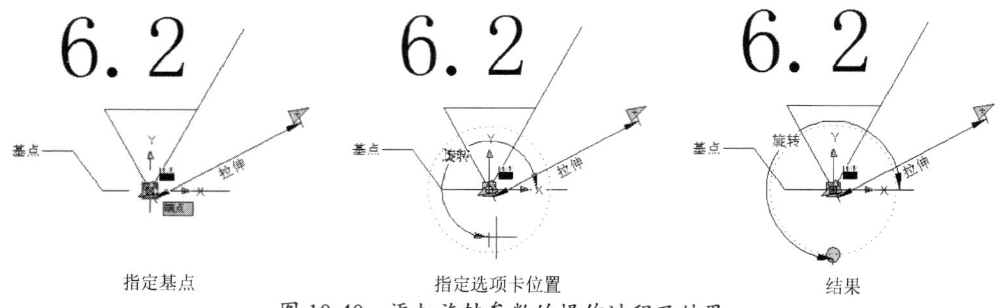

图 10-40　添加旋转参数的操作过程及结果

⑨　添加缩放动作。在【块编写选项板-所有选项板】选项板的【动作】选项卡中单击【缩放】按钮，并按命令行的如下提示进行操作：

```
命令:  ActionTool 缩放
选择参  ↙
指定动 的选择集
选择对  找到 1 个
选择对  找到 1 个，总计 2 个
选择对  找到 1 个，总计 3 个
选择对  找到 1 个，总计 4 个
选择对  ↙
指定动 位置或 [基点类型(B)]:
```

⑩　添加缩放动作的操作过程及结果如图 10-41 所示。

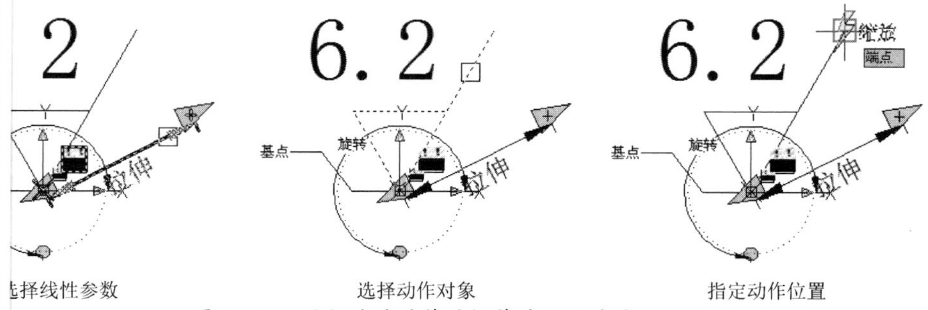

选择线性参数　　选择动作对象　　指定动作位置

图 10-41　添加缩放动作的操作过程及结果

提醒一下

双击【 作】选项卡，还可以继续添加动作对象。

⑪　添加旋转动作。在【块编写选项板-所有选项板】选项板的【动作】选项卡中单击【旋转】按钮，并按命令行的如下提示进行操作：

```
命令:  ActionTool 旋转
选择参 : ↙                                //选择旋转参数
指定动 的选择集
选择对 : 找到 1 个                         //选择动作对象 1
选择对 : 找到 1 个，总计 2 个              //选择动作对象 2
选择对 : 找到 1 个，总计 3 个              //选择动作对象 3
选择对 : 找到 1 个，总计 4 个              //选择动作对象 4
选择对 : ↙
指定动 位置或 [基点类型(B)]:               //指定动作位置
```

⑫　添加旋转动作的操作过程及结果如图 10-42 所示。

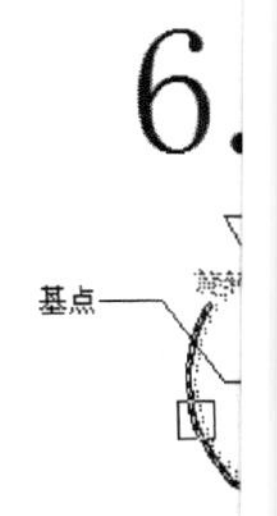

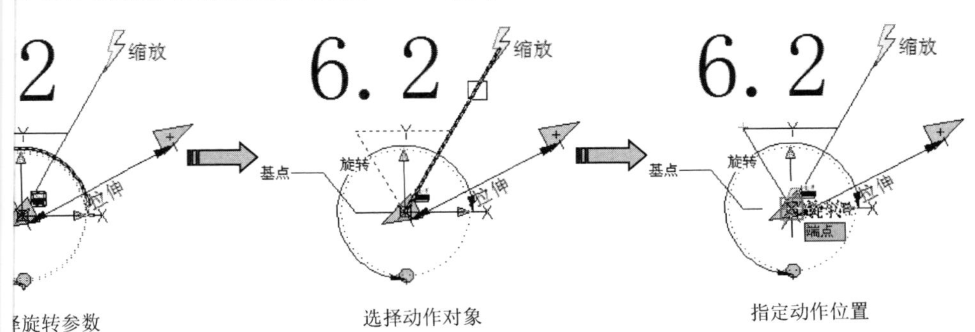

选择旋转参数　　选择动作对象　　指定动作位置

图 10-42　添加旋转动作的操作过程及结果

提醒一下：

用户可以通过自定义夹点和自定义特性来操作动态块参照。例如，选择某一动作并右击，在弹出的右键快捷菜单中执行【特性】命令，在打开的【特性】选项板中添加夹点或动作对象。

⑬ 先单击【管理】面板中的【保存】按钮，将定义的动态块保存，然后单击【关闭块编辑器】按钮退出块编辑器。

⑭ 单击【插入】选项卡【块】面板中的【插入】按钮，在绘图区插入动态块。先单击块，然后使用夹点来缩放或旋转块，如图 10-43 所示。

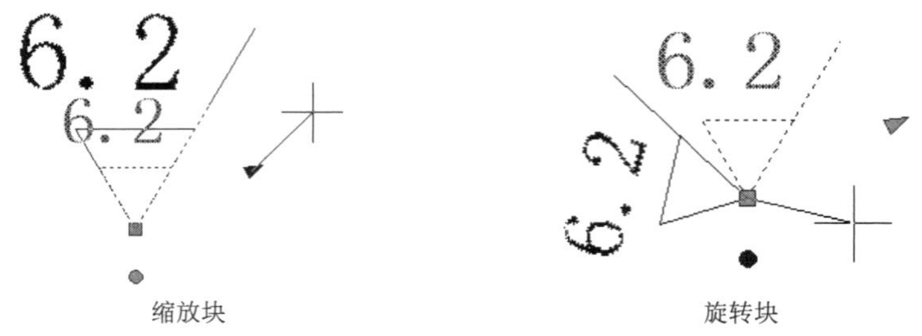

图 10-43　缩放或旋转块

10.5　块的属性

块属性是附属于块的非图形信息，是块的组成部分，可包含在块定义中的文字对象。在定义一个块时，属性必须预先定义而后选定。通常属性用于在块的插入过程中的自动注释。图 10-44 所示为具有属性的块。

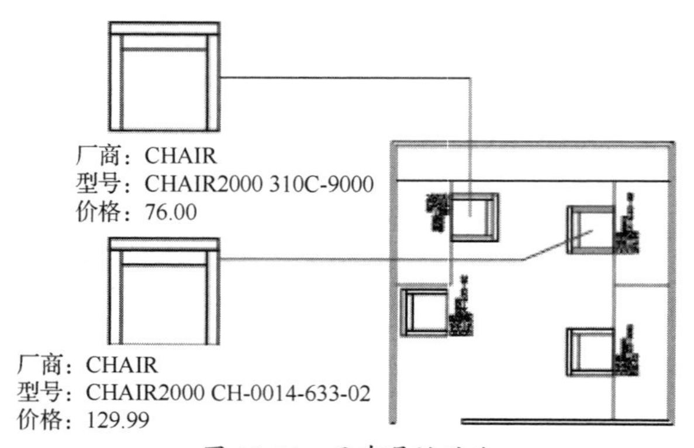

图 10-44　具有属性的块

10.5.1　块属性的特点

在 AutoCAD 中，用户可以在图形绘制完成后（甚至在绘制完成前），使用 ATTEXT 命令将块属性的数据从图形中提取出来，并将这些数据写入一个文件，这样就可以从图形数据库文件中获取块属性的数据信息了。块属性具有以下特点。

- 块属性由属性标记名和属性值两部分组成。
- 定义块前，应先定义该块的每个属性，即规定每个属性的标记名、属性提示、属性默认值、属性的显示格式（可见或不可见）及属性在图中的位置等。

- 定义块时，应用图形对象和表示属性定义的属性标记名一起定义块对象。
- 插入有属性的块时，系统将提示用户输入需要的属性值。插入块后，属性用它的值表示。
- 插入块后，用户可以改变属性的显示可见性，对属性做修改，把属性单独提取出来写入文件，以供统计、制表使用，也可以与其他高级语言或数据库进行数据通信。

10.5.2　定义块属性

要创建带有属性的块，可以先绘制希望作为块元素的图形，然后创建希望作为块元素的属性，最后同时选中图形及属性，将其统一定义为块或保存为块文件。

块属性是通过【属性定义】对话框来设置的。用户可通过以下方式打开该对话框。

- 菜单栏：执行【绘图】|【块】|【定义属性】命令。
- 面板：在【插入】选项卡的【块定义】面板中单击【定义属性】按钮。
- 命令行：输入 attdef。

在命令行中执行 attdef 命令，打开【属性定义】对话框，如图 10-45 所示。

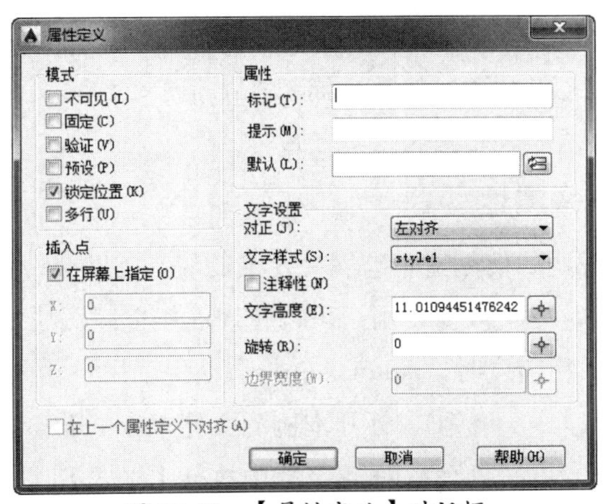

图 10-45　【属性定义】对话框

该对话框中各选项的含义如下。

- 【模式】选项组：在图形中插入块时，设置与块关联的属性值选项。
  - 不可见：指定插入块时不显示属性值。
  - 固定：设置属性的固定值。
  - 验证：插入块时提示验证属性值是否正确。
  - 预设：插入包含预设属性值的块时，将属性设置为默认值。
  - 锁定位置：锁定块参照中属性的位置。解锁后，属性可以相对于使用夹点编辑块的其他部分移动，并且可以调整多行文字属性的大小。
  - 多行：指定属性值可以包含多行文字。勾选此复选框后，可以指定属性的边界宽度。

提醒一下：

在动态块中，由于属性的位置包括在动作的选择集中，因此必须将其锁定。

- 【插入点】选项组：指定属性位置。输入坐标或者勾选【在屏幕上指定 复选框。
  - 在屏幕上指定：使用定点设备根据与属性关联的对象指定属性的位 。
- 【属性】选项组：设置块属性的数据。
  - 标记：标识图形中每次出现的属性。

提醒一下：

指定在插入包含该属性定义的块时显示的提示。如果不输入提示，那么属性标记将用作 示。

  - 默认：设置默认的属性值。
- 【文字设置】选项组：设置属性文字的对正、样式、高度和旋转。
  - 对正：指定属性文字的对正方式。
  - 文字样式：指定属性文字的预定义样式。
  - 注释性：勾选此复选框，指定属性为注释性。
  - 文字高度：设置文字的高度。
  - 旋转：设置文字的旋转角度。
  - 边界宽度：换行前，请指定多行文字属性中文字行的最大长度。
- 在上一个属性定义下对齐：将属性标记直接置于之前定义的属性下面。 如果之前没有创建属性定义，那么此复选框不可用。

动手操作——定义块属性

下面通过一个范例说明如何创建带有属性定义的块。在机械制图中，表面粗 造度的值有0.8、1.6、3.2、6.3、12.5、25、50 等，用户可以在表面粗糙度图块中将表面粗 度的值定义为属性，当每次插入表面粗糙度时，AutoCAD 将自动提示用户输入表面粗糙度 值。

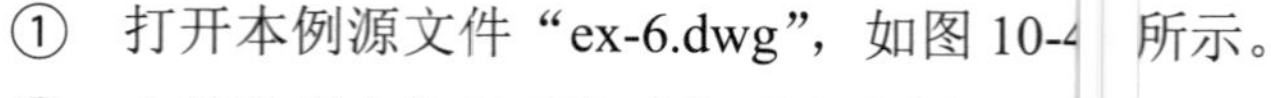

① 打开本例源文件“ex-6.dwg”，如图 10-4 所示。

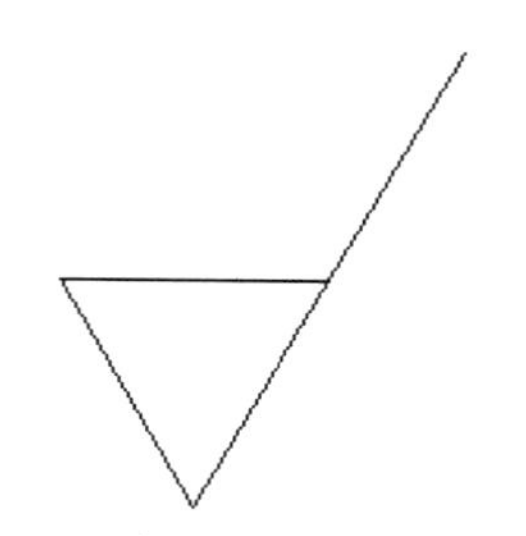

图 10-46　本例源文件“ex-6.dwg”

② 在菜单栏中执行【格式】|【文字样式】 令，在打开的【文字样式】对话框的【SHX 字体】 拉列表中选择【txt.shx】选项，并勾选【使用大字 】复选框，在【大字体】下拉列表中选择【gbcbig x】选项，依次单击【应用】按钮和【关闭】按钮， 即完成文字样式的设置，如图 10-47 所示。

③ 在菜单栏中执行【绘图】|【块】|【定义 性】命令，在打开的【属性定义】对话框中可设置属性参数，如图 10-48 所示。在【 记】文本框和【提示】文本框中输入相关内容，并单击【确定】按钮关闭该对话框。 绘图区的图形上单击以确定属性的位置，其结果如图 10-49 所示。

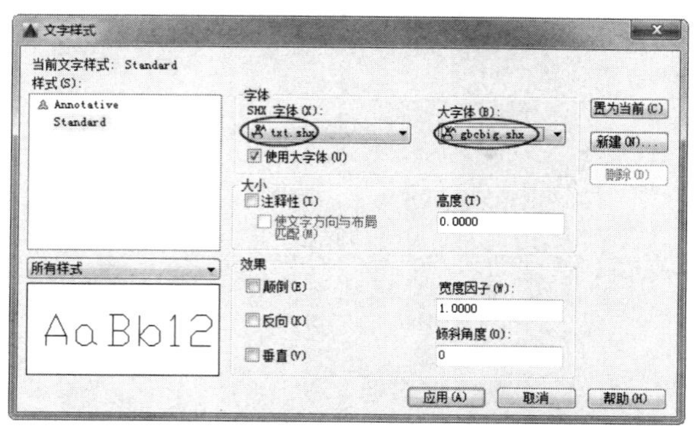

图 10-47 文字样式的设置

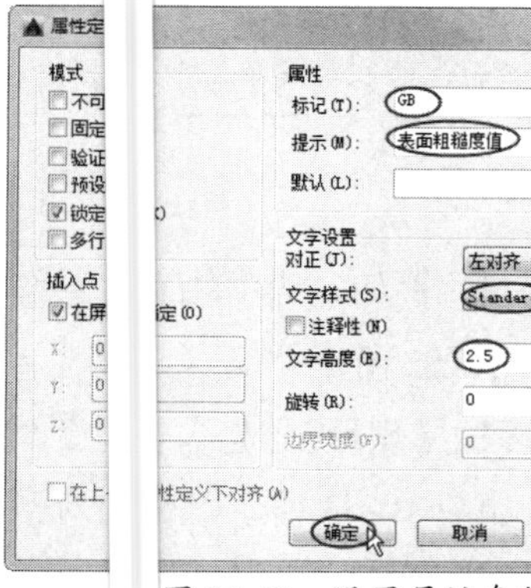

图 10-48 设置属性参数

图 10-49 确定的属性位置

④ 在菜单栏中执行【绘图】|【块】|【创建】命令，打开【块定义】对话框。在【名称】文本框中输入表面粗糙度符号，并单击【选择对象】按钮，在绘图区选中全部对象（包括图形元素和属性），单击【拾取点】按钮，在绘图区的适当位置单击以确定块的基点，单击【确定】按钮，即完成块的创建，如图 10-50 所示。

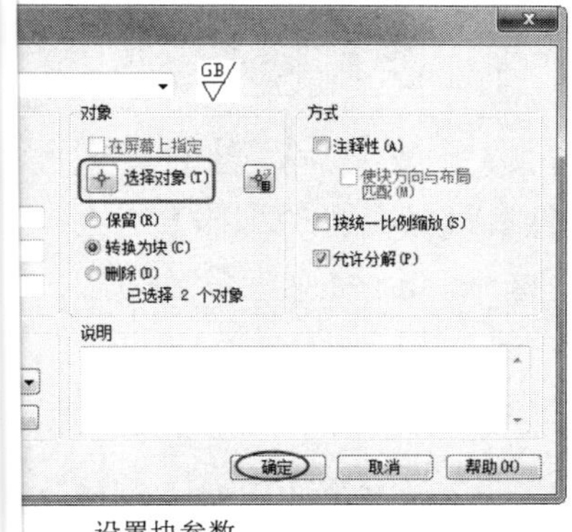

设置块参数

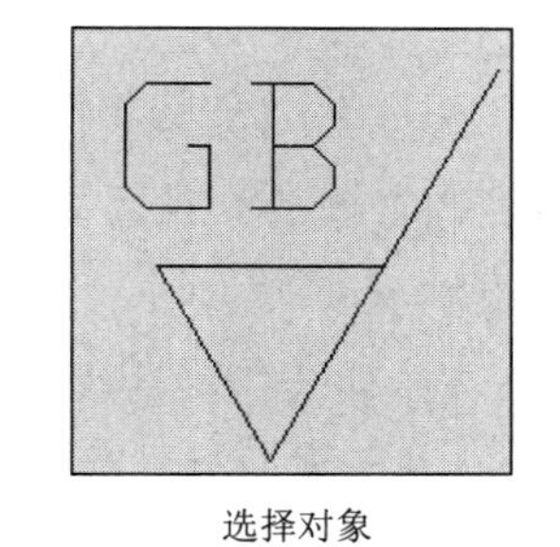

选择对象

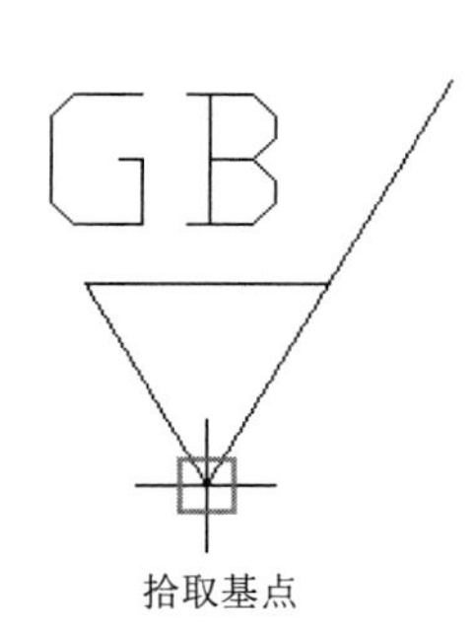

拾取基点

图 10-50 块的创建

⑤ 打开【编辑属性】对话框。在该对话框的【GB】文本框中输入 3.2，单击【确定】按钮，块中的文字 GB 则自动变成 3.2，如图 10-51 所示。GB 属性标记已被此处输入的具体属性值取代。

图 10-51　编辑属性

提醒一下：

此后，每插入一次定义属性的块，命令行操作中将提示用户输入新的表面粗糙度值。

10.5.3　编辑块属性

对于块属性，用户可以像修改其他对象一样对其进行编辑。例如，选中块后，系统将显示块及属性夹点，单击属性夹点即可移动属性的位置，如图 10-52 所示。

要编辑块的属性，可先在菜单栏中执行【修改】|【对象】|【属性】|【单个】命令，然后在绘图区选择属性块，打开【增强属性编辑器】对话框，如图 10-53 所示。在该对话框中用户可以修改块的属性值，属性的文字选项、所在图层、线型、颜色和线宽等。

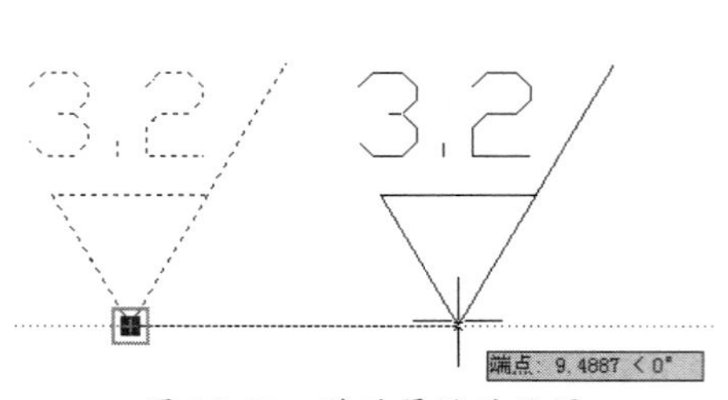

图 10-52　移动属性的位置

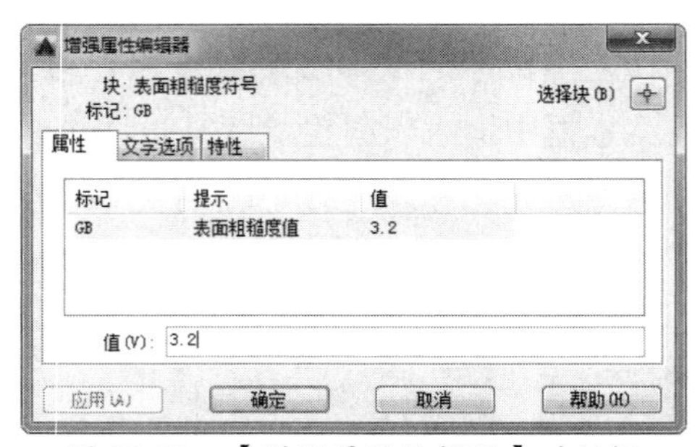

图 10-53　【增强属性编辑器】对话框

若在菜单栏中执行【修改】|【对象】|【属性】|【块属性管理器】命令，并在绘图区选择属性块，将打开【块属性管理器】对话框，如图 10-54 所示。

该对话框的主要特点如下。

- 可利用【块】下拉列表选择要编辑的块。
- 在属性列表框中选择某属性后，单击【上移】按钮或【下移】按钮，可以移动该属性在列表框中的位置。
- 在属性列表框中选择某属性后，单击【编辑】按钮，将打开如图 10-55 所示的【编辑属性】对话框。用户可以在该对话框中，修改属性模式、标记、提示与默认值，属性的文字选项、所在图层、线型、颜色和线宽等。
- 在属性列表框中选择某属性后，单击【删除】按钮，可以删除选中的属性。

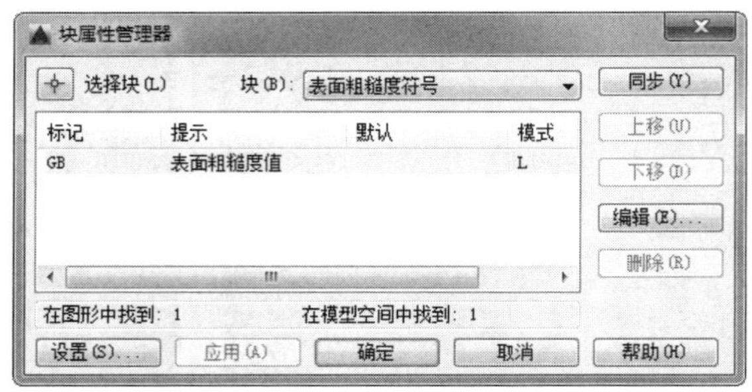

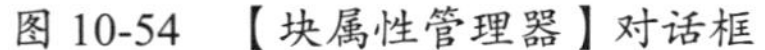
图 10-54　【块属性管理器】对话框

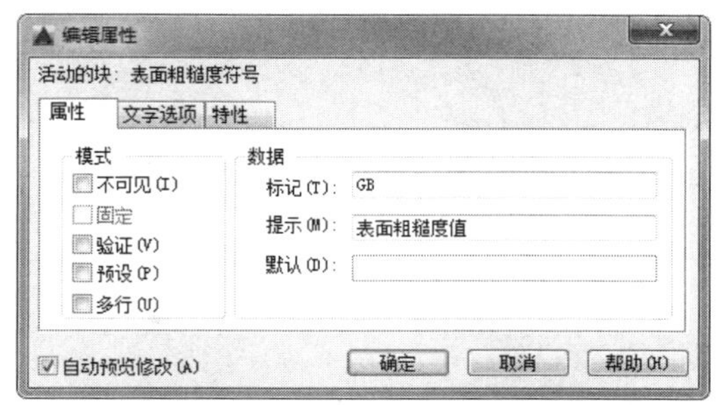

图 10-55　【编辑属性】对话框

10.6　外部参照

外部参照是指在一幅图形中对另一幅外部图形的引用。通过外部参照，用户在参照图形中所做的修改将反映在当前图形中。附着的外部参照链接至另一图形，并不是真正的插入该图形中。因此，使用外部参照可以生成图形而不会显著增加图形文件的大小。

使用外部参照图形，可以使用户获得良好的设计效果，具体体现在以下方面。

- 通过在图形中参照其他用户的图形协调用户之间的工作，从而与其他设计师所做的修改保持同步。用户也可以使用组成图形装配一个主图形，主图形将随工程的开发而被修改。
- 确保显示参照图形的最新版本。打开图形时，将自动重载每个参照图形，从而反映参照图形的最新版本。
- 请勿在图形中使用参照图形中已存在的图层名、标注样式、文字样式和其他命名元素。
- 当工程完成并准备归档时，将附着的参照图形和当前图形永久合并（绑定）到一起。

提醒一下：

与块参照相同，外部参照在当前图形中以单个对象的形式存在。但是，必须先绑定外部参照才能将其分解。

10.6.1　使用外部参照

外部参照与块在很多方面都很类似，其不同点在于块的数据存储于当前图形中，而外部参照的数据存储于外部图形中，当前图形数据库中仅存放外部图形文件的一个引用。

用户可通过以下方式来执行使用外部参照的操作。

- 菜单栏：执行【插入】|【外部参照】命令。
- 命令行：输入 externalreferences。

在命令行中执行 externalreferences 命令，打开【外部参照】选项板，如图 10-56 所示。

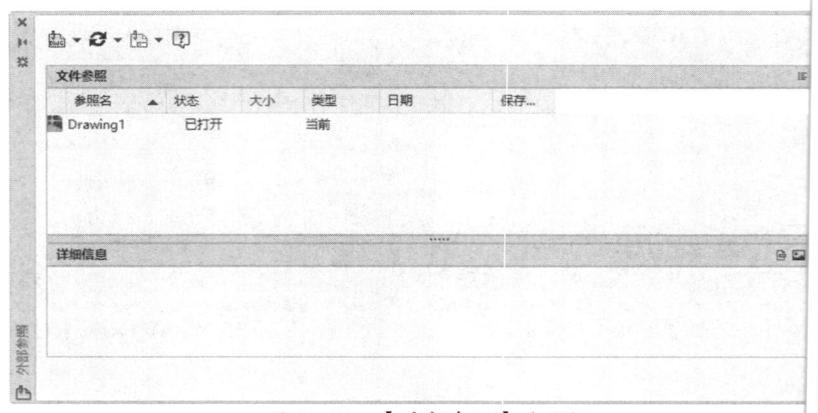

图 10-56 【外部参照】选项板

通过该选项板，用户可以将 DWG、DWF、DGN、PDF、点云及 BMP 等图形、图像文件附着到当前图形中。单击该选项板中的【附着 DWG】按钮，将打开【选择参照文件】对话框，用户可以通过该对话框选择要作为外部参照的图形文件。

选定图形文件后，单击【打开】按钮，可打开如图 10-57 所示的【附着外部参照】对话框。用户可以在该对话框中，选择参照类型（附着型或覆盖型）、加入图形时的插入点，设置比例、旋转角度及路径类型。

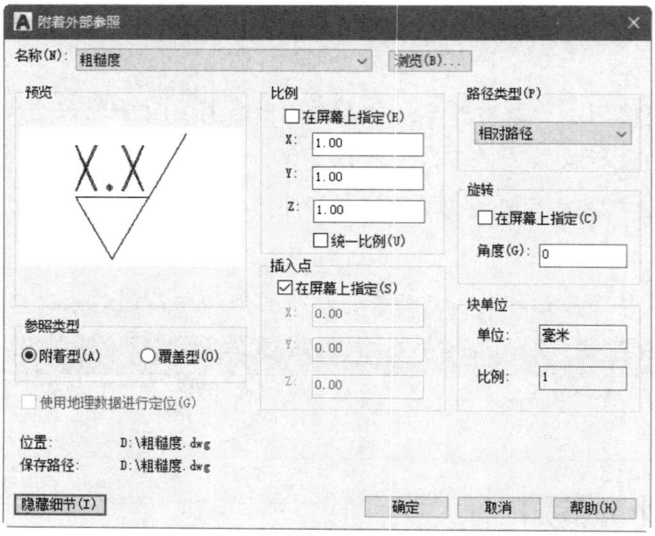

图 10-57 【附着外部参照】对话框

【附着外部参照】对话框中各选项的含义如下。

- 【名称】下拉列表：附着了一个外部参照之后，该外部参照的名称将显现在该下拉列表中。当在下拉列表中选择了一个附着的外部参照时，它的路径将显示在【保存路径】或【位置】中。
- 【浏览】按钮：单击该按钮会打开【选择参照文件】对话框，可以从中为当前图形选择新的外部参照。
- 【参照类型】选项组：指定外部参照是附着型还是覆盖型。

➢ 附着型：将图形作为外部参照附着时，会将该参照图形链接到当前图形中。打开或重载外部参照时，对参照图形所做的任何修改都会显示在当前图形中。

➢ 覆盖型：覆盖外部参照用于在网络环境中共享数据。通过覆盖外部参照，无须通过附着外部参照来修改图形便可以查看图形与其他编组中图形的相关方式。

● 【 入点】选项组：指定所选外部参照的插入点。

➢ 在屏幕上指定：显示命令提示并使 X、Y 和 Z 比例因子选项不可用。

● 【 列】选项组：指定所选外部参照的比例因子。

➢ 统一比例：勾选此复选框，使 Y 和 Z 的比例因子等于 X 的比例因子。

● 【 专】选项组：为外部参照引用指定旋转角度。

➢ 角度：指定外部参照插入当前图形时的旋转角度。

● 【 单位】选项组：显示有关块单位的信息。

10.6.2 卜部参照管理器

参照管 理器是一个独立的应用程序，它可以使用户轻松地管理图形文件和附着参照，其中包括图 图像、字体和打印样式等由 AutoCAD 或基于 AutoCAD 产品生成的内容。它也可以很容 易地识别和修正图形中未解决的参照。

在 Wi ows 系统中执行【开始】|【所有程序】|【Autodesk】|【AutoCAD 20224-SimplifideC nese】|【参照管理器】命令，即可打开【参照管理器】窗口，如图 10-58 所示。

【参照 理器】窗口分为两个窗格。左侧窗格用于选定图形和它们参照的外部文件树状图。树状图 帮助用户在右侧窗格中查找和添加内容，也叫参照列表。该树状图中显示了用户选择和编辑 的保存参照路径信息。用户还可以控制树状图的显示样式，并可以通过在树状图中单击加号 或减号来展开或收拢项目或节点。

如果要 在树状图中添加一个图形，可以单击窗口中的【添加图形】按钮，在打开的对话框中，浏览 要打开文件的位置，选择文件后，单击【打开】按钮，会打开如图 10-59 所示的【参照管理 -添加外部参照】对话框。

图 0-58　【参照管理器】窗口

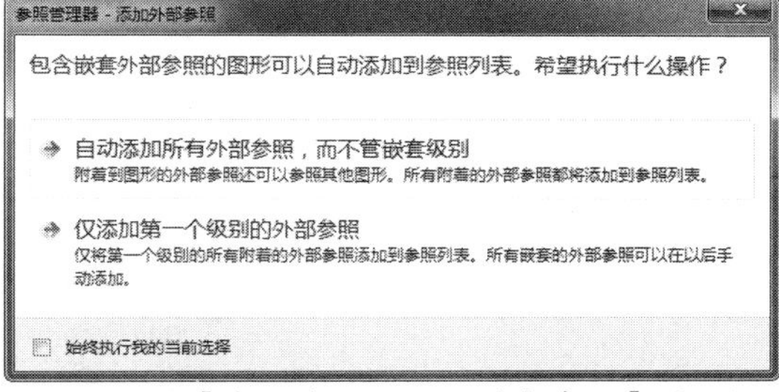

图 10-59　【参照管理器-添加外部参照】对话框

提醒一下：

若勾选 参照管理器-添加外部参照】对话框中的【始终执行我的当前选择】复选框，则第二次添加外部参照时不 再打开此对话框。

单击【参照管理器-添加外部参照】对话框的【自动添加所有外部参照，而不管嵌套级别】按钮后，用户选择的外部参照被添加到【参照管理器】窗口中，如图 10-60 所示。

若要在添加的外部参照图形中添加新的外部参照，则在该图形上右击，在弹出的右键快捷菜单中执行【添加图形】命令即可，如图 10-61 所示。

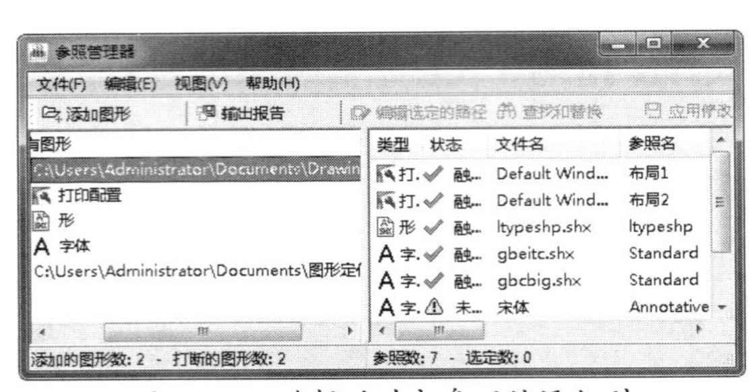

图 10-60　选择的外部参照被添加到【参照管理器】窗口中

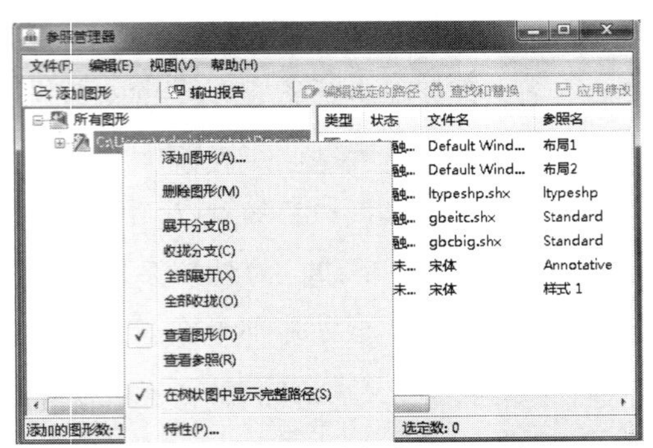

图 10-61　在添加的外部参照图形中添加新的外部参照

10.6.3　附着外部参照

附着外部参照是指将图形作为外部参照附着时，会将该参照图形链接到当前图形中；打开或重载外部参照时，对参照图形所做的任何修改都会显示在当前图形中。

用户可通过以下方式来执行上述操作。

- 菜单栏：执行【插入】|【外部参照】命令。
- 命令行：输入 xattach。

在命令行中执行 xattach 命令，所打开的操作对话框及使用外部参照的操作过程与执行 externalreferences 命令的操作过程是完全相同的。

当外部参照附着到图形中时，系统窗口的右下角（状态栏托盘）将显示外部参照图标，如图 10-62 所示。

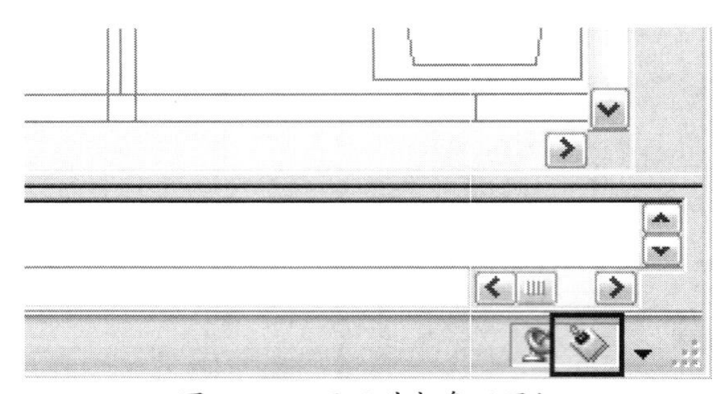

图 10-62　显示外部参照图标

10.6.4　拆离外部参照

要从图形中彻底删除外部参照（DWG 参照），需要拆离它们而不是删除。因为删除外部参照不会删除与其关联的图层定义。

先在菜单栏中执行【插入】|【外部参照】命令，然后在打开的【外部参照】选项板中选择外部参照图形并右击，在弹出的右键快捷菜单中执行【拆离】命令，即可将外部参照拆离，如图 10-63 所示。

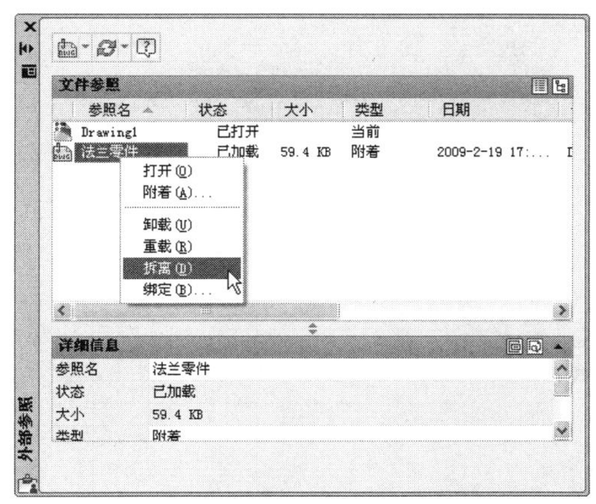

图 10-63　将外部参照拆离

10.6.5　外部参照应用范例

下面通过一个范例说明如何利用外部参照创建完整图纸，首先在图形中添加一个带有相对路径的外部参照，然后打开外部参照进行更改。

动手操作——外部参照的应用

① 打开本例源文件“ex-8.dwg”，如图 10-64 所示。

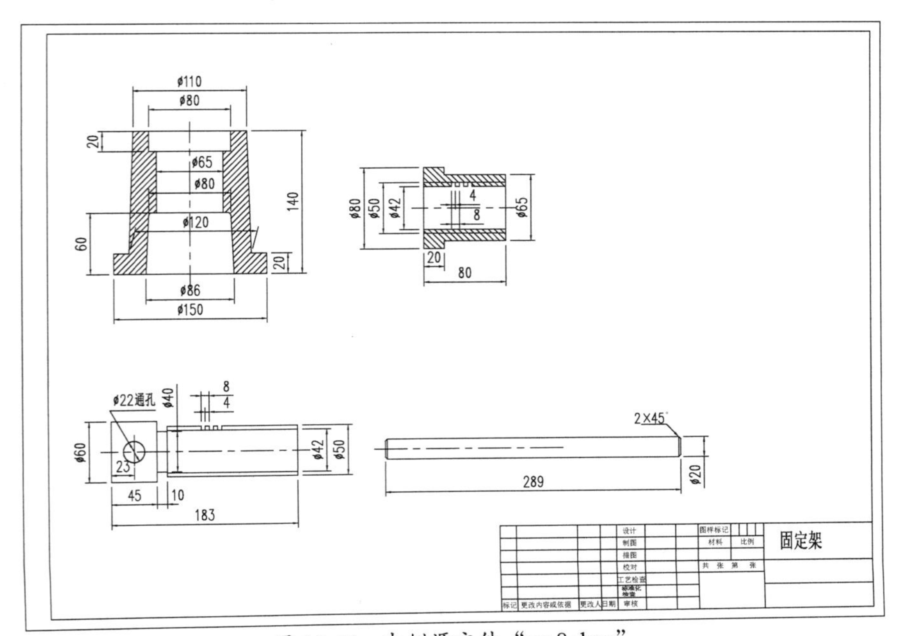

图 10-64　本例源文件“ex-8.dwg”

② 在【插入】选项卡的【参照】面板中单击【附着】按钮，打开【选择参照文件】对话框。选择“图纸-2.dwg”文件，并单击【打开】按钮。

③ 打开【附着外部参照】对话框。在该对话框的【路径类型】下拉列表中选 【相对路径】选项，其余选项保留默认设置，单击【确定】按钮，即可完成外部参照的设 ，如图 10-65 所示。

图 10-65 外部参照的设置

④ 关闭对话框后，在图纸右上角放置外部参照图形，如图 10-66 所示。

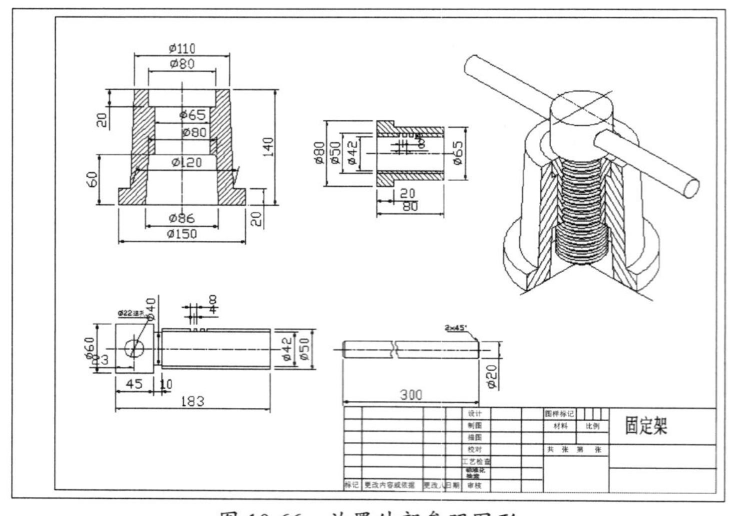

图 10-66 放置外部参照图形

提醒一下：

可先任意放置外部参照图形，然后使用【移动】命令将其移动到合适位置即可。

⑤ 在状态栏中单击【管理外部参照】按钮，打开【外部参照】选项板。在【文件参照】选项组中选择“图纸-2”并右击，在弹出的右键快捷菜单中执行【打开】命 ，如图 10-67 所示。

⑥ 在【外部参照】选项板的【详细信息】列表框中可看到参照名为“图纸-2 文件的图形处于打开状态，如图 10-68 所示。

⑦ 将外部参照图形的颜色设为红色，并显示线宽，修改完成后将图形保存并关闭该文件。随后又返回“图纸-2.dwg”文件图形的绘图区中，窗口右下角则显示文件 改信息提示，

如图 1 69 所示，在信息提示中单击【重载 图纸-2】。

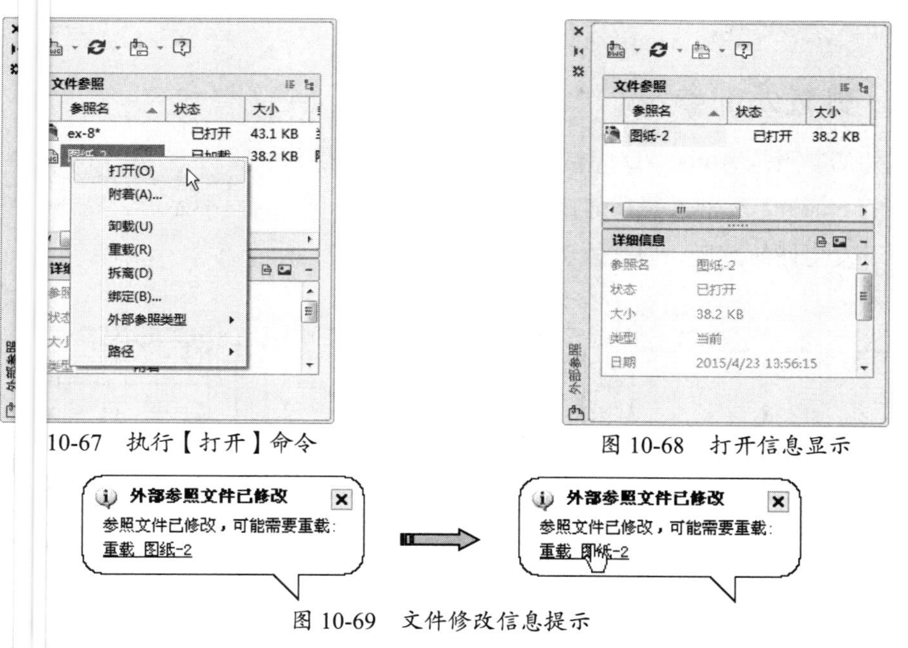

10-67　执行【打开】命令

图 10-68　打开信息显示

图 10-69　文件修改信息提示

⑧　此时， 部参照图形的状态由“已打开”变为“已加载”，表明完成外部参照图形的编辑，关 【外部参照】选项板。编辑完成的外部参照图形如图 10-70 所示。

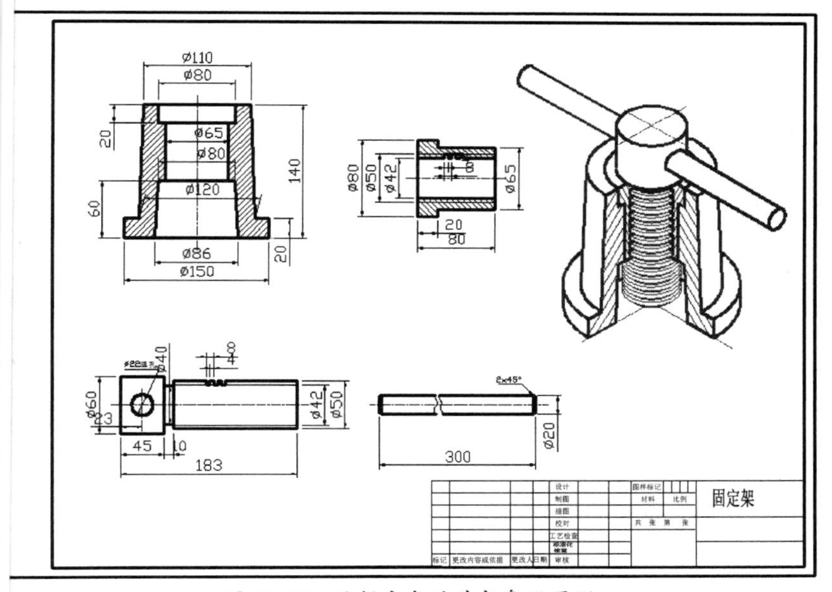

图 10-70　编辑完成的外部参照图形

10.7　 裁外部参照与光栅图像

在 Au CAD 2022 中，用户可以指定剪裁边界以显示外部参照和块插入的有限部分；也可以使用 接图像路径将光栅图像文件的参照附着到图像文件中，图像文件可以从 Internet

上访问。附着外部参照图像后，用户可以对其进行剪裁图像、调整图像、控制图像质量、控制图像边框大小等操作。

10.7.1 剪裁外部参照

剪裁外部参照是 AutoCAD 中常常用到的一种处理外部参照的工具。剪裁边界可以定义外部参照的一部分，外部参照在剪裁边界内的部分仍然可见，而不显示边界外的图形。参照图形本身不发生任何改变。剪裁外部参照示例如图 10-71 所示。

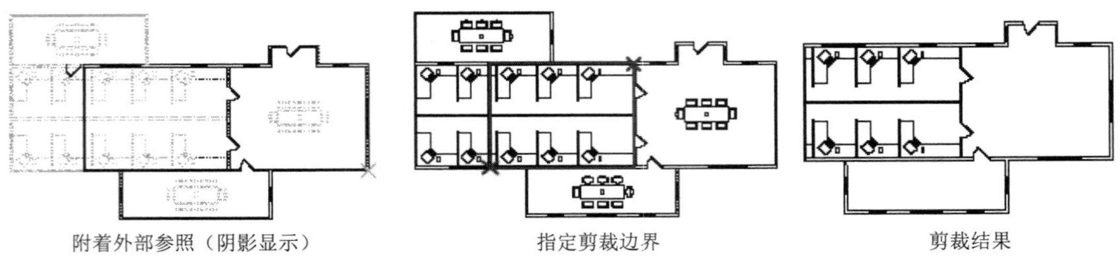

附着外部参照（阴影显示）　　指定剪裁边界　　剪裁结果

图 10-71　剪裁外部参照示例

用户可通过以下方式来执行上述操作。

- 右键快捷菜单：选定外部参照后，在绘图区执行右键快捷菜单中的【剪裁外部参照】命令。
- 菜单栏：执行【修改】|【剪裁】|【外部参照】命令。
- 面板：在【插入】选项卡的【参照】面板中单击【剪裁外部参照】按钮。
- 命令行：输入 xclip。

在命令行中执行 xclip 命令，命令行操作提示如下：

```
命令：_xclip
选择对象：找到 1 个
选择对象：↙
输入剪裁选项
[开(ON)//关(OFF)//剪裁深度(C)//删除(D)//生成多段线(P)//新建边界(N)] <新建边界>:
剪裁选项
外部模式 - 边界外的对象将被隐藏。
指定剪裁边界或选择反向选项:                                    //指定边界
[选择多段线(S)//多边形(P)//矩形(R)//反向剪裁(I)] <矩形>:          //选择选项
```

操作提示中各选项的含义如下。

- 开：显示剪裁边界外的部分或者全部外部参照。
- 关：关闭显示剪裁边界外的部分或者全部外部参照。
- 剪裁深度：在外部参照或块上设置前剪裁平面和后剪裁平面，系统将不显示由边界和指定深度所定义的区域外的对象（注意：剪裁深度应用在平行于剪裁边界的方向上，与当前 UCS 无关）。
- 删除：删除剪裁平面。
- 生成多段线：剪裁边界由多段线生成。
- 新建边界：重新创建或指定剪裁边界，可以使用矩形、多边形或多段线。

- 选 多段线：选择多段线作为剪裁边界。
- 多 边形：选择多边形作为剪裁边界。
- 矩 形：选择矩形作为剪裁边界。
- 反 剪裁：反转剪裁边界的模式，如隐藏边界外的对象（默认）或边界内的对象。

下面 过一个范例说明使用【剪裁外部参照】命令剪裁外部参照的过程。

动手操 作——剪裁外部参照

① 打开 例源文件“ex-9.dwg”，使用的外部参照为如图 10-72 所示的十字架部分的图形。

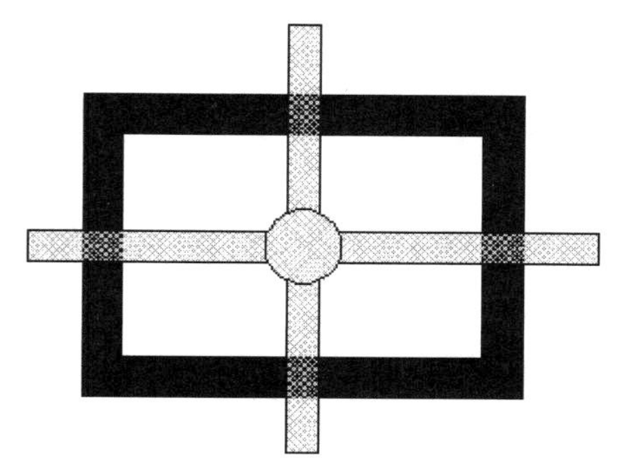

图 10-72　使用的外部参照

② 在菜 栏中执行【修改】|【剪裁】|【外部参照】命令，对外部参照进行剪裁。命令行操作提 示如下：

```
命令： clip
选择对  找到 1 个
选择对  ↙
输入剪 选项
[开(O //关(OFF)//剪裁深度(C)//删除(D)//生成多段线(P)//新建边界(N)] <新建边界>：↙
外部模  - 边界外的对象将被隐藏。
指定剪 边界或选择反向选项：
[选择 线(S)//多边形(P)//矩形(R)//反向剪裁(I)] <矩形>：r↙
指定第 个角点：
指定对 点：
已删除 充边界关联性。
```

③ 剪裁外 部参照的过程及结果如图 10-73 所示。

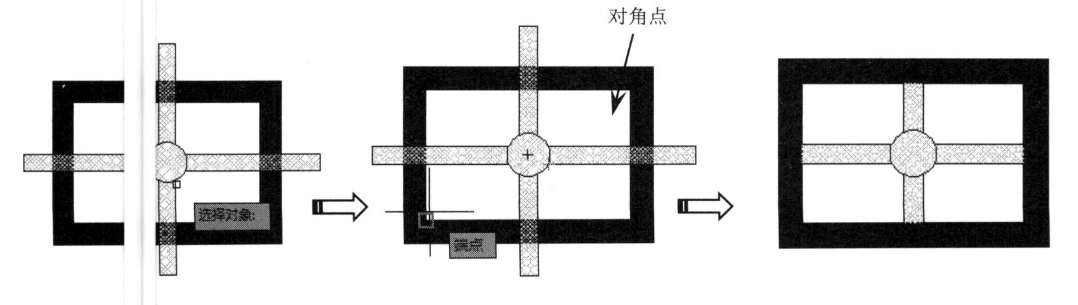

图 10-73　剪裁外部参照的过程及结果

10.7.2 光栅图像

光栅图像由一些称为像素的小方块或点的矩形栅格组成，它参照了特有栅格上的像素。例如，产品零件的实景照片由一系列表示外观的着色像素组成，如图 10-74 所示。

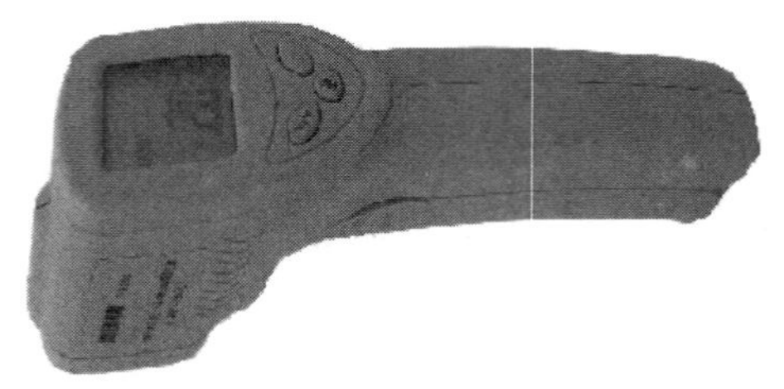

图 10-74 产品零件的实景照片

光栅图像与其他许多图形对象一样，用户可以对其进行复制、移动或剪裁操作，也可以使用夹点编辑模式修改图像、调整图像的对比度，还可以使用矩形或多边形剪裁图像或将图像用作修剪操作的剪切边。

在 AutoCAD 2022 中，它支持的图像文件格式包含了主要技术成像应用领域（如计算机图形、文档管理、工程、映射和地理信息系统）中最常用的格式，可以是两色、八位灰度、八位颜色或二十四位颜色的图像。

提醒一下：

AutoCAD 2022 不支持十六位颜色深度的图像。

10.7.3 附着图像

与其他外部参照图像一样，光栅图像也可以使用链接图像路径将参照附着到图像文件中。附着的图像并不是图像文件的实际组成部分。

用户可通过以下方式来执行上述操作。

- 菜单栏：执行【插入】|【光栅图像参照】命令。
- 命令行：输入 imageattach。

在命令行中执行 imageattach 命令，打开【选择参照文件】对话框，如图 10-75 所示。

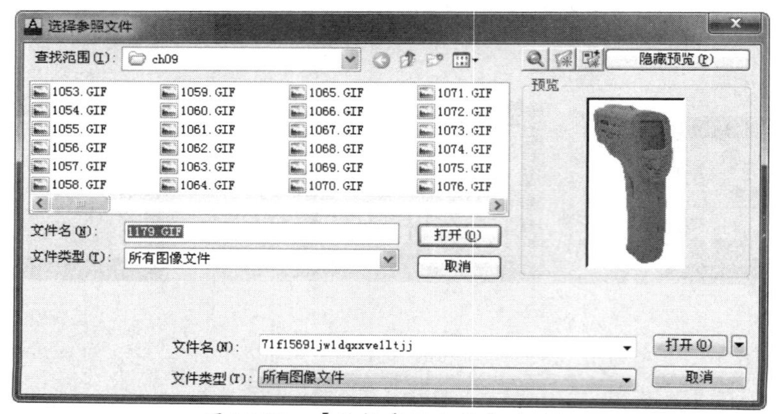

图 10-75 【选择参照文件】对话框

在图像路径下选择要附着的图像文件后，单击【打开】按钮，打开【附着图像】对话框，如图 10-76 所示。该对话框与【附着外部参照】对话框中的选项相差无几，除少了【参照类型】选项组外，还增加了【显示细节】按钮。而其余选项的含义都是相同的。

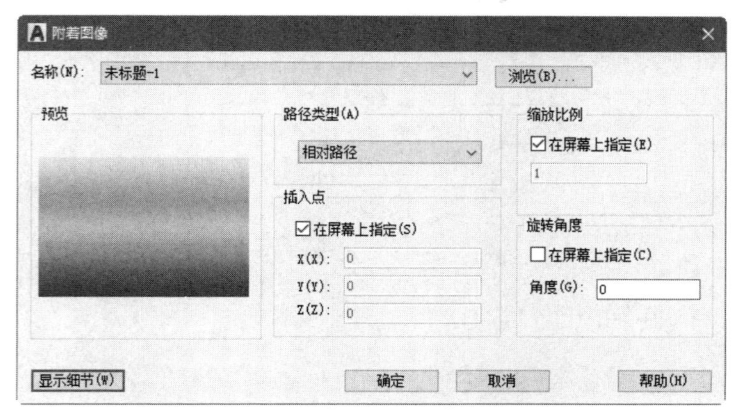

图 10-76 【附着图像】对话框

单击【显示细节】按钮，该对话框下方则弹出【图像信息】选项组，该选项组列出了附着图像的各种图像信息，如图 10-77 所示。

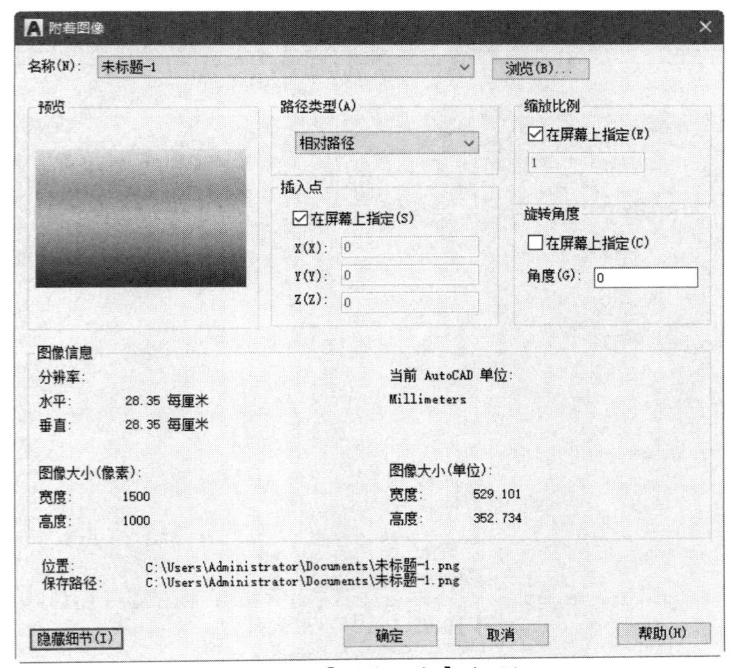

图 10-77 【图像信息】选项组

下面通过一个范例说明在当前图形中附着外部图像的操作过程。

动手操作——附着外部图像操作

① 打开本例源文件“ex-10.dwg”，如图 10-78 所示。

② 在菜单栏中执行【插入】|【光栅图像参照】命令，通过打开的【选择参照文件】对话框，选择蜗杆，并单击【打开】按钮，如图 10-79 所示。

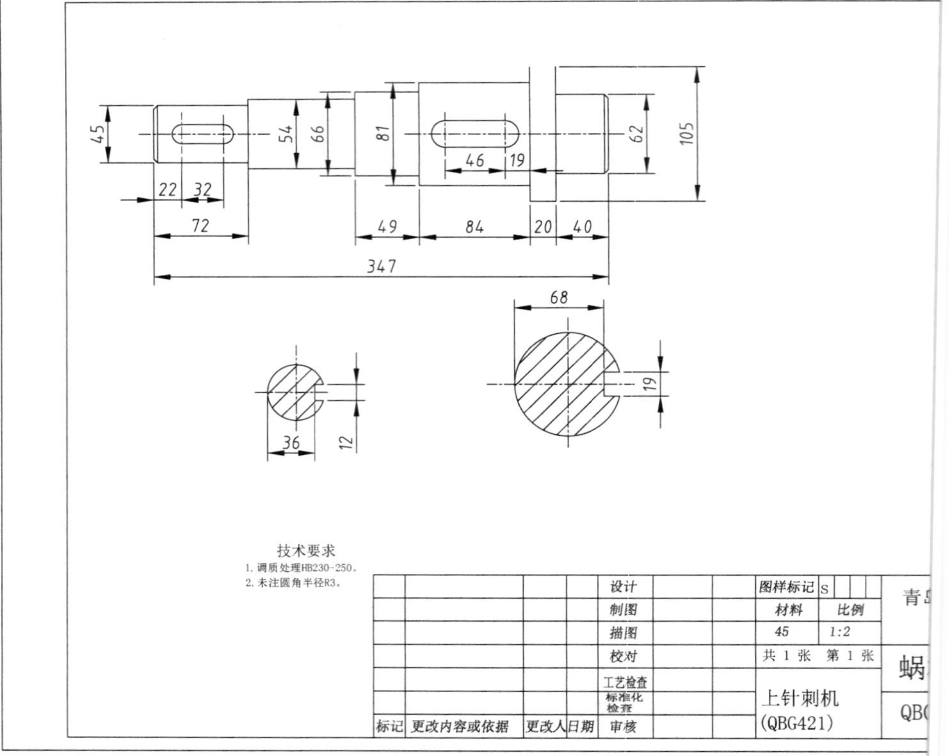

图 10-78　本例源文件“ex-10.dwg”

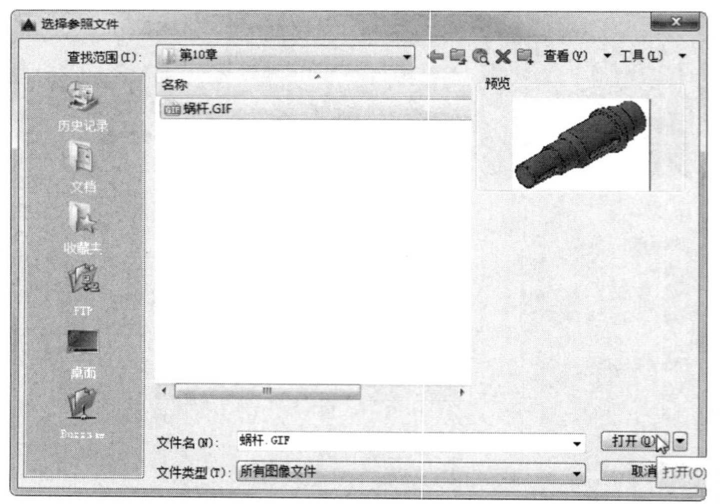

图 10-79　选择参照文件

③ 随后打开【附着图像】对话框，保留该对话框中所有选项的默认设置，[illegible]击【确定】按钮关闭对话框。

④ 按命令行中的提示进行操作：

```
命令：_imageattach
指定插入点 <0，0>：                                          //指定[illegible]插入点
基本图像大小：宽：1.000000，高：0.695946，Millimeters        //图像[illegible]显示
指定缩放比例因子 <1>：200↙                                   //输入[illegible]因子
```

⑤ 执行 述操作后，可得从外部附着图像的结果，如图 10-80 所示。

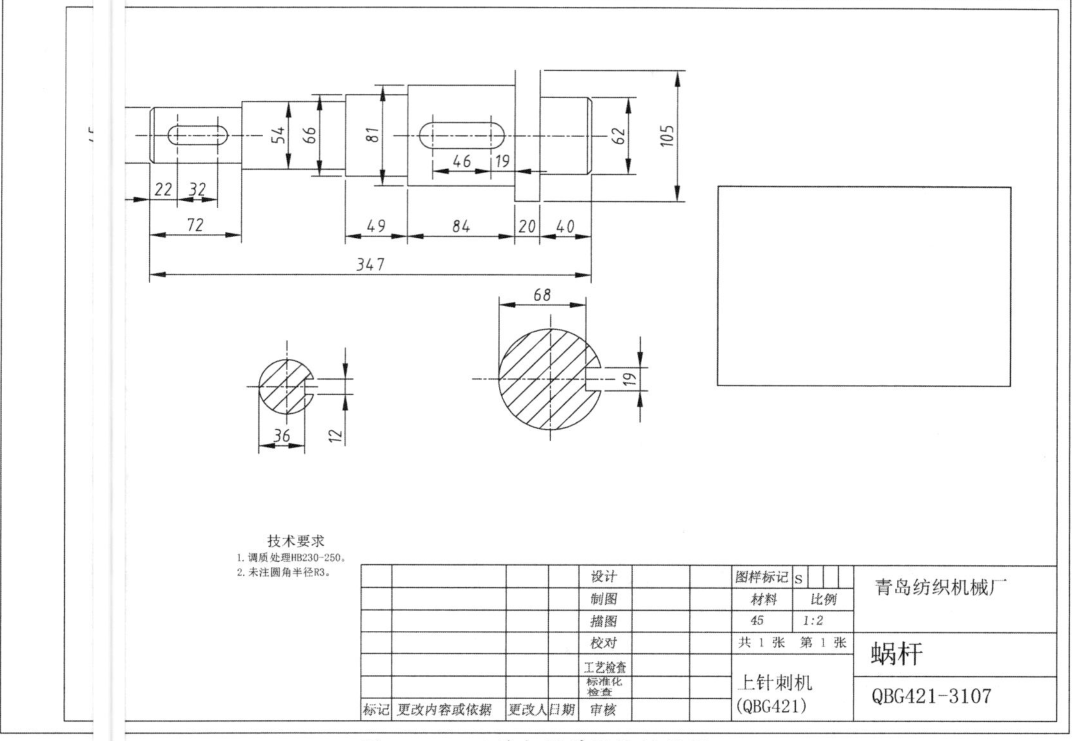

图 10-80 从外部附着图像的结果

10.7.4 调整图像

附着 部图像后，可使用【调整图像】命令更改图像中光栅图像的几个显示特性（如亮度、对比 和淡入度），以便查看或实现特殊效果。

用户 通过以下方式来执行上述操作。

- 单栏：执行【修改】|【对象】|【图像】|【调整】命令。
- 键快捷菜单：选中图像并右击，执行右键快捷菜单中的【图像】|【调整】命令。
- 令行：输入 imageadjust。

在绘 区中选中图像后，在命令行中执行 imageadjust 命令，打开【图像调整】对话框，如图 10-8 所示。

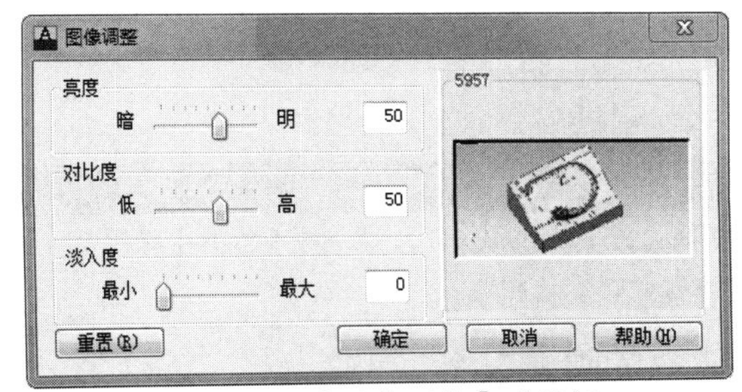

图 10-81 【图像调整】对话框

该对话框中各选项的含义如下。

- 亮度：控制图像的亮度，从而间接控制图像的对比度。取值范围为 0～100。此值越大，图像就越亮，增大对比度时变成白色的像素点也会越多。左移滑动条将减小该值，右移滑动条将增大该值。
- 对比度：控制图像的对比度，从而间接控制图像的褪色效果。取值范围为 0～100。此值越大，每个像素就会在更大程度上被强制使用主要颜色或次要颜色。左移滑动条将减小该值，右移滑动条将增大该值。
- 淡入度：控制图像的褪色效果。取值范围为 0～100。此值越大，图像与当前屏幕背景色的混合程度就越高。当值为 100 时，图像完全融入屏幕的背景中。改变屏幕的背景色可以将图像褪色至新的颜色。打印时，褪色的屏幕背景色为白色。左移滑动条将减小该值，右移滑动条将增大该值。
- 重置：将亮度、对比度和淡入度重置为默认设置（亮度为 50、对比度为 50、淡入度为 0）。

提醒一下：

两色图像不能调整亮度、对比度或淡入度。显示时图像淡入为当前屏幕的背景色，打印时淡入为白色。

10.7.5 图像边框

图像边框工具可以隐藏图像边框。隐藏图像边框可以防止打印或显示边框，还可以防止使用定点设备选中图像，以确保不会因误操作而移动或修改图像。

隐藏图像边框时，剪裁图像仍然显示在指定的边框界限内，只有边框会受到影响。显示和隐藏图像边框将影响图形中附着的所有图像。

用户可通过以下方式来执行上述操作。

- 菜单栏：执行【修改】|【对象】|【图像】|【边框】命令。
- 命令行：输入 imageframe。

在命令行中执行 imageframe 命令，命令行操作提示如下：

```
命令：_imageframe
输入图像边框设置 [0//1//2] <1>：
```

操作提示中各选项的含义如下。

- 0：不显示和打印图像边框。
- 1：显示并打印图像边框。该选项为默认设置。
- 2：显示图像边框但不打印。

提醒一下：

通常情况下未显示图像边框时，不能使用 select 命令的【拾取】选项或【窗口】选项选择图像。但是，重新执行 imageclip 命令会临时打开图像边框。

动手操作——图像边框的隐藏

① 打开本例源文件“ex-11.dwg”。

② 在菜单栏中执行【修改】|【对象】|【图像】|【边框】命令，并按如下命令行提示进行操作：

```
命令：_imageframe
输入图像边框设置 [0//1//2] <1>：0↙
```

③ 选择【0】选项并执行操作后，即可隐藏边框，如图 10-82 所示。

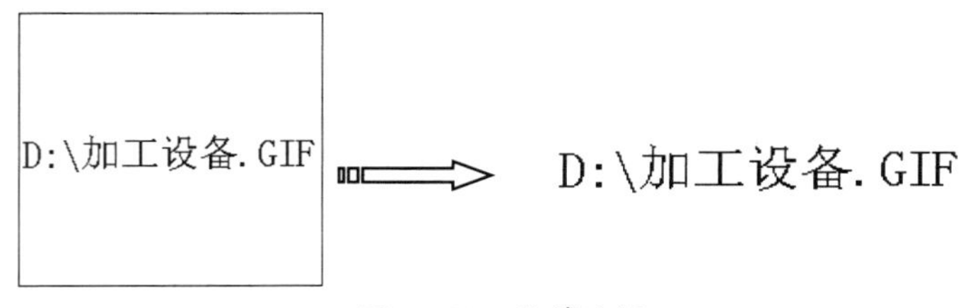

图 10-82　隐藏边框

10.8　综合范例：标注零件图表面粗糙度

用户可通过为零件标注表面粗糙度，对【定义属性】、【创建块】、【写块】、【插入】等命令进行综合练习和巩固。本例效果如图 10-83 所示。

操作步骤

① 打开本例源文件“图形.dwg”，如图 10-84 所示。

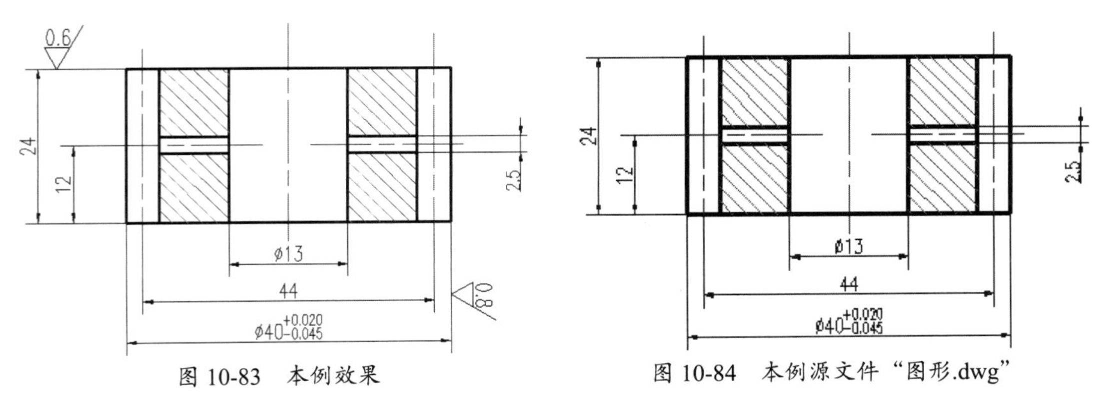

图 10-83　本例效果　　图 10-84　本例源文件“图形.dwg”

② 打开极轴追踪模式，并设置增量角为 30°。

③ 使用快捷命令 pl 激活【多段线】命令，绘制如图 10-85 所示的表面粗糙度符号。

④ 执行菜单栏中的【绘图】|【块】|【定义属性】命令，打开【属性定义】对话框。在该对话框中可设置属性参数，如图 10-86 所示。

⑤ 单击【确定】按钮，捕捉如图 10-87 所示的端点作为属性插入点。插入结果如图 10-88 所示。

⑥ 使用快捷命令 m 激活【移动】命令，将属性垂直下移 0.5 个绘图单位，如图 10-89 所示。

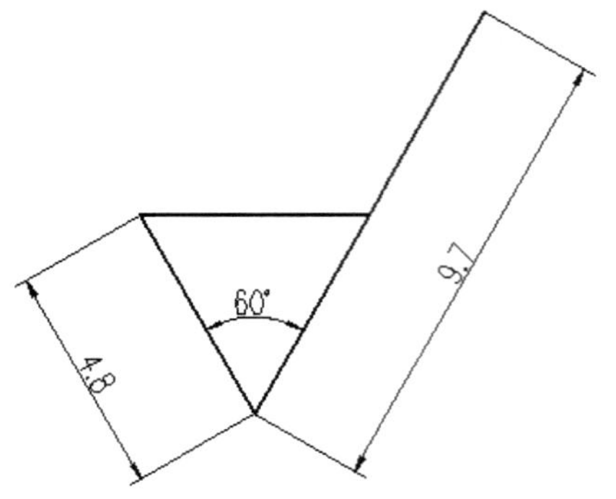

图 10-85 绘制的表面粗糙度符号

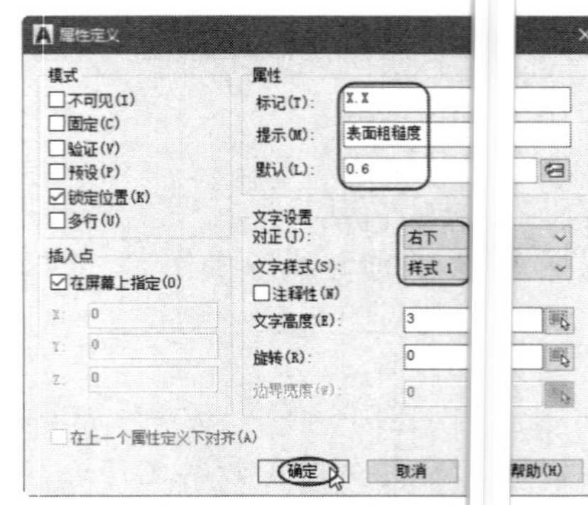

图 10-86 设置属性参

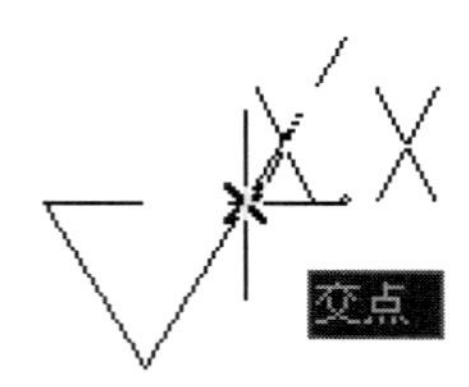

图 10-87 捕捉的端点

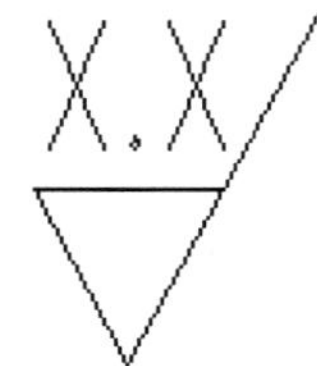

图 10-88 插入结果

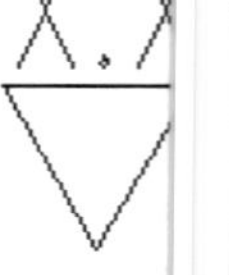

图 10-89 将属性垂直下移 5 个绘图单位

⑦ 单击【块】面板中的【创建】按钮，激活【创建块】命令，以如图 1 0 所示的点定义块的基点，将表面粗糙度符号和属性一起定义为内部块。块参数的设 如图 10-91 所示。

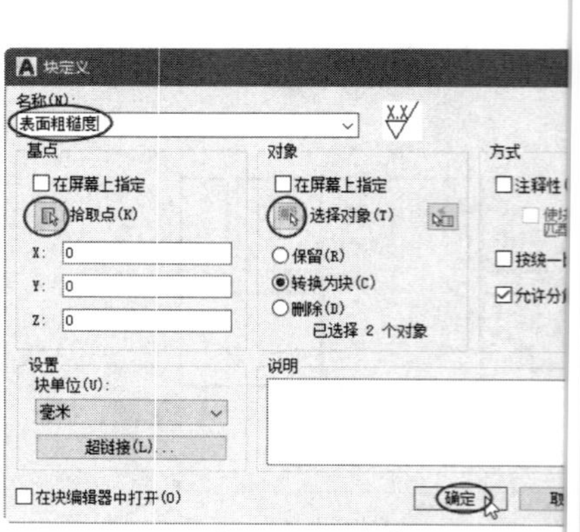

图 10-90 定义块的基点

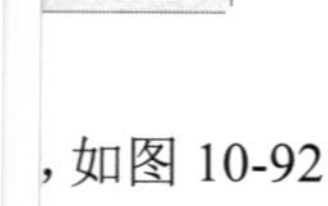

图 10-91 块参数的设置

⑧ 使用快捷命令 cla 激活【插入】命令，在打开的【插入】对话框中设置插入参 ，如图 10-92 所示。

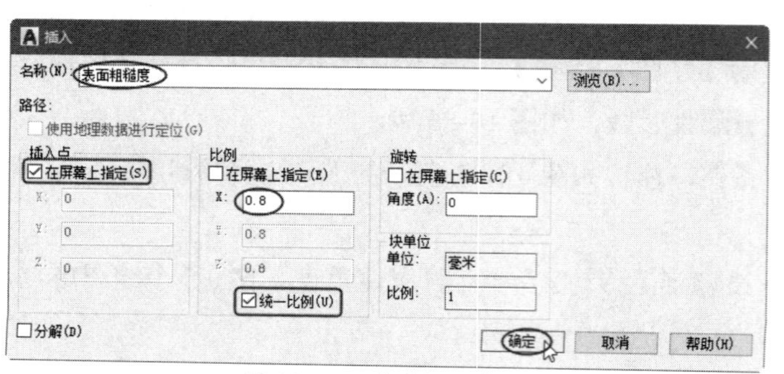

图 10-92 设置插入参数

⑨ 单击 确定】按钮，返回绘图区，在插入表面粗糙度块的同时，为其输入粗糙度值。命令行 作提示如下：

```
命令: nsert
指定插 点或 [基点(B)//比例(S)//旋转(R)]:
//捕捉 图 10-93 所示的中点作为插入点
输入属 直
输入粗 度值: <0.6>: ↙                    //按 Enter 键，插入结果如图 10-94 所示
```

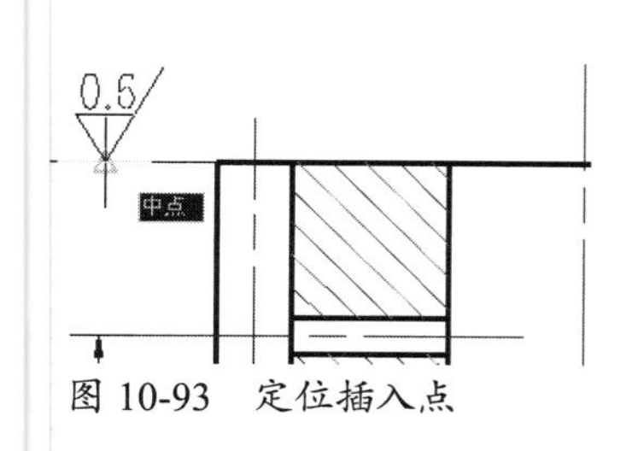

图 10-93　定位插入点

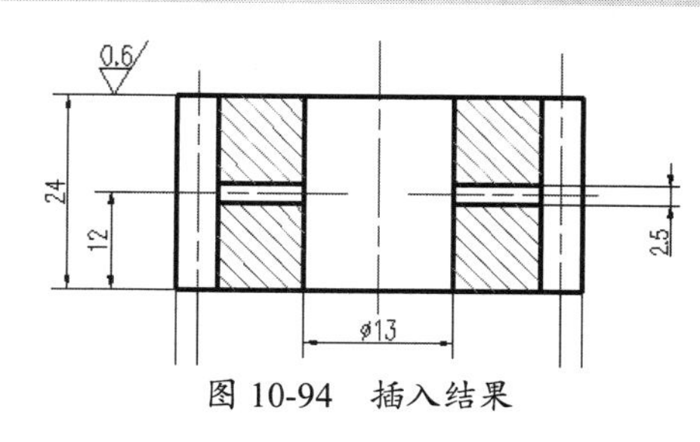

图 10-94　插入结果

⑩ 使用 捷命令 cla 激活【插入】命令，在打开的【插入】对话框中设置块参数，如图 10-95 所示。

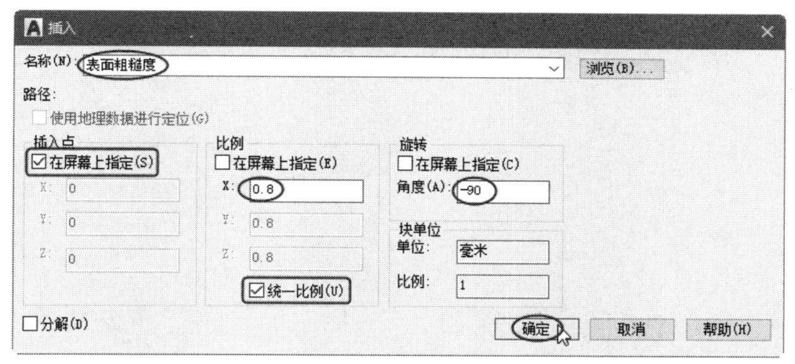

图 10-95　设置块参数

⑪ 单击 确定】按钮，返回绘图区，根据命令行操作提示，在插入表面粗糙度块的同时，为其输 粗糙度值。命令行操作提示如下：

```
命令: nsert
指定插 点或 [基点(B)//比例(S)//旋转(R)]:
//捕捉 图 10-96 所示的中点作为插入点
输入属 直
输入粗 度值: <0.6>:              //按 Enter 键，即插入表面粗糙度块，如图 10-97 所示
```

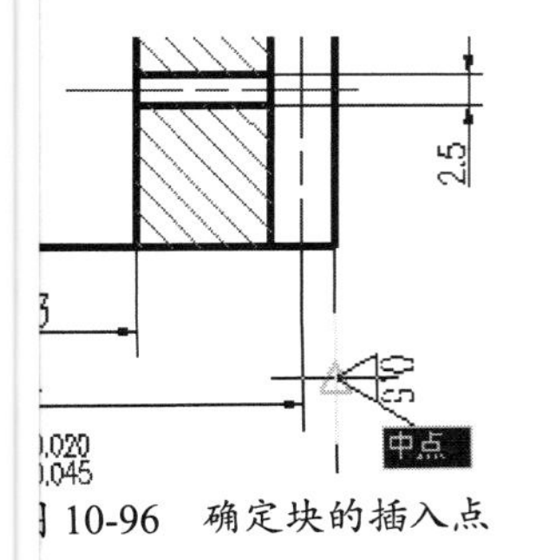

 10-96　确定块的插入点

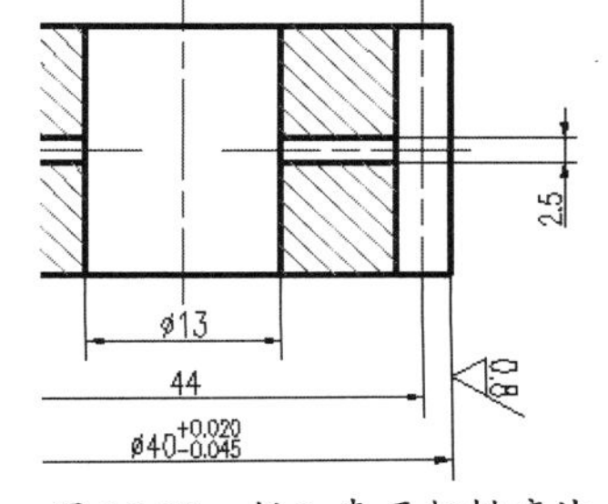

图 10-97　插入表面粗糙度块

⑫ 调整 图，使图形全部显示。表面粗糙度符号的最终标注效果如图 10-98 所示。

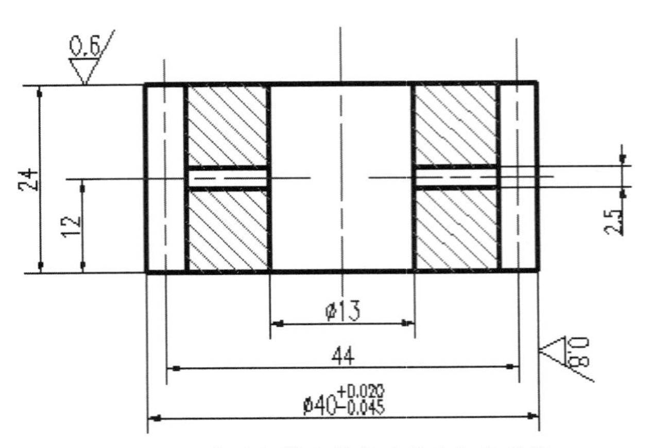

图 10-98　表面粗糙度符号的最终标注效果

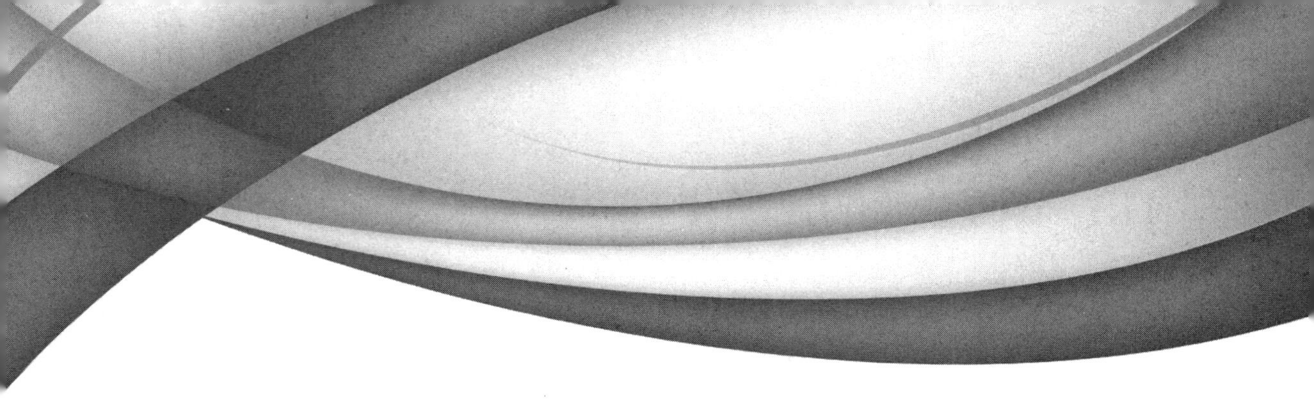

第 11 章

参数驱动作图

本章内容

图形的参数化驱动绘制是整个机械设计行业的大体趋势，其中就包括3D建模和二维驱动设计。本章将介绍AutoCAD 2022带给用户的设计新理念——参数化设计功能。

知识要点

☑ 图形参数化绘图的概述
☑ 几何约束
☑ 尺寸驱动约束
☑ 约束管理

11.1 图形参数化绘图的概述

参数化约束是应用至二维图形的关联和限制，包括几何约束和标注约束 图 11-1 所示为【参数化】选项卡中的约束按钮。

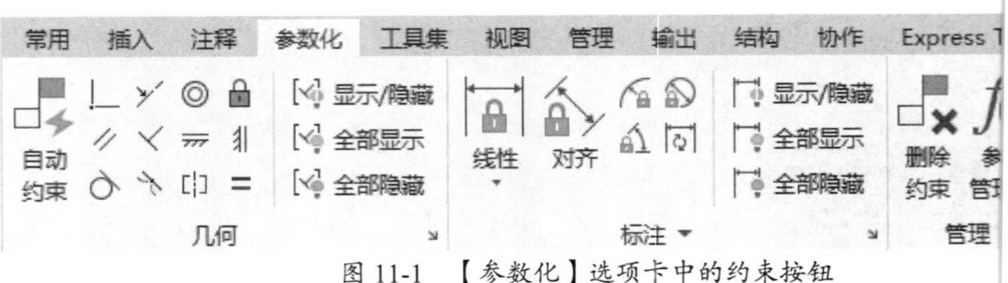

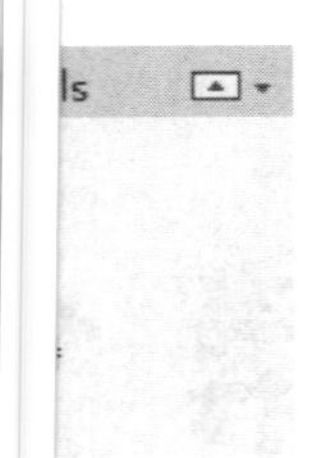

图 11-1 【参数化】选项卡中的约束按钮

11.1.1 几何约束关系

为了提高工作效率，用户可在绘制出图形的大致形状后，通过几何约束 图形进行精确定位，以达到设计要求。

几何约束就是控制物体在空间中的 6 个自由度，而在 AutoCAD 202 的二维草图与注释空间中可以控制物体的 2 个自由度。

提醒一下：

“自由度”概念。一个自由的物体，它对 3 个相互垂直的坐标系来说，有 6 种活 的可能性，其中 3 种是移动，3 种是转动。习惯上把这种活动的可能性称为自由度，因此空间中任 自由物体共有 6 个自由度，如图 11-2 所示。

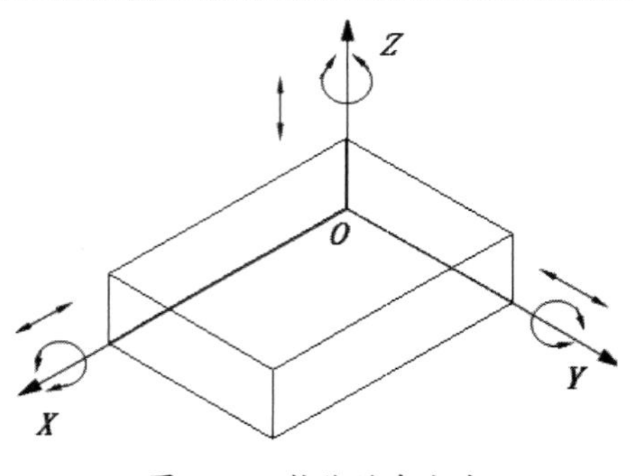

图 11-2 物体的自由度

11.1.2 标注约束关系

标注约束不同于简单的尺寸标注，它不仅能标注图形，还能靠尺寸驱动 改变图形，如图 11-3 所示。

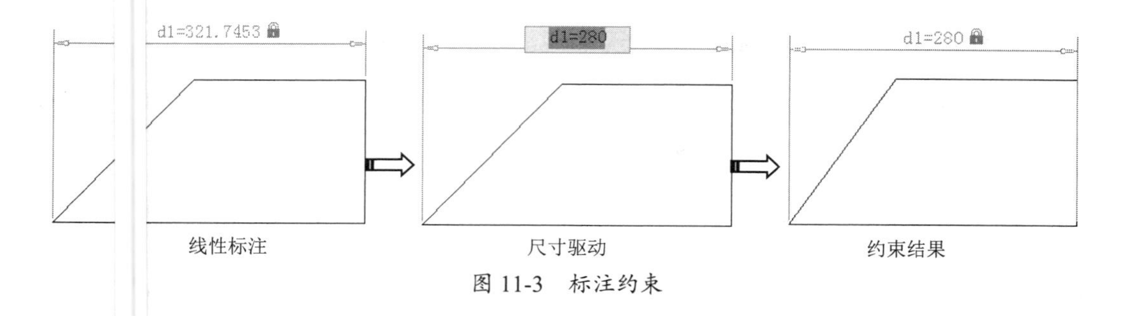

图 11-3　标注约束

11.2　几何约束

几何约束一般用于定位对象和确定对象间的相互关系，它一般分为手动约束和自动约束。

AutoCAD 2022 中的几何约束类型如表 11-1 所示。

表 11-1　AutoCAD 2022 中的几何约束类型

图　标	说　明	图　标	说　明	图　标	说　明	图　标	说　明
	重合约束		共线约束		水平约束		竖直约束
	平行约束		平滑约束		对称约束		垂直约束
	相切约束		同心约束		固定约束		相等约束

11.2.1　手动约束

表 11-1 所示的几何约束类型为手动约束，即需要用户指定要约束的对象。下面将简要介绍表中列出的约束类型。

1. 重合约束

重合约束是约束两个点重合，或者约束一个点使其在曲线上，如图 11-4 所示。对象上的点会根据对象类型而有所不同，如直线上可以选择中点或端点。

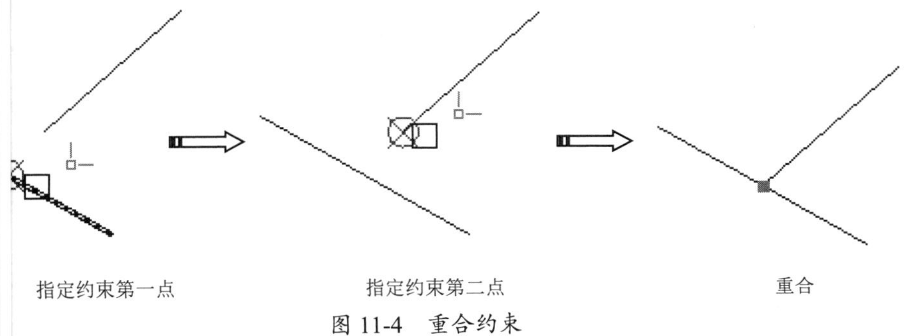

图 11-4　重合约束

提醒一下

在某些情况下，应用约束时选择两个对象的顺序十分重要。通常，所选的第二个对象会根据第一个对象进行调整。例如，应用重合约束时，选择的第二个对象将调整为重合于第一个对象。

2. 平行约束

平行约束是约束两个对象相互平行，即第二个对象与第一个对象平行或具有相同角度，如图 11-5 所示。

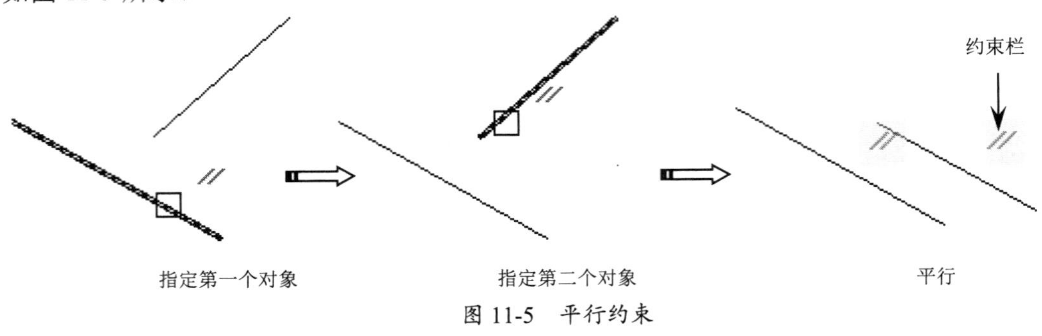

图 11-5 平行约束

3. 相切约束

相切约束主要约束直线、圆和圆弧，或者在圆、圆弧之间进行相切约束，如图 11-6 所示。

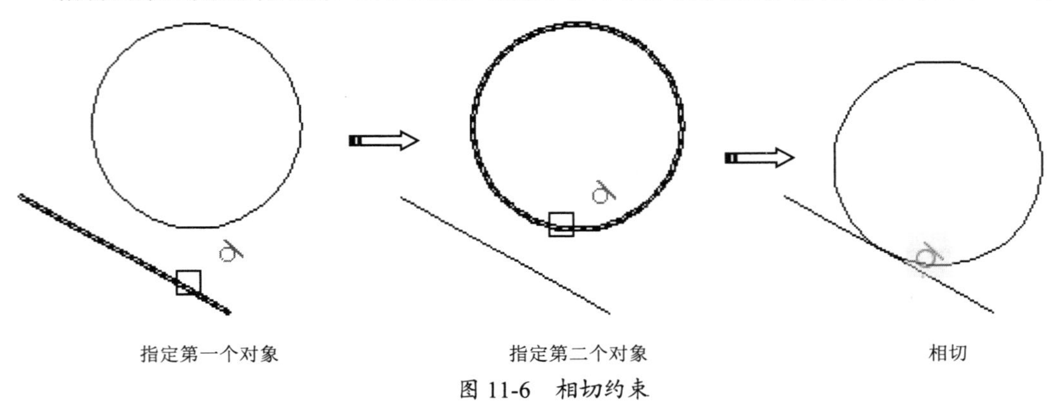

图 11-6 相切约束

4. 共线约束

共线约束是约束两条或两条以上的直线在同一条无限长的直线上，如图 11-7 所示。

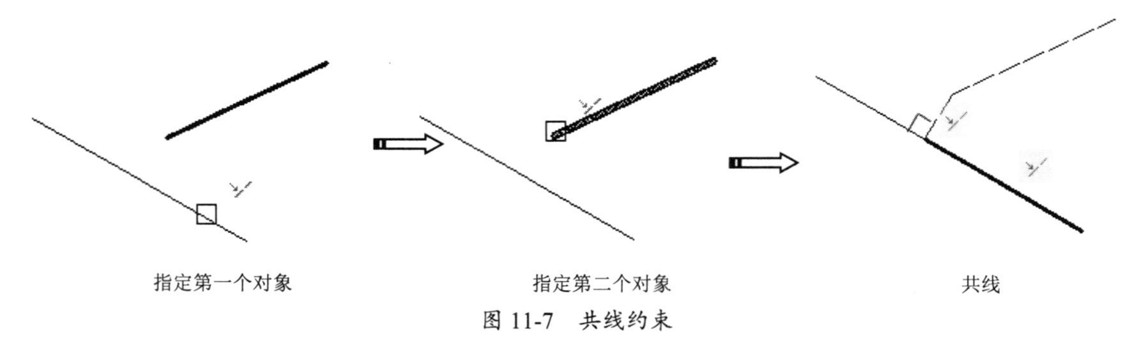

图 11-7 共线约束

5. 平滑约束

平滑约束是约束一条样条曲线与其他对象（如直线、样条曲线或圆弧、多短线等）G2 连续，如图 11-8 所示。

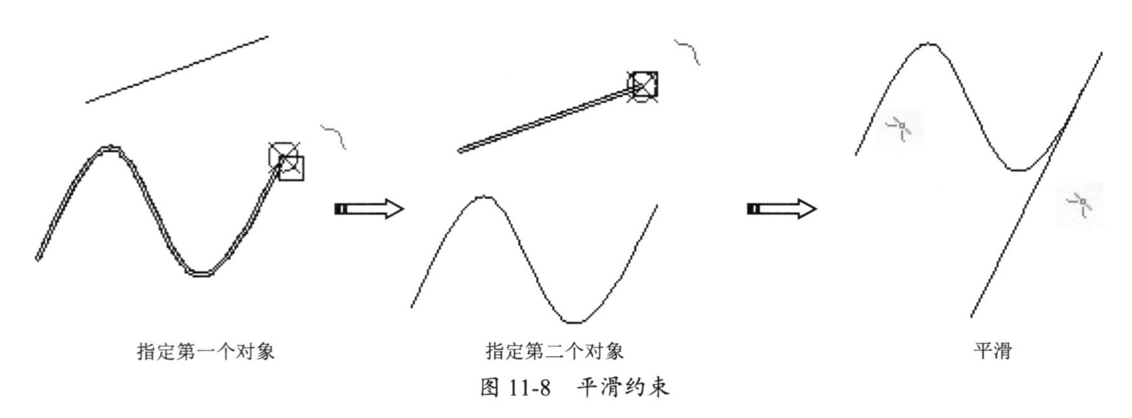

图 11-8　平滑约束

6．同心约束

同心约束是约束圆、圆弧和椭圆，使其圆心在同一点，如图 11-9 所示。

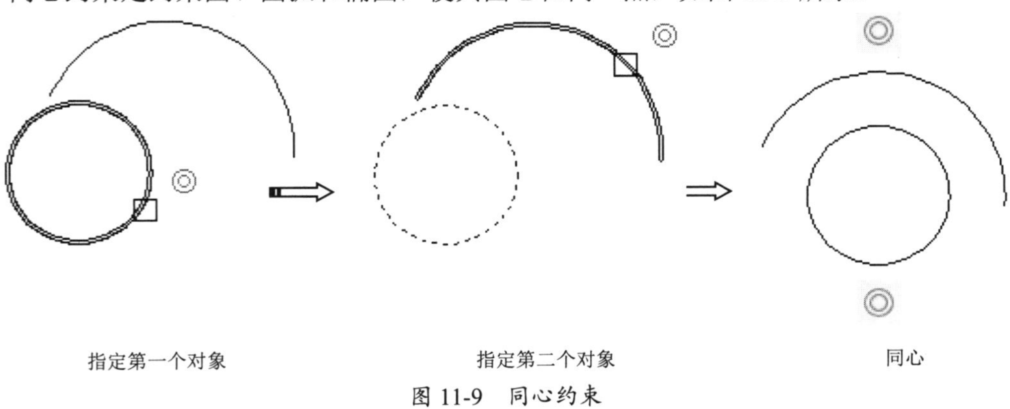

图 11-9　同心约束

7．水平约束

水平约束是约束一条直线或两个点，使其与 UCS 的 X 轴平行，如图 11-10 所示。

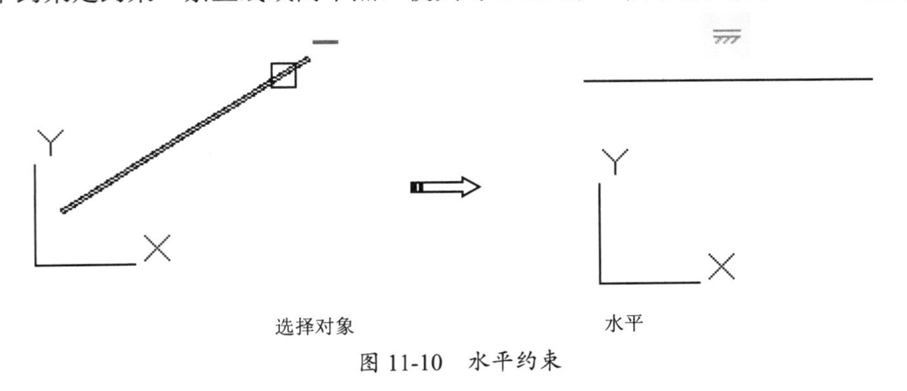

图 11-10　水平约束

8．对称约束

对称约束使选定的对象以直线对称。对于直线，将直线的角度设为对称（而不是使其端点对称）。对于圆弧和圆，将其圆心和半径设为对称（而不是使圆弧的端点对称），如图 11-11 所示。

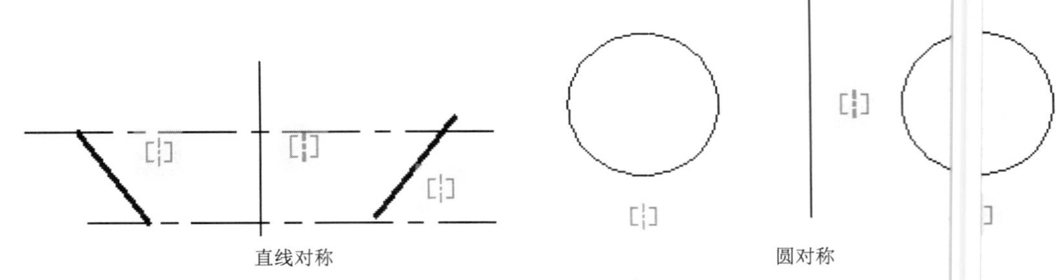

图 11-11　对称约束

提醒一下：

必须具有一个对称轴，从而将对象或点约束为相对于此轴对称。

9. 固定约束

固定约束是将选定对象固定在某位置上，从而使其不被移动。将固定约束应用于对象上的点时，会将该点锁定在当前位置，如图 11-12 所示。

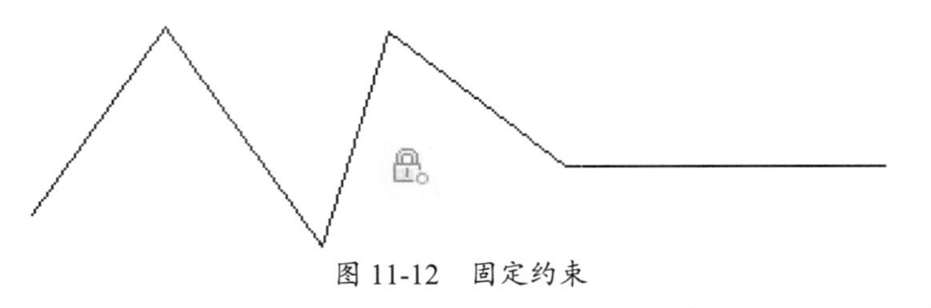

图 11-12　固定约束

提醒一下：

在对某图形中的元素进行约束时，需要对无须改变形状或尺寸的对象进行固定约束。

10. 竖直约束

竖直约束与水平约束是相互垂直的一对约束，它是将选定对象（直线或一对点）与当前 UCS 中的 Y 轴平行，如图 11-13 所示。

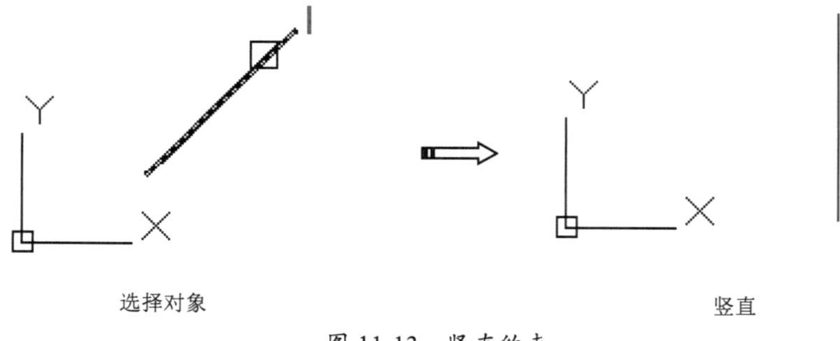

图 11-13　竖直约束

提醒一下：

要对某直线使用竖直约束，注意光标在直线上选取的位置。光标选取端若是固定端，则直线另一端会绕其旋转。

11. 垂直约束

垂直约束是使两条直线或多段线的线段相互垂直（始终保持在 90°），如图 11-14 所示。

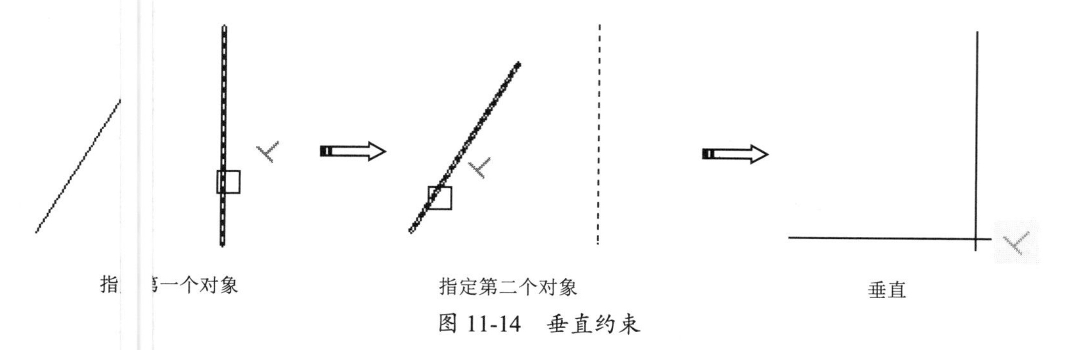

图 11-14　垂直约束

12. 相等约束

相等约束是约束两条直线或多段线的线段等长，约束圆、圆弧的半径相等，如图 11-15 所示。

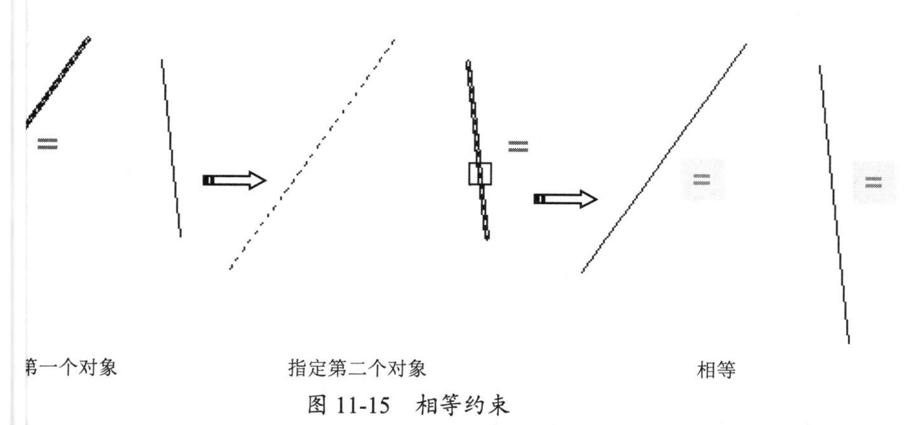

图 11-15　相等约束

提醒一下：

可以连续选取多个对象以使其与第一个对象相等。

11.2.2 自动约束

自动约束用来对选定对象自动添加几何约束集合。此工具有助于查看图形中各元素的约束情况，并据此做出约束修改。

例如，有两条直线看似相互垂直，但需要验证。因此在【几何】面板中单击【自动约束】按钮，并选择两条直线，随后系统自动约束对象，如图 11-16 所示。可以看出，绘图区没有显示垂直约束的符号，表明这两条直线并非相互垂直。

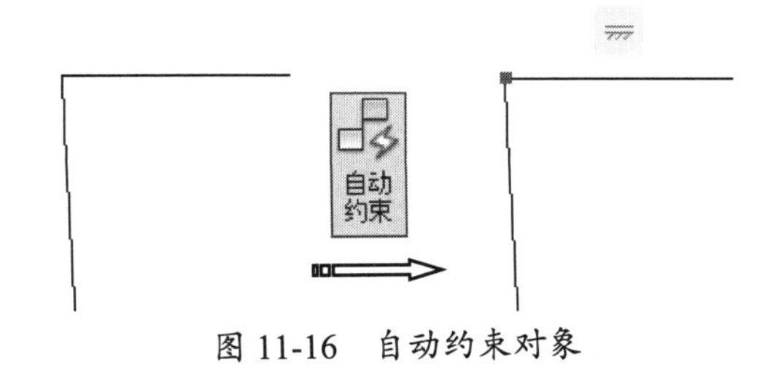

图 11-16　自动约束对象

要使两条直线垂直，须使用垂直约束。

使用【约束设置】对话框中的【自动约束】选项卡，可在指定的公差集内将几何约束应用至几何图形的选择集。

11.2.3 约束设置

【约束设置】对话框是向用户提供的控制几何约束、标注约束和自动约束的工具。在【参数化】选项卡的【几何】面板右下角单击对话框启动按钮，打开【约束设置】对话框，如图 11-17 所示。

该对话框包含【几何】选项卡、【标注】选项卡、【自动约束】选项卡。

1.【几何】选项卡

【几何】选项卡主要用于控制约束栏上约束类型的显示。

此选项卡中各选项的含义如下。

- 推断几何约束：勾选此复选框，在创建和编辑几何图形时推断几何约束。
- 约束栏显示设置：此选项组用来控制约束栏的显示。
  - 全部选择：单击此按钮，将自动勾选所有几何约束。
  - 全部清除：单击此按钮，将自动清除勾选的几何约束。
  - 仅为处于当前平面中的对象显示约束栏：勾选此复选框，仅为当前平面中受几何约束的对象显示约束栏，此复选框主要用于三维建模空间。
- 约束栏透明度：设定图形中约束栏的透明度。
- 将约束应用于选定对象后显示约束栏：勾选此复选框，手动应用约束后或使用 autoconstrain 命令时显示相关约束栏。
- 选定对象时显示约束栏：临时显示选定对象的约束栏。

2.【标注】选项卡

【标注】选项卡主要用于控制标注约束的格式与显示设置，如图 11-18 所示。

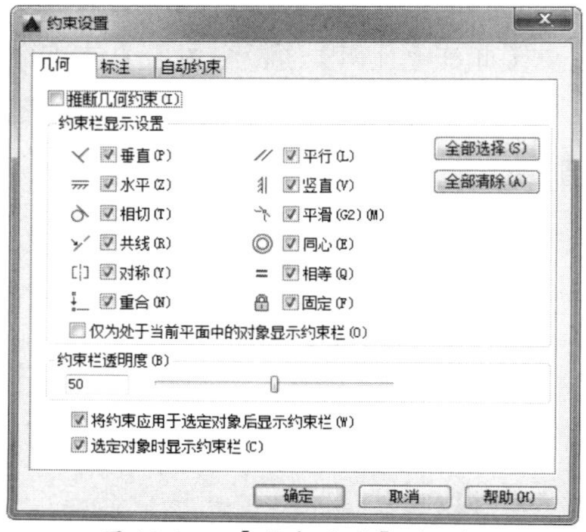

图 11-17 【约束设置】对话框

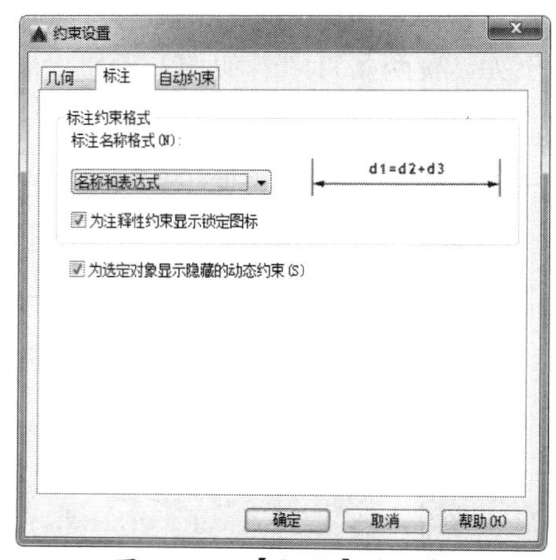

图 11-18 【标注】选项卡

此选项卡中各选项的含义如下。

- 标注名称格式：为应用标注约束时显示的文字指定格式。标注名称格式包括名称、值、名称和表达式，如图 11-19 所示。

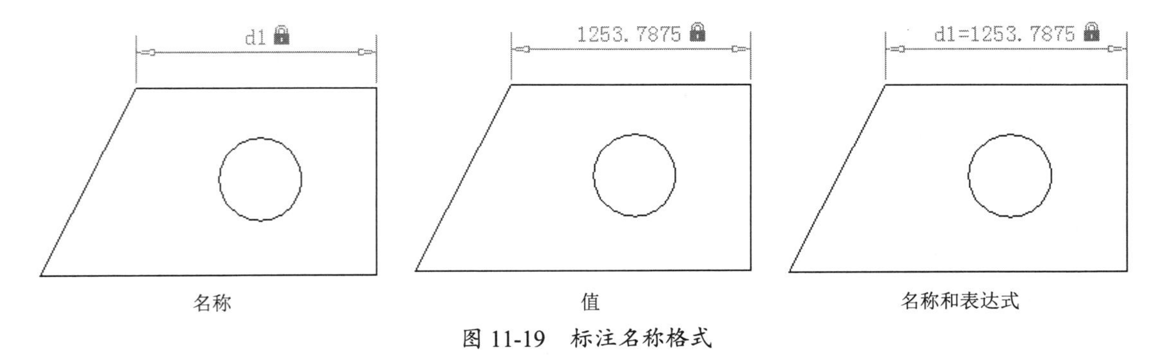

图 11-19　标注名称格式

- 为注释性约束显示锁定图标：针对已应用注释性约束的对象显示锁定图标。
- 为选定对象显示隐藏的动态约束：显示选定对象已设定为隐藏的动态约束。

3.【自动约束】选项卡

【自动约束】选项卡主要用于控制应用于选择集的约束及使用 autoconstrain 命令时约束的应用顺序，如图 11-20 所示。

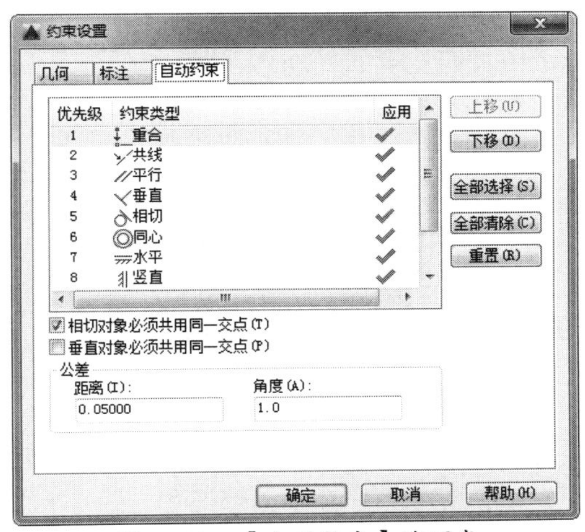

图 11-20　【自动约束】选项卡

此选项卡中各选项的含义如下。

- 上移：将所选的约束类型向列表框前面移动。
- 下移：将所选的约束类型向列表框后面移动。
- 全部选择：选择所有约束类型以进行自动约束。
- 全部清除：将所选约束类型全部清除。
- 重置：单击此按钮，将返回默认设置。
- 相切对象必须共用同一交点：指定两条曲线必须共用一个点（在距离公差内指定）

以便应用相切约束。

- 垂直对象必须共用同一交点：指定直线必须相交或者一条直线的端点必须与另一条直线或直线的端点重合（在距离公差内指定）。
- 公差：设定可接受的公差值以确定是否可以应用约束。距离公差应用于重合、同心、相切和共线约束。角度公差应用于水平、竖直、平行、垂直、相切和共线约束。

11.2.4 几何约束的显示与隐藏

绘制图形后，为了不影响后续的设计工作，用户还可以使用几何约束的显示与隐藏功能，将约束栏显示或隐藏。

1. 显示/隐藏

此功能用于手动选择可显示或隐藏的几何约束。例如，将图形中某一直线的几何约束隐藏，其命令行操作提示如下：

```
命令: _ConstraintBar
选择对象: 找到 1 个
选择对象:↙
输入选项 [显示(S)/隐藏(H)/重置(R)]<显示>:h
```

隐藏几何约束的过程及结果如图 11-21 所示。

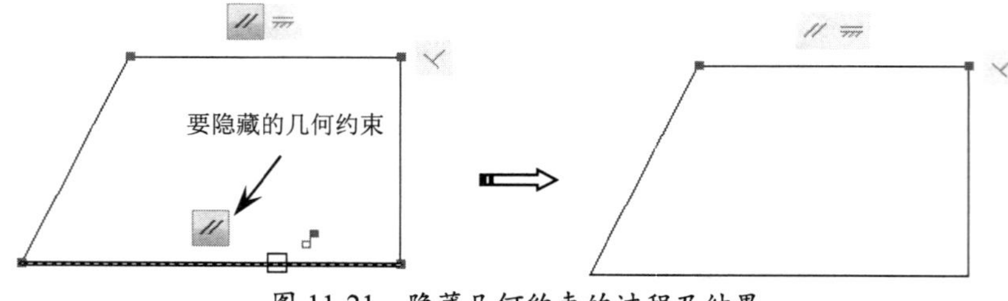

图 11-21　隐藏几何约束的过程及结果

同理，将图形中隐藏的几何约束单独显示，可在命令行中执行 s 命令。

2. 全部显示

全部显示功能使所有隐藏的几何约束同时显示。

3. 全部隐藏

全部隐藏功能使图形中所有的几何约束同时隐藏。

11.3 尺寸驱动约束

标注约束的作用为控制对象的大小与比例，也就是驱动尺寸来改变对象。它可以约束以下内容。

- 对象之间或对象上的点之间的距离。
- 对象之间或对象上的点之间的角度。

- 圆弧和圆的大小。

AutoCAD 2022 的标注约束与图形注释功能中的尺寸标注类似，它们之间有以下不同之处。

- 标注约束用于对象的设计阶段，而尺寸标注通常在文档阶段进行创建。
- 标注约束驱动对象的大小或角度，而尺寸标注由对象驱动。
- 默认情况下，标注约束仅以一种标注样式显示，在缩放操作过程中保持相同大小，且不能输出到设备。

提醒一下：

如果需要输出具有标注约束的对象或使用标注样式，那么需将标注约束的形式从动态更改为注释性。

11.3.1　标注约束类型

标注约束会使对象或对象上的点之间保持指定的距离和角度。AutoCAD 2022 中的标注约束类型如表 11-2 所示。

表 11-2　AutoCAD 2022 中的标注约束类型

图　标	说　明	图　标	说　明
线性标注约束	根据尺寸界线原点和尺寸线的位置创建水平、垂直或旋转约束	角度标注约束	约束直线段或多段线段之间的角度、由圆弧或多段线圆弧扫掠得到的角度，或对象上三个点之间的角度
水平标注约束	约束对象上的点或不同对象上两个点之间的 X 距离	半径标注约束	约束圆或圆弧的半径
竖直标注约束	约束对象上的点或不同对象上两个点之间的 Y 距离	直径标注约束	约束圆或圆弧的直径
对齐标注约束	约束直线的长度或两条直线之间、对象上的点和直线之间或不同对象上两个点之间的距离	转换标注约束	将关联标注转换为标注约束

标注约束图解如图 11-22 所示。

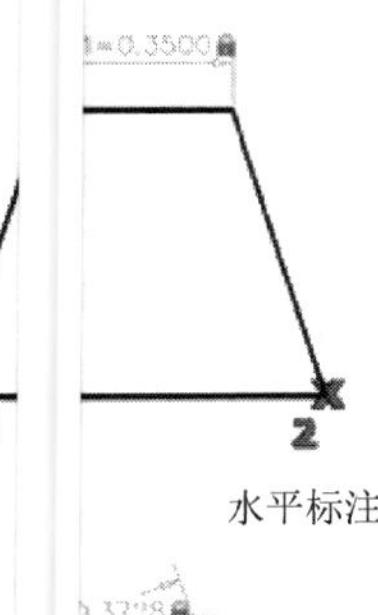
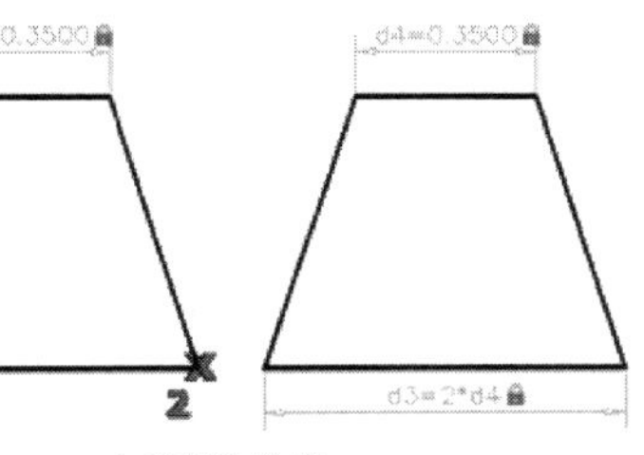

水平标注约束

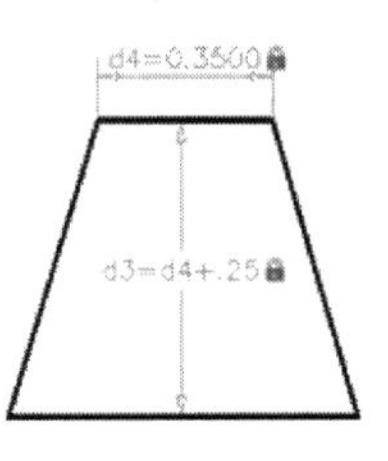

竖直标注约束

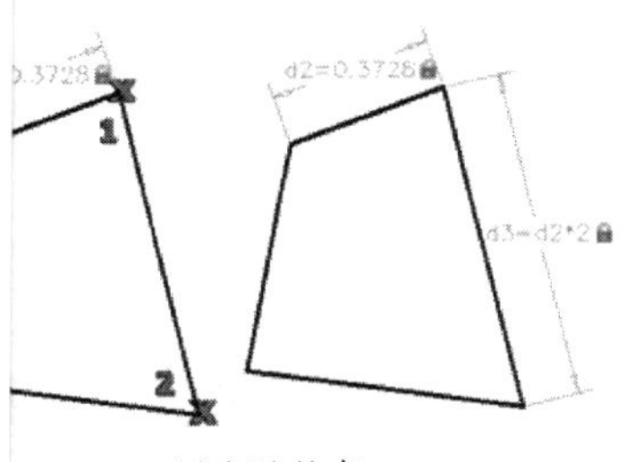

对齐标注约束

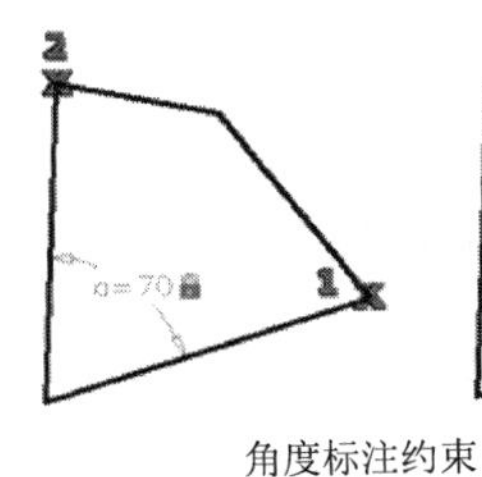
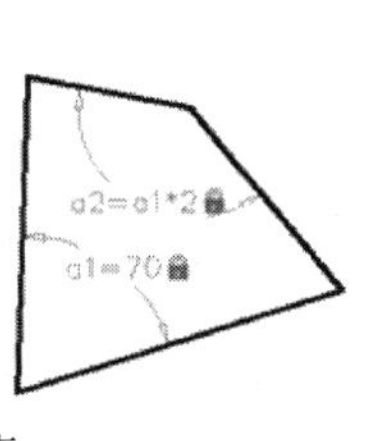

角度标注约束

图 11-22　标注约束图解

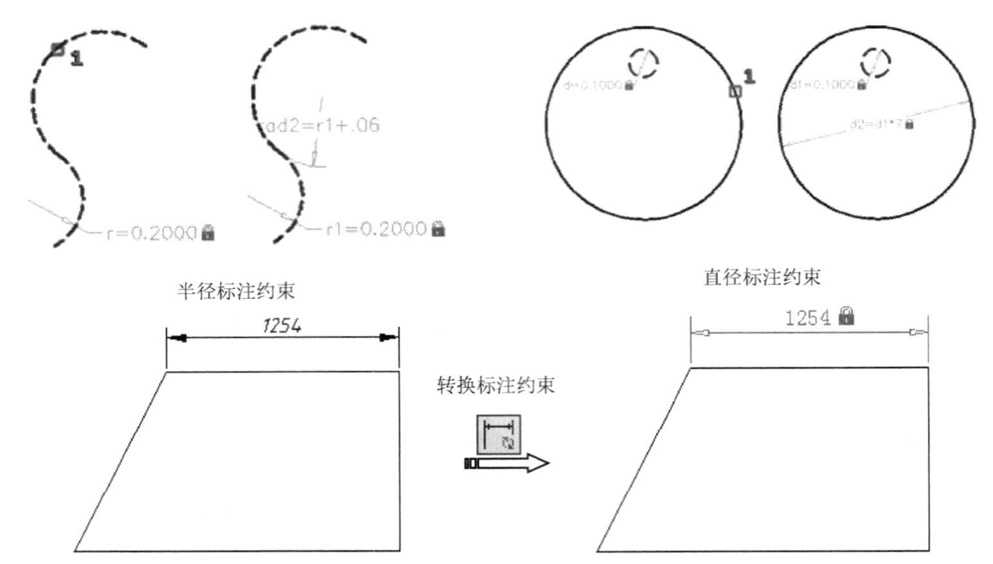

图 11-22　标注约束图解（续）

11.3.2　约束模式

标注约束有两种模式：动态约束模式和注释性约束模式。

1．动态约束模式

此模式允许用户编辑尺寸。默认情况下，标注约束是动态的。

动态约束模式具有以下特征。

- 缩小或放大时保持标注约束大小相同。
- 可以在图形中轻松打开或关闭全局。
- 使用固定的预定义标注样式进行显示。
- 自动放置文字信息，并提供三角形夹点，用户可以使用这些夹点更改标注约束的值。
- 打印图形时不显示。

2．注释性约束模式

标注约束具有以下特征时，注释性约束模式是非常有用的。

- 缩小或放大时大小发生变化。
- 随图层单独显示。
- 使用当前标注样式显示。
- 提供与标注上的夹点具有类似功能的夹点功能。
- 打印图形时显示。

11.3.3　标注约束的显示与隐藏

标注约束的显示与隐藏功能，与前面介绍的几何约束的显示与隐藏功能是相同的，这里不再赘述。

11.4　约束管理

AutoCAD 2022 还提供了约束管理功能，这也是几何约束和标注约束的辅助功能，包括删除约束和参数管理器。

11.4.1　删除约束

当用户需要对参数化约束做出更改时，可以使用此功能来删除约束。例如，对已经进行垂直约束的两条直线再进行平行约束，这是不允许的，因此只能先删除垂直约束再对其进行平行约束。

提醒一下：

删除约束与隐藏约束在本质上是有区别的。

11.4.2　参数管理器

参数管理器可控制图形中使用的关联参数。在【管理】面板中单击【参数管理器】按钮 *fx*，打开【参数管理器】选项板，如图 11-23 所示。

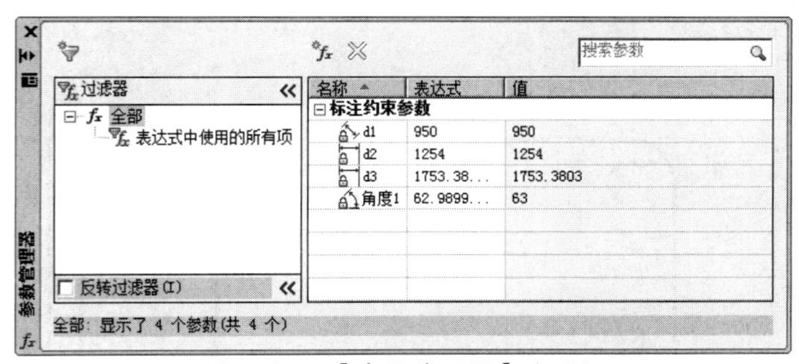

图 11-23　【参数管理器】选项板

在【过滤器】选项组中列出了图形的所有参数组。单击【创建新参数组】按钮，可以添加参数组列。

在该选项板右侧的用户参数列表框中列出了当前图形中用户创建的标注约束。单击【创建新的用户参数】按钮，可以创建新的用户参数。

在用户参数列表框中可以创建、编辑、重命名、编组和删除关联参数。要编辑某一参数，双击该参数即可对其进行编辑。

选择【参数管理器】选项板中的标注约束时，图形中将亮显关联的对象，如图 11-24 所示。

提醒一下：

若参数为处于隐藏状态的动态约束，则选中参数时将临时显示并亮显动态约束。亮显并不表示选中对象，它只是直观地标识受标注约束的对象。

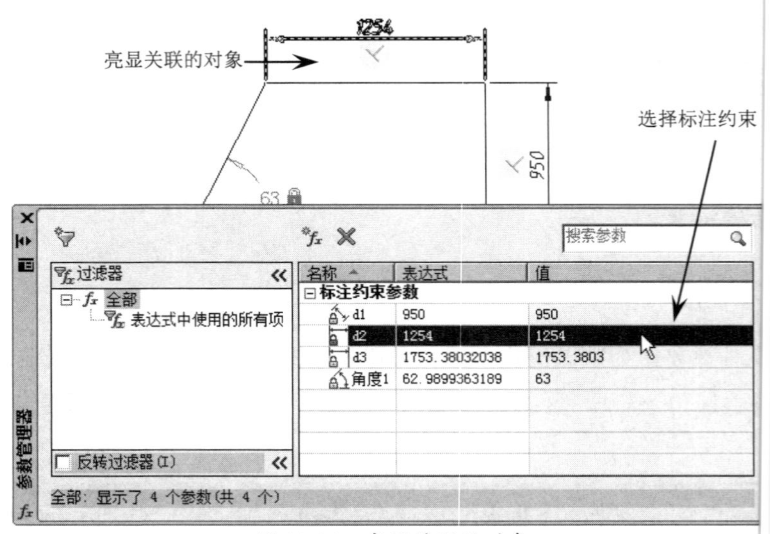

图 11-24　亮显关联的对象

11.5　综合范例：绘制减速器透视孔盖

减速器透视孔盖虽然有多种类型，但它一般都以螺纹结构固定。图 11-2 所示为减速器上透视孔盖。

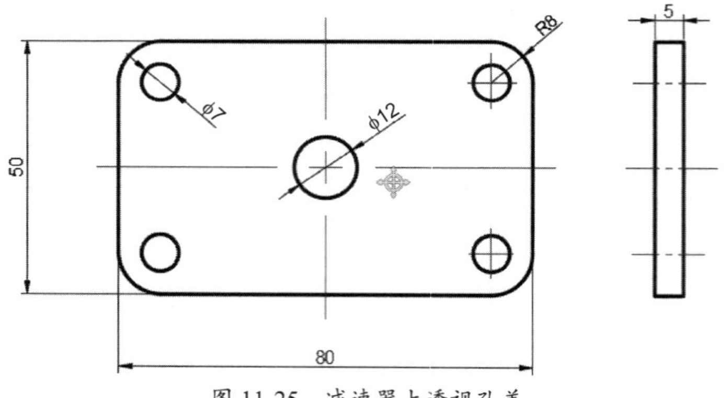

图 11-25　减速器上透视孔盖

本例将完全颠覆以前的图形绘制方法。总体思路是：先任意绘制所有图形元素（包括中心线、矩形、圆、直线等），然后标注约束各图形元素，最后对各图形元素使用几何约束。

操作步骤

① 调用用户自定义的图纸样板文件。

② 使用【矩形】命令、【直线】命令、【圆】命令，绘制如图 11-26 所示的个图形元素。

提醒一下：

绘制的图形元素，其定位尽量与原图形类似。

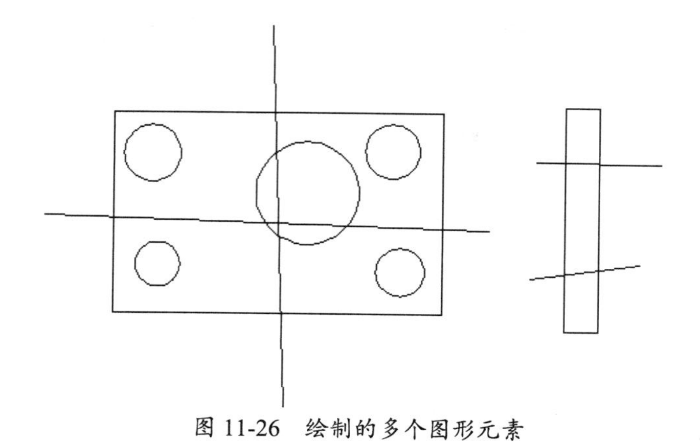

图 11-26　绘制的多个图形元素

③ 在【 数化】选项卡的【标注】面板中单击【注释性约束模式】按钮 。

④ 使用 性标注约束，将 2 个矩形按如图 11-25 所示的尺寸进行约束，标注约束结果如图 1 7 所示。

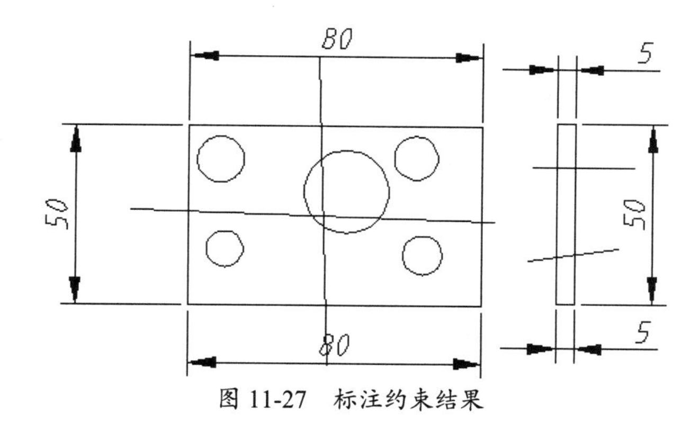

图 11-27　标注约束结果

⑤ 使用 性标注约束，对中心线进行约束，如图 11-28 所示。

⑥ 使用 径标注约束，对 5 个圆进行约束，如图 11-29 所示。

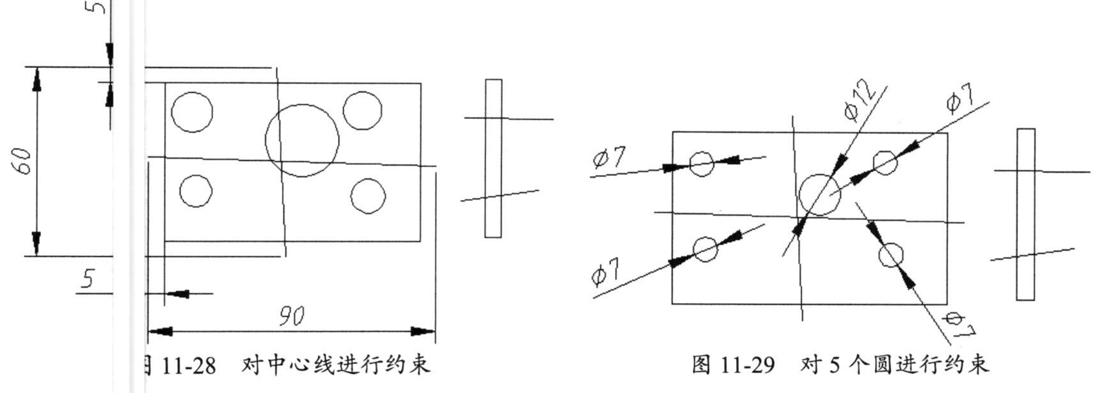

图 11-28　对中心线进行约束　　图 11-29　对 5 个圆进行约束

⑦ 暂不 用标注约束。使用水平约束和竖直约束，约束矩形、中心线和侧视图中的直线，如图 -30 所示。

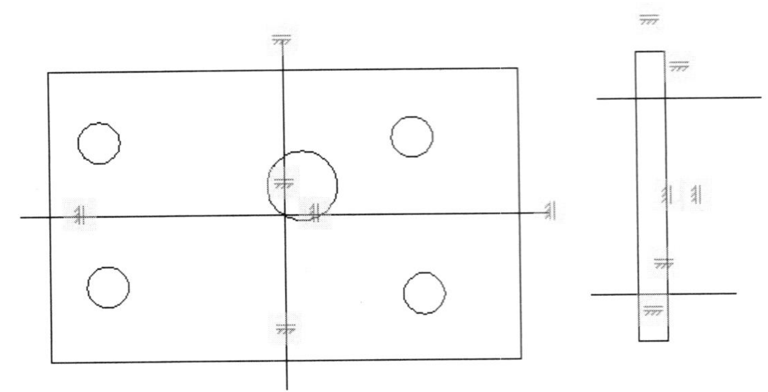

图 11-30　约束矩形、中心线和侧视图中的直线

⑧　使用线性标注约束，约束中心线，如图 11-31 所示。

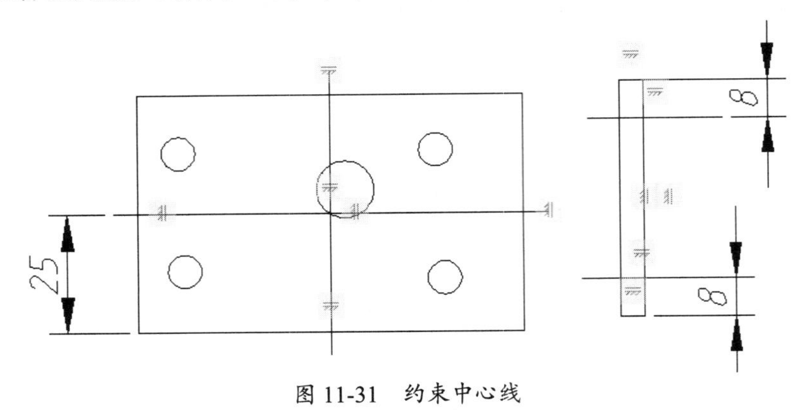

图 11-31　约束中心线

⑨　对大矩形和小矩形应用共线约束，使其在同一水平位置上，如图 11-32 所示。

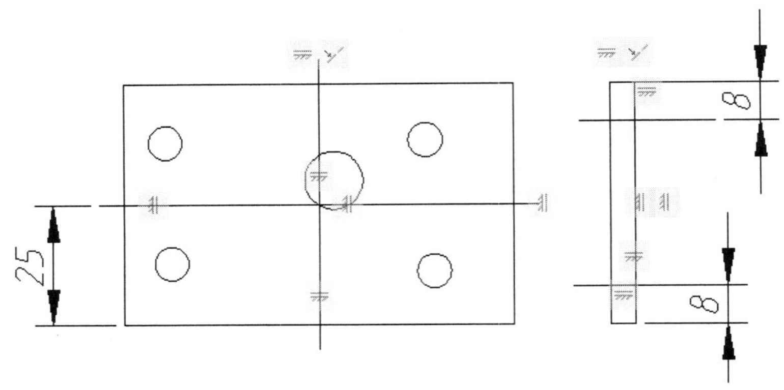

图 11-32　应用共线约束

⑩　对大圆应用重合约束，使其与中心线的中点重合，并使用【圆角】命令对大矩形倒圆角，如图 11-33 所示。

⑪　使用同心约束，将 4 个小圆与 4 个倒圆角的圆心重合。将侧视图中的直线删除，并拉长中心线，修改中心线的线型为 CENTER，得到绘制的最终结果，如图 11-34 所示。

⑫　至此，完成图形的绘制。

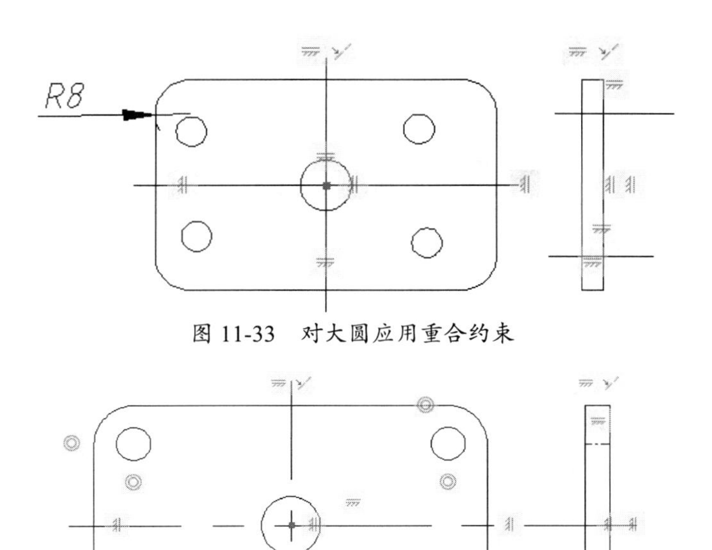

图 11-33　对大圆应用重合约束

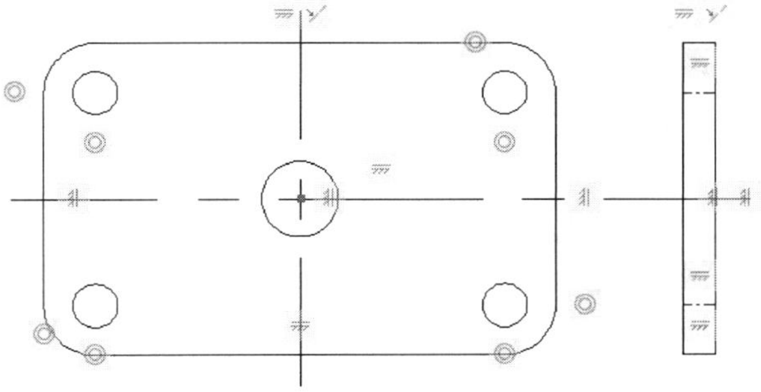

图 11-34　绘制的最终结果

第 12 章

图纸中的尺寸标注

本章内容

尺寸标注是 AutoCAD 绘图设计工作中的一项重要内容，因为尺寸标注能显示出对象的几何测量值、对象之间的距离或角度、部件的位置。AutoCAD 包含一套完整的尺寸标注命令和实用程序，可以使用户轻松完成图纸中要求的尺寸标注。本章将详细介绍 AutoCAD 2022 中注释功能、尺寸标注的基本知识，尺寸标注的基本应用。

知识要点

- ☑ AutoCAD 图纸尺寸标注的基础知识
- ☑ 标注样式的创建与修改
- ☑ 基本尺寸标注工具
- ☑ 快速标注工具
- ☑ 其他标注样式
- ☑ 编辑标注

12.1　AutoCAD 图纸尺寸标注的基础知识

标注能显示出对象的几何测量值、对象之间的距离或角度、部件的位置。因此，用户在标注图形尺寸时要满足尺寸的合理性。除此之外，用户还要掌握尺寸标注的方法、步骤等。

12.1.1　尺寸标注的组成

在 AutoCAD 图纸中，一个完整的尺寸标注应由尺寸界线、尺寸线、尺寸数字、箭头及引线组成，如图 12-1 所示。

1. 尺寸界线

尺寸界线表明尺寸的界限，用细实线绘制，并由轮廓线、轴线或对称中心线引出，也可借用图形的轮廓线、轴线或对称中心线。通常它和尺寸线垂直，必要时允许倾斜。在光滑过渡处标注尺寸时，必须用细实线将轮廓线延长，从它们的交点引出尺寸界线，如图 12-2 所示。

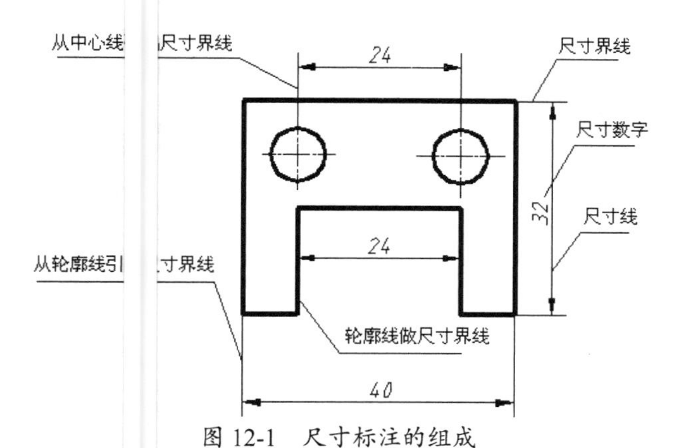

图 12-1　尺寸标注的组成

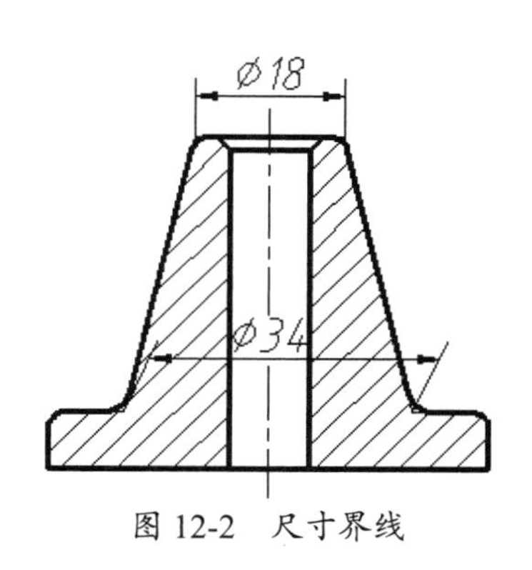

图 12-2　尺寸界线

2. 尺寸线

尺寸线表明尺寸的长短，必须用细实线绘制，不能借用图形中的任何图线，一般也不得与其他图线重合或画在延长线上。

3. 尺寸数字

尺寸数字一般在尺寸线的上方，也可在尺寸线的中断处。水平尺寸的数字字头朝上，垂直尺寸的数字字头朝左，倾斜尺寸的数字字头应保持朝上的趋势，并与尺寸线成 75° 斜角。

4. 箭头

箭头表示尺寸线的端点。尺寸线终端有两种形式：箭头和斜线。箭头适用于各种类型的图样，如图 12-3（a）所示。斜线用细实线绘制，当尺寸线终端采用斜线形式时，尺寸线与尺寸界线必须互相垂直，如图 12-3（b）所示。

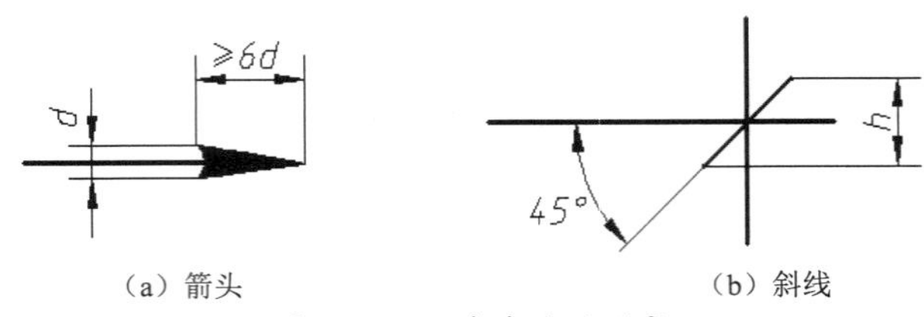

图 12-3　尺寸线终端形式

5. 引线

引线是形成一个从注释到参照部件的实线前导。根据标注样式，如果在延伸线之间容纳不下标注文字，那么系统将会自动创建引线，将文字或块与部件连接起来。

12.1.2　尺寸标注的类型

图纸中的尺寸标注类型大致分为线性标注、直径或半径标注、角度标注。以下内容将对这些尺寸标注类型做大致介绍。

1. 线性标注类型

线性标注包括水平标注、垂直标注和对齐标注，如图 12-4 所示。

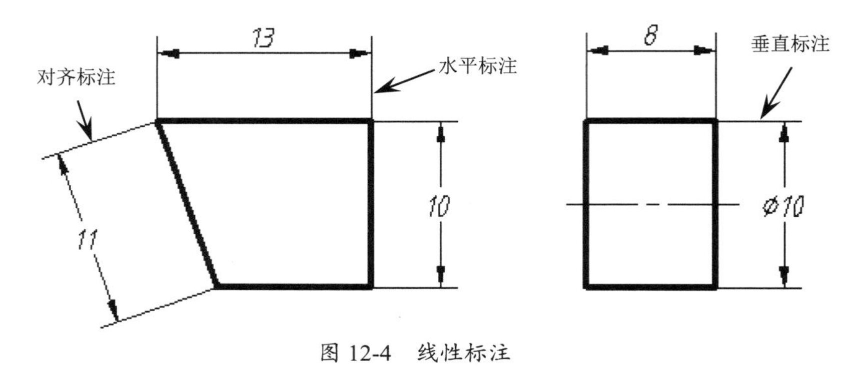

图 12-4　线性标注

2. 直径或半径标注类型

一般情况下，整圆或大于半圆的圆弧应标注直径尺寸，并在数字前面显示直径符号 ϕ；小于或等于半圆的圆弧应标注半径尺寸，并在数字前面显示半径符号 R，如图 12-5 所示。

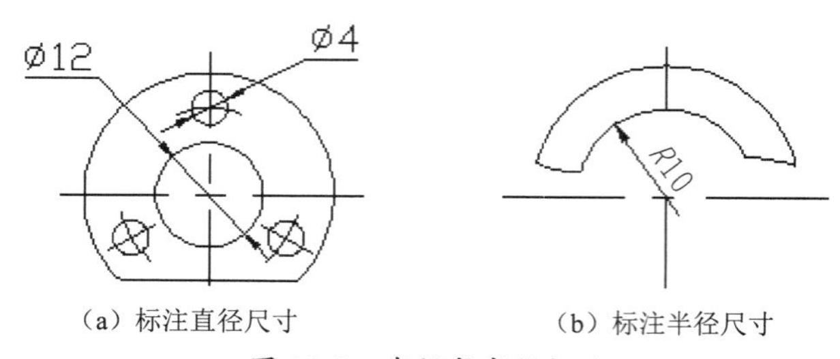

图 12-5　直径或半径标注

3. 角度标注类型

标注角度尺寸时，延伸线应沿径向引出，尺寸线是以该角度顶点为圆心的一段圆弧。角度的数字一律字头朝上水平书写，并配置在尺寸线的中断处。必要时也可以引出标注或把数字写在尺寸线旁边，如图 12-6 所示。

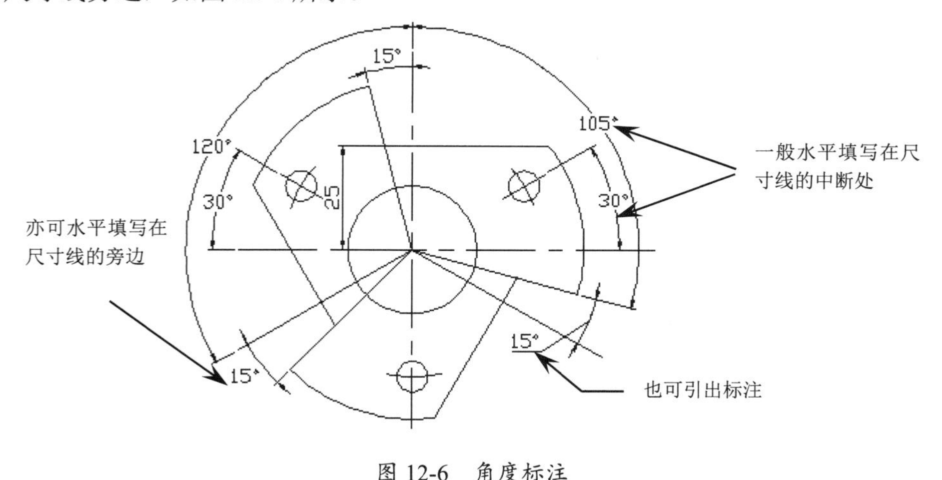

图 12-6　角度标注

12.1.3　标注样式管理器

在 AutoCAD 中，使用标注样式可以控制标注的格式和外观，建立强制执行的绘图标准，有利于对标注格式及用途进行修改。标注样式管理包含新建标注样式、设置线样式、设置符号和箭头样式、设置文字样式、设置调整样式、设置主单位样式、设置单位换算样式、设置公差样式等内容。

标注样式是标注设置的命名集合，可用来控制标注的外观，如箭头样式、文字位置和尺寸公差等。用户可以创建标注样式，以快速指定标注的格式，并确保标注符合行业或项目标准。

创建标注样式时，标注将使用当前标注样式中的设置。若要修改标注样式中的设置，则图形中的所有标注将自动使用更新后的样式。用户可以创建与当前标注样式不同的指定标注类型的标准子样式，如果需要，可以临时替代标注样式。

在【注释】选项卡【标注】面板的右下角单击对话框启动按钮，打开【标注样式管理器】对话框，如图 12-7 所示。

该对话框中各选项的含义如下。

- 当前标注样式：显示当前标注样式的名称。默认标注样式为 ISO-25。当前标注样式将应用于所创建的标注。
- 样式：列出图形中的标注样式，当前标注样式被亮显。在列表框中右击可显示右键快捷菜单及其命令，用于设置当前标注样式、重命名样式和删除样式。不能删除当前样式或当前图形使用的样式。样式名称前的图标表示样式是注释性的。

提醒一下：

除非勾选【不列出外部参照中的样式】复选框，否则，将使用外部参照命名对象的形式显示外部参照图形中的标注样式。

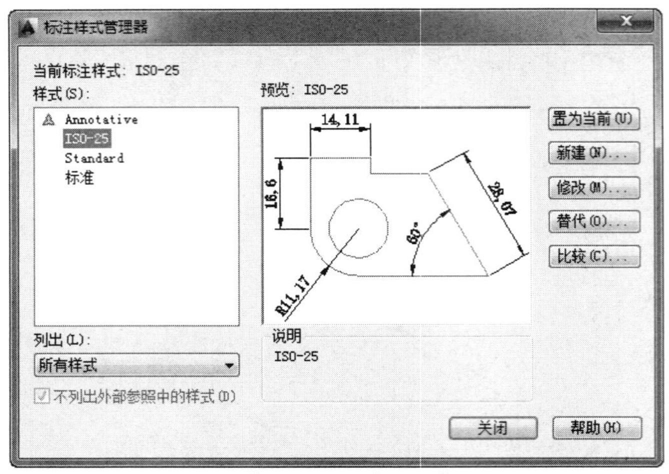

图 12-7 【标注样式管理器】对话框

- 列出：在【列出】下拉列表中选择选项来控制标注样式显示。如果要看图形中所有的标注样式，那么可选择【所有样式】选项。如果只希望查看图形标注当前使用的标注样式，那么可选择【正在使用的样式】选项。
- 不列出外部参照中的样式：如果勾选此复选框，那么在【列出】下拉表中将不显示【外部参照图形的标注样式】选项。
- 说明：主要说明【样式】列表框中与当前标注样式相关的选定样式。果说明超出给定的空间，那么可以单击窗格并使用箭头键向下滚动。
- 置为当前：将【样式】列表框中选定样式设置为当前标注样式。当前注样式将应用于用户所创建的标注中。
- 新建：单击此按钮，可在打开的【新建标注样式】对话框中创建新的注样式。
- 修改：单击此按钮，可在打开的【修改标注样式】对话框中修改当前注样式。
- 替代：单击此按钮，可在打开的【替代标注样式】对话框中设置标注式的临时替代样式。替代样式将作为未保存的更改结果显示在【样式】列表框中
- 比较：单击此按钮，可在打开的【比较标注样式】对话框中比较两个注样式的所有特性。

12.2 标注样式的创建与修改

多数情况下，用户完成图形的绘制后需要创建新的标注样式来标注图形尺，以满足各种各样的设计需要。在【标注样式管理器】对话框中单击【新建】按钮，打开创建新标注样式】对话框，如图 12-8 所示。

此对话框中各选项的含义如下。

- 新样式名：指定新的样式名。

- 基础样式：设置作为新样式的基础样式。对于新样式，仅修改那些与基础特性不同的特性。
- 注释性：通常用于注释图形的对象有一个特性称为注释性。使用此特性，用户可以自动完成缩放注释的过程，从而使注释能够以正确的大小在图纸上打印或显示。
- 用于：创建一种仅适用于特定标注类型的标注子样式。例如，可以创建一个 Standard 标注样式的版本，该样式仅用于直径标注。

在【创建新标注样式】对话框的【新样式名】文本框中输入副本 ISO-25，并完成其他选项设置后，单击【继续】按钮，打开【新建标注样式：副本 ISO-25】对话框，如图 12-9 所示。

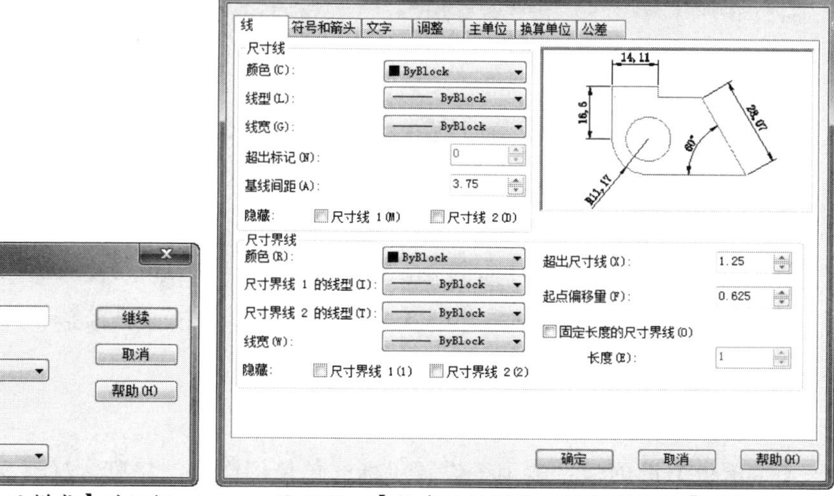

图 12-8　【创建新标注样式】对话框　　　图 12-9　【新建标注样式：副本 ISO-25】对话框

在此对话框中用户可以定义新标注样式的特性，最初显示的特性是在【创建新标注样式】对话框中所选择的基础样式特性。在【新建标注样式：副本 ISO-25】对话框中，用户可对线、符号和箭头、文字、调整、主单位、换算单位和公差进行设置。

1.【线】选项卡

【线】选项卡主要用于设置尺寸线、尺寸界线的格式和特性。该选项卡包含【尺寸线】选项组、【尺寸界线】选项组和设置预览区。

提醒一下：

AutoCAD 中尺寸标注的延伸线就是机械制图中的尺寸界线。

2.【符号和箭头】选项卡

【符号和箭头】选项卡主要用于设置箭头、圆心标记、弧长符号和半径折弯标注的格式和位置，如图 12-10 所示。该选项卡包含【箭头】选项组、【圆心标记】选项组、【折断标注】选项组、【弧长符号】选项组、【半径折弯标注】选项组和【线性折弯标注】选项组。

3.【文字】选项卡

【文字】选项卡主要用于设置标注文字的格式、放置和对齐，如图 12-11 所示。该选项卡包含【文字外观】选项组、【文字位置】选项组和【文字对齐】选项组。

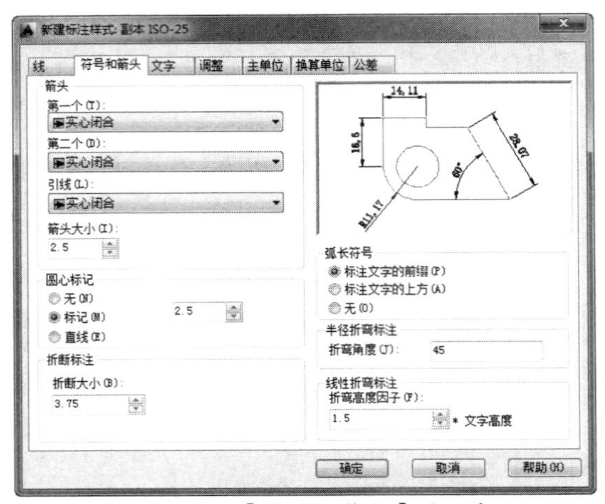

图 12-10 【符号和箭头】选项卡

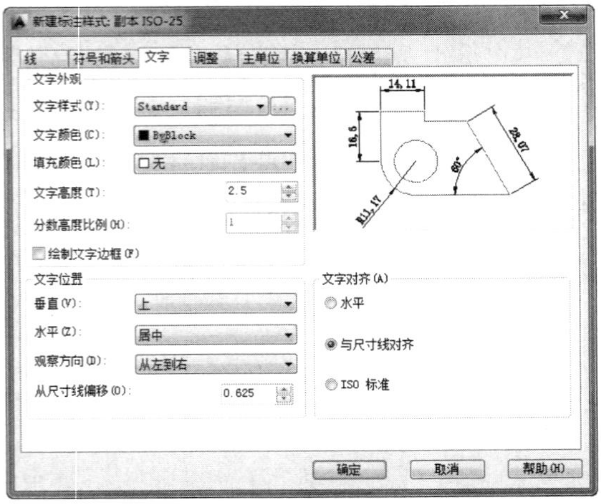

图 12-11 【文字】选项卡

4.【调整】选项卡

【调整】选项卡主要用于设置标注文字、箭头、引线和尺寸线的放置，如图 12-12 所示。该选项卡包含【调整选项】选项组、【文字位置】选项组、【标注特征比例】选项组和【优化】选项组。

5.【主单位】选项卡

【主单位】选项卡主要用于设置主标注单位的格式、精度，标注文字的前缀和后缀，如图 12-13 所示。该选项卡包含【线性标注】选项组和【角度标注】选项组。

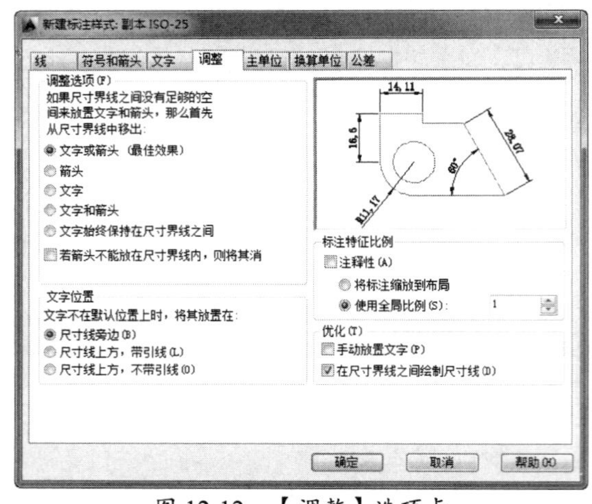

图 12-12 【调整】选项卡

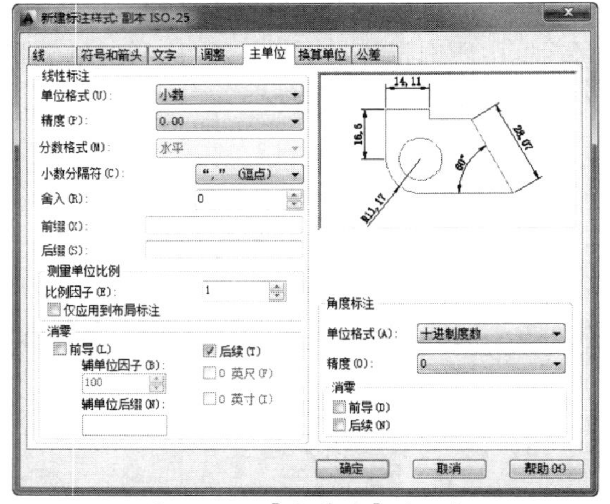

图 12-13 【主单位】选项卡

6.【换算单位】选项卡

【换算单位】选项卡主要用于设置标注测量值中换算单位的显示及其格式和精度，如

图 12-14 所示。该选项卡中包含【换算单位】选项组、【消零】选项组和【位置】选项组。

7.【公差】选项卡

【公差】选项卡主要用于设置标注文字中公差的格式和显示，如图 12-15 所示。该选项卡包括【公差格式】选项组和【换算单位公差】选项组。

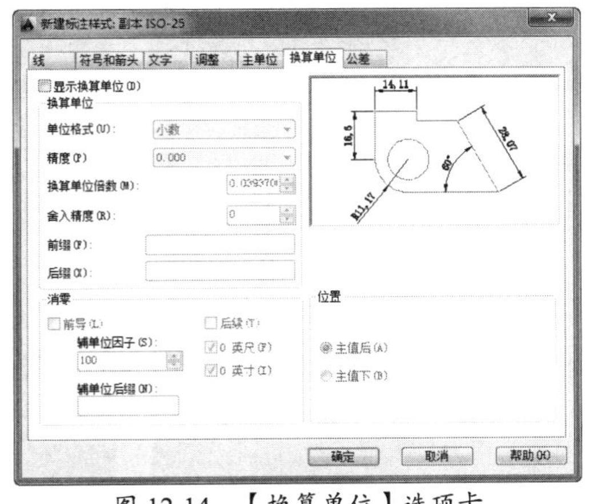

图 12-14　【换算单位】选项卡

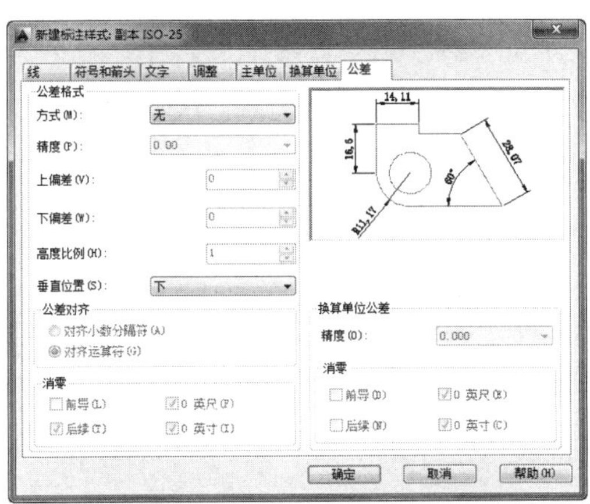

图 12-15　【公差】选项卡

12.3　基本尺寸标注工具

AutoCAD 2022 向用户提供了非常全面的基本尺寸标注工具，这些工具包括线性标注、角度标注、半径或直径标注、弧长标注、坐标标注、对齐标注、折弯标注、打断标注和倾斜标注。

12.3.1　线性标注

线性标注包含了水平标注和垂直标注，线性标注可以水平、垂直放置。

用户可通过以下方式来执行上述操作。

- 菜单栏：执行【标注】|【线性】命令。
- 面板：在【注释】选项卡的【标注】面板中单击【线性】按钮。
- 命令行：输入 dimlinear。

1．水平标注

尺寸线与标注文字始终保持水平放置的尺寸标注就是水平标注。在图形中任选两点作为延伸线的原点，系统自动以水平标注方式作为默认的标注，如图 12-16 所示。将延伸线沿竖直方向移动至合适位置，即可确定尺寸线中点位置以创建尺寸标注，如图 12-17 所示。

在命令行中执行 dimlinear 命令，并在图形中指定了延伸线的原点或要标注的对象后，在命令行中显示如下操作提示：

```
命令：_dimlinear
指定第一条延伸线原点或 <选择对象>:                    //指定标注原点一
指定第二条延伸线原点:                                //指定标注原点二
```

```
指定尺寸线位置或
[多行文字(M)/文字(T)/角度(A)/水平(H)/垂直(V)/旋转(R)]:        //标注选项
```

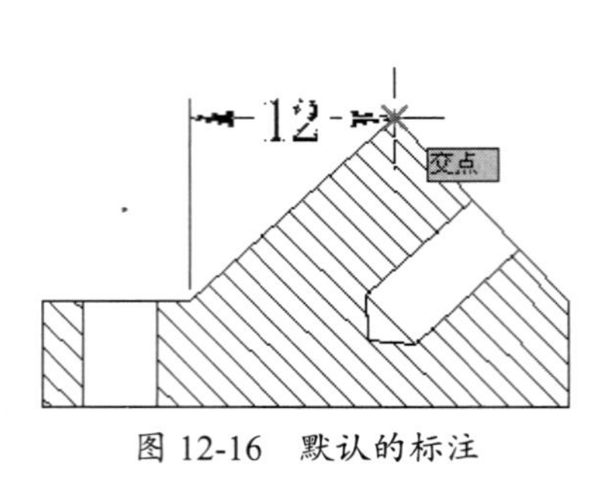

图 12-16　默认的标注

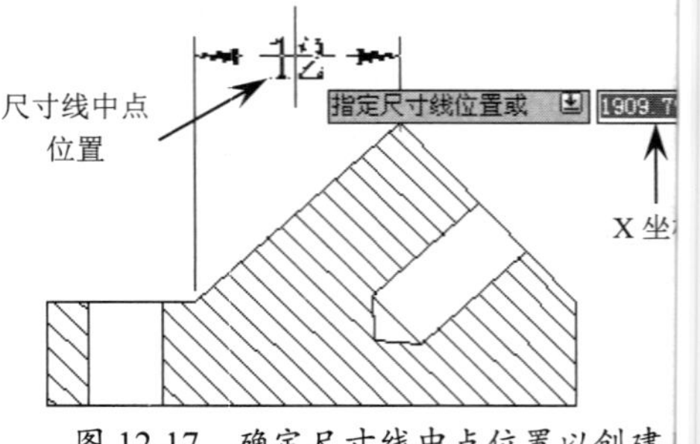

图 12-17　确定尺寸线中点位置以创建 标注

2．垂直标注

尺寸线与标注文字始终保持竖直方向放置的尺寸标注就是垂直标注。当指 了延伸线原点或标注对象后，系统默认的标注是垂直标注，将延伸线沿水平方向进行移动 或在命令行中执行 v 命令，即可创建垂直标注，如图 12-18 所示。

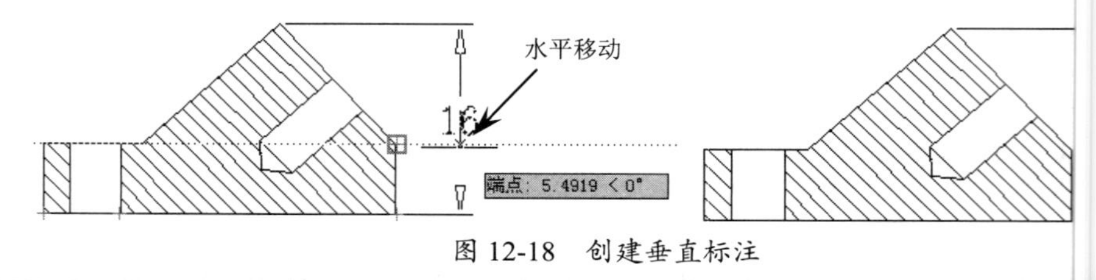

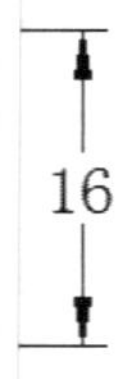

图 12-18　创建垂直标注

提醒一下：

垂直标注的命令行操作提示与水平标注的命令行操作提示是相同的。

12.3.2　角度标注

角度标注用来测量选定的对象或三个点之间的角度。可选择的测量对象 括圆弧/圆和直线、顶点，如图 12-19 所示。

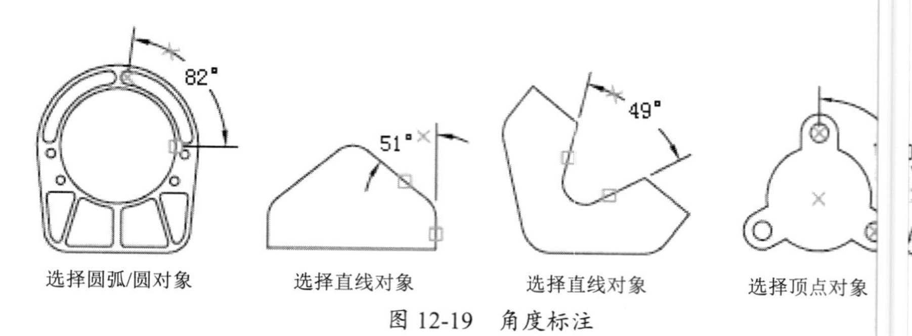

图 12-19　角度标注

用户可通过以下方式来执行上述操作。

- 菜单栏：执行【标注】|【角度】命令。
- 面板：在【注释】选项卡的【标注】面板中单击【角度】按钮。
- 命令行：输入 dimangular。

在命 行中执行 dimangular 命令，并在绘图区选择标注对象，命令行操作提示如下：

```
命令： imangular
选择 、圆、直线或 <指定顶点>:                                //指定直线一
选择 条直线:                                                //指定直线二
指定 弧线位置或 [多行文字(M)/文字(T)/角度(A)/象限点(Q)]:       //标注选项
```

操作 示中各选项的含义如下。

- 指 标注弧线位置：指定尺寸线的位置并确定绘制延伸线的方向。指定位置之后，d angular 命令将结束。
- 多 文字：编辑用于标注的多行文字，可添加前缀和后缀。
- 文 ：用户自定义文字，生成的标注测量值显示在尖括号中。
- 角 ：修改标注文字的角度。
- 象 点：指定标注应锁定到的象限。打开象限后，将标注文字放置在角度标注外时，尺 线会延伸超过延伸线。

提醒一下

可以相 于现有角度标注创建基线和连续角度标注。基线和连续角度标注小于或等于 180°。要获得大于 180° 的 线和连续角度标注，可使用夹点功能拉伸现有基线或连续标注尺寸延伸线的位置。

12.3.3 半径标注和直径标注

当标 对象为圆弧或圆时，需创建半径或直径标注。一般情况下，整圆或大于半圆的圆弧应标注 径尺寸，小于或等于半圆的圆弧应标注半径尺寸。半径标注和直径标注如图 12-20 所示。

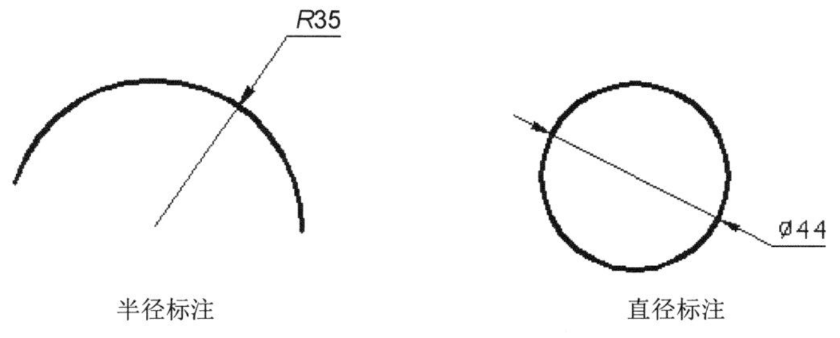

图 12-20　半径标注和直径标注

1. 半 标注

半径 注用来测量选定圆或圆弧的半径，并显示带有半径符号的标注文字。

用户 通过以下方式来执行上述操作。

- 菜 栏：执行【标注】|【半径】命令。
- 面 ：在【注释】选项卡的【标注】面板中单击【半径】按钮。
- 命 行：输入 dimradius。

先在 令行中执行 dimradius 命令，再选择圆弧来标注，命令行操作提示如下：

```
命令： imradius
选择 或圆:                          //选择标注的圆弧
```

```
标注文字 = 35
指定尺寸线位置或 [多行文字(M)/文字(T)/角度(A)]:        //标注选项
```

2. 直径标注

直径标注用来测量选定圆或圆弧的直径，并显示带有直径符号的标注文字。

用户可通过以下方式来执行上述操作。

- 菜单栏：执行【标注】|【直径】命令。
- 面板：在【注释】选项卡的【标注】面板中单击【直径】按钮。
- 命令行：输入 dimdiameter。

对圆弧进行标注时，半径或直径标注不需要直接沿圆弧进行放置。若标注位于圆弧末尾之后，则将沿进行标注的圆弧路径绘制延伸线，或者不绘制延伸线。取消（关闭）延伸线后，半径或直径标注的尺寸线将通过圆弧的圆心（而不是按照延伸线）进行绘制，如图 12-21 所示。

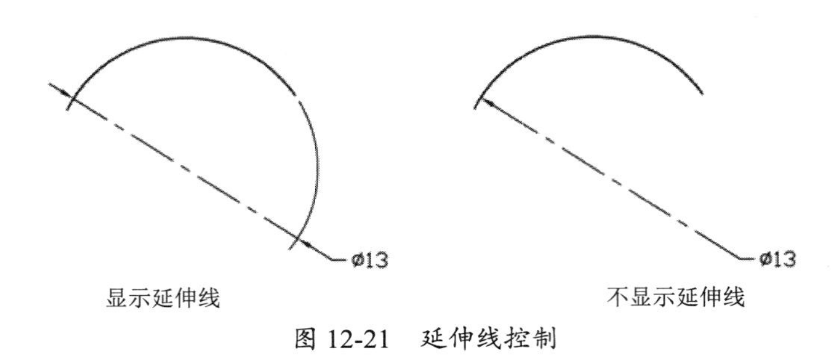

图 12-21　延伸线控制

12.3.4　弧长标注

弧长标注用于测量圆弧或多段线弧线段上的距离。默认情况下，弧长标注在标注文字的上方或前面，将显示圆弧符号“⌒”，如图 12-22 所示。

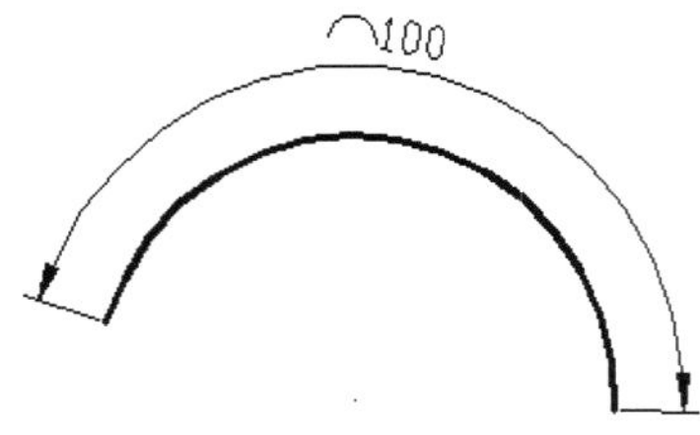

图 12-22　弧长标注

用户可通过以下方式来执行上述操作。

- 菜单栏：执行【标注】|【弧长】命令。
- 面板：在【注释】选项卡的【标注】面板中单击【弧长】按钮。
- 命令行：输入 dimarc。

在命令行中执行 dimarc 命令，选择弧线段作为标注对象，命令行操作提示如下：

```
命令：_dimarc
选择弧线段或多段线弧线段:                                          //选择弧线段
指定弧长标注位置或 [多行文字(M)/文字(T)/角度(A)/部分(P)/引线(L)]:   //弧长标注选项
```

12.3.5　坐标标注

坐标标注主要用于测量从原点（基准）到要素（如部件上的一个孔）的水平或垂直距离。这种标注保持特征点与基准点的精确偏移量，从而避免增大误差。一般的坐标标注如图 12-23 所示。

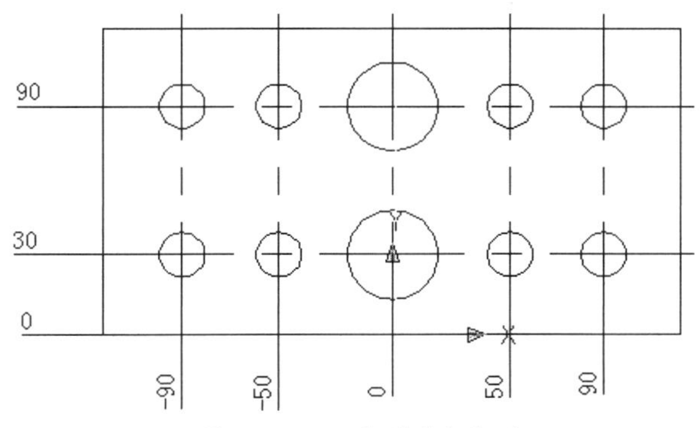

图 12-23　一般的坐标标注

用户可通过以下方式来执行上述操作。

- 菜单栏：执行【标注】|【坐标】命令。
- 面板：在【注释】选项卡的【标注】面板中单击【坐标】按钮。
- 命令行：输入 dimordinate。

在命令行中执行 dimordinate 命令，命令行操作提示如下：

```
命令：_dimordinate
```

指定点坐标的命令行操作提示：

```
指定引线端点或 [X 基准(X)/Y 基准(Y)/多行文字(M)/文字(T)/角度(A)]:
```

指定点坐标的操作提示中各选项的含义如下。

- 指定引线端点：使用点坐标和引线端点的坐标差可确定是标注 X 坐标还是标注 Y 坐标。如果 Y 坐标的坐标差较大，那么就标注 X 坐标，否则就标注 Y 坐标。
- X 基准：测量 X 坐标并确定引线和标注文字的方向。确定时将显示"引线端点"提示，从中可以指定端点，如图 12-24 所示。
- Y 基准：测量 Y 坐标并确定引线和标注文字的方向，如图 12-25 所示。

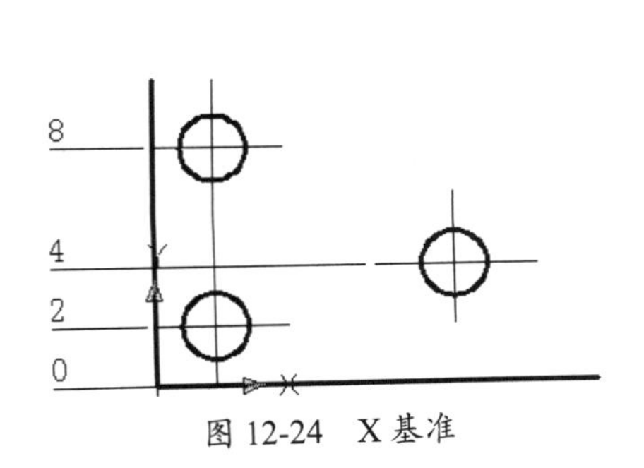

图 12-24　X 基准

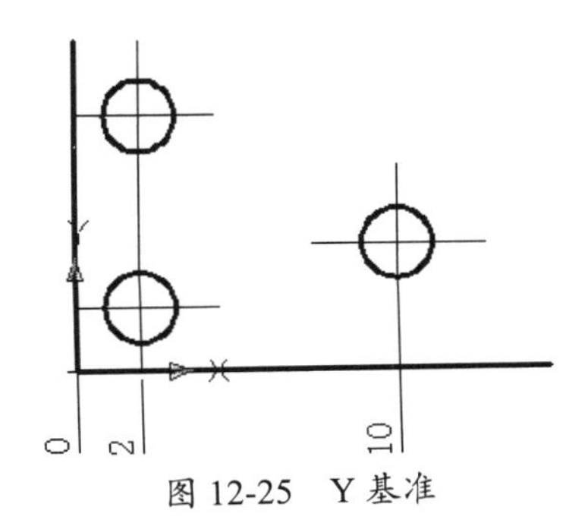

图 12-25　Y 基准

- 多行文字：编辑用于标注的多行文字，可添加前缀和后缀。
- 文字：用户自定义文字，生成的标注测量值显示在尖括号中。
- 角度：修改标注文字的角度。

在创建坐标标注之前，需要在基点或基线上先创建 UCS，如图 12-26 所示

12.3.6 对齐标注

当标注对象为倾斜的直线时，可使用对齐标注。对齐标注可以创建与指定 置或对象平行的标注，如图 12-27 所示。图中的第一个点、第二个点和第三个点分别代表 尺寸标注的第一个尺寸界线原点、第二个尺寸界线原点和尺寸文本放置点。

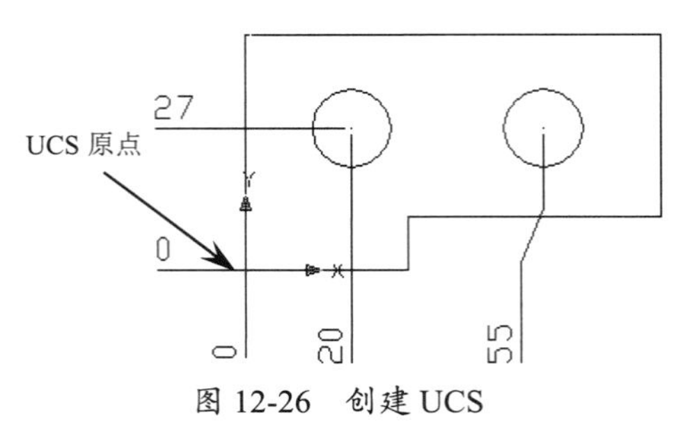

图 12-26 创建 UCS

图 12-27 对齐标注

用户可通过以下方式来执行上述操作。

- 菜单栏：执行【标注】|【对齐】命令。
- 面板：在【注释】选项卡的【标注】面板中单击【对齐】按钮。
- 命令行：输入 dimaligned。

在命令行中执行 dimaligned 命令，命令行操作提示如下：

```
命令：_dimaligned
指定第一条延伸线原点或 <选择对象>：                    //指定标注起点
指定第二条延伸线原点：                                //指定标注终点
指定尺寸线位置或
[多行文字(M)/文字(T)/角度(A)]：                       //指定尺寸线及文字位置或 择选项
```

12.3.7 折弯标注

当标注不能表示实际尺寸，或者圆弧/圆的中心无法在实际位置显示时， 使用折弯标注来表示。在 AutoCAD 2022 中，折弯标注包括半径折弯标注和线性折弯标注

1．半径折弯标注

当圆弧或圆的中心位于布局之外并且无法在其实际位置显示时，使用 dim gged 命令可以创建半径折弯标注，半径折弯标注也称为缩放的半径标注。

用户可通过以下方式来执行上述操作。

- 菜单栏：执行【标注】|【折弯】命令。
- 面板：在【注释】选项卡的【标注】面板中单击【折弯】按钮。
- 命令行：输入 dimjogged。

创建 径折弯标注，需指定圆弧、图示中心位置、尺寸线位置和折弯线位置。半径折弯标注的典 图例如图 12-28 所示。在命令行中执行 dimjogged 命令后，命令行操作提示如下：

```
命令： imjogged
选择圆 或圆：                                          //选择标注对象
指定图 中心位置：                                      //指定折弯标注新圆心
标注文  = 34.62
指定尺 线位置或 [多行文字(M)/文字(T)/角度(A)]：        //指定标注文字位置或选择选项
指定折 位置：                                          //指定折弯线中点
```

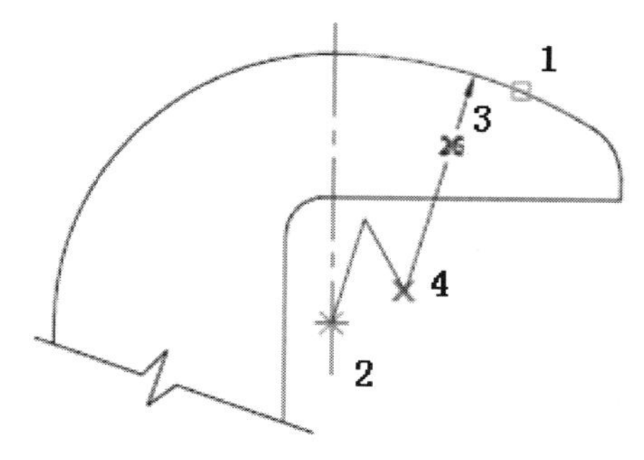

图 12-28　半径折弯标注的典型图例

提醒一下：

图 12-2 的点 1 表示选择圆弧时的光标位置，点 2 表示新圆心的位置，点 3 表示标注文字的位置，点 4 表示折 点的位置。

2. 线 折弯标注

折弯 于表示不显示实际测量值的标注值。将折弯线添加到线性标注，即线性折弯标注。通常， 弯标注的实际测量值小于显示的值。

用户可 过以下方式来执行上述操作。

- 菜 栏：执行【标注】|【折弯线性】命令。
- 面 ：在【注释】选项卡的【标注】面板中单击【折弯线】按钮。
- 命 行：输入 dimjogline。

通常， 线性或对齐标注中可添加或删除折弯线，如图 12-29 所示。折弯线性标注中的折弯线表示 标注对象中的折断，标注值表示实际距离，而不是在图形中测量的距离。

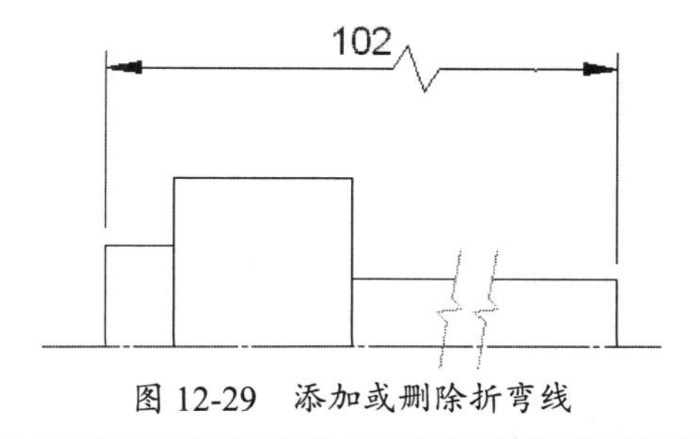

图 12-29　添加或删除折弯线

提醒一下：

折弯线由 条平行线和一条与平行线成 40° 角的交叉线组成。折弯的高度由标注样式的线性折弯大小值决定。

12.3.8 打断标注

使用打断标注可以使标注、延伸线或引线不显示，还可以在标注和延伸线与其他对象的相交处打断或恢复标注和延伸线，如图 12-30 所示。

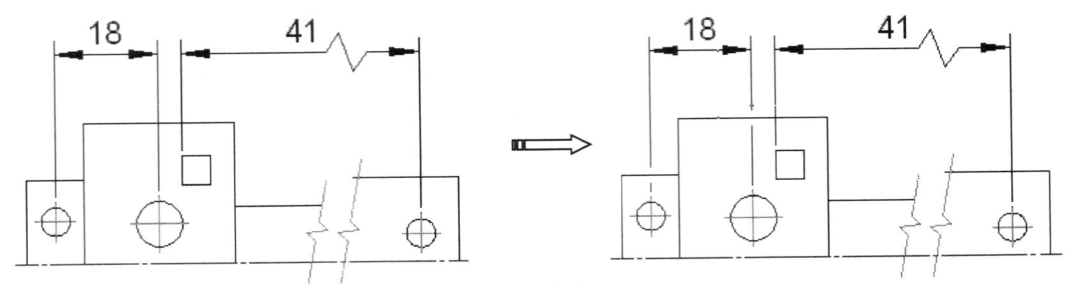

图 12-30 打断标注

用户可通过以下方式来执行上述操作。

- 菜单栏：执行【标注】|【标注打断】命令。
- 面板：在【注释】选项卡的【标注】面板中单击【打断】按钮。
- 命令行：输入 dimbreak。

12.3.9 倾斜标注

倾斜标注可使线性标注的延伸线倾斜，也可旋转、修改或恢复标注文字。

用户可通过以下方式来执行上述操作。

- 菜单栏：执行【标注】|【倾斜】命令。
- 面板：在【注释】选项卡的【标注】面板中单击【倾斜】按钮。
- 命令行：输入 dimedit。

在命令行中执行 dimedit 命令，命令行操作提示如下：

```
命令：_dimedit
输入标注编辑类型 [默认(H)/新建(N)/旋转(R)/倾斜(O)] <默认>： //标注选项
```

操作提示中的【倾斜】选项可用于创建线性标注，其延伸线与尺寸线垂直。当延伸线与图形的其他要素冲突时，可选择【倾斜】选项以避开与其他要素的冲突。创建的倾斜标注如图 12-31 所示。

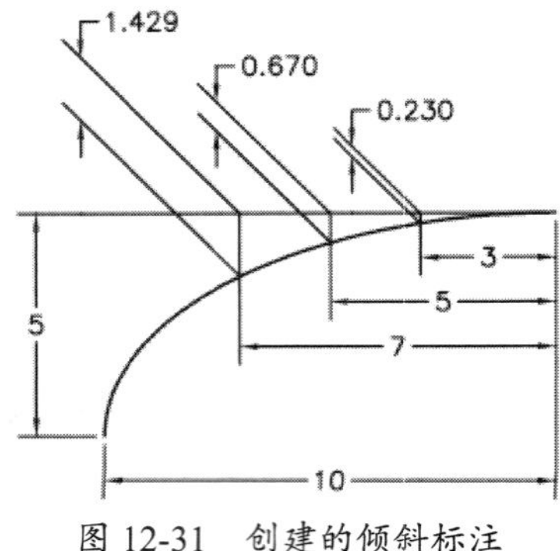

图 12-31 创建的倾斜标注

动手操作——常规尺寸的标注

锁钩轮廓图形如图 12-32 所示。

① 打开本例源文件“锁钩轮廓.dwg”。

② 在【注释】选项卡【标注】面板的右下角单击对话框启动按钮，打开【标注样式管理器】对话框。单击该对话框中的【新建】按钮，打开【创建新标注样式】对话框。在该对话框的【新样式名】文本框中输入机械标注，即完成新标注样式的命名，如图 12-33 所示，单击【继续】按钮。

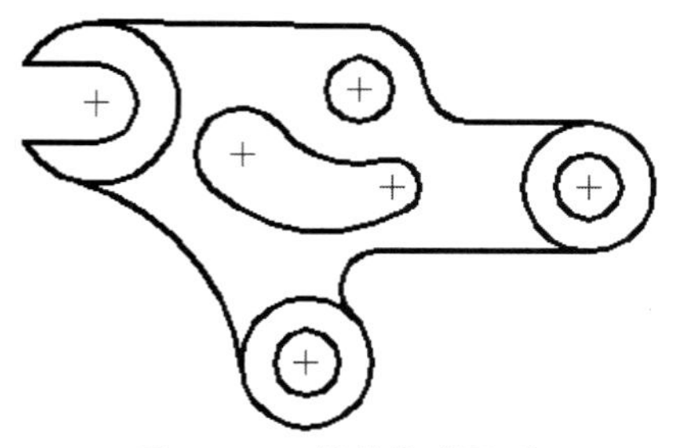

图 12-32　锁钩轮廓图形

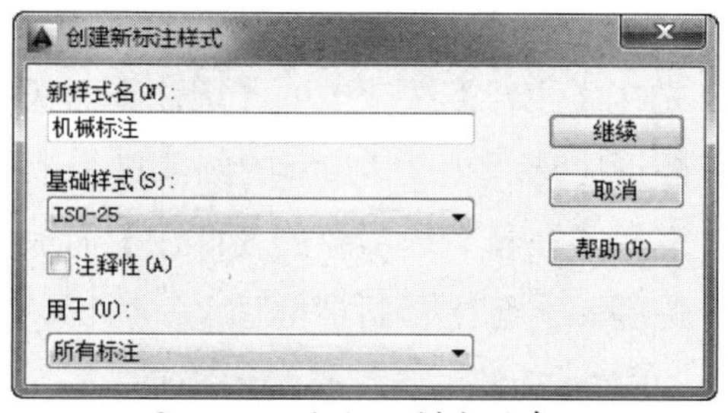

图 12-33　新标注样式的命名

③ 在打开的【新建标注样式：机械标注】对话框中进行选项设置：在【线】选项卡中设置基线间距为 7.5、超出尺寸线为 2.5；在【符号和箭头】选项卡中设置箭头大小为 3.5；在【文字】选项卡中设置文字高度为 5、从尺寸线偏移为 1、文字对齐为 ISO 标准；在【主单位】选项卡中设置精度为 0、小数分隔符为“.”（句点），如图 12-34 所示。

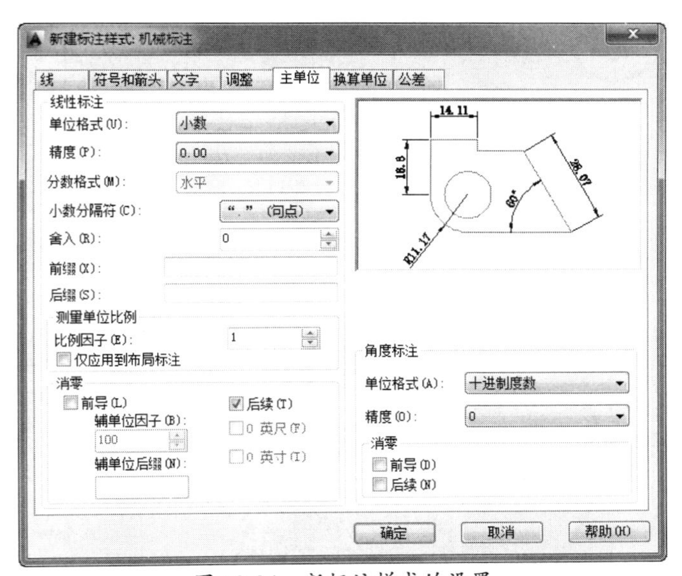

图 12-34　新标注样式的设置

④ 先在【注释】选项卡的【标注】面板中单击【线性】按钮⊢⊣，然后在如图 12-35 所示的图形中选择两个点作为线性标注延伸线的原点，并完成该标注。

⑤ 同理，继续使用线性标注将其余的主要尺寸进行标注。标注完成的结果如图 12-36 所示。

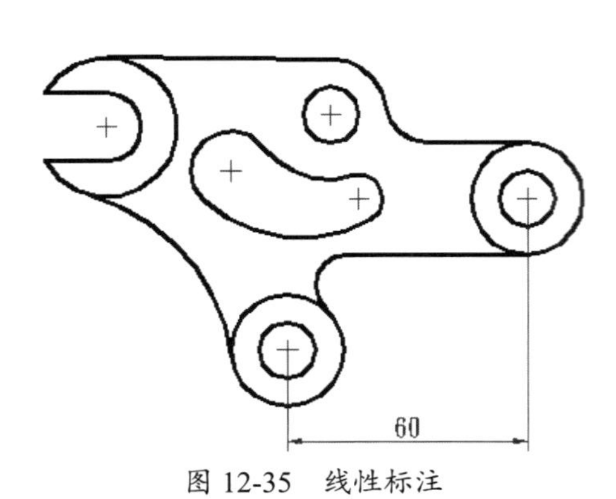

图 12-35　线性标注

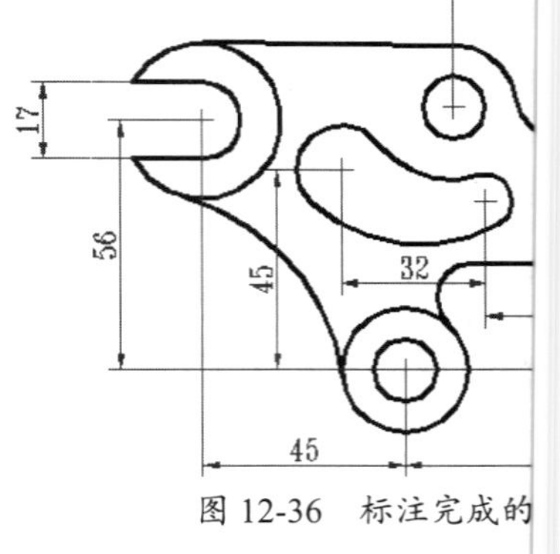

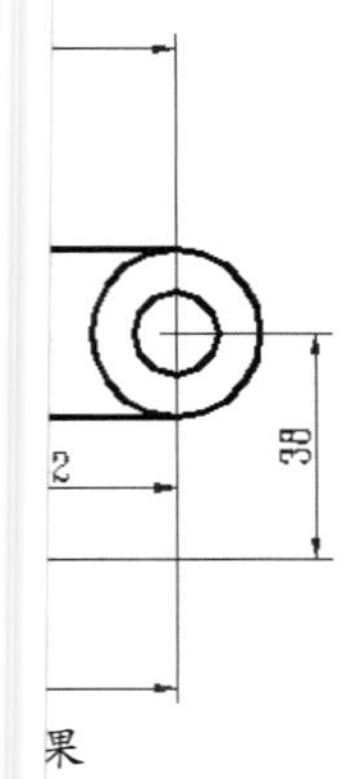

图 12-36　标注完成的 果

⑥ 先在【注释】选项卡的【标注】面板中单击【半径】按钮，然后在如 12-37 所示的图形中选择小于 180° 的圆弧进行半径标注。

⑦ 先在【注释】选项卡的【标注】面板中单击【折弯】按钮，然后选择 图 12-38 所示的圆弧进行半径折弯标注。

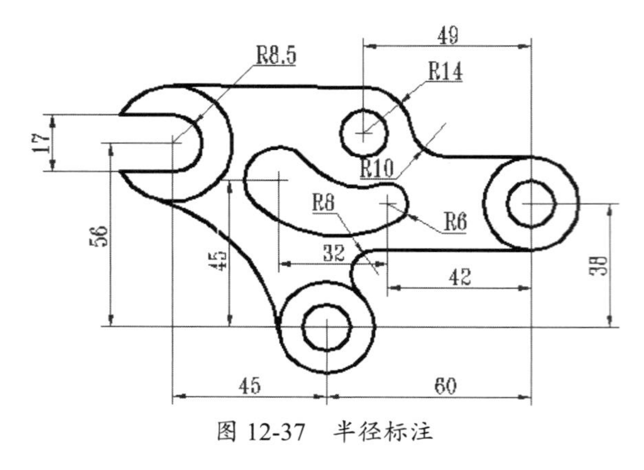

图 12-37　半径标注

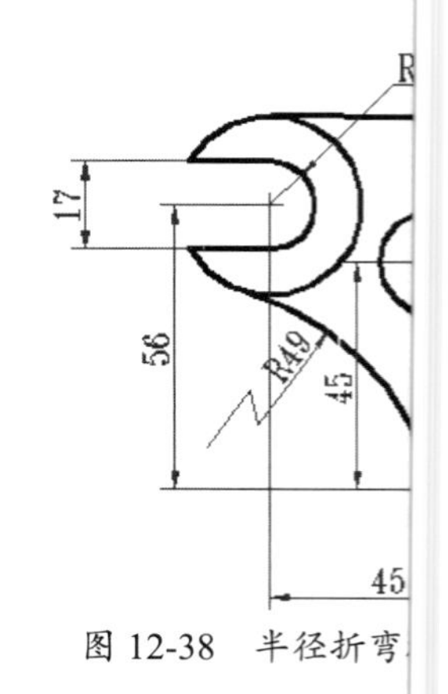

图 12-38　半径折弯 注

⑧ 先在【注释】选项卡的【标注】面板中单击【打断】按钮，然后按命 行操作提示选择【手动】选项，并选择如图 12-39 所示的线性标注上的两点作为打断 完成该打断标注。

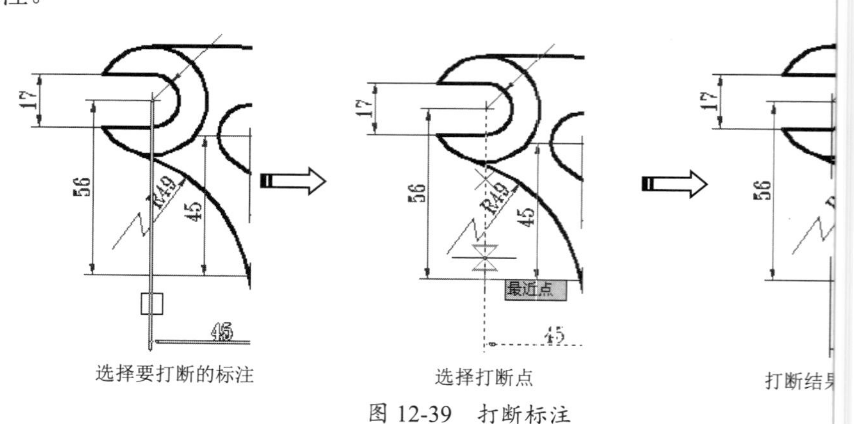

图 12-39　打断标注

⑨ 先在【注释】选项卡的【标注】面板中单击【直径】按钮，然后在 形中选择大于

180°的圆弧和整圆进行标注。本例图形标注完成的结果如图 12-40 所示。

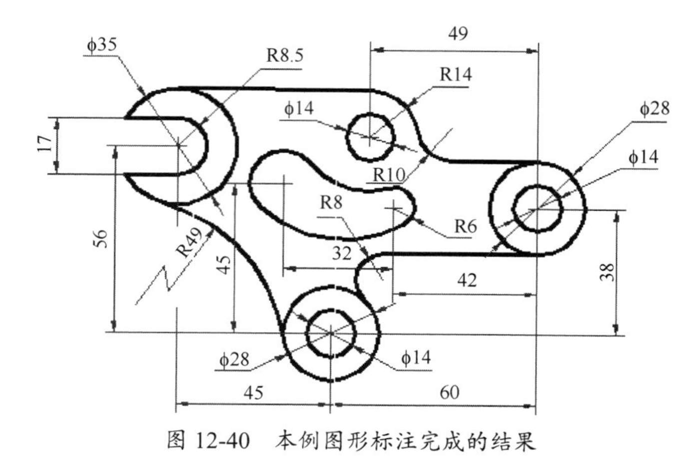

图 12-40　本例图形标注完成的结果

12.4　快速标注工具

当图纸中存在连续的线段、并列的线条或相似的图样时，可使用 AutoCAD 2022 为用户提供的快速标注工具完成标注，以此提高标注的效率。快速标注工具包括快速标注、基线标注、连续标注和调整间距。

12.4.1　快速标注

快速标注是指对选择的对象创建一系列的标注。这一系列的标注可以是一系列连续标注、一系列并列标注、一系列基线标注、一系列坐标标注、一系列半径标注或者一系列直径标注。图 12-41 所示为多段线的快速标注。

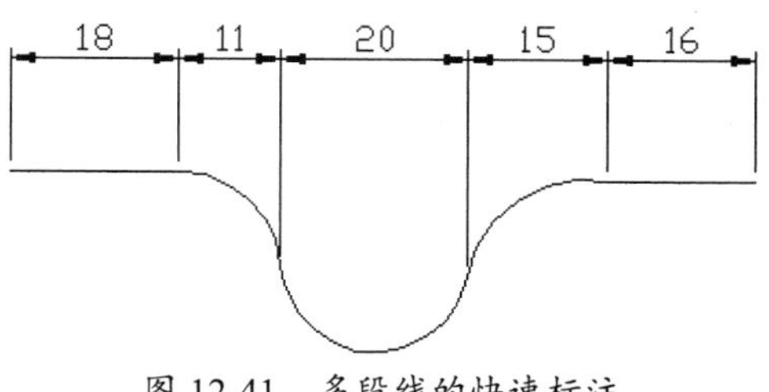

图 12-41　多段线的快速标注

用户可通过以下方式来执行上述操作。

- 菜单栏：执行【标注】|【快速标注】命令。
- 面板：在【注释】选项卡的【标注】面板中单击【快速标注】按钮。
- 命令行：输入 qdim。

在命令行中执行 qdim 命令，命令行操作提示如下：

```
命令: qdim
选择要标注的几何图形: 找到 1 个
选择要标注的几何图形:
指定尺寸线位置或 [连续(C)/并列(S)/基线(B)/坐标(O)/半径(R)/直径(D)/基准点(P)/编辑(E)/
    设置(T)] <连续>:
```

12.4.2　基线标注

基线标注是指从上一个标注或选定标注的基线处创建线性标注、角度标注或坐标标注，如图 12-42 所示。

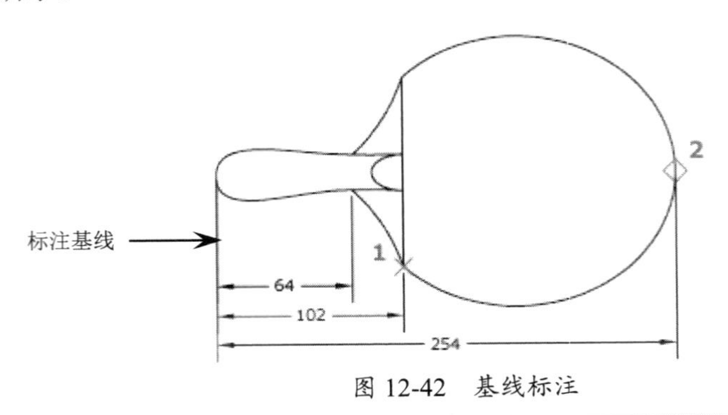

图 12-42　基线标注

提醒一下：

可以通过标注样式管理器、【线】选项卡和基线间距（系统变量 dimdli）设置基线标注之间的默认间距。

用户可通过以下方式来执行上述操作。

- 菜单栏：执行【标注】|【基线】命令。
- 面板：在【注释】选项卡的【标注】面板中单击【基线】按钮。
- 命令行：输入 dimbaseline。

如果当前命令中未创建任何标注，将提示用户选择线性标注、坐标标注或角度标注，以用作基线标注的基准。命令行操作提示如下：

```
命令：_dimbaseline
选择基准标注：
需要线性、坐标或角度关联标注。                                //选择对象提示
当选择的基准标注是线性标注或角度标注时，命令行将显示以下操作提示：
命令：_dimbaseline
指定第二条延伸线原点或 [放弃(U)/选择(S)] <选择>：          //指定标注起点或选择选项
```

12.4.3　连续标注

连续标注是指从上一个标注或选定标注的第二条延伸线处开始创建线性标注、角度标注或坐标标注，如图 12-43 所示。

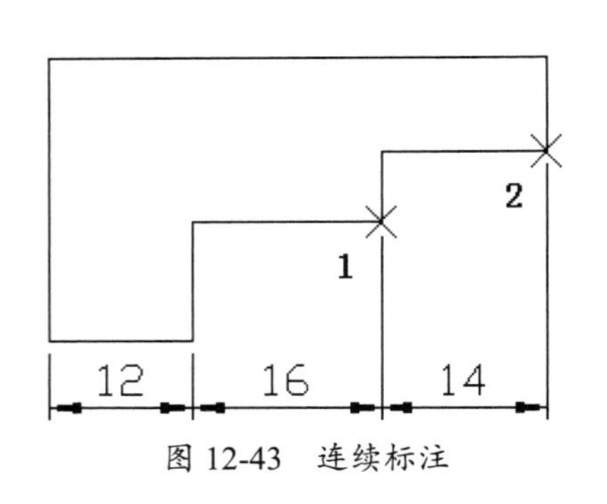

图 12-43　连续标注

用户可通过以下方式来执行上述操作。

- 菜单栏：执行【标注】|【连续】命令。
- 面板：在【注释】选项卡的【标注】面板中单击【连续】按钮。
- 命令行：输入 dimcontinue。

连续标注将自动排列尺寸线。连续标注的标注方法与基线标注的标注方法相同，因此此处不再赘述。

12.4.4　调整间距

调整间距可自动调整平行的线性标注之间的间距或共享一个公共顶点的角度标注之间的间距；使尺寸线之间的间距相等；可通过使用间距值 0 来对齐线性或角度标注。

用户可通过以下方式来执行上述操作。

- 菜单栏：执行【标注】|【标注间距】命令。
- 面板：在【注释】选项卡的【标注】面板中单击【调整间距】按钮。
- 命令行：输入 dimspace。

在命令行中执行 dimspace 命令，命令行操作提示如下：

```
命令：_DIMSPACE
选择基准标注：                                    //选择线性或角度标注作为间距参考
选择要产生间距的标注：
输入值或 [自动(A)] <自动>：                       //输入间距值或选择选项
```

例如，设置间距值为 5 的标注，调整间距的结果如图 12-44 所示。

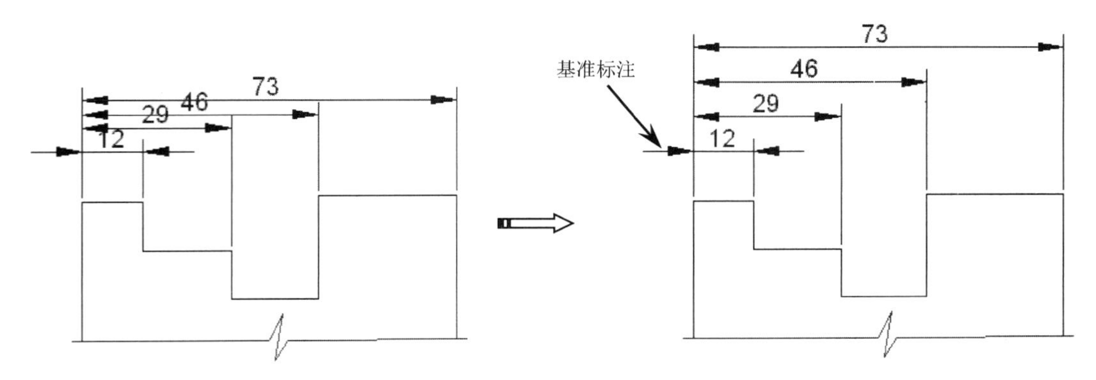

图 12-44　调整间距的结果

动手操作——快速标注范例

标注完成的法兰零件图如图 12-45 所示。

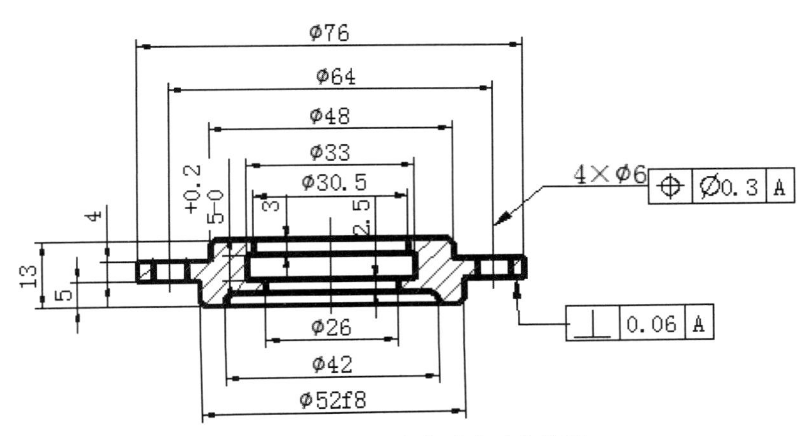

图 12-45　标注完成的法兰零件图

① 打开本例源文件“法兰零件.dwg”。

② 在【注释】选项卡【标注】面板的右下角单击对话框启动按钮，打开【标注样式管理器】对话框。单击该对话框中的【新建】按钮，打开【创建新标注样式】对话框。在此对话框的【新样式名】文本框中输入机械标注 1，并单击【继续】按钮，如图 12-46 所示。

③ 在打开的【新建标注样式：机械标注 1】对话框中进行选项设置：在【文字】选项卡中设置文字高度为 3.5、从尺寸线偏移为 1、文字对齐为 ISO 标准；在【主单位】选项卡中设置精度为 0、小数分隔符为“.”（句点）、前缀为%%c，如图 12-47 所示。

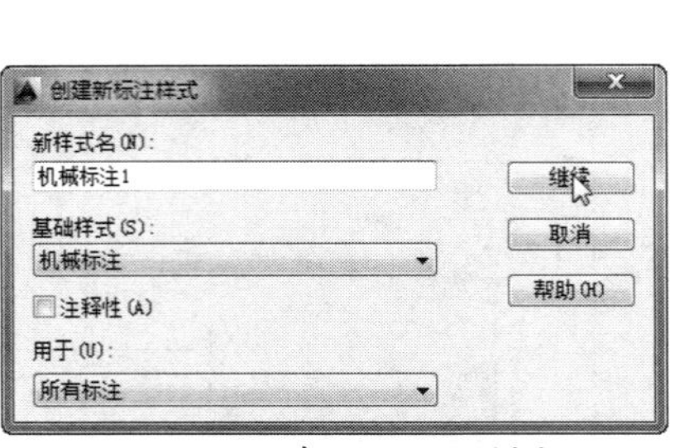

图 12-46　命名新标注样式

图 12-47　设置新标注样式

④ 设置完成后单击【确定】按钮，退出对话框，系统自动将机械标注 1 的样式设为当前标注样式。使用线性标注，标注如图 12-48 所示的图形。

⑤ 在【注释】选项卡【标注】面板的右下角单击对话框启动按钮，打开【标注样式管理器】对话框。在【样式】列表框中选择【ISO-25】选项，单击【修改】按钮，如图 12-49 所示。

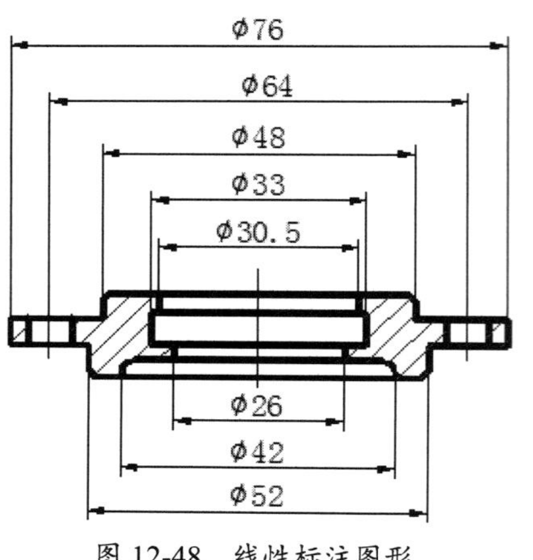

图 12-48　线性标注图形

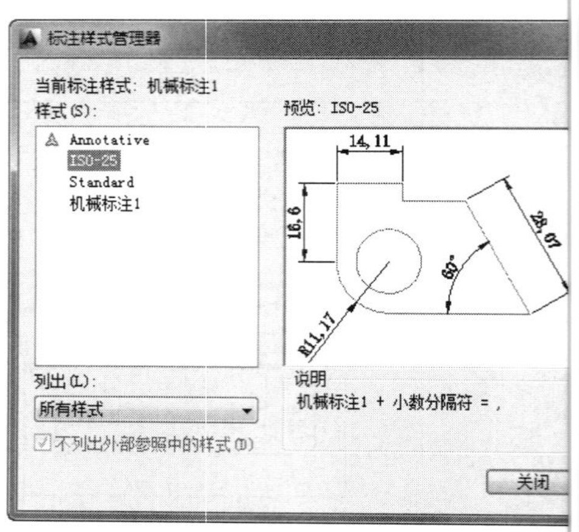

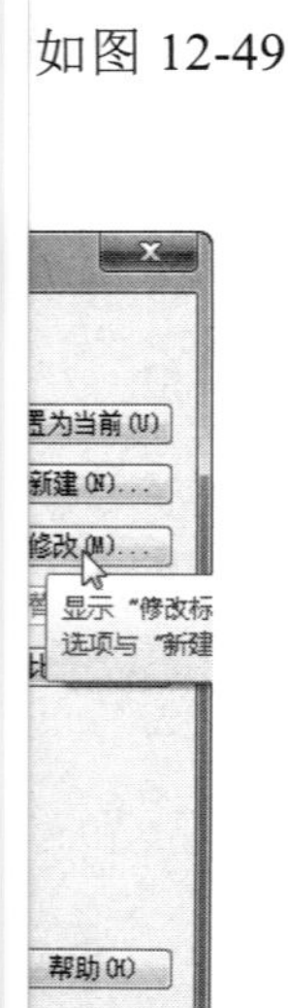

图 12-49　选择要修改的标注样式

⑥ 在打开的【修改标注样式】对话框中做如下修改：在【文字】选项卡中设置文字高度为

3.5、从尺寸线偏移为 1、文字对齐为与尺寸线对齐；在【主单位】选项卡中设置精度为 0、小数分隔符为“.”（句点）。

⑦ 使用线性标注，标注出如图 12-50 所示的尺寸。

⑧ 在【注释】选项卡【标注】面板的右下角单击对话框启动按钮，打开【标注样式管理器】对话框，在【样式】列表框中选择【ISO-25】选项，单击【替代】按钮，打开【替代当前样式】对话框。在【公差】选项卡的【公差格式】选项组中设置方式为极限偏差、上偏差值为 0.2，单击【确定】按钮，退出替代当前样式设置。

⑨ 使用线性标注，完成替代当前样式的标注，如图 12-51 所示。

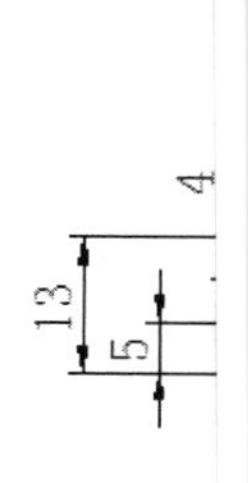

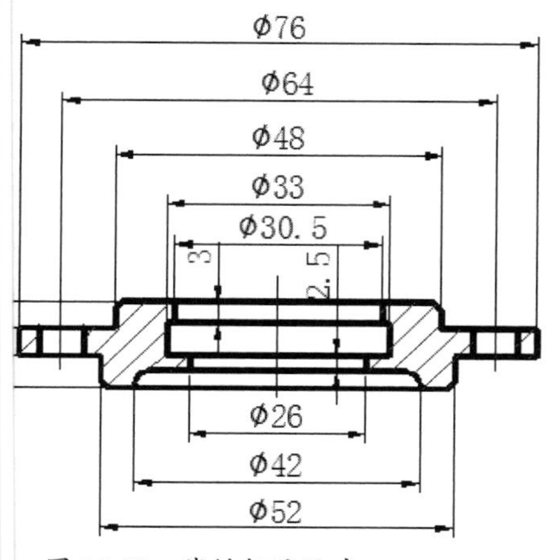

图 12-50　线性标注尺寸

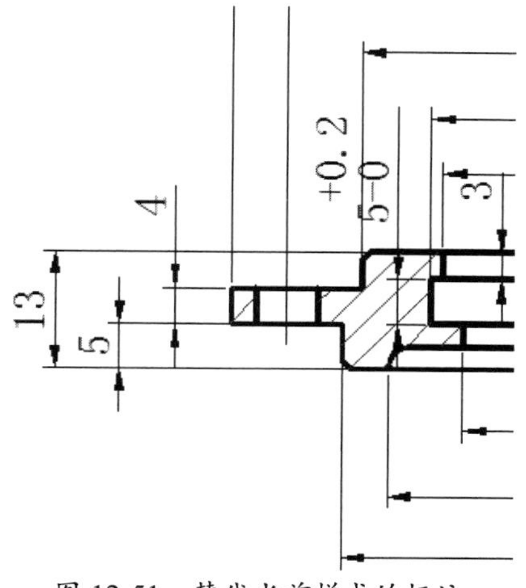

图 12-51　替代当前样式的标注

⑩ 在【注释】选项卡的【标注】面板中单击【打断】按钮，并按命令行操作提示选择【手动】选项，选择如图 12-52 所示的线性标注上的两个点作为打断点，并完成打断标注。

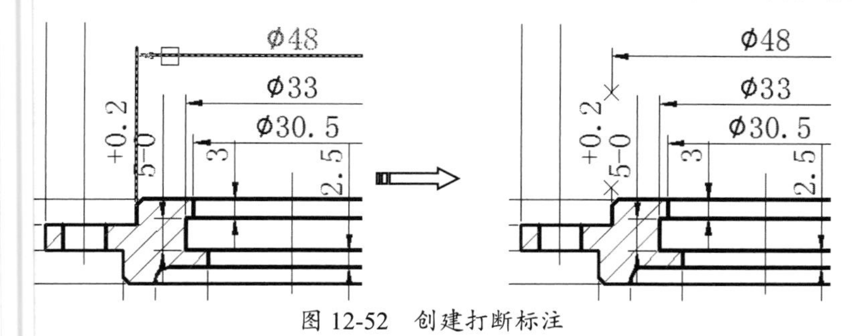

图 12-52　创建打断标注

⑪ 使用编辑标注工具编辑 ϕ52 的标注文字。编辑文字的过程及结果如图 12-53 所示。命令行操作提示如下：

```
命令: _dimedit
输入标注编辑类型 [默认(H)/新建(N)/旋转(R)/倾斜(O)] <默认>: n↙
选择对象: 找到 1 个                          //选择要编辑文字的标注
选择对象: ↙
```

提醒一下：

直径符号用符号“%%c”替代。

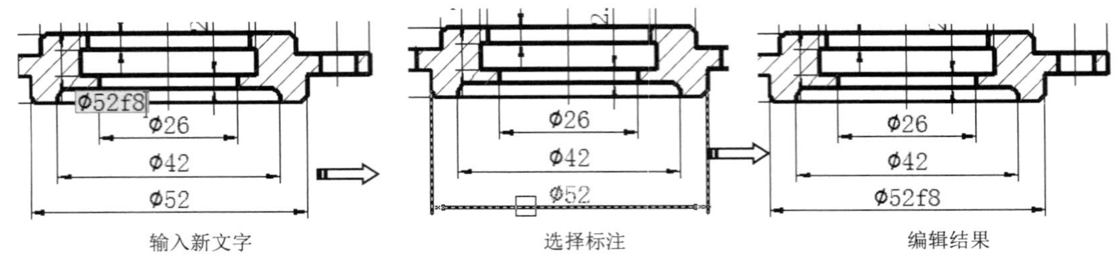

图 12-53　编辑文字的过程及结果

⑫ 在【注释】选项卡【多重引线】面板的右下角单击对话框启动按钮，打开【多重引线样式管理器】对话框，单击该对话框中的【修改】按钮，打开【修改多重引线样式：Standard】对话框，如图 12-54 所示。在【内容】选项卡【引线连接】选项组的【连接位置-左】下拉列表中选择【最后一行加下画线】选项，单击【确定】按钮。

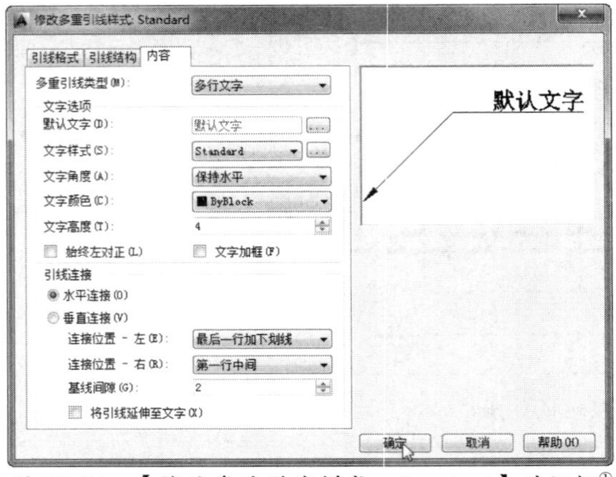

图 12-54　【修改多重引线样式：Standard】对话框①

⑬ 使用【多重引线】命令，创建第一个引线标注。多重引线标注的过程及结果如图 12-55 所示。命令行操作提示如下：

```
命令：_mleader
指定引线箭头的位置或 [引线基线优先(L)/内容优先(C)/选项(O)] <选项>:
指定引线基线的位置：                                    //指定基线位置并单击鼠标
```

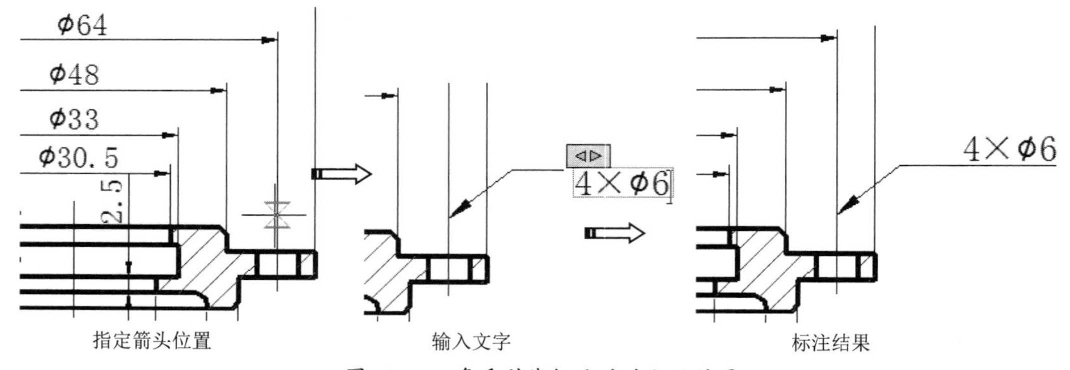

图 12-55　多重引线标注的过程及结果

① 软件图中“下划线”的正确写法应为“下画线”。

⑭ 使用【多重引线】命令，创建第二个引线标注，但不标注文字，如图 12-56 所示。

⑮ 在【标注】面板中单击【公差】按钮，并在打开的【形位公差】对话框中设置符号及公差，如图 12-57 所示。

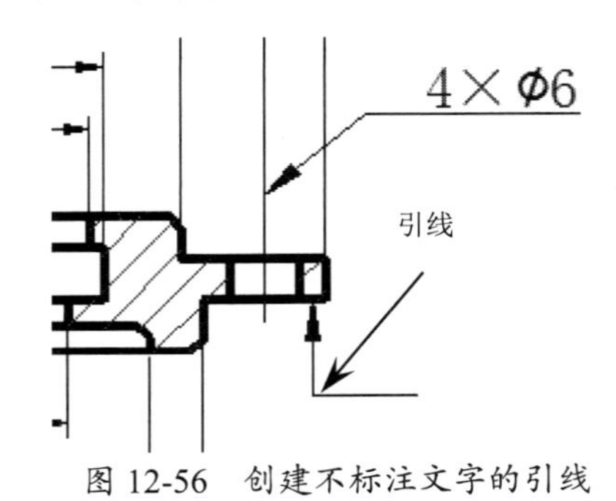

图 12-56　创建不标注文字的引线

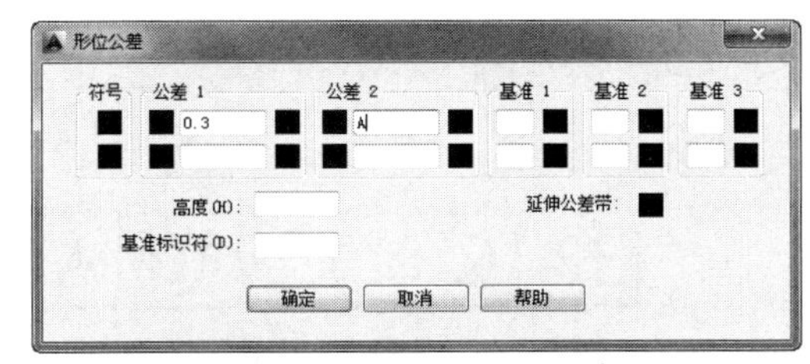

图 12-57　设置形位公差

⑯ 设置完成后，将特征框置于第一个引线标注上，标注第一个形位公差，如图 12-58 所示。

⑰ 同理，在另一条引线上创建出如图 12-59 所示的形位公差标注。

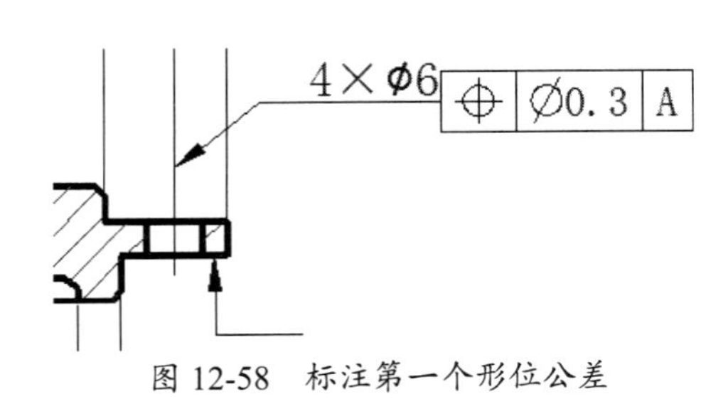

图 12-58　标注第一个形位公差

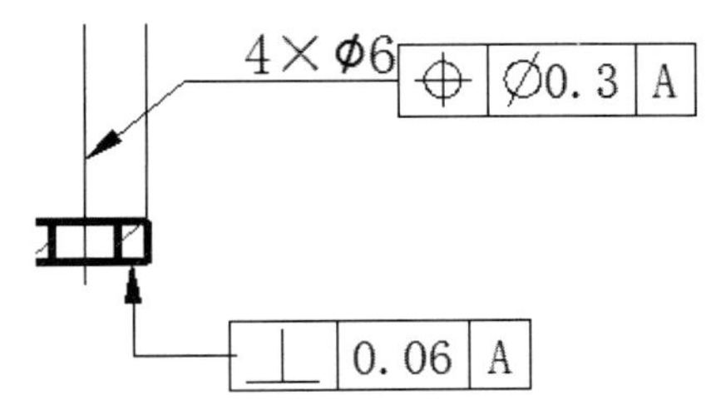

图 12-59　创建的形位公差标注

⑱ 至此，本例的零件图形的尺寸标注全部完成，其结果如图 12-60 所示。

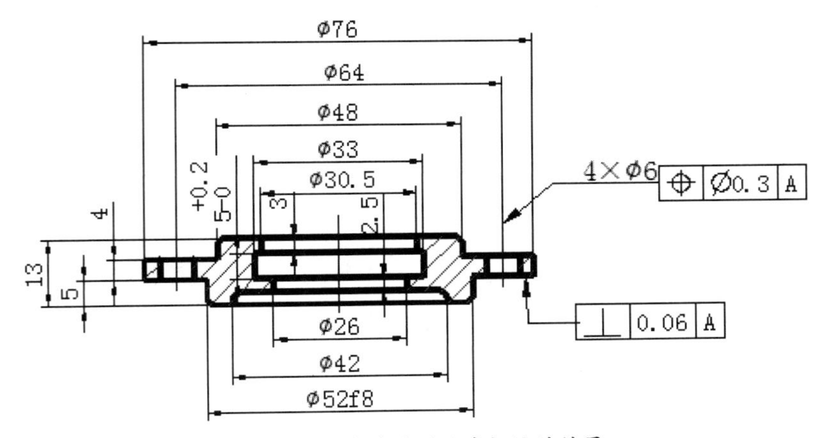

图 12-60　零件图形尺寸标注的结果

12.5　其他标注样式

在 AutoCAD 2022 中，除基本尺寸标注工具和快速标注工具外，还有用于特殊情况下的图形标注或注释，如形位公差标注、多重引线标注及尺寸公差标注等。

12.5.1 形位公差标注

形位公差表示特征的形状、轮廓、方向、位置和跳动的允许偏差。

形位公差标注一般由几何特征符号、可选直径符号、公差值及基准的包容条件等组成，如图 12-61 所示。

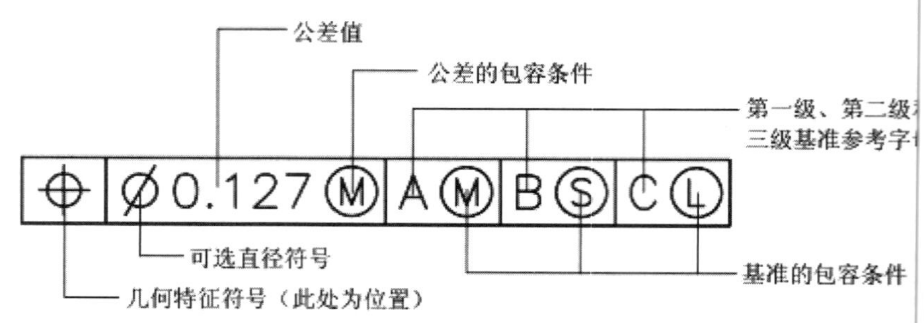

图 12-61 形位公差标注的组成

用户可通过以下方式来执行上述操作。

- 菜单栏：执行【标注】|【公差】命令。
- 面板：在【注释】选项卡的【标注】面板中单击【公差】按钮。
- 命令行：输入 tolerance。

在命令行中执行 tolerance 命令，打开【形位公差】对话框，如图 12-62 所示。在该对话框中用户可以设置公差值和符号。

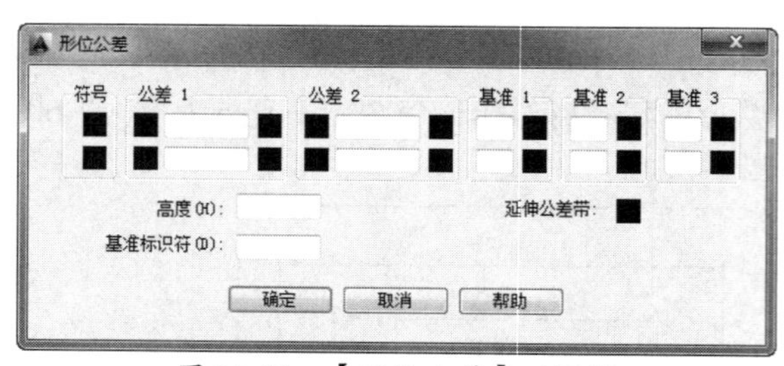

图 12-62 【形位公差】对话框

在该对话框中，单击【符号】选项组中的黑色小方格将打开如图 12-63 所示的【特征符号】对话框。在该对话框中可以选择特征符号，当确定好符号后单击该符号即可。

在【形位公差】对话框中单击【基准 1】选项组的黑色小方格将打开如图 12-64 所示的【附加符号】对话框。在该对话框中可以选择包容条件，当确定好包容条件后单击该符号即可。

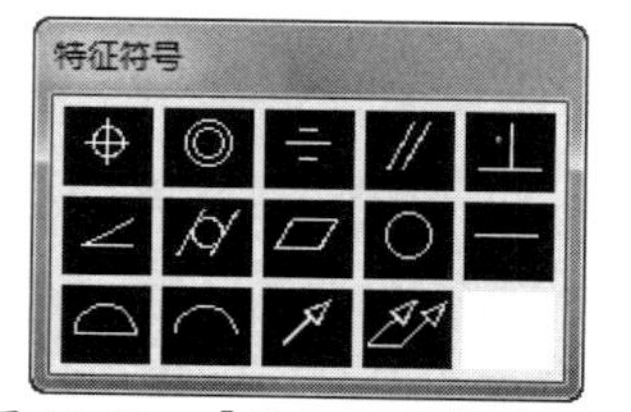

图 12-63 【特征符号】对话框

图 12-64 【附加符号】对话框

表 12- 所示为形位公差符号及其含义。

表 12-1　形位公差符号及其含义

符　号	含　义	符　号	含　义
⌖	位置度	▱	平面度
◎	同轴度	○	圆度
⌯	对称度	—	直线度
//	平行度	⌓	面轮廓度
⊥	垂直度	⌒	线轮廓度
∠	倾斜度	↗	圆跳度
⌭	圆柱度	⌰	全跳度

表 12-: 所示为材料控制符号及其含义。

表 12-2　材料控制符号及其含义

符　号	含　义
Ⓜ	材料的一般中等状况
Ⓛ	材料的最大状况
Ⓢ	材料的最小状况

12.5.2 重引线标注

引线是 接注释和图形的一条带箭头的线。用户可从图形的任意点或对象上创建引线。引线由直线 或平滑的样条曲线组成，注释文字就放在引线末端，如图 12-65 所示。

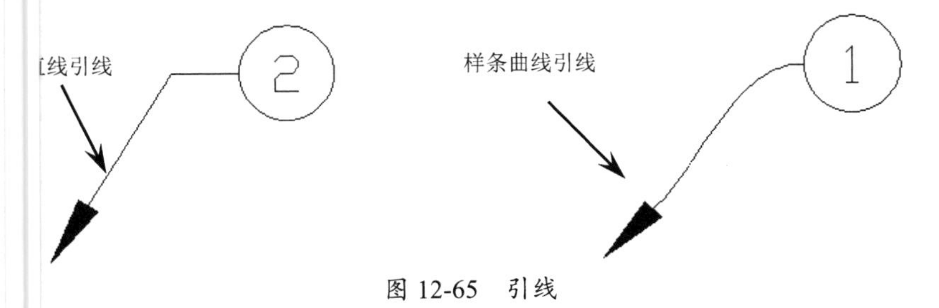

图 12-65　引线

多重引 对象或多重引线可先创建箭头，也可先创建尾部或内容。若已使用多重引线样式，则可以 该样式创建多重引线。

12.6 纟辑标注

当标注 尺寸界线、文字和箭头与当前图形文件中的几何对象重叠时，用户可能不想显示这些标注元素或者要进行适当的位置调整，通过修改、替代标注样式或者编辑标注的外观可以使图纸更加清晰、美观，并增强图纸可读性。

1．修改与替代标注样式

要对当前标注样式进行修改但又不想创建新的标注样式，此时可以修改当前标注样式或创建替代标注样式。执行菜单栏中的【标注】|【样式】命令，先在打开的【标注样式管理器】对话框中选择 Standard 标注样式，再单击右侧的【修改】按钮，打开如图 12-66 所示【修改标注样式：Standard】对话框。在该对话框中可以调整、修改标注样式，包括尺寸界线、公差、单位及可见性。

若用户创建替代标注样式，AutoCAD 将在标注样式名下显示样式替代，如图 12-67 所示。

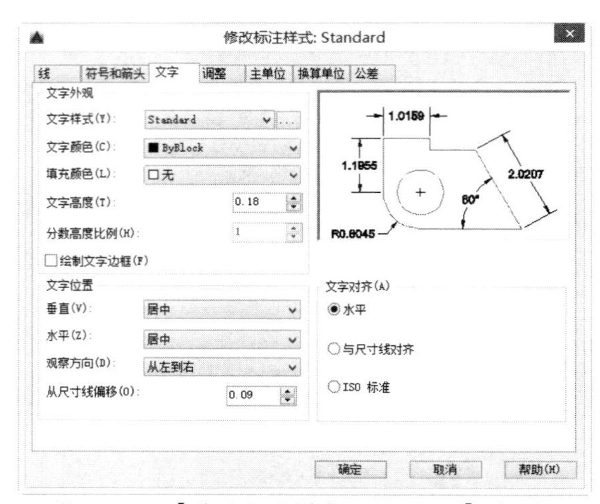

图 12-66　【修改标注样式：Standard】对话框

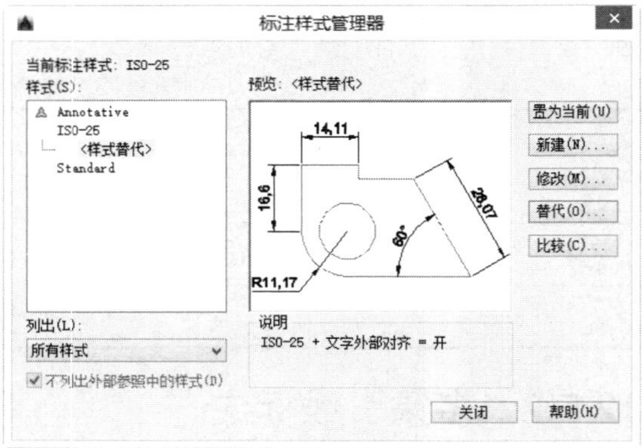

图 12-67　显示样式替代

2．尺寸文字的位置调整

尺寸文字的位置可通过移动夹点来调整，也可利用右键快捷菜单命令来调整。在使用夹点调整尺寸文字的位置时，用户需要先选择要调整的标注，然后才能按住夹点直接拖动光标进行调整，如图 12-68 所示。

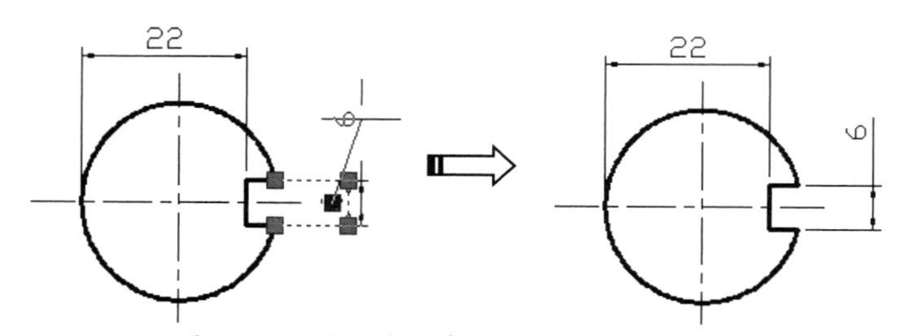

图 12-68　使用夹点来调整尺寸文字的位置

使用右键快捷菜单命令调整尺寸文字的位置时，用户需要先选择要调整的标注，然后右击，在弹出的右键快捷菜单中执行【标注文字位置】命令，并在弹出的下一级菜单中执行适当的命令，如图 12-69 所示。

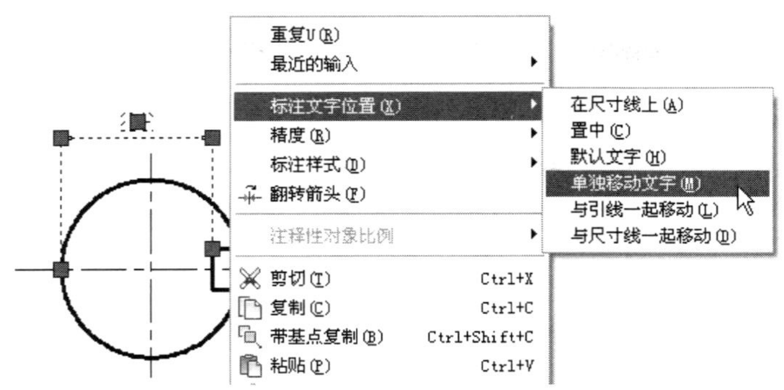

图 12-69　使用右键快捷菜单命令调整尺寸文字的位置

3. 编辑标注文字

有时需要将线性标注修改为直径标注，这就需要对标注的文字进行编辑，AutoCAD 2022 提供了标注文字编辑功能。

用户可以通过以下方式执行上述操作。

- 菜单栏：执行【修改】|【对象】|【文字】|【编辑】命令。
- 工具栏：在【标注】面板中单击【编辑标注】按钮。
- 命令行：输入 dimedit。

执行以上某一操作后，用户可以通过在功能区出现的【文字编辑器】选项卡，对标注文字进行编辑。图 12-70 所示为标注文字编辑前后的对比。

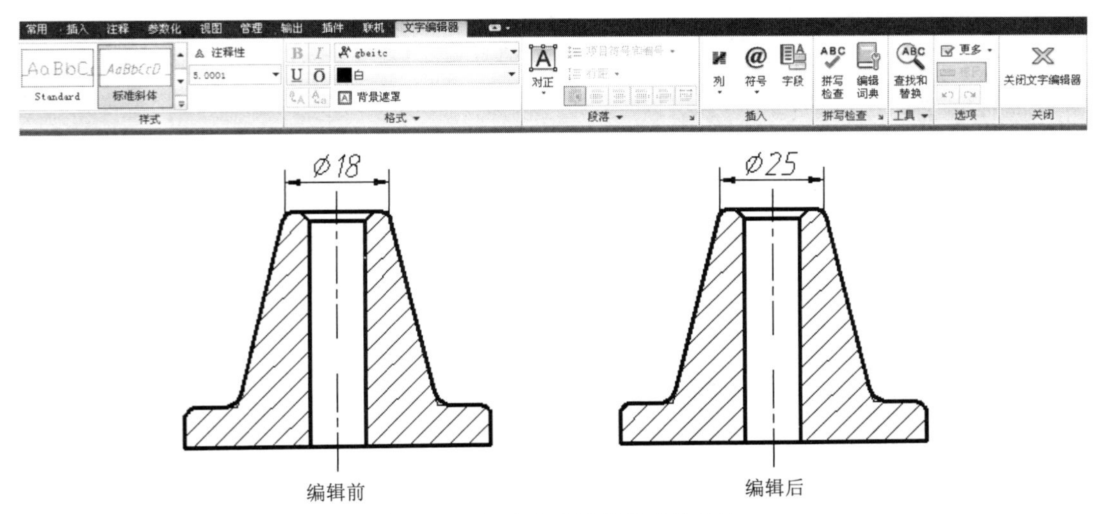

图 12-70　标注文字编辑前后的对比

12.7　综合范例

为了使用户能熟练应用基本尺寸标注工具来标注零件图，本节特以两个机械零件图的尺寸标注为例，说明零件图尺寸标注的方法。

12.7.1 范例一：标注曲柄零件尺寸

机械图中的尺寸标注包括线性标注、角度标注、粗糙度标注等。

本例中的图形标注除了前面介绍过的尺寸标注外，又增加了对齐尺寸的标注。通过本例的学习，用户不仅可以进一步巩固在前面使用过的标注命令及表面粗糙度、形位公差的标注方法，还可以掌握对齐标注方法。标注完成的曲柄零件图如图 12-71 所示。

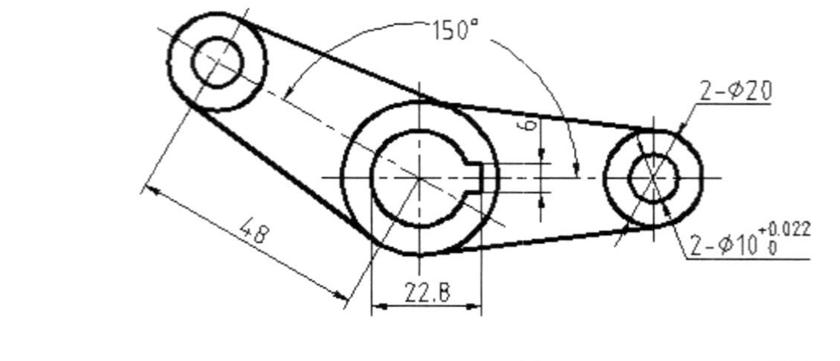

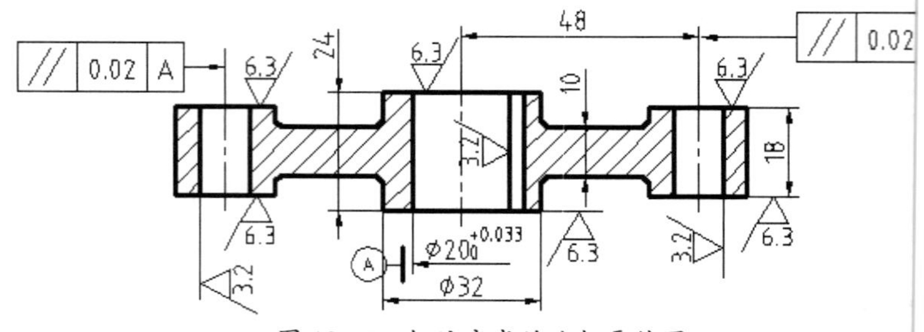

图 12-71 标注完成的曲柄零件图

操作步骤

1. 创建一个新层“bz”用于尺寸标注

① 单击快速访问工具栏中的【打开】按钮，在打开的【选择文件】对话框中，选择图形文件“曲柄零件.dwg”，单击【确定】按钮，则该图形显示在绘图 ，如图 12-72 所示。

② 在【默认】选项卡的【图层】面板中单击【图层特性管理器】按钮， 开【图层特性管理器】选项板。

③ 创建一个新层“bz”，线宽为 0.09，用于标注尺寸，并将其设置为当前 层，其他属性设置不变。

④ 设置文字样式“SZ”，执行菜单栏中的【格式】|【文字样式】命令。打 【文字样式】对话框，创建一个新的文字样式“SZ”。

2. 设置尺寸标注样式

① 单击【标注】面板右下角的对话框启动按钮，设置标注样式。在打开的 标注样式管理器】对话框中，单击【新建】按钮，创建新的标注样式“机械图样”，用于标注图样中的线性尺寸。

② 单击【继续】按钮，对打开的【新建标注样式：机械图样】对话框中各个选项卡中的选项进行设置，如图 12-73～图 12-75 所示。设置完成后，单击【确定】按钮。

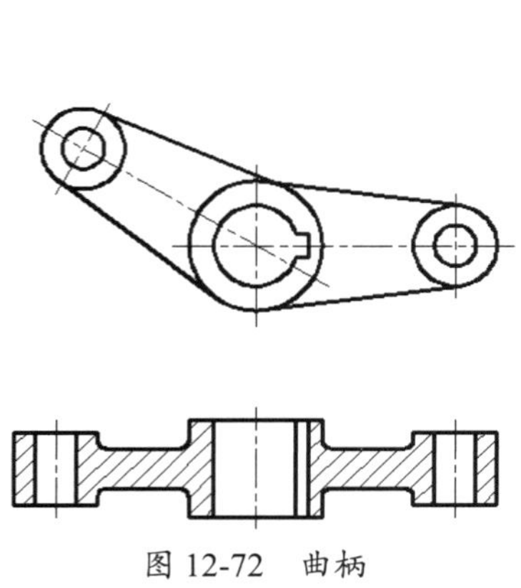
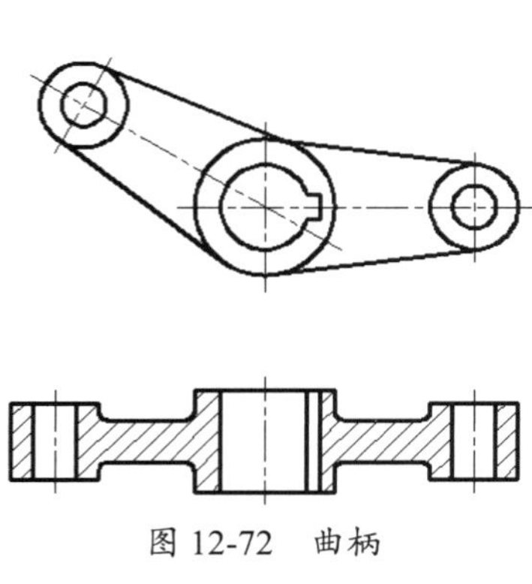

图 12-72 曲柄

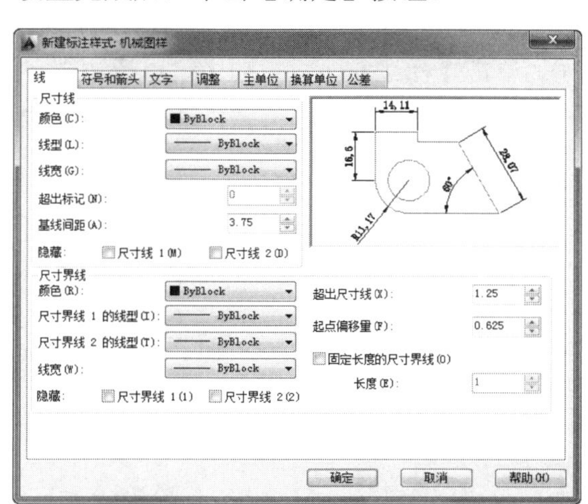

图 12-73 【线】选项卡

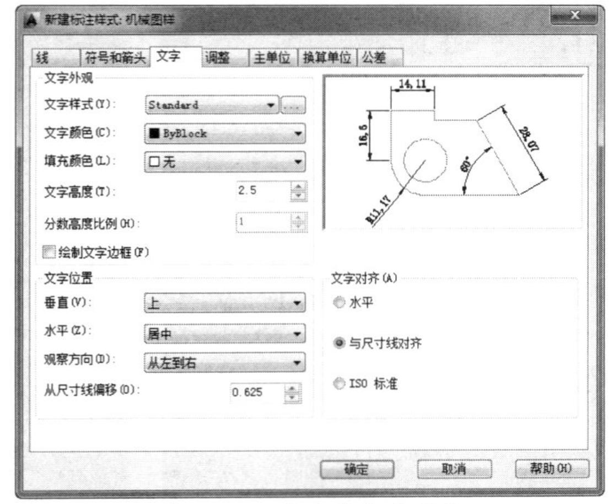

图 12-74 【文字】选项卡

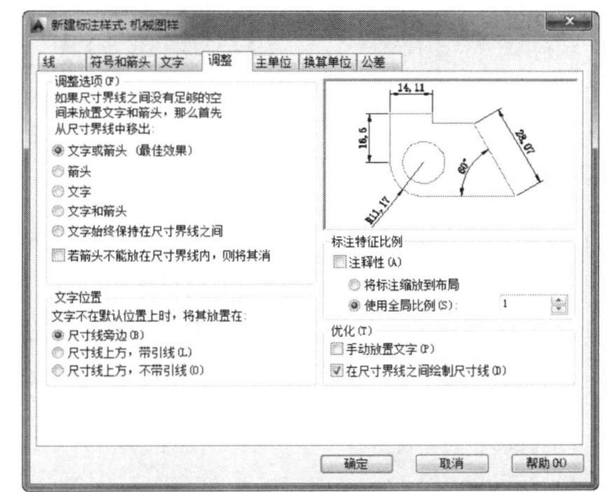

图 12-75 【调整】选项卡

③ 建立直径、角度标注样式。其中，在建立直径标注样式时，须在【调整】选项卡中勾选【手动放置文字】复选框，在【文字】选项卡的【文字对齐】选项组中选择【ISO 标准】单选按钮；在建立角度标注样式时，须在【文字】选项卡的【文字对齐】选项组中，选择【水平】单选按钮。其他选项卡中的选项设置均不变。

④ 在【标注样式管理器】对话框中，选择【机械图样】选项，单击【置为当前】按钮，将其设置为当前标注样式。

3．标注曲柄视图中的线性尺寸

① 单击【标注】面板中的【线性】按钮，从上至下依次标注曲柄主视图及俯视图中的尺寸“6”“22.8”“48”“18”“10”“ϕ20”“ϕ32”。

② 在标注曲柄俯视图中的尺寸“ϕ20”时，需要输入“%%c20{\h0.7x;\s+0.033^0;}”。

③ 单击【标注】面板中的【编辑标注文字】按钮，命令行操作提示如下：

```
命令: _dimtedit
选择标注:                                             //选取曲柄俯视图中的尺寸“24”
为标注文字指定新位置或 [左对齐(L)/右对齐(R)/居中(C)/默认(H)/角度(A)]:
                                                      //拖动文字到尺寸界线外部
```

④ 单击【标注】面板中的【编辑标注文字】按钮，选取曲柄俯视图中的尺寸“10”，将其文字拖动到适当位置，结果如图 12-76 所示。

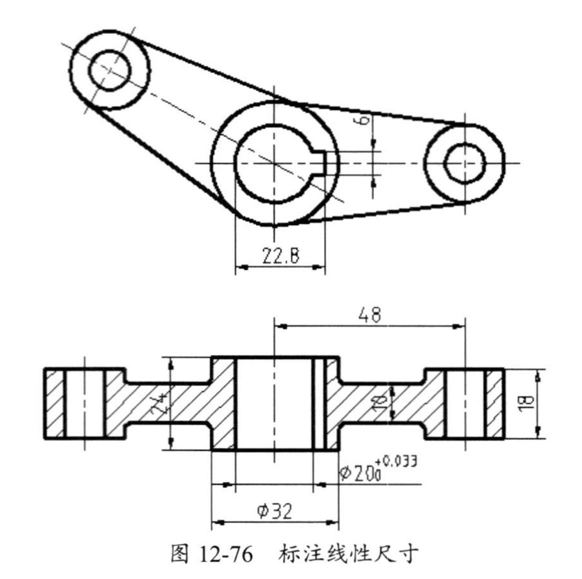

图 12-76　标注线性尺寸

⑤ 单击【标注】面板右下角的对话框启动按钮，在打开的【标注样式管理器】对话框的【样式】列表框中选择【机械图样】选项，先单击【置为当前】按钮，再单击【替代】按钮。

⑥ 打开【替代当前样式：机械图样】对话框。在【线】选项卡的【隐藏】选项组中勾选【尺寸线 2】复选框；在【符号和箭头】选项卡的【箭头】选项组中，在【第二个】下拉列表中选择【无】选项，如图 12-77 所示。

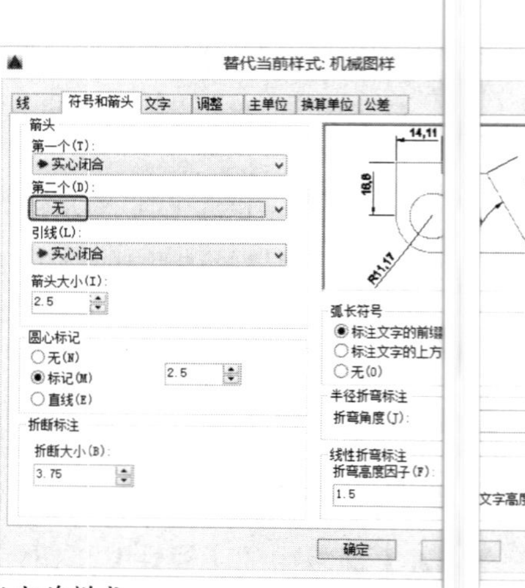

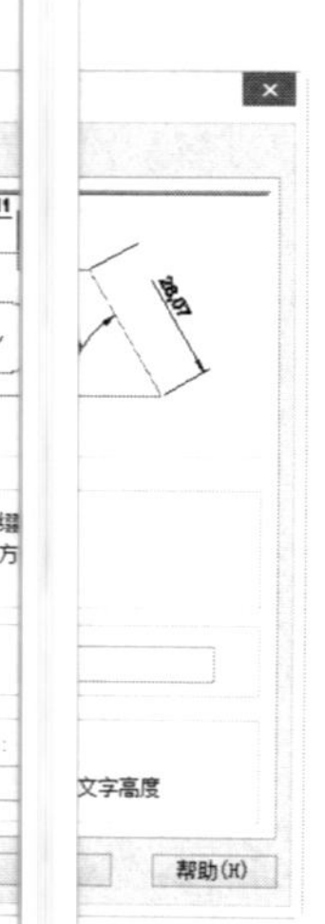

图 12-77　替代当前样式

⑦ 关闭【标注样式管理器】对话框后，再单击【标注】面板中的【更新】按钮，更新该尺寸样式。命令行操作提示如下：

```
命令: -dimstyle
当前标 样式: 机械标注样式    注释性: 否
DIMBI        无
 DIMS         开
 DIMS         开
输入标 样式选项
[注释性 AN)/保存(S)/恢复(R)/状态(ST)/变量(V)/应用(A)/?] <恢复>:     //_apply
选择对 : 找到 1 个                                    //选取曲柄俯视图中的尺寸"φ20"
选择对 : ↙
```

⑧ 单击 标注】面板中的【更新】按钮，选取更新的线性尺寸，将其文字拖动到适当位置， 结果如图 12-78 所示。

⑨ 单击【 注】面板中的【对齐】按钮，标注曲柄俯视图中的尺寸"48"，结果如图 12-79 所示。

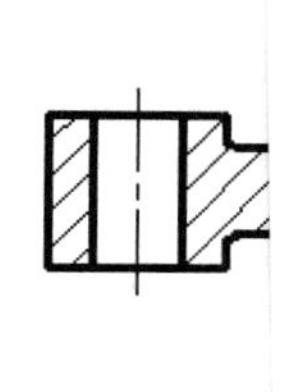

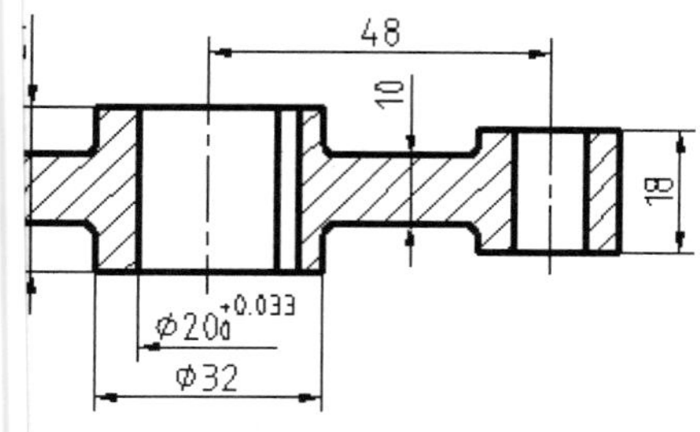

图 1 8　编辑俯视图中的线性尺寸

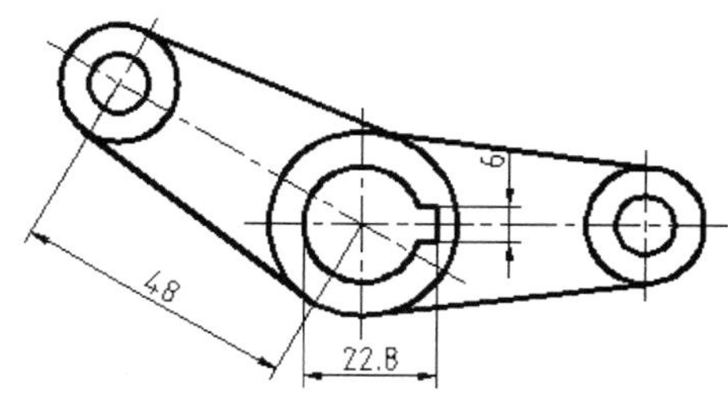

图 12-79　标注主视图对齐尺寸

4．标 曲柄主视图中的角度尺寸

① 单击【 注】面板中的【角度】按钮，标注曲柄主视图中的尺寸"150°"。

② 单击【 注】面板中的【直径】按钮，标注曲柄主视图中的尺寸"2-ϕ10""2-ϕ20"。

③ 单击【 注】面板右下角的对话框启动按钮，在打开的【标注样式管理器】对话框的【样式】列 框中选择【机械图样】选项，单击【替代】按钮。

④ 打开【 代当前样式：机械图样】对话框。打开【主单位】选项卡，将【线性标注】选项组中 【精度】设置为 0；打开【公差】选项卡，在【公差格式】选项组中，将【方式】设 为【极限偏差】，【上偏差】设置为 0.022，【下偏差】设置为 0，【高度比例】设置为 7，设置完成后单击【确定】按钮。

⑤ 单击【 注】面板中的【更新】按钮，选取曲柄主视图中的尺寸"2-ϕ10"，即可为该尺寸 加尺寸偏差。标注角度及直径尺寸如图 12-80 所示。

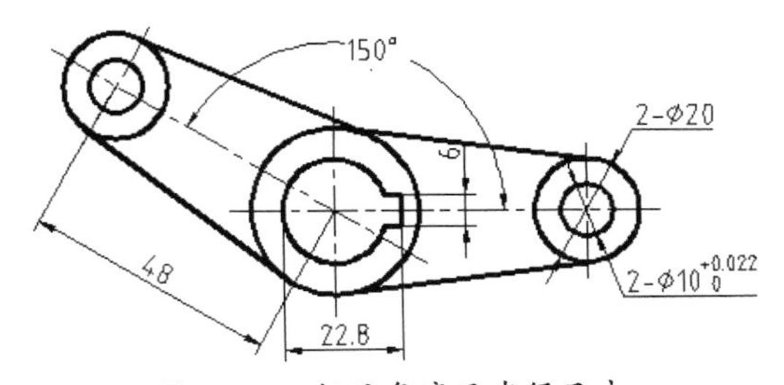

图 12-80　标注角度及直径尺寸

5．标注曲柄俯视图中的表面粗糙度

① 绘制表面粗糙度符号，如图 12-81 所示。

② 执行菜单栏中的【格式】|【文字样式】命令，打开【文字样式】对话框，在其中设置标注的粗糙度值的文字样式，如图 12-82 所示。

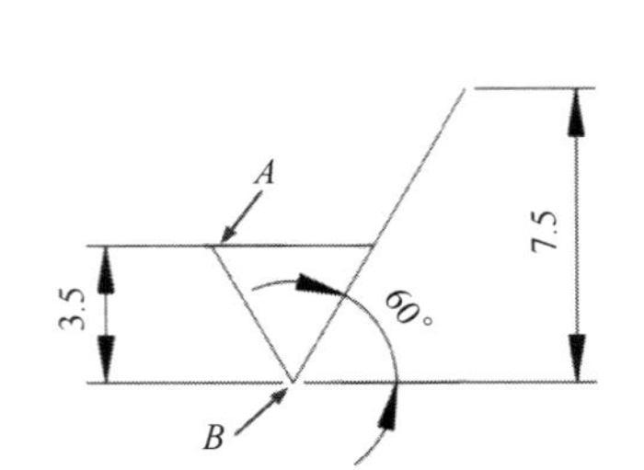

图 12-81 绘制表面粗糙度符号

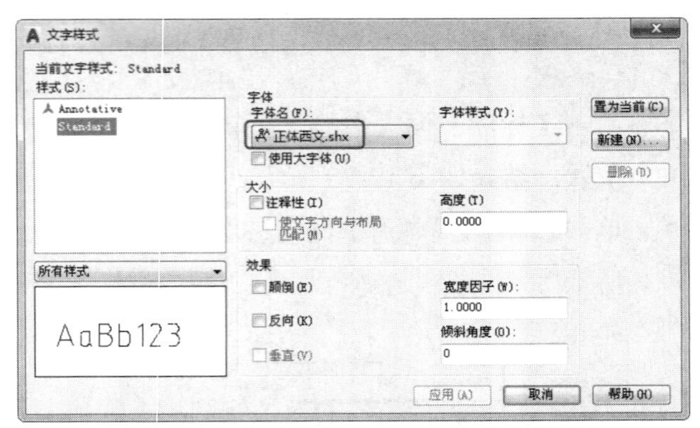

图 12-82 设置标注的粗糙度值的文字样式

③ 在命令行中执行 attdef 命令，打开【属性定义】对话框，如图 12-83 所示。在该对话框中对各选项进行设置。

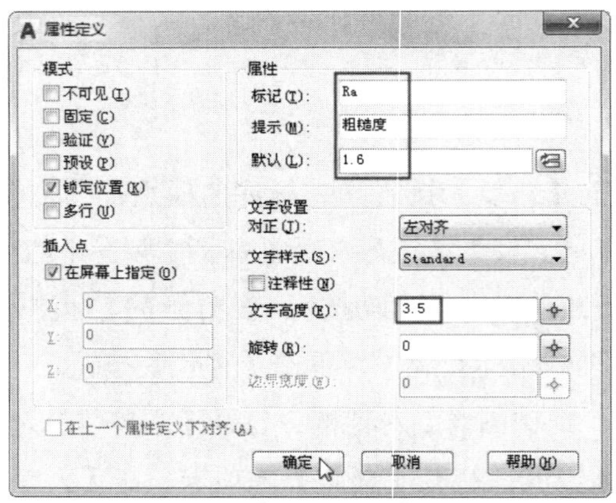

图 12-83 【属性定义】对话框

④ 设置完毕后，单击【拾取点】按钮，此时返回绘图区，用鼠标拾取如图 12-81 中的 *A* 点，此时返回【属性定义】对话框，单击【确定】按钮，完成属性设置。

⑤ 在功能区的【插入】选项卡中单击【创建块】按钮，打开【块定义】对话框进行选项设置，如图 12-84 所示。

⑥ 设置完毕后，单击【拾取点】按钮，此时返回绘图区，用鼠标拾取如图 12-81 中的 *B* 点，此时返回【块定义】对话框，单击【选择对象】按钮，框选如图 12-81 所示的图形和块属性，此时返回【块定义】对话框，单击【确定】按钮完成块定义。

⑦ 在功能区的【插入】选项卡中单击【插入】下拉按钮，在打开的下拉列表中选择【粗糙度】选项，如图 12-85 所示。

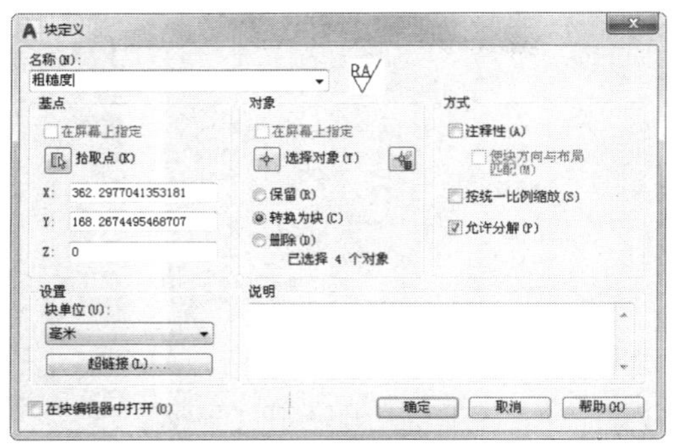

图 12-84　块定义

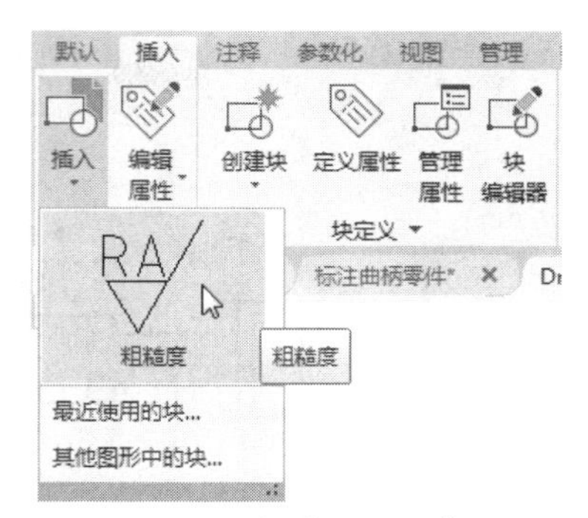

图 12-85　选择【粗糙度】选项

⑧ 选取块后，此时命令行操作提示如下：

```
指定插入点或 [基点(B)/比例(S)/X/Y/Z/旋转(R)]:
                                        //捕捉曲柄俯视图中左臂上的点，作为插入点
指定旋转角度 <0>:↙                      //输入要旋转的角度值
输入属性值
请输入表面粗糙度值 <1.6>: 6.3↙          //输入表面粗糙度的值 6.3
```

⑨ 在【默认】选项卡中单击【修改】面板中的【复制】按钮，选取标注的表面粗糙度，将其复制到俯视图上侧需要标注的地方，结果如图 12-86 所示。

⑩ 在【默认】选项卡中单击【修改】面板中的【镜像】按钮，选取插入的表面粗糙度块，分别以水平直线及竖直直线为镜像线，进行镜像操作，并且镜像后不保留源对象。

⑪ 在【默认】选项卡中单击【修改】面板中的【复制】按钮，选取镜像后的表面粗糙度，将其复制到俯视图下侧需要标注的地方，结果如图 12-87 所示。

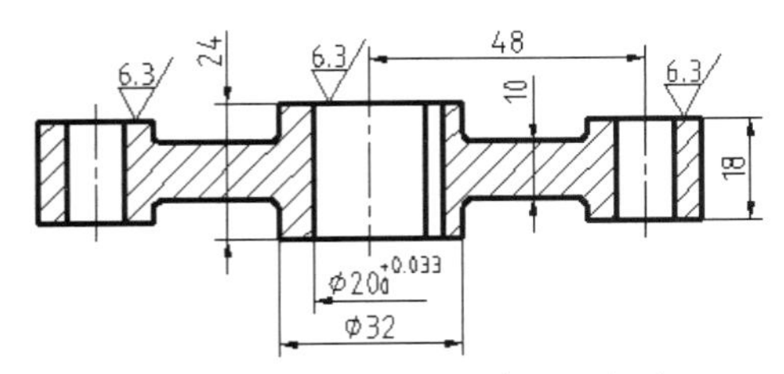

图 12-86　标注顶面的表面粗糙度

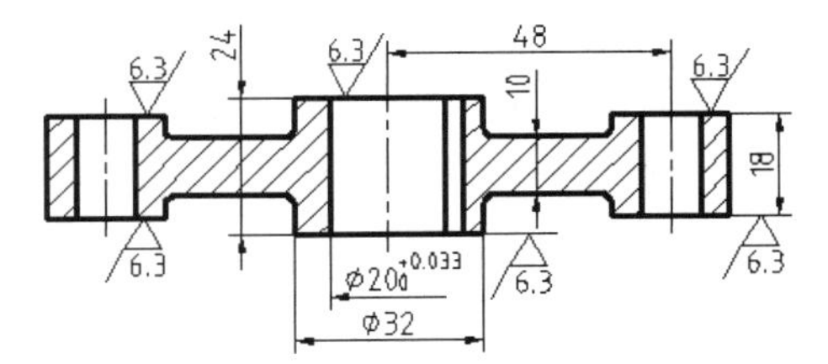

图 12-87　标注底面的表面粗糙度

⑫ 重复使用【插入】命令，标注曲柄俯视图中的其他表面粗糙度，结果如图 12-88 所示。

6．标注曲柄俯视图中的形位公差

① 在标注表面及形位公差之前，首先需要设置引线的样式，然后标注表面及形位公差。在命令行中执行 qleader 命令，命令行操作提示如下：

```
命令:QLEADER↙
指定第一个引线点或 [设置(S)] <设置>: S↙
```

② 选择【设置】选项后，可打开如图 12-89 所示的【引线设置】对话框，在其中选择【公差】单选按钮，即把引线设置为公差类型。设置完毕后，单击【确定】按钮，返回命令行，命令行操作提示如下：

```
指定第一个引线点或 [设置(S)] <设置>:    //用光标指定引线的第一个点
指定下一点:                             //用光标指定引线的第二个点
指定下一点:                             //用光标指定引线的第三个点
```

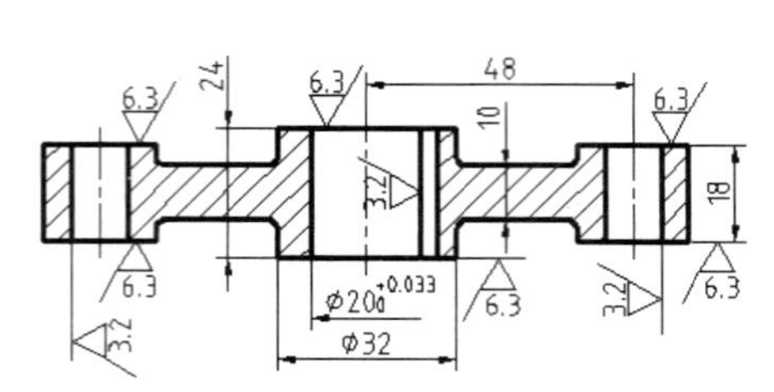

图 12-88 标注侧边的表面粗糙度

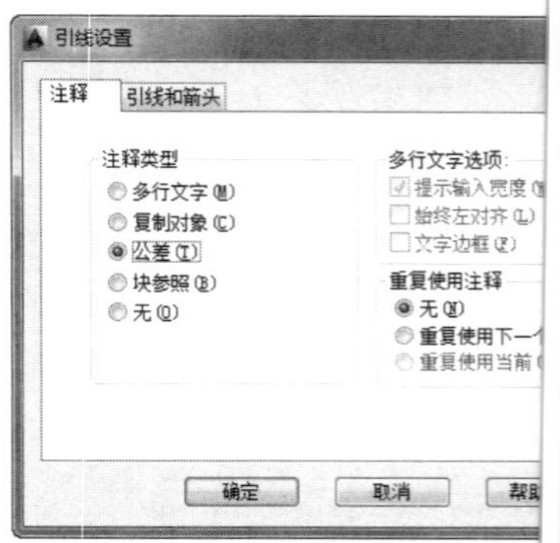

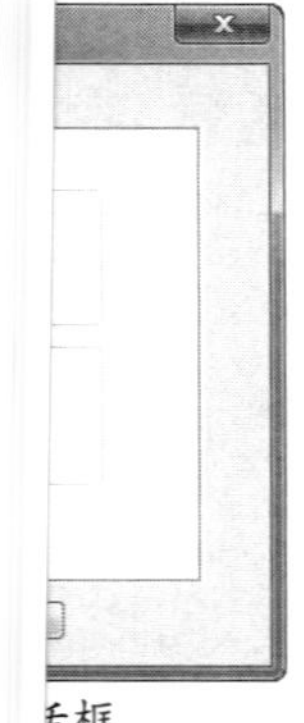

图 12-89 【引线设置】 话框

③ 此时，AutoCAD 自动打开【形位公差】对话框，如图 12-90 所示。单击【 号】选项组中的黑色小方格，打开【特征符号】对话框，如图 12-91 所示，用户可以 其中选择需要的符号。

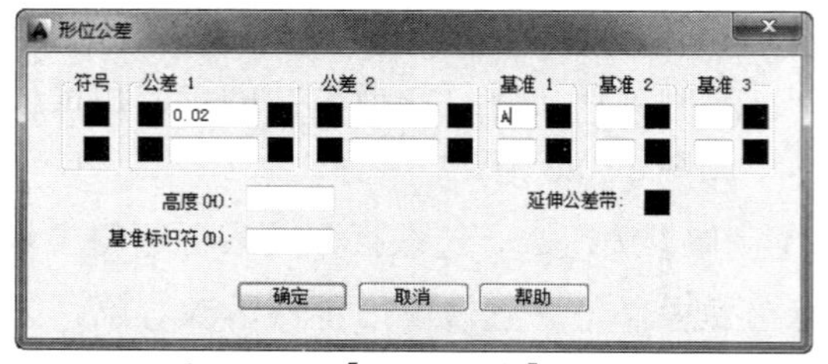

图 12-90 【形位公差】对话框

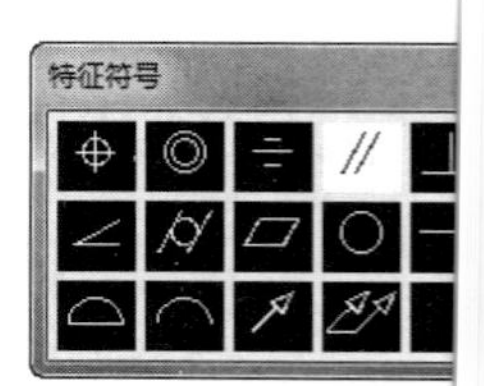

图 12-91 【特征符号】 话框

④ 设置完【形位公差】对话框中的选项后，单击【确定】按钮，返回绘图区 完成形位公差的标注。

⑤ 方法同前，标注俯视图左侧的形位公差。

⑥ 使用【直线】命令和【圆心，半径】命令绘制基准代号，如图 12-92 所

⑦ 在命令行中执行 attdef 命令，打开【属性定义】对话框，如图 12-93 所示 可在该对话框中进行选项设置。

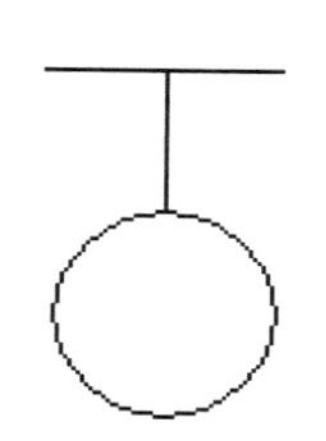

图 12-92 绘制基准代号

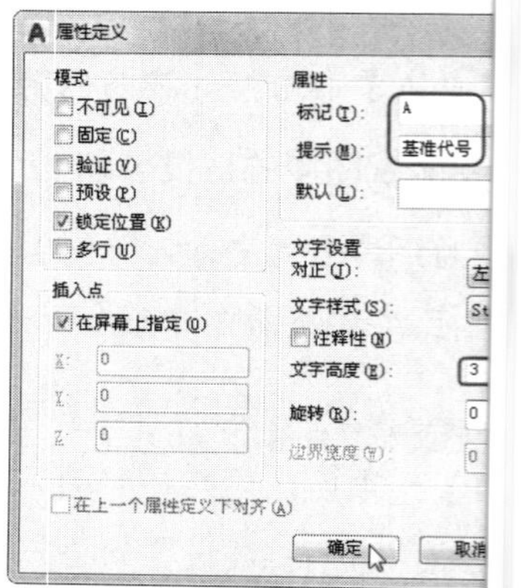

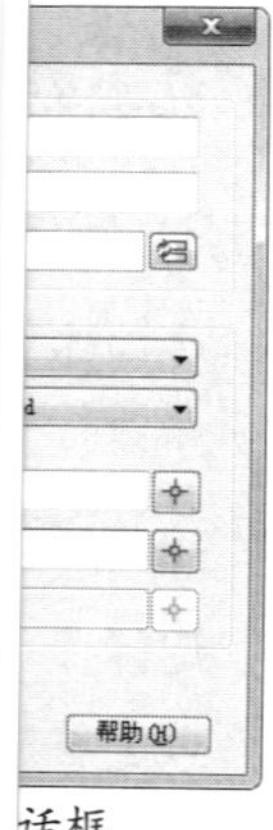

图 12-93 【属性定义】 话框

⑧ 设置完毕后，单击【确定】按钮，返回绘图区，用光标拾取图中的圆心

⑨ 创建基准代号块。在【插入】选项卡的【块定义】面板中单击【创建块】 钮，打开【块

定义】对话框进行选项设置，如图 12-94 所示。

⑩ 设置完毕后，单击【拾取点】按钮，此时返回绘图区，用光标拾取图中水平直线的中点，此时返回【块定义】对话框。单击【选择对象】按钮，选择图形，此时返回【块定义】对话框，单击【确定】按钮，完成块定义。

⑪ 使用快捷命令 cla 激活【插入】命令，打开【插入】对话框，在【名称】下拉列表中选择【基准代号】选项，如图 12-95 所示。

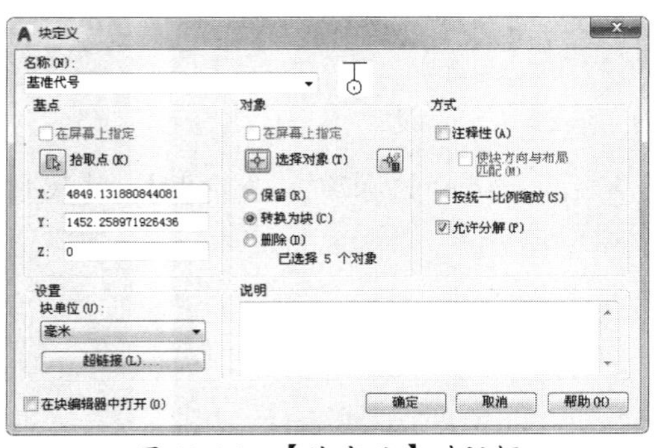

图 12-94　【块定义】对话框

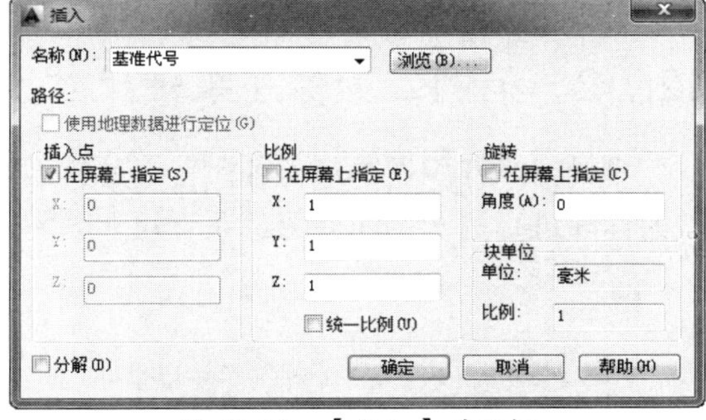

图 12-95　【插入】对话框

⑫ 单击【确定】按钮，此时命令行操作提示如下：

```
指定插入点或 [基点(B)/比例(S)/X/Y/Z/旋转(R)]:
                    //在尺寸"φ20"左端尺寸界线的左侧适当位置拾取一点
```

⑬ 单击【修改】面板中的【旋转】按钮，选取插入的基准代号块，将其旋转 90°。

⑭ 选取旋转后的基准代号块并右击，在弹出的如图 12-96 所示的右键快捷菜单中执行【编辑属性】命令，打开【增强属性编辑器】对话框，如图 12-97 所示，打开【文字选项】选项卡。

⑮ 将【旋转】设置为 0。最终的标注结果如图 12-98 所示。

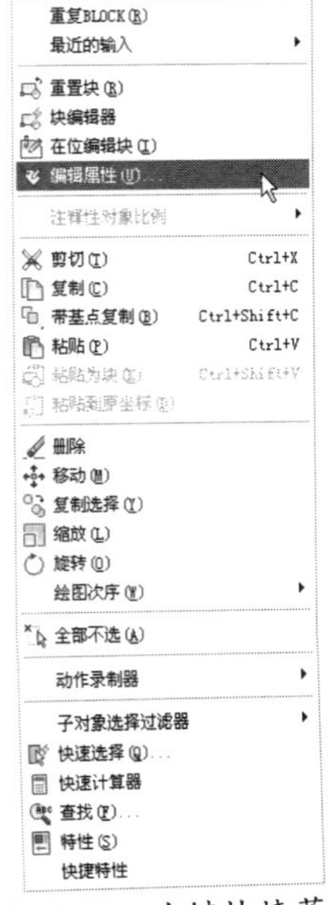

图 12-96　右键快捷菜单

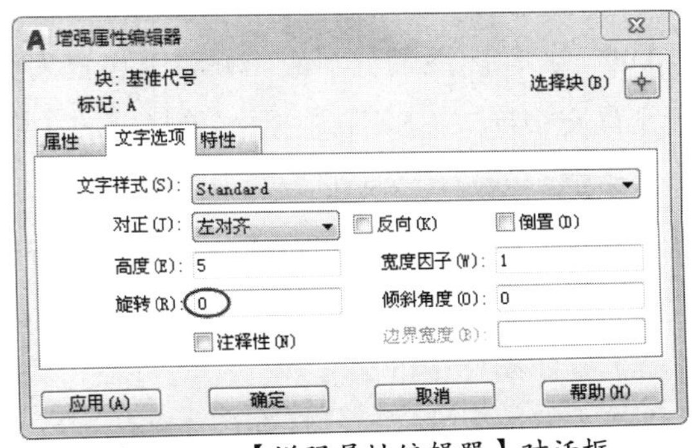

图 12-97　【增强属性编辑器】对话框

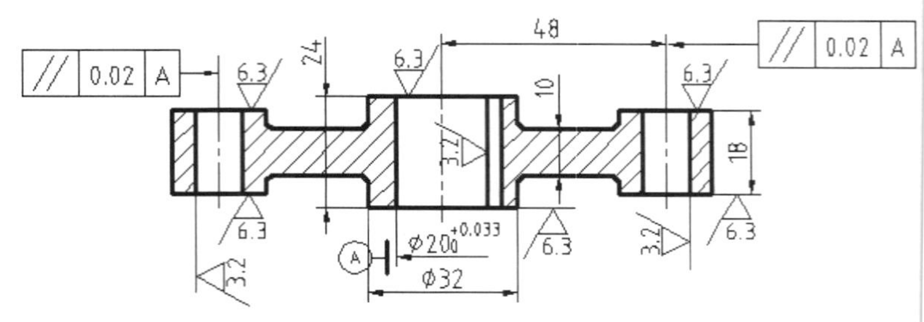

图 12-98 最终的标注结果

12.7.2 范例二：标注泵轴尺寸

本例着重介绍编辑标注文字位置命令的使用及表面粗糙度的标注方法，同时，对尺寸偏差的标注进行进一步的介绍。泵轴尺寸如图 12-99 所示。

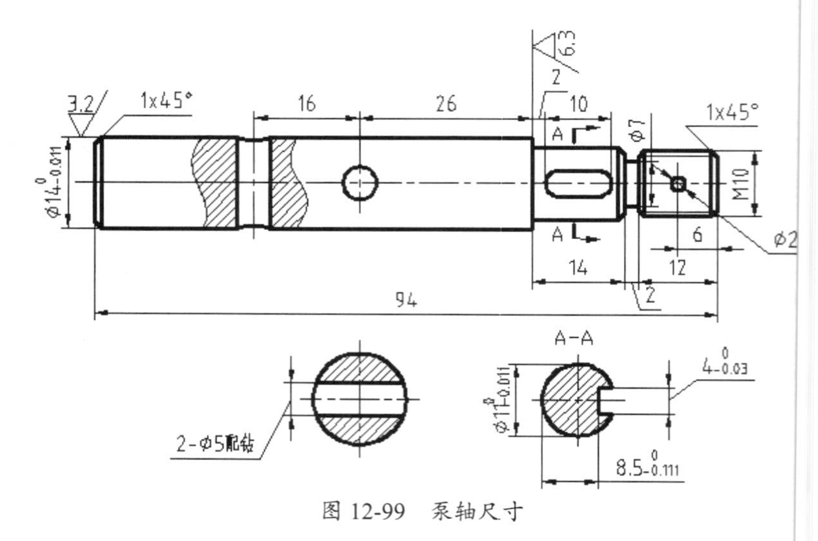

图 12-99 泵轴尺寸

操作步骤

1．标注设置

① 打开本例源文件“泵轴.dwg”，如图 12-100 所示。

② 创建一个新层“BZ”用于尺寸标注。在【默认】选项卡的【图层】面板中单击【图层特性管理器】按钮，打开【图层特性管理器】选项板。创建一个新层“BZ”，线宽为 0.09，其他属性设置不变，并将其设置为当前图层。

③ 设置文字样式“SZ”。执行菜单栏中的【格式】｜【文字样式】命令，打开【文字样式】对话框，创建一个新的文字样式“SZ”。

④ 设置尺寸标注样式。单击【标注】面板右下角的对话框启动按钮，设置标注样式。在打开的【标注样式管理器】对话框中，单击【新建】按钮，创建新的标注样式“机械图样”，用于标注图样中的尺寸。

⑤ 单击【继续】按钮，对打开的【新建标注样式：机械图样】对话框中各个选项卡中的选

项进行设置，如图 12-101～图 12-103 所示。不再设置其他标注样式。

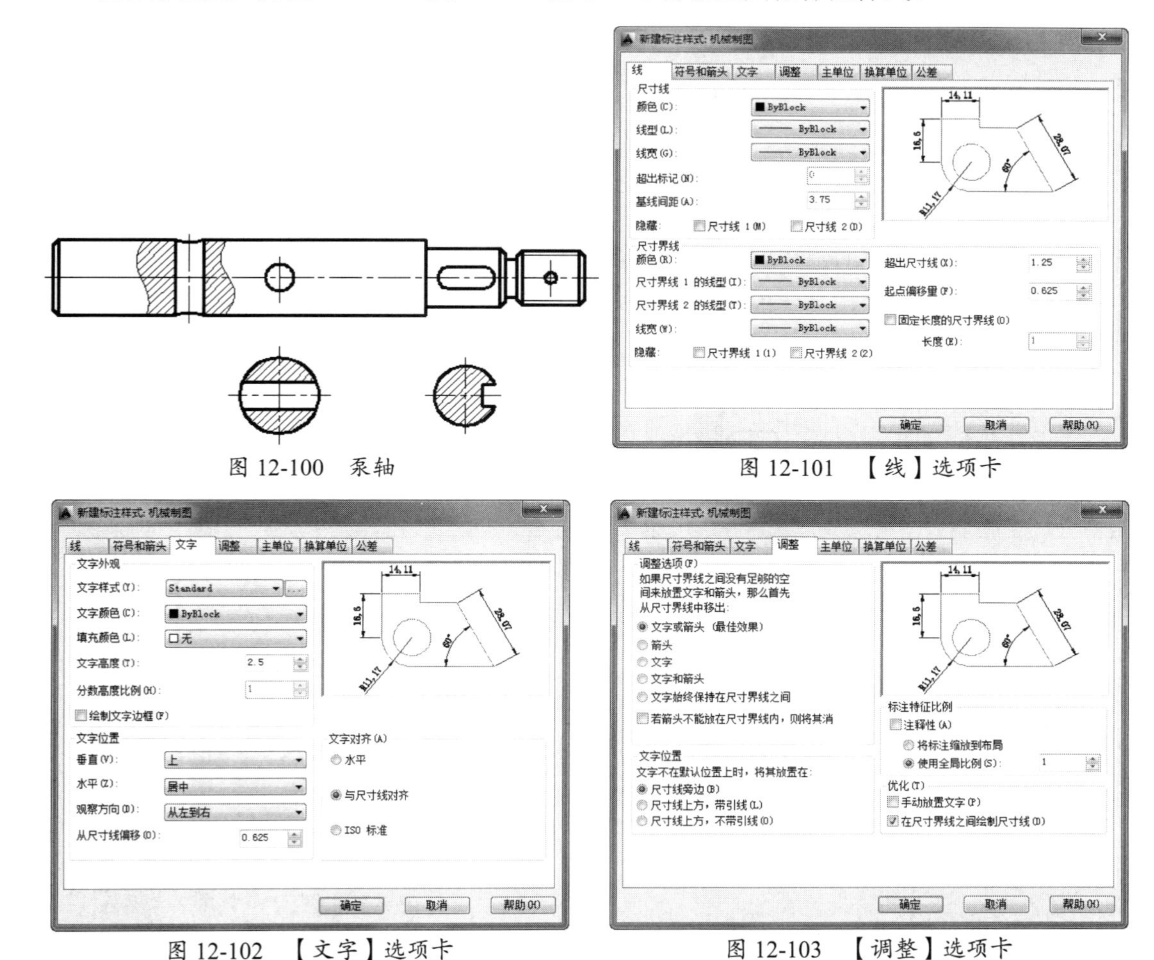

图 12-100　泵轴

图 12-101　【线】选项卡

图 12-102　【文字】选项卡

图 12-103　【调整】选项卡

2. 标注尺寸

① 在【标注样式管理器】对话框的【样式】列表框中选择【机械图样】选项，单击【置为当前】按钮，将其设置为当前标注样式。

② 标注泵轴视图中的基本尺寸。单击【标注】面板中的【线性】按钮，标注泵轴视图中的尺寸“M10”“ϕ7”“6”。

③ 单击【标注】面板中的【基线】按钮，方法同前，以尺寸“6”的右端尺寸线为基线，进行基线标注，标注泵轴视图中的尺寸“12”“94”。

④ 单击【标注】面板中的【连续】按钮，选取尺寸“12”的左端尺寸线，标注泵轴视图中的尺寸“2”“14”。

⑤ 单击【标注】面板中的【线性】按钮，标注泵轴视图中的尺寸“16”，方法同前。

⑥ 单击【标注】面板中的【连续】按钮，标注泵轴视图中的尺寸“26”“2”“10”。

⑦ 单击【标注】面板中的【直径】按钮，标注泵轴视图中的尺寸“ϕ2”。

⑧ 单击【标注】面板中的【线性】按钮，标注泵轴剖面图中的尺寸“2-ϕ5 配钻”。

⑨ 单击【标注】面板中的【线性】按钮，标注泵轴剖面图中的尺寸“8.5’ 4”，结果如图 12-104 所示。

⑩ 修改泵轴视图中的基本尺寸。命令行操作提示如下：

```
命令: dimtedit↙
选择标注:                              //选取泵轴视图中的尺寸“2”
指定标注文字的新位置或 [左(l)/右(r)/中心(c)/默认(h)/角度(a)]:
                                       //拖动鼠标，在适当位置处单击，确定新的标注文字位
```

⑪ 单击【标注】面板右下角的对话框启动按钮，分别修改泵轴视图中尺寸 ”和泵轴剖面图中尺寸“2-ϕ5 配钻”的标注文字位置，结果如图 12-105 所示。

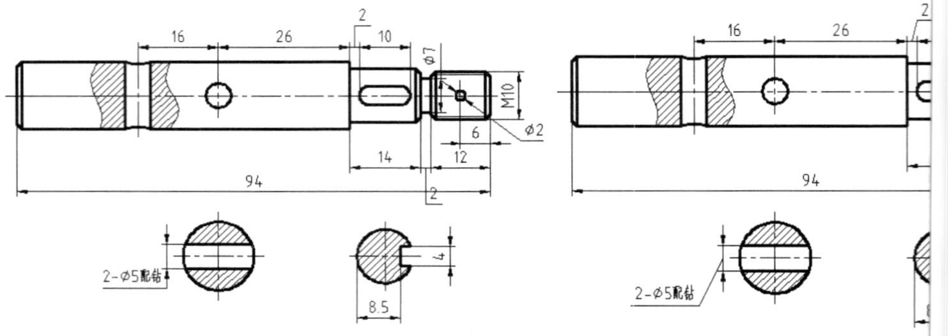

图 12-104　基本尺寸

图 12-105　修改尺寸的标注 字位置

⑫ 用重新输入标注文字的方法，标注泵轴视图中带尺寸偏差的线性尺寸。命 行操作提示如下：

```
命令: dimlinear↙
指定第一条尺寸界线原点或 <选择对象>:               //捕捉泵轴视图左轴段的 上角点
指定第二条尺寸界线原点:                            //捕捉泵轴视图左轴段 下角点
指定尺寸线位置或[多行文字(M)/文字(T)/角度(A)/水平(H)/垂直(V)/旋转(R)]: t
输入标注<14>: %%c14{\h0.7x;\s0^ 0.011;}↙
指定尺寸线位置或[多行文字(M)/文字(T)/角度(A)/水平(H)/垂直(V)/旋转(R)]:
                                                 //拖动鼠标，在适当位置 单击
标注文字 =14
```

⑬ 标注泵轴剖面图中的尺寸“ϕ11”，结果如图 12-106 所示。

⑭ 用标注替代的方法，为泵轴剖面图中的线性尺寸添加尺寸偏差，单击【标 主】面板右下角的对话框启动按钮，在打开的【标注样式管理器】对话框的【样式】列 框中选择【机械图样】选项，单击【替代】按钮。

⑮ 打开【替代当前样式：机械图样】对话框。打开【主单位】选项卡，将 线性标注】选项组中的【精度】设置为 0；打开【公差】选项卡，在【公差格式】选项 组中，将【方式】设置为【极限偏差】，【上偏差】设置为 0，【下偏差】设置为 0.111， 高度比例】设置为 0.7，设置完成后单击【确定】按钮。

⑯ 单击【标注】面板中的【更新】按钮，选取泵轴剖面图中的尺寸“8.5 即可为该尺寸添加尺寸偏差。

⑰ 继续设置替代样式。将【公差】选项卡中的【上偏差】设置为 0，【下偏差 设置为 0.03。

单击 标注】面板中的【更新】按钮，选取泵轴剖面图中的尺寸“4”，即可为该尺寸添 尺寸偏差，结果如图 12-107 所示。

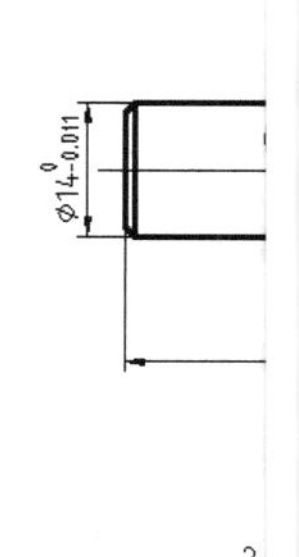
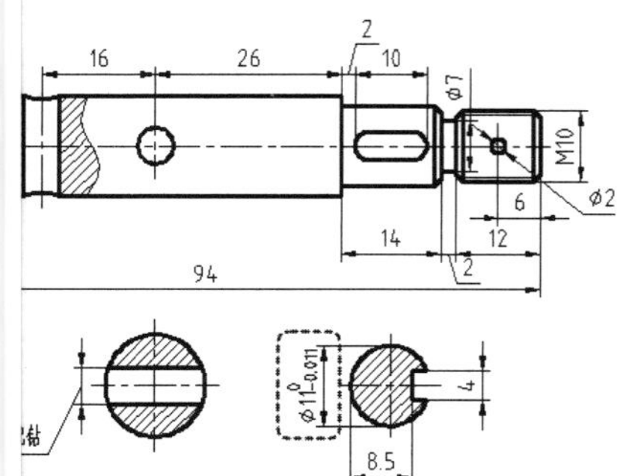

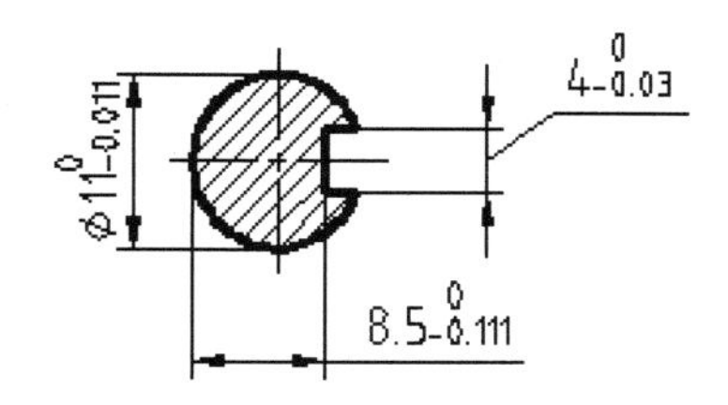

12-106　标注尺寸“ϕ11”　　图 12-107　替代泵轴剖面图中的线性尺寸

⑱ 标注 轴视图中的倒角尺寸，单击【标注】面板右下角的对话框启动按钮，设置同前。

3. 标 粗糙度

① 标注 轴视图中的表面粗糙度。在功能区的【插入】选项卡中单击【插入】按钮，打开 插入】对话框，如图 12-108 所示。单击【浏览】按钮，选取前面保存的块图形文 “粗糙度”；在【比例】选项组中，勾选【统一比例】复选框。命令行操作提示如 ：

```
指定插 点或 [基点(B)/比例(S)/旋转(R)]:  //捕捉泵轴视图中尺寸“ϕ14”上端尺寸界线的最近点，作为插入点
输入属 值请输入表面粗糙度值 <1.6>: 3.2↙ //输入表面粗糙度的值 3.2，如图 12-109 所示
```

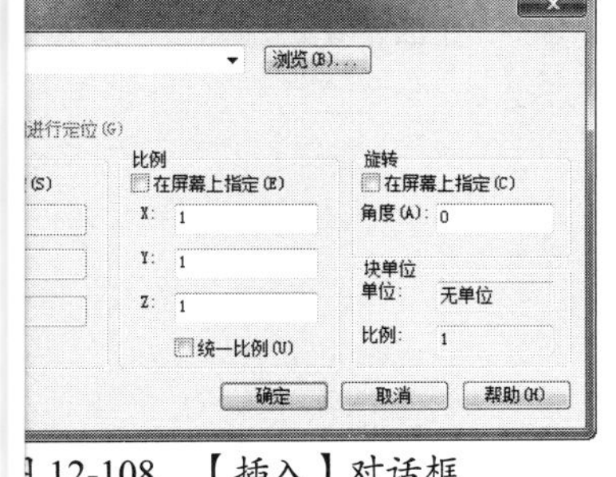

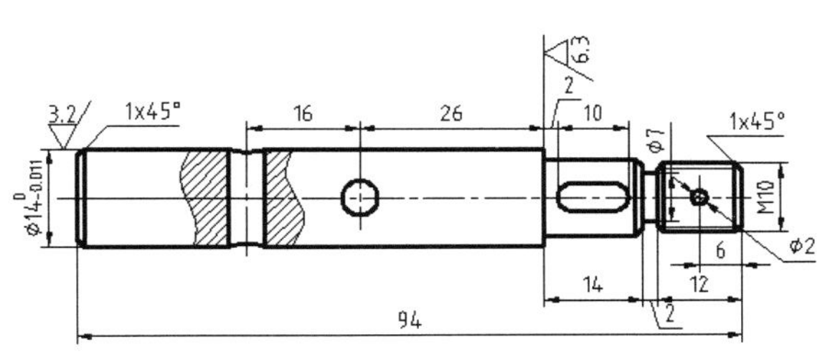

 12-108　【插入】对话框　　图 12-109　标注表面粗糙度

② 单击 会图】面板中的【直线】按钮，捕捉泵轴视图中尺寸“26”右端尺寸界线的上端点， 会制竖直直线。

③ 单击 会图】面板中的【插入块】按钮，插入粗糙度块，设置均同前。此时，输入属性值 。

④ 单击 修改】面板中的【镜像】按钮，将刚刚插入的块，以水平直线为镜像线，进行镜像 作，并且镜像后不保留源对象。

⑤ 单击 修改】面板中的【旋转】按钮，选取镜像后的块，将其旋转 90°。

⑥ 单击 修改】面板中的【镜像】按钮，将旋转后的块，以竖直直线为镜像线，进行镜

像操作，并且镜像后不保留源对象。

⑦ 标注泵轴剖面图的剖切符号及名称，执行菜单栏中的【标注】|【多重引线】命令，从右向左绘制剖切符号中的箭头。

⑧ 将轮廓线图层设置为当前图层，单击【绘图】面板中的【直线】按钮，捕捉带箭头引线的左端点，向下绘制一小段竖直直线。

⑨ 在命令行中执行 text 命令，或者执行菜单栏中的【绘图】|【文字】|【单行文字】命令，在适当位置单击一点，输入文字 A。

⑩ 单击【修改】面板中的【镜像】按钮，将输入的文字及绘制的剖切符号，以水平中心线为镜像线，进行镜像操作。方法同前，在泵轴剖面图上方输入文字 A-A，如图 12-110 所示。

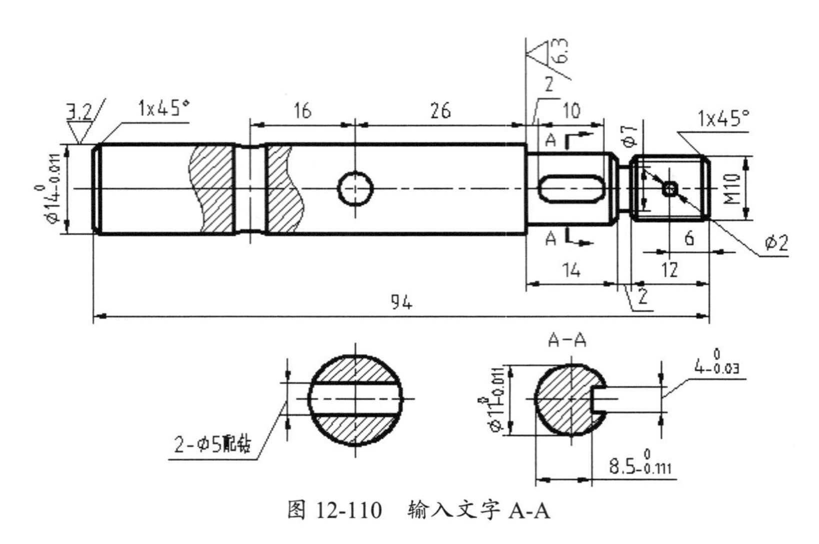

图 12-110　输入文字 A-A

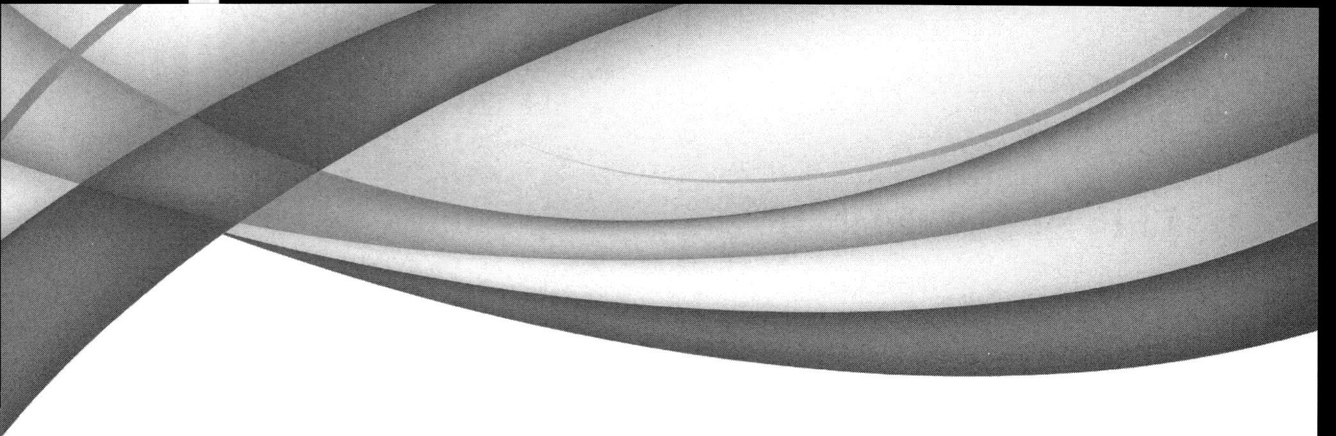

第 13 章

图纸中的文字与表格注释

本章内容

对图形标注尺寸后，还要添加说明文字和明细表格，这样才算一幅完整的工程图。本章将着重介绍 AutoCAD 2022 中文字和表格的添加与编辑，并详细介绍了文字样式、表格样式的编辑方法。

知识要点

- ☑ 文字注释的概述
- ☑ 使用文字样式
- ☑ 单行文字
- ☑ 多行文字
- ☑ 符号与特殊字符
- ☑ 表格的创建与编辑

13.1 文字注释的概述

文字注释是 AutoCAD 图形中很重要的图形元素，也是机械制图、建筑工 图等制图中不可或缺的重要组成部分。在一个完整的图样中，还包括一些文字注释来标注 样中的某些非图形信息，如机械制图中的技术要求、装配说明、标题栏信息、选项卡，建 工程图中的材料说明、施工要求等。

文字注释功能可通过在【文字】面板、文字工具栏中选择相应的命令进行 用，也可通过在菜单栏中执行【绘图】|【文字】命令，在打开的【文字】对话框中选择。 文字】面板如图 13-1 所示。文字工具栏如图 13-2 所示。

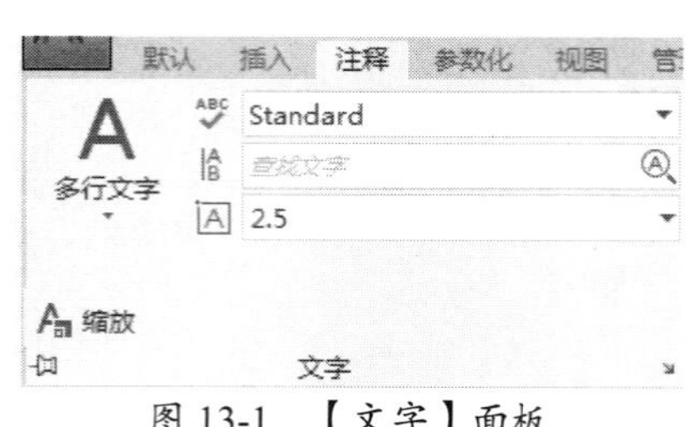

图 13-1 【文字】面板

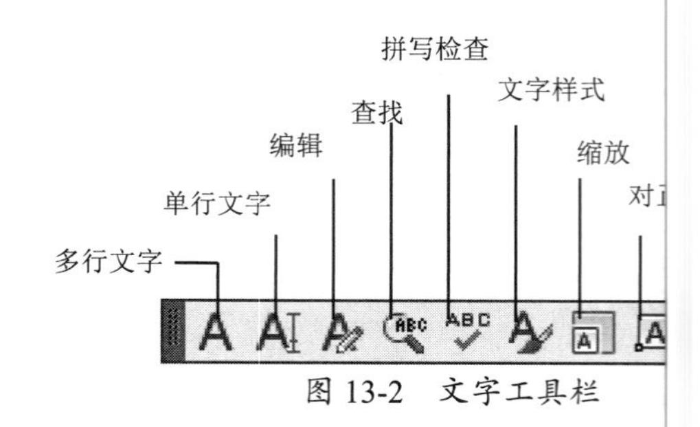

图 13-2 文字工具栏

图形注释文字包括单行文字或多行文字。对于不需要多种字体或多行的内 ，可以创建单行文字。对于较长、较为复杂的内容，可以创建多行或段落文字。

在创建单行或多行文字前，要指定文字样式并设置对齐方式。文字样式是 置文字对象的默认特征。

13.2 使用文字样式

在 AutoCAD 中，所有文字都有与之相关联的文字样式。文字样式包括文 的字体、字型、高度、宽度系数、倾斜角、反向、倒置及垂直等参数。

在图形中输入文字时，当前的文字样式决定输入文字的字体、字号、角度 方向和其他文字特征。

13.2.1 创建文字样式

在创建文字注释和尺寸标注时，AutoCAD 通常使用当前的文字样式，用 也可根据具体要求重新设置文字样式或创建新的文字样式。文字样式的新建、修改是通过 文字样式】对话框设置的，如图 13-3 所示。

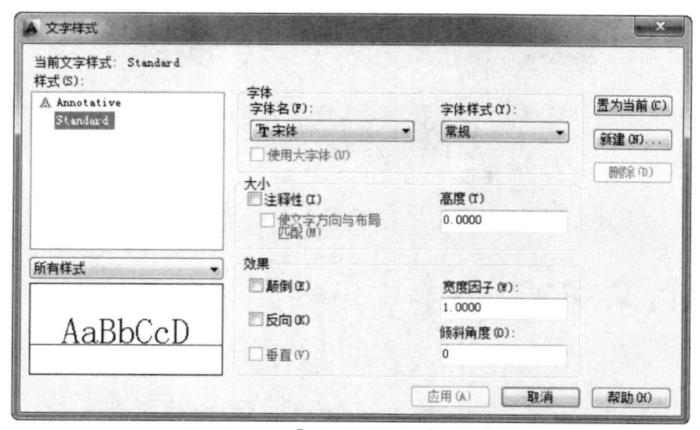

图 13-3　【文字样式】对话框

用户可通过以下方式来打开【文字样式】对话框。

- 菜单栏：执行【格式】|【文字样式】命令。
- 工具栏：在文字工具栏中单击【文字样式】按钮。
- 面板：在【默认】选项卡的【注释】面板中单击【文字样式】按钮。
- 命令行：输入 style。

【字体】选项组：该选项组用于设置字体名、是否使用大字体及字体样式的属性。其中，【字体名】下拉列表中列出 FONTS 文件夹中所有注册的 TrueType 字体和所有编译的形（SHX）字体的字体族名。【字体样式】下拉列表中的选项用于指定字体格式，如粗体、斜体等。【使用大字体】复选框用于指定亚洲语言的大字体文件，只有在【字体名】下拉列表中选择带有 shx 后缀的字体文件，该复选框才被激活，如选择 iso.shx。

13.2.2　修改文字样式

修改多行文字对象的文字样式时，已更新的设置将应用到整个对象中，单个字符的某些格式可能不会被保留或者会被保留。例如，颜色、堆叠和下画线等格式将继续使用原格式，而粗体、字体、高度及斜体等格式，将随着修改的格式而发生改变。

通过修改设置，可以在【文字样式】对话框中修改现有的文字样式，也可以更新使用该文字样式的现有文字来反映修改的效果。

> 提醒一下：
>
> 某些文字样式设置对多行文字对象和单行文字对象的影响不同。例如，修改【颠倒】和【反向】对多行文字对象无影响，修改【宽度因子】和【倾斜角度】对单行文字对象无影响。

13.3　单行文字

对于不需要多种字体或多行的内容，可以创建单行文字。使用【单行文字】命令创建文本时，可创建单行文字，也可创建多行文字，但创建的多行文字的每一行都是独立的，可对其进行单独编辑。使用【单行文字】命令创建多行文字如图 13-4 所示。

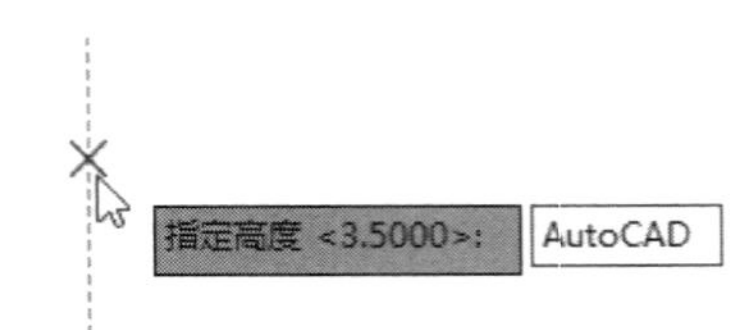

图 13-4　使用【单行文字】命令创建多行文字

13.3.1　创建单行文字

单行文字可输入单行文字，也可输入多行文字。在文字创建过程中，在绘图区选择一个点作为文字的起点，并输入文本文字，通过按 Enter 键来结束每一行，若要停止命令，则按 Esc 键。单行文字的每行文字都是独立的对象，可对其进行重新定位、调整格式或其他修改。

用户可通过以下方式来执行上述操作。

- 菜单栏：执行【绘图】|【文字】|【单行文字】命令。
- 工具栏：在文字工具栏中单击【单行文字】按钮AI。
- 面板：在【注释】选项卡的【文字】面板中单击【单行文字】按钮AI。
- 命令行：输入 text。

在命令行中执行 text 命令，命令行操作提示如下：

```
命令：text
当前文字样式：【Standard】　文字高度：2.5000　注释性：否　　　//文字样式设置
指定文字的起点或 [对正(J)/样式(S)]:                            //文字选项
```

上述操作提示中各选项的含义如下。

- 文字的起点：指定文字的起点。当指定文字的起点后，命令行中会显示“指定高度 <2.5000>:”的操作提示，若使用默认高度值（2.5000），按 Enter 键即可创建默认高度为 2.5 的文字。也可通过输入其他高度值来创建文字。
- 对正：控制文字的对正方式。
- 样式：指定文字样式，文字样式决定文字字符的外观。选择此选项，需要在【文字样式】对话框中新建文字样式。

若在操作提示中选择【对正】选项，则命令行操作提示如下：

```
输入选项
[对齐(A)/布满(F)/居中(C)/中间(M)/右对齐(R)/左上(TL)/中上(TC)/右上(TR)/左中(ML)/正中(MC)/
    右中(MR)/左下(BL)/中下(BC)/右下(BR)]:
```

此操作提示中部分选项的含义如下。

- 对齐：通过指定基线端点来指定文字的高度和方向，如图 13-5 所示。
- 布满：指定文字按照由两点定义的方向和一个高度值布满一个区域。此选项只适用于水平方向的文字，如图 13-6 所示。

图 13-5　对齐文字

图 13-6　布满文字

提醒一下：

对于对齐文字，字符的大小根据其高度按比例调整。文字字符串越长，字符越矮。

- 居中：从基线的水平中心对齐文字。此基线是由用户给出的点指定的，另外居中文字还可以调整其角度，如图 13-7 所示。
- 中间：文字在基线的水平中点和指定高度的垂直中点上对齐，中间对齐的文字不保持在基线上，如图 13-8 所示。【中间】选项也可使文字旋转。

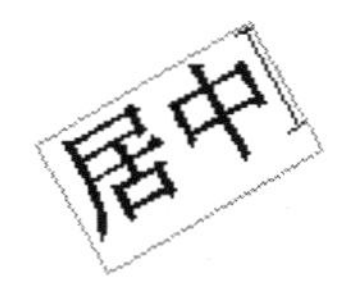

图 13-7　居中文字

图 13-8　中间文字

其余选项所表示的文字对正方式如图 13-9 所示。

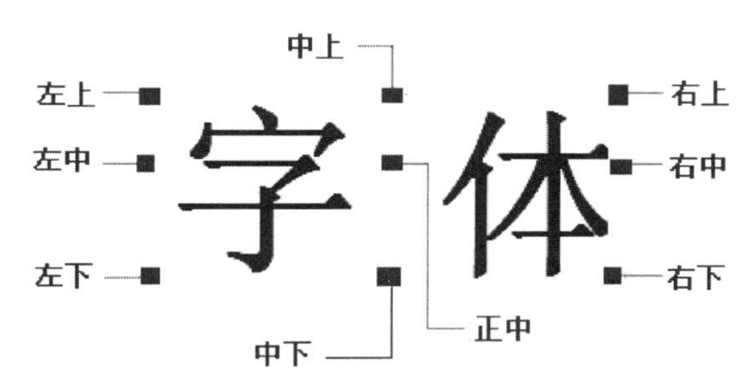

图 13-9　其余选项所表示的文字对正方式

13.3.2　编辑单行文字

编辑单行文字包括编辑文字的内容、对正方式及缩放比例。用户可通过在菜单栏中执行【修改】|【对象】|【文字】命令，在弹出的下一级子菜单中选择相应命令来编辑单行文字，如图 13-10 所示。

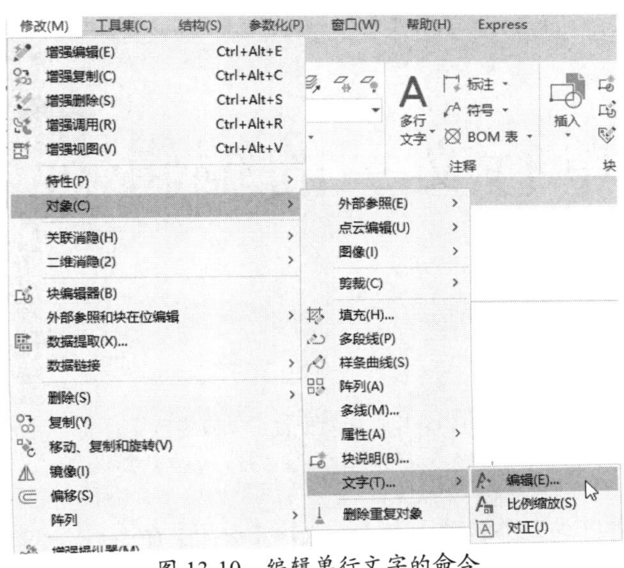

图 13-10　编辑单行文字的命令

用户也可以在绘图区中先双击要编辑的单行文字，然后重新输入新内容。

1.【编辑】命令

【编辑】命令用于编辑文字的内容。执行【编辑】命令后，选择要编辑的单行文字，即可在激活的文本框中重新输入文字，如图 13-11 所示。

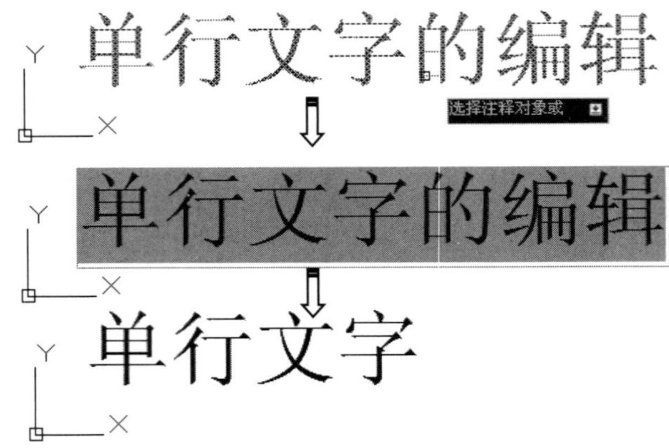

图 13-11　编辑单行文字

2.【比例缩放】命令

【比例缩放】命令用于重新设置文字的图纸高度、匹配对象和缩放比例。设置单行文字的比例如图 13-12 所示。命令行操作提示如下：

```
SCALETEXT
选择对象：找到 1 个
选择对象：找到 1 个 (1 个重复)，总计 1 个
选择对象：
输入缩放的基点选项
[现有(E)/左对齐(L)/居中(C)/中间(M)/右对齐(R)/左上(TL)/中上(TC)/右上(TR)/左中(ML)/正中(MC)/
        右中(MR)/左下(BL
)/中下(BC)/右下(BR)] <现有>: C
指定新模型高度或 [图纸高度(P)/匹配对象(M)/比例因子(S)] <1856.7662>:
1 个对象已更改
```

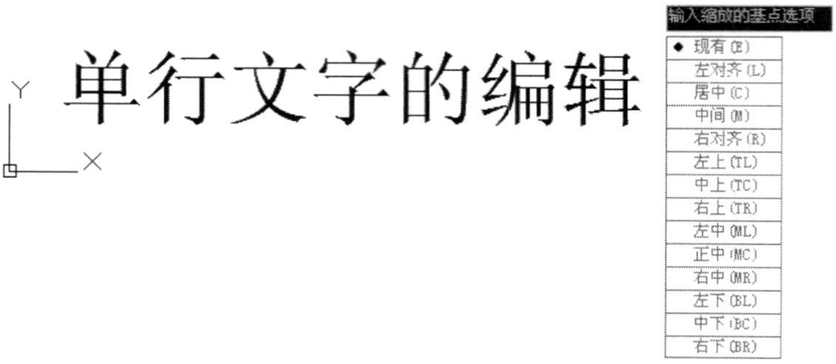

图 13-12　设置单行文字的比例

3.【对正】命令

【对正】命令用于更改文字的对正方式。执行【对正】命令后，选择要编辑的单行文字，

绘图区将显示对齐菜单。命令行操作提示如下：

```
命令: _justifytext
选择对象: 找到 1 个
选择对象:
输入对正选项
[左对齐(L)/对齐(A)/布满(F)/居中(C)/中间(M)/右对齐(R)/左上(TL)/中上(TC)/右上(TR)/左中(ML)/
        正中(MC)/右中(MR)
/左下(BL)/中下(BC)/右下(BR)] <居中>:
```

13.4　多行文字

多行文字又称段落文字，是一种更易于管理的文字对象，可以由两行以上的文字组成，而且各行文字都是作为一个整体处理的。在机械制图中，常使用多行文字功能创建较为复杂的文字说明，如图样的技术要求等。

13.4.1　创建多行文字

在 AutoCAD 2022 中，多行文字的创建与编辑功能得到了增强。用户可通过以下方式来执行此操作。

- 菜单栏：执行【绘图】|【文字】|【多行文字】命令。
- 工具栏：在文字工具栏中单击【多行文字】按钮 A。
- 面板：在【注释】选项卡的【文字】面板中单击【多行文字】按钮 A。
- 命令行：输入 mtext。

在命令行中执行 mtext 命令，命令行显示的操作信息，提示用户需要在绘图区指定两点作为多行文字的输入起点与段落对角点。指定点后，系统会自动打开【文字编辑器】选项卡和在位文字编辑器，如图 13-13 和图 13-14 所示。

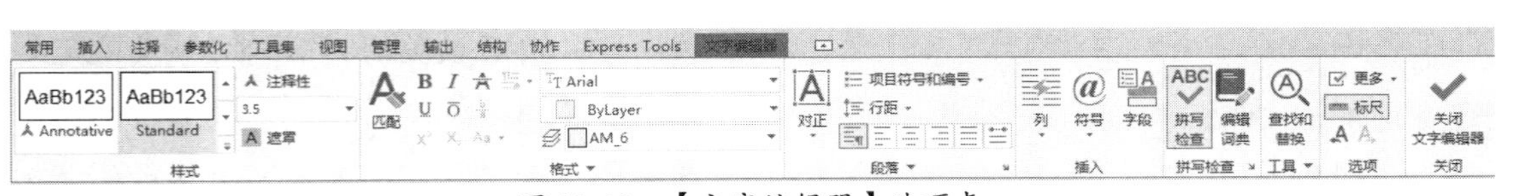

图 13-13　【文字编辑器】选项卡

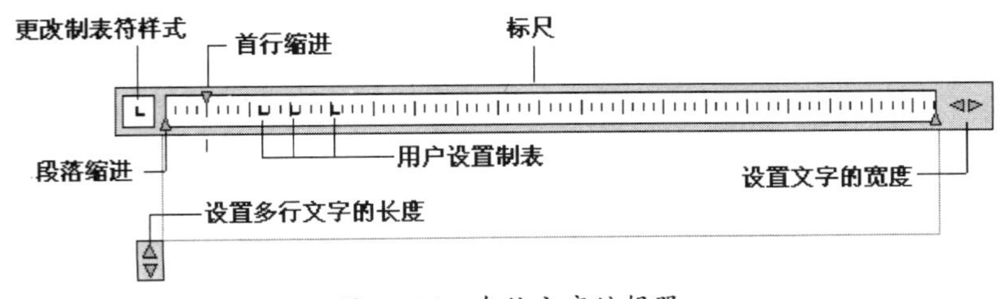

图 13-14　在位文字编辑器

【文字编辑器】选项卡中包括【样式】面板、【格式】面板、【段落】面板、【插入】面板、【拼写检查】面板、【工具】面板、【选项】面板和【关闭】面板。

1.【样式】面板

【样式】面板用于当前多行文字样式、注释性和文字高度的设置，如图 13-15 所示。

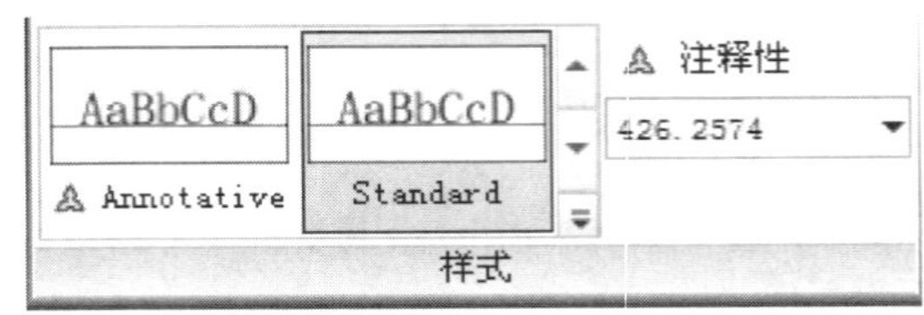

图 13-15 【样式】面板

该面板中各选项的含义如下。

- 文字样式：向多行文字对象应用文字样式。如果用户没有新建文字样式，那么单击【展开】按钮，在展开的样式列表中选择可用的文字样式。
- 注释性：单击【注释性】按钮，打开或关闭当前多行文字对象的注释性。
- 选择和输入文字高度：按图形单位设置新输入文字的高度或修改选定文字的高度。用户可在文本框中输入新的文字高度来替代当前文字高度。

2.【格式】面板

【格式】面板用于字体的大小、粗细、颜色、下画线、倾斜、宽度等格式设置，如图 13-16 所示。

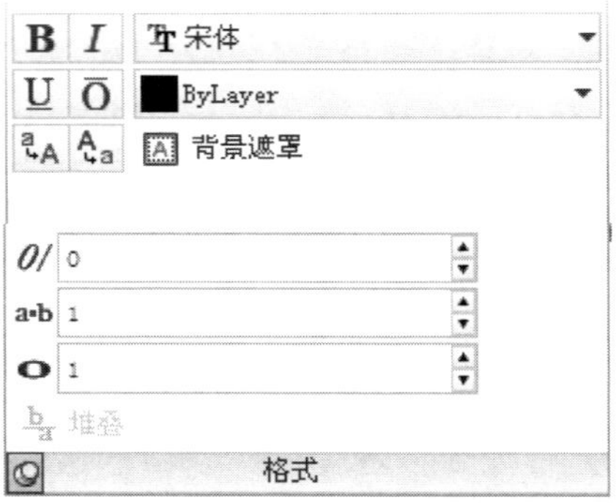

图 13-16 【格式】面板

该面板中各选项的含义如下。

- 粗体B：开启或关闭选定文字的粗体格式。此选项仅适用于使用 TrueType 字体的文字。
- 斜体I：打开或关闭新输入文字或选定文字的斜体格式。此选项仅适用于使用 TrueType 字体的文字。
- 下画线U：打开或关闭新输入文字或选定文字的下画线。
- 上画线O：打开或关闭新输入文字或选定文字的上画线。
- 选择文字的字体：为新输入的文字指定字体或更改选定文字的字体。单击右侧的下拉按钮，即可打开文字字体下拉列表框，如图 13-17 所示。
- 选择文字的颜色：指定新输入文字的颜色或更改选定文字的颜色。单击右侧的下拉按钮，即可打开字体颜色下拉列表，如图 13-18 所示。
- 倾斜角度0/：确定文字是向前倾斜还是向后倾斜。倾斜角度表示的是相对于 90° 方向的偏移角度。输入一个-85 到 85 之间的数值使文字倾斜。倾斜角度的值为正时文字向右倾斜，倾斜角度的值为负时文字向左倾斜。

- 追踪a•b：增大或减小选定文字之间的间距。1 是常规间距，大于 1 可增大间距，小于 1 可减小间距。
- 宽度因子O：扩展或收缩选定文字。1 是此字体中字母的常规宽度。

图 13-17　文字字体下拉列表框

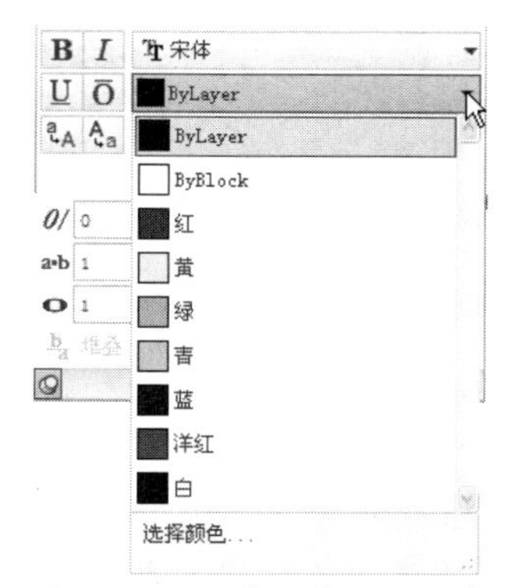
图 13-18　文字颜色下拉列表

3.【段落】面板

【段落】面板中用于段落的对正，行距，段落格式，段落对齐，段落的分布、编号等的设置。在【段落】面板的右下角单击对话框启动按钮，打开【段落】对话框，如图 13-19 所示。【段落】对话框可以为段落和段落的第一行设置缩进，指定制表位和缩进，控制段落对齐方式、段落间距和段落行距等。

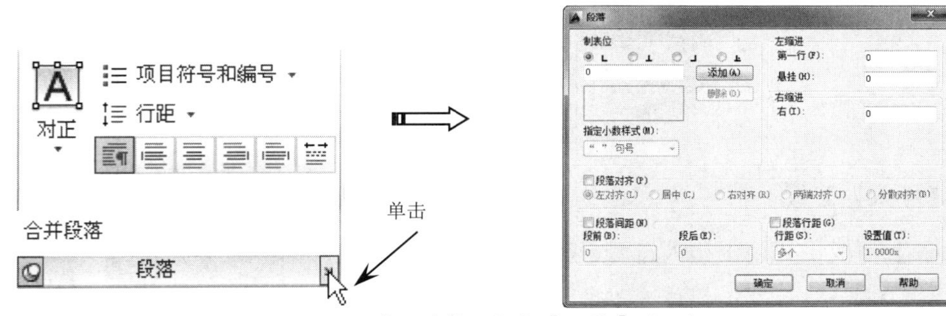

图 13-19　【段落】面板与【段落】对话框

该面板中各选项的含义如下。

- 对正：单击此下拉按钮，打开【对正】下拉列表，如图 13-20 所示。
- 行距：单击此下拉按钮，打开【行距】下拉列表，如图 13-21 所示。选择下拉列表中的【更多】选项，打开【段落】对话框，可以在该对话框中设置段落行距。

提醒一下：

行距是多行段落中文字的上一行底部和下一行顶部之间的距离。在 AutoCAD 2007 及早期版本中，并不是所有针对段落和段落行距的新选项都受支持。

- 项目符号和编号：单击此下拉按钮，打开用于创建列表的【项目符号和编号】下拉列表，如图 13-22 所示。
- 左对齐、居中、右对齐、分布对齐：设置当前段落或选定段落的左、中或右文字边界

的对正和对齐方式。在一行末尾的空格会影响行的对正。

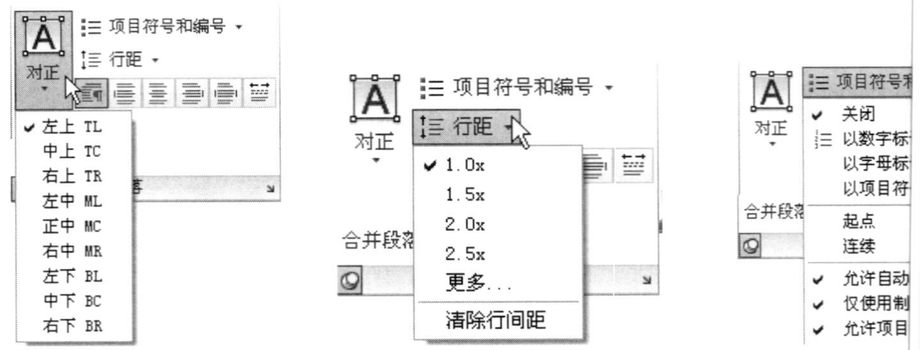

图 13-20 【对正】下拉列表　图 13-21 【行距】下拉列表　图 13-22 【项目符号和编号】下拉列表

- 合并段落：当创建有多行的文字段落时，选择要合并的段落，此选项被激活，选择此选项，多段落文字变成只有一个段落的文字，如图 13-23 所示。

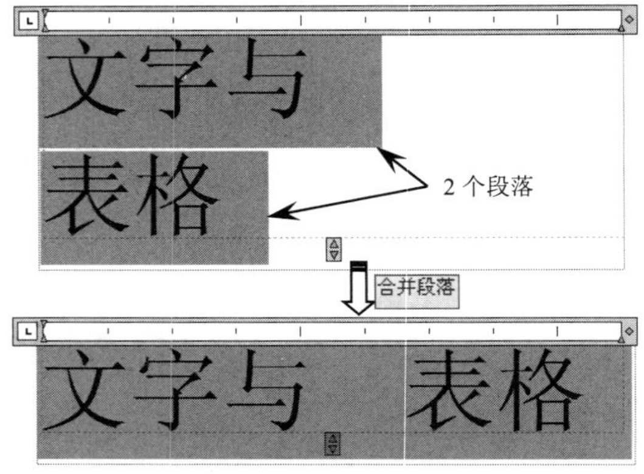

图 13-23 合并段落

4.【插入】面板

【插入】面板主要用于插入符号、列、字段的设置，如图 13-24 所示。

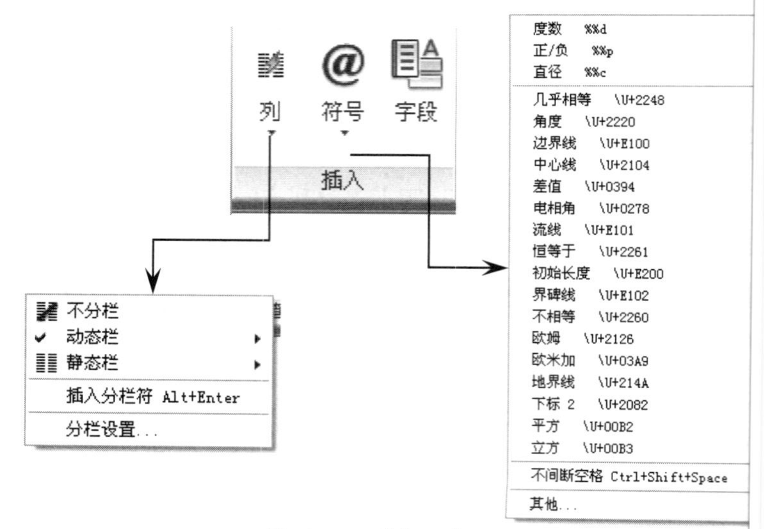

图 13-24 【插入】面板

该面板中各选项的含义如下。

- 符号：在光标位置插入符号或不间断空格，也可以手动插入符号。单击此下拉按钮，打开【符号】下拉列表。
- 字段：单击此按钮，打开【字段】对话框，从中可以选择要插入文字中的字段。
- 列：单击此下拉按钮，打开【列】下拉列表，该下拉列表提供三个栏选项：不分栏、动态栏和静态栏。

5.【拼写检查】面板、【工具】面板和【选项】面板

【拼写检查】面板、【工具】面板和【选项】面板主要用于字体的拼写检查、查找和替换及文字的编辑设置，如图 13-25 所示。

图 13-25　【拼写检查】面板、【工具】面板和【选项】面板

这三个面板中各选项的含义如下。

- 拼写检查：打开或关闭拼写检查功能。在在位文字编辑器中输入文字时，使用该功能可以检查拼写错误。例如，在输入有拼写错误的文字时，该段文字下将以红色虚线标记，如图 13-26 所示。
- 编辑词典：单击此按钮，在拼写检查过程中，图形中的主词语将与系统词典的词语相匹配。
- 查找和替换：单击此按钮，可打开【查找和替换】对话框，如图 13-27 所示。在该对话框中输入文字以查找并替换。

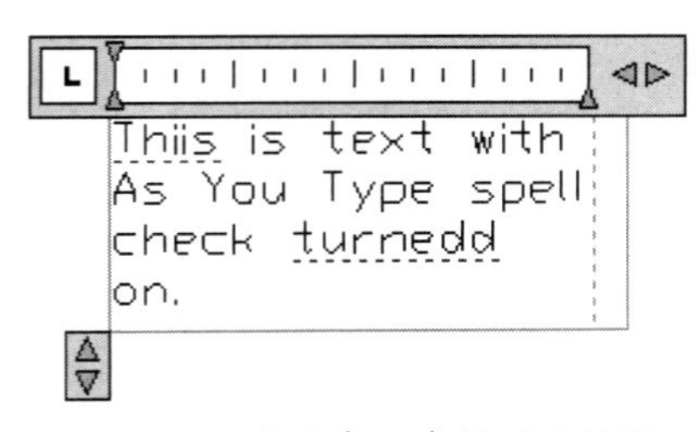

图 13-26　虚线表示有错误的拼写

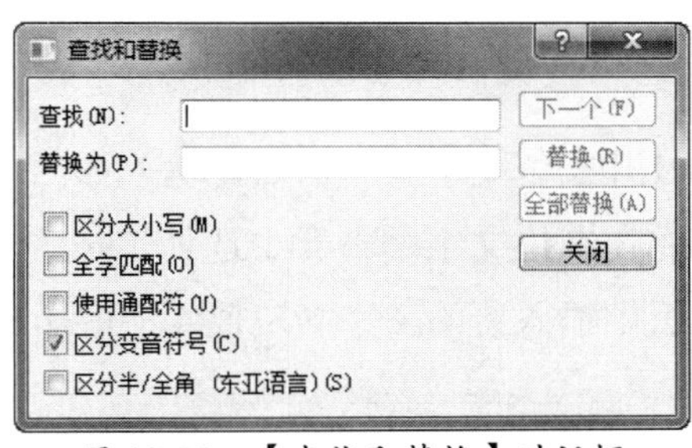

图 13-27　【查找和替换】对话框

- 放弃：放弃在【文字编辑器】选项卡中执行的操作，包括对文字内容或格式的更改。
- 重做：重复在【文字编辑器】选项卡中执行的操作，包括对文字内容或格式的更改。
- 标尺：在在位文字编辑器顶部显示标尺。拖动标尺末尾的箭头可更改多行文字对象的宽度。

- 更多：单击此按钮，显示其他文字选项列表。

6.【关闭】面板

【关闭】面板中只有一个按钮，即【关闭文字编辑器】按钮，单击该按钅 将关闭【文字编辑器】选项卡。

动手操作——创建多行文字

下面通过一个范例说明在图纸中创建多行文字的过程。

① 打开本例源文件“ex-1.dwg”。

② 在【文字】面板中单击【多行文字】按钮A，按命令行的提示进行操作

```
命令：_mtext
当前文字样式： "Standard"  文字高度： 2.5  注释性：否
指定第一角点：                                    //指定多行文 的第一角点
指定对角点或 [高度(H)/对正(J)/行距(L)/旋转(R)/样式(S)/宽度(W)/栏(C)]：//指定 行文字的第二角点
```

③ 指定的角点如图 13-28 所示。

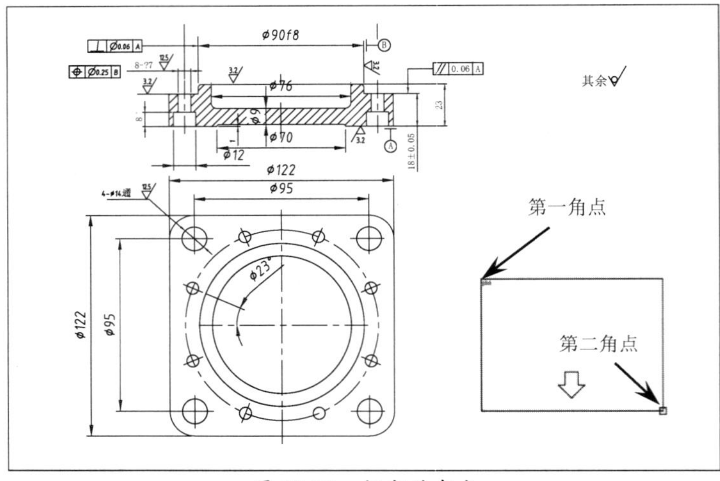

图 13-28 指定的角点

④ 打开在位文字编辑器后，输入如图 13-29 所示的文本。

⑤ 先在在位文字编辑器中选择“技术要求”，然后在【文字编辑器】选项 的【样式】面板中输入新的文字高度值 4，并按 Enter 键，文字高度随之改变，如图 1 30 所示。

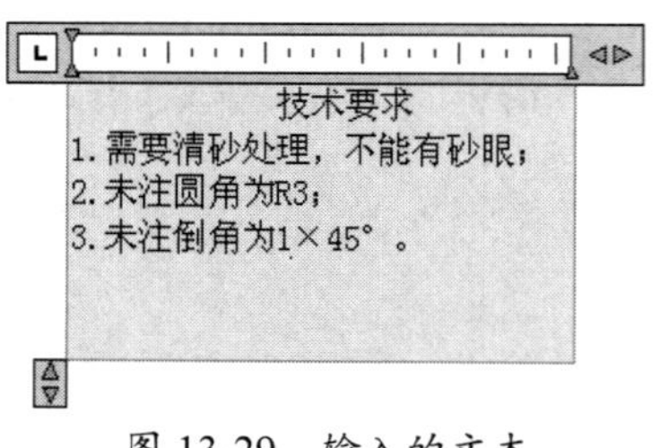

图 13-29 输入的文本

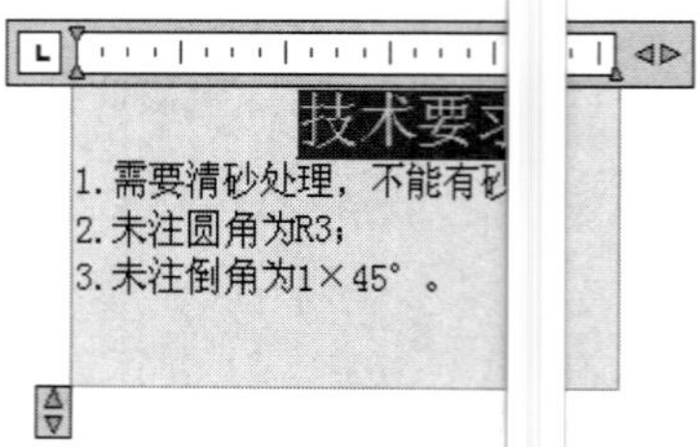

图 13-30 更改文字 度

⑥ 在【关闭】面板中单击【关闭文字编辑器】按钮，关闭【文字编辑器】 项卡，并完成多行文字的创建，如图 13-31 所示。

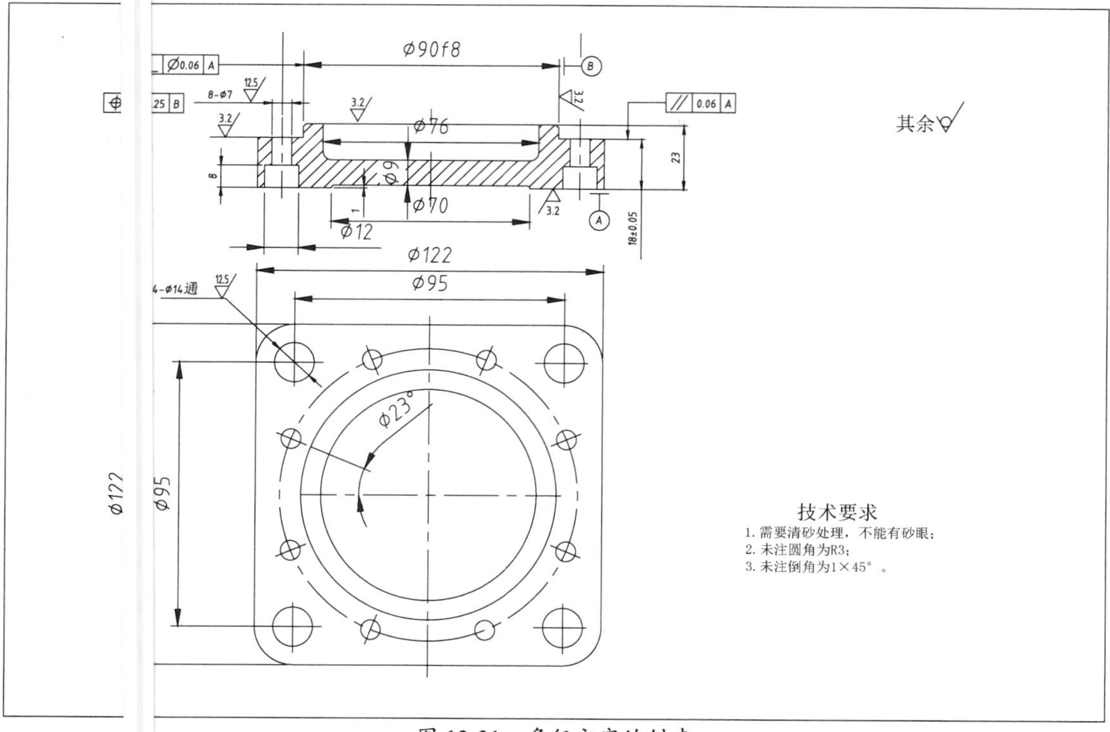

图 13-31　多行文字的创建

13.4.2 编辑多行文字

可通过在菜单栏中执行【修改】|【对象】|【文字】|【编辑】命令，或者在命令行中执行 ddedit 命令对多行文字进行编辑。选择创建的多行文字，打开在位文字编辑器，修改并编辑文字的内容、格式、颜色等特性。

用户也可以在绘图区双击多行文字，打开在位文字编辑器。

下面通过一个范例说明多行文字的编辑过程。本例是在原多行文字的基础之上添加文字，并改变文字高度和颜色。

动手操作——编辑多行文字

① 打开本例源文件“多行文字.dwg”。

② 在绘图区双击多行文字，系统则打开在位文字编辑器，如图 13-32 所示。

图 13-32　打开在位文字编辑器

③ 选择多行文字中的“AutoCAD 2022 多行文字的输入”，将其高度设为 120，颜色设为红色，取消“粗体”字体，如图 13-33 所示。

④ 选择其余的文字，加上下画线，字体设为斜体，如图 13-34 所示。

AutoCAD2022多行文字的输入

以适当的大小在水平方向显示文字，以便以后可以轻松地阅读和编辑文字，否则文字将难以阅读。

图 13-33　修改文字高度、颜色、字体

AutoCAD2022多行文字的输入

以适当的大小在水平方向显示文字，以便以后可以轻松地阅读和编辑文字，否则文字将难以阅读。

图 13-34　修改文字

⑤ 单击【关闭】面板中的【关闭文字编辑器】按钮，退出在位文字编辑器。创建的多行文字如图 13-35 所示。

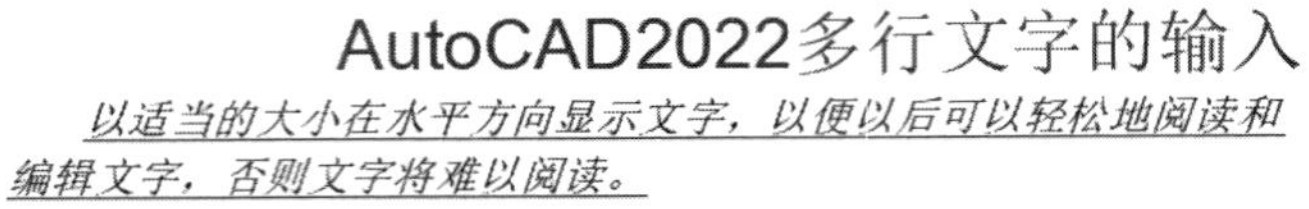

AutoCAD2022多行文字的输入

以适当的大小在水平方向显示文字，以便以后可以轻松地阅读和编辑文字，否则文字将难以阅读。

图 13-35　创建的多行文字

⑥ 将创建的多行文字另存为“编辑多行文字.dwg”。

13.5　符号与特殊字符

在工程图标注中，往往需要标注一些符号与特殊字符。例如，度的符号（°）、公差符号（±）或直径符号（ϕ），不能通过键盘直接输入。因此，AutoCAD 通过输入控制代码或 Unicode 字符串输入这些符号或特殊字符。

AutoCAD 常用的标注符号如表 13-1 所示。

表 13-1　AutoCAD 常用的标注符号

控制代码	字符串	符号
%%C	\U+2205	直径（ϕ）
%%D	\U+00B0	度（°）
%%P	\U+00B1	公差（±）

若要插入其他的数学、数字符号，可在【插入】面板中单击【符号】按钮，或在右键快捷菜单中执行【符号】命令，或在在位文字编辑器中输入适当的 Unicode 字符串。表 13-2 所示为其他常见的数学、数字符号及字符串。

表 13-2　其他常见的数学、数字符号及字符串

名称	符号	Unicode 字符串	名称	符号	Unicode 字符串
约等于	≈	\U+2248	界碑线		\U+E102
角度	∠	\U+2220	不相等	≠	\U+2260
边界线		\U+E100	欧姆	Ω	\U+2126
中心线	℄	\U+2104	欧米伽	Ω	\U+03A9

续表

名　称	符　号	Unicode 字符串	名　称	符　号	Unicode 字符串
增量	△	\U+0394	地界线	⅊	\U+214A
电相位	ɸ	\U+0278	下标 2	5_2	\U+2082
流线	℄	\U+E101	平方	5^2	\U+00B2
恒等于	≡	\U+2261	立方	5^3	\U+00B3
初始长度	○→	\U+E200			

用户还可以利用 Windows 提供的软键盘来输入这些符号或特殊字符，先将 Windows 的文字输入法设为“智能 ABC”，在【定位】按钮上右击，然后在弹出的右键快捷菜单中选择符号软键盘命令，打开软键盘后，即可输入需要的字符，如图 13-36 所示。打开的数学符号软键盘如图 13-37 所示。

图 13-36　右键快捷菜单命令

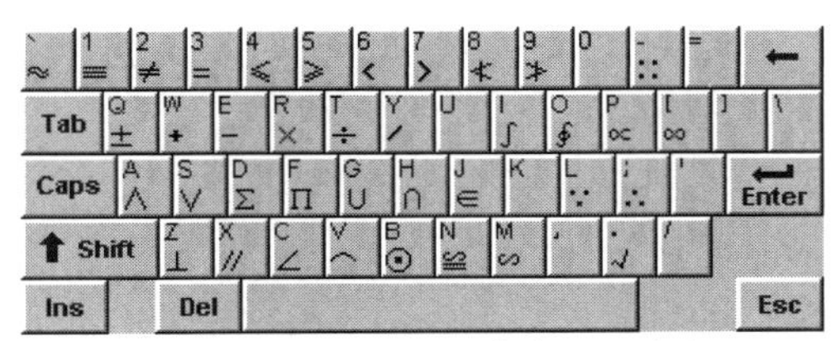

图 13-37　打开的数学符号软键盘

13.6　表格的创建与编辑

表格是由包含注释（以文字为主，也包含多个块）的单元构成的矩形阵列。在 AutoCAD 2022 中，可以使用【表格】命令创建表格，还可以从其他应用软件（如 Microsoft Excel）中直接复制表格，并将其作为 AutoCAD 表格对象粘贴到图形中。此外，还可以输出来自 AutoCAD 的表格数据，以供在其他应用软件中使用。

13.6.1　新建表格样式

表格样式决定一个表格的外观，用于保证标准的字体、颜色、文本、高度和行距。用户可以使用默认的表格样式，也可以根据需要自定义表格样式。

创建新的表格样式时，可以指定一个起始表格。起始表格是图形中用作设置新表格样式格式样例的表格。一旦选定表格，用户即可指定要从此表格复制到表格样式的结构和内容。表格样式是在【表格样式】对话框（见图 13-38）中创建的。

用户可通过以下方式来打开此对话框。

- 菜单栏：执行【格式】|【表格样式】命令。
- 面板：在【注释】选项卡的【表格】面板中单击【表格样式】按钮。
- 命令行：输入 tablestyle。

在命令行中执行 tablestyle 命令，打开【表格样式】对话框。单击该对话框中的【新建】按钮，打开【创建新的表格样式】对话框，如图 13-39 所示。

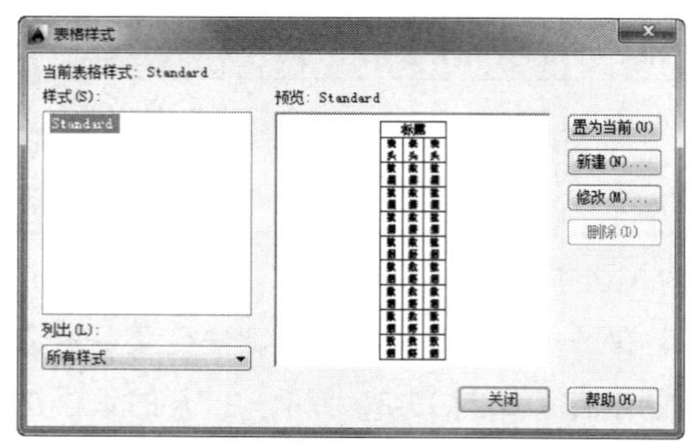

图 13-38 【表格样式】对话框

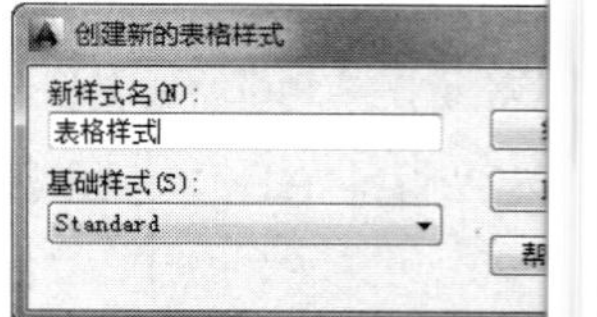

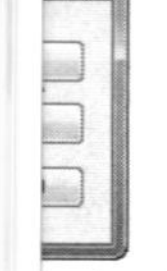

图 13-39 【创建新的表格样式】对话框

输入新样式名后，单击【继续】按钮，即可在随后打开的【新建表格样式：表格样式】对话框中设置相关选项，以此创建新表格样式，如图 13-40 所示。

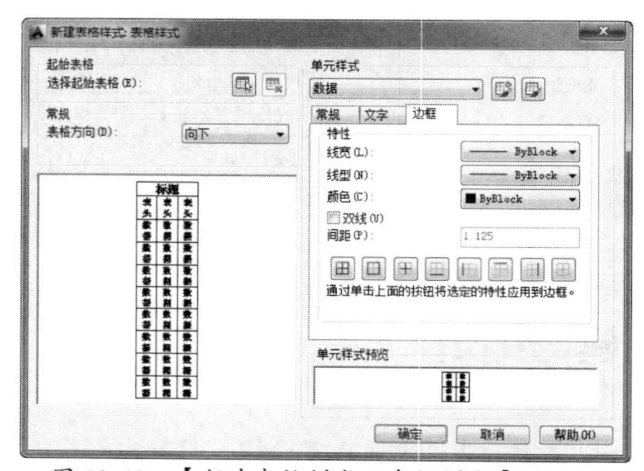

图 13-40 【新建表格样式：表格样式】对话框

【新建表格样式：表格样式】对话框中包含四个选项组和一个预览区域。

1.【起始表格】选项组

【起始表格】选项组使用户可以在图形中指定一个表格用作样例来设置此表格样式的格式。选择表格后，可以指定要从该表格复制到表格样式的结构和内容。

单击【选择一个表格用作此表格样式的起始表格】按钮，将暂时关闭对话框，用户在绘图区选择表格后，会再次打开【新建表格样式：表格样式】对话框。单击【从此表格样式中删除起始表格】按钮，可以将表格从当前指定的表格样式中删除。

2.【常规】选项组

【常规】选项组用于更改表格的方向，如图 13-41 所示。【表格方向】下拉列表中包含【向上】选项和【向下】选项。

3.【单元样式】选项组

【单元样式】选项组可定义新的单元样式或修改现有单元样式，也可以创建任意数量的单元样式，如图 13-42 所示。该选项组中包含【常规】选项卡、【文字】选项卡和【边框】选项卡。

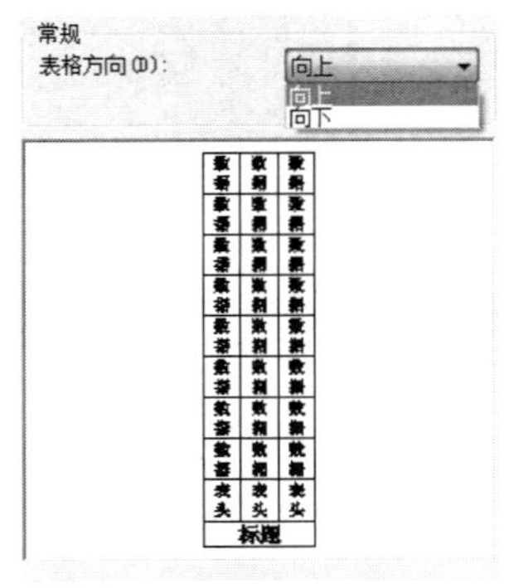

表格方向向上

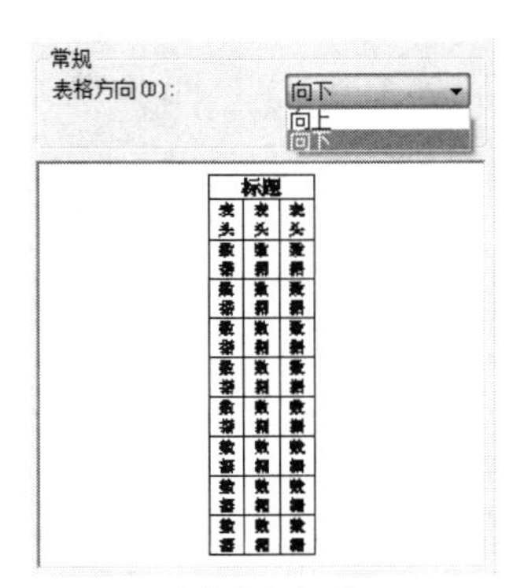

表格方向向下

图 13-41　【常规】选项组

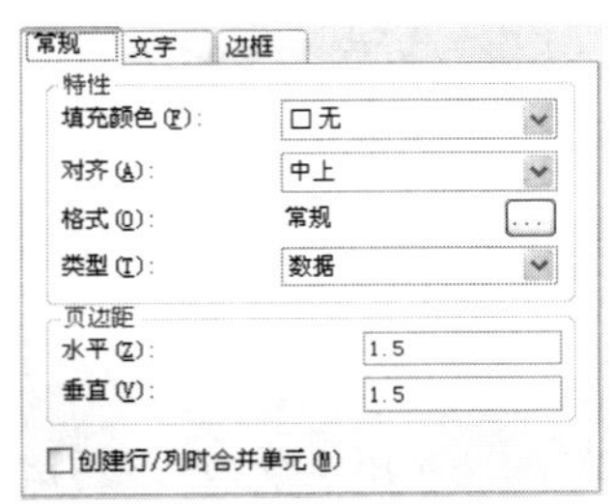

【常规】选项卡

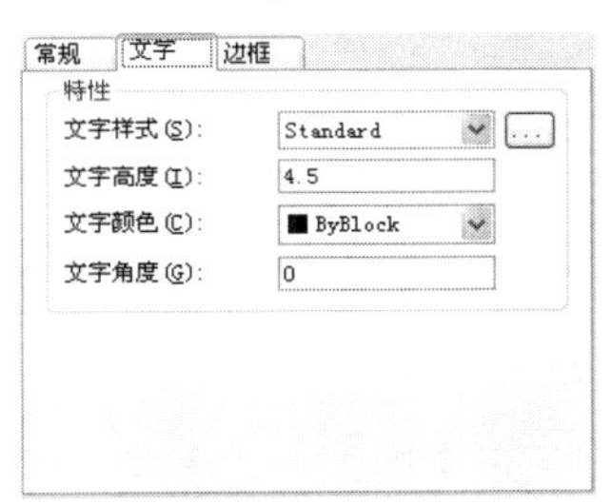

【文字】选项卡

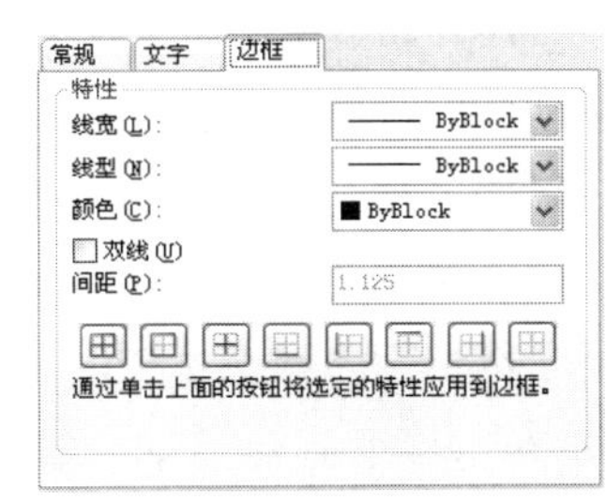

【边框】选项卡

图 13-42　【单元样式】选项组

【常规】选项卡主要用于设置表格的填充颜色、对齐方式、格式、类型和页边距特性。【文字】选项卡主要用于设置表格中文字的高度、样式、颜色、角度特性。【边框】选项卡主要用于设置表格的线宽、线型、颜色和间距特性。

在【单元样式】下拉列表中列出了多个表格样式，以便用户自行选择合适的表格样式，如图 13-43 所示。

单击【创建新单元样式】按钮，可在打开的【创建新单元样式】对话框（见图 13-44）中输入新样式名，以创建新样式。

图 13-43　【单元样式】下拉列表

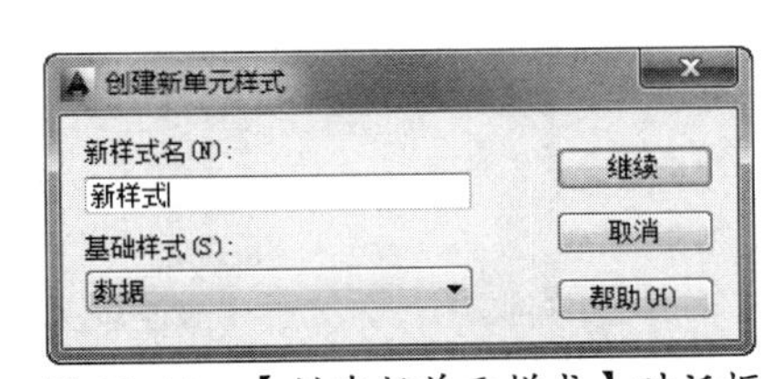

图 13-44　【创建新单元样式】对话框

若单击【管理单元样式】按钮，则打开【管理单元样式】对话框，如图 13-45 所示。该对话框显示当前表格样式中的所有单元样式且用户可以创建或删除单元样式。

4.【单元样式预览】选项组

该选项组用于显示当前表格样式设置效果的样例。

图 13-45 【管理单元样式】对话框

13.6.2 创建表格

表格是在行和列中包含数据的对象。创建表格，首先要创建一个空表格，然后在其中添加要说明的内容。

用户可通过以下方式来执行上述操作。

- 菜单栏：执行【绘图】|【表格】命令。
- 面板：在【注释】选项卡的【表格】面板中单击【表格】按钮▦。
- 命令行：输入 table。

在命令行中执行 table 命令，打开【插入表格】对话框，如图 13-46 所示。该对话框中包含【表格样式】选项组、【插入选项】选项组、【预览】选项组、【插入方式】选项组、【列和行设置】选项组和【设置单元样式】选项组。

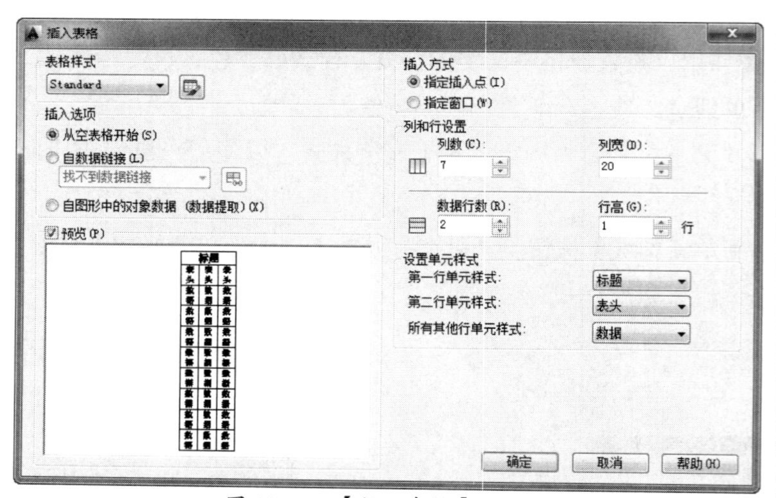

图 13-46 【插入表格】对话框

- 表格样式：在要从中创建表格的当前图形中选择表格样式。
- 插入选项：指定插入选项的方式，包括从空表格开始、自数据链接和自图形中的对象数据。
- 预览：显示当前表格样式的样例。
- 插入方式：指定表格位置，包括指定插入点和指定窗口。

- 列和行设置：设置列和行的数目和大小。
- 设置单元样式：对于那些不包含起始表格的表格样式，需要指定新表格中行的单元格样式。

提醒一下

表格样的设置尽量按照 IOS 国际标准或国家标准。

动手作——创建表格

① 新建形文件。

② 在【释】选项卡的【表格】面板中单击【表格样式】按钮，打开【表格样式】对话框。击该对话框中的【新建】按钮，打开【创建新的表格样式】对话框，如图 13-47 所示在该对话框中输入表格。

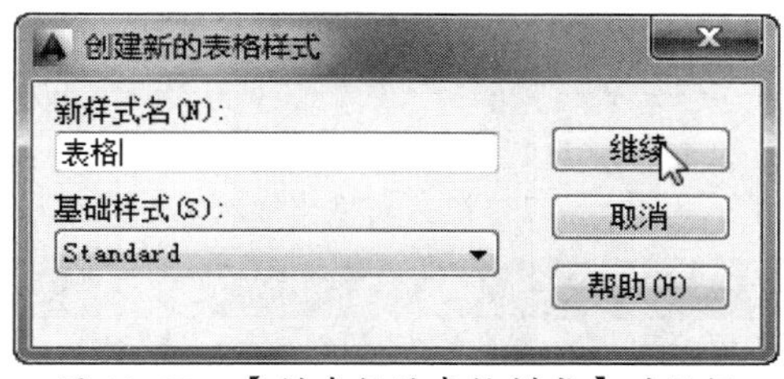

图 13-47　【创建新的表格样式】对话框

③ 单击继续】按钮，打开【新建表格样式：表格】对话框。在该对话框【单元样式】选项组【文字】选项卡中，设置文字颜色为红色，在【边框】选项卡中设置所有边框颜色为色，并单击【所有边框】按钮，将设置的表格特性应用到新表格样式中，如图 13-48 示。

④ 先单【新建表格样式：表格】对话框中的【确定】按钮，再单击【表格样式】对话框中的关闭】按钮，即完成新表格样式的创建，如图 13-49 所示。此时，新建的表格样式被动设为当前样式。

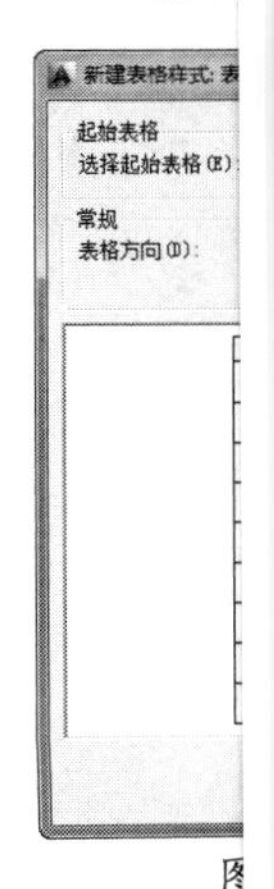

图 3-48　设置新表格样式的特性

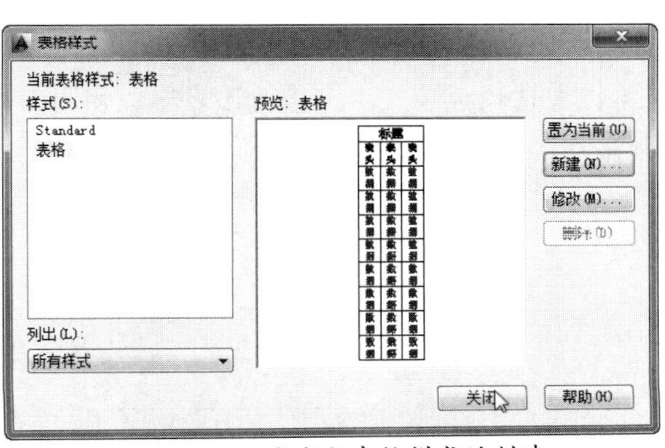

图 13-49　完成新表格样式的创建

⑤ 在【格】面板中单击【表格】按钮，打开【插入表格】对话框，在【列和行设置】选项中设置列数为 7 和数据行数为 4，如图 13-50 所示。

⑥ 保留该对话框中其余选项的默认设置，单击【确定】按钮，关闭对话框。在绘图区指定一个点作为表格的放置位置，即可创建一个 7 列 4 行的空表格，如图 13-51 所示。

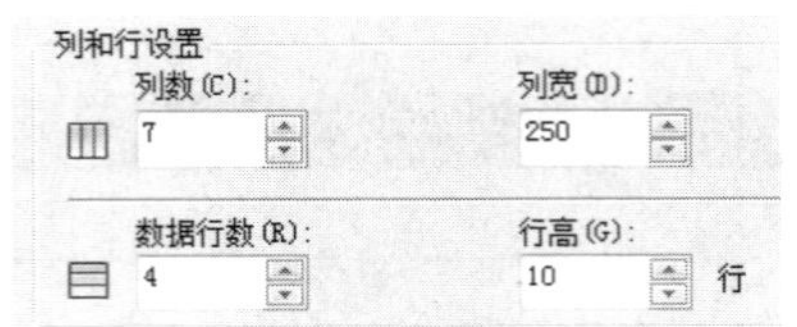

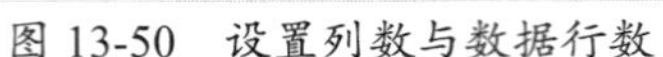
图 13-50 设置列数与数据行数

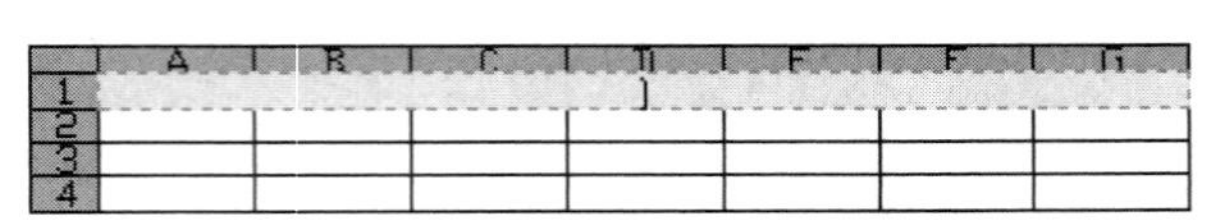

图 13-51 在窗口中插入的空表格

⑦ 插入空表格后，系统自动打开在位文字编辑器及【文字编辑器】选项卡。利用在位文字编辑器在空表格中输入文字，如图 13-52 所示。将主题文字高度设为 60，其余文字高度设为 40。

	A	B	C	D	E	F	G
1	零件明细表						
2	序号	代号	名称	数量	材料	重量	备注
3	1	9	皮带轮轴	5	45	100Kg	
4	2	17	皮带轮	1	HT20	50Kg	

图 13-52 在空表格中输入文字

提醒一下：

在输入文字过程中，可以使用 Tab 键或方向键在表格单元上进行左、右、上、下移动，双击某个表格单元，可对其进行文本编辑。

若输入的字体没有在表格单元中间，可使用【段落】面板中的【正中】按钮来对正文字。

⑧ 按 Enter 键，完成表格的创建，结果如图 13-53 所示。

零件明细表						
序号	代号	名称	数量	材料	重量	备注
1	9	皮带轮轴	5	45	100Kg	
2	17	皮带轮	1	HT20	50Kg	

图 13-53 创建的表格

13.6.3 修改表格

表格创建完成后，用户可以单击或双击该表格上的任意表格线以选中该表格，通过使用【特性】选项板或夹点来修改该表格。使用夹点修改表格如图 13-54 所示。

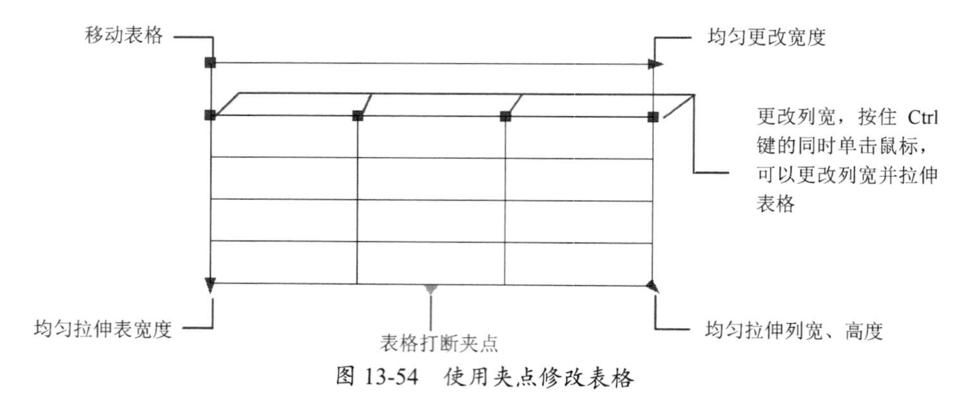

图 13-54 使用夹点修改表格

双击表格线将显示表格的【特性】选项板和【属性】对话框，如图 13-55 所示。

表格	
常规	
颜色	■ ByLayer
图层	0
线型	——— ByLayer
线型比例	1
打印样式	BYCOLOR
线宽	——— ByLayer
超链接	
透明度	ByLayer
三维效果	
材质	ByLayer
表格	
表格样式	表格
行数	4
列数	7
方向	向下
表格宽度	1750
表格高度	307.5125
几何图形	
位置 X 坐标	2442.9627
位置 Y 坐标	719.281

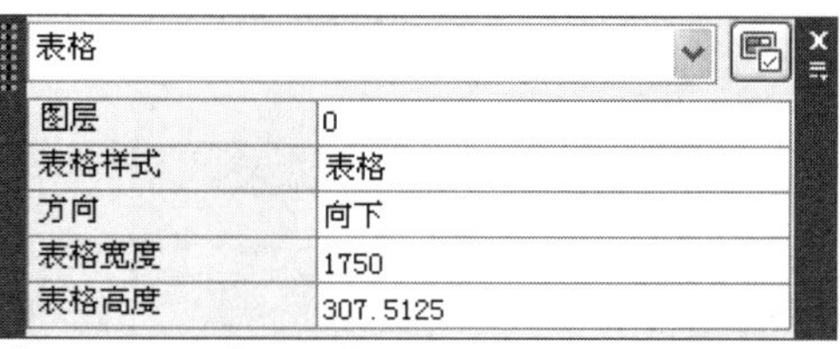

图 13-55　表格的【特性】选项板和【属性】对话框

1．修改表格的行与列

用户在修改表格行与列的高度或宽度时，只有选中夹点相邻行与列的高度或宽度才会被修改，表格的高度或宽度均保持不变，如图 13-56 所示。

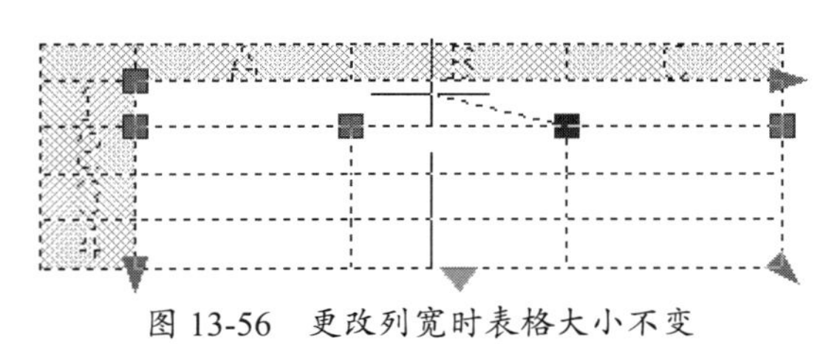

图 13-56　更改列宽时表格大小不变

选中列夹点并按住 Ctrl 键可根据行或列的大小按比例来编辑表格的大小，如图 13-57 所示。

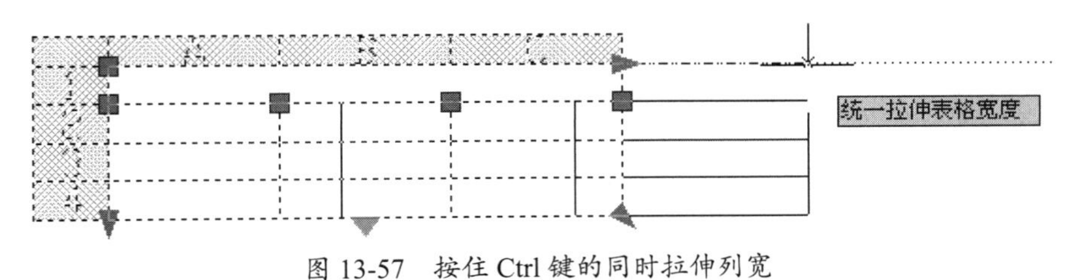

图 13-57　按住 Ctrl 键的同时拉伸列宽

2．修改表格单元

用户若要修改表格单元，可在表格单元内单击以选中表格单元边框的中央将显示夹点，拖动表格单元边框上的夹点可以使它及其列或行更宽或更窄，如图 13-58 所示。

提醒一下：

先选择一个表格单元，再按 F2 键可以编辑该表格单元内的文字。

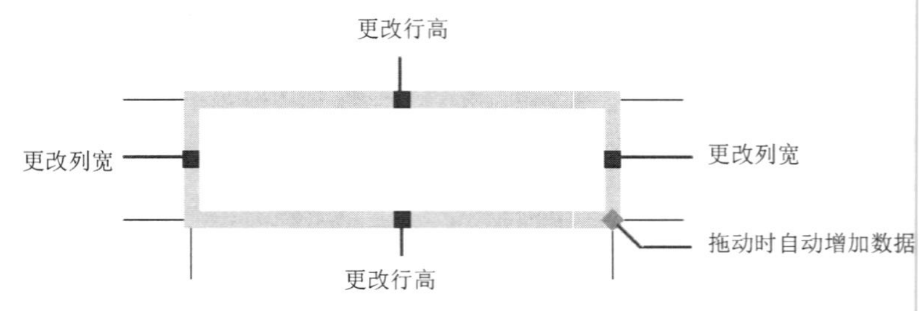

图 13-58　修改表格单元

若要选择多个表格单元，则在单击第一个表格单元后，可拖动表格单元右下角的夹点以选中多个表格单元，或者按住 Shift 键并在另一个表格单元内单击，即可同时选中这两个表格单元及它们之间的所有表格单元，如图 13-59 所示。

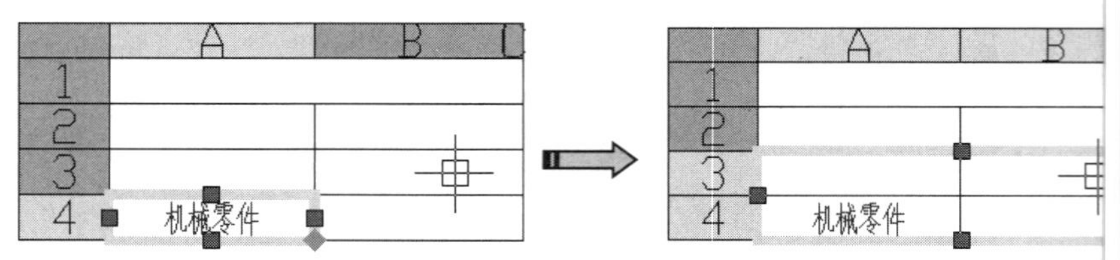

图 13-59　选择多个表格单元

3．打断表格

当表格太多时，用户可以将包含大量数据的表格打断成主要和次要的表格片断。使用表格底部的表格打断夹点，可以使表格覆盖图形中的多列或操作已创建的不同表格部分。

动手操作——打断表格的操作

① 打开本例源文件“ex-2.dwg”。

② 单击表格线，拖动表格打断夹点向表格上方移动，将其拖至如图 13-60 所示的位置。

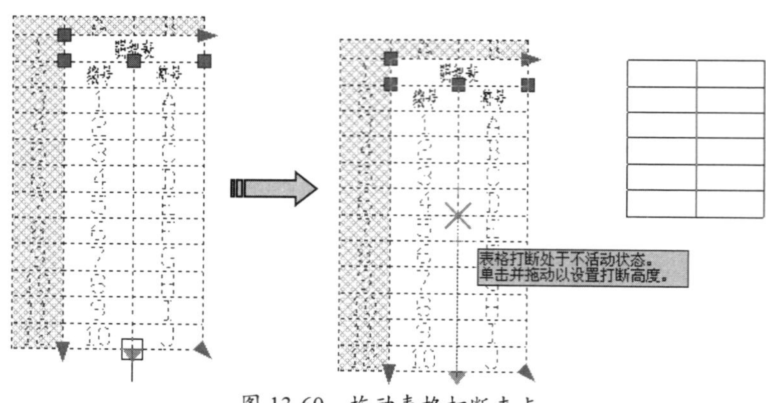

图 13-60　拖动表格打断夹点

③ 在合适的位置单击，原表格被分成两个表格，但是两个表格之间仍然有关联关系，如图 13-61 所示。

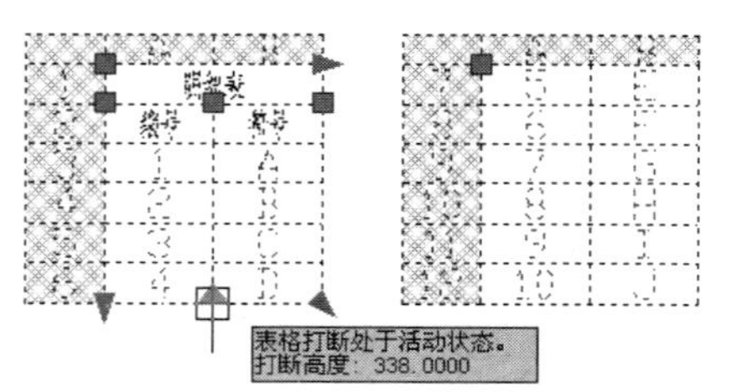

图 13-61　分成两个表格

提醒一下：

被分隔出去的表格，其行数为原表格行数的一半。如果将表格打断点移动至少于原表格行数一半的位置，将会自动生成三个及三个以上的表格。

④ 此时，若移动单个表格，则另一个表格也随之移动，如图 13-62 所示。

⑤ 选中表格并右击，在弹出的右键快捷菜单中执行【特性】命令，打开【特性】选项板。在【特性】选项板【表格打断】选项组的【手动位置】下拉列表中选择【是】选项，如图 13-63 所示。

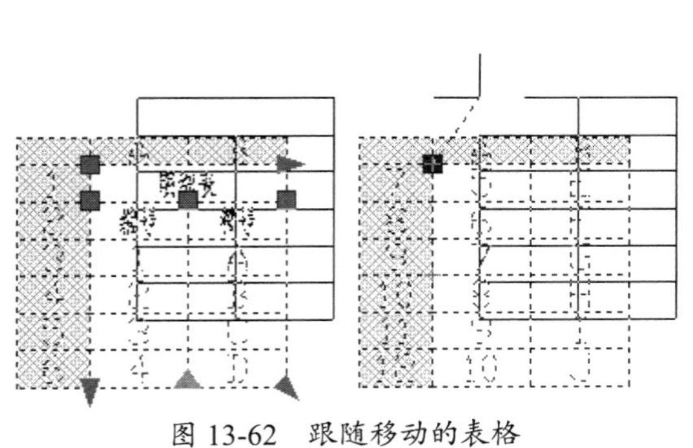

图 13-62　跟随移动的表格

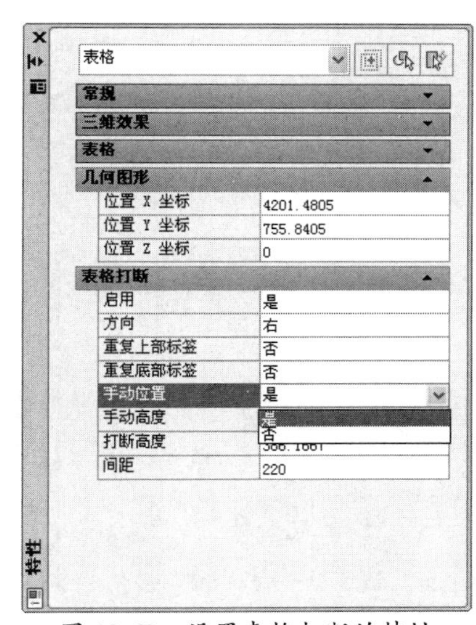

图 13-63　设置表格打断的特性

⑥ 关闭【特性】选项板，移动单个表格，另一个表格则不移动，如图 13-64 所示。

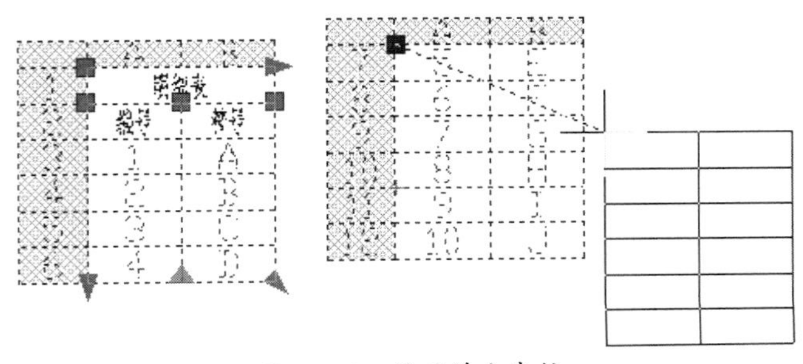

图 13-64　移动单个表格

⑦ 将打断的表格保存。

13.6.4 【表格单元】选项卡

在功能区处于活动状态时单击某个表格单元，功能区将显示【表格单元】选项卡，如图 13-65 所示。

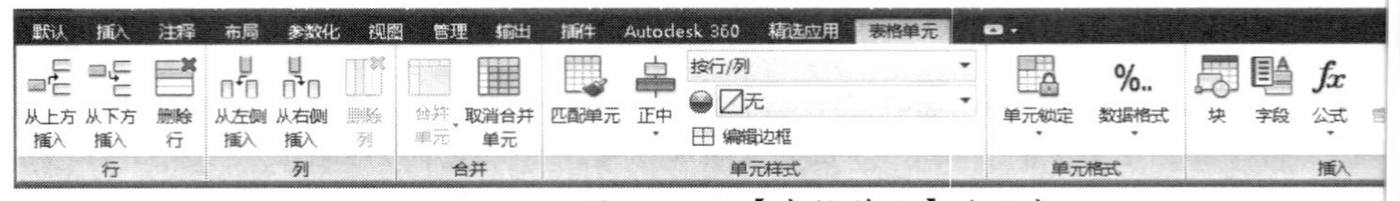

图 13-65　【表格单元】选项卡

1.【行】面板与【列】面板

【行】面板与【列】面板中各选项的主要作用是编辑行与列，如插入或删除行与列。【行】面板与【列】面板如图 13-66 所示。

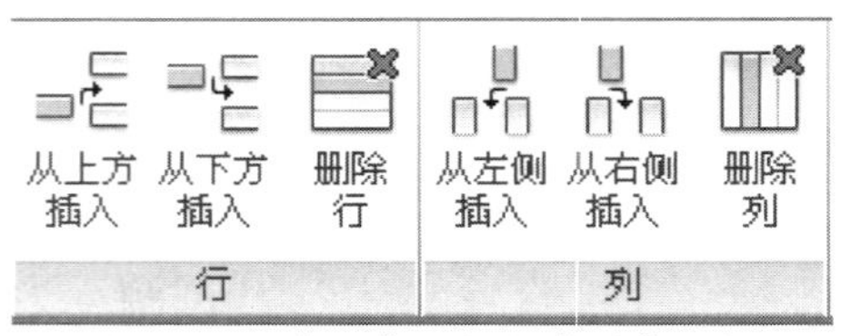

图 13-66　【行】面板与【列】面板

插入行与列如图 13-67 所示。

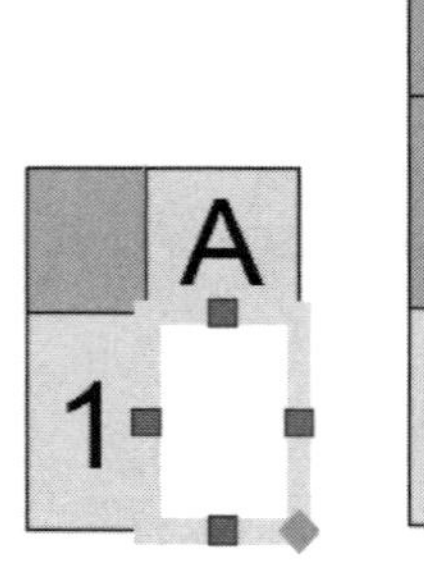

（a）原表格单元

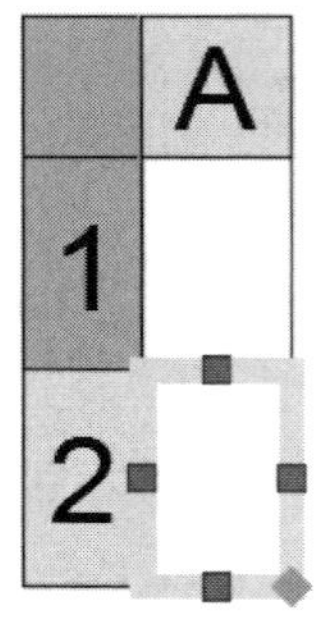

（b）从上方插入行

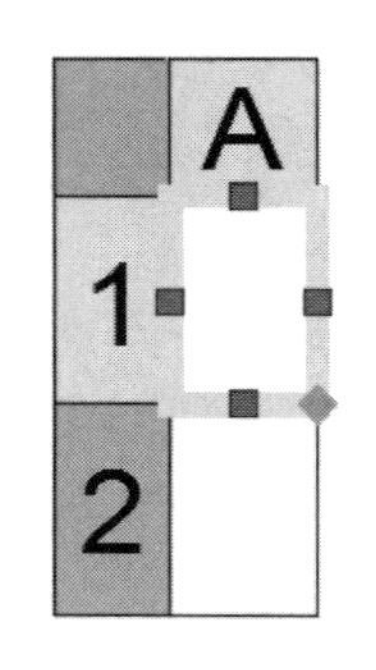

（c）从下方插入行

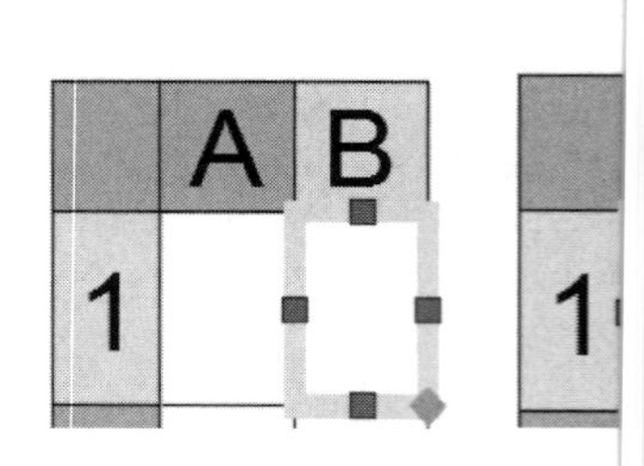

（d）从左侧插入列

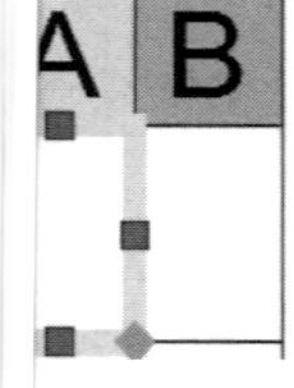

（e）从右侧插入列

图 13-67　插入行与列

这两个面板中各选项的含义如下。

- 从上方插入：在当前选定表格单元或行的上方插入行，如图 13-67（ ）所示。
- 从下方插入：在当前选定表格单元或行的下方插入行，如图 13-67（ ）所示。
- 删除行：删除当前选定行。
- 从左侧插入：在当前选定表格单元或行的左侧插入列，如图 13-67（ ）所示。
- 从右侧插入：在当前选定表格单元或行的右侧插入列，如图 13-67（ ）所示。
- 删除列：删除当前选定列。

2.【合并】面板、【单元样式】面板和【单元格式】面板

【合并】面板、【单元样式】面板和【单元格式】面板中各选项的主要作用是合并和取消

合并单元、辑数据格式和对齐、改变单元边框的外观、锁定和解锁编辑单元、创建和编辑单元样式。合并】面板、【单元样式】面板和【单元格式】面板如图 13-68 所示。

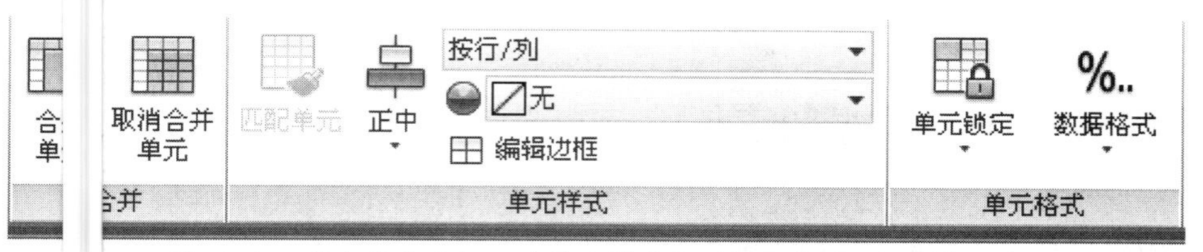

图 13-68　【合并】面板、【单元样式】面板和【单元格式】面板

这三个面板中各选项的含义如下。

- 合单元：当选定多个表格单元后，该按钮被激活。单击该按钮，将选定表格单元合为一个表格单元。合并表格单元的过程如图 13-69 所示。

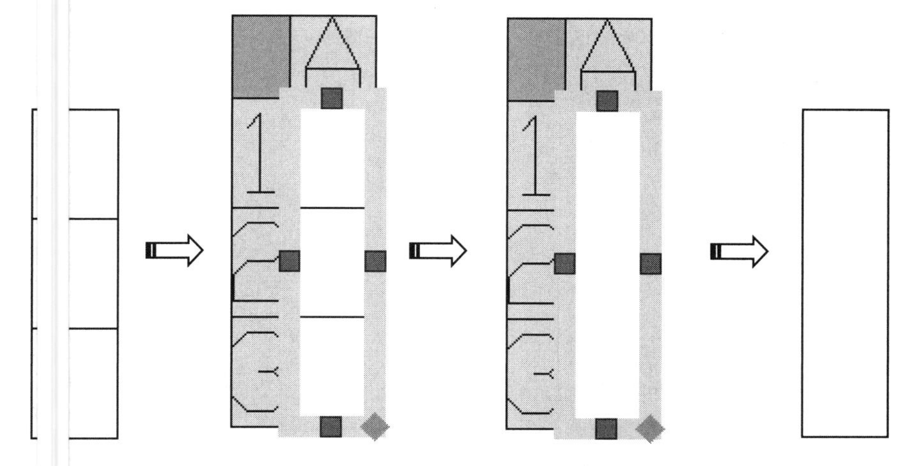

图 13-69　合并表格单元的过程

- 取合并单元：对之前合并的表格单元取消合并。
- 匹单元：将选定表格单元的特性应用到其他表格单元。
- 单样式：列出包含在当前表格样式中的所有单元样式。单元样式标题、表头和数据常包含在任意表格样式中且无法删除或重命名。
- 背填充：指定填充颜色。选择【无】选项或选择一种背景色，或者选择【选择颜色选项，可以打开【选择颜色】对话框，如图 13-70 所示。
- 编边框：设置选定表格单元的边界特性。单击此按钮，将打开如图 13-71 所示的【单边框特性】对话框。
- 对方式：对表格单元内的内容指定对齐。内容相对于表格单元的顶部边框和底部边进行居中对齐、上对齐或下对齐。内容相对于表格单元的左侧边框和右侧边框居对齐、左对齐或右对齐。
- 单锁定：锁定表格单元内容或格式（无法进行编辑），或对其解锁。
- 数格式：显示数据类型列表（角度、日期、十进制数等），从而可以设置表格行的格。

图 13-70 【选择颜色】对话框

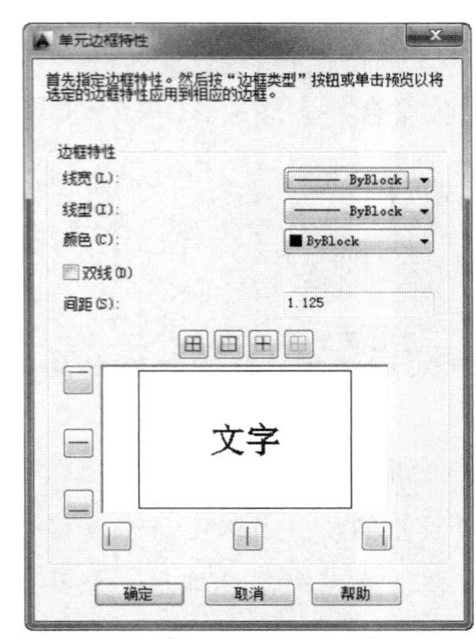

图 13-71 【单元边框特性】对话框

3.【插入】面板和【数据】面板

【插入】面板和【数据】面板中各选项的主要作用是插入块、字段和公式，将表格链接至外部数据等。【插入】面板和【数据】面板如图 13-72 所示。

图 13-72 【插入】面板和【数据】面板

这两个面板中各选项的含义如下。

- 块：将块插入当前选定的表格单元中。单击此按钮，将打开【在表格单元中插入块】对话框，如图 13-73 所示。
- 字段：将字段插入当前选定的表格单元中。单击此按钮，将打开【字段】对话框，如图 13-74 示。

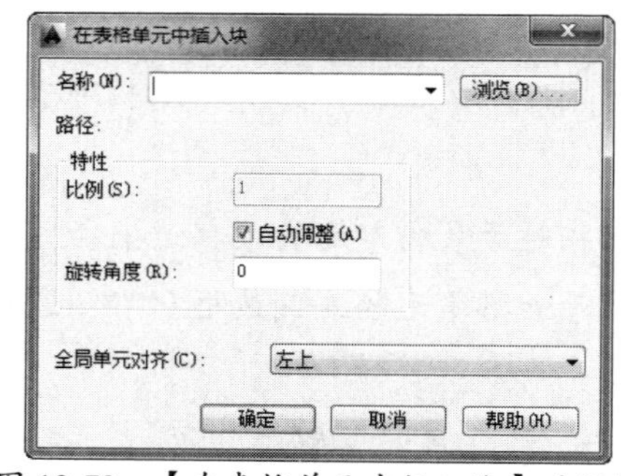

图 13-73 【在表格单元中插入块】对话框

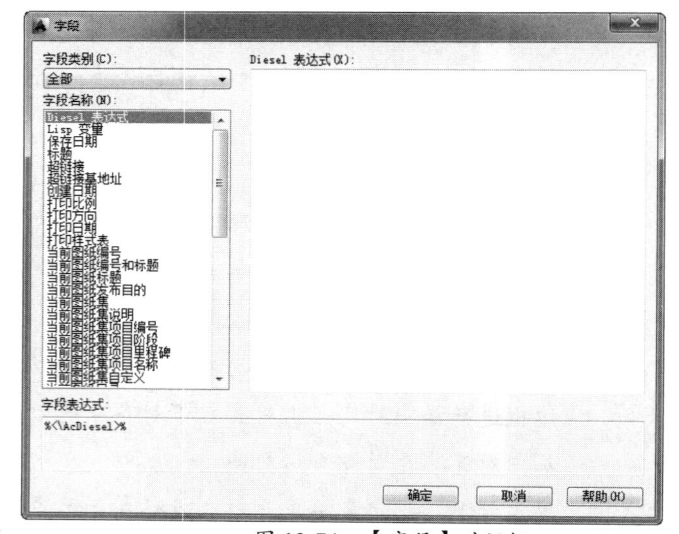

图 13-74 【字段】对话框

- 公式：将公式插入当前选定的表格单元中。公式必须以等号（=）开始。用于求和、求平均值和计数的公式将忽略空表格单元及未解析为数值的表格单元。

提醒一下：

若在算术表达式中的任何表格单元为空，或者包含非数字数据，则其他公式将显示错误（#）。

- 管理单元内容：显示选定表格单元的内容。可以更改表格单元内容的次序及其显示方向。
- 链接单元：将数据从 Microsoft Excel 中创建的电子表格链接至图形中的表格。
- 从源下载：更新由已建立的数据链接中已更改数据参照的表格单元中的数据。

13.7　综合范例

13.7.1　范例一：在机械零件图样中建立表格

本节将通过为一张机械零件图样添加文字及制作明细表格的操作，来介绍前面几节中所涉及的文字样式、文字编辑、添加文字、表格制作等内容。蜗杆零件图样如图 13-75 所示。

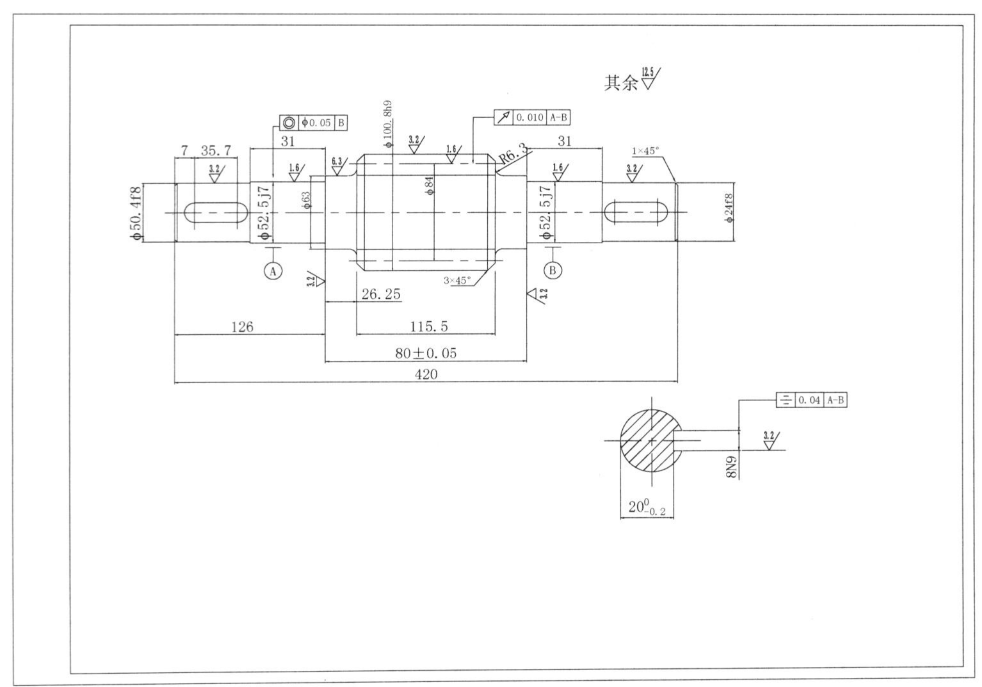

图 13-75　蜗杆零件图样

本例的操作步骤是，首先通过添加多行文字为图样添加技术要求等说明文字，然后创建空表格，并对其进行编辑，最后在空表格中输入文字。

操作步骤

1. 添加多行文字

零件图样的技术要求是通过多行文字输入的。创建多行文字时，可使用默认的文字样式，也可使用【文字编辑器】选项卡中的选项来编辑多行文字的样式、格式、颜色、字体等。

① 打开本例源文件“蜗杆零件图.dwg”。

② 在【注释】选项卡的【文字】面板中单击【多行文字】按钮A，并在图样中指定两个多行文字放置点，如图 13-76 所示。

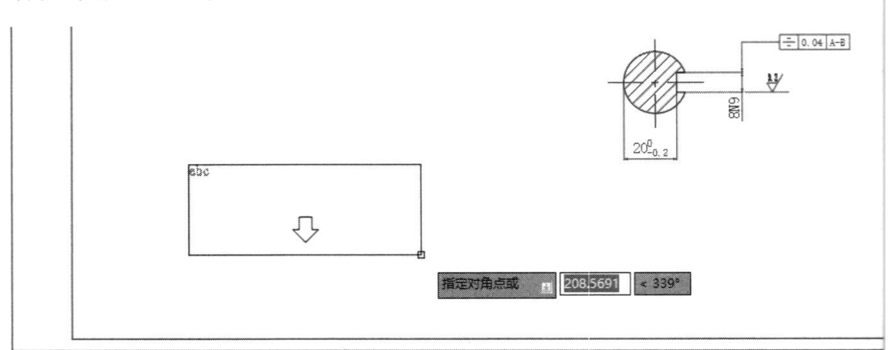

图 13-76 指定两个多行文字放置点

③ 指定放置点后，系统将自动打开在位文字编辑器。用户可在在位文字编辑器中输入文字，如图 13-77 所示。

④ 通过【文字编辑器】选项卡中的选项，将“技术要求”的文字高度设为 8，字体颜色设为红色，并加粗。将其余文字的高度设为 6，字体颜色设为蓝色，如图 13-78 所示。

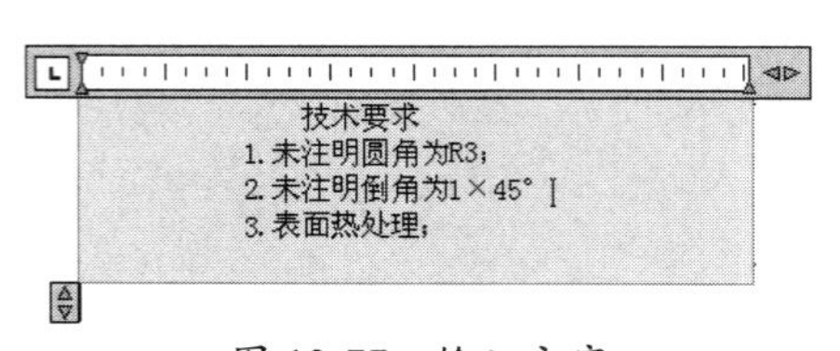

图 13-77 输入文字

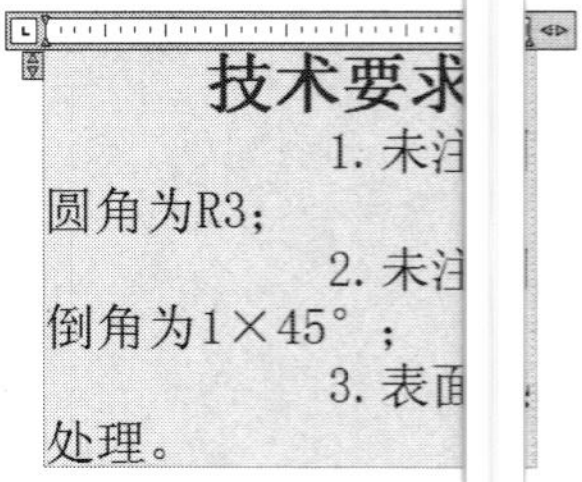

图 13-78 修改文字

⑤ 单击在位文字编辑器中标尺上的【设置文字的宽度】按钮（按住不放）将标尺宽度拉长到合适位置，使文字在一行中显示，如图 13-79 所示。

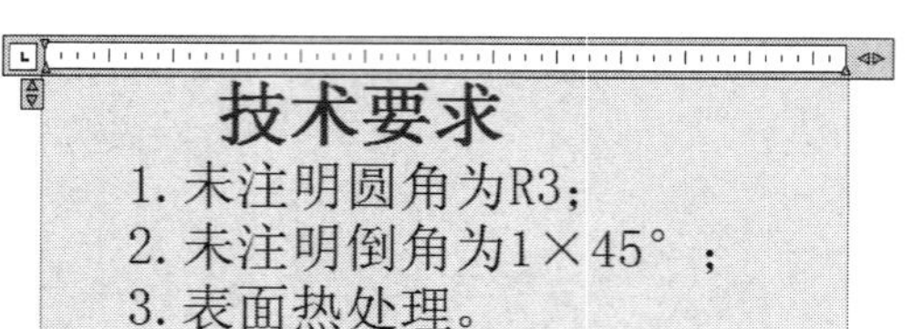

图 13-79 拉长标尺宽度

⑥ 单击则完成图样中技术要求的添加。

2. 创建空表格

根据零件图样的要求，需要创建两个空表格对象，一个用作技术参数明细表，另一个用作标题栏。创建空表格之前，还需创建新表格样式。

① 在【注释】选项卡的【表格】面板中单击【表格样式】按钮，打开【表格样式】对

话框。单击该对话框中的【新建】按钮，打开【创建新的表格样式】对话框。在该对话框中输入表格 样式 1，如图 13-80 所示。

② 单击【继续】按钮，打开【新建表格样式：表格 样式 1】对话框，如图 13-81 所示。在该对话框的【单元样式】选项组的【文字】选项卡中，设置文字颜色为蓝色；在【边框】选项卡中设置所有边框颜色为红色，并单击【所有边框】按钮田，将设置的表格特性应用到新表格样式中。

③ 先单击【新建表格样式：表格 样式 1】对话框中的【确定】按钮，再单击【表格样式】对话框中的【关闭】按钮，即完成新表格样式的创建，新建的表格样式自动被设为当前样式。

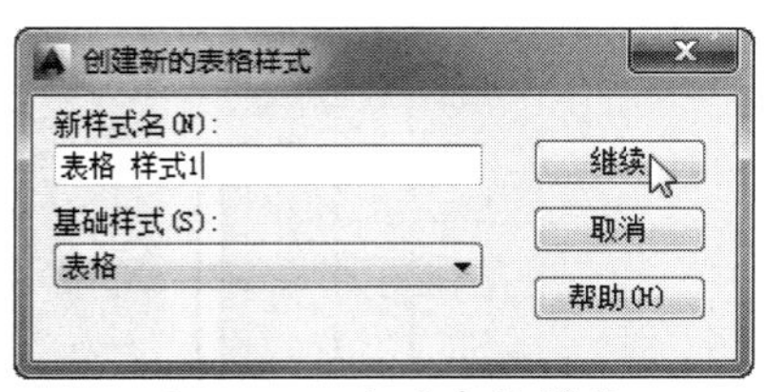

图 13-80　新建表格样式

图 13-81　【新建表格样式：表格 样式 1】对话框

④ 在【表格】面板中单击【表格】按钮▦，打开【插入表格】对话框，在【列和行设置】选项组中设置列数为 10、数据行数为 5、列宽为 30、行高为 2；在【设置单元样式】选项组中设置所有其他行的单元样式为数据，如图 13-82 所示。

⑤ 保留其余选项的默认设置，单击【确定】按钮，关闭对话框。在图样的右下角指定一个点并放置表格，单击【关闭】面板中的【关闭文字编辑器】按钮，关闭【文字编辑器】选项卡。创建的第一个空表格如图 13-83 所示。

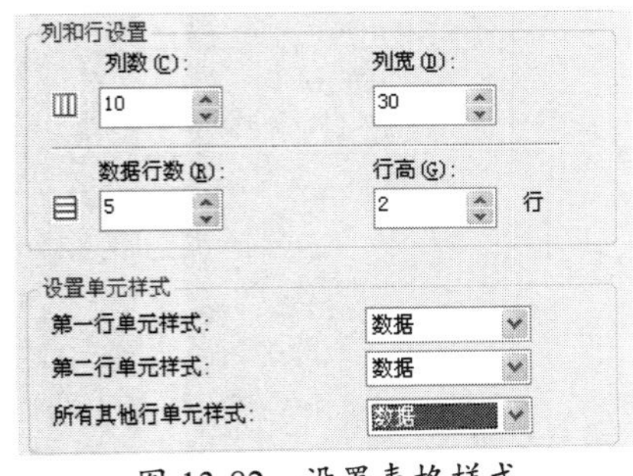

图 13-82　设置表格样式

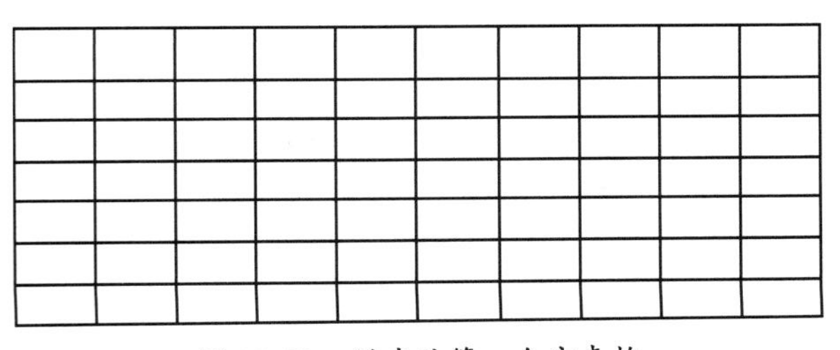

图 13-83　创建的第一个空表格

⑥ 使用夹点功能，单击表格线，修改空表格的列宽，并将表格边框与图样边框对齐，如图 13-84 所示。

⑦ 在表格单元中单击，功能区自动打开【表格】选项卡。选择多个表格单元，使用【合并】面板中的【合并单元】按钮，将选择的多个表格单元合并，如图 13-85 所示。

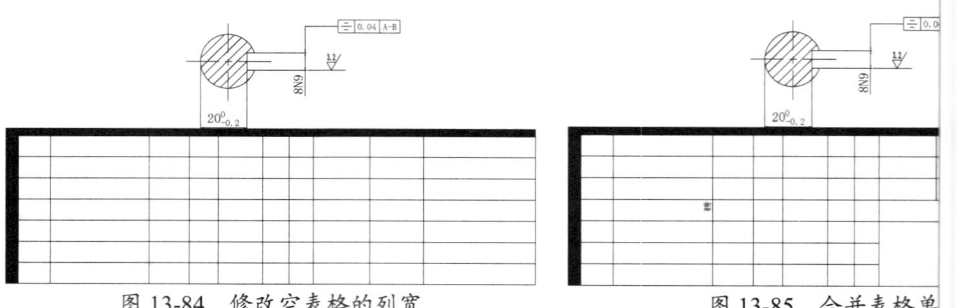

图 13-84 修改空表格的列宽　　图 13-85 合并表格单元

⑧ 在【表格】面板中单击【表格】按钮，打开【插入表格】对话框，在【列和行设置】选项组中设置列数为 3、数据行数为 9、列宽为 30、行高为 2；在【设置单元样式】选项组中设置所有其他行的单元样式为数据，如图 13-86 所示。

⑨ 保留其余选项的默认设置，单击【确定】按钮，关闭对话框。在图样的右上角指定一个点并放置表格，单击【关闭】面板中的【关闭文字编辑器】按钮，关闭【文字编辑器】选项卡。创建的第二个空表格如图 13-87 所示。

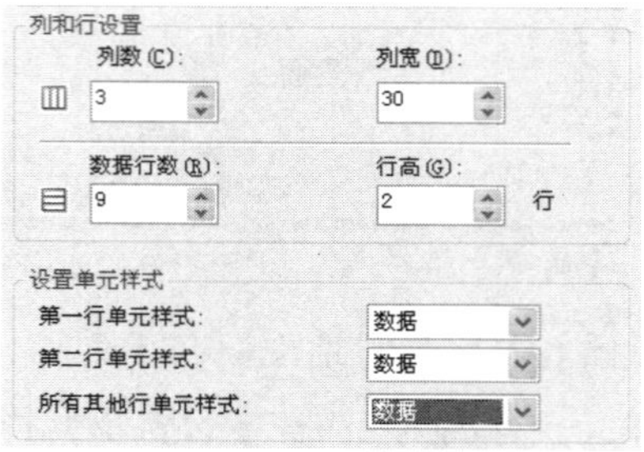

列和行设置
列数(C): 3　　列宽(D): 30
数据行数(R): 9　　行高(G): 2 行
设置单元样式
第一行单元样式: 数据
第二行单元样式: 数据
所有其他行单元样式: 数据

图 13-86 设置列数与行数

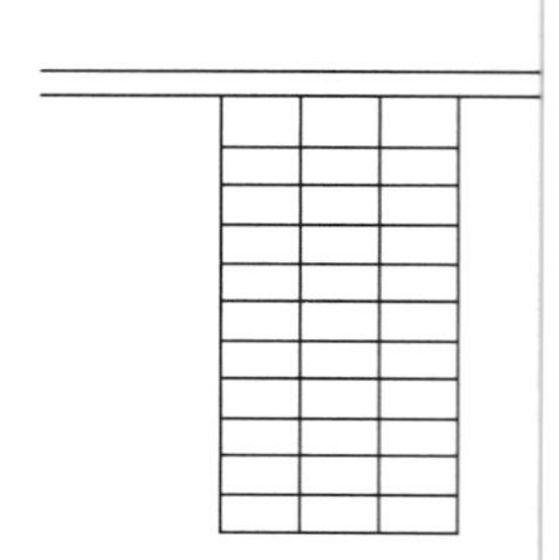

图 13-87 创建的第二个空表格

⑩ 使用夹点功能，调整空表格的列宽，如图 13-88 所示。

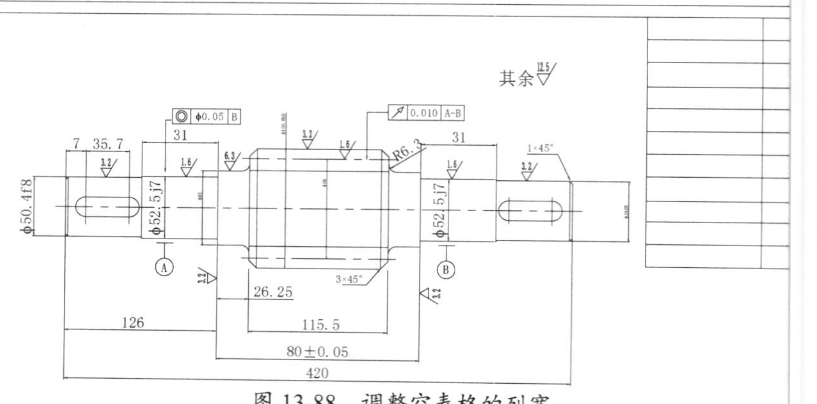

图 13-88 调整空表格的列宽

3. 输入文字

当空表格创建及编辑完成后，就可以在表格单元内输入文字了。

① 在要输入文字的表格单元内单击，打开在位文字编辑器。

② 利用在位文字编辑器在标题栏空表格中需要添加文字的表格单元内输入文字，小文字的高度为 8，大文字的高度为 12，如图 13-89 所示。在技术参数明细表的空表格内输入文字，如图 13-90 所示。

	A	B	C	D	E	F	G	H	I	J
1					设计			图样标记	S	红星机械厂
2					制图			材料	比例	
3					描图			45	1:02:00	
4					校对			共1张　第1张		蜗杆
5					工艺检查			上针刺机（QBG-421）		
6					标准化检查					QBG421-3109
7	标记	更改内容和依据	更改人	日期	审核					

图 13-89　输入标题栏文字

	A	B	C
1	蜗杆类型		阿基米德
2	蜗杆头数	Z_1	1
3	轴面模数	m_a	4
4	直径系数	q	10
5	轴面齿形角	α	20°
6	螺旋线升角		5° 42′ 38″
7	螺旋线方向		右
8	轴向齿距累积公差	$\pm f_{px}$	±0.020
9	轴向齿距极限偏差	f_{px1}	0.0340
10	齿新公差	f_{f1}	0.032
11			

图 13-90　输入技术参数明细表文字

③ 调整技术要求文字和断面视图位置后的最终结果如图 13-91 所示。

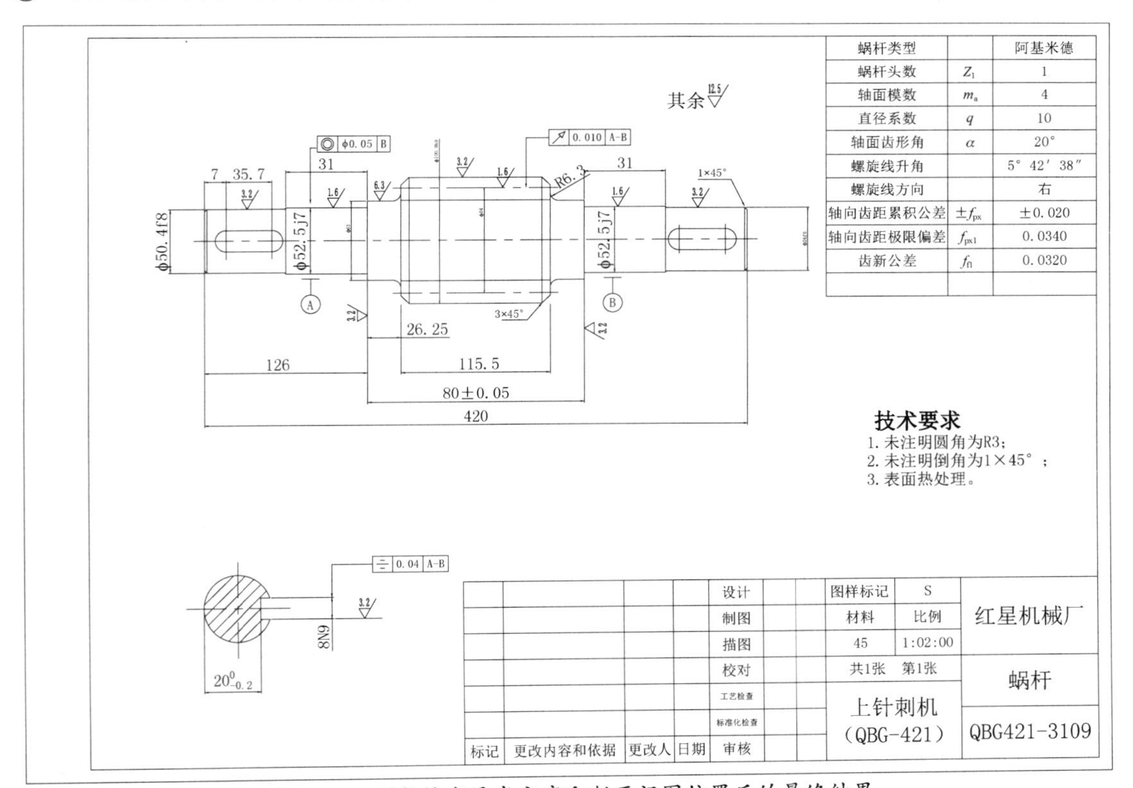

图 13-91　调整技术要求文字和断面视图位置后的最终结果

④ 将结果保存。

13.7.2　范例二：在立面图中添加文字注释

新建一个文本标注样式，使用该标注样式对如图 13-92 所示的立面图进行文本标注，在该立面图的右侧输入备注内容，使用 find 命令将标注文本中的“门窗”替换 “窗户”。其中，标注样式名为“建筑设计文本标注”，标注文本的字体为楷体，字号为 1 ；设置文本以“左上”方式对齐，宽度为 5000；调整其行间距至少为 1.5 倍。

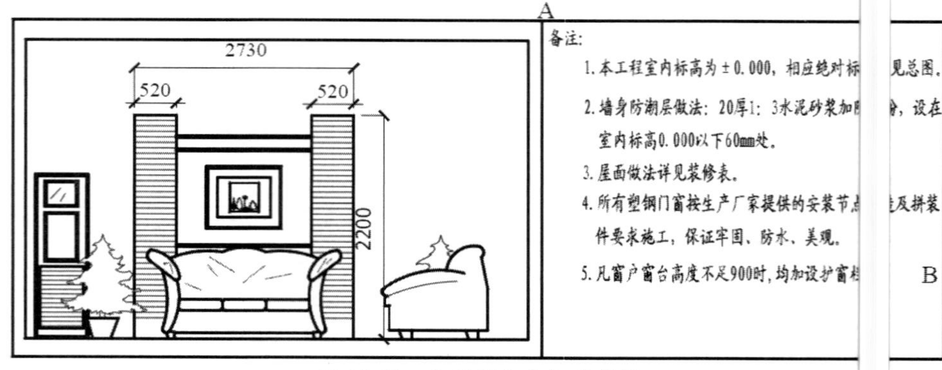

图 13-92　立面图文本标注实例

操作步骤

1. 新建文本标注样式

根据要求，首先新建一个文本标注样式，设置其字体、字号等格式。文本 注样式可通过【文字样式】对话框来进行设置，其具体操作如下。

① 打开本例源文件“立面图.dwg”。

② 在命令行中执行 style 命令，打开如图 13-93 所示的【文字样式】对话框

③ 单击【新建】按钮，打开如图 13-94 所示的【新建文字样式】对话框。在 对话框的【样式名】文本框中输入建筑设计文本标注，单击【确定】按钮，返回【文字样 】对话框。

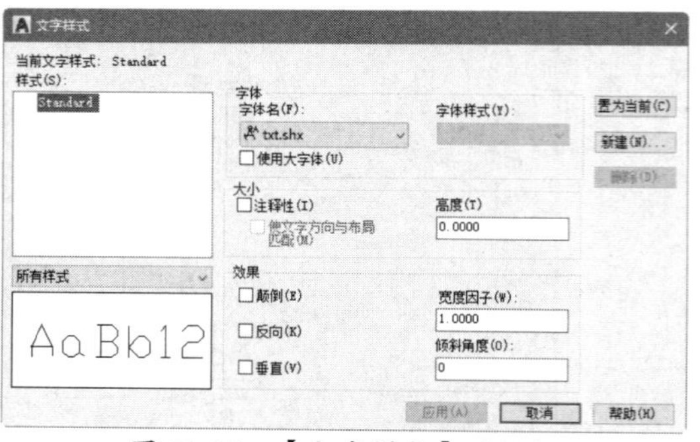

图 13-93　【文字样式】对话框

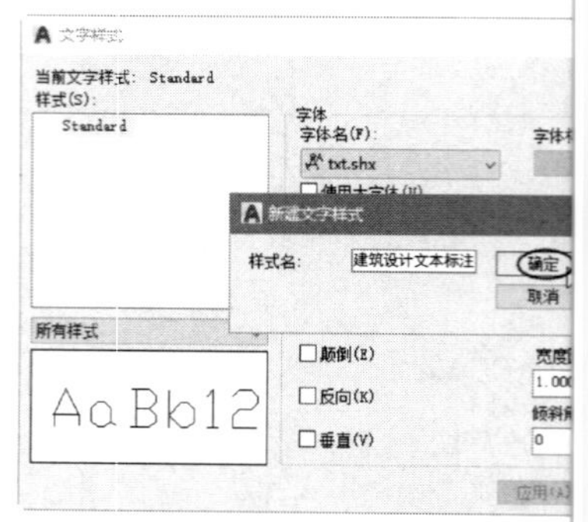
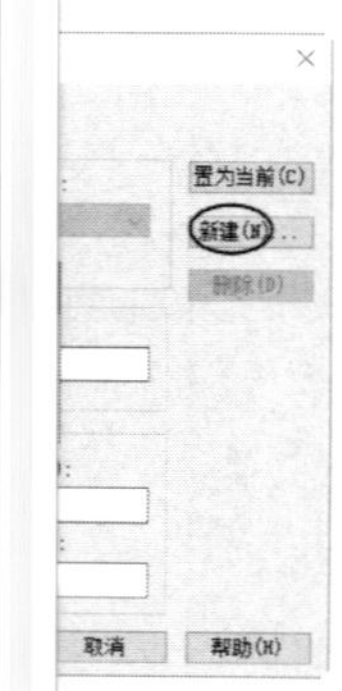

图 13-94　【新建文字样式 对话框

④ 在【字体】选项组的【字体名】下拉列表中选择【仿宋_GB2312】选项， 【高度】文本框中输入文字高度为 150。

提醒一下：

不同的 Windows 系统，自带的字体也会有所不同。如果没有【仿宋_GB2312】字体， 么可以从网络中下载再将其存放到 C:\Windows\Fonts 文件夹中。

⑤ 其余选项采用默认设置，先单击【应用】按钮，再单击【完成】按钮。

2. 注释立面图

完成标注样式的设置后，即可使用 mtext 命令对立面图进行注释，用户应注意特殊符号的标注方法。具体操作如下。

① 在命令行中执行 mtext 命令，命令行操作提示如下：

```
命令：MTEXT↙                                          //激活 mtext 命令对立面图进行文本标注
当前文字样式:"建筑设计文本标注"当前文字高度:150       //系统显示当前文字样式
指定第一角点：点取对角点 1                            //指定标注区域的第一角点
指定对角点或【高度(H)/对正(J)/行距(L)/旋转(R)/样式(S)/宽度(W)】：点取对角点 2
                              //指定标注区域的对角点，也可选择相应的选项对标注进行设置
```

② 系统打开【文字编辑器】选项卡，在文本编辑框中输入如图 13-95 所示的文字。

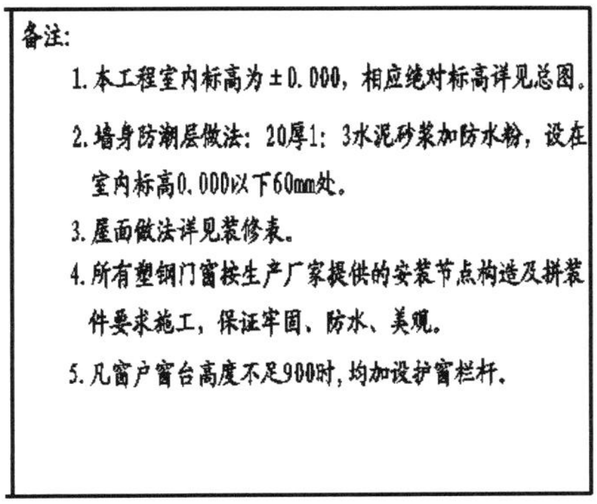

备注:

1. 本工程室内标高为±0.000，相应绝对标高详见总图。
2. 墙身防潮层做法：20厚1：3水泥砂浆加防水粉，设在室内标高0.000以下60mm处。
3. 屋面做法详见装修表。
4. 所有塑钢门窗按生产厂家提供的安装节点构造及拼装件要求施工，保证牢固、防水、美观。
5. 凡窗户窗台高度不足900时，均加设护窗栏杆。

图 13-95　输入的文字

提醒一下：

读者试思考如何在标注文本中输入±0.000。

③ 先在【文字编辑器】选项卡【段落】面板的【对正】下拉列表中选择【左上】选项，然后在【样式】面板的【文字高度】文本框中输入 5000 并按 Enter 键确认。

④ 在【段落】面板的【行距】下拉列表中选择【1.5×】选项。

⑤ 单击【关闭文字编辑器】按钮完成文字输入。

3. 替换标注文本

完成文本标注后，使用 find 命令将“门窗”替换为“窗户”。具体操作如下。

① 在命令行中执行 find 命令，系统打开如图 13-96 所示的【查找和替换】对话框。

② 在【查找内容】文本框中输入门窗，在【替换为】文本框中输入窗户，确定要查找和替换的字符。

③ 在【查找位置】下拉列表中选择【整个图形】选项。

④ 单击【展开】按钮，勾选【标注/引线文字】复选框、【单行/多行文字】复选框和【全字匹配】复选框，以设置查找的搜索选项和文字类型，如图 13-97 所示。

⑤ 单击【全部替换】按钮，在【查找和替换】对话框下方将显示替换的结果。

⑥ 单击【完成】按钮，完成文字的注释。

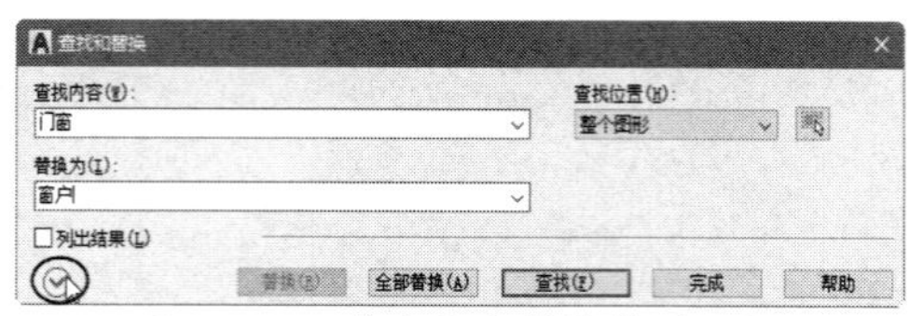

图 13-96 【查找和替换】对话框

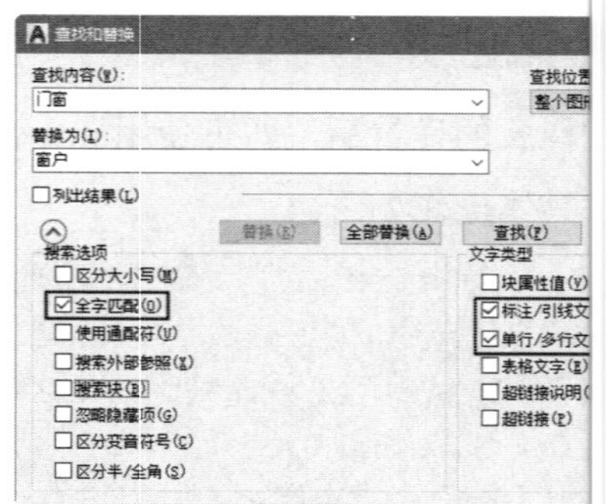

图 13-97 设置查找的搜索选项和文字类型

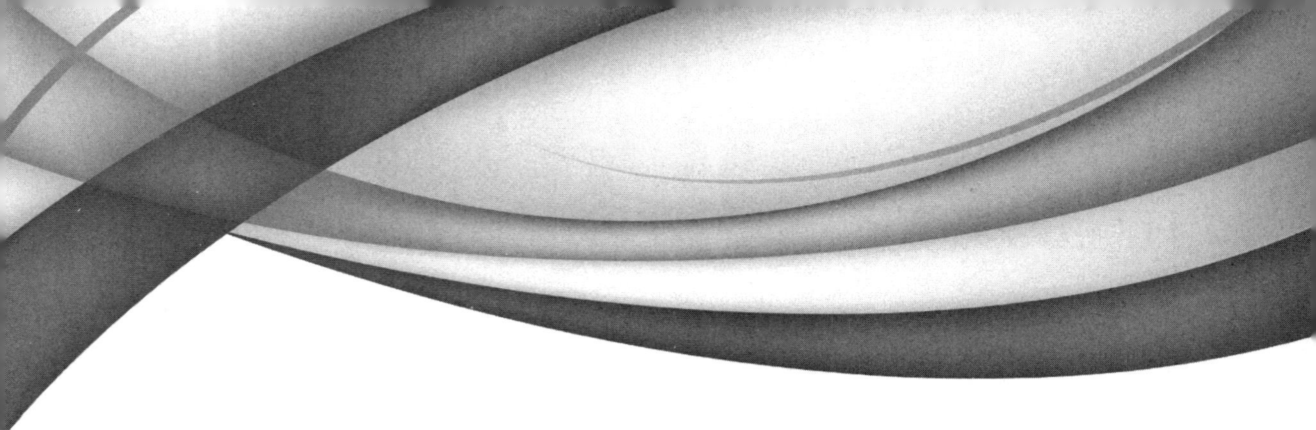

第 14 章

图层、特性与样板制作

本章内容

图层与图形特性是 AutoCAD 中的重要内容，本章将介绍图层的基础知识、应用和控制图层的方法，还将介绍图形的特性，从而使用户能够全面地了解并掌握图层和图形特性的功能。

知识要点

☑ 图层的概述
☑ 操作图层
☑ 图形特性
☑ CAD 标准图纸样板

14.1 图层的概述

图层是 AutoCAD 提供的一种管理图形的工具。用户可以根据图层对图形 何对象、文字、标注等进行归类处理，使用图层来管理它们，这样不仅能使图形的各种信 清晰、有序，便于观察，还会给图形的编辑、修改和输出带来很大的方便。图层相当于图纸 图中使用的重叠图纸，其分层含义图如图 14-1 所示。

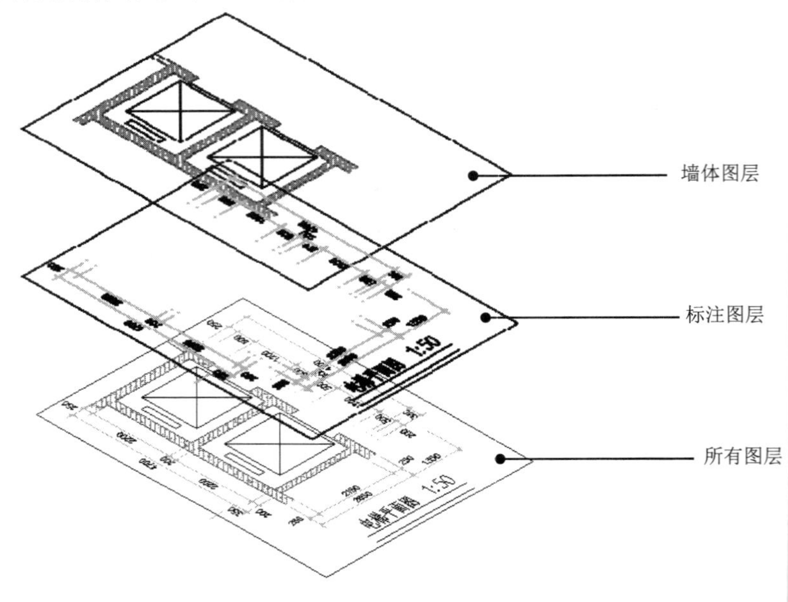

图 14-1 图层的分层含义图

AutoCAD 2022 向用户提供了多种图层管理工具，这些工具包括图层特性 理器、图层工具等，其中图层工具又包含将对象的图层置为当前、上一个图层、图层漫游 等功能。本节将对图层特性管理器、图层工具做简要介绍。

14.1.1 图层特性管理器

AutoCAD 2022 向用户提供了图层特性管理器。利用该工具用户可以很方便地创建图层及设置其基本属性。

用户可通过以下方式打开【图层特性管理器】选项板。

- 在菜单栏中执行【格式】|【图层】命令。
- 在【默认】选项卡的【图层】面板中单击【图层特性】按钮。
- 在命令行中输入 layer。

在命令行中执行 layer 命令，打开如图 14-2 所示的【图层特性管理器】选 项板。该选项板提供了直观地管理和访问图层的方式，并且在该选项板的右侧新增了列表视图，用户在创建图层时可以清楚地看到该图层的从属关系及属性，同时还可以添加、删除和修改图层。

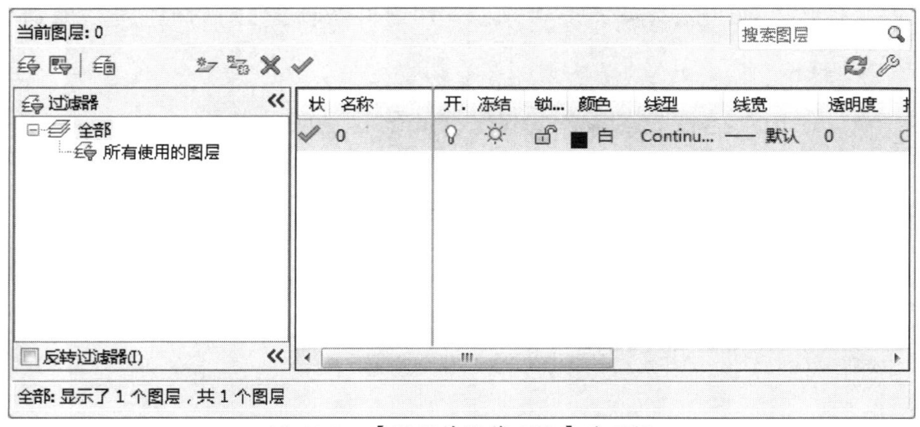

图 14-2　【图层特性管理器】选项板

下面对【图层特性管理器】选项板中包含选项的功能进行介绍。

1. 新建特性过滤器

新建特性过滤器的主要功能是根据图层的一个或多个特性创建图层过滤器。单击【新建特性过滤器】按钮，打开【图层过滤器特性】对话框，如图 14-3 所示。

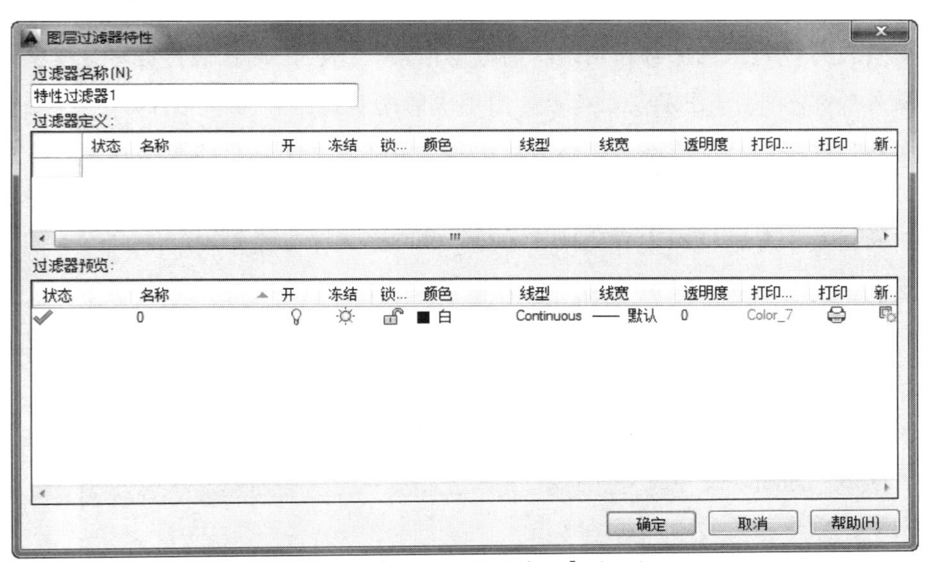

图 14-3　【图层过滤器特性】对话框

在【图层特性管理器】选项板的树状图中选定图层过滤器后，将在列表视图中显示符合过滤条件的图层。

2. 新建组过滤器

新建组过滤器的主要功能是创建图层过滤器，其中包含选择并添加到该过滤器的图层。

3. 图层状态管理器

图层状态管理器的主要功能是显示图形中已保存的图层列表。单击【图层状态管理器】按钮，打开【图层状态管理器】对话框（也可通过在菜单栏中执行【格式】|【图层状态

管理器】命令打开该对话框），如图 14-4 所示。用户可以通过该对话框创建、命名、编辑和删除图层状态。

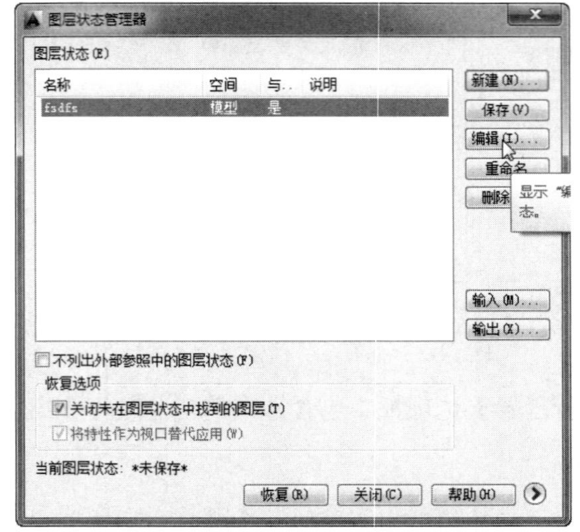

图 14-4 【图层状态管理器】对话框

【图层状态管理器】对话框中各选项的含义如下。

- 图层状态：列出已保存在图形中的命名图层状态、保存它们的空间模型空间、布局或外部参照）、图层列表是否与图形中的列表视图相同及说明。
- 不列出外部参照中的图层状态：控制是否显示外部参照中的图层状
- 恢复选项：用于恢复关闭的图层和选定的图层状态。包括【关闭未图层状态中找到的图层】复选框和【将特性作为视口替代应用】复选框。
- 更多恢复选项 ⊙：控制【图层状态管理器】对话框中其他选项的显
- 新建：为在【图层状态管理器】对话框中定义的图层状态指定名称说明。
- 保存：保存选定的命名图层状态。
- 编辑：显示选定的图层状态中已保存的所有图层及其特性，视口替特性除外。
- 重命名：为图层重命名。
- 删除：删除选定的命名图层状态。
- 输入：显示标准的文件选择对话框，从中可以将之前输出的图层状（LAS）文件加载到当前图形。
- 输出：显示标准的文件选择对话框，从中可以将选定的命名图层状保存到图层状态（LAS）文件中。
- 恢复：将图形中所有图层的状态和特性设置恢复为之前保存的设置仅恢复使用复选框指定的图层状态和特性设置）。

4．新建图层

新建图层是用来创建新图层的。单击【新建图层】按钮，列表视图中显示名为“图层 1”的新 层，图层名称文本框处于编辑状态。新图层将继承列表视图中当前选定图层的特性（颜 开或关状态等），如图 14-5 所示。

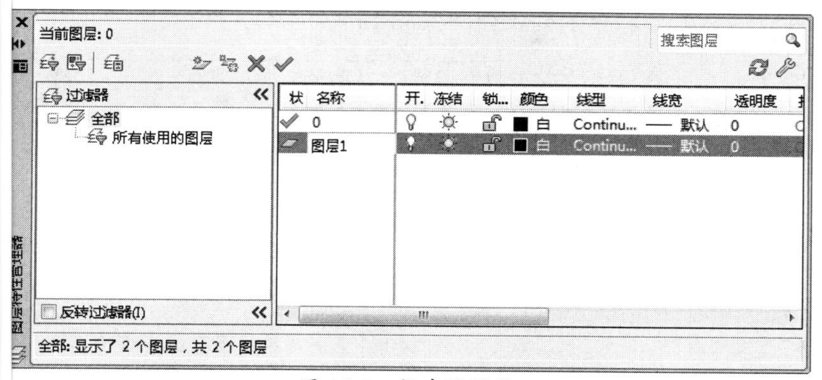

图 14-5　新建的图层

5. 所 视口中都被冻结的新图层

所有视 中都被冻结的新图层是用来创建新图层的，在所有现有布局视口中将其冻结。单击【在所 视口中都被冻结的新图层】按钮，列表视图中将显示名为“图层 2”的新图层，图层名 文本框处于编辑状态，如图 14-6 所示。

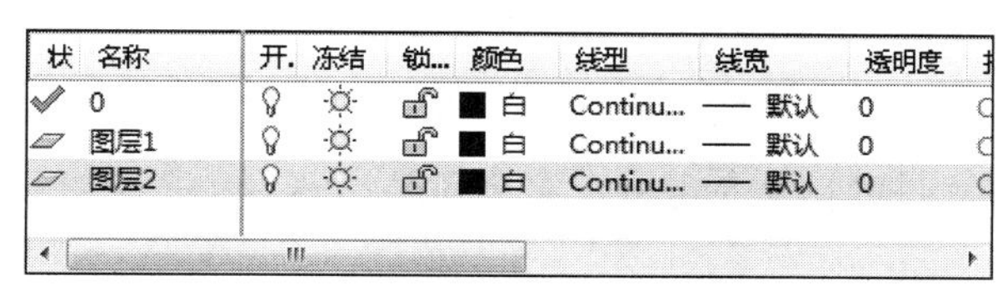

图 14-6　新建图层的所有特性被冻结

6. 删 图层

删除图 只能删除未被参照的图层。图层 0 和 Defpoints、包含对象（包括块定义中的对象）的图 、当前图层及依赖外部参照的图层是不能被删除的。

7. 设 当前

设为当 是将选定图层设置为当前图层。将某一图层设置为当前图层后，在列表视图中该图层的状 呈 显示，用户就可以在该图层中创建图形对象了。

8. 树 图

在【图 特性管理器】选项板的树状图中，可以显示图形中图层和过滤器的层次结构列表，如图 1 7 所示。顶层节点（全部）显示图形中的所有图层。单击树状图中的【收拢图层过滤器】 钮«，即可将树状图收拢，再单击此按钮，则展开树状图。

9. 列 视图

列表视 显示了图层和图层过滤器及其特性和说明。若在树状图中选定了一个图层过滤器，则列表 图将仅显示该图层过滤器中的图层。树状图中的【全部】过滤器将显示图形中的所有图层 图层过滤器。当选定某一个图层过滤器并且没有符合其定义的图层时，列表视图将为空。要修改选定过滤器中某一个选定图层或所有图层的特性，请单击该特性的图标。当图层过滤器中显示了混合图标时，表明在过滤器的所有图层中，该特性互不相同。

【图层特性管理器】选项板的列表视图如图 14-8 所示。

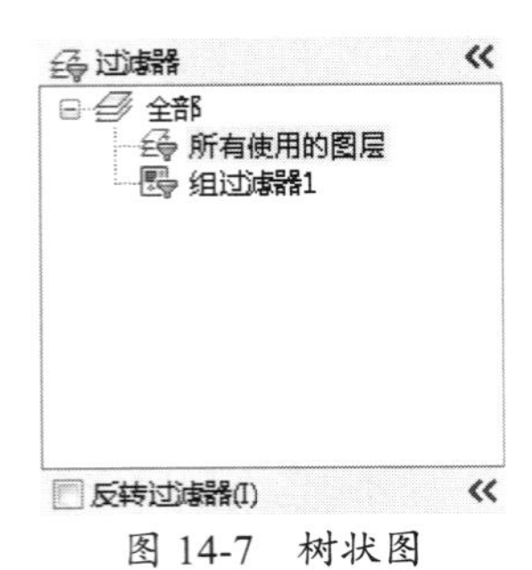

图 14-7　树状图

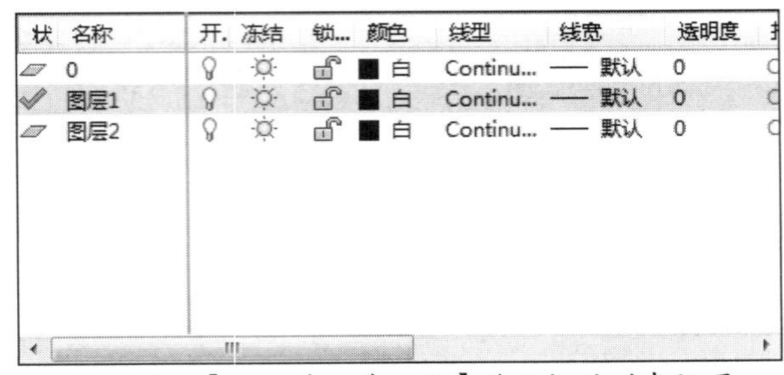

图 14-8　【图层特性管理器】选项板的列表视图

列表视图中各选项的含义如下。

- 状态：指示项目的类型（包括图层过滤器、正在使用的图层、空图层或当前图层）。
- 名称：显示图层或过滤器的名称。选择一个图层名称，按 F2 键即可编辑图层名称。
- 开：打开和关闭选定图层。单击【打开】按钮 ，即可将选定图层打开或关闭。当按钮图标呈亮色时，表示图层已打开；当按钮图标呈暗灰色时，表示图层已关闭。
- 冻结：冻结所有视口中选定的图层，包括【模型】选项卡。单击【冻结】按钮 ，可冻结或解冻图层，图层冻结后将不会显示、打印、消隐、渲染或重生成冻结图层上的对象。当按钮图标呈亮色时，表示图层已解冻；当按钮图标呈暗灰色时，表示图层已冻结。
- 锁定：锁定和解锁选定图层。图层被锁定后，将无法更改图层中的对象。单击【锁定】按钮 （锁打开状态），表示图层被锁定；单击【解锁】按钮 （锁关闭状态），表示图层被解除锁定。
- 颜色：更改与选定图层关联的颜色。默认状态下，图层中的对象呈黑色，单击【颜色】按钮■，打开【选择颜色】对话框，如图 14-9 所示。在此对话框中用户可通过选择任意颜色来显示图层中的对象元素。

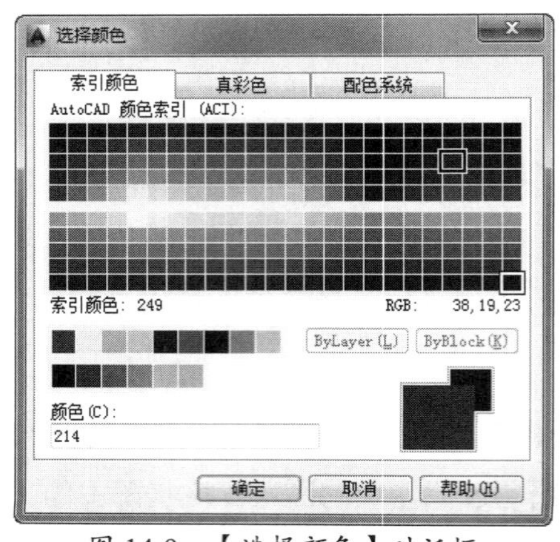

图 14-9　【选择颜色】对话框

- 线型：更改与选定图层关联的线型。选择线型名称（如 Continuous），则会打开【选择线型】对话框，如图 14-10 所示。单击【选择线型】对话框中的【加载】按钮，打开【加载或重载线型】对话框，如图 14-11 所示。在此对话框中，用户可选择任意线型来加载，使图层中的对象线型为加载的线型。

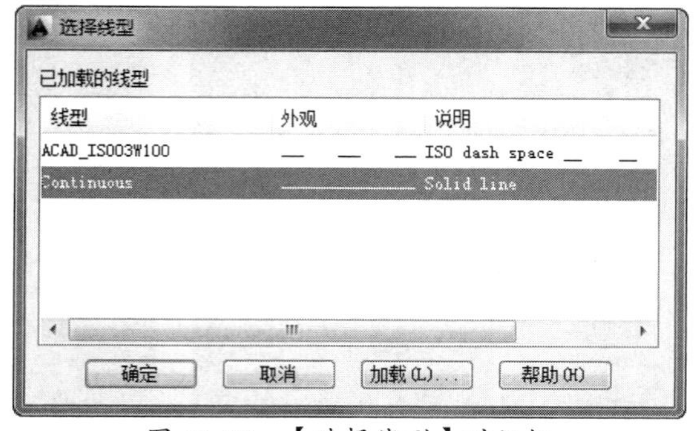

图 14-10　【选择线型】对话框

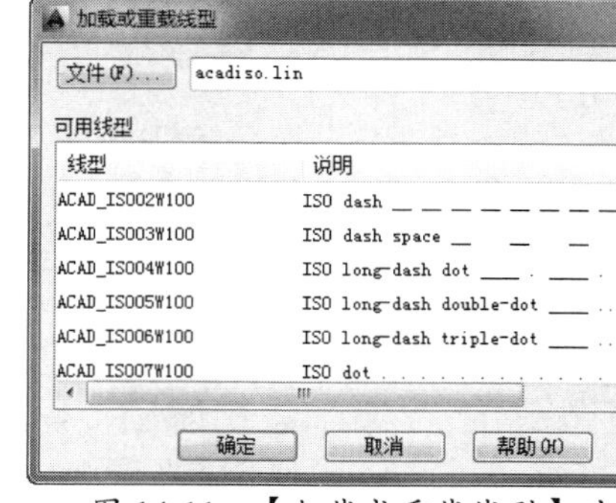

图 14-11　【加载或重载线型】对话框

- 线宽：更改与选定图层关联的线宽。选择线宽列中的线宽后会打开【线宽】对话框，如图 14-12 所示。通过该对话框可以选择适合图层中对象的线宽值。

图 14-12　【线宽】对话框

- 透明度：此值用来控制图层透明度显示。选择透明度列中的透明度值（默认为 0），打开【图层透明度】对话框，通过此对话框可设定图层透明度值。
- 打印样式：更改与选定图层关联的打印样式。
- 打印：控制是否打印选定图层中的对象。
- 新视口冻结：在新布局视口中冻结选定图层。
- 说明：描述图层或图层过滤器。

14.1.2　图层工具

图层工具是 AutoCAD 向用户提供的图层创建、编辑的管理工具。在菜单栏中执行【格式】|【图层工具】命令，即可打开【图层工具】菜单，如图 14-13 所示。

图 14-13 【图层工具】菜单

使用【图层工具】菜单中的命令与选择【图层】面板中的选项可达到相同的目的。除常用的打开/关闭图层、冻结/解冻图层、锁定/解锁图层外（将在 14.2 节中详细介绍），还包括不常用的上一个图层、图层漫游、图层匹配、更改为当前图层、将对象复制到新图层、图层隔离、将图层隔离到当前视口、取消图层隔离及图层合并等，接下来将对其们简要介绍。

1. 上一个图层

【上一个图层】命令的作用是放弃对图层设置所做的更改，并返回上一个图层状态。

用户可通过以下方式来执行上述操作。

- 菜单栏：执行【格式】|【图层工具】|【上一个图层】命令。
- 面板：在【默认】选项卡的【图层】面板中单击【上一个图层】按钮。
- 命令行：输入 layerp。

2. 图层漫游

【图层漫游】命令的作用是显示选定图层上的对象并隐藏其他图层上的对象。

用户可通过以下方式来执行上述操作。

- 菜单栏：执行【格式】|【图层工具】|【图层漫游】命令。
- 面板：在【默认】选项卡的【图层】面板中单击【图层漫游】按钮。
- 命令行：输入 laywalk。

在【默认】选项卡的【图层】面板中单击【图层漫游】按钮，打开【图层漫游-图层数：1】对话框，如图 14-14 所示。通过该对话框，用户可在绘图区选择对象或选择图层来显示、隐藏。

3. 图层匹配

【图层匹配】命令的作用是更改选定对象所在的图层，使之与目标图层相匹配。

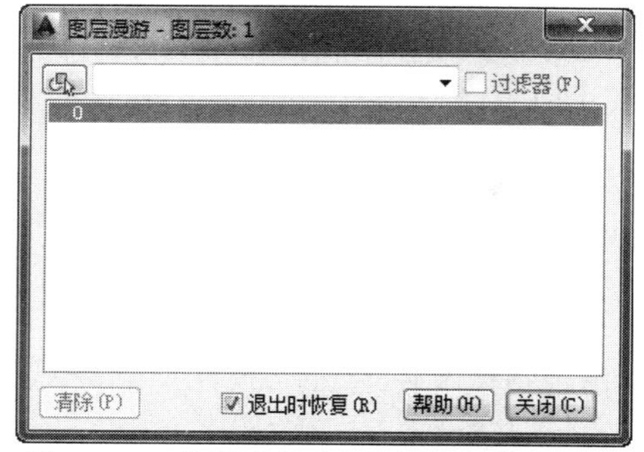

图 14-14　【图层漫游-图层数：1】对话框

用户可通过以下方式来执行上述操作。

- 菜单栏：执行【格式】|【图层工具】|【图层匹配】命令。
- 面板：在【默认】选项卡的【图层】面板中单击【图层匹配】按钮。
- 命令行：输入 laymch。

4．更改为当前图层

【更改为当前图层】命令的作用是将选定对象所在的图层更改为当前图层。

用户可通过以下方式来执行上述操作。

- 菜单栏：执行【格式】|【图层工具】|【更改为当前图层】命令。
- 面板：在【默认】选项卡的【图层】面板中单击【更改为当前图层】按钮。
- 命令行：输入 laycur。

5．将对象复制到新图层

【将对象复制到新图层】命令的作用是将一个或多个对象复制到其他图层。

用户可通过以下方式来执行上述操作。

- 菜单栏：执行【格式】|【图层工具】|【将对象复制到新图层】命令。
- 面板：在【默认】选项卡的【图层】面板中单击【将对象复制到新图层】按钮。
- 命令行：输入 copytolayer。

6．图层隔离

【图层隔离】命令的作用是隐藏或锁定除选定对象所在图层外的所有图层。

用户可通过以下方式来执行上述操作。

- 菜单栏：执行【格式】|【图层工具】|【图层隔离】命令。
- 面板：在【默认】选项卡的【图层】面板中单击【图层隔离】按钮。
- 命令行：输入 layiso。

7．将图层隔离到当前视口

【将图层隔离到当前视口】命令的作用是冻结除当前视口以外的所有布局视口中的选定图层。

用户可通过以下方式来执行上述操作。

- 菜单栏：执行【格式】|【图层工具】|【将图层隔离到当前视口】命令。
- 面板：在【默认】选项卡的【图层】面板中单击【将图层隔离到当前视口】按钮。
- 命令行：输入 layvpi。

8. 取消图层隔离

【取消图层隔离】命令的作用是恢复使用 layiso（图层隔离）命令隐藏或锁定的所有图层。

用户可通过以下方式来执行上述操作。

- 菜单栏：执行【格式】|【图层工具】|【取消图层隔离】命令。
- 面板：在【默认】选项卡的【图层】面板中单击【取消图层隔离】按钮。
- 命令行：输入 layuniso。

9. 图层合并

【图层合并】命令的作用是将选定图层合并到目标图层中，并将以前的图层从图形中删除。

用户可通过以下方式来执行上述操作。

- 菜单栏：执行【格式】|【图层工具】|【图层合并】命令。
- 面板：在【默认】选项卡的【图层】面板中单击【图层合并】按钮。
- 命令行：输入 laymrg。

动手操作——利用图层管理工具绘制电梯间平面图

电梯间平面图如图 14-15 所示。

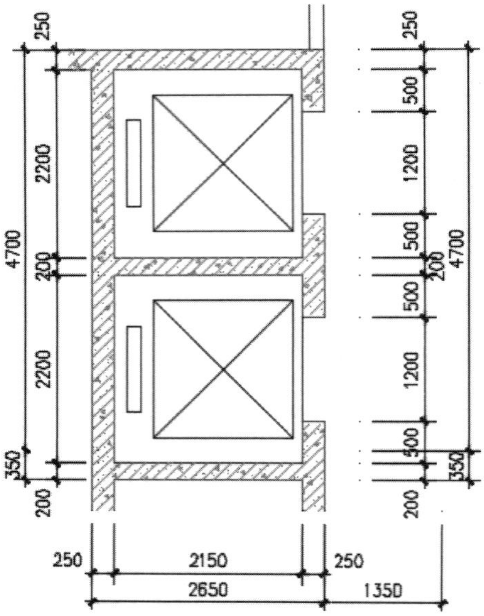

图 14-15 电梯间平面图

① 执行【文件】|【新建】命令，打开【创建新图形】对话框，如图 14-16 所示，单击【使

用向导】按钮 并选择【快速设置】选项。

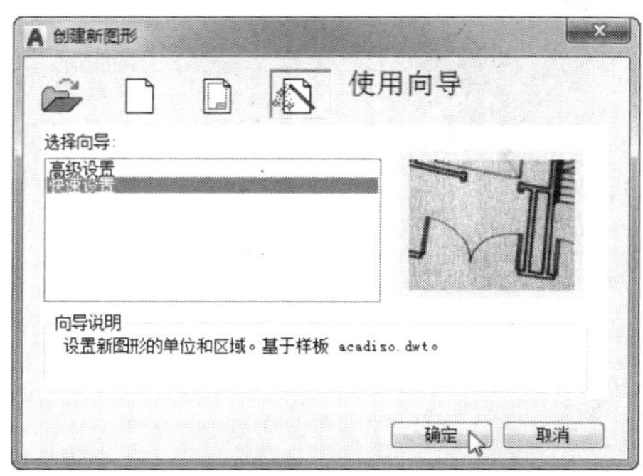

图 14-16　【创建新图形】对话框

② 单击【确定】按钮，关闭对话框，打开【快速设置】对话框，选择【建筑】单选按钮。单击【下一步】按钮，如图 14-17 所示，单击【完成】按钮，创建新的图形文件。

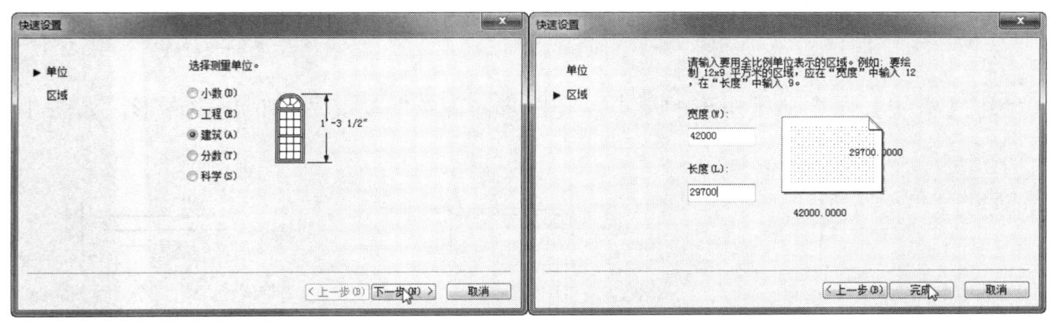

图 14-17　设置图形界限

③ 执行【视图】|【缩放】|【范围】命令调整视口显示范围，使图形能够被完全显示。

④ 执行【格式】|【图层】命令，打开【图层特性管理器】选项板，单击【新建图层】按钮 创建所需要的新图层，并设置图层的名称、颜色等。双击墙体图层，将其设置为当前图层，如图 14-18 所示。

⑤ 使用【直线】命令，按 F8 键，打开正交模式，分别绘制一条垂直线段和水平线段，如图 14-19 所示。

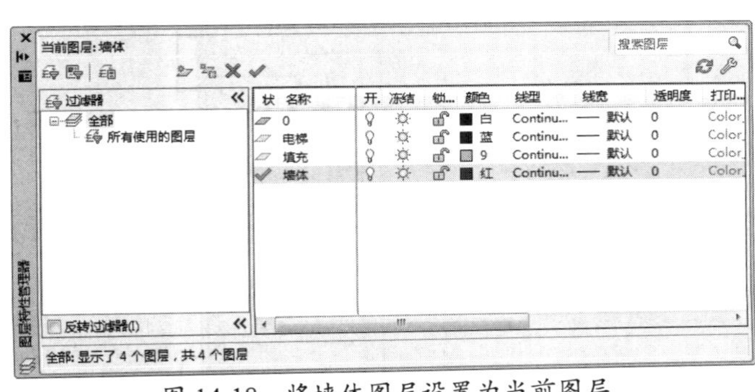

图 14-18　将墙体图层设置为当前图层

图 14-19　绘制的线段

⑥ 单击【偏移】按钮，以偏移线段，如图 14-20 所示；单击【修剪】按钮，将线段

进行修剪，制作出墙体效果，如图 14-21 所示。

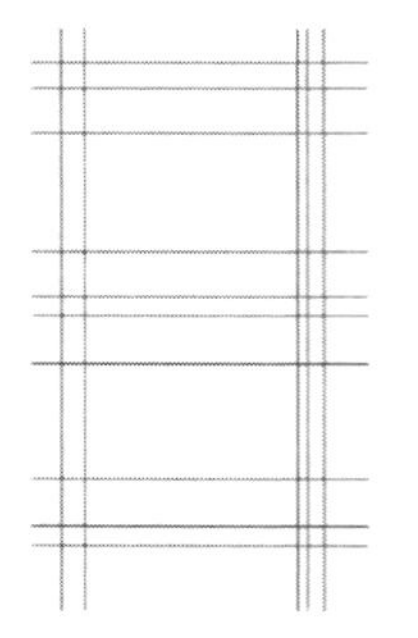

图 14-20　偏移线段

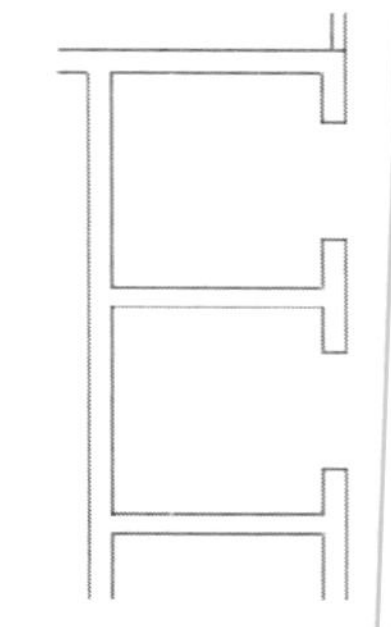

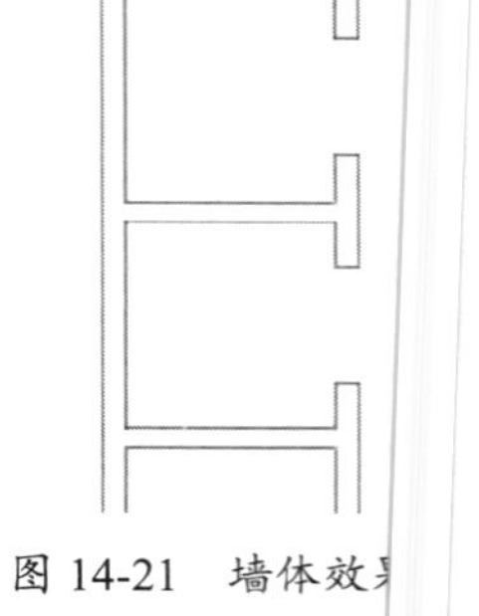

图 14-21　墙体效果

⑦　在【默认】选项卡【图层】面板的【图层控制】下拉列表中选择电梯，并将其设置为当前图层。使用【直线】命令在电梯门口位置绘制一条线段，将图形连接起 ，如图 14-22 所示；使用与前面相同的偏移复制和修剪方法，绘制出电梯的图形效 ，如图 14-23 所示。

⑧　使用【直线】命令捕捉矩形的端点，在图形内部绘制交叉线标记电梯图 ，如图 14-24 所示。

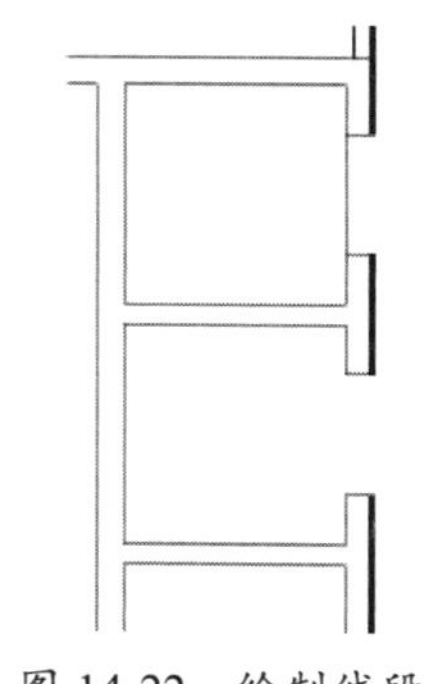

图 14-22　绘制线段

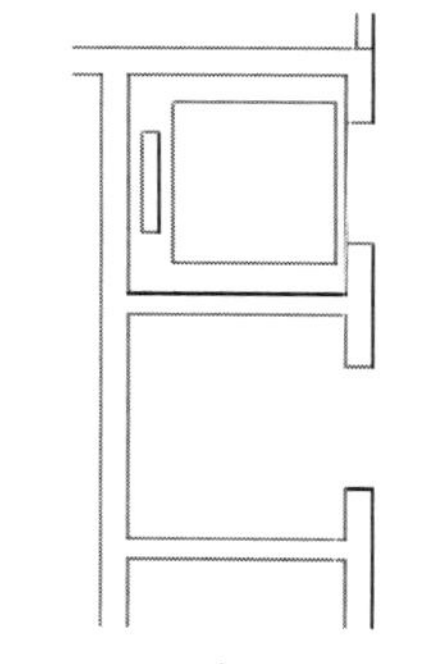

图 14-23　电梯的图形效果

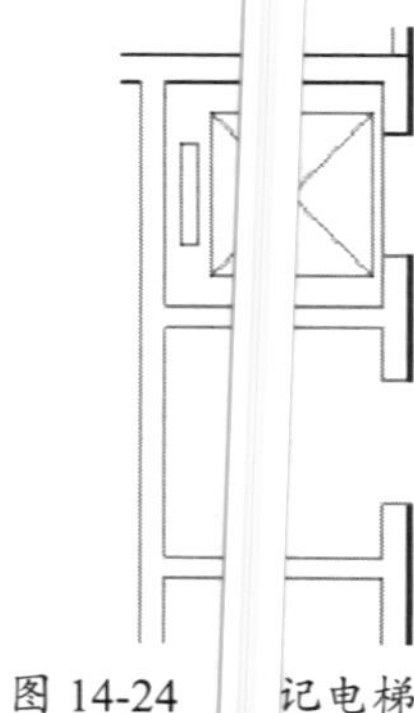

图 14-24　 记电梯图形

⑨　使用【复制】命令，并选择所绘制的电梯图形，将其复制到下面的电梯井空间中，效果如图 14-25 所示。使用【直线】命令绘制线段将墙体图形封闭，如图 -26 所示。

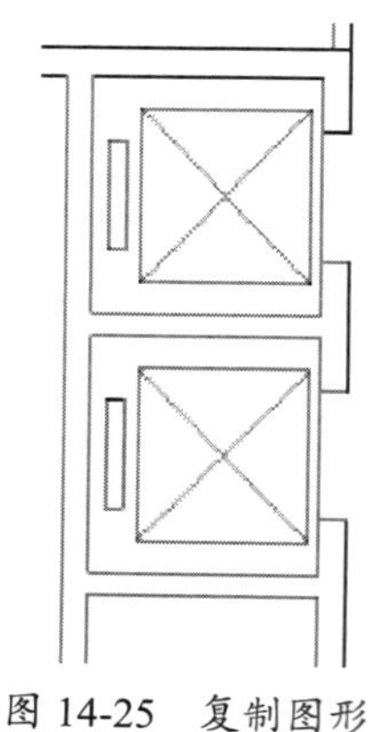

图 14-25　复制图形

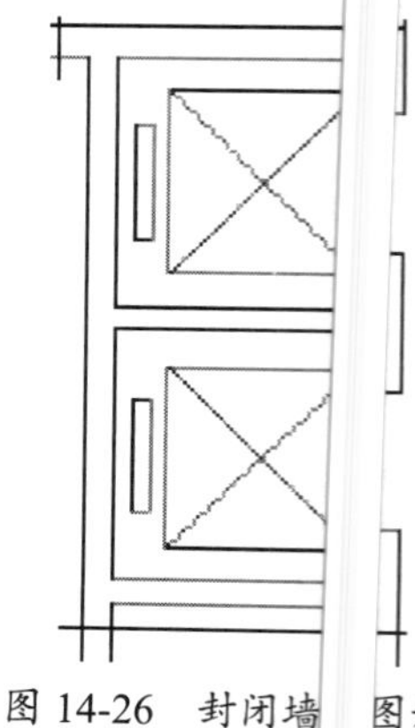

图 14-26　封闭墙 图形

⑩ 在【默认】选项卡【图层】面板的【图层控制】下拉列表中选择填充，将其设置为当前图层。

⑪ 使用【图案填充】命令，功能区自动打开【图案填充创建】选项卡，选择 AR-CONC 图案，并对图形填充进行设置，如图 14-27 所示。

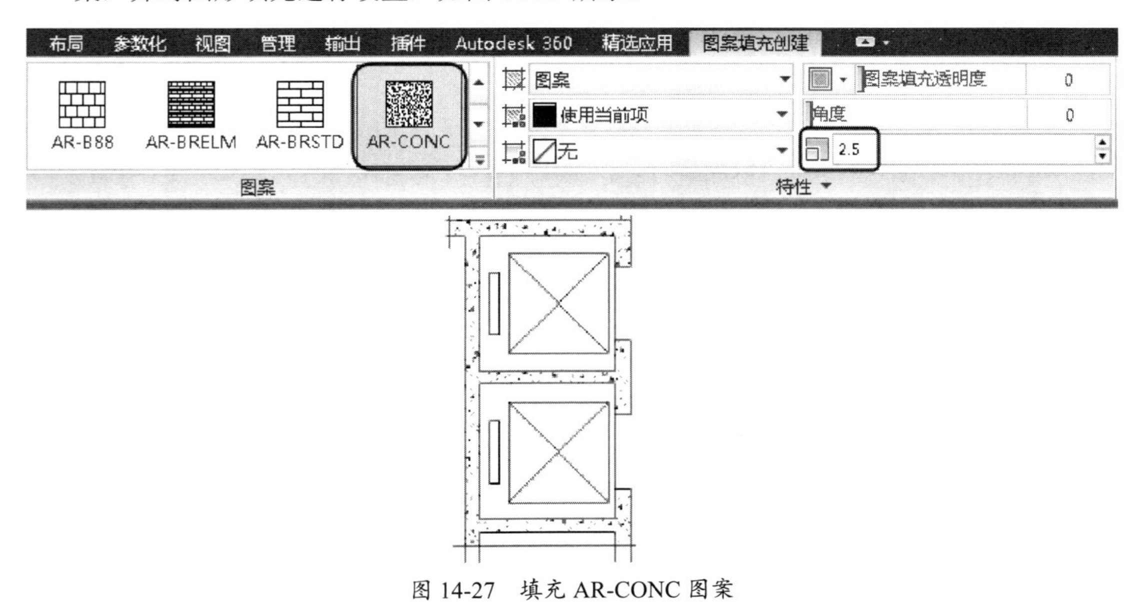

图 14-27　填充 AR-CONC 图案

⑫ 重新调用【图案填充】命令，选择 ANSI31 图案，并对图形填充进行设置，如图 14-28 所示。

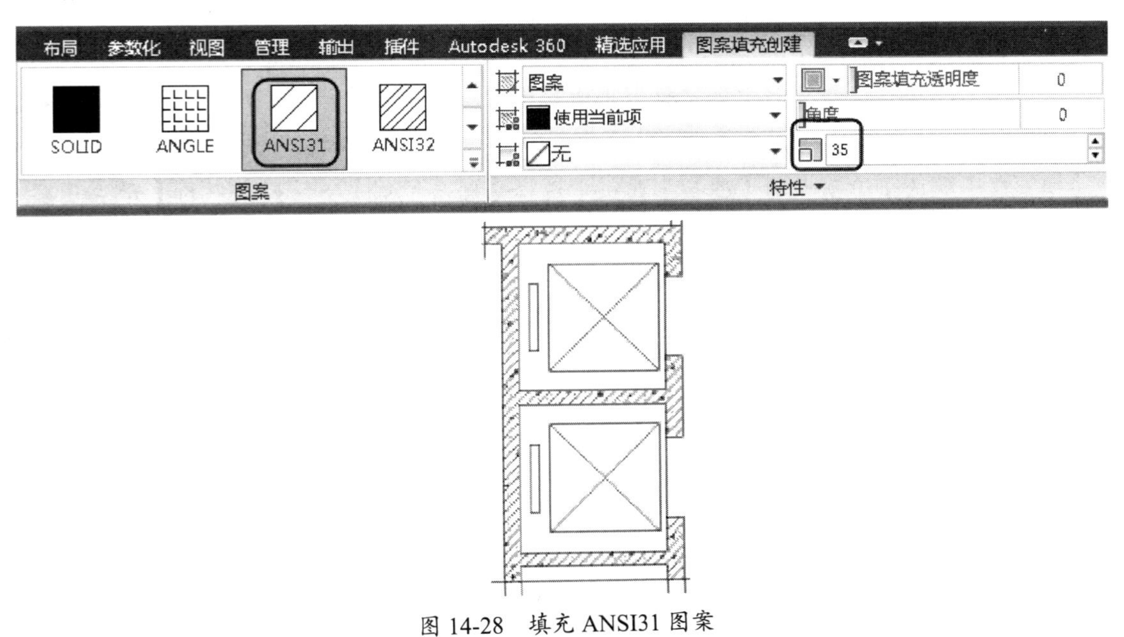

图 14-28　填充 ANSI31 图案

⑬ 选择之前绘制的用来封闭墙体图形的线段，按 Delete 键，将线段删除，完成电梯间平面图的绘制，如图 14-29 所示。

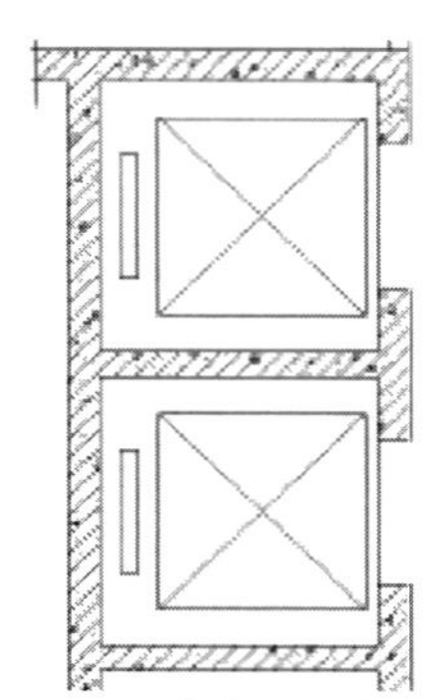

图 14-29　绘制完成的电梯间平面图

14.2　操作图层

在绘图过程中，如果绘图区的图形过于复杂，将不便于对图形进行操作，　时可以使用图层管理工具将暂时不用的图层进行关闭或冻结处理，以便对图形进行操作。

14.2.1　关闭/打开图层

利用关闭和打开图层的方法，可以关闭暂时不用的图层及打开被关闭的图层。

1．关闭暂时不用的图层

在 AutoCAD 中，可以将图层中的图形暂时隐藏起来，或将图层中隐藏的图形显示出来。隐藏图层中的图形将不能被选择、编辑、修改、打印。

默认情况下，所有的图层都处于打开状态，可以通过以下两种方法关闭图层。

- 在【图层特性管理器】选项板中单击要关闭图层中的按钮图标，该按　图标将变为暗灰色，表示该图层已关闭，如图 14-30 所示。
- 在【默认】选项卡的【图层】面板中选择【图层控制】下拉列表中的　开/关图层】选项，该选项的图标将变为暗灰色，表示该图层已关闭，如图 14-31　示。

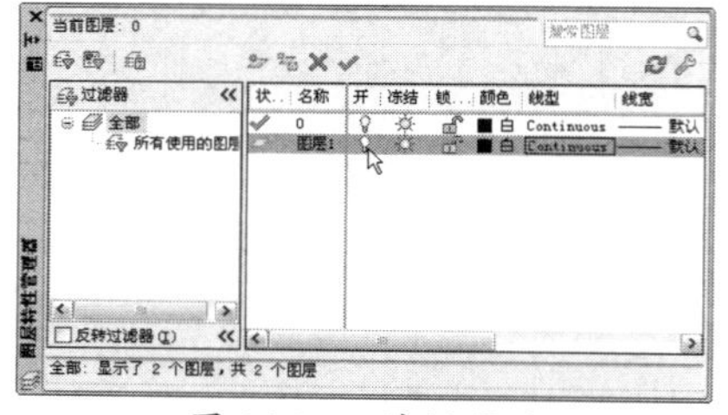

图 14-30　关闭图层

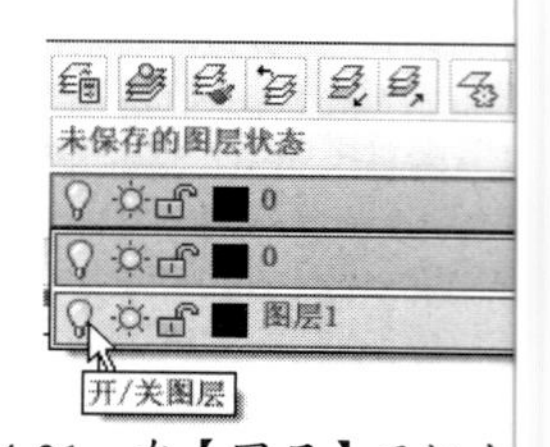

图 14-31　在【图层】面板中　闭图层

提醒一下：

如果需要关闭的图层是当前图层，那么将打开询问对话框，在对话框中单击【关闭当　图层】按钮即可。如果不小心对当前图层执行了关闭操作，那么可以在打开的对话框中单击【使当前图层　持打开状态】按钮，如图 14-32 所示。

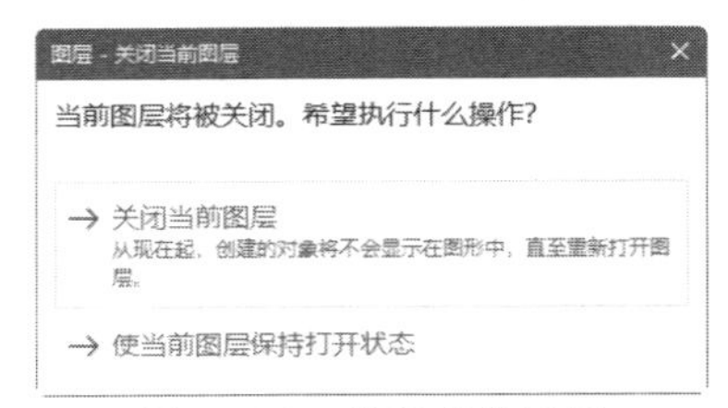

图 14-32　关闭当前图层

2．打开被关闭的图层

打开图层的操作与关闭图层的操作相似。当图层被关闭后，在【图层特性管理器】选项板中单击图层前面的【打开】按钮，或在【图层】面板中选择【图层控制】下拉列表中的【开/关图层】选项，可以打开被关闭的图层，此时该选项的图标将由暗灰色转变为亮色。

14.2.2　冻结/解冻图层

利用冻结和解冻图层的方法，可以冻结不需要修改的图层及解冻被冻结的图层。

1．冻结不需要修改的图层

在绘图操作中，可以对图层中不需要进行修改的图层进行冻结处理，以避免图层中的图形受到错误操作的影响。另外，还可以缩短绘图过程中系统生成图形的时间，从而提高计算机的速度。因此，在绘制复杂图形时冻结图层非常重要。被冻结的图层将不能被选择、编辑、修改和打印。

默认情况下，所有图层都处于解冻状态，可以通过以下两种方法将图层冻结。

- 在【图层特性管理器】选项板中选择要冻结的图层，单击该图层中的【冻结】按钮，如图 14-33 所示，该按钮图标将变为暗灰色，表示该图层已经被冻结。
- 在【图层】面板中选择【图层控制】下拉列表中的【在所有视口冻结/解冻图层】选项，如图 14-34 所示，该选项的图标将变为暗灰色，表示该图层已经被冻结。

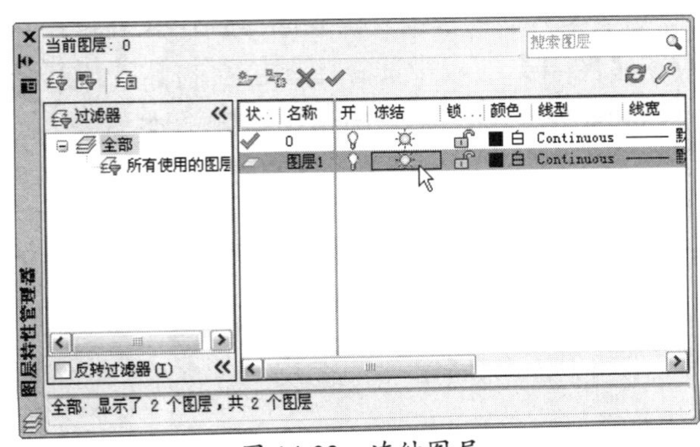

图 14-33　冻结图层

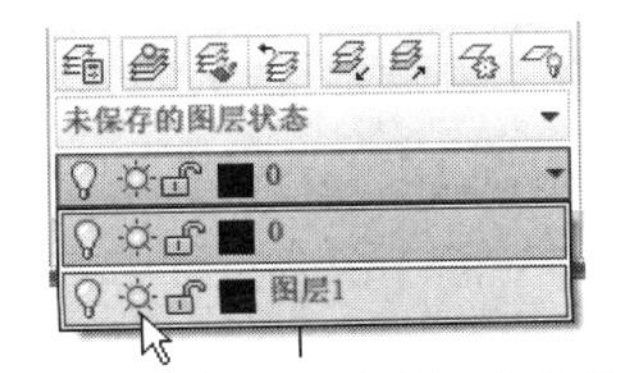

图 14-34　在【图层】面板中冻结图层

2．解冻被冻结的图层

解冻图层的操作与冻结图层的操作相似。当图层被冻结后，在【图层特性管理器】选项板中单击图层前面的【解冻】按钮 ，或在【图层】面板中选择【图层控制 下拉列表中的【在所有视口中冻结/解冻图层】选项，可以解冻被冻结的图层，此时该选 的图标将由暗灰色变为亮色。

14.2.3　锁定/解锁图层

利用锁定和解锁图层的方法，可以锁定不需要修改的图层及解锁被锁定的 图层。

1．锁定不需要修改的图层

在 AutoCAD 中，锁定图层可以将该图层中的图形锁定。锁定图层后，图 上的图形仍然处于显示状态，但是用户无法对其进行选择、编辑、修改等操作。

默认情况下，所有的图层都处于解锁状态，可以通过以下两种方法将图层 锁定。

- 在【图层特性管理器】选项板中选择要锁定的图层，单击该图层中 【锁定】按钮 ，如图 14-35 所示，该按钮图标将变为 ，表示该图层已经被 定。
- 在【图层】面板中选择【图层控制】下拉列表中的【锁定/解锁图层】选 ，如图 14-36 所示，该选项的图标将变为 ，表示该图层已经被锁定。

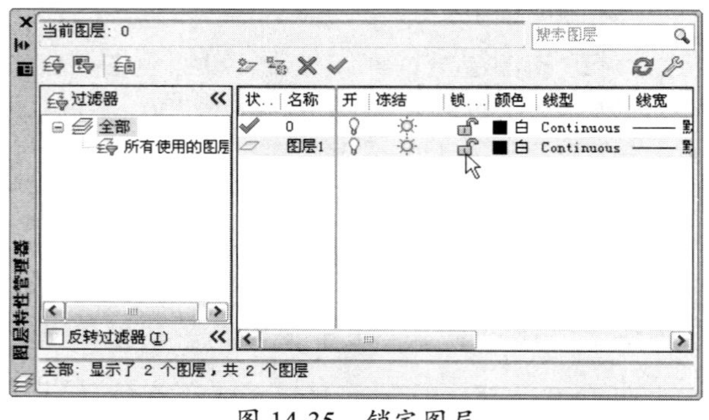

图 14-35　锁定图层

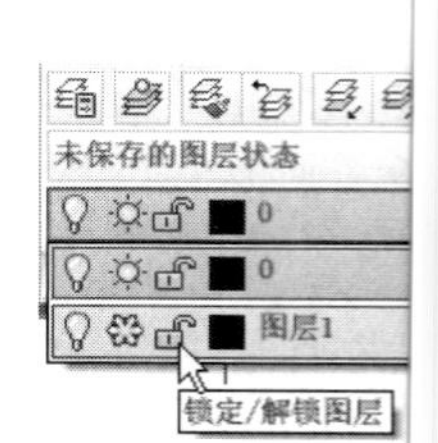

图 14-36　在【图层】面 中锁定图层

2．解锁被锁定的图层

解锁图层的操作与锁定图层的操作相似。当图层被锁定后，在【图层特性 管理器】选项板中单击图层前面的【解锁】按钮 ，或在【图层】面板中选择【图层控制 下拉列表中的【锁定/解锁图层】选项，可以解锁被锁定的图层，此时该选项的图标 将 变为 。

动手操作——图层基本操作

① 打开本例源文件“建筑结构图.dwg”，如图 14-37 所示。打开【默认】选 项卡，在【图层】面板中单击【图层特性】按钮 ，如图 14-38 所示。

② 在打开的【图层特性管理器】选项板中创建门窗、墙体和轴线图层。各个 图层的特性如图 14-39 所示。

③ 关闭【图层特性管理器】选项板，在建筑结构图中选择所有的轴线对 如图 14-40 所示。

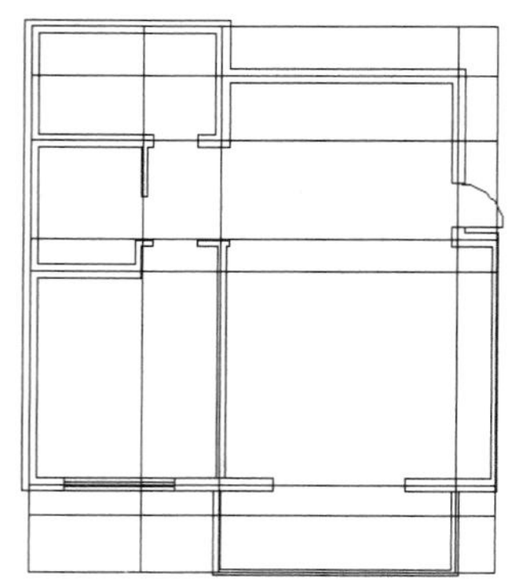

图 14-37　本例源文件“建筑结构图.dwg”

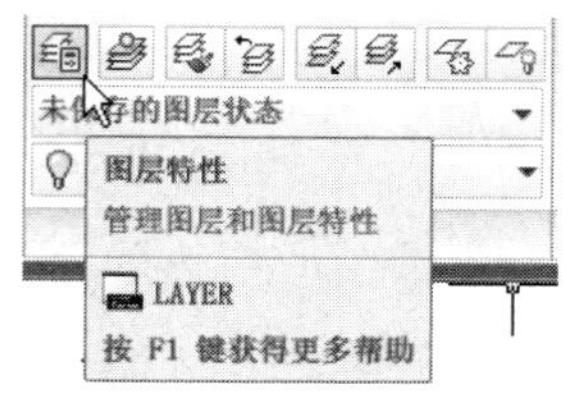

图 14-38　单击【图层特性】按钮

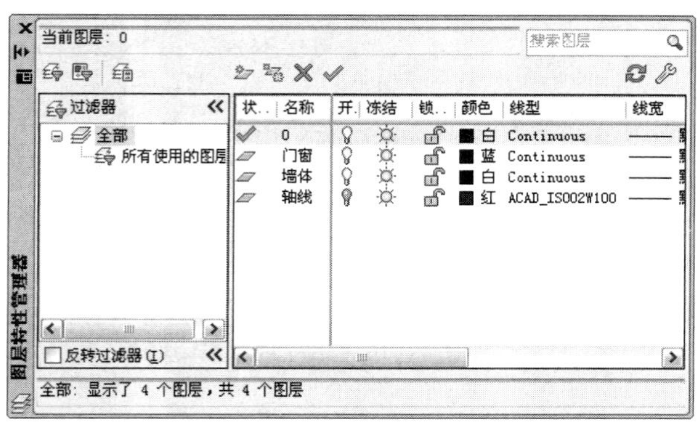

图 14-39　各个图层的特性

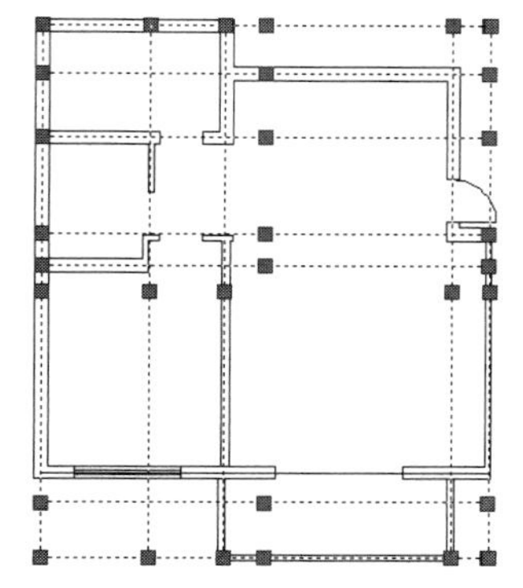

图 14-40　选择所有的轴线对象

④ 在【图层】面板的【图层控制】下拉列表中选择轴线图层，如图 14-41 所示。

⑤ 先按 Esc 键取消图形的选择状态，然后选择建筑结构图中的门窗图形，如图 14-42 所示。

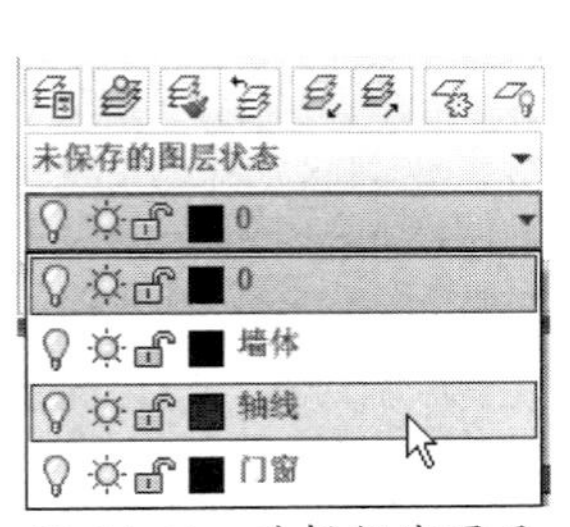

图 14-41　选择轴线图层

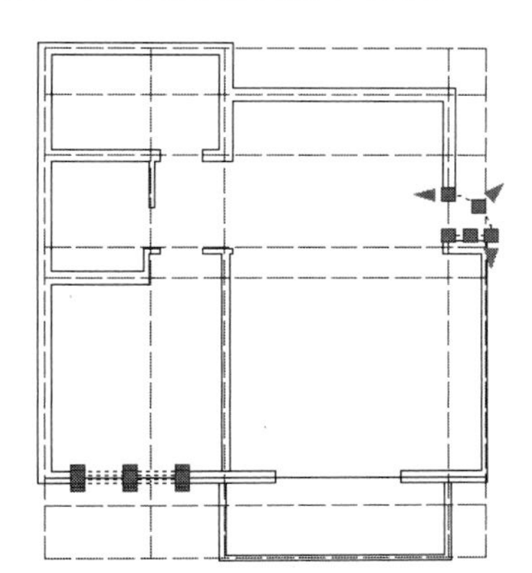

图 14-42　选择建筑结构图中的门窗图形

⑥ 在【图层】面板的【图层控制】下拉列表中选择门窗图层，如图 14-43 所示，按 Esc 键取消图形的选择状态。

⑦ 在【图层】面板的【图层控制】下拉列表中选择轴线图层中的【开/关图层】选项，将轴线图层关闭，如图 14-44 所示。

⑧ 先选择建筑结构图中的所有墙体图形，然后在【图层】面板的【图层控制】下拉列表中选择墙体图层，如图 14-45 所示。

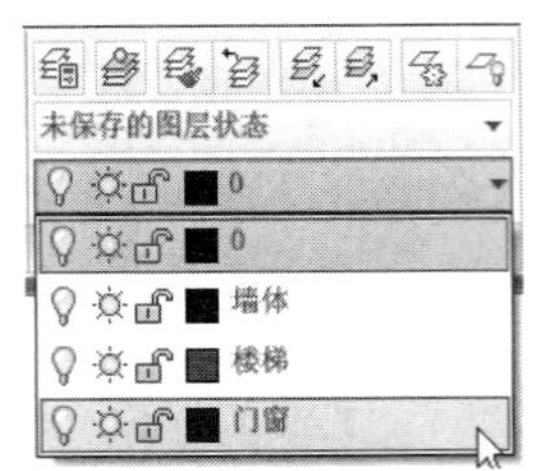

图 14-43　选择门窗图层

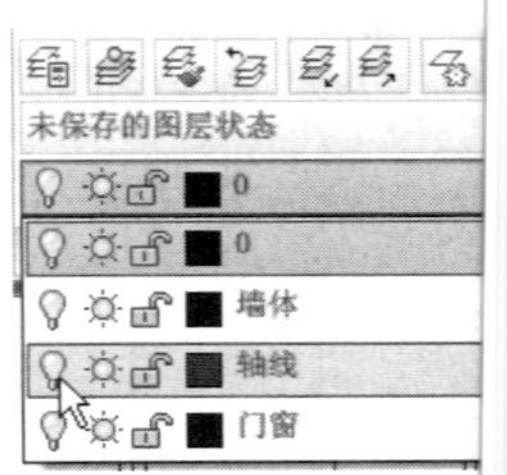

图 14-44　将轴线图层关闭

⑨ 按 Esc 键取消图形的选择状态，完成对图形的修改，如图 14-46 所示。

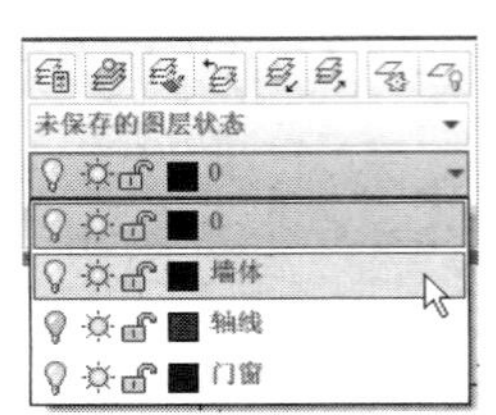

图 14-45　选择墙体图层

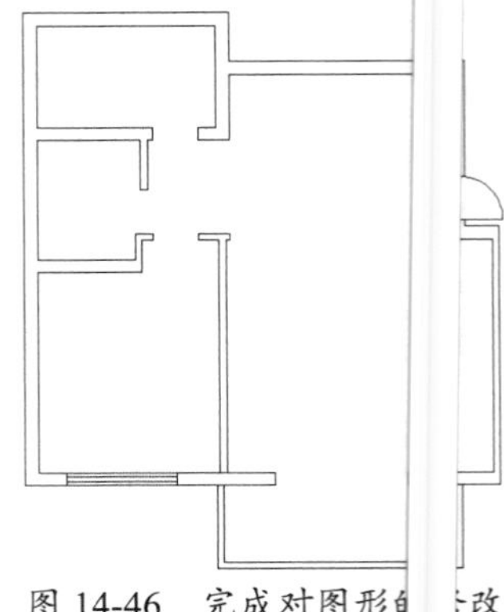

图 14-46　完成对图形的修改

14.3　图形特性

前面介绍了在图层中赋予图层各种属性的方法，在实际制图过程中也可以直接为实体对象赋予其需要的特性。设置对象的特性通常包括线型、线宽和颜色。

14.3.1　修改对象特性

绘制的每个对象都具有独特的特性。某些特性是基本特性，适用于大多数对象，如图层、颜色、线型和打印样式。有些特性是特定于某个对象的特性。例如，圆的特性包括半径和面积，直线的特性包括长度和角度。

提醒一下：

若将特性值设置为【BYLAYER】，则将为对象指定与其所在图层相同的值。例如，若将在图层 0 上绘制的直线颜色设置为【BYLAYER】，并将图层 0 的颜色设置为红色，则该直线的颜色将为红色。若将特性值设置为一个特定值，则该值将替代为图层设置的值。例如，若将在图层 0 上绘制的直线颜色设置为蓝色，并将图层 0 的颜色设置为红色，则该直线的颜色将为蓝色。

大多数图形的基本特性可以通过图层指定给对象，也可以直接指定给对象。直接指定特性给对象需要在【特性】面板中实现，在【默认】选项卡的【特性】面板中，包括对象颜色、线宽、线型、打印样式和列表等列表控制栏。选择要修改的对象后，单击【特性】面板中相应的控制按钮，在打开的下拉列表中选择需要的特性即可修改对象的特性，如图 14-47 所示。

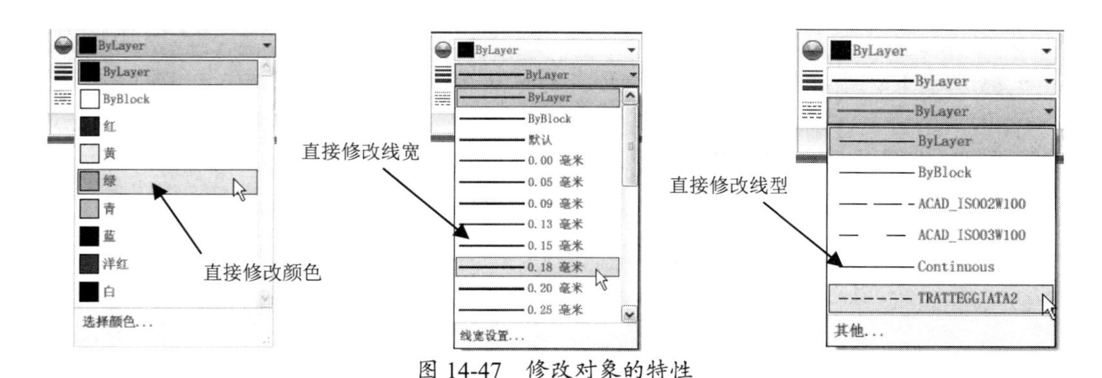

图 14-47　修改对象的特性

单击【特性】面板右下角的选项板启动按钮，将打开【特性】选项板。在该选项板中可以修改选择对象的完整特性。如果在绘图区选择了多个对象，那么【特性】选项板中将显示这些对象的共同特性，如图 14-48 所示。

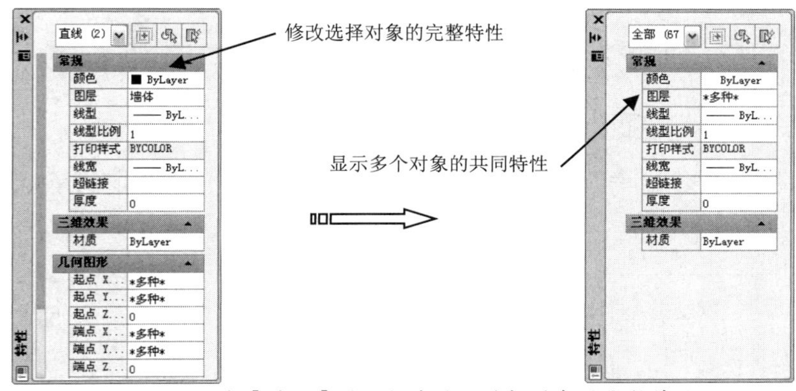

图 14-48　在【特性】选项板中修改选择对象的完整特性

14.3.2　匹配对象特性

使用【特性匹配】命令，可以将一个对象所具有的特性复制给其他对象，可以复制的特性包括颜色、图层、线型、线型比例、厚度和打印样式，有时也包括文字、标注和图案填充。

在功能区【默认】选项卡的【特性】面板中单击【特性匹配】按钮，系统将提示用户选择源对象，此时需要用户选择已具有所需要特性的对象。选择源对象后，命令行中将给出相应提示，此时选择应用源对象特性的目标对象即可，如图 14-49 所示。

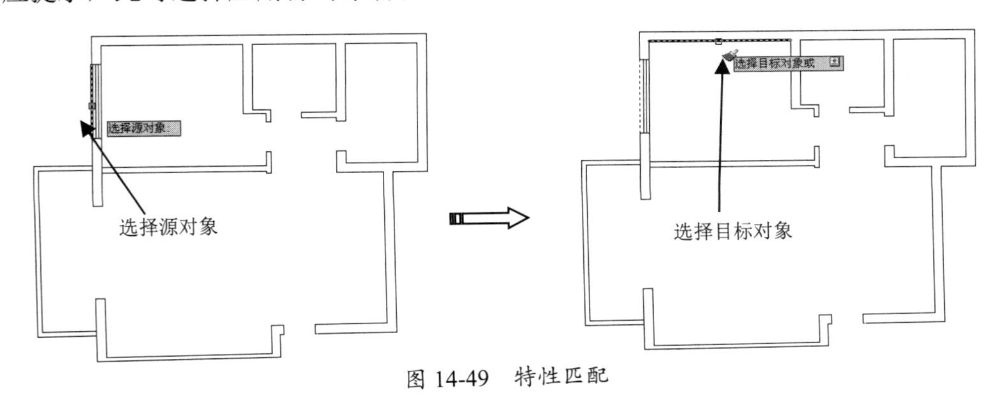

图 14-49　特性匹配

在使用【特性匹配】命令的过程中，当命令行中给出相应提示时，在命令 中输入 s 并按 Enter 键进行确定或者选择【设置】选项，将打开【特性设置】对话框，如 14-50 所示。在该对话框中可以设置需要复制的特性，其中包括基本特性和特殊特性。

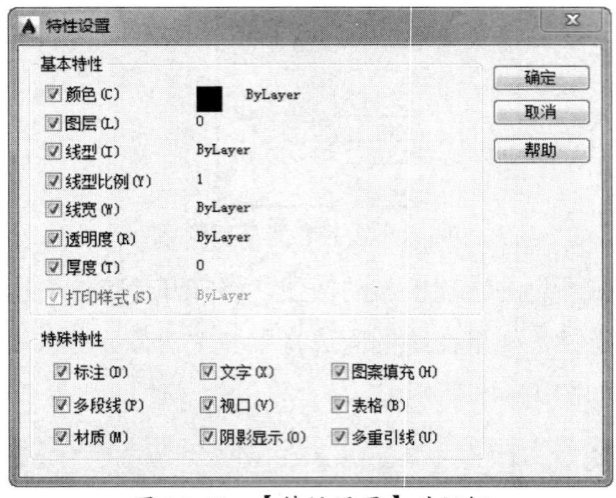

图 14-50 【特性设置】对话框

动手操作——特性匹配操作

① 打开本例源文件“面盆平面图.dwg”，如图 14-51 所示。选择图形中的圆角矩 ，如图 14-52 所示。

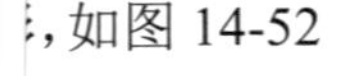

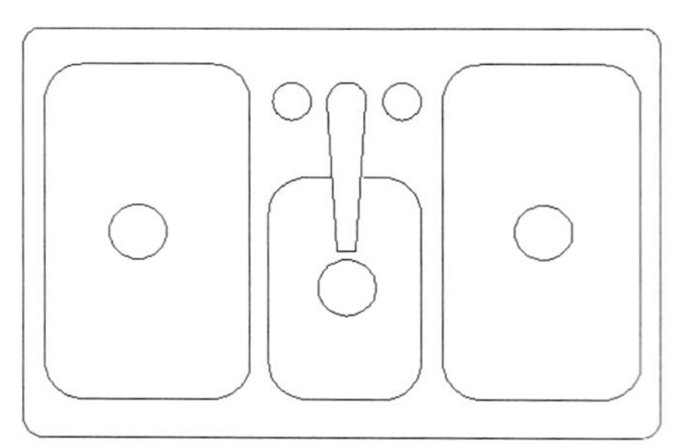

图 14-51 本例源文件“面盆平面图.dwg”

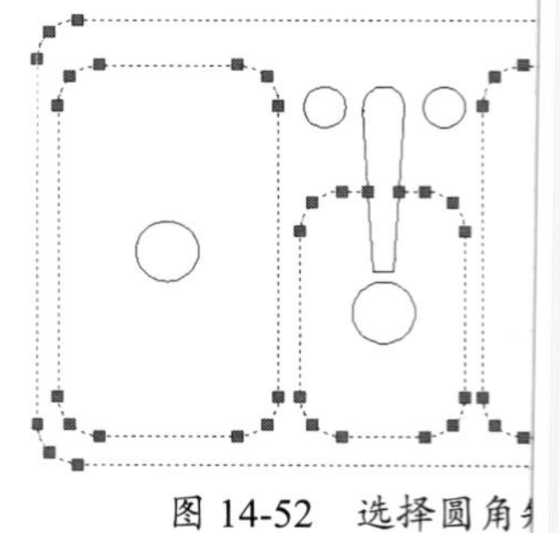

图 14-52 选择圆角 形

② 单击【特性】面板右下角的选项板启动按钮，打开【特性】选项板，如 14-53 所示。在【颜色】下拉列表中选择【蓝】选项，如图 14-54 所示。

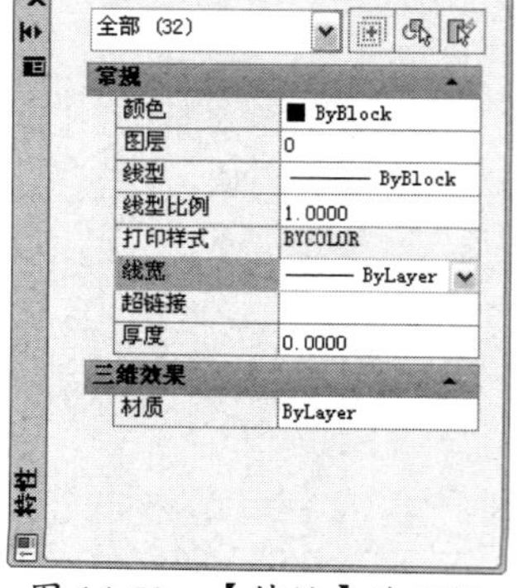

图 14-53 【特性】选项板

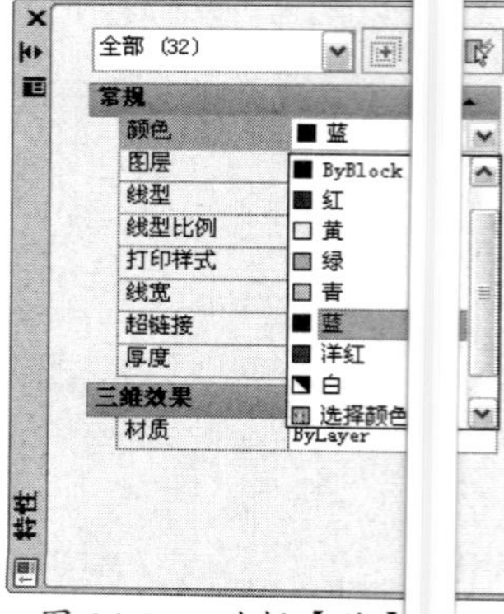

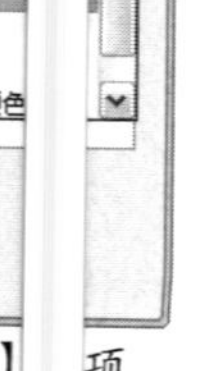

图 14-54 选择【蓝】 项

③　在【线宽】下拉列表中选择【0.30 mm】选项，如图 14-55 所示。

④　按 Esc 键取消图形的选择状态，重新选择其他图形，如图 14-56 所示。

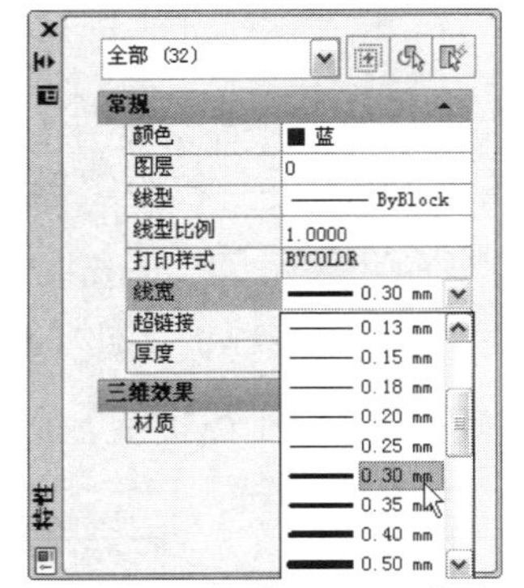

图 14-55　选择【0.30 mm】选项

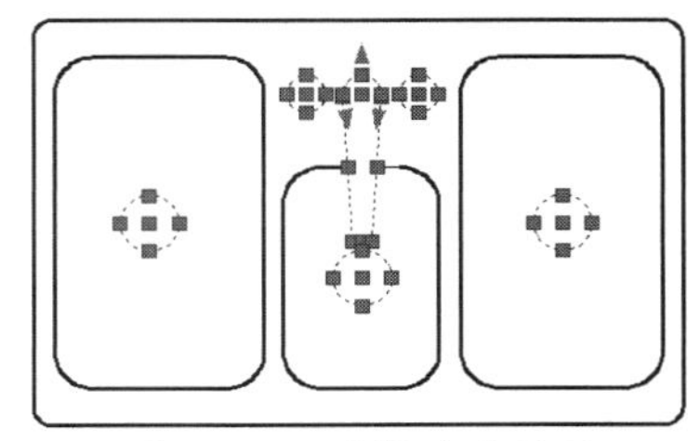

图 14-56　选择其他图形

⑤　在【特性】选项板的【颜色】下拉列表中选择【红】选项，如图 14-57 所示。

⑥　单击【特性】选项板中的【关闭】按钮，关闭【特性】选项板，完成对线条特性的修改，如图 14-58 所示。

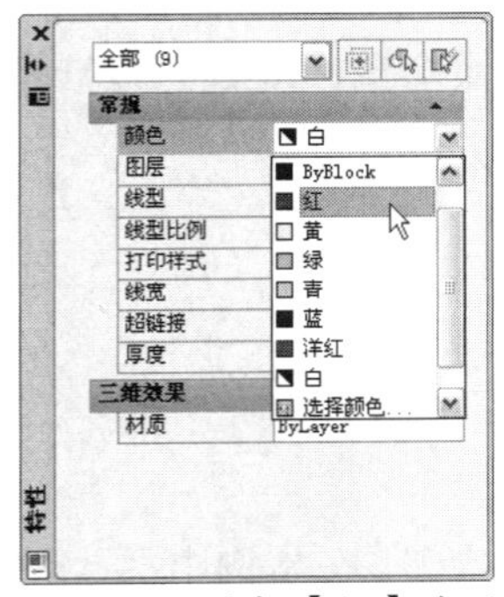

图 14-57　选择【红】选项

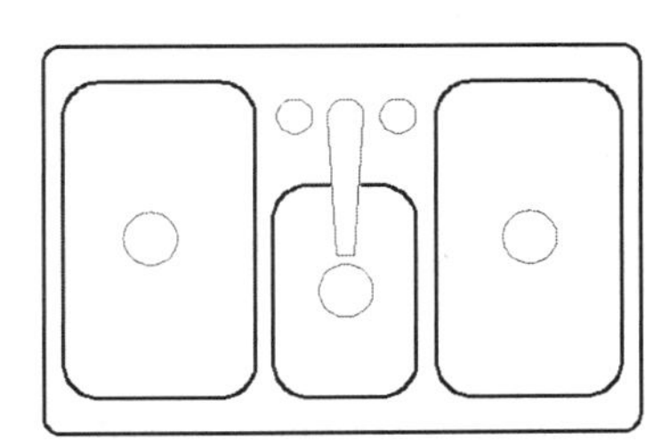

图 14-58　完成对线条特性的修改

14.4　CAD 标准图纸样板

为维护图形文件的一致性，可以创建标准样板文件（dws）以定义其常用属性。为了增强一致性，用户或用户的 CAD 管理员可以创建、应用和核查图形中的标准。因为标准可使图形易于被其他人理解，在多人相互协作的情境下，许多人都致力于创建一个图形，所以标准特别有用。

用户可以为存储在一个标准样板文件中的图层、线型、尺寸标注和文字样式创建标准；也可以使用标准样板文件来运行一个图形或者进行图形集的检查，以修复或者忽略标准样板文件和当前图形之间的不一致。图形处理过程如图 14-59 所示。

CAD 标准图纸样板是 CAD 管理器在其产品环境中，用来创建和管理标准的 CAD 工具。当标准发生冲突时，增强的 CAD 标准功能为用户界面提供了一个状态栏图标通知和一个气泡式通知。

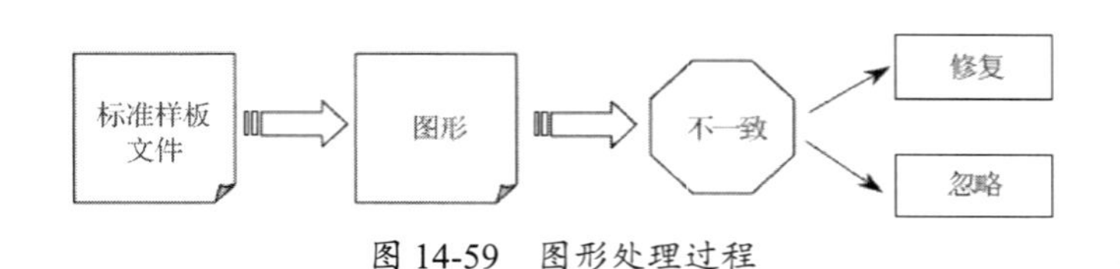

图 14-59　图形处理过程

一旦创建了一个标准样板文件，用户能将它与当前图形关联，并且校验图形与标准之间的依从关系。图形关联如图 14-60 所示。

标准样板文件由有经验的 AutoCAD 用户创建，通常是基于图形样板文件（dwt）的，但是也可以基于一个图形文件（dwg）。标准样板和图形关系如图 14-61 所示。

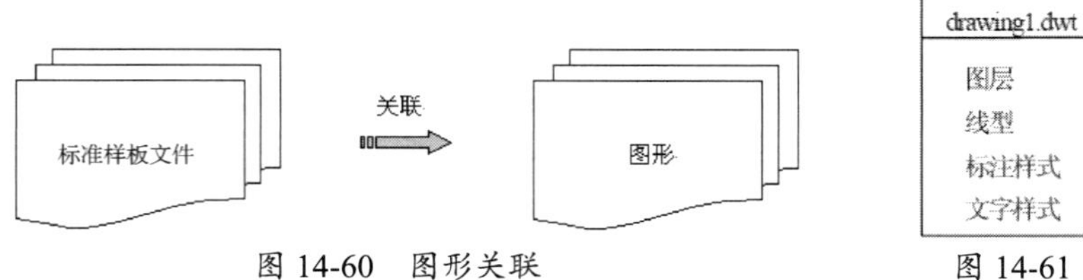

图 14-60　图形关联

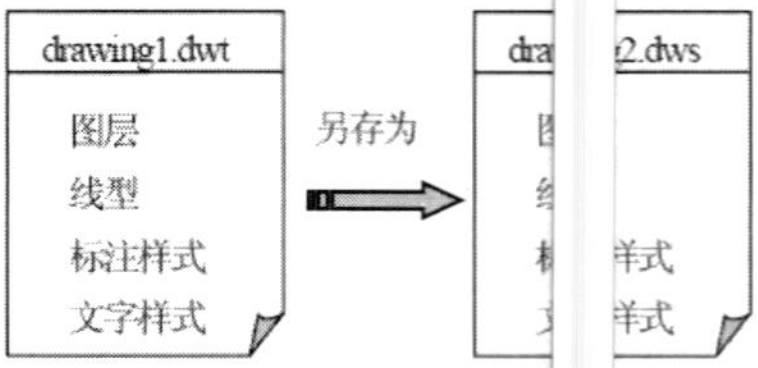

图 14-61　标准样板和图形关系

标准样板文件至少包含图层、线型、标注样式和文字样式。更复杂的标准样板还包括系统变量设置和图形单位。一旦用户创建了标准样板文件，【配置标准】对话框将作为一个标准管理器，可供用户进行以下操作。

- 指定 CAD 标准样板。
- 在用户计算机上标识插入模块。
- 检查 CAD 标准冲突。
- 评估、忽略或者应用解决方案。

下面通过一个范例说明创建和附加 CAD 标准样板的步骤。在本例中，用户先基于图层、线型及其他规定创建一个图形样板文件，然后将这个图形样板文件保存为一个标准样板文件，最后将这个标准样板附加给一个图形文件。

动手操作——制作标准图纸样板

① 在快速访问工具栏中单击【新建】按钮，打开【选择样板】对话框。选择基于 AutoCAD 的 acadiso.dwt 图形样板文件并打开，如图 14-62 所示。

② 在【图层】面板中单击【图层特性】按钮，在打开的【图层特性管理器】选项板中单击【新建图层】按钮，依次创建 5 个新图层，如图 14-63 所示，关闭该选项板。

③ 在【特性】面板的【选择线型】下拉列表中，选择【其他】选项，在打开的【线型管理器】对话框（见图 14-64）中，单击【加载】按钮。

④ 在打开的【加载或重载线型】对话框中，从 acadiso.lin 文件的【可用线型】列表框中，按住 Ctrl 键，选择两个线型：BORDER 和 DASHDOT2，单击对话框中的【确定】按钮，即完成线型的加载，如图 14-65 所示。

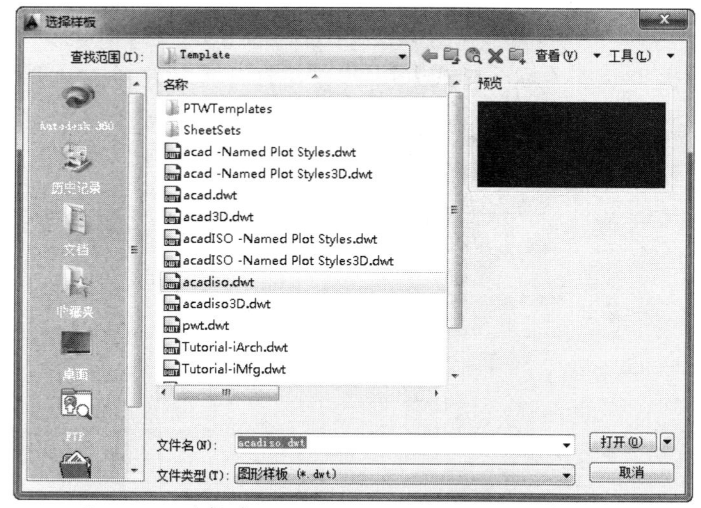

图 14-62 选择基于 AutoCAD 的 acadiso.dwt 样板文件

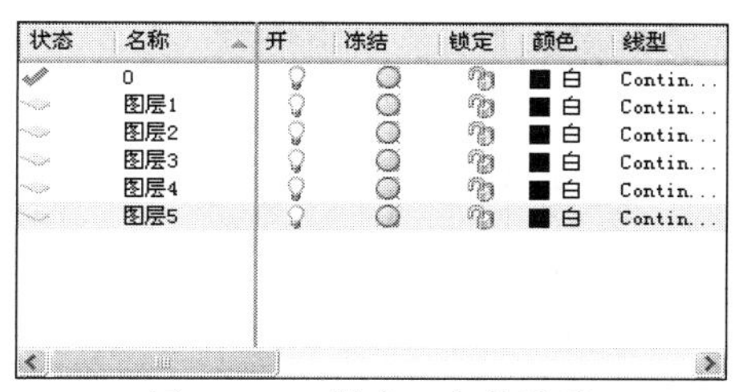

图 14-63 创建 5 个新图层

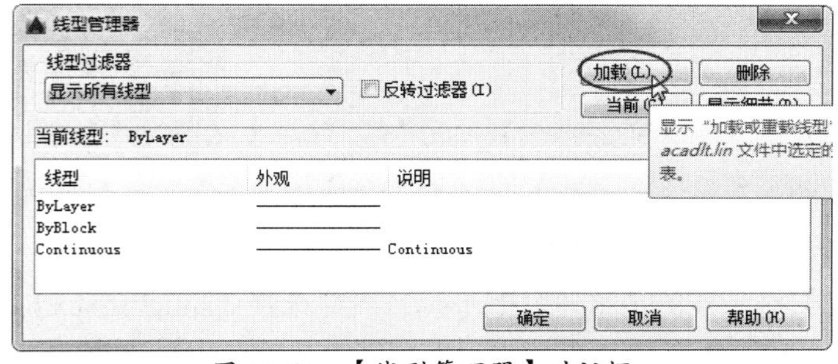

图 14-64 【线型管理器】对话框

⑤ 在【图层】面板中单击【图层特性】按钮，打开【图层特性管理器】选项板。在新建图层 2 的线型处单击，即可打开【选择线型】对话框，在该对话框的【已加载的线型】列表框中选择 DASHDOT2 线型，并单击【确定】按钮，如图 14-66 所示。

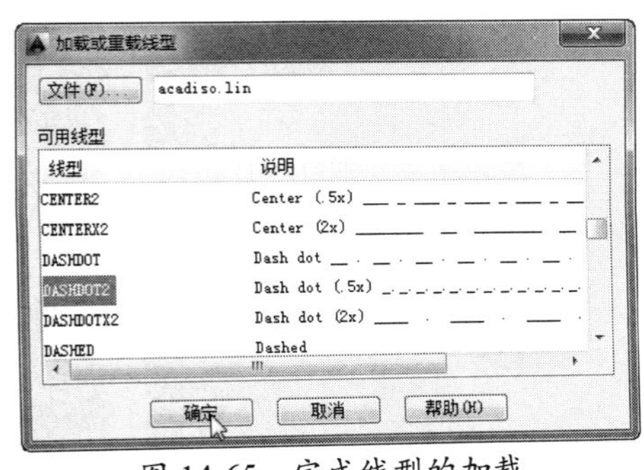

图 14-65 完成线型的加载

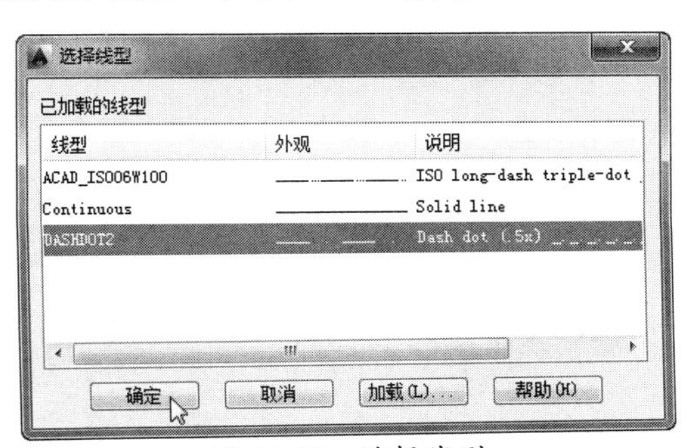

图 14-66 选择线型

⑥ 同理，将新建图层 3 中的线型更改为 BORDER，如图 14-67 所示。

⑦ 在【注释】面板中单击【标注样式】按钮，打开【标注样式管理器】 话框。在该对话框中，单击【新建】按钮，在打开的【创建新标注样式】对话框中输 机械标准标注，单击【继续】按钮，如图 14-68 所示。

状态	名称	锁定	颜色	线型	线宽	打
✓	0		白	Contin...	—— 默认	C
	图层1		白	Contin...	—— 默认	C
	图层2		白	DASHDOT2	—— 默认	C
	图层3		白	BORDER	—— 默认	C
	图层4		白	Contin...	—— 默认	C
	图层5		白	Contin...	—— 默认	C

图 14-67 更改线型

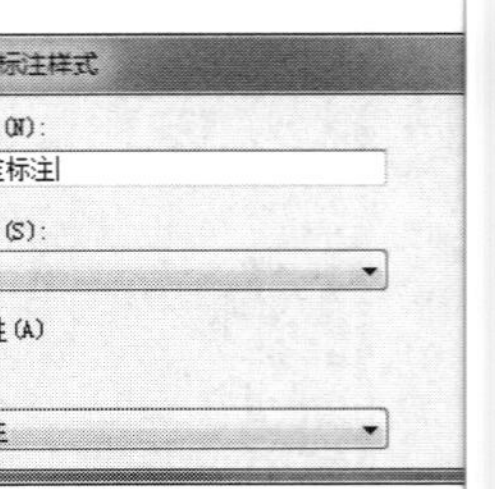

图 14-68 新建标注样

⑧ 在打开的【新建标注样式：机械标准标注】对话框的【符号和箭头】选项 中，分别在【第一个】下拉列表和【第二个】下拉列表中选择【建筑标记】选项，如 14-69 所示。

⑨ 单击【确定】按钮，并关闭【标注样式管理器】对话框。在【注释】面板 【选择标注样式】下拉列表中选择【机械标准标注】选项，如图 14-70 所示。

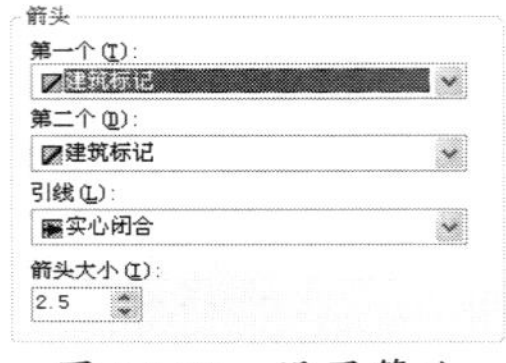

图 14-69 设置箭头

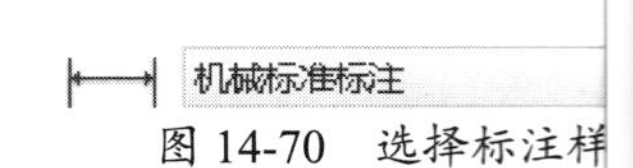

图 14-70 选择标注样

⑩ 单击【注释】面板中的【文字样式】按钮，打开【文字样式】对话框。单击【新建】按钮，即可打开【新建文字样式】对话框，在【样式名】文本框中输入标 准样式 1，单击【确定】按钮，如图 14-71 所示。

⑪ 在【文字样式】对话框的【字体名】下拉列表中选择【simplex.shx】选项 在【效果】选项组的【宽度因子】文本框中输入 0.75。使用相同的方法，创建另一个 为“标准样式 2”的文字样式，并且使用 simplex.shx 字体与 0.5 的宽度因子，如图 1 72 所示。单击【应用】按钮，关闭该对话框。

图 14-71 新建文字样式

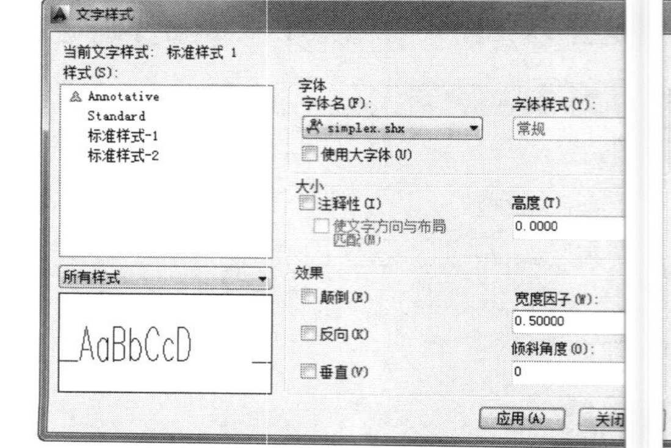

图 14-72 设置文字样式

⑫ 在菜单栏中执行【文件】|【另存为】命令，以 AutoCAD 图形样板文件类型（*.dwt）保存文件，并且给该文件取名为“标准图形样板”。AutoCAD 将这个文件保存在 C:\Users\Administrator\AppData\Local\Autodesk\AutoCAD 2022\R23.1\chs\Template 目录下，如图 14-73 所示。

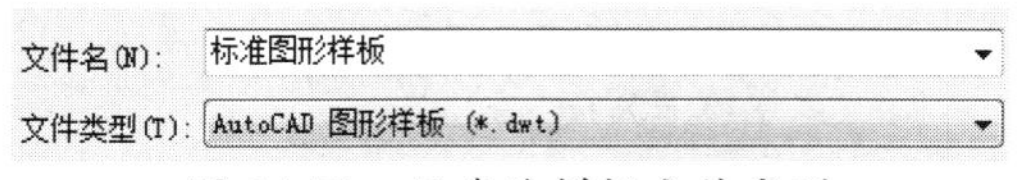

图 14-73　另存为样板文件类型

⑬ 在打开的【样板选项】对话框的【说明】选项组中输入 Office drawing template-DWT，并单击【确定】按钮，系统自动保存样板文件，如图 14-74 所示。

⑭ 同理，执行【文件】|【另存为】命令，先在【文件类型】下拉列表中选择【AutoCAD 图形标准】选项，然后在【文件名】文本框中输入标准图形样板.dws，最后单击【保存】按钮，如图 14-75 所示。

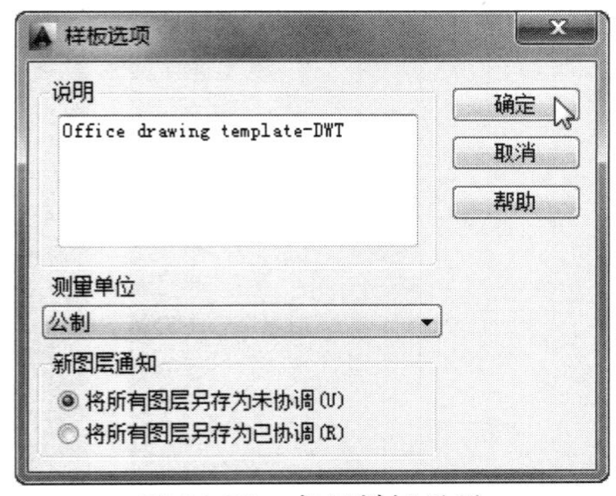

图 14-74　书写样板说明

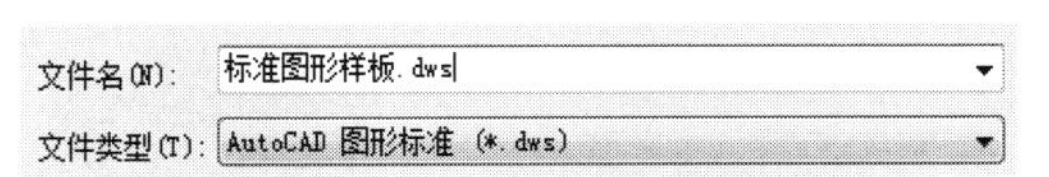

图 14-75　另存为 dws 文件

⑮ 附加标准文件到图形。打开本例源文件“零件图形.dwg”，如图 14-76 所示。

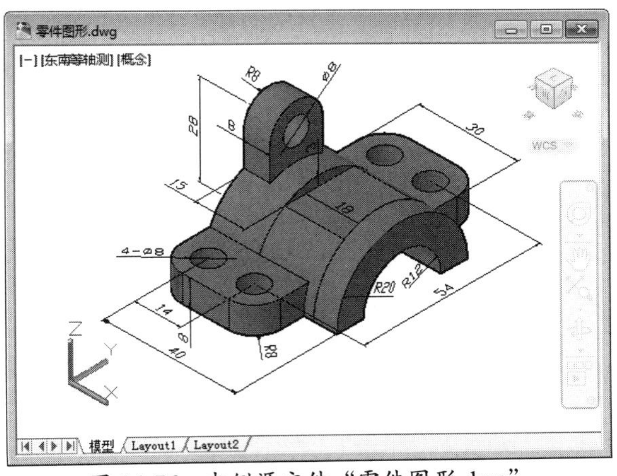

图 14-76　本例源文件“零件图形.dwg”

⑯ 在菜单栏中执行【工具】|【CAD 标准】|【配置】命令，打开【配置标准】对话框。先单击该对话框中的【选择标准文件】按钮，如图 14-77 所示。然后通过【选择标准文件】对话框打开先前保存在 Template 目录中的“标准图形样板”文件。【配置标准】对

话框的【说明】列表框中显示了 CAD 标准文件的描述信息。最后单击【确定】按钮，CAD 标准样板文件与当前图形关联。

图 14-77　选择图形标准文件

提醒一下：

用户可通过执行【工具】|【CAD 标准】|【图层转换器】命令，将当前图形转换成自定义的新图层。

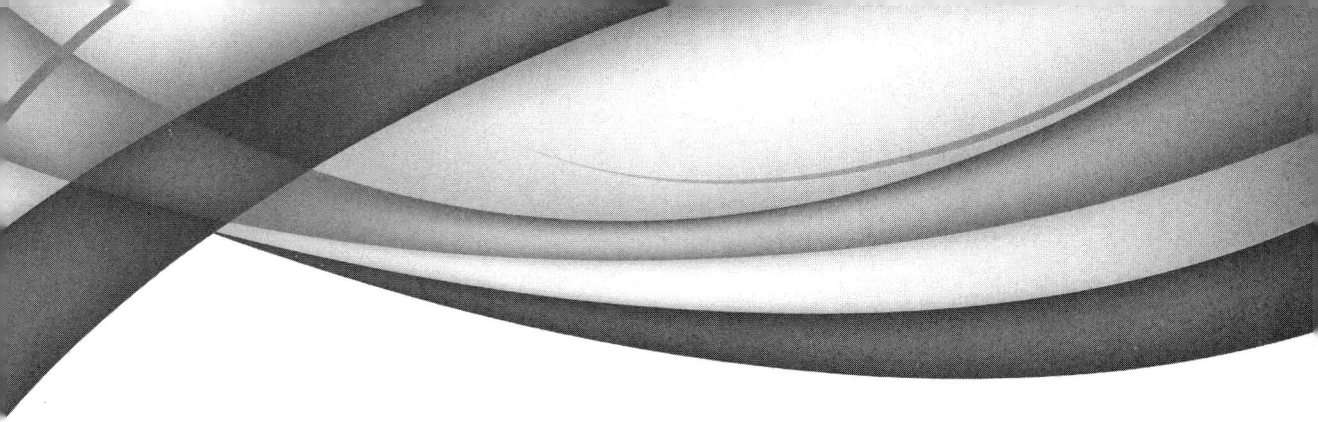

第 15 章

在 AutoCAD 中建立三维模型

本章内容

本章将简单介绍 AutoCAD 2022 三维建模空间中的基本功能与操作，并对三维建模命令的实战应用做简要介绍。

知识要点

- ☑ 三维建模的概述
- ☑ 简单三维模型的建立
- ☑ 由曲线创建实体或曲面
- ☑ 创建三维实体图元
- ☑ 网格曲面

15.1　三维建模的概述

在状态栏单击【切换模型空间】下拉按钮，就可以将二维草图与注释空间切换到三维建模空间。三维建模空间的整个工作环境布置与二维草图与注释空间类似，它的工作界面主要由快速访问工具栏、信息搜索中心、菜单栏、功能区、工具选项板、绘图区（图形窗口）、文本窗口与命令行、状态栏等元素组成，如图 15-1 所示。

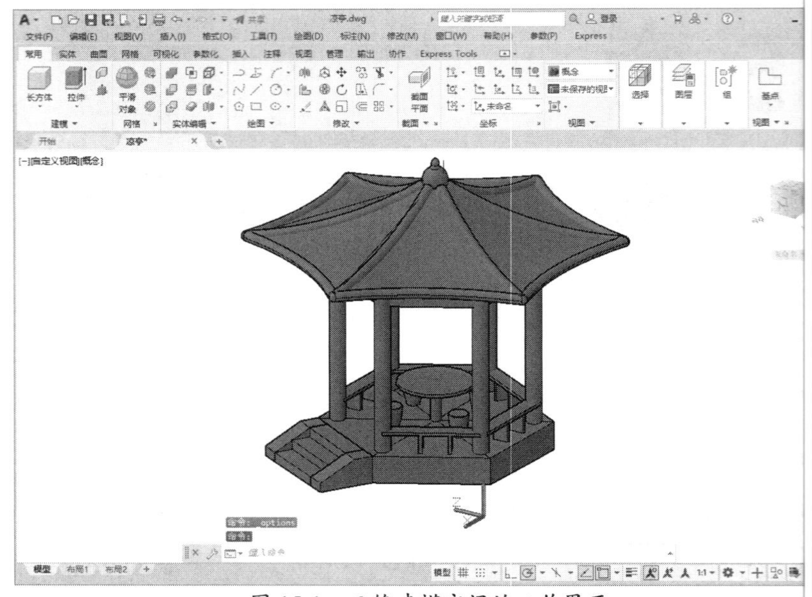

图 15-1　三维建模空间的工作界面

15.1.1　设置三维视图投影方式

在三维建模空间工作时，可以通过控制三维视图的投影方式，展现其不同的视觉效果。例如，设置图形的观察视点，图形的投影方向、角度等，可以使用户在设计模型时，能直观地了解每一个环节，避免设计操作失误。

1. 设置平行投影视图

在 AutoCAD 2022 中，平行投影视图也称为预设视图，是系统默认的投影视图。平行投影视图包括俯视、仰视、左视、右视、前视、后视、西南等轴测、东南等轴测、东北等轴测和西北等轴测。这些平行投影视图不具有任何可编辑特性，但用户可以先将平行投影视图另存为模型视图，然后编辑模型视图即可。

提醒一下：

在三维建模空间中仅限于对模型空间进行查看。若在图纸空间中工作，则不能使用三维查看命令定义图纸空间视图。图纸空间视图始终为平面视图。

用户可通过以下方式来选择平行投影视图的工具。

- 面板：选择【可视化】选项卡【视图】面板中的【俯视】或其他视图选项。
- 菜单栏：执行【视图】|【三维视图】|【俯视】或其他视图命令。
- 绘图区：在绘图区左上角的视图工具列表中选择视图工具。
- 命令行：输入 view。

视图具列表如图 15-2 所示。

AutoD 中的 8 种平行投影视图如图 15-3 所示。

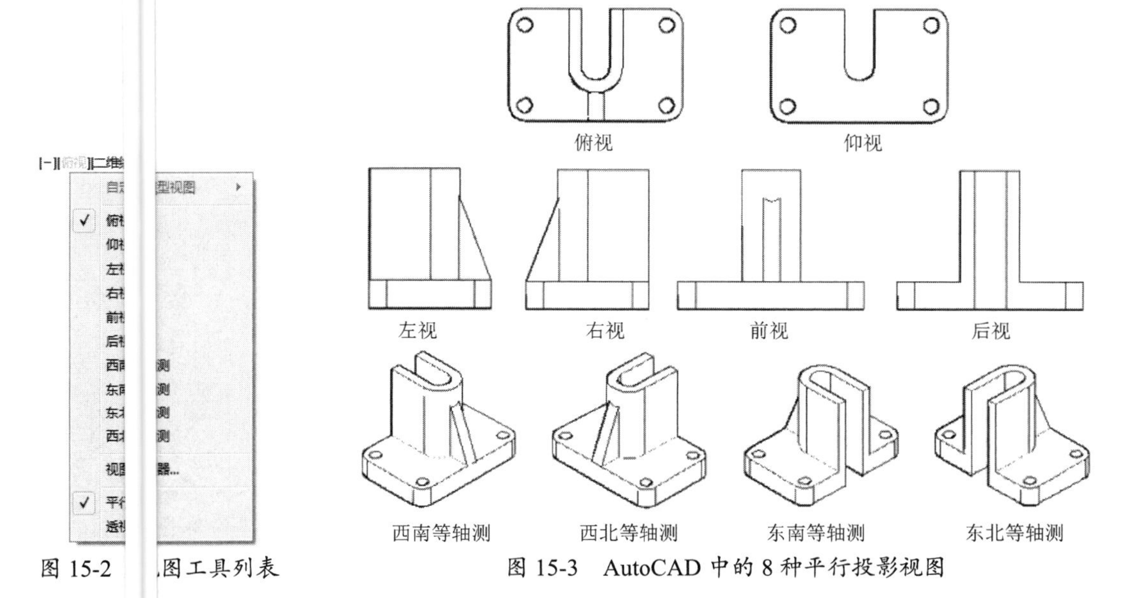

图 15-2　图工具列表

图 15-3　AutoCAD 中的 8 种平行投影视图

2．VwCube

Viewbe 是在三维建模空间启动图形系统时，显示在窗口右上角的三维导航工具。通过 ViewCu，用户可以在标准视图和等轴测视图之间切换。

Viewbe 将以不活动状态显示在其中一角（位于模型上方的绘图区）。ViewCube 处于不活动状时，将显示基于当前 UCS 和通过模型的 WCS 定义北向的模型的当前视口。将光标悬停在ewCube 上方时，ViewCube 将变为活动状态。用户可以切换至可用预设视图之一、滚动当前图或更改为模型的主视图。ViewCube 如图 15-4 所示。

图 15-4　ViewCube

在导工具处右击并执行右键快捷菜单中的【ViewCube 设置】命令，将打开【ViewCube

设置】对话框，如图 15-5 所示。通过该对话框可以控制 ViewCube 的可见性和显示特性。

3. 通过 ViewCube 更改 UCS

通过 ViewCube 可以将模型的当前 UCS 更改为随模型一起保存的已命名 UCS 之一，也可以定义新的 UCS，如图 15-6 所示。

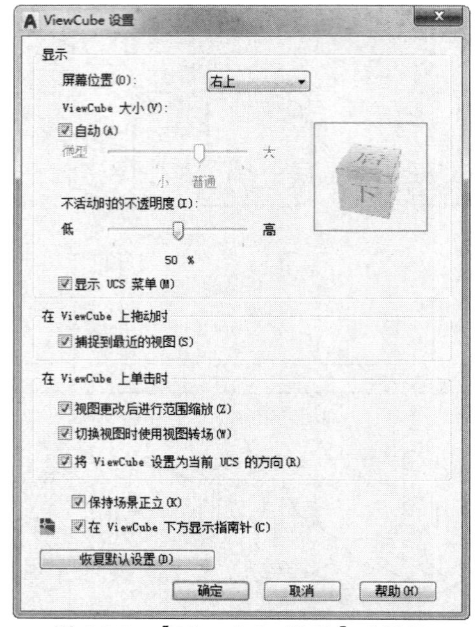

图 15-5 【ViewCube 设置】对话框

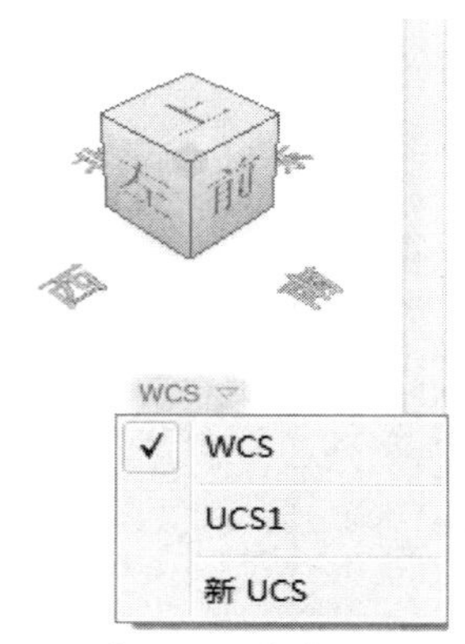

图 15-6 更改 UCS

4. 可用的导航工具

导航栏是一种用户界面元素，用户可以从中访问通用导航工具和特定于产品的导航工具，如图 15-7 所示。

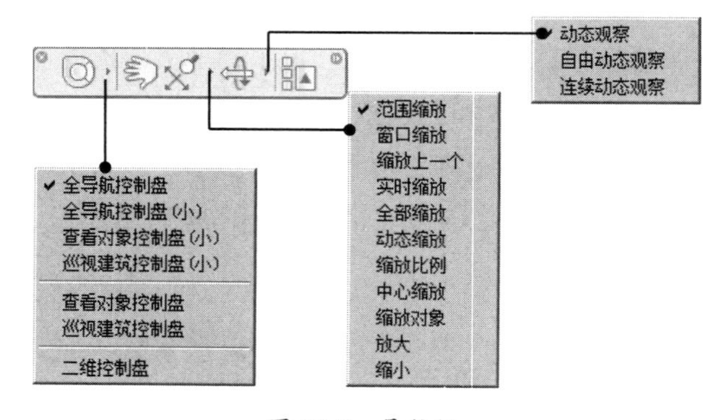

图 15-7 导航栏

5. 导航控制盘

导航控制盘（SteeringWheels）是追踪菜单，使用户可以通过单一工具访问各种二维和三维导航工具。SteeringWheels 将多个常用导航工具结合到一个单一界面中，从而为用户节省了时间。控制盘是由任务特定的，通过控制盘可以在不同的视图中导航和设置模型方向。

图 15-8 所示为各种可用的控制盘。

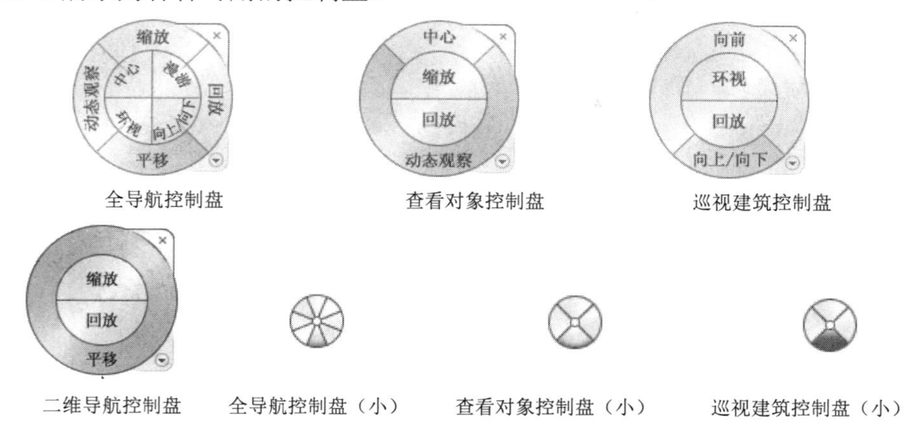

图 15-8　各种可用的控制盘

6．重新定位和重新定向导航栏

导航栏的位置和方向可以调整。先在导航栏下方展开的菜单中执行【固定位置】|【链接至 ViewCube】命令，然后用光标将导航栏拖动至绘图区的任意位置，如图 15-9 所示。

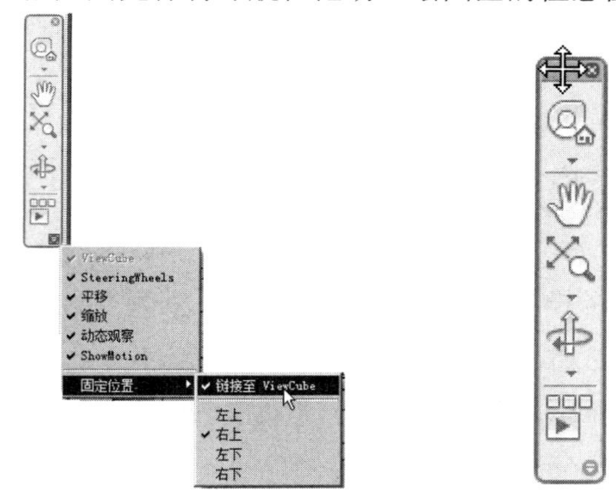

图 15-9　重新定位和重新定向导航栏

15.1.2　视图管理器

在命令行中执行 view 命令，可打开【视图管理器】对话框，如图 15-10 所示。通过该对话框，可以创建、设置、重命名、修改和删除命名视图（包括模型视图、布局视图和预设视图）。在视图列表框中选择一个视图，右边将显示该视图的特性。

【视图管理器】对话框中包括模型视图、布局视图和预设视图。该对话框中部分选项的含义如下。

- 置为当前：恢复选定的视图。
- 新建：单击此按钮，可创建新的平行投影视图。
- 更新图层：更新与选定视图一起保存的图层信息，使其与当前模型空间和布局视口中的图层可见性匹配。

- 编辑边界：显示选定的视图，绘图区的其他部分以较浅的颜色显示，从而显示命名视图的边界。
- 删除：删除选定的视图。

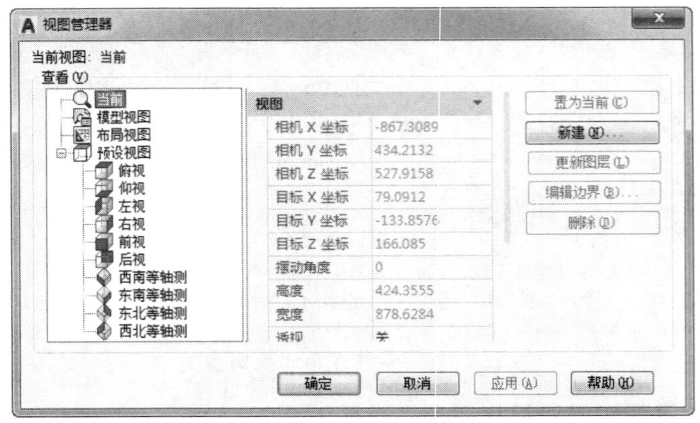

图 15-10 【视图管理器】对话框

1. 视点设置

视点就是观察模型的位置点。在绘制二维图形时，用户所做的任何操作都是正对着 XY 平面的。而在三维模型中，有时需要观察模型的左边，有时需要观察模型的前面，并且要在该视点中进行很长一段时间的操作，才可以通过改变视点进行工作。该视点允许用户同时看到三个面，为了满足这一要求，AutoCAD 提供了从三维建模空间的任何方向设置视点的命令。

2. 视点预设

用户可以通过【视点预设】对话框来设置三维模型观察方向。

用户可以通过以下方式打开此对话框。

- 菜单栏：执行【视图】|【三维视图】|【视点预设】命令。
- 命令行：输入 ddvpoin。

在命令行中执行 ddvpoin 命令，将打开如图 15-11 所示的【视点预设】对话框。

该对话框中各选项的含义如下。

- 设置观察角度：相对于 WCS 或 UCS 来设置观察方向。
  - 绝对于 WCS：相对于 WCS 设置观察方向。
  - 相对于 UCS：相对于当前 UCS 设置观察方向。
- X 轴：指定在 XY 平面中观察方向与 X 轴的角度。
- XY 平面：指定观察方向与 XY 平面的角度。
- 设置为平面视图：设置观察角度以相对于选定坐标系显示 XY 平面视图。

定义视点需要两个角度：一个为 XY 平面上的角度，另一个为与 XY 平面的夹角。这两个角度组合决定了观察者相对于目标点的位置。

在该对话框的视点布置预览区域中，左边的图形代表观察方向在 XY 平面上的角度，右边的图形代表观察方向与 XY 平面的夹角。也可以通过该对话框中的两个文本框来直接定义这两个角度，其初始值反映了当前观察方向的设置。设置的观察角度如图 15-12 所示。

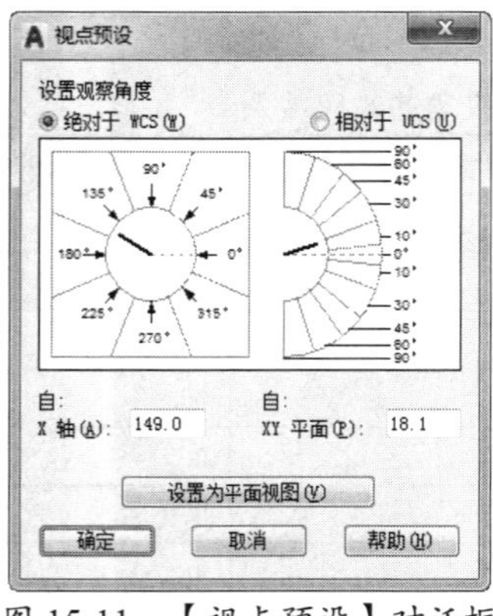

图 15-11　【视点预设】对话框

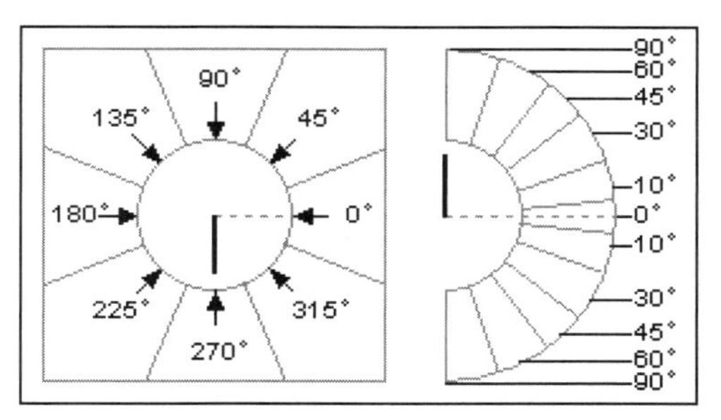

图 15-12　设置的观察角度

提醒一下：

用户可以在视点布置预览区域利用光标任意指定观察方向在 XY 平面上的角度或与 XY 平面的夹角，如图 15-13 所示。

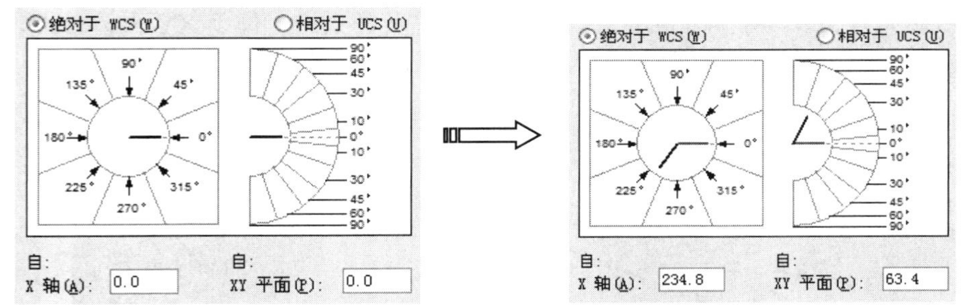

图 15-13　利用光标任意指定观察方向在 XY 平面上的角度或与 XY 平面的夹角

若单击【设置为平面视图】按钮，则系统将相对于选定坐标系产生平面视图。确定视点方向后，单击【确定】按钮，AutoCAD 将按该视点显示图形。

3. 视点

在三维建模空间中，为便于观察模型，可以使用 vpoint 命令任意修改视点的位置。AutoCAD 默认的视点为（0,0,1），即从（0,0,1）点（Z 轴正向上）向（0,0,0）点（原点）观察模型。在机械设计中，XY 平面的正交视图是前视图。

用户可以通过以下方式来执行上述操作。

- 菜单栏：执行【视图】|【三维视图】|【视点】命令。
- 命令行：输入 vpoint。

在命令行中执行 vpoint 命令，命令行操作提示如下：

```
命令：VPOINT
当前视图方向： VIEWDIR=-7.4969,-9.0607,10.9983                //当前视点坐标
指定视点或 [旋转(R)] <显示指南针和三轴架>:                      //视点选项
```

操作提示中各选项的含义如下。

- 指定视点：确定一点作为视点，为默认项。确定视点后，AutoCAD 将点与坐标原点的连线方向作为观察方向，并在屏幕上按该方向显示图形的投影。15-1 所示为各种平行投影视图的视点、角度及夹角的对应关系。

表 15-1　各种平行投影视图的视点、角度及夹角的对应关系

平行投影视图	视　点	在 XY 平面上的角度/度	与 X平面的夹角/度
俯视	(0,0,1)	270	90
仰视	(0,0,-1)	270	90
左视	(-1,0,0)	180	0
右视	(1,0,0)	0	0
前视	(0,-1,0)	270	0
后视	(0,1,0)	90	0
西南等轴测	(-1,-1,1)	205	45
东南等轴测	(1,-1,1)	315	45
东北等轴测	(1,1,1)	45	45
西北等轴测	(-1,1,1)	135	45

- 旋转：使用两个角度指定新的方向。第一个角度是观察方向在 XY 平的投影与 X 轴的夹角，第二个角度是观察方向与 XY 平面上方或下方，如图 15-14 所示。

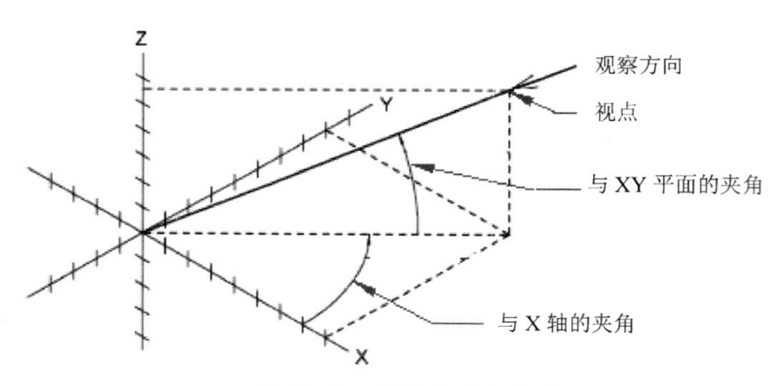

图 15-14　指定角度与夹角

- 显示指南针和三轴架：如果不输入任何坐标而用按 Enter 键响应指视点的提示，那么将出现指南针和三轴架，如图 15-15 所示。

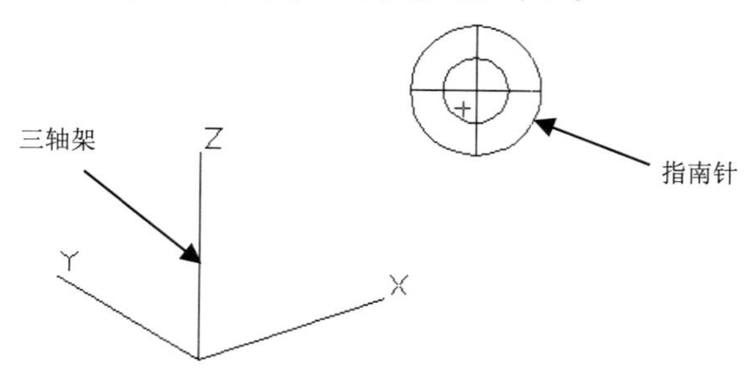

图 15-15　指南针和三轴架

用指南针和三轴架确定视点的方法如下：拖动鼠标使光标在指南针范围移动时，三轴

架的 X、Y 轴也会绕着 Z 轴转动。三轴架转动的角度与光标在指南针上的位置对应。光标位于指南针的不同位置，相应的视点也不相同。

指南针的二维表示如下：它的中心点为北极（0,0,1），相当于视点位于 Z 轴正方向；内环为赤道（n,n,0）；整个外环为南极（0,0,−1），如图 15-16 所示。当光标位于内环时，表示视点在球体的上半球体；当光标位于内环与外环之间时，表示视点在球体的下半球体。

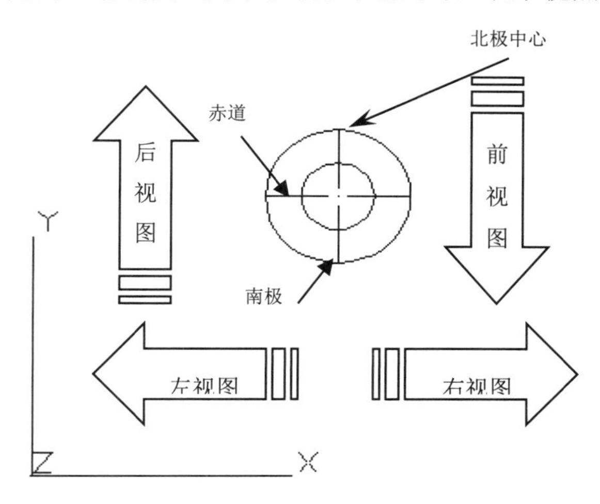

图 15-16　指南针和三轴架的组成部分

随着光标的移动，三轴架也随着变化，即视点在发生变化。确定视点后按 Enter 键，AutoCAD 将按该视点显示对象。

15.1.3　设置平面视图

平面视图是从 Z 轴正方向的一点指向原点（0,0,0）的视图。选择的平面视图可以基于当前 UCS、以前保存的 UCS 或 WCS。

用户可以通过以下方式来执行此操作。

- 在菜单栏中执行【视图】|【三维视图】|【平面视图】命令。
- 在命令行中输入 plan。

提醒一下：

plan 命令只影响当前模型空间中的视图，在布局空间中不能使用 plan 命令。

在命令行中执行 plan 命令，命令行操作提示如下：

```
命令：plan
输入选项 [当前 UCS(C)/UCS(U)/世界(W)] <当前 UCS>:
```

操作提示中各选项的含义如下。

- 当前 UCS：该选项表示将在当前视口中生成相对于当前 UCS 的平面视图，如图 15-17（a）所示。
- UCS：该选项表示恢复命名存储的 UCS 的平面视图，如图 15-17（b）所示。
- 世界：该选项表示生成相对于 WCS 的平面视图，如图 15-17（c）所示。

（a）当前UCS　　（b）UCS　　（c）世界

图 15-17　平面视图

15.1.4　视觉样式设置

在三维建模空间中，模型观察的视觉样式可以用来控制视口中边和着色的显示。本节将着重介绍视觉样式和视觉样式管理器。

1. 视觉样式

视觉样式是一组设置，用来控制视口中边和着色的显示。设置视觉样式，即更改模型特性，而不是使用命令和设置系统变量。一旦应用了视觉样式或更改了模型设置，就可以在视口中查看效果。

AutoCAD 2022 中默认的标准视觉样式：二维线框、三维线框、三维隐藏、真实和概念，如图 15-18 所示。

用户可通过以下方式设置模型视觉样式。

- 菜单栏：执行【视图】|【视觉样式】命令，并在【视觉样式】菜单中选择相应命令。
- 菜单栏：执行【工具】|【选项板】|【视觉样式】命令，并将视觉样式拖曳至窗口中。
- 面板：在【可视化】选项卡的【视觉样式】面板单击相应的按钮。
- 命令行：输入 visualstyles。

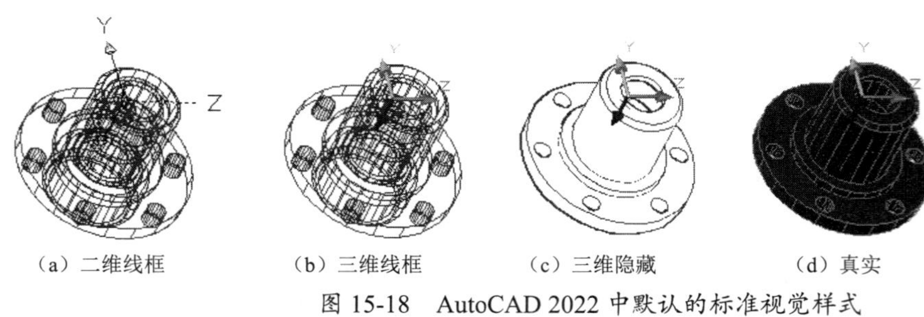

（a）二维线框　（b）三维线框　（c）三维隐藏　（d）真实　（e）概念

图 15-18　AutoCAD 2022 中默认的标准视觉样式

在着色视觉样式中来回移动模型时，跟随视点的两个平行光源将照亮面。该默认光源被设计为照亮模型中的所有面，以便从视觉上可以辨别这些面。

2. 视觉样式管理器

视觉样式管理器用于创建和修改视觉样式。在命令行中执行 visualstyles 命令，打开【视觉样式管理器】选项板，如图 15-19 所示。

【视觉样式管理器】选项板中各选项的含义如下。

- 【图形中的可用视觉样式】选项组：显示图形中可用视觉样式的样例图像。选定视觉样式的面设置、环境设置和边设置将显示在设置面板中。选定的视觉样式显示黄色

边 ，其名称显示在设置面板的底部。

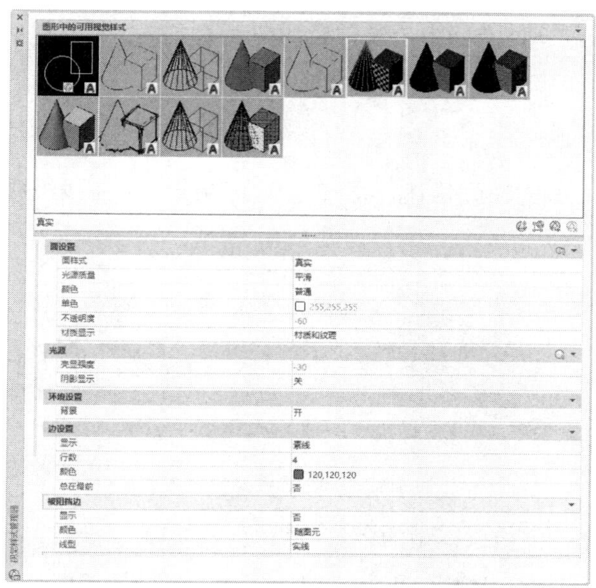

图 15-19　【视觉样式管理器】选项板

➢ 创建新的视觉样式】按钮：单击此按钮，将打开【创建新的视觉样式】对话框，如图 15-20 所示。在该对话框中用户可以输入名称和说明。

➢ 将选定的视觉样式应用于当前视口】按钮：单击此按钮，将选定的视觉样式应用于当前视口。

➢ 将选定的视觉样式输出到工具选项板】按钮：为选定的视觉样式创建工具并将其添加至工具选项板上，如图 15-21 所示。

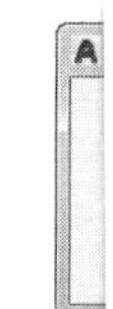
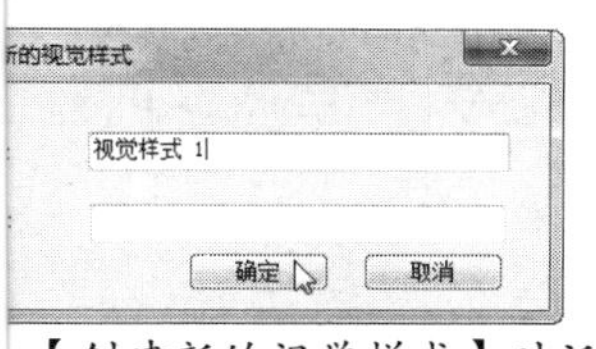

图 15-2 　【创建新的视觉样式】对话框

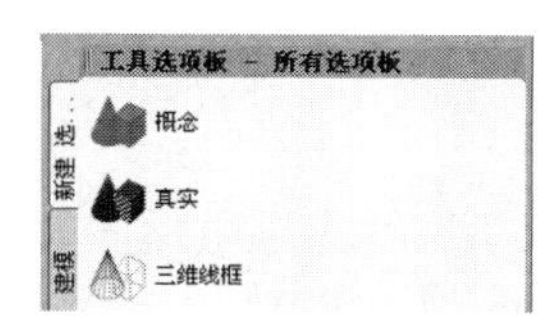

图 15-21　添加视觉样式至工具选项板

➢ 删除选定的视觉样式】按钮：删除选定的视觉样式。只有创建了新的视觉样式，此按钮才被激活。

提醒一下：

AutoCAD 22 中默认的标准视觉样式或当前视觉样式无法被删除。

- 【面 置】选项组：控制模型面在视口中的外观和材料显示。
- 【光 】选项组：控制环境中的光源强度和阴影显示。
- 【环 设置】选项组：控制背景显示。
- 【边 置】选项组：控制边的显示样式和颜色。
- 【被 挡边】选项组：控制被遮挡的模型边的显示。

15.1.5 三维模型的表现形式

在 AutoCAD 的三维建模空间中，通常模型的表达方式包括线框模型、表面模型和实体模型。

1. 线框模型

线框模型是三维对象的轮廓描述，由描述对象的线段和曲线组成。线框模型的示例如图 15-22 所示。

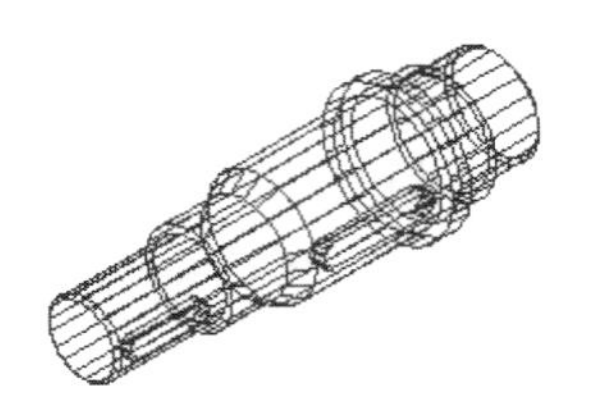
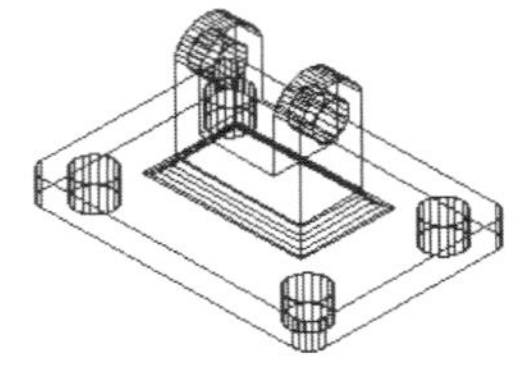

图 15-22　线框模型的示例

线框模型结构简单，但构成模型的各条线需要分别绘制。此外，线框模型没有面和体的特征，即不能对其进行面积、体积、重心、转动惯量、惯性矩等的计算，也不能对其进行消隐、渲染等操作。

2. 表面模型

表面模型用面描述三维对象，它不仅定义了三维对象的边界，还定义了其表面，即表面模型具有面的特征。表面模型的示例如图 15-23 所示。

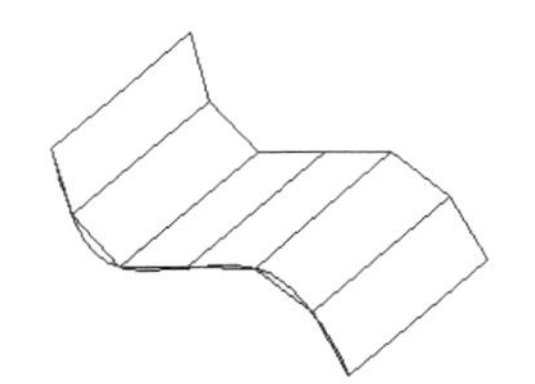
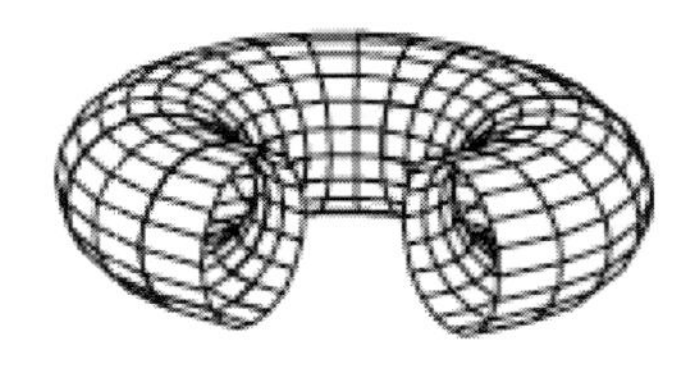

图 15-23　表面模型的示例

AutoCAD 的表面模型用多边形网格定义表面中的各个小平面，这些小平面组合起来即可近似构成曲面。很显然，多边形网格越密，曲面的光滑程度越高。用户可以直接编辑构成表面模型的各多边形网格。由于表面模型具有面的特征，因此可以对它进行面积等的计算，也可以对其进行消隐、着色、渲染等操作。

表面模型适合于构造复杂曲面，如模具、发动机叶片、汽车、飞机等复杂零件的表面，对地形、地貌、矿产资源、自然景物的模拟等。

3. 实体模型

实体模型不仅具有线、面的特征，还具有体的特征。对于实体模型，可以对它进行体积、重心、转动惯量、惯性矩等的计算，也可以对它进行消隐、剖切、装配干涉检查等操作，还可以对具有基本形状的实体进行并、交、差等布尔运算，以构造复杂的组合体。图 15-24 所示为实体模型的示例。

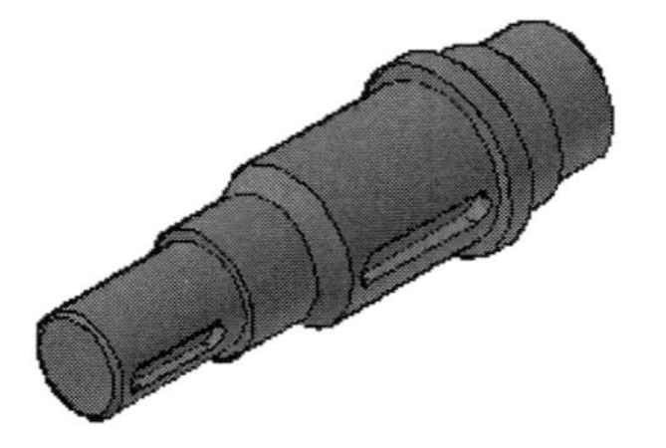
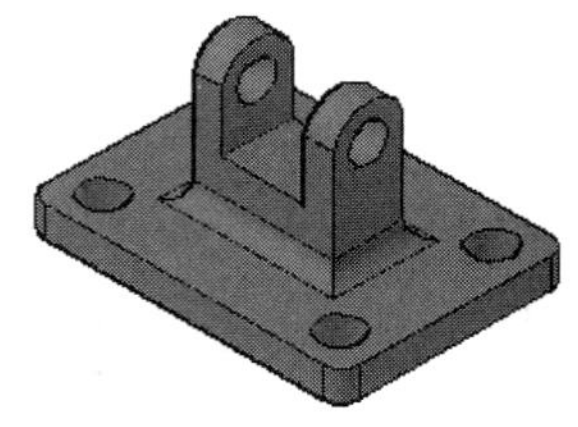

图 15-24　实体模型的示例

此外，由于着色、渲染等技术的运用，可以使实体模型表面表现出很好的可视性。因而，实体模型还广泛应用于三维动画、广告设计等领域。

15.1.6　三维 UCS

在 AutoCAD 2022 的三维建模空间中，要有效地进行三维建模，必须控制 UCS。UCS 对于输入坐标、在二维工作平面上创建三维对象及在三维建模空间中旋转对象有很大用处。在三维环境中创建或修改对象时，可以在三维建模空间中移动和重新定向 UCS 以简化工作。

1. 定义 UCS

通过 UCS 功能，用户可以自定义创建三维模型时所需的 UCS。

用户可通过以下方式来执行相关操作。

- 菜单栏：先执行【工具】|【新建 UCS】命令，然后在子菜单中执行相关命令。
- 面板：在【视图】选项卡的【坐标】面板中单击相关按钮。
- 工具栏：在 UCS 工具栏上单击相关按钮。
- 命令行：输入 ucs。

在命令行中执行 ucs 命令，命令行操作提示如下：

```
命令：_ucs
当前 UCS 名称：*世界*
指定 UCS 的原点或 [面(F)/命名(NA)/对象(OB)/上一个(P)/视图(V)/世界(W)/X/Y/Z/Z 轴(ZA)]<世界>:
```

操作提示中各选项的含义如下。

（1）三点。

在操作提示中选择默认的【UCS】选项，或者在【坐标】面板中单击【三点】按钮，可以指定新的 UCS 原点及 X、Y 轴方向。以三点的方式定义 UCS 如图 15-25 所示。

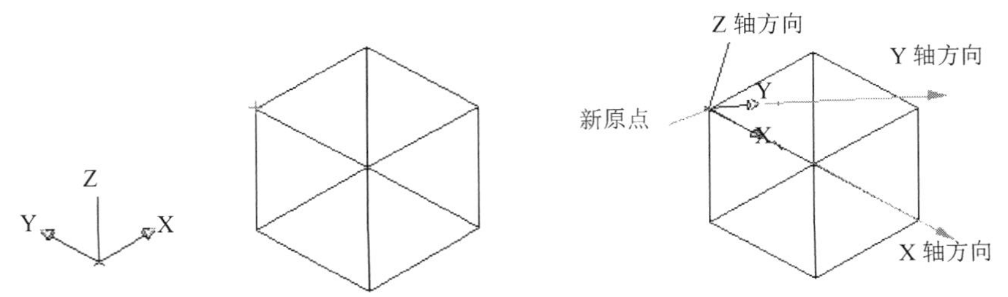

图 15-25　以三点的方式定义 UCS

提醒一下：

若仅指定一个点，则当前 UCS 的原点将会移动但不会更改 X、Y 和 Z 轴的方向。

（2）面。

选择【面】选项，将使新的 UCS 与三维实体的选定面对齐。要选择面，在此面的边界内或面的边上单击，被选中的面将亮显，UCS 的 X 轴将与找到的第一个面上近的边对齐。以面的方式定义 UCS 如图 15-26 所示。

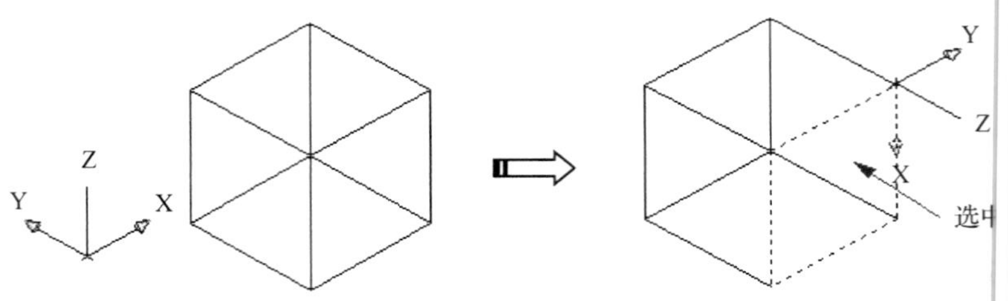

图 15-26　以面的方式定义 UCS

（3）命名。

选择【命名】选项，可按名称保存并恢复通常使用的 UCS 方向。用户可在【坐标】面板中单击【已命名】按钮，并在随后打开的【UCS】对话框中对新建的 UCS 命名，如图 15-27 所示。

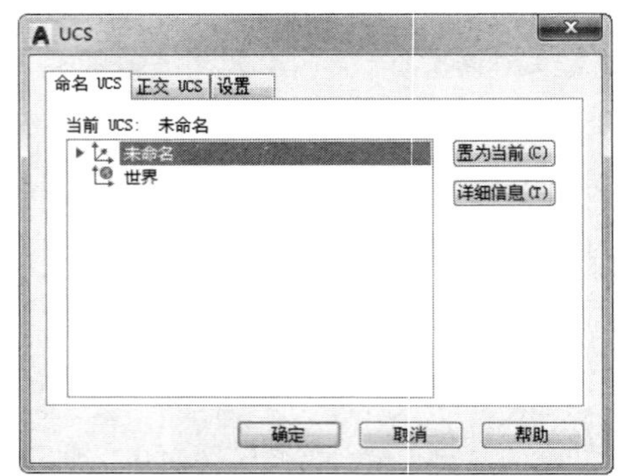

图 15-27　对新建的 UCS 命名

（4）对象。

选择【对象】选项，可根据选定的三维对象定义新的坐标系。新建 UCS 的 Z 轴正方向与选定对象的拉伸方向相同。以对象的方式定义 UCS 如图 15-28 所示。

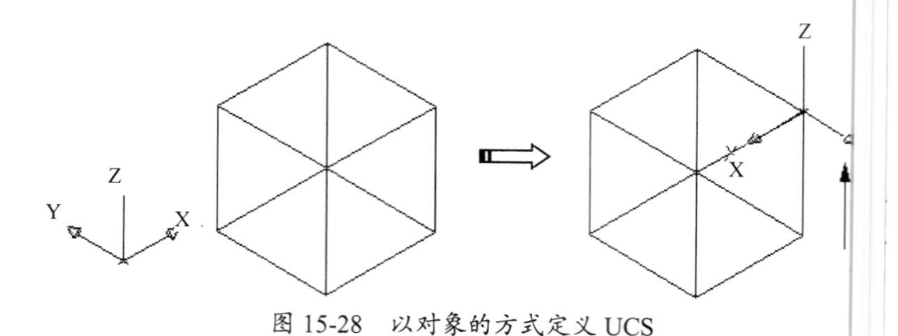

图 15-28　以对象的方式定义 UCS

（5）上一个。

选择【上一个】选项，即可恢复上一个创建的 UCS。系统会保留在图　空间中创建的最后十个坐标系和在模型空间中创建的最后十个坐标系。

（6）视图。

选择【视图】选项，以垂直于观察方向（平行于屏幕）的平面为 XY 平面，建立新的坐标系，UCS 原点保持不变。以视图的方式定义 UCS 如图 15-29 所示。

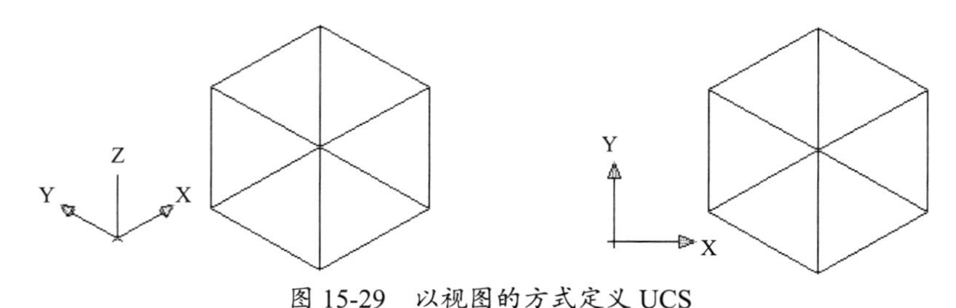

图 15-29　以视图的方式定义 UCS

（7）世界。

选择【世界】选项，将当前 UCS 设置为 WCS。WCS 是所有 UCS 的基准，不能被重新定义。

（8）X、Y、Z。

选择【X】选项、【Y】选项或【Z】选项，可以绕指定轴旋转当前 UCS，如图 15-30 所示。

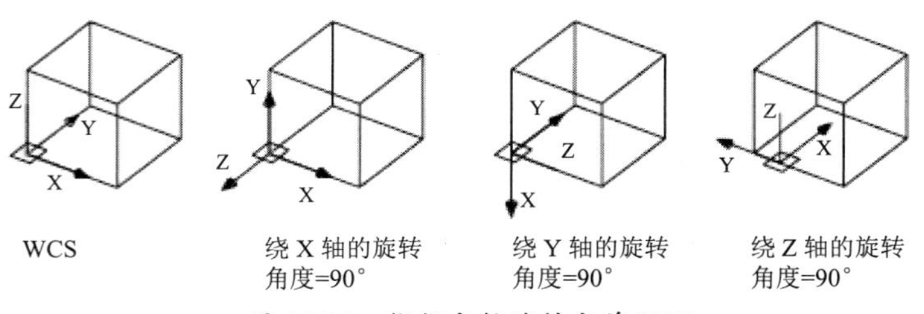

图 15-30　绕指定轴旋转当前 UCS

（9）Z 轴。

选择【Z 轴】选项，可以通过定义 Z 轴方向来确定 UCS。以 Z 轴的方式定义 UCS 如图 15-31 所示。

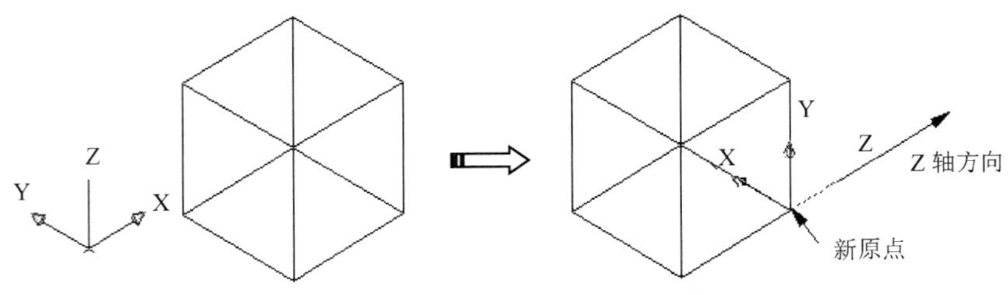

图 15-31　以 Z 轴的方式定义 UCS

2. 显示 UCS 图标

显示 UCS 图标用于控制 UCS 图标的可见性和位置。若用户想要显示 UCS 图标，则可以在命令行中执行 ucsicon 命令，或者在【坐标】面板中单击【显示 UCS 图标】按钮，即可显示或隐藏 UCS 图标。

在命令行中执行ucsicon命令，命令行操作提示如下：

```
命令：_ucsicon
输入选项 [开(ON)/关(OFF)/全部(A)/非原点(N)/原点(OR)/特性(P)] <关>：
```

操作提示中各选项的含义如下。

- 开：在绘图区上显示UCS图标。
- 关：在绘图区上不显示UCS图标。
- 全部：如果当前图形屏幕上有多个视口，选择该选项后，使用ucsicon命令对UCS图标的设置适用于全部视口中的图标，否则仅适用于当前视口。
- 非原点：不管当前UCS的坐标原点在什么地方，UCS图标将显示在当前视口的左下角。
- 原点：将UCS图标显示在当前视口的坐标原点上。

提醒一下：

如果坐标原点不在当前图形屏幕显示范围内，那么UCS图标显示在当前视口的左下角。

- 特性：选择该选项，打开如图15-32所示的【UCS图标】对话框。利用此对话框，用户可以很方便地设置UCS图标的样式、大小及颜色特性。

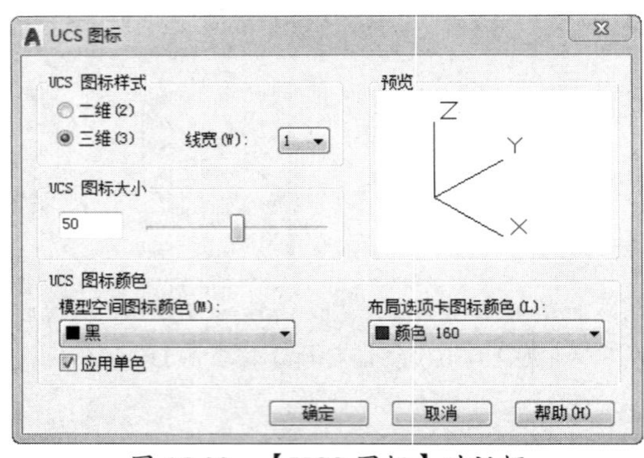

图15-32 【UCS图标】对话框

15.2 简单三维模型的创建

在AutoCAD中，实体模型可以由实体和曲面创建，三维对象也可以通过模拟曲面（三维厚度）表示为线框模型或网格模型。本节将介绍创建三维模型所需的简单图形元素的绘制，包括绘制三维点和绘制三维多段线。

15.2.1 绘制三维点

创建三维模型时，免不了要确定三维建模空间的点。用户可以利用AutoCAD的对象捕捉功能捕捉一些特殊的点，如圆心、端点、中心等，还可以通过键盘输入点的坐标，既能用绝对坐标输入方式，又能用相对坐标输入方式。而且在每一种坐标输入方式中，又有柱面坐标、球面坐标、直角坐标和极坐标之分。

1. 绝 坐标

点的 对坐标是指相对于当前坐标原点的坐标，包括以下几种形式。

- 柱 坐标：它是表示三维建模空间点的另一种形式。表示柱面坐标的参数有 XY 距离 XY 平面角度和 Z 坐标，其示意图如图 15-33 所示。

提醒一下

其表示 法为 XY 距离<XY 平面角度、Z 坐标（绝对坐标）或@XY 距离<XY 平面角度、Z 坐标（相对坐标）。例如 50<60、30=和@45<30、60=都是合理的柱面坐标。

- 球 坐标：它是用于确定三维建模空间的点，是极坐标的推广。表示球面坐标的参 有点到原点的 XYZ 距离、XY 平面角度、和 XY 平面的夹角，其示意图如图 5-34 所示。

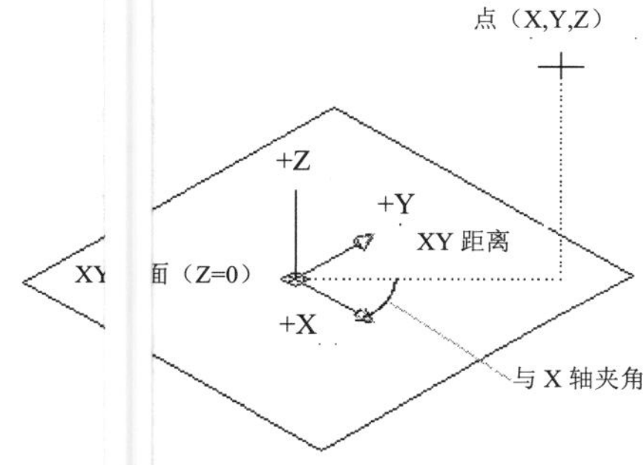

图 15-33　柱面坐标示意图

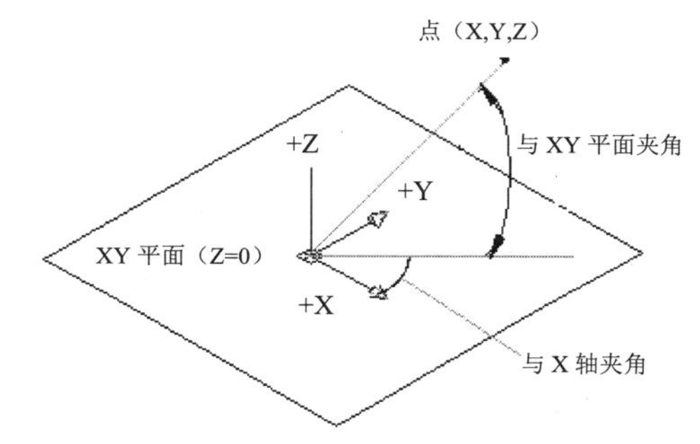

图 15-34　球面坐标示意图

提醒一下

其表示 去为 XYZ 距离<XY 平面角度<和 XY 平面的夹角（绝对坐标）或@XYZ 距离<XY 平面角度<和 XY 平面 夹角（相对坐标）。例如，120<80<60=和@100<60<45=都是合理的球面坐标。

- 直 坐标：它用点的 X、Y、Z 坐标表示，坐标之间用逗号隔开。例如，要输入一个 ，其 X 坐标为 100，Y 坐标为 200，Z 坐标为 300，则在确定点的提示后输入（ ,200,300）。绘制二维图形时，点的 Z 坐标为 0，故不需要输入该坐标。
- 极 标：它可以用来表示位于当前坐标系 XY 平面上的二维点，用相对于坐标原点的 离和与 Z 轴正方向的夹角来表示点的位置。其表示方法为距离<角度。系统规定 轴正向为 0°，Y 轴正向为 90°。例如，某二维点距坐标系原点的距离为 240，坐 系原点与该点的连线相对于坐标系 X 轴正方向的夹角为 30°，那么该点的极坐标 240<30。

2. 相 坐标

相对 示是指相对于当前点的坐标。相对坐标也有柱面坐标、球面坐标、直角坐标和极坐标 4 种 式，其表示方法与绝对坐标相同，但要在坐标的前面加上符号“@”。

例如 已知当前点的直角坐标为（168,228,−180），若在输入点的提示后输入“@100,−45,100”， 则相当于该点的绝对坐标为（268,183,−80）。

15.2.2 绘制三维多段线

使用 3dpoly 命令，可以绘制能够产生 polyline 对象类型的非平面多段线。三维多段线是作为单个对象创建的直线段相互连接而成的序列。

用户可以通过以下方式执行上述操作。

- 菜单栏：执行【绘图】|【三维多段线】命令。
- 面板：在【默认】选项卡的【绘图】面板中单击【三维多段线】按钮。
- 命令行：输入 3dpoly。

提醒一下：

三维多段线可以不共面，但是不能包括弧线段。

如果要绘制三维多段线，那么在命令行中执行 3dpoly 命令后，命令行操作提示如下：

```
命令：_3dpoly
指定多段线的起点：                                    //指定起点
指定直线的端点或 [放弃(U)]：                          //指定端点 1
指定直线的端点或 [放弃(U)]：                          //指定端点 2
指定直线的端点或 [闭合(C)/放弃(U)]：c↙               //输入选项
```

在操作提示下可以指定三维多段线的起点位置，还可以继续指定三维多段线的下一个端点位置，如图 15-35 所示。若选择【闭合】选项，则自动封闭三维多段线。也可以通过选择【放弃】选项放弃上次操作，如图 15-36 所示。

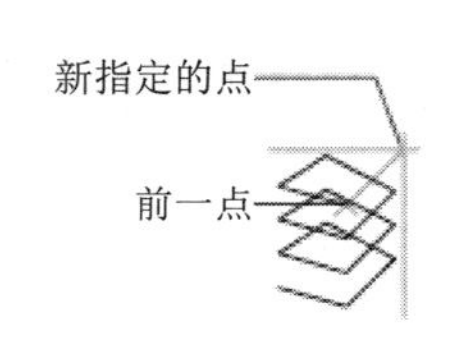

图 15-35　指定端点

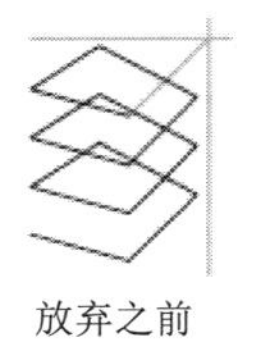

放弃之后

图 15-36　放弃上次操作

由于三维多段线的绘制方法及步骤与二维多段线相同，因此这里就不重复介绍了。

用户可以使用 pedit 命令编辑三维多段线，还可以使用 splinedit 命令编辑三维样条曲线。

15.3 由曲线创建实体或曲面

在二维环境下绘制的直线、圆弧、椭圆弧、样条曲线、多段线等曲线，可以使用三维建模的【拉伸】、【扫掠】、【旋转】、【放样】等命令将其构建为任意形状的实体或曲面。

15.3.1 创建拉伸特征

使用【拉伸】命令，可以通过拉伸二维对象创建拉伸实体或曲面。若二维对象为封闭曲线，则将其拉伸成实体，若二维对象为开放曲线，则将其拉伸成曲面，如图 15-37 所示。

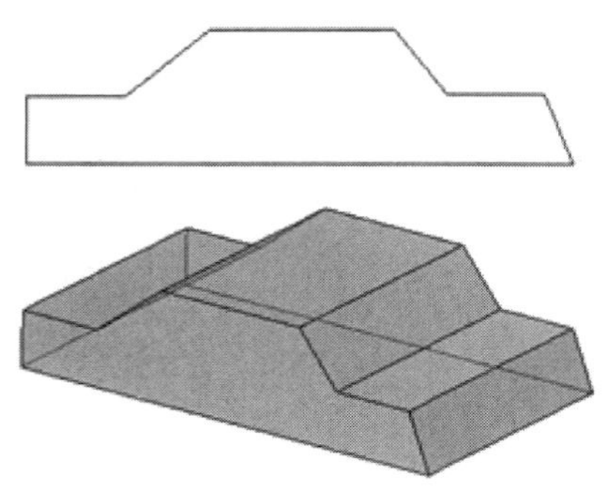

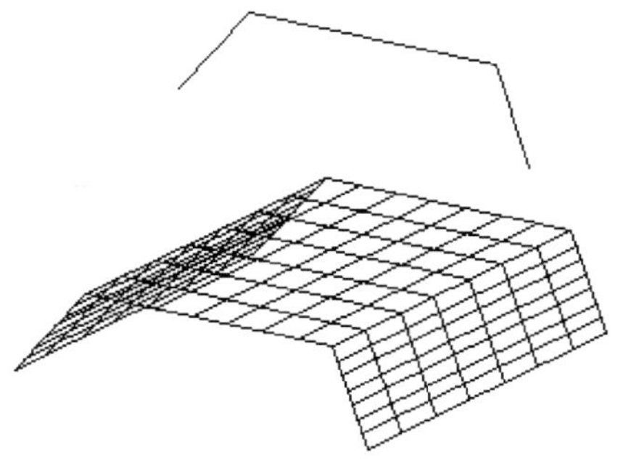

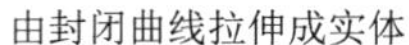

由封闭曲线拉伸成实体　　　　由开放曲线拉伸成曲面

图 15-37　拉伸二维对象

提醒一下：

所谓封闭曲线，必须是多边形、圆、椭圆及通过选择【闭合】选项绘制的闭合曲线。

用户可通过以下方式执行上述操作。

- 菜单栏：执行【绘图】|【建模】|【拉伸】命令。
- 面板：在【默认】选项卡的【建模】面板中单击【拉伸】按钮。
- 命令行：输入 extrude。

创建拉伸实体或曲面，必须要先绘制二维对象。在命令行中执行 extrude 命令后，选择要拉伸的对象，命令行操作提示如下：

```
命令：_extrude
当前线框密度：ISOLINES=50                          //网格的密度
选择要拉伸的对象：找到 1 个                         //选择要拉伸的对象
选择要拉伸的对象：
指定拉伸的高度或 [方向(D)/路径(P)/倾斜角(T)]：      //选择选项
```

操作提示中各选项的含义如下。

- 要拉伸的对象：选择要拉伸的对象，包括开放的直线、圆弧、椭圆弧、多段线、样条曲线等。

提醒一下：

不能拉伸包含在块中的对象，也不能拉伸具有相交或自交线段的多段线。

- 拉伸的高度：对象在 Z 轴正、负方向上的拉伸长度。
- 方向：通过指定两点来确定拉伸的长度和方向。
- 路径：选择基于指定对象的拉伸路径。先将路径移动到轮廓的质心，然后沿选择路径拉伸指定对象的轮廓以创建实体或曲面，如图 15-38 所示。
- 倾斜角：拔模的锥角，若输入正角度，则将从基准对象逐渐变细地拉伸；若输入负角度，则将从基准对象逐渐变粗地拉伸。设置倾斜角如图 15-39 所示。

提醒一下：

拉伸路径不能与指定对象处于同一平面，也不能具有高曲率的部分。

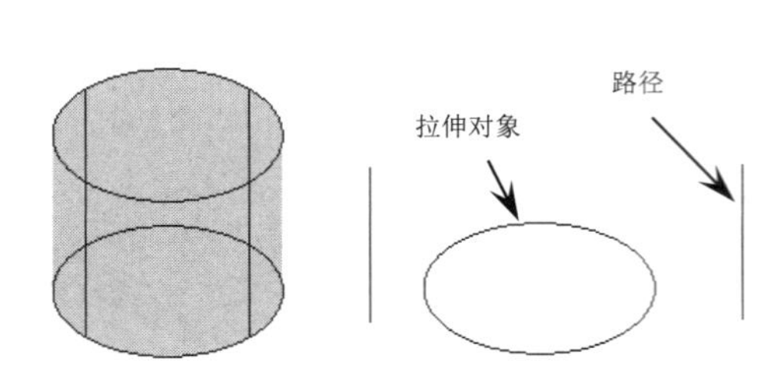

图 15-38　沿选择路径拉伸指定对象的轮廓

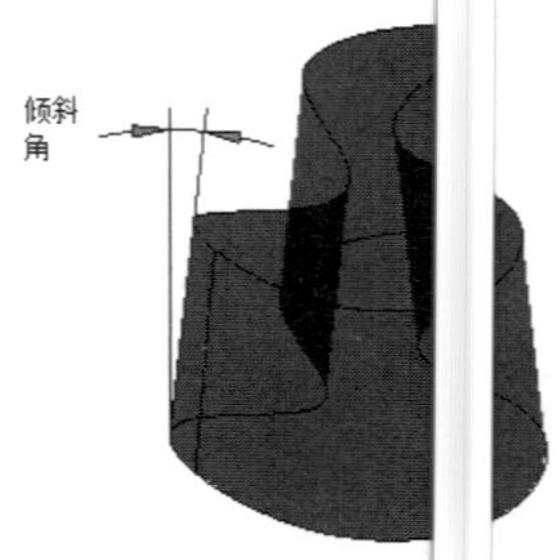

图 15-39　设置倾[illegible]角

动手操作——创建拉伸曲面

① 新建图形文件。在二维草图与注释空间中绘制两段椭圆弧，使两段椭圆弧连[illegible]成一个椭圆。

② 进入三维建模空间，将图形视图由俯视图切换到西南轴测图，如图 15-40[illegible]示。

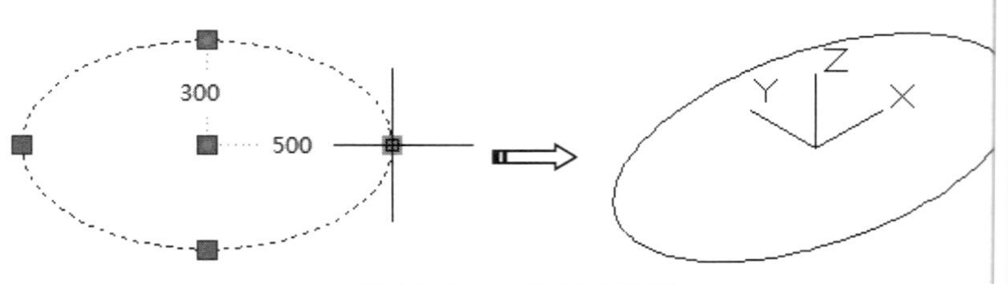

图 15-40　切换图形视图

提醒一下：

要想创建曲面，图 15-40 中的椭圆不能是一个完整的椭圆，须由两段椭圆弧组合而成[illegible]

③ 在命令行中执行 extrude 命令，并将图形向 Z 轴正方向拉伸 50，倾斜 15°[illegible]命令行操作提示如下：

```
命令：_extrude
当前线框密度：ISOLINES=4
选择要拉伸的对象：指定对角点：找到 2 个                //选择要拉伸的对象
选择要拉伸的对象：
指定拉伸的高度或 [方向(D)/路径(P)/倾斜角(T)]：t↙      //输入 t
指定拉伸的倾斜角度：15↙                               //输入倾斜角度
值必须非零。
指定拉伸的高度或 [方向(D)/路径(P)/倾斜角(T)]：300↙    //输入拉伸高度值并[illegible]Enter 键
```

④ 创建拉伸曲面的过程及结果如图 15-41 所示。

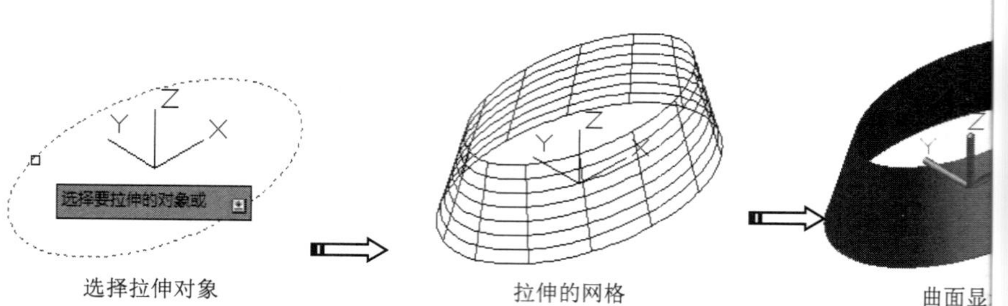

图 15-41　创建拉伸曲面的过程及结果

提醒一下：

在指定对象拉伸高度时，若输入正值，则向 Z 轴正方向拉伸对象；若输入负值，则向 Z 轴[illegible]方向拉伸对象。

15.3.2　创建扫掠特征

使用 sweep 命令可以沿扫掠路径扫掠开放的平面曲线（轮廓）来创建实体或曲面。扫掠路径可以是二维的也可以是三维的。扫掠实体如图 15-42 所示。在同一平面内，还可以扫掠多个对象以创建扫掠特征。

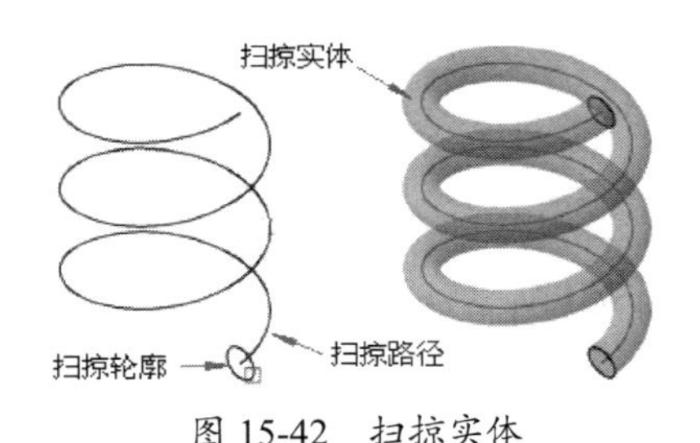

图 15-42　扫掠实体

提醒一下：

选择要扫掠的对象时，该对象将自动与用作扫掠路径的对象对齐。也就是说，扫掠轮廓可以绘制在绘图区的任何位置。

用户可通过以下方式执行上述操作。

- 菜单栏：执行【绘图】|【建模】|【扫掠】命令。
- 面板：在【默认】选项卡的【建模】面板中单击【扫掠】按钮。
- 命令行：输入 sweep。

同样，创建扫掠特征，也要先绘制二维对象。在命令行中执行 extrude 命令后，选择要扫掠的对象，命令行操作提示如下：

```
命令：_sweep
当前线框密度：ISOLINES=4
选择要扫掠的对象：找到 1 个                              //选择扫掠对象
选择要扫掠的对象：
选择扫掠路径或 [对齐(A)/基点(B)/比例(S)/扭曲(T)]：        //选择选项
```

操作提示中各选项的含义如下。

- 对齐：指定是否对齐轮廓以使其作为扫掠路径切向的法向。
- 基点：指定要扫掠对象的基点。若指定的点不在要扫掠对象所在的平面上，则该点将被投影到该平面上。
- 比例：为扫掠操作指定比例因子。
- 扭曲：设置正被扫掠对象的扭曲角度。扭曲角度指定沿扫掠路径全部长度的旋转量。

动手操作——创建扫掠实体

① 打开本例源文件“ex-1.dwg”。

② 在命令行中执行 sweep 命令，命令行操作提示如下：

```
命令：_sweep
当前线框密度：ISOLINES=4
选择要扫掠的对象：找到 1 个                              //选择扫掠对象
```

```
选择要扫掠的对象：↙
选择扫掠路径或 [对齐(A)/基点(B)/比例(S)/扭曲(T)]:        //指定扫掠路径
```

③ 创建扫掠实体的过程及结果如图 15-43 所示。

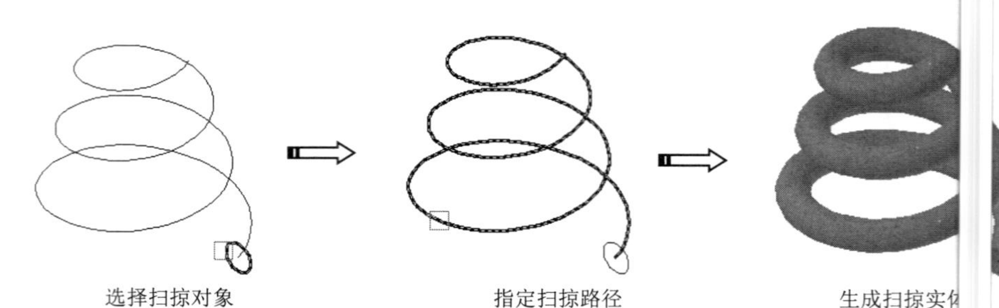

图 15-43 创建扫掠实体的过程及结果

15.3.3 创建旋转特征

旋转体是通过绕轴旋转开放或闭合对象来创建的。若旋转闭合对象，则生成实体；若旋转开放对象，则生成曲面。

创建旋转特征可以同时选择多个对象，而旋转的角度可以是 0°～360° 之间的任意指定角度。旋转实体如图 15-44 所示。

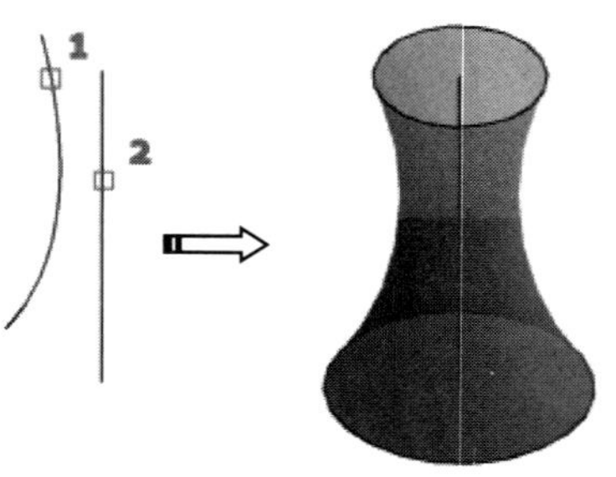

图 15-44 旋转实体

提醒一下：

不能旋转包含在块中的对象，也不能旋转具有相交或自交线段的多段线。

用户可通过以下方式执行上述操作。

- 菜单栏：执行【绘图】|【建模】|【旋转】命令。
- 面板：在【默认】选项卡的【建模】面板中单击【旋转】按钮。
- 命令行：输入 revolve。

在命令行中执行 revolve 命令，命令行操作提示如下：

```
命令：_revolve
当前线框密度：ISOLINES=4
选择要旋转的对象：找到 1 个，总计 1 个                      //选择旋转对象
选择要旋转的对象：
指定轴起点或根据以下选项之一定义轴 [对象(O)/X/Y/Z] <对象>：  //定义轴起点或选择选项
指定轴端点：                                              //定义轴端点
指定旋转角度或 [起点角度(ST)] <360>:                        //输入旋转角度
```

操作提示中各选项的含义如下。

- 轴起点：以两点定义直线的方式来指定旋转轴的起点。轴的正方向从起点指向端点，如图 15-45 所示。
- 轴端点：以两点定义直线的方式来指定旋转轴的端点。
- 对象：指定图形中现有的对象作为旋转轴，如图 15-46 所示。

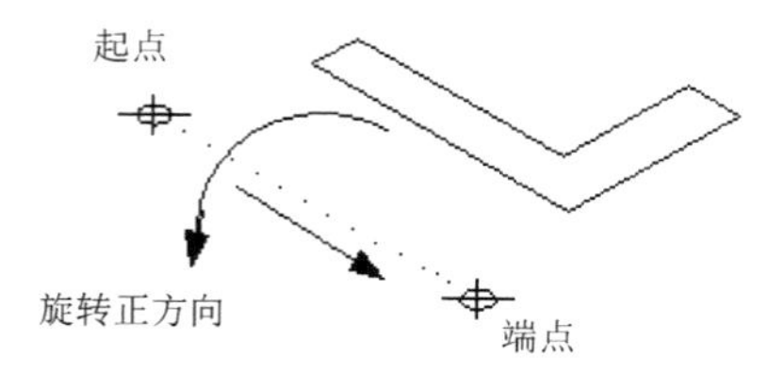

图 15-45　轴的正方向

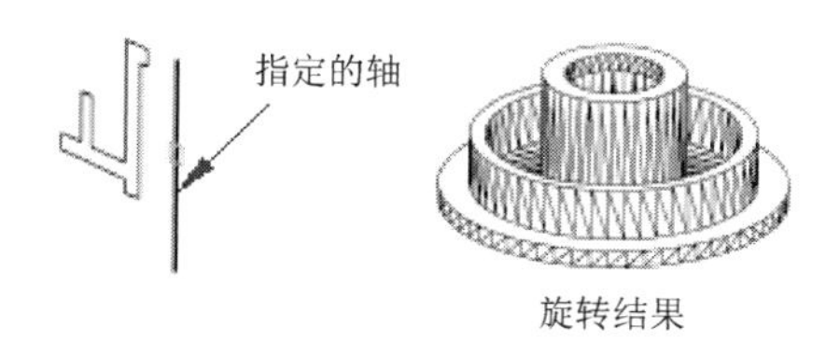

图 15-46　指定对象作为旋转轴

- X：使用当前 UCS 的正向 X 轴作为旋转轴。
- Y：使用当前 UCS 的正向 Y 轴作为旋转轴，如图 15-47 所示。

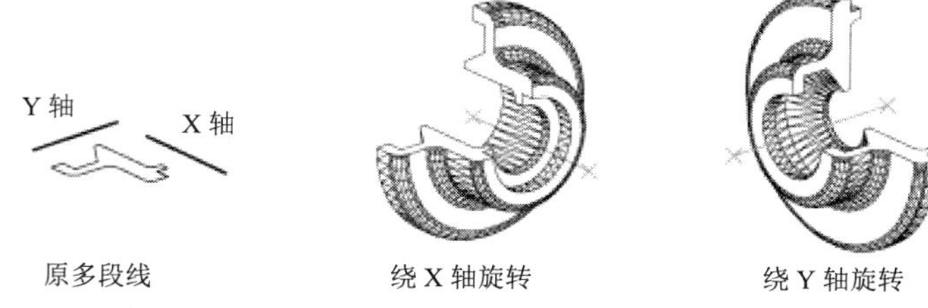

图 15-47　使用当前 UCS 正向的 X、Y 轴作为旋转轴

- Z：使用当前 UCS 的正向 Z 轴作为旋转轴。
- 旋转角度：按指定的角度旋转对象。默认的角度为 360°。旋转角度为正值时将按逆时针方向旋转对象，为负值时将按顺时针方向旋转对象。指定旋转角度如图 15-48 所示。

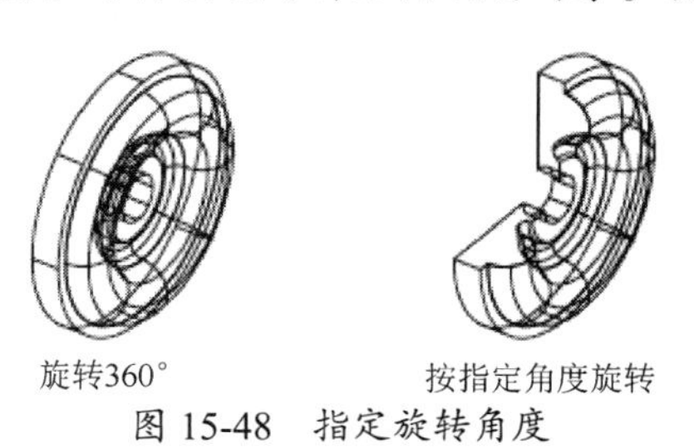

图 15-48　指定旋转角度

- 起点角度：指定从旋转对象所在平面开始的旋转偏移。

动手操作——创建旋转实体

① 打开本例源文件“ex-2.dwg”。

② 在命令行中执行 revolve 命令，选择除图形中最长直线外的其余图线作为旋转对象，并旋转整圆。命令行操作提示如下：

```
命令：_revolve
当前线框密度：ISOLINES=4
```

```
选择要旋转的对象：指定对角点：找到 13 个                                    //选择旋转 象
选择要旋转的对象：↙
指定轴起点或根据以下选项之一定义轴 [对象(O)/X/Y/Z] <对象>：↙                //选择【对 】选项
选择对象：                                                                 //选择作 的对象
指定旋转角度或 [起点角度(ST)] <360>：↙
```

③ 创建旋转实体的过程及结果如图 15-49 所示。

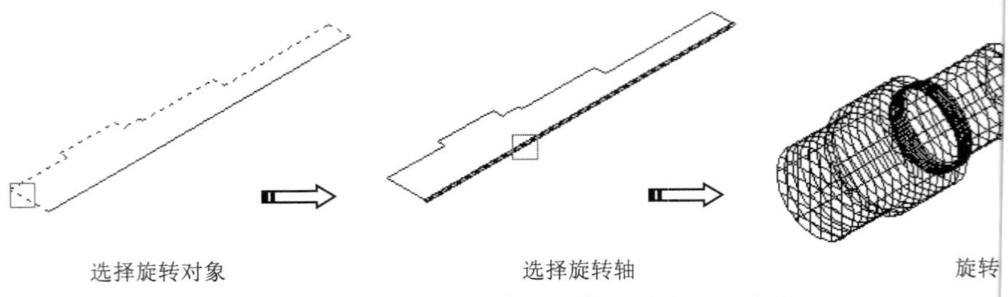

图 15-49　创建旋转实体的过程及结果

15.3.4　创建放样特征

放样就是通过对包含两个或两个以上横截面的一组曲线来创建放样实体 曲面。横截面定义了放样实体或曲面的轮廓（形状）。横截面（通常为曲线或直线）可以是 放的（如圆弧），也可以是闭合的（如圆）。放样实体或曲面如图 15-50 所示。

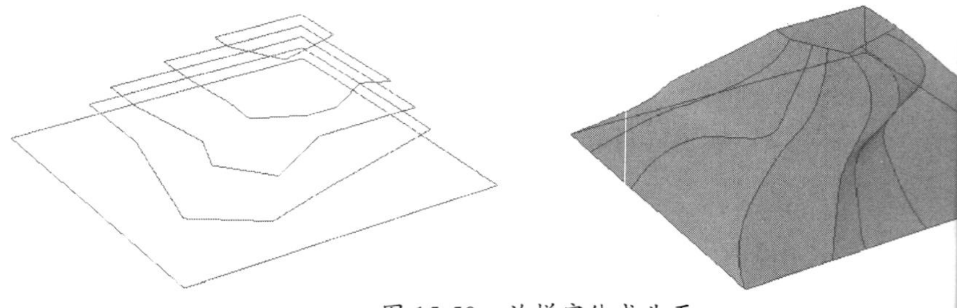

图 15-50　放样实体或曲面

提醒一下：

创建放样实体或曲面时，应至少指定两个或两个以上的横截面。放样时使用的横截 必须全部开放或全部闭合。也就是说，在一组曲线中，不能既包含开放曲线又包含闭合曲线。

若对一组开放的横截面放样，则生成曲面；若对一组闭合的横截面放样 则生成实体。用户可通过以下方式执行上述操作。

- 菜单栏：执行【绘图】|【建模】|【放样】命令。
- 面板：在【默认】选项卡的【建模】面板中单击【放样】按钮。
- 命令行：输入 loft。

在命令行中执行 loft 命令，命令行操作提示如下：

```
命令：LOFT
按放样次序选择横截面：找到 1 个                                         //选择 面 1
按放样次序选择横截面：找到 1 个，总计 2 个                               //选择 面 2
按放样次序选择横截面：↙
输入选项 [导向(G)/路径(P)/仅横截面(C)/设置(S)] <仅横截面>：              //选择 项
```

操作提示中各选项的含义如下。

- 导向：指定控制放样实体或曲面形状的导向曲线。导向曲线是直线或曲线，可通过将其他线框信息添加至对象来进一步定义放样实体或曲面的形状。用户可以使用导向曲线来控制点如何匹配相应的横截面以防止出现不希望看到的效果（如放样实体或曲面中的皱褶）。有导向曲线的横截面如图 15-51 所示。创建放样实体或曲面所选择的导向曲线数目是任意的。

提醒一下：

每条导向曲线必须满足以下条件：与每个横截面相交；始于第一个横截面；止于最后一个横截面。

- 路径：指定放样实体或曲面的单一路径。路径曲线必须与横截面的所有平面相交。有路径曲线的横截面如图 15-52 所示。

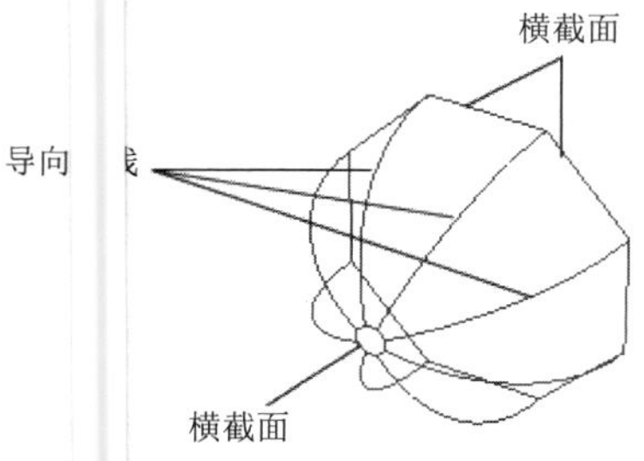

横截面

导向曲线

横截面

图 15-51 有导向曲线的横截面

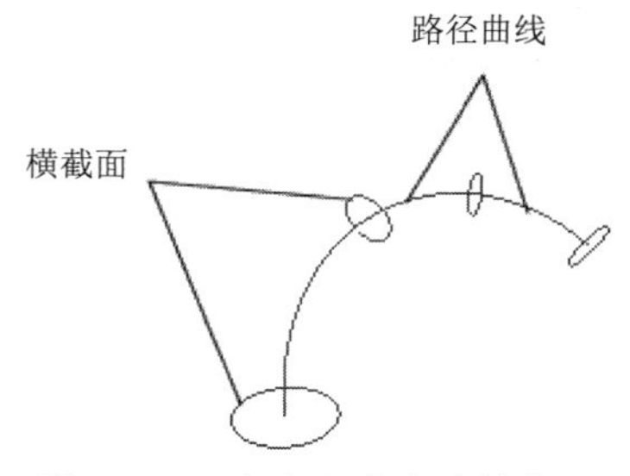

图 15-52 有路径曲线的横截面

- 仅横截面：选择此选项，将打开【放样设置】对话框，如图 15-53 所示。通过该对话框，用户可以控制放样曲面的直纹、平滑拟合度、法线指向、拔模斜度等的设置。

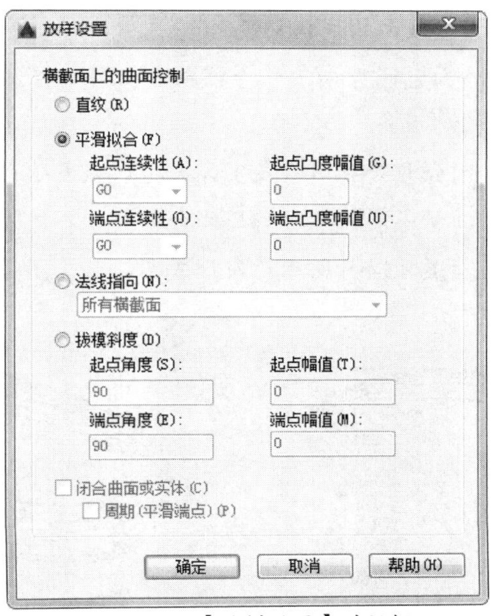

图 15-53 【放样设置】对话框

【放样设置】对话框中各选项的含义如下。

- 直纹：指定放样实体或曲面在横截面之间是直纹（直的），并且在横截面处具有鲜明边界。
- 平滑拟合：指定在横截面之间绘制平滑实体或曲面，并且在起点和终点横截面处具有鲜明边界。
- 法线指向：控制放样实体或曲面在其通过横截面处的曲面法线。该下拉列表中包含【起点横截面】选项、【终点横截面】选项、【起点和终点横截面】选项和【所有横截面】选项。【起点横截面】选项表示指定曲面法线为起点横截面的法向；【终点横截面】选项表示指定曲面法线为终点横截面的法向；【起点和终点横截面】选项表示指定曲面法线为起点和终点横截面的法向；【所有横截面】选项表示指定曲面法线为所有横截面的法向。
- 拔模斜度：控制放样实体或曲面的第一个和最后一个横截面的拔模斜度和幅值。拔模斜度为曲面的开始方向。图 15-54 所示为不同拔模斜度的放样实体。

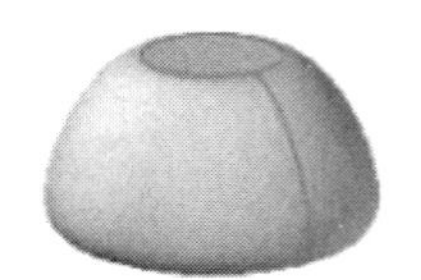

拔模斜度设置为 0　　拔模斜度设置为 90　　拔模斜度设置为 180

图 15-54　不同拔模斜度的放样实体

  - 起点角度：起点横截面的拔模斜度。
  - 起点幅值：在曲面开始弯向下一个横截面之前，控制曲面到起点横截面在拔模斜度方向上的相对距离。
  - 端点角度：端点横截面的拔模斜度。
  - 端点幅值：在曲面开始弯向上一个横截面之前，控制曲面到端点横截面在拔模斜度方向上的相对距离。
- 闭合曲面或实体：闭合和开放曲面或实体。勾选该复选框时，横截面应该形成圆环形图案，以便放样曲面或实体可以形成闭合的圆管。该复选框在选择【法线指向】单选按钮时不可用。图 15-55 所示为勾选或不勾选【闭合曲面或实体】复选框的两种放样情况。

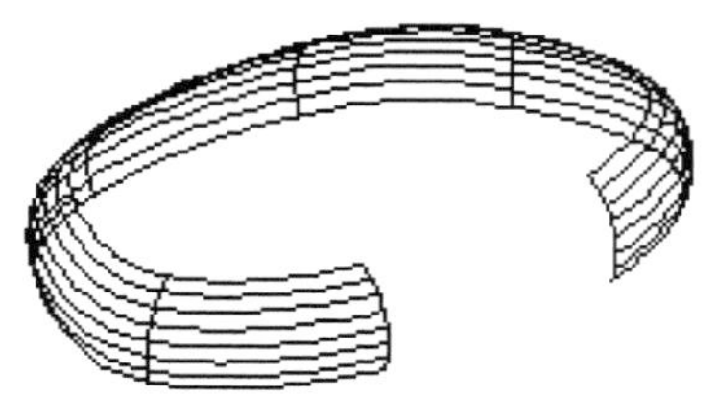
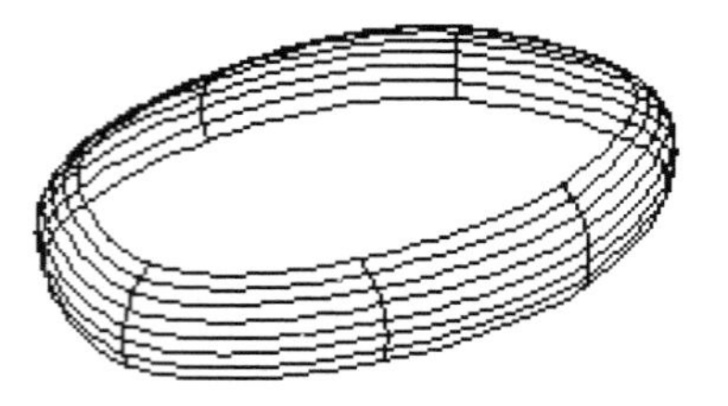

不勾选该复选框　　勾选该复选框

图 15-55　勾选或不勾选【闭合曲面或实体】复选框的两种放样情况

动手操作——创建放样实体

① 打开本例源文件“ex-3.dwg”。

② 先在命令行中执行 loft 命令，然后按命令行操作提示创建放样实体。命令行操作提示如下：

```
命令：_loft
按放样次序选择横截面：找到 1 个                          //指定截面 1
按放样次序选择横截面：找到 1 个，总计 2 个                //指定截面 2
按放样次序选择横截面：找到 1 个，总计 3 个                //指定截面 3
按放样次序选择横截面：找到 1 个，总计 4 个                //指定截面 4
按放样次序选择横截面：找到 1 个，总计 5 个                //指定截面 5
按放样次序选择横截面：↙
输入选项 [导向(G)/路径(P)/仅横截面(C)] <仅横截面>：↙
```

创建放样实体的操作过程及结果如图 15-56 所示。

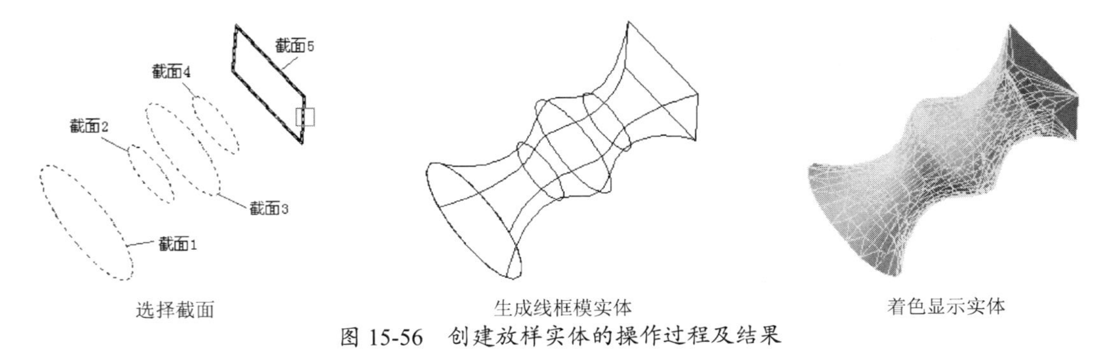

图 15-56　创建放样实体的操作过程及结果

15.3.5　创建“按住并拖动”实体

“按住并拖动”实体是指使用【按住并拖动】命令，选择由共面直线或边围成的区域，拖动该区域来创建的实体。使用此命令的方法是先在有边界区域内部单击或按 Ctrl+Alt 快捷键，然后选择该区域，随着用户移动光标，用户要按住或拖动的区域将动态更改并创建一个新的三维实体。“按住并拖动”实体如图 15-57 所示。

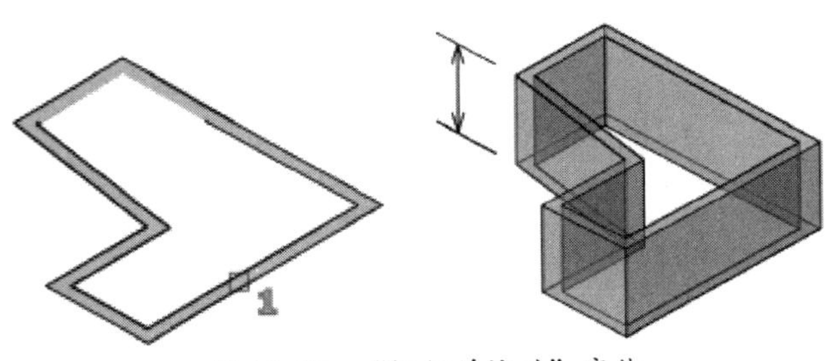

图 15-57　“按住并拖动”实体

可以按住或拖动的对象类型的有限区域包括：任何可以通过以零间距公差拾取点来填充的区域；由交叉共面和线性几何体（包括边和块中的几何体）围成的区域；由共面顶点组成的闭合多行段、面域、三维面和二维实体；由与三维实体任何面共面的几何体（包括面上的边）创建的区域。

提醒一下：

使用【按住并拖动】命令不能创建带有倾斜度的实体。不能选择开放曲线来创建“按住并拖动”实体或曲面。

用户可通过以下方式创建“按住并拖动”实体。

- 面板：在【默认】选项卡的【建模】面板中单击【按住并拖动】按钮。
- 快捷键：Ctrl+Alt。
- 命令行：输入 presspull。

在命令行中执行 presspull 命令，命令行操作提示如下：

```
命令：_presspull
单击有限区域以进行按住或拖动操作。                    //选择有限的区域
已提取 1 个环。
已创建 1 个面域。
```

提醒一下：

在操作提示下，选择一个有限的区域，系统自动提取有限区域的边界来创建面域，向[illegible]轴的正、负方向拖移，就能创建“按住并拖动”实体。

动手操作——利用【按住并拖动】命令创建“按住并拖动”实体

① 打开本例源文件“ex-4.dwg”。

② 在命令行中执行 presspull 命令，并按命令行的操作提示创建第一个“按住并拖动”实体。命令行操作提示如下：

```
命令：_presspull
单击有限区域以进行按住或拖动操作。↙              //选择有限的区域
已提取 1 个环。
已创建 1 个面域。
```

③ 创建“按住并拖动”实体的操作过程及结果如图 15-58 所示。

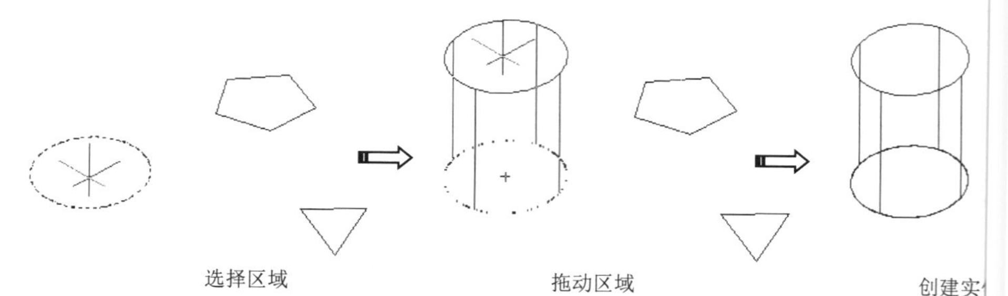

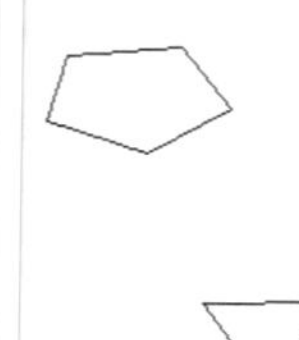

图 15-58 创建“按住并拖动”实体的操作过程及结果

提醒一下：

选择有限区域时，需在图形边界内进行。若选择了边界，则不能创建“按住并拖动”实体。另外，使用该命令，一次只能选择一个有限区域来创建“按住并拖动”实体。

④ 同理，继续在命令行中执行 presspull 命令，创建其余两个“按住并拖动”实体，如图 15-59 所示。

图 15-59　创建其余两个“按住并拖动”实体

15.4　创建三维实体图元

在 AutoCAD 中创建三维模型时，可以通过系统提供的基本实体命令绘制一些简单的实体。简单的实体包括圆柱体、圆锥体、长方体、球体、棱锥体、圆环体和楔体。这些实体是将来构造其他复杂实体的基本组成元素，如果与其他绘制、编辑命令相结合能生成用户所需要的三维图形。

15.4.1　圆柱体

使用【圆柱体】命令，可以创建三维实体圆柱体。创建圆柱体的三要素就是指定圆心、圆柱体半径和圆柱体高度，如图 15-60 所示。

用户可以通过以下方式来执行上述操作。

- 菜单栏：执行【绘图】|【建模】|【圆柱体】命令。
- 面板：在【默认】选项卡的【建模】面板中单击【圆柱体】按钮。
- 命令行：输入 cylinder。

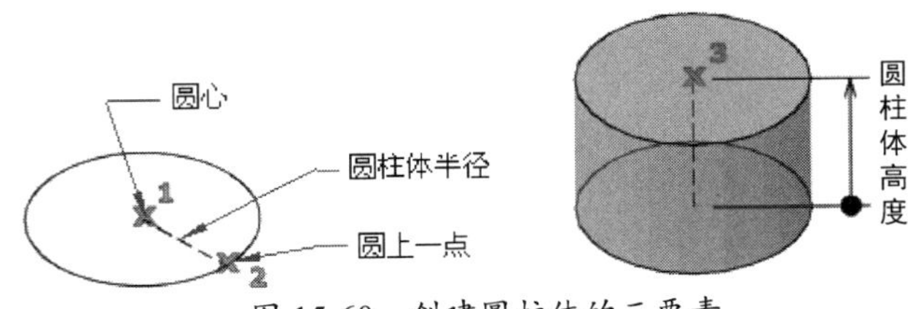

图 15-60　创建圆柱体的三要素

在命令行中执行 cylinder 命令，命令行操作提示如下：

```
命令：_cylinder
指定底面的中心点或 [三点(3P)/两点(2P)/切点、切点、半径(T)/椭圆(E)]:     //圆柱体底面选项
指定底面半径或 [直径(D)]:                                          //指定圆柱体底面半径或直径
指定高度或 [两点(2P)/轴端点(A)]:                                    //指定高度或选择选项
```

操作提示中各选项的含义如下。

- 底面的中心点：底面的圆心。
- 三点：通过指定三个点来定义圆柱体的底面周长和底面。
- 两点（底面选项）：通过指定两个点来定义圆柱体的底面直径。
- 切点、切点、半径：定义具有指定半径，且与两个对象相切的圆柱体底面。

- 椭圆：将圆柱体底面定义为椭圆。
- 底面半径或直径：指定圆柱体底面半径或直径。
- 高度：指定圆柱体的高度。
- 两点（高度选项）：以两个指定点之间的距离确定圆柱体的高度。
- 轴端点：指定圆柱体轴的端点位置。轴端点是圆柱体顶面的中心点。

提醒一下：

用户可以通过设置系统变量 facetres 来控制着色或隐藏视觉样式的三维实体（如圆柱体）的平滑度。

动手操作——创建圆柱体

① 打开本例源文件“ex-5.dwg”。

② 在命令行中执行 cylinder 命令，并创建一个底面半径为 15、高度为 30 的圆柱体。命令行操作提示如下：

```
命令：_cylinder
指定底面的中心点或 [三点(3P)/两点(2P)/切点、切点、半径(T)/椭圆(E)]:        //指定底面的中心点
指定底面半径或 [直径(D)] <15.4600>: 15↙                                  //输入底面半径值
指定高度或 [两点(2P)/轴端点(A)] <12.2407>: 30↙                           //输入圆柱体高度值
```

③ 创建圆柱体的过程及结果如图 15-61 所示。

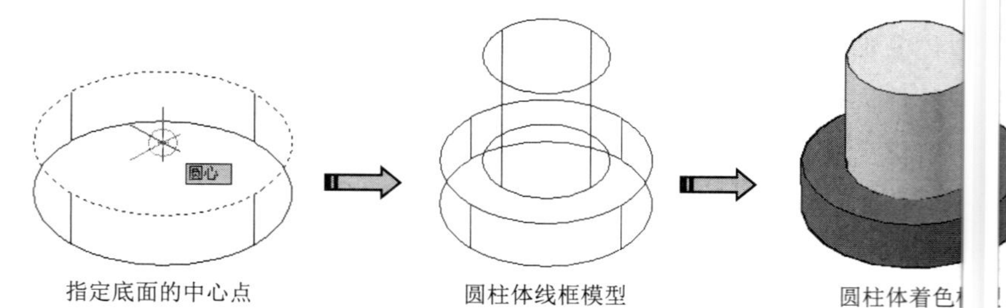

图 15-61　创建圆柱体的过程及结果

15.4.2　圆锥体

使用【圆锥体】命令，以圆或椭圆为底面，可以通过将底面逐渐缩小到一点来创建圆锥，也可以通过将其逐渐缩小到与底面平行的圆或椭圆平面来创建圆台。圆锥体如图 15-62 所示。

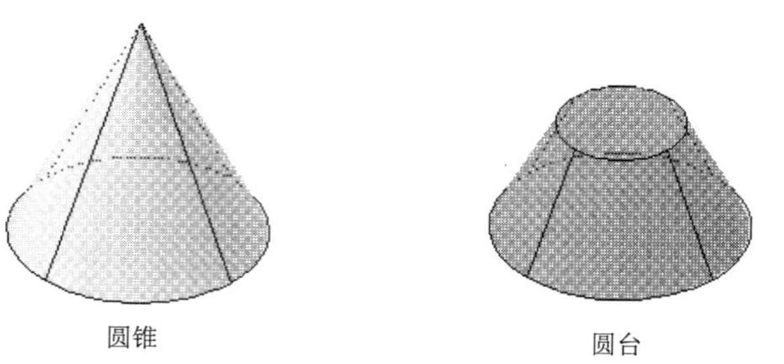

图 15-62　圆锥体

用户可以通过以下方式来执行上述操作。

- 菜单栏：执行【绘图】|【建模】|【圆锥体】命令。

- 面板：在【默认】选项卡的【建模】面板中单击【圆锥体】按钮。
- 命令行：输入 cone。

在命令行中执行 cone 命令，命令行操作提示如下：

```
命令：_cone
指定底面的中心点或 [三点(3P)/两点(2P)/切点、切点、半径(T)/椭圆(E)]：    //底面圆选项
指定底面半径或 [直径(D)]：                                              //指定底面半径或直径
指定高度或 [两点(2P)/轴端点(A)/顶面半径(T)]：                            //圆锥高度选项
```

操作提示中各选项的含义如下。

- 底面的中心点：底面的圆心。
- 三点：通过指定三个点来定义圆锥体的底面周长和底面。
- 两点（底面圆选项）：通过指定两个点来定义圆锥体的底面直径。
- 切点、切点、半径：定义具有指定半径，且与两个对象相切的圆锥体底面。
- 椭圆：将圆锥体底面定义为椭圆。
- 底面半径：指定圆锥体底面的半径。
- 高度：指定圆锥体的高度。
- 两点（高度选项）：以两个指定点之间的距离确定圆锥体的高度。
- 轴端点：指定圆锥体轴的端点位置。轴端点是圆锥体的顶点或圆台的顶面圆心。
- 顶面半径：创建圆台时指定圆台的顶面半径。

提醒一下：

系统没有预先设置圆锥体参数，创建圆锥体时，各参数的默认值均为先前输入的任意实体的相应参数。

动手操作——创建圆锥体

① 打开本例源文件“ex-6.dwg”。

② 在命令行中执行 cone 命令，并在打开的模型上创建一个底面半径为 25、顶面半径为 15、高度为 20 的圆锥体。命令行操作提示如下：

```
命令：_cone
指定底面的中心点或 [三点(3P)/两点(2P)/切点、切点、半径(T)/椭圆(E)]：    //指定底面的中心点
指定底面半径或 [直径(D)] <15.0000>：25↙                                //输入底面半径值
指定高度或 [两点(2P)/轴端点(A)/顶面半径(T)] <14.8749>：T↙               //输入 T
指定顶面半径 <7.5000>：15↙                                              //输入顶面半径值
指定高度或 [两点(2P)/轴端点(A)] <14.8749>：20↙                          //输入圆锥体高度值
```

③ 创建圆锥体的过程及结果如图 15-63 所示。

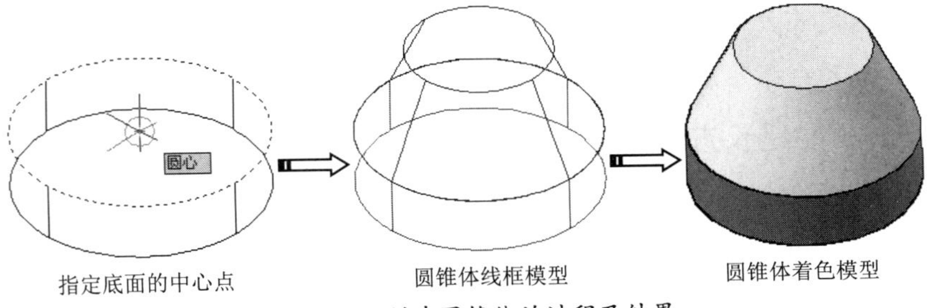

图 15-63　创建圆锥体的过程及结果

15.4.3 长方体

使用【长方体】命令，创建三维实体长方体。长方体的底面始终与当前 UCS 的 XY 平面（工作平面）平行。在 Z 轴方向上可以指定长方体的高度，高度可为正值，也可为负值。长方体如图 15-64 所示。

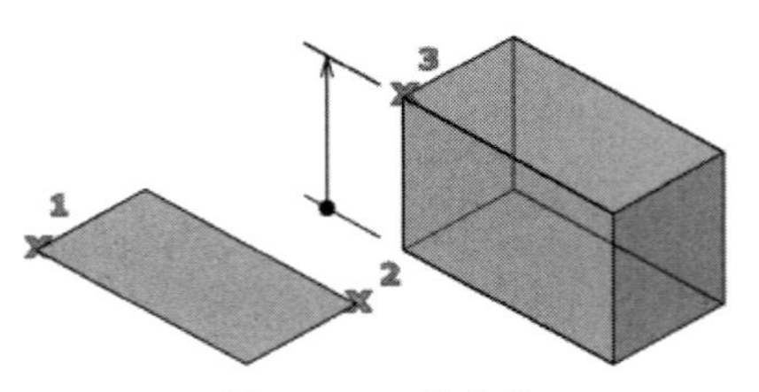

图 15-64 长方体

用户可以通过以下方式来执行上述操作。

- 菜单栏：执行【绘图】|【建模】|【长方体】命令。
- 面板：在【默认】选项卡的【建模】面板中单击【长方体】按钮。
- 命令行：输入 box。

在命令行中执行 box 命令，命令行操作提示如下：

```
命令：_box
指定第一个角点或 [中心(C)]:                    //指定长方体底面角点或选择选项
指定其他角点或 [立方体(C)/长度(L)]:            //指定长方体底面对角点或选择选项
指定高度或 [两点(2P)]:                         //指定高度或选择选项
```

操作提示中各选项的含义如下。

- 第一个角点：底面的第一个角点。
- 中心：指定长方体的中心点，如图 15-65 所示。
- 其他角点：指定长方体底面的另一个对角点，如图 15-66 所示。

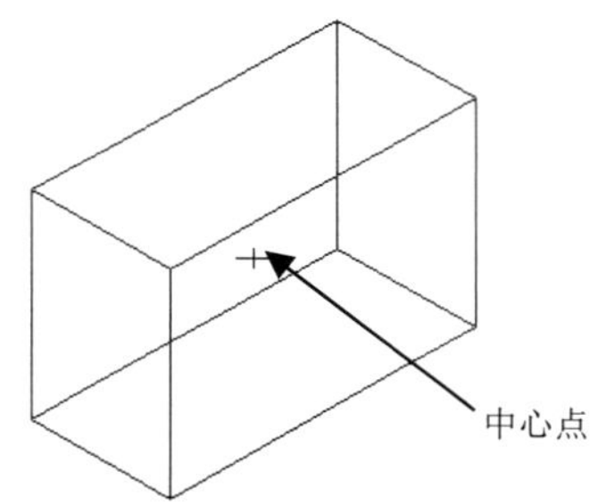

图 15-65 长方体的中心点

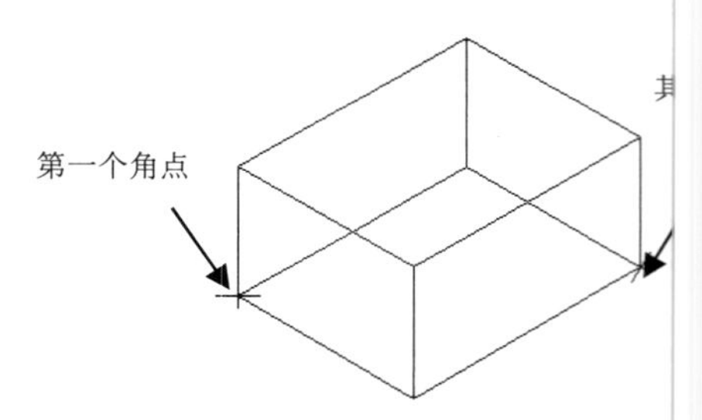

图 15-66 长方体底面的另一个对角点

- 立方体：选择此选项，可创建一个长度、宽度、高度都相同的长方体。
- 长度：选择此选项，可按照给定的长度、宽度、高度创建长方体。长度与 X 轴对应，宽度与 Y 轴对应，高度与 Z 轴对应。
- 高度：指定长方体的高度。
- 两点：以两个指定点之间的距离确定长方体的高度。

动手操作——创建长方体

① 在命令行中执行 box 命令后，以中心点的方式创建长方体。

② 创建的长方体各项参数如下：中心点坐标（0,0,0），角点坐标（25,50,0），高度为 20。命令行操作提示如下：

```
命令：  ox
指定第  个角点或 [中心(C)]: c↙                       //选择【中心】选项
指定中    0,0,0↙                                      //输入中心点坐标
指定角  或 [立方体(C)/长度(L)]: 25,50,0↙              //输入角点坐标
指定高  或 [两点(2P)] <22.4261>: 20↙                  //输入高度值
```

③ 创建长 方体的过程及结果如图 15-67 所示。

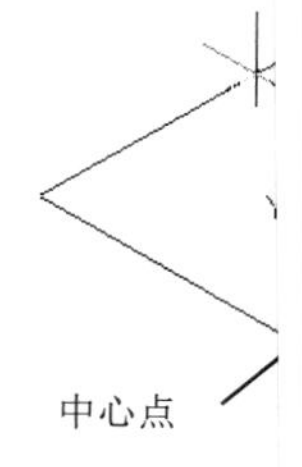
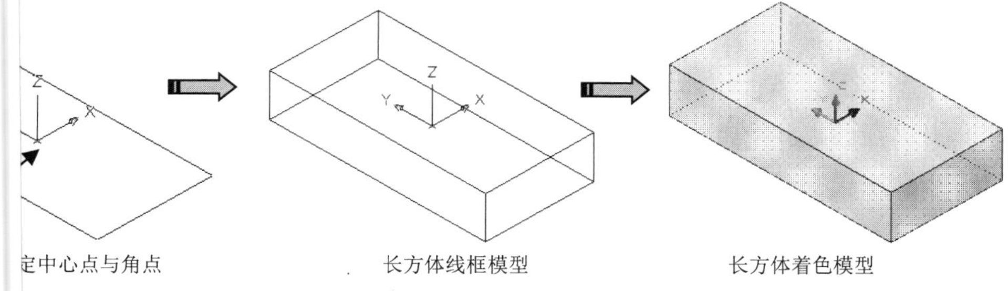

图 15-67　创建长方体的过程及结果

15.4.4 球体

使用【 体】命令，可以创建三维实体球体。指定圆心和半径或者直径，就可以创建球体，如图 1 58 所示。

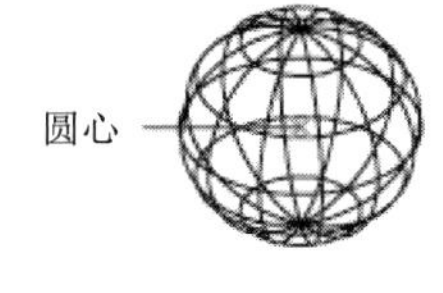

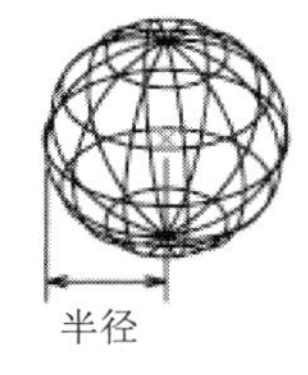

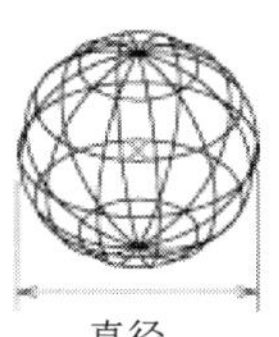

图 15-68　球体

提醒一下：

可以通过 置系统变量 facetres 来控制着色或隐藏视觉样式的三维实体（如球体）的平滑度。

用户可 通过以下方式来执行上述操作。

- 菜 兰：执行【绘图】|【建模】|【球体】命令。
- 面 在【默认】选项卡的【建模】面板中单击【球体】按钮。
- 命 亍：输入 sphere。

在命令 中执行 sphere 命令，命令行操作提示如下：

```
命令：_  here
指定中心  或 [三点(3P)/两点(2P)/切点、切点、半径(T)]:     //选择中心点及其选项
指定半径   [直径(D)]:                                     //指定半径或直径
```

操作提 中各选项的含义如下。

- 中 点：球体的圆点。指定中心点后，放置球体以使其中心轴与当前 UCS 的 Z 轴平
- 三 通过在三维建模空间的任意位置指定三个点来定义球体的圆周，如图 15-69 所示。
- 两 通过在三维建模空间的任意位置指定两个点来定义球体的圆周，如图 15-70 所示。

- 切点、切点、半径：通过指定半径定义可与两个对象相切的球体。
- 半径或直径：通过指定过圆心剖切面的半径或直径来创建球体。

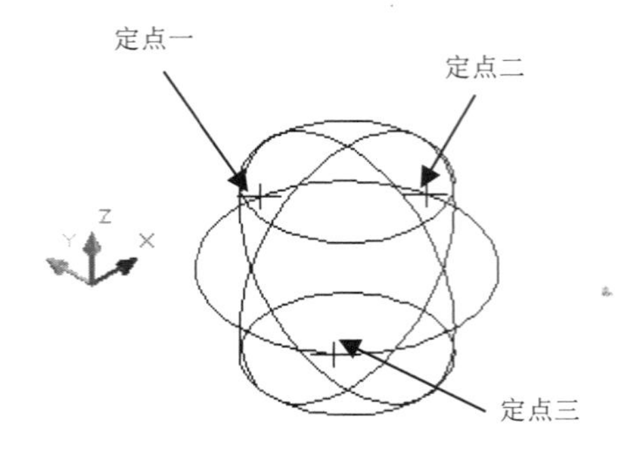

图 15-69　指定三个点来定义球体的圆周

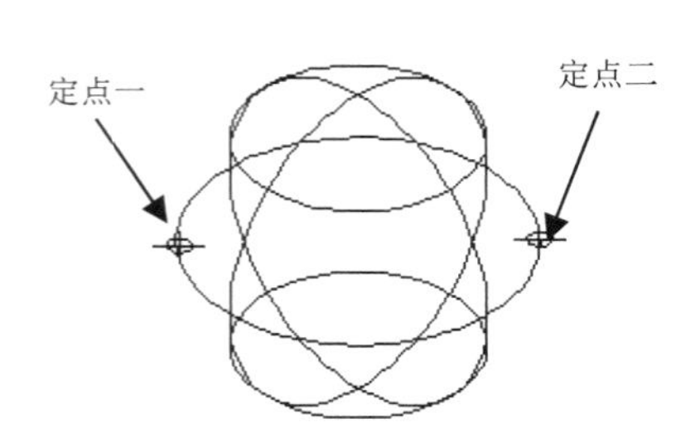

图 15-70　指定两个点来定义球体的圆周

动手操作——创建球体

① 打开本例源文件“ex-7.dwg”。

② 在命令行中执行 sphere 命令，以创建一个半径为 25 的球体。命令行操作提示如下：

```
命令：_sphere
指定中心点或 [三点(3P)/两点(2P)/切点、切点、半径(T)]：
指定半径或 [直径(D)]：25
```

③ 创建球体的过程及结果如图 15-71 所示。

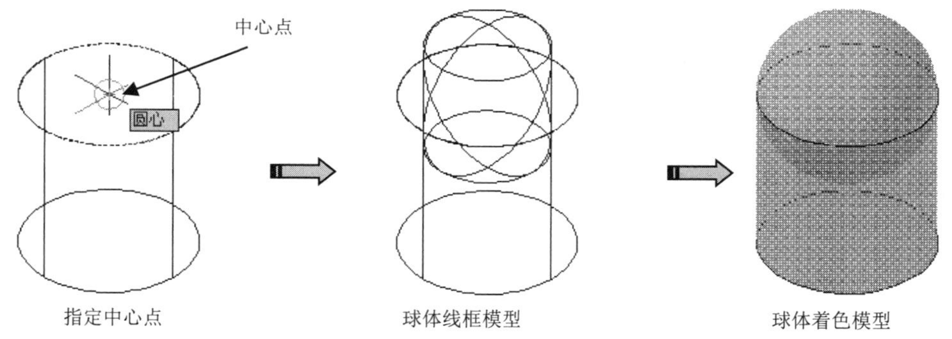

图 15-71　创建球体的过程及结果

15.4.5　棱锥体

使用【棱锥体】命令，可以创建三维实体棱锥体，如图 15-72 所示。在创建棱锥体的过程中，可以定义棱锥体的侧面数（3～32），还可以通过指定顶面半径来创建棱台。

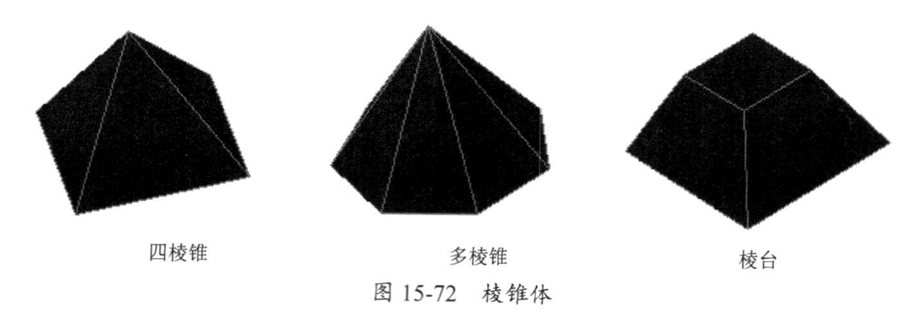

图 15-72　棱锥体

用户可以通过以下方式来执行上述操作。

- 菜单栏：执行【绘图】|【建模】|【棱锥体】命令。
- 面板：在【默认】选项卡的【建模】面板中单击【棱锥体】按钮。
- 命令行：输入 pyramid。

在命令行中执行 pyramid 命令，命令行操作提示如下：

```
命令：_pyramid
 4 个侧面   外切
指定底面的中心点或 [边(E)/侧面(S)]:                          //指定底面的中心点或选择选项
指定底面半径或 [内接(I)] <25.0000>:                           //指定底面半径
指定高度或 [两点(2P)/轴端点(A)/顶面半径(T)] <30.0000>:        //指定高度或选择选项
```

提醒一下：

最初，默认底面半径未设置任何值。执行绘图任务时，底面半径的默认值始终是先前输入的任意实体图元的底面半径。

操作提示中各选项的含义如下。

- 底面的中心点：指定棱锥体底面外切圆的圆心。
- 边：指定棱锥体底面一条边的长度。
- 侧面：指定棱锥体的侧面数。
- 底面半径：指定棱锥体底面外切圆的半径。
- 高度：指定棱锥体高度。
- 两点：以两个指定点之间的距离确定棱锥体的高度。
- 轴端点：指定棱锥体轴的端点位置，该端点是棱锥体的顶点。
- 顶面半径：指定棱锥体的顶面外切圆半径。

默认情况下，可以通过基点的中心、边的中点和确定高度的另一个点来定义棱锥体，如图 15-73 所示。

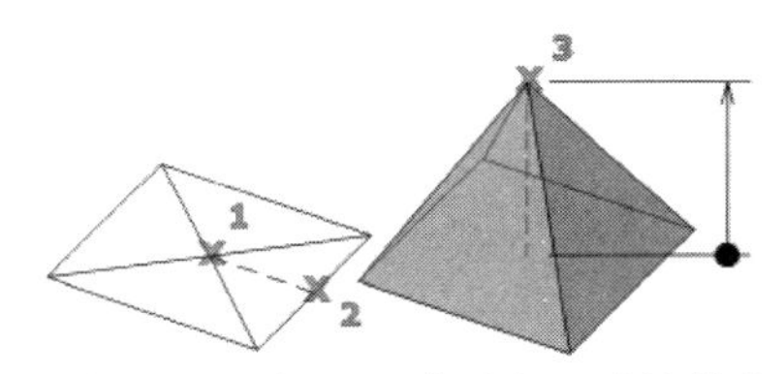

图 15-73　按默认选项定义的棱锥体

动手操作——创建棱锥体

① 打开本例源文件“ex-8.dwg”。

② 在命令行中执行 pyramid 命令，以创建一个高度为 10 的棱锥体。命令行操作提示如下：

```
命令：_pyramid
 4 个侧面   外切
指定底面的中心点或 [边(E)/侧面(S)]: E↙                       //输入 E
指定边的第一个端点:                                           //指定边的第一个端点
指定边的第二个端点:                                           //指定边的第二个端点
指定高度或 [两点(2P)/轴端点(A)/顶面半径(T)] <30.0000>: 25↙    //输入棱锥体高度值
```

③ 创建棱锥体的过程及结果如图 15-74 所示。

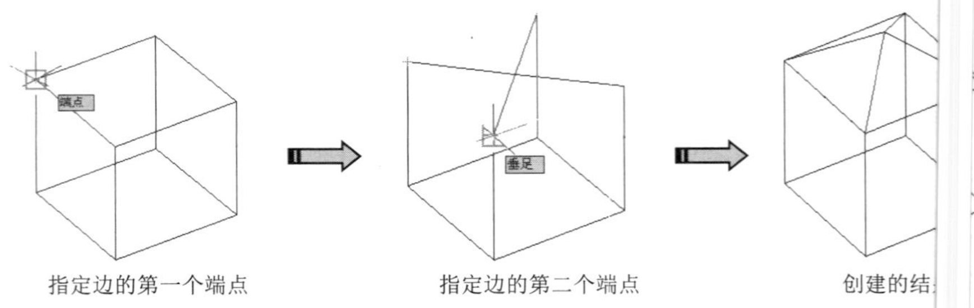

图 15-74　创建棱锥体的过程及结果

15.4.6　圆环体

使用【圆环体】命令，可以创建与轮胎内胎相似的环形实体。圆环体由两半径定义，一个是圆管的半径，另一个是从圆环体中心到圆管中心的距离。用户可以通过定圆环体的圆心、半径或直径、围绕圆环体的圆管半径或直径创建圆环体，如图 15-75 所。

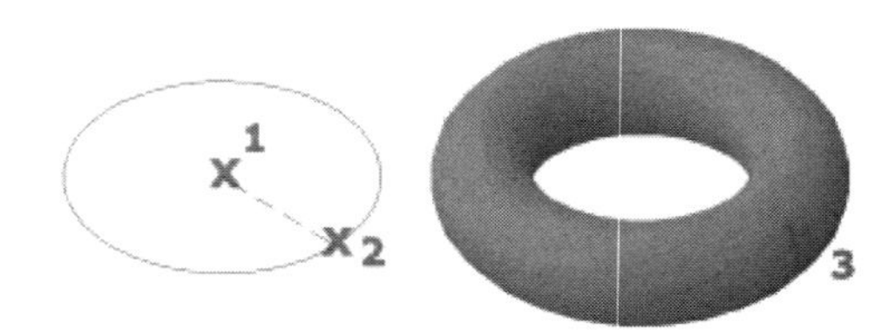

图 15-75　创建圆环体

用户可以通过以下方式来执行上述操作。

- 菜单栏：执行【绘图】|【建模】|【圆环体】命令。
- 面板：在【默认】选项卡的【建模】面板中单击【圆环体】按钮。
- 命令行：输入 torus。

在命令行中执行 torus 命令，命令行操作提示如下：

```
命令：_torus
指定中心点或 [三点(3P)/两点(2P)/切点、切点、半径(T)]:              //指定中 点或选择选项
指定半径或 [直径(D)] <21.2132>:                                    //指定半 或直径
指定圆管半径或 [两点(2P)/直径(D)]:                                 //指定圆 半径或选择选项
```

提醒一下：

可以通过设置系统变量 facetres 来控制圆环体着色或隐藏视觉样式的平滑度。

操作提示中各选项的含义如下。

- 中心点：指定圆环体的中心点或者圆环圆心。
- 三点：通过指定的三个点定义圆环体的圆周。
- 两点：通过指定的两个点定义圆环体的圆周。
- 切点、切点、半径：通过指定半径定义可与两个对象相切的圆环体。
- 半径：指定圆环体的半径。
- 圆管半径：指定圆环体截面的半径。

15.4.7　楔体

使用【楔体】命令，可以创建三维实体楔体。通过指定楔体底面的两个端点及楔体的高度，就能创建楔体，如图 15-76 所示。输入正值将沿当前 UCS 的 Z 轴正方向确定楔体高度，输入负值将沿当前 UCS 的 Z 轴负方向确定楔体高度。

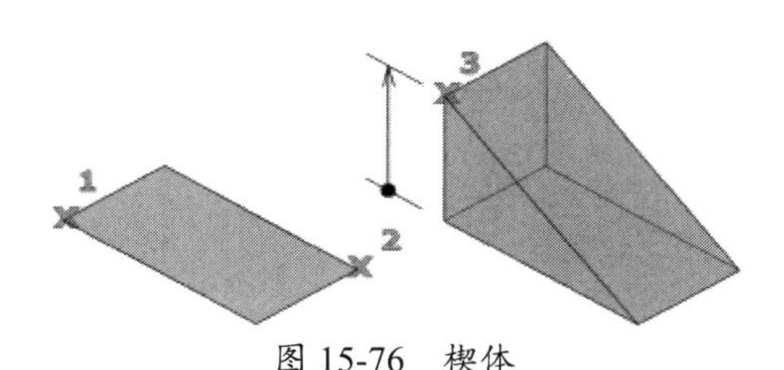

图 15-76　楔体

提醒一下：

楔体斜面的倾斜方向始终沿当前 UCS 的 X 轴正方向。

用户可以通过以下方式来执行上述操作。

- 菜单栏：执行【绘图】|【建模】|【楔体】命令。
- 面板：在【默认】选项卡的【建模】面板中单击【楔体】按钮。
- 命令行：输入 wedge。

在命令行中执行 wedge 命令，命令行操作提示如下：

```
命令：_wedge
指定第一个角点或 [中心(C)]：                //指定楔体底面的第一个角点或选择选项
指定其他角点或 [立方体(C)/长度(L)]：        //指定楔体底面第一个角点的对角点或选择选项
指定高度或 [两点(2P)] <10.0000>：           //指定高度或选择选项
```

操作提示中各选项的含义如下。

- 第一个角点：指定楔体底面的第一个角点。
- 中心：通过指定的圆心创建楔体。
- 其他角点：指定楔体底面第一个角点的对角点。
- 立方体：选择此选项，可创建等边的楔体。
- 长度：按照指定的长度、宽度、高度创建楔体。长度与 X 轴对应，宽度与 Y 轴对应，高度与 Z 轴对应。
- 高度：指定楔体的高度。
- 两点：以两个指定点之间的距离确定楔体的高度。

15.5　网格曲面

在机械设计过程中，常将实体或曲面模型，利用假想的线或面将连续的模型内部与边界分割成有限大小、有限数目、离散的单元来进行有限元分析。直观上，模型被划分成网状，每一个单元就称为“网格”。

网格密度控制镶嵌面的数目，它由包含 *M* 乘 *N* 个顶点的矩阵定义，类似于由行和列组成的栅格。网格可以是开放的也可以是闭合的。若在某个方向上网格的起始边和终止边没有接触，则网格就是开放的。网格的开放与闭合如图 15-77 所示。

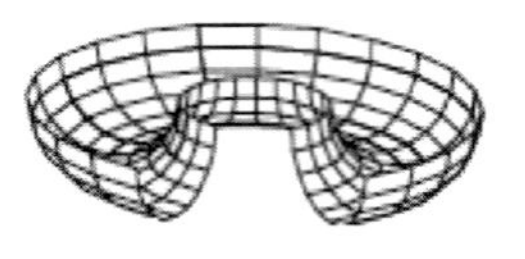

*M*开放，*N*开放

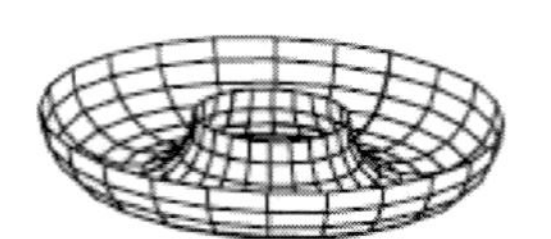

*M*闭合，*N*开放

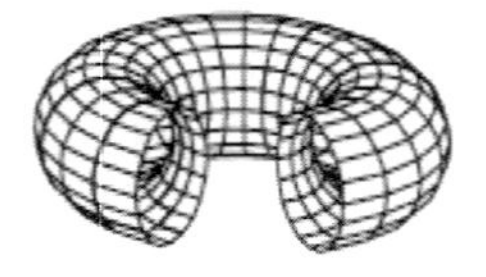

*M*开放，*N*闭合

M 合，*N*闭合

图 15-77　网格的开放与闭合

15.5.1　多段体

使用【多段体】命令，可以创建具有固定高度和宽度的直线段和曲线段的 体。多段体如图 15-78 所示。创建多段体的方法与绘制多段线一样，但需要设置多段体的 度和宽度。

用户可以通过以下方式来执行上述操作。

- 菜单栏：执行【绘图】|【建模】|【多段体】命令。
- 面板：在【默认】选项卡的【建模】面板中单击【多段体】按钮。
- 命令行：输入 polysolid。

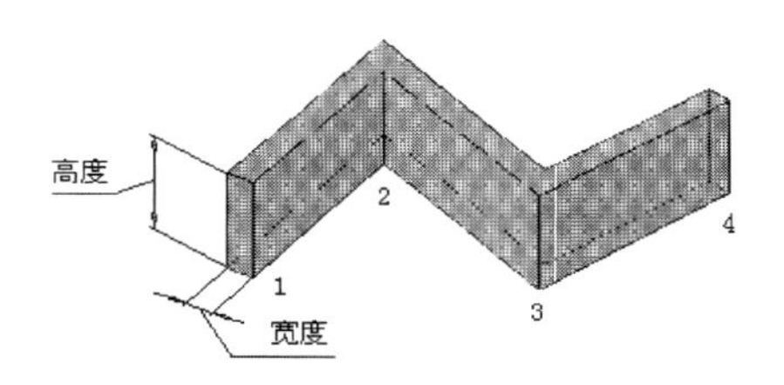

图 15-78　多段体

在命令行中执行 polysolid 命令，命令行操作提示如下：

```
命令：_Polysolid 高度 = 5.0000，宽度 = 0.25000，对正 = 居中
指定起点或 [对象(O)/高度(H)/宽度(W)/对正(J)] <对象>:        //指定多段体起 或选择选项
```

提醒一下：

可以在命令行中输入系统变量 psolwidth 来设置多段体的默认宽度，输入系统变量 pso ight 来设置多段体的默认高度。

操作提示中各选项的含义如下。

- 起点：指定多段体的起点。
- 对象：指定要转换为多段体的对象。这些对象包括直线、圆、圆弧和 维多段线。
- 高度：指定多段体的高度。
- 宽度：指定多段体的宽度。
- 对正：使用命令定义轮廓时，可以将多段体的宽度和高度设置为左对 、右对正或居中。对正方式由轮廓的第一条线段的起始方向决定。

动手操作——创建多段体

① 打开本例源文件“ex-9.dwg”。

② 在命令行中执行 polysolid 命令，以创建一个高度为 10、宽度为 20 的多段体。命令行操作提示如下：

```
命令：_Polysolid 高度 = 5.0000，宽度 = 0.2500，对正 = 居中
指定起点或 [对象(O)/高度(H)/宽度(W)/对正(J)] <对象>：H↙          //输入 H
指定高度 <5.0000>：10↙                                          //输入多段体高度值
高度 = 20.0000，宽度 = 0.2500，对正 = 居中
指定起点或 [对象(O)/高度(H)/宽度(W)/对正(J)] <对象>：W↙          //输入 W
指定宽度 <0.2500>：20↙                                          //输入多段体宽度值
高度 = 20.0000，宽度 = 50.0000，对正 = 居中
指定起点或 [对象(O)/高度(H)/宽度(W)/对正(J)] <对象>：O↙          //输入 O
选择对象：                                                      //选择二维多段线
```

③ 创建多段体的过程及结果如图 15-79 所示。

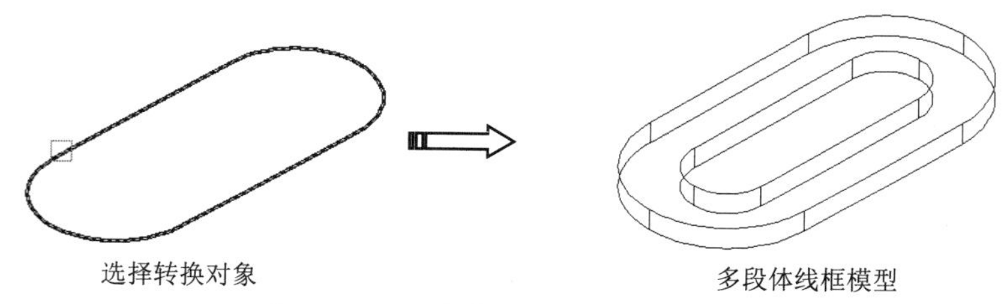

图 15-79　创建多段体的过程及结果

提醒一下：

创建多段体，其路径就是二维多段线。多段体的宽度始终是以二维多段线为中心线确定的。多段体与二维多段线如图 15-80 所示。

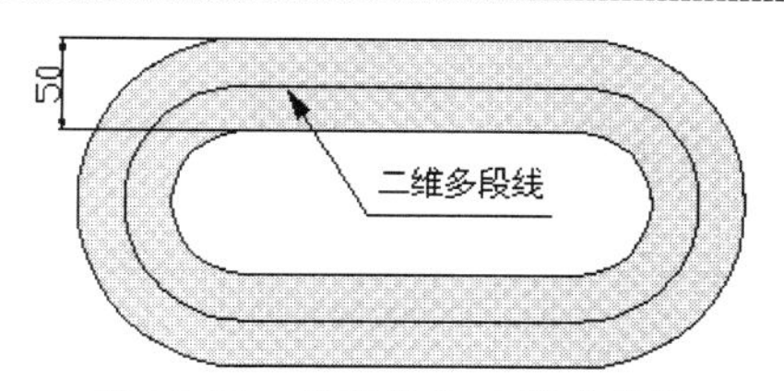

图 15-80　多段体与二维多段线

15.5.2　平面曲面

使用【平面曲面】命令，可以从图形现有的对象中创建平面曲面，所包含的转换对象有二维实体，面域，体，开放的、具有厚度的零宽度多段线，具有厚度的直线，具有厚度的圆弧、三维平面等。将对象转换为平面曲面如图 15-81 所示。

用户可以通过以下方式来执行上述操作。

- 菜单栏：执行【绘图】|【建模】|【平面曲面】命令。
- 面板：在【曲面】选项卡的【创建】面板中单击【平面】按钮。
- 命令行：输入 planesurf。

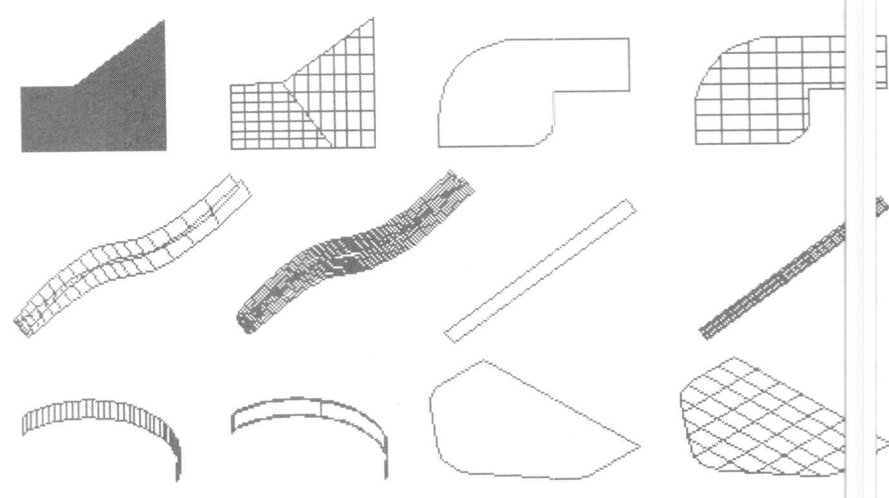

图 15-81　将对象转换为平面曲面

在命令行中执行 planesurf 命令，命令行操作提示如下：

```
命令：_Planesurf
指定第一个角点或 [对象(O)] <对象>:                //指定平面的第一个角点或择选项
指定其他角点:                                    //指定其他角点
```

提醒一下：

设置系统变量 delobj 可以控制在创建平面曲面时是否自动删除选定的对象，或是否提示用删除该对象。

操作提示中各选项的含义如下。

- 第一个角点：指定四边形平面曲面的第一个角点。
- 对象：指定要转换为平面曲面的对象。
- 其他角点：指定第一个角点的对角点。

15.5.3　二维实体填充曲面

二维实体填充曲面是以实体填充的方法创建不规则的三角形或四边曲面的，如图 15-82 所示。

用户可通过以下方式执行上述操作。

- 命令行：输入 solid。

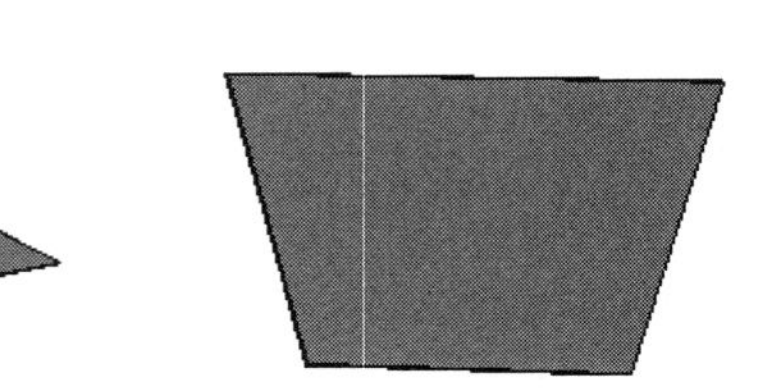

图 15-82　二维实体填充曲面

动手操作——二维实体填充曲面

① 在命令行中执行 solid 命令，命令行操作提示如下：

```
命令：_solid 指定第一点:                         //指定多边形的第一点
指定第二点:                                      //指定多边形的第二点
```

```
指定第三点:                                  //指定多边形的第三点
指定第四点或 <退出>:                          //指定多边形的第四点
指定第三点:                                  //指定相连三角形或四边形的第三点
指定第四点或 <退出>:                          //指定相连四边形的第四点
```

② 第一点和第二点确定多边形的一条边，第三点和第四点确定其余边的顶点。如果第三点和第四点的位置不同，那么生成的填充曲面形状也不同，结果如图 15-83 所示。

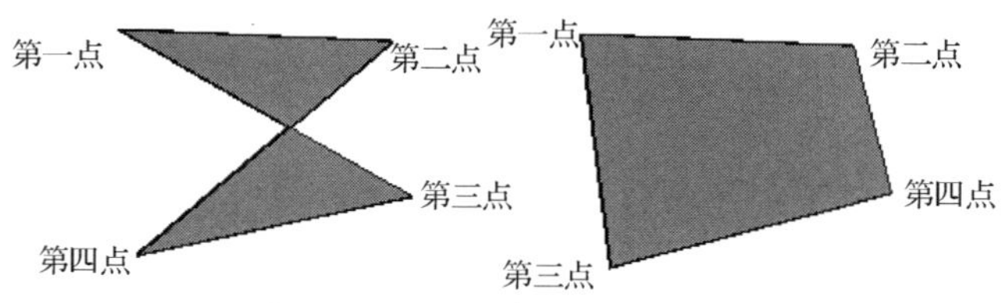

图 15-83　定义填充曲面的顶点

③ 多边形的第三点和第四点又确定了相连三角形或四边形的固定边，若只指定一个顶点，则创建为相连三角形；若指定两个点，则创建为相连四边形，如图 15-84 所示。

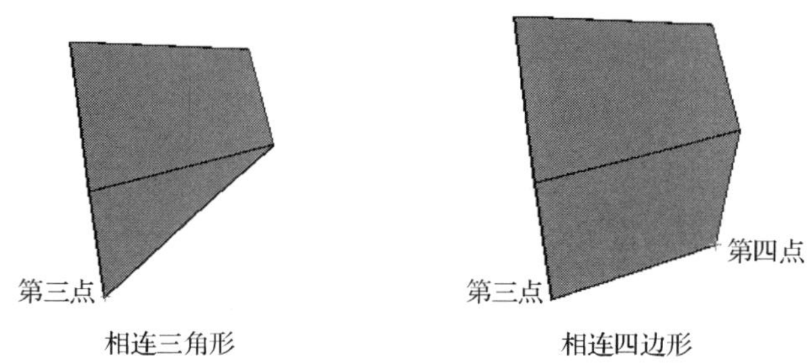

图 15-84　相连三角形和四边形

④ 同理，相连多边形的后两点又构成下一填充区域的第一条边，命令行将重复提示指定相连多边形的第三点和第四点。连续指定第三点和第四点将在单个实体对象中创建更多相连的三角形和四边形。按 Enter 键结束 solid 命令。

提醒一下：

仅当系统变量 fillmode 设置为开并且查看方向与二维实体正交时才填充二维实体。

15.5.4　三维面

三维面是指在三维建模空间中的任意位置创建三侧面或四侧面。三维面与二维实体填充曲面相似，都是平面曲面。指定三个顶点就创建为三侧面，指定四个顶点就创建为四侧面，也可以连续创建相连的三侧面或四侧面。

用户可通过以下方式执行上述操作。

- 菜单栏：执行【绘图】|【建模】|【网格】|【三维面】命令。
- 命令行：输入 3dface。

动手操作——创建三维面

① 在命令行中执行 3dface 命令，命令行操作提示如下：

```
命令: _3dface 指定第一点或 [不可见(I)]:          //指定多侧面的第一点
指定第二点或 [不可见(I)]:                      //指定多侧面的第二点
```

```
指定第三点或 [不可见(I)] <退出>:                    //指定多侧面的第三点
指定第四点或 [不可见(I)] <创建三侧面>:              //指定多侧面的第四点
指定第三点或 [不可见(I)] <退出>:                    //指定三侧面或四侧面的第三点
指定第四点或 [不可见(I)] <创建三侧面>:              //指定四侧面的第四点
```

提醒一下：

操作提示中的【不可见】选项可控制三维面各边的可见性，以便建立有孔对象的正确模型。在确定边的第一点之前输入 i 或 invisible 可以使该边不可见。侧面边的可见性如图 15-85 所示。

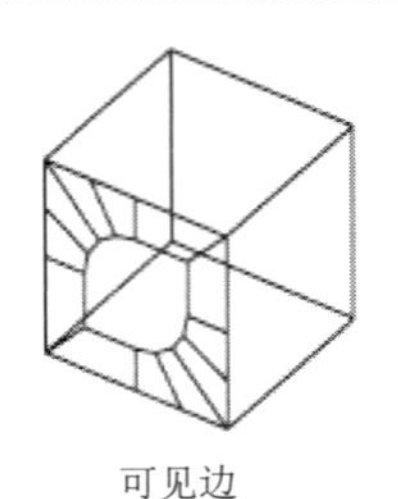

图 15-85 侧面边的可见性

② 多侧面的第一点和第二点确定起始边，第三点和第四点确定其余边的顶点。如果第三点和第四点的位置不同，那么生成的多侧面的形状也不同，如图 15-86 所示。

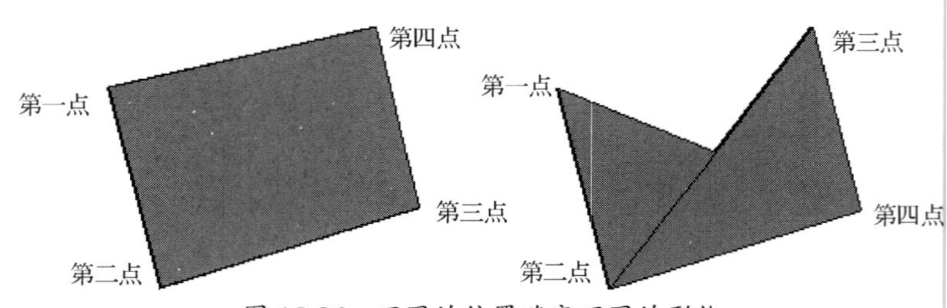

图 15-86 不同的位置确定不同的形状

③ 创建一个多侧面后，操作提示中将重复提示指定相连多侧面的第三点和第四点。若只指定一个顶点，则创建为相连三侧面；若指定两个点，则创建为相连四侧面，如图 15-87 所示。按 Enter 键结束 solid 命令。

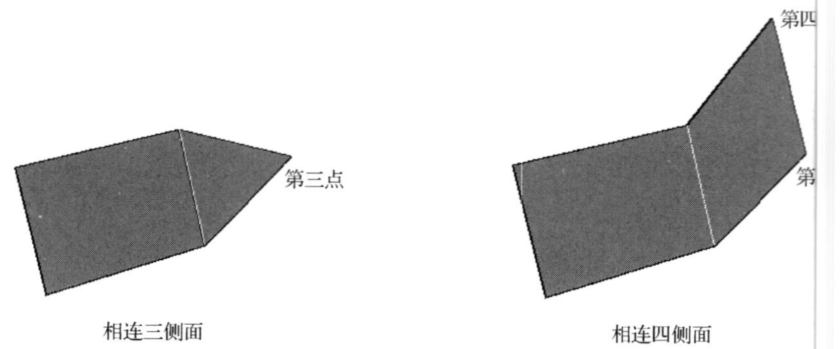

图 15-87 相连三侧面和侧面

提醒一下：

不可见性必须在使用任何对象捕捉模式、XYZ 过滤器或输入边的坐标之前定义。若要创建规则的多侧面或二维实体填充曲面，可通过设置图限或者输入点坐标精确定义顶点。

15.5.5　旋转网格

使用【旋转网格】命令，通过将路径或轮廓曲线（直线、圆、圆弧、椭圆、椭圆弧、闭合多段线、多边形、闭合样条曲线或圆环）绕指定的轴旋转创建一个近似于旋转曲面的多边形网格。旋转网格如图 15-88 所示。

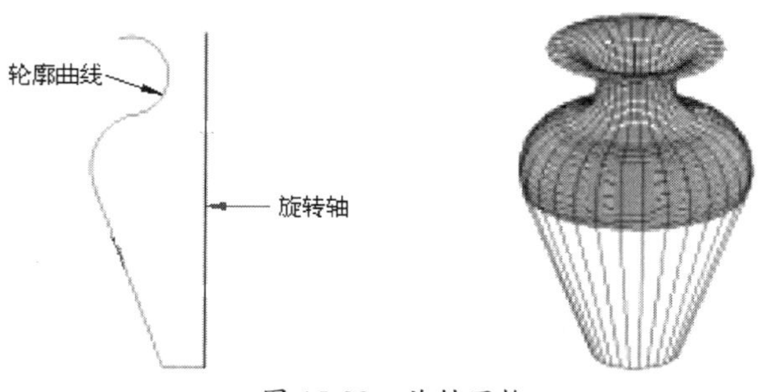

图 15-88　旋转网格

用户可通过以下方式执行上述操作。

- 菜单栏：执行【绘图】|【建模】|【网格】|【旋转网格】命令。
- 面板：在【网格】选项卡的【图元】面板中单击【建模，网格，旋转曲面】按钮。
- 命令行：输入 revsurf。

在命令行中执行 revsurf 命令，命令行操作提示如下：

```
命令：_revsurf
当前线框密度：SURFTAB1=6  SURFTAB2=6                //提示线框密度
选择要旋转的对象：                                  //选择旋转的轮廓曲线
选择定义旋转轴的对象：                              //指定旋转轴
指定起点角度 <0>：                                  //指定旋转起点角度
指定包含角 (+=逆时针，-=顺时针) <360>：             //指定旋转终止角度
```

操作提示中各选项的含义如下。

- 线框密度：线框显示的疏密程度（*M* 和 *N* 方向）。此值若较小，则生成的旋转曲面截面近似为多边形，因此在命令行中输入 surftab1（*M* 方向）或 surftab2（*N* 方向）来设置此值。图 15-89 所示为旋转曲面线框密度为 6 和 50 时的效果。

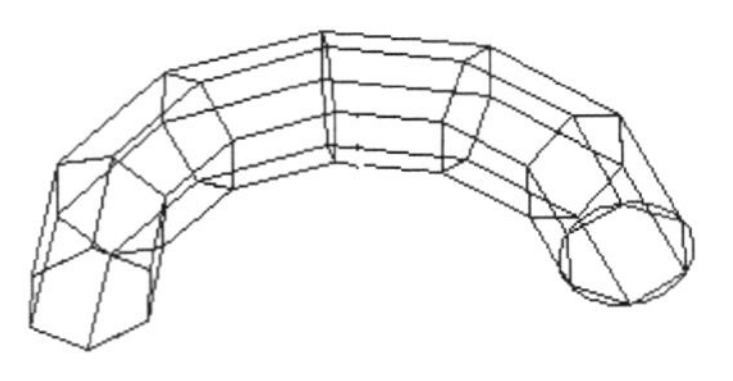

线框密度为 6

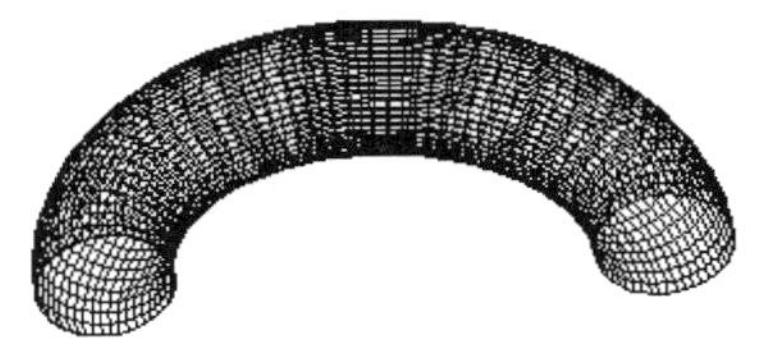

线框密度为 50

图 15-89　旋转曲面线框密度为 6 和 50 时的效果

提醒一下：

线框密度越大，曲面就越平滑。

- 要旋转的对象：指定路径或轮廓曲线。
- 定义旋转轴的对象：可以选择直线或开放的二维、三维多段线作为旋转轴。

- 起点角度：旋转起点角度。若旋转截面为平面图形，则起点角度为起位置与平面截面之间的夹角。若旋转截面为空间曲线，则起点角度为曲线顶点位与初始位置的夹角。
- 包含角：旋转终止角度。输入“+”为逆时针旋转轮廓曲线；输入“ 为顺时针旋转轮廓曲线。

动手操作——创建旋转曲面

① 打开本例源文件“ex-12.dwg”。

② 在命令行中执行 revsurf 命令，并创建旋转起点角度为 0°，旋转终止角 与 270° 的旋转曲面。命令行操作提示如下：

```
命令：_revsurf
当前线框密度：SURFTAB1=50  SURFTAB2=50
选择要旋转的对象：                                    //选择轮廓曲线
选择定义旋转轴的对象：                                //选择旋转轴
指定起点角度 <0>：↙                                  //输入旋转起点角度
指定包含角 (+=逆时针，-=顺时针) <360>：270↙           //输入旋转终止角度
```

③ 创建旋转曲面的过程及结果如图 15-90 所示。

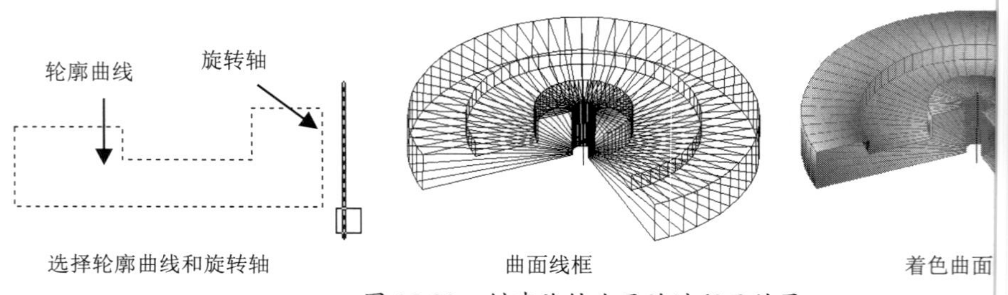

图 15-90 创建旋转曲面的过程及结果

15.5.6 平移曲面

平移曲面就是通过将路径或轮廓曲线（直线、圆、圆弧、椭圆、椭圆弧 闭合多段线、多边形、闭合样条曲线或圆环）绕指定的轴旋转创建一个近似于旋转曲面的 边形网格。

使用【平移曲面】命令可以将路径曲线沿方向矢量的方向平移，构成平移 面，如图 15-91 所示。

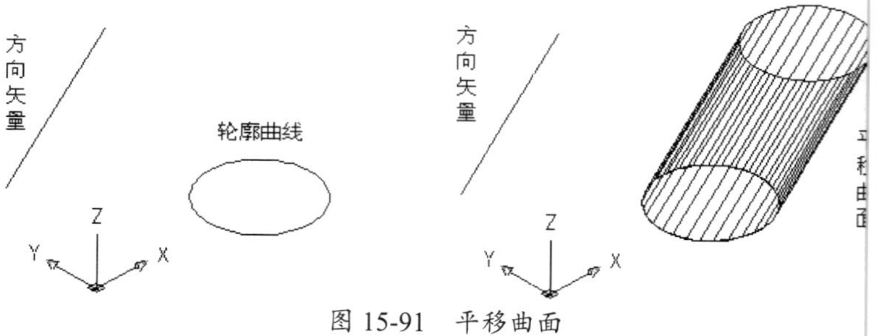

图 15-91 平移曲面

用户可通过以下方式执行上述操作。

- 菜单栏：执行【绘图】|【建模】|【网格】|【平移曲面】命令。
- 面板：在【网格】选项卡的【图元】面板中单击【平移曲面】按钮。
- 命令行：输入 tabsurf。

在命令行中执行 tabsurf 命令，命令行操作提示如下：

```
命令：_tabsurf
当前线框密度：SURFTAB1=30
选择用作轮廓曲线的对象：                    //选择轮廓曲线
选择用作方向矢量的对象：                    //选择方向矢量
```

若用作方向矢量的对象为多段线，则仅考虑多段线的第一个点和最后一个点，而忽略中间的顶点。方向矢量指出轮廓曲线的拉伸方向和长度。在多段线或直线上选定的端点决定了拉伸的方向。多段线矢量的选择方法如图 15-92 所示。

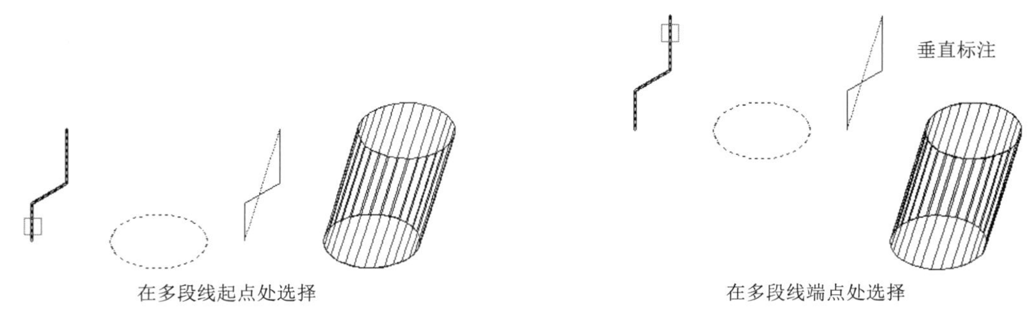

图 15-92　多段线矢量的选择方法

提醒一下：

使用 tabsurf 命令将构造一个 $2n$ 的多边形网格，其中 n 由系统变量 surftab1 确定。网格的 M 方向始终为 2，且沿着方向矢量。N 方向沿着轮廓曲线的方向。

动手操作——创建平移曲面

① 打开本例源文件“ex-13.dwg”。

② 在命令行中执行 tabsurf 命令，命令行操作提示如下：

```
命令：_tabsurf
当前线框密度：SURFTAB1=30
选择用作轮廓曲线的对象：                    //选择轮廓曲线
选择用作方向矢量的对象：                    //选择方向矢量
```

③ 创建平移曲面的过程及结果如图 15-93 所示。

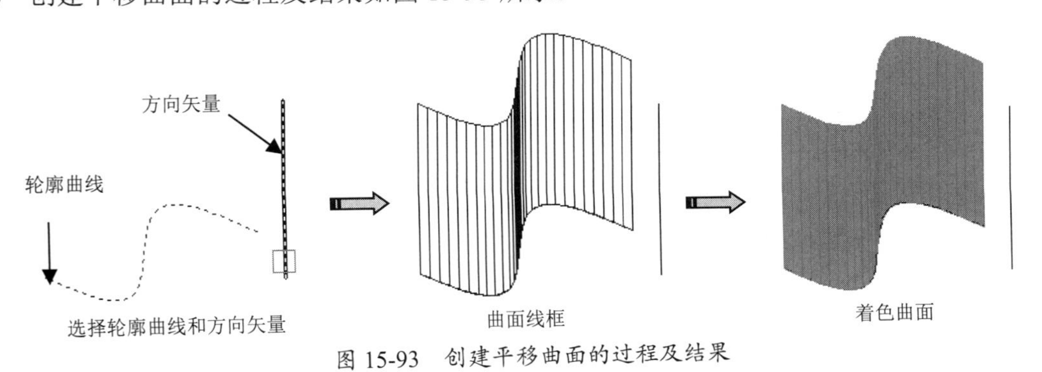

图 15-93　创建平移曲面的过程及结果

15.5.7 直纹曲面

使用【直纹曲面】命令，可以在两条直线或曲线之间创建直纹网格。这两直线或曲线必须全部开放或全部闭合，点对象可以与开放或闭合对象成对使用。

可以使用以下两个对象组合定义直纹网格的边界：直线、点、圆弧、圆、圆、椭圆弧、二维多段线、三维多段线或样条曲线。直纹曲面如图 15-94 所示。

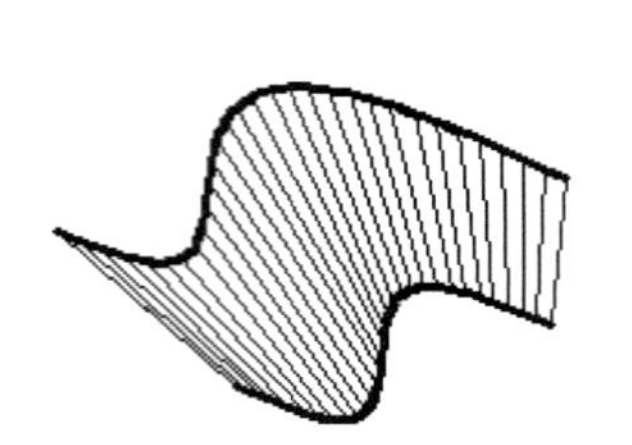

样条曲线和样条曲线

直线和样条曲线

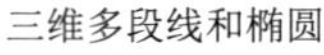

三维多段线和椭圆

点和椭圆弧

图 15-94 直纹曲面

用户可通过以下方式执行上述操作。

- 菜单栏：执行【绘图】|【建模】|【网格】|【直纹曲面】命令。
- 面板：在【网格】选项卡的【图元】面板中单击【直纹曲面】按钮。
- 命令行：输入 rulesurf。

在命令行中执行 rulesurf 命令，命令行操作提示如下：

```
命令：_rulesurf
当前线框密度：SURFTAB1=30
选择第一条定义曲线：                              //选择曲线对象一
选择第二条定义曲线：                              //选择曲线对象二
```

选定的对象用于定义直纹曲面的边界，该对象可以是点、直线、样条曲圆、圆弧或多段线。

提醒一下：

如果有一个边界是闭合的，那么另一个边界必须也是闭合的。

对于开放曲线，基于曲线上指定点的位置不同，生成的直纹曲面也会不，如图 15-95 所示。

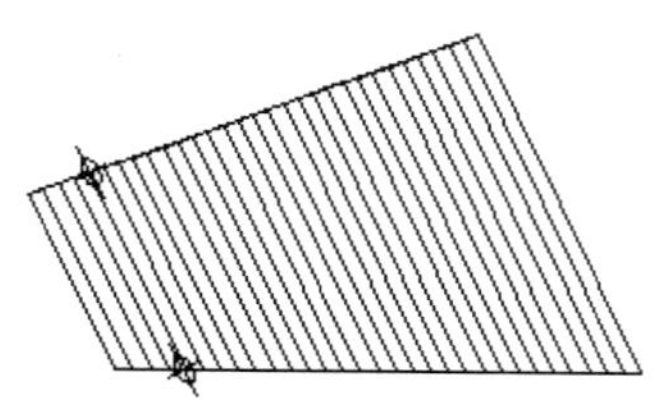

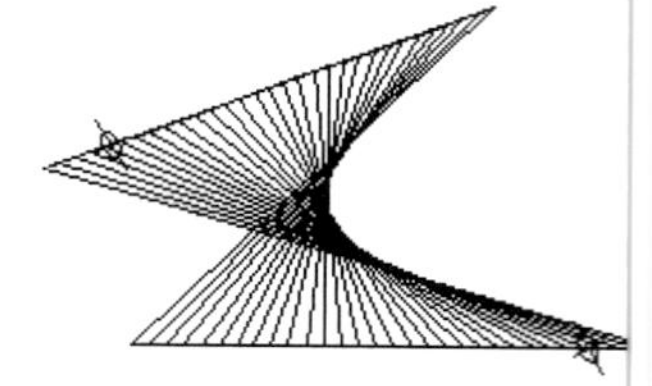

图 15-95 因指定点的位置不同而生成的两种直纹曲面

动手操作——创建直纹曲面

① 打开本例源文件“ex-14.dwg”。

② 在命令行中执行 rulesurf 命令，命令行操作提示如下：

```
命令：_ rulesurf
当前线框密度：SURFTAB1=30
选择第一条定义曲线：                                //选择曲线对象一
选择第二条定义曲线：                                //选择曲线对象二
```

③　创建直纹曲面的过程及结果如图 15-96 所示。

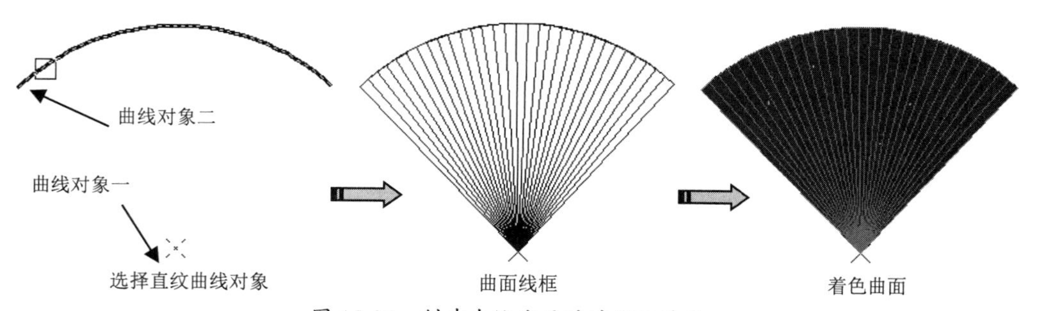

图 15-96　创建直纹曲面的过程及结果

提醒一下：

点对象可以与其他曲线对象任意搭配来创建直纹曲面。

15.5.8　边界曲面

使用【边界曲面】命令，可以选择多边曲面的边界创建孔斯曲面片网格。孔斯曲面片是插在 4 个边界间的双三次曲面（一条 *M* 方向上的曲线和一条 *N* 方向上的曲线）。创建的边界曲面如图 15-97 所示。

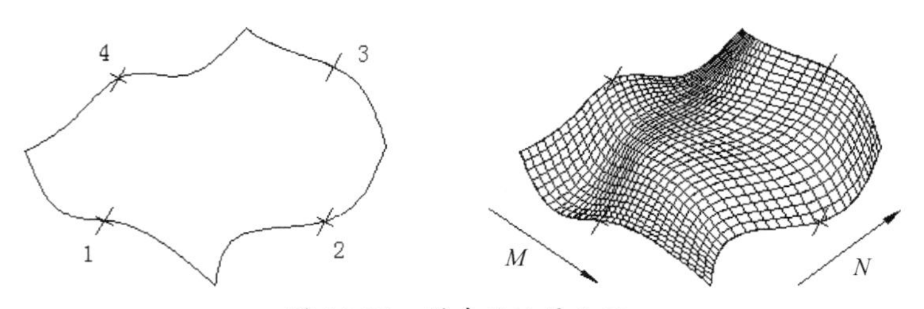

图 15-97　创建的边界曲面

边界曲面的边界可以是直线、圆弧、样条曲线或开放的二维或三维多段线。这些边界必须在端点处相交以形成一个拓扑形式的矩形闭合路径。

用户可通过以下方式创建边界曲面。

- 菜单栏：执行【绘图】|【建模】|【网格】|【边界曲面】命令。
- 面板：在【网格】选项卡的【图元】面板中单击【边界曲面】按钮。
- 命令行：输入 edgesurf。

在命令行中执行 edgesurf 命令，命令行操作提示如下：

```
命令：_edgesurf
当前线框密度：SURFTAB1=30  SURFTAB2=30
选择用作曲面边界的对象 1：                          //选择边界曲面的边
选择用作曲面边界的对象 2：
选择用作曲面边界的对象 3：
选择用作曲面边界的对象 4：
```

提醒一下：

创建边界曲面的边界数只能是 4 条，少或是多，都不能创建边界曲面。

可以用任何次序选择这 4 条边界。第 1 条边界决定了生成网格的 *M* 方向 该方向是从距选择点最近的端点延伸到另一端。与第 1 条边界相接的两条边界形成了网格 方向的边界。

动手操作——创建边界曲面

① 打开本例源文件“ex-15.dwg”。

② 在命令行中执行 edgesurf 命令，命令行操作提示如下：

```
命令：_edgesurf
当前线框密度：SURFTAB1=30
选择用作曲面边界的对象 1:                    //选择边界曲面的边
选择用作曲面边界的对象 2:
选择用作曲面边界的对象 3:
选择用作曲面边界的对象 4:
```

③ 创建边界曲面的过程及结果如图 15-98 所示。

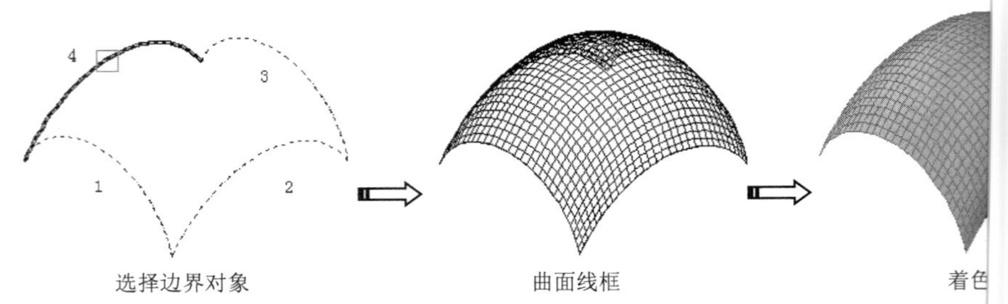

图 15-98 创建边界曲面的过程及结果

15.6 综合范例

本节将以机械零件建模及建筑三维模型的创建为例，使用户能从中学习 掌握建模等方面的绘制技巧。

15.6.1 范例一：创建基本线框模型

下面通过此范例说明使用二维绘图命令创建基本线框模型的操作过程。 建的基本线框模型如图 15-99 所示。

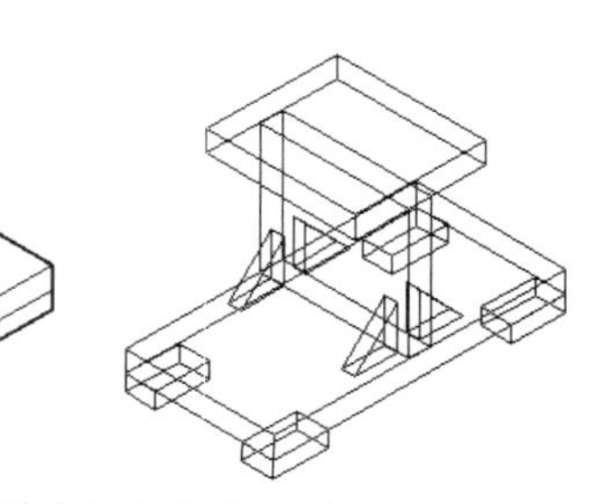

图 15-99 创建的基本线框模型

操作步骤

① 新建图形文件。

② 打开对象捕捉功能，设定捕捉模式为端点和交点。

③ 执行【视图】|【三维视图】|【东南等轴测】命令，切换到东南轴测视图。

④ 先绘制长度、宽度、高度分别为 138、270、20 的长方体。再绘制一个长度、宽度、高度分别为 28、50、15 的小长方体，如图 15-100 所示。

⑤ 移动及复制小长方体，如图 15-101 所示。

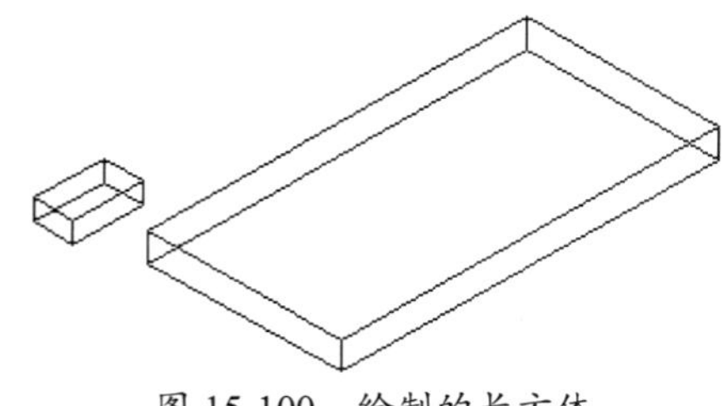

图 15-100　绘制的长方体

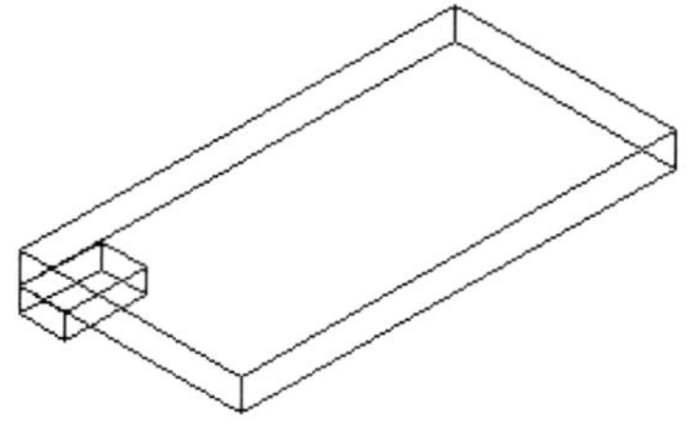

图 15-101　移动及复制小长方体

⑥ 绘制长方体 A、B，其尺寸分别为 138×20×120 和 138×120×20（长度、宽度、高度），如图 15-102 所示。

⑦ 移动长方体 A、B，如图 15-103 所示。

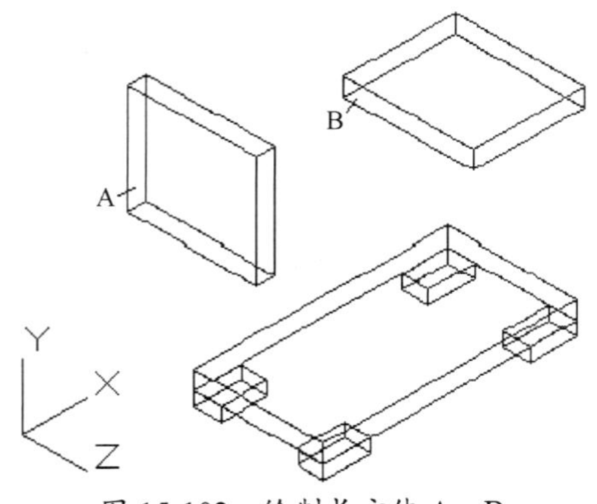

图 15-102　绘制长方体 A、B

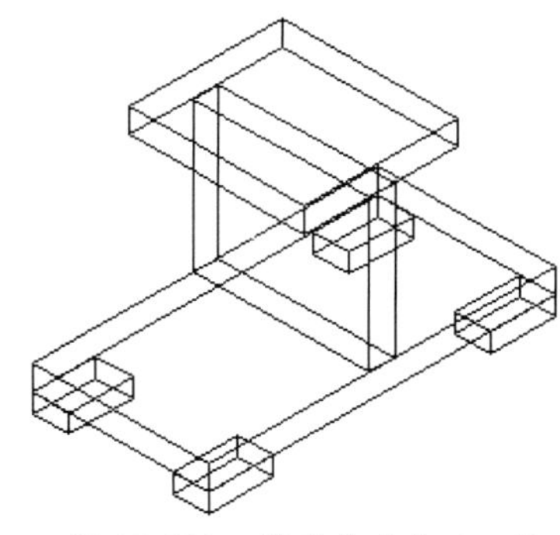

图 15-103　移动长方体 A、B

⑧ 绘制楔形体，如图 15-104 所示。命令行操作提示如下：

```
命令：_ai_wedge
指定角点给楔体表面：                                //单击一点
指定长度给楔体表面：40                              //输入楔形体的长度值
指定楔体表面的宽度：12                              //输入楔形体的宽度值
指定高度给楔体表面：40                              //输入楔形体的高度值
指定楔体表面绕 Z 轴旋转的角度：-90                   //输入楔形体绕 Z 轴旋转的角度值
```

⑨ 移动及复制楔形体，如图 15-105 所示。

⑩ 创建新坐标系，如图 15-106 所示。命令行操作提示如下：

```
命令：ucs
[新建(N)/移动(M)/正交(G)/上一个(P)//应用(A)/?/世界(W)] <世界>：n //选择【新建】选项
指定新 UCS 的原点或 [Z 轴(ZA)/三点(3)/对象(OB)/X/Y/Z] <0,0,0>：3 //选择【三点】选项
```

```
指定新原点 <0,0,0>:                                          //捕捉 A
在正 X 轴范围上指定点:                                       //捕捉 B
在 UCS XY 平面的正 Y 轴范围上指定点:                         //捕捉 C
```

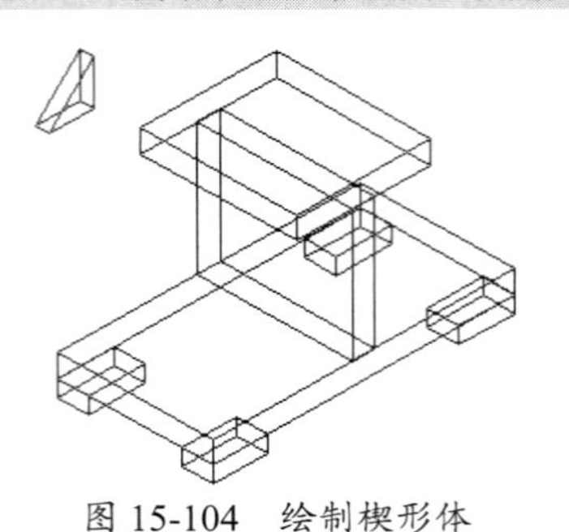

图 15-104 绘制楔形体

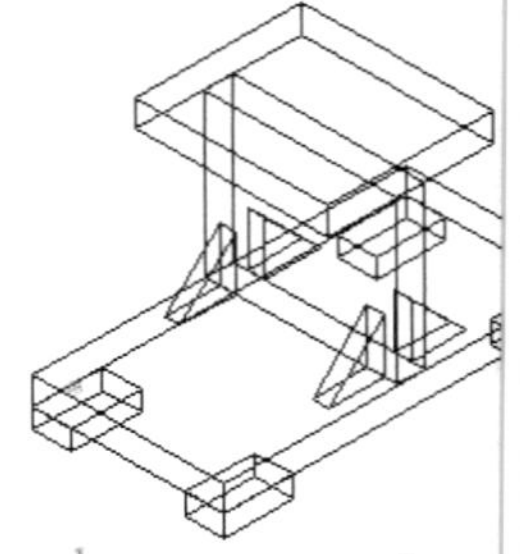

图 15-105 移动及复制楔形体

⑪ 使用 mirror 命令镜像楔形体，结果如图 15-107 所示。

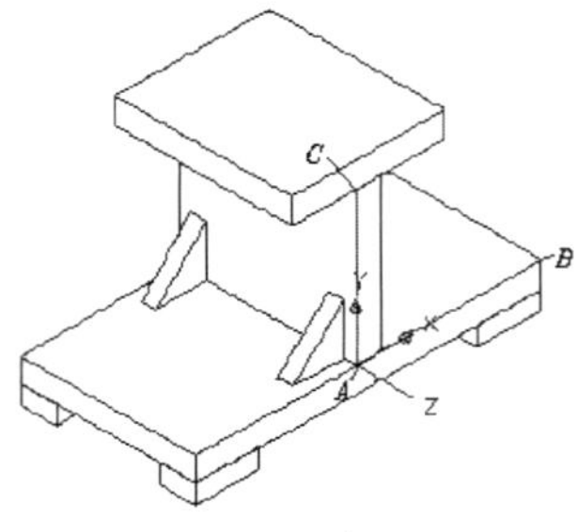

图 15-106 创建新坐标系

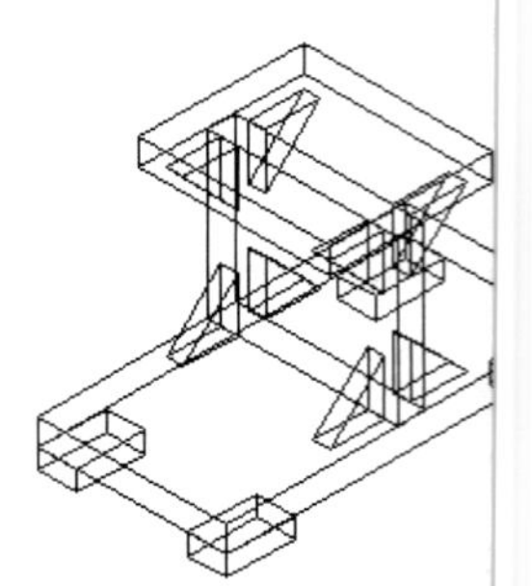

图 15-107 镜像楔形体

提醒一下：

在本例中，使用 mirror 命令时，选择【三点】选项来确定镜像平面。打开对象捕捉工具栏，单击【捕捉到中点】按钮，依次选取长方体 A 上的三条竖直棱边的中点，完成镜像操作，其示意图如图 15-108 所示。

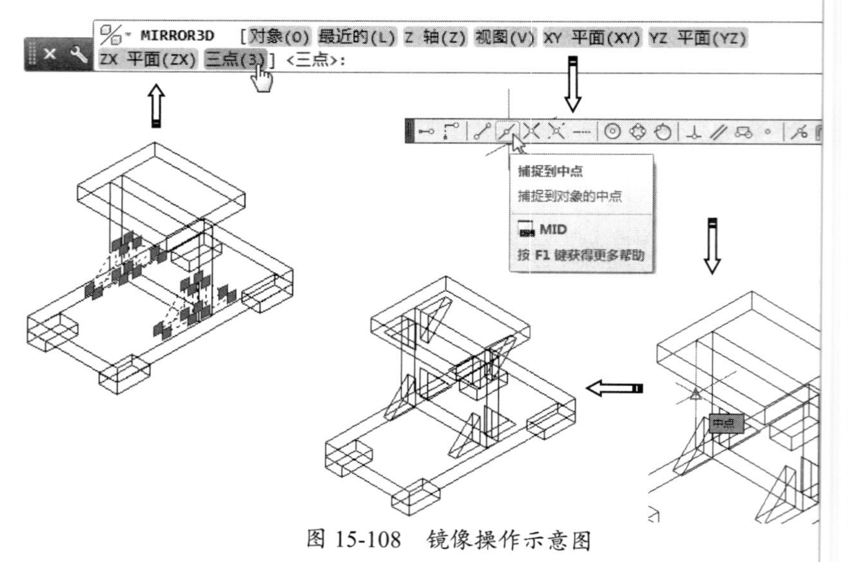

图 15-108 镜像操作示意图

⑫ 将结果保存。

15.6.2　范例二：法兰盘建模

本节将以法兰盘建模为例，说明二维绘图、编辑与三维旋转、拉伸等工具的巧妙应用。法兰盘零件的二维图形及三维模型如图 15-109 所示。

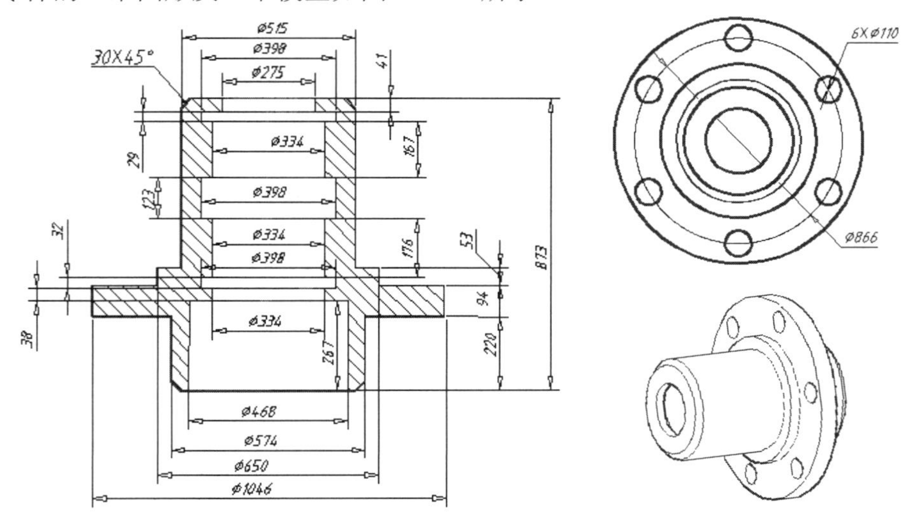

图 15-109　法兰盘零件的二维图形及三维模型

法兰盘零件三维模型的创建方法比较简单，由于它的主要结构为旋转体，因此可使用【旋转】命令来创建主体，孔是使用【拉伸】命令创建的，类似创建孔实体运用【差集】命令将其减除，并将孔阵列即可。

操作步骤

① 新建图形文件。

② 在三维建模空间中将视觉样式设为二维线框，并切换视图为俯视。

③ 在状态栏打开正交模式。使用【直线】命令，绘制如图 15-110 所示的旋转中心线和轮廓线。

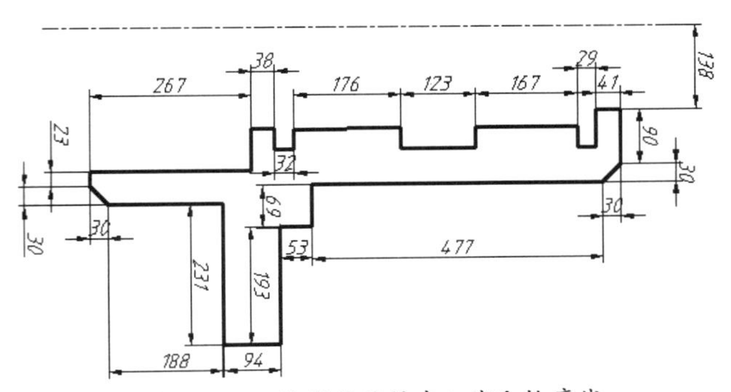

图 15-110　绘制的旋转中心线和轮廓线

提醒一下：

绘制轮廓线时，可以采用绝对坐标输入方式，也可以打开正交模式，绘制一条直线后，将第二条直线的端点方向确定后，直接输入直线长度值即可。

④ 使用【面域】命令，选择所有轮廓线创建一个面域。

⑤ 先切换视图为西南等轴测，然后使用三维【旋转】命令，选择前面绘制的 廓线作为旋转对象，最后选择中心线作为旋转轴，即可完成旋转实体的创建，如图 1 111 所示。

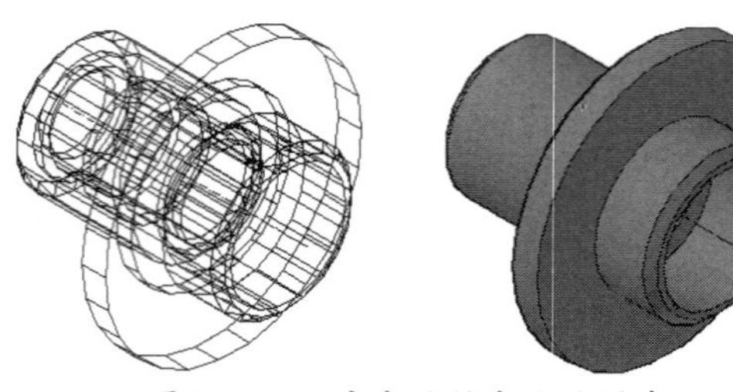

图 15-111 完成旋转实体的创建

⑥ 使用 ucsman 命令，在打开的【UCS】对话框的【设置】选项卡中勾选【修 改 UCS 时更新平面视图】复选框，单击【确定】按钮，关闭对话框并保存设置，如图 5-112 所示。

⑦ 单击【世界】按钮，将 UCS 移至中心线的端点上，单击【X】按钮， 使 UCS 绕 X 轴旋转 90°，如图 15-113 所示。

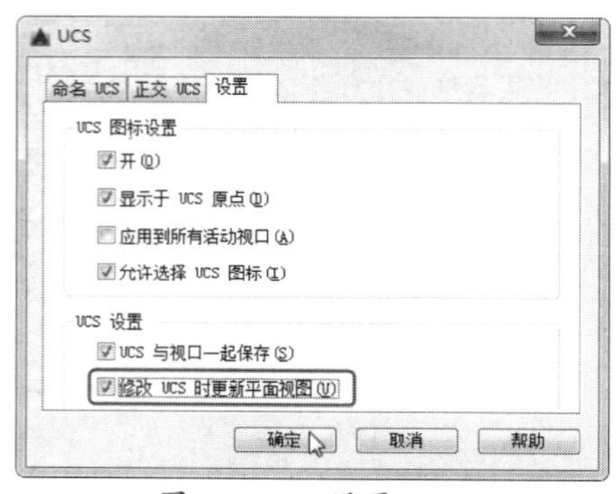

图 15-112 设置 UCS

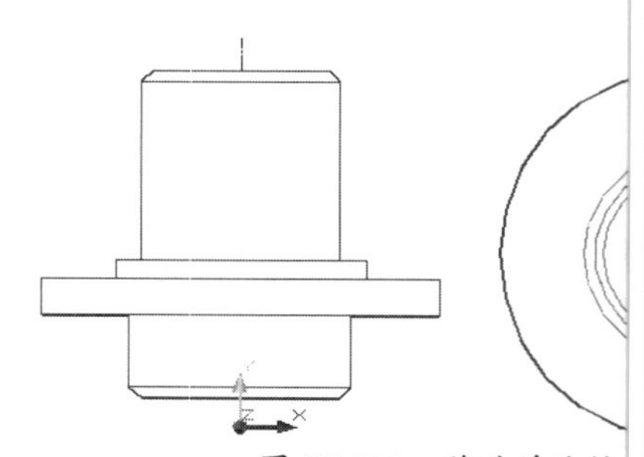

图 15-113 移动并旋转 CS

⑧ 使用【圆心，直径】命令和【直线】命令，绘制直径为 866 的大圆和一条 心线，并在中心线与大圆交点上绘制直径为 110 的小圆，如图 15-114 所示。

⑨ 使用【阵列】命令，阵列 6 个小圆，如图 15-115 所示。

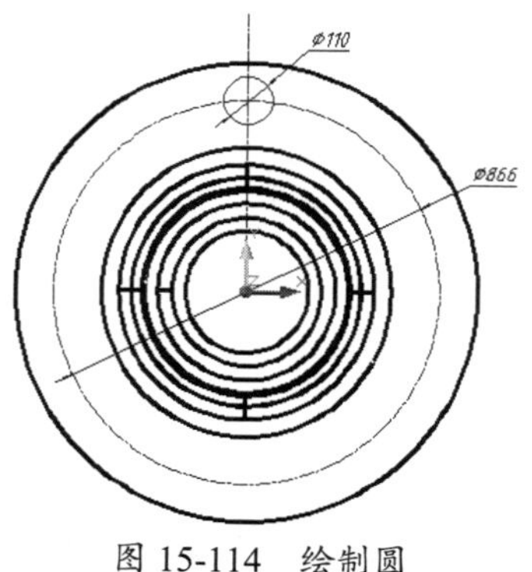

图 15-114 绘制圆

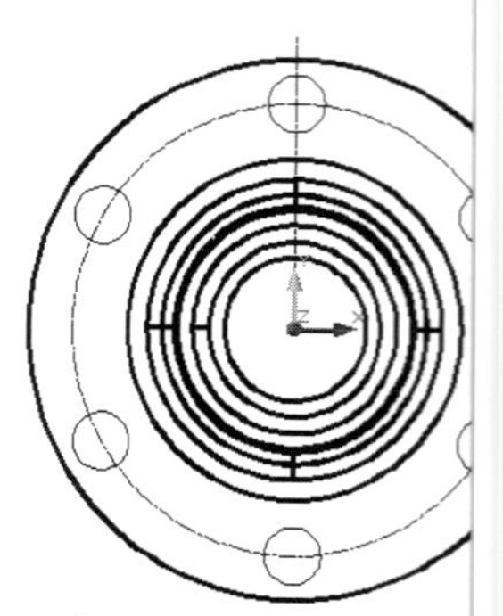

图 15-115 阵列 6 个小

⑩ 删除定位的中心线，并切换视图为西南等轴测。使用【按住并拖动】命令 依次选择 6

个小圆作为拖动对象，创建出如图 15-116 所示的“按住并拖动”实体。

⑪ 使用【差集】命令，先选择旋转实体作为求差目标体，再选择 6 个“按住并拖动”实体作为减除的对象，完成差集运算，最后将二维图线清除。至此，完成法兰盘零件三维模型的创建，如图 15-117 所示。

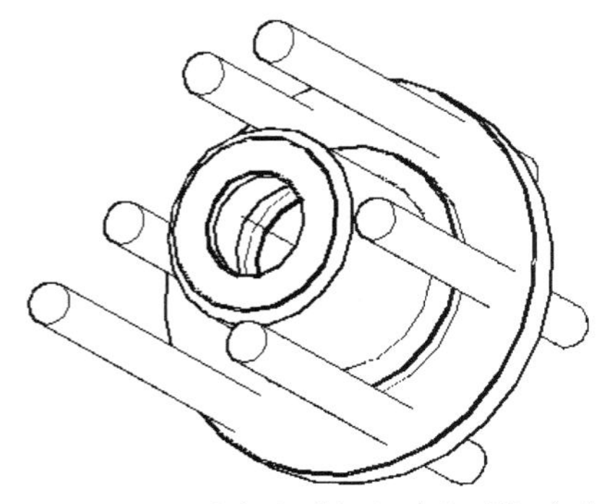

图 15-116　创建的“按住并拖动”实体

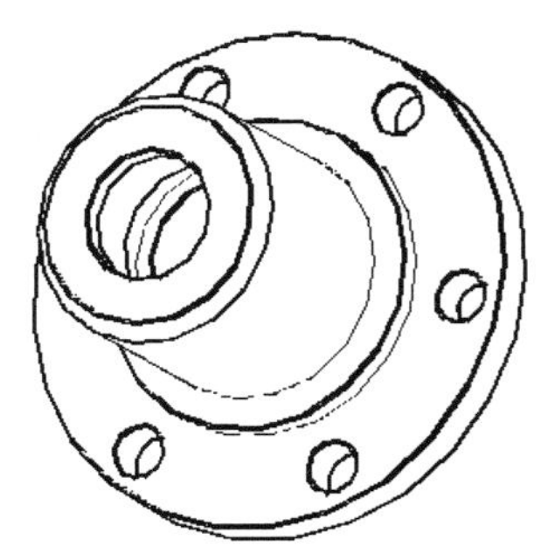

图 15-117　法兰盘零件三维模型创建完成的结果

⑫ 将结果另存为“法兰盘.dwg”。

15.6.3　范例三：轴承支架建模

用户可通过本例的轴承支架建模，熟悉应用二维绘图、编辑工具与三维实体绘制、编辑工具创建较复杂的机械零件的方法。

轴承支架零件的二维图形及三维模型如图 15-118 所示。

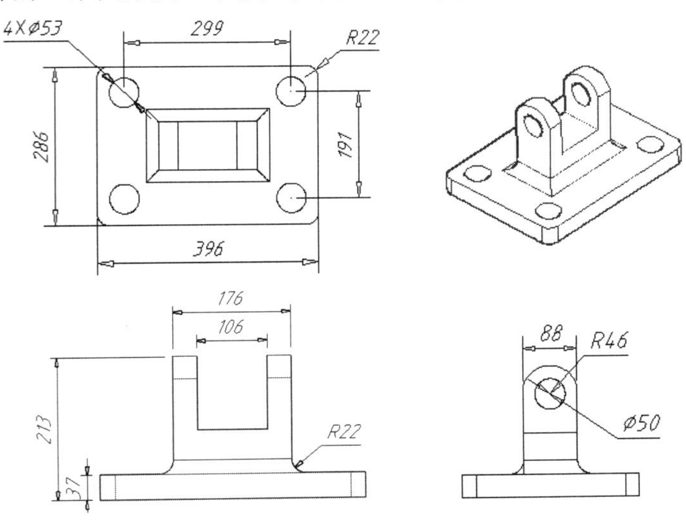

图 15-118　轴承支架零件的二维图形及三维模型

操作步骤

① 新建图形文件。

② 在三维建模空间中，将视觉样式设为二维线框，并切换视图为俯视。

③ 使用【直线】命令、【圆心，半径】命令、【倒圆】命令和【修剪】命令，绘制出如图 15-119

所示的二维图形。

④ 使用【面域】命令，选择绘图区所有图线来创建面域，创建的面域数为 5

提醒一下：

若不创建面域，则拉伸的就不会是实体，只能是曲面。在没有创建面域的情况下，用户可以使用【按住并拖动】命令来创建实体，但不能创建精确高度的实体。

⑤ 使用【拉伸】命令，选择所有的面域，创建 5 个高度为 37 的拉伸实体（ 个底座主体和 4 个孔实体），如图 15-120 所示。

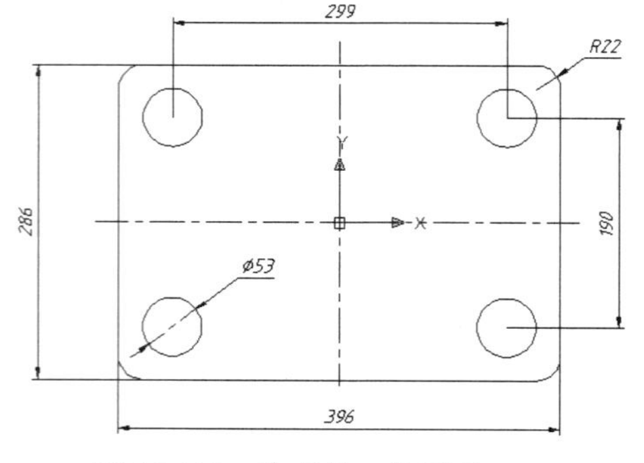

图 15-119 绘制的二维图形

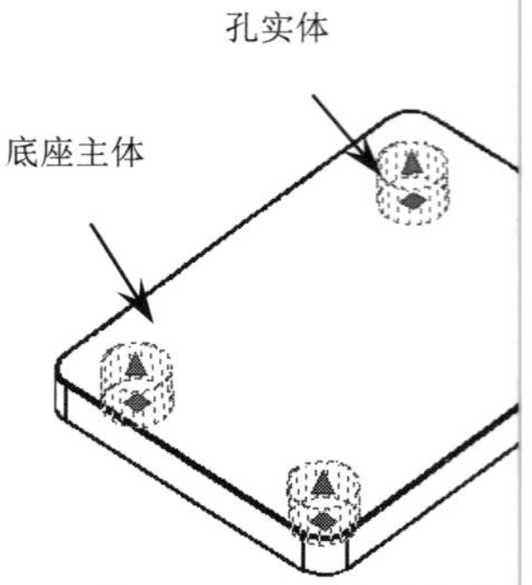

图 15-120 创建的拉伸实体

⑥ 使用【差集】命令，先选择底座主体作为求差目标体，再选择 4 个孔实体作为减除对象，完成差集运算。创建完成的支架底座如图 15-121 所示。

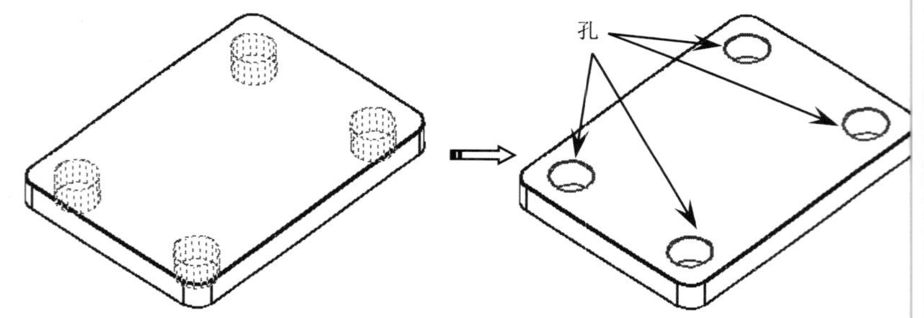

图 15-121 创建完成的支架底座

⑦ 将视图切换为左视。使用【直线】命令、【圆弧】命令和【修剪】命令，绘制如图 15-122 所示的图形。

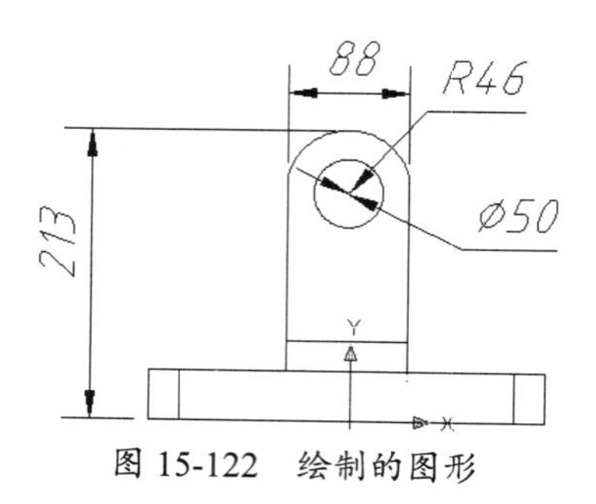

图 15-122 绘制的图形

⑧ 使用【面域】命令，选择整个图形来创建面域，面域数为 2。

⑨ 切换视图至西南等轴测。在【可视化】选项卡的【坐标】面板中单击【Y】按钮，将

UCS 绕 Y 轴旋转-90°，如图 15-123 所示。

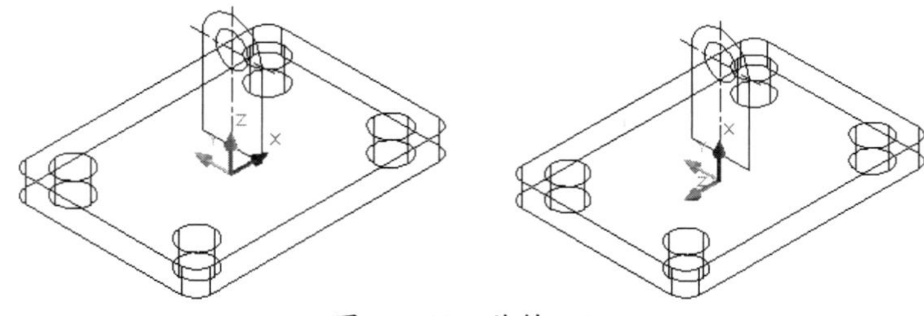

图 15-123　旋转 UCS

⑩ 使用【拉伸】命令，对如图 15-122 所示的图形进行拉伸，拉伸高度为 88。创建的拉伸实体如图 15-124 所示。

⑪ 使用【差集】命令，将支架主体中的小圆柱体减除，如图 15-125 所示。

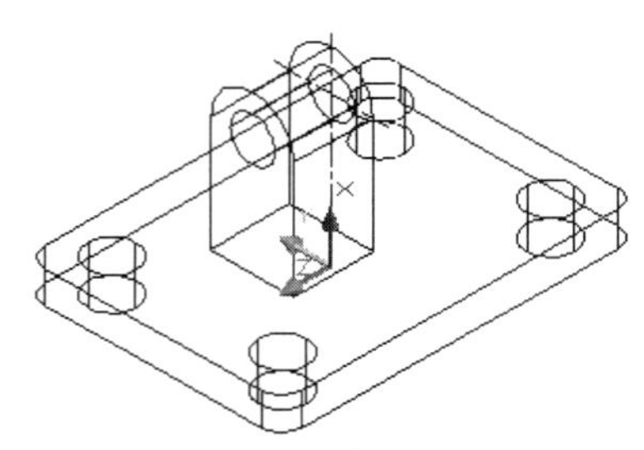

图 15-124　创建的拉伸实体

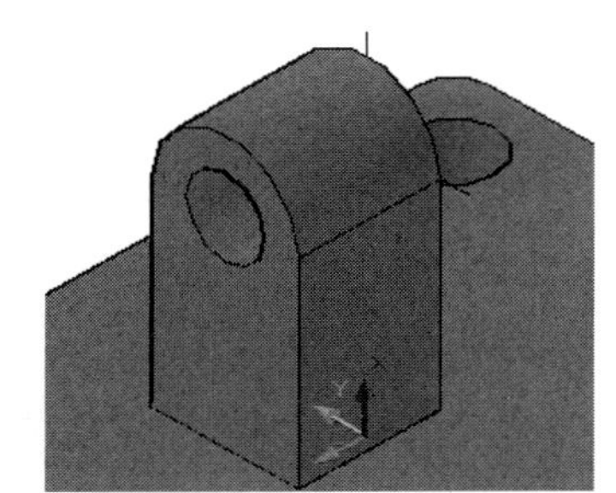

图 15-125　将支架主体中的小圆柱体减除

⑫ 切换视图至东南等轴测，将 UCS 移动至支架主体孔中心，并设置 UCS 为 WCS，如图 15-126 所示。

⑬ 使用【长方体】命令，在其命令行操作提示中依次选择【中心】|【长度】选项，并选择孔中心点作为长方体的中心点，长方体的长度、宽度、高度分别为 100、106、110。创建的长方体如图 15-127 所示。

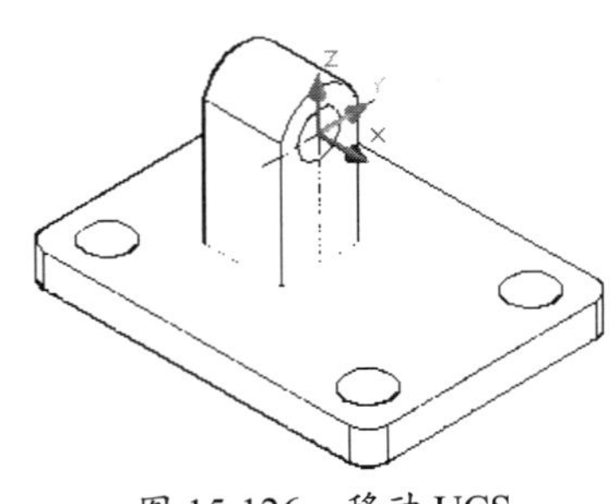

图 15-126　移动 UCS

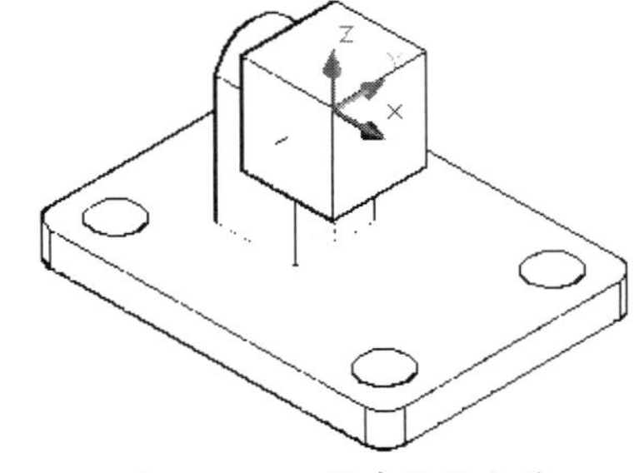

图 15-127　创建的长方体

⑭ 使用【差集】命令，先选择支架的一半主体作为求差目标体，再选择长方体作为减除对象。差集运算后的结果如图 15-128 所示。

⑮ 使用【三维镜像】命令，先选择支架的一半主体作为镜像对象，然后选择 YZ 平面作为镜像平面。镜像操作的结果如图 15-129 所示。

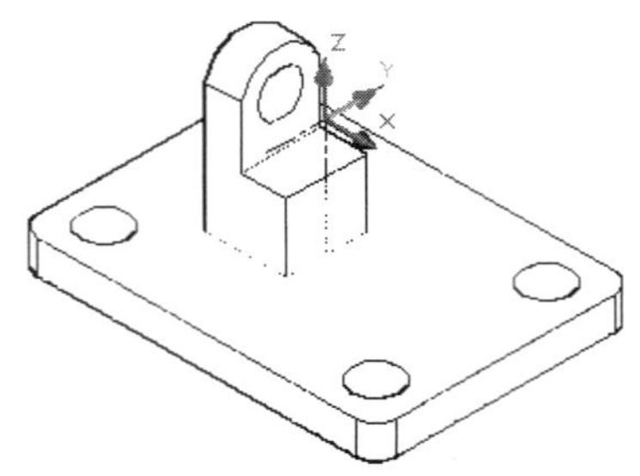

图 15-128　差集运算后的结果

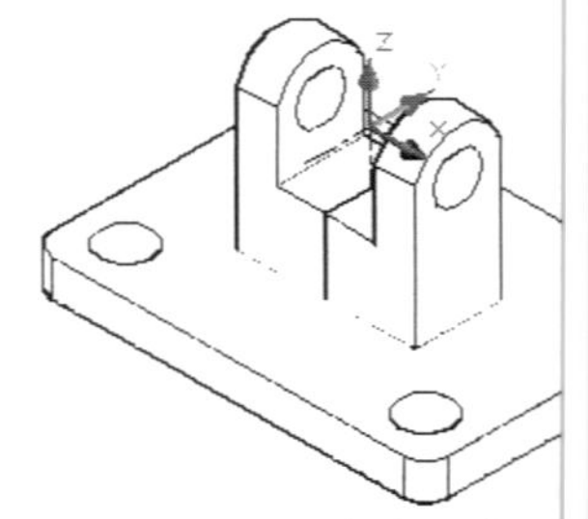

图 15-129　镜像操作的结果

⑯ 使用【并集】命令，将零散的支架主体部分实体和底座实体做并集运算。合并求和的结果如图 15-130 所示。

⑰ 使用【倒圆】命令，将支架主体与底座主体连接处的边进行倒圆，且圆角半径为 22，结果如图 15-131 所示。

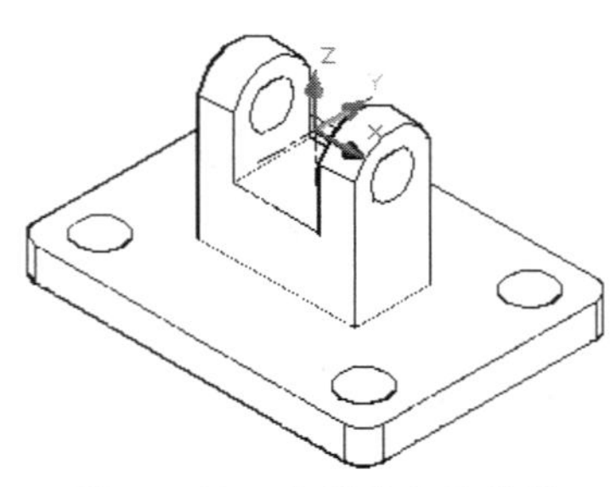

图 15-130　合并求和的结果

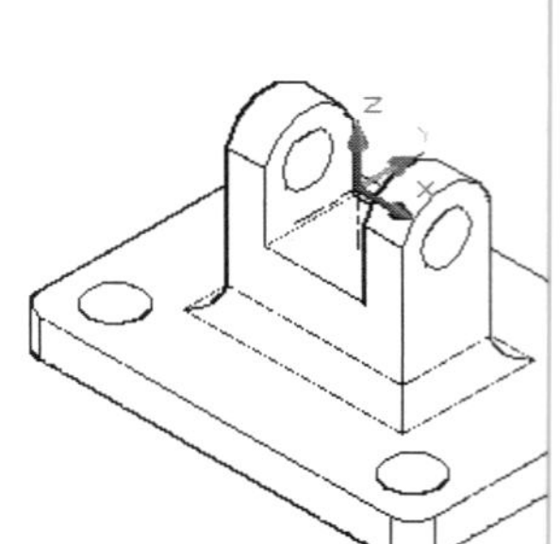

图 15-131　倒圆角处理结果

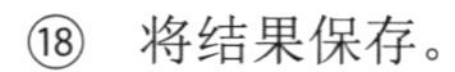

⑱ 将结果保存。

15.6.4　范例四：创建凉亭模型

本例将介绍如图 15-132 所示的凉亭模型的创建方法。

图 15-132　凉亭模型

使用【正多边形】命令和【拉伸】命令绘制亭基；使用【多段线】命令和【拉伸】命令绘制台阶；使用【圆柱体】命令和【三维阵列】命令绘制立柱；使用【多段线】命令和【拉伸】命令绘制连梁；使用【长方体】命令、【多行文字】命令、【边界曲面】命令、【旋转】命令、【拉伸】命令、【三维阵列】命令等绘制牌匾和亭顶；使用【圆柱体】命令、【并集】

命令、【多段线】命令、【旋转】命令和【三维阵列】命令绘制桌凳；使用【长方体】命令和【三维阵列】命令绘制长凳。

操作步骤

1．绘制凉亭外体

① 新建图形文件。

② 使用 limits 命令设置图幅：500×500。

③ 将鼠标移至已弹出的工具栏上并右击，弹出右键快捷菜单，选中 UCS、UCS II、建模、实体编辑、视图、视觉样式和渲染工具栏，使其出现在屏幕上。

④ 使用【正多边形】命令绘制一个边长为 120 的正六边形，使用【拉伸】命令将正六边形拉伸成高度为 30 的棱柱体。

⑤ 使用【缩放】命令，使图形全部出现在绘图区中。在命令行中执行 ddvpoint 命令，切换视角。打开【视点预设】对话框，如图 15-133 所示。在【X 轴】文本框中输入 305，在【XY 平面】文本框中输入 20，单击【确定】按钮关闭对话框，可得此时的亭基视图，如图 15-134 所示。

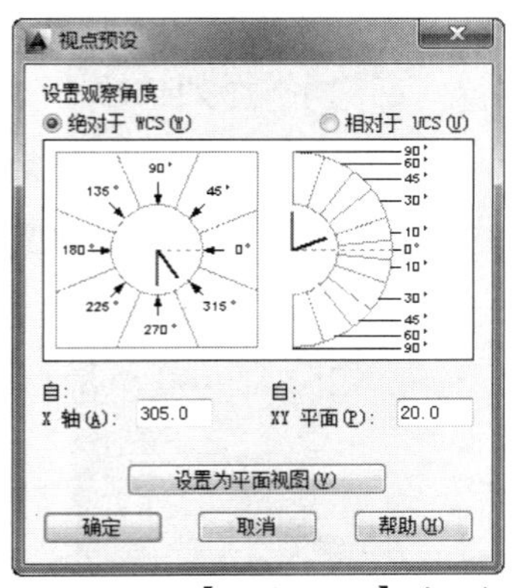

图 15-133　【视点预设】对话框

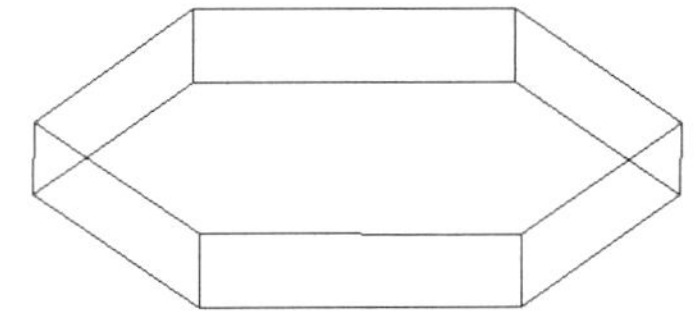

图 15-134　亭基视图

⑥ 使用 ucs 命令建立如图 15-135 所示的新坐标系，再次使用 ucs 命令将坐标系绕 Y 轴旋转-90°，得到如图 15-136 所示的坐标系。

```
命令： ucs ↙
当前 UCS 名称： *世界*
指定 UCS 的原点或 [面(F)/命名(NA)/对象(OB)/上一个(P)/视图(V)/世界(W)/X/Y/Z/Z 轴(ZA)]
<世界>:                  //输入新坐标系原点，打开目标捕捉功能，用鼠标选择图 15-135 中的角点 1
指定 X 轴上的点或 <接受> <309.8549,44.5770,0.0000>:    //选择图 15-135 中的角点 2
指定 XY 平面上的点或 <接受><307.1689,45.0770,0.0000>： //选择图 15-135 中的角点 3
命令： ucs ↙
当前 UCS 名称： *没有名称*
指定 UCS 的原点或 [面(F)/命名(NA)/对象(OB)/上一个(P)/视图(V)/世界(W)/X/Y/Z/Z 轴(ZA)]
<世界>: y ↙
指定绕 Y 轴的旋转角度 <90>： -90 ↙
```

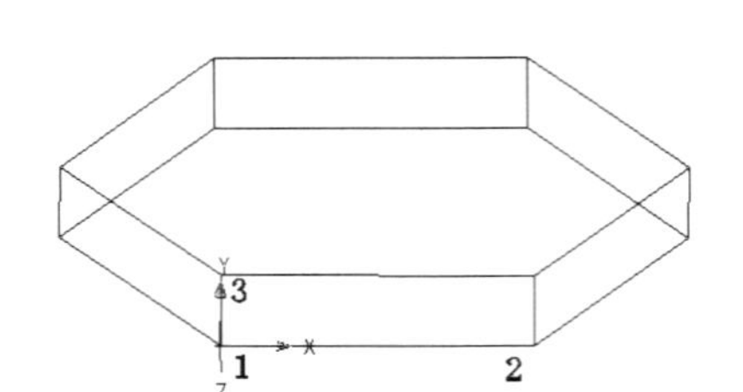

图 15-135　建立的新坐标系

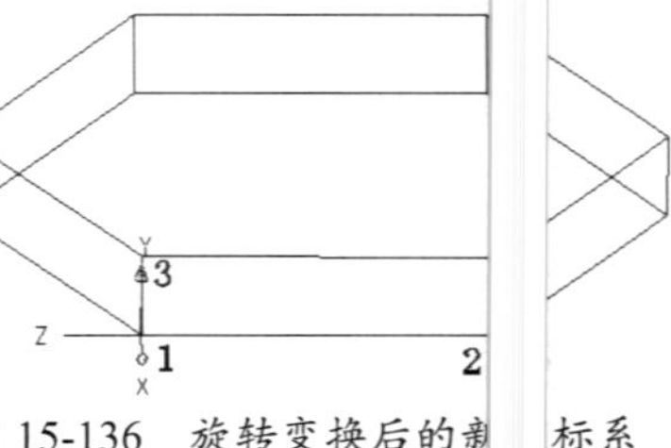
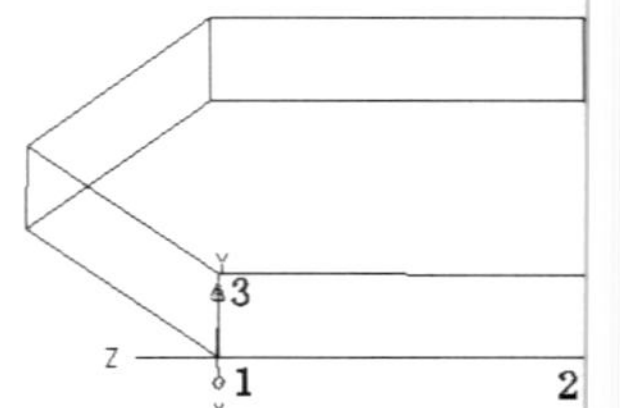

图 15-136　旋转变换后的新　标系

⑦ 使用【多段线】命令绘制台阶横截面轮廓线。多段线起点坐标为（0,0），　余各点坐标依次为（0,30）、（20,30）、（20,20）、（40,20）、（40,10）、（60,10）、（60,0）　（0,0）。使用【拉伸】命令将多段线沿 Z 轴负方向拉伸成宽度为 80 的台阶。使用三　动态观察工具将视点稍做偏移。拉伸前、后的模型如图 15-137 和图 15-138 所示。

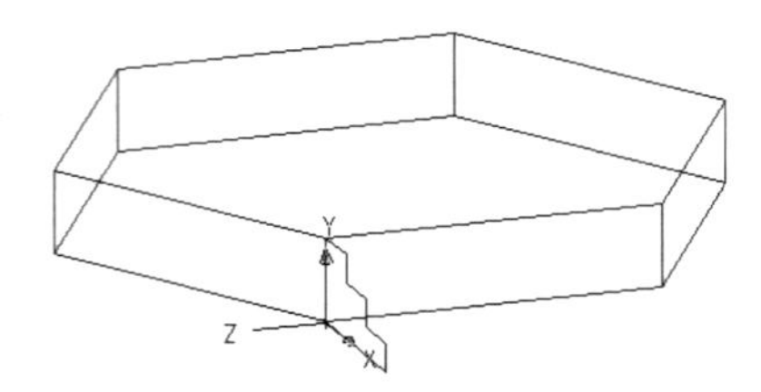

图 15-137　拉伸前的模型

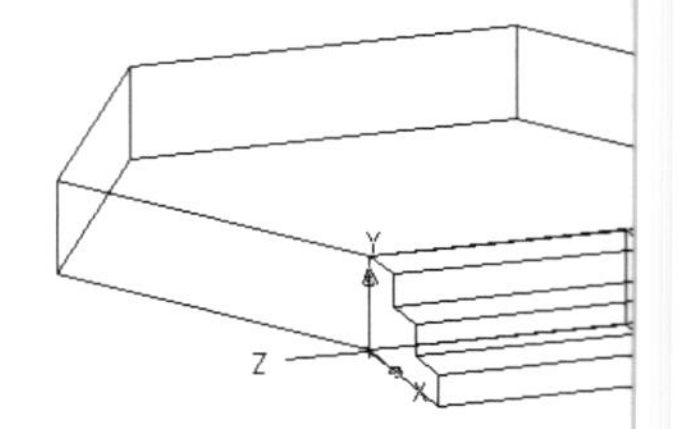

图 15-138　拉伸后的模

⑧ 使用【移动】命令将台阶移动到其所在边的中心位置，如图 15-139 所示

⑨ 建立台阶两侧的滑台。先使用【多段线】命令绘制出滑台横截面轮廓线。　后使用【拉伸】命令将其拉伸成高度为 20 的三维实体。最后使用【复制】命令将滑　复制到台阶的另一侧。

⑩ 使用【并集】命令将亭基、台阶和滑台合并成一个整体，如图 15-140 所　。

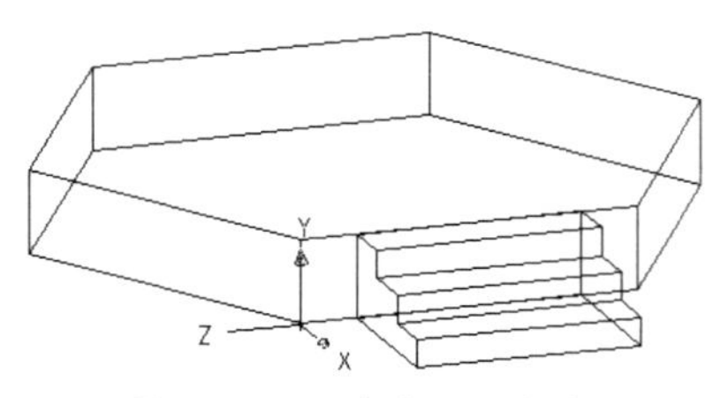

图 15-139　移动后的台阶

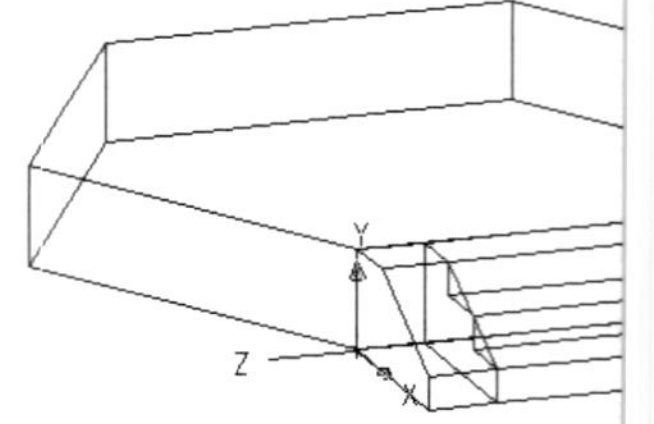
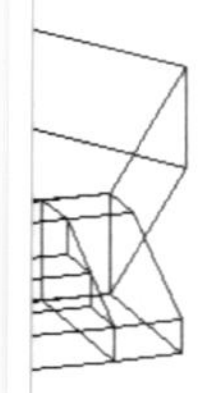

图 15-140　将亭基、台阶和　台合并

⑪ 使用【直线】命令连接正六边形亭基顶面的对角线作为辅助线。

⑫ 使用三点方式建立如图 15-141 所示的新坐标系。

⑬ 绘制凉亭立柱。使用【圆柱体】命令绘制一个底面中心坐标为（20,0,0）、　面半径为 8、高度为 200 的圆柱体。

⑭ 使用【三维阵列】命令阵列凉亭的六根立柱，阵列中心点为前面绘制的　助线交点，Z 轴为旋转轴。

⑮ 先使用【缩放】命令使模型全部可见。然后使用【消隐】命令对模型进行　隐。三维阵列后的立柱模型如图 15-142 所表示。

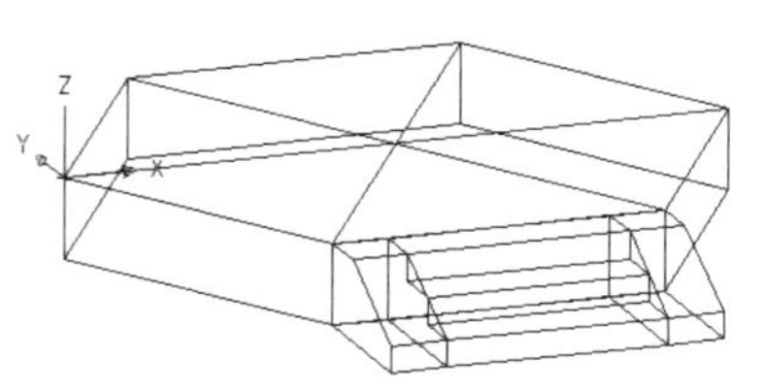

图 15-141　以三点方式建立的新坐标系

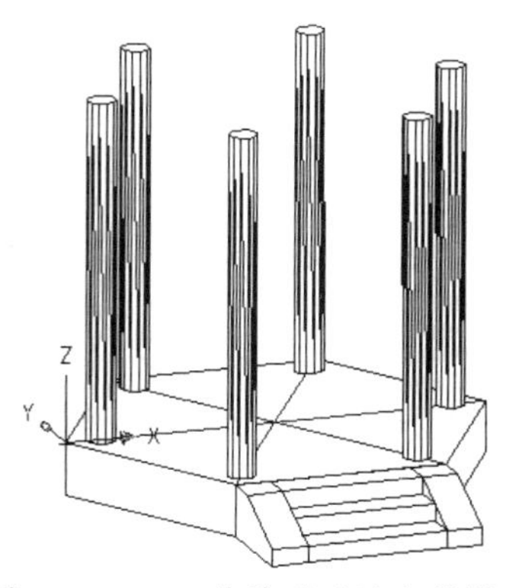

图 15-142　三维阵列后的立柱模型

⑯ 绘制连梁。打开圆心捕捉功能，使用【多段线】命令连接六根立柱的顶面中心。使用【偏移】命令将多段线分别向内和向外偏移 3。使用【删除】命令，删除中间的多段线。使用【拉伸】命令将两条多段线分别拉伸成高度为-15 的实体。使用【差集】命令求差集生成连梁。

⑰ 使用【复制】命令，将连梁向其下方复制，距离为 25。复制连梁后的凉亭模型如图 15-143 所示。

⑱ 绘制牌匾。使用三点方式建立一个坐标原点在凉亭台阶所在边的连梁外表面的顶部左上角点，X 轴与连梁长度方向相同的新坐标系。使用【长方体】命令绘制一个长度为 40、高度为 20、宽度为 3 的长方体，并使用【移动】命令将其移动到连梁中心位置。使用【多行文字】命令在牌匾上题上亭名（如东亭）。加上牌匾的凉亭模型如图 15-144 所示。

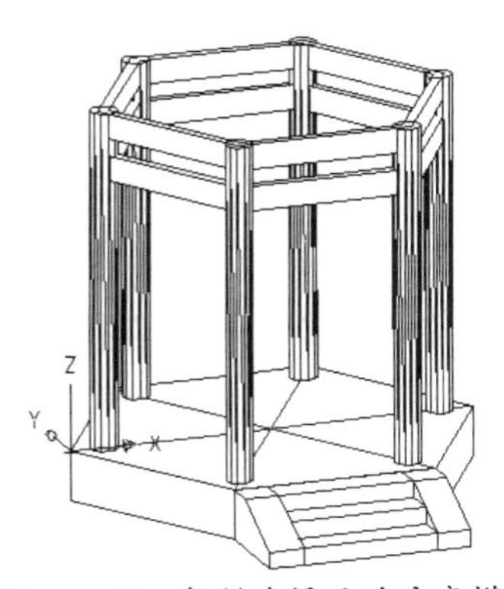

图 15-143　复制连梁后的凉亭模型

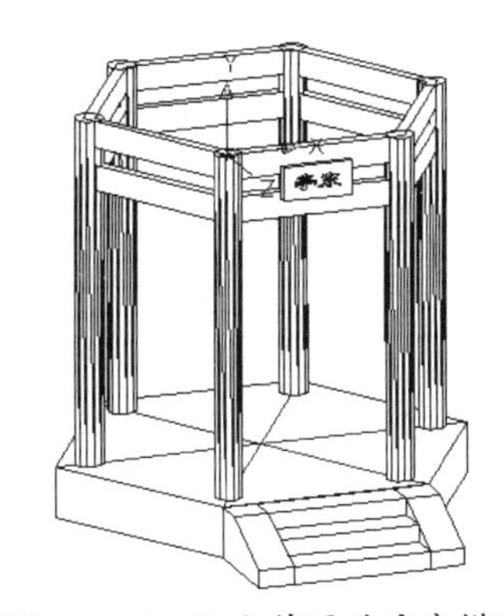

图 15-144　加上牌匾的凉亭模型

⑲ 使用 ucs 命令将亭顶坐标系绕 X 轴旋转-90°。

⑳ 绘制如图 15-145 所示的亭顶辅助线。使用【多段线】命令绘制连接柱顶中心的封闭多段线。使用【直线】命令连接柱顶面正六边形的对角线。使用【偏移】命令将封闭多段线向外偏移 80。使用【直线】命令绘制一条起点在柱顶面中心、高为 60 的竖线，并在竖线顶端绘制一个外切圆半径为 10 的正六边形。

㉑ 使用【直线】命令连接亭顶辅助线，如图 15-146 所示，移动坐标系到点 1、2、3 所构成的平面上。

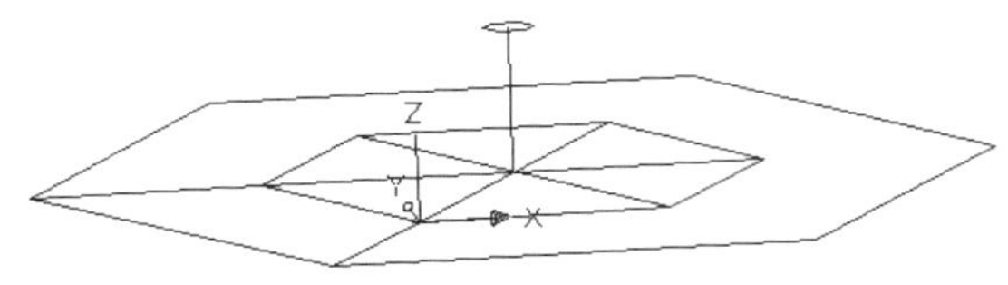

图 15-145　亭顶辅助线

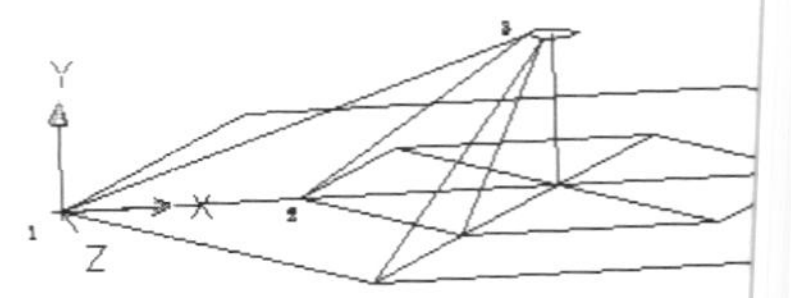
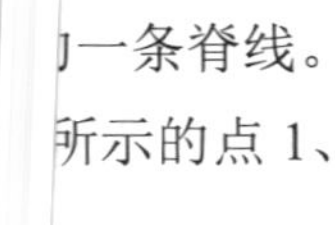

图 15-146　连接亭顶辅[illegible]线

㉒ 先使用【圆弧】命令在点 1、2、3 所构成的平面内绘制一条弧线作为亭顶[illegible]一条脊线。然后使用【三维镜像】命令将其镜像到另一侧，在镜像时，选择如图 15-14[illegible]所示的点 1、2、3 的中点作为镜像平面上的三点。

㉓ 先将坐标系绕 X 轴旋转 90°。然后使用【圆弧】命令在亭顶的底面上绘[illegible]弧线。最后将坐标系恢复到先前状态。绘制的亭顶轮廓线如图 15-147 所示。

㉔ 使用【直线】命令连接两条弧线的顶部。使用【边界曲面】命令生成亭顶[illegible]面（部分），如图 15-148 所示。边界线为上面绘制的三条圆弧线及连接两条弧线的顶[illegible]直线。

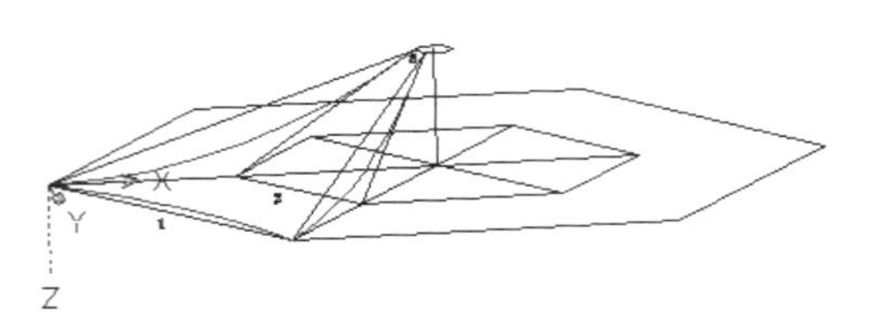

图 15-147　绘制的亭顶轮廓线

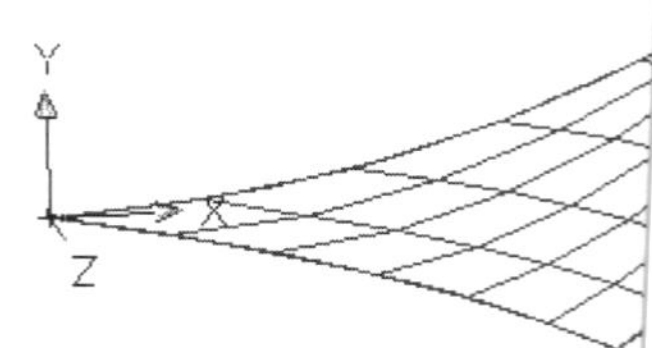
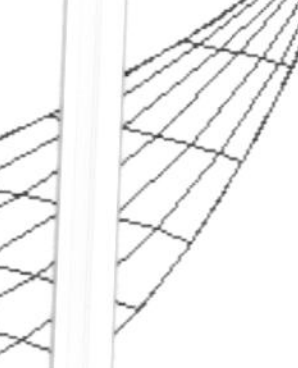

图 15-148　亭顶曲面（[illegible]分）

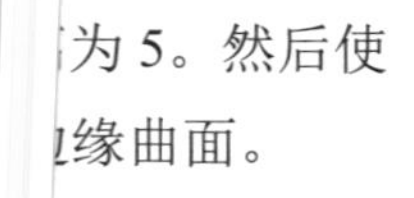

㉕ 绘制亭顶边缘。先使用【复制】命令将下边缘轮廓线向其下方复制，距[illegible]为 5。然后使用【直线】命令连接两条弧线的端点。最后使用【边界曲面】命令生成[illegible]缘曲面。

㉖ 绘制亭顶脊线。先使用三点方式建立新坐标系，使坐标原点位于脊线的[illegible]个端点，且 Z 轴方向与弧线相切。然后使用【圆】命令在其一端绘制一个半径为 5 的[illegible]最后使用【拉伸】命令将圆按弧线拉伸成实体。

㉗ 绘制挑角。将坐标系绕 Y 轴旋转 90°，先使用【圆弧】命令绘制一段[illegible]接脊线的圆弧。然后按照上一步骤所示的方法在其一端绘制半径为 5 的圆并将其拉伸[illegible]实体。最后使用【球体】命令在挑角的末端绘制一个半径为 5 的球体，使用【并集】命[illegible]将脊线和挑角连成一个实体，并使用【消隐】命令消隐得到如图 15-149 所示的亭顶[illegible]线和挑角。

㉘ 使用【三维阵列】命令将如图 15-149 所示的图形阵列得到完整的顶面[illegible]阵列后的亭顶如图 15-150 所示。

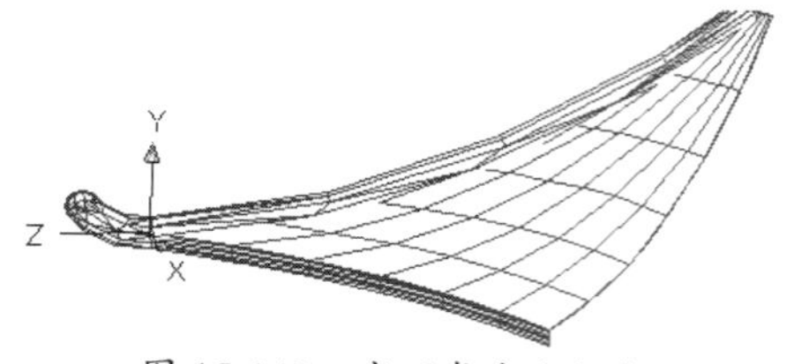

图 15-149　亭顶脊线和挑角

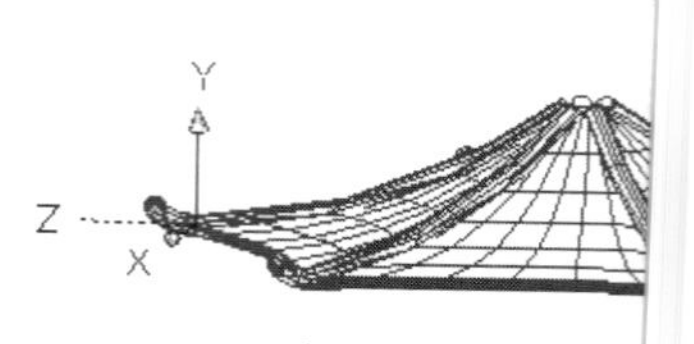

图 15-150　阵列后[illegible]亭顶

㉙ 绘制顶缨。将坐标系移动到顶部中心位置，且使 XY 平面在竖直面内。先使用【多段线】命令绘制顶缨半截面。然后使用【旋转】命令绕中轴线旋转生成实体。完成的亭顶外表面如图 15-151 所示。

㉚ 绘制内表面。使用【边界曲面】命令生成如图 15-152 所示的亭顶内表面（局部），并使用【三维阵列】命令将其阵列到整个亭顶。亭顶内表面（完全）如图 15-153 所示。

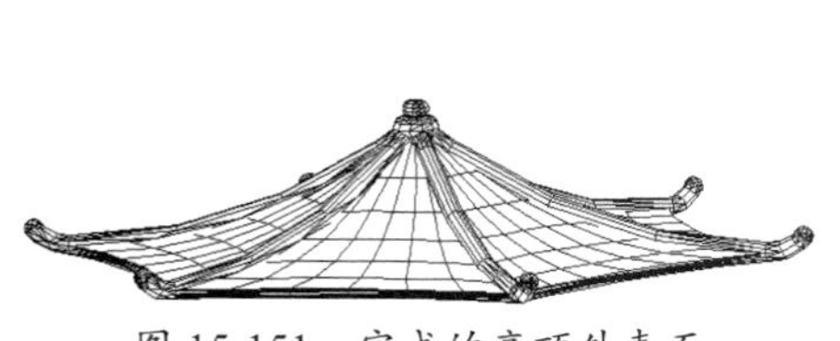

图 15-151　完成的亭顶外表面

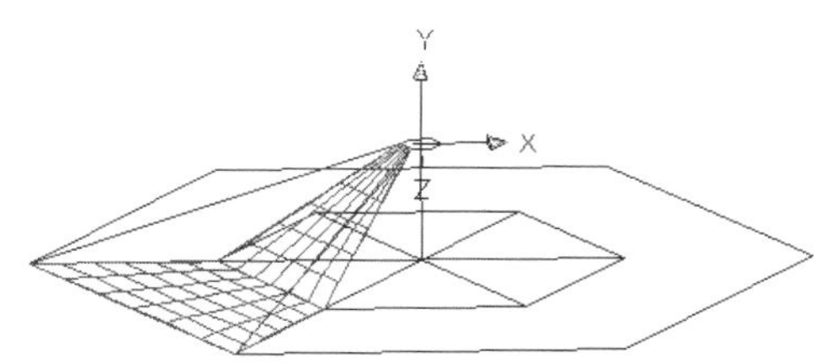

图 15-152　亭顶内表面（局部）

㉛ 使用【消隐】命令消隐模型，得到最终的凉亭效果图，如图 15-154 所示。

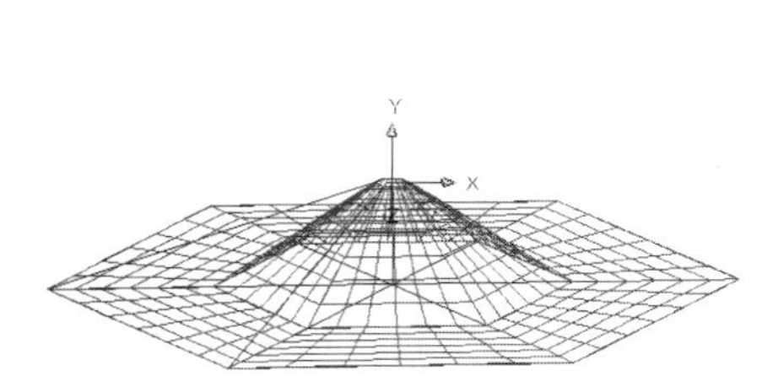

图 15-153　亭顶内表面（完全）

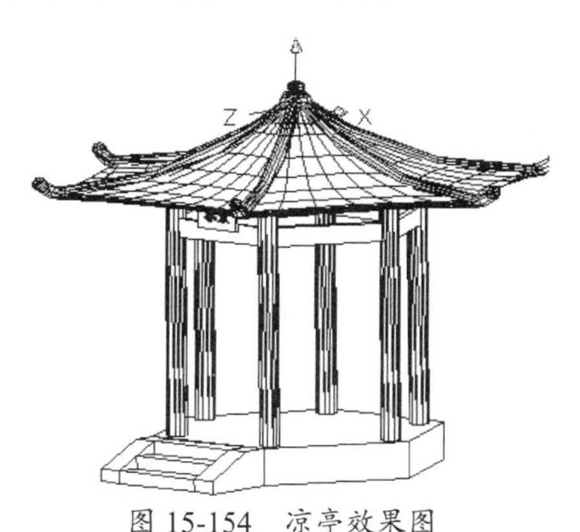

图 15-154　凉亭效果图

2. 绘制凉亭桌凳

① 使用 ucs 命令将坐标系移至亭基的左上角。

② 绘制桌脚。使用【圆柱体】命令绘制一个底面中心在亭基上表面中心位置，底面半径为 5、高度为 40 的圆柱体。使用【缩放】命令，选取桌脚部分放大视图。使用 ucs 命令将坐标系移动到桌脚顶面圆心处。

③ 绘制桌面。使用【圆柱体】命令绘制一个底面中心在点（0,0,0）、底面半径为 40、高度为 3 的圆柱体。

④ 使用【并集】命令将桌脚和桌面连成一个整体。

⑤ 使用【消隐】命令对图形进行消隐处理，得到绘制完成的桌子模型，如图 15-155 所示。

⑥ 使用 ucs 命令移动坐标系至桌脚底部中心处。

⑦ 使用【圆柱体】命令绘制一个中心在点（0,0）处、半径为 50 的辅助圆。

⑧ 使用 ucs 命令将坐标系移动到辅助圆的某一个四分点上，并将其绕 X 轴旋转 90°，得到如图 15-156 所示的坐标系。

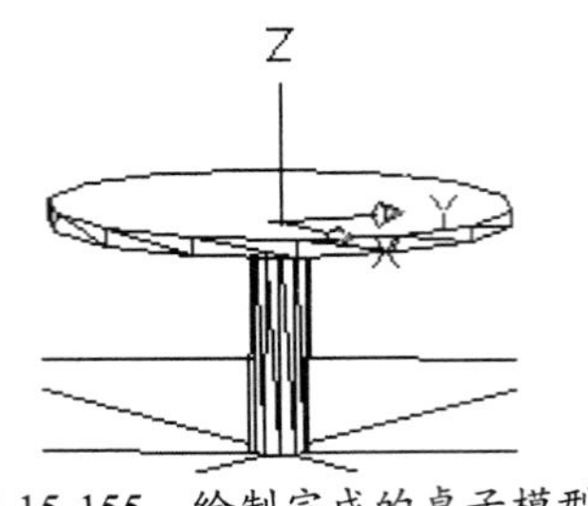

图 15-155 绘制完成的桌子模型

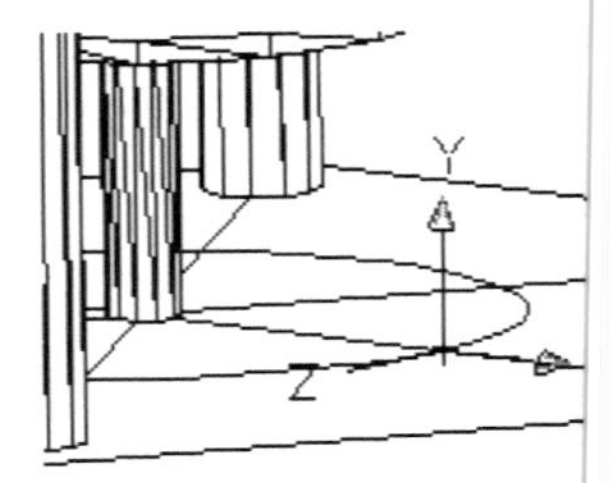

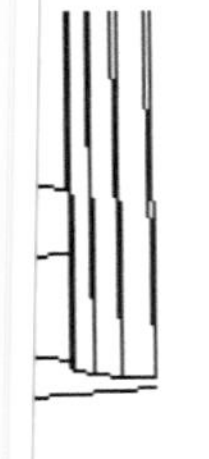

图 15-156 经平移和旋转后的新坐标系

⑨ 使用【多段线】命令绘制凳子的半剖面。命令行操作提示如下：

```
命令:
命令: _pline
指定起点: 0,0
当前线宽为 0.0000
指定下一个点或 [圆弧(A)/半宽(H)/长度(L)/放弃(U)/宽度(W)]: @0,25
指定下一点或 [圆弧(A)/闭合(C)/半宽(H)/长度(L)/放弃(U)/宽度(W)]: @10,0
指定下一点或 [圆弧(A)/闭合(C)/半宽(H)/长度(L)/放弃(U)/宽度(W)]: @0,-1
指定下一点或 [圆弧(A)/闭合(C)/半宽(H)/长度(L)/放弃(U)/宽度(W)]: A
指定圆弧的端点(按住 Ctrl 键以切换方向)或
[角度(A)/圆心(CE)/闭合(CL)/方向(D)/半宽(H)/直线(L)/半径(R)/第二个点(S)/放弃(U)/宽度(W)]: 6,0
指定圆弧的端点(按住 Ctrl 键以切换方向)或
[角度(A)/圆心(CE)/闭合(CL)/方向(D)/半宽(H)/直线(L)/半径(R)/第二个点(S)/放弃(U)/宽度(W)]: L
指定下一点或 [圆弧(A)/闭合(C)/半宽(H)/长度(L)/放弃(U)/宽度(W)]: C
```

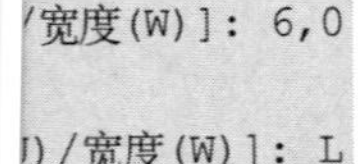

⑩ 生成凳子实体。使用【旋转】命令旋转步骤⑨绘制的多段线，得到旋转生成的凳子模型，如图 15-157 所示。

⑪ 使用【消隐】命令观察生成的凳子。

⑫ 使用【三维阵列】命令在桌子四周阵列四张凳子。

⑬ 使用【删除】命令删除辅助圆。

⑭ 使用【消隐】命令可得消隐后的凳子模型，如图 15-158 所示。

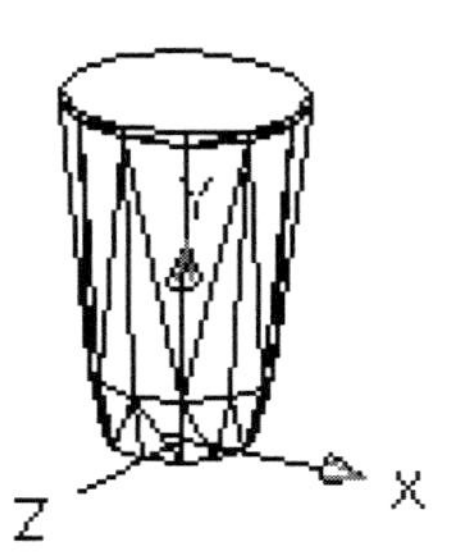

图 15-157 旋转生成的凳子模型

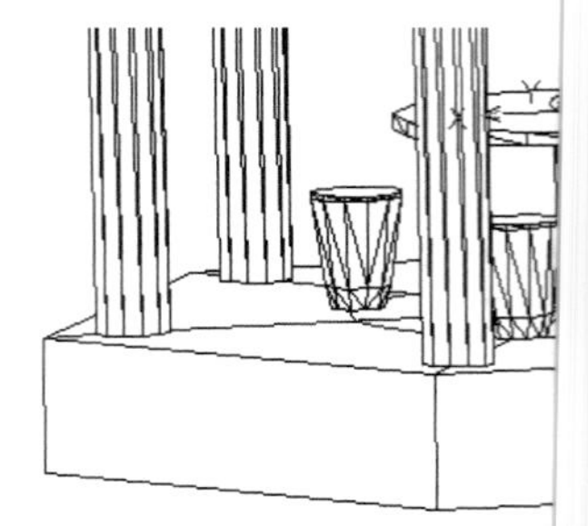

图 15-158 消隐后的凳子模型

⑮ 先使用【长方体】命令绘制一个长方体作为凉亭的长凳，其中两个对角顶点的坐标分别为（0,-8,0）、（16,8,3），然后将其向上平移 20。

⑯ 使用【长方体】命令绘制凉亭长凳的脚，其长度、宽度、高度分别为 3、16、20，使用【复制】命令将其复制到合适的位置。使用【并集】命令将长凳和长凳脚合并成一个实体。

⑰ 使用【三维阵列】命令将长凳阵列到其他边，并删除台阶所在边的长凳。创建完成的凉亭模型如图 15-159 所示。

图 15-159　创建完成的凉亭模型

第 16 章

在 AutoCAD 中编辑模型

本章内容

在 AutoCAD 2022 中，用户可以使用三维编辑命令，在三维建模空间中移动、复制、镜像、对齐及阵列三维对象，剖切实体以获取实体的截面，编辑它们的面、边或体。本章将着重介绍在三维建模空间中，模型三维操作与编辑的高级应用知识。

知识要点

- ☑ 基本操作工具
- ☑ 三维布尔运算工具
- ☑ 曲面编辑工具
- ☑ 实体编辑工具

16.1　基本操作工具

AutoCAD 2022 的三维建模空间的【默认】选项卡向用户提供了便于快速设计的模型操作工具，如移动、复制、镜像、对齐、阵列等。操作三维模型，离不开三维建模空间中的控件工具，这是因为它们都通过三维夹点来进行移动、复制、镜像等操作。

16.1.1　三维小控件

三维小控件工具是用户用于在三维视图中方便地将对象选择集移动或旋转约束到轴或平面上的工具。AutoCAD 2022 包含的三维小控件工具：移动控件工具、旋转控件工具和缩放控件工具，如图 16-1 所示。

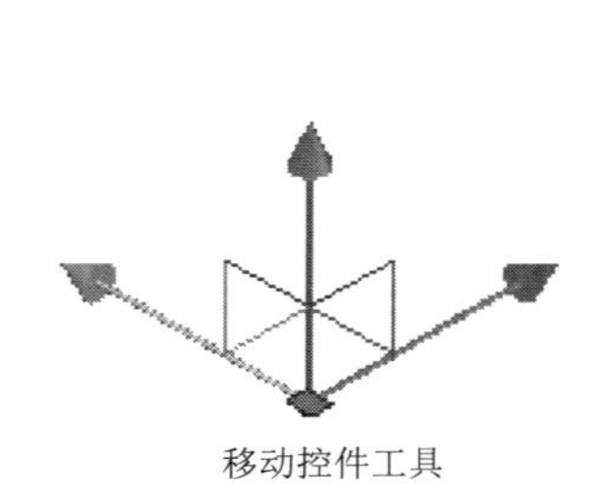
移动控件工具

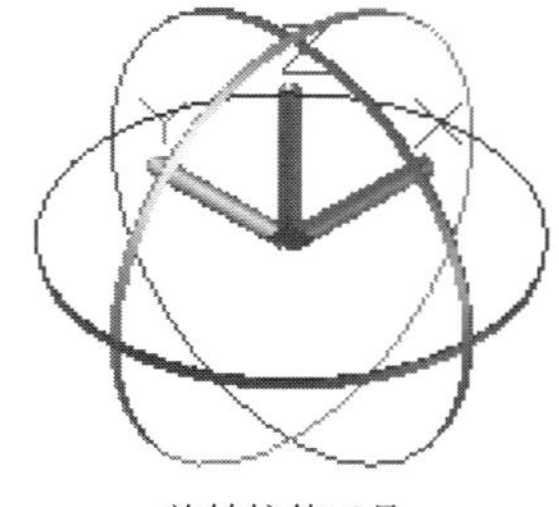
旋转控件工具

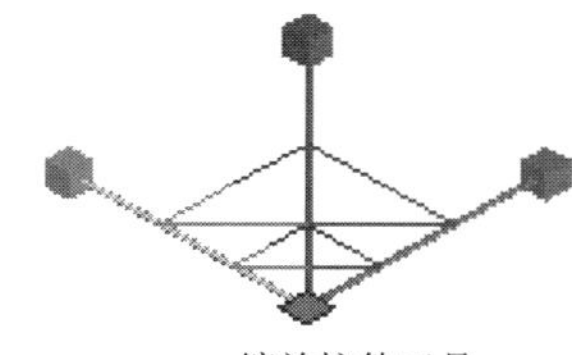
缩放控件工具

图 16-1　AutoCAD 2022 包含的三维小控件工具

- 移动控件工具：沿轴或平面旋转选定的对象。
- 旋转控件工具：绕指定轴旋转选定的对象。
- 缩放控件工具：沿指定平面或轴，或者沿全部轴统一缩放选定的对象。

提醒一下：

仅在已应用三维视觉样式的三维视图中才显示三维小控件工具。如果当前视觉样式为二维线框，那么使用 3dmove 命令或 3drotate 命令，系统会自动将视觉样式更改为三维线框。

无论何时，用户只要选择三维视图中的对象，绘图区均会显示默认三维小控件工具。

若正在使用某种三维小控件工具执行操作，则可以重复按空格键以在其他类型的三维小控件工具之间切换。通过此方法切换三维小控件工具时，它会约束到最初选定的轴或平面上。

此外，在使用三维小控件工具执行操作的过程中，用户还可以在右键快捷菜单中选择其他类型的三维小控件工具。

16.1.2　三维移动

使用三维移动工具，可以在三维视图中显示移动夹点工具，并沿指定方向将对象按指定距离移动，如图 16-2 所示。

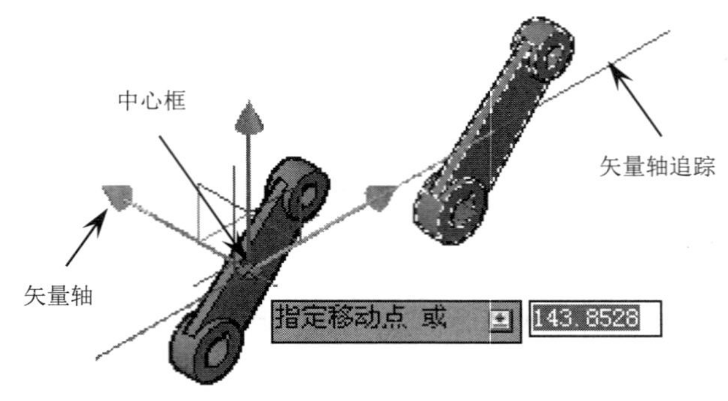

图 16-2　三维移动

16.1.3　三维旋转

使用三维旋转工具，可以在三维视图中显示旋转夹点工具并围绕基点旋转象。使用旋转夹点工具，用户可以自由旋转之前选定的对象和子对象，或将旋转目标约束旋转轴上，如图 16-3 所示。

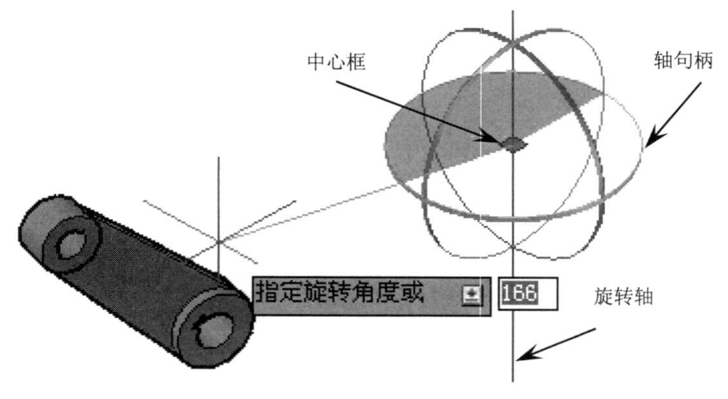

图 16-3　三维旋转

提醒一下：

选择旋转夹点工具上的轴句柄，可以确定旋转轴。轴句柄表示对象旋转的方向。

16.1.4　三维缩放

使用三维缩放工具，可以统一更改三维对象的大小，也可以沿指定轴或平面进行更改。

选择要缩放的对象和子对象后，可以约束对象缩放，方法是单击三维缩放工具的轴、平面或所有轴之间的部分。

三维缩放的形式：沿轴缩放三维对象、沿平面缩放三维对象和统一缩放对象。

- 沿轴缩放三维对象：将网格对象缩放约束到指定轴。将光标移动到三缩放工具的轴上时，将显示表示缩放轴的矢量线。通过在轴变为黄色时单击该轴可以指定缩放轴，如图 16-4 所示。
- 沿平面缩放三维对象：将网格对象缩放约束到指定平面。每个平面均从各自轴控制柄的外端开始延伸的条标识。通过将光标移动到一个条上来指定缩平面。条变为黄色后，单击该条即可，如图 16-5 所示。

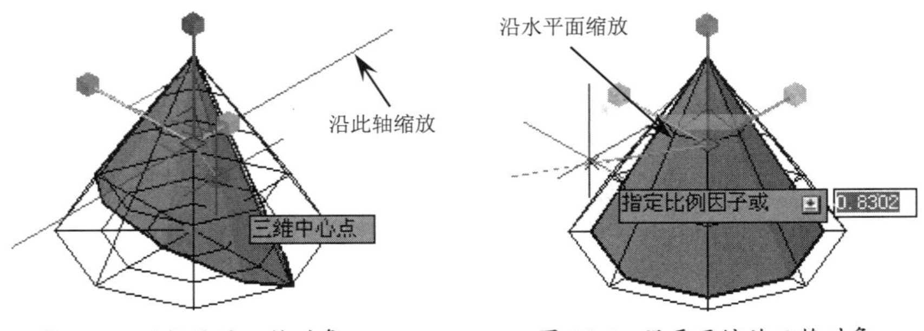

图 16-4　沿轴缩放三维对象　　　　图 16-5　沿平面缩放三维对象

- 统一缩放对象：沿所有轴按统一比例缩放实体、曲面和网格对象。朝三维缩放工具的中心点移动光标时，亮显的三角形区域指示用户可以单击以沿所有轴缩放选定的对象和子对象，如图 16-6 所示。

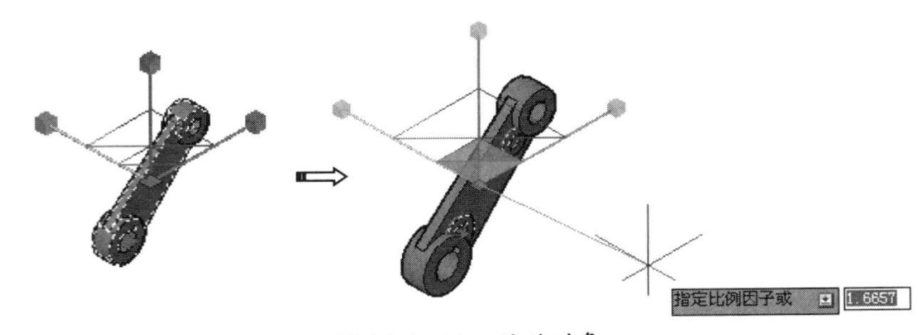

图 16-6　统一缩放对象

提醒一下：

沿轴缩放和沿平面缩放仅适用于网格的缩放，不适用于实体和曲面。

16.1.5　三维对齐

使用三维对齐工具，可以在二维和三维建模空间中将对象与其他对象对齐，如图 16-7 所示。此工具常用于模型的装配。

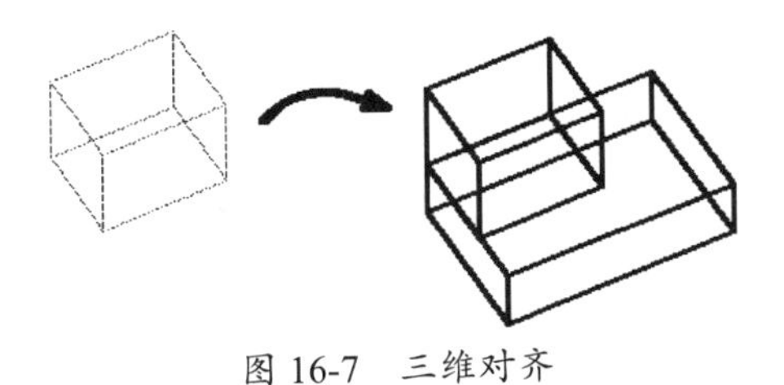

图 16-7　三维对齐

提醒一下：

在对三维实体模型进行对齐时，建议打开动态 UCS 以加速对目标平面的选择。

16.1.6　三维镜像

使用三维镜像工具，可以通过指定镜像平面来镜像对象，如图 16-8 所示。

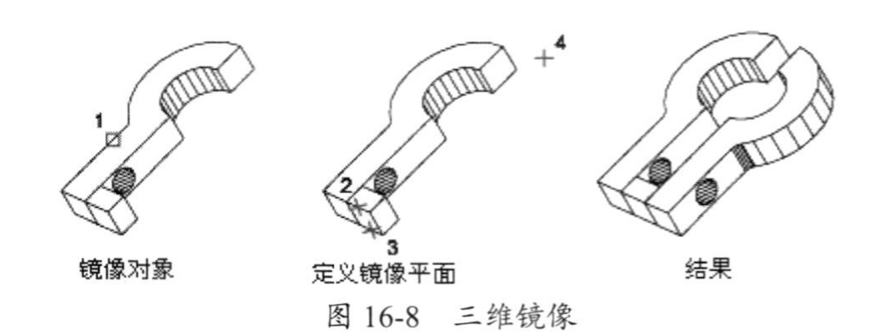

图 16-8　三维镜像

镜像平面可以是以下平面。

- 镜像对象所在的平面。
- 通过指定点且与当前 UCS 的 XY、YZ 或 XZ 平面平行的平面。
- 由 3 个指定点（2、3 和 4）定义的平面。

16.1.7　三维阵列

使用三维阵列工具，可以在三维建模空间中创建对象的矩形阵列或环形阵列，如图 16-9 所示。

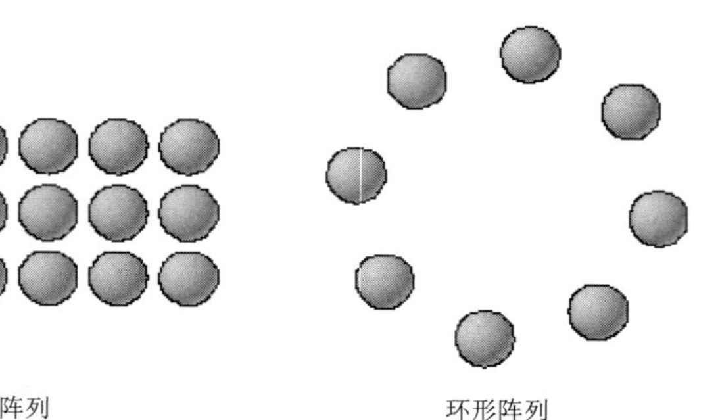

图 16-9　三维阵列

1. 矩形阵列

矩形阵列是指在行（Y 轴）、列（X 轴）和层（Z 轴）矩形阵列中复制对象，且一个阵列必须具有至少两个行、列或层。矩形阵列中各参数示意图如图 16-10 所示。

2. 环形阵列

环形阵列是指绕旋转轴复制对象。环形阵列中各参数示意图如图 16-11 所示。

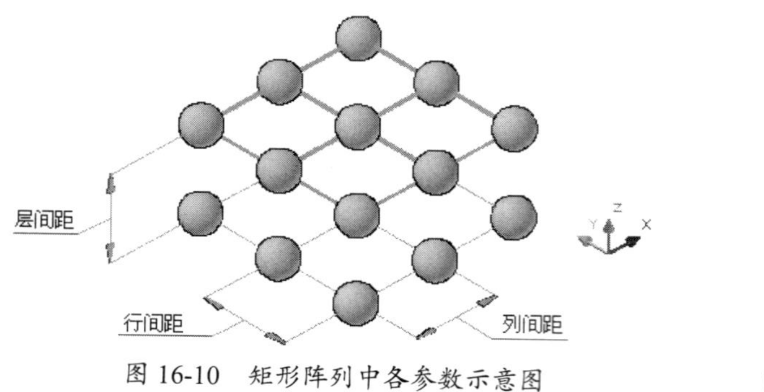

图 16-10　矩形阵列中各参数示意图

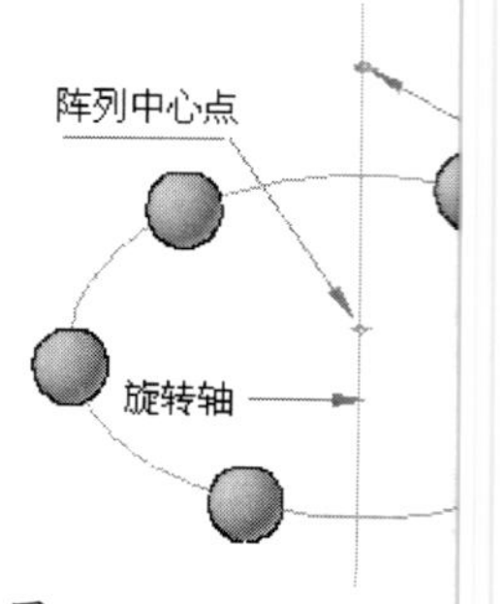

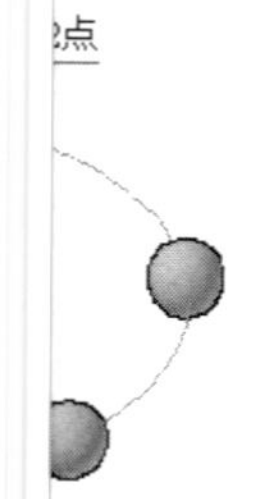

图 16-11　环形阵列中各参数示意图

16.2 三维布尔运算工具

在 AutoCAD 中，使用系统提供的布尔运算工具，可以通过两个或两个以上实体对象创建并集对象、差集对象和交集对象，如图 16-12 所示。

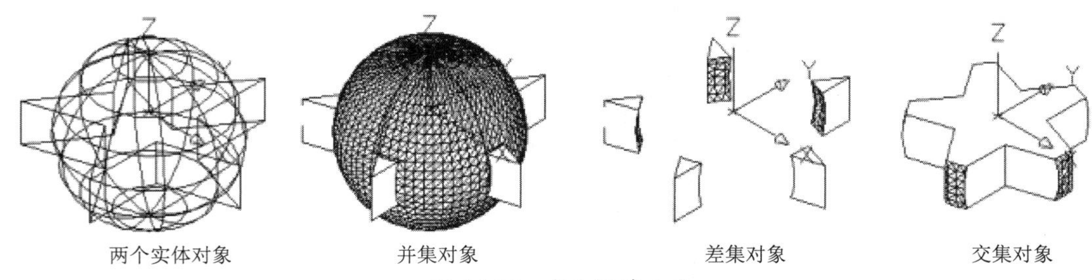

图 16-12 布尔运算工具

1. 并集

并集通过加法操作来合并选定的三维实体或二维面域，如图 16-13 所示。

2. 差集

差集通过减法操作来合并选定的三维实体或二维面域，如图 16-14 所示。

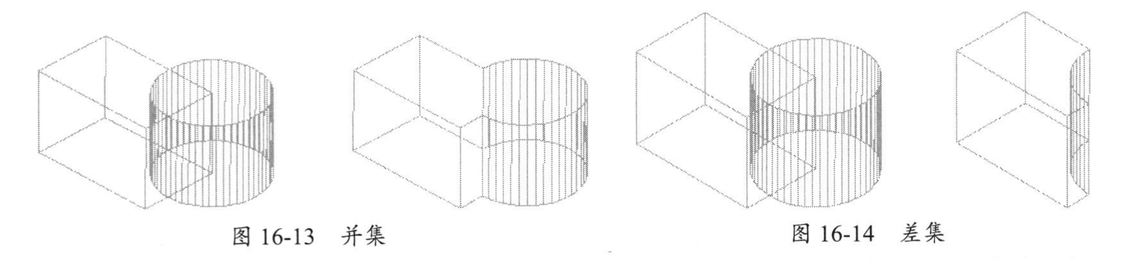

图 16-13 并集　　　　图 16-14 差集

提醒一下：

在创建差集对象时，必须先选择要保留的对象。

例如，从第一个选择集中的对象减去第二个选择集中的对象，创建一个新的三维实体或二维面域，如图 16-15 所示。

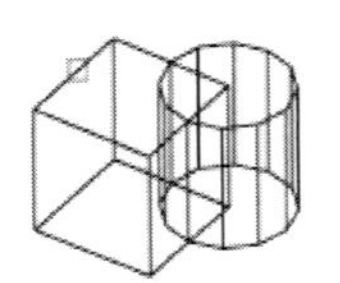

选择要保留的对象

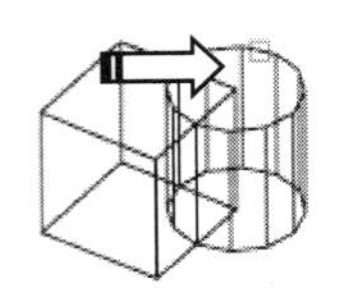

选择要减去的对象

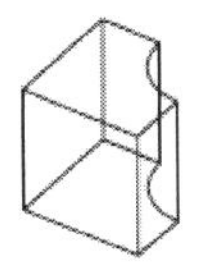

差集对象

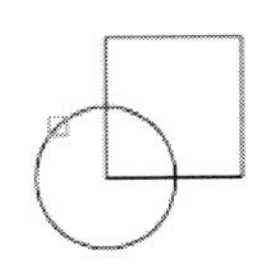

要保留的面域

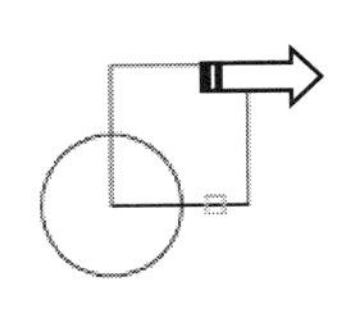

要减去的面域

差集面域

图 16-15 求差的三维实体和二维面域

3. 交集

交集通过重叠部分或区域创建三维实体或二维面域，如图 16-16 所示。

与并集类似，交集的选择集可包含位于任意多个不同平面中的三维实体或二维面域，通过拉伸二维轮廓使它们相交，可以快速创建复杂的模型，如图 16-17 所示。

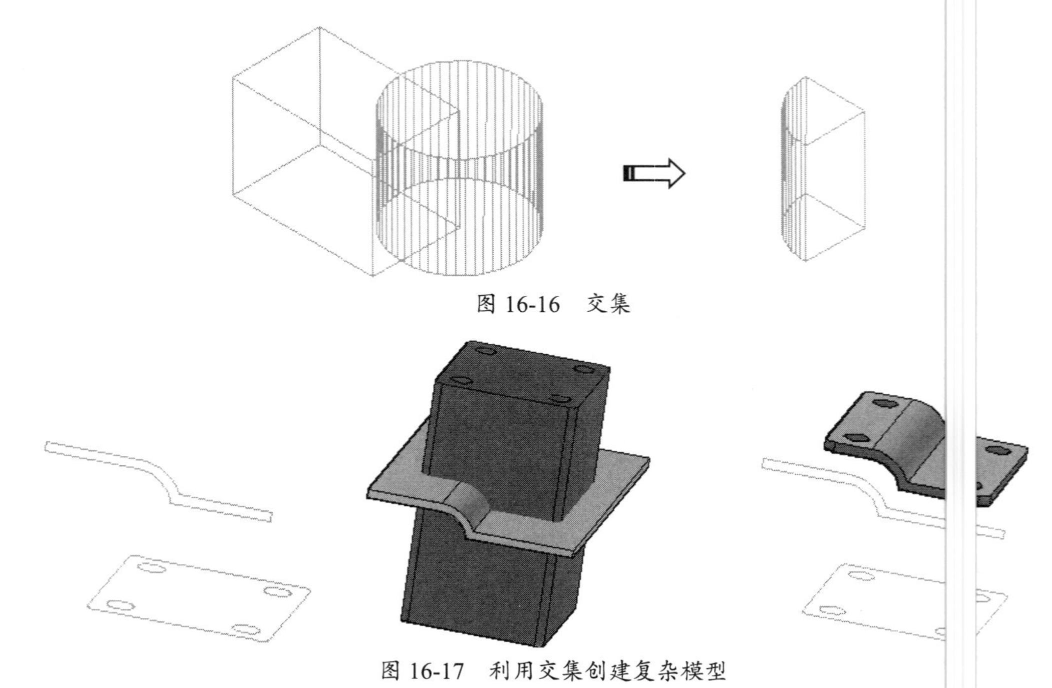

图 16-16　交集

图 16-17　利用交集创建复杂模型

16.3　曲面编辑工具

在三维建模空间的【实体编辑】选项卡中，可以使用拉伸面、移动面、旋转面、偏移面、倾斜面、删除面、复制面和着色面，来创建或修改三维实体面，使其符合造型设计要求。

在【实体编辑】选项卡的面编辑下拉列表中选择【拉伸面】选项，选取要编辑的实体面后，命令行中显示面编辑选项。下面介绍这些面编辑选项的具体应用。

1. 拉伸面

选择【拉伸面】选项，可以将选定的三维实体对象的平整面拉伸到指定的高度或沿某一路径拉伸，可以垂直拉伸，也可以按指定斜度进行拉伸。拉伸面示例如图 16-18 所示。

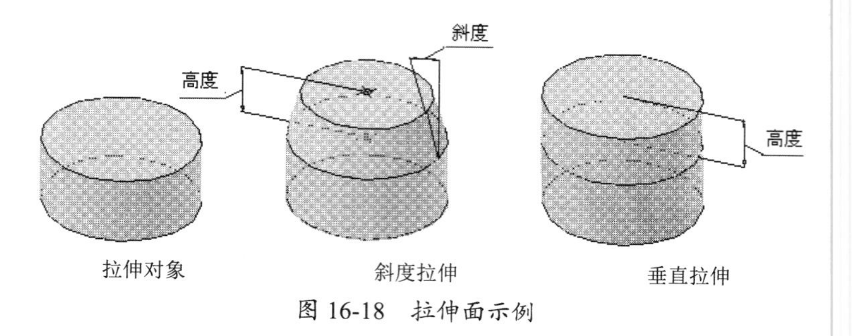

图 16-18　拉伸面示例

2. 移动面

选择【移动面】选项，可以沿指定的高度或距离移动选定的三维实体对象的面。一次可以选定多个面。在移动面的过程中，指定的移动基点和第二点将定义一个位移矢量，用于指示选定面移动的距离和方向。移动面示例如图 16-19 所示。

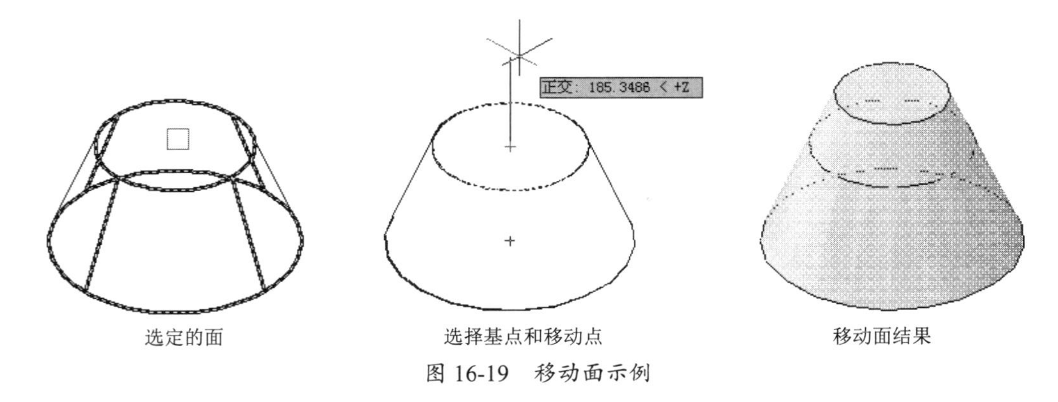

图 16-19　移动面示例

3. 旋转面

选择【旋转面】选项，可以绕指定的轴旋转一个或多个面或实体的某些部分。旋转面示例如图 16-20 所示。

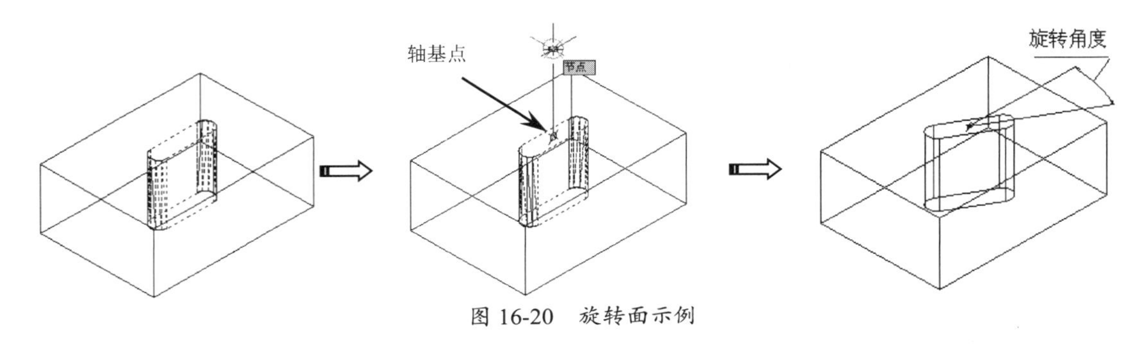

图 16-20　旋转面示例

4. 偏移面

选择【偏移面】选项，可以按指定的距离或通过指定的点，将面均匀地偏移。距离为正值表明增大实体尺寸或体积，距离为负值表明减小实体尺寸或体积。

执行偏移面操作，可以使实体外部面偏移一定距离，也可以在实体内部偏移孔面。偏移面示例如图 16-21 所示。

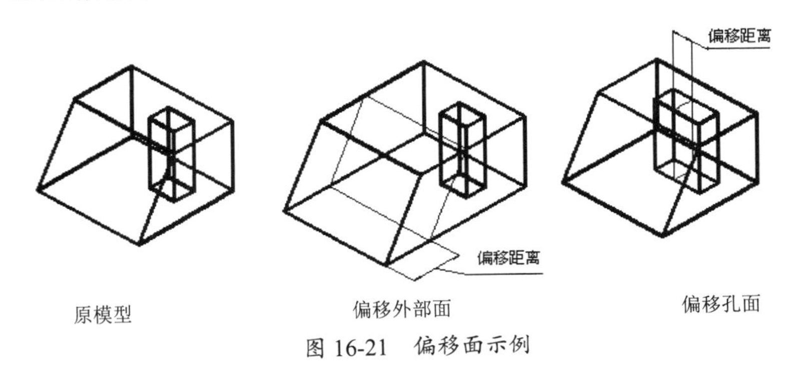

图 16-21　偏移面示例

5. 倾斜面

选择【倾斜面】选项，可以按一个角度将面进行倾斜。倾斜角的旋转方向由选择基点和第二点（沿选定矢量）的顺序决定。倾斜面示例如图 16-22 所示。

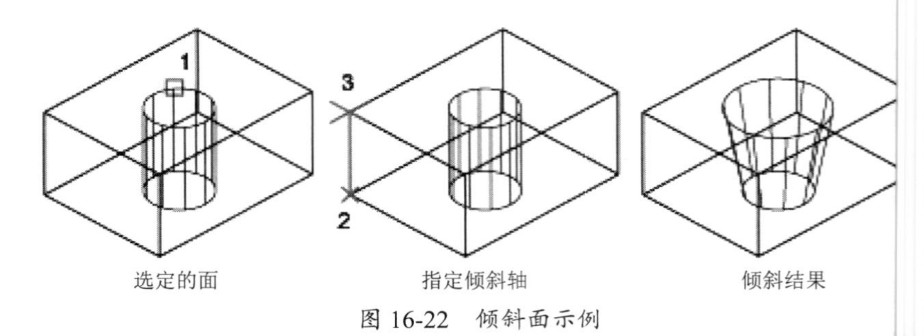

图 16-22　倾斜面示例

提醒一下：

角度值为正表明将向里倾斜选定的面，角度值为负表明将向外倾斜选定的面。默认角度为 0，可以垂直于平面拉伸面。选择集中所有选定的面将倾斜相同的角度。

6．删除面

选择【删除面】选项，可以删除选定的面，包括圆角和倒角。删除面示例如图 16-23 所示。

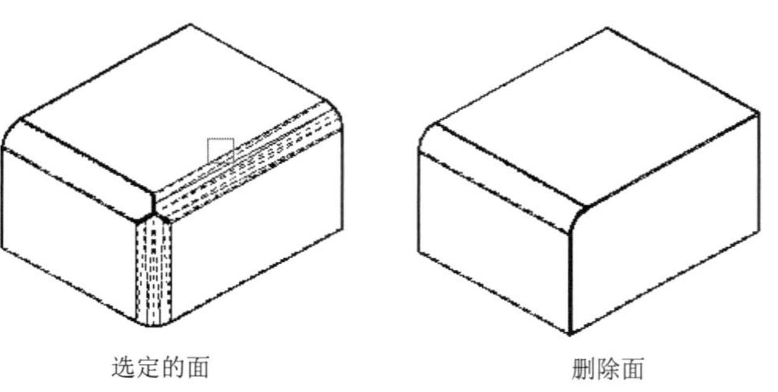

图 16-23　删除面示例

提醒一下：

对于实体上同时倒圆的 3 条边，是不能通过【删除面】选项删除选定面的。

7．复制面

选择【复制面】选项，可以将选定的面复制为面域或体。复制面示例如图 16-24 所示。

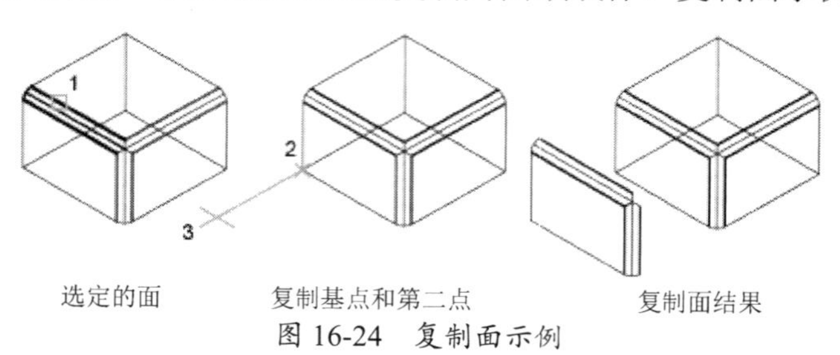

图 16-24　复制面示例

8．着色面

选择【着色面】选项，可以修改选定面的颜色。着色面示例如图 16-25 所示。

当选定要着色的面后，系统会打开【选择颜色】对话框，如图 16-26 所示，通过该对话框为选定的面选择适合的颜色。

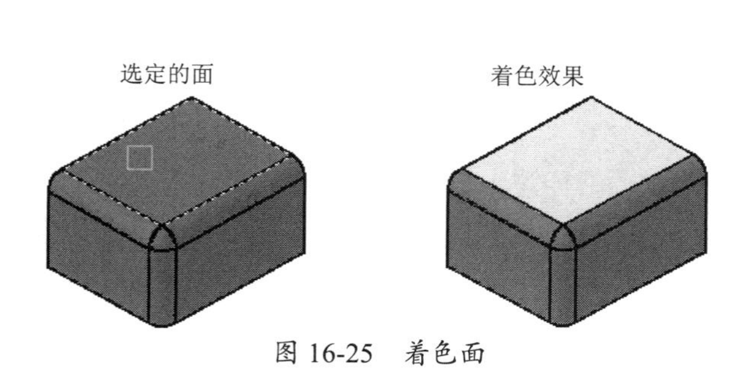

图 16-25　着色面

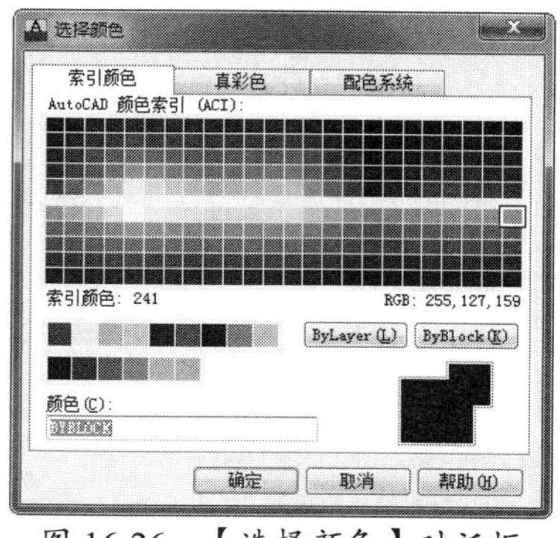

图 16-26　【选择颜色】对话框

16.4　实体编辑工具

本节将介绍 AutoCAD 2022 中的其他实体编辑工具，包括提取边、压印边、复制边、分割实体、抽壳、转换为实体、转换为曲面和剖切。

1. 提取边

使用提取边工具，通过从三维实体或曲面中提取边来创建线框。提取边示例如图 16-27 所示。

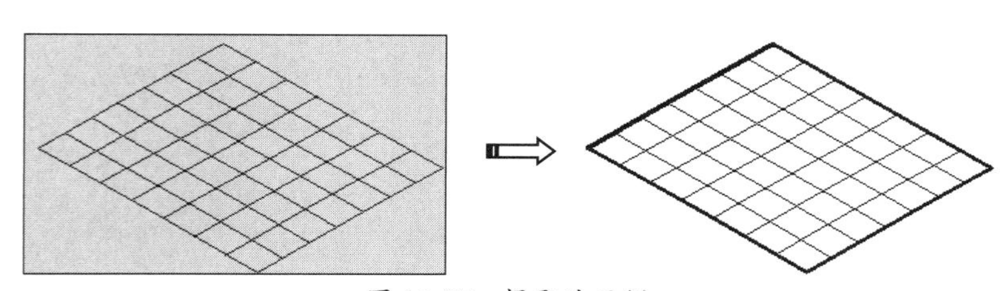

图 16-27　提取边示例

为了能更清楚地观察提取的边和曲面，将曲面移动一定距离后，即可看见提取的边，如图 16-28 所示。

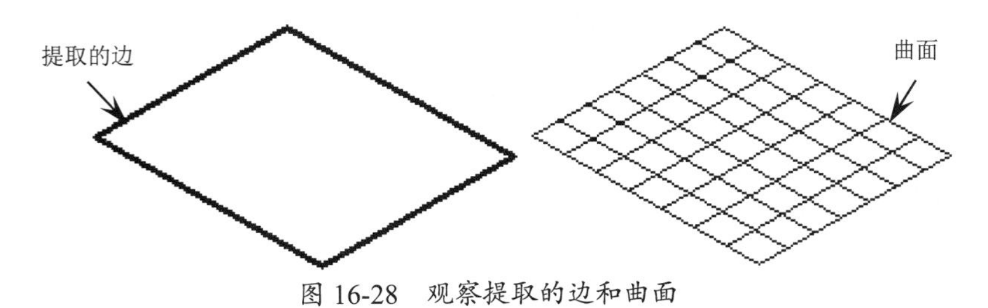

图 16-28　观察提取的边和曲面

2. 压印边

使用压印边工具，可以将对象压印到选定的实体上。压印边示例如图 16-29 所示。

3. 复制边

使用 solidedit 命令，依次选择【边】选项和【复制】选项，可以复制三维边，选择的所有三维实体边将被复制为直线、圆弧、圆、椭圆或样条曲线。复制边示例如图-30 所示。

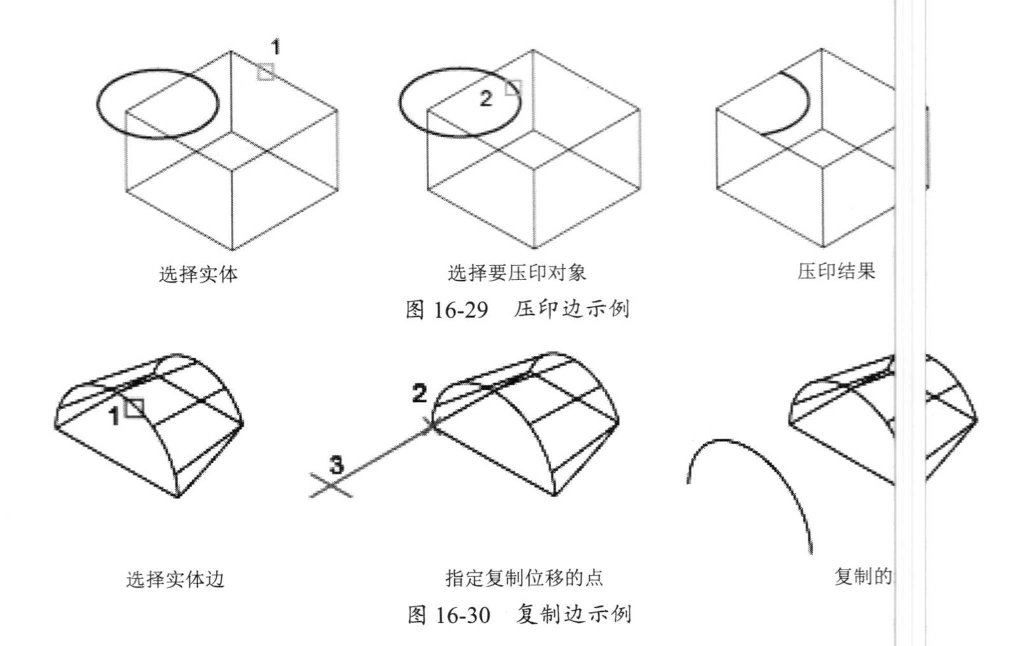

图 16-29　压印边示例

图 16-30　复制边示例

4．分割实体

使用分割实体工具，可以用不相连的体将一个三维实体对象分割为几个独的三维实体对象，也就是说，使用该工具可将使用并集工具创建的合并实体分割开。分实体示例如图 16-31 所示。

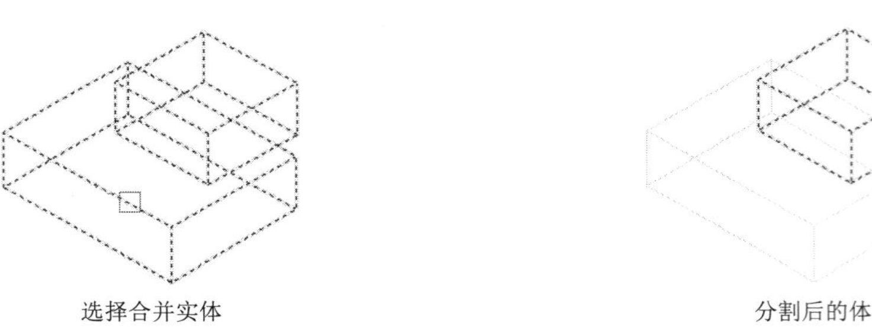

图 16-31　分割实体示例

当选择的分割对象不是并集对象，而是单个实体时，操作提示中将显示定的对象中不能有多个块】信息。

提醒一下：

分割实体并不分割形成单一体积的 Boolean 对象，仅仅是解除不相连实体间的并集关。

5．抽壳

抽壳是用指定的厚度创建一个空的薄层。使用抽壳工具，可以为所有面指一个固定的薄层厚度。通过选择面可以将这些面排除在壳外。一个三维实体只能有一个壳通过将现有面偏移出其原位置来创建新的面。

使用抽壳工具创建的壳体特征如图 16-32 所示。

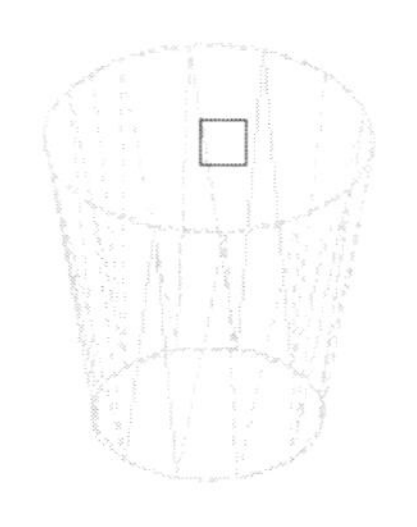
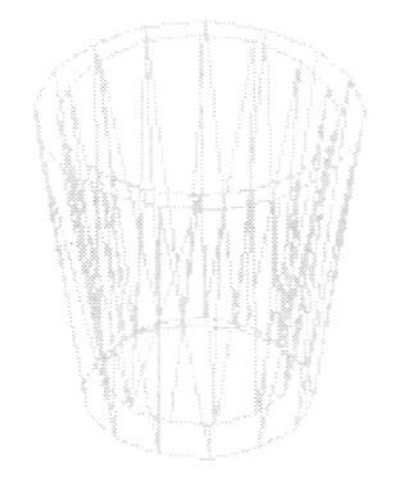
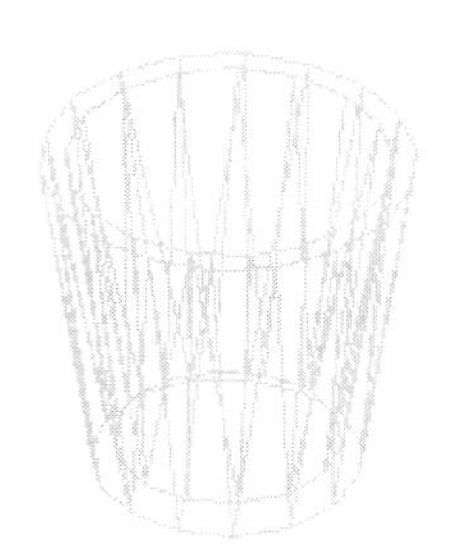

选择删除的面　　　抽壳偏移 10　　　抽壳偏移-10

图 16-32　使用抽壳工具创建的壳体特征

提醒一下：

执行抽壳操作时，指定正值为从圆周外开始抽壳，指定负值为从圆周内开始抽壳。

6．转换为实体

使用转换为实体工具，可以将具有厚度的多段线和圆转换为三维实体。能转换为实体的对象：具有厚度且统一宽度的多段线，闭合的具有厚度的零宽度多段线，具有厚度的圆、直线、文字（仅包含使用 shx 字体创建为单行文字的对象）、点等，如图 16-33 所示。

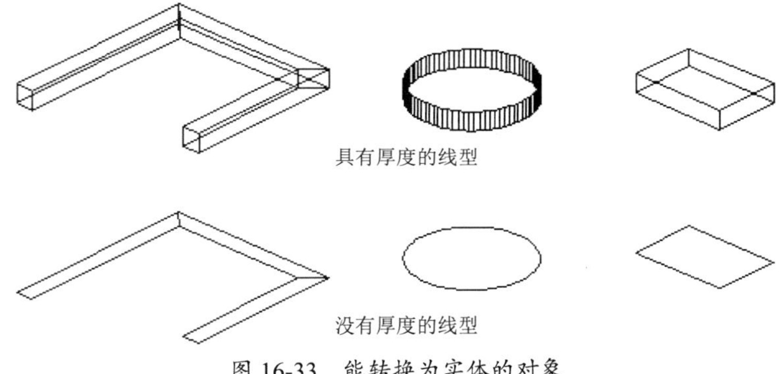

图 16-33　能转换为实体的对象

7．转换为曲面

使用转换为曲面工具，可以将以下对象转换为曲面：三维实体，面域，开放的具有厚度的零宽度多段线，具有厚度的直线，具有厚度的圆弧、二维平面等，如图 16-34 所示。

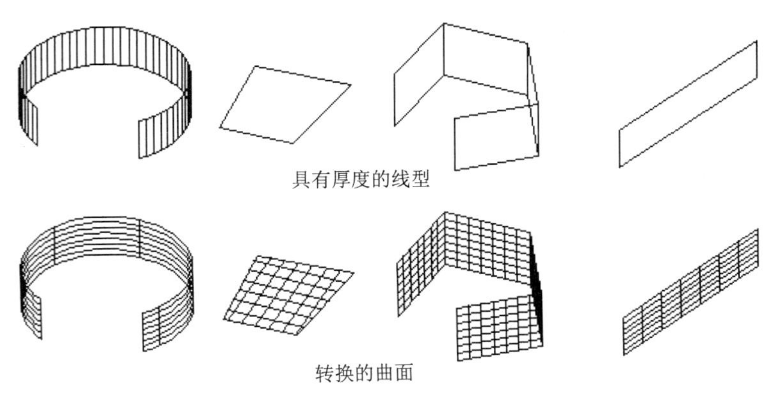

图 16-34　能转换为曲面的对象

将具有厚度的对象转换为曲面的操作过程与将具有厚度的对象转换为体的操作过程相同，这里不再赘述。

提醒一下：

要使图线具有厚度，可先在菜单栏中执行【格式】|【厚度】命令，将线的厚度设定为于 0 的值，那么以后绘制的每一条线或每一个图形就都具有厚度了。

8．剖切

在机械设计中，通常一些内部结构比较复杂且无法观察的零件，需要创建剖切内部结构的剖面视图，使其清晰、直观地表达出零件的特性。使用剖切工具，可以通剖切现有实体创建新实体。创建剖切实体需要定义剪切平面，AutoCAD 提供了多种方式定义剪切平面，包括指定点、选择曲面或平面对象。

使用剖切工具剖切实体时，可以保留剖切实体的一半或全部。剖切实体保留创建它的原始形式的历史记录，只保留原实体的图层和颜色特性。剖切零件如图 135 所示。

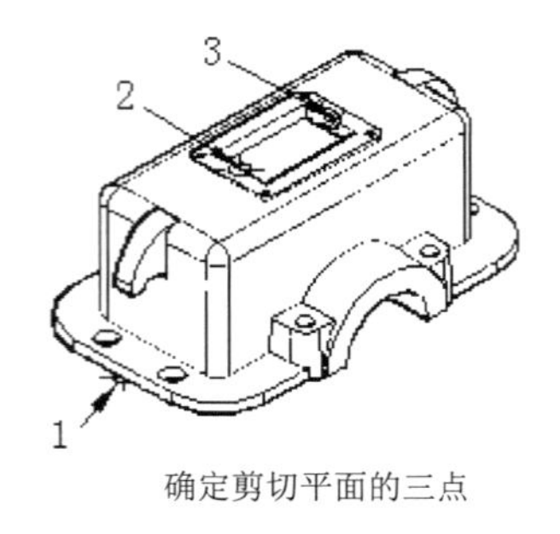

确定剪切平面的三点

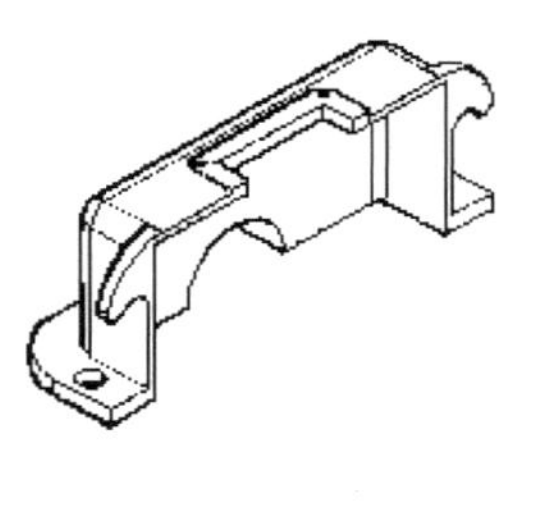
保留对象的一半

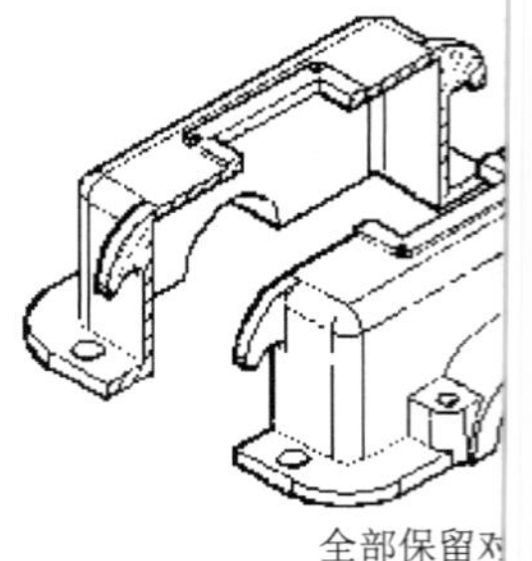
全部保留对

图 16-35　剖切零件

16.5　综合范例

本节将以机械零件建模和建筑模型的三维模型高级创建为例，以使用户中学习和掌握相关实体操作、编辑等方面的应用技巧。

16.5.1　范例一：箱体零件建模

一般情况下，绘制结构较复杂零件的方法：由内向外、由外向内、由上下或者由下至上等。但用户必须清楚的是，哪些是零件的主体，哪些是零件的子个体，绘这样的零件需要使用什么工具等问题。

本例的模型为箱体零件，它的结构相对较复杂，其结构图如图 16-36 所

从箱体零件结构图可知：箱体零件的主要组成部分是底座和底座上面的本，次要组成部分是底座孔、箱体孔和两个护耳。

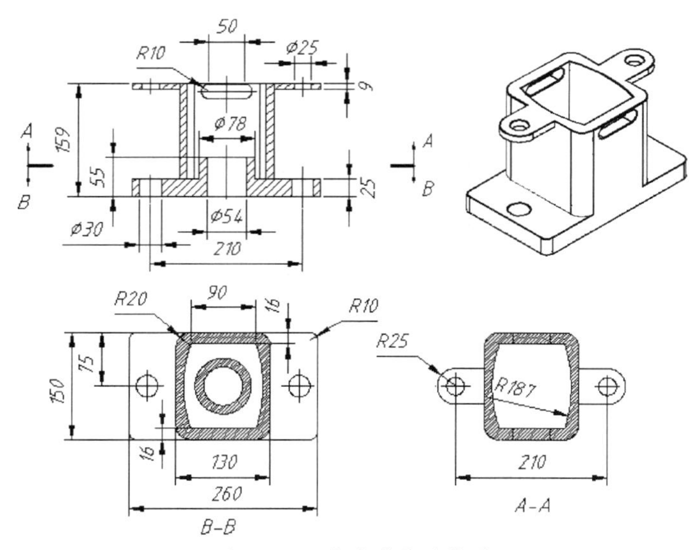

图 16-36　箱体零件结构图

操作步骤

1．绘制箱体底座

① 新建图形文件。

② 在三维建模空间中，设置视觉样式为二维线框，并将视图切换为俯视。

③ 使用【直线】命令、【偏移】命令、【圆心，半径】命令、【倒圆】命令、【修剪】命令及【起点，端点，半径】命令，绘制如图 16-37 所示的底面图形。

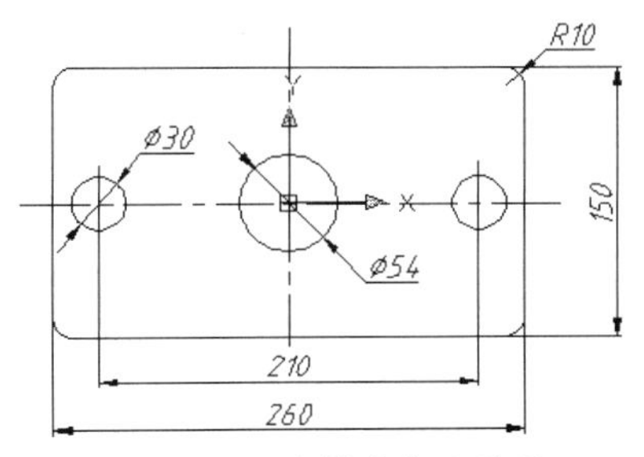

图 16-37　绘制的底面图形

④ 使用【面域】命令，选择图形以创建面域。

⑤ 切换视图为西南等轴测。使用【拉伸】命令，选择面域进行拉伸，拉伸高度为 25，即得创建的底座拉伸实体，如图 16-38 所示。

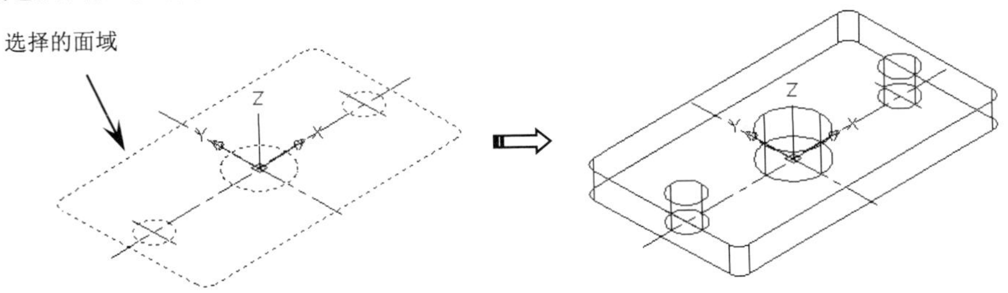

图 16-38　创建的底座拉伸实体

⑥ 使用【差集】命令，将三个孔实体从长方体中减除，可得减除孔后的实体 如图 16-39 所示。

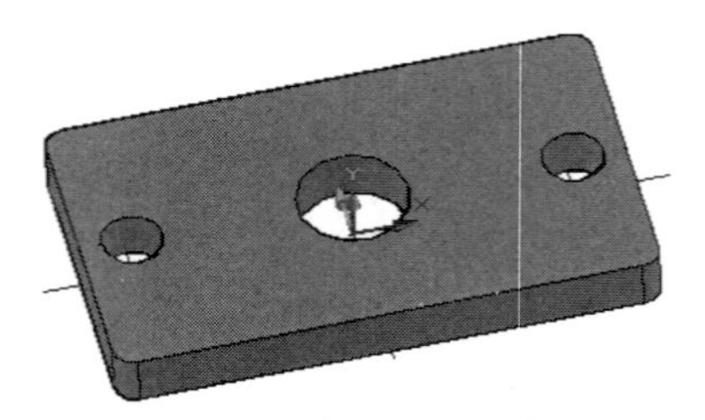

图 16-39　减除孔后的实体

2．绘制箱体主体

① 切换视图为仰视。使用【直线】命令、【圆心，半径】命令、【偏移】命令 【修剪】命令，绘制如图 16-40 所示的箱体主体图形。

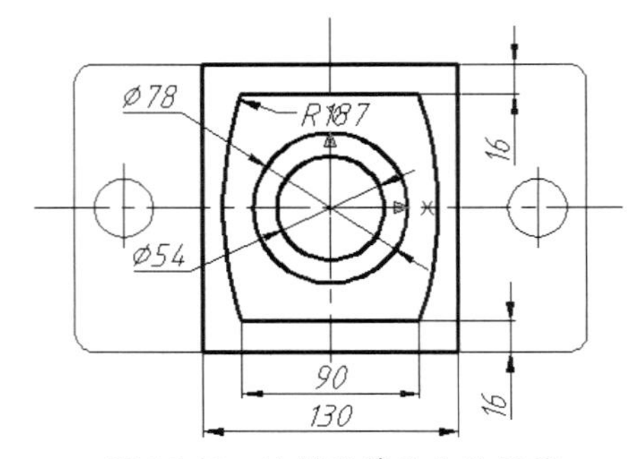

图 16-40　绘制的箱体主体图形

② 使用【面域】命令，选择绘制的图形创建多个面域。

③ 切换视图为西南等轴测。使用【拉伸】命令，由外向内先选择两个大的面域进行拉伸，拉伸高度为-159，即得创建的箱体主体拉伸实体，如图 16-41 所示。

提醒一下：

在创建拉伸实体时，高度应输入负值。这是由于系统默认的拉伸方向始终垂直于当 工作平面的正方向。

④ 使用【差集】命令，先选择拉伸的长方体作为求差目标体，再选择中间的 体作为减除对象，以此做差集运算，结果如图 16-42 所示。

拉伸实体

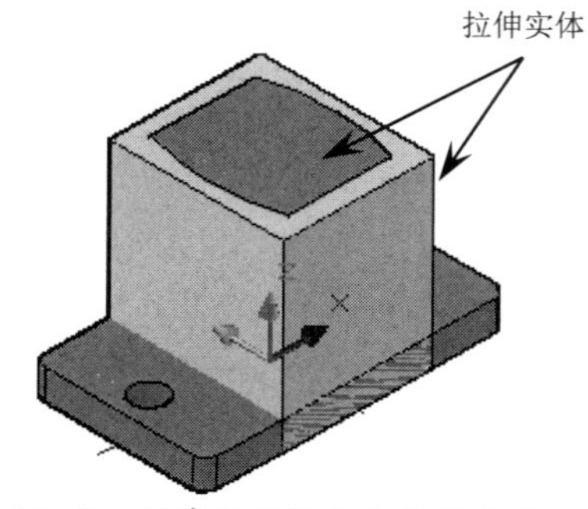

图 16-41　创建的箱体主体拉伸实体

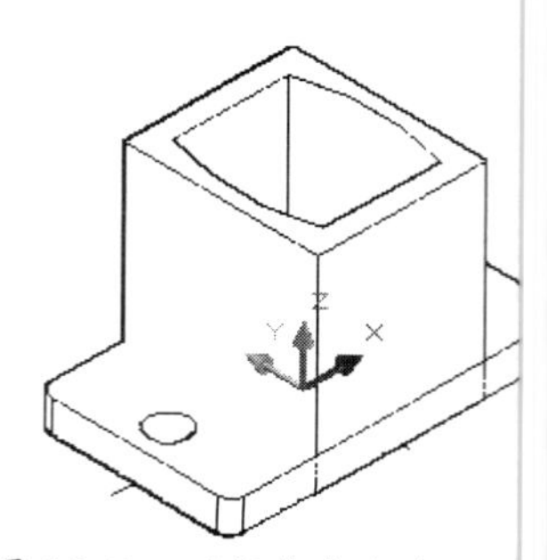

图 16-42　对拉伸实体进行差 运算

⑤ 同理，使用【拉伸】命令，选择两个圆形面域进行拉伸，拉伸高度为-55，结果如图 16-43 所示。

⑥ 使用【差集】命令，先选择拉伸的大圆柱体作为求差目标体，再选择中间的小圆柱体作为减除对象，以此做差集运算，结果如图 16-44 所示。

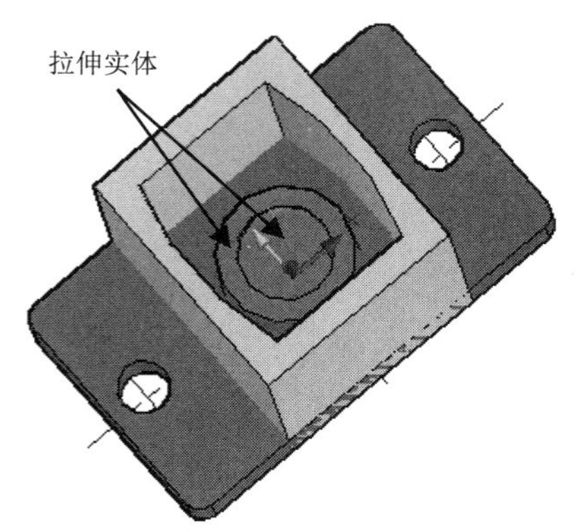

图 16-43　选择圆面域创建的拉伸实体

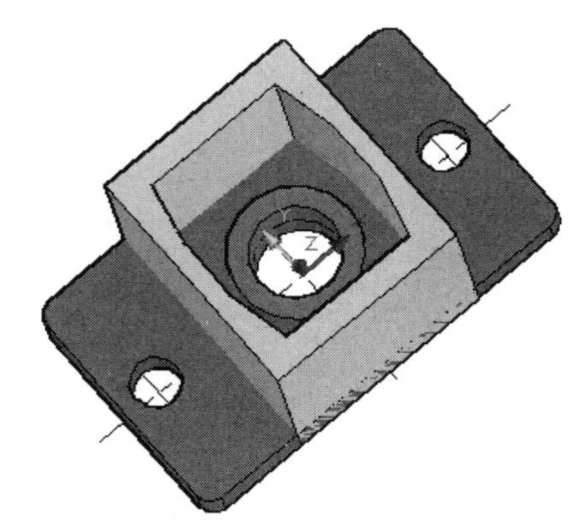

图 16-44　差集运算结果

⑦ 使用【并集】命令，将创建的底座部分和箱体主体部分合并。

3．绘制箱体其余结构

① 切换视图为仰视。使用【直线】命令、【圆心，半径】命令、【偏移】命令和【修剪】命令，绘制如图 16-45 所示的图形。

② 使用【面域】命令，选择绘制的图形以创建面域。

③ 打开正交模式。使用【移动】命令，将图形向 Z 轴正方向移动 159，如图 16-46 所示。

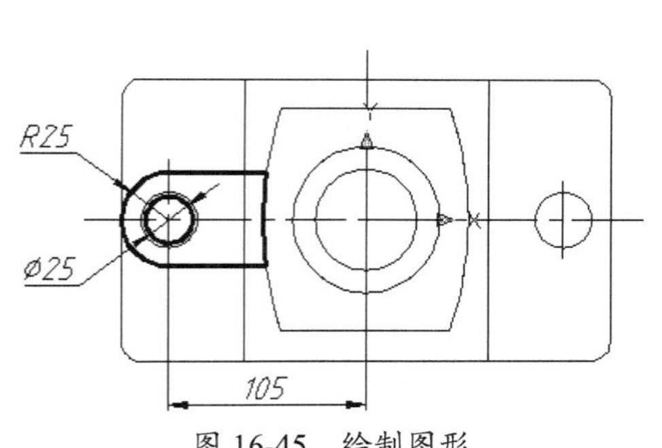

图 16-45　绘制图形

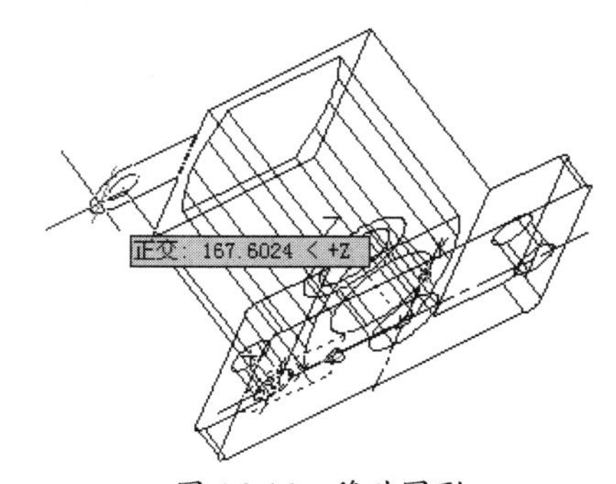

图 16-46　移动图形

提醒一下：

在复制实体边时，需要切换视图，以查看复制的边是否与绘制的图形为同一平面，若没有在同一平面上，则将复制的边移动至图形中。

④ 切换视图为西南等轴测。使用【拉伸】命令，选择面域进行拉伸，拉伸高度为 9，即得创建的拉伸实体，如图 16-47 所示。

⑤ 使用【差集】命令，从大的拉伸实体中减除小圆柱体，如图 16-48 所示。

⑥ 使用【三维镜像】命令，以 YZ 平面作为镜像平面，创建另一个护耳。镜像操作结果如图 16-49 所示。

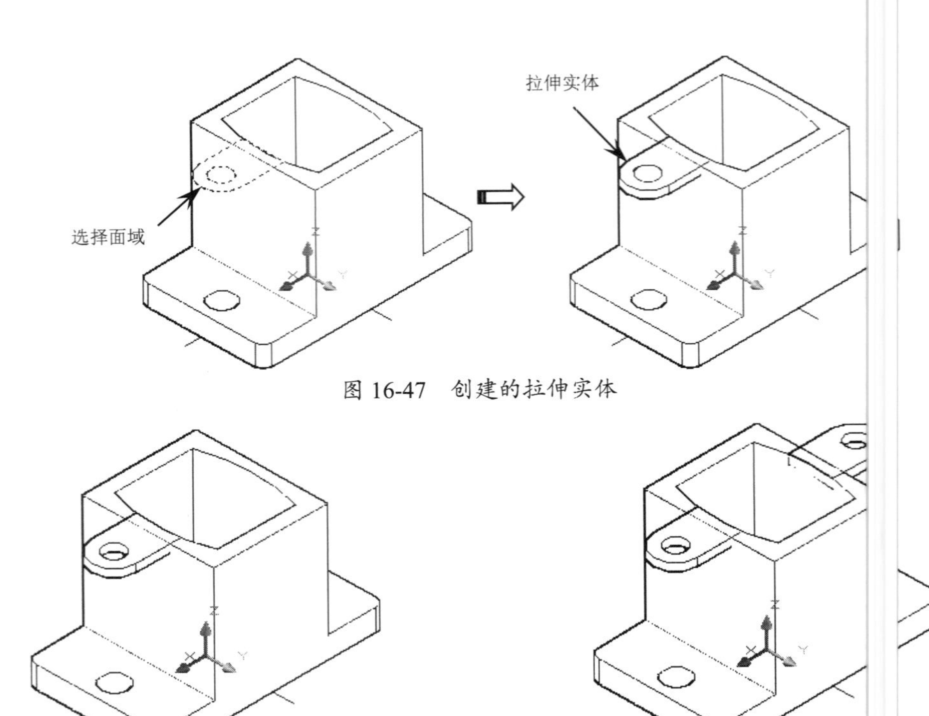

图 16-47　创建的拉伸实体

图 16-48　减除小圆柱体　　图 16-49　镜像操作结

⑦ 使用【并集】命令，将护耳与箱体主体合并。

⑧ 切换视图为前视。使用【直线】命令、【圆心，半径】命令、【偏移】命令　【镜像】命令，绘制如图 16-50 所示的图形。

⑨ 切换视图为西南等轴测。使用【按住并拖动】命令，选择绘制的图形向正　反方向分别进行拖动，以创建“按住并拖动”实体，如图 16-51 所示。

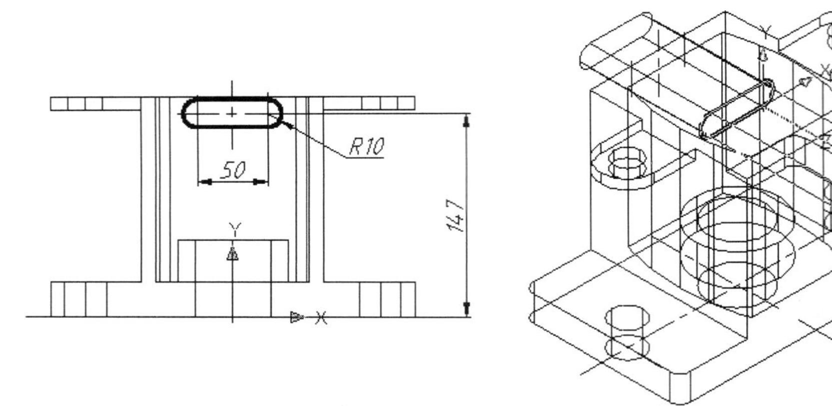

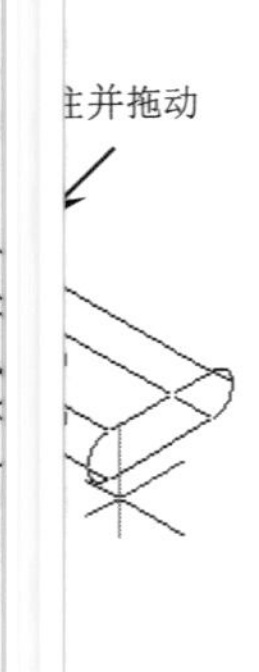

图 16-50　绘制图形　　图 16-51　创建“按住并拖　实体

⑩ 使用【差集】命令，将“按住并拖动”实体从箱体主体中减除，如图 16-5　所示。至此，箱体零件已绘制完成。

⑪ 将结果保存。

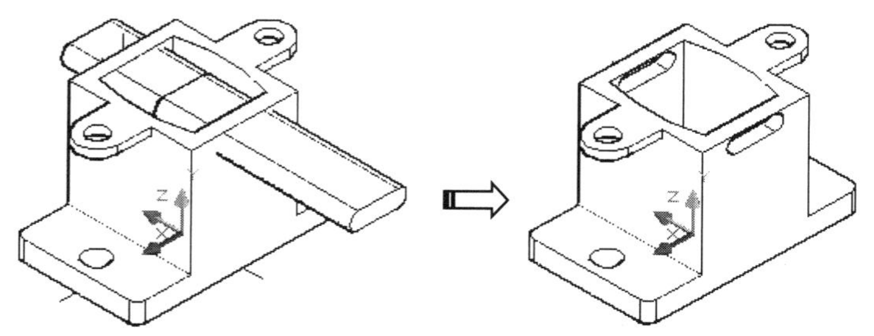

图 16-52　减除“按住并拖动”实体

16.5.2　范例二：摇柄手轮建模

本节将以摇柄手轮建模为例，说明盘类零件的三维绘制方法。绘制摇柄手轮会多次使用扫掠、旋转、三维阵列等实体绘制和编辑工具。

摇柄手轮的结构示意图如图 16-53 所示。

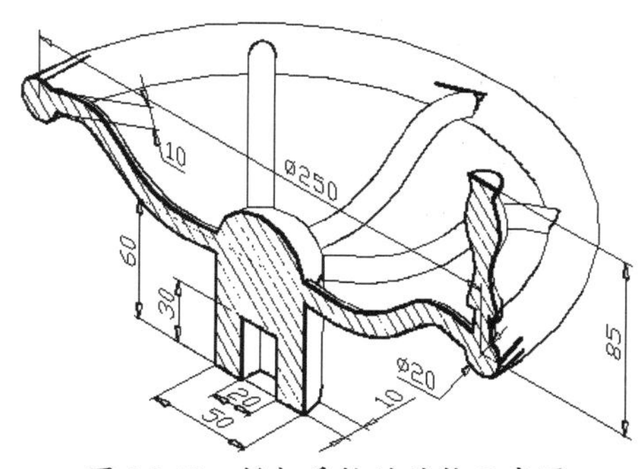

图 16-53　摇柄手轮的结构示意图

摇柄手轮主要由主轴、固定架、支杆和摇柄组件构成，其结构较为简单，绘制方法：先绘制主轴，然后绘制固定架和支杆的扫掠路径，并创建扫掠实体，最后绘制旋转体摇柄。

操作步骤

① 新建图形文件。

② 在三维建模空间中，切换视图为西南等轴测。

③ 使用【圆柱体】命令，在 UCS 原点绘制直径为 50、高度为 60 的圆柱体，如图 16-54 所示。

④ 使用【球体】命令，在圆柱体顶面中心点上绘制一个直径为 50 的球体，如图 16-55 所示。

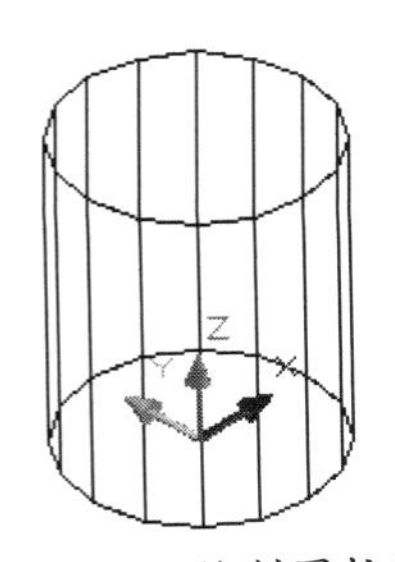

图 16-54　绘制圆柱体

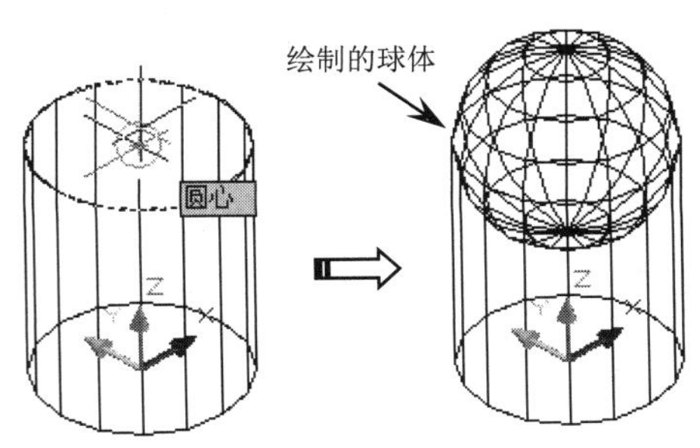

图 16-55　绘制球体

提醒一下：

要使球体显示高密度线框，可在功能区的【可视化】选项卡中将视图样式设为二维线 、无着色和镶嵌面边。

⑤ 使用【并集】命令，合并圆柱体和球体。

⑥ 使用【长方体】命令，并选择【中心】|【长度】选项，在 UCS 原点上绘 长度、宽度、高度分别为 20、20、60 的长方体。使用【差集】命令，将长方体从合并 实体中减除，结果如图 16-56 所示。

⑦ 切换视图为俯视。使用【圆心，直径】命令，先绘制用于创建固定架扫 体的路径圆，该圆的直径为 250。再绘制两个直径分别为 20 和 10 小圆，用作扫掠截 如图 16-57 所示。

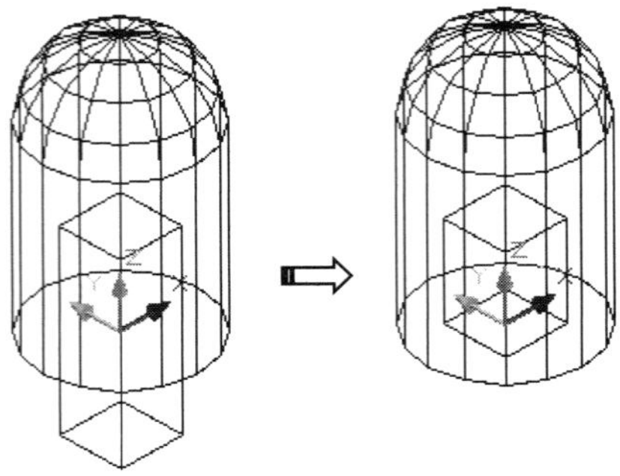

图 16-56 创建长方体并求差

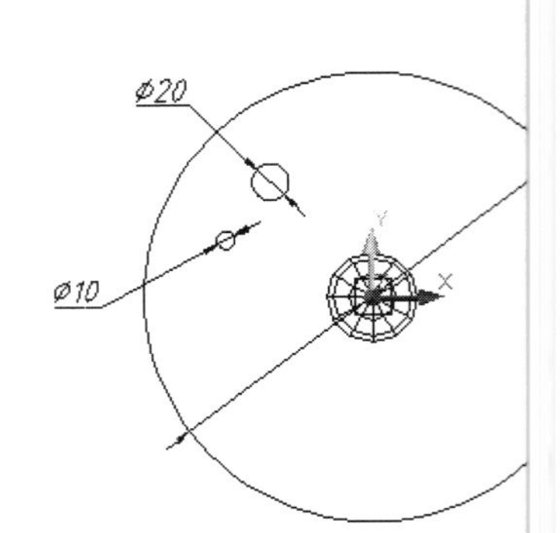

图 16-57 绘制圆

⑧ 将大圆向 Z 轴正方向移动 80。

⑨ 使用【原点】命令，将 UCS 移动至（0,-20,60），单击【X】按钮 将 Z 绕 X 轴旋转 90°，如图 16-58 所示。

⑩ 使用二维的【样条曲线】命令，以相对坐标输入方式，使样条曲线通过点（0, ）、（0,0,35）、（0,10,55）、（0,25,75）和（0,20,105）。绘制完成的样条曲线如图 16-59 所 。

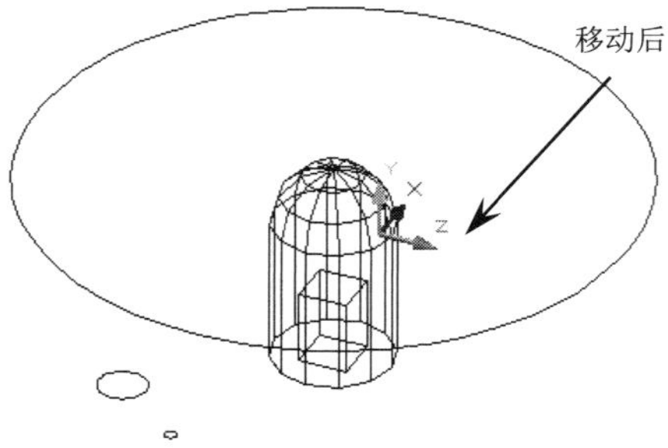

图 16-58 移动并旋转 UCS

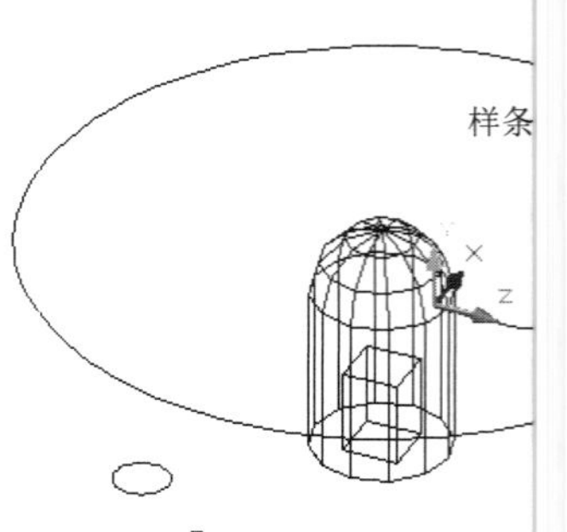

图 16-59 绘制完成的样 曲线

⑪ 使用三维的【扫掠】命令，选择直径为 20 的小圆作为扫掠对象、直径为 50 的大圆作为扫掠路径，创建固定架的扫掠实体，如图 16-60 所示。

⑫ 同理，使用【扫掠】命令，选择直径为 10 的小圆作为扫掠对象、样条曲 作为扫掠路径，创建支杆的扫掠实体，如图 16-61 所示。

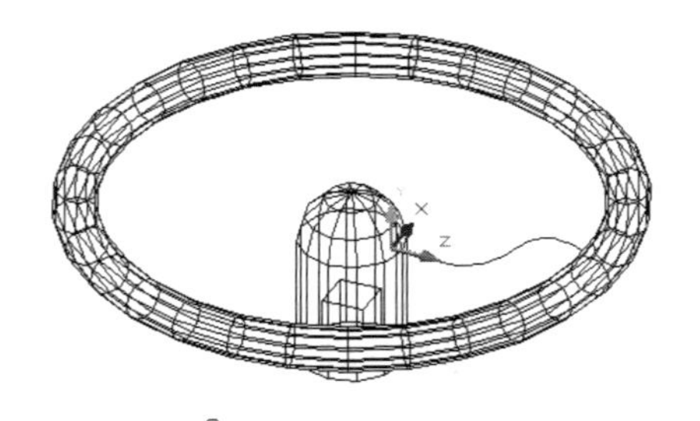

图 16-60　创建固定架的扫掠实体

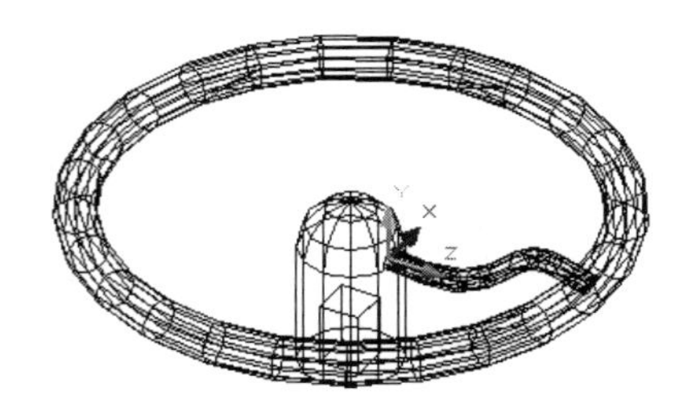

图 16-61　创建支杆的扫掠实体

⑬ 将 UCS 设为 WCS。使用【三维阵列】命令，创建出阵列数目为 8，阵列中心为 UCS 原点的其他支杆阵列。创建的支杆阵列如图 16-62 所示。工具行操作提示如下：

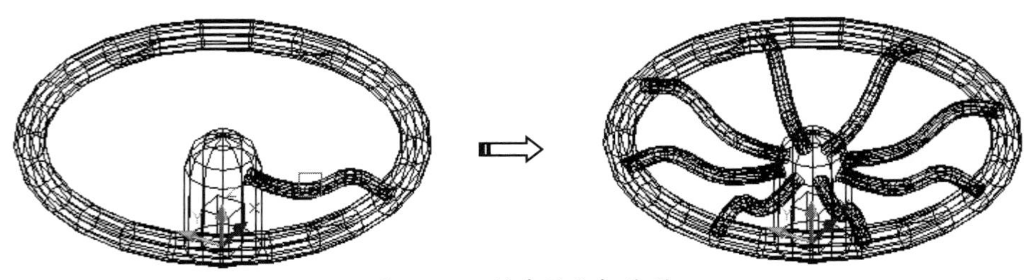

图 16-62　创建的支杆阵列

```
工具：_3darray
选择对象：找到 1 个                                          //选择支杆为阵列对象
选择对象：↙
输入阵列类型 [矩形(R)/环形(P)] <矩形>：p↙                    //输入 p
输入阵列中的项目数目：8↙                                     //输入阵列的数目
指定要填充的角度 (+=逆时针, -=顺时针) <360>：↙
旋转阵列对象？ [是(Y)/否(N)] <Y>：↙
指定阵列的中心点：0,0,60↙                                    //输入旋转轴的起点坐标
指定旋转轴上的第二点：0,0,100↙                               //输入旋转轴的第二点坐标
```

⑭ 切换视图为前视，并打开正交模式。使用【直线】命令和【样条曲线】命令绘制如图 16-63 所示的摇柄截面图形。

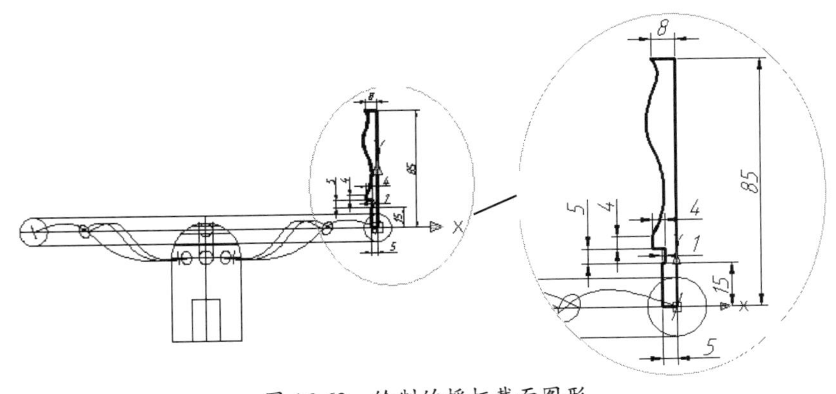

图 16-63　绘制的摇柄截面图形

提醒一下：

切换视图时，系统自动将视图平面作为当前 UCS 的工作平面（XY 平面）。

⑮ 执行【修改】|【合并】命令，选择上一步绘制的图形进行合并（长度为 的竖直线除外）。

⑯ 使用【旋转】命令，先选择面域作为旋转对象，再选择当前工作平面的 Y 轴作为旋转轴，可得创建的摇柄旋转实体，如图 16-64 所示。

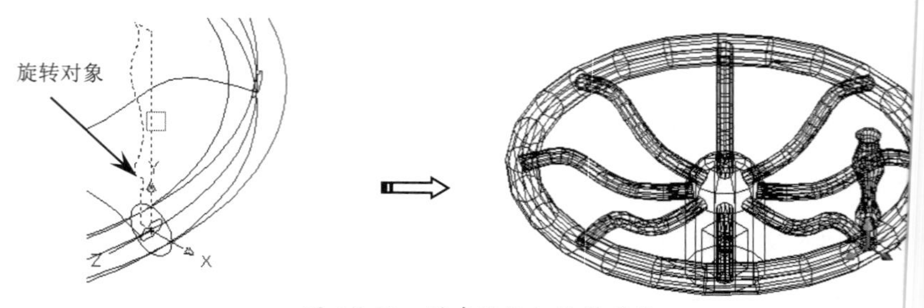

图 16-64 创建的摇柄旋转实体

⑰ 使用【并集】命令，将主轴、支杆、固定架和摇柄等实体合并，合并后的实体即摇柄手轮，如图 16-65 所示。

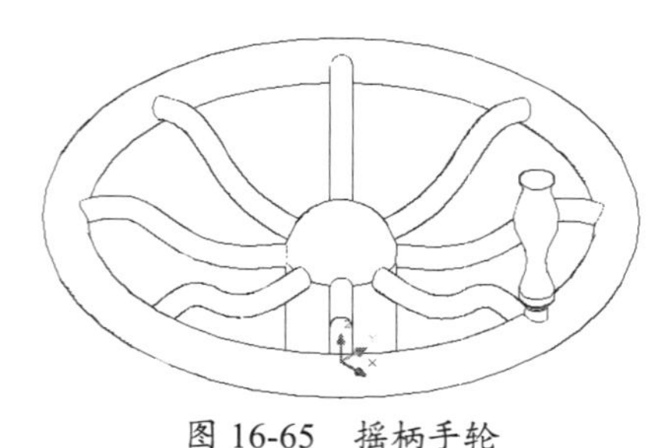

图 16-65 摇柄手轮

⑱ 将结果保存。

16.5.3 范例三：手动阀门建模

手动阀门是由多个零部件装配而成的装配体。本节将详细介绍手动阀门的零部件绘制、零部件装配。通过本例的练习，用户可以轻松掌握多零件绘制、装配的操作过程与方法。手动阀门的零部件如图 16-66 所示。

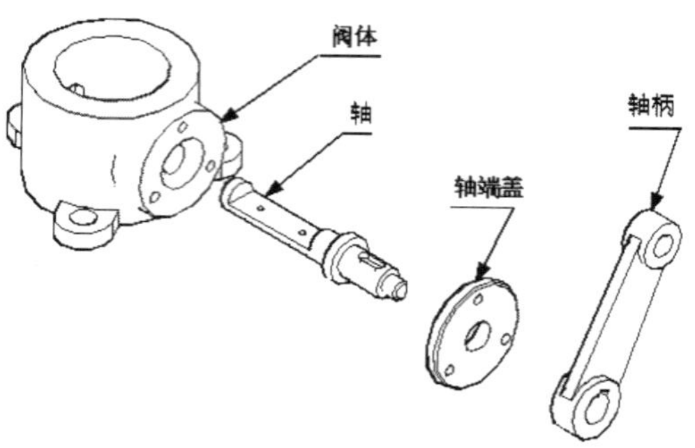

图 16-66 手动阀门的零部件

手动阀门的绘制方法：每个零部件在不同的图纸模板中绘制；利用 AutoCAD 2022 中的设计中心功能将各零部件图形以块的形式插入新装配体中。

1. 绘制阀体

阀体主要由一个圆柱主体、端盖连接部及三个侧耳组成，其结构示意图如图 16-67 所示。

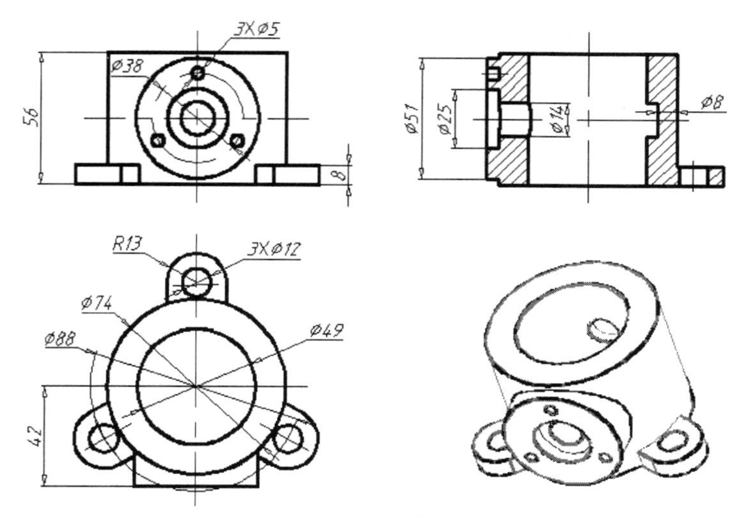

图 16-67　阀体的结构示意图

操作步骤

① 新建图形文件，并将其命名为“联轴底座”。在三维建模空间中将视觉样式设置为二维线框，并切换视图为俯视。

② 使用【直线】命令、【圆心，直径】命令和【修剪】命令，绘制如图 16-68 所示的截面图形。

③ 使用【阵列】命令，将侧耳的截面图线以坐标原点为中心进行环形阵列，阵列数目为 3，可得环形阵列侧耳的图线，如图 16-69 所示。

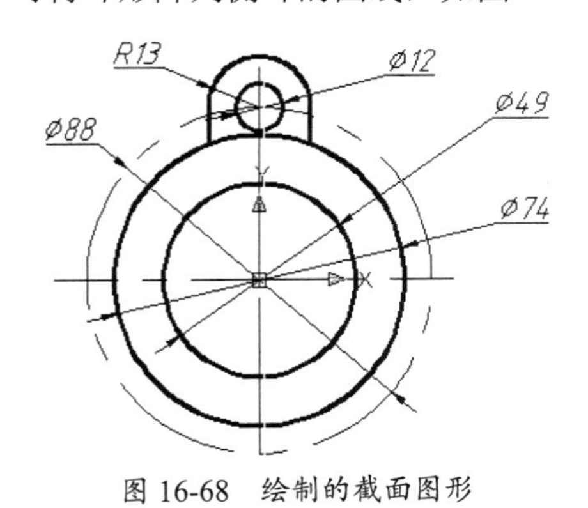

图 16-68　绘制的截面图形

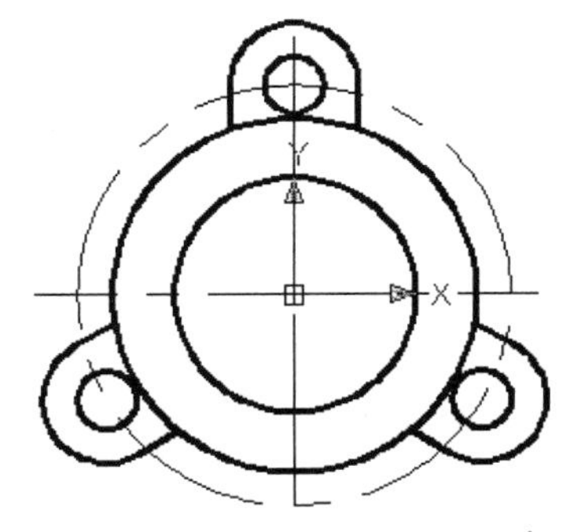

图 16-69　环形阵列侧耳的图线

④ 使用【面域】命令，选择所有图线（除直径为 88 的圆中心线外）创建多个面域。由于侧耳的图线不完整，因此没有利用它创建面域。

⑤ 补齐侧耳的部分图线（圆弧曲线），选择侧耳图线创建面域，如图 16-70 所示。

⑥ 切换视图为西南等轴测。使用【拉伸】命令，只选择中间的两个大圆面域来创建圆柱实体，拉伸的高度为 56，结果如图 16-71 所示。

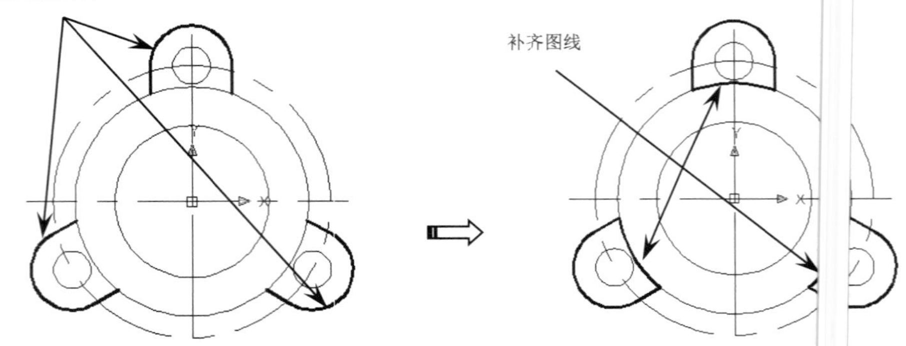

图 16-70　补齐侧耳的部分图线并创建面域

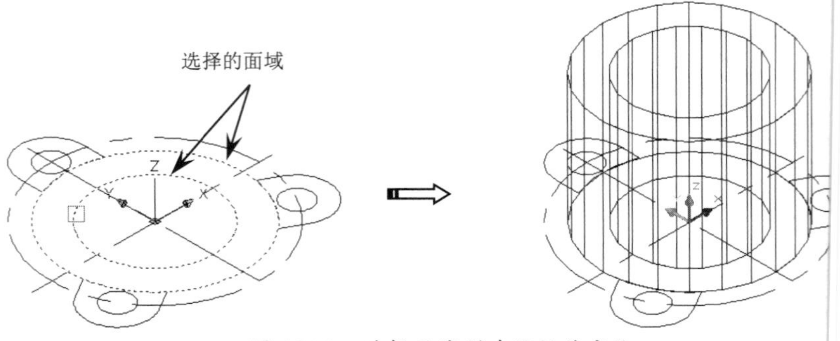

图 16-71　选择面域创建的拉伸实体

⑦ 同理，使用【拉伸】命令，选择侧耳部分的面域来创建高度为 8 的拉伸实体，如图 16-72 所示。

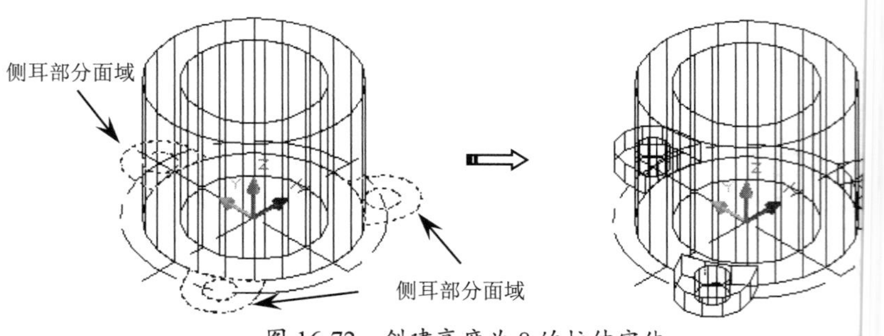

图 16-72　创建高度为 8 的拉伸实体

⑧ 使用【差集】命令，将侧耳部分实体中的小圆柱体减除。差集运算的结果如图 16-73 所示。

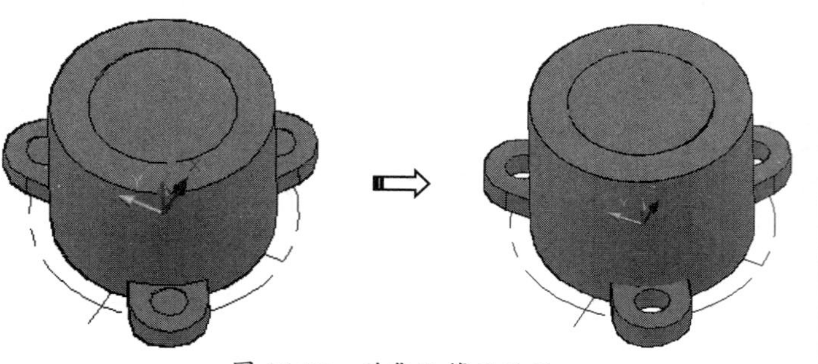

图 16-73　差集运算的结果

⑨ 切换视图为前视图。使用【直线】命令、【圆心，直径】命令、【阵列】命令和【修剪】命令，绘制如图 16-74 所示的二维图形。

⑩ 使用【面域】命令，选择 6 个粗实线圆来创建面域。

⑪ 切换视图为西南等轴测。使用【拉伸】命令，同时选择 6 个圆形面域来创建高度为 42 的多个拉伸实体。创建的拉伸实体如图 16-75 所示。

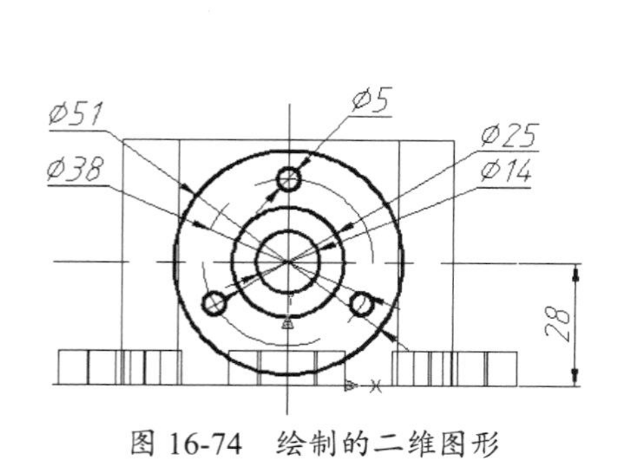

图 16-74 绘制的二维图形

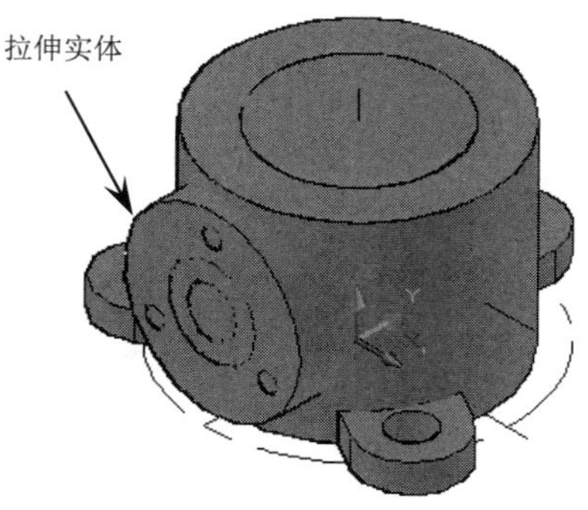

图 16-75 创建的拉伸实体

⑫ 使用【复制边】命令，先在拉伸起点处将直径为 14 的小圆柱体边缘复制，然后创建面域。使用【拉伸】命令，将该面域反方向拉伸-29，如图 16-76 所示。

提醒一下：

复制此边时，应在原来位置上复制。反方向就是创建拉伸实体时的反方向。

⑬ 使用【差集】命令，先选择主体作为求差目标体，再选择先前创建的直径为 14 的小圆柱体（有两段）作为减除对象，如图 16-77 所示。

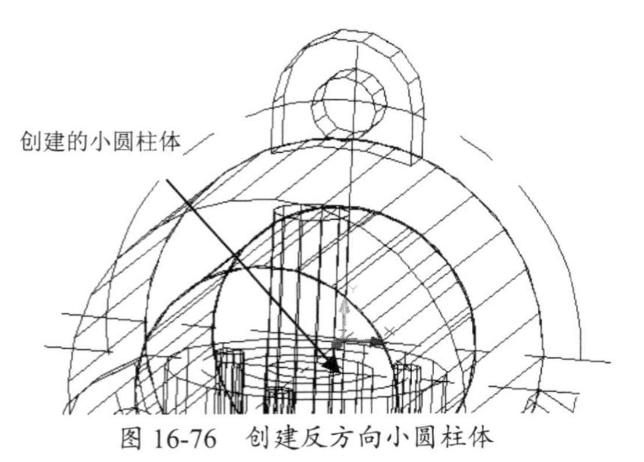

图 16-76 创建反方向小圆柱体

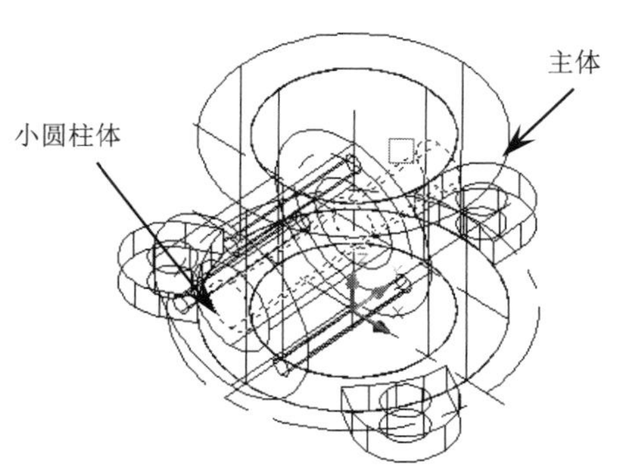

图 16-77 从主体中减除小圆柱体

⑭ 同理，使用【差集】命令，从直径为 51 的圆柱体中减除其他小圆柱体，如图 16-78 所示。

⑮ 使用【差集】命令，先选择差集运算后的直径为 51 的圆柱体和底座主体（直径为 74）作为求差目标体，再选择主体中直径为 49 的圆柱体作为减除对象，如图 16-79 所示。

⑯ 使用【并集】命令，将创建的所有实体进行合并，即完成了联轴底座的绘制。

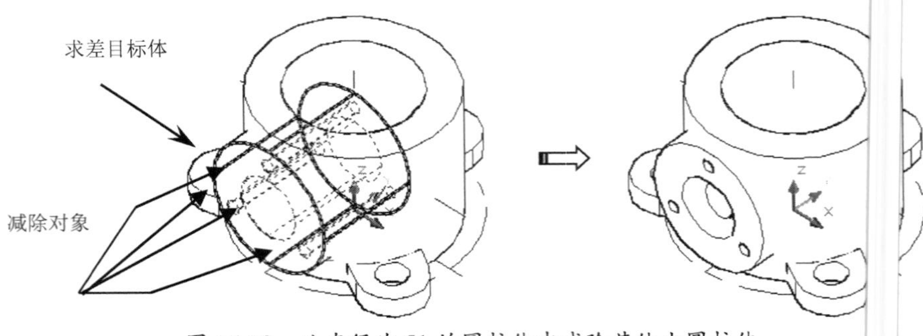

图 16-78　从直径为 51 的圆柱体中减除其他小圆柱体

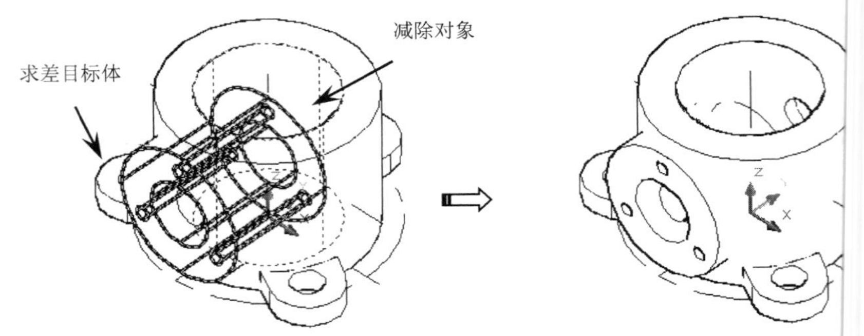

图 16-79　从直径为 51 的圆柱体中减除主体中的圆柱体

2. 绘制轴端盖

轴端盖是几个零部件中结构最简单的零件，可以采用拉伸实体和倒角相结合的方法，对其进行绘制。轴端盖的结构示意图如图 16-80 所示。

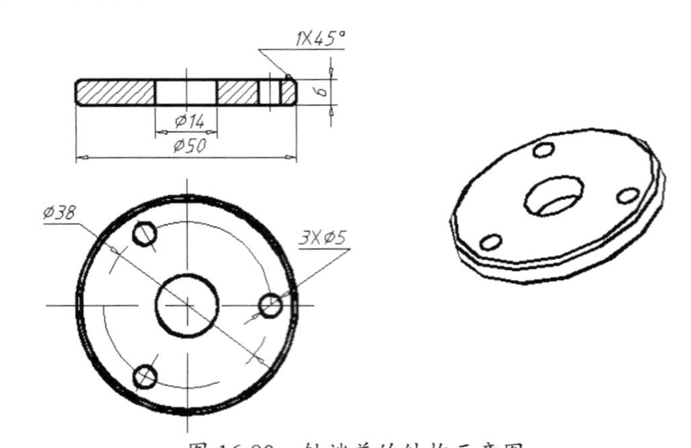

图 16-80　轴端盖的结构示意图

为了后续装配的需要，绘制轴端盖时先创建一个新文件，以便作为块插入装配体中。

操作步骤

① 单击【新建】按钮，创建一个新图形文件，并将文件命名为“轴端盖”。

② 在三维建模空间中，设置视觉样式为二维线框，并切换视图为俯视。

③ 使用【直线】命令、【圆心，直径】命令和【阵列】命令，绘制如图 16-81 所示的拉伸截面。

④　使用 面域】命令，除中心线外选择其余图线以创建多个面域。

⑤　切换 图为西南等轴测。使用【拉伸】命令，选择所有面域并创建拉伸高度为 6 的拉伸实体 如图 16-82 所示。

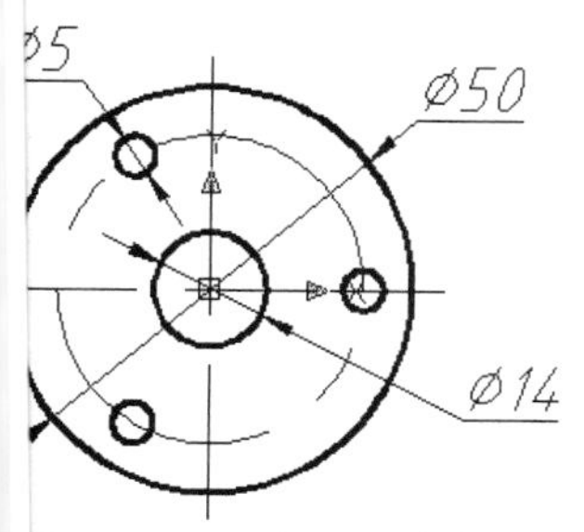

图 16-81　绘制的拉伸截面

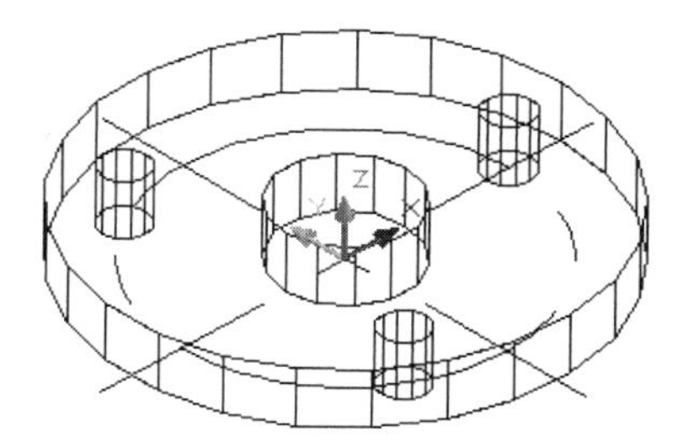

图 16-82　创建拉伸高度为 6 的拉伸实体

⑥　使用 差集】命令，将 4 个小圆柱体从最大圆柱体中减除，如图 16-83 所示。

⑦　使用 倒角】命令，选择拉伸实体作为倒角对象，并选择【当前】选项，设置基面倒角距离 1、其他面倒角距离为 1。选择实体上边缘进行倒角，结果如图 16-84 所示。

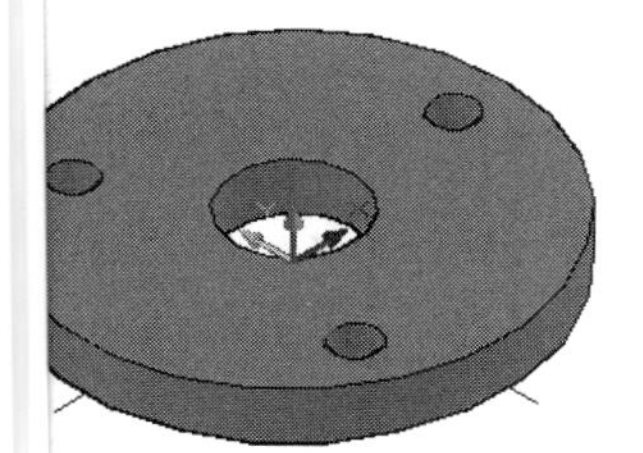

图 16-83 4 个小圆柱体从最大圆柱体中减除

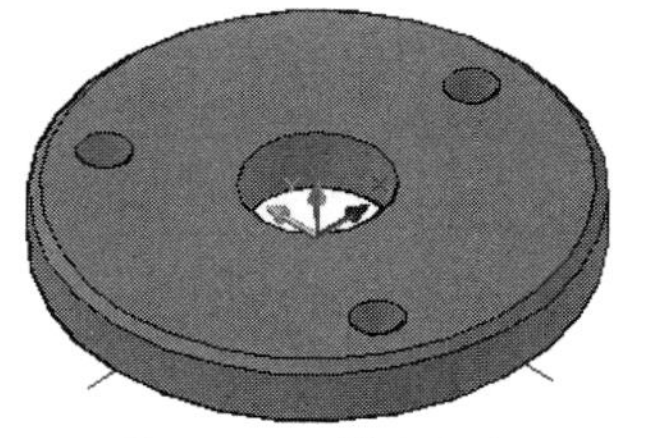

图 16-84　创建倒角

⑧　倒角 完成后，将轴端盖文件保存。

3. 绘 轴

手动 的轴是一个旋转体，结构相对较简单。轴的结构示意图如图 16-85 所示。

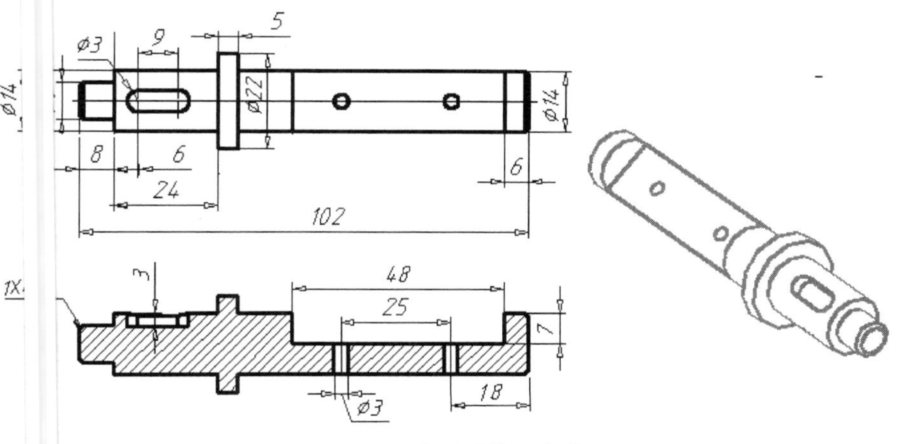

图 16-85　轴的结构示意图

轴的绘 方法：首先绘制轴主体（旋转实体），然后绘制孔实体并利用差集运算得到轴孔特征，最 绘制长方体并利用差集运算以获得轴上的缺口特征（长度为 48）。

操作步骤

① 新建图形文件，将文件命名为“轴”。

② 在三维建模空间中，设置视觉样式为二维线框，并切换视图为俯视。

③ 打开正交模式。使用【直线】命令、【倒角】命令，绘制如图 16-86 所示的旋转截面图形。

④ 使用【面域】命令，选择图形以创建面域。

⑤ 切换视图为西南等轴测，使用【旋转】命令，选择面域为旋转截面，选择中心线为旋转轴，可得创建的旋转实体，如图 16-87 所示。

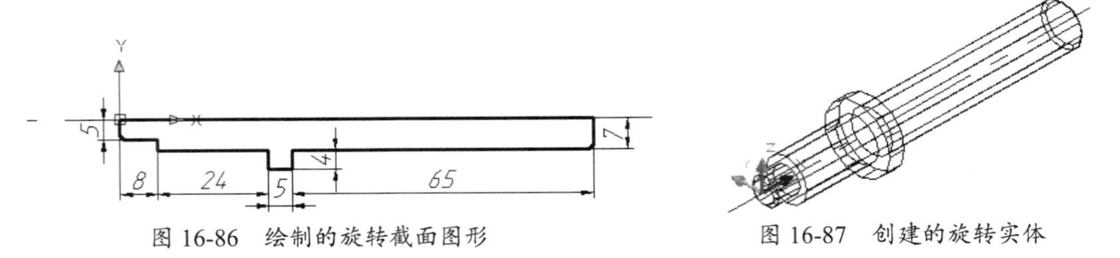

图 16-86 绘制的旋转截面图形　　图 16-87 创建的旋转实体

⑥ 切换视图为俯视。使用【直线】命令、【圆心，直径】命令和【修剪】命令，绘制如图 16-88 所示的图形。

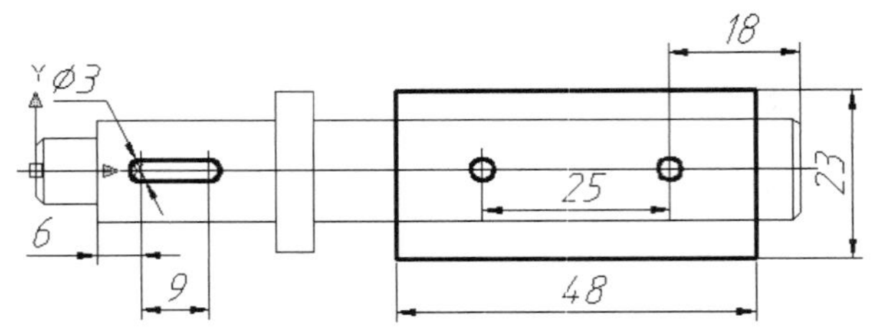

图 16-88 绘制的图形

⑦ 使用【面域】命令，选择绘制的键槽图形创建单个面域。将圆形和面域向 Z 轴正方向移动 10（长方形不做移动），如图 16-89 所示。

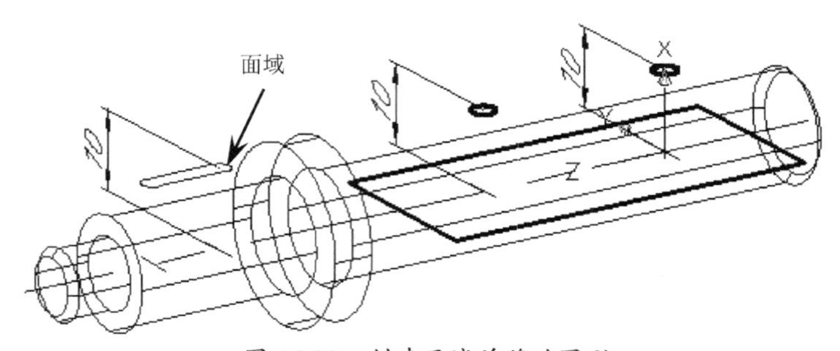

图 16-89 创建面域并移动图形

⑧ 使用【拉伸】命令，选择面域创建拉伸高度为-6 的拉伸实体。使用【按住并拖动】命令，选择长方形向 Z 轴正方向拖动并创建出“按住并拖动”实体（应用超出轴主体）。继续使用【按住并拖动】命令，选择孔图形向 Z 轴负方向拖动并创建“按住并拖动”实体（应超出轴主体），结果如图 16-90 所示。

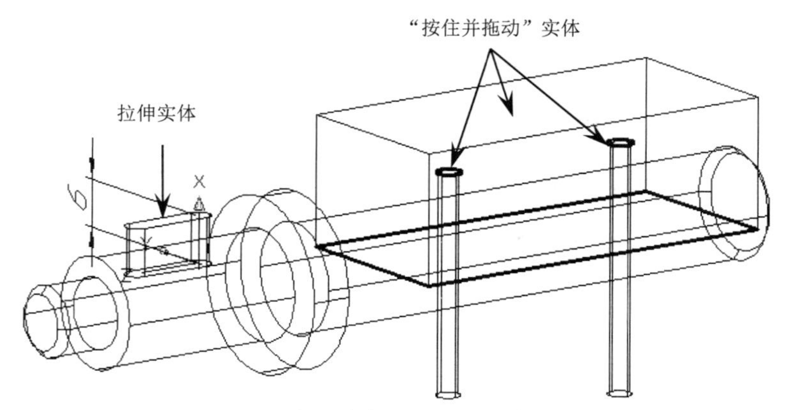

图 16-90　创建拉伸实体和“按住并拖动”实体

⑨ 使用【差集】命令，先选择轴主体实体作为求差目标体，再选择拉伸实体和“按住并拖动”实体作为减除对象。差集运算如图 16-91 所示。

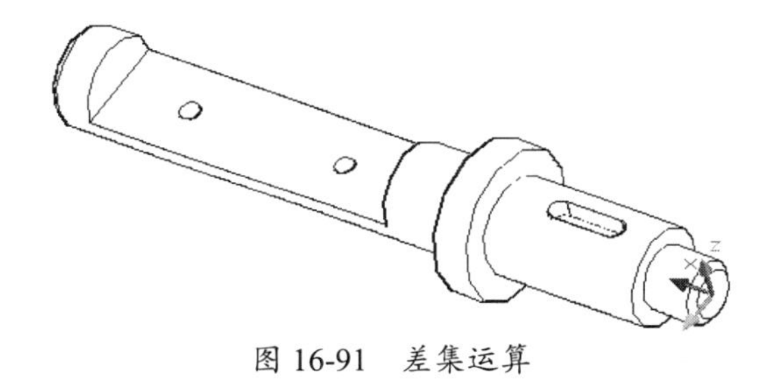

图 16-91　差集运算

⑩ 将绘制完成的轴文件保存。

4．绘制轴柄

轴柄为对称件，其结构示意图如图 16-92 所示。

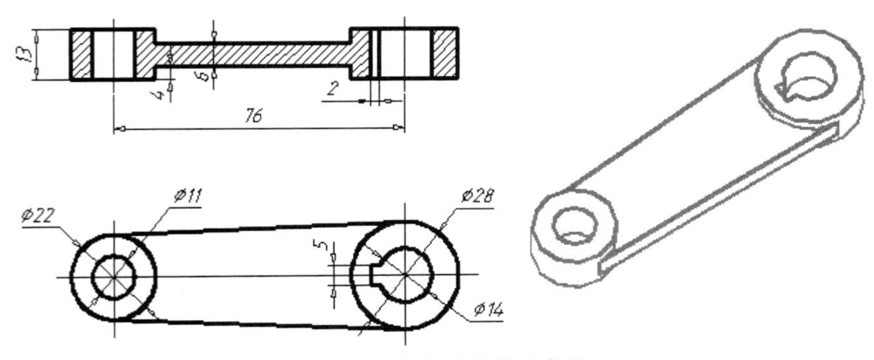

图 16-92　轴柄的结构示意图

轴柄的绘制方法：创建轴柄主体的拉伸实体和孔实体，减除孔实体后，使用【移动面】命令选择中间的实体面进行移动，以此绘制出柄部特征。

操作步骤

① 新建图形文件，并将文件命名为“轴柄”。

② 在三维建模空间中，设置视觉样式为二维线框，并切换视图为俯视。

③ 使用【直线】命令、【偏移】命令、【圆心，直径】命令和【修剪】命令，绘制如图 16-93 所示的图形。

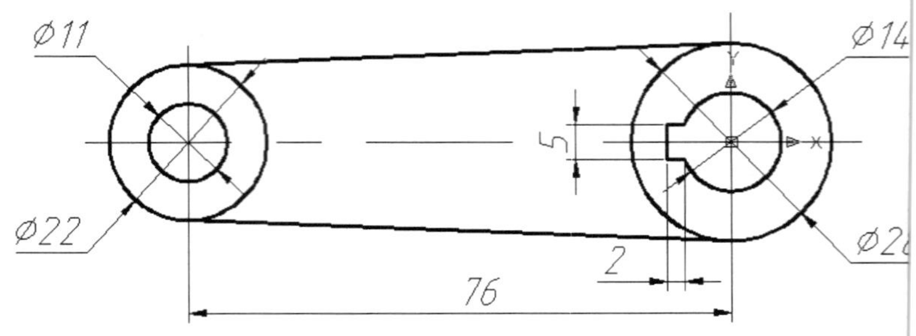

图 16-93 绘制的图形

④ 使用【面域】命令，选择所有图形（除中心线）以创建多个面域。由于两条斜线没有封闭，因此就没有创建面域，使用圆弧的【三点】命令补齐图线，并选择两条斜线和添加的圆弧创建面域，如图 16-94 所示。

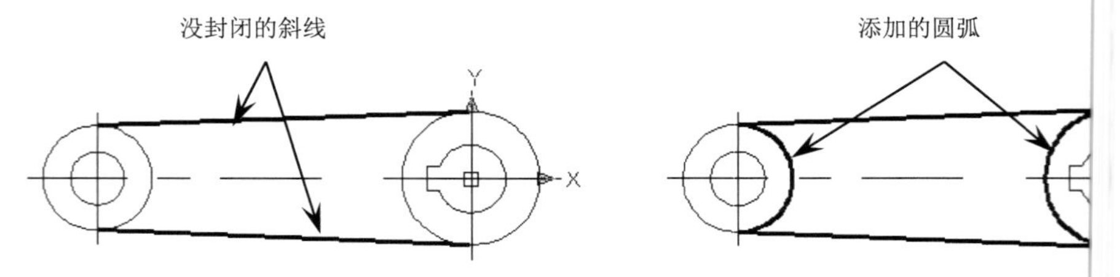

图 16-94 选择两条斜线和添加的圆弧创建面域

⑤ 切换视图为西南等轴测。使用【拉伸】命令，选择所有面域创建拉伸高度为 13 的拉伸实体，如图 16-95 所示。

⑥ 使用【差集】命令，先选择两端的大圆柱体作为求差目标体，再选择小圆柱体和带有键孔特征的实体作为减除对象。差集运算结果如图 16-96 所示。

图 16-95 创建拉伸高度为 13 的拉伸实体

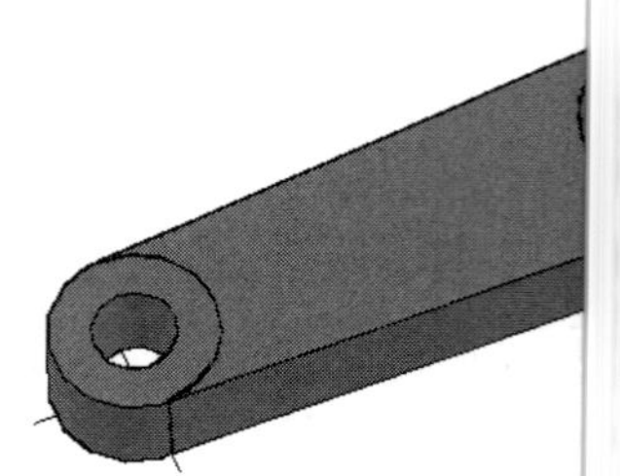
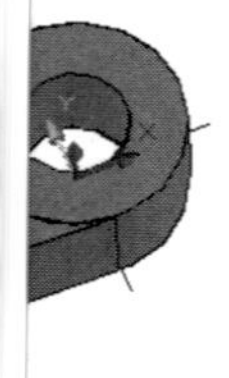

图 16-96 差集运算结果

⑦ 使用【移动面】命令，按住 Ctrl 键选择柄部上端面作为移动对象，向 Z 轴负方向移动-4。同理，选择柄部下端面向 Z 轴正方向移动 4。移动柄部面的结果如图 16-97 所示。

⑧ 使用【并集】命令，将上述操作后保留的实体进行合并。

⑨ 将绘制完成的轴柄文件保存。

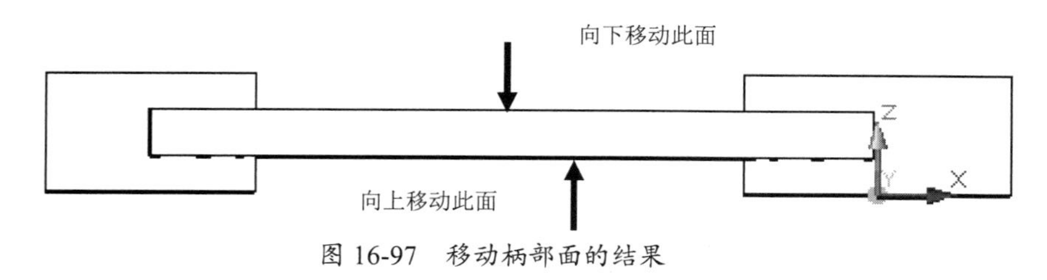

图 16-97　移动柄部面的结果

5. 手动阀门装配设计

手动阀门的装配可以通过 AutoCAD 2022 中的设计中心功能完成，即将阀门的零部件图形以块的形式相继插入装配体模型文件中。

操作步骤

① 新建图形文件，并将文件命名为“手动阀门”。

② 在三维建模空间中将视觉样式设置为真实，并切换视图为东南等轴测。

③ 在菜单栏中执行【工具】|【选项板】|【设计中心】命令，打开【设计中心】选项板。

④ 通过树状图，将阀门零部件保存在系统路径下的文件夹打开，如图 16-98 所示。

⑤ 在“阀体.dwg”文件上右击，并在弹出的右键快捷菜单中执行【插入为块】命令，随后打开【插入】对话框，如图 16-99 所示，保留对话框中各选项的默认设置，单击【确定】按钮，完成该块的创建。

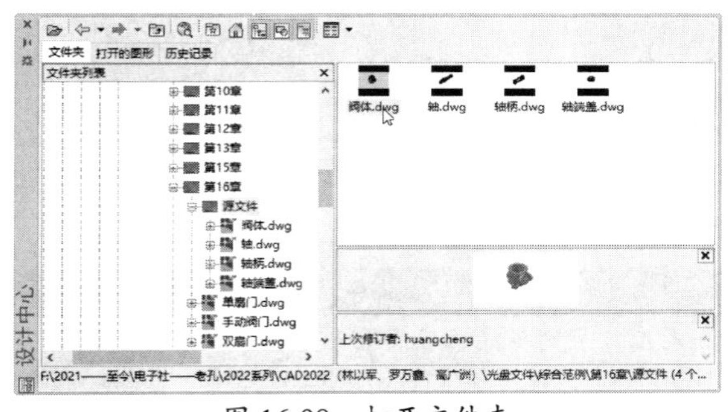

图 16-98　打开文件夹

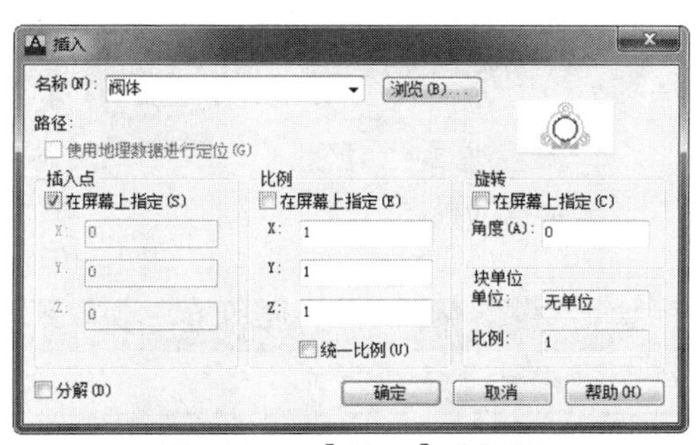

图 16-99　【插入】对话框

⑥ 关闭【插入】对话框后，在窗口中任意放置图形块。同理，按照此方法依次将手动阀门中的其余零件也插入当前窗口中，且放置位置任意。相继插入的图形块如图 16-100 所示。图形块插入完成后关闭【设计中心】选项板。

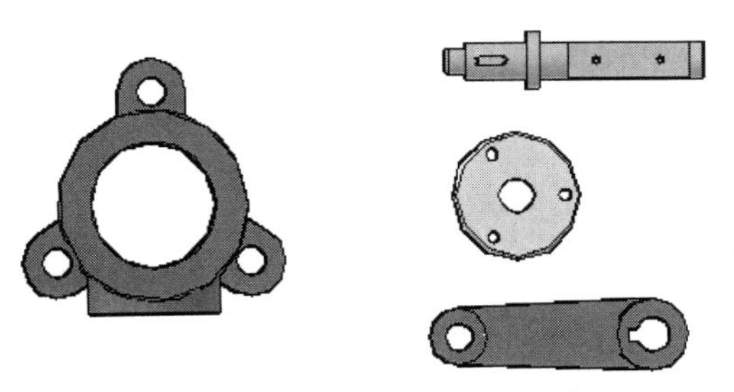

图 16-100　相继插入的图形块

⑦ 首先将轴装配到阀体上，打开正交模式。使用【对齐】命令，选择轴作为要对齐的对象，并在轴端面指定 2 个点（确定方向），按 Enter 键。在底座内部小孔端面指定其圆心作为目标点 1，并在正交的 X 轴方向上指定目标点 2，按 Enter 键，完成轴的装配，如图 16-101 所示。

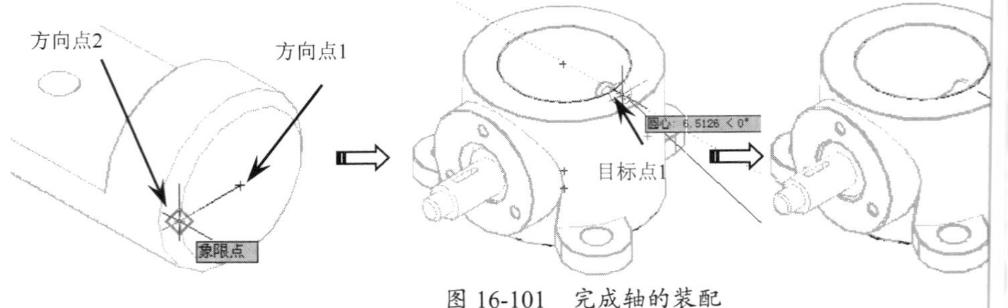

图 16-101　完成轴的装配

⑧ 装配轴端盖。使用【对齐】命令，以轴端盖为对齐对象，先选择底端面的 3 个小圆中心点以确定源平面，然后选择底座侧端面的 3 个小圆中心点以确定目标平面，由此完成轴端盖的装配，如图 16-102 所示。

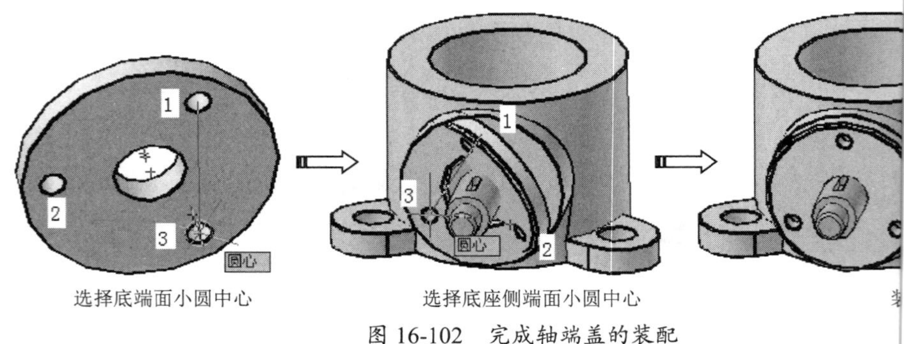

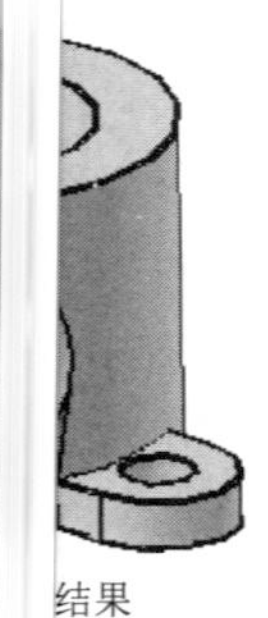

图 16-102　完成轴端盖的装配

提醒一下：

确定的源平面和目标平面上的 3 个定义点必须一一对应，否则不能正确装配零件。

⑨ 装配轴柄。使用【对齐】命令，以轴柄为对齐对象，先选择轴柄上平面的圆中心点及 2 个象限点以确定源平面，再选择轴端盖外侧的圆中心点及相对应的 2 个象限点以确定目标平面，由此完成轴柄的装配，如图 16-103 所示。

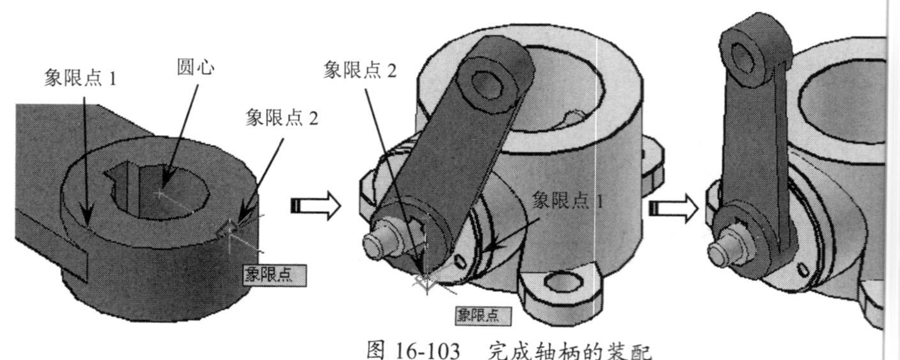

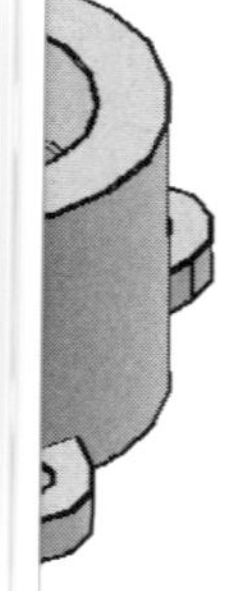

图 16-103　完成轴柄的装配

⑩ 为了让装配的手动阀门有动感，需要将轴及轴柄旋转一定的角度。使用【三维旋转】命令，选择轴和轴柄作为三维旋转对象，并将旋转夹点工具放置在轴端面中心点上，选择轴柄以确定旋转轴，将轴和轴柄绕指定的旋转轴旋转-45°，结果如图 16-104 所示。

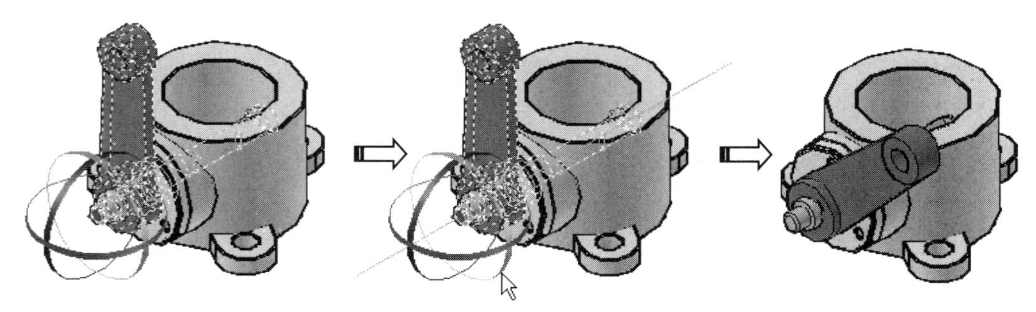

图 16-104　三维旋转轴及轴柄

⑪ 手动阀门装配操作完成，将文件保存。

16.5.4　范例四：创建建筑单扇门的三维模型

创建建筑单扇门的三维模型主要是为了方便建筑三维模型的绘制。单扇门的规格为宽度 1200、高度 2600、厚度 50。门的上部带有扇形玻璃组成的图案，下部主要有方形的门板块和安在门边上的门把手。

操作步骤

1．绘制门及辅助线

① 打开 AutoCAD 2022，建立一个新图形文件。

② 单击【图层】面板中的【图层特性管理器】按钮，新建图层辅助线，各属性采用默认设置，并将新建图层置为当前图层。

③ 按 F8 键打开正交模式。单击【绘图】面板中的【构造线】按钮，绘制一个十字构造线。单击【修改】面板中的【偏移】按钮，将竖直构造线向左边偏移 600，将水平构造线向上连续偏移 2000、600，得到门的构造线示意图，如图 16-105 所示。

④ 单击【图层】面板中的【图层特性管理器】按钮，新建图层“门”，设定颜色为红色，其他属性采用默认设置，并将新建图层置为当前图层。单击【绘图】面板中的【矩形】按钮，根据构造线绘制如图 16-106 所示的矩形。

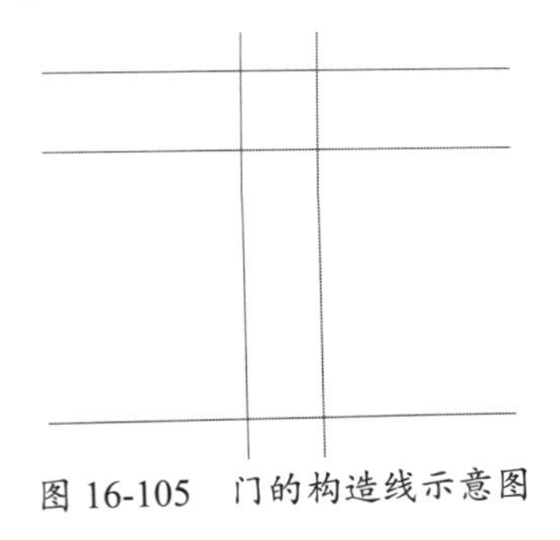

图 16-105　门的构造线示意图

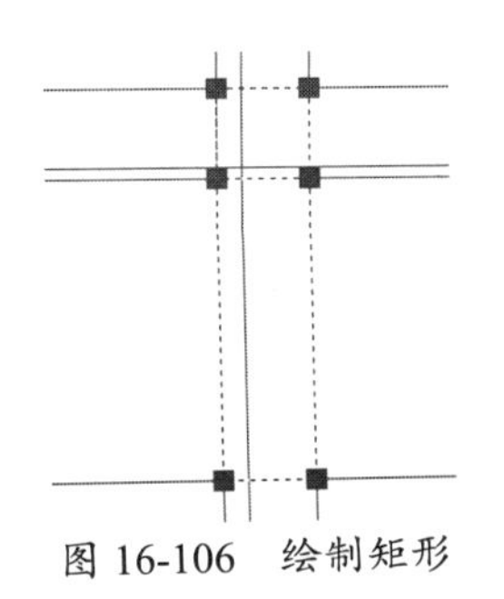

图 16-106　绘制矩形

⑤ 单击【修改】面板中的【偏移】按钮，将中间的水平构造线向上偏移 10 将最左边的竖直构造线向右偏移 160。单击【绘图】面板中的【圆】按钮，根据构造线绘制一个圆，如图 16-107 所示。

⑥ 单击【绘图】面板中的【圆】按钮，绘制一个同心圆，指定圆半径为 16 单击【修改】面板中的【旋转】按钮，把通过圆心的构造线旋转 45°。单击【绘图】面板中的【构造线】按钮，在原来的位置补上一条构造线。绘制结果如图 16-8 所示。

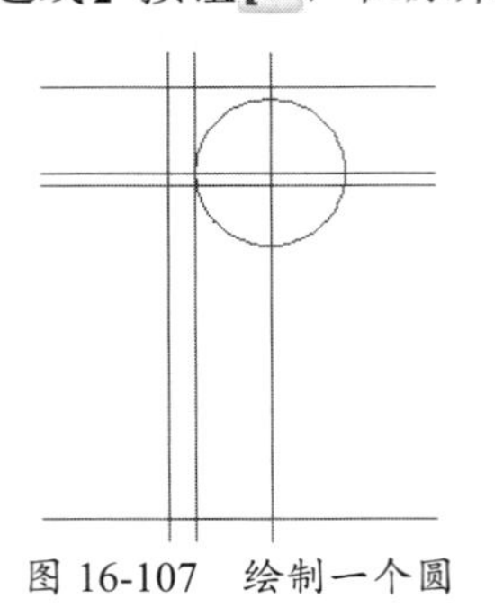

图 16-107　绘制一个圆

图 16-108　绘制结果

⑦ 单击【修改】面板中的【偏移】按钮，将外侧的圆向外偏移 30，将内的圆向内偏移 30。偏移圆的结果如图 16-109 所示。

⑧ 单击【修改】面板中的【修剪】按钮，修剪掉所有圆的 3/4 部分，只保留上方的 1/4 圆，如图 16-110 所示。

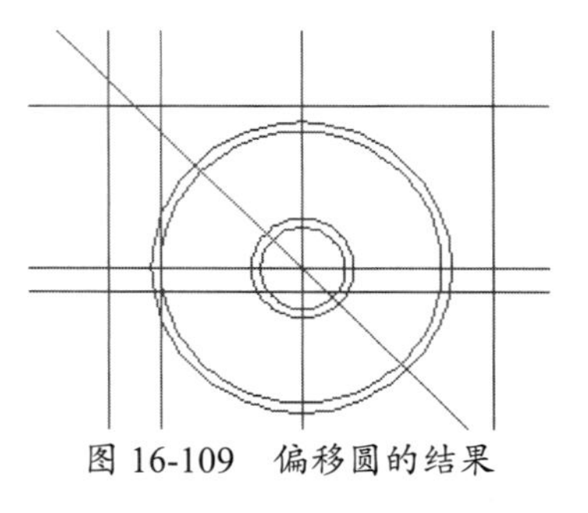

图 16-109　偏移圆的结果

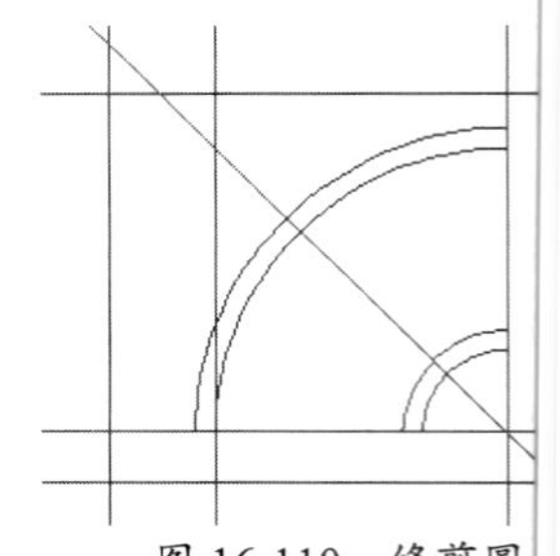

图 16-110　修剪圆

⑨ 单击【绘图】面板中的【多段线】按钮，绘制如图 16-111 所示的多段线 虚线部分)。

⑩ 单击【修改】面板中的【偏移】按钮，使上一步绘制的多段线向内偏 30。多段线偏移结果如图 16-112 所示。

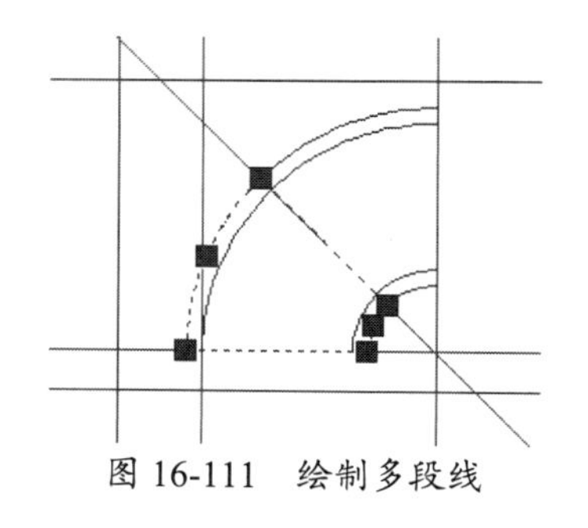

图 16-111　绘制多段线

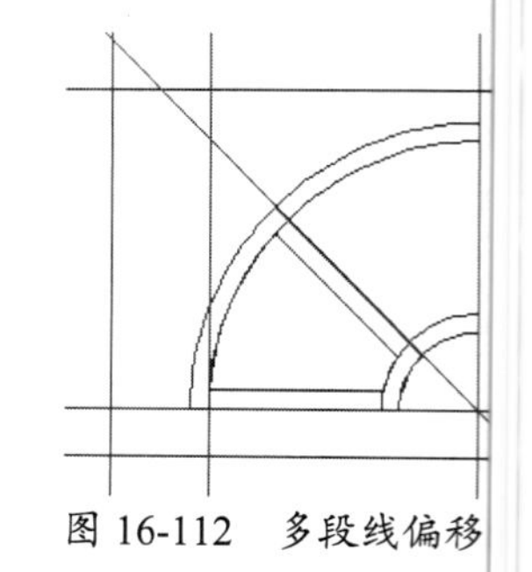

图 16-112　多段线偏移 果

⑪ 采用同样的方法绘制另一边的扇形，如图 16-113 所示。

⑫ 单击【修改】面板中的【偏移】按钮，将最右侧的竖直构造线向左偏移 60；将最下侧的水平构造线向上连续偏移 250、790、100、380、100。构造线绘制结果如图 16-114 所示。

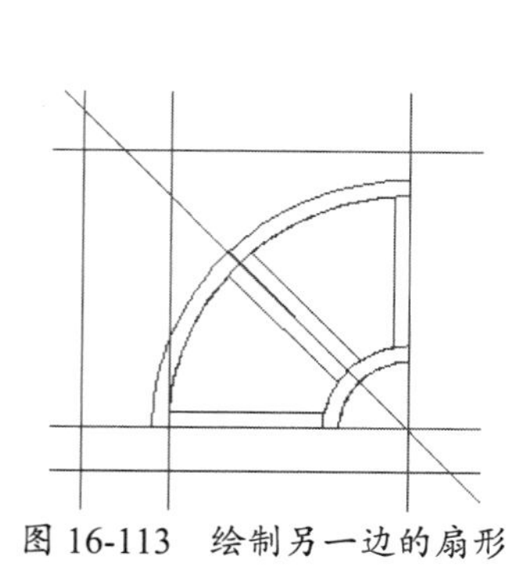
图 16-113　绘制另一边的扇形

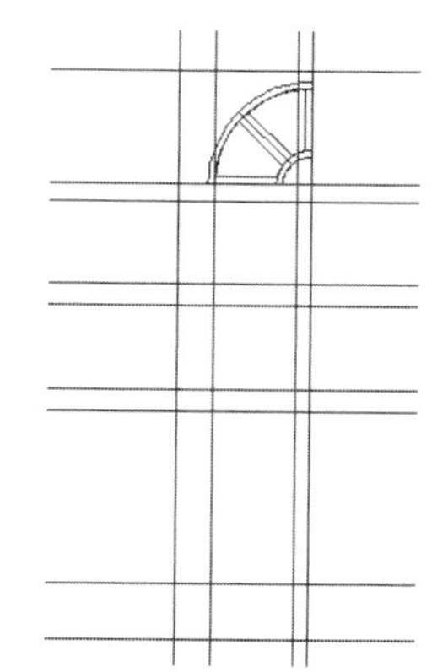
图 16-114　构造线绘制结果

⑬ 单击【绘图】面板中的【矩形】按钮，根据构造线网绘制如图 16-115 所示的矩形。

⑭ 单击【建模】面板中的【拉伸】按钮，将前面绘制的 4 个矩形、2 个扇形都向上拉伸 25。拉伸操作结果如图 16-116 所示。

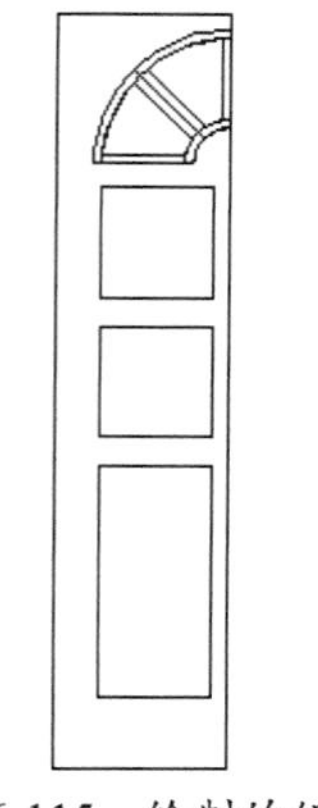
图 16-115　绘制的矩形

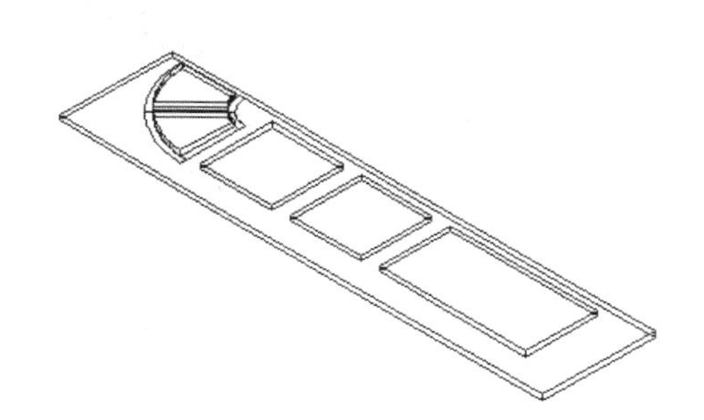
图 16-116　拉伸操作结果

⑮ 单击【建模】面板中的【差集】按钮，根据命令提示选择最外侧的长方体作为母体，其他实体作为子体进行求差运算。这样就得到一块在上面开有 3 个矩形门洞和 2 个扇形门洞的门板实体。

⑯ 单击【图层】面板中的【图层特性管理器】按钮，新建图层“门板 1”，设定颜色为蓝色，其他属性采用默认设置，将新建图层置为当前图层。单击【绘图】面板中的【矩形】按钮，绘制如图 16-117 所示的矩形 1。

⑰ 单击【图层】面板中的【图层特性管理器】按钮，新建图层“门板 2”，设定颜色为青色，其他属性采用默认设置，将新建图层置为当前图层。单击【绘图】面板中的【矩形】按钮，绘制如图 16-118 所示的矩形 2。

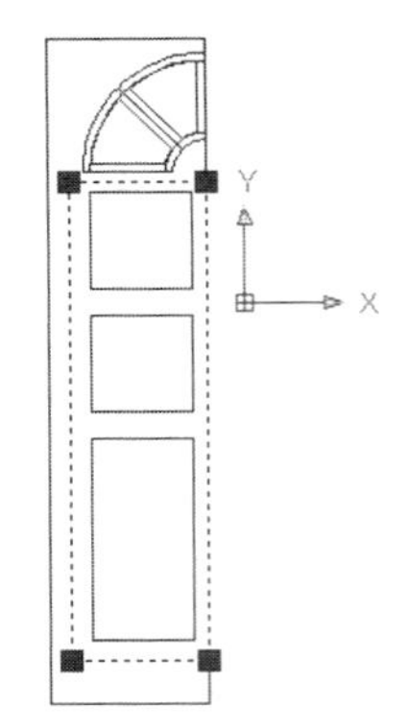

图 16-117 绘制的矩形 1

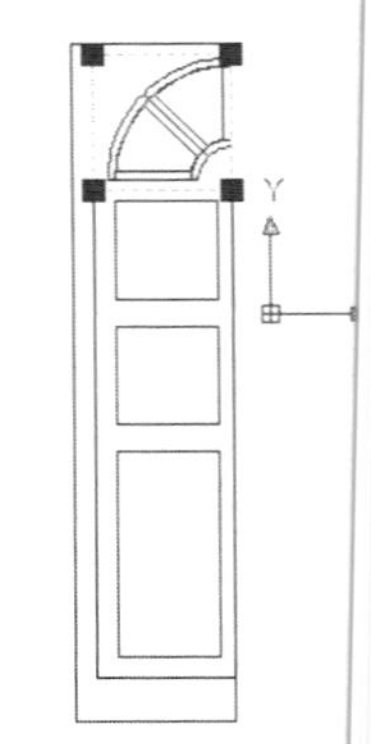

图 16-118 绘制的矩形 2

⑱ 单击【建模】面板中的【拉伸】按钮，把前面的 2 个矩形都向上拉伸 5，得到一半的门板实体，如图 16-119 所示。

⑲ 执行菜单栏中的【修改】|【三维操作】|【三维镜像】命令，得到另一半的门板实体。整个门板实体如图 16-120 所示。

图 16-119 一半门板的实体

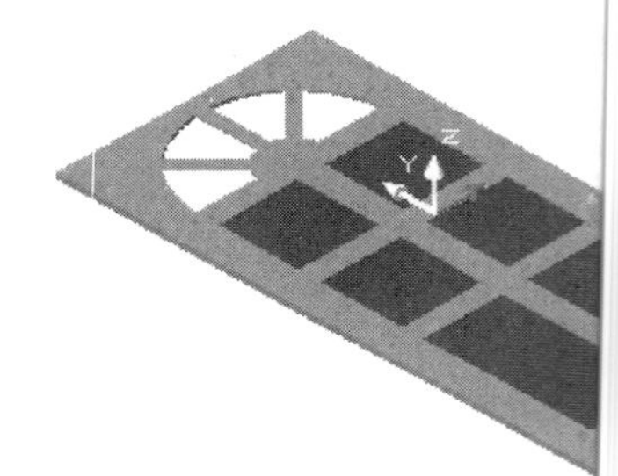

图 16-120 整个门板的实体

提醒一下：

对这种比较规则且具有相同截面的立体结构，最简便的绘制方法是先绘制截面平面图形，然后使用【拉伸】命令拉出立体模型。

2. 绘制门把手

① 单击【图层】面板中的【图层特性管理器】按钮，新建图层“门把手”，设定颜色为红色，其他属性采用默认设置，将新建图层置为当前图层。单击【绘图】面板中的【多段线】按钮，绘制如图 16-121 所示的门把手截面图。

② 单击【建模】面板中的【旋转】按钮，使门把手的截面绕其中心线旋转 360°，就得到门把手，如图 16-122 所示。执行菜单栏中的【视图】|【消隐】命令，可以得到门把手消隐图，如图 16-123 所示。

③ 这样得到的门把手并不光滑，离现实中的门把手还有一定的差距。可以使用【圆角】命令使门把手变得光滑。单击【修改】面板中的【圆角】按钮，逐个给门把手的棱倒圆角，结果如图 16-124 所示。执行菜单栏中的【视图】|【渲染】|【材质】命令，选择适当的材质附加在门把手上，其渲染结果如图 16-125 所示。

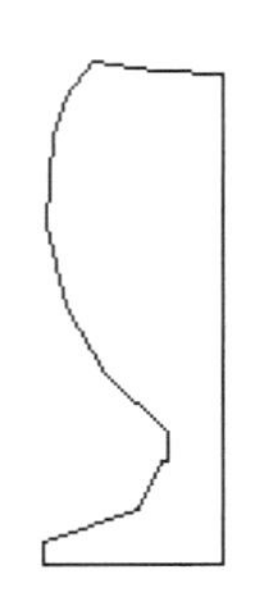

图 16-121　绘制的门把手截面

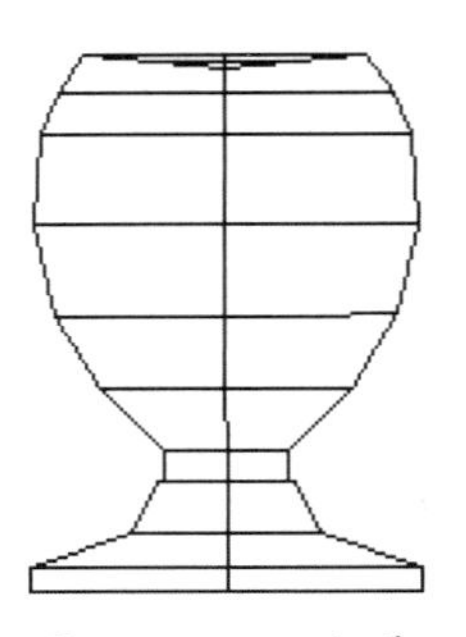

图 16-122　门把手

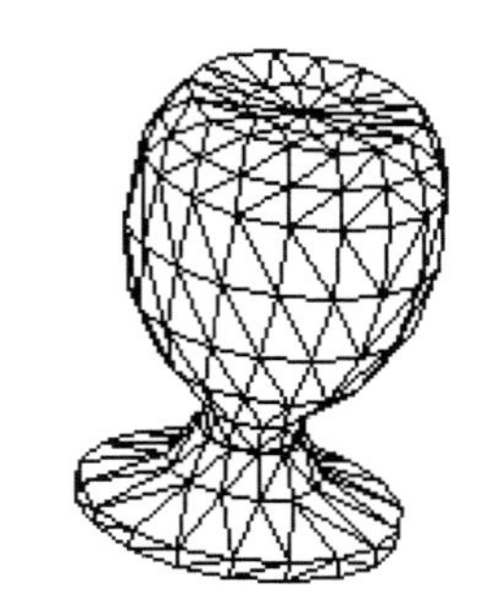

图 16-123　门把手消隐图

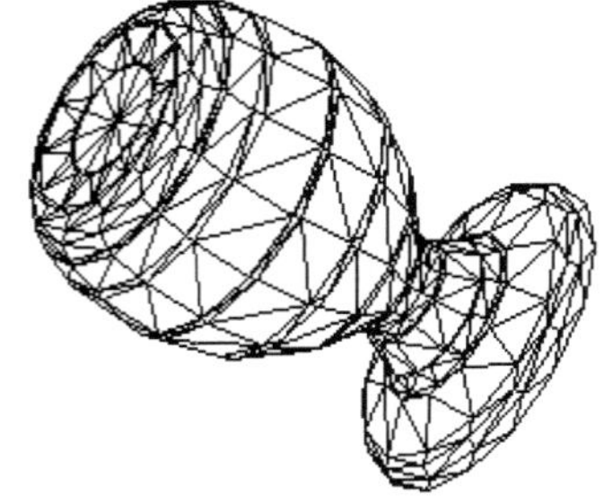

图 16-124　门把手倒圆角的结果

图 16-125　门把手的渲染结果

④ 由于门把手是在空白处绘制的，如图 16-126 所示，故需要把它移到合适的地方。

⑤ 单击【修改】面板中的【移动】按钮，把门把手移动到门框上，结果如图 16-127 所示。

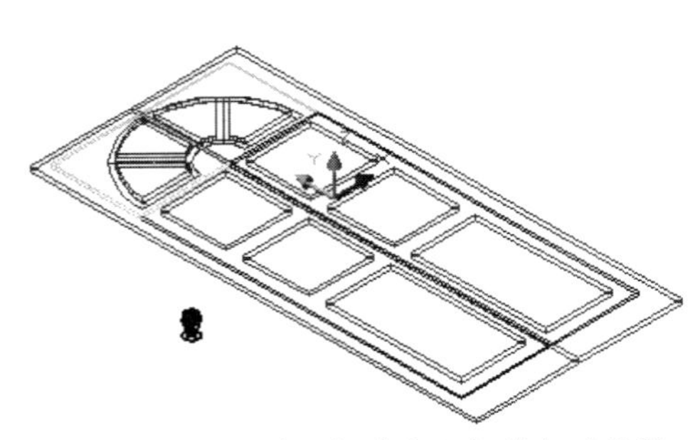

图 16-126　当前门把手和门板的相对位置

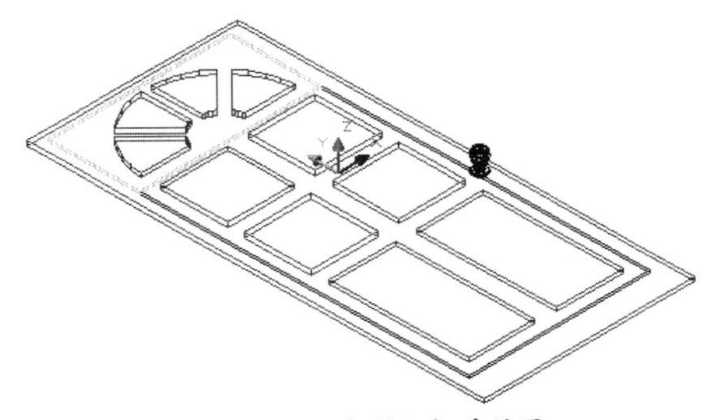

图 16-127　安置门把手结果

提醒一下：

对这种具有回转面的结构，最简单的绘制方法是使用【旋转】命令以回转轴为轴线进行旋转处理。

3. 整体调整

① 执行菜单栏中的【修改】|【三维操作】|【三维镜像】命令，得到另一侧的门板实体。三维镜像操作结果如图 16-128 所示。单击【建模】面板中的【并集】按钮，把同样的实体合并为一个实体。

② 单击【建模】面板中的【三维旋转】按钮，把门实体旋转到如图 16-129 所示的位置，执行菜单栏中的【视图】|【渲染】|【材质】命令，选择适当的材质附加在实体上。这样就完成了单扇门的绘制。

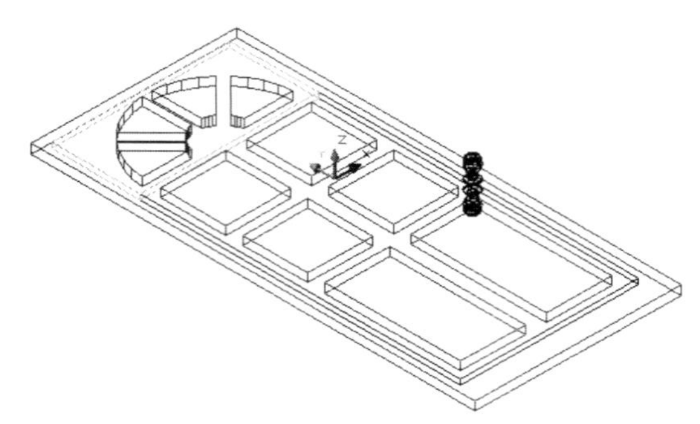

图 16-128　三维镜像操作结果

图 16-129　单扇门最终效

③ 为了更清楚地展现这扇门，可对其采用多视图效果，如图 16-130 所示，从中可以清楚地看到门的各个面。

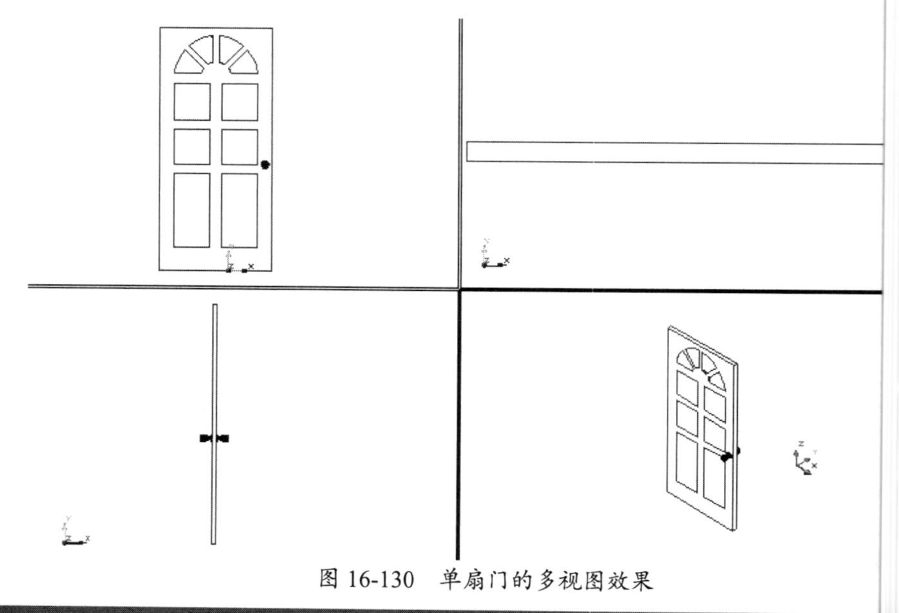

图 16-130　单扇门的多视图效果

提醒一下：

利用三维动态观察器和视图变换功能，可以从各个角度观察创建的三维模型，也可以辅助进行准确的三维绘制。因为在计算机屏幕上是以二维平面反映三维模型的，如果不进行视图变换或观察角度变换，很难准确确定各图线在三维建模空间中的位置。

16.5.5　范例五：创建建筑双扇门的三维模型

双扇门的规格：宽度为 2000（半边宽度为 1000）、高度为 2600、厚度为 5　门的下部带有钢制长条把手。

操作步骤

1. 绘制门板

① 打开 AutoCAD 2022，新建一个图形文件。

② 单击【图层】面板中的【图层特性管理器】按钮，新建图层辅助线，各属性均采用默认设置，将新建图层置为当前图层。

③ 按 F8 键打开正交模式。单击【绘图】面板中的【构造线】按钮，绘制一个十字构造线。单击【修改】面板中的【偏移】按钮，将竖直构造线向左偏移 1000，将水平构造线向上偏移 2600，得到门板的构造线，如图 16-131 所示。

④ 单击【图层】面板中的【图层特性管理器】按钮，新建图层“门”，设定颜色为红色，其他属性采用默认设置，将新建图层置为当前图层。单击【绘图】面板中的【矩形】按钮，根据构造线绘制一个矩形。单击【修改】面板中的【偏移】按钮，将刚才绘制的矩形连续两次向内偏移 40，结果如图 16-132 所示。

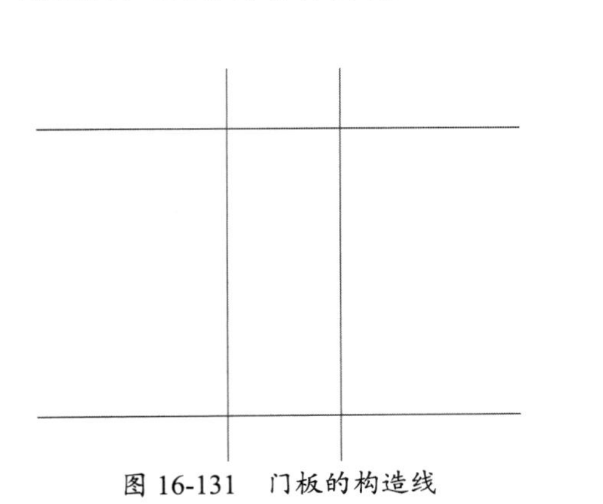

图 16-131　门板的构造线

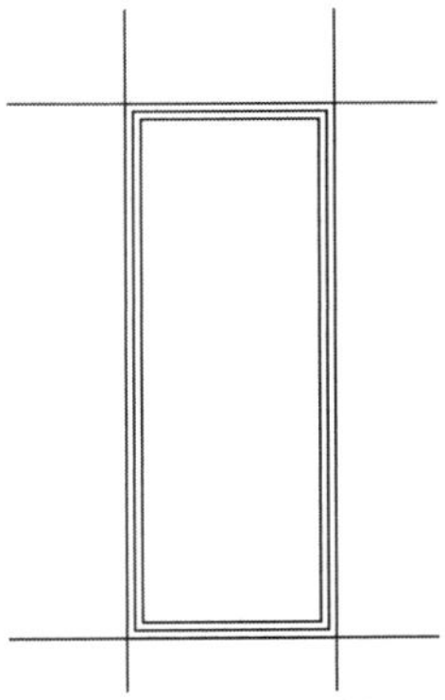

图 16-132　矩形偏移结果

⑤ 单击【建模】面板中的【拉伸】按钮，把前面的最内侧和最外侧的两个矩形都向上拉伸 50，结果如图 16-133 所示。

⑥ 单击【建模】面板中的【差集】按钮，根据命令提示选择最外侧的长方体作为母体，内侧的长方体作为子体进行求差运算，得到门框绘制结果，如图 16-134 所示。

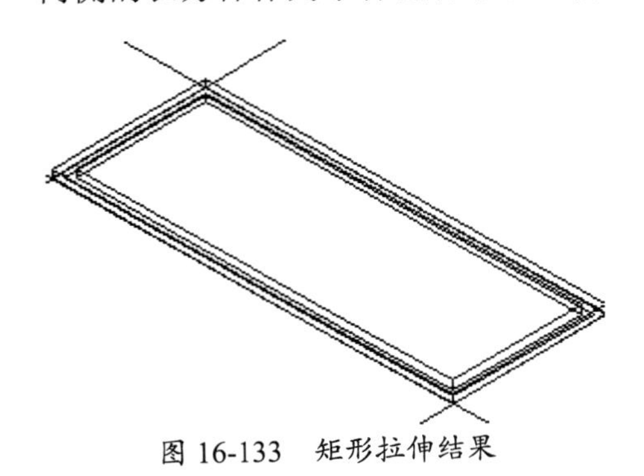

图 16-133　矩形拉伸结果

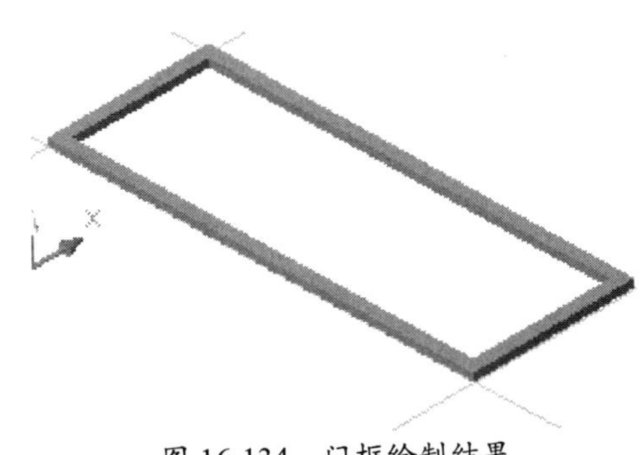

图 16-134　门框绘制结果

⑦ 单击【建模】面板中的【拉伸】按钮，把如图 16-134 所示的中间矩形向上拉伸 30，得到门板实体，如图 16-135 所示。

⑧ 单击【修改】面板中的【移动】按钮，采用相对坐标输入方式（@0,0,10）将门板实体向上移动 10，结果如图 16-136 所示。

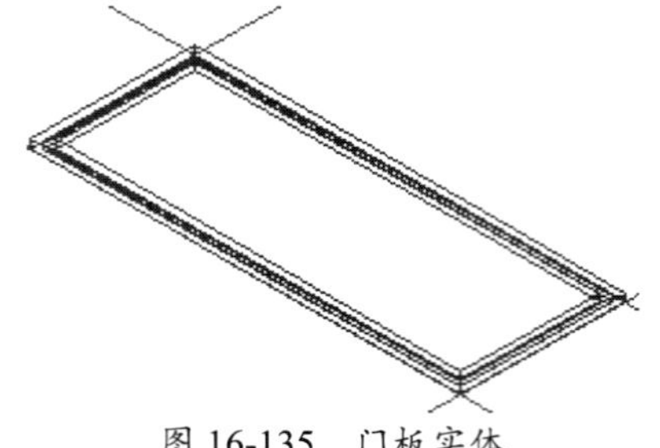

图 16-135　门板实体

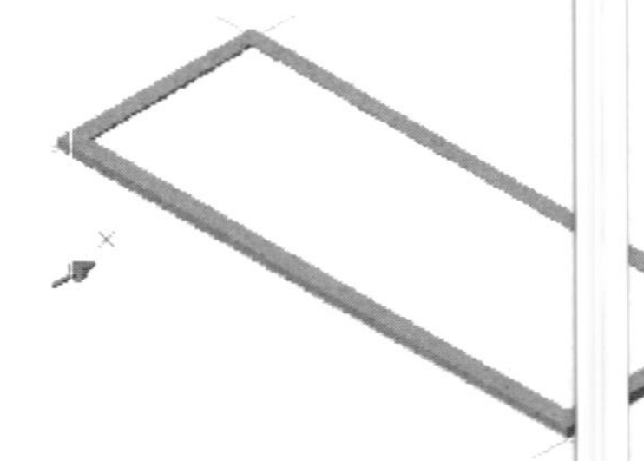

图 16-136　移动门板实体果

2. 绘制门把手

① 在空白处绘制一个圆环体。单击【建模】面板中的【圆环体】按钮，根提示指定圆环体的半径为 40，圆管的半径为 15，得到绘制的圆环体，如图 16-137 所。执行菜单栏中的【视图】|【消隐】命令，可得圆环体的消隐结果，如图 16-138 所。

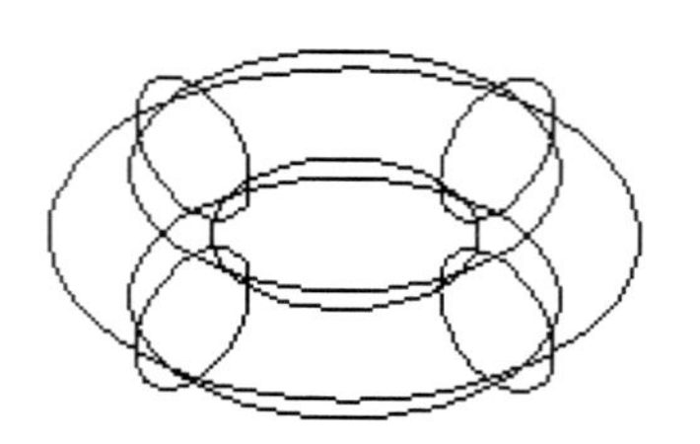

图 16-137　绘制的圆环体

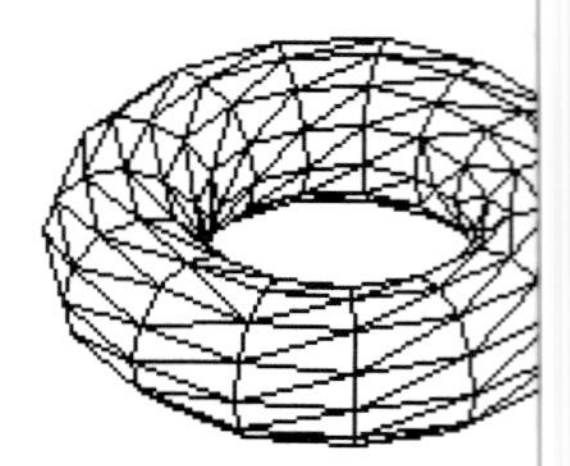

图 16-138　圆环体的消隐果

② 单击【绘图】面板中的【直线】按钮，在正交模式下绘制过圆环体中的两条垂直直线。单击【修改】面板中的【移动】按钮，采用相对坐标输入方式 @0,0,30）将一条直线向上移动 30，如图 16-139 所示。

③ 执行菜单栏中的【修改】|【三维操作】|【剖切】命令，沿着刚才绘制的线组成的剖切面把圆环体剖切掉一半，结果如图 16-140 所示。

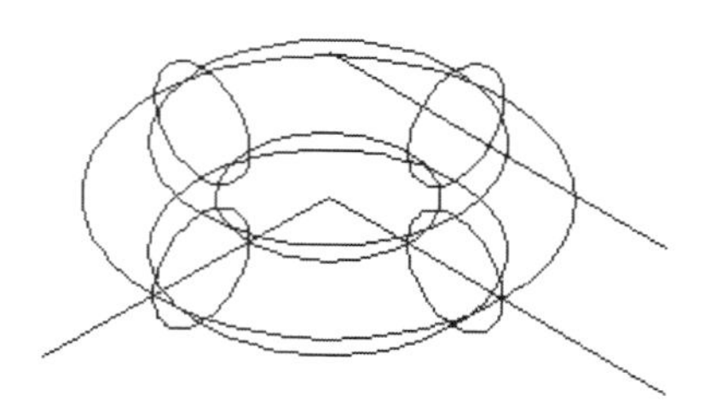

图 16-139　将一条直线向上移动 30

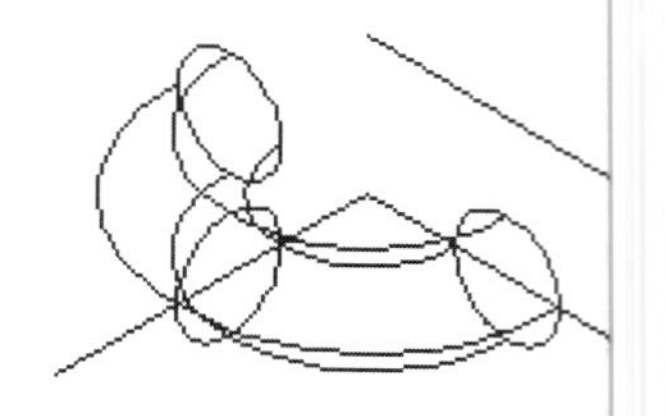

图 16-140　剖切圆环

④ 执行菜单栏中的【修改】|【三维操作】|【剖切】命令，沿着刚才绘制的直组成另一个剖切面把剩下的圆环体剖切为两部分，如图 16-141 所示。所选中的就是其一部分。

⑤ 单击【绘图】面板中的【直线】按钮，在正交模式下绘制过圆管中心的直线如图 16-142 所示。

⑥ 单击【建模】面板中的【三维旋转】按钮，使右侧的圆管绕着前面绘约直线旋转 90°，结果如图 16-143 所示。执行菜单栏中的【视图】|【消隐】命令，得圆管的消隐结果，如图 16-144 所示。

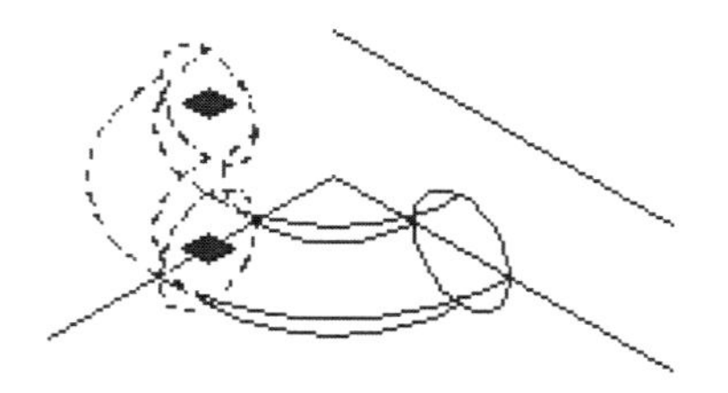

图 16-141　把剩下的圆环体剖切为两部分

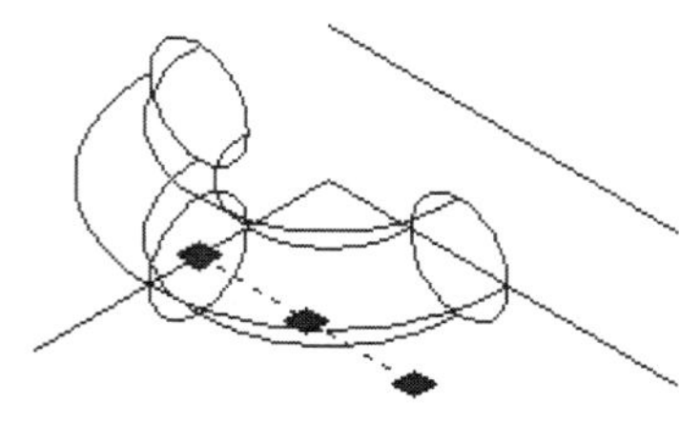

图 16-142　绘制过圆管中心的直线

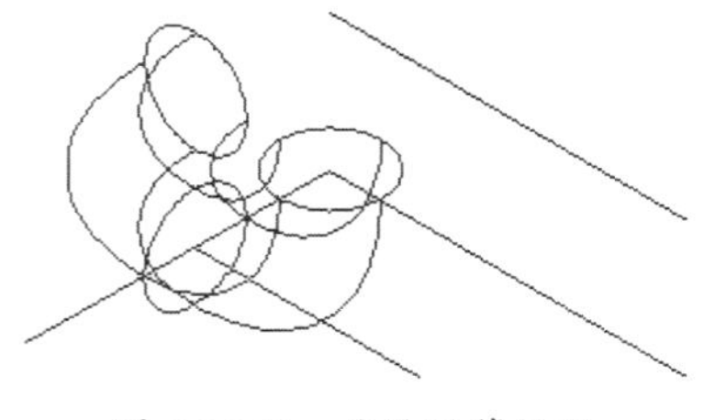

图 16-143　旋转圆管结果

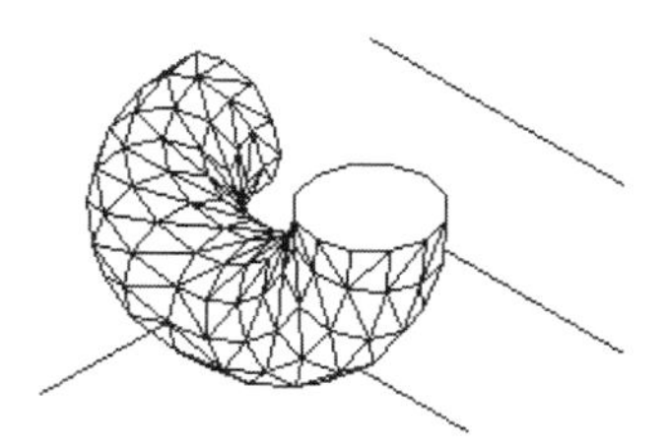

图 16-144　圆管的消隐结果

⑦ 单击【建模】面板中的【圆柱体】按钮，根据提示指定圆柱体的半径为 15、高度为 30，可得绘制的圆柱体，如图 16-145 所示。

⑧ 执行菜单栏中的【修改】|【三维操作】|【对齐】命令，把圆柱体安置到圆管的一头，如图 16-146 所示。执行菜单栏中的【视图】|【消隐】命令，可得圆柱体和圆管的消隐结果，如图 16-147 所示。

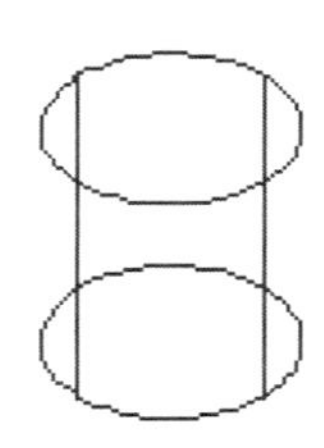

图 16-145　绘制的圆柱体

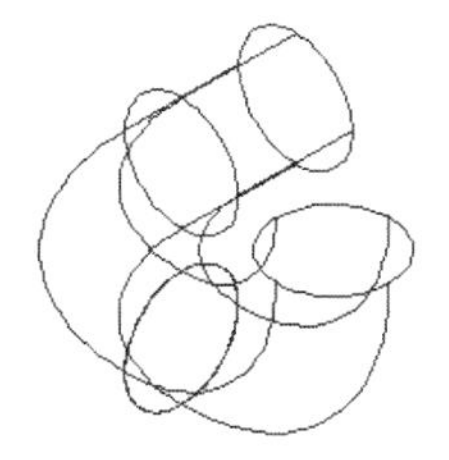

图 16-146　安置圆柱体

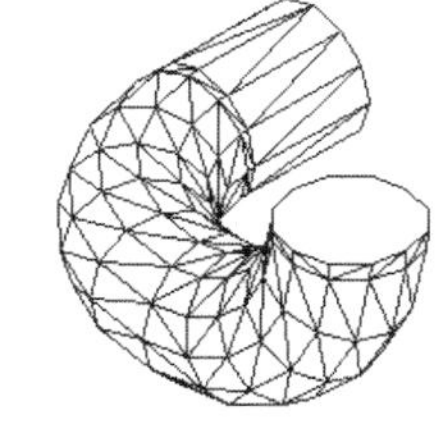

图 16-147　圆柱体和圆管的消隐结果

⑨ 单击【建模】面板中的【圆柱体】按钮，绘制一个半径为 15、高度为 1100 的圆柱体。单击【修改】面板中的【移动】按钮，把圆柱体移动到圆管的另一头，如图 16-148 所示。

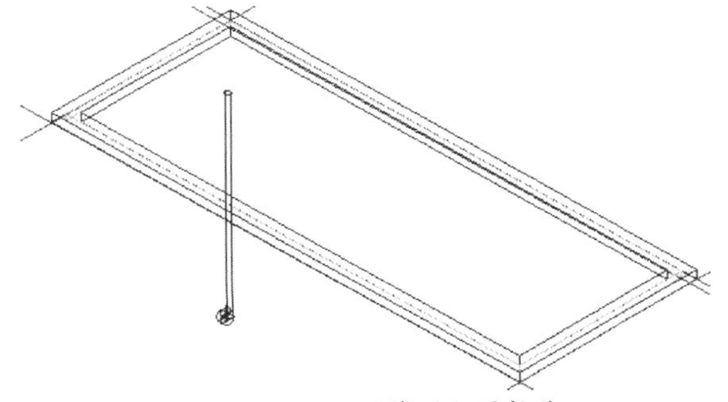

图 16-148　给圆管增加圆柱体

⑩ 单击【修改】面板中的【复制】按钮，复制一个如图 16-149 所示的圆管到另一头。

单击【修改】面板中的【复制】按钮，复制一个半径为 15、高度为 30 圆柱体到圆管头。这样就得到一个门把手，其绘制结果如图 16-150 所示。

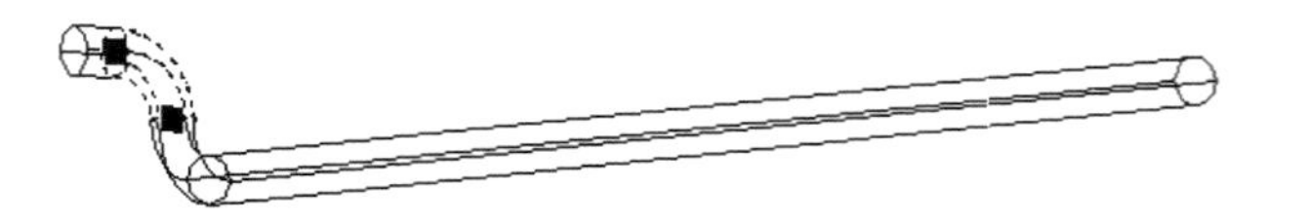

图 16-149　复制一个圆管

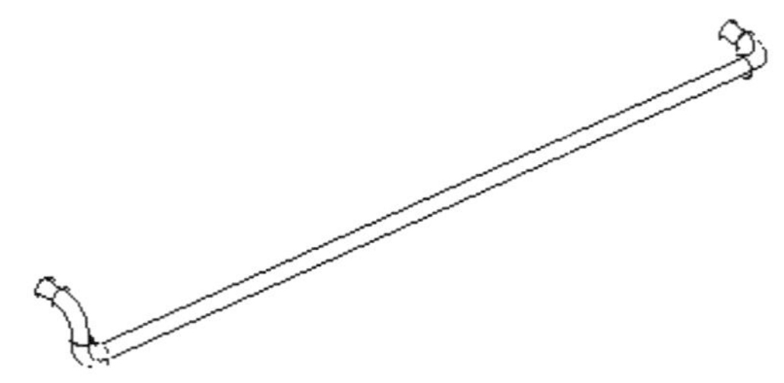

图 16-150　门把手绘制结果

⑪ 当前门把手和门板的相对位置关系如图 16-151 所示，故需将门把手安置

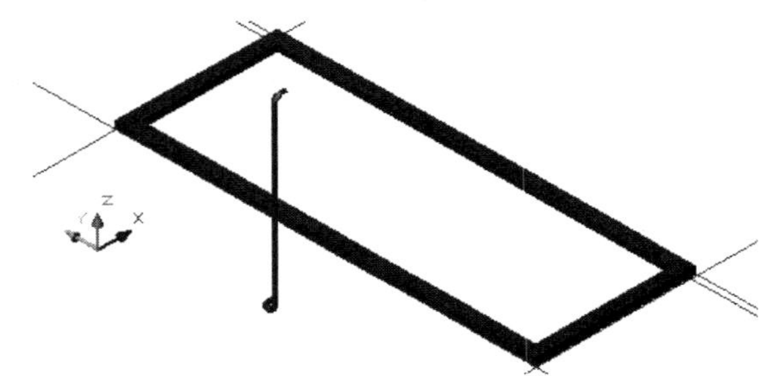

图 16-151　当前门把手和门板的相对位置关系

⑫ 单击【建模】面板中的【三维旋转】按钮，使门把手绕底部平行于 X 的直线旋转 90°，结果如图 16-152 所示。

⑬ 单击【建模】面板中的【三维旋转】按钮，使门把手绕底部平行于 Y 的直线旋转 90°，结果如图 16-153 所示。

⑭ 单击【修改】面板中的【旋转】按钮，使门把手绕其一端旋转 180°，结 如图 16-154 所示。

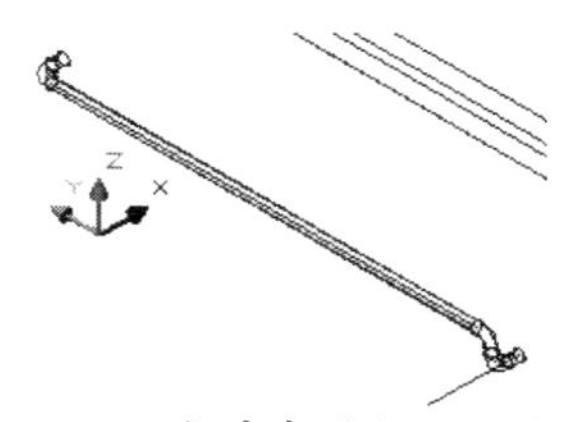

图 16-152　绕底部平行于 X 轴的直线旋转 90° 的结果

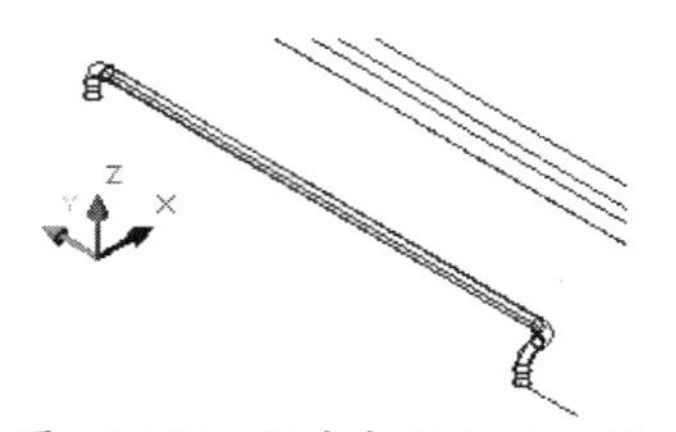

图 16-153　绕底部平行于 Y 的直线旋转 90° 的结果

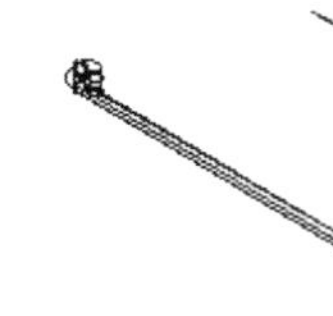
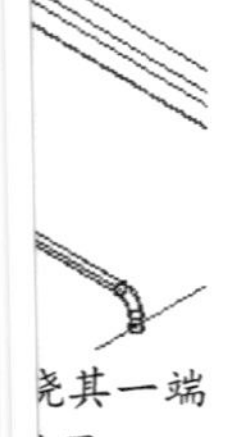

图 16-154　门把 绕其一端旋转 180° 结果

⑮ 单击【修改】面板中的【移动】按钮，将门把手移动到门框上安置好，这样就得到一个带有门把手的门板，如图 16-155 所示。

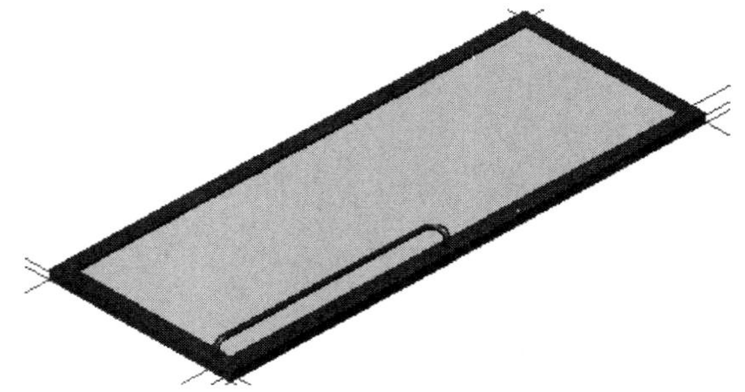

图 16-155　带有门把手的门板

3. 整体调整

① 使用镜像获得门背面的门把手。单击【绘图】面板中的【圆】按钮，绘制一个圆。单击【修改】面板中的【移动】按钮，将圆向上移动 25，绘制的圆将作为门把手的镜像面，如图 16-156 所示。

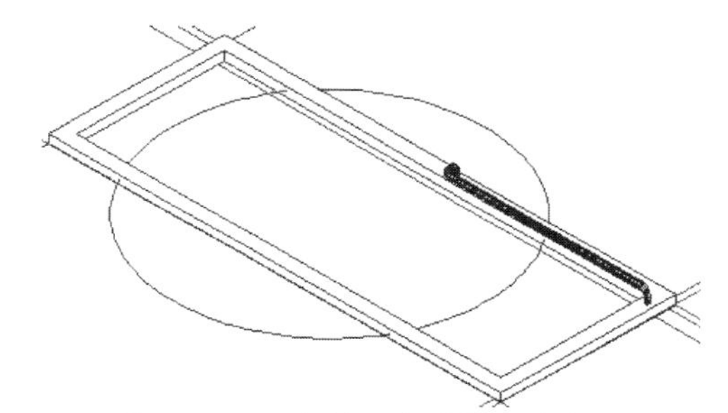

图 16-156　绘制一个圆作为镜像面

② 执行菜单栏中的【修改】|【三维操作】|【三维镜像】命令，将门把手作为镜像对象、圆作为镜像面，可由三维镜像得到门背面的门把手，如图 16-157 所示。

③ 单击【修改】面板中的【删除】按钮，删除作为镜像面的圆。执行菜单栏中的【修改】|【三维操作】|【三维镜像】命令，得到另外一边的门和门把手，如图 16-158 所示。

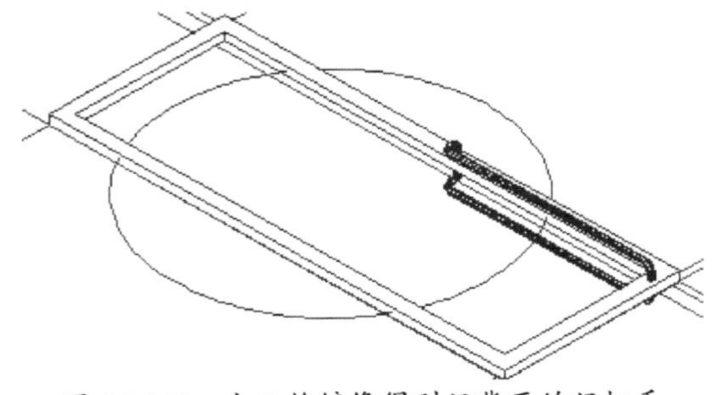

图 16-157　由三维镜像得到门背面的门把手

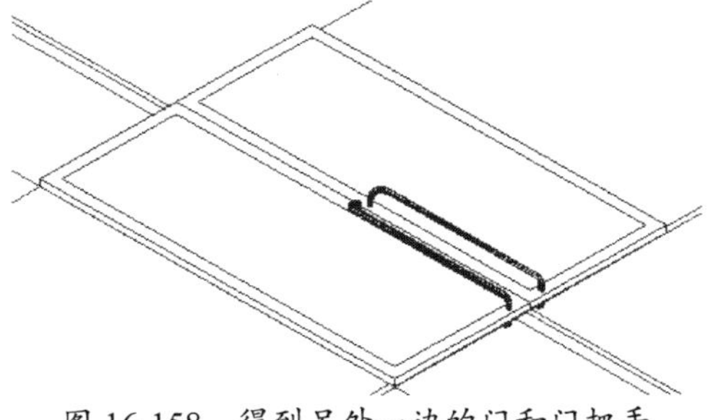

图 16-158　得到另外一边的门和门把手

④ 单击【建模】面板中的【三维旋转】按钮，使门绕底部平行于 X 轴的直线旋转 90°，可得双扇门的绘制结果，如图 16-159 所示。调整视图后，执行菜单栏中的【视图】|【渲染】|【材质】命令，选择适当的材质附加在实体上，即得双扇门的着色图，如图 16-160 所示。

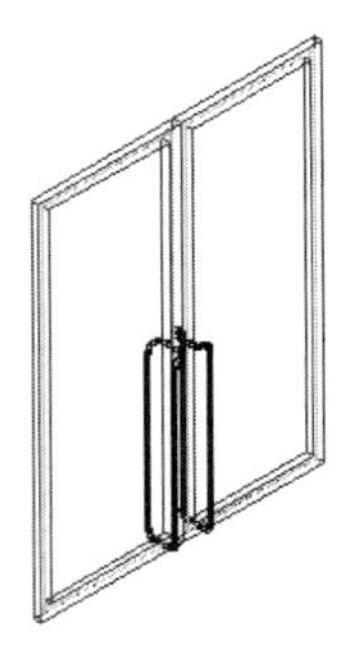

图 16-159 双扇门的绘制结果

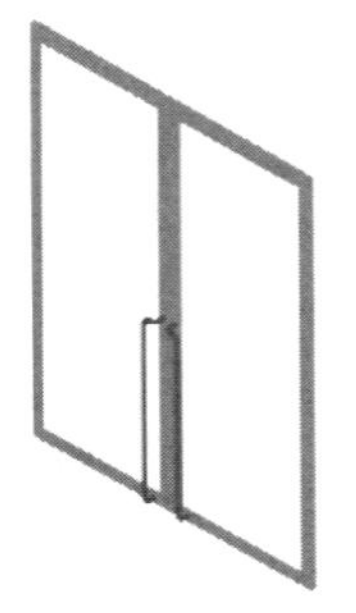

图 16-160 双扇门的着色

⑤ 为了更清楚地展现双扇门，可对其采用多视图效果，如图 16-161 所示，从 可以清楚地看到门的各个面。

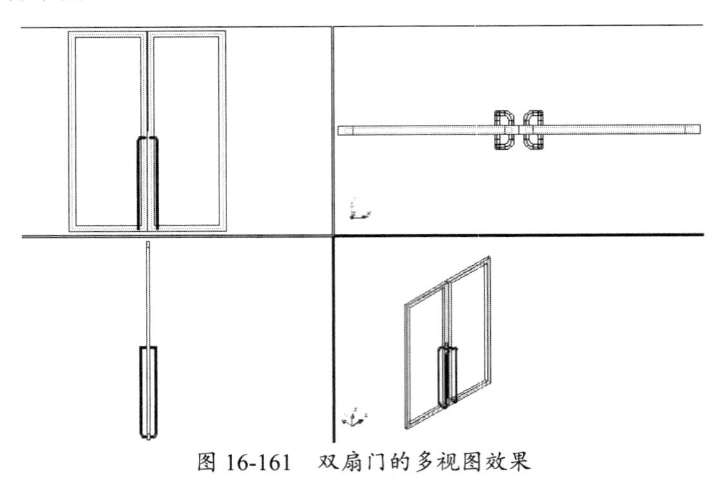

图 16-161 双扇门的多视图效果

提醒一下：

在三维绘图中，为了完成一些复杂模型结构的绘制，需要用到大量的三维编辑命令，如 伸、旋转、布尔运算、镜像、剖切等，这些命令的作用与二维绘图中对应的命令有相似之处，但操作更 杂。在学习过程中，用户应参照二维编辑命令，触类旁通地灵活应用三维编辑命令。